中国哺乳动物分布

中华人民共和国濒危物种进出口管理办公室　主编

张荣祖等　著

中 国 林 业 出 版 社
1997

图书在版编目(CIP)数据

中国哺乳动物分布/张荣祖等著.-北京:中国林业出版社,1997.1
ISBN 7-5038-1599-X
Ⅰ.中… Ⅱ.张… Ⅲ.哺乳动物纲-动物学-地理分布-中国 Ⅳ.Q959.808
中国版本图书馆 CIP 数据核字(96)第 01446 号

中国林业出版社出版
(100009 北京西城区刘海胡同 7 号)
深圳新海彩印有限公司印刷
新华书店北京发行所发行
1997 年 1 月第 1 版
1999 年10月第 2 次印刷
开本:787mm×1092mm 1/8 印张:40
字数:820 千字
印数:2001—3000 册
定价:380 元

Archives Library of Chinese Publications Number 96-01446
International Standard Book Number 7-5038-1599-X
Printed in the People's Republic of China

ISBN 7-5038-1599-X
9 787503 815997 >

DISTRIBUTION
OF
MAMMALIAN SPECIES IN CHINA

UNDER THE PATRONAGE OF

CITES MANAGEMENT AUTHORITY OF CHINA

Zhang Yongzu *et al.*

CHINA FORESTRY PUBLISHING HOUSE

1997

主 持 单 位

中 华 人 民 共 和 国 濒 危 物 种 进 出 口 管 理 办 公 室

参 加 单 位

中 国 科 学 院 地 理 研 究 所

中 国 科 学 院 动 物 研 究 所

Work sponsored by the Bureau

CITES MANAGEMENT AUTHORITY OF CHINA

Participant

INSTITUTE OF GEOGRAPHY, ACADEMIA SINICA
AND INSTITUTE OF ZOOLOGY, ACADEMIA SINICA

《中国哺乳动物分布》编辑委员会

科学顾问 夏武平
主　　任 卿建华　张荣祖
副 主 任 廖　克　冯祚建　徐学智

委　　员 （笔画序）
马　勇　马逸清　王丕烈　王应祥
王逢桂　冯祚建　刘振河　张荣祖
张志忠　郑昌琳　金善科　胡锦矗
施祖辉　卿建华　徐学智　盛和林
廖　克
主　　编 张荣祖（中国科学院地理研究所）
参 加 者 金善科（中国科学院动物研究所）
全国强（中国科学院动物研究所）
李思华（中国科学院动物研究所）
叶宗耀（中国科学院动物研究所）
王逢桂（中国科学院动物研究所）
张曼丽（中国科学院动物研究所）
责任编辑 李　惟　陈　利

Editorial Committee of *Distribution of Mammalian Species in China*

Scientific consultant Xia Wuping
Director Qing Jianhua, Zhang Yongzu
Deputy directors Liao Ke, Feng Zuojian, Xu Xuezhi
Members Feng Zuojian, Hu Jinzhu, Jin Sangke, Liao Ke, Liu Zhenhe, Ma Yiching, Ma Yong, Sheng Helin, Shi Zuhui, Wang Yingxiang, Wang Fenggui, Wang Peilie, Xu Xuezhi, Zheng Changlin, Zhang Zhizhong

Chief Author Zhang Yongzu (Institute of Geography, Academia Sinica)
Participants Jin Sangke (Institute of Zoology, Academia Sinica)
Quan Guoqiang (Institute of Zoology, Academia Sinica)
Li Shihau (Institute of Zoology, Academia Sinica)
Ye Zhongyao (Institute of Zoology, Academia Sinica)
Wang Fenggui (Institute of Zoology, Academia Sinica)
Zhang Manli (Institute of Zoology, Academia Sinica)
Editor Li Wei, Chen Li

序

近代兽类学在我国虽然在20年代、30年代有些起步，但力量很弱，经过抗日战争，这一脆弱的基础全被破坏，所以我们不得不在50年代重新建立我国的兽类学。它的发展尽管很快，但还缺乏许多基础的工作，象系统地分布资料，一直是需要而缺如的。《中国哺乳动物分布》填补了这一空缺。

系统的分布研究应建立在系统的分类研究基础上，没有准确的分类鉴定，谈不到可靠的分布。但是我们还没有一部全国性的全部兽类的公开发表的分类资料，因而不得不借助于《中国兽类系统检索》的底稿，这部系统检索的初稿完成于60年代，当时在兽类学界的分类工作者中，曾广为流传并使用，并不时有所增补修正，但毕竟是有些过时了，更兼没有正式出版，有些近期的研究论著没有包括进去，这也为本专集的编著带来困难。

《中国哺乳动物分布》在编著过程中，不得不尽力增加一些后来发表的新内容，如大型兽类补入黑麝(*Moschus fuscus*)、补入原麝的安徽亚种（*Moschus moschiferus anhuiensis*）、补入梅花鹿的四川亚种(*Cervus nippon sichuanensis*) 等。小型兽类的资料，近年来增加较多，增补工作量更大，如四川毛睡鼠(*Chaetocauda sichuanensis*)，以新属、新种发表，分布区对睡鼠科来说，是很特殊的，作者给予了重视，其他如鼢鼠属（*Myospalax*）、姬鼠属（*Apodemus*）和鼠兔属(*Ochotona*)等，均有较多的变化，作者均吸收到专集中，当然也不排除因学术观点的不同，而有所取舍。

作为兽类学的基础资料，本书用途广泛。首先，可以根据本专集所提供的分布的目录和地图，就以分析兽类分布的规律，特别应结合植被、温度、降水等探寻，如过去有人认为黄胸鼠（*Rattus flavipectus*）分布在年降水800mm以上的地区，中华鼢鼠的高原亚种(*Myospalax fontanieri baileyi*) 主要分布在高寒草甸地区等，因此，图文对照就比较容易看清楚。当然从兽类区系分析，对动物地理区划的研究会有更大的帮助。

其次，对分类工作也可能有所启示，如黑线姬鼠(*Apodemus agrarius*)的分布，在东北有一个集中区，在长江中下游又有一个集中区，前者说明东北亚种(*A. a. mantchuricus*)应该成立，后者说明华北亚种(*A. a. pallidior* ）与宁波亚种（*A. a. ningpoensis*）二者比较混乱，这正是分类上有争议的问题，华北亚种因其模式标本产于烟台（芝罘 *Chefoo*)，而名为华北亚种，但实际上，由图可见，其集中分布区在四川、陕西等地，研究它与宁波亚种的关系，应更重视四川、陕西等地的材料，山东看来可能处于其分布区的边缘地区，至少是数量不太高的地区。

本专集的分布点，有不少地方取材于历史性的记录，现时有了变化，特别是那些濒危兽类，在人类经济活动影响下，分布区正在不断地缩小，这是使用时应该注意的，如虎的华南亚种(*Panthera tigris amoyensis*)从图上看还有不少分布点，但实际上已处于极度的临危状态下，西北亚种（*P. t. lecoqi*）实际上已不复存在。又如大熊猫(*Ailuropoda melanoleuca*) 图上看分布区还不算小，但已是一些孤立的，彼此隔离的分布点，故这种动物仍处于濒危状态，梅花鹿可能也有相似的情况，这些是本书所不能反映的情况，使用时不得忽视。当然，了解某物种的历史分布情况，对其发展变化的估计，也是有帮助的。

张荣祖等同志都是多年从事兽类学工作的，并研究动物地理问题，以其多年的积累完成了这本专集，为我国的兽类学作出了宝贵的贡献。负责本专集地图绘制的周熙澄等同志有多年的制图经验，绘图规范准确，也是本集的一个特点。愿能早日出版，以飨读者。

中国兽类学会理事长　夏武平

1996年4月26日

FOREWORD

Although the advanced study of mammalogy in China made some progress in the 1920s and 1930s, it had a very weak base and, unfortunately, was disrupted during the Anti-Japanese War. It was not until the 1950s, after the founding of the People' s Republic of China, that mammalogy was established soundly and developed rapidly. However, much fundamental work is still deficient, such as systematic information on mammal distribution, which is essential for many aspects of study. Publication of *Distribution of Mammalian Species in China* will meet the need.

The systematic study of distribution must be based on a sound taxonomic foundatin. Without correct identification of species it would be impossible to deal with accurate distribution. Since no systematic taxonomic materials on Chinese mammals have been published, the compilation of this volume has been based on an unpublished manuscript, "Key to the Chinese Species of Mammals," written in the 1960s. Although it was used and revised frequently by Chinese mammalogists, the manuscript is still out of date in view of current taxonomic progress. The compilation of the work has thus faced some difficulty.

Therefore, in the course of compilation, the authors have made every efforts to add new data published since, such as a new record of Black Musk Deer (*Moschus fuscus*), subspecies of Musk Deer (*Moschus moschiferus anhuiensis*) and Sika Deer (*Cervus nippon sichuanensis*). Recently, among small mammals, quite a lot of new data has been added, such as the Sichuan Dormouse (*Chaetocauda sichuanensis*), which was designated a new species of a new genus. It is significant to the distribution of the family Muscardinidae in a particular case of zoogeography and has been paid much attention by the authors. Modification in taxonomy has been made to varying degree as to genera, such as Zokors (*Myospalax*), Wood Mice (*Apodemus*), and Pikas (*Ochotona*). The authors have made use of revised data.

As basic information this book has many uses. First, the distribution patterns can be analyzed based on the data provided, particularly in pattern and distribution of vegetation, temperature, precipitation, etc. For example, it was recognized that the Yellow-bellied Mouse (*Rattus flavipectus*) coincided with areas with on annual of more than 800 mm, and the Plateau Zokor (*Myospalax fontanieri baileyi*) is distributed mainly on alpine meadows. Comparison studies of species distribution and environmental parameters will be much facilitated by using the maps provided. The book will also aid the study of zoogeographical regions based on analyses of faunal particularity.

Secondarily, the distribution data can enlighten the study of taxonomy, such as showing on the map that there are two areas of concentrated distribution of the Striped Field Mouse (*Apodemus agrarius*), one in northeast China, the other along the middle and lower reaches the of Yangtze River. It is indicated that *A. a. mantchuricus* in the former is a valid subspecies, but the two subspecies *A. a. pallidior* and *A. a. ningpoensis* in the latter must be confused. That is the main cause for controversy among Chinese mammalogists. The name *pallidior* was given to the subspecies of north China because it was located at Zhibo(Chefoo), Shandong, but the map indicates that the distribution of the species also includes a large area of Sichuan and Shaanxi, etc. To study the relationship between *pallidior* and *ningpoensis*, the data from those areas should be more important than that from Shandong, which is a marginal area at least, an area with a low population of the subspecies.

On the maps in this volume, the distribution data are shown by dots and quite a few are derived from historical information. The current situation must be changing, especially the endangered species. Their distribution areas are being reduced under impact of human activities. For example, many dots of the south China tiger (*Panthera tigris amoyensis*) represent former records. Actually, this subspecies is threatened. The northwestern subspecies, *P. t. lecoqi*, is definitely extinct. The distribution area of the Giant Panda (*Ailuropoda melanoleuca*) shown on the map in the volume is rather large, but the actual distribution is fragmented and the animal is endangered. Probably the case is the same for the sika deer. Although the book cannot provide a dynamic picture of distribution, it can be a base for understanding and evaluating the historical distribution and possible change.

The authors, Zhang Yongzu and his colleagues, have been engaged in mammalogical and zoogeographical study for a long time. The data published in this volume were collected over a long period of time. The book is a valuable contribution to Chinese mammalogy. The cartographer, Zhou Xicheng and his colleagues used their excellent skills to draw maps of a high standard. I hope the volume will be published soon for students of mammalogy.

Xia Wuping
President, Mammalogical Society of China
April 26, 1996

前　言

中国疆域辽阔，地形复杂，气候多样，植被类型丰富，拥有独特而多种多样的物种资源，其生物资源的多样性，在全世界居第八位，在地球的北半球居第一位。丰富多彩的自然地理条件，形成了多种多样的生态系统类型，这就为野生动物 的生存提供了多种选择的生活空间。因而，中国的动物资源组成丰富、特产种类多、区系及生态地理变化明显。就兽类而言，中国有统计和记载的就有 14 目、52 科、220 属、500 多种。它们之中，有不少是中国的特有种，如大熊猫（*Ailuropoda melanoleuca*）、金丝猴（*Rhinopithecus* spp.）、羚牛（*Budorcas taxicolor*）、毛冠鹿（*Elaphodus cephalophus*）、白唇鹿（*Cervus albirostris*）、梅花鹿（*Cervus nippon*）等。分布于洞庭湖和长江中下游的白鳍豚（*Lipotes vexillifer*），是鲸目中现存 5 种淡水鲸类之一。这些都是全世界所关注的动物种类。

但是，1949 年以前，中国兽类区系和分类的调查研究，大多是由国外学者进行的，大量的标本收藏在国外的博物馆，而有关中国的兽类分类和分布的系统整理与研究工作，亦多在国外进行。由于许许多多客观条件的限制，这些工作多处在较粗糙的水平。当然，国内更是毫无基础。1949 年以后，自中华人民共和国成立以来，在中国政府的支持下，通过一大批献身野生动物研究的自然科学家的不懈努力，兽类研究工作得到了迅速地发展，取得了举世瞩目的成就。值得一提的是，自 1953 年起，在郑作新教授的指导下，中国科学院地理研究所研究员张荣祖先生，就开始将中国兽类分布记录表示在地图上的地理分布记载工作。1954 年，在竺可桢教授的主持和积极倡导下，中国开展了大规模的自然区划工作。这工作的开展和实施，大大推动了中国野生动物地理分布的研究工作，进一步促进了中国兽类地理分布资料的搜集和整理。随着中国兽类区系调查和分类研究的进展，张荣祖等通过对原有资料的核对和甄别，在系统分类上和地理分布方面，去粗取精，去伪存真，并于 1962 年就比较系统、全面地完成了中国兽类自然地理分布的资料收集和记录工作，为《中国哺乳动物分布》的编撰工作，打下了坚实的基础。

80 年代以来，随着中国社会的全面进步和发展，自然资源的保护、研究、开发和利用，都迫切需要有一部全面、系统、准确反映中国兽类资源及其地理分布的著作，来指导兽类资源的调查、研究工作。在中华人民共和国林业部的关怀和支持下，经过各有关方面的研究，认为张荣祖等先生的工作已具备了良好的基础，并决定在此基础上成立编委会，由张荣祖先生负责，聘请专家和学者，对原材料进行全面的整理和补充，完成《中国哺乳动物分布》的编撰工作，同时，邀请有关专家和学者对此书稿进行了全面、认真地审阅，终于于 1995 年初完成全书的编撰工作。

《中国哺乳动物分布》第一次将中国现已查明的兽类 500 多个种及亚种的分布情况，全部以地图和文字的形式表述出来。每一种动物都有其分布图及其对应的文字叙述（中英文对照），对学名、亚种名、分布范围、栖息环境以及在国外的分布简况；少数类群还对其变动情况，等等，都作了全面的阐述。本书为兽类学的研究与应用提供了系统而切实的最基础的资料，对（1）分析研究中国兽类分布规律，进一步探讨中国动物地理区划；（2）从分布上检查和发现并解决动物分类学上的问题；（3）跟踪和研究中国兽类分布与变迁；（4）国家研究制定保护与利用兽类资源；（5）有害动物的防治及自然疫源病的研究；（6）古生物学及历史生物地理学的研究；（7）国家生物多样性保护的政策与行动计划的制订等等，都有极大的参考价值。

《中国哺乳动物分布》一书的出版，既是中国兽类学研究的阶段性成果，又是中国野生动物进一步深入研究的基础。它的问世填补了中国兽类基础研究工作的一处重要空白，这对于中国和全世界兽类学的研究，以及对中国的野生动物保护工作，将具有深远而重大的意义。

在本书的出版之际，更使我们深深感到，中国目前的兽类研究工作尚有许多工作还需要所有的自然科学工作者，同心协力，共同努力，只有这样我们才能完成人类社会发展赋于我们的历史使命，而无愧于我们这个时代。同时，我们在此对中国科学院动物研究所的汪松、高耀亭、陆长坤等先生，对本书提出的许多宝贵的意见，以及无数关心和支持本书编撰出版工作的所有同仁和朋友，致以最诚挚的谢意。

特别是王丕烈、罗蓉、刘振河、胡锦矗及王福麟诸位教授，他们向我们提供了许多尚未发表的资料。我们还要感谢金燕、杨兰芝、梁孟元诸同志协助打印完成文稿。我们要对玛霞女士表示深切的感谢，她为本书的英文翻译作了修改和审定。最后，我们要感谢中国林业出版社的陈利和李惟两位先生对编辑出版本书所付出的劳动与努力。本工作还得到国家自然科学基金会的支持。

中华人民共和国濒危物种进出口管理办公室

1996 年 4 月

PREFACE

China has an extensive land area with highly diverse topography, climate, and vegetation and a wealth of wildlife resources. China ranks eighth in the world and first in the Northern Hemisphere in terms of richness of biodiversity. So far more than 500 species of mammals have been recorded, belonging to 14 orders, 52 families and 220 genera. Among them are many endemic species, such as the Giant Panda (*Ailuropoda melanoleuca*), Snub-nosed Monkey (*Rhinopithecus* spp.), Takin (*Budorcas taxicolor*), Tufted Deer (*Elaphodus cephalophus*), White-lipped Deer (*Cervus albirostris*), and Sika Deer (*Cervus nippon*). The White-flag Dolphin (*Lipotes vexillifer*), which is distributed in the waters of Dongting Lake and the lower reaches of the Yangtze River only, is one of five remaining freshwater species of the order Cetacea in the world.

Before the establishment of the People's Republic of China surverys of mammals in China were carried out mainly by foreigners. Most specimens were in museums abroad. The study of mammal taxonomy and distribution was also made by foreign zoologists. Thus no sound foundation for mammalogy ever formed at home. Since the founding of P. R. China the study of mammalogy has been encouraged and has developed rapidly. Under the guidance of Professor Zheng Zuoxin, the chief author of this volume, Zhang Yongzu (Institute of Geography, Academia Sinica), started in 1953 to collect distribution data of Chinese mammals and showed them on maps. Since 1954 a comprehensive task "Nature Regionalization of China" directed by Professor Zhu Kezhen, it promoted the study of zoogeography in China and thus the collection and compilation of mammal distribution data have been carried out continually. At first most data were quoted largely from foreign publications, but as the reliability and richness of the materials for either taxonomic or distribution study progressed in China, much information was added. As a result, a first draft of this volume was drawn up in 1962.

Since the 1980s, along with the rapid progress of economic development and social construction in China, the task of protection and rational utilization of wildlife resources has required basic biological data, including mammal distribution at species level. Under the instruction and support of the Forestry Minstry of the People's Republic of China, a working group, headed by Zhang Yongzu and joined by mammalogists of the Institute of Zoology, Academia Sinica, was set up for improvement of the first draft of the publication, which had been evaluated as a sound base. After that, a large amount of new data was gathered for addition to and revision of the work and examined by the editorial committee, composed of famous mammalogists in China. The work has been refined by new data up to 1994. The publication of this volume meets the requirements not only of wildlife resource management, but also of the study of mammalogy in the field of zoogeography and ecology in China. It will contribute to fundamental information for further study in the following fields:

(1) Distribution patterns and zoogeographical division of mammals;

(2) Checking and reviewing possible problems in taxonomy;

(3) Monitoring distribution changes of mammals in China;

(4) Planning for protection and rational utilization of bioresources;

(5) Geographical distribution of wildlife epidemic diseases and prevention of wildlife damage;

(6) Paleontology and historical biogeography.

Since the first attempt at the work decades ago dozens of colleagues have assisted and encouraged us to complete this task. We take this opportunity to express our apprecitation for all their support. We must especially thank Professor Zheng Zuoxin and Professor Shou Zhenhuang, who gave encouragement from the beginning, and our colleagues Wang song, Gao Yaoting and Lu Changkun, who checked the first draft of the book. Of the many persons who helped us on information, we should especially like to express our appreciation to Professor Wang Pelie, Professor Lao Rong, Professor Liu Zhenree, Professor Hu Jinchu, and Professor Wang Fuling. We also thank Ms. Jin Yan, Mrs. Yang Lanzhi and Mr. Liang Menyuan, who helped in typing and in much valuable work for finalizing the manuscript. We have to express our deep appreciation to Mrs. Marcia Bliss Marks for checking and improving the English translation of the Foreword, Preface, Introduction and some parts of the Species Distribution of the book. Finaly, we thank Mr. Cheng Li and Mrs. Li Wei (China Forestry Publishing House) for their great effort in publication.

The work has also been supported by the Committee of the National Natural Science Foundation of China.

CITES MANAGEMENT AUTHORITY OF CHINA

April, 1996

导 言

中国是世界人口第一大国，面积约 960 万 km²，为亚洲之最。它与 15 个国家接壤，共有 31 个行政单元，其中有 23 个省（包括台湾省在内），5 个自治区，3 个直辖市。中国的地势，西高东低，大约有 33％的国土是山地。青藏高原是最高亢的地区。高原上雄伟的喜马拉雅山脉，平均海拔约 6000m，被称为“世界屋脊”。它蜿蜒在青藏高原的南缘，与印度、尼泊尔、不丹接界。大高原的北缘是昆仑山、阿尔金山与祁连山诸山脉。在大高原之北的广阔内陆，是气势雄伟的塔克拉玛干大沙漠所依据的塔里木盆地、天山山地、准噶尔盆地，还有浩瀚的戈壁和内蒙台地。在青藏高原之东，伸展着另一雄伟的山脉，即横断山脉。它北起四川北部，从平均海拔 3000～4000m，向南至云南中部，降为 1000～2000m，最南至与缅甸、老挝、越南的边境，降为 1000m 以下。在横断山脉以东的我国中部与东部地区，大部分是丘陵、盆地与平原，海拔多在 500～1000m，平原地区多在 500m 以下，地貌分区十分明显（见中国地貌分区图）。

中国的气候，从寒冷的东北泰加林寒温带，干旱的西北沙漠，高寒的青藏大高原到最南部的热带，区域差异十分明显。但大部分地区属于温带和亚热带。中国年平均气温图表示了年均温的巨大变化。年雨量最低是在塔克拉玛干大沙漠，低于 25mm，最高年雨量是在台湾，超过 4000mm。中国的植被也十分复杂，包括森林、草原、荒漠和高山植被等，与其相适应，生态地理动物群落也是多种多样的（见中国生态地理动物群落分布图），动物的组成十分丰富。中国在世界动物地理区划中属于古北界（北方）和东洋界（南方）（见世界动物地理区划图），两界的范围，分别为 60％和 40％。

中国的古北界具有一些代表性的科（或亚科），如跳鼠科、睡鼠科、鼠兔科和鼢鼠亚科等，还有许多温带的类型；东洋界则以树鼩科、懒猴科、大熊猫科、猪尾鼠科和一些热带与亚热带成分为特征。在这两个界之下，我国动物地理区划划分了 7 个区和 19 个亚区（见中国动物地理区划图）。

为使读者对本专集的编辑有一概要的了解，特作以下说明：

一、本专集包括中国现存兽类迄今已知全部种类的分布。分类系统主要依据 Corbet（1991），部分按有关分类专著和我们的理解作了某些更动；与中国科学院动物研究所编著的《中国兽类系统检索》（未刊）是一致的。分布图以种为单位，图序按分类系统排列。鉴于目前中国兽类地理亚种研究尚不充分，故只在文字记述中列出已知亚种的分布范围，图上则未予标明。

二、种的分布图采用点图法。点表示具体的分布地点（采集或发现地点）。种的已知分布点的多少，与该种的调查采集充分与否有关。一定数量的分布点在小比例尺图上，可以形成或多或少的“点群”，反映出种的大致分布范围。在点的基础上可以用外缘线或成片涂色表示出种的分布区。但这一工作我们认为留给使用者依据自己的实际工作经验进行，比由编者绘出更好。

三、由于一个种在它的分布区内并非随处可以发现，而是只限于它的生境或栖息地。这在小比例尺的图上显然不可能反映出来，只在文字记述部分简略地列出了每个种的主要栖息环境，可供查考。

四、对少数种类，本专集还注出了目前已局部绝灭的地点，如虎、梅花鹿和灵长类的种类等。获得这种反映分布变迁的完整资料是不容易的，要靠兽类工作者和物种保护工作者不断地积累与监测，本专集主要的任务是提供了一个本底情况，作为这方面工作的底图。

五、本专集附有世界动物地理区划图和中国动物地理区划图各一幅，可供读者研究兽类的分布型。此外还附有多种中国自然地理图，读者可用于研究兽类分布与地理环境的关系。

六、本专集所列各个种的分布点资料来源于四个方面：

（一）早期发表的文献，重要的有：黑田长礼（1940），《日本哺乳动物图说》；Allen，G. M.（1938～1940），The Mammals of China and Mongolia；Ellerman，J. R. and J. C. S. Morrison-Scott（1951），Checklist of Palaearctic and Indian Mammals。Loukashkin，A. S.（1939），《北满野生哺乳类志》；Бобринскнй，Н. А.，Б. А. Куэнецов，А. П. Куэякин（1944），Определитель Млекопитающих СССР；Огнев，С. И.（1928～1950），Эверя СССРи Прилежащих Стран，Т. 1-7. 寿振黄等（1958），《东北兽类调查报告》；寿振黄主编（1962），《中国经济动物志——兽类》；钱燕文等（1965），《新疆南部的鸟兽：兽类》。

（二）自 50 年代以来，中国科学院历次组织的综合考察队，它们提供了调查资料和标本收藏记录，最重要的有：云南热带生物资源考察队（1955～1958），南水北调综合考察队（1959～1961），治沙队（1959～1961），青海、甘肃综合考察队（1958～1960），华南热带亚热带生物资源考察队（1958～1960），新疆综合考察队（1956～1959），西藏考察队（1966～1968）。

（三）近十多年来省级有关兽类的出版物，主要有：《黑龙江省动物志》（马逸清主编　1968），《辽宁省动物志——兽类》（肖增祜等编　1988），《安徽兽类志》（王岐山主编　1990），《浙江动物志——兽类》（诸葛阳主编　1987），《四川资源动物志兽类》（胡锦矗、王酉之

1982、1984),《贵州兽类志》(罗蓉主编 1993),《西藏哺乳类》(冯祚建等 1986),《青海经济动物志:兽类》(郑昌琳等 1989),《甘肃脊椎动物志:兽类部分》(郑涛等 1991),《海南岛的鸟兽:兽类部分》(徐龙辉等 1983),《新疆啮齿动物志》(王思博,杨赣源 1983),《新疆北部地区啮齿动物的分类和分布》(马勇等 1987),《陕西啮齿动物志》(王廷正,许文贤等 1992),《西藏珍稀野生动物与保护》(尹秉高,刘务林等 1993)。此外,还引用了《中国动物志:兽纲第八卷食肉目》(高耀亭等 1987),《西双版纳自然保护区综合考察报告》(徐永椿等 1991)及《云南哀牢山森林生态系统研究》(吴征镒等 1983),等等。

(四)已发表的涉及中国兽类分布的动物学、自然疫源流行病学及自然保护等方面的论文与报道。此外,还有许多同行提供的未刊报告。

七、本专集为中英文对照,共包括 14 个目,52 个科,220 个属及 500 多种。

最后,有一个重要的问题需要说明。近年来由于中国兽类学研究的进展,有些在分类上一直存在问题的类群,特别是一些小型兽类得到了订正。因此,这些类群在分布上亦需或多或少地予以修改。其中最主要的有鼢鼠(*Myospalax*)、鼠兔(*Ochotona*)、姬鼠(*Apodemus*)、家鼠(*Rattus*)和中国鼩鼱亚科(Soricinae)等。不过,要重新检查和核实分散于各地的标本是困难的,故本专集的一些纪录可能仍是旧的,不少分布点,无疑有待进一步更正。

INTRODUCTION

The People's Republic of China has the largest human population of any country in the world. Its 9 600 000 km^2 of land make it the largest country in Asia, and it shares a border with 15 countries. China's 31 administrative units comprise 23 provinces (including Taiwan Province), 5 autonomous regions and 3 municipalities. Generally speaking, altitudes are highest in the west and lowest in the east, and approximately 33% of the country is mountainous. The highest region is the Tibetan Plateau. The most notable mountatin ranges of the plateau are the great Himalayan chain with an average altitude of about 6000m, which is well named the "roof of the world". It extends along the southern margin of the plateau and borders on India, Nepal and Bhutan. Along the plateau's northern edge the Kunlun, Altun and Qilian mountains extend. On the north side of those mountains lies the extensive inland area with the distinct topographical features of the Taklimakan Desert, Tarim Basin, Tian Mountains, Dzungarian Basin, Gobi and Inner Mongolian platform. To the east of the Tibetan Plateau another notable mountain chain is the Hengduan ranges, extending from Sichuan Province in the north, with an average altitude of 3 000 to 4 000 m, to Yunnan Province in the south, with an average altitude of 1 000 to 2 000 m, then below 1000 m bordering Myanmar, Laos and Vietnam. The south-central and eastern half of the country, from the eastern edge of the Hengduan ranges and the Inner Mongolian platform to the east, consists of hills, basins and plains below 1 000 to 500 m above sea level. Geomorphologic regionalization of China is distinct (map).

China's climate is highly diverse, ranging in the northeast from cold taiga and in the northwest from cold, dry deserts and in the Tibetan Plateau from cold, alpine terrain to tropical monsoon in the south. The main part of the country is located in the temperate and subtropical zones. This tremendous difference is shown on the map of annual mean temperature. The amount of annual rainfall also shows much variation. The northwest has an annual precipiation of below 25 mm, while in the southern provinces the rainfall exceeds 1 500 to 2 000 mm in most parts, with a maximum of more than 4 000 mm in certain parts of Taiwan Province. In terms of geoecological division of animals there are 13 groups, corresponding to great diversification of vegetation including humid forests, semiarid steppe, arid desert, alpine medow and highland tundra (map). Under the system of world zoogeographical regionalization two major zoogeographical divisions are recognized in China, the northern (Palaearctic) and the southern (Oriental) realms, accounting for approximately 60% and 40% of the country respectively.

The Palaearctic portion of China is characterized by the presence of such families (or subfamilies) as Dipodidae (jerboas), Gliridae (dormice), Ochotonidae (pikas), Myospalacinae (zokors) and many temperate forms. In the Oriental region we have such families as Tupaiidae (tree shrews), Lorisidae (lorises), Ailuropodidae (pandas), Platacanthomyidae (spiny dormice) and also quite a number of other tropical and subtropical elements. Within these realms seven faunal regions and nineteen subregions are recognized (map 4).

This publication is substantially an atlas of distribution maps with detailed records at county level. It includes all the mammals known in China, comprising more than 500 species, which are classified under 220 genera, 52 familises and 14 orders.

Following are brief explanations of the contents and compilation of the volume:

1. The book includes all the mammal species distributed in China. It coordinates mostly with the manuscript "Key to Mammals in China" as to nomenclature. Divisions are mainly based on the taxonomic system suggested by Corbet (1991) with some modifications from other authorities. The distribution of all species is indicated on the maps by dots. The ranges of subspecies are not shown on the maps owing to insufficient study, but described with geogeraphical names.

2. On the maps the dots represent localities where specimens were collected and living animal (s) observed. The number of dots depends on the intensity and scope of field surveys.

A cluster of dots on small-scale map can indicate an approximate area of species distribution. A line can be drawn connecting the dots along the edge of the cluster and the space within the line can be colored if users wish to do so. It can be drawn more accurately, based on the experience of users, especially authorities on specific areas. Possible areas of species distribution can be determined by extension of the habitat based on certain ecogeographical conditions. Furthermore, the appendices of physical geographical maps, which are drawn on the same scale as the species distributional maps, can be used for the study of possible correlation between the distribution and environmental conditions.

3. Within a species area, except for a few that are eurytopic, occur only certain habitats, depending on ecological valency. On small-scale maps habitat cannot be shown as to ecological level. The book gives merely a simple description of species habitat in terms of ecogeographical significance.

4. For a few endangered species, such as the tiger, sika deer and primates, localities of extirpation or protection have been marked by different dot. It is hard to obtain information on distributional changes, which must be collected constantly or by monitoring. This volume can be used as a background for study.

5. Maps of zoogeographic regions of China and the world have been appended for study of species distribution patterns.

6. Data for the volume were collected from the following sources:

(1) Early publications, of which the most important are: N. Kuroda (1940), *Picture Album of Japanese Manmmals*; Allen, G. M, *The Mammals of China and Mongolia* (1938-1940); Ellerman, J. R. and J. C. S. Morrison-Scott

(1950), *Checklist of Palaearctic and Indian Mammals*; Loukashkin, A. S (1937), *Wild Mammals of Northern Manchuria*; Bobrinskii, N. A., B. A. Kuznechov and A. P. Kuzakin (1944), *Identification of Mammals of U. S. S. R*; Ognev, S. E. (1928-1950), *Beasts of U. S. S. R. and Its Adjacent Countries* (Vol. 1-7), ed. Shou Zhenhaung (1958), *Survey Report of Mammals in Northeast China* chief ; Shou Zhenhuang (1962), *Fauna Economica of China-Mammalia*; Qian Yanwen *et al* (1965), *The Birds and Beasts of Southern Xinjiang*; *Mammals.*

(2) Information on faunal investigations and records of specimens, contributed by integrated scientific expeditions of Academia Sinica since the 1950s. The most important are: Yunnan Tropical Biological Resources Expedition Team (1955—1958), Expedition Team of Water Transportation from South to North (1959—1960), Integrated Scientific Expedition Team of Qinghai-Gansu Areac (1958—1960), Investigation Team of Sandy Desert Management (1959—1961), Biological Expedition Team of South China Tropic and Subtropic (1958—1960), Integrated Scientific Expedition Team of Xinjiang (1956-1959), and Integrated Scientific Expedition Team of Xizang (Tibetan) Plateau (1966-1968).

(3) Publications about mammals at provincial level for the past two decades: Ma Yiqing (chief ed.) (1986), *Fauna of Heilongjiang-Mammalia*; Xiao Zhenggu (chief ed.) (1988), *Fauna of Liaoning-Mammals*; Wang Qishan (chief ed.) (1990), *Mammal Fauna of Anhui*; Zhuge Yang (chief ed.) (1988), *Fauna of Zhejiang-Mammalia*; Hu Jinzhu and Wang Youzi (1982, 1984), *Sichuan Fauna Economica-Mammalia*; Luo Ren (chief ed.) (1993), *The Mammals of Guizhou*; Sheng Lantian et al. (1988), *Vertebrate List of Guangxi-Mammalia*; Feng Zuojian et al (1986), *The mammals of Xizang*; Xu Longhui et al (1983), *The Birds and Beasts of Hainan*; Li Dehao et al (1989), *The Economic Vertebrates of Qinghai*; Wang Xiantin (chief ed.) (1991), *Vertebrate Fauna of Gansu*; Wang Shibo et al (1983), *Rodentia Fauna of Xinjiang*; Ma Yong et al (1987), *Glires (Rodents and Lagomorphs of Northern Xinjiang and Their Zoogeographical Distribution*; Wang Tingzheng and Xu Wenxian (chief ed.) (1992), *Glires (Rodentia and Lagomorpha) Fauna of Shaanxi Province*; Gao Yaoting et al. (1987), *Fauna Sinica: Mammalia-Vol. 8: Carnivora*; Xu Yongchun *et al* (1987); *Integrated Scientific Report of Xishuangbanna Nature Reserves*"; Yin Binggao et al. (1991), *Wildlife Protection in Tibet*; Wu Zhengyi *et* al. (1983), *Research of Forest Ecosystems on Ailao Mountains, Yunnan*".

(4) A great number of papers of zoology, wild animal epidemiology and nature conservation, which deal with information of mammal distribution and many unpublished papers provided by our colleagues have also been quoted, etc.

7. This volume is Chinese-English bilingual. The lists and maps are followed by texts arranged in order of taxonomic system. Under each species included in this volume the following items are listed: (1) nomenclature, including scientific names, Chinese names and English names; (2) subspecies and their main ranges; (3) distribution records in China; (4) habitat; (5) brief account of range abroad.

Recently, following mammalogical survey in China, a revision of taxonomic groups in question has been carried out, especially for the small mammals, and modification of their distribution has been made according to different authors. Among them the most important groups are zokors (*Myospalax*), pikas (*Ochotona*), field mice (*Apodemus*), rats (*Rattus*) and Chinese red-toothed shrow (Soricinae). However, due to the difficulty of reexamining specimens kept in different institutions, some former data may remain in the volume. No doubt many dots will be found subject to considerable taxonomic correction as more details become known.

目　　录

中国哺乳动物分布

CONTENTS

DISTRIBUTION OF MAMMALIAN SPECIES IN CHINA

概　图

GEOGRAPHICAL MAPS

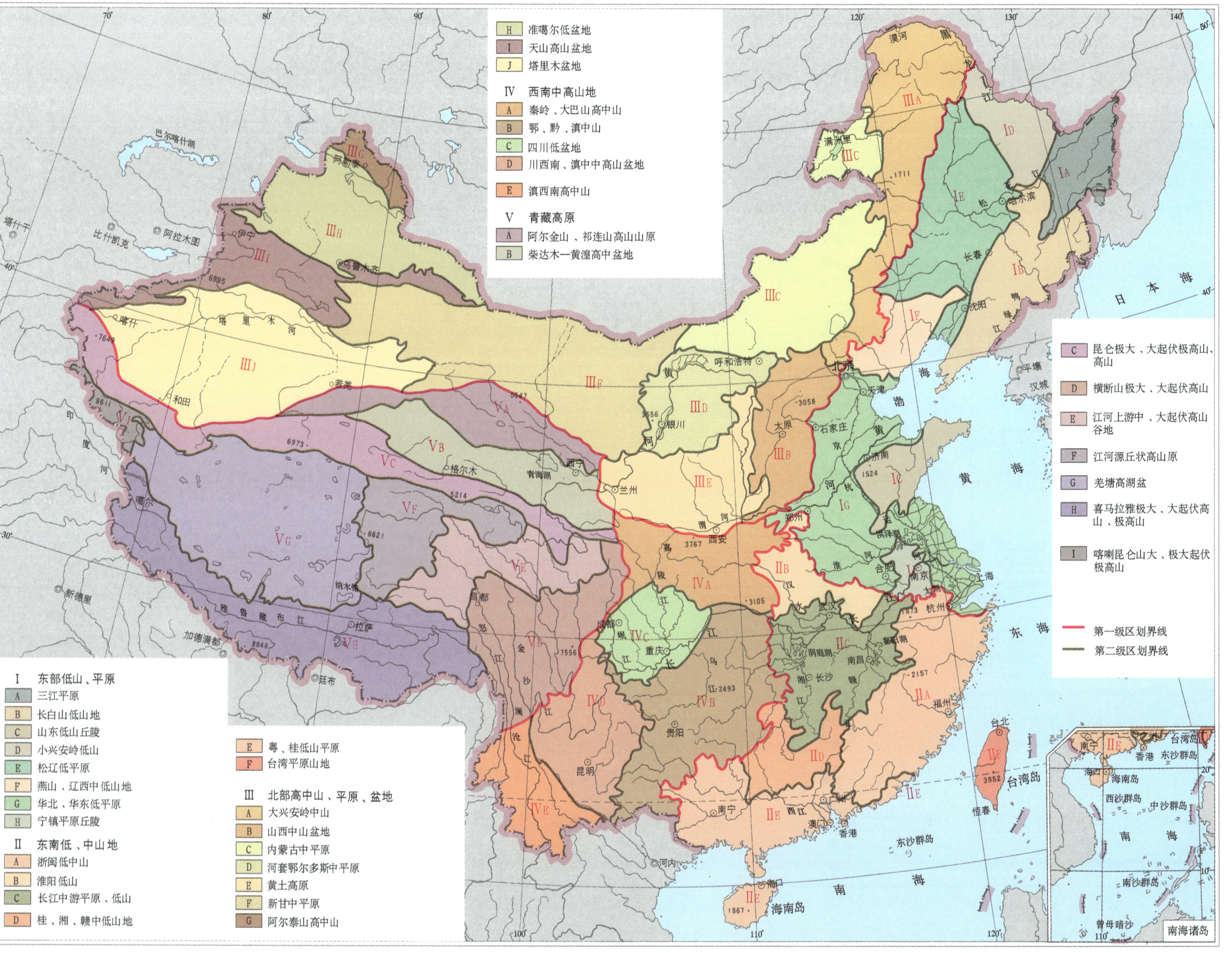

中国地貌区划图

1:20 000 000　国家自然地图集编辑室设计制版　李炳元　供稿

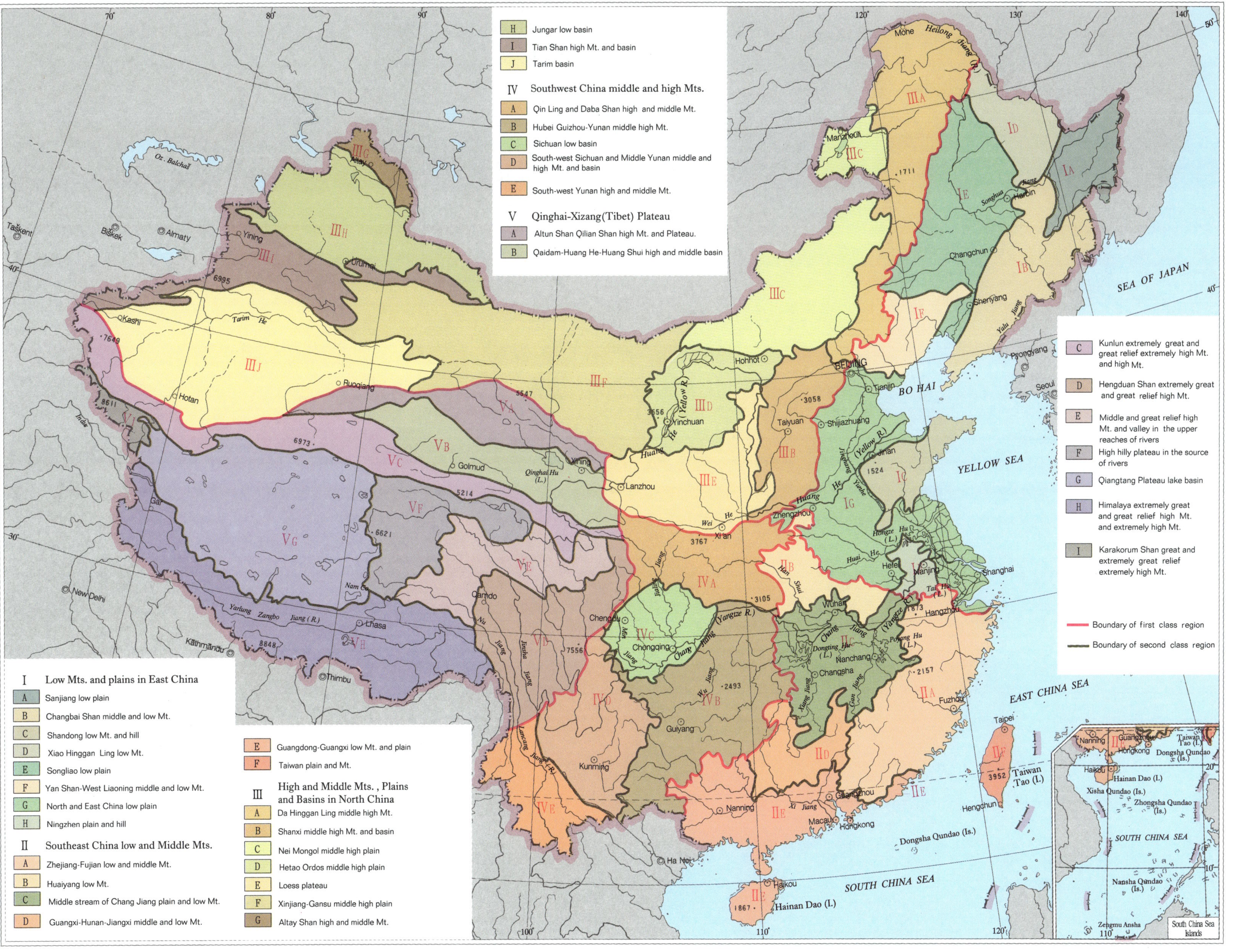

Geomorphological Regionalization Map of China

1:20 000 000 Design and plate making: Editorial Board of the National Physical Atlas of China Authorship draft: Bingyuan Li

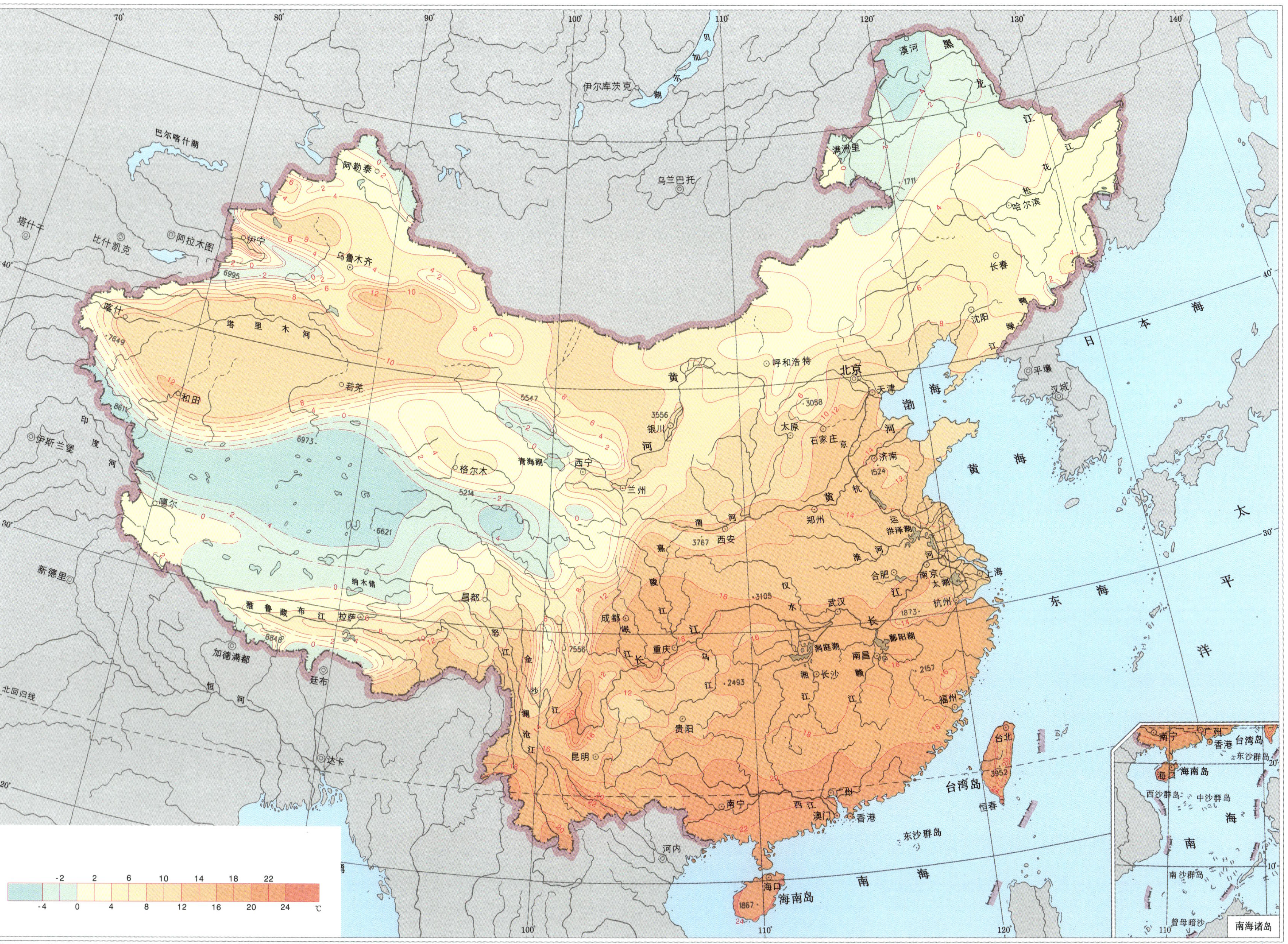

中国年平均气温图

Annual Average Temperature Map of China

1:20 000 000 国家自然地图集编辑室设计制版 朱兆瑞 供稿 Design and plate making: Editorial Board of the National Physical Atlas of China Authorship draft: Ruizhao Zhu

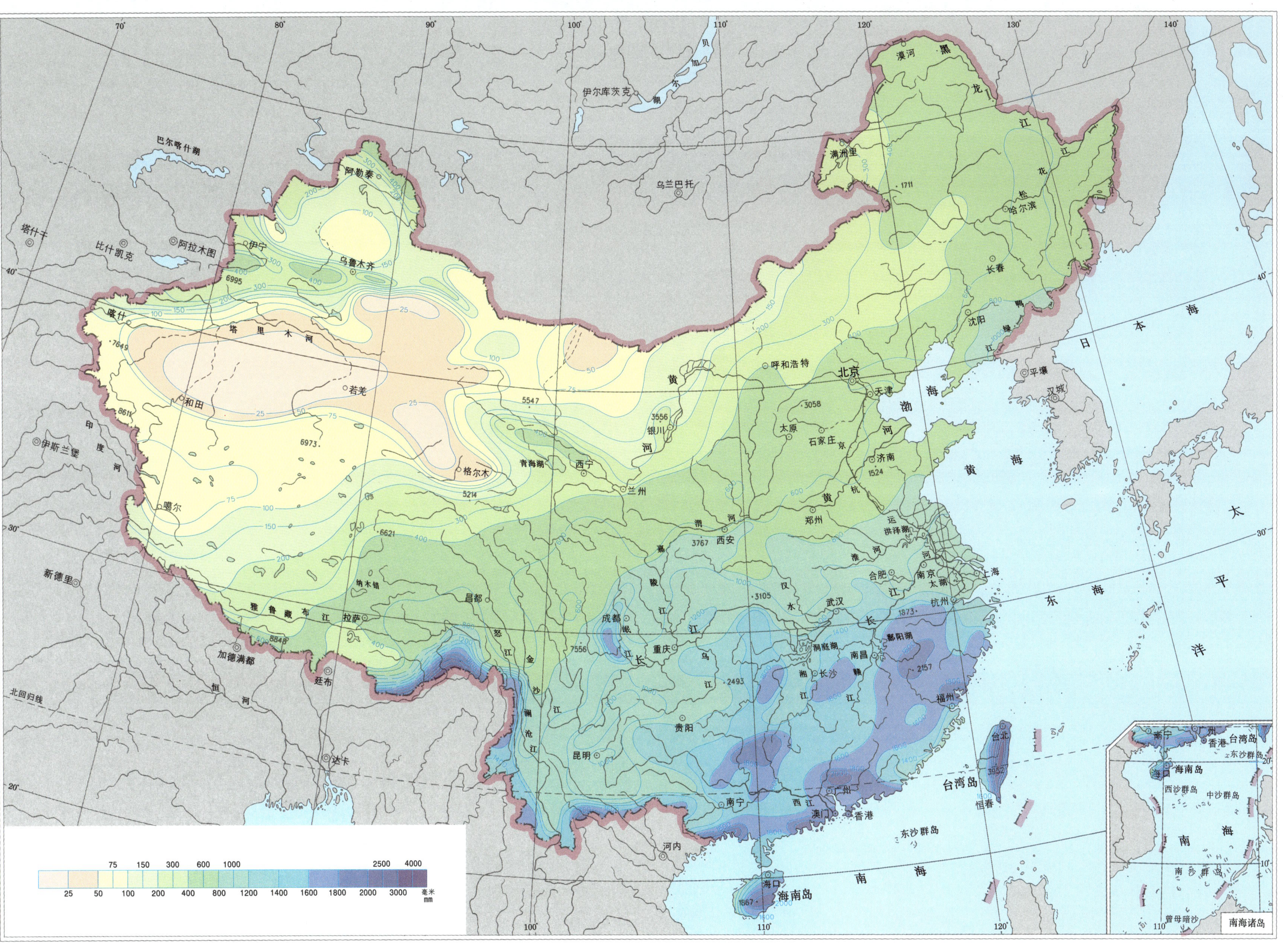

中国年降水量图

Annual Precipitation Map of China

1:20 000 000　国家自然地图集编辑室设计制版　朱兆瑞　供稿　Design and plate making: Editorial Board of the National Physical Atlas of China　Authorship draft: Ruizhao Zhu

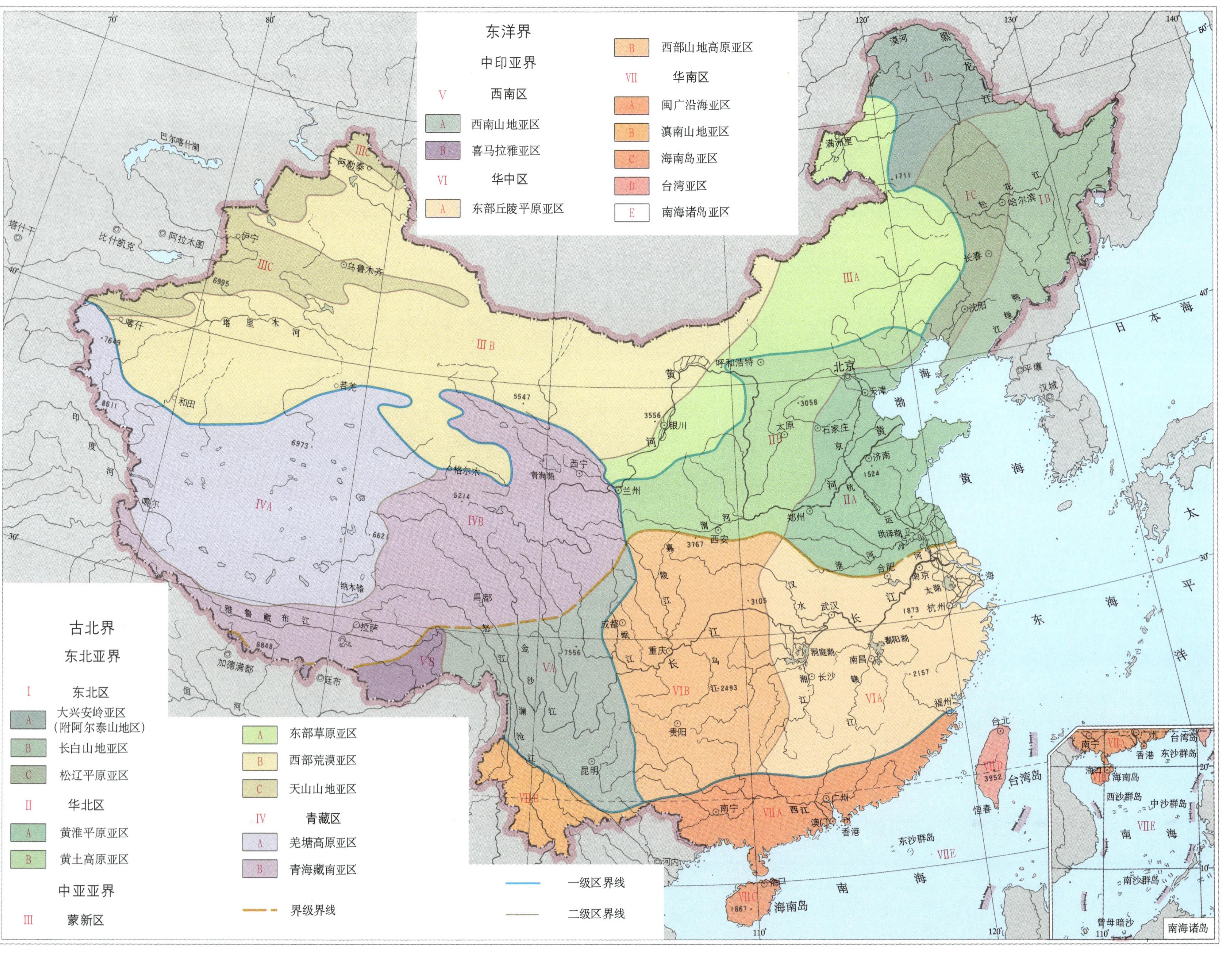

中国动物区划图

1:20 000 000　国家自然地图集编辑室设计制版　张荣祖　供稿

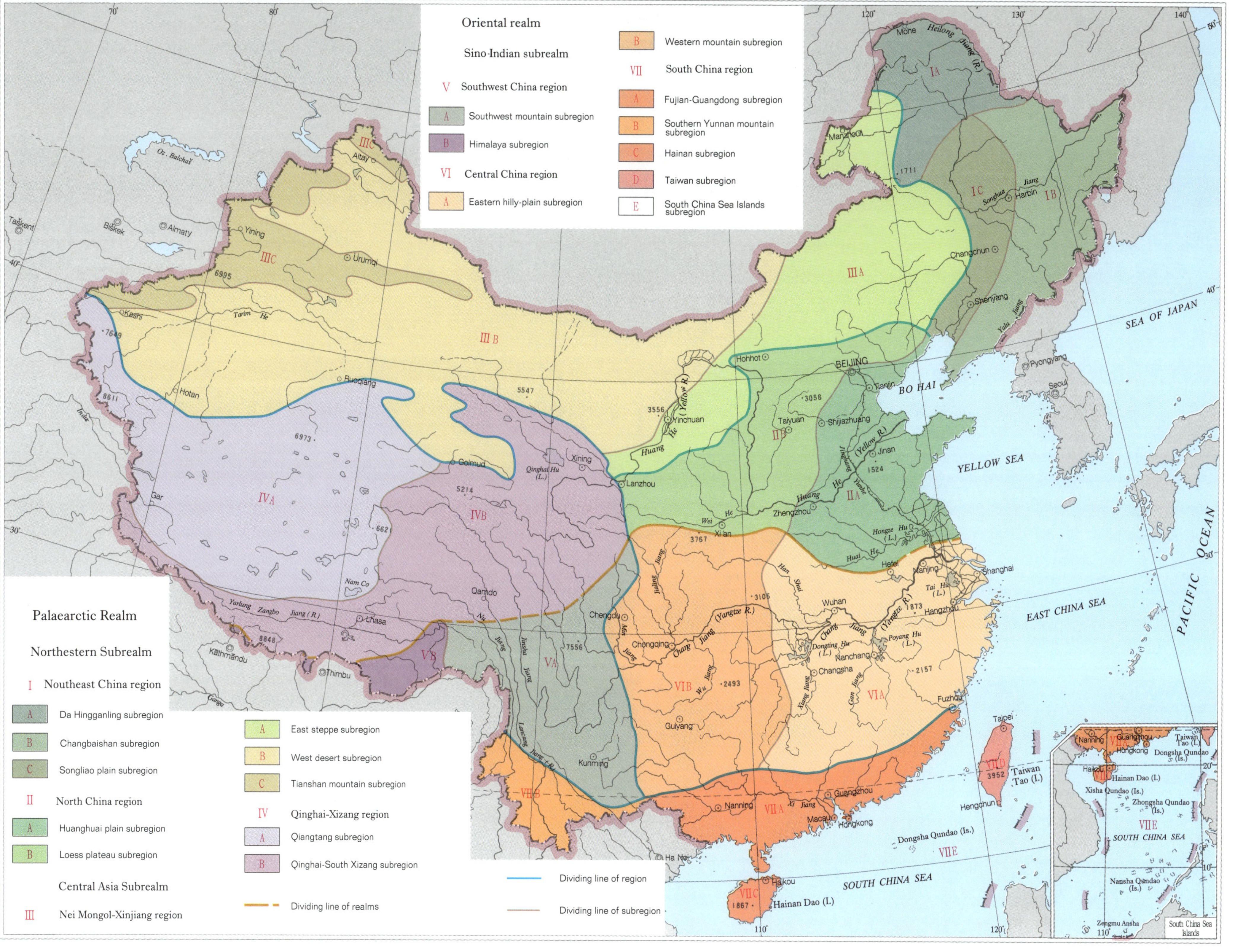

Zoological Regionalization Map of China

1:200 0000 000　Design and plate making: Editorial Board of the National Physical Atlas of China　Authorship draft: Yongzu Zhang

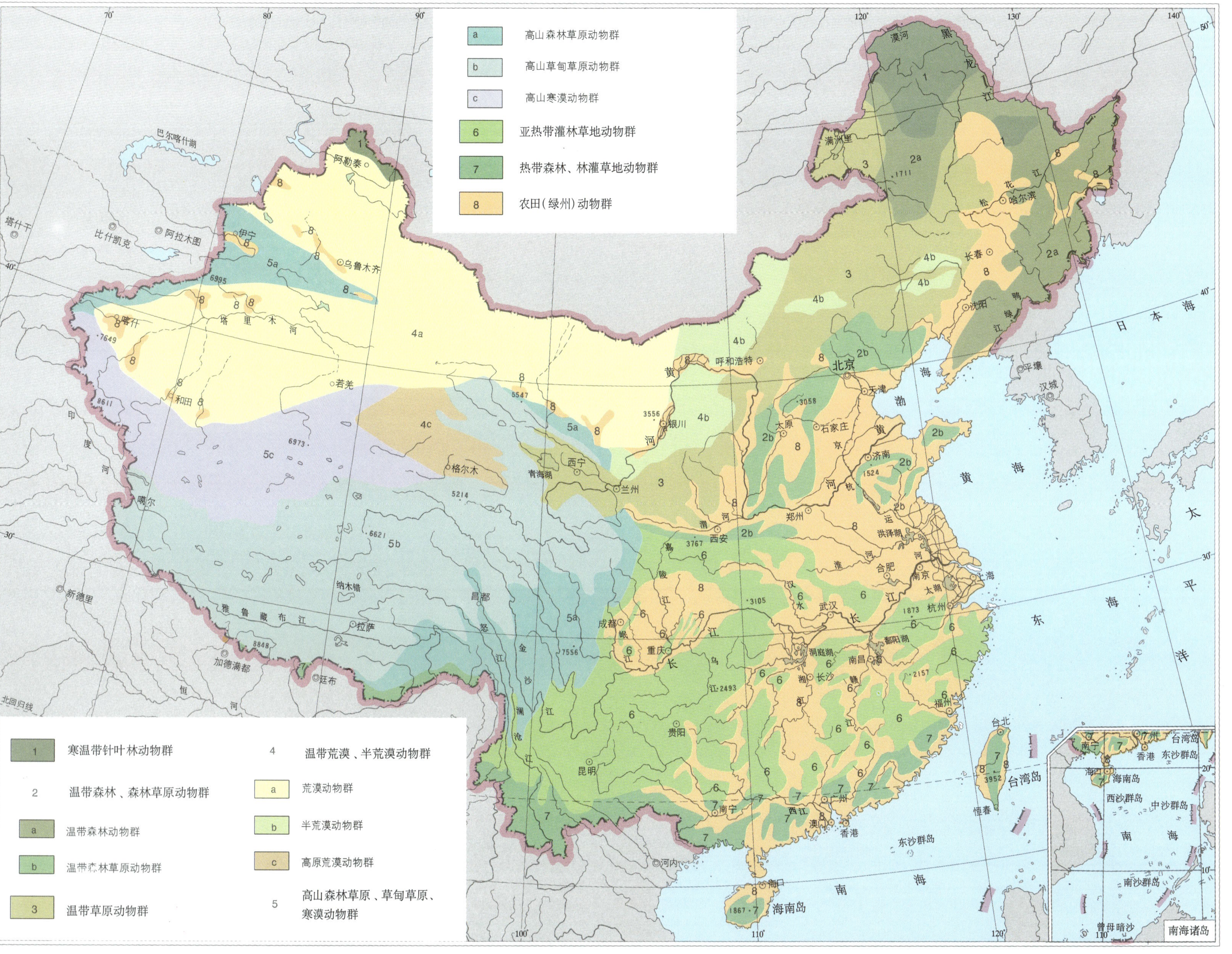

中国生态地理动物群分布图

1:20 000 000　国家自然地图集编辑室设计制版　张荣祖　供稿

Faunal Group Distribution Map of China

1:20 000 000 Design and plate making: Editorial Board of the National Physical Atlas of China Authorship draft: Yongzu Zhang

世界动物区划图

Faunal Regions of the World

Ⅰ. 古北界　Ⅱ. 新北界　Ⅲ. 旧热带界　Ⅳ. 东洋界　Ⅴ. 新热带界　Ⅵ. 澳洲界

中国哺乳动物分布

MAMMALIAN SPECIES IN CHINA
Distribution

Commonly Used Chinese Words with Their Romanization and English Meaning

Chinese character	Romanization (pinyin)	English meaning
东	dong	east
南	nan	south
西	xi	west
北	bei	north
山	shan	mountain
岭	ling	range
峰	feng	peak
岛	dao	island
河	he	river
川	chuan	river
江	jiang	river
曲	gu	river
湖	hu	lake
错	co	lake
海	hai	sea
洋	yang	ocean
港	gang	harbor
湾	wan	gulf
口	kou	outlet

食虫目 INSECTIVORA

猬 科 Erinaceidae

毛猬属 *Hylomys* Müller, 1839

小毛猬 ***Hylomys suillus*** Müller, 1839

H. s. microtinus Thomas, 1925［越南北部］

H. s. peguensis Blyth, 1859［缅甸］

云南：金平、勐遮[Y43]；勐海、景洪、勐腊[Y10]；南定河[A1]；绿春、江城（*microtinus*）、孟连、盈江（*peguensis*）[W73]；景东[W18]；陇川[W17]；沧源（南滚河）[W16]

热带雨林

中南半岛，马来半岛，蒂奥曼岛，苏门答腊，爪哇，加里曼丹。

新毛猬属 *Neohylomys* Shaw *et* Wang, 1959

海南新毛猬 ***Neohylomys hainanensis*** Shaw *et* Wang, 1959

海南：尖峰岭*[S9]；吊罗山、白沙、琼中[X21,L56]

热带雨林，次生林及灌丛

中国鼩猬属 *Neotetracus* Trouessart, 1909

中国鼩猬 ***Neotetracus sinensis*** Trouessart, 1909

N. s. sinensis Trouessart, 1909［四川，云南］

N. s. hypolineatus Wang *et* Li［云南南部］

四川：峨眉山[A1,P1]；康定[A1]；雅安、乡城、汶川[H23]

贵州：绥阳*；贵定、龙里、锦屏[L2]

云南：永德、双江、凤庆[L71]；腾冲、潞西*；保山、贡山[G14]；景东[W18]；盈江、澜沧、西盟、绿春[W71]；金平[L4]

森林

缅甸北部，越南，老挝，柬埔寨。

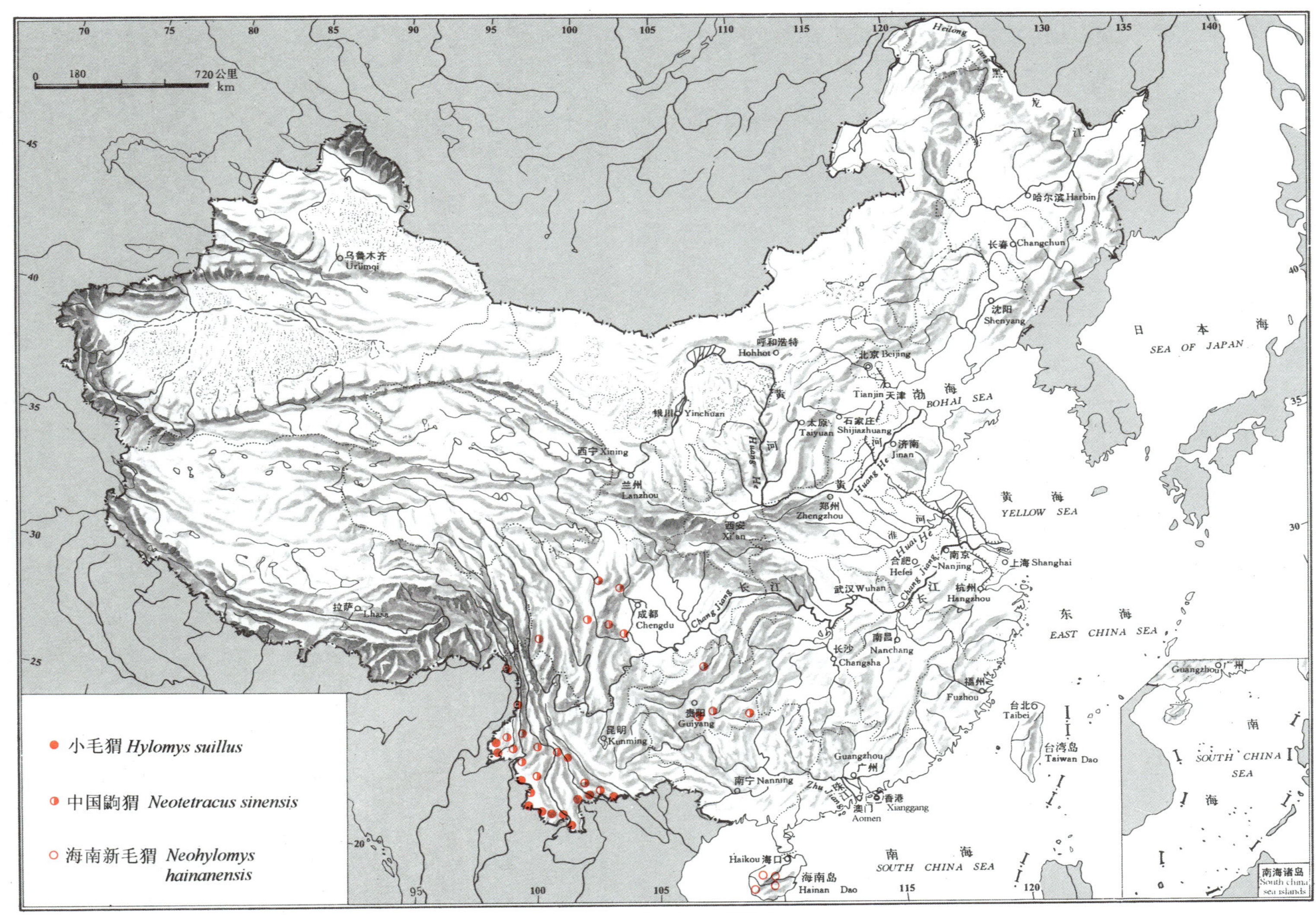

图 1　小毛猬 *Hylomys suillus*　海南新毛猬 *Neohylomys hainanensis*　中国鼩猬 *Neotetracus sinensis* 的分布

---

① * 依中国科学院动物研究所标本记录

① * According to specimen records of Institute of Zoology, Academia Sinica.

INSECTIVORA Insectivores

Erinaceidae Hedgehogs, moonrats

Hylomys Müller, 1839 **Moonrats**

Hylomys suillus Müller, 1839 **Lesser moonrat**

H. s. microtinus Thomas, 1925 [Tonkin, Indochina]

H. s. peguensis Blyth, 1859 [Burma]

Yunnan: Jinping, Mengzhe[Y43]; Menghai, Jinghong, Mengla[Y10]; Nandinghe[A1]; Luchun, Jiangcheng (*microtinus*), Menglian, Yingjiang (*peguensis*)[W73]; Jingdong[W18]; Longchuan[W17]; Cangyuan (Nangunhe)[W16]

Tropical rain forest

Myanmar, Thailand, Indochina, Malay Peninsula, Tioman Island, Sumatra, Java and Borneo.

Neohylomys Shaw *et* Wang, 1959 **New moonrats**

Neohylomys hainanensis Shaw *et* Wang, 1959 **Hainan moonrat**

Hainan: Jianfengling*[S9]; Diaoluoshan, Baisha, Qiongzhong[X21, L56]

Tropical rain forest, secondary forest and scrub

Neotetracus Trouessart, 1909 **Chinese shrew-hedgehogs**

Neotetracus sinensis Trouessart, 1909 **Chinese shrew-hedgehog**

N. s. sinensis Trouessart, 1909 [Sichuan, Yunnan]

N. s. hypolineatus Wang *et* Li, 1982 [Southern Yunnan]

Sichuan: Emeishan[A1, P1]; Kangding[a1], Ya'an, Xiangcheng, Wenchuan[H23]

Guizhou: Suiyang*; Guiding, Longli, Jinping[L2]

Yunnan: Yongde, Shuangjiang, Fengqing[L71]; Tengchong, Luxi*; Baoshan, Gongshan[G14]; Jingdong[W18]; Yingjiang, Lancang, Ximeng, Luchun[W71]; Jinping[L4]

Forest

Northern Myanmar, Indochina.

猬属 *Erinaceus* Linnaeus, 1758

刺猬 ***Erinaceus europaeus*** Linnaeus, 1758

E. e. amurensis Schrenk, 1859 [东北东部]

E. e. dealbatus Swinhoe, 1870 [东北西部,黄河、长江中下游]

E. e. miodon Thomas, 1908 [陕西]

黑龙江：哈尔滨、双鸭山、伊春、嫩江、东宁、泰来[M13, S33, L86]

吉林：安图、土门岭[Y24]；长春[J1]

辽宁：清原、新宾、桓仁、旅顺、大连[X5, 7]

内蒙古：河套[Z59]

河北：固安、新安*；兴隆[A1]

北京：金山[B9]

天津：天津*

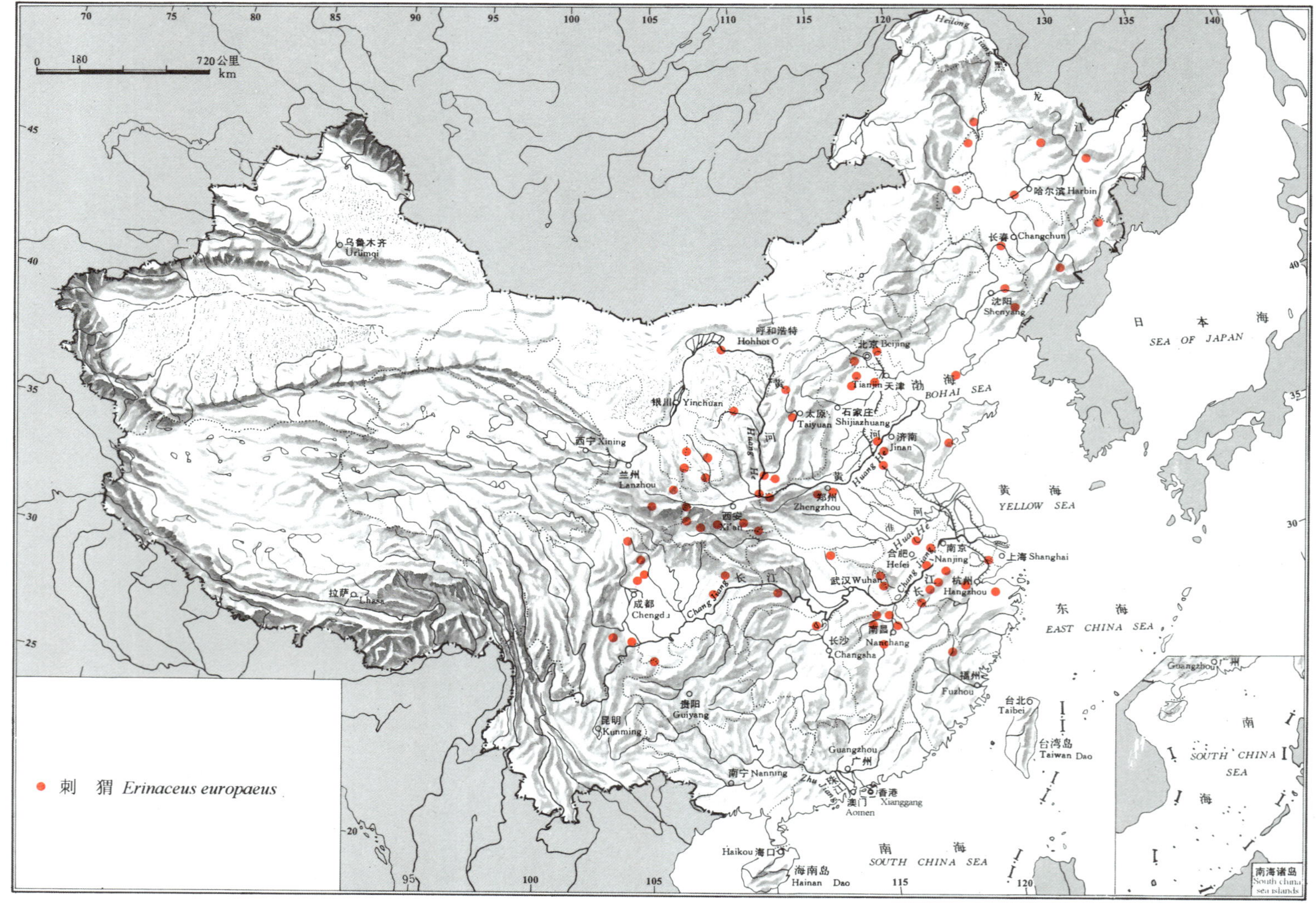

图 2 刺猬 *Erinaceus europaeus* 的分布

山西：中条山西端[B12]；太原、宁武、绛县[W9]
山东：济南、曲阜*；泰安[A1]；青岛[Z118]
河南：郑州、陕县、信阳、开封[Z97]
陕西：榆林、宝鸡[A1]；石泉、平利、镇坪[W96]；留坝、宁陕[W98]；商州、柞水、商南[Z85]；陇县[S41]
甘肃：漳县、环县、正宁、平凉、灵台[Y34]；张家川[C19]
安徽：滁县、和县、无为、桐城、岳西、太湖、广德、贵池、宁国、休宁[H35]；芜湖[W39,A1]
江苏：南京[H36]
上海：上海[A1]
浙江：庆元、宁波、杭州[A1,Z113]
湖北：宜昌[A1]
湖南：岳阳[A1]
四川：绵阳、宜宾、万县*；青川、叙永、马边、南坪[H23]
江西：南昌、永修、九江、德安、星子、湖口、都昌、余干、波阳[F13]

田野及森林

欧洲（包括不列颠与爱尔兰），俄罗斯，小亚细亚，中亚，西伯利亚，乌苏里、阿穆尔，朝鲜。

Erinaceus Linnaeus, 1758 Woodland hedgehogs

Erinaceus europaeus Linnaeus, 1758 **European hedgehog**

E. e. amurensis Schrenk, 1859[Eastern Northeast China]

E. e. dealbatus Swinhoe, 1870 [Western Northeast China, lower and middle reaches of Huanghe and Changjiang]

E. e. miodon Thomas, 1908 [Shaanxi]

Heilongjiang: Harbin, Shuangyashan, Yichun, Nenjiang, Dongning, Tailai[M13,S33,L86]
Jilin: Antu, Tumenling[Y24]; Changchun[J1]
Liaoning: Qingyuan, Xinbin, Yuanren, Lushun, Dalian[X5,7]
Nei Mongol: Hetao[Z59]
Hebei: Gu'an, Xinan*; Xinglong[A1]
Beijing: Jinshan[B9]
Tianjin: Tianjin*
Shanxi: Westenmost Zhongtiao Mt.[B12]; Taiyuan, Ningwu, Jiangxian[W9]
Shandong: Jinan, Qufu*; Tai'an[A1]; Qingdao[Z118]
Henan: Zhengzhou, Shanxian, Xinyang, Kaifeng[Z97]
Shaanxi: Yulin, Baoji[A1]; Shiquan, Pingli, Zhenping[W96]; Liuba, Ningshan[W98]; Shangzhou, Zhashui, Shangnan[Z85]; Longxian[S41]
Gansu: Zhangxian, Huanxian, Zhengning, Pingliang, Lingtai[Y34]; Zhangjiachuan[C19]
Anhui: Chuxian, Hexian, Wuwei, Tongcheng, Yuexi, Taihu, Guangde, Guichi, Ningguo, Xiuning[H35]; Wuhu[W39,A1]
Jiangsu: Nanjing[H36]
Shanghai: Shanghai[A1]
Zhejiang: Qingyuan, Ningbo, Hangzhou[A1,Z113]
Hubei: Yichang[A1]
Hunan: Yueyang[A1]
Sichuan: Mianyang, Yibing, Wanxian*, Qingchuan, Xuyong, Mabian, Nanping[H23]
Jiangxi: Nanchang, Yongxiu, Jiujiang, De'an, Xingzi, Hukou, Duchang, Yugan, Boyang[F13]

Woodland, wild and farmland

Europe (including Britain and Ireland), Russia, Asia Minor, Central Asia, Siberia, Ussuri, Amur, Korea.

短棘猬属 *Hemiechinus* Fitzinger, 1866

达乌尔猬 ***Hemiechinus dauuricus*** Sundevall, 1842

H. d. dauricus Sundevall, 1842 [内蒙古，黄土高原]

H. d. manchuricus Mori, 1926 [松辽平原]

黑龙江：齐齐哈尔[R5]
吉林：通榆[S33]；公主岭*
辽宁：彰武[S33]
内蒙古：满洲里、海拉尔[A1]；苏尼特右旗、多伦*；杭锦旗、鄂托克旗、达拉特旗、阿拉善左旗[Z55]
陕西：延安、绥德、榆林、宁陕[W115]；宁强、陇县、柞水、山阳、留坝、丹凤、商南、神木、定边[S43,W98]
宁夏：银川、盐池、同心、吴忠、灵武、陶乐、石嘴山[W60]
甘肃：玉门、敦煌、酒泉、嘉峪关、永昌、景泰[Z81]

草原

蒙古东北，外贝加尔地区。

侯氏猬 ***Hemiechinus hughi*** Thomas, 1908

H. h. hughi Thomas, 1908 [陕西]

H. h. sylvaticus Ma, 1964 [山西]

山西：沁水、垣曲[T2]
河南：商城（宋世英 1995 年提供）
陕西：宝鸡[E1]；柞水、山阳、留坝[S44]；宁陕[S43]；宁强、陇县[S41]；丹凤、商南[Z85]
四川：城口、青川、南坪（胡锦矗 1995 年提供）

山地落叶阔叶林

Hemiechinus Fitzinger, 1866 Steppe hedgehogs

Hemiechinus dauuricus Sundevall, 1842 **Daurian hedgehog**

H. d. dauricus Sundevall, 1842 [Inner Mongolia and Loess Plateau]

H. d. manchuricus Mori, 1926 [plain of Song-Liao River]

Heilongjiang: Qiqihar[R5]
Jilin: Tongyu[S33]; Gongzhuling*
Liaoning: Zhangwu[S33]
Nei Mongol: Manzhouli, Hailar[A1]; Sonid Right B., Duolun*, Hanggin B., Otog B., Dalad B., Alxa Left B.[Z55]
Shaanxi: Yan'an, Suide, Yulin, Ningshan[W115]; Ningqiang, Longxian, Zhashui, Shanyang, Liuba, Danfeng, Shangnan, Shenmu, Dingbian[S43,W98]
Ningxia: Yinchuan, Yanchi, Tongxin, Wuzhong, Lingwu, Taole, Shizuishan[W60]
Gansu: Yumen, Dunhuang, Jiuquan, Jiayuguan, Yongchang, Jingtai[Z81]

Steppe

Northeastern Mongolia, Transbaikal area.

Hemiechinus hughi Thomas, 1908 **Hughe's hedgehog**

H. h. hughi Thomas, 1908 [Shaanxi]

H. h. sylvaticus Ma, 1964 [Shanxi]

Shanxi: Qinshui, Yuanqu[T2]
Henan: Shangcheng (provided by Song Shiying 1995)
Shaanxi: Baoji[E1]; Zhashui; Shanyang; Liuba[S44]; Ningshan[S43]; Ningqiang, Longxian[S41]; Danfeng, Shannan[Z85]
Sichuan: Chengkou, Qingchuan, Nanping (provided by Hu Jinchu, 1995)

Mountain deciduous broadleaf forest

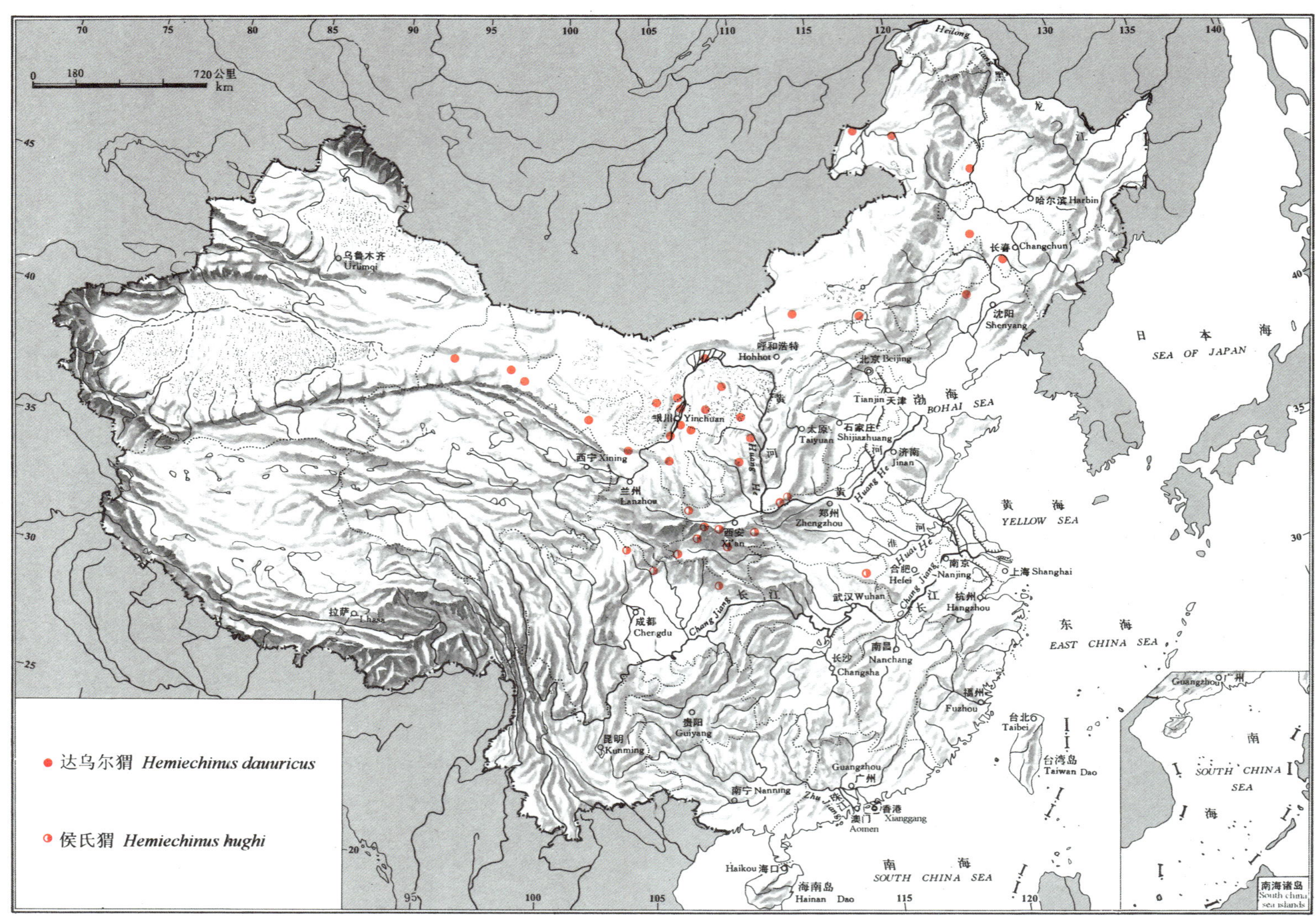

图 3 达乌尔猬 *Hemiechinus dauuricus* 侯氏猬 *Hemiechinus hughi* 的分布

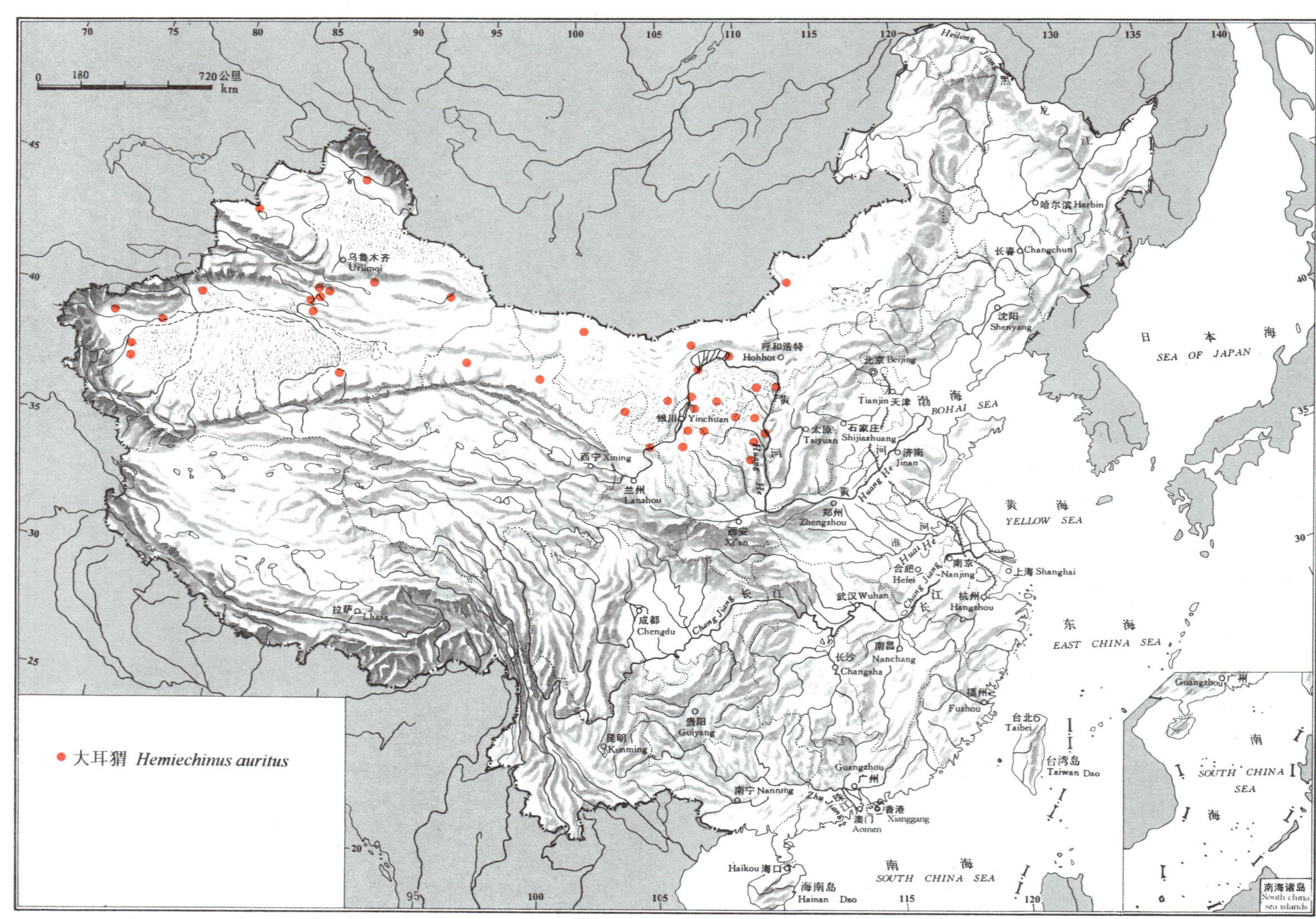

图 4 大耳猬 *Hemiechinus auritus* 的分布

大耳猬 ***Hemiechinus auritus*** Gmelin，1770

H．a．albulus Stoliczka，1872

内蒙古：二连浩特、乌拉特前旗、四子王旗*；磴口、额济纳旗[D10]；准格尔旗、伊金霍洛旗、阿拉善左旗[W59]；鄂托克旗[Z56]；乌拉特后旗[X10]

新疆：和静、焉耆、尉犁、巴楚、吐鲁番*；和硕、库尔勒、若羌、阿克苏、叶城、喀什[X11]；哈密、莎车[E1]；准噶尔[Z20]

陕西：延安、绥德、榆林、子长[W115]

宁夏：同心、吴忠、灵武、盐池、陶乐、石嘴山[W60]

甘肃：酒泉、民勤、敦煌[Q13]；景泰[Z81]

荒漠，半荒漠

小亚细亚，中亚，蒙古，阿富汗，伊朗，塞浦路斯，巴勒斯坦，非洲北部（昔兰尼加），埃及。

Hemiechinus auritus Gmelin，1770 **Long-eared hedgehog**

H．a．albulus Stoliczka，1872

Nei Mongol：Erenhot，Urad Front B.，Siziwang B. *；Dengkou，Ejin B.[D10]；Jungar B.，Ejinhoro B.，Alxa Left B.[W59]；Otog B.[Z56]；Urad Tear B.[X10]

Xinjiang：Hejing，Yanqi，Yuli，Bachu，Turpan*；Hoxud，Korla，Ruoqiang，Aksu，Yecheng，Kashi[X11]；Hami，Shache[E1]；Jungar[Z20]

Shaanxi：Yan'an，Suide，Yulin，Zichang[W115]

Ningxia：Tongxin，Wuzhong，Lingwu，Yanchi，Taole，Shizuishan[W60]

Gansu：Jiuquan，Minqin，Dunhuang[Q13]；Jingtai[Z81]

Desert，semidesert

Asia Minor，Central Asia，Mongolia，Afghanistan，Iran，Cyprus，Palestine，North Afirica (Cyrenaica)，Egypt.

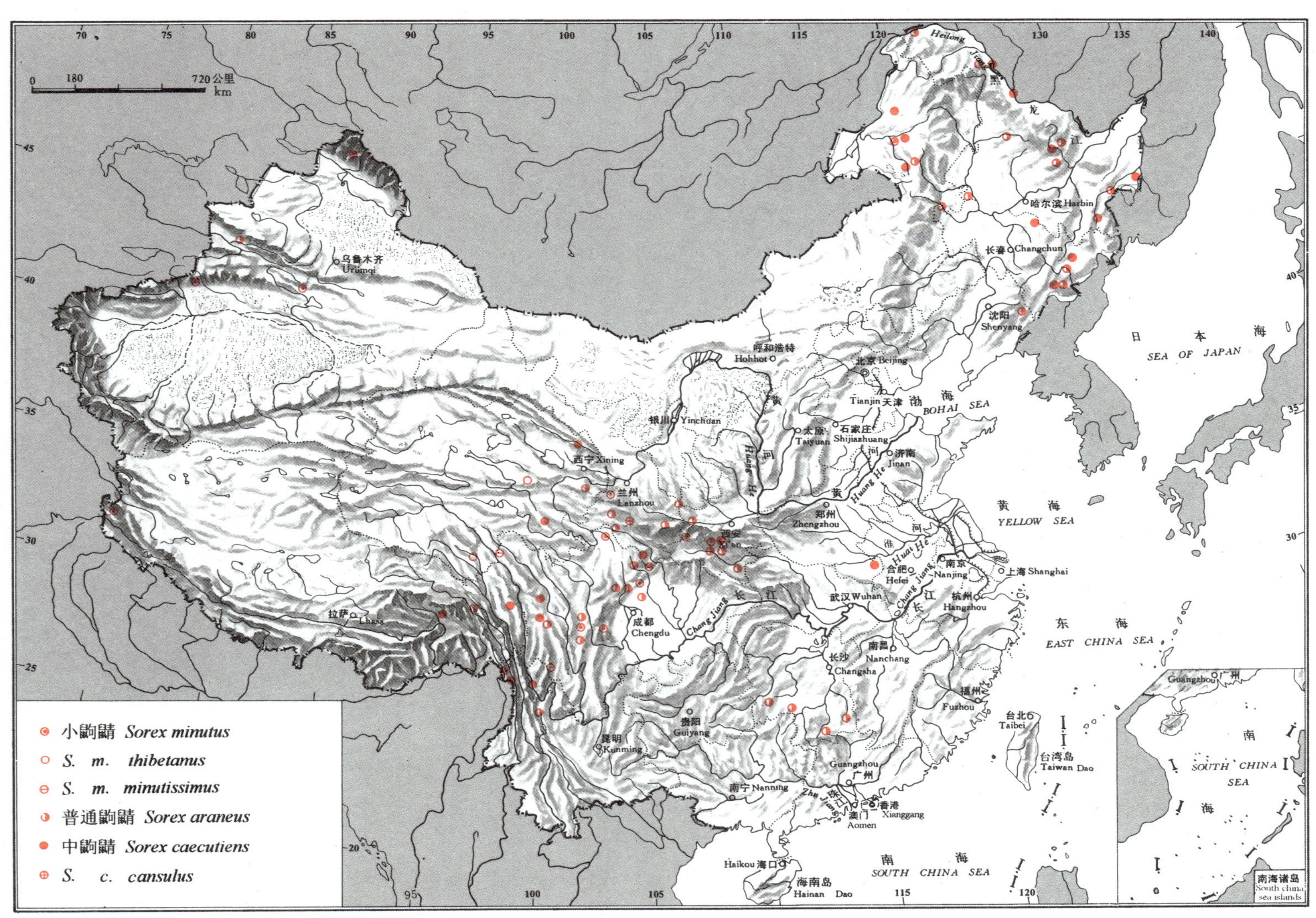

图 5 小鼩鼱 *Sorex minutus* 中鼩鼱 *Sorex caecutiens* 普通鼩鼱 *Sorex araneus* 的分布

鼩鼱科 Soricidae

鼩鼱属 *Sorex* Linnaeus，1758

小鼩鼱 ***Sorex minutus*** Linnaeus，1758

S．m．thibetanus Kastschenko，1905［天山，柴达木，四川，西藏］

S．m．hyojironis Kuroda，1939［大兴安岭］

S．m．planiceps Miller，1911［克什米尔］

S．m．gracilimus Thomas，1907［内蒙古］

S．m．heptopotamicus Stroganov，1959［新疆］

S．m．minutissimus Zimmermann1780［四川］

内蒙古：海拉尔[E1]

陕西：宁陕[W98,S44]；石泉、汉阴[W96]

新疆：和静、阿克苏[W50]；天山[C37]；尼勒克、特克斯[J11]

青海：柴达木[E1]；海北、贵南、海西、果洛、玉树[Z69]

甘肃：文县[M1]；临夏、陇南地区[Z81]

西藏：浪卡子[X30]；扎达[F5]

四川：木里、石渠[E1]；康定、若尔盖、平武[Z26]；安县[G12]

云南：景东[W110]

森林，森林草原，灌丛

欧洲，西伯利亚，蒙古，库页岛，朝鲜，北海道，喜马拉雅，克什米尔，阿拉伯北缘，巴勒斯坦。

中鼩鼱 ***Sorex caecutiens*** Laxmann，1788

S．c．macropygmaeus Miller，1901［东北］

S．c．cansulus Thomas，1912［甘肃］

S．c．koreni Allen，1914［黑龙江，呼伦贝尔］

黑龙江：呼玛、黑河[S33]；伊春、虎林[M13]

吉林：敦化[S33]；抚松、阿城[Z118]

内蒙古：额尔古纳、海拉尔、鄂温克族自治旗[Z118]
新疆：阿尔泰[Z20]
河南：固始[Z97]
甘肃：临潭[A1]；文县[M1]；迭部、舟曲[Z81]
西藏：波密[F5]
青海：门源、玛沁[Z69]
山地森林，灌丛，森林草原
欧洲中部，俄罗斯，楚克奇半岛东部及堪察加半岛，库页岛。

普通鼩鼱 ***Sorex araneus*** Linnaeus，1758
S. a. sinalis Thomas，1912［华北］
S. a. excelsus G. Allen，1923［云南］
S. a. isodon Turov，1924［东北］
S. a. asper Thomas，1914［天山］
黑龙江：呼玛、伊春[S33]；带岭[Z118]；泰来、德都、鸡东、牡丹江[M13]
吉林：安固、抚松[S33]
辽宁：桓仁[X5,7]
内蒙古：鄂温克族自治旗[Z118]；科尔沁右翼前旗[S33]
陕西：凤翔[A1]；凤县[W98]；石泉、汉阴、安康、平利[W96]
山东：广泛分布[L75]
甘肃：临潭[A1]；天水、张家川、迭部[Z81]
新疆：天山[H8]；沙湾、尼勒克、富蕴、温泉[J11]
西藏：波密、八宿[X30]
青海：循化[Z69]
四川：理塘[A1]；平武[Z26]；贡嘎山[H21,37]；安县[G12]
云南：中甸[A1]；贡山[G14]；丽江[P1]
湖南：宜章、新宁、城步、桂东、资兴、绥宁[F14]
森林，灌丛，草地，耕地
欧亚大陆（湿润地带）。

注：中国分布的鼩鼱（*Sorex*）经 Hoffmann（1987）研究，作了较多的修定，为便利研究，特将 *S. minutus* 及 *S. cansulus* 中修定后在分布点交错的部分的个别种的分布于图中分别注出，以便研究。

S. minutus ⊙　　*S. caecutiens* ●
S.（*m*）. *thibetanus* ○　　*S.*（*c*）. *cansulus* ⊕
S.（*m*）. *minutissimus* ⊖

Soricidae Shrews

Sorex Linnaeus，1758 Red-toothed shrews

Sorex minutus *Linnaeus*，1758 **Lesser shrew**
S. m. thibetanus Kastschenko，1905［Tianshan，Qaidam，Sichuan，Xizang］
S. m. hyojironis Kuroda，1939［Da Hinggan Ling］
S. m. planiceps Miller，1911［Kashmir］
S. m. gracilimus Thomas，1907［Nei Mongol］
S. m. heptopotamicus Stroganov，1959［Xinjiang］
S. m. minutissimus Zimmermann，1780［Sichuan］
Nei Mongol：Hailar[E1]
Shaanxi：Ningshan[W98,S44]；Shiquan；Hanyin[W96]
Xinjiang：Hejing；Aksu[W50]；Tianshan[C37]；Nilka，Tekes[J11]
Qinghai：Qaidam[E1]；Guinan，Hai Xi，Golog，Yushu[Z69]
Gansu：Wenxian[M1]；Linxia，Longnan area[Z81]
Xizang：Nagarzê[X30]；Zanda[F5]
Sichuan：Muli Sêrxü[E1]；Kangding，Zoigê，Pingwu[Z26]；Anxian[G12]
Yunnan：Jingdong[W110]
Forest，forest-steppe and scrub
Europe，Siberia，Mongolia，Sakhalin，Korea，Hokkaido，Himalayas，Kashmir，north-eastern Arabia，Palestine.

Sorex caecutiens Laxmann，1788 **Laxmann's shrew**
S. c. macropygmaeus Miller，1901［Northeast China］
S. c. cansulus Thomas，1912［Gansu］
S. c. koreni Allen，1914［Heilongjiang，Hulun Buir］
Heilongjiang：Huma，Heihe[S33]；Yichun，Huling[M13]
Jilin：Dunhua[S33]；Fusong，Acheng[Z118]
Nei Mongol：Ergun，Hailar，Ewenki Aut. B.[Z118]
Xinjiang：Altai[Z20]
Henan：Gushi[Z97]
Gansu：Lintan[A1]；Wenxian[M1]；Têwo，Zhugqu[Z81]
Xizang：Bomi[F5]
Qinghai：Menyuan，Maên[Z69]
Mountain forest，scrub and forest-steppe
Central Europe，Russia，eastern Chukotski peninsula，Kamchatka，Sakhalin.

Sorex araneus Linnaeus，1758 **Common shrew**
S. a. sinalis Thomas，1912［Northern China］
S. a. excelsus G. Allen，1923［Yunnan］
S. a. isodon Turov，1924［Northeast China］
S. a. asper Thomas，1914［Tianshan］
Heilongjiang：Huma，Yichun[S33]；Dailing[Z118]；Tailai，Dedu，Jidong，Mudan Jiang[M13]
Jilin：Angu，Fusong[S33]
Liaoning：Huanren[X5,7]
Nei Mongol：Ewenki Aut B.[Z118]；Horqin Right Wing Front B.[S33]
Shaanxi：Fengxiang[A1]；Fengxian[W98]；Shiquan，Hanyin，Ankang，Pingli[W96]
Shandong：Occurs in different areas[L75]
Gansu：Lintan[A1]；Tianshui，Zhangjiachuan，Têwo[Z81]
Xinjiang：Tianshan[H8]；Shawan，Nilka，Fuyun，Wenquan[J11]
Xizang：Bomi，Baxoi[X30]
Qinghai：Xunhua[Z69]
Sichuan：Litang[A1]；Pingwu[Z26]；Gongga Shan[H21,37]；Anxian[G12]
Yunnan：Zhongdian[A1]；Gongshan[G14]；Lijiang[P1]
Hunan：Yizhang，Xinning，Chengbu，Guidong，Zixing，Suining[F14]
Forest，scrub，grassland and farmland
Eurasian continent（humid zone）

Note：The taxonomy of Sorex in China has been revised by Hoffmann（1987）[H37]. Some subspecies of S. minutus and S. caecutiens，which have been treated as independent species，are shown on the map with different marks.

S. minutus ⊙　　*S. caecutiens* ●
S. m. thibetanus ○　　*S. c. cansulus* ⊕
S. m. minutissimus ⊖

长爪鼩鼱 ***Sorex unguiculatus*** Dobson，1890
黑龙江：大兴安岭[M13]
内蒙古：牙克石[M13]
林灌草地
东西伯利亚，乌苏里，北海道。

栗齿鼩鼱 ***Sorex daphaenodon*** Thomas，1907
S. d. daphaenodon Thomas，1907
黑龙江：五常[Z118]；北安、绥芬河[M13]
吉林：安图[W45]
内蒙古：根河、牙克石[M13]
针叶林，混交林，灌丛及草甸
西伯利亚东部与中部，千岛群岛，库页岛和北海道。

大鼩鼱 ***Sorex mirabilis*** Ognev，1937
黑龙江：阿城（平山）[M13]
吉林：抚松[S33]
针阔混交林
乌苏里，东西伯利亚。

纹背鼩鼱 ***Sorex cylindricauda*** Milne-Edwards，1871
S. c. cylindricauda Milne-Edwards，1871［四川西部，云南北部，陕西西南部］
陕西：陇县[S41]；洛南、宁陕、柞水[Z85]；留坝、平利[S44]；镇坪[W96,98,H8]

四川：美姑[P1]；马尔康[I2]；峨眉山、汶川、望屋山、康定、宝兴[A1]；天全、木里[H23]；平武[Z26]；安县[G12]

云南：德钦（甲午雪山）[W74,H8]

山地森林（针叶林为主），灌木草丛

小纹背鼩鼱 ***Sorex bedfordiae*** Thomas，1911

S. b. bedfordiae Thomas，1911［四川］

S. b. wardi Thomas，1911［甘肃南部］

S. b. gomphus G. Allen，1923［云南西南部］

四川：汶川（卧龙）[W108]；康定、泸定、平武[H8,21]；峨眉山[Z26]

云南：保山（怒江—澜沧江分水岭）、贡山（北纬28°—澜沧江分水岭）、丽江（玉龙山）、中甸、德钦（白马山）[A1]

甘肃：临潭[A1]；陇南地区、平凉[Z81]

陕西：太白[A1]

青海：循化[Z69]

山地森林（针阔混交林为主）

缅甸，尼泊尔。

帕米尔鼩鼱 ***Sorex buchariensis*** Ognev，1921

西藏：米林、浪卡子[F5]

河谷灌丛

帕米尔。

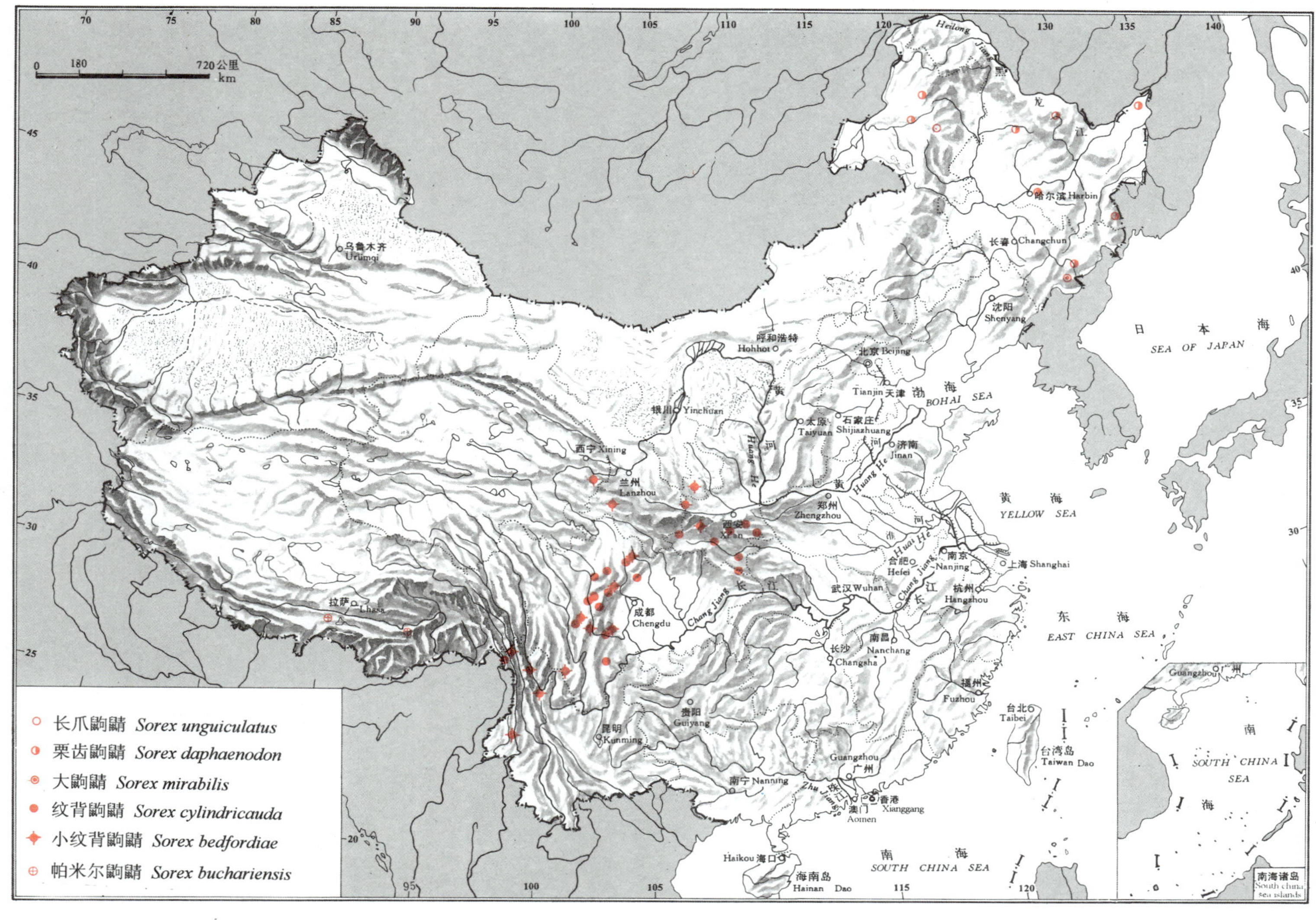

图6 长爪鼩鼱 *Sorex unguiculatus* 栗齿鼩鼱 *Sorex daphaenodon* 大鼩鼱 *Sorex mirabilis* 纹背鼩鼱 *Sorex cylindricauda* 小纹背鼩鼱 *Sorex bedfordiae* 帕米尔鼩鼱 *Sorex buchariensis* 的分布

Sorex unguiculatus *Dobson*，1890 **Long-clawed shrew**

Heilongjiang：Da Hinggan Ling[M13]

Nei Momgol：Yakeshi[M13]

Forest，scrub and grassland

Eastern Siberia，Ussuri，Hokkaido.

Sorex daphaenodon *Thomas*，1907

Large-toothed Siberian shrew

S. d. daphaenodon Thomas，1907

Heilongjiang：Wuchang[Z118]；Bei'an，Suifen He[M13]

Jilin：Antu[W45]

Nei Mongol：Gemhe，Yakeshi[M13]

Coniferous，mixed forest，scrub and meadow

Eastern and central Siberia，Kurile Islands，Sakhalin，Hokkaido.

Sorex mirabilis *Ognev*，1937 **Giant shrew**

Heilongjiang：Acheng（Pingshan）[M13]

Jilin：Fusong[S33]

Coniferous-broadleaf mixed forest

Ussuri and eastern Siberia.

Sorex cylindricauda Milne-Edwards，1871

Greater striped shrew

S. c. cylindricauda Milne-Edwards，1871［Western Sichuan，Northern Yunnan，Southwestern Shaanxi］

Shaanxi：Longxian[S41]；Luonan，Ningshan，Zhashui[Z85]；Liuba，Pingli[S44]；Zhenping[H8]

Sichuan：Meigu[P1]；Barkam[I2]；Emeishan，Wenchuan，Wangwushan，Kangding，Baoxing[A1]；Tianquan；Muli[H23]；Pingwu[Z26]；Anxian[G12]

Yunnan：Dêqên（Jiawu Xueshan）[W74,H8]

Mountain forest（coniferous mainly），scrub and meadow

Sorex bedfordiae Thomas，1911 **Lesser striped shrew**

S. b. bedfordiae Thomas，1911［Sichuan］

S. b. wardi Thomas，1911［Southern Gansu］

S. b. gomphus G. Allen，1923［Southwestern Yunnan］

Sichuan：Wenchuan（Wolong）[W108]；Kangding，Luding，Pingwu[H8,21]；Emeishan[Z26]

Yunnan：Baoshan（division of Nu Jiang and Lancang Jiang），Gongshan（28°N Lancang Jiang division），Lijiang（Yulongshan），Zhongdian，Deqen（Baimashan）[A1]

Gansu：Lintan[A1]；Longnan area，Pingliang[Z81]

Shaanxi：Taibai[A1]

Qinghai：Xunhua[Z69]

Mountain forest（coniferous-broadleaf mixed forest mainly）

Myanmar and Nepal.

Sorex buchariensis Ognev，1921 **Pamir shrew**

Xizang：Mainling，Nagarze[F5]

Scrub in mountain valley

Pamir.

川鼩属 *Blarinella* Thomas，1911

川鼩 ***Blarinella quadraticauda*** Milni-Edwards，1872

B. q. quadraticauda Milne-Edwards，1872［四川］

B. q. griselda Thomas，1912［甘肃］

B. q. wardi Thomas，1915［云南］

陕西：柞水、佛坪、宁陕[W98]；洛南[Z85]；平利[W96]

甘肃：临潭[A1]

四川：峨眉山、宝兴、南川[A1]；木里、汶川、理县、泸定[H23]；平武[Z26]；安县[G12]

云南：中甸、丽江、澜沧江—怒江分水岭、德钦、保山[A1]；宾川、绿春[L4]；景东[W110]

贵州：绥阳、赫章[L2]

山地森林，灌丛

缅甸北部。

Blarinella Thomas，1911 Moupin shrew

Blarinella quadraticauda Milne-Edwards，1872

Short- tailed Moupin shrew

B. q. quadraticauda Milne-Edwards，1872［Sichuan］

B. q. griselda Thomas，1912［Gansu］

B. q. wardi Thomas，1915［Yunnan］

Shaanxi：Zhashui，Foping，Ningshan[W98]；Luonan[Z85]；Pingli[W96]

Gansu：Lintan[A1]

Sichuan：Emeishan，Baoxing，Nanchuan[A1]；Muli，Wenchuan，Lixian，Luding[H23]；Pingwu[Z26]；Anxian[G12]

Yunnan：Zhongdian，Lijiang，division of Nu Jiang and Lancang Jiang，Dêqên，Baoshan[A1]；Binchuan，Lüchun[L4]；Jingdong[W110]

Guizhou：Suiyang，Hezhang[L2]

Mountain forest and scrub

Northern Myanmar.

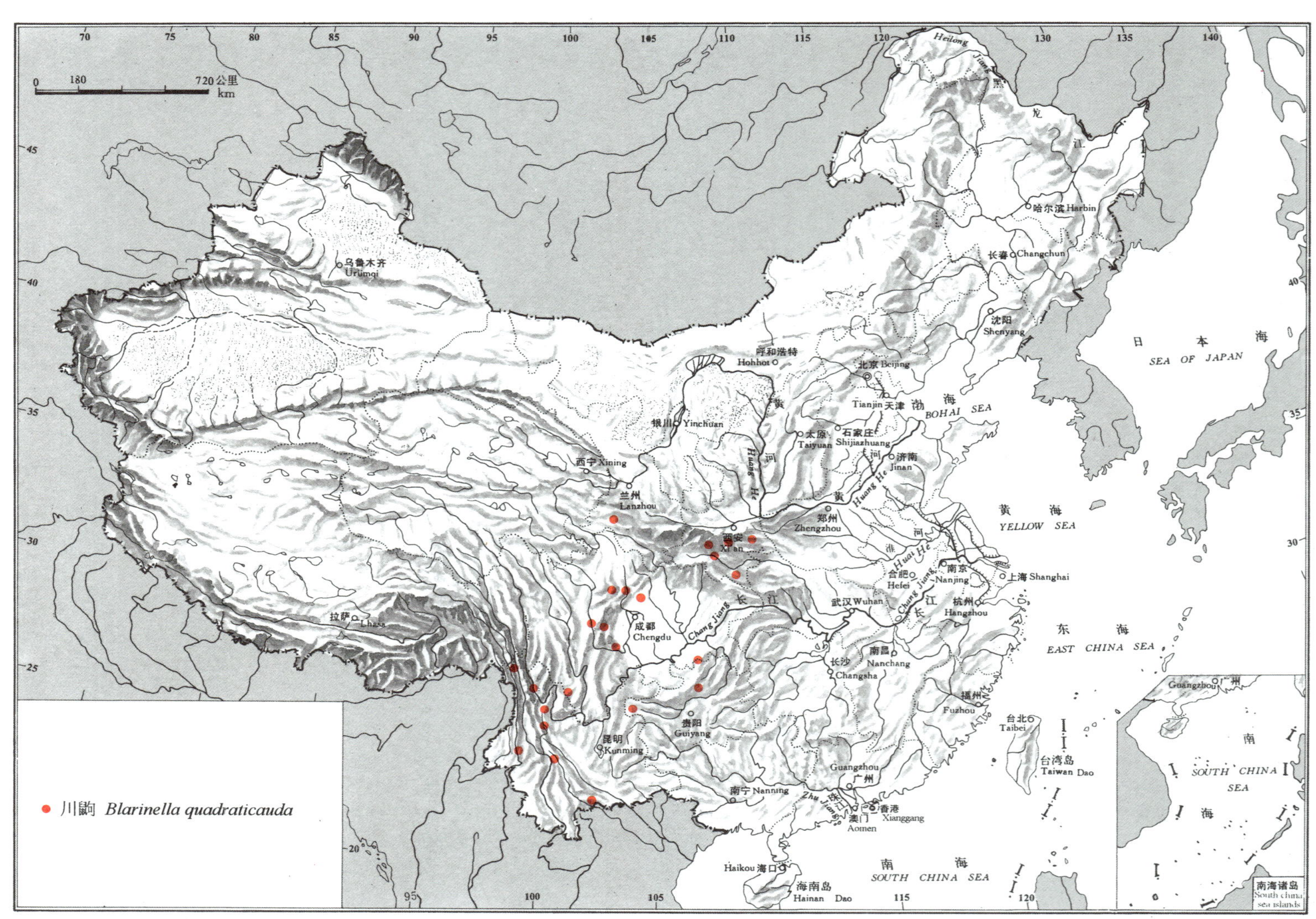

图7 川鼩 *Blarinella quadraticauda* 的分布

长尾鼩属 *Soriculus* Blyth，1854

锡金长尾鼩 ***Soriculus nigrescens*** Gray，1842

S. n. nigrescens Gray，1842［锡金］

S. n. centralis Hintor，1922［尼泊尔］

S. n. radulus Thomas，1922［阿萨姆，缅甸］

西藏：亚东、樟木、珠穆朗玛峰东侧[X30]；波密、米林、错那、吉隆[F5]；察隅地区[E1]

云南：云龙[P1]

山地森林

不丹，恒河上游，锡金，阿萨姆，尼泊尔，缅甸北部。

长尾鼩 ***Soriculus caudatus*** Horsfield，1851

S. c. sacratus Thomas，1911［四川西部］

S. c. fumidus Thomas，1913［台湾］

S. c. umbrinus G. Allen，1923［云南西部］

S. c. baileyi Thomas，1914［西藏南部］

西藏：昌都南部、察隅地区[E1]；波密、易贡[X30]；樟木[W81]；亚东[F5]

四川：峨眉山[A1,P1]

陕西：商南[Z85]

云南：保山[A1]；德钦[W74]；贡山[G14]；景东[W110]

台湾：里龙、台北[E1]

山地森林，菜园

恒河上游地区，锡金，缅甸北部，越南北部。

印度长尾鼩 ***Soriculus leucops*** Horsfields，1855

S. l. irene Thomas，1911

四川：美姑[S46]；雅安、宝兴、峨眉山[A1,P1]

云南：中甸、保山（怒江—澜沧江分水岭）[A1]；德钦、贡山[G14]；大理[Y15]；景东[W110]

高山

尼泊尔，锡金，缅甸北部。

川西长尾鼩 ***Soriculus hypsibius*** de Winton，1899

S. h. hypsibius de Winton，1899［四川西北部，陕南］

S. h. larvarum Thomas，1911［河北］

S. h. lamula Thomas，1912［甘肃南部］

河北：兴隆[A1]

北京：北京[Z31]

陕西：太平山[A1]；宁陕[Z85,S44]；柞水、洛南[W98,S44]；平利、镇坪[W96]；陇县[S41]

甘肃：临潭[A1]

四川：汶川[A1]；平武、丹巴、泸定、黑水、理县[H23]

西藏：察雅[F5]

山地混交林

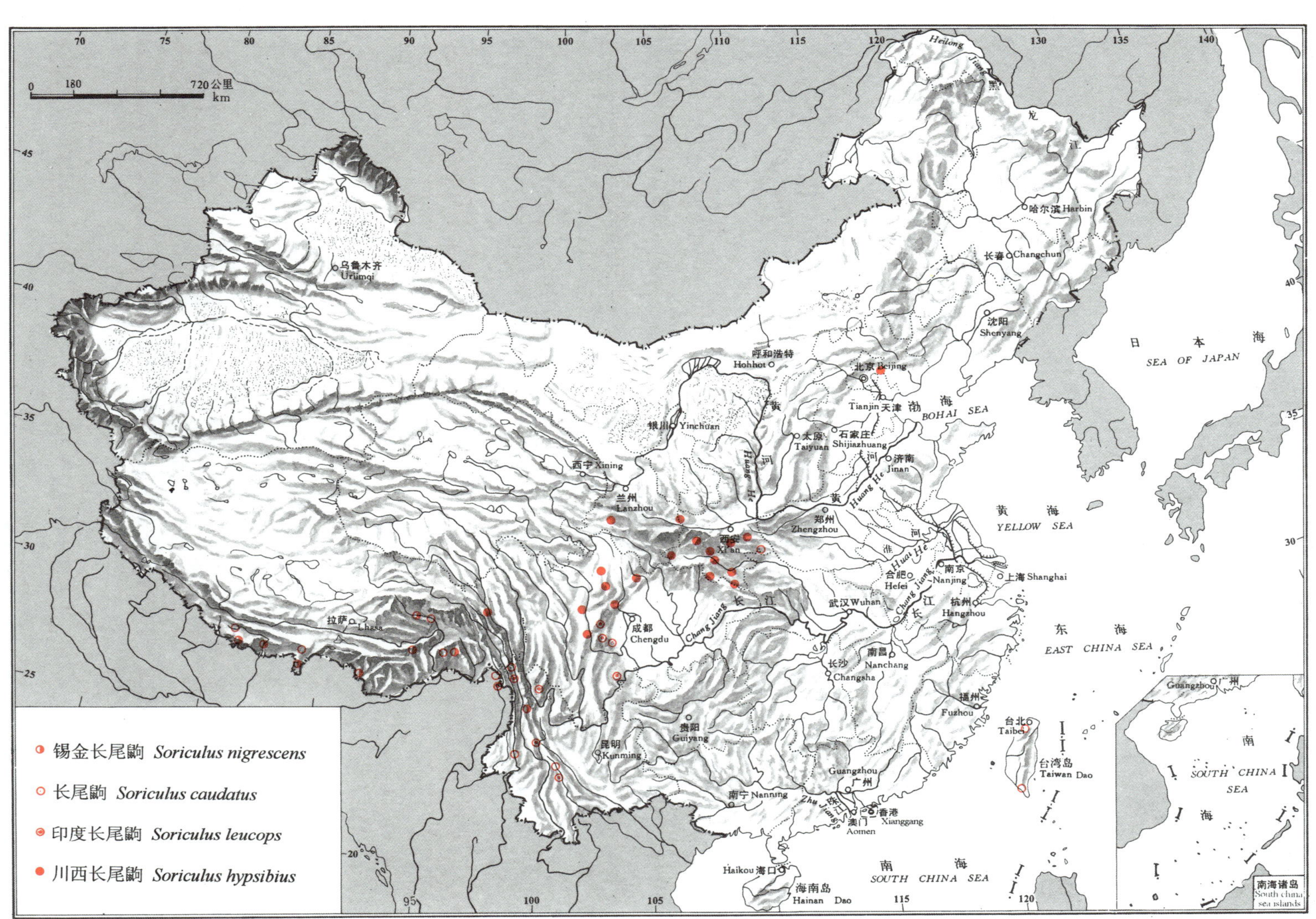

图8 锡金长尾鼩 *Soriculus nigrescens* 长尾鼩 *Soriculus caudatus* 印度长尾鼩 *Soriculus leucops* 川西长尾鼩 *Soriculus hypsibius* 的分布

Soriculus Blyth，1854 Oriental shrews

Soriculus nigrescens Gray，1842 **Himalayan shrew**

S. n. nigrescens Gray，1842［Sikkim］

S. n. centralis Hintor，1922［Nepal］

S. n. radulus Thomas，1922［Assam，Myanmar］

Xizang：Yadong，Zhangmu，east flank of Qomolangma[X30]；Bomi，Mainling，Cona，Gyirong[F5]；Zayü area[E1]

Yunnan：Yunlong[P1]

Mountain forest

Bhutan，upper reaches of Ganga River，Sikkim，Assam，Nepal，northern Myanmar.

Soriculus caudatus Horsfield，1851

Hodgson's brown-toothed shrew

S. c. sacratus Thomas，1911［Western Sichuan］

S. c. fumidus Thomas，1913［Taiwan］

S. c. umbrinus G. Allen，1923［Western Yunnan］

S. c. baileyi Thomas，1914［Southern Xizang］

Xizang：southern Qamdo，Zayu area[E1]；Bomi，Yigong[X30]；Zhangmu[W81]；Yadong[F5]

Sichuan：Emeishan[A1,P1]

Shaanxi：Shangnan[Z85]

Yunnan：Baoshan[A1]；Dêqên[W74]；Gongshan[G14]；Jingdong[W110]

Taiwan：Lilong，Taibei[E1]

Mountain forest，garden

Upper reaches of Ganga River，Sikkim，Northern Myanmar，Tonkin in Indochina.

Soriculus leucops Horsfield，1855 **Indian long-tailed shrew**

S. l. irene Thomas，1911

Sichuan：Meigu[S46]；Ya'an，Baoxing，Emeishan[A1,P1]

Yunnan：Zhongdian，Baoshan (division of Nu Jiang and Lancang Jiang)[A1]；Dêqên，Gongshan[G14]；Dali[Y15]，Jingdong[W110]

Alpine

Nepal，Sikkim，nrthern Myanmar.

Soriculus hypsibius de Winton，1899 **De Winton's shrew**

S. h. hypsibius de Winton，1899［Northwestern Sichuan，Southern Shaanxi］

S. h. larvarum Thomas，1911［Hebei］

S. h. lamula Thomas，1912［Southern Gansu］

Hebei：Xinglong[A1]

Beijing：Beijing[Z31]

Shaanxi：Taipingshan[A1]；Ningshan[Z85,S44]；Zhashui，Luonan[W98,S44]；Pingli；Zhenping[W96]；Longxian[S41]

Gansu：Lintan[A1]

Sichuan：Wenchuan[A1]；Pingwu，Danba，Luding，Heishui，Lixian[H23]

Xizang：Chagyab[F5]

Mountain mixed forest

小长尾鼩　***Soriculus parva*** G. Allen，1923

陕西：城固[W98]

四川：木里（查布朗）[W77,H23]

云南：双江[L71]；中甸、丽江[A1]；景东[W110]；盈江[W73]

贵州：江口（梵净山）[L2]

山地森林

缅甸北部。

大长尾鼩　***Soriculus salenskii*** Kastschenko，1907

S. s. salenskii Kastschenko，1907［四川，贵州］

S. s. smithi Thomas，1911［四川，陕南］

S. s. furva Anthony，1941［缅甸北部］

陕西：太白山[S44,A1]；柞水[W98]；镇坪、商南、宁陕[S44]；平利[W96]

四川：康定（*smithi*）；平武[A1,H23]；安县[G12]

云南：丽江[A1]；贡山（*furva*）[W73]；景东[W110]

贵州：绥阳[L2]

山地森林，灌丛

缅甸北部。

台湾长尾鼩　***Soriculus sodalis*** Thomas，1913

台湾：阿里山（海拔2700m）[C15]

水鼩属 *Neomys* Kaup，1829

水鼩　***Neomys fodiens*** Pennant，1771

N. f. orientis Thomas，1914［中西伯利亚］

吉林：敦化[S33]

黑龙江：朗乡[W4]

新疆：塔城[R3]；阿尔泰[Z20]；托里、富蕴、和布克赛尔[J11]

河湖附近

西欧，中欧，西伯利亚，蒙古。

臭鼩属 *Suncus* Ehrenberg，1833

臭鼩　***Suncus murinus*** Linnaeus，1766

S. m. murinus Linnaeus，1766［东南亚］

浙江：永嘉、兰溪、庆元、定海、杭州、建德、金华[Z113]；温州[E1]

湖南：桂东、宜章、新宁、绥宁[L65]

江西：九江、南昌、崇仁、上饶[Y44]；安远、赣县、泰和[L65]

福建：福清、福州、漳州、尤溪、晋江[Y44,Z6,9]；南平*；厦门[A1,Z12]；武夷山[H12]

台湾：台北、嘉义[C15]

香港：九龙[X33]

广东：佛山、清远[X14]；湛江、赤坎*；从化[T5]；广州[A1]；电白[C22]

海南：东方、琼海[S8]；文昌、安定[X21]

广西：龙州、宁明、上思、邕县[W47]；凭祥、大新、金秀（大瑶山）、南宁[W83,S12]

四川：成都[J5]

云南：潞西、瑞丽、陇川[W17]；盈江、蓬山、南滚河[W16]；勐海[Y10]

贵州：兴义、天柱、三穗、岑巩、台江、德江[L2]

甘肃：文县[M1]；武都[Z81]

森林，田野，家舍

菲律宾，苏拉威西，加里曼丹，苏门答腊，爪哇，巴厘，马来半岛，越南，日本，缅甸，克什米尔，斯里兰卡，阿拉伯，巴勒斯坦，埃及，埃塞俄比亚等。分布受人为影响。

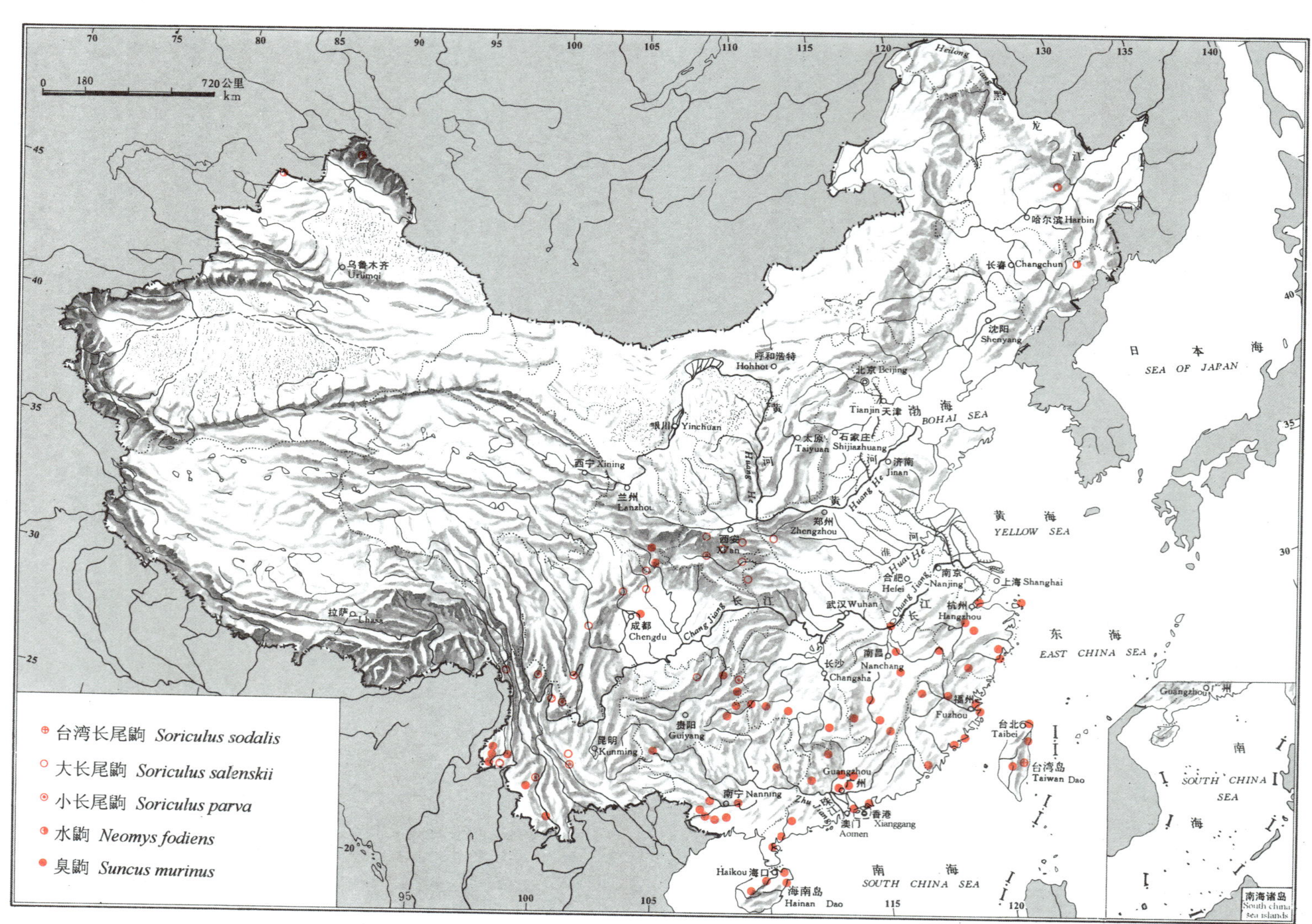

图9　小长尾鼩 *Soriculus parva*　大长尾鼩 *Soriculus salenskii*　台湾长尾鼩 *Soriculus sodalis*　水鼩 *Neomys fodiens*　臭鼩 *Suncus murinus* 的分布

Soriculus parva G. Allen, 1923 **Long-tailed shrew**
Shaanxi: Chenggu[W98]
Sichuan: Muli (Zhabulang)[W77,H23]
Yunnan: Shuanjiang[L71]; Zhongdian, Lijiang[A1]; Jingdong[W110]; Yingjing[W73]
Guizhou: Jiangkou (Fanjingshan)[L2]
Mountain forest
Northern Myanmar.

Soriculus salenskii Kastschenko, 1907 **Salenski's shrew**
C. s. salenskii Kastschenko, 1907 [Sichuan, Guizhou]
C. s. smithi Thomas, 1911 [Sichuan, Southern Shaanxi]
C. s. furva Anthony, 1941 [Northern Myanmar]
Shaanxi: Taibaishan[S44,A1]; Zhashui[W98]; Zhenping, Shangnan, Ningshan[S44]; Pingli[W96];
Sichuan: Kangding (*smithi*), Pingwu[A1,H23]; Anxian[G12]
Yunnan: Lijiang[A1]; Gongshan (*furva*)[W73]; Jingdong[W110]
Guizhou: Suiyang[L2]
Mountain forest and scrub
Northern Myanmar.

Soriculus sodalis Thomas, 1913 **Taiwan long-tailed shrew**
Taiwan: Alishan (2700m a. s. l.)[C15]

Neomys Kaup, 1829 Eurasian water shrews

Neomys fodiens Pennant, 1771 **Eurasian water shrew**
N. f. orientis Thomas, 1914 [Central Siberia]
Jilin: Dunhua[S33]
Heilongjiang: Langxiang[W4]
Xinjiang: Tacheng[R3]; Altai[Z20]; Toli, Fuyun, Hoboksar[J11]
Area near river and lake
Western and central Europe, Siberia, Mongolia.

Suncus Ehrenberg, 1833 Thick-tailed shrew

Suncus murinus Linnaeus, 1766 **House shrew**
S. m. murinus Linnaeus, 1766 [Southeast Asia]
Zhejiang: Yongjia, Lanxi, Qingyuan, Dinghai, Hangzhou, Jiande, Jinhua[Z113]; Wenzhou[E1]
Hunan: Guidong, Yizhang, Xinning, Suining[L65]
Jiangxi: Jiujiang, Nanchang, Chongren, Shangrao[Y44]; Anyuan, Ganxian, Taihe[L65]
Fujian: Fuqing, Fuzhou, Zhangzhou, Youxi, Jinjiang[Y44,Z6,9]; Nanping*, Xiamen[A1,Z12]; Wuyishan[H12]
Taiwan: Taibei, Jiayi[C15]
Hongkong: Jiulong[X30]
Guangdong: Foshan, Qingyuan[X14]; Zhanjiang, Chikan*, Conghua[T5]; Guangzhou[A1]; Dianbai[C22]
Hainan: Dongfang, Qionghai[S8]; Wenchang, Anding[X21]
Guangxi: Longzhou, Ningming, Shangsi, Yongxian[W47]; Pingxiang, Daxin, Jinxiu (Da Yaoshan), Nanning[W83,S12]
Sichuan: Chengdu[J5]
Yunnan: Luxi, Ruili, Longchuan[W17]; Yingjiang, Pengshan, Nangunhe[W16]; Menghai[Y10]
Guizhou: Xingyi, Tianzhu, Sansui, Cengong, Taijiang, Dejiang[L2]
Gansu: Wenxian[M1]; Wudu[Z81]
Forest, wild, house
Philippines, Sulawesi, Borneo, Sumatra, Java, Bali, Malay peninsula, Vietnam, Japan, Myanmas, Kashmir, Sri Lanka, Arabia, Palestine, Egypt, Ethiopia etc.; details of distribution apparently modified by human agency.

小臭鼩 ***Suncus etruscus*** Savi, 1822
云南：耿马[L71]
热带森林
南欧，高加索，土耳其斯坦，伊朗，巴勒斯坦，阿尔及利亚，尼日利亚，阿拉伯，伊拉克，斯里兰卡，印度半岛，锡金，阿萨姆，典那沙冷。

中臭鼩 ***Suncus stoliczkanus*** Anderson, 1877
云南：孟连[W73]
热带森林
印度。

麝鼩属 *Crocidura* Wagler, 1832

南小麝鼩 ***Crocidura horsfieldi*** Tomes, 1856
C. h. tadae Tokuda *et* Kano, 1936 [兰屿]
C. h. indochinensis Robinson *et* Kloss, 1922 [云南]
C. h. wuchinensis Wang, 1966 [海南]
陕西：白河[W98]
云南：永德[W74]；德钦[P1]；勐腊、勐养、勐海[Y10,W67]；景东[W18]
贵州：金沙[L2]
海南：五指山（白沙）、水满[S8]
台湾：兰屿[E1]；台湾[C37]
山地
斯里兰卡，克什米尔，中南半岛，琉球群岛。

北小麝鼩 ***Crocidura suaveolens*** Pallas, 1811
C. s. lignicolor Miller, 1900 [新疆西南部]
C. s. ilensis Miller, 1901 [新疆西北部]
C. s. shantungensis Miller, 1901 [东北，华北和长江下游]
C. s. phaeopus G. Allen, 1923 [四川东部，湖北，陕南]
黑龙江：安达[S33]；呼玛、泰康、东宁、密山[M13]
辽宁：金县、大连[D6]；清原、新宾、桓仁、本溪、宽甸[X7]
内蒙古：科尔沁右翼前旗[S33]
吉林：临江、公主岭[S33]；安图[S50]
新疆：伊宁、莎车[E1]；阿图什、乌恰[J11]
北京：大兴、海淀、金山[B10]
山东：潍县[A1]；广泛分布[L74]
山西：太原[A1]；洪洞、清徐、朔州[W8,9]
陕西：凤县、城固、镇巴、佛坪、白河、山阳、洛南[S44,W98]；商南、柞水[Z85]
宁夏：灵武、盐池[W60]
甘肃：文县[M1]
青海：兴海[Q13]；共和、贵南、久治、都兰[Z24,69]
江苏：南京[H36]
上海：上海[Z24]
浙江：桐庐[A1]；文成[Z113]
安徽：合肥[W33]；颖上、淮南、霍丘、无为、广德、贵池[H35]；宿松[W39]
湖北：宜昌[A1]
四川：南川、万县[A1]；涪陵、奉节[H23]
贵州：绥阳[L2]
广西：融水[W83]
田野
欧洲，中亚，乌苏里，东西伯利亚，蒙古，朝鲜，伊朗，巴勒斯坦，摩洛哥，阿尔及利亚。

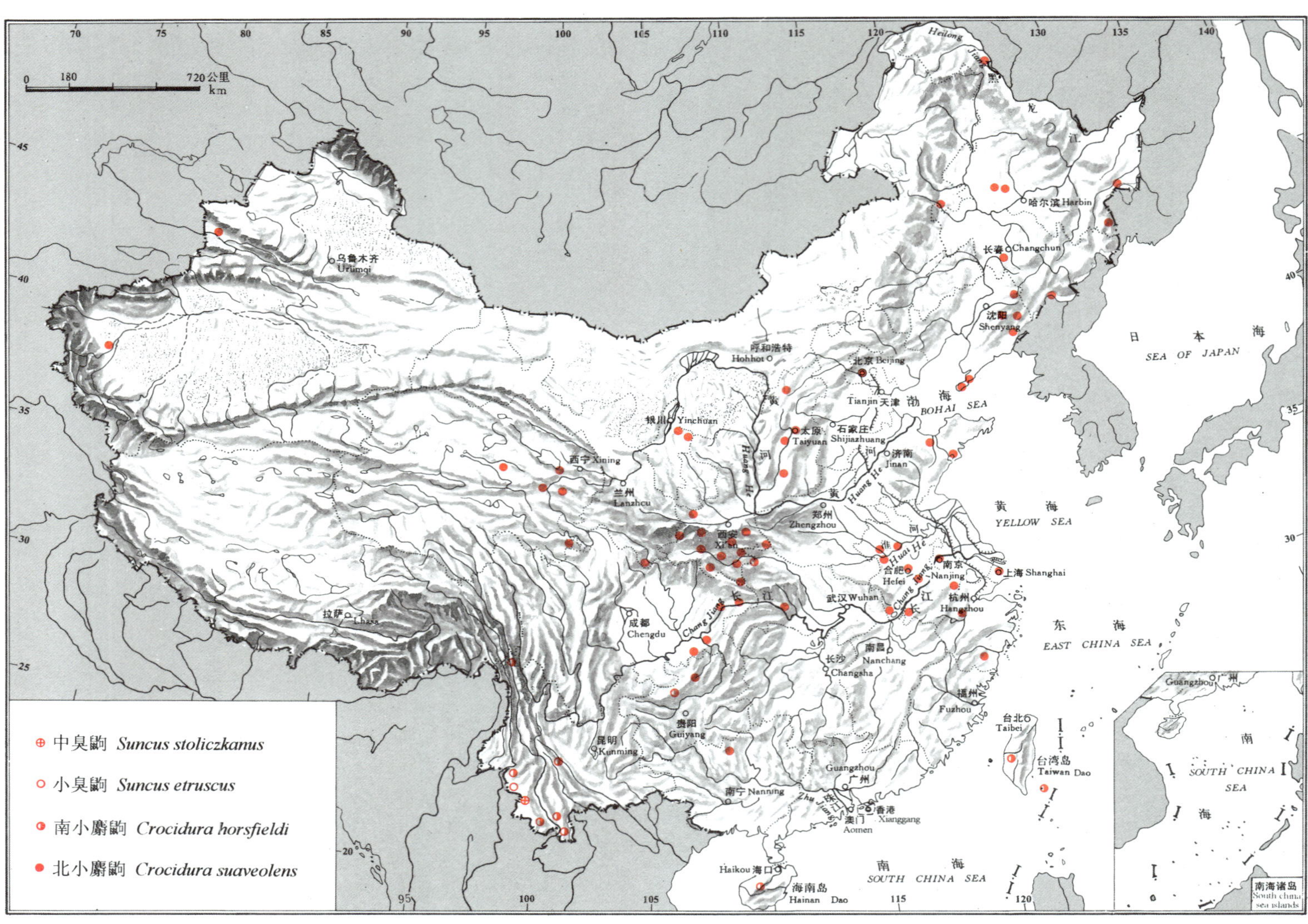

图10 小臭鼩 *Suncus etruscus* 中臭鼩 *Suncus stoliczkanus* 南小麝鼩 *Crocidura horsfieldi* 北小麝鼩 *Crocidura suaveolens* 的分布

Suncus etruscus Savi, 1822 **Pygmy white-toothed shrew**

Yunnan: Gengma[L71]

Tropical forest

Southern Europe, Caucasus, Turkestan, Iran, Palestine, Algeria, Nigeria, Arabia, Iraq, Sri Lanka, Indian peninsula, Sikkim, Assam, Tenasserim.

Suncus stoliczkanus Anderson, 1877 **Anderson's shrew**

Yunnan: Menglian[W73]

Tropical forest

India.

Crocidura Wagler, 1832 **White-toothed shrews**

Crocidura horsfieldi Tomes, 1856 **Horsfield's shrew**

C. h. tadae Tokuda *et* Kano, 1936 [Lanyu]

C. h. indochinensis Robinson *et* Kloss, 1922 [Yunnan]

C. h. wuchinensis Wang, 1966 [Hainan]

Shaanxi: Baihe[W98]

Yunnan: Yongde[W74]; Dêqên[P1]; Mengla, Mengyang, Menghai[Y10,W67]; Jingdong[W18]

Guizhou: Jinsha[L2]

Hainan: Wuzhi Shan (Baisha), Shuiman[S8]

Taiwan: Lanyu[E1]; Taiwan[C37]

Mountain

Sri Lanka, Kashmir, Myanmar, Thailand, Indochina, Ryukyu Islands.

Crocidura suaveolens Pallas, 1811**Lesser white- toothed shrew**

C. s. lignicolor Miller, 1900 [Southwest Xinjiang]

C. s. ilensis Miller, 1901 [Northwest Xinjiang]

C. s. shantungensis Miller, 1901 [Northeast China, North China, lower reaches of Changjiang]

C. s. phaeopus G. Allen, 1923 [Eastern Sichuan, Hubei, Southern Shaanxi]

Heilongjiang: Anda[S33]; Huma, Taikang, Dongning, Mishan[M13]

Liaoning: Jinxian, Dalian[D6]; Qingyuan, Xinbin, Yuanren, Benxi, Kuandian[X7]

Nei Mongol: Horqin Right Wing Front B.[S33]

Jilin: Linjiang, Gongzhuling[S33]; Antu[S50]

Xinjiang: Yining, Shache[E1]; Artux, Wuqja[11]

Beijing: Daxing, Haidian, Jinshan[B10]

Shandong: Weixian[A1]; occurs in different areas[L74]

Shanxi: Taiyuan[A1]; Hongtong, Qingxu, Shuoxian[W8,9]

Shaanxi: Fengxian, Chenggu, Zhenba, Foping, Baihe, Shanyang, Luonan[S44,W98]; Shangnan, Zhashui[Z85];

Ningxia: Lingwu, Yanchi[W60]

Gansu: Wenxian[M1]

Qinghai: Xinghai[Q13]; Gonghe, Guinan, Jiuzhi, Dulan[Z24,69]

Jiangsu: Nanjing[H36]

Shanghai: Shanghai[Z24]

Zhejiang: Tonglu[A1]; Wencheng[Z113]

Anhui: Hefei[W33]; Yingshang, Huainan, Huoqiu, Wuwei, Guangde, Guichi[H35]; Susong[W39]

Hubei: Yichang[A1]

Sichuan: Nanchuan, Wanxian[A1]; Fuling, Fengjie[H23]

Guizhou: Suiyang[L2]

Guangxi: Rongshui[W83]

Wild and farmland

Europe, Central Asia, Ussuri, eastern Siberia, Mongolia, Korea, Iran, Palestine, Morocco, Algeria.

中麝鼩 ***Crocidura russula*** Hermann，1780

C. r. vorax Allen，1923［云南西北部，四川西南部］

C. r. rapax G. Allen，1923［云南西南部，湖南，广西，海南］

陕西：石泉、紫阳[W98]；平利[W96]

湖南：岳阳[A1]

四川：米易[I2,P1]；珙县、泸定、木里、西昌[S46]

云南：盈江、潞西、腾冲*；德钦[S46,W74]；丽江、大理[E1,A1]；陇川[W17]；南滚河[W16]；弥勒[L4]；勐腊、勐养[Y10,W67]

贵州：江口、贵阳、罗甸、织金、都匀、天柱、从江、平塘[L2]；梵净山[G17]

广西：宁明[W47]；龙州、邕宁、钦州、南宁[W83,S12]

海南：东方[S8]；保亭[L56,X21]

山地森林

欧洲大陆，高加索，中亚，帕米尔，伊朗，巴勒斯坦，阿富汗，克什米尔，日本，朝鲜，摩洛哥，阿尔及利亚，突尼斯等。

白腹麝鼩 ***Crocidura leucodon*** Hermann，1780

C. l. heptapotamicus Stroganov，1956［伊犁谷地］

C. l. sibirica Dukelski，1930［准噶尔—塔里木盆地］

内蒙古：乌拉特前旗*

新疆：焉耆*；叶城至民丰间[M4]；乌鲁木齐、昌吉、玛纳斯、乌苏、博乐、巴里坤、吐鲁番、库尔勒、新源[J11]

水边草甸，村庄与农田

欧洲大陆，克里米亚，高加索，中亚，西伯利亚中部，伊朗。

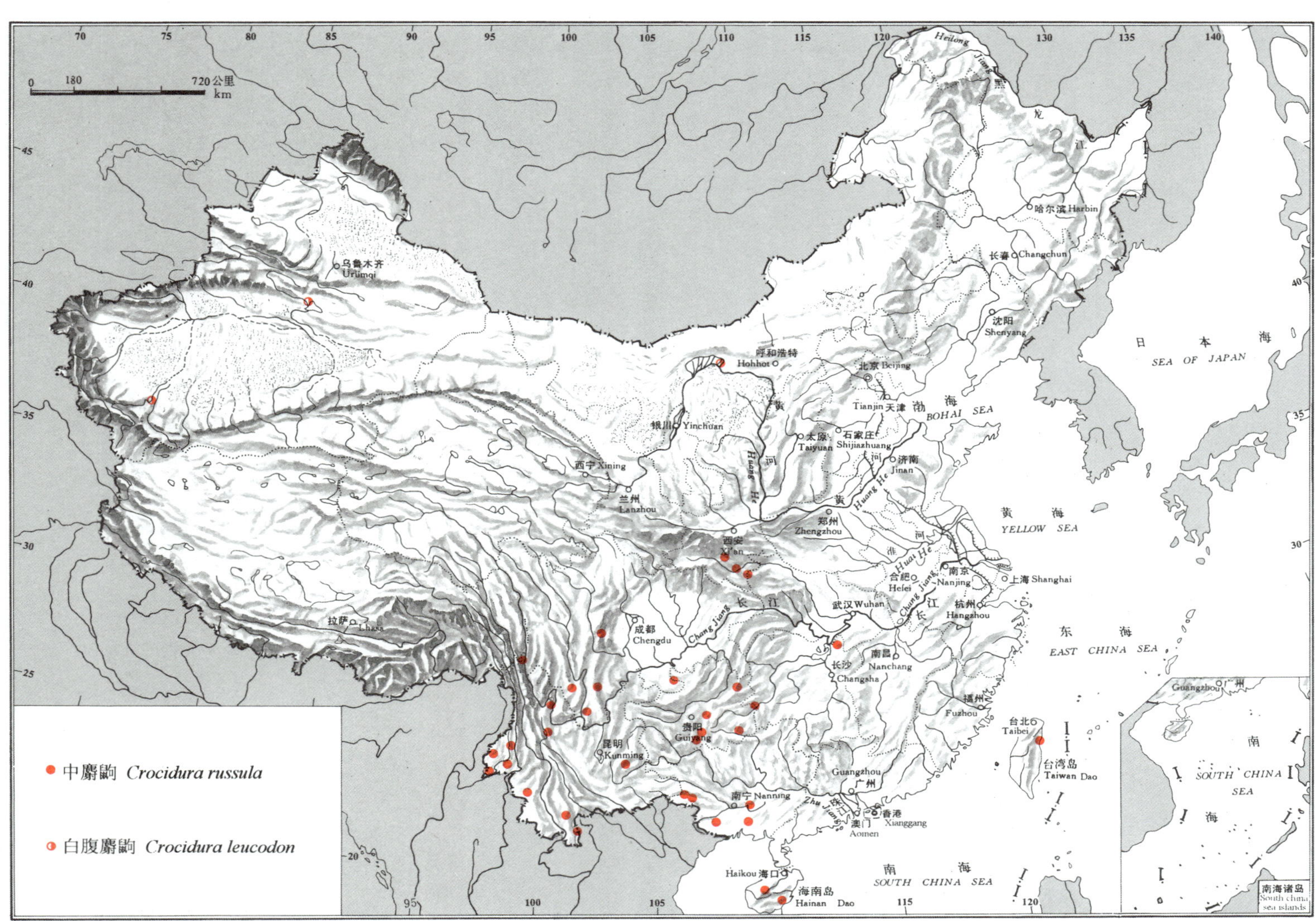

图11 中麝鼩 *Crocidura russula* 白腹麝鼩 *Crocidura leucodon* 的分布

Crocidura russula Hermann，1780

Common European white-toothed shrew

C. r. vorax Allen，1923［Northwestern Yunnan，Southwestern Sichuan］

C. r. rapax G. Allen，1923［Southwestern Yunnan，Hunan，Guangxi，Hainan］

Shaanxi：Shiquan，Ziyang[W98]；Pingli[W96]

Hunan：Yueyang[A1]

Sichuan：Miyi[I2,P1]；Gongxian，Luding，Muli，Xichang[S46]

Yunnan：Yingjiang，Luxi，Tengchong*；Dêqên[S46,W74]；Lijiang，Dali[E1,A1]；Longchuan[W17]；Nangunhe[W16]；Mile[L4]；Mengla，Mengyang[Y10,W67]

Guizhou：Jiangkou，Guiyang，Luodian，Zhijin，Duyun，Tianzhu，Congjiang，Pingtang[L2]；Fanjingshan[G17]

Guangxi：Ningming[W47]；Longzhou，Yongning，Qinzhou，Nanning[W83,S12]

Hainan：Dongfang[S8]；Baoting[L56,X21]

Mountain forest

European continent，Caucasus，Central Asia，Pamir；Iran，Palestine，Afghanistan，Kashmir，Japan，Korea，Morocco，Algeria，Tunis，etc.

Crocidura leucodon Hermann，1780

Bicolor white- toothed shrew

C. l. heptapotamicus Stroganov，1959［Ili valley］

C. l. sibirica Dukelski，1930［Junggar-Tarim basin］

Nei Mongol：Urad Front B. *

Xinjiang：Yanqi*；area between Yecheng and Minfeng[M4]；Ürümqi，Changji，Manas，Usu，Bole，Barkol，Turpan，Korla，Xinyuan[J11]

Meadow near river and lake，farmland，settlement

Eurasian continent，Crimea，Caucasus，Central Asia，Central Siberia，Iran.

灰麝鼩 ***Crocidura attenuata*** Milne-Edwards，1872

C. a. attenuata Milne-Edwards，1872［中国大陆部分和海南］

C. a. rubricosa Anderson，1877［阿萨姆］

C. a. tanakae Kuroda，1938［台湾］

陕西：秦岭、汉中[M28]；安康、略阳、宁陕、白河[W98]；柞水、商南[Z85]；山阳、镇坪、商州[W93,S44]

甘肃：文县[A1]；兰州、康乐[Z81]

西藏：察隅[X30,F5]

江苏：江南地区[H33]；靖江[A1]

浙江：宁波、桐庐[A1]；庆元、义乌[Z113]

安徽：淮南、佛子岭；贵池；歙县[H35]；宿松、青阳、太平、休宁、泾县[W37、39]

河南：西部地区[Y27]

江西：上饶[T7]

湖北：宜昌[A1]

湖南：岳阳[A1]；宜章、新宁、城步、桂东、资兴、绥宁[F14]

四川：宝兴[H36]；万县、宜宾、南川[A1,E1]；峨眉山；峨边[P1]；雷波[S46]；重庆[L92]；成都、南充、阆中、南江、城口、秀山、马边、汶川[H23]；安县[G12]

贵州：贵阳、绥阳、习水、从江、安龙、金沙、贵定、平塘、都匀、天柱[L2]；梵净山[G17]；荔波[X8]

云南：大盈江[E1]；南滚河[W16]；大理（点苍山）、宾川、贡山（*rubricosa*）[W73]；绿春[L4]

广西：靖西[W47]；龙州、宁明、凭祥、邕宁、钦州、大明山、南宁[W83,S12]

广东：和平、连平、钦州[T5]；阳山、海康、信宜、英德、高要、曲江、韶关、徐闻[L56]

海南：东方[S8]；南丰、儋州[L56]

福建：武夷山、福清、南平[E1,A1]；建瓯[H12]；周宁[Z9]

台湾：台湾中部、太去（彰化）[E1]；台北、台中、嘉义[C15]

森林，荒野地

缅甸北部，阿萨姆，不丹，锡金，恒河上游，旁遮普，克什米尔。

长尾大麝鼩 ***Crocidura dracula*** Thomas，1912

C. d. dracula Thomas，1912［云南，四川，广西］

C. d. grisescens Howell，1928［福建］

浙江：杭州、湖州、余杭、萧山[Z113]

陕西：柞水、镇坪[W98]；平利[W96]

西藏：察隅[F5]；墨脱[X30]

四川：会东[S46,P1]；汶川、雷波[P1]；渡口、峨眉山[H23]

贵州：兴义[L2]

云南：沧源[L71]；金平、勐阿[Y43]；潞西、下关*；丽江[P1]；大理、腾冲、蒙自、保山、杨坡、大盈江、澜沧江—怒江分水岭[A1]；邓川、陇川[W17]；宾川、弥勒、个旧、金平[L4]；景东[W110]；西双版纳（勐腊、勐仑、勐养、勐遮）[Y10,W47,67]；昆明[K5]

广西：靖西、北部湾地区[W83]

福建：武夷山[A1,H12,Z9]

森林，荒野地

缅甸北部，越南，老挝。

大麝鼩 ***Crocidura lasiura*** Dobson，1890

C. l. lasiura Dobson，1890［东北］

C. l. campuslincolnensis Sowerby，1945［江苏］

黑龙江：抚远、德都、虎林、安远、密山、双鸭山、兴凯湖[S33]；泰来[M13]

吉林：敦化、长岭*；安图[S50]；吉林*；图们江口[R3]

内蒙古：通辽*

上海：上海[E1,Z124]

江苏：镇江[H34]

森林—草甸，灌丛，草地

乌苏里，朝鲜，伊朗北部。

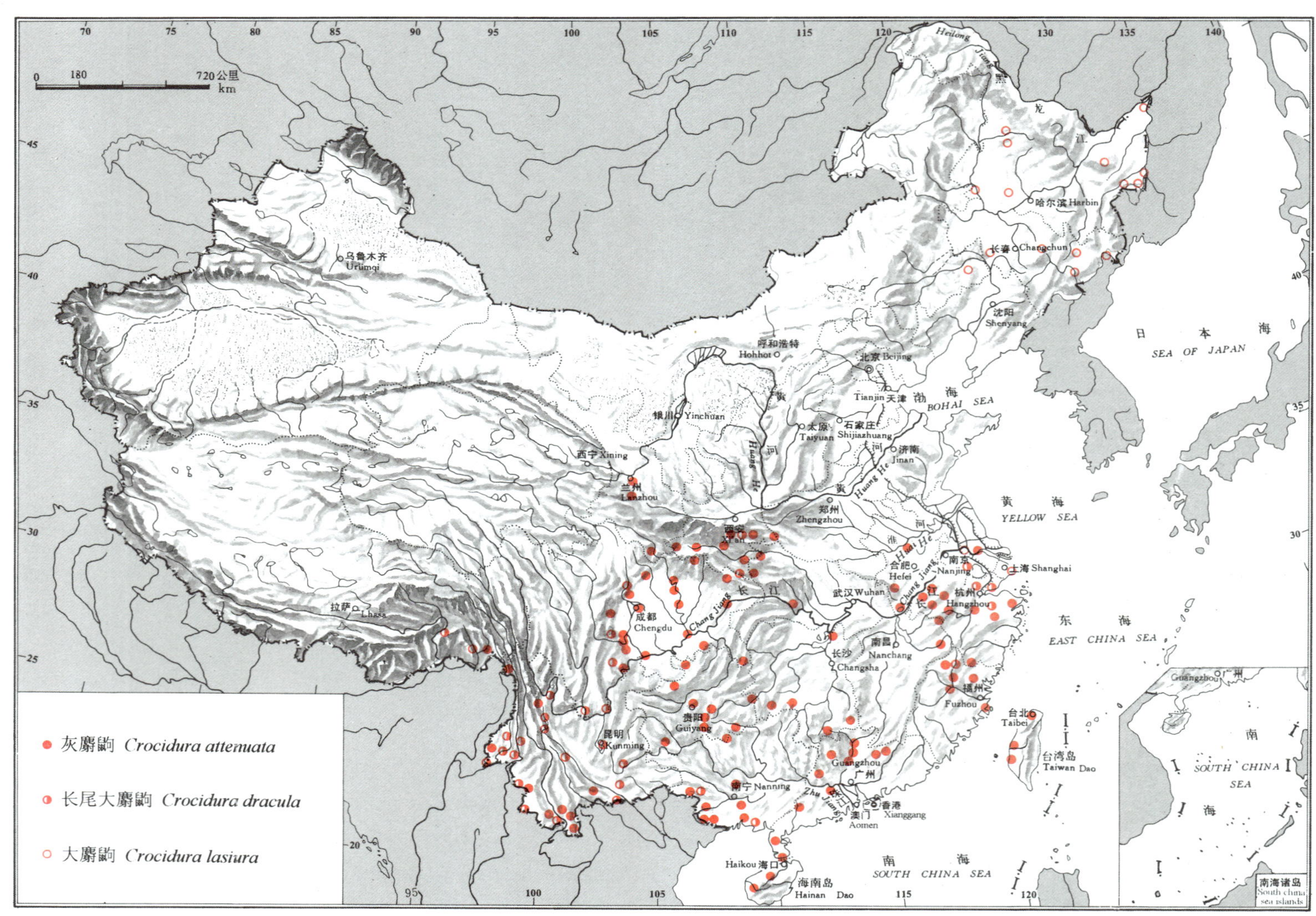

图12 灰麝鼩 *Crocidura attenuata* 长尾大麝鼩 *Crocidura dracula* 大麝鼩 *Crocidura lasiura* 的分布

Crocidura attenuata Milne-Edwards, 1872 **Grey shrew**

C. a. attenuata Milne-Edwards, 1872 [Chinese continent and Hainan]

C. a. rubricosa Anderson, 1877 [Assam]

C. a. tanakae Kuroda, 1938 [Taiwan]

Shaanxi: Qinling, Hanzhong[M28], Ankang, Lüeyang, Ningshan, Baihe[W98]; Zhashui, Shangnan[Z85]; Shanyang, Zhenping, Shangzhou[W98,S44]

Gansu: Wenxian[A1]; Lanzhou, Kangle[Z81]

Xizang: Zayü[X30,F5]

Jiangsu: Southern area of Changjiang[H33]; Jingjiang[A1]

Zhejiang: Ningbo, Tonglu[A1]; Qingyuan, Yiwu[Z113]

Anhui: Huainan, Foziling, Guichi, Shexian[H35]; Susong, Qingyang, Taiping, Xiuning, Jingxian[W37,39]

Henan: Western area[Y27]

Jiangxi: Shangrao[T7]

Hubei: Yichang[A1]

Hunan: Yueyang[A1]; Yizhang, Xinning, Chengbu, Guidong, Zixing, Suining[F14]

Sichuan: Baoxing[H36]; Wanxian, Yibin, Nanchuan[A1,E1]; Emeishan, Ebian[P1]; Leibo[S46]; Chongqing[L92]; Chengdu; Nanchong, Nanbu, Langzhong, Nanjiang, Chengkou, Xiushan, Mabian, Wenchuan[H23]; Anxian[G12]

Guizhou: Guiyang, Suiyang, Xishui, Congjiang, Anlong, Jinsha, Guiding, Pingtang, Duyun, Tianzhu[L2]; Fanjingshan[G17]; Libo[X8]

Yunnan: Dayingjiang[E1]; Nangunhe[W16]; Dali (Diancangshan), Binchuan, Gongshan (*rubricosa*)[W73]; Lüchun[L4]

Guangxi: Jingxi[W47]; Longzhou, Ningming, Pingxiang, Yongning, Qinzhou, Damingshan, Nanning[W83,S12]

Guangdong: Heping, Lianping, Qinzhou[T5]; Yangshan, Haikang, Xinyi, Yingde, Gaoyao, Qujiang, Shaoguan, Xuwen[L56]

Hainan: Dongfang[S8]; Nanfeng, Danzhou[L56]

Fujian: Wuyishan, Fuqing, Nanping[E1,A1]; Jian'ou[H12]; Zhouning[Z9]

Taiwan: Central Taiwan, Taiqu (Zhanghua)[E1]; Taibei, Taizhong, Jiayi[C15]

Forest and wild

Northern Myanmar, Assam, Bhutan, Sikkim, upper reaches of Ganga River, Punjab, Kashmir.

Crocidura dracula Thomas, 1912 **Dracula shrew**

C. d. dracula Thomas, 1912 [Yunnan, Sichuan, Guangxi]

C. d. grisescens Howell, 1928 [Fujian]

Zhejiang: Hangzhou, Huzhou, Yuhang, Xiaoshan[Z113]

Shaanxi: Zhashui, Zhenping[W98]; Pingli[W96]

Xizang: Zayü[F5]; Mêdog[X30]

Sichuan: Huidong[S46,P1]; Wenchuan, Leibo[P1]; Dukou, Emeishan[H23]

Guizhou: Xingyi[L2]

Yunnan: Cangyuan[L71]; Jinping, Menga[Y43]; Luxi, Xiaguan*, Lijiang[P1]; Dali, Tengchong, Mengzi, Baoshan, Dayangpo, Yingjiang, division of Nu Jiang and Lancang Jiang[A1]; Dengchuan, Longchuan[W17]; Binchuan, Mile, Gejiu, Jinping[L4]; Jingdong[W110]; Xishuangbanna (Mengla, Menglun, Mengyang, Mengzhe)[Y10,W47,67]; Kunming[K5]

Guangxi: Jingxi, Beibu Wan area[W83]

Fujian: Wuyishan[A1,H12,Z9]

Forest and wild

Northern Myanmar and Indochina.

Crocidura lasiura Dobson, 1890

Ussuri large white- toothed shrew

C. l. lasiura Dobson, 1890 [Northeast China]

C. l. campuslincolnensis Sowerby, 1945 [Jiangsu]

Heilongjiang: Fuyuan, Dedu, Hulin, Anyuan, Mishan, Shuangyashan, Xingkaihu[S33]; Tailai[M13]

Jilin: Dunhua, Changling*; Antu[S50]; Jilin*; Outlet area of Tumenjiang[R3];

Nei Mongol: Tongliao*

Shanghai: Shanghai[E1,Z124]

Jiangsu: Zhenjiang[H34]

Forest- meadow, scrub and grassland

Ussuri, Korea, northern Iran.

短尾鼩属 *Anourosorex* Milne-Edwards, 1872

短尾鼩 ***Anourosorex squamipes*** Milne-Edwards, 1872

A. s. squamipes Milne-Edwards, 1872 [西南地区]

A. s. yamashinai Kuroda, 1935 [台湾]

陕西：太白山[E1]；宁强；宁陕、洛南、镇坪[S44]；柞水[W96]；商南、平利[Z85]

甘肃：舟曲[E1]；文县[M1]

湖北：宜昌、长阳[E1]

四川：成都[H36]；万县、峨眉山[P1]；重庆、宝兴、宜宾、南川、雅安[E1]；金堂、双流、南充、南部、南江、城口、巫山、奉节、内江、乐山、峨边、彭州、黑水、汶川、平武[H23]；安县[G12]；什邡[J4]

贵州：赤水、江口、雷山、绥阳*；梵净山[L2]

云南：玉溪[H37]；永德、双江、腾冲、潞西、盈江、丽江、中甸、昭通[A1]；保山[E1]；贡山[G14]；陇川[W17]；南滚河[W16]；景东[W18]；金平、勐腊[Y10,W67]；绿春[L4]

台湾：太平山（海拔1800～2700m）[C15]；台北、太河口[E1]

山地森林，草灌丛

缅甸北部，阿萨姆，越南，老挝。

Anourosorex Milne-Edwards, 1872 **Mole-shrews**

Anourosorex squamipes Milne-Edwards, 1872

Szechuan burrowing shrew

A. s. squamipes Milne-Edwards, 1872 [Southwest China]

A. s. yamashinai Kuroda, 1935 [Taiwan]

Shaanxi: Taibaishan[E1]; Ningqiang, Ningshan, Luonan, Zhenping[S44]; Zhashui[W96]; Shangnan, Pingli[Z85]

Gansu: Zhouqu[E1]; Wenxian[M1]

Hubei: Yichang, Changyang[E1]

Sichuan: Chengdu[H36]; Wanxian, Emeishan[P1]; Chongqing, Baoxing, Yibin, Nanchuan, Ya'an[E1], Jintang, Shuanglu, Nanchong, Nanbu, Nanjiang, Chengkou、Wushan, Fengjie, Neijiang, Leshan, Ebian, Pengzhou, Heishui, Wenchuan, Pingwu[H23]; Anxian[G12]; Shifang[J4]

Guizhou: Chishui, Jiangkou, Leishan, Suiyang*; Fanjingshan[L2]

Yunnan: Yuxi[H37]; Yongde, Shuangjiang, Tengchong, Luxi, Yingjiang, Lijiang, Zhongdian, Zhaotong[A1]; Baoshan[E1]; Gongshan[G14]; Longchuan[W17]; Nangunhe[W16]; Jingdong[W18]; Jinping, Mengla[Y10,W67]; Lüchun[L4]

Taiwan: Taipingshan (1800～2700 m a. s. l.)[C15]; Taibei, Taihekou[E1]

Mountain forest, scrub and grassland

Northern Myanmar, Assam, Indochina.

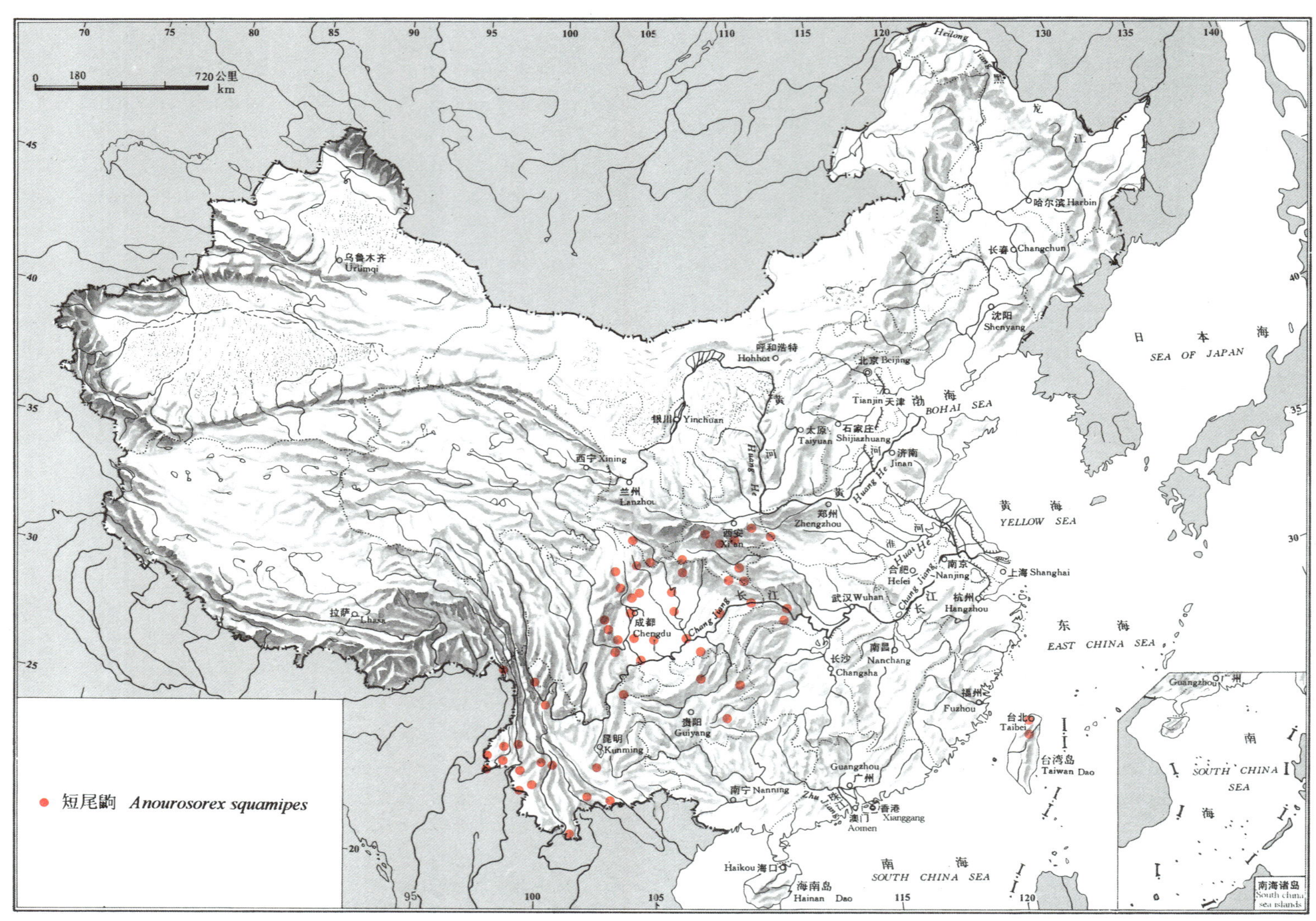

图13 短尾鼩 *Anourosorex squamipes* 的分布

水麝鼩属 *Chimarrogale* Anderson, 1877

喜马拉雅水麝鼩 ***Chimarrogale himalayica*** Gray, 1842

C. h. himalayica Gray, 1842 [云南,四川,青海,西藏]

C. h. leander Thomas, 1902 [中国东南沿海一带]

北京:西部山区[Y3]

山西:中条山[T2];五台、翼城[W9]

河南:栾川[L96]

四川:金堂、城口、雷波、大邑[H23]

贵州:贵阳、锦屏、雷山[L2];梵净山[G17]

陕西:陇县[S41];柞水[Z85,S44]

甘肃:平凉、岷县[Z28]

西藏:米林[X30,F5]

江苏:宜兴[Z99];南部地区[H33]

浙江:桐庐、诸暨[Z113]

安徽:宿松[W37,39]

云南:腾冲[E1,A1];盈江*;丽江[A1];绿春[L4]

广西:大瑶山[E1,A1];龙州、宁明、邕宁、玉林、博白、南宁[S12,W83]

广东:乐昌[T5];连平[L56]

福建:福清[E1];武夷山[A1,H12];德化、大田、邵武[Z9]

台湾:台湾[C37]

山地,河溪附近,林灌

越南,老挝,克什米尔,旁遮普,锡金,缅甸北部。

四川水麝鼩 ***Chimarrogale styani*** de Winton, 1899

云南:德钦[W74]

四川:木里[S46,P1];金堂[W77];黑水、石棉、宝兴[H23]

青海:玉树、久治[Z69]

西藏:米林[X30]

山溪附近林灌

缅甸北部。

蹼麝属 *Nectogale* Milne-Edwards, 1870

蹼麝鼩 ***Nectogale elegans*** Milne-Edwards, 1870

N. e. elegans Milne-Edwards, 1870 [西藏以外地区]

N. e. sikhimensis de Winton *et* Styan, 1899 [西藏]

陕西:西安[A1,S44]

甘肃:文县[Z81];迭部[L94]

青海:囊谦[Z69]

西藏:米林[X30,F5]

四川:康定[S46];宝兴、松潘[A1];黑水、巴塘、德昌、木里、汶川[H23]

云南:德钦[S46,W74];维西[P1]

山地河流,河岸

锡金,不丹,缅甸北部。

Chimarrogale Anderson, 1877
Oriental water-shrews

Chimarrogale himalayica Gray, 1842

Himalayan water-shrew

C. h. himalayica Gray, 1842 [Yunnan, Sichuan, Qinghai, Xizang]

C. h. leander Thomas, 1902 [Southeastern coast, China]

Beijing: Western mountain area[Y3]

Shanxi: Zhongtiaoshan[T2]; Wutai, Yicheng[W9]

Henan: Luanchuan[L96]

Sichuan: Jintang, Chengkou, Leibo, Dayi[H23]

Guizhou: Guiyan, Jinping, Leishan[L2]; Fanjingshan[G17]

Shaanxi: Longxian[S41]; Zhashui[Z85,S44]

Gansu: Pingliang, Minxian[Z28]

Xizang: Mainling[X30,F5]

Jiangsu: Yixing[Z99]; southern area[H33]

Zhejiang: Tonglu, Zhuji[Z113]
Anhui: Susong[W37,39]
Yunnan: Tengchong[E1,A1]; Yingjiang*; Lijiang[A1]; Luchun[L4]
Guangxi: Da Yaoshan[E1,A1]; Longzhou, Ningming, Yongning, Yulin, Bobai, Nanning[S12,W83]
Guangdong: Lechang[T5]; Lianping[L56]
Fujian: Fuqing[E1]; Wuyishan[A1,H12]; Dehua, Datian, Shaowu[Z9]
Taiwim: Taiwan[C37]

Woodland and scrub near mountain stream

Indochina, Kashmir, Punjab, Sikkim, northern Myanmar.

Chimarrogale styani de Winton, 1899 **Szechuan water-shrew**

Yunnan: Deqen[W74]
Sichuan: Muli[S46,P1]; Jintang[W77]; Heishui, Shimian, Baoxing[H23]
Qinghai: Yushu, Jiuzhi[Z69]
Xizang: Mainling[X30]

Woodland and scrub near mountain stream

Northern Myanmar.

Nectogale Milne-Edwards, 1870
Web-footed shrews

Nectogale elegans Milne-Edwards, 1870 **Elegant water-shrew**

N. e. elegans Milne-Edwards, 1870 [Areas outside of Xizang]

N. e. sikhimensis de Winton *et* Styan, 1899 [Xizang]

Shaanxi: Xi'an[A1,S44]
Gansu: Têwo[L94]; Wenxian[Z81]
Qinghai: Nangqen[Z69]
Xizang: Mainling[X30,F5]
Sichuan: Kangding[S46]; Baoxing, Songpan[A1]; Heishui, Batang, Dechang, Muli, Wenchuan[H23]
Yunnan: Deqen[S46,W74]; Weixi[P1]

Mountain stream and stream bank

Sikkim, Bhutan, northern Myanmar.

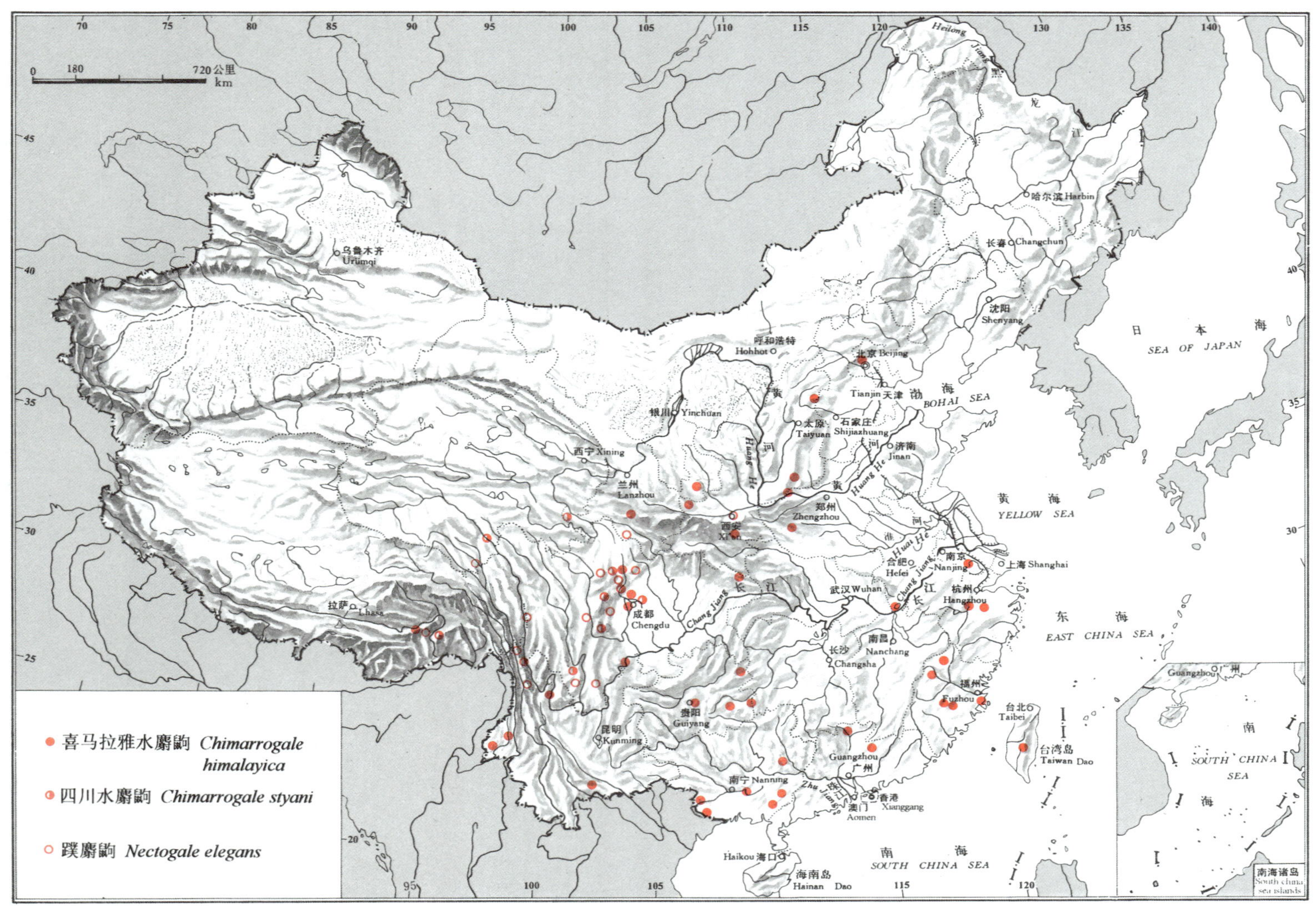

图14　喜马拉雅水麝鼩 *Chimarrogale himalayica*　四川水麝鼩 *Chimarrogale styani*　蹼麝鼩 *Nectogale elegans* 的分布

鼹科 Talpidae

鼩鼹属 *Uropsilus* Milne-Edwards, 1872

鼩鼹 ***Uropsilus soricipes*** Milne-Edwards, 1872

陕西：秦岭、汉中、安康[M28]；柞水、宁陕、洛南、佛坪[W98,99]；石泉[W96]；留坝、汉阴[S44]
甘肃：文县[M1]
四川：汶川、宝兴[A1]；黑水、南江、平武[Z26]；安县[G12]
云南：大理(点苍山)[Y15]

山地森林，灌丛和草地

多齿鼩鼹 ***Uropsilus gracilis*** Thomas, 1911

U. g. gracilis Thomas, 1911[四川东南，陕西]

U. g. andersoni Thomas, 1912 [峨眉]

U. g. investigator Thomas, 1922 [高黎贡山]

U. g. nivatus G. Allen, 1923 [丽江]

陕西：柞水、佛坪、洛南、宁陕[S44]；留坝、山阳[W98]；石泉、汉阴、安康[W96,98]
四川：峨眉山[A1]；平武[Z26]；南川、汶川、昭觉、峨边[H23]
云南：丽江、怒江—澜沧江分水岭(北纬28度)、保山[A1]；贡山[G14]；德钦[W74]；景东[W110]
贵州：梵净山[G17]

山地森林和草地

缅甸北部。

长尾鼩鼹属 *Scaptonyx* Milne-Edwards, 1872

长尾鼩鼹 ***Scaptonyx fusicaudus*** Milne-Edwards, 1872
S. f. fusicaudus Milne-Edwards, 1872 [四川，青海]
S. f. affinis Thomas, 1912 [云南，西北，陕西]

陕西：太白[W98]；汉阴、平利[W98,S44]；宁陕、石泉、安康[W96]
四川：与青海交界处[A1]；安县[G12]；南川、峨眉山、黑水[H23]
云南：丽江、德钦[G14,W74]；中甸[A1]；景东[W18]
贵州：雷山[L2]
山地森林，林缘草灌丛
缅甸北部。

Talpidae Moles, shrew-moles, desmans

Uropsilus Milne-Edwards, 1872 **Shrew-mole**

Uropsilus soricipes Milne-Edwards, 1872 **Chinese shrew-mole**
Shaanxi: Qinling, Hanzhong, Ankang[M28]; Zhashui, Ningshan, Luonan, Foping[W98,99]; Shiquan[W96]; Liuba, Hanyin[S44]
Gansu: Wenxian[M1]
Sichuan: Wenchuan, Baoxing[A1]; Heishui, Nanjiang, Pingwu[Z26]; Anxian[G12]
Yunnan: Dali (Diancangshan)[Y15]
Mountain forest, scrub and grassland.

Uropsilus gracilis Thomas, 1911 **Lesser shrew-mole**
U. g. gracilis Thomas, 1911 [Southeastern Sichuan, Shaanxi]
U. g. andersoni Thomas, 1912 [Emeishan]
U. g. investigator Thomas, 1922 [Gaoligongshan]
U. g. nivatus G. Allen, 1923 [Lijiang]
Shaanxi: Zhashui, Foping, Luonan, Ningshan[S44]; Liuba, Shanyang[W98]; Shiquan, Hanyin, Ankang[W96,98]
Sichuan: Emeishan[A1]; Pingwu[Z26]; Nanchuan, Wenchuan, Zhaojue, Ebian[H23]
Yunnan: Lijiang, division of Nu Jiang and Lancang Jiang (N28°), Baoshan[A1]; Gongshan[G14]; Deqen[W74]; Jingdong[W110]
Guizhou: Fanjingshan[G17]
Mountain forest and meadow
Northern Myanmar.

Scaptonyx Milne-Edwards, 1872 **Long-tailed moles**

Scaptonyx fusicaudus Milne-Edwards, 1872 **Long-tailed mole**
S. f. fusicaudus Milne-Edwards, 1872 [Sichuan, Qinghai]
S. f. affinis Thomas, 1912 [Yunnan, Northwest China, Shaanxi]
Shaanxi: Taibai[W98]; Hanyin, Pingli[W98,S44]; Ningshan, Shiquan, Ankang[W96]
Sichuan: Border with Qinghai[A1]; Anxian[G12]; Nanchuan, Emeishan, Heishui[H23]
Yunnan: Lijiang, Deqen[G14,W74]; Zhongdian[A1]; Jingdong[W18]
Guizhou: Leishan[L2]
Mountain forest scrub and grass along forest margin
Northern Myanmar.

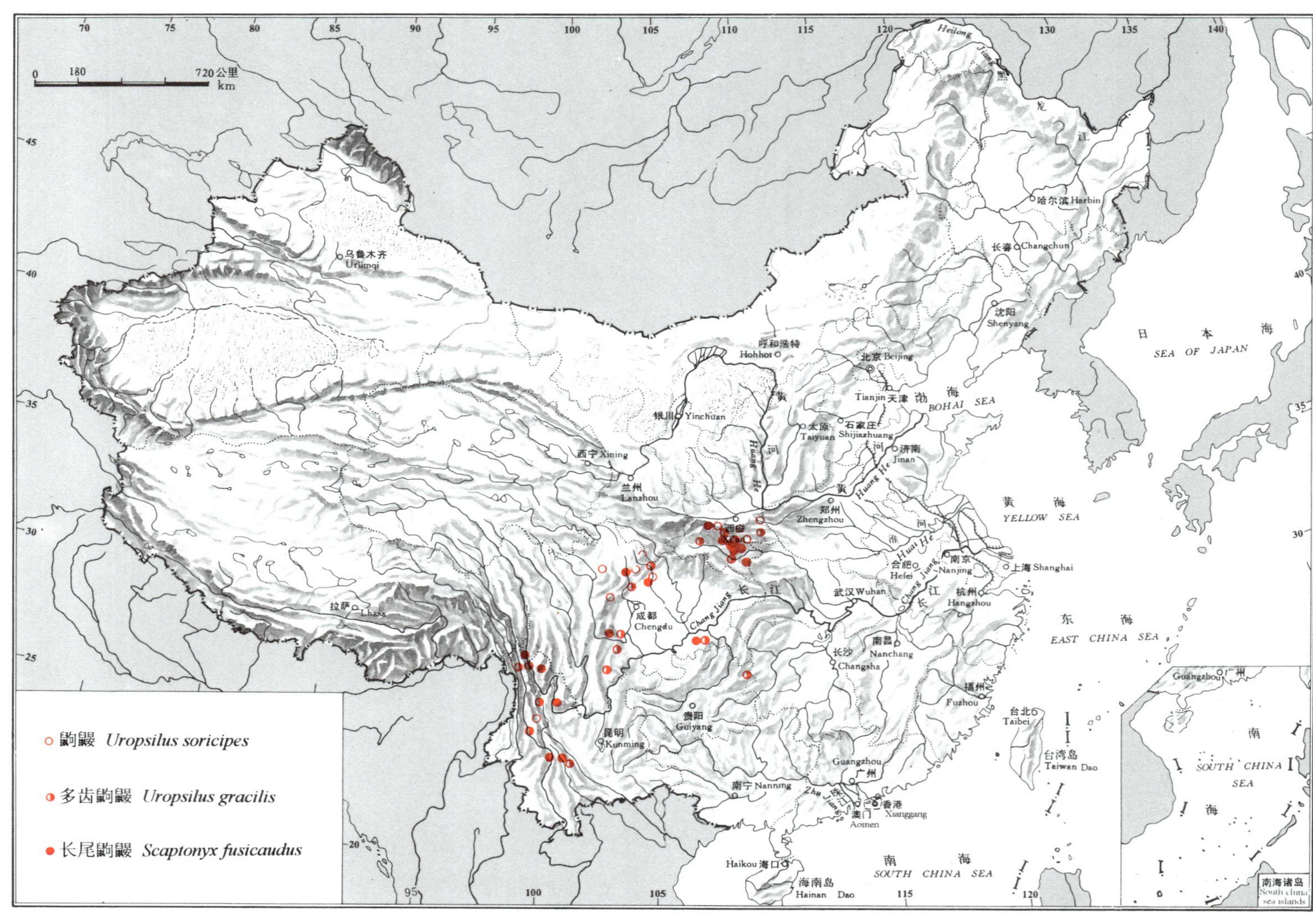

图15 鼩鼹 *Uropsilus soricipes* 多齿鼩鼹 *Uropsilus gracilis* 长尾鼩鼹 *Scaptonyx fusicaudus* 的分布

甘肃鼹属 *Scapanulus* Thomas, 1912

甘肃鼹 ***Scapanulus oweni*** Thomas, 1912

陕西：太白山[A1]；太白[S44]；留坝[W98]；洛南[S44]；陇县[S41]
甘肃：临潭[A1]；兰州、临洮、武山、天水[Z81]；环县、正宁、平凉、灵台[Y34]
四川：宝兴、黑水、万县、巫山[H23]；平武[Z26]

青海：同仁[Z69]

山地森林，林缘

缅甸北部。

鼹属 *Talpa* Linnaeus，1758

长吻鼹 ***Talpa longirostris*** Milne-Edwards，1870

甘肃：文县[M1]

湖南：宜章、新宁、绥宁[L65]

四川：峨眉山、望峨山、宝兴[A1]；双流、平武[Z26]；南江、雷波、马边、汉源、石棉、芦山、德昌、彭州、汶川[H23]；成都[J5]；安县[G12]

云南：双江[L71]

福建：福州、福清[A1]；武夷山[H12]

广西：大瑶山[A1]；兴安、资源、融水、靖西、那坡[W83,S12]

陕西：留坝、宁强[S44]；镇坪[W98]

山地森林，草丛

峨眉鼹 ***Talpa grandis*** Miller，1940

四川：峨眉山[E1,H21]

山地森林

Scapanulus Thomas，1912 Kansu moles

Scapanulus oweni Thomas，1912 **Kansu mole**

Shaanxi：Taibaishan[A1]；Taibai[S44]；Liuba[W98]；Luonan[S44]；Longxian[S41]

Gansu：Lintan[A1]；Lanzhou，Lintao，Wushan，Tianshui[Z81]；Huanxian，Zhengning，Pingliang，Lingtai[Y34]

Sichuan：Baoxing，Heishui，Wanxian，Wushan[H23]；Pingwu[Z26]

Qinghai：Tongren[Z69]

Mountain forest，forest edge

Northern Myanmar.

Talpa Linnaeus，1758 Eurasian moles

Talpa longirostris Milne-Edwards，1870 **Long-rostrum mole**

Gansu：Wenxian[M1]

Hunan：Yizhang，Xinning，Suining[L65]

Sichuan：Emeishan，Wang'eshan，Baoxing[A1]；Shuangliu，Pingwu[Z26]；Nanjiang，Leibo，Mabian，Hanyuan，Shimian，Lushan，Dechang，Pengzhou，Wenchuan[H23]；Chengdu[J5]；Axian[G12]

Yunnan：Shuangjiang[L71]

Fujian：Fuzhou，Fuqing[A1]；Wuyishan[H12]

Guangxi：Dayaoshan[A1]；Xing'an，Ziyuan，Rongshui，Jingxi，Napo[W83,S12]

Shaanxi：Liuba，Ningqiang[S44]；Zhenping[W98]

Mountain forest and grassland

Talpa grandis Miller，1940 **Omei-mole**

Sichuan：Emeishan[E1,H21]

Mountain forest

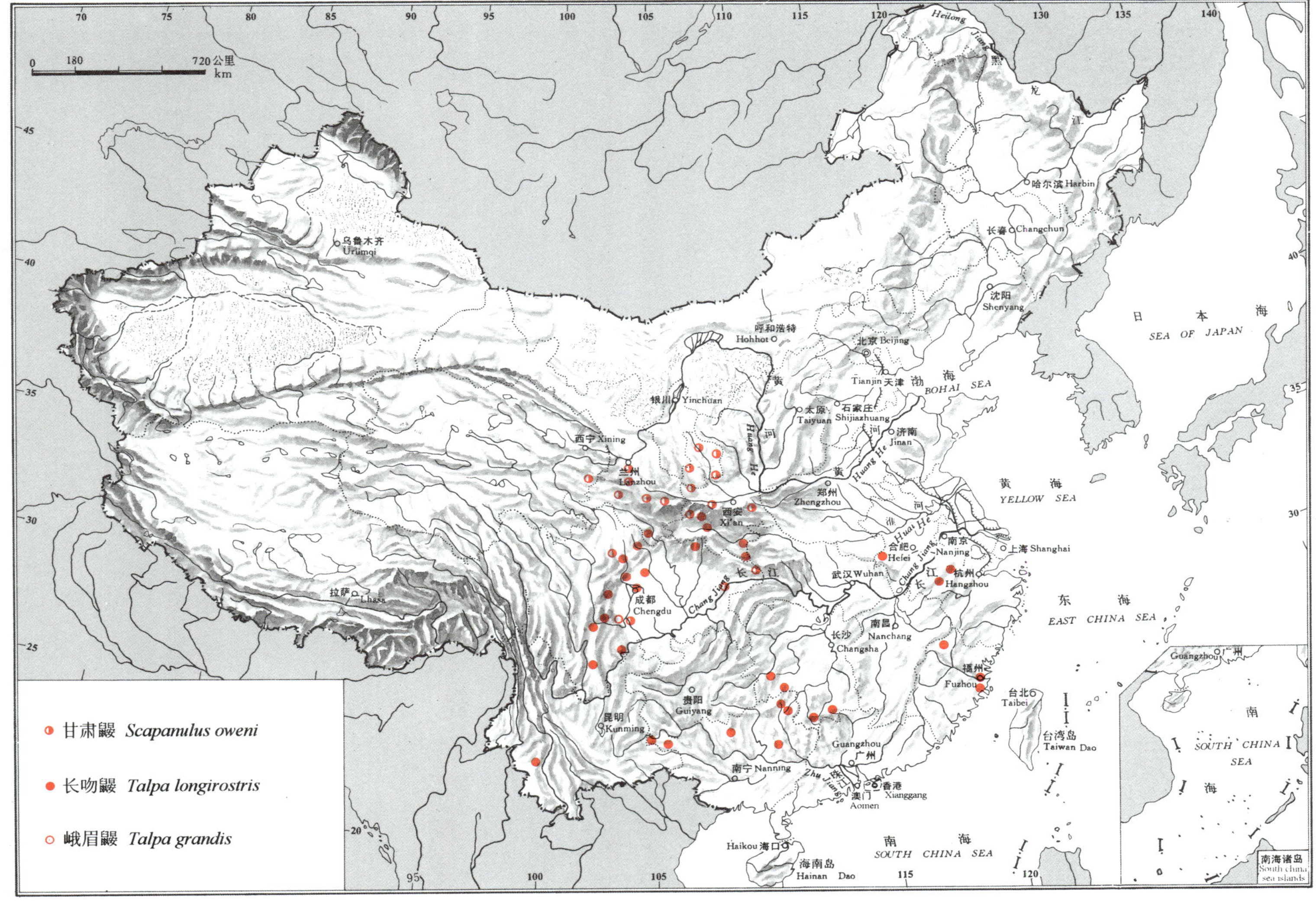

图16 甘肃鼹 *Scapanulus oweni* 长吻鼹 *Talpa longirostris* 峨眉鼹 *Talpa grandis* 的分布

白尾鼹属 *Parascaptor* Gill，1875

白尾鼹 ***Parascaptor leucurus*** Blyth，1850

四川：木里（查布朗）[W77]

云南：凤庆[L71]；永德、大理[L11]；腾冲[A1]；陇川[W17]；南滚河[W16]；景东[W18]；勐海[Y10,W67]

森林，草灌丛

阿萨姆，中南半岛，马来半岛。

麝鼹属 *Scaptochirus* Milne-Edwards，1867

麝鼹 ***Scaptochirus moschatus*** Milne-Edwards，1867

S. m. moschatus Milne-Edwards，1867［分布区内大部分地区］

S. m. gilliesi Thomas，1910［山西西南部］
黑龙江：泰来[M13]
辽宁：彰武[S33]
内蒙古：赤峰、商都、苏尼特右旗、正镶白旗*；准噶尔旗、鄂托克旗、达拉特旗、乌审旗、伊金霍洛旗[Z56,59]；包头东[A1]
河北：固安、涞水*
北京：金山[B9]；圆明园[B10]
山西：神池*；中条山[T2]；河津、宁武、太原[A1]；朔州、兴县[W8]
河南：西部地区[Y27]；永城、栾川[L96]
山东：广泛分布[L74]；汶上[A1]
陕西：榆林[E1]；陇县、宁陕[S44]；石泉[W98]
宁夏：灵武、盐池[W60]
甘肃：文县[M1]；天水、玛曲[Z81]
江苏：徐州[H33]
森林与田野

Parascaptor Gill，1875 **White-tailed moles**

Parascaptor leucurus Blyth，1850 **White-tailed mole**
Sichuan：Muli (Chabulang)[W77]
Yunnan：Fengqing[L71]；Yongde，Dali[L11]；Tengchong[A1]；Longchuan[W17]；Nangunhe[W16]；Jingdong[W18]；Menghai[Y10,W67]

Forest and scrub-grassland
Assam，Myanmar，Thailand，Indcchina，Malay peninsula.

Scaptochirus Milne-Edwards，1867 **Musk-moles**

Scaptochirus moschatus Milne-Edwards，1867 **Musk-mole**
S. m. moschatus Milne-Edwards，1867［Most of the area］
S. m. gilliesi Thomas，1910［Southwestern Shanxi］
Heilongjiang：Tailai[M13]
Liaoning：Zhangwu[S33]
Nei Mongol：Chifeng，Shangdu，Sonid Right B.，Zhengxiangbai B.*；Jungar B.，Otog B，Dalad B.，Uxin B.，Ejin Horo B.[Z56,59]；eastern Baotou[A1]
Hebei：Gu'an，Laishui*
Beijing：Jinshan[B9]；Yuanmingyuan[B10]
Shanxi：Shenchi*；Zhongtiaoshan[T2]；Hejin，Ningwu，Taiyuan[A1]；Shuozhou，Xingxian[W8]
Henan：Western area[Y27]；Yongcheng，Luanchuan[L96]
Shandong：Occurs in different areas[L74]；Wenshang[A1]
Shaanxi：Yulin[E1]；Longxian，Ningshan[S44]；Shiquan[W98]
Ningxia：Lingwu，Yanchi[W60]
Gansu：Wenxian[M1]；Tianshui，Maqu[Z81]
Jiangsu：Xuzhou[H33]

Forest，wild and farmland

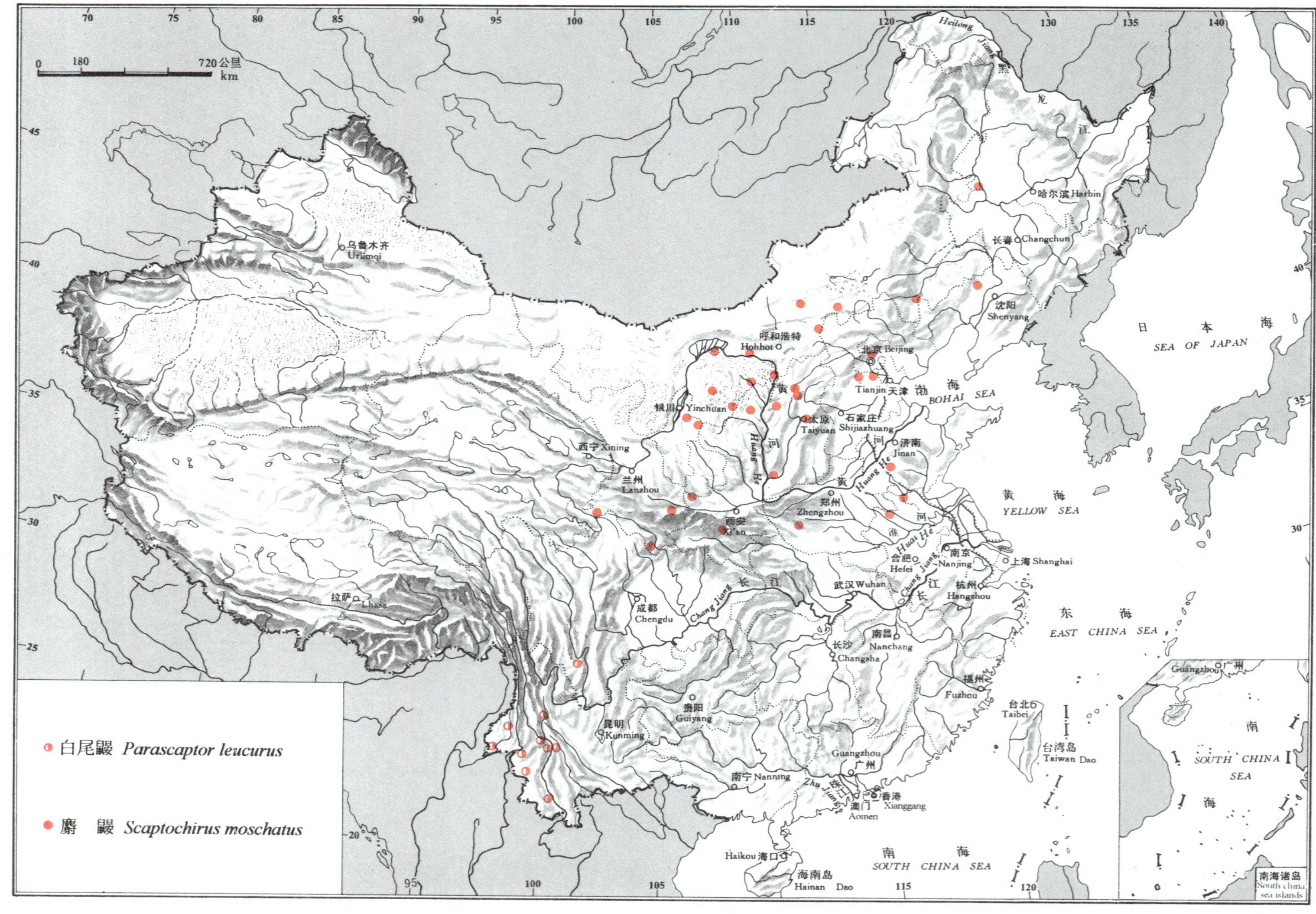

图17 白尾鼹 *Parascaptor leucurus* 麝鼹 *Scaptochirus moschatus* 的分布

缺齿鼹属 *Mogera* pomel，1848

缺齿鼹 ***Mogera robusta*** Nehring，1891
黑龙江：玉泉[S33]；乌苏里江、兴凯湖附近[L86]；哈尔滨、泰来、安达[M13]
吉林：敦化、漫江[Z39]；长春[L86]；安图[S50]
辽宁：沈阳[S33]；清原、桓仁、宽甸、鞍山[X7]
河南：西部地区[Y27]
森林，草地与耕地

乌苏里，朝鲜，日本。

中缺齿鼹 ***Mogera wogura*** Temminck，1842

M. w. coreana Thomas，1907

辽宁：丹东、普兰店、旅顺、大连[D6,X7]

河南：浚县[Z97]

安徽：金寨、襄安、佛子岭[H35]；来安[W37]

山地林地

日本，朝鲜。

小(华南)缺齿鼹 ***Mogera insularis*** Swinhoe，1862

M. i. insularis Swinhoe，1862［台湾］

M. i. lotouchei Thomas，1907［内陆］

M. i. hainanus Thomas，1910［海南］

江苏：镇江、宜兴[H33]

浙江：临江、德清、金华、文成、遂昌、龙泉、庆元[Z113]

安徽：金寨、黄山、宁国[H35]

湖南：西南山地[A1]；宜章、新宁、城步、桂东、资兴、绥宁[F14]

四川：宝兴、康定、峨眉山[E1]；宜宾南[A1]

贵州：绥阳、丛江、梵净山[L2,G17]

广西：靖西、宁明、大瑶山、融水、南宁、上林[S12,W83]

广东：乐昌、和平[E1,L56]

海南：儋州、南丰[E1]；吊罗山、五指山、坝王岭、琼中、白沙[X21]

福建：福州、福清、武夷山、邵武[A1]

台湾：台北、台东[C15]

林地与林缘

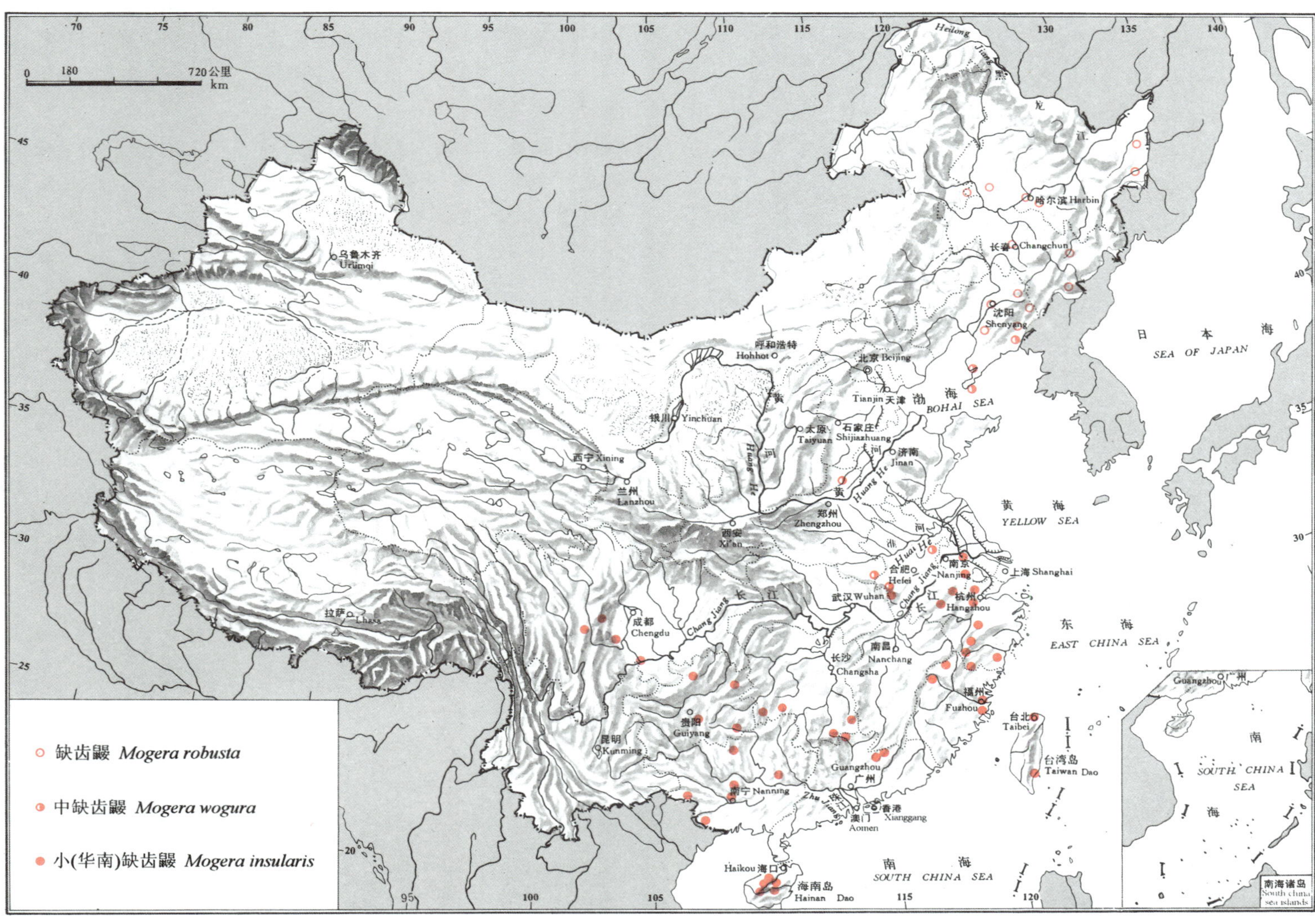

图18 缺齿鼹 *Mogera robusta* 中缺齿鼹 *Mogera wogura* 小（华南）缺齿鼹 *Mogera insularis* 的分布

Mogera Pomel，1848 Far-eastern moles

Mogera robusta Nehring，1891 **Large mole**

Heilongjiang：Yuquan[S33]；Wusulijiang，Xingkai Hu[L86]；Harbin，Tailai，Anda[M13]

Jilin：Dunhua，Manjiang[Z39]；Changchun[L86]；Antu[S50]

Liaoning：Shenyang[S33]；Qingyuan，Huanren，Kuandian，Anshan[X7]

Henan：Western area[Y27]

Forest，grassland and farmland

Ussuri，Korea，Japan.

Mogera wogura Temminck，1842 **Japanese mole**

M. w. coreana Thomas，1907

Liaoning：Dandong，Pulandian，Lushun，Dalian[D6,X7]

Henan：Xunxian[Z97]

Anhui：Jinzhai，Xiang'an，Foziling[H35]；Lai'an[W37]

Mountain woodland

Japan，Korea.

Mogera insularis Swinhoe，1862 **Lesser mole**

M. i. insularis Swinhoe，1862［Taiwan］

M. i. lotouchei Thomas，1907［Chinese continent］

M. i. hainanus Thomas，1910［Hainan］

Jiangsu：Zhenjiang，Yixing[H33]

Zhejiang：Linjiang，Deqing，Jinghua，Wencheng，Suichang，Longquan，Qingyuan[Z113]

Anhui：Jinzhai，Huangshan，Ningguo[H35]

Hunan：Southwestern mountains[A1]；Yizhang，Xinning，Chengbu，Guidong，Zixing，Suining[F14]

Sichuan：Baoxing，Kangding，Emeishan[E1]；southern Yibin[A1]

Guizhou：Suiyang，Congjiang，Fanjingshan[L2,G17]

Guangxi：Jingxi，Ningming，Dayaoshan，Rongshui，Nanning，Shanglin[S12,W83]

Guangdong：Lechang，Heping[E1,L56]

Hainan：Danzhou，Nanfeng[E1]；Diaoluoshan，Wuzhishan，Bawangling，Qiongzhong，Baisha[X21]

Fujian：Fuzhou，Fuqing，Wuyishan，Shaowu[A1]

Taiwan：Taibei，Taidong[C15]

Forest and forest edge

攀鼩目　SCANDENTIA

树鼩科　Tupaiidae

树鼩属 *Tupaia* Raffles，1821

树鼩　***Tupaia belangeri*** Wagner，1841

T. b. chinensis Anderson，1879［云南西南部］

T. b. modesta J. Allen，1906［海南］

T. b. yunalis Thomas，1914［广西、贵州、云南东部］

T. b. gaoligongensis Wang，1987［高黎贡山］

T. b. tonquinia Thomas，1925［中越边境］

T. b. yaoshanensis Wang，1987［广西］

海南：儋州、东方、琼山、白沙[S8]；南丰[A1]；乐东、琼中、文昌、五指山、尖峰岭、吊罗山、坝王岭[L56,X21]

广西：大瑶山[S47]；崇左、西林、隆林[Y25]；田林、百色、田东、那坡、德保、隆安、融水、融安、天峨、环江、河池、宁明、凭祥、南宁、抚绥、靖西、大新、上思、龙津、龙州（*tonquinia*）[W47]

四川：米易、西昌[P1]；德昌、宁南[H23]

贵州：兴义、安龙（*yunalis*）[L2]

云南：永德、凤庆、耿马[L71]；保山、潞西、腾冲、盈江*；河口、勐海、勐腊[W67]；景洪、勐阿、勐养、勐混、勐笼、勐遮、勐旺[Y43,K3]；弥渡[L11]；德钦[S46]；丽江[P1]；大理、昆明、武定、蒙自[A1]；南滚河[W16]；宾川（*chinensis*）、泸水[W73]；贡山（*gaoligongensis*）[G14]；屏边[L4]；金平、江城、易武、景谷、景东、麻栗坡、西畴（*yunalis*）[W66]；泸西、绿春[L4]

西藏：察隅地区[E1]

森林，灌丛，村落附近

锡金，曼尼蒲尔，阿萨姆，中南半岛，马来半岛，苏门答腊，爪哇，加里曼丹及附近岛屿，巴拉湾岛。

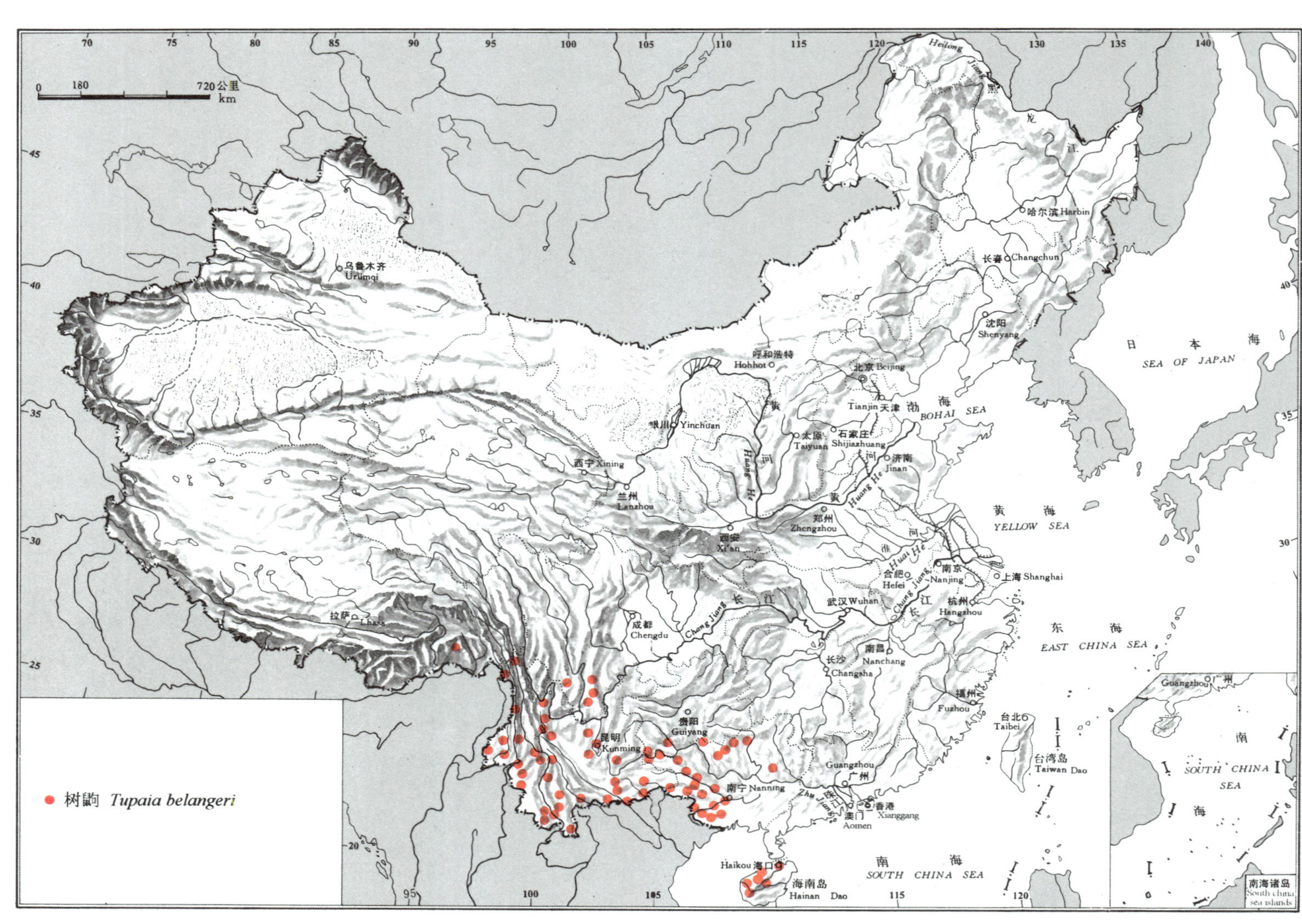

图19　树鼩 *Tupaia belangeri* 的分布

SCANDENTIA Tree shrews

Tupaiidae　Tree shrews

Tupaia Raffles，1821　Tree shrews

Tupaia belangeri Wagner，1841 **Common tree shrew**

T. b. chinensis Anderson，1879［Southwestern Yunnan］

T. b. modesta J. Allen，1906［Hainan］

T. b. yunalis Thomas，1914［Guangxi，Guizhou，eastern Yunnan］

T. b. gaoligongensis Wang，1987［Gaolingongshan］

T. b. tonquinia Thomas，1925［Border between China and Vietnam］

T. b. yaoshanensis Wang, 1987 [Da Yaoshan, northwestern Guangxi]

Hainan: Danzhou, Dongfang, Qiongshan, Baisha[S8]; Nanfeng[A1]; Ledong, Qiongzhong, Wenchang, Wuzhishan, Jianfengling, Diaoluoshan, Bawangling[L56,X21]

Guangxi: DaYaoshan[S47]; Chongzuo, Xilin, Longling[Y25]; Tianling, Baise, Tiandong, Napo, Debao, Long'an, Rongshui, Rong'an, Tian'e, Huanjiang, Hechi, Ningming, Pingxiang, Nanning, Fusui, Jingxi, Daxin, Shangsi, Longjin, Longzhou (*tonquinia*)[W47]

Sichuan: Miyi, Xichang[P1]; Dechang, Ningnan[H23]

Guizhou: Xingyi, Anlong (*yunalis*)[L2]

Yunnan: Yongde, Fengqing, Gengma[L71]; Baoshan, Luxi, Tengchong, Yingjiang*; Hekou, Menghai, Mengla[W67]; Jinghong, Menga, Mengyang, Menghun, Menglong, Mengzhe, Mengwang[Y43,K3]; Midu[L1]; Deqen[S46]; Lijiang[P1]; Dali, Kunming, Wuding, Mengzi[A1]; Nangunhe[W16]; Binchuan (*chinensis*), Lushui[W73]; Gongshan (*gaoligongensis*)[G14]; Pingbian[L4]; Jinping, Jiangcheng, Yiwu, Jinggu, Jingdong[W18]; Malipo, Xichou[W66]; Luxi, Lüchun[L4]

Xizang: Zayü area[E1]

Forest, scrub and habitats near settlement

Sikkim, Manipur, Assam, Myanmar, Thailand, Indochina, Malay peninsula, Sumatra, Java, Borneo and its near islands; Palawan Island.

翼手目 CHIROPTERA

狐蝠科 Pteropodidae

果蝠属 *Rousettus* Gray, 1821

棕果蝠 ***Rousettus leschenaulti*** Desmarest, 1820

江西：龙南[C29]

贵州：安龙[L2]

广西：百色、南宁、宁明[W47]；凭祥、玉林、桂平、灵山[L76,W83,S12]

广东：广州[T5]；电白[C22]

海南：昌江、白沙[X21]

福建：厦门[A1]

云南：勐养[Y43]；金平[L4]；勐腊[Y10]

西藏：墨脱[F5]

香港：香港[A1]

森林（岩洞、高树、芭蕉树）

印度半岛，恒河上游，尼泊尔，杰普塔纳，不丹，缅甸，典那沙冷，泰国北部，越南北部。

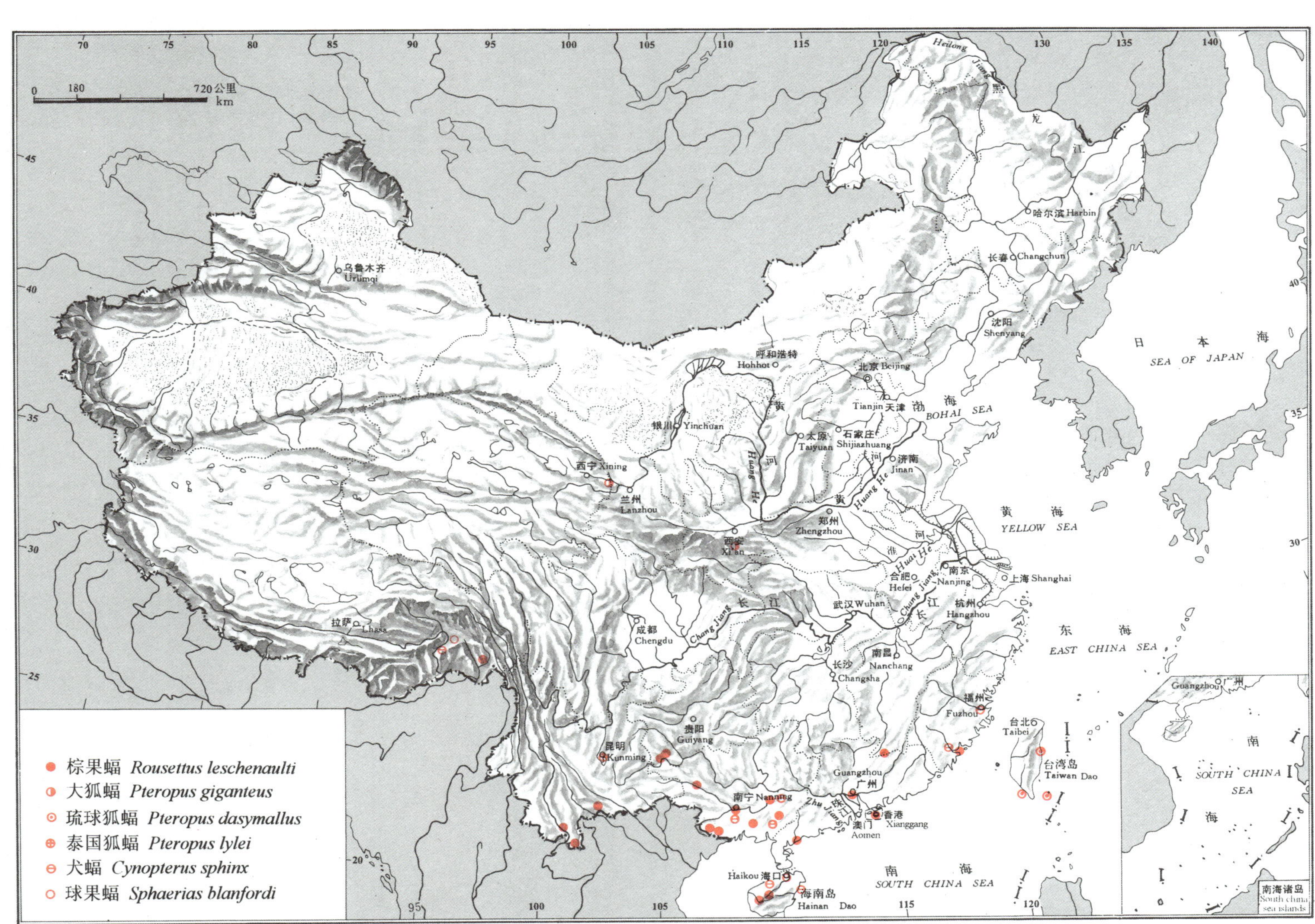

图20 棕果蝠 *Rousettus leschenaulti* 琉球狐蝠 *Pteropus dasymallus* 大狐蝠 *Pteropus giganteus* 泰国狐蝠 *Pteropus lylei* 球果蝠 *Sphaerias blanfordi* 犬蝠 *Cynopterus sphinx* 的分布

狐蝠属 *Pteropus* Brisson，1762

琉球狐蝠 ***Pteropus dasymallus*** Temminck，1825
P. d. formosus Sclater，1873
台湾：花莲、高雄、兰屿、绿岛[C15]
琉球群岛。

大狐蝠 ***Pteropus giganteus*** Brünnich，1872
青海：民和[W112]
陕西：长安（秦岭）[W95]
斯里兰卡，印度，尼泊尔，锡金，不丹，阿萨姆，曼尼普尔，缅甸南部，爪哇。

泰国狐蝠 ***Pteropus lylei*** K. Andersen，1908
云南：昆明[H5]
泰国。

果蝠属 *Sphaerias* Miller，1906

球果蝠 ***Sphaerias blanfordi*** Thomas，1891
S. b. motuoensis Cai *et* Zhang 1984［西藏］
西藏：墨脱[F5]
竹丛，巴蕉林为主
印度东北，缅甸，泰国西北。

犬蝠属 *Cynopterus* F. Cuvier，1824

犬蝠 ***Cynopterus sphinx*** Vahl，1797
西藏：墨脱[F5]
福建：福清、厦门*
海南：儋州[A1]；文昌、海口[X21]
广西：玉林、桂平、南宁[W83]
树林，家舍
印度半岛，斯里兰卡，孟加拉，恒河上游地区，锡金，不丹，中南半岛，苏门答腊，爪哇，巴厘，龙目，帝汶。

CHIROPTERA Bats

Pteropodidae Fruit bats, flying foxes

Rousettus Gray，1821 Rousettes

Rousettus leschenaulti Desmarest，1820
Leschenault's fruit bat
Jiangxi：Longnan[C29]
Guizhou：Anlong[L2]
Guangxi：Bose，Nanning，Ningming[W47]，Pingxiang，Yulin，Guiping，Lingshan[L76,W83,S12]
Guangdong：Guangzhou[T5]；Dianbai[C22]
Hainan：Changjiang，Baisha[X21]
Fujian：Xiamen[A1]
Yunnan：Mengyang[Y43]；Jinping[L4]；Mengla[Y10]
Xizang：Medog[F5]
Hongkong：Hongkong[A1]
Forest（cave，high tree and banana tree）
Indian peninsula，upper reaches of Ganga River，Nepal，Rajputana，Bhutan，Myanmar，Tenasserim，northern Thailand and Tonkin in Indochina.

Pteropus Brisson，1762 Flying foxes

Pteropus dasymallus Temminck，1825 **Ryukyu flying fox**
P. d. formosus Sclater，1873
Taiwan：Hualian，Gaoxiong，Lanyu，Ludao[C15]
Ryukyu Islands.

Pteropus giganteus Brünnich，1872 **Indian flying fox**
Qinghai：Minhe[W112]
Shaanxi：Chang'an（Qinling）[W95]
Sri Lanka，India，Nepal，Sikkim，Bhutan，Assam，Manipur，southern Myanmar，Java.

Pteropus lylei Andersen，1908 **Thailand flying fox**
Yunnan：Kunming[H5]
Thailand.

Sphaerias Miller，1906

Sphaerias blanfordi Thomas，1891 **Blanford's fruit bat**
S. b. motuoensis Cai *et* Zhang，1984［Xizang］
Xizang：Medog[F5]
Woodland of bamboo and banana trees mainly
Northeastern India，Myanmar，northwestern Thailand.

Cynopterus F. Cuvier，1824 Short-nosed fruit bats

Cynopterus sphinx Vahl，1797 **Short-nosed fruit bat**
Xizang：Medog[F5]
Fujian：Fuqing，Xiamen*
Hainan：Danzhou[A1]；Wenchang，Haikou[X21]
Guangxi：Yulin，Guiping，Nanning[W83]
Woodland and house
Indian peninsula，Sri Lanka，Bengal，upper reaches of Ganga River，Sikkim，Bhutan，Myanmar，Thailand，Indochina，Sumatra，Java，Bali，Lombok，Timor.

短耳犬蝠 ***Cynopterus brachyotis*** Müller，1838
C. b. angulatus Miller，1898
广东：广州、河源、罗浮山[A1]
森林，家舍
斯里兰卡，安达曼及尼古巴群岛，典那沙冷，缅甸，阿萨姆，泰国，马来半岛，苏门答腊，菲律宾群岛，爪哇，加里曼丹及附近岛屿，苏拉威西岛。

长舌果蝠属 *Eonycteris* Dobson，1873

长舌果蝠 ***Eonycteris spelaea*** Dobson，1871
云南：河口（南溪）[Y43,Z40]；勐腊[W67,Y10]
广西：南宁、玉林、桂平、灵山[W83]
岩洞
中南半岛，马来半岛，苏门答腊，爪哇，加里曼丹，菲律宾。

鞘尾蝠科 Emballonuridae

墓蝠属 *Taphozous* Geoffroy，1818

黑髯墓蝠（鞘尾蝠） ***Taphozous melanopogon*** Temminck，1841
贵州：安龙、罗甸[L2]
云南：景洪[K3,Y10,W67]；元江[A1]

广西：宁明[W47]；桂林、柳州、河池、南宁、玉林[L76]
海南：东方（尖峰岭）[S8]
岩洞
爪哇，苏门答腊，加里曼丹，老挝，典那沙冷，缅甸，印度半岛。

假吸血蝠科 Megadermatidae

假吸血蝠属 *Megaderma* E. Geoffroy，1810

印度假吸血蝠 ***Megaderma lyra*** Geoffroy，1810
M. l. sinensis Andersen *et* Wroughton，1907
湖南：新宁[A1]
四川：城口[H23]；雅安[A1]
广西：百色、桂林[L76]；隆林[S12]
云南：勐腊[Y10, W67]
广东：汕头[A1]
福建：厦门、福清[A1]
贵州：绥阳、织金、江口[L2]
岩洞
锡金，不丹，印度半岛，缅甸（掸拜地区），马来半岛。

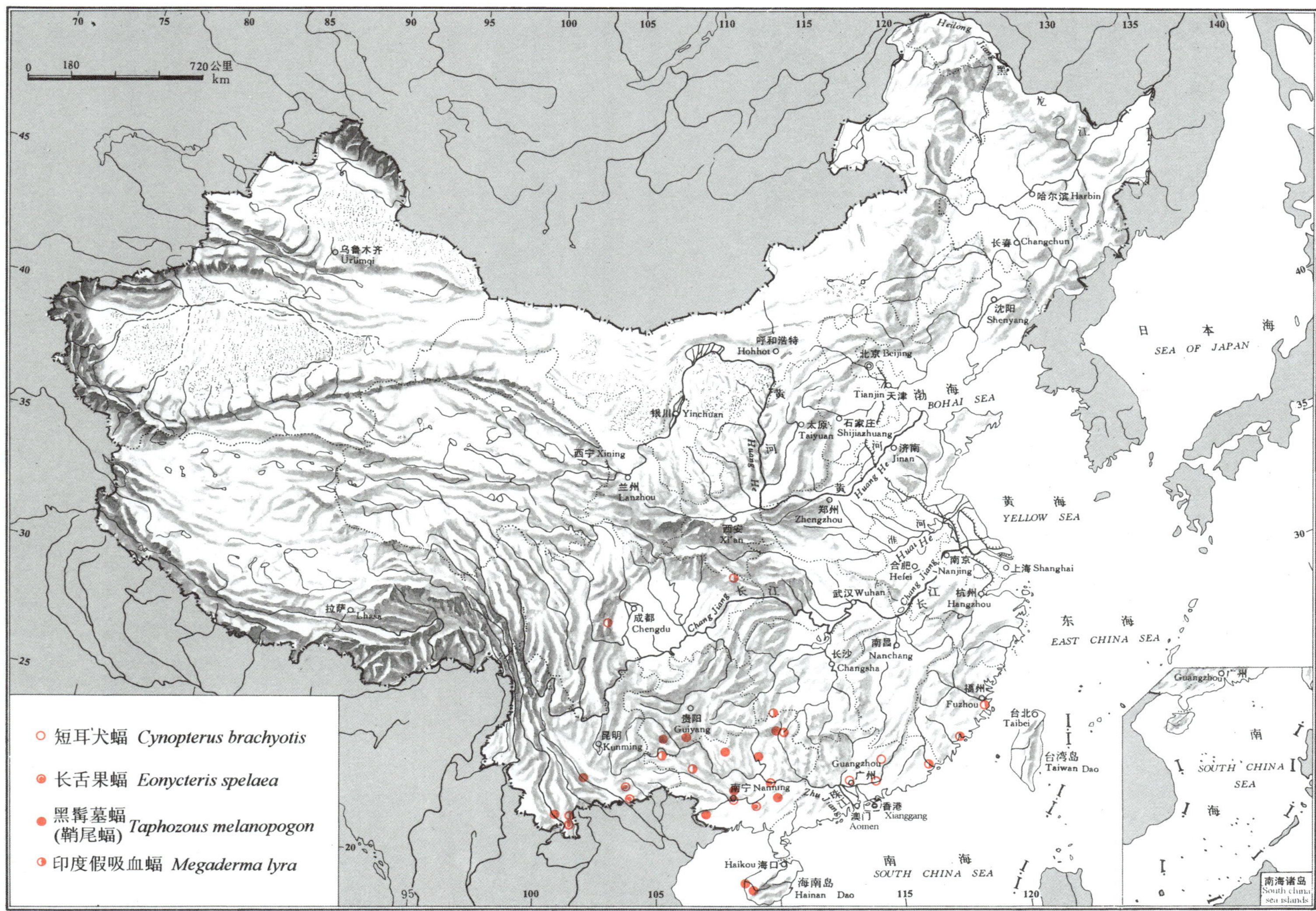

图21 短耳犬蝠 *Cynopterus brachyotis* 长舌果蝠 *Eonycteris spelaea* 黑髯墓蝠（鞘尾蝠）*Taphozous melanopogon* 印度假吸血蝠 *Megaderma lyra* 的分布

Cynopterus brachyotis Müller，1838 **Lesser dog-faced fruit bat**
C. b. angulatus Miller，1898
Guangdong：Guangzhou，Heyuan，Luofushan[A1]
Forest and house
Sri Lanka，Andaman and Nicobar islands；Tenasserim，Myanmar，Assam，Thailand，Malay peninsula；Sumatra，Philippine Islands，Java，Borneo and adjacent small islands，Sulawesi.

Eonycteris Dobson，1873 **Dawn fruit bat**

Eonycteris spelaea Dobson，1871 **Cave fruit bat**
Yunnan：Hekou（Nanxi）[Y43, Z40]；Mengla[W67, Y10]
Guangxi：Nanning，Yulin，Guiping，Lingshan[W83]
Cave
Myanmar，Indochina，Thailand，Malay peninsula，Sumatra，Java，Borneo，Philippines.

Emballonuridae Sheath-tailed bats

Taphozous Geoffroy，1818 Pouched bats（Tomb bats）

Taphozous melanopogon Temminck，1841
Black-bearded tomb bat
Guizhou：Anlong，Luodian[L2]
Yunnan：Jinghong[K3, Y10, W67]；Yuanjiang[A1]
Guangxi：Ningming[W47]；Guilin，Liuzhou，Hechi，Nanning，Yulin[L76]
Hainan：Dongfang（Jianfengling）[S8]
Cave
Java，Sumatra，Borneo，Laos，Tenasserim，Myanmar，Indian peninsula.

Megadermatidae False vampire bats，yellow-winged bats

Megaderma E. Geoffroy，1810 False vampire bats

Megaderma lyra Geoffroy，1810 **Greater false vampire**
M. l. sinensis Andersen *et* Wroughton，1907
Hunan：Xinning[A1]
Sichuan：Chengkou[H23]；Ya'an[A1]
Guangxi：Bose，Guilin[L76]；Longlin[S12]
Yunnan：Mengla[Y10, W67]
Guangdong：Shantou[A1]
Fujian：Xiamen，Fuqing[A1]
Guizhou：Suiyang，Zhijin，Jiangkou[L2]
Cave
Sikkim，Bhutan，Indian peninsula，Myanmar（Shan States），Malay peninsula.

菊头蝠科 Rhinolophidae

菊头蝠属 *Rhinolophus* Lacepède，1799

马铁菊头蝠 ***Rhinolophus ferrumequinum*** Schreber，1774

R. f. nippon Temminck，1835［中国大陆东部］

R. f. tragatus Hodgson，1835［四川西部，云南］

吉林：抚松、敦化、吉林[Y24]
辽宁：大连、鞍山、清原、桓仁[X7]
河北：承德[A1]
北京：北京[A1]
山东：泰安[A1]；省内大部分地区[L74]
河南：桐柏[Z97]
陕西：商州[A1]；留坝、西乡、旬阳、柞水[W98]；宁陕、佛坪[Z85,W96]
山西：太原[W9]
上海：上海[A1]
浙江：西天目山[Z113]
安徽：滁县、贵池[H35,L34]
江西：乐平、铅山[C30]
四川：会东、城口、峨眉山、盐源、汶川[H23]
甘肃：康县[Z81]
贵州：贵阳、清镇、开阳、织金[L2]
云南：金平、屏边、河口[Z40,Y43]；丽江、腾冲[A1]；昆明[X13]
广西：龙胜*
福建：武夷山[A1]

岩洞，岩隙

欧洲，克里米亚，小亚细亚，高加索，中亚南部，日本，朝鲜，伊朗，巴勒斯坦，克什米尔，恒河上游地区，尼泊尔，锡金，阿尔及利亚，摩洛哥。

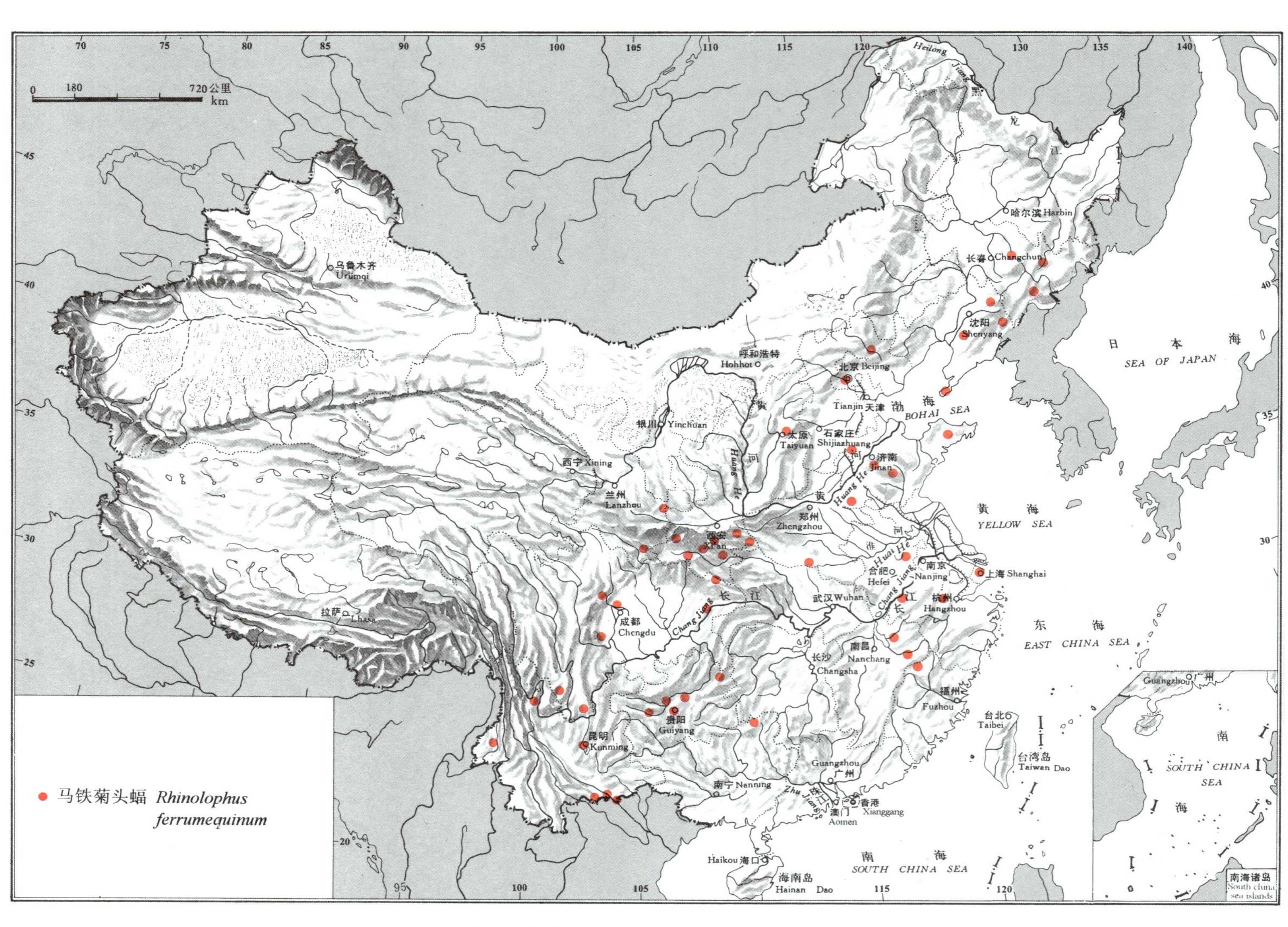

图22 马铁菊头蝠 *Rhinolophus ferrumequinum*

Rhinolophidae Horseshoe bats

Rhinolophus Lacepède，1799 Horseshoe bats

Rhinolophus ferrumequinum Schreber，1774
Greater horseshoe bat

R. f. nippon Temminck，1835［Eastern part of the continent of China］

R. f. tragatus Hodgson，1835［Western Sichuan，Yunnan］

Jilin：Fusong，Dunhua，Jilin[Y24]
Liaoning：Dalian，Anshan，Qingyuan，Huanren[X7]
Hebei：Chengde[A1]
Beijing：Beijing[A1]
Shandong：Tai'an[A1]；most of the province[L74]
Henan：Tongbai[Z97]
Shaanxi：Shangzhou[A1]；Liuba，Xixiang，Xunyang，Zhashui[W98]；Ningshan，Foping[Z85,W96]
Shanxi：Taiyuan[W9]
Shanghai：Shanghai[A1]
Zhejiang：western Tianmushan[Z113]
Anhui：Chuxian，Guichi[H35,L34]
Jiangxi：Leping，Yanshan[C30]
Sichuan：Huidong，Chengkou，Emeishan，Yanyuan，Wenchuan[H23]
Gansu：Kangxian[Z81]
Guizhou：Guiyang，Qingzhen，Kaiyang，Zhijin[L2]
Yunnan：Jinping，Pingbian，Hekou[Z40,Y43]；Lijiang，Tengchong[A1]；Kunming[X13]
Guangxi：Longsheng*
Fujian：Wuyishan[A1]

Cave and rocky cracks

Europe，Crimea，Asia Minor，Caucasus，southern Central Asia，Japan，Korea，Iran，Palestine，Kashmir，upper reaches of Ganga River，Nepal，Sikkim，Algeria，Morocco.

中菊头蝠 ***Rhinolophus affinis*** Horsfield，1823

R. a. himalayanus Andersen，1905［云南，四川，湖南］

R. a. macrurus Andersen，1905［东南沿海］

R. a. hainanus J. Allen，1906［海南］

陕西：石泉、旬阳[W98]；平利、安康、汉阴[W96]

江苏：南京[A1,P7]

浙江：桐庐[A1]；杭州、湖州、金华、建德[W84, Z113]

安徽：贵池、宁国、胡乐[H35]；休宁、东至、黄山、繁昌、泾县、宣城[W39,L34,X28]

湖南：沅陵[A1]；宜章[F14]

江西：赣县[L65]；铅山、上高、井冈山、遂川、宁冈、吉安、泰和、永丰、崇义、会昌、寻乌、安远、南城、资溪、广昌、宜黄[C29,30]

四川：万县[A1]；德昌[H23]

贵州：兴义[L2]

云南：腾冲、潞西、盈江、凤庆、双江[L71]；丽江[A1]；金平[Z40]；勐腊（勐远）[W67,Y10]

广西：桂林、龙州、凭祥[W47]；宁明、玉林、博白[W83]；兴安、恭城[S12]

海南：尖峰岭、昌江、白沙[X21]；儋州[A1]

福建：福清、龙溪、南平[*,A1]

香港：香港[P9]

岩洞

恒河上游地区，尼泊尔，不丹，大吉岭（印度），缅甸，越南北部，马来半岛，苏门答腊，爪哇，那吐那，亚男巴群岛。

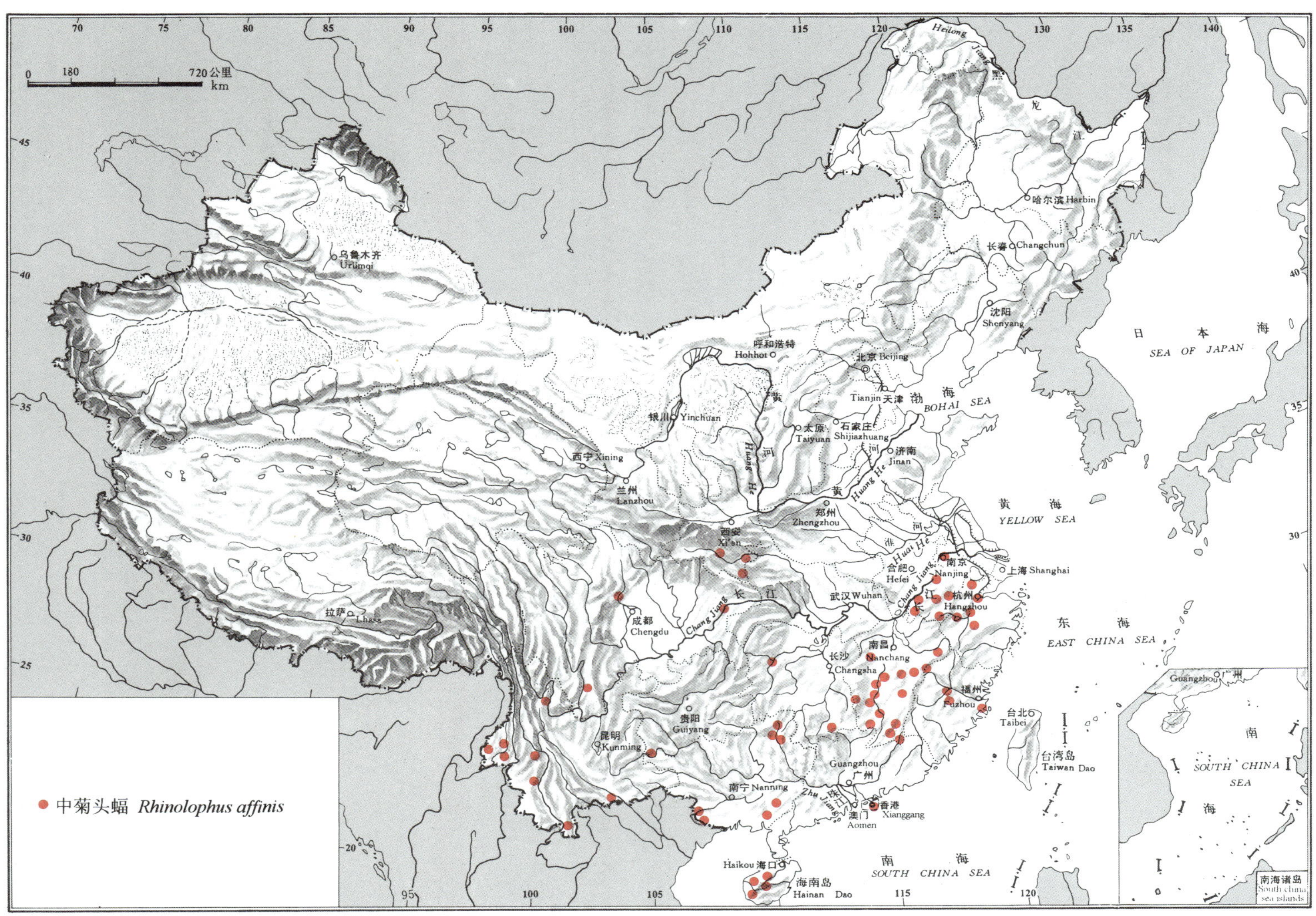

图23 中菊头蝠 *Rhinolophus affinis* 的分布

Rhinolophus affinis Horsfield，1823

Intermediate horseshoe bat

R. a. himalayanus Andersen，1905［Yunnan，Sichuan，Hunan］

R. a. macrurus Andersen，1905［Southeastern coast］

R. a. hainanus J. Allen，1906［Hainan］

Shaanxi：Shiquan，Xunyang[W98]；Pingli，Ankang，Hanyin[W96]

Jiangsu：Nanjing[A1,P7]

Zhejiang：Tonglu[A1]；Hangzhou，Huzhou，Jinhua，Jiande[W84,Z113]

Anhui：Guichi，Ningguo，Hule[H35]；Xiuning，Dongzhi，Huangshan，Fanchang，Jingxian，Xuancheng[W39,L34,X28]

Hunan：Yuanling[A1]；Yizhang[F14]

Jiangxi：Ganxian[L65]；Yanshan，Shanggao，Jinggangshan，Suichuan，Ninggang，Ji'an，Taihe，Yongfeng，Chongyi，Huichang，Xunwu，Anyuan，Nancheng，Zixi，Guangchang，Yihuang[C29,30]

Sichuan：Wanxian[A1]；Dechang[H23]

Guizhou：Xingyi[L2]

Yunnan：Tengchong，Luxi，Yingjiang，Fengqing，Shuangjiang[L71]；Lijiang[A1]；Jinping[Z40]；Mengla (Mengyuan)[W67,Y10]

Guangxi：Guilin，Longzhou，Pingxiang[W47]；Ningming，Yulin，Bobai[W83]；Xing'an，Gongcheng[S12]

Hainan：Jianfengling，Changjiang，Baisha[X21]；Danzhou[A1]

Fujian：Fuqing，Longxi，Nanping[*,A1]

Hongkong：Hongkong[P9]

Cave

Upper reaches of Ganga River，Nepal，Bhutan，Darjeeling (India)，Myanmar，Tonkin in Indochina，Malay peninsula，Sumatra，Java，Natuna，Anamba Islands.

鲁氏菊头蝠 ***Rhinolophus rouxi*** Temminck，1835

R. r. sinicus Andersen，1905

陕西：佛坪、石泉、平利、陕宁[W96,98]

西藏：樟木[F5]

江苏：南京[P7]

浙江：桐庐、杭州、建德、金华、永康、开化[W84,Z113]

安徽：安庆之南[A1]；繁昌、广德、歙县、休宁[L34,W39,X28]；贵池、宁国、东至[H35]

湖北：宜昌[A1]

江西：弋阳、进贤、广丰、乐平、宜春、上高、瑞昌、遂川、井冈山、南城、龙南、寻乌、广昌、资溪、崇义、宁冈、宜黄、赣县[L65,C29,30]

四川：万县[A1]；雷波[H23]

甘肃：康县[Z81]

贵州：贵阳、贵定[L2]

云南：丽江[A1]；金平[L4]；景东[W18]

广东：广州[T5]

广西：桂林、柳州、河池[L76]；南丹、兴安、恭城[S12]

福建：武夷山*；南平、福州[A1]

香港：香港[P9]

岩洞，家舍

锡金，印度半岛，尼泊尔，大吉岭（印度）。

托氏菊头蝠 ***Rhinolophus thomasi*** Andersen，1905

R. t. septentrionalis Sanborn，1939

云南：丽江[E1]；景东[W18]

贵州：兴义、开阳、清镇[L2]

广西：东兰[S12]；河池[L76]

岩洞

缅甸，越南北部。

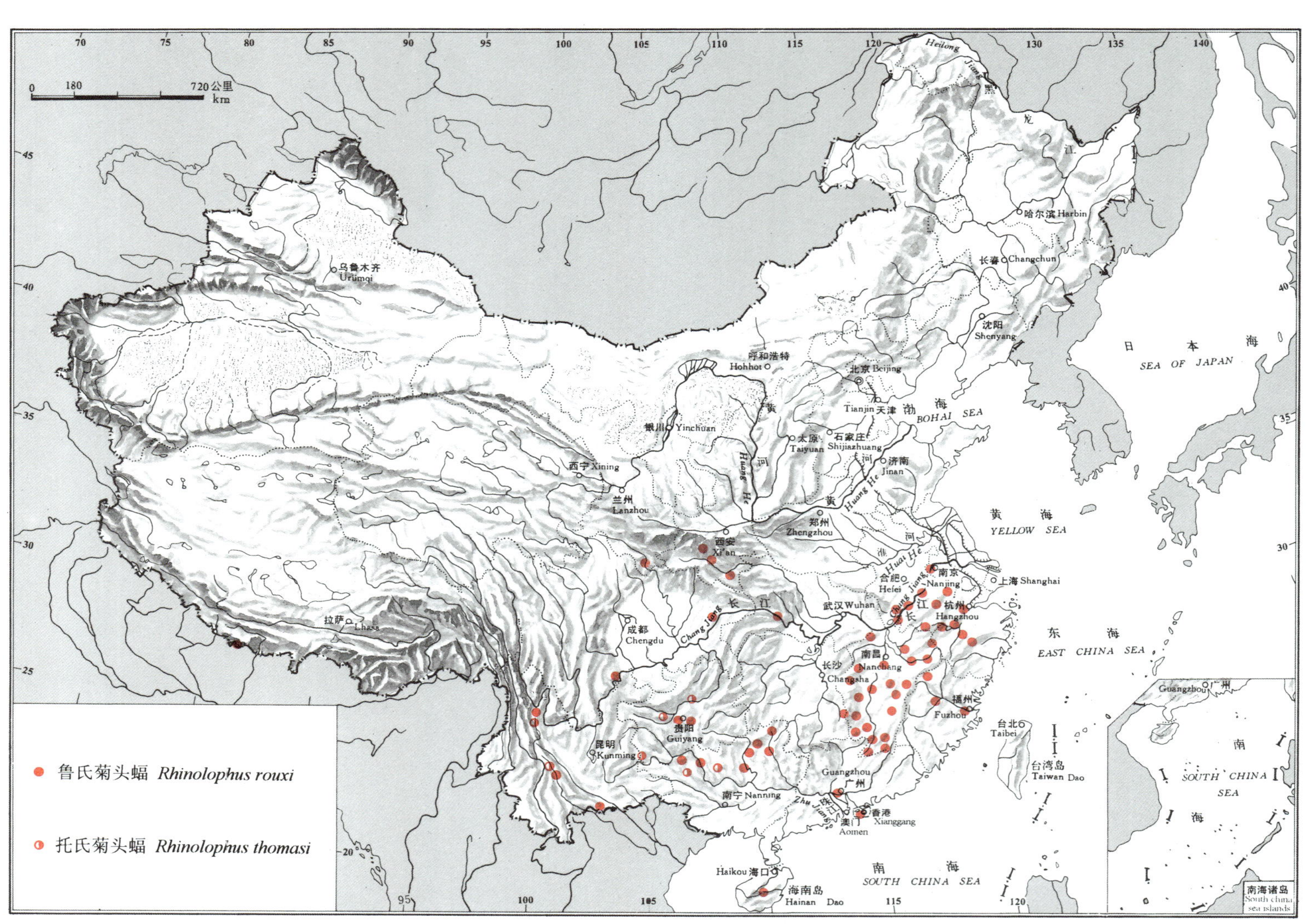

图24 鲁氏菊头蝠 *Rhinolophus rouxi* 托氏菊头蝠 *Rhinolophus thomasi* 的分布

Rhinolophus rouxi Temminck，1835 **Temminck's horseshoe bat**

R. r. sinicus Andersen，1905

Shaanxi：Foping，Shiquan，Pingli，Shanning[W96,W98]

Xizang：Zhangmu[F5]

Jiangsu：Nanjing[P7]

Zhejiang：Tonglu，Hangzhou，Jiande，Jinhua，Yongkang，Kaihua[W84,Z113]

Anhui：Southern Anqing[A1]；Fanchang，Guangde，Shexian，Xiuning[L34,W39,X28]；Guichi；Ningguo，Dongzhi[H35]

Hubei：Yichang[A1]

Jiangxi：Yiyang，Jinxian，Guangfeng，Leping，Yichun，Shanggao，Ruichang，Suichuan，Jinggangshan，Nancheng，Longnan，Xunwu，Guangchang，Zixi，Chongyi，Ninggang，Yihuang，Ganxian[C29,30]

Sichuan：Wanxian[A1]；Leibo[H23]

Gansu：Kangxian[Z81]

Guizhou：Guiyang，Guiding[L2]

Yunnan：Lijiang[A1]；Jinping[L4]；Jingdong[W18]

Guangdong：Guangzhou[T5]

Guangxi：Guilin，Liuzhou，Hechi[L76]；Nandan，Xing'an，Gongcheng[S12]

Fujian：Wuyishan*；Nanping，Fuzhou[A1]

Hongkong：Hongkong[P9]

Cave and house

Sikkim，Indian peninsula，Nepal，Darjeeling (India).

Rhinolophus thomasi Andersen，1905 **Thomas's horseshoe bat**

R. t. septentrionalis Sanborn，1939

Yunnan：Lijiang[E1]；Jingdong[W18]

Guizhou：Xingyi，Kaiyang，Qingzhen[L2]

Guangxi：Donglan[S12]；Hechi[L76]

Cave

Myanmar，Tonkin in Indochina.

角菊头蝠 ***Rhinolophus cornutus*** Temminck，1835

R. c. pumilus Andersen，1905

陕西：宁强、石泉、紫阳、柞水、镇平、商南、宁陕[W96,98,Z85]

西藏：墨脱[F5]

河北：石家庄[Z118]

江苏：宜兴、句容、昆山[H33]

浙江：杭州、桐庐、建德、淳安、德清、安吉、普陀、金华、玉环、江山[W84, Z113]

安徽：滁县[H35]；霍山、巢县、芜湖、黄山、宁国、繁昌、泾县、广德、休宁、歙县[L34,W39]

江西：赣县[L65]；彭泽、永丰、分宜、资溪、寿和、龙南[C29]

四川：乐山、彭州、南充、南川、彭山、汶川[H23]；阆中[H17]

贵州：安龙[L2]

云南：景东[W18]

广西：邕宁[W47]、桂林、柳州、河池[L76]；龙州、宁明[W83]；兴安、永福、南丹[S12]

广东：北部地区[A1]

海南：霸王岭、昌江[X21]

福建：福州[A1]

湖南：绥宁[F14]

岩洞及家舍

日本，琉球群岛，中南半岛。

Rhinolophus cornutus Temminck，1835

Little Japanese horseshoe bat

R. c. pumilus Andersen，1905

Shaanxi：Ningqiang，Shiquan，Ziyang，Zhashui，Zhenping，Shangnan，Ningshan[W95,98,Z85]

Xizang：Medog[F5]

Hebei：Shijiazhuang[Z118]

Jiangsu：Yixing，Jurong，Kunshan[H33]

Zhejiang：Hangzhou，Tonglu，Jiande，Chun'an，Deqing，Anji，Putuo，Jinhua，Yuhuan，Jiangshan[W84,Z113]

Anhui：Chuxian[H35]；Huoshan，Chaoxian，Wuhu，Huangshan，Ningguo，Fanchang，Jingxian，Guangde，Xiuning，She-xian[L34,W39]

Jiangxi：Ganxian[L65]；Pengze，Yongfeng，Fenyi，Zixi，Shouhe，Longnan[C29]

Sichuan：Leshan，Pengzhou，Nanchong，Nanchuan，Pengshan，Wenchuan[H23]；Langzhong[H17]

Guizhou：Anlong[L2]

Yunnan：Jingdong[W18]

Guangxi：Yongning[W47]；Guilin，Liuzhou，Hechi[L76]；Longzhou，Ningming[W83]；Xing'an，Yongfu，Nandan[S12]

Guangdong：Northern area[A1]

Hainan：Bawangling，Changjiang[X21]

Fujian：Fuzhou[A1]

Hunan：Suining[F14]

Cave and house

Japan，Ryukyu islands，Myanmar，Thailand，Indochina.

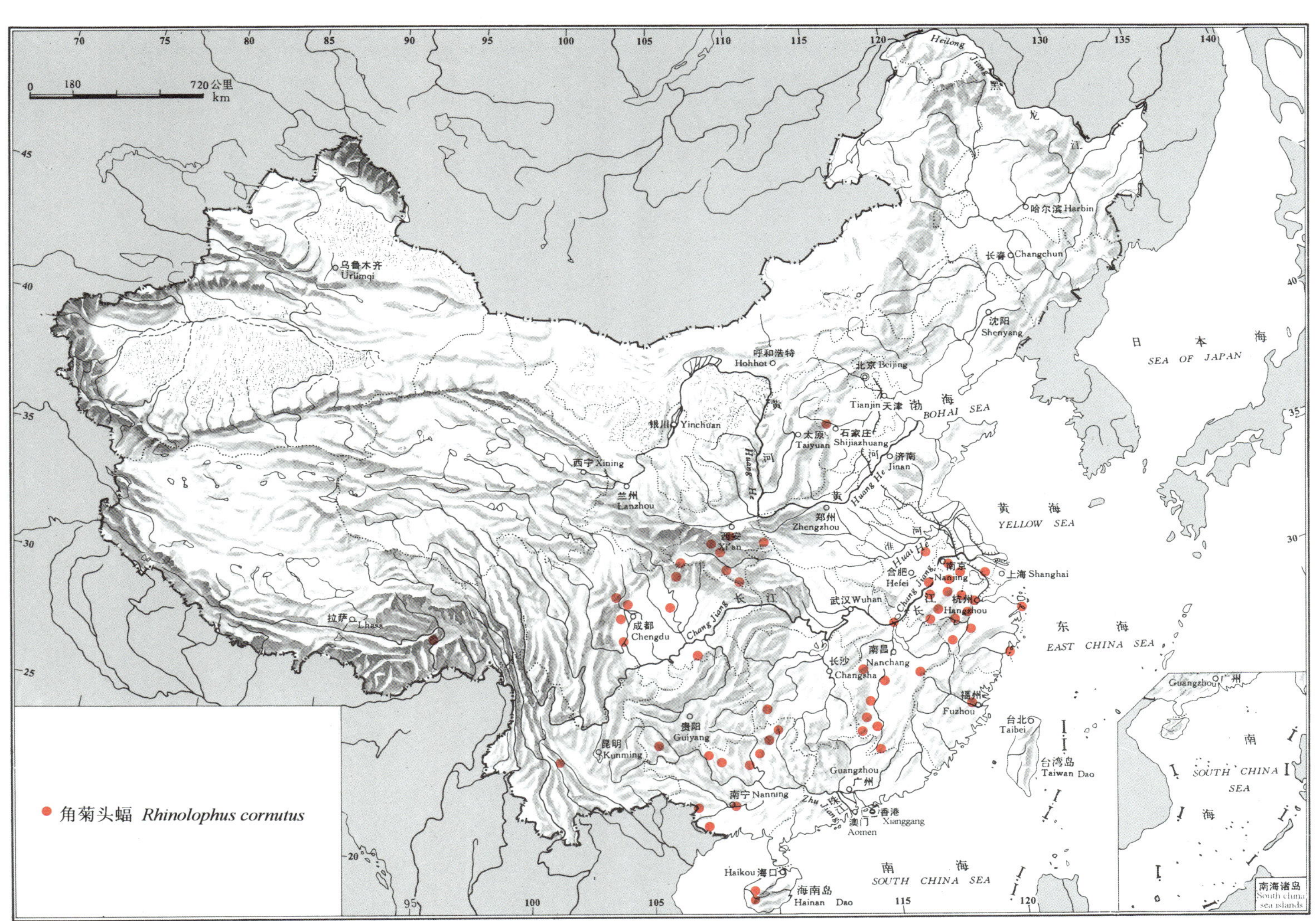

图25　角菊头蝠 *Rhinolophus cornutus* 的分布

小菊头蝠 ***Rhinolophus blythi*** Andersen，1918

R. b. szechwanus Andersen，1918［四川，湖北］

R. b. calidus G. Allen，1923［福建，云南］

R. b. parcus G. Allen，1928［海南］

江苏：宜兴[H33]

湖北：宜昌[A1]

湖南：绥宁[L65]

浙江：桐庐、江山[Z113]

安徽：黄山[L34]
江西：赣县[C29,L65]
贵州：安龙、绥阳、榕江[L2]
四川：重庆、万县[A1]
云南：金平、屏边、河口[Y43]；景东[240,W18]
广西：凭祥[W47]；桂林、柳州、河边[L76]；龙州、宁明、玉林、灵山[W83]；全州、南丹[S12]
海南：坝王岭、儋州[X21]
福建：福州、南平、龙溪、福清、鼓岭[A1]

树林和家舍

喜马拉雅，越南北部。

短翼菊头蝠 ***Rhinolophus lepidus*** Blyth，1844

R. l. shortridgei Andersen，1918［四川］
R. l. osgoodi Sanborn，1939［云南］

浙江：淳安[W84]
安徽：休宁[L34]；歙县[W39]
江西：赣县[L65]；宜春、遂川、崇义、资溪、泰和[C29]
四川：雷波[H23]；万县[E1,A1]
云南：丽江地区（东经100°15′，北纬27°5′）[E1,A1]；景东[W18]
广西：桂林[L76]；永福[S12]

岩洞

印度中央邦，恒河流域，孟加拉，缅甸。

Rhinolophus blythi Andersen，1918 **Lesser horseshoe bat**

R. b. szechwanus Andersen ，1918［Sichuan，Hubei］
R. b. calidus G. Allen，1923［Fujian，Yunnan］
R. b. parcus G. Allen，1928［Hainan］
Jiangsu：Yixing[H33]
Hubei：Yichang[A1]
Hunan：Suining[L65]
Zhejiang：Tonglu，Jiangshan[Z113]
Anhui：Huangshan[L34]
Jiangxi：Ganxian[C29,L65]
Guizhou：Anlong，Suiyang，Rongjiang[L2]
Sichuan：Chongqing，Wanxian[A1]
Yunnan：Jinping，Pingbian，Hekou[Y43]；Jingdong[Z40,W18]
Guangxi：Pingxiang[W47]；Guilin，Liuzhou，Hebian[L76]；Longzhou，Ningming，Yulin，Lingshan[W83]；Quanzhou，Nandan[S12]
Hainan：Bawangling，Danzhou[X21]
Fujian：Fuzhou，Nanping，Longxi，Fuqing，Guling[A1]

Woodland and house

Himalayas，Tonkin in Indochina.

Rhinolophus lepidus Blyth，1844 **Wineleted horseshoe bat**

R. l. shortridgei Andersen，1918［Sichuan］
R. l. osgoodi Sanborn，1939［Yunnan］
Zhejiang：Chun'an[W84]
Anhui：Xiuning[L34]；Shexian[W39]
Jiangxi：Ganxian[L65]；Yichun，Suichuan，Chongyi，Zixi，Taihe[C29]
Sichuan：Leibo[H23]；Wanxian[E1,A1]
Yunnan：Lijiang area（100°15′E ，27°5′N）[E1,A1]；Jingdong[W18]
Guangxi：Guilin[L76]；Yongfu[S12]

Cave

Central provinces in India，Ganges basin，Bengal，Myanmar.

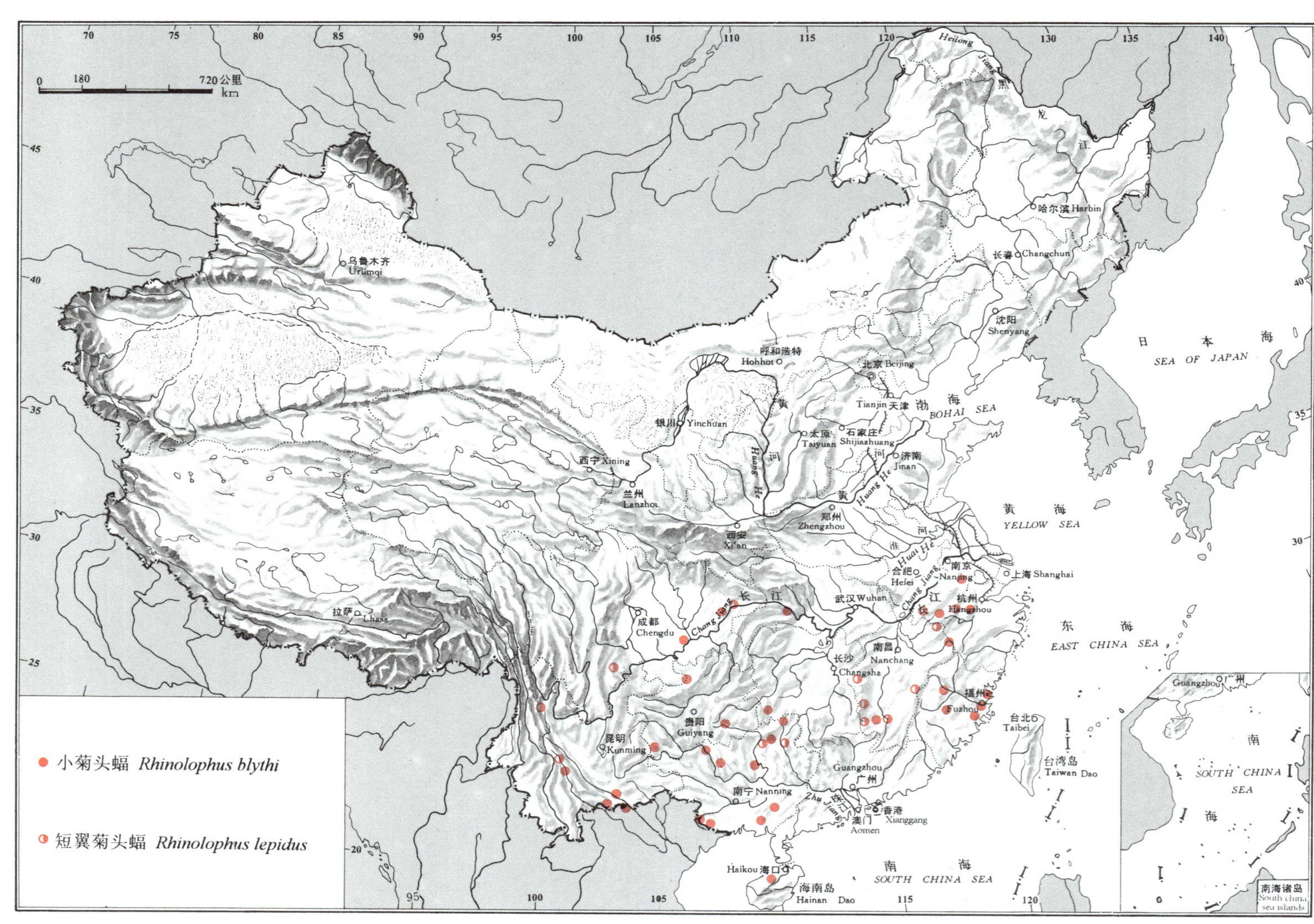

图26 小菊头蝠 *Rhinolophus blythi* 短翼菊头蝠 *Rhinolophus lepidus* 的分布

单角菊头蝠 ***Rhinolophus monoceros*** Andersen，1905

台湾：台北、台中、台南、兰屿[C15]；新城（太鲁阁）[L41]

大菊头蝠 ***Rhinolophus luctus*** Temminck，1835

R. l. lanosus Andersen，1905［福建，广东］
R. l. spurcus G. Allen，1928［海南］
R. l. formosae Sanborn，1939［台湾］

安徽：胡乐[H35]；宁国[L34]
浙江：杭州[W84]
江西：赣县[L65]；遂川[C29]
四川：汶川（卧龙）[W104]
贵州：江口、贵定[L2]；梵净山[G17]
广东：广州北部[A1]
海南：儋州[A1,E1]
广西：宁明、邕宁*[,W83]
福建：南平、福州、武夷山[A1,E1]
台湾：花莲[C15]

岩洞，树林

典那沙冷，缅甸，马来半岛，尼泊尔，锡金，印度半岛，斯里兰卡，苏门答腊，爪哇，加里曼丹。

皮氏菊头蝠 ***Rhinolophus pearsoni*** Horsfield，1851

R. p. pearsoni Horsfield，1851［云南西部，四川，秦岭］

R. p. chinensis Andersen ，1905［东南沿海］

浙江：杭州、桐庐、金华、永康、龙泉[W83,Z113]
陕西：汉中[W98,M28]
西藏：墨脱[F5]
安徽：广德、宁国、贵池、胡乐[H35]；东至、休宁、歙县、祁门、黟县、泾县[W39,L34]
湖南：西南边界山地[A1]
江西：广丰、井冈山、宜春、上高、永丰、崇义、赣县[L65,C29]
四川：宝兴[A1]；德昌、盐源、峨眉山、雷波、南江、汶川[H23]
贵州：绥阳、习水、兴义、安龙、金沙、贵定[L2]
云南：丽江[A1]；腾冲、潞西*；凤庆、双江[L71]；昆明[X13]
广西：桂林[L76]；柳州、河池、宁明、邕宁[W83]；金秀、南丹、临桂[S12]
广东：瑶山（乳源）[A1]
福建：崇安[A1]

森林，岩洞

恒河上游地区，大吉岭（印度），阿萨姆，越南北部。

大耳菊头蝠 ***Rhinolophus macrotis*** Blyth，1844

R. m. episcopus G. Allen，1923［四川］

R. m. caldwelli G. Allen，1923［福建，广西］

陕西：宁陕、石泉、山阳、柞水、平利、镇坪[W96,98,Z85]
浙江：桐庐、建德、金华[Z113]
江西：赣县[L65]；萍乡、分宜、永丰[C29]
四川：万县[E1,A1,H23]
贵州：赤水、开阳[L2]
广西：邕宁、宁明[W47]；桂林、南宁[L76]
云南：金平[L4]；景东[W18]
福建：南平*、龙溪[A1]

岩洞

恒河上游地区，尼泊尔，越南北部，苏门答腊，菲律宾群岛。

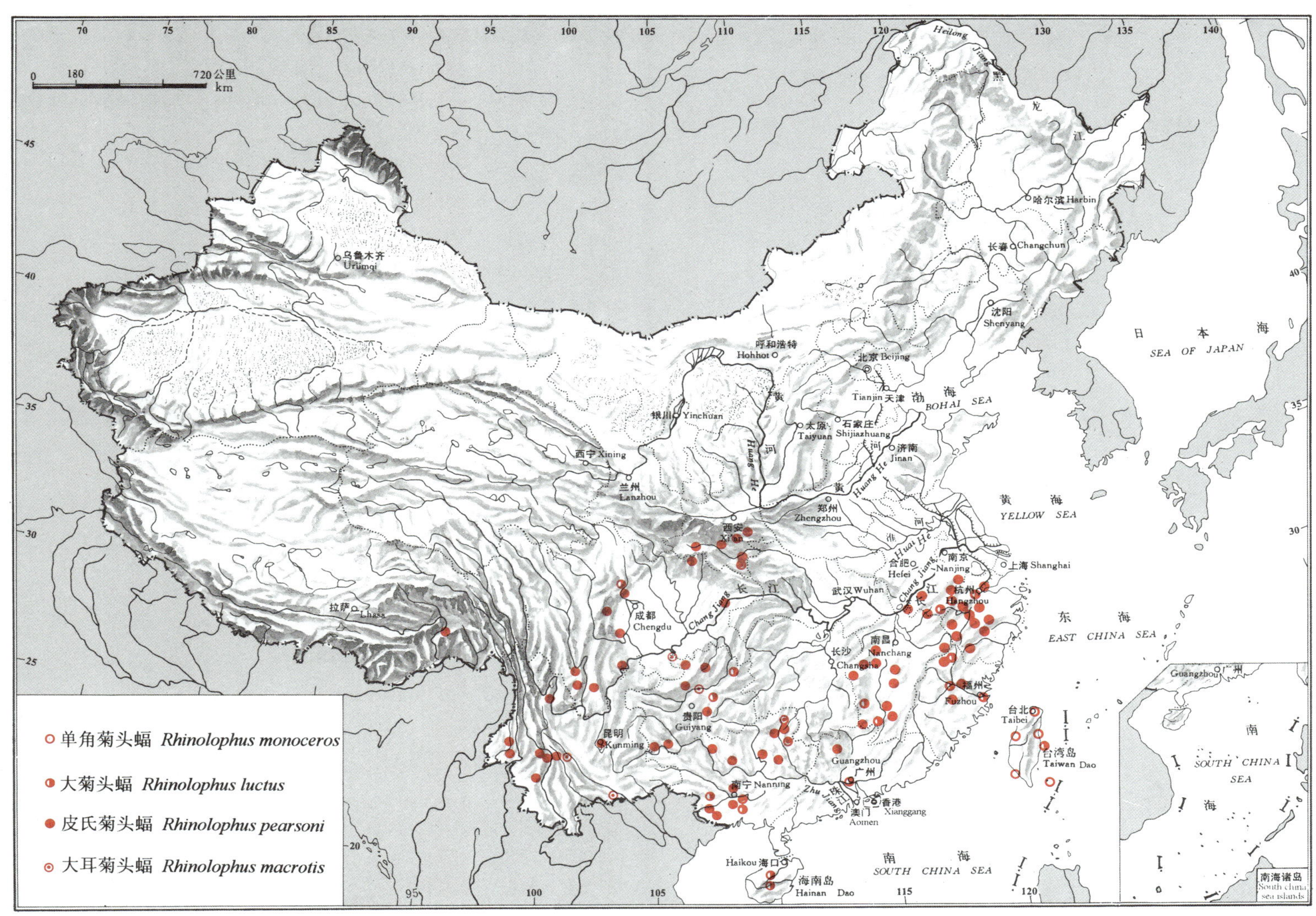

图27 单角菊头蝠 *Rhinolophus monoceros* 大菊头蝠 *Rhinolophus luctus* 皮氏菊头蝠 *Rhinolophus pearsoni* 大耳菊头蝠 *Rhinolophus macrotis* 的分布

Rhinolophus monoceros Andersen，1905

Mono-horned horseshoe bat

Taiwan：Taibei，Taizhong，Tainan，Lanyu[C15]；Xincheng (Daluge)[L41]

Rhinolophus luctus Temminck，1835

Great eastern horseshoe bat

R. l. lanosus Andersen，1905［Fujian，Guangdong］

R. l. spurcus G. Allen，1928［Hainan］

R. l. formosae Sanborn，1939［Taiwan］

Anhui：Hule[H35]；Ningguo[L34]
Zhejiang：Hangzhou[W84]
Jiangxi：Ganxian[L65]；Suichuan[C29]
Sichuan：Wenchuan (Wolong)[W104]
Guizhou：Jiangkou，Guiding[L2]；Fanjingshan[G17]

Guangdong: Northern Guangzhou[A1]
Hainan: Danzhou[A1,E1]
Guangxi: Ningming, Yongning[*,W83]
Fujian: Nanping, Fuzhou, Wuyishan[A1,E1]
Taiwan: Hualian[C15]

Cave and woodland

Tenasserim, Myanmar, Malay peninsula; Nepal, Sikkim, Indian peninsula, Sri Lanka, Sumatra, Java, Borneo.

Rhinolophus pearsoni Horsfield, 1851 **Pearson's horseshoe bat**

R. p. pearsoni Horsfield, 1851 [Western Yunnan, Sichuan, Qinling]
R. p. chinensis Andersen, 1905 [Southeastern coast]

Zhejiang: Hangzhou, Tonglu, Jinhua, Yongkang, Longquan[W84,Z113]
Shaanxi: Hanzhong[W98,M28]
Xizang: Medog[F5]
Anhui: Guangde, Ningguo, Guichi, Hule[H35]; Dongzhi, Xiuning, Shexian, Qimen, Yixian, Jingxian[W39,L34]
Hunan: Mountain area on southwestern border[A1]
Jiangxi: Guangfeng, Jinggangshan, Yichun, Shanggao, Yongfeng, Chongyi, Ganxian[L65,C29]
Sichuan: Baoxing[A1]; Dechang, Yanyuan, Emeishan, Leibo, Nanjiang, Wenchuan[H23]
Guizhou: Suiyang, Xishui, Xingyi, Anlong, Jinsha, Guiding[L2]
Yunnan: Lijiang[A1]; Tengchong*, Luxi*, Fengqing, Shuangjiang[L71]; Kunming[X13]
Guangxi: Lingui; Liuzhou, Hechi, Ningming, Yongning[W83]; Jinxiu, Nandan, Lingui[S12]
Guangdong: Yaoshan (Ruyuan)[A1]
Fujian: Chong'an[A1]

Forest and cave

Upper reaches of Ganga River, Darjeeling (India), Assam, Tonkin in Indochina.

Rhinolophus macrotis Blyth, 1844 **Large-eared horseshoe bat**

R. m. episcopus G. Allen, 1923 [Sichuan]
R. m. caldwelli G. Allen, 1923 [Fujian, Guangxi]

Shaanxi: Ningshan, Shiquan, Shanyang, Zhashui, Pingli, Zhenping[W96,98,Z85]
Zhejiang: Tonglu, Jiande, Jinhua[Z113]
Jiangxi: Ganxian[L65]; Pingxiang, Fenyi, Yongfeng[C29]
Sichuan: Wanxian[E1,A1,H23]
Guizhou: Chishui, Kaiyang[L2]
Guangxi: Yongning, Ningming[W47]; Guilin, Nanning[L76]
Yunnan: Jinping[L4]; Jingdong[W18]
Fujian: Nanping*, Longxi[A1]

Cave

Upper reaches of Ganga River, Nepal, Tonkin in Indochina, Sumatra, Philippine Islands.

贵州菊头蝠 ***Rhinolophus rex*** G. M. Allen, 1923

四川：万县[A1]
贵州：习水（温水）[A1]；安龙、清镇[L2]
云南：昆明[X13]
广西：桂林[L76]；兴安、恭城[S12]

岩洞

蹄蝠科 Hipposideridae

蹄蝠属 *Hipposideros* Gray, 1831

中蹄蝠 ***Hipposideros larvatus*** Horsfield, 1823

H. l. poutensis J. Allen, 1906

贵州：安龙、罗甸[L2]
海南：东方[S8]
广西：龙州[W47]；桂林、柳州、河池、百色、南宁[L76]；马山、隆林、西林[S12]
云南：永德[L71]；勐腊[W67]

岩洞

阿萨姆，缅甸，越南，老挝，马来半岛，苏门答腊，爪哇，加里曼丹。

双色蹄蝠 ***Hipposideros bicolor*** Temminck, 1834

H. b. fulvus Gray, 1838 [台湾]
H. b. gentilis Andersen, 1918 [东南沿海，湖南]

湖南：西南边界[A1]
云南：保山[A1]；个旧[L4]
广西：宁明[W47]；龙州、靖西[W83]；永福、东兰、上林、百色[S12]
海南：东方、琼海[X21]
福建：南平*；福清[A1]
台湾：基隆[C15]
香港：香港[P9]

岩洞

尼古巴群岛，康多岛（越南南部海岸），泰国南部，苏门答腊，爪哇，斯里兰卡，印度半岛，锡金，不丹，缅甸，典那沙冷。

Rhinolophus rex G. M. Allen, 1923 **Kweichow horseshoe bat**

Sichuan: Wanxian[A1]
Guizhou: Xishui (Wenshui)[A1]; Anlong, Qingzhen[L2]
Yunnan: Kunming[X13]
Guangxi: Guilin[L76]; Xing'an, Gongcheng[S12]

Cave

Hipposideridae Old-world leaf-nosed bats, trident bats

Hipposideros Gray, 1831 **Leaf-nosed bats**

Hipposideros larvatus Horsfield, 1823

Horsfield's leaf-nosed bat

H. l. poutensis J. Allen, 1906

Guizhou: Anlong, Luodian[L2]
Hainan: Dongfang[S8]
Guangxi: Longzhou[W47]; Guilin, Liuzhou, Hechi, Bose, Nanning[L76]; Mashan, Longlin, Xilin[S12]
Yunnan: Yongde[L71]; Mengla[W67]

Cave

Assam, Myanmar, Indochina, Malay peninsula, Sumatra, Java, Borneo.

Hipposideros bicolor **Temminck**, 1834

Bicolored leaf-nosed bat

H. b. fulvus Gray, 1838 [Taiwan]
H. b. gentilis Andersen, 1918 [Southeastern coast, Hunan]

Hunan: Southwestern border[A1]
Yunnan: Baoshan[A1]; Gejiu[L4]
Guangxi: Ningming[W47]; Longzhou, Jingxi[W83]; Yongfu, Donglan, Shanglin, Bose[S12]
Hainan: Dongfang, Qionghai[X21]
Fujian: Nanping*, Fuqing[A1]
Taiwan: Jilong[C15]
Hongkong: Hongkong[P9]

Cave

Nicobar Islands, Condor Island off southern Vietnam, southern Thailand, Sumatra, Java, Sri Lanka, Indian peninsula, Sikkim, Bhutan, Myanmar, Tenasserim.

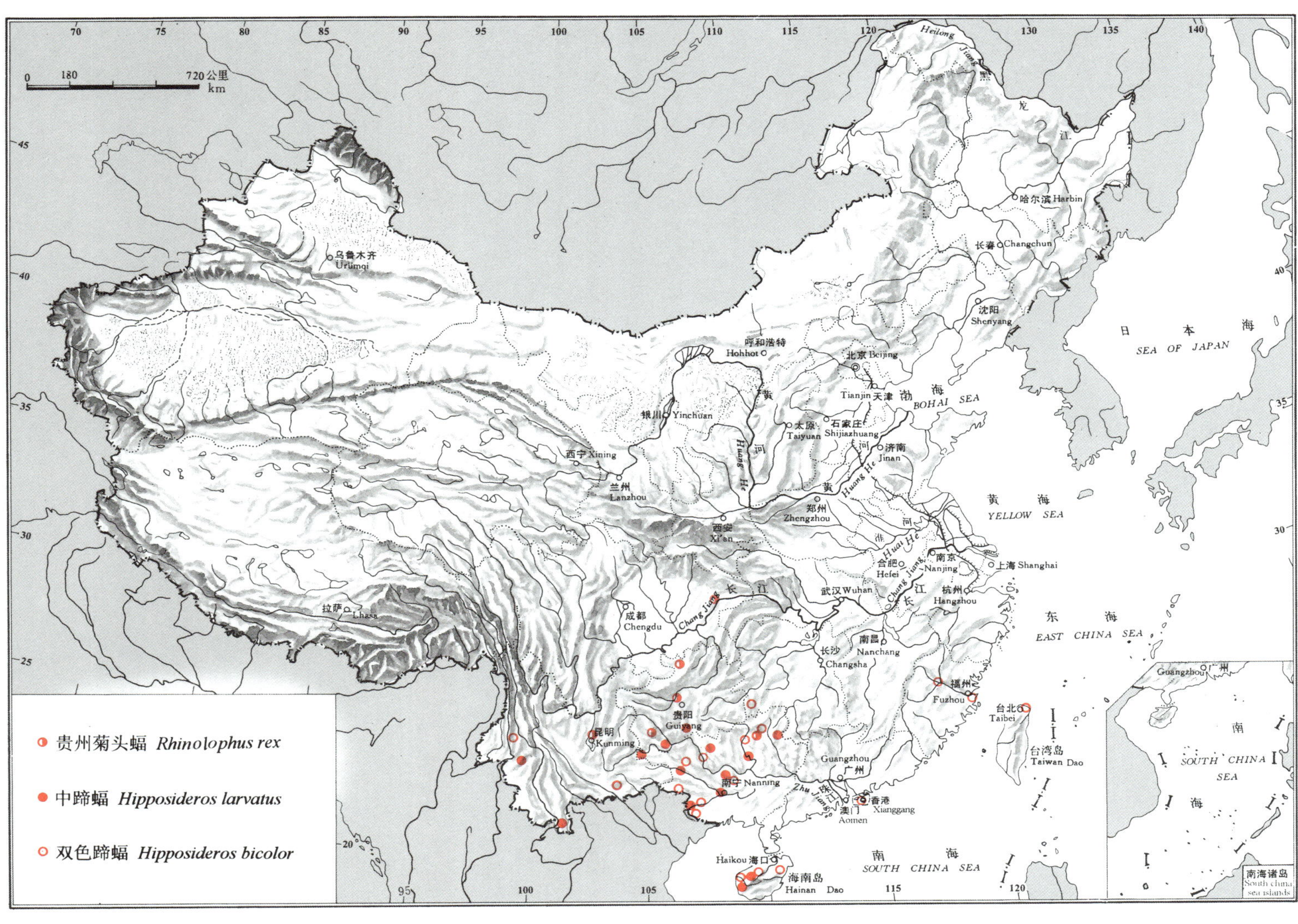

图28 贵州菊头蝠 *Rhinolophus rex* 中蹄蝠 *Hipposideros larvatus* 双色蹄蝠 *Hipposideros bicolor* 的分布

大蹄蝠 ***Hipposideros armiger*** Hodgson, 1835

H. a. armiger Hodgson, 1835［云南，四川，贵州，广西和海南］

H. a. swinhoei Peters, 1871［东南沿海］

H. a. terasensis Kishida, 1924［台湾］

陕西：宁强[W98]

江苏：南京[H36]；靖江[A1]；宜兴[Q16]

浙江：桐庐[A1,E1]；杭州、建德、开化、江山、丽水[W84,Z113]

安徽：广德、宁国、胡乐、东至、歙县、泾县、休宁、祁门[L34,W39]

湖南：西南部[A1]；幕阜山*

江西：泰和[L65]；广平、彭泽、资溪、寻乌、会昌、崇义、南城、宜黄[C29,30]

四川：宜宾、万县、彭州、康定[A1,E1]；峨眉山、盐源[S46]；南充、万源、乐山、会东、巴塘、南江、渠县、德昌[H23]；阆中[H17]

贵州：贵阳、习水、江口、兴义、安龙、金沙、织金、榕江、贵定、罗甸[L2]；梵净山[G17]

云南：永德、双江[L71]；金平、屏边[Y43]、景洪、楚雄、昆明[X13]；腾冲[A1]；景东[W18]

广西：龙胜、南宁、龙州、宁明[W47]；河池、百色[L76]；凭祥、金秀[W83]；南丹、东兰、那坡、巴马、桂林[S12]

广东：乐昌、连平[T5]；宝安、瑶山[A1]

海南：东方（尖峰岭）[S8]；吊罗山、五指山、白沙、昌江[X21]

台湾：新城（太鲁阁）[L41]

香港：香港[P9]

岩洞

琉球群岛，恒河上游地区，尼泊尔，阿萨姆，缅甸，越南北部，马来半岛。

Hipposideros armiger Hodgson, 1835

Himalayan leaf-nosed bat

H. a. armiger Hodgson, 1835 [Yunnan, Sichuan, Guizhou, Guangxi and Hainan]

H. a. swinhoei Peters, 1871 [Southeastern coast]

H. a. terasensis Kishida, 1924 [Taiwan]

Shaanxi: Ningqiang[W98]

Jiangsu: Nanjing[H36]; Jingjiang[A1]; Yixing[Q16]

Zhejiang: Tonglu[A1,E1]; Hangzhou, Jiande, Kaihua, Jiangshan, Lishui[W84,Z113]

Anhui: Guangde, Ningguo, Hule, Dongzhi, Shexian, Jingxian, Xiuning, Qimen[L34,W39]

Hunan: Southwestern area[A1]; Mufushan*

Jiangxi: Taihe[L65]; Guangping, Pengze, Zixi, Xunwu, Huichang, Chongyi, Nancheng, Yihuang[C29,C30]

Sichuan: Yibin, Wanxian, Pengzhou, Kangding[A1,E1]; Emeishan, Yanyuan[S46]; Nanchong, Wanyuan, Leshan, Huidong, Batang, Nanjiang, Quxian, Dechang[H23], Langzhong[H17]

Guizhou: Guiyang, Xishui, Jiangkou, Xinyi, Anlong, Jinsha, Zhijin, Rongjiang, Guiding, Luodian[L2]; Fanjingshan[G17]

Yunnan: Yongde, Shuangjiang[L71]; Jinping, Pingbian[Y43]; Jinghong, Chuxiong, Kunming[X13]; Tengchong[A1]; Jingdong[W18]

Guangxi: Longsheng, Nanning, Longzhou, Ningming[W47]; Hechi, Bose[L76]; Pingxiang, Jinxiu[W83]; Nandan, Donglan, Napo, Bama, Guilin[S12]

Guangdong: Lechang, Lianping[T5], Bao'an, Yaoshan[A1]

Hainan: Dongfang (Jianfeng Ling)[S8]; Diaoluoshan, Wuzhishan, Baisha, Changjiang[X21]

Taiwan: Xincheng (Tailuge)[L41]

Hongkong: Hongkong[P9]

Cave

Ryukyu Islands, upper reaches of Ganga River, Nepal, Assam, Myanmar, Tonkin in Indochina, Malay peninsula.

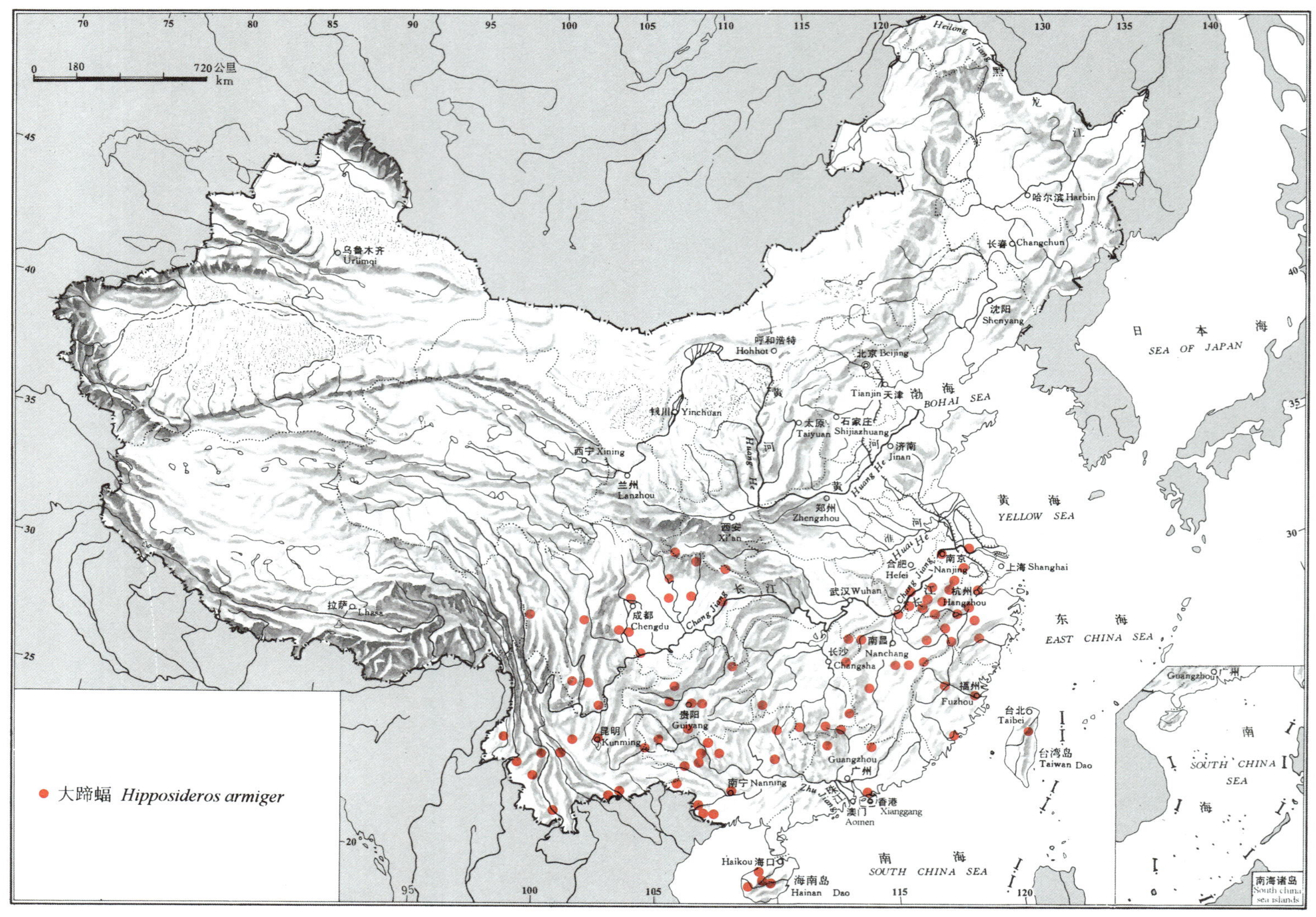

图29 大蹄蝠 *Hipposideros armiger* 的分布

普氏蹄蝠 ***Hipposideros pratti*** Thomas，1891

H. p. pratti Thomas，1891［长江流域中游以南］

H. p. lylei Thomas，1913［云南西部］

陕西：旬阳、柞水、商南、石泉、平利[W98,Z88]

江苏：宜兴[Z99]

浙江：桐庐[A1,E1]；杭州、建德、安吉、永康、金华、江山、乐清[W84,Z113]

安徽：广德、宁国[H35]；东至、泾县、繁昌、休宁、歙县[L34,W39]

湖南：长沙[A1]；新宁、城步[F14]

江西：铅山、宜春、上高、休水、会昌、永丰、资溪、寻乌、泰和[X28,C29,30]

四川：万县、康定[A1,E1]；万源、乐山、雷波[H23]

贵州：江口、织金、黎平、绥阳[L2]；梵净山[G17]

云南：永德[L71]；勐腊、勐养[W67,Y10]

广西：龙胜、桂林、河池、宁明、龙州、恭城[W83]；东兰[S12]

福建：南平、福清[A1,E1]

岩洞

缅甸（掸邦），泰国，越南北部，马来半岛。

三叶蹄蝠属 *Aselliscus* Tate，1941

三叶蹄蝠 ***Aselliscus wheeleri*** Osgood，1932

（异名 *Aselliscus stoliczkanus* Dobson，1871）

贵州：习水（温水）[A1]；兴义、清镇[L2]

江西：崇义[C29]

广西：龙胜[W47]；百色、南宁、宁明、龙州[W83]；临桂、西林、隆林[S12]

云南：勐海、勐远[Y10]；勐腊、勐养、勐仑[W67]

岩洞

缅甸北部，越南北部。

Hipposideros pratti Thomas，1891 **Pratt's leaf-nosed bat**

H. p. pratti Thomas，1891［South of middle reaches of Changjiang］

H. p. lylei Thomas，1913［Western Yunnan］

Shaanxi：Xunyang，Zhashui，Shangnan，Shiquan，Pingli[W98,Z88]

Jiangsu：Yixing[Z99]

Zhejiang：Tonglu[A1,E1]；Hangzhou，Jiande，Anji，Yongkang，Jinhua，Jiangshan，Leqing[W84,Z113]

Anhui：Guangde，Ningguo[H35]；Dongzhi，Jingxian，Fanchang，Xiuning，Shexian[L34,W39]

Hunan：Changsha[A1]；Xinning，Chengbu[F14]

Jiangxi：Yanshan，Yichun，Shanggao，Xiushui，Huichang，Yongfeng，Zixi，Xunwu，Taihe[X28,C29,30]

Sichuan：Wanxian，Kangding[A1,E1]；Wanyuan，Leshan，Leibo[H23]

Guizhou：Jiangkou，Zhijin，Liping，Suiyang[L2]；Fanjingshan[G17]

Yunnan：Yongde[L71]；Mengla，Mengyang[W67,Y10]

Guangxi：Longsheng，Guilin，Hechi，Ningming，Longzhou，Gongcheng[W83]；Donglan[S12]

Fujian：Nanping，Fuqing[A1,E1]

Cave

Myanmar (Shan States)，Thailand，Tonkin in Indochina，Malay peninsula.

Aselliscus Tate，1941 **Trident bats**

Aselliscus wheeleri Osgood，1932 **Trilobed leaf-nosed bat**

（Alternate name：*Aselliscus stoliczkanus* Dobson，1871）

Guizhou：Xishui (Wenshui)[A1]；Xingyi，Qingzhen[L2]

Jiangxi：Chongyi[C29]

Guangxi：Longsheng[W47]；Bose，Nanning，Ningming，Longzhou[W83]；Lingui，Xilin，Longlin[S12]

Yunnan：Menghai，Mengyuan[Y10]；Mengla，Mengyang，Menglun[W67]

Cave

Northern Myanmar，Tonkin in Indochina.

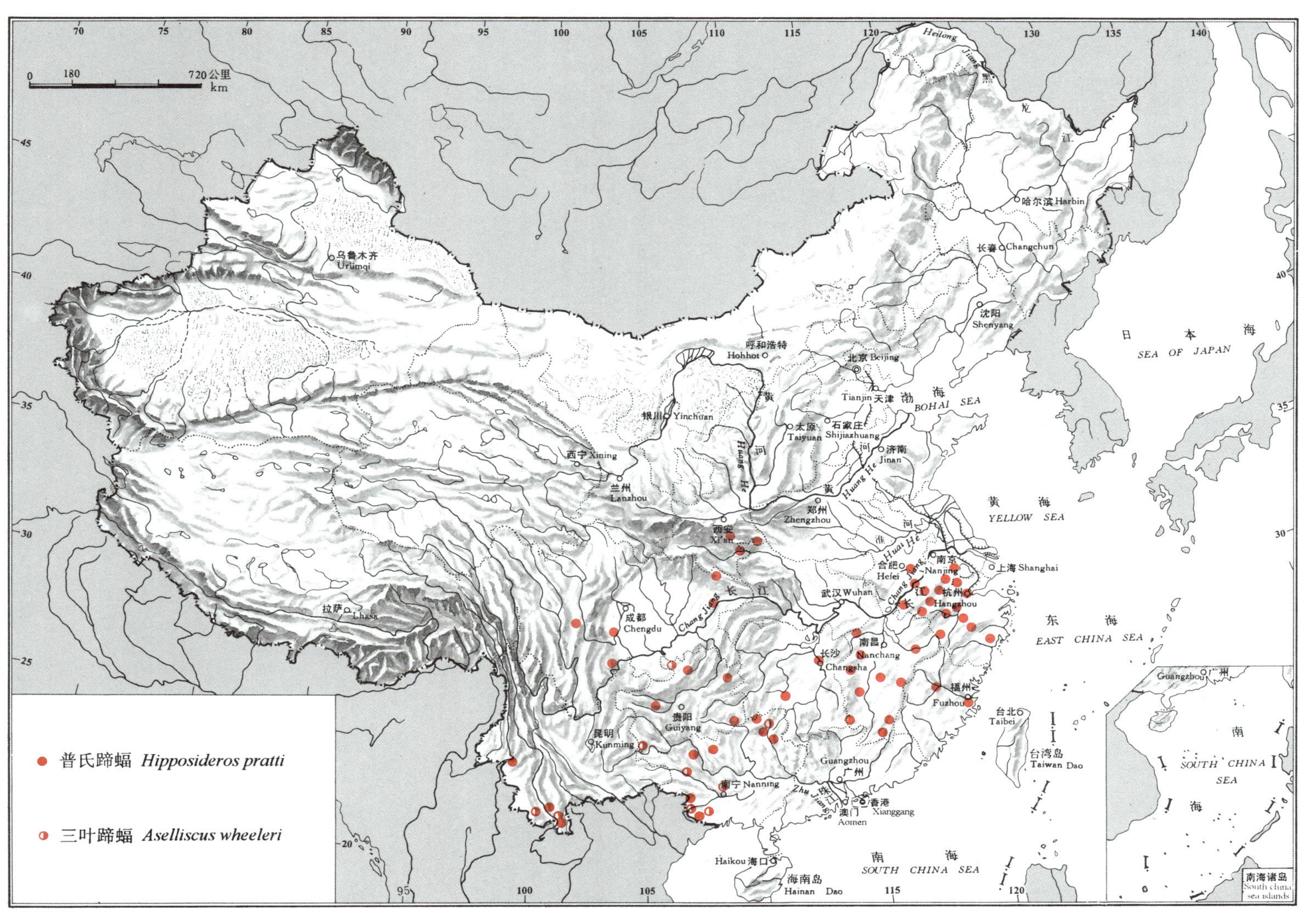

图30 普氏蹄蝠 *Hipposideros pratti* 三叶蹄蝠 *Aselliscus wheeleri* 的分布

无尾蹄蝠属 *Coelops Blyth*，1848

无尾蹄蝠 ***Coelops frithi*** Blyth，1848

C. f. inflatus Miller，1928［福建，云南］

C. f. sinicus G. Allen，1928［四川］

C. f. formosanus Horikawa，1928［台湾］

四川：万县[A1,E1]
海南：白沙、陵水[X21]
福建：南平[A1,E1]
台湾：高雄[C15]；恒春[E1]
广西：龙州、宁明、玉林、博白、灵山、桂平[W83]
云南：勐腊[W67,Y10]

岩洞

孟加拉，越南，马来半岛，爪哇。

犬吻蝠科 Molossidae

犬吻蝠属 *Tadarida* Rafinesque，1814

犬吻蝠 ***Tadarida plicata*** Buchanan，1800

T. p. plicata Buchanan，1800

海南：东方[S8]；儋州[E1]
贵州：贵阳[L2]
甘肃：靖远、会宁[Z81]
广西：靖西、龙州、宁明[W83]

洞穴，家舍

拉杰普塔纳，印度半岛，典那沙冷，马来半岛，苏门答腊，加里曼丹，爪哇。

皱唇蝠 ***Tadarida teniotis*** Rafinesque，1814

T. t. insignis Blyth，1861［河北，福建］

T. t. coecata Thomas，1922［云南西北部］

河北：秦皇岛[E1]
安徽：休宁[X29]；祁门[L34,X28]
云南：澜沧江河谷（北纬28°20′）[A1]
广西：桂平[S12]
福建：厦门[A1,E1]
四川：阆中[W103]
台湾：台湾[E1]

洞穴

欧洲，外高加索，中亚，朝鲜，日本，伊朗，巴勒斯坦，埃及。

Coelops Blyth，1848 Tailless leaf-nosed bats

Coelops frithi Blyth，1848 **Tailless leaf-nosed bat**

C. f. inflatus Miller，1928 [Fujian，Yunnan]

C. f. sinicus G. Allen，1928 [Sichuan]

C. f. formosanus Horikawa，1928 [Taiwan]

Sichuan：Wanxian[A1,E1]
Hainan：Baisha，Lingshui[X21]
Fujian：Nanping[A1,E1]
Taiwan：Gaoxiong[C15]；Hengchun[E1]
Guangxi：Longzhou，Ningming，Yulin，Bobai，Lingshan，Guiping[W83]
Yunnan：Mengla[W67,Y10]

Cave

Bengal，Vietnam，Malay peninsula，Java.

Molossidae Free-tailed bats

Tadarida Rafinesque，1814 **Free-tailed bats**

Tadarida plicata **Buchanan，1800 Wrinkle-lipped bat**

T. p. plicata Buchanan，1800

Hainan：Dongfang[S8]；Danzhou[E1]

Guizhou：Guiyang[L2]

Gansu：Jingyuan，Huining[Z81]

Guangxi：Jingxi，Longzhou，Ningming[W83]

Cave and house

Rajputana，Indian peninsula，Tenasserim，Malay peninsula，Sumatra，Borneo，Java.

Tadarida teniotis **Rafinesque，1814 European free-tailed bat**

T. t. insignis Blyth，1861［Hebei，Fujian］

T. t. coecata Thomas，1922［Northwestern Yunnan］

Hebei：Qinhuangdao[E1]

Anhui：Xiuning[X29]；Qimen[L34,X28]

Yunnan：Valley of Lancang Jiang（28°20′N）[A1]

Guangxi：Guiping[S12]

Fujian：Xiamen[A1,E1]

Sichuan：Langzhong[W103]

Taiwan：Taiwan[E1]

Cave

Europe，Transcaucasia，Central Asia，Korea，Japan，Iran，Palestine，Egypt.

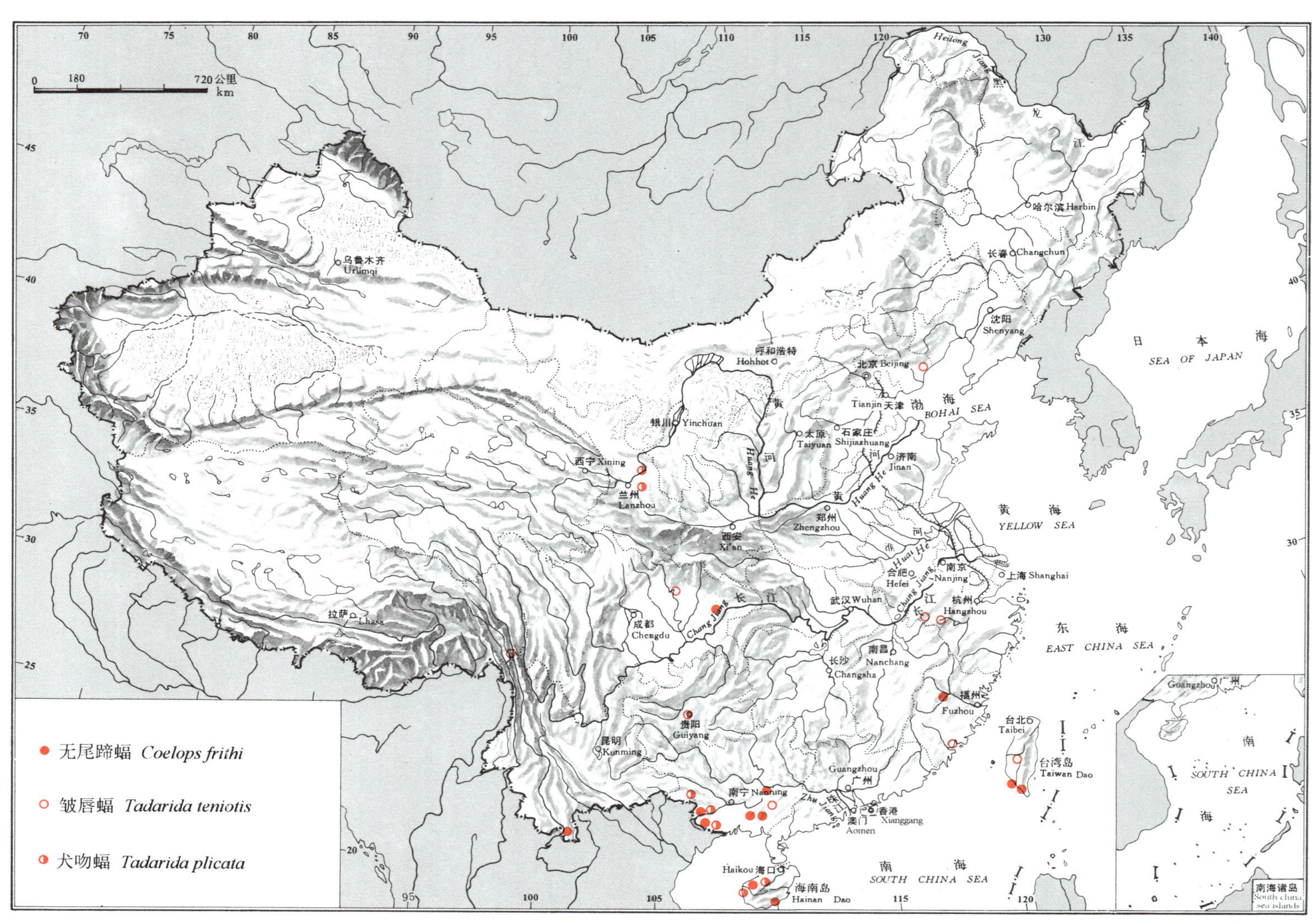

图31 无尾蹄蝠 *Coelops frithi* 犬吻蝠 *Tadarida plicata* 皱唇蝠 *Tadarida teniotis* 的分布

蝙蝠科 Vespertilionidae

鼠耳蝠属 *Myotis* Kaup，1829

髭鼠耳蝠 *Myotis mystacinus* Kuhl，1819

M. m. mystacinus Kuhl，1819［黑龙江，内蒙古东部，河北］

M. m. montivagus Dobson，1874［中国南部］

M. m. moupinensis Milne-Edwards，1872［中国西部］

M. m. przewalskii Bobrinskii，1926［华北，新疆］

M. m. kukunoriensis Bobrinskii，1929［青海］

M. m. latirostris Kishida，1932［台湾］

M. m. brandti Eversmann，1845［西藏］

M. m. muricola Gray，1846［尼泊尔，中南半岛］

黑龙江：呼玛[S33]

辽宁：清原、桓仁[X7]

内蒙古：西乌珠穆沁旗、包头东部、大兴安岭南端[A1]；多伦附近[R5]；满洲里东南[Z118]

新疆：喀什、伊宁、温宿、拜城、焉耆[R4]；和田[E1]；沙雅、且末附近[R5]

河北：兴隆[A1]

北京：北京[R5]

山东：鲁西北、胶东、鲁中南[L74]

山西：保德[W9]

陕西：大荔附近[R5]

宁夏：贺兰山西坡[A1]

甘肃：南山[A1]；陇南地区[Z81]

青海：共和、西宁[R5]；青海湖南[A1]

西藏：波密（种有疑）、日土、吉隆[F5]

上海：上海*

江西：九江[A1]

四川：会东[S46]；宝兴、康定[A1]；峨眉山、汶川[H23]

云南：勐混、勐腊[K3]；丽江[A1]；瑞丽[P1]

广西：桂林、河池[L76]；南丹[S12]

福建：福州、南平[A1]
台湾：太平、阿里[C15]；台北东部、太河口[E1]
洞穴，家舍，树林。
欧洲，俄罗斯，土耳其斯坦，西伯利亚，乌苏里，库页岛，堪察加，蒙古，日本，朝鲜，伊朗，阿富汗，克什米尔，旁遮普，尼泊尔，锡金，不丹，典那沙冷，老挝，马来半岛，苏门答腊，爪哇，加里曼丹。

伊氏鼠耳蝠 ***Myotis ikonnikovi*** Ognev，1912
黑龙江：伊春、黑河、呼玛[S33]；依兰附近[R5]；尚志、漠河[M13]
辽宁：丹东、清原、桓仁[X7]
甘肃：天水[Z81]
陕西：石泉、镇坪[W98]
森林，岩洞
阿尔泰，贝加尔湖区，蒙古东北部，朝鲜，北海道。

西南鼠耳蝠 ***Myotis altarium*** Thomas，1911
安徽：石台[X28]
江西：分宜、九江、彭泽、会昌[C29,30]；赣县[L65]
四川：渠县、峨眉山[H23,24,A1]
贵州：贵阳、习水[L2]
洞穴

缺齿鼠耳蝠 ***Myotis annectens*** Dobson，1871
云南：盈江[L71]
孟加拉，阿遮姆，缅甸，泰国东北。

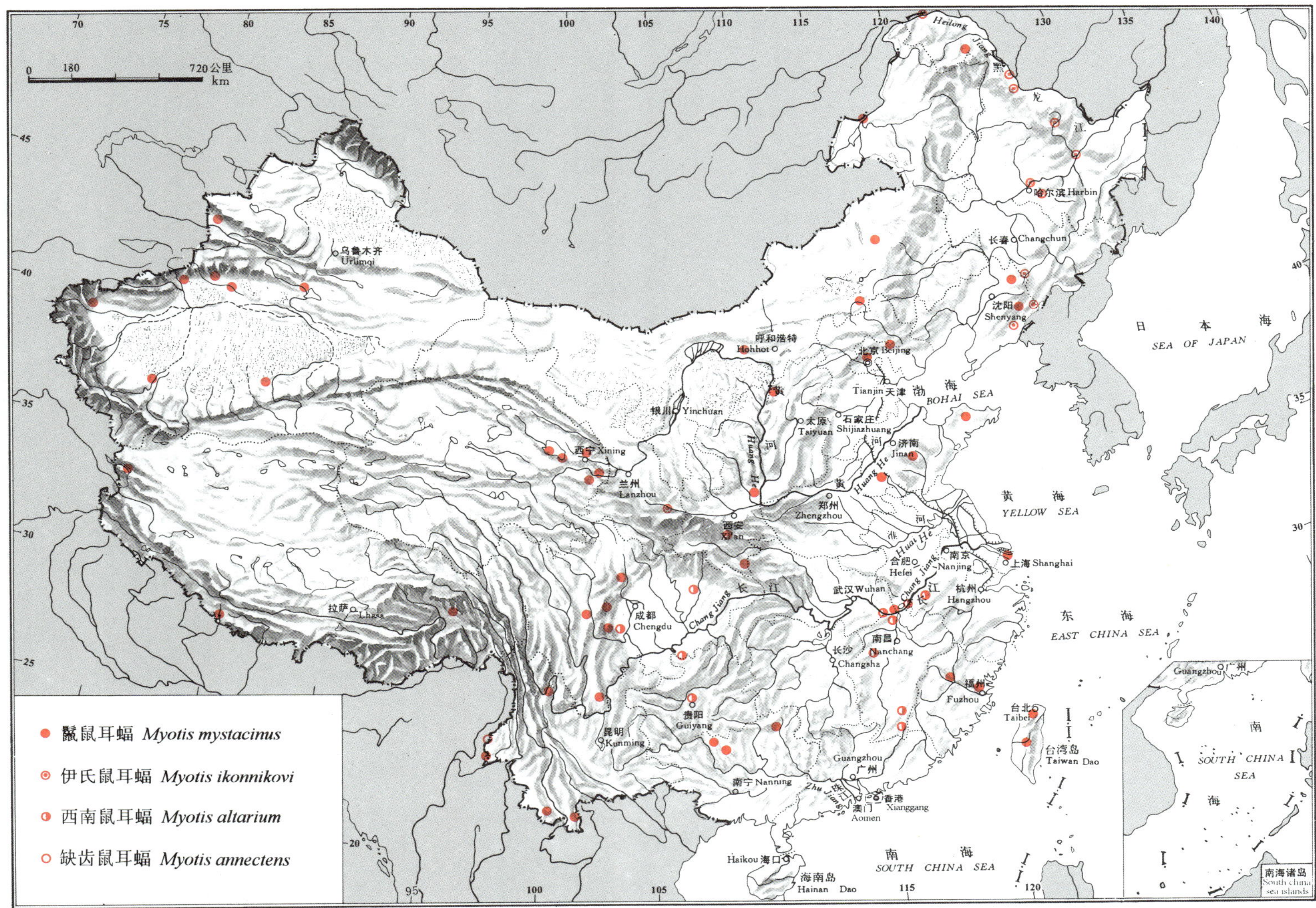

图32 鬣鼠耳蝠 *Myotis mystacinus* 伊氏鼠耳蝠 *Myotis ikonnikovi* 西南鼠耳蝠 *Myotis altarium* 缺齿鼠耳蝠 *Myotis annectens* 的分布

Vespertilionidae Vespertilionid bats

Myotis Kaup，1829 Mouse-eared bats

Myotis mystacinus Kuhl，1819 **Whiskered bat**

M. m. mystacinus Kuhl，1819 [Heilongjiang，Eastern Nei Mongol，Hebei]
M. m. montivagus Dobson，1874 [Southern China]
M. m. moupinensis Milne-Edwards，1872 [Western China]
M. m. przewalskii Bobrinskii，1926 [North China，Xinjiang]
M. m. kukunoriensis Bobrinskii，1929 [Qinghai]
M. m. latirostris Kishida，1932 [Taiwan]
M. m. brandti Eversmann，1845 [Xizang]
M. m. muricola Gray，1846 [Nepal，Myanmar，Thailand，Indochina]

Heilongjiang：Huma[S33]
Liaoning：Qingyuan，Huanren[X7]
Nei Mongol：Xi Ujimqin B.，eastern Baotou，southern Da Hinggan Ling[A1]；area near Duolun[R5]；southeastern Manzhouli[Z118]
Xinjiang：Kashi，Yining，Wensu，Baicheng，Yanqi[R4]；Hotan[E1]；Xayar，area near Qiemo[R5]
Hebei：Xinglong[A1]
Beijing：Beijing[R5]
Shandong：Northwestern Shandong，Jiaodong，central and southern Shandong[L74]
Shanxi：Baode[W9]
Shaanxi：Area near Dali[R5]
Ningxia：Western flank of Helanshan[A1]
Gansu：Nanshan[A1]；Longnan area[Z81]
Qinghai：Gonghe，Xining[R5]；southern area of Qinghai Lake[A1]
Xizang：Bomi，Rutog，Gyirong[F5]
Shanghai：Shanghai*
Jiangxi：Jiujiang[A1]
Sichuan：Huidong[S46]；Baoxing，Kangding[A1]；Emeishan，Wenchuan[H23]
Yunnan：Menghun，Mengla[K3]；Lijiang[A1]；Ruili[P1]
Guangxi：Guilin，Hechi[L76]；Nandan[S12]

Fujian: Fuzhou, Nanping[A1]
Taiwan: Taiping, Ali[C15]; eastern Taibei, Taihekou[E1]

Cave, house and woodland

Europe, Russia, Turkestan, Siberia, Ussuri, Sakhalin, Kamchatka, Mongolia, Japan, Korea, Iran, Afghanistan, Kashmir, Punjab, Nepal, Sikkim, Bhutan, Tenasserim, Laos, Malay peninsula, Sumatra, Java, Borneo.

Myotis ikonnikovi Ognev, 1912 **Ikonnikov's mouse-eared bat**

Heilongjiang: Yichun, Heihe, Huma[S33]; Yilan[R5]; Shangzhi, Mohe[M13]
Liaoning: Dandong, Qingyuan, Huanren[X7]
Gansu: Tianshui[Z81]
Shaanxi: Shiquan, Zhenping[W98]

Forest and cave

Altai, Baikal area, northeastern Mongolia, Korea, Hokkaido.

Myotis altarium Thomas, 1911 **Southwestern mouse-eared bat**

Anhui: Shitai[X28]
Jiangxi: Fenyi, Jiujiang, Pengze, Huichang[C29,30]; Ganxian[L65]
Sichuan: Quxian, Emei[H23,24,A1]
Guizhou: Gueiyang, Xishui[L2]

Cave

Myotis annectens Dobson, 1871 **Intermediate bat**

Yunnan: Yingjiang[L71]

Bengal, Assam, Myanmar, northeastern Thailand.

高颅鼠耳蝠 ***Myotis siligorensis*** Horsfieid, 1855

M. s. sowerbyi Howell, 1926 [中国]
M. s. alticraniatus Osgood 1932 [越南]

云南：腾冲[A1]；景东[P2]
海南：儋州[E1]
福建：南平、武夷山[E1]

恒河上游地区，尼泊尔，锡金，泰国，越南北部。

长尾鼠耳蝠 ***Myotis frater*** G. Allen, 1923

M. f. frater Allen, 1923 [福建]
M. f. longicaudatus Ognev, 1927 [黑龙江]

黑龙江：呼玛[W45]；伊春[M13]
安徽：休宁、歙县[X28]；泾县[L34]；贵池[H35]
江西：萍乡[C30]
福建：南平[A1]
四川：汶川（卧龙）（据胡锦矗1992年提供的资料）

山地，竹林，岩洞

中亚，南西伯利亚，朝鲜。

纳氏鼠耳蝠 ***Myotis nattereri*** Kuhl, 1818

M. n. amurensis Ognev, 1927

吉林：抚松（漫江）[S33]；珲春[Y24]

岩洞

欧洲，外高加索，俄罗斯，中亚，贝加尔南，雅库茨，阿穆尔，海参威，朝鲜，日本。

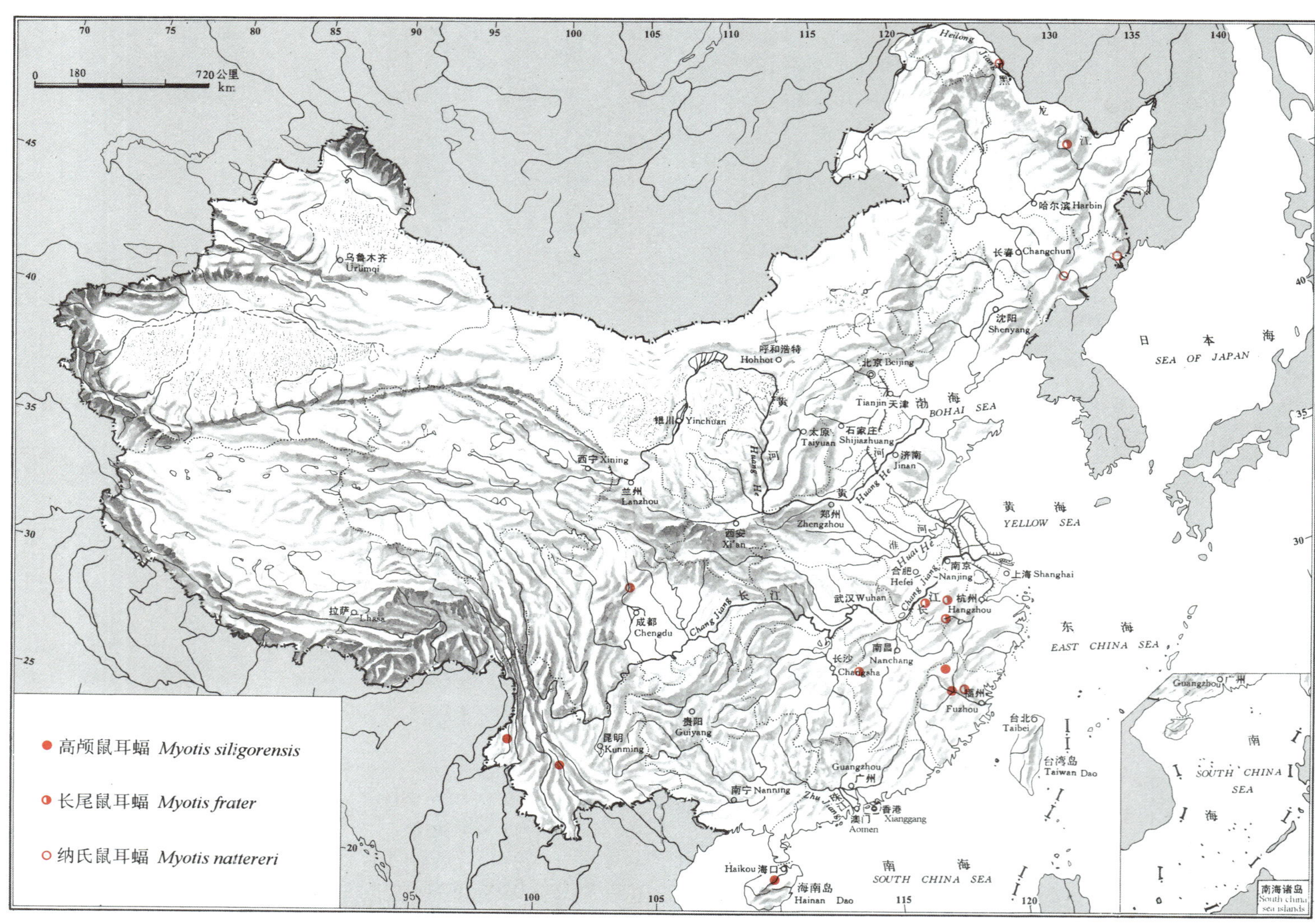

图33 高颅鼠耳蝠 *Myotis siligorensis* 长尾鼠耳蝠 *Myotis frater* 纳氏鼠耳蝠 *Myotis nattereri* 的分布

Myotis siligorensis Horsfield, 1855 **Himalayan whiskered bat**

M. s. sowerbyi Howell, 1926 [China]
M. s. alticraniatus Osgood 1932 [Vietnam]

Yunnan: Tengchong[A1]; Jingdong[P2]
Hainan: Danzhou[E1]
Fujian: Nanping, Wuyishan[E1]

Upper reaches of Ganga River, Nepal, Sikkin, Thailand, Tonkin in Indochina.

Myotis frater G. Allen, 1923 **Fukien mouse-eared bat**

M. f. frater Allen, 1923 [Fujian]
M. f. longicaudatus Ognev, 1927 [Heilongjiang]

Heilongjiang: Huma[W45]; Yichun[M13]
Anhui: Xiuning, Shexian[X28]; Jingxian[L34]; Guichi[H35]

Jiangxi: Pingxiang[C30]
Fujian: Nanping[A1]
Sichuan: (Wolong) in Wenchuan (provided by Hu Jinchu, 1992)
Mountain, cave, bamboo jungle
Central Asia, southern Siberia, Korea.

Myotis nattereri Kuhl, 1818 **Natterer's bat**

M. n. amurensis Ognev, 1927
Jilin: Fusong (Manjiang)[S33]; Hunchun[Y24]
Cave
Europe, Transcaucasia, Russia, Central Asia, southern Baikal area, Yakutia, Amur, Vladivostok, Korea, Japan.

大鼠耳蝠 ***Myotis myotis*** Borkhausen, 1797

M. m. chinensis Tomes, 1857［四川西南部，云南，广西，福建，浙江］
M. m. ancilla Thomas, 1910［陕西，内蒙古］
M. m. luctuosus G. Allen, 1923［长江中游］

内蒙古：呼伦湖[A1,M13]
陕西：西乡、石泉、商州[A1]；汉阴、平利[W96、98]
山西：太原[W9]
浙江：桐庐[A1]；杭州、金华、永康、开化[W84,Z113]
安徽：休宁、歙县、黟县[X28]；石台、贵池[H35]；繁昌、泾县、广德、巢县[L34,W39]
湖南：长沙[A1]
江西：弋阳、进贤、铅山、宜春、萍乡、修水、泰和、永丰、寻乌、会昌、上饶[C29、30]
四川：万县[A1]；会东[P1]；南江、大竹[H23]
贵州：兴义[A1]；江口、织金、从江[L2]；梵净山[G17]
云南：保山[A1]
广西：桂林、宁明[W83,S12]
海南：昌江[X21]
福建：南屿*、南平[A1]
香港：香港[P9]
岩洞
欧洲，喀尔巴阡，伊朗，阿富汗。

尖耳鼠耳蝠 ***Myotis blythi*** Tomes, 1857

M. b. oxygnathus Monticelli, 1885

内蒙古：西乌珠穆沁旗[R5]
新疆：伊宁[E1]
陕西：西安[R5]
广西：桂林[L76]
森林，旷野
欧洲，小亚细亚，喀尔巴阡，高加索，中亚东南部，北非，拉杰普塔纳，旁遮普，克什米尔。

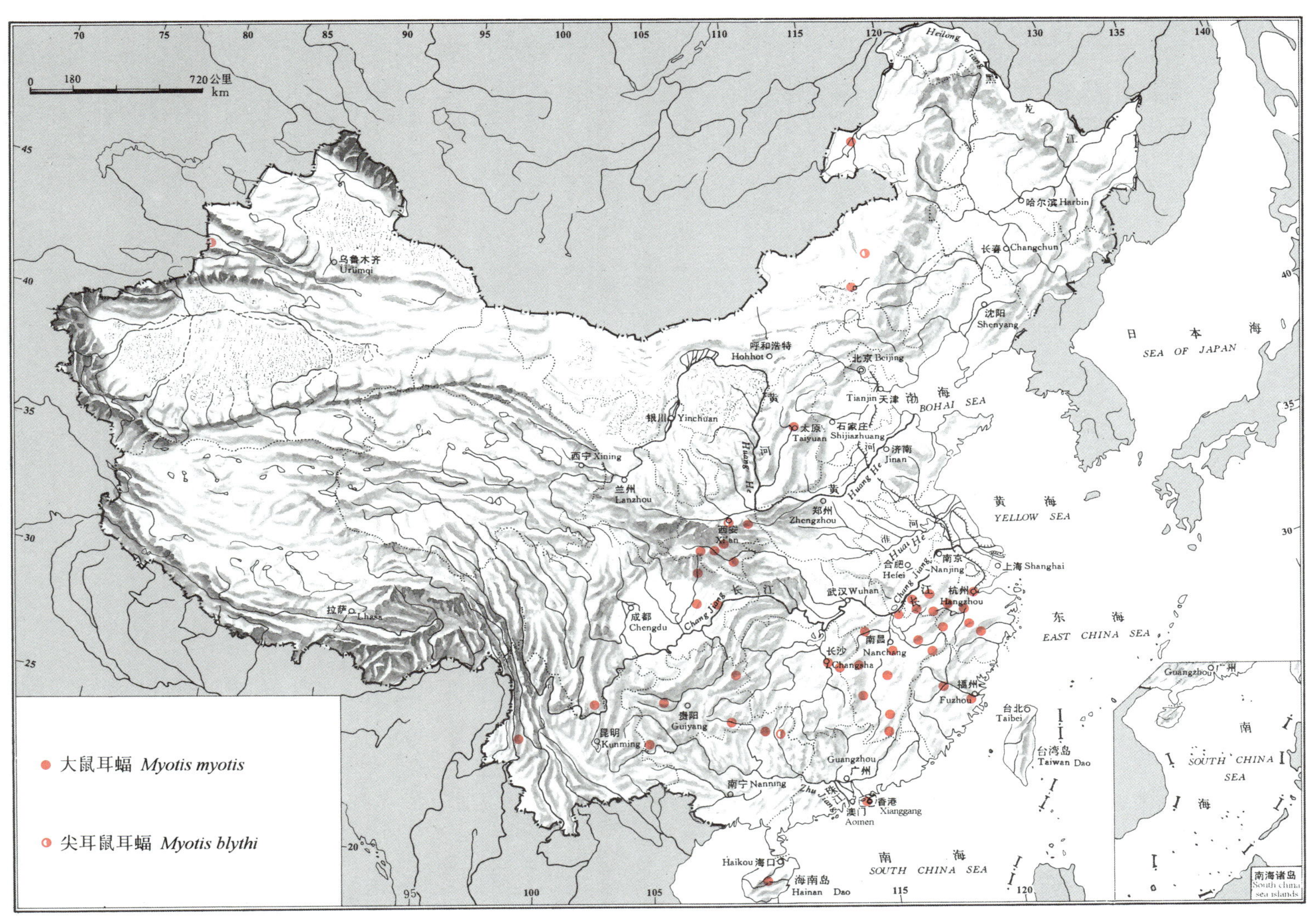

图34 大鼠耳蝠 *Myotis myotis* 尖耳鼠耳蝠 *Myotis blythi* 的分布

Myotis myotis Borkhausen, 1797 **Large mouse-eared bat**

M. m. chinensis Tomes, 1857 [Southwestern Sichuan, Yunnan, Guangxi, Fujian, Zhejiang]
M. m. ancilla Thomas, 1910 [Shaanxi, Nei Mongol]
M. m. luctuosus G. Allen, 1923 [Middle reaches of Changjiang]

Nei Mongol: Hulunhu[A1,M13]
Shaanxi: Xixiang, Shiquan, Shangzhou[A1]; Hanyin, Pingli[W96,98]
Shanxi: Taiyuan[W9]
Zhejiang: Tonglu[A1]; Hangzhou, Jinhua, Yongkang, Kaihua[W84,Z113]
Anhui: Xiuning, Shexian, Qianxian[X28]; Shitai, Guichi[H35]; Fanchang, Jingxian, Guangde, Chaoxian[L34,W39]
Hunan: Changsha[A1]
Jiangxi: Yiyang, Jinxian, Yanshan, Yichun, Pingxiang, Xiushui, Taihe, Yongfeng, Xunwu, Huichang, Shangrao[C29,30]
Sichuan: Wanxian[A1]; Huidong[P1]; Nanjiang, Dazhu[H23]

Guizhou:Xingyi[A1];Jiangkou,Zhijin,Congjiang[L2];Fanjingshan[G17]
Yunnan: Baoshan[A1]
Guangxi: Guilin, Ningming[W83,S12]
Hainan: Changjiang[X21]
Fujian: Nanyu*, Nanping[A1]
Hongkong: Hongkong[P9]
Cave
Europe, Carpathians, Iran, Afghanistan.

Myotis blythi Tomes, 1857 **Lesser mouse-eared bat**
M. b. oxygnathus Monticelli, 1885
Nei Mongol: Xi Ujimqin B.[R5]
Xinjiang: Yining[E1]
Shaanxi: Xi'an[R5]
Guangxi: Guilin[L76]
Forest, wild
Europe, Asia Minor, Carpathians, Caucasus, southeastern Central Asia; northern Africa; Rajputana, Punjab, Kashmir.

绯鼠耳蝠 ***Myotis formosus*** Hodgson, 1835
M. f. rufoniger Tomes, 1858［东南沿海］
M. f. watasei Kishida, 1924［台湾］
陕西：山阳[W98]
上海：上海[A1]
浙江：永康[Z113]
安徽：绩溪[L34]
贵州：从江[L2]
广西：大瑶山[A1]
福建：福清[A1]
台湾：台北、台南、恒春[C15]
四川：蒲江[W104]；安县[G12]
树林，家舍
尼泊尔，旁遮普，恒河上游地区，朝鲜，日本。

水鼠耳蝠 ***Myotis daubentoni*** Kuhl, 1919
M. d. laniger Peters, 1871［长江流域以南］
M. d. loukashkini Shamel, 1942［黑龙江］
黑龙江：德都[E1]；富拉尔基、五大莲池、哈尔滨、齐齐哈尔[W19]
内蒙古：呼伦湖[M13]；牙克石、满洲里[W19]
吉林：长春[B11]
陕西：宁陕、石泉、汉阴[W96,98]
山东：胶东、鲁中南、鲁西南[L74]
江苏：宜兴[H33]
浙江：富阳、建德、湖州[W84,Z113]
安徽：滁县、繁昌、休宁、广德[L34,W39]
江西：弋阳、瑞昌[C30]
四川：会东[P1]；南江、阆中[H17]
贵州：安龙、绥阳、清镇、从江[L2]
云南：昆明[X13]；腾冲[A1]
海南：儋州[A1]
福建：厦门[A1]
西藏：波密[X30]
森林，家舍
从中欧到太平洋，北约以北纬60°，南约以北纬45°为界。

沼鼠耳蝠 ***Myotis dasycneme*** Boie, 1825
山东：胶东、鲁中南、鲁西南（与 *M. daubentoni* 同域分布）[L74]
欧洲，西西伯利亚，叶尼塞。

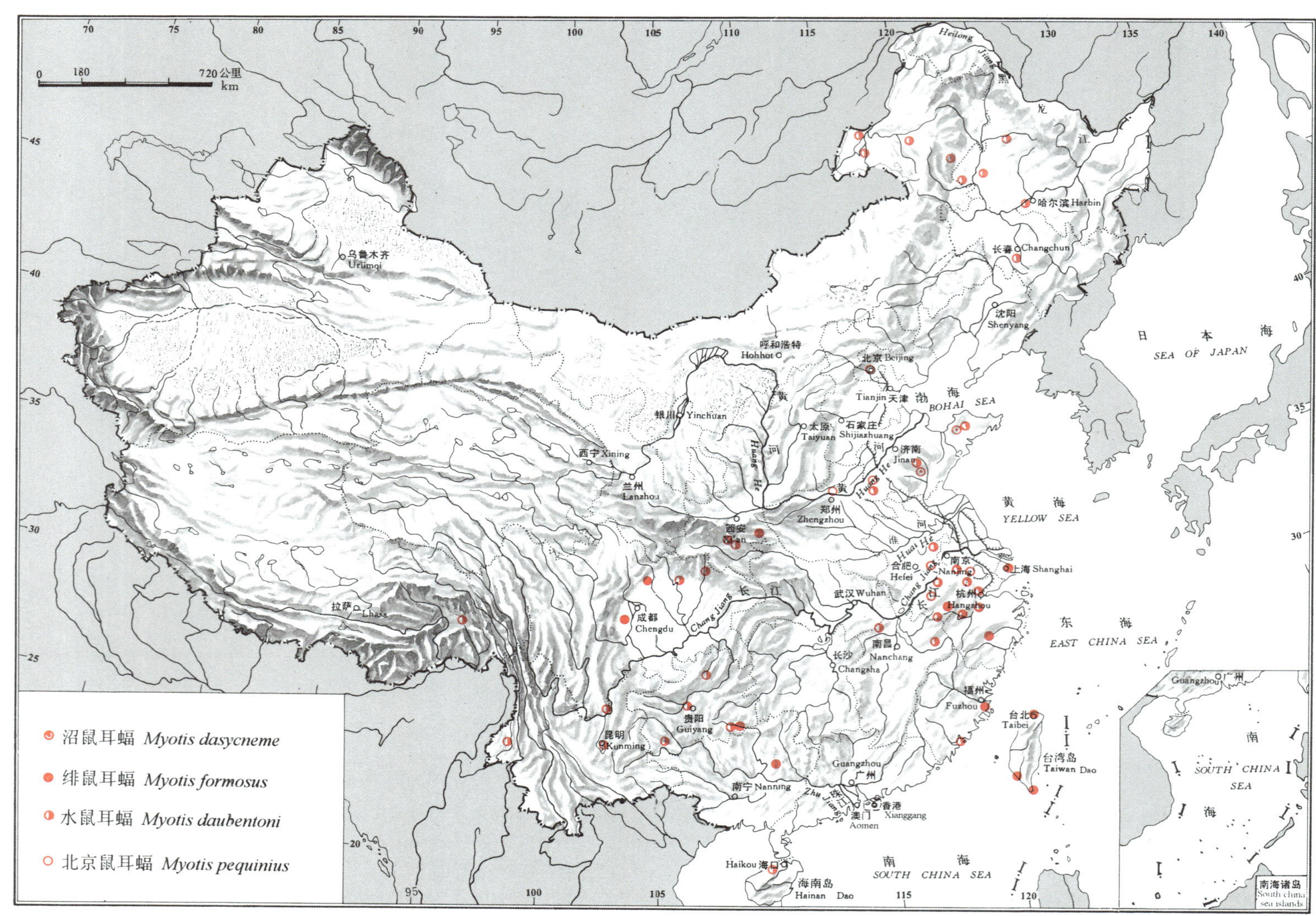

图35 绯鼠耳蝠 *Myotis formosus* 水鼠耳蝠 *Myotis daubentoni* 沼鼠耳蝠 *Myotis dasycneme* 北京鼠耳蝠 *Myotis pequinius* 的分布

北京鼠耳蝠 ***Myotis pequinius*** Thomas，1908

北京：北京[A1]

河南：新乡[Z97]

Myotis formosus Hodgson，1835 **Hodgson's bat**

M. f. rufoniger Tomes，1858 [Southeastern coast]

M. f. watasei Kishida，1924 [Taiwan]

Shaanxi：Shanyang[W98]

Shanghai：Shanghai[A1]

Zhejiang：Yongkang[Z113]

Anhui：Jixi[L34]

Guizhou：Congjiang[L2]

Guangxi：Da Yaoshan[A1]

Fujian：Fuqingshan[A1]

Taiwan：Taibei，Tainan，Hengchun[C15]

Sichuan：Pujiang[W104]；Anxian[G12]

Woodland and house

Nepal，Punjab，upper reaches of Ganga River，Korea，Japan.

Myotis daubentoni Kuhl，1919 **Water bat (Daubenton's bat)**

M. d. laniger Peters，1871 [South of Changjiang]

M. d. loukashkini Shamel，1942 [Heilongjiang]

Heilongjiang：Dedu[E1]；Hulan Ergi，Wuda Lianchi[M13]；Harbin，Qiqihar[W19]

Nei Mongol：Hulunhu，Zalan[M13]；Yakeshi，Manzhouli[W19]

Jilin：Changchun[B11]

Shaanxi：Ningshan，Shiquan，Hanyin[W96,98]

Shandong：Jiaodong，central and southern Shandong，southwestern Shandong[L74]

江苏：宜兴[H33]

安徽：繁昌、含山[L84,W39]

洞穴

Jiangsu：Yixing[H33]

Zhejiang：Fuyang，Jiande，Huzhou[W84,Z113]

Anhui：Chuxian，Fanchang，Xiuning，Guangde[L34,W39]

Jiangxi：Yiyang，Ruichang[C30]

Sichuan：Huidong[P1]；Nanjiang，Langzhong[H17]

Guizhou：Anlong，Suiyang，Qingzhen，Congjiang[L2]

Yunnan：Kunming[X13]；Tengchong[A1]

Hainan：Danzhou[A1]

Fujian：Xiamen[A1]

Xizang：Bomi[X30]

Forest and house

From central Europe westward to the west Pacific；its northern limit runs close to the 60°N parallel，and its southern limit close to the 45°N parallel.

Myotis dasycneme Boie，1825 **Pond bat**

Shandong：Jiaodong，south-ceuteal and southwestern Shandong (sympatric with *M. daubentoni*)[L74]

Europe，western Siberia，Yenesei.

Myotis pequinius Thomas，1908 **Peking mouse-eared bat**

Beijing：Beijing[A1]

Henan：Xinxiang[Z97]

Jiangsu：Yixing[H33]

Anhui：Fanchang，Hanshan[L84,W39]

Cave

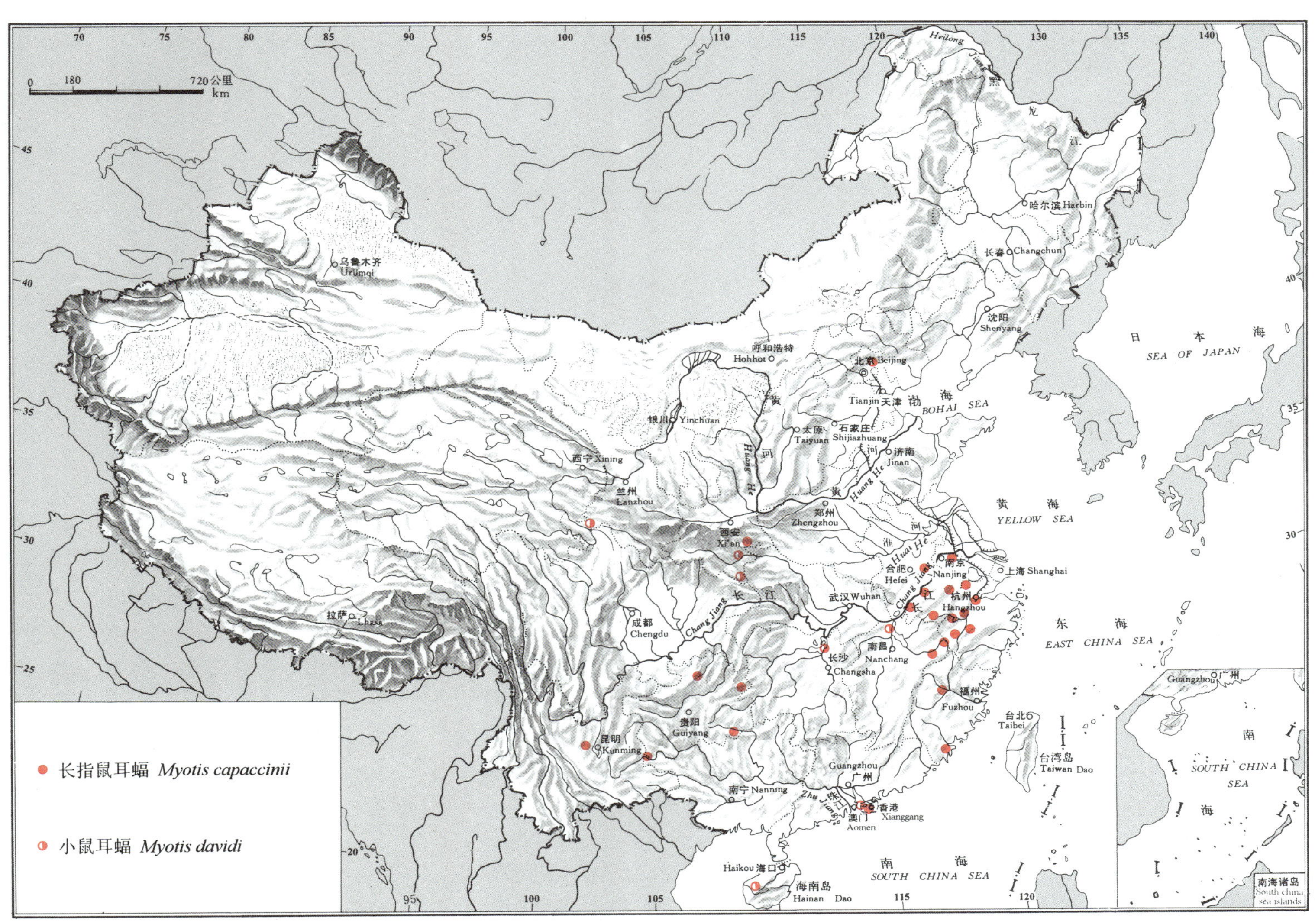

图36 长指鼠耳蝠 *Myotis capaccinii* 小鼠耳蝠 *Myotis davidi* 的分布

长指鼠耳蝠 ***Myotis capaccinii*** Bonaparte，1837

M. c. fimbriatus Peters，1871

陕西：山阳[W98]

江苏：宜兴[H33]

浙江：杭州、桐庐、淳安、建德、湖州、金华、衢州、江山[W84,Z113]

安徽：贵池、宁国[H35]；休宁、歙县、含山、繁昌、泾县[L34,W39]

江西：广丰[C30]

贵州：江口、兴义[L2]

福建：南平、厦门[A1]

云南：昆明[K5]

香港：香港[P9]

洞穴

欧洲南部，西伯利亚，阿穆尔，摩洛哥，阿尔及利亚。

小鼠耳蝠 ***Myotis davidi*** Peters，1869

河北：兴隆[A1]

甘肃：迭部[L94]；甘南、玛曲[Z81]

江西：九江[A1,C30]

海南：白沙[X21]

陕西：平利、镇坪[W96,98]

香港：香港[P9]

居民区

Myotis capaccinii Bonaparte，1837 **Long-fingered bat**

M. c. fimbriatus Peters，1871

Shaanxi：Shanyang[W98]

Jiangsu：Yixing[H33]

Zhejiang：Hangzhou，Tonglu，Chun'an，Jiande，Huzhou，Jinhua，Quzhou，Jiangshan[W84,Z113]

Anhui：Guichi，Ningguo[H35]；Xiuning，Shexian，Hanshan，Fanchang，Jingxian[L34,W39]

Jiangxi：Guangfeng[C30]

Guizhou：Jiangkou，Xingyi[L2]

Fujian：Nanping，Xiamen[A1]

Yunnan：Kunming[K5]

Hongkong：Hongkong[P9]

Cave

Southern Europe，Siberia，Amur，Morocco，Algeria.

Myotis davidi Peters，1869 **David's mouse-eared bat**

Hebei：Xinglong[A1]

Gansu：Tewo area[L94]；Gannan，Maqu[Z81]

Jiangxi：Jiujiang[A1,C30]

Hainan：Baisha[X21]

Shaanxi：Pingli，Zhenping[W96,W98]

Hongkong：Hongkong[P9]

Settlement

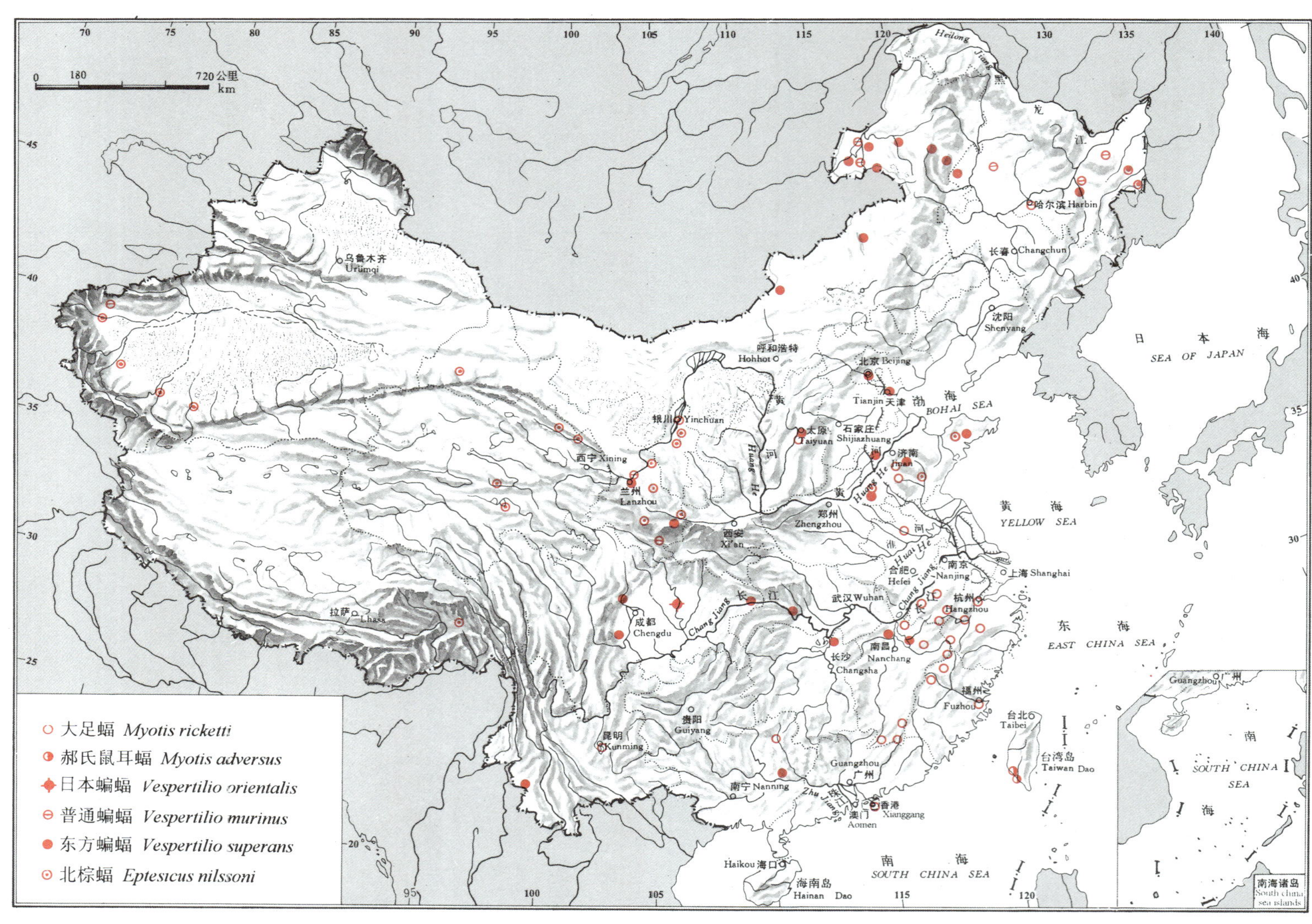

图37 郝氏鼠耳蝠 *Myotis adversus* 大足蝠 *Myotis ricketti* 普通蝙蝠 *Vespertilio murinus* 东方蝙蝠 *Vespertilio superans* 日本蝙蝠 *Vespertilio orientalis* 北棕蝠 *Eptesicus nilssoni* 的分布

郝氏鼠耳蝠 ***Myotis adversus*** Horsfield，1824

M. adversus taiwanensis Arnback-Christie-Linde，1908

台湾：台南、高雄[C15]；安平[E1]

马来半岛，爪哇，苏门答腊，安达曼群岛，印度。

大足蝠 ***Myotis ricketti*** Thomas，1894

山东：曲阜[Z118]；泰安[A1]；胶东[L74]

山西：太原[W9]

浙江：杭州、建德、金华、开化[W84,Z113]

安徽：宿县、贵池[H35]；繁昌、休宁、歙县[L35,W39]

江西：广丰、乐平、修水、彭泽、龙南、寻乌、会昌、上饶[C29,30]

云南：昆明[X13]

广西：桂林[S12]

福建：邵武、福州[A1]

香港：香港[P9]

岩洞

蝙蝠属 *Vespertilio* Linnaeus，1758

普通蝙蝠 ***Vespertilio murinus*** Linnaeus，1758

黑龙江：哈尔滨、依兰、富锦[M13]
内蒙古：呼伦贝尔[M13]
新疆：喀什[E1,R4]
甘肃：兰州[A1]；康县[Z81]
森林，草原（洞穴、树洞、家舍）
欧洲，俄罗斯自北纬60°以南至里海，高加索，中亚，西伯利亚南部，乌苏里，日本，克什米尔，伊朗。

东方蝙蝠 ***Vespertilio superans*** Thomas，1899
内蒙古：新巴尔虎左旗、新巴尔虎右旗、二连浩特、正镶白旗、东乌珠穆沁旗*；鄂尔多斯北部[A1]；呼伦湖、布特哈旗、成吉思汗、牙克石[M13]
黑龙江：龙江[M13]
云南：南滚河[W16]
北京：北京[A1]
天津：天津[A1]
山东：泰安[Z118]；鲁西北、胶东、鲁西南[L74]
山西：太原[A1]
甘肃：兰州*、天水[Z81]
湖北：宜昌[A1]
湖南：岳阳[A1]
江西：德安、波阳[F13]
广西：金秀（大瑶山）[W83]
四川：峨眉山、奉节[A1,H23]
福建：武夷山[A1,E1]
家舍
东西伯利亚，蒙古，北海道，本州，朝鲜。

日本蝙蝠 ***Vespertilio orientalis*** Wallin，1969
四川：南充[W105]
家舍
日本。
* Wallin 将许多过去订为 *V. superans* 的中国标本归于此种，分布地点有山西、四川、福建与台湾［Corbet 1978[C37]］

棕蝠属 *Eptesicus* Rafinesque，1820

北棕蝠 ***Eptesicus nilssoni*** Keyserling *et* Blasius，1839
E. n. centrasiaticus Bobrinskii，1926［青藏高原］
E. n. kashgaricus Bobrinskii，1926［新疆］
黑龙江：密山[M13]
新疆：喀什[E1,R4]；叶城、和田至玉田一带[R5]；阿尔泰[Z20]
山东：胶东、鲁中南、鲁西南[L74]
宁夏：吴忠、永宁、银川[W60]
甘肃：敦煌[R5]；漳县、天水、靖远、会宁、景泰[Z81]
青海：扎凌湖[E1]；祁连山、阿兰泉[R5]
西藏：八宿[F5]
岩洞
欧亚大陆，北界大约为北纬60°，蒙古，克什米尔，朝鲜。

Myotis adversus Horsfield，1824 **Large-footed bat**
M. adversus taiwanensis Arnback-Christie-Linde，1908
Taiwan：Tainan，Gaoxiong[C15]；Anping[E1]
Malay peninsula，Java，Sumatra，Andaman Islands，India.
Myotis ricketti Thomas，1894 **Rickett's big-footed bat**
Shandong：Qufu[Z118]；Tai'an[A1]；Jiaodong[L74]
Shanxi：Taiyuan[W9]
Zhejiang：Hangzhou，Jiande，Jinhua，Kaihua[W84,Z113]
Anhui：Suxian，Guichi[H35]；Fanchang，Xiuning，Shexian[L35,W39]
Jiangxi：Guangfeng，Leping，Xiushui，Pengze，Longnan，Xunwu，Huichang，Shangrao[C29,30]
Yunnan：Kunming[X13]
Guangxi：Guilin[S12]
Fujian：Shaowu，Fuzhou[A1]
Hongkong：Hongkong[P9]
Cave

Vespertilio Linnaeus，1758

Vespertilio murinus Linnaeus，1758 **Particolored bat**
Heilongjiang：Harbin，Yilan，Fujin[M13]
Nei Mongol：Hulun Buir[M13]
Xinjiang：Kashi[E1,R4]
Gansu：Lanzhou[A1]；Kangxian[Z81]
Forest，steppe（cave，house）.
Europe，Russia，from about 60°N southward to the Caspian Sea，Caucasus，Central Asia，southern Siberia，Ussuri，Japan，Kashmir，Iran.
Vespertilio superans Thomas，1899 **Eastern bat**
Nei Mongol：Xin Barag Left B.，Xin Barag Right B.，Erenhot，Zhengxiangbai B.，Dong Ujimqin B.，Northern Ordos[A1]；Hulunhu，Butha B.，Qinggis Han，Yakeshi[M13]
Heilongjiang：Longjiang[M13]
Yunnan：Nangunhe[W16]
Beijing：Beijing[A1]
Tianjin：Tianjin[A1]
Shandong：Tai'an[Z118]；northwestern Shandong，Jiaodong，southwestern Shandong[L74]
Shanxi：Taiyuan[A1]
Gansu：Lanzhou*，Tianshui[Z81]
Hubei：Yichang[A1]
Hunan：Yueyang[A1]
Jiangxi：De'an，Poyang[F13]
Guangxi：Jinxiu（DaYaoshan）[W83]
Sichuan：Emei，Fengjie[A1,H23]
Fujian：Wuyishan[A1,E1]
House
Eastern Siberia，Mongolia，Hokkaido，Honshu，Korea.
Vespertilio orientalis Wallin，1969* **Japanese bat**
Sichuan：Nanchong[W105]
Cave
Japan.
* Wallin included in this species many specimens from China previously identified as *V. superans*，distributed in Shanxi，Sichuan，Fujian and Taiwan［Corbet 1978[C37]］

Eptesicus Rafinesque，1820 **Serotines**

Eptesicus nilssoni Keyserling *et* Blasius，1839 **Brown bat**
E. n. centrasiaticus Bobrinskii，1926［Qinghai- Xizang Plateau］
E. n. kashgaricus Bobrinskii，1926［Xinjiang］
Heilongjiang：Mishan[M13]
Xinjiang：Kashi[E1,R4]；Yecheng，from Hotan to Yutian[R5]；Altai[Z20]
Shandong：Jiaodong，soth-centsal and southwestern Shandong[L74]
Ningxia：Wuzhong，Yongning，Yinchuan[W60]
Gansu：Dunhuang[R5]；Zhangxian，Tianshui，Jingyuan，Huining，Jingtai[Z81]
Qinghai：Gyaring Hu[E1]；Qilian，Alan Quan[R5]
Xizang：Baxoi[F5]
Cave
Eurasian continent，the northern limit drops roughly to the 60°N parallel；Mongolia，Kashmir，Korea.

大棕蝠 ***Eptesicus serotinus*** Schreber，1774
E. s. andersoni Dobson，1871［云南，福建，浙江］
E. s. pallens Miller，1911［黄河流域］
E. s. horikawai Kishida，1924［台湾］
黑龙江：桦南[M13]；哈尔滨、齐齐哈尔[W19]
吉林：临江[S33]
辽宁：熊岳[X7]
内蒙古：伊金霍洛旗、鄂尔多斯[A1]；布特哈旗、乌审旗、阴山南坡[Z56,59]、海拉尔、满洲里、牙克石[W19]
新疆：新疆[E1]
天津：天津[A1]
山东：济南、潍县[A1]；曲阜、青岛[Z118]
河南：许昌、洛阳[Z97]
山西：中条山、太原[W9]
陕西：延安西南[A1]；石泉、宁陕、长安[W96,98]
宁夏：银川[W60]；固原[A1]

甘肃：张掖[A1]；武山、天水[Z81]
江苏：南京[H36]
上海：上海*
浙江：兰溪、杭州[A1,E1,Z113]
安徽：滁县、太湖[H35]；合肥、肥西、黄山[W39]
江西：安远[L65]；进贤[C30]；南昌[F13]
四川：会东[S46]
贵州：罗甸[L2]
云南：腾冲[A1,E1]；景东[W18]
福建：福清、南平*
台湾：台中、台北、永清、花莲[C15]

树林，岩洞，家舍

英格兰，南欧，小亚细亚，高加索，俄罗斯，西伯利亚，中亚，蒙古，克什米尔，拉杰普塔纳，非洲西部。

山蝠属 *Nyctalus* Bowdich，1825

山蝠 ***Nyctalus noctula*** Schreber，1774
N. n. plancei Gerbe，1880［河北］
N. n. meklenburzevi Kyzyakin，1934［俄罗斯，土耳其斯坦］

北京：北京[A1]
新疆：伊宁[E1]
甘肃：陇东地区（环县、正宁等）[Y34]
山东：胶东、鲁西南、鲁中南[L74]

家舍

欧洲，西西伯利亚，阿尔泰，中亚，日本。

绒山蝠 ***Nyctalus velutinus*** G. Allen，1929

山东：泰山、胶东、鲁中南、鲁西南[L74]
河南：嵩县、洛阳、开封[Z97]
陕西：西安、镇巴、佛坪、宁陕[W98]
江苏：南京[A1]
浙江：桐庐[A1]；永康、江山、龙泉[Z113]
安徽：和县、太湖、胡乐、歙县[H35]；芜湖[L34,W39]
湖北：宜昌[A1]
江西：泰和、宁冈、赣州、瑞金、会昌、安远、资溪、广昌[C29]
四川：奉节、峨眉山[A1]；南充、南江、雅安、永川、通江[H23]
贵州：贵阳、遵义、兴义[L2]
广西：大瑶山[A1]；桂林、柳州[S12]；靖西、龙州、宁明、上思、玉林[W83]
广东：广州[A1,T5]
福建：福清、福州、龙溪[A1,E1]

家舍

毛翼山蝠 ***Nyctalus lasiopterus*** Schreber，1780
N. l. aviator Thomas，1911

黑龙江：哈尔滨[M13]
吉林：长春*
河南：南阳[Z97]
上海：佘山岛[A1]
安徽：滁县[H35]

树洞

日本本岛。

伏翼属 *Pipistrellus* Kaup，1829

黑伏翼 ***Pipistrellus circumdatus*** Temminck，1840
P. c. drungicus Wang，1973

云南：独龙江、梁河[P2,W65]；金平[L4]

家舍

爪哇，缅甸东部，印度南部。

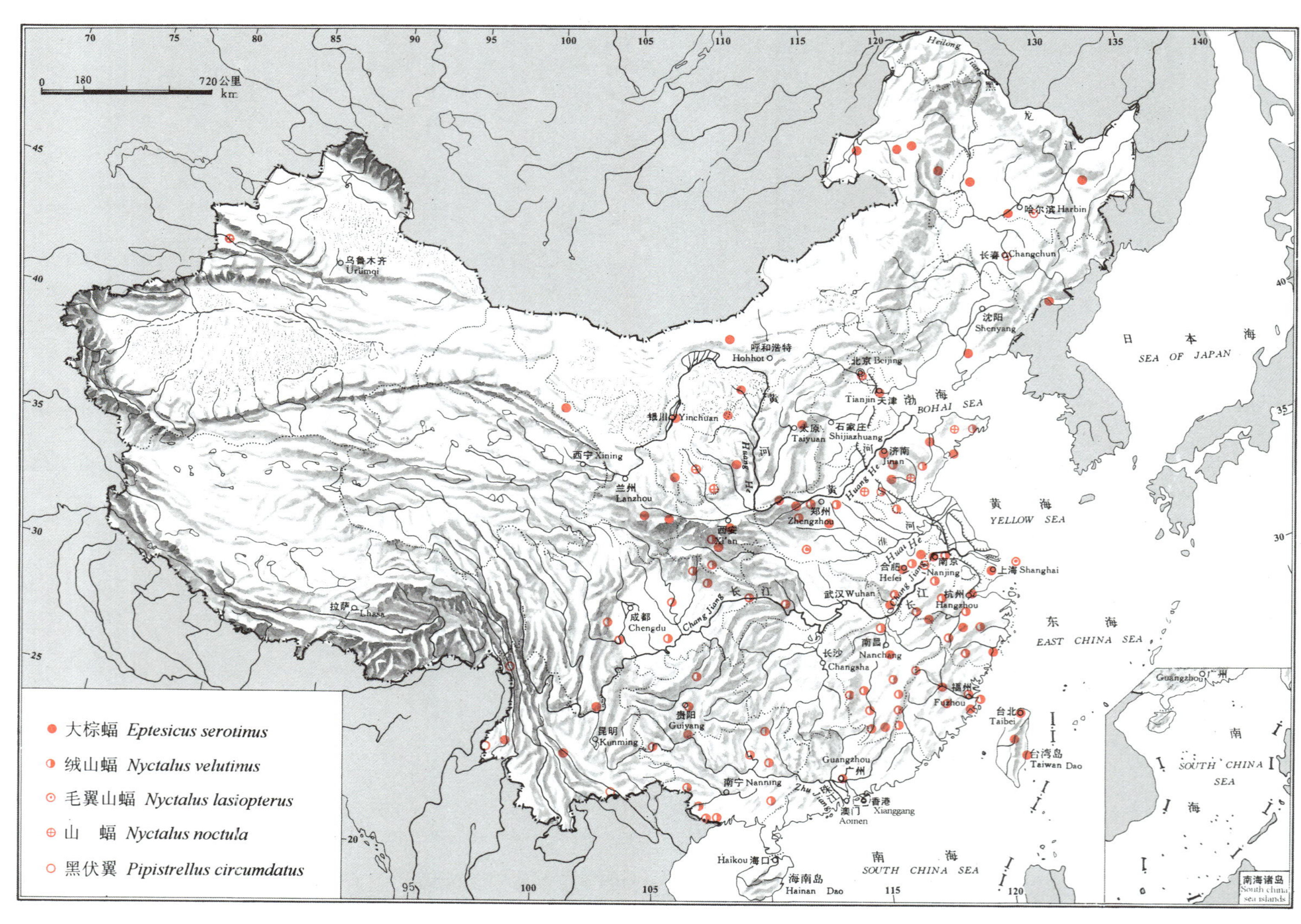

图38 大棕蝠 *Eptesicus serotinus* 山蝠 *Nyctalus noctula* 绒山蝠 *Nyctalus velutinus* 毛翼山蝠 *Nyctalus lasiopterus* 黑伏翼 *Pipistrellus circumdatus* 的分布

Eptesicus serotinus Schreber, 1774 **Serotine (Northern bat)**
E. s. andersoni Dobson, 1871 [Yunnan, Fujian, Zhejiang]
E. s. pallens Miller, 1911 [Basin of Huanghe]
E. s. horikawai Kishida, 1924 [Taiwan]
Heilongjiang: Huanan[M13]; Harbin, Qiqihar[W19]
Jilin: Linjiang[S33]
Liaoning: Xiongyue[X7]
Nei Mongol: Ejin Horo B., Ordos[A1]; Butha B., Uxin B., southern flank of Yinshan[Z56,59]; Hailar, Manzhouli, Yakeshi[W19]
Xinjiang: Xinjiang[E1]
Tianjin: Tianjin[A1]
Shandong: Jinan, Weixian[A1]; Qufu, Qingdao[Z118]
Henan: Xuchang, Luoyang[Z97]
Shanxi: Zhongtiaoshan, Taiyuan[W9]
Shaanxi: Southwestern Yan'an[A1]; Shiquan, Ningshan, Chang'an[W96,98]
Ningxia: Yinchuan[W60]; Guyuan[A1]
Gansu: Zhangye[A1]; Wushan, Tianshui[Z81]
Jiangsu: Nanjing[H36]
Shanghai: Shanghai*
Zhejiang: Lanxi, Hangzhou[A1,E1,Z113]
Anhui: Chuxian, Taihu[H35]; Hefei, Feixi, Huangshan[W39]
Jiangxi: Anyuan[L65]; Jinxian[C30]; Nanchang[F13]
Sichuan: Huidong[S46]
Guizhou: Luodian[L2]
Yunnan: Tengchong[A1,E1]; Jingdong[W18]
Fujian: Fuqing, Nanping*
Taiwan: Taizhong, Taibei, Yongqing, Hualian[C15]
Woodland, cave and house
England, southern Europe, Asia Minor, Caucasus, Russia, Siberia, Central Asia, Mongolia, Kashmir, Rajputana, western Africa.

Nyctalus Bowdich, 1825 Noctule

Nyctalus noctula Schreber, 1774 **Noctule**
N. n. plancei Gerbe, 1880 [Hebei]
N. n. meklenburzevi Kyzyakin, 1934 [Russia, Turkestan]
Beijing: Beijing[A1]
Xinjiang: Yining[E1]
Gansu: Longdong area (Huanxian, Zhengning etc)[Y34]
Shandong: Jiaodong, southwestern and south-centrol Shandong[L74]
House
Europe, Western Siberia, Altai, Central Asia, Japan.

Nyctalus velutinus G. Allen, 1929 **Furry noctule**
Shandong: Taishan, Jiaodong, south-central and southwestern Shandong[L74]
Henan: Songxian, Luoyang, Kaifeng[Z97]
Shaanxi: Xi'an, Zhenba, Foping, Ningshan[W98]
Jiangsu: Nanjing[A1]
Zhejiang: Tonglu[A1]; Yongkang, Jiangshan, Longquan[Z113]
Anhui: Hexian, Taihu, Hule, Shexian[H35], Wuhu[L34,W39]
Hubei: Yichang[A1]
Jiangxi: Taihe, Ninggang, Ganzhou, Ruijin, Huichang, Anyuan, Zixi, Guangchang[C29]
Sichuan: Fengjie, Emeishan[A1]; Nanchong, Nanjiang, Ya'an, Yongchuan, Tongjiang[H23]
Guizhou: Guiyang, Zunyi, Xingyi[L2]
Guangxi: Da Yaoshan[A1]; Guilin, Liuzhou[S12]; Jingxi, Longzhou, Ningming, Shangsi, Yulin[W83]
Guangdong: Guangzhou[A1,T5]
Fujian: Fuqing, Fuzhou, Longxi[A1,E1]
House

Nyctalus lasiopterus Schreber, 1780 **Giant noctule**
N. l. aviator Thomas, 1911
Heilongjiang: Harbin[M13]
Jilin: Changchun*
Henan: Nanyang[Z97]
Shanghai:: Sheshan Island[A1]
Anhui: Chuxian[H35]
Hollow tree
Honshu.

Pipistrellus Kaup, 1829 Pipistrelles

Pipistrellus circumdatus Temminck, 1840
Large black pipistrelle
P. c. drungicus Wang, 1973
Yunnan: Drungjiang, Lianghe[P2,W65]; Jinping[L4]
House
Java, eastern Myanmar and southern India.

爪哇伏翼 ***Pipistrellus javanicus*** Gray, 1838
江西：进贤、修水、铅山、南昌、上饶、寿和、遂川、宁冈、永丰、赣州、瑞金、寻乌、龙南、崇义、抚州、资溪[C29,30]
安徽：合肥、和县、芜湖、贵池[H35]；黄山、歙县、太平、霍山、繁昌[L34,W39]
广西：桂林、柳州、河池、百色、南宁、玉林、梧州[L76]
四川：阆中[H17]
森林，洞穴，家舍
日本，朝鲜。

伏翼 ***Pipistrellus pipistrellus*** Schreber, 1774
P. p. pipistrellus Schreber, 1774 [台湾]
P. p. bactrianus Satunin, 1905 [新疆南部]
陕西：山阳、商南、汉阴、安康[W96,98,Z88]
新疆：吐鲁番[X11]
江西：安远[L65]
云南：盈江[L79]；景东[W18]
台湾：新竹、桃园、淡竹[C15]
四川：南充、广安[H23,25]
家舍、树洞
欧洲，小亚细亚，伊朗，摩洛哥，克什米尔，高加索，俄罗斯，中亚，日本，朝鲜。

普通伏翼 ***Pipistrellus abramus*** Temminck, 1840
P. a. abramus Temminck, 1840
黑龙江：尚志*、密山、虎林、穆棱[M13]
辽宁：大连[X7]
河北：兴隆、威县[A1]
天津：天津*
山东：烟台[A1]；全省广布[L74]
山西：中条山[T2]；太原[W9]
陕西：长安、西乡、石泉、镇坪、安康[W96,98]
甘肃：文县[M1]；康县[Z81]
西藏：察隅[F5]
浙江：舟山岛[E1]；北雁荡山、灵峰山、湖州、杭州、桐庐、建德、开化、金华、永康、普陀、温州、庆元[Z113,W84]
湖北：宜昌[A1]
湖南：长沙、沅陵[A1]；桂东、宜章、新宁、绥宁[L65]
四川：米易[S46]；灌县[H36]；万县[A1]；成都、南充、达川、城口、峨眉山、雅安、德昌[H23]；安县[G12]；阆中[H17]

贵州：贵阳、兴义、雷山、罗甸[L2]
云南：金平、屏边、河口[Y43]；耿马、双江[L71]；永善、泸水、景东[L4]；勐腊、景洪[W67]
海南：海口、儋州、琼中[S33]；文昌、尖峰岭、五指山[X21]
福建：南平、福清[A1]；永春[L97]
台湾：新竹、台中[C15]
广东：电白[C22]
森林，洞穴，家舍
乌苏里，东西伯利亚，爪哇，越南。

印度伏翼 ***Pipistrellus coromandra*** Gray，1838
P. c. portensis J. Allen，1906［海南］
P. c. tramatus Thomas，1928［福建，云南］
西藏：察隅[F5]
浙江：建德、泰顺[Z113]
贵州：兴义、雷山、榕江、贵阳、桐梓、从江[L2]
四川：城口[H25]
云南：耿马[L71]；金平、屏边、河口、勐养[K3]；勐海[W67,Y10]
海南：琼海、白沙[S8]；营根、尖峰岭、坝王岭[X21]
福建：南平[A1,E1]
森林，田野，家舍
缅甸，越南，老挝，不丹，锡金，恒河上游地区，印度半岛，斯里兰卡。

茶褐伏翼 ***Pipistrellus affinis*** Dobson，1871
西藏：察隅[X30]
云南：丽江[E1]
广西：河池[L76]；南丹[S12]
林地
缅甸

棒茎伏翼 ***Pipistrellus paterculus*** Thomas，1915
P. p. yunnanensis Wang，1974
云南：泸水（六库）、安宁、永善[W65]；昆明[K5]
缅甸

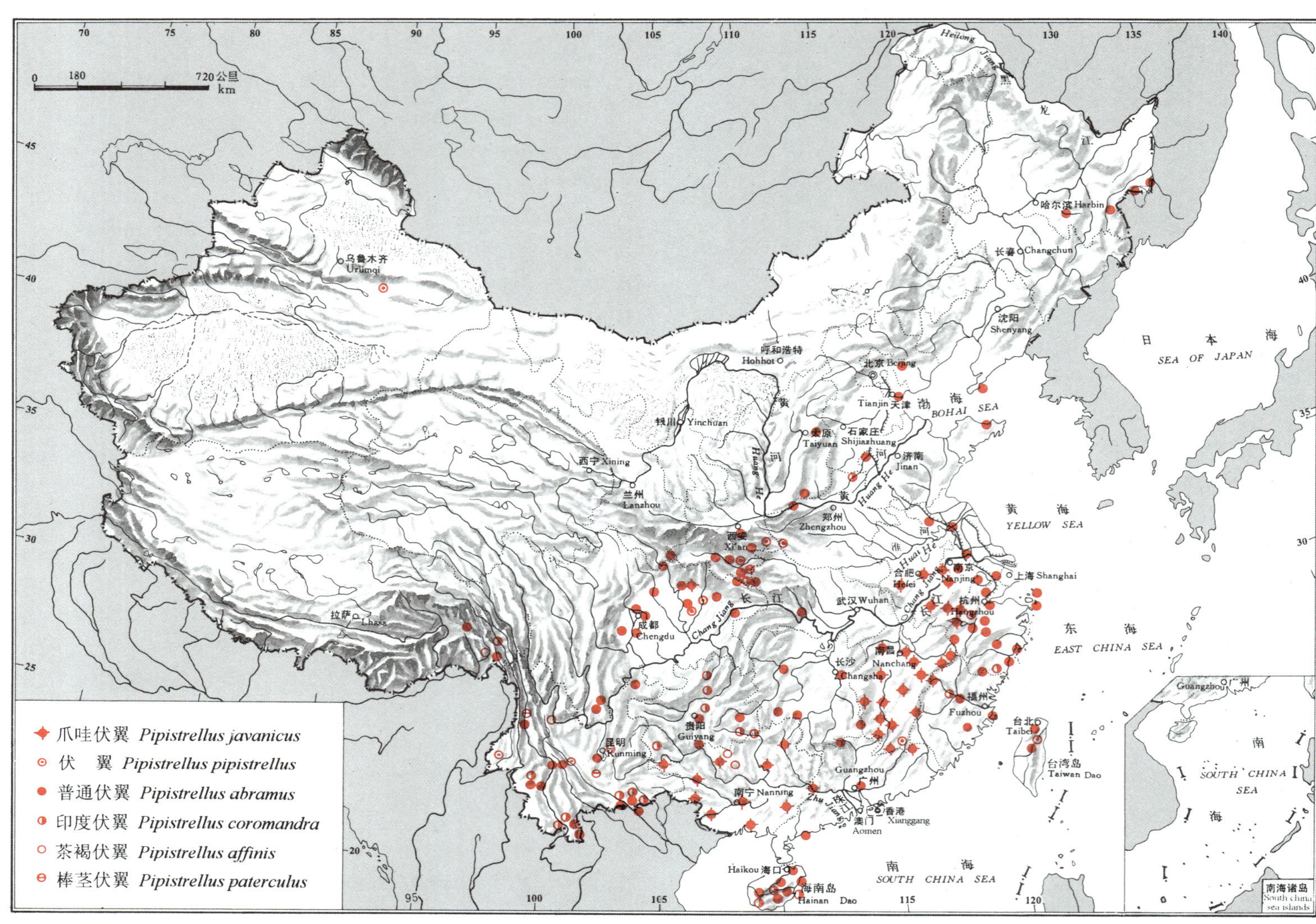

图39　爪哇伏翼 *Pipistrellus javanicus*　伏翼 *Pipistrellus pipistrellus*　普通伏翼 *Pipistrellus abramus*　印度伏翼 *Pipistrellus coromandra*　茶褐伏翼 *Pipistrellus affinis*　棒茎伏翼 *Pipistrellus paterculus* 的分布

Pipistrellus javanicus Gray，1838　**Javan pipistrelle**
Jiangxi：Jinxian，Xiushui，Yanshan，Nanchang，Shangrao，Shouhe，Suichuan，Ninggang，Yongfeng，Ganzhou，Ruijin，Xunwu，Longnan，Chongyi，Fuzhou，Zixi[C29,30]
Anhui：Hefei，Hexian，Wuhu，Guichi[H35]；Huangshan，Shexian，Taiping，Huoshan，Fanchang[L34,W39]
Guangxi：Guilin，Liuzhou，Hechi，Bose，Nanning，Yulin，Wuzhou[L76]
Sichuan：Langzhong[H17]
Forest，cave，house
Japan，Korea.

Pipistrellus pipistrellus Schreber，1774　**Common pipistrelle**
P. p. pipistrellus Schreber，1774［Taiwan］
P. p. bactrianus Satunin，1905［Southern Xinjiang］
Shaanxi：Shanyang，Shangnan，Hanyin，Ankang[W96,98]
Xinjiang：Turpan[X11]
Jiangxi：Anyuan[L65]
Yunnan：Yingjiang[L79]；Jingdong[W18]
Taiwan：Xinzhu，Taoyuan，Danzhu[C15]
Sichuan：Nanchong，Guang'an[H23,25]
House，Hollow tree
Europe，Asia Minor，Iran，Morocco，Kashmir，Caucasus，Russia，CentralAsia，Japan，Korea.

Pipistrellus abramus Temminck，1840 **Japanese pipistrelle**
P. a. abramus Temminck，1840
Heilongjiang：Shangzhi*，Mishan，Hulin，Muling[M13]
Liaoning：Dalian[X7]
Hebei：Xinglong，Weixian[A1]
Tianjin：Tianjin*
Shandong：Yantai[A1]，occurs in different areas[L74]

Shanxi: Zhongtiaoshan[T2]; Taiyuan[W9]
Shaanxi: Chang'an, Xixiang, Shiquan, Zhenping, Ankang[W96,98]
Gansu: Wenxian[M1]; Kangxian[Z81]
Xizang: Zayü[F5]
Zhejiang: Zhoushan Island[E1]; northern Yandangshan, Lingfengshan, Huzhou, Hangzhou, Tonglu, Jiande, Kaihua, Jinhua, Yongkang, Putuo, Wenzhou, Qingyuan[Z113,W84]
Hubei: Yichang[A1]
Hunan: Changsha, Yuanling[A1]; Guidong, Yizhang, Xinning, Suining[L65]
Sichuan: Miyi[S46]; Guanxian[H36]; Wanxian[A1]; Chengdu, Nanchong, Dachuan, Chengkou, Emeishan, Ya'an, Dechang[H23]; Anxian[G12]; Langzhong[H17]
Guizhou: Guiyang, Xingyi, Leishan, Luodian[L2]
Yunnan: Jinping, Pingbian, Hekou[Y43]; Gengma, Shuangjiang[L71]; Yongshan, Lushui, Jingdong[L4]; Mengla, Jinghong[W67]
Hainan: Haikou, Danzhou, Qiongzhong[S33]; Wenchang, Jianfengling, Wuzhishan[X21]
Fujian: Nanping, Fuqing[A1]; Yongchun[L97]
Taiwan: Xinzhu, Taizhong[C15]
Guangdong: Dianbai[C22]
Forest, cave and house
Ussuri, eastern Siberia, Java, Vietnam.

Pipistrellus coromandra Gray, 1838 **Indian pipistrelle**
P. c. portensis J. Allen, 1906 [Hainan]
P. c. tramatus Thomas, 1928 [Fujian, Yunnan]
Xizang: Zayü[F5]
Zhejiang: Jiande, Taishun[Z113]
Guizhou: Xingyi, Leishan, Rongjiang, Guiyang, Tongzi, Congjiang[L2]
Sichuan: Chengkou[H25]
Yunnan: Gengma[L71]; Jinping, Pingbian, Hekou, Mengyang[K3]; Menghai[W67,Y10]
Hainan: Qionghai, Baisha[S8]; Yinggen, Jianfengling, Bawangling[X21]
Fujian: Nanping[A1,E1]
Forest, wild and house
Myanmar, Indochina, Bhutan, Sikkim, upper reaches of Ganga River, Indian peninsula, Sri Lanka.

Pipistrellus affinis Dobson, 1871 **Chocolate bat**
Xizang: Zayü[X30]
Yunnan: Lijiang[E1]
Guangxi: Hechi[L76]; Nandan[S12]
Woodland
Myanmar

Pipistrellus paterculus Thomas, 1915 **Stick bat**
P. p. yunnanensis Wang, 1974
Yunnan: Lushui (Liuku), Anning, Yongshan[W65]; Kunming[K5].
Myanmar.

古氏伏翼 ***Pipistrellus kuhli*** Kuhl, 1819
P. k. kuhli, 1819
云南：无量山（磨刀河）[P2]
欧洲，非洲北部，印度西北部。

小伏翼 ***Pipistrellus mimus*** Wroughton, 1899
P. m. minus Wrougton, 1899
云南：西双版纳（勐笼）[W67]
贵州：兴义[L2,P2]
印度，斯里兰卡，锡金，缅甸西部，越南。

斯里兰卡伏翼 ***Pipistrellus ceylonicus*** Kelaart, 1852
P. c. raptor Thomas, 1904 [广西]
P. c. tongfangensis Wang, 1966 [海南]
海南：东方[S8]；儋州、吊罗山[X21]
广西：龙州[W47]；南宁、宁明、上思、邕宁、玉林、桂平、博白[W83]
田野
斯里兰卡，印度半岛，可能亦分布在缅甸及越南。

灰伏翼 ***Pipistrellus pulveratus*** Peters, 1871
陕西：镇巴、平利[W96,98]
上海：上海*
安徽：休宁[W39]
湖南：平江[A1]
四川：宜宾[A1]；万县、雅安、汶川[H23]；阆中[H17]
贵州：兴义、安龙、罗甸[L2]
云南：金平、屏边、河口[Y43]；丽江[A1]
广东：三水[T5]；广州[A1]
海南：东方[X21]
福建：南平*；厦门、武夷山[A1]
香港：香港[P9]
森林，家舍
泰国

萨氏伏翼 ***Pipistrellus savii*** Bonaparte, 1837
P. s. pallescens Bobrinskii, 1926 [新疆]
P. s. alaschanicus Bobrinskii, 1926 [内蒙古，华北，东北]
黑龙江：带岭[M13]
辽宁：大连（旅顺）[X7]
吉林：抚松[S33]；图们江口附近[R4]
宁夏：贺兰山西坡[A1]
新疆：吐鲁番、焉耆、和硕、库尔勒、尉犁、阿克苏[Z32]；喀什西北[E1,R4]；和田（南部山地）[R5]
山东：青岛[Z118]；全省广布[L74]
河南：原阳[Z97]
甘肃：西南角[R5]
四川：万源、达川、南充[H25]
安徽：休宁[L34,X28]
岩洞
西欧南部，克里米亚，高加索，中亚，蒙古，乌苏里，锡金，阿萨姆，缅甸，加那利群岛。

拟伏翼属 *Scotozous* Dobson, 1875

道氏拟伏翼 ***Scotozous dormeri*** Dobson, 1875
S. d. dormeri Dobson, 1875
台湾：台北、台中、花莲[C15]
印度半岛。

南蝠属 *Ia* Thomas, 1902

南蝠 ***Ia io*** Thomas, 1902
江苏：南京[P7]
安徽：滁县、和县、贵池[H35]；宁国[L34]
湖北：长阳[A1]
江西：修水[C30]
四川：万县[A1]
云南：昆明[K5]
贵州：铜仁、温水、江口、金沙、织金[L2]
广西：百色[L76]；隆林、西林[S12]
岩洞

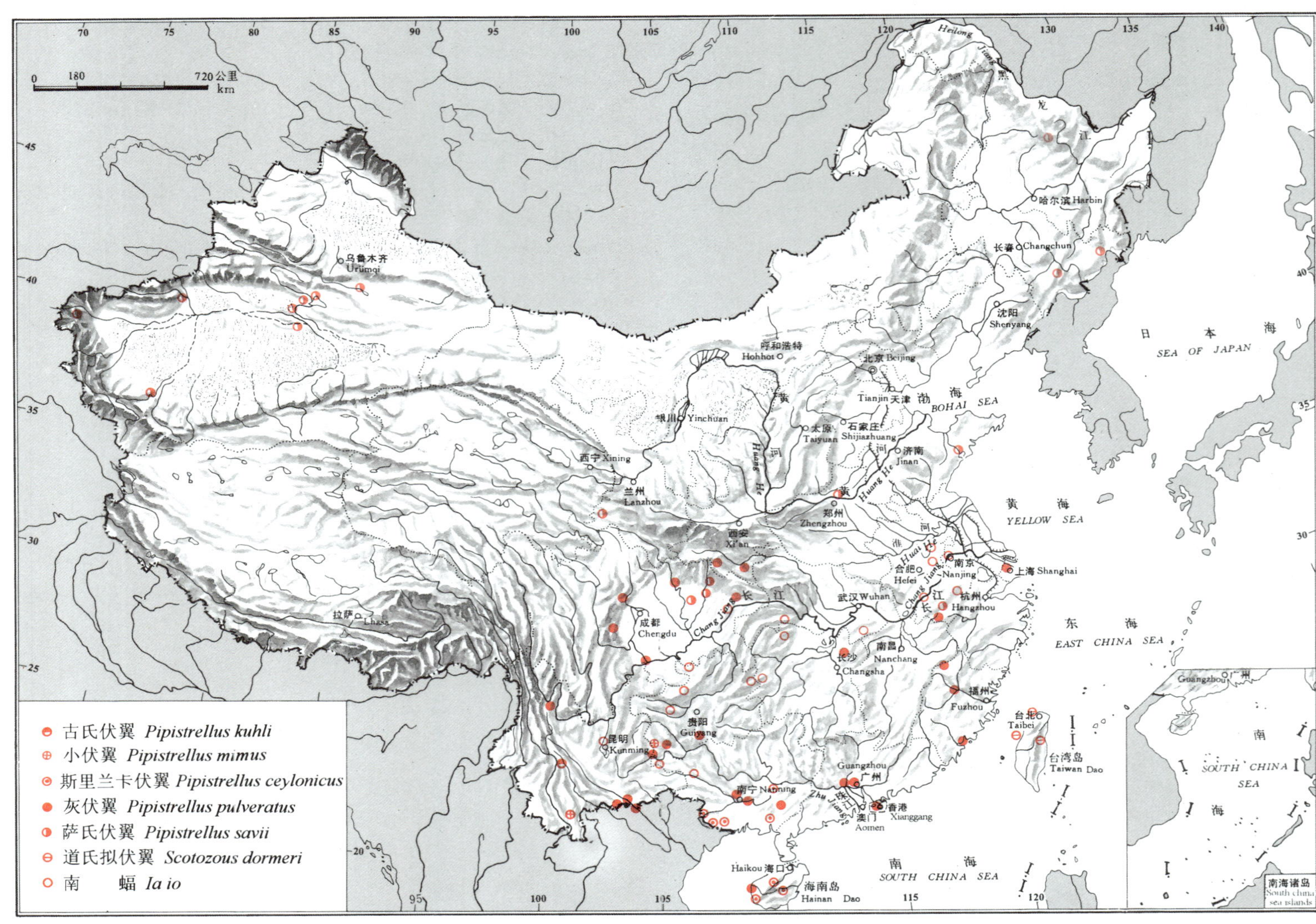

图40　古氏伏翼 *Pipistrellus kuhli*　小伏翼 *Pipistrellus mimus*　斯里兰卡伏翼 *Pipistrellus ceylonicus*　灰伏翼 *Pipistrellus pulveratus*
萨氏伏翼 *Pipistrellus savii*　道氏拟伏翼 *Scotozous dormeri*　南蝠 *Ia io* 的分布

Pipistrellus kuhli Kuhl, 1819　**Kuhl's pipistrelle**

P. k. kuhli, 1819

Yunnan: Wuliangshan (Modao River)[P2]

Europe, northern Africa and northwestern India.

Pipistrellus mimus Wroughton, 1899　**Indian pygmy pipistrelle**

P. m. minus Wroughton, 1899

Yunnan: Xishuangbanna (Menglong)[W67]

Guizhou: Xingyi[L2,P2]

India, Sri Lanka, Sikkim, western Myanmar, Vietnam.

Pipistrellus ceylonicus Kilaart, 1852　**Kelaart's pipistrelle**

P. c. raptor Thomas, 1904 [Guangxi]

P. c. tongfangensis Wang, 1966 [Hainan]

Hainan: Dongfang[S8]; Danzhou, Diaoluoshan[X21]

Guangxi: Longzhou[W47]; Nanning, Ningming, Shangsi, Yongning, Yulin, Guiping, Bobai[W83]

Wild

Sri Lanka, Indian peninsula, probably represented in Myanmar and Indochina.

Pipistrellus pulveratus Peters, 1871　**Grey pipistrelle**

Shaanxi: Zhenba, Pingli[W96,98]

Shanghai: Shanghai*

Anhui: Xiuning[W39]

Hunan: Pingjiang[A1]

Sichuan: Yibin[A1]; Wanxian, Ya'an, Wenchuan[H23]; Langzhong[H17]

Guizhou: Xingyi, Anlong, Luodian[L2]

Yunnan: Jinping, Pingbian, Hekou[Y43]; Lijiang[A1]

Guangdong: Sanshui[T5]; Guangzhou[A1]

Hainan: Dongfang[X21]

Hongkong: Hongkong[P9]

Fujian: Nanping*; Xiamen, Wuyishan[A1]

Forest and house

Thailand.

Pipistrellus savii Bonaparte, 1837　**Savi's pipistrelle**

P. s. pallescens Bobrinskii, 1926 [Xinjiang]

P. s. alaschanicus Bobrinskii, 1926 [Nei Mongol, north and north-east China]

Heilongjiang: Dailing[M13]

Liaoning: Dalian (Lushun)[X7]

Jilin: Fusong[S33]; outer area of Tumen Jiang[R4]

Ningxia: Western flank of Helanshan[A1]

Xinjiang: Turpan, Yanqi, Hoxud, Korla, Yuli, Aksu[Z32]; north western Kashi[E1,R4]; Hotan (southern mountainous area)[R5]

Shandong: Qingdao[Z118]; occurs in different areas[L74]

Henan: Yuanyang[Z97]

Gansu: Southwestern corner[R5]

Sichuan: Wanyuan, Dachuan, Nanchong[H25]

Anhui: Xiuning[L34,X28]

Cave

Southern part of western Europe, Crimea, Caucasus, Central Asia, Mongolia, Ussuri, Sikkim, Assam, Myanmar, Canary Islands.

Scotozous Dobson, 1875

Scotozous dormeri Dobson, 1875　**Dormer's bat**

S. d. dormeri Dobson, 1875

Taiwan: Taibei, Taizhong, Hualian[C15]

Indian peninsula.

Ia Thomas, 1902　**Great pipistrelles**

Ia io Thomas, 1902　**Great evening bat**

Jiangsu: Nanjing[P7]

Anhui: Chuxian, Hexian, Guichi[H35]; Ningguo[L34]

Hubei: Changyang[A1]

Jiangxi: Xiushui[C30]

Sichuan: Wanxian[A1]

Yunnan: Kunming[K5]

Guizhou: Tongren, Wenshui, Jiangkou, Jinsha, Zhijin[L2]

Guangxi: Bose[L76]; Longlin, Xilin[S12]

Cave

长翼南蝠 ***Ia longimana*** Pen，1962
四川：会东[P1]
贵州：江口[L2]；梵净山[G17]
云南：昆明[X13]
陕西：平利、汉阴[W96]；西乡、石泉[W98]
岩洞

扁颅蝠属 *Tylonycteris* Peters，1872

扁颅蝠 ***Tylonycteris pachypus*** Temminck，1840
T. p. fulvida Blyth，1859
贵州：罗甸、册亨、榕江[L2]
云南：耿马[L71]；勐笼[K3]；河口[Y43]；龙川江[A1]；勐腊（大勐龙）[W67]
广西：宁明[W47]；南宁、柳州、龙州、玉林、博白、桂平、灵山[W83]；恭城[S12]
广东：广州[A1]
森林，洞穴
锡金，印度南部，缅甸，曼尼普尔，越南，老挝，马来半岛，加里曼丹，爪哇，巴厘，苏门答腊，吕宋岛，菲律宾，安达曼群岛。

褐扁颅蝠 ***Tylonycteris robustula*** Thomas，1915
云南：龙川江[A1]
广西：柳州[L76]；金秀、宁明[S12]
老挝，越南中部，马来半岛，苏门答腊，爪哇，加里曼丹，巴厘，苏拉威西，帝汶。

Ia longimana Pen，1962 **Long-winged great pipistrelle**
Sichuan：Huidong[P1]
Guizhou：Jiangkou[L2]；Fanjingshan[G17]
Yunnan：Kunming[X13]
Shaanxi：Pingli，Hanyin[W96]；Xixiang，Shiquan[W98]
Cave

Tylonycteris Peters，1872 Flat-headed bats

Tylonycteris pachypus Temminck，1840
Lesser club-footed bat（Flat-headed bat）
T. p. fulvidus Blyth，1859
Guizhou：Luodian，Ceheng，Rongjiang[L2]
Yunnan：Gengma[L71]；Menglong[K3]；Hekou[Y43]；Longchuan Jiang[A1]；Mengla（Damenglong）[W67]
Guangxi：Ningming[W47]；Nanning，Liuzhou，Longzhou，Yulin，Bobai，Guiping，Lingshan[W83]；Gongcheng[S12]
Guangdong：Guangzhou[A1]
Forest and cave
Sikkim，southern India，Myanmar，Manipur，Indochina，Malay peninsula；Borneo，Java，Bali，Sumatra，Luzon，Philippines，Andaman Islands.

Tylonycteris robustula Thomas，1915
Great club-footed bat（Brown flat-headed bat）
Yunnan：Longchuan Jiang[A1]
Guangxi：Liuzhou[L76]；Jinxiu，Ningming[S12]
Laos，central Vietnam，Malay peninsula，Sumatra，Java，Borneo，Bali，Sulawesi，Timor.

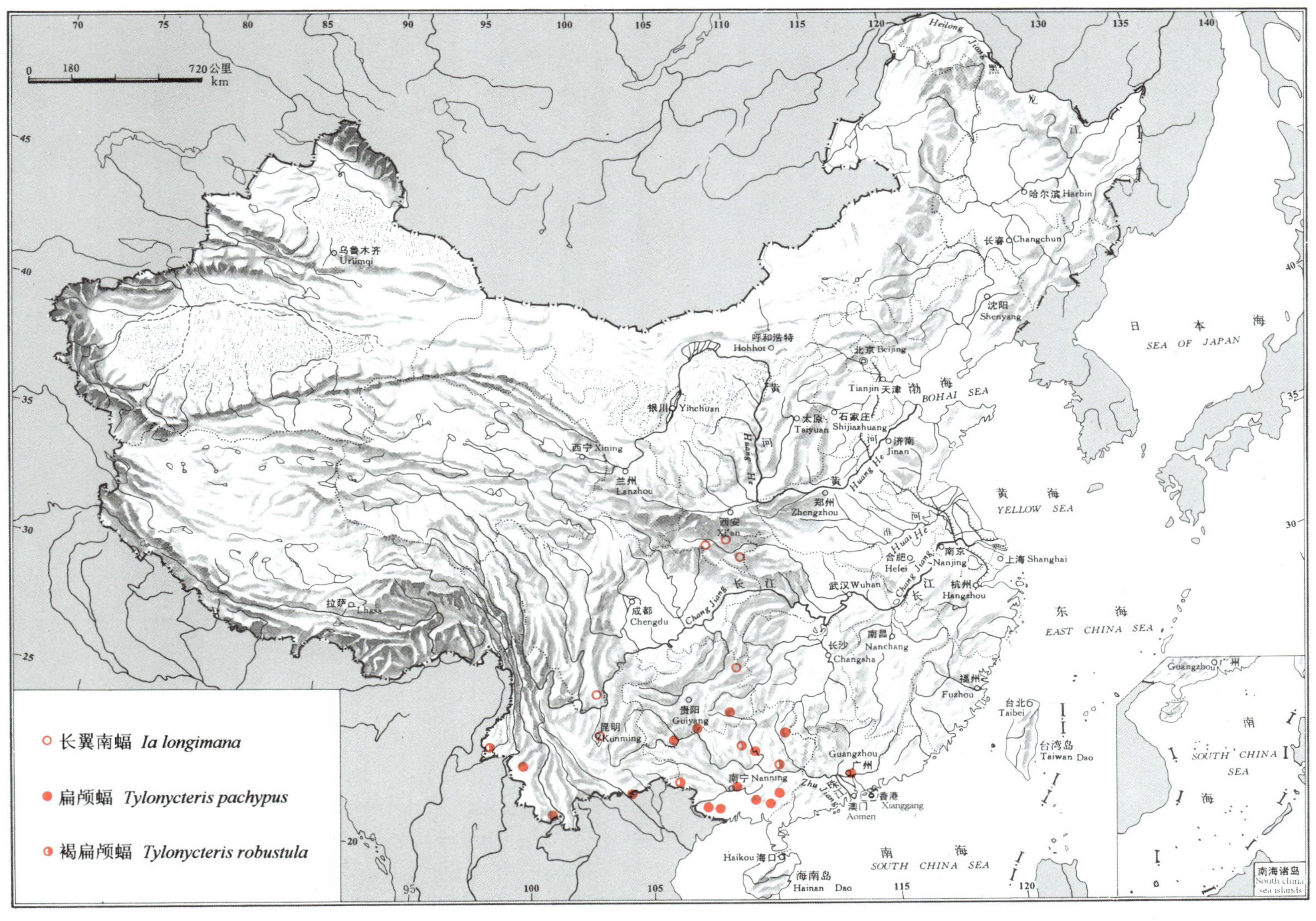

图41 长翼南蝠 *Ia longimana* 扁颅蝠 *Tylonycteris pachypus* 褐扁颅蝠 *Tylongcteris robustula* 的分布

宽耳蝠属 *Barbastella* Gray，1821

亚洲宽耳蝠 ***Barbastella leucomelas*** Cretzschmar，1826
B. l. darjelingensis Hodgson，1855
内蒙古：鄂托克旗、乌审旗[Z56]
新疆：莎车[E1]；乌恰、喀什[R5]
陕西：商州[R5]
甘肃：临潭[A1]
青海：西宁[Z43]

四川：峨眉山[A1]；峨边、灌县[H23]
云南：丽江、维西[A1]；勐海[W67]
树林、家舍
西奈，南高加索，中亚，越南，尼泊尔，旁遮普，锡金，不丹，拉杰普塔纳，阿萨姆，吉尔吉特（克什米尔），日本本岛。

暮蝠属（皇华蝠属）*Nycticeius* Rafinesque，1819

大耳皇蝠 ***Nycticeius emarginatus*** Dobson，1871
贵州：安龙（龙山）[L2,P2]
山地、居民点
印度。

斑蝠属 *Scotomanes* Dobson，1875

斑蝠 ***Scotomanes ornatus*** Blyth，1851
S. o. sinensis Thomas，1921［分布区大部分地区］
S. o. imbrensis Thomas，1921［云南，贵州东南］
安徽：太平、青阳[L34]；泾县[W39]
湖南：岳阳[A1]
四川：重庆、万县[A1]；成都、南充[H23]
贵州：兴义[P2]；江口、平塘[L2]；梵净山[G17]
云南：盈江*、龙川江[A1]；勐仑[W67]；绿春[L4]；景东[W18]
广西：龙州、邕宁[W47]；大瑶山[A1]
广东：广州[A1]；乐昌[T5]
海南：白沙[S8]；陵水、保亭[X21]
福建：建阳、南平、武夷山[A1]
岩洞、树林。
锡金，孟加拉，阿萨姆，缅甸北部可能有。

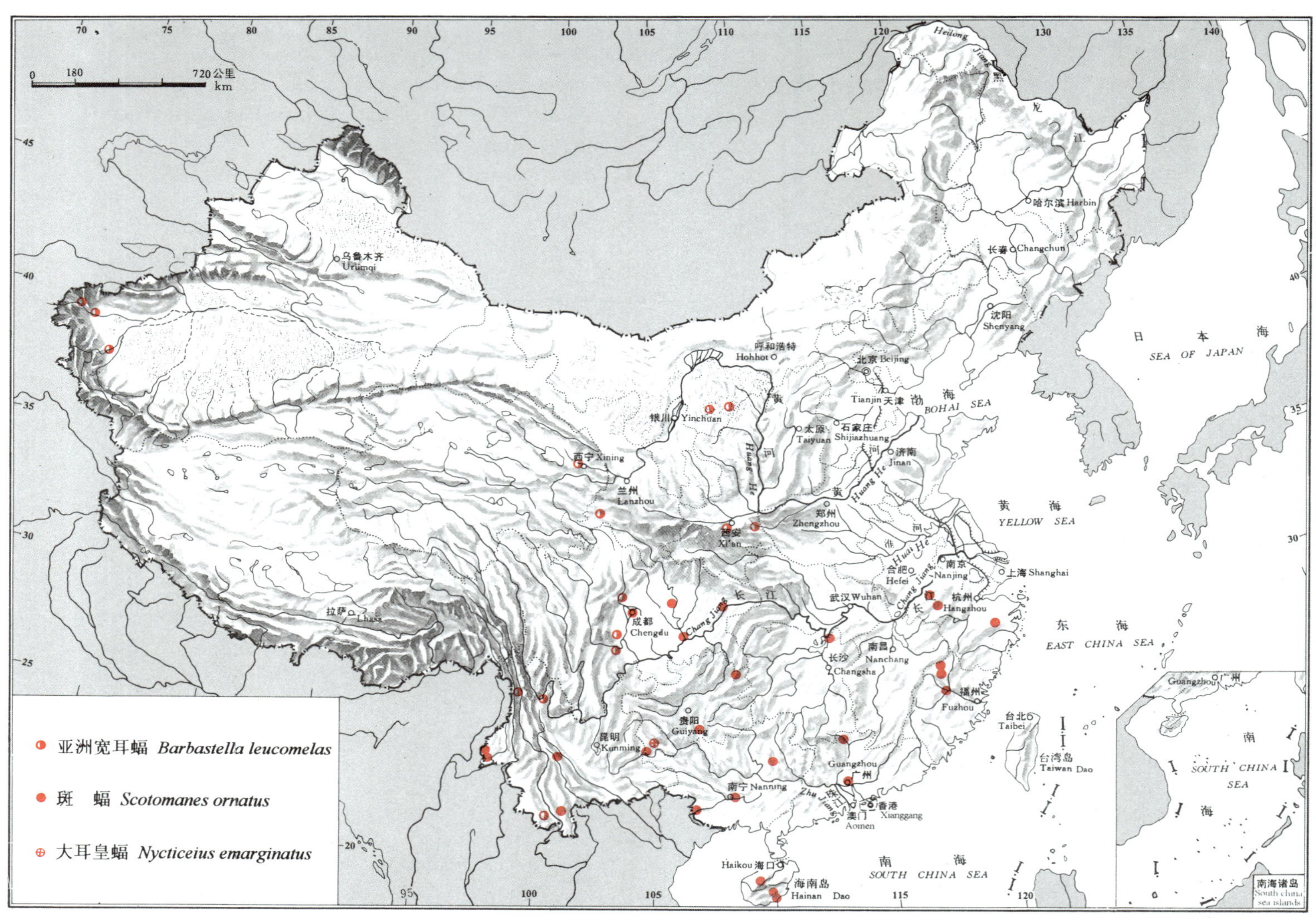

图42 亚洲宽耳蝠 *Barbastella leucomelas* 大耳皇蝠 *Nycticeius emarginatus* 斑蝠 *Scotomanes ornatus* 的分布

Barbastella Gray，1821 **Barbastelles**

Barbastella leucomelas Cretzschmar，1826 **Asiatic barbastelle**
B. l. darjelingensis Hodgson，1855
Nei Mongol：Otog B.，Uxin B.[Z56]
Xinjiang：Shache[E1]；Wuqia，Kashi[R5]
Shaanxi：Shangzhou[R5]
Gansu：Lintan[A1]
Qinghai：Xining[Z43]
Sichuan：Emeishan[A1]；Ebian，Guanxian[H23]
Yunnan：Lijiang，Weixi[A1]；Menghai[W67]
Woodland and house
Sinai，southern Caucasus，Central Asia，Vietnam，Nepal，Punjab，Sikkim，Bhutan，Rajputana，Assam，Gilgit（Kashmir），Honshu.

Nycticeius Rafinesque，1819 **Evening bats**

Nycticeius emarginatus Dobson，1871 **Large-eared yellow bat**
Guizhou：Anlong（Longshan）[L2,P2]
Mountain，settlement
India.

Scotomanes Dobson，1875 **Harlequin bats**

Scotomanes ornatus Blyth，1851 **Harlequin bat**
S. o. sinensis Thomas，1921［Most of the area］
S. o. imbrensis Thomas，1921［Yunnan，southeastern Guizhou］

Anhui: Taiping, Qingyang[L34]; Jingxian[W39]
Hunan: Yueyang[A1]
Sichuan: Chongqing, Wanxian[A1]; Chengdu, Nanchong[H23]
Guizhou: Xingyi[P2]; Jiangkou, Pingtang[L2]; Fanjingshan[G17]
Yunnan: Yingjiang*, Longchuan Jiang[A1]; Menglun[W67]; Luchun[L4]; Jingdong[W18]
Guangxi: Longzhou, Yongning[W47]; Da Yaoshan[A1]
Guangdong: Guangzhou[A1]; Lechang[T5]
Hainan: Baisha[S8]; Lingshui, Baoting[X21]
Fujian: Jianyang, Nanping, Wuyishan[A1]

Cave, woodland

Sikkim, Bengal, Assam, perhaps northern Myanmar.

黄蝠属 *Scotophilus* Leach，1821

小黄蝠 ***Scotophilus kuhli*** **(＝*temminckii*)** G. Allen，1906

S. k. consobrinus J. Allen，1906

广西：桂林、罗城、恭城[L76]；兴安、资源、玉林、博白、桂平、灵山[W83]；南宁、梧州[S12]
广东：广州[A1]；四会[A1]
海南：儋州[A1]
云南：河口、西双版纳[L4,W67]
福建：福州、厦门、同安、建阳*
台湾：台中、台东、澎湖[C15]

家舍

斯里兰卡，印度半岛，卜帕山（缅甸），典那沙冷，泰国，越南中部，马来半岛，爪哇，巴厘，加里曼丹，菲律宾。

大黄蝠 ***Scotophilus heathi*** Horsfield，1831

S. h. insularis Allen，1906

云南：双江[L71]；勐养、勐海、勐笼[K3,Y43]；河口[Y43]；盈江*；怒江附近[A1]；勐腊[W67,Y10]
广西：上思[W47]
广东：广州[A1]
海南：儋州[A1]，东方[X21]
福建：厦门[A1]

家舍

不丹，锡金，孟加拉，恒河上游地区，克什米尔，印度半岛，斯里兰卡，中南半岛，苏拉威西岛。

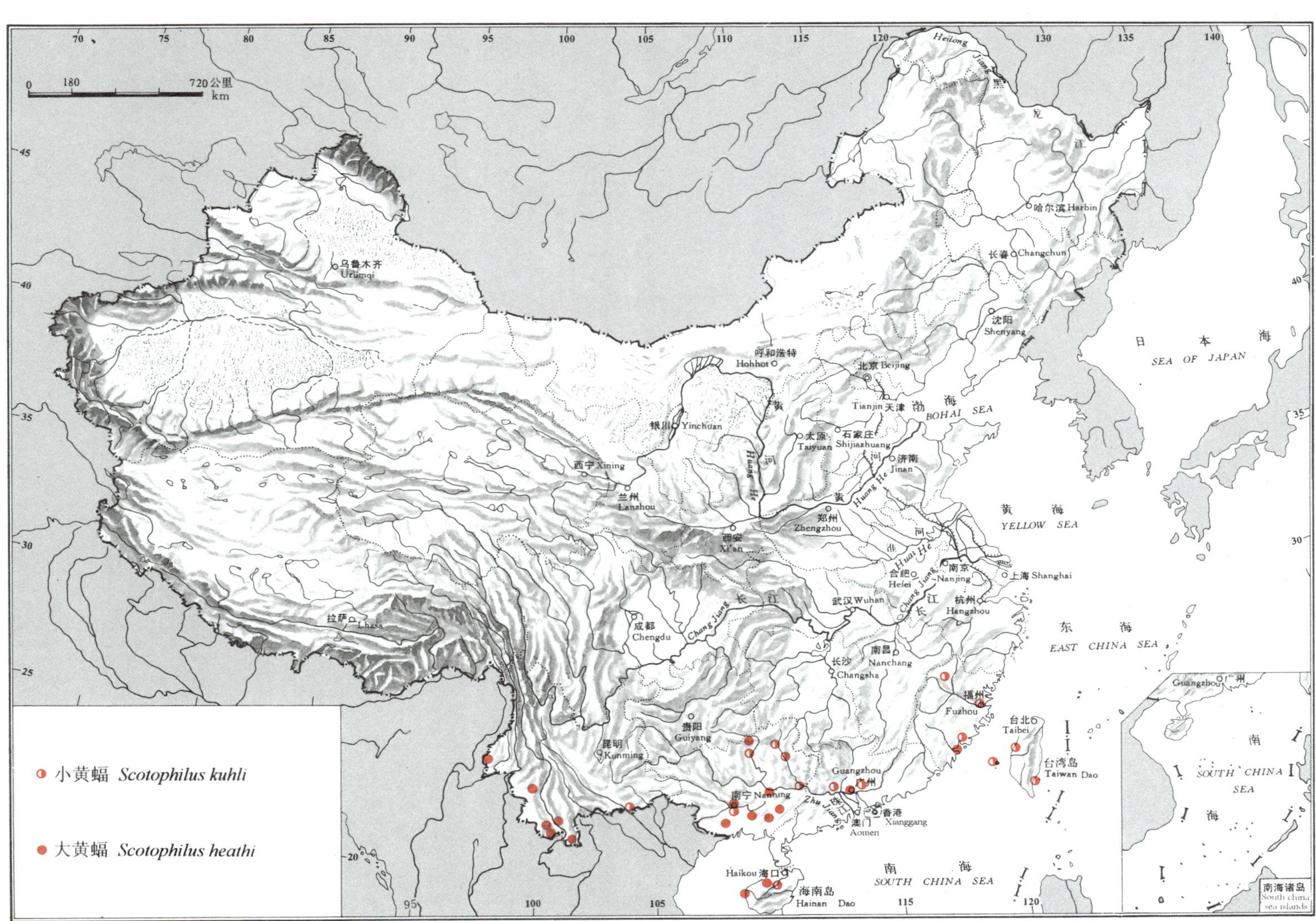

图43 小黄蝠 *Scotophilus kuhli* 大黄蝠 *Scotophilus heathi* 的分布

Scotophilus Leach，1821 **Yellow bats**

Scotophilus kuhli **(＝*temminckii*)** J. Allen，1906

Asiatic lesser yellow house bat

S. k. consobrinus G. Allen，1906

Guangxi: Guilin, Luocheng, Gongcheng[L96]; Xing'an, Ziyuan, Yulin, Bobai, Guiping, Lingshan[W83]; Nanning, Wuzhou[S12]
Guangdong: Guangzhou[A1]; Sihui[A1]
Hainan: Danzhou[A1]
Yunnan: Hekou, Xishuangbanna[L4,W67]
Fujian: Fuzhou, Xiamen, Tong'an, Jianyang*
Taiwan: Taizhong, Taidong, Penghu[C15]

House

Sri Lanka, Indian peninsula, Mt. Popa (Myanmar), Tenasserim, Thailand, central Vietnam, Malay peninsula, Java, Bali, Borneo, Philippines.

Scotophilus heathi Horsfield，1831

Asiatic greater yellow house bat

S. h. insularis Allen，1906

Yunnan: Shuangjiang[L71]; Mengyang, Menghai, Menglong[K3,Y43]; Hekou[Y43]; Yingjiang*; area near Nu Jiang[A1]; Mengla[W67,Y10]
Guangxi: Shangsi[W47]
Guangdong: Guangzhou[A1]
Hainan: Danzhou[A1]; Dongfang[X21]

大耳蝠属 *Plecotus* Geoffroy, 1818

大耳蝠 ***Plecotus austriacus*** Fischer, 1829

P. a. wardi Thomas, 1911［西藏］
P. a. ariel Thomas, 1911［四川，青海东部］
P. a. mordax Thomas, 1926［新疆西南］
P. a. kozlovi Bobrinskii, 1926［柴达木］

新疆：叶城至民丰间[M4]；吉木乃*、喀什、准噶尔[E1]；乌鲁木齐、阿瓦提、于田[R5]；托木尔峰地区[L44]；阿尔泰[Z20]
四川：汶川、康定[A1,H23]
青海：都兰（巴隆）[E1]；格尔木[Z81]
西藏：普兰[F5]

森林、岩洞、家舍

中亚，克什米尔，旁遮普，恒河上游地区，尼泊尔，巴勒斯坦，伊朗，非洲北部。

普通长耳蝠 ***Plecotus auritus*** Linnaeus, 1758

P. a. auritus Linnaeus, 1758

黑龙江：伊春、漠河、哈尔滨[S33]；呼玛[M13]
吉林：抚松[S33,Y24]
内蒙古：根河、多伦、从鄂济纳旗至南山东缘[A1]
甘肃：平凉、兰州、肃南、靖远、会宁、环县、正宁[Z81]
河北：雾灵山[A1]
山西：晋祠、大同、宁武、翼城[W9]

Fujian: Xiamen[A1]

House

Bhutan, Sikkim, Bengal, upper reaches of Ganga River, Kashmir, Indian peninsula, Sri Lanka, Indochina, Thailand, Sulawesi Island.

陕西：关中地区、陕北地区[S10]；周至[M28]

森林、岩洞、家舍

欧洲，高加索，西伯利亚，库页岛，蒙古，日本。

长翼蝠属 *Miniopterus* Bonaparte, 1837

长翼蝠 ***Miniopterus schreibersi*** Kuhl, 1819

M. s. fuliginosus Hodgson, 1835［东南沿海］
M. s. blepotis Temminck, 1840［台湾］
M. s. chinensis Thomas, 1908［河北，浙江］

北京：北京[B10]
河北：蔚县[B10]
陕西：柞水[W98]；平利、镇坪[W96]
浙江：桐庐[A1]；杭州、余杭、富阳、临安、金华、永康、安吉、开化、江山[Z113]
安徽：无为、贵池[H35]；黄山、黟县、繁昌、泾县、广德、巢县、东至、休宁[L34,W39]
湖南：岳阳[A1]；宜章、绥宁[F14]
江西：赣县[L65]；弋阳、广丰、乐平、彭泽、九江、资溪、崇义、永丰[C29,30]
四川：盐源[S46]；南江[H23]；阆中[H17]
贵州：贵阳、兴义、罗甸、清镇[L2]
云南：昆明[X13]；勐海[W67,Y10]
广西：桂林[L76]；临桂[S12]

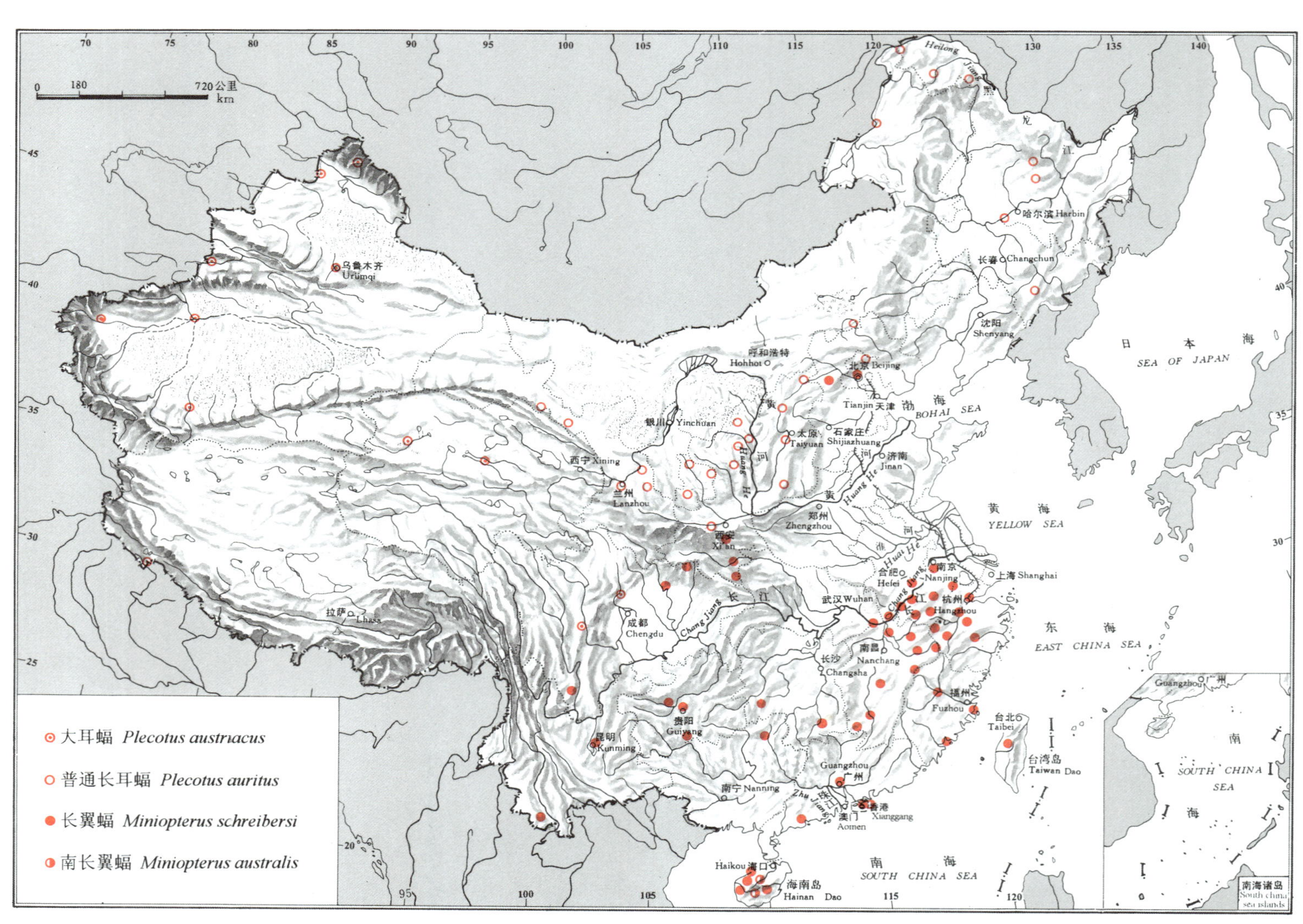

图44 大耳蝠 *Plecotus austriacus* 普通长耳蝠 *Plecotus auritus* 长翼蝠 *Miniopterus schreibersi* 南长翼蝠 *Miniopterus australis* 的分布

广东：广州[A1]
海南：东方[S8]；儋州[A1]
福建：厦门、福清、南平*
台湾：台中、埔里[C15]
香港：香港[P9]
岩洞、家舍
欧洲，克里米亚，高加索，俄罗斯西南，阿尔及利亚，伊朗北部，巴勒斯坦，日本，琉球，印度西高止，恒河上游地区，斯里兰卡，缅甸（卜帕山），爪哇，苏门答腊，加里曼丹，菲律宾，新几内亚，澳大利亚北部。

南长翼蝠 ***Miniopterus australis*** Tomes，1858
M. a. pusillus Dobson，1876
海南：儋州[A1,E1]；昌江、白沙、吊罗山[X21]
香港：香港[P9]
岩洞
尼古巴群岛，马德拉斯，印度，爪哇，加里曼丹，菲律宾，安波那（印尼），罗亚尔特群岛（澳大利亚东部），新几内亚。

Plecotus Geoffroy，1818 Long-eared bats

Plecotus austriacus Fischer，1829 **Grey long-eared bat**
P. a. wardi Thomas，1911 [Xizang]
P. a. ariel Thomas，1911 [Sichuan，eastern Qinghai]
P. a. mordax Thomas，1926 [Southwestern Xinjiang]
P. a. kozlovi Bobrinskii，1926 [Qaidam]
Xinjiang：Area between Yecheng and Minfeng[M4]；Jeminay*，Kashi，Jungar[E1]；Urumqi，Awat，Yutian[R5]；Tuomuerfeng area[L44]；Altai[Z20]
Sichuan：Wenchuan，Kangding[A1,H23]
Qinghai：Dulan (Balong)[E1]；Golmud[Z81]
Xizang：Burang[F5]
Forest，cave and house
Central Asia，Kashmir，Punjab，upper reaches of Ganga River，Nepal，Palestine，Iran，northern Africa.

Plecotus auritus Linnaeus，1758 **Common long-eared bat**
P. a. auritus Linnaeus，1758
Heilongjiang：Yichun，Mohe，Harbin[S33]；Huma[M13]
Jilin：Fusong[S33,Y24]
Nei Mongol：Genhe，Duolun，from Ejin B. to easternmost Nanshan[A1]
Gansu：Pingliang，Lanzhou，Sunan，Jingyuan，Huining，Huanxian，Zhengning[Z81]
Hebei：Wulingshan[A1]
Shanxi：Jinci，Datong，Ningwu，Yicheng[W9]
Shaanxi：Guanzhong area，Shanbei area[S10]；Zhouzhi[M28]
Forest，cave and house.
Europe，Caucasus，Siberia，Sakhalin，Mongolia，Japan.

Miniopterus Bonaparte，1837 Long-fingered bats

Miniopterus schreibersi Kuhl，1819
Schreiber's long-fingered bat
M. s. fuliginosus Hodgson，1835 [Southeastern coast]
M. s. blepotis Temminck，1840 [Taiwan]
M. s. chinensis Thomas，1908 [Hebei，Zhejiang]
Beijing：Beijing[B10]
Hebei：Weixian[B10]
Shaanxi：Zhashui[W98]；Pingli，Zhenping[W96]
Zhejiang：Tonglu[A1]；Hangzhou，Yuhang，Fuyang，Lin'an，Jinhua，Yongkang，Anji，Kaihua，Jiangshan[Z113]
Anhui：Wuwei，Guichi[H35]；Huangshan，Qianxian，Fanchang，Jinxian，Guangde，Chaoxian，Dongzhi，Xiuning[L34,W39]
Hunan：Yueyang[A1]；Yizhang，Suining[F14]
Jiangxi：Ganxian[L65]；Yiyang，Guangfeng，Leping，Pengze，Jiujiang，Zixi，Chongyi，Yongfeng[C29,30]
Sichuan：Yanyuan[S46]；Nanjiang[H23]；Langzhong[H17]
Guizhou：Guiyang，Xingyi，Luodian，Qingzhen[L2]
Yunnan：Kunming[X13]；Menghai[W67,Y10]
Guangxi：Guilin[L76]；Lingui[S12]
Guangdong：Guangzhou[A1]
Hainan：Dongfang[S8]；Danzhou[A1]
Fujian：Xiamen，Fuqing，Nanping*
Taiwan：Taizhong，Puli[C15]
Hongkong：Hongkong[P9]
Cave and house
Europe，Crimea，Caucasus，southwestern Russia，Algeria，northern Iran，Palestine，Japan，Ryukyu，India（western Ghats），upper reaches of Gang River，Sri Lanka，Myanmar (Mt. Popa)，Java，Sumatra，Borneo，Philippines，New Guinea，northern Australia.

Miniopterus australis Tomes，1858 **Little long-fingered bat**
M. a. pusillus Dobson，1876
Hainan：Danzhou[A1,E1]；Changjiang，Baisha，Diaoluoshan[X21]
Hongkong：Hongkong[P9]
Cave
Nicobar Islands，Madras，India，Java，Borneo，Philippines，Amboina (Indonesia)，Loyalty Island (eastern Australia)，New Guinea.

管鼻蝠属 *Murina* Gray，1842

金管鼻蝠 ***Murina aurata*** Milne-Edwards，1872
M. a. aurata Milne-Edwards，1872 [云南，四川]
M. a. ussuriensis Ognev，1913 [东北]
黑龙江：兴凯湖[E1]；带岭[M13]
吉林：延吉[M13]
甘肃：文县[M1]
西藏：米林[F5]
四川：宝兴[A1,E1]
云南：丽江[A1,E1]
山地森林。
乌苏里，日本，锡金，缅甸。

白腹管鼻蝠 ***Murina leucogaster*** Milne-Edwards，1872
M. l. leucogaster Milne-Edwards，1872 [四川，福建]
黑龙江：尚志[M13]
吉林：本省北部[E1]
内蒙古：根河[M13,W45]
陕西：镇坪、柞水、平利[W96,98]
山西：太原[W9]
四川：宝兴、峨眉山、雷波、南江[H23]
西藏：察隅[F5]
福建：武夷山[A1,E1]
岩洞
印度东北，西伯利亚，阿尔泰，乌苏里，库页岛，日本，朝鲜。

中管鼻蝠 ***Murina huttoni*** Peters，1872
M. h. rubella Thomas，1914
广西：桂林[L76]；永福[S12]
福建：武夷山[A1]
克什米尔，恒河上游地区，锡金，缅甸西部，越南北部，老挝。

圆耳管鼻蝠 ***Murina cyclotis*** Dobson，1872
M. c. cyclotis Dobson，1872
江西：铅山[C30]
海南：海南[A1]
锡金，缅甸西北部，越南北部，老挝，菲律宾。

拟大管鼻蝠 ***Murina rubex*** Thomas，1916
西藏：察隅[F5]
树林，家舍
大吉岭（印度）。

Murina Gray, 1842 Tube-nosed bats

Murina aurata Milne-Edwards, 1872 **Little tube-nosed bat**

M. a. aurata Milne-Edwards, 1872 [Yunnan, Sichuan]

M. a. ussuriensis Ognev, 1913 [Northeast China]

Heilongjiang: Xingkai Hu[E1]; Dailing[M13]
Jilin: Yanji[M13]
Gansu: Wenxian[M1]
Xizang: Mainling[F5]
Sichuan: Baoxing[A1,E1]
Yunnan: Lijiang[A1,E1]

Mountain forest

Ussuri, Japan, Sikkim, Myanmar.

Murina leucogaster Milne-Edwards, 1872
Great tube-nosed bat

M. l. leucogaster Milne-Edwards, 1872 [Sichuan, Fujian]

Heilongjiang: Shangzhi[M13]
Jilin: Northern Jilin[E1]
Nei Mongol: Gemhe [M13,W45]
Shaanxi: Zhenping, Zhashui, Pingli[W96,98]
Shanxi: Taiyuan[W9]
Sichuan: Baoxing, Emeishan, Leibo, Nanjiang[H23]
Xizang: Zayü[F5]
Fujian: Wuyishan[A1,E1]

Cave

Northeastern India, Siberia, Altai, Ussuri, Sakhalin, Japan, Korea.

Murina huttoni Peters, 1872 **Hutton's tube-nosed bat**

M. h. rubella Thomas, 1914

Guangxi: Guilin[L76]; Yongfu[S12]
Fujian: Wuyishan[A1]

Kashmir, upper reaches of Ganga River, Sikkim, western Myanmar, Tonkin and Laos in Indochina.

Murina cyclotis Dobson, 1872 **Round-eared tubed-nosed bat**

M. c. cyclotis Dobson, 1872

Jiangxi: Yanshan[C30]
Hainan: Hainan[A1]

Sikkim, northwestern Myanmar, Laos and Tonkin in Indochina, Philippines.

Murina rubex Thomas, 1916 **Large tubed-nosed bat**

Xizang: Zayü[F5]

Woodland and house

Darjeeling (India).

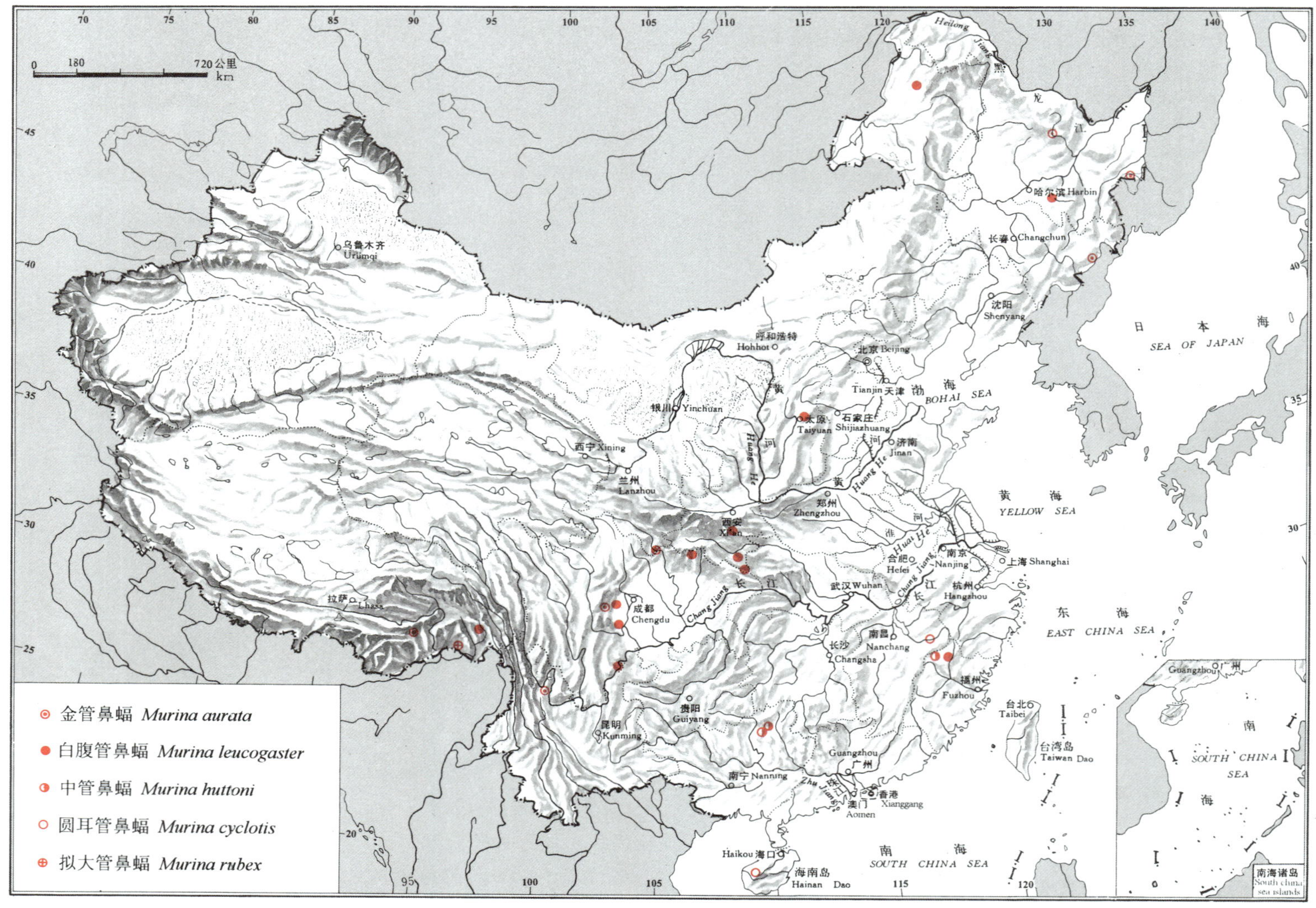

图45 金管鼻蝠 *Murina aurata* 白腹管鼻蝠 *Murina leucogaster* 中管鼻蝠 *Murina huttoni* 圆耳管鼻蝠 *Murina cyclotis* 拟大管鼻蝠 *Murina rubex* 的分布

台湾管鼻蝠 ***Murina puta*** Kishida, 1924

台湾：台中[C15]；高雄[E1]

毛翼管鼻蝠属 *Harpiocephalus* Gray, 1842

毛翼管鼻蝠 ***Harpiocephalus harpia*** Temminck, 1840

H. h. harpia Temminck, 1840 [台湾]

H. h. rufulus G. Allen, 1913 [越南北部]

台湾：台中、埔里[C15]
云南：景东（林街）[P2]

大吉岭（印度），不丹，帕尔尼山（印度南部），缅甸北部，越南，老挝，苏门答腊，爪哇和安波那（印尼）。

彩蝠属 *Kerivoula* Gray, 1842

彩蝠 ***Kerivoula picta*** Pallas, 1767

K. p. bellissima Thomas, 1906

广西：北海[A1]；柳州[L76]

海南：琼海[X21]
福建：武夷山[Z92]
贵州：从江[L2]
森林
斯里兰卡，印度南部，锡金、缅甸、孟加拉，马来半岛，苏门答腊，爪哇，巴厘，加里曼丹。

小彩蝠 ***Kerivoula hardwickei*** Horsfield，1824
K. h. depressa Miller，1906
四川：南川[A1,H23]
广西：金秀（大瑶山）[A1]；百色[L76]；绥西、龙州、宁明、玉林[W83]；田东[S12]
云南：勐腊[W67]
福建：武夷山、南平[A1]
森林、洞穴
大吉岭（印度），卖索尔，斯里兰卡，阿萨姆，旁遮普，越南，老挝，马来半岛，曼达维群岛，苏门答腊，爪哇，巴厘，加里曼丹，苏拉维西岛。

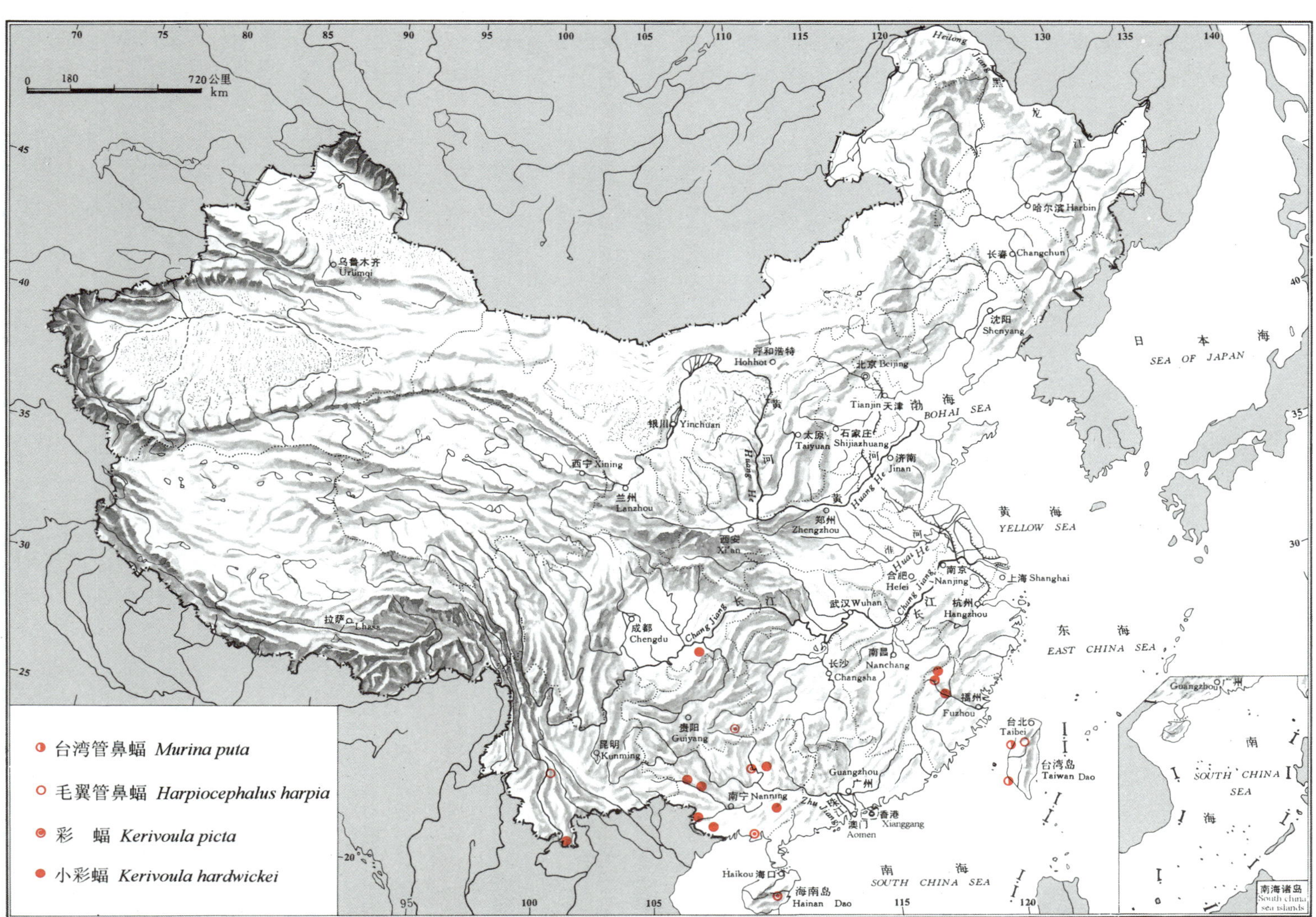

图46 台湾管鼻蝠 *Murina puta* 毛翼管鼻蝠 *Harpiocephalus harpia* 彩蝠 *Kerivoula picta* 小彩蝠 *Kerivoula hardwickei* 的分布

Murina puta Kishida，1924 **Taiwan tubed-nosed bat**
Taiwan：Taizhong[C15]；Gaoxiong[E1]

Harpiocephalus Gray，1842 Hairy-winged bats

Harpiocephalus harpia Temminck，1840 **Hairy-winged bat**
H. h. harpia Temminck，1840 [Taiwan]
H. h. rufulus G. Allen，1913 [Tonkin，Indochina]
Taiwan：Taizhong，Puli[C15]
Yunnan：Jingdong (Linjie)[P2]
Darjeeling (India)，Bhutan，Palni Hills (southern India)，northern Myanmar，Indochina，Sumatra，Java，Amboina (Indonesia).

Kerivoula Gray，1842 Woolly bats

Kerivoula picta Pallas，1767 **Painted bat**
K. p. bellissima Thomas，1906
Guangxi：Beihai[A1]；Liuzhou[L76]
Hainan：Qionghai[X21]
Fujian：Wuyishan[Z92]
Guizhou：Congjiang[L2]
Forest
Sri Lanka，southern India，Sikkim，Myanmar，Bengal，Malay peninsula，Sumatra，Java，Bali，Borneo.

Kerivoula hardwickei Horsfield，1824 **Hardwicke's forest bat**
K. h. depressa Miller，1906
Sichuan：Nanchuan[A1,H23]
Guangxi：Jinxiu (Da Yaoshan)[A1]；Bose[L76]；Suixi，Longzhou，Ningming，Yulin[W83]；Tiandong[S12]
Yunnan：Mengla[W67]
Fujian：Wuyishan，Nanping[A1]
Forest，cave
Darjeeling (India)，Mysore，Sri Lanka，Assam，Punjab，Indochina，Malay peninsula，Mentawei Islands，western Sumatra，Java，Bali，Borneo，Sulawesi.

灵长目 PRIMATES

懒猴科 Lorisidae

懒猴属 *Nycticebus* E. Geoffroy, 1812

蜂猴 ***Nycticebus coucang*** Boddaert, 1785

N. c. bengalensis Fischer, 1804

云南：盈江[(1)*]、临沧[L71]、金平[(1)]；景洪(小勐养[(1)]、橄榄坝[Y43]、勐仑)、勐海、绿春[(1)]、芒市、屏边[(1)]、河口[L29]；个旧、建水、元阳、红河、耿马（勐定）[(2)]、蒙自[L4]；文山(马关)[L50]、沧源、永德、贡山[D9]

广西：龙州（大青山）[(2)]、宁明[(2)]、凭祥[(2)]、桂平和武宣的大平顶山[(2)]、靖西[W114]

热带季雨林

阿萨姆，孟加拉，中南半岛，马来半岛，苏门答腊，爪哇，加里曼丹，菲律宾及其附近岛屿。

倭蜂猴 ***Nycticebus pygmaeus*** Bonhote, 1907

云南：文山、蒙自、马关[(1),Q10]；屏边（大围山）[(1)]、麻栗坡[L4]；河口[(1),M7]

热带季雨林

越南。

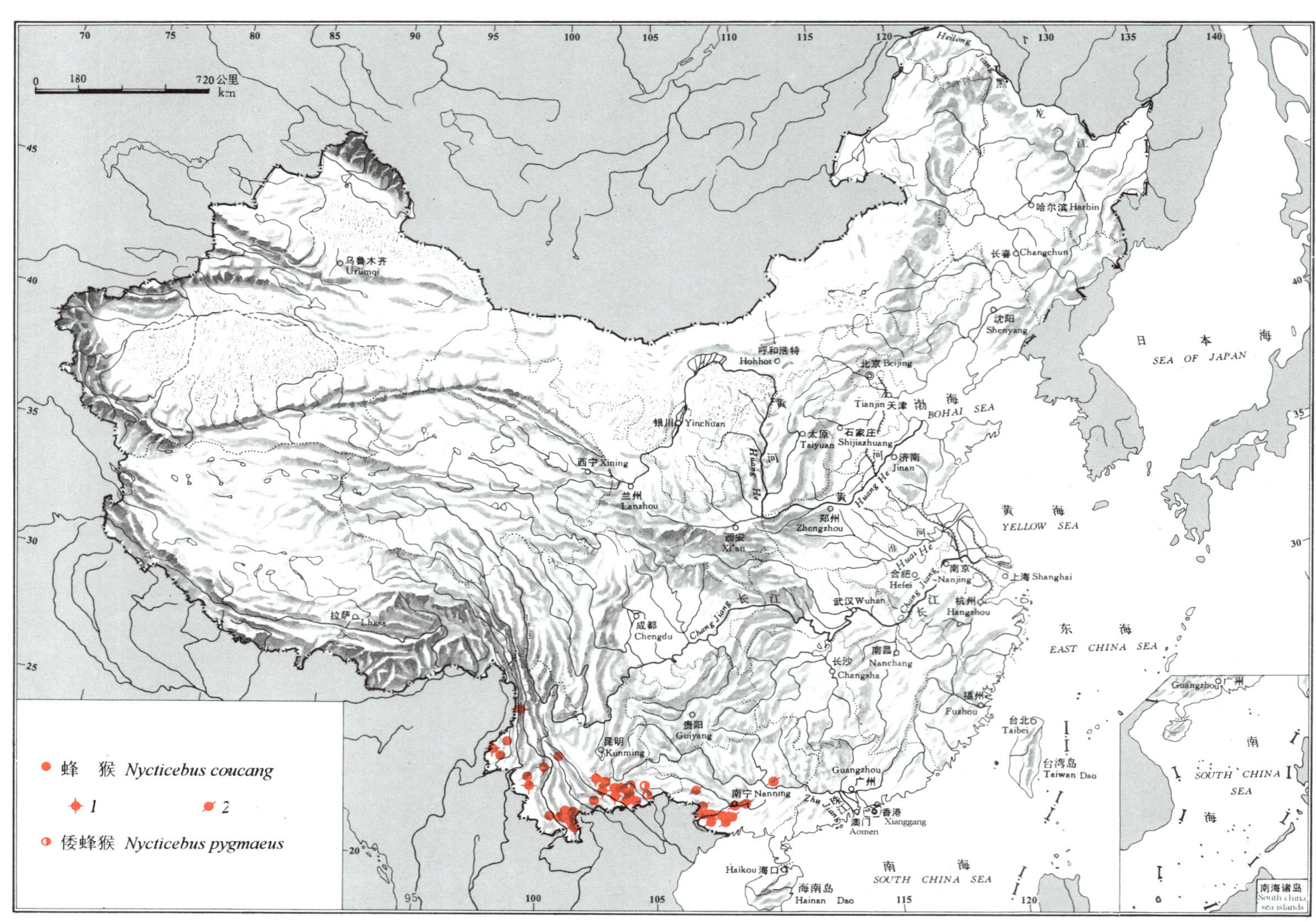

图 47 蜂猴 *Nycticebus coucang* 倭蜂猴 *Nycticebus pygmaeus* 的分布(1:保护较好 *protected rather well* 2:可能已绝灭 *probably extirpated*)

PRIMATES Primates

Lorisidae Lorises, bush babies

Nycticebus E. Geoffroy, 1812 Slow lorises

Nycticebus coucang Boddaert, 1785 **Slow loris**

N. c. bengalensis Fischer, 1804

Yunnan: Yingjiang[(1)*]; Lincang[L71]; Jinping[(1)], Jinghong (Xiaomengyang[(1)], Ganlanba[Y43]; Menglun), Menghai, Lüchun[(1)], Mangshi, Pingbian[(1)], Hekou[L29]; Gejiu, Jianshui, Yuanyang, Honghe, Gengma (Mengding)[(2)], Mengzi[L4]; Wenshan (Maguan)[L50]; Cangyuan, Yongde, Gongshan[D9]

Guangxi: Longzhou (Daqingshan)[(2)], Ningming[(2)], Pingxiang[(2)], Daipingdingshan of Guiping and Wuxuan[(2)], Jingxi[W114]

Tropical seasonal rain forest

Assam, Bengal, Myanmas, Tenasserim, Thailand, Indochina, Malay peninsula, Sumatra, Java, Borneo, Philippines and adjacent islands.

Nycticebus pygmaeus Bonhote, 1907

Pygmy loris (Lesser slow loris)

Yunnan: Wenshan, Mengzi, Maguan[(1), Q10]; Pingbian (Daweishan)[(1)]; Malipo[L4]; Hekou[(1), M7]

Tropical seasonal rain forest

Vietnam.

注：(1) 此种受到较好保护 (2) 此种可能已绝灭 Note: (1)County where the species is protected rather well (2)County where the species is probably extipated

猴科 Cercopithecidae

猕猴属 *Macaca* Lacepède，1799

猕猴 ***Macaca mulatta*** Zimmermann，1780

M. m. mulatta Zimmermann，1780 [南方各省，山西，河北]

M. m. brevicaudus Elliot，1912 [海南]

M. m. vestita Milne-Edwards，1894 [西藏]

河北：兴隆[(2),W11]

山西：中条山[T2]；垣曲、阳城[(1),Z111]；翼城、晋城、芮城[W8,11]

河南：济源[(1)]、辉县[W11]；沁阳、修武、博爱[Z97]

甘肃：徽县、成县、康县、武都、两当[Z81]

陕西：镇巴、西乡、南郑[Y26]；镇坪[W96]

青海：果洛、班玛*；玉树、久治[W113]；囊谦[C41]

安徽：黄山、贵池、宁国[H35]；东至、黟县、休宁、歙县、青阳、旌德、绩溪、祁门、宣城、太平、黄山[W39]

浙江：安吉、衢县、浙西、浙南、富阳、江山、龙泉、临安、遂昌、泰顺[(1),Z116]

湖南：常德*；新宁、城步[F14]；桂东、永顺、张家界[Q17]；慈利、桑植[D9]

湖北：兴山、宜昌、神农架[(1),H20]；秭归(据1987年北京晚报)

福建：光泽、建阳、武夷山[(1),A1]；浦城、屏南、周宁、建瓯、龙溪、三明、沙县、泰宁(武夷山)[(1)]、邵武、连城[Q7]；龙岩、上杭、永泰[Z82]；永春[L97]

广东：连平、阳山、兴宁、平源(八尺)[T5]；罗浮山、担杆群岛[A1]；珠江口、内伶仃岛、担杆岛、二洲岛、上川岛[(1),L64]；深圳、英德、乳源、惠东、怀集[L65]；连州[X22]

海南：东方[S8]；儋州[A1]；白沙[S8]；昌江、琼中、坝王岭、尖峰岭、乐东、陵水[(1)]、文昌、三亚[X21]

广西：靖西、龙州、上思、宁明[W47]；全州、天峨[(1)]、罗城、百色、崇左、德保、田林、桂西、龙胜[(1)]、河池[W114]

江西：安远、泰和、井冈山[(1)]、宁都、萍乡、崇义、宁冈[L65]

四川：美姑[(1)]、雷波、木里、巴塘、德格[S46]；康定、峨眉山、万县、茂汶、宜宾[A1]；汶川、米易、雅江、邓柯、邛崃、南江、青川、南坪、平武[(1)]、万源、若尔盖、古蔺、乡城、盐源、巫山、灌县、南川、涪陵[H23,36]

贵州：遵义*；兴义[Y43]；雷山、松桃、江口、印江、石阡、余庆、正安、绥阳、桐梓、习水、开阳、贵阳、清镇、瓮安、三都、独山、惠水、长顺、望谟、册亨、安龙、梵净山、荔波[L2]

云南：永德、耿马[L71]；金平、勐腊、景洪、勐养、勐笼、勐混[Y43]；腾冲[A1]；景东、双柏、盈江、河口[(1)]、个旧、绿春、德钦、维西、福贡、中甸[(1)]、南涧、楚雄、南华、禄劝、元谋、丽江[(1)]、宁蒗、弥勒、广南、潞西、富宁、富原、永善[L4,29]

西藏：察隅、波密*；易贡、墨竹工卡、马鹿岭[X30]；昌都、亚东、吉隆、加查、隆子、墨脱、工布江达、朗县、曲松、嘉黎[F5](张词祖1982年提供)

热带，亚热带及暖温带阔叶林，针阔混交林。

阿富汗东部，克什米尔，旁遮普，尼泊尔，阿萨姆，印度半岛北部，中南半岛。

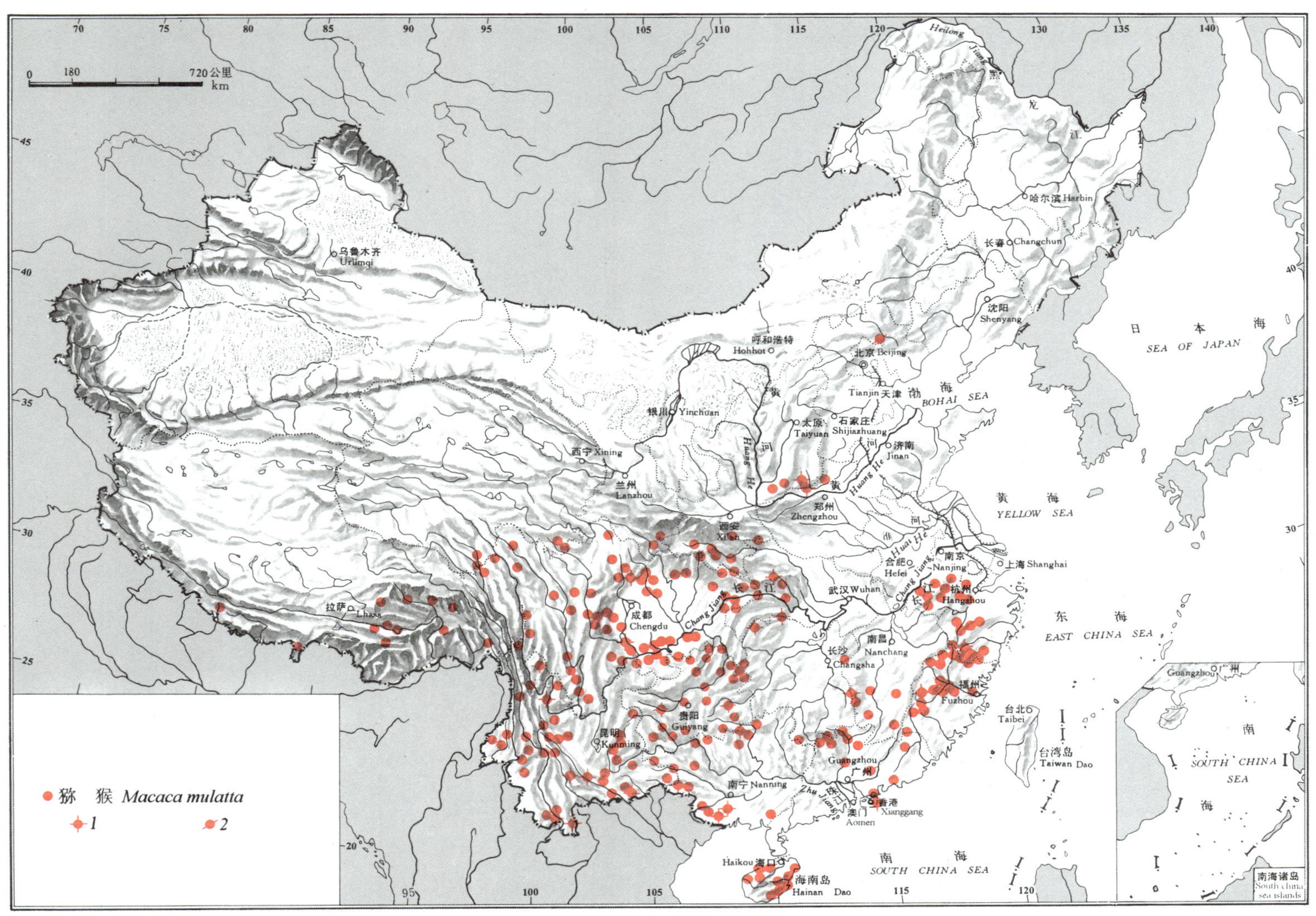

图48 猕猴 *Macaca mulatta* 的分布 (1：保护较好 *protected rather well* 2：可能已绝灭 *probably extirpated*)

Cercopithecidae Old-world monkeys

Macaca Lacèpede, 1799 Macaques

Macaca mulatta Zimmermann, 1780 **Rhesus macaque**

M. m. mulatta Zimmermann, 1780 [Southern China, Shanxi, Hebei]

M. m. brevicaudus Elliot, 1912 [Hainan]

M. m. vestita Milne-Edwards, 1894 [Xizang]

Hebei: Xinglong[(2)W11]

Shanxi: Zhongtiaoshan[T2]; Yuanqu, Yangcheng[(1),Z111]; Yicheng, Jincheng, Ruicheng[W8,11]

Henan: Jiyuan[(1)], Huixian[W11]; Qinyang, Xiuwu, Boai[Z97]

Gansu: Huixian, Chengxian, Kangxian, Wudu, Liangdang[Z81]

Shaanxi: Zhenba, Xixiang, Nanzheng[Y26]; Zhenping[W96]

Qinghai: Guoluo, Baima*; Yushu, Jiuzhi[W113]; Nangqen[C41]

Anhui: Huangshan, Guichi, Ningguo[H35]; Dongzhi, Qianxian, Xiuning, Shexian, Qingyang, Jingde, Jixi, Qimen, Xuancheng, Taiping[W39]

Zhejiang: Anji, Quxian, Zhexi, Zhenan, Fuyang, Jiangshan, Longquan, Linan, Suichang, Taishun[(1),Z116]

Hunan: Changde*, Xinning, Chengbu, Guidong, Yongshun, Zhangjiajie[Q17]; Cili, Sangzhi[D9]

Hubei: Xingshan, Yichang, Shennongjia[(1),H20]; Zigui (*Beijing Evening News*, 1987)

Fujian: Guangze, Jianyang, Wuyishan[(1),A1]; Puchen, Pingnan, Zhouning, Jian'ou, Longxi, Sanming, Shaxian, Taining (Wuyishan)[(1)], Shaowu, Liancheng[Q7]; Longyan, Shanghang, Yongtai[Z82]; Yongchun[L97]

Guangdong: Lianping, Yangshan, Xingning, Pingyuan (Bachi)[T5]; Luofushan, Dangan Islands[A1]; Zhujiangkou, Neilingdingdao, Dangandao, Erzhoudao, Shangchuandao[(1),L64]; Shenzhen, Yingde, Ruyuan, Huidong, Huaiji[L65]; Lianzhou[X22]

Hainan: Dongfang[S8]; Danzhou[A1]; Baisha[S8]; Changjiang, Qiongzhong, Bawangling, Jianfengling, Ledong, Lingshui[(1)], Wenchang, Sanya[X21]

Guangxi: Jingxi, Longzhou, Shangsi, Ningming[W47]; Quanzhou, Tian'e[(1)], Luocheng, Bose, Chongzuo, Debao, Tianlin, Guixi, Longsheng[(1)], Hechi[W114]

Jiangxi: Anyuan, Taihe, Jinggangshan[(1)]; Ningdu, Pingxiang, Chongyi, Ninggang[L65]

Sichuan: Meigu[(1)], Leibo, Muli, Batang, Dêgê[S46]; Kangding, Emeishan, Wanxian, Maowen, Yibin[A1]; Wenchuan, Miyi, Yajiang, Dengke, Qionglai, Nanjiang, Qingchuan, Nanping. Pingwu, Wanyuan, Zoigê, Gulin, Xiangcheng, Yanyuan, Wushan, Guanxian, Nanchuan, Fuling[H23,36]

Guizhou: Zunyi*, Xingyi[Y43]; Leishan, Songtao, Jiangkou, Yinjiang, Shiqian, Yuqing, Zheng'an, Suiyang, Tongzhi, Xishui, Kaiyang, Guiyang, Qingzhen, Weng'an, Sandu, Dushan, Huishui, Changshun, Wangmo, Ceheng, Anlong, Fanjingshan, Libo[L2]

Yunnan: Yongde, Gengma[L71]; Jinping, Mengla, Jinghong, Mengyang, Menglong, Menghun[Y43]; Tengchong[A1]; Jingdong, Shuangbai, Yingjiang, Hekou[(1)], Gejiu, Lüchun, Dêqên, Weixi, Fugong, Zhongdian[(1)], Nanjian, Chuxiong, Nanhua, Luquan, Yuanmou, Lijiang[(1)], Ninglang, Mile, Guangnan, Luxi, Funing, Fuyuan, Yongshan[L4,29]

Xizang: Zayü, Bomi*; Yigong, Maizhokunggar, Maluling[X30]; Qamdo, Yadong, Gyirong, Gyaca, Lhünzê, Mêdog, Gongbo'gyamda, Nangxian, Qusum[F5] (provided by Zhang Cizu, 1982)

Tropical, subtropical and warm-temperate broadleaf forests and coniferous-broadleaf mixed forests

Eastern Afghanistan, Kashmir, Punjab, Nepal, Assam, northern Indian peninsula, Myanmar, Thailand, Indochina.

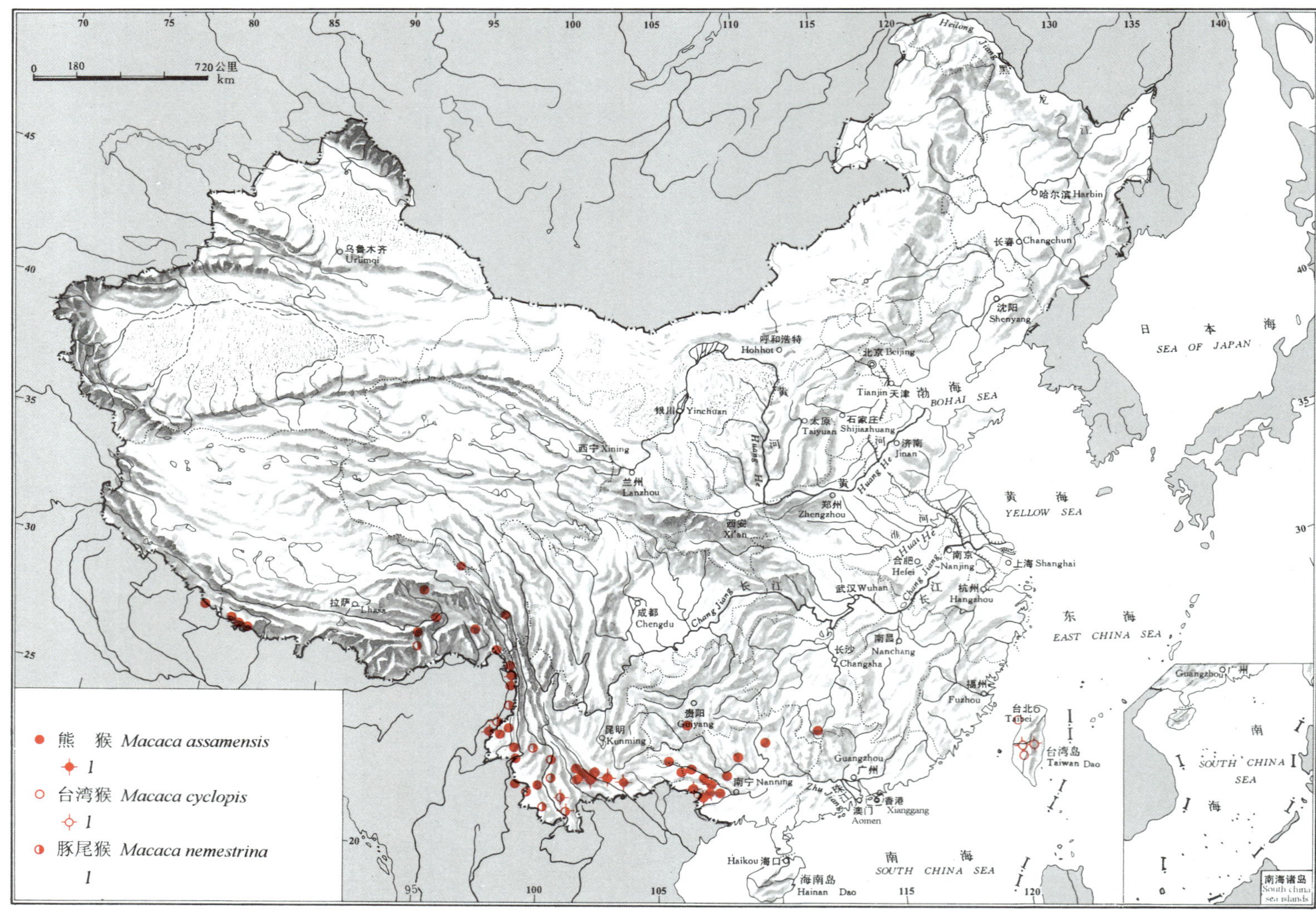

图 49 熊猴 *Macaca assamensis* 台湾猴 *Macaca cyclopis* 豚尾猴 *Macaca nemestrina*（1：保护较好 *protected rather well*）

熊猴 ***Macaca assamensis*** M'Clelland, 1839

M. a. assamensis M'Clelland, 1839 [云南]

M. a. pelops Hodgson, 1840 [喜马拉雅]

广西：南宁、龙州[(1)]、上思[W50]；德保、宁明[(1)]、环江、靖西、那坡、天峨、崇左、大新、上林、金秀(大瑶山)、融水、融安、恭城、龙胜、兴安、南丹、罗城、河池、都安、十万大山、西林、田林、凌云、平果、大容山、天平山[S12,W83]

云南:永德、耿马[L71];龙川江[A1];贡山[(1)]、龙陵、盈江[(1)]、绿春[(1)]、屏边[L29];河口[(1)]、红河、元阳、金平[(1),L4];腾冲、勐连、勐腊、勐养、勐仑、勐遮、勐混[Y10];福贡、泸水[L50]

贵州:江口[L2]

广东:怀集(据陈乾生 1982 年提供)

西藏:吉隆、樟木、绒辖河谷、朋曲河谷、波密、易贡、察隅[X30];墨脱、甘马藏布河谷、波曲河谷[Q14];聂拉木[F5];芒康、类乌齐[Y29]

常绿阔叶林

尼泊尔,锡金,不丹,阿萨姆,缅甸北部,巽他尔邦,越南,老挝。

台湾猴 ***Macaca cyclopis*** Swinhoe,1862

台湾:光复、彰化[(1)]、玉里、延年、乌来、泰顺、太平山、台中、台东、三峡、扇平、明潭、屏东、南投、木栅、台南[(2)]、垦丁、宜兰、恒春、关山、嘉义、高雄、清水沟、溪头、八挂山、鞍马山、花莲、太鲁阁[(1),C15,L43,P5]

森林

豚尾猴 ***Macaca nemestrina*** Linnaeus,1766

M. n. leonina Blyth,1863

云南:勐海[Y43];临沧[L71];思茅、勐腊[(1)]、景谷、勐仑[(1),L29];勐混,易武,尚勇,盈江[(1)]、保山、勐遮(赵体恭 1988 年提供)

西藏:墨脱与米林南部[Y29]

热带森林

阿萨姆,缅甸,泰国,马来半岛,苏门答腊,加里曼丹和附近小岛。

Macaca assamensis M'Clelland,1839 **Assam macaque**

M. a. assamensis M'Clelland,1839 [Yunnan]

M. a. pelops Hodgson,1840 [Himalayas]

Guangxi: Nanning, Longzhou[(1)], Shangsi[W50]; Debao, Ningming[(1)], Huanjiang, Jingxi, Napo, Tian'e, Chongzuo, Daxin, Shanglin, Jinxiu (Da Yaoshan), Rongshui, Rong'an, Gongcheng, Longsheng, Xing'an, Nandan, Luocheng, Hechi, Du'an, Shiwandashan, Xilin, Tianlin, Lingyun, Pingguo, Darongshan, Tianpingshan[S12,W83]

Yunnan: Yongde, Gengma[L71]; Longchuanjiang[A1]; Gongshan[(1)], Longling, Yingjiang[(1)], Lüchun[(1)], Pingbian[L29]; Hekou[(1)], Honghe, Yuanyang, Jinping[(1),L4]; Tengchong, Menglian, Mengla, Mengyang, Menglun, Mengzhe, Menghun[Y10]; Fugong, Lushui[L50]

Guizhou: Jiangkou[L2]

Guangdong: Huaiji (provided by Chen Qiansheng, 1982)

Xizang: Gyirong, Zhangmu, Rongxar valley, Pengqu valley, Bomi, Yigong, Zayü[X30]; Mêdog, Ganma valley, Boqu valley[F5]; Markam, Riwoqê[Y29]

Evergreen broadleaf forest

Nepal, Sikkim, Bhutan, Assam, northern Myanmar, Sundarbans, Indochina.

Macaca cyclopis Swinhoe,1862 **Taiwan macaque**

Taiwan: Guangfu, Zhanghua[(1)], Yuli, Yannian, Wulai, Taishun, Taipingshan, Taizhong, Taidong, Sanxia, Shanping, Mingtan, Pingdong, Nantou, Mushan, Tainan[(2)], Kending, Yilan, Hengchun, Guanshan, Jiayi, Gaoxiong, Qingshuigou, Xitou, Baguashan, Anmashan, Hualian, Tailuge[(1),C15,L43,P5]

Forest

Macaca nemestrina Linnaeus,1766 **Pigtailed macaque**

M. n. leonina Blyth,1863

Yunnan: Menghai[Y43]; Lincang[L71]; Simao, Mengla[(1)]; Jinggu, Menglun[(1),L29]; Menghu, Yiwu, Shangyong, Yingjiang[(1)]; Baoshan, Mengzhe (provided by Zhao Tigong, 1988)

Xizang: Mêdog and southern Mainling[Y29]

Tropical forest

Assam, Myanmar, Thailand, Malay peninsula, Sumatra, Borneo and its near islands.

短尾猴 ***Macaca arctoides*** Geoffroy,1831

M. a. arctoides I. Geoffroy,1831 [云南西部]

M. a. melli Matschie,1912 [广东]

云南:景东(哀劳山)、新平、双柏、屏边、勐仑[(1)]、泸水、临沧[(1),L29];元阳、金平、绿春[(1)]、河口[(1),L4];永德[(1),L71];勐海[K3];景洪[Y43];勐腊[F12]

广西:大新[(1)]、龙州[(1)]、宁明[(1),W47];全州、天峨、金秀、大明山[(1)]、十万大山[(1)]、田东、上思、凌云、马山、崇左、武宣、靖西、武鸣、上林[S12,W83]

广东:连州、阳山[T5];昌乐[A1];连山[L65]

常绿阔叶林

阿萨姆,越南,老挝,马来半岛。

Macaca arctoides Geoffroy,1831 **Bear macaque**

M. a. arctoides I. Geoffroy,1831 [Western Yunnan]

M. a. melli Matschie,1912 [Guangdong]

Yunnan: Jingdong (Ailaoshan), Xinping, Shuangbai, Pingbian, Menglun[(1)], Lushui, Linchang[(1),L29]; Yuangyang, Jinping, Lüchun[(1)], Hekou[(1),L4]; Yongde[(1),L71]; Menghai[K3]; Jinghong[Y43]; Mengla[F12]

Guangxi: Daxin[(1)], Longzhou[(1)], Ningming[(1),W47]; Quanzhou, Tian'e, Jinxiu, Damingshan[(1)], Shiwandashan[(1)], Tiandong, Shangsi, Lingyun, Mashan, Chongzuo, Wuxuan, Jingxi, Wuming, Shanglin[S12,W83]

Guangdong: Lianzhou, Yangshan[T5]; Changle[A1]; Lianshan[L65]

Evergreen broadleaf forest

Assam, Indochina, Malay peninsula.

藏酋猴 ***Macaca thibetana*** Milne-Edwards, 1870

四川:峨边、美姑、雷波[S46];峨眉山[(1),L23];宝兴、金阳、越西、马边、荥经、汉源、石棉、天全[(1)]、芦山、冕宁、盐边、米易、木里、盐源、康定、丹巴、泸定、九龙、雅江、乾宁、炉霍、道孚、新龙、白玉、德格、邓柯、甘孜、理塘、稻城、乡城、得荣、巴塘、义敦、马尔康、小金、金川、汶川、屏山、高县、筠连、珙县、兴义、叙永、古蔺[H23]

陕西:南部[F16]

甘肃:文县[Z81]

安徽:歙县[S24];太平、黄山、宁国、祁门、东至、黟县、西台、休宁[X12];绩溪、旌德、石台、青阳、贵池[K8,W39]

浙江:浙南(苍山、仙霞岭、洞宫山、北雁荡山)、临安、遂昌、江山[Z116]

湖南:炎陵[A1];桂东、绥宁[F14];新宁、宜章[(1),L65];八面山[(1)](桂东、资兴交界)[F14];紫云山、万平山(新宁、城步交界)、蓝山[F17]

湖北:神农架[(1),F12]

福建:福清、武夷山、光泽[(1),A1];浦城、龙岩、屏南、上杭、邵武[Z82]

广西:全州、天峨、恭城、兴安、临桂、荔浦、龙胜[(1)]、环江、阳朔、永福、南丹、资源、巴马、隆林、田林、富川、平乐、融水、钟山、灌阳、灵川、罗城、东兰、凤山[S12,W114]

广东:乳源、连州(瑶山)、乐昌、英德[X22]

江西:铅山(武夷山)、井冈山*、景德镇、萍乡、上犹、寻邬、玉山、贵溪[S20]

贵州:印江、铜仁、兴义、遵义、雷山[(1)]、江口、沿河(梵净山)[(1)]、德江、正安、清镇、绥阳、贵定、三都、织金[L2]

云南:昭通[L29];永善(王应祥 1984 年提供);威信[F12]

森林

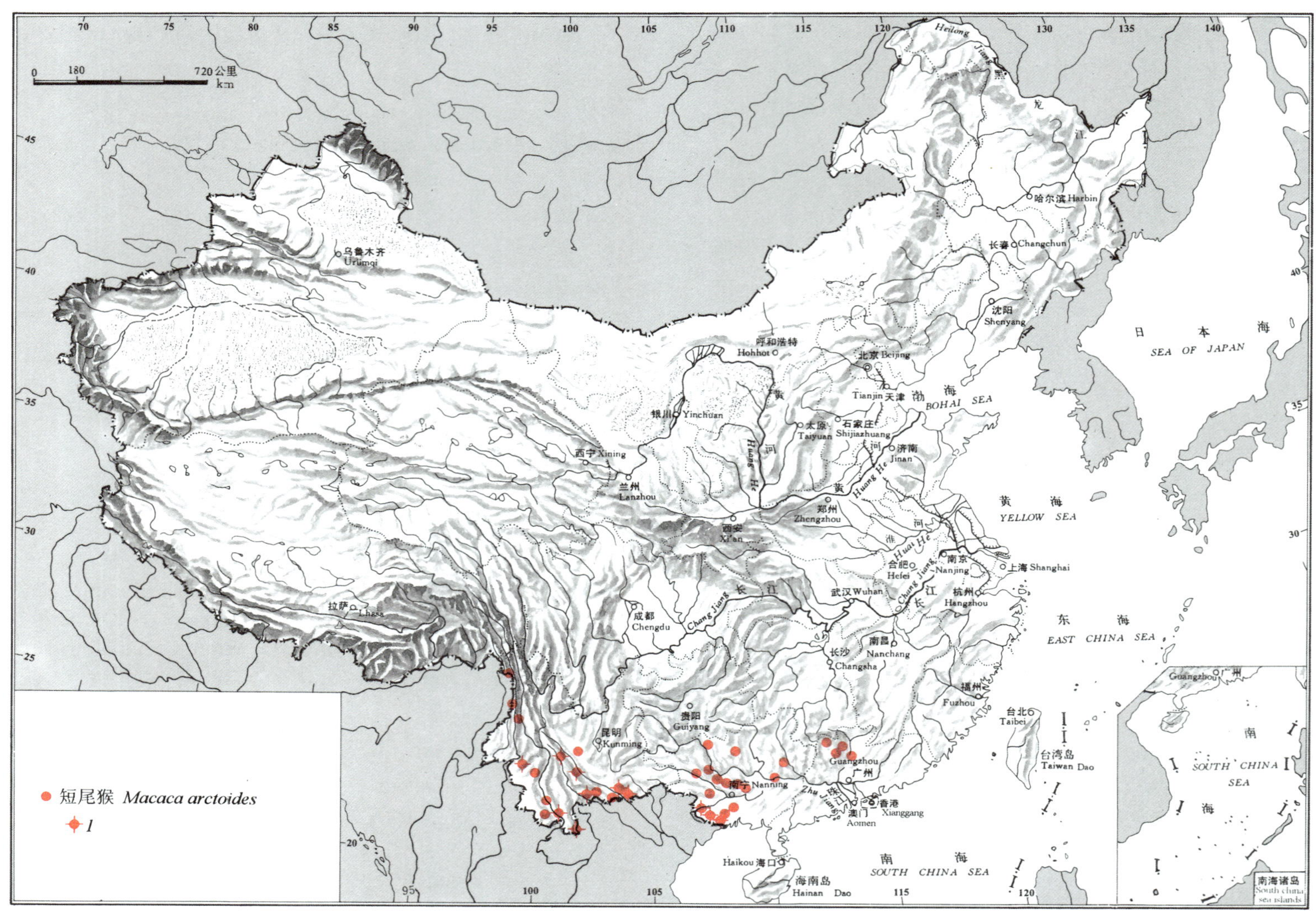

图 50 短尾猴 *Macaca arctoides* 的分布(1:保护较好 *protected rather well*)

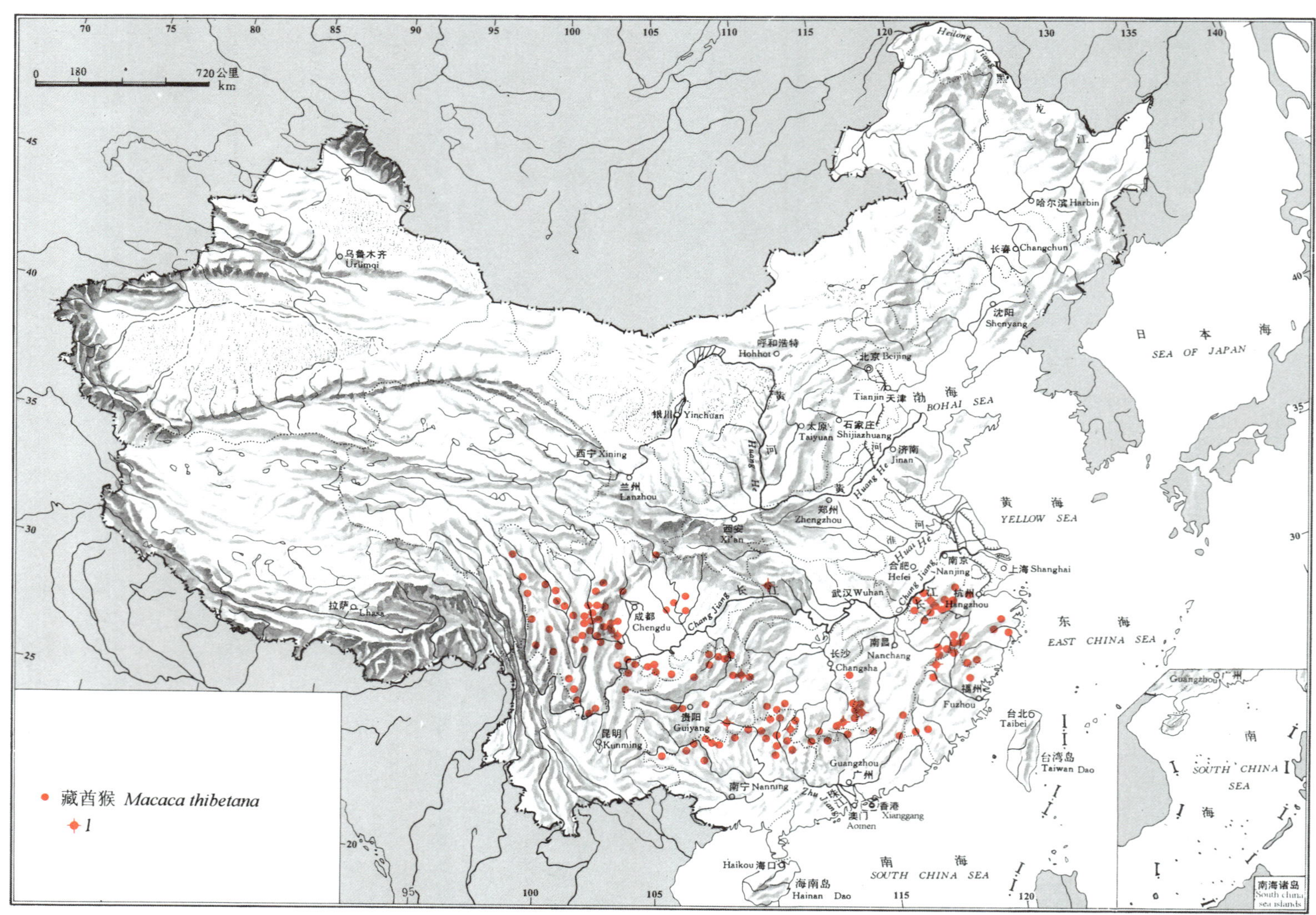

图 51 藏酋猴 *Macaca thibetana* 的分布(1:保护较好 *protected rather well*)

Macaca thibetana Milne-Edwards, 1870

Tibetan stump-tailed macaque

Sichuan: Ebian, Meigu, Leibo[S46]; Emeishan[(1),L23]; Baoxing, Jinyang, Yuexi, Mabian, Yingjing, Haiyuan, Shimian, Tianquan[(1)], Lushan, Mianning, Yanbian, Miyi, Muli, Yanyuan, Kangding, Danba, Luding, Jiulong, Yajiang, Qianning, Luhuo, Dawu, Xinlong, Baiyü, Dêgê, Dengke, Garzê, Litang, Daocheng, Xiangcheng, Derong, Batang, Yidun, Barkam, Xiaojin, Jinchuan, Wenchuan, Pingshan, Gaoxian, Junlian, Hongxian, Xingyi, Xuyong, Gulin[H23]

Shaanxi: South Shaanxi[F16]

Gansu: Wenxian[Z81]

Anhui: Shexian[S24]; Taiping, Huangshan, Ningguo, Qimen, Dongzhi, Yixian, Xitai, Xiuning[X12]; Jixi, Jingde, Shitai, Qingyang, Guichi[K8,W39]

Zhejiang: Zhenan (Cangshan, Xiaxialing, Donggongshan, Beiyandangshan), Lin'an, Suichang, Jiangshan[Z116]

Hunan: Yanling[A1]; Guidong, Suining[F14]; Xinning, Yizhang[(1),L65]; Bamianshan[(1)] (border of Guidong and Zixing)[F14]; Ziyunshan, Wanpingshan (border of Xinning and Chengbu), Lanshan[F17]

Hubei: Shennongjia[(1),F12]

Fujian: Fuqing, Wuyishan; Guangze (Wuyishan)[(1),A1]; Pucheng, Longyan, Pingnan, Shanghang, Shaowu[Z82]

Guangxi: Quanzhou, Tian'e, Gongcheng, Xing'an, Lingui, Lipu, Longsheng[(1)], Huanjiang, Yangshuo, Yongfu, Nandan, Ziyuan, Bama, Longlin, Tianlin, Fuchuan, Pingle, Rongshui, Zhongshan, Guanyang, Lingchuan, Luocheng, Donglan, Fengshan[S12,W114]

Guangdong: Ruyuan, Lianzhou (Yaoshan), Lechang, Yingde[X22]

Jiangxi: Yanshan (Wuyishan), Jinggangshan*; Jingdezhen, Pingxiang, Shangyou, Xunwu, Yushan, Guixi[S20]

Guizhou: Yingjiang, Tongren, Xingyi, Zunyi, Leishan[(1)], Jiangkou, Yanhe (Fanjingshan)[(1)], Dejiang, Zheng'an, Qingzhen, Suiyang, Guiding, Sandu, Zhijin[L2]

Yunnan: Shaotong[129]; Yongshan (provided by Wang Yinxiang, 1984); Weixin[F12]

Forest

仰鼻猴属 *Rhinopithecus* Milne-Edwards, 1872

金丝猴 ***Rhinopithecus roxellanae*** Milne-Edwards, 1870

R. r. roxellanae [贵州以外分布区]川金丝猴

R. r. brelichi Thomas, 1903 [贵州]黔金丝猴

四川：理县、南坪[(1)]、青川[(1)]、绵竹、安县、北川、平武[(1)]、芦山、宝兴、大邑、什邡、灌县、泸定、黑水、松潘[(1)]、汶川[(1)]、南川、天全[(1)]、得荣、茂汶、红原、若尔盖、雷波、马边[(1),H23]

甘肃：文县[(1),Q13]；康县、武都[(1)]、舟曲[A1]、白水江[Z81,119]

陕西：周至[(1)]、宁陕、洋县、石泉、太白[(1)]、佛坪[(1),C12,L87,S10,W95]

湖北：神农架[(1),H38]

贵州：梵净山[(1),A1,Q11]；印江、松桃、江口、石阡、思南、铜仁[L2]

亚热带山地森林

滇金丝猴 ***Rhinopithecus bieti*** Milne-Edwards, 1879

云南：德钦[(1)]（阿甸子、澜沧江谷地）[A1]；维西、丽江、兰坪[L27,29,M7,Y48]

西藏：芒康[L29,Y29]

山地针叶林

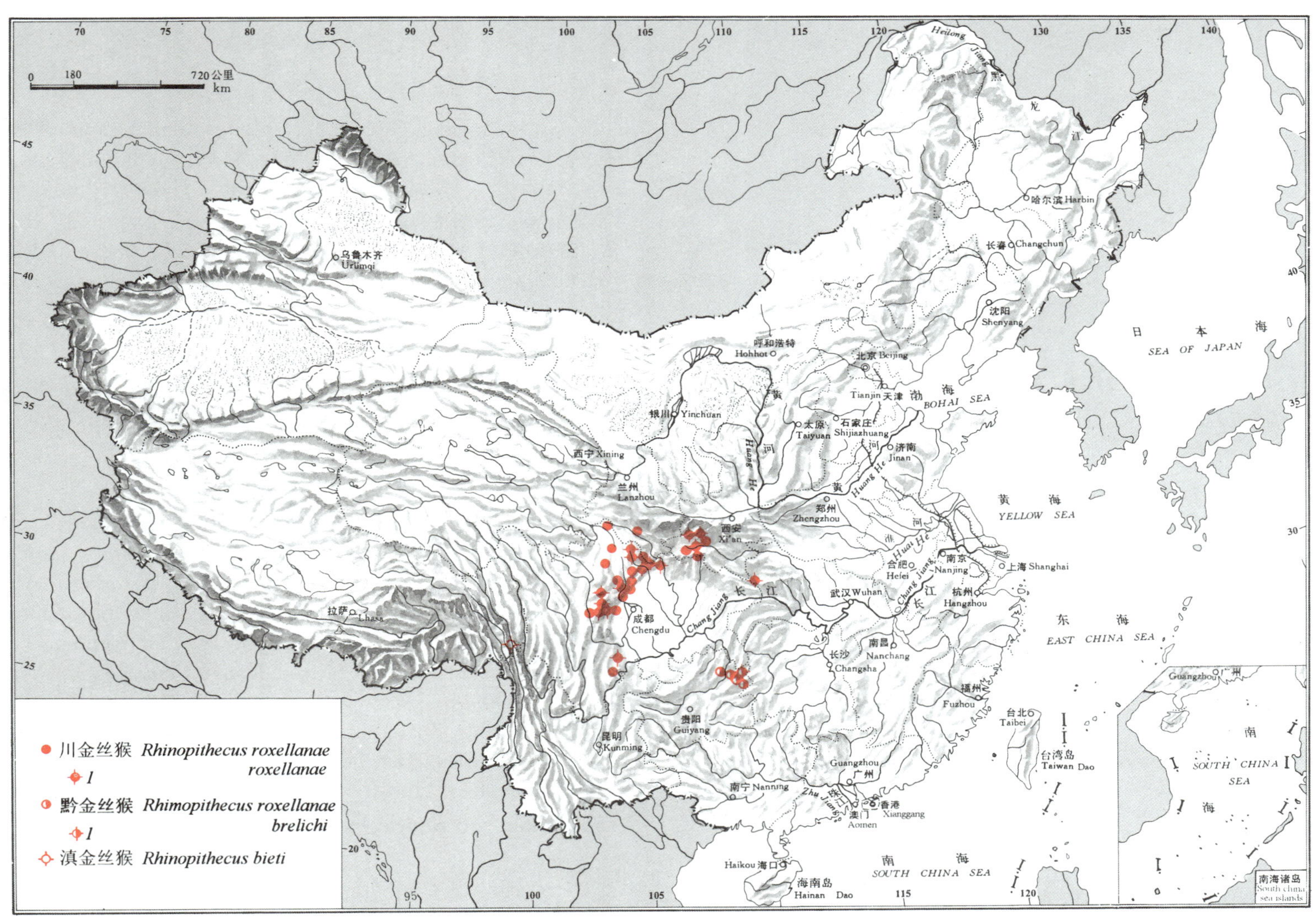

图 52 川金丝猴 *Rhinopithecus r. roxellanae* 黔金丝猴 *Rhinopithecus r. brelichi* 滇金丝猴 *Rhinopithecus bieti* 的分布（1：保护较好 *protected rather well*）

Rhinopithecus Milne-Edwards, 1872

Snub-nosed monkey

Rhinopithecus roxellanae Milne-Edwards, 1870

Snub-nosed monkeys

R. r. roxellanae [area excluding Guizhou]

(Sichuan snub-nosed monkey)

R. r. brelichi Thomas, 1903 [Guizhou]

(Guizhou snub-nosed monkey)

Sichuan: Lixian, Nanping[(1)], Qingchuan[(1)], Mianzhu, Anxian, Beichuan, Pingwu[(1)]; Lushan, Baoxing, Dayi, Shifang, Guanxian, Luding, Heishui, Songpan[(1)], Wenchuan[(1)], Nanchuan, Tianquan[(1)], Derong, Maowen, Hongyuan, Zoigê, Leibo, Mabian[(1),H23]

Gansu: Wenxian[(1),Q13]; Kangxian, Wudu[(1)], Zhugqu[A1]; Baishuijiang[Z81,119]

Shaanxi: Zhouzhi[(1)], Ningshan, Yangxian, Shiquan, Taibai[(1)], Foping[(1),C12,L87,S10,W95]

Hubei: Shennongjia[(1),H38]

Guizhou: Fanjingshan[(1),A1,Q11]; Yinjiang, Songtao, Jiangkou, Shiqian, Sinan, Tongren[L2]

Subtropical mountain forest

Rhinopithecus bieti Milne-Edwards, 1879

Yunnan snub-nosed monkey

Yunnan: Dêqên (Atuntze, Lancangjiang valley)[A1]; Weixi, Lijiang, Lanping[L27,29,M7,Y48]

Xizang: Markam[L29,Y29]

Mountain coniferous forest

白臀叶猴属 *Pygathrix* E. Geoffroy, 1812

白臀叶猴 ***Pygathrix nemaeus*** Linnaeus, 1771

海南：据 Meyer(1892)[A1]；已绝灭[Q11]

热带森林

越南中南部，老挝。

叶猴属 *Presbytis* Eschscholtz, 1821

长尾叶猴 ***Presbytis entellus*** Dufresne, 1797

P. e. schistaceus Hodgson, 1840 [亚东]

P. e. lania Elliot, 1909 [亚东以外地区]

西藏：聂拉木、樟木、吉隆、朋曲河谷、西绒辖河谷[X30]；亚东[E1]；墨脱、马藏布河谷、波曲河谷、吉隆河谷[F5]

常绿阔叶林

斯里兰卡，印度半岛，锡金，克什米尔。

戴帽叶猴 ***Presbytis pileatus*** Blyth, 1843

P. p. shortridgei Wroughton, 1915 [缅甸]

云南：贡山(独龙江)[(1),L29]

热带森林

阿萨姆、缅甸。

菲氏叶猴 ***Presbytis phayrei*** Blyth, 1847

P. p. crepusculus Elliot, 1909 [云南]

云南：勐养、勐龙、勐混、勐旺、景洪[K3]；耿马[L71]；盈江、勐腊、勐棒、勐仑[L29]；景东、新平(哀劳山)、勐连、河口、屏边[M5,Z40]；沧源[Y7]；保山、潞西、腾冲、金平、绿春、建水、勐遮、易武、文山、麻栗坡、马关、元江、贡山[(1)]、福贡、泸水、云龙[Q17]

热带雨林和季雨林

中南半岛。

黑叶猴 ***Presbytis francoisi*** Pousargues, 1898

P. f. francoisi Pousargues, 1898 [广西扶绥以外地区]

P. f. leucocephalus T'an, 1957 [广西扶绥]

广西：睦边、靖西[(1)]、宁明、上思[W47]；南宁与德保间[A1]；大新[(1)]、崇左、龙州、天等、隆安[W100]；邕宁、武鸣、马山、上林、都安、巴马、田东、平果[(1)]、隆林[(1)]、西林[(1)]、天峨、防城港、东兴、仁良、罗博、那坡[(1)]、大明山、十万大山(*francoisi*)[S12,W83]；扶绥(*leucocephalus*)[L1,26,M9]

贵州：沿河、正安、桐梓、绥阳、普安、水城、册亨、兴义、道真[L2]

四川：南川(金佛山)[Z27]

热带、亚热带阔叶林

越南，老挝。

Pygathrix E. Geoffroy, 1812

Pygathrix nemaeus Linnaeus, 1771 **Douc langur**

Hainan: According to Meyer(1842)[A1]; extinct[Q11]

Tropical forest

South-central Vietnam, Laos.

Presbytis Eschscholtz, 1821 **Leaf monkeys**

Presbytis entellus Dufresne, 1797 **Langur**

P. e. schistaceus Hodgson, 1840 [Yadong]

P. e. lania Elliot, 1909 [area excluding Yadong]

Xizang: Nyalam, Zhangmu, Gyirong, Pengqu valley, western Rongxia valley[X30]; Yadong[E1]; Mêdog, Mazangbu valley, Boqu valley, Gyirong valley[F5]

Evergreen broadleaf forest

Sri Lanka, Indian peninsula, Sikkim, Kashmir.

Presbytis pileatus Blyth, 1843 **Capped langur**

P. P. shortridgei Wroughton, 1915 [Myanmar]

Yunnan: Gongshan (Dulong)[(1),L29]

Tropical forest

Assam, Myanmar.

Presbytis phayrei Blyth, 1847 **Phayre's leaf monkey**

P. P. crepusculus Elliot, 1909 [Yunnan]

Yunnan: Mengyang, Menglong, Mengwang, Jinghong[K3]; Gengma[L71]; Yingjiang, Mengla, Mengbang, Menglun[L29]; Jingdong, Xinping (Ailaoshan), Menglian, Hekou, Pingbian[M5,Z40]; Cangyuan[Y7]; Baoshan, Luxi, Tengchong, Jinping, Lüchun, Jianshui, Mengzhe, Yiwu, Wenshan, Malipo, Maguan, Yuanjiang, Gongshan[(1)], Fugong, Lushui, Yunlong[Q17]

Tropical rain forest and seasonal rain forest

Indochina, Myanmar, Thailand, Tenasserim.

Presbytis francoisi Pousargues, 1898 **Francois' monkey**

P. f. francoisi Pousargues, 1898 [area excluding Fusui, Guangxi]

P. f. leucocephalus T'an, 1957 [Fusui, Guangxi]

Wanning and Debao[A1]; Naning and Debao

Guangxi: Mubian, Jingxi[(1)], Ningming, Shangsi[W47]; area between Naning and Debao[A1]; Daxin[(1)], Chongzuo, Longzhou, Tiandeng, Long'an[W100]; Yongning, Wuming, Mashan, Shanglin, Du'an, Bama, Tiandong, Pingguo[(1)], Longlin[(1)], Xilin[(1)], Tian'e, Fangchenggang, Dongxing, Renliang, Luobo, Napo[(1)], Damingshan, Shiwandashan (*francoisi*)[S12,W83]; Fusui (*leucocephalus*)[L1,26,M9]

Guizhou: Yanhe, Zheng'an, Tongzi, Suiyang, Pu'an, Shuicheng, Ceheng, Xingyi, Daozhen[L2]

Sichuan: Nanchuan (Jinfushan)[Z27]

Tropical and subtropical broadleaf forest

Indochina.

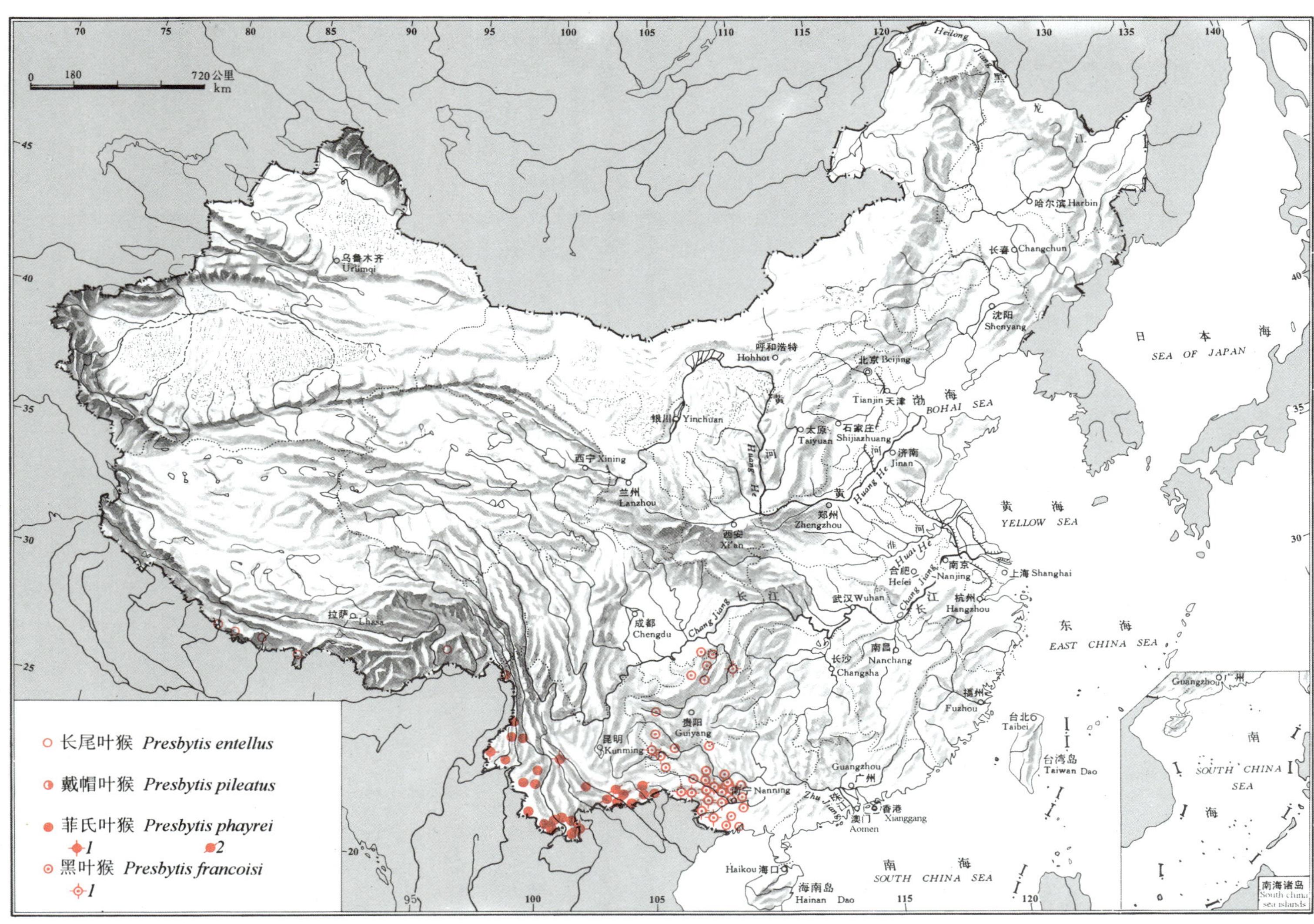

图 53 长尾叶猴 *Presbytis entellus* 戴帽叶猴 *Presbytis pileatus* 菲氏叶猴 *Presbytis phayrei* 黑叶猴 *Presbytis francoisi* 的分布
(1:保护较好 *protected rather well* 2:可能已绝灭 *probably extirpated*)

长臂猿科 Pongidae

长臂猿属 *Hylobates* Illiger,1811

白掌长臂猿 ***Hylobates lar*** Linnaeus,1771

云南:勐连*;沧源[(1)]、南定河[L29];西盟(大黑山)、澜沧[M8,Y45]

热带阔叶林

苏门答腊,泰国西南,典那沙冷,越南,老挝,柬埔寨。

白眉长臂猿 ***Hylobates hoolock*** Harlan,1834

云南:盈江[(1)]、腾冲[(1)]、梁河、潞西、保山(坝湾)*、陇川、龙陵、泸水、瑞丽(芒昌、等扎)[F11,L29,M8,Q17,Y7,45]

热带阔叶林

缅甸、阿萨姆。

黑长臂猿 ***Hylobates concolor*** Harlan,1826

H. c. hainanus [海南]

H. c. concolor Harlan,1826 [云南]

云南:临沧[(1)]、永德、保山、楚雄、景东(哀劳山,无量山)[(1),L29]、绿春[(1),M5];勐腊、景洪、小勐养、元阳、腾冲*;江城、双柏、新平[L29];建水、黄连山、河口[(1)]、屏边、沧源、金平[(1),M5];易武、勐棒[L29,M8];双江[Y8]

广西:那坡、靖西[W47];大新[W83];龙州[S12]

海南:坝王岭与尖峰岭(现存)、五指山、白沙、鹦哥岭、吊罗山、黎母岭、东方、昌江、陵水、保亭、三亚、万宁、琼海(可能已消失)[L61]

热带、亚热带常绿阔叶林

泰国,越南,老挝。

白颊长臂猿 ***Hylobates leucogenys*** Ogilby,1840

云南:勐腊、江城、绿春[L29];建水[L4,M8,S46]

热带森林

泰国,越南,老挝。

Pongidae Apes

Hylobates Illiger,1811 Gibbons

Hylobates lar Linnaeus,1771 **Lar gibbon(Common gibbon)**

Yunnan: Menglian*, Cangyuan[(1)], Nandinghe[L29]; Ximeng (Daheishan), Lancang[M8,Y45]

Tropical broadleaf forest

Sumatra, southwestern Thailand, Tenasserim and Indochina.

Hylobates hoolock Harlan,1834 **Hoolock gibbon**

Yunnan: Yingjiang[(1)], Tengchong[(1)], Lianghe, Luxi, Baoshan (Bawan)*; Longchuan, Longling, Lushui, Ruili (Mangchang, Dengzha)[F11,L29,M8,Q17,Y7,45]

Tropical broadleaf forest

Myanmar, Assam.

Hylobates concolor Harlan,1826

Black gibbon(Black crested gibbon)

H. c. hainanus [Hainan]

H. c. concolor Harlan,1826 [Yunnan]

Yunnan: Lincang[(1)], Yongde, Baoshan, Chuxiong, Jingdong (Ailaoshan, Wuliangshan)[(1),L29]; Lüchun[(1),M5]; Mengla, Jinghong, Xiaomengyang, Yuanyang, Tengchong*; Jiangcheng, Shuangbai, Xinping[L29]; Jianshui, Huanglianshan, Hekou[(1)], Pingbian, Cangyuan, Jinping[(1),M5]; Yiwu, Mengbang[L29,M8]; Shuangjiang[Y8]

Guangxi: Napo, Jingxi[W47]; Daxin[W83]; Longzhou[S12]

Hainan: Bawangling and Jianfengling (existing), Wuzhishan,

Baisha, Yinggeling, Diaoluoshan, Limuling, Dongfang, Changjiang, Lingshui, Baoting, Sanya, Wanning, Qionghai (probably extirpated)[L51]

Tropical and subtropical evergreen broadleaf forest

Thailand, Indochina.

Hylobates leucogenys Ogilby, 1840 **White-cheeked gibbon**

Yunnan: Mengla, Jiangcheng, Lüchun[L29]; Jianshui[L4,M8,S46]

Tropical forest

Thailand, Indochina.

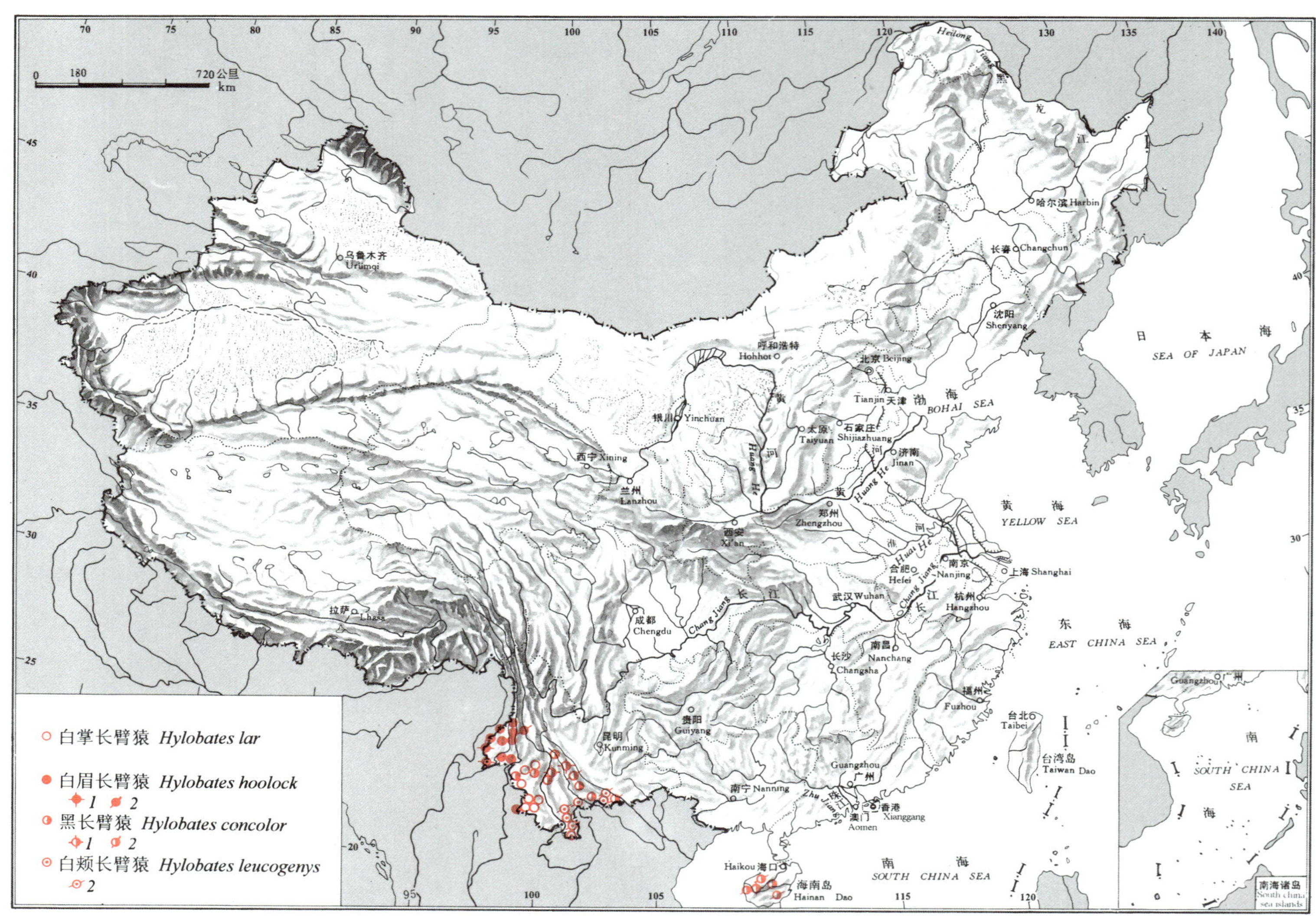

图 54 白掌长臂猿 *Hylobates lar* 白眉长臂猿 *Hylobates hoolock* 黑长臂猿 *Hylobates concolor* 白颊长臂猿 *Hylobates leucogenys* 的分布

(1:保护较好 *protected rather well* 2:可能已绝灭 *probably extirpated*)

鳞甲目 PHOLIDOTA

穿山甲科 Manidae

穿山甲属 *Manis* Linnaeus, 1758

穿山甲 ***Manis pentadactyla*** Linnaeus, 1758

M. p. pentadactyla Linnaeus, 1758 [台湾]

M. p. aurita Hodgson, 1836 [长江以南各省]

M. p. pusilla J. Allen, 1906 [海南]

四川:会东[S46];西昌、宜宾、涪陵、南川、筠连、马边、米易[H23]

贵州:江口、铜仁、石阡、贵阳、开阳、贵定、三都、荔波、独山、惠水、望谟、册亨、威宁、清镇[L2]

云南:金平、个旧、屏边、勐海、景洪、勐腊[Y43];建水*;大理、腾冲[A1];弥勒、绿春[L4];景东[Z61]

西藏:芒康、察隅、门隅、珞渝[Y29]

安徽:宁国、广德、贵池、歙县、芜湖[H35];繁昌、南陵、泾县、宣城、旌德、绩溪、休宁、祁门、黟县、太平、石台、青阳、霍山[W39]

江苏:太华山、茅山[H33];南京[A1]

浙江:舟山、临安、余姚、衢州、龙泉[Z113]

江西:南昌、永修、波阳、九江、安远、赣县、泰和[L65,S20]

湖南:桂东、宜章、新宁、绥宁[L65]

广东:英德*;汕头、韶关[T5];广州[E1];惠东[J10]

海南:海口、五指山、儋州、万宁、陵水[X21]

广西:睦边、靖西、宁明、上思、龙州[W47];天峨、河池、融安、龙胜、兴安、贺县、金秀、苍梧、桂平、玉林、上林、平果、百色[S12,W83]

福建:厦门、福清、武夷山[A1];永春[L97]

台湾:全岛各地[C15]

森林

越南,老挝,缅甸,锡金,尼泊尔。

粗尾穿山甲 ***Manis crassicaudata*** Gray, 1827

云南:腾冲、云龙[A1]

森林

印度半岛,锡金。

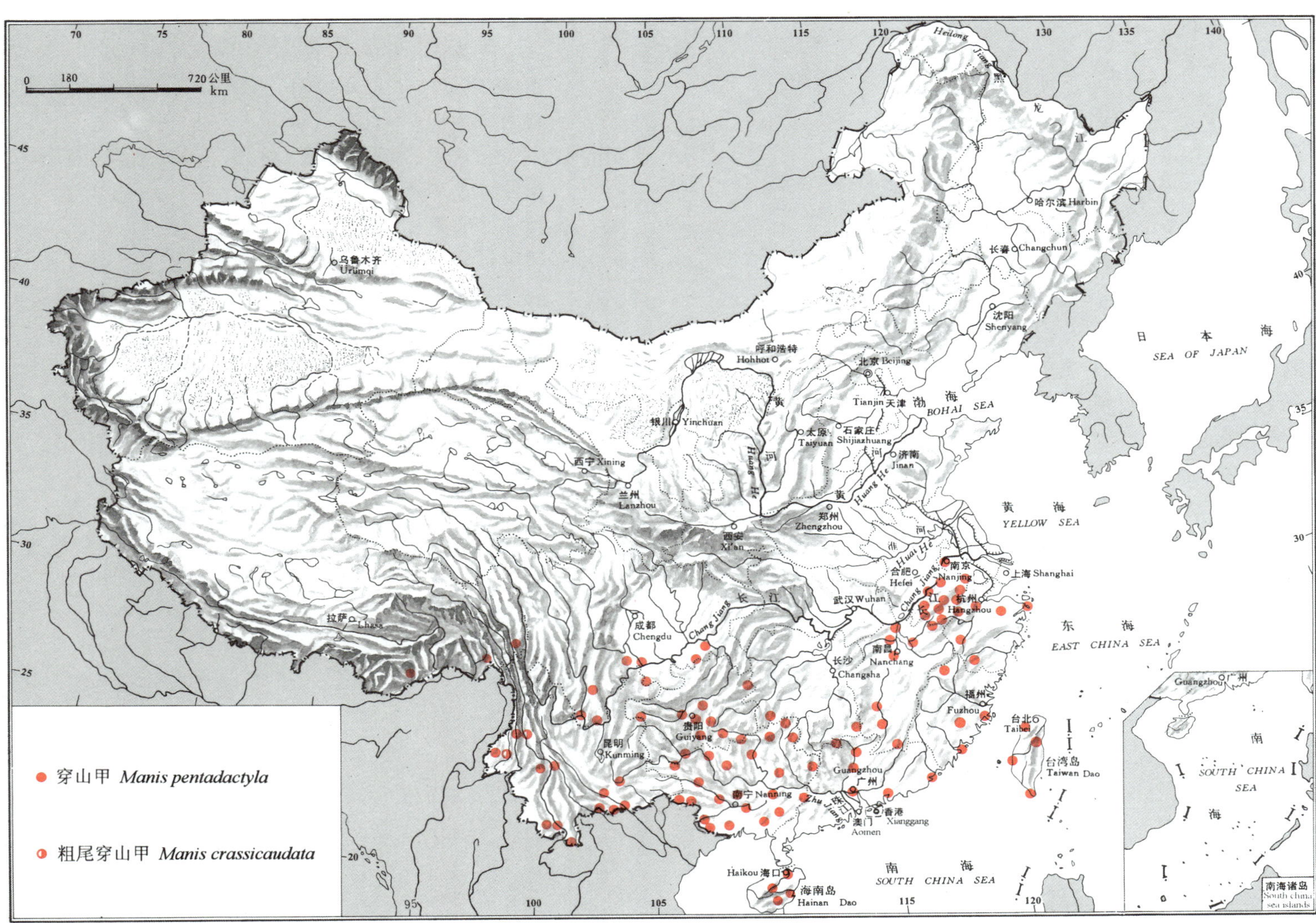

图 55 穿山甲 *Manis pentadactyla* 粗尾穿山甲 *Manis crassicaudata* 的分布

PHOLIDOTA Pangolins, scaly anteaters

Manidae Pangolins

Manis Linnaeus, 1758 **Pangolins**

Manis pentadactyla Linnaeus, 1758, **Chinese pangolin**

M. p. pentadactyla Linneaus, 1758 [Taiwan]

M. p. aurita Hodgson, 1836 [South of Changjiang]

M. p. pusilla J. Allen, 1906 [Hainan]

Sichuan: Huidong[S46]; Xichang; Yibin, Fuling, Nanchuan, Junlian, Mabian, Miyi[H23]

Guizhou: Jiangkou, Tongren, Shiqian, Guiyang, Kaiyang, Guiding, Sandu, Libo, Dushan, Huishui, Wangmo, Ceheng, Weining, Qingzhen[L2]

Yunnan: Jinping, Gejiu, Pingbian, Menghai, Jinghong, Mengla[Y43]; Jianshui*; Dali, Tengchong[A1]; Mile, Lüchun[L4]; Jingdong[Z61]

Xizang: Markam, Zayü, Menyu, Laoyu[Y29]

Anhui: Ningguo, Guangde, Guichi, Shexian, Wuhu[H35]; Fanchang, Nanling, Jingxian, Xuancheng, Jingde, Jixi, Xiuning, Qimen, Yixian, Taiping, Shitai, Qingyang, Huoshan[W39]

Jiangsu: Taihuashan, Maoshan[H33]; Nanjing[A1]

Zhejiang: Zhoushan, Lin'an, Yuyao, Quzhou, Longquan[Z113]

Jiangxi: Nanchang, Yongxiu, Boyang, Jiujiang[A1]; Anyuan, Ganxian, Taihe[L65, S20]

Hunan: Guidong, Yizhang, Xinning, Suining[L65]

Guangdong: Yingde*; Shantong, Shaoguan[T5]; Guangzhou[E1]; Huidong[J10]

Hainan: Haikou, Wuzhishan, Danzhou, Wanning, Lingshui[X21]

Guangxi: Mubian, Jingxi, Ningming, Shangsi, Longzhou[247]; Tian'e, Hechi, Ron'an, Longsheng, Xing'an, Hexian, Jinxiu, Cangwu, Guiping, Yuling, Shanglin, Pingguo, Bose[S12, W83]

Fujian: Xiamen, Fuqing, Wuyishan[A1]; Yongchun[L97]

Taiwan: Occurs in different areas[C15]

Forest

Indochina, Myanmar, Sikkim, Nepal.

Manis crassicaudata Gray, 1827 **Indian pangolin**

Yunnan: Tengchong, Yunlong[A1]

Forest

Indian peninsula, Sikkim.

食肉目 CARNIVORA

犬科 Canidae

犬 属 *Canis* Linnaeus,1758

狼 ***Canis lupus*** Linnaeus,1758

C. l. chanco Gray,1863

黑龙江:穆棱、宝清、伊春、通河、呼兰、尚志、木兰[M13]

吉 林:白城、通榆、敦化、靖宇[S33];辉南、珲春、吉林、土门岭、大安、扶余[Y24]

辽 宁:旅顺、大连、清原、桓仁、本溪、抚顺、凤城、宽甸、盖州[D6];新宾[X7]

内蒙古:根河[Z118];呼和浩特[A1];二连浩特、海拉尔、阴山南坡[Z59];达拉特旗、准格尔旗、乌审旗、杭锦旗[Z56];满洲里、乌拉特后旗[X10]

河 北:山海关、张家口[A1]

北 京:北京[B10,Z31]

山 东:胶东及鲁中地区[L74]

河 南:渑池、洛宁、临汝[Z97]

山 西:中条山、吕梁山[W9]

陕 西:延安[A1];陇县[S41];平利[W98];商南[Z85]

宁 夏:西吉、海源、固原、银川、石嘴山[W60]

甘 肃:文县[M1];玉门、张掖、临夏[Z43]

青 海:共和、贵德、同德、贵南、兴海[Z24];门源、海晏、祁连、刚察、阿拉尔、茫崖西部、德令哈[Z43];长江源头[C3,Z69];黄河源头[R7]

新 疆:博乐*;哈密、吐鲁番、焉耆、和静、和硕、库尔勒、尉犁、轮台、拜城、阿克苏、巴楚、塔什库尔干、叶城、且末、若羌、玛纳斯、喀什、阿克陶、和田、策勒[X11];昆仑—阿尔金山[Z98];托木尔峰地区[L44];阿尔泰[Z20]

安 徽:萧县、六安、巢湖、滁县、和县、桐城、岳西、潜山、太湖、广德、宣城、贵池[H35,W39]

江 苏:南京[H36];靖江[A1]

浙 江:湖州、杭州、淳安、安吉、衢州、开化、龙泉、丽水、泰顺、庆元[Z113]

江 西:德安、九江、湖口[F13]

湖 北:宜昌[A1]

湖 南:新宁[L65]

四 川:石渠、若尔盖、峨边、雷波、松潘、康定[A1];万县、达川、宜宾、绵阳、汶川、德格、南川、道孚[H23];安县[G12]

贵 州:松桃、江口、印江、绥阳、清镇、威宁[L2];梵净山[G17]

云 南:石屏、建水、屏边、弥勒、泸西[L4];澄江[Y43]; 泸水[S46];蒙自[L4];勐海[W67]

广 西:龙州、宁明、上思[W47];隆林、西林、天峨[S12,W83]

广 东:汕头及韶关地区[T5];惠东[J10]

福 建:福建[A1]

西 藏:帕里、吉隆、聂拉木、绒布河谷、定日、日喀则、日吐、奇林湖附近、浪卡子、隆子、墨竹工卡、那曲、旁多、曲水、扎达、昌都、丁青、江达、双湖、噶尔、普兰、革吉、改则、可可西里、措勤[F5,X30];安多、班戈、申扎[Y38]

广泛栖息

欧洲,亚洲大陆部分,日本(北海道已绝灭),北美。

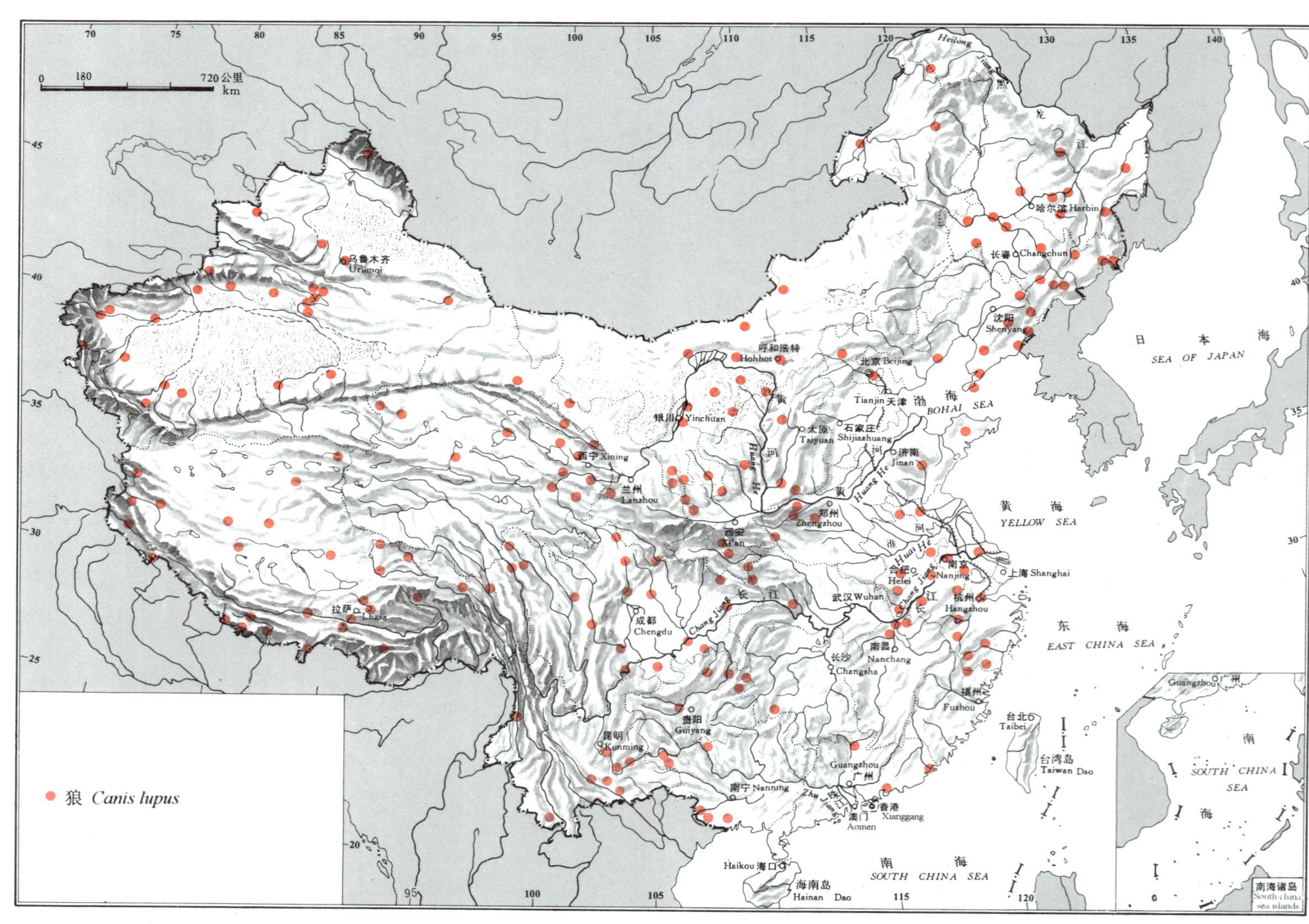

图 56 狼 *Canis lupus* 的分布

CARNIVORA Carnivores

Canidae Dogs, foxes

Canis Linnaeus, 1758 Dogs

Canis lupus Linnaeus, 1758 **Wolf**

C. l. chanco Gray, 1863

Heilongjiang: Muling, Baoqing, Yichun, Tonghe, Hulan, Shanzhi, Mulan[M13]

Jilin: Baicheng, Tongyu, Dunhua, Jingyu[S33]; Huinan, Huichun, Jilin, Tumenling, Da'an, Fuyu[Y24]

Liaoning: Lushun, Dalian, Qingyuan, Huanren, Benxi, Fushun, Fengcheng, Kuandia, Gaizhou[D6]; Xinbin[X7]

Nei Mongol: Genhe[Z118]; Hohhot[A1]; Erenhot, Hailar, southern flank of Yinshan[Z59], Dalad B., Jungar B., Uxin B., Hanggin B., Manzhouli, Urad Rear B.[X10]

Hebei: Shanhaiguan, Zhangjiakou[A1]

Beijing: Beijing[B10,Z31]

Shandong: Jiaodong, central part of the province[L74]

Henan: Mianchi, Luoning, Linru[Z97]

Shanxi: Zhongtiaoshan, Lüliangshan[W9]

Shaanxi: Yan'an[A1]; Longxian[S41]; Pingli[W96]; Shangnan[Z85]

Ningxia: Xiji, Haiyuan, Guyuan, Yinchuan, Shizuishan[W60]

Gansu: Wenxian[M1]; Yumen, Zhangyue, Linxia[Z43]

Qinghai: Gonghe, Gaude, Tongde, Guinan, Xinghai[Z24]; Menyuan, Haiyan, Qilian, Gangca, Alar, western Mangya, Delinha[Z43]; source area of Changjiang[C3,Z69]; source area of Huanghe[R7]

Xinjiang: Bole*; Hami, Turpan, Yanqi, Hejing, Heshuo, Korla, Yuli, Luntai, Baicheng, Aksu, Bachu, Taxkorgan, Yecheng, Qiemo, Ruoqiang, Manas, Kashi, Akto, Hotan, Qira[X11]; Kunlun-Altun[Z98]; Tuomuer Feng area[L44]; Altai[Z20]

Anhui: Xiaoxian, Liu'an, Chaohu, Chuxian, Hexian, Tongcheng, Yuexi, Qianshan, Taihu, Guangde, Xuancheng, Guichi[H35,W39]

Jiangsu: Nanjing[H36]; Jingjiang[A1]

Zhejiang: Huzhou, Hangzhou, Chun'an, Anji, Quzhou, Kaihua, Longquan, Lishui, Taishun, Qingyuan[Z113]

Jiangxi: De'an, Jiujiang, Hukou[F13]

Hubei: Yihang[A1]

Hunan: Xinning[L65]

Sichuan: Senxü, Zoige, Ebian, Leibo, Songpan, Kangding[A1]; Wanxian, Dachuan, Yibin, Mianyang, Wenchuan, Dêgê, Nanchuan, Dawu[H23]; Anxian[G12]

Guizhou: Songtao, Jiangkou, Yinjiang, Suiyang, Qingzhen, Weining[L2]; Fanjingshan[G17]

Yunnan: Shiping, Jianshui, Pingbian, Mile, Luxi[L4]; Chengjiang[Y43]; Lushui[S46]; Mengzi[L4]; Menghai[W67]

Guangxi: Longzhou, Ningming, Shangsi[W47]; Longlin, Xilin, Tian'e[S12,W83]

Guangdong: Shantou and Shaoguan area[T5]; Huidong[J10]

Fujian: Fujian[A1]

Xizang: Pali, Gyirong, Nyalam, Ronpu valley, Tingri, Xigazê, Rutog, near Siling Co, Nagarzê, Lhünzê, Maizhokunggar, Nagqu, Pangduo, Qüxü, Zanda, Qamdo, Dêngqên, Jomda, Shuanghu, Gar, Burang, Gê'gyai, Gêrzê, Hoh Xil Shan, Coqên[F5,X30]; Amdo, Baingoin, Xainza[Y38]

Wild

Europe, Asian continent, Japan (extinct in Hokkaido), North America.

狐属 *Vulpes* Oken, 1816

赤狐 ***Vulpes vulpes*** Linnaeus, 1758

V. v. montana Pearson, 1836 [云南、西藏]

V. v. karagan Erxleben, 1777 [中亚]

V. v. hoole Swinhoe, 1870 [华中、华南]

V. v. tschiliensis Matschie, 1907 [华北]

V. v. daurica Ognev, 1931 [东北]

黑龙江：萝北[S33]；尚志、牡丹江、虎林、齐齐哈尔[M13]

吉林：通辽、开通、敦化、靖宇、安图、延吉、图们、辉南[S33]；汪清、土门岭、抚余[Y24]

辽宁：清原、桓仁、本溪、凤城、宽甸、盖州[X5]；普兰店[S33]；大连[D6]

内蒙古：鄂温克旗[M13]；二连浩特[B11]；阿拉善左旗、新巴尔虎左旗[M13]；阴山南坡、伊克昭盟[Z56,59]；乌拉特后旗[X10]

新疆：哈密、吐鲁番、焉耆、和静、和硕、库尔勒、尉犁、轮台、拜城、阿克苏、巴楚、阿图什、于田、且末、若羌、玛纳斯[X11]；托木尔峰地区[L44]；阿尔泰山[W52,Z20]；塔什库尔干[S5]

河北：张家口、兴隆[L86]

北京：北京[B10,Z31]

山东：胶东、鲁西北、鲁中、鲁西南[L74]

河南：新乡[Z97]

山西：神池(罗泽珣 1959 年提供)；中条山、吕梁山[W8]；太原[A1]

陕西：商南[Z85]；太白、凤翔[A1]；凤县[W98]

宁夏：盐池、永宁、银川[W60]

甘肃：文县[M1]；岷县、西和[A1]；敦煌、酒泉、张掖、临夏[Z43]；平凉、庆阳、天水、武都、定西[Z81]

青海：共和、兴海、贵德、海晏、刚察、门源、祁连、茫崖、阿拉尔、诺木洪、冷湖[Z43]；德令哈、曲麻莱、花石峡、班玛、囊谦、久治[Z16,24,69]；长江源头[C3]

西藏：拉萨[E1]；扎达、昌都、定日、曲宗、色龙、聂拉木、岗巴、帕里、察隅[X30]；洛隆、类乌齐、泽当、亚当、那曲[F5,Z3]

安徽：宁国、歙县、无为、萧县、滁县、芜湖、宿县、淮南、寿县、霍丘、金寨、六安、巢县、霍山、太湖、桐城、佛子岭、岳西、潜山、广德、贵池、黄陵、富县、洛川[H35,W36,39]

江苏：江阴、西南丘陵、苏北丘陵[H33]

浙江：安吉、宁波、金华、永康、衢州、温州、丽水、龙泉、庆元[Z113]；泰顺、桐庐[A1]

湖北：宜昌[A1]

湖南：岳阳[A1]；邵阳、新宁、绥宁、宜章、桂东[L65]

江西：安远、赣县、泰和[L65]；南昌、永修、九江、波阳[F13]

四川：会东、雷波[S46]；苍溪、南充、岳池、仪陇[T3]；宜宾、万县、康定、巴塘[A1]；安县[G12]；广泛分布[H23]

贵州：绥阳、威宁、兴义、安顺、印江、玉屏、雷山、荔波、从江、仁怀[L2]；梵净山[G17]

云南：泸西、绿春、屏边、弥勒[L4]；双江[L71]；德钦[S46]；大理、丽江[A1]；宜良[Y43]；景东[Z61]；景洪、勐海[W67]

广西：靖西、龙州、宁明、上思、邕宁[W47]；西林、百色、平果、灵山、玉林、大容山、资源、融安、融水[S12,W83]

广东：电白[C22]；紫金、普宁、大埔[T5]；广州[A1]；惠东[J10]；永丰[L63]

福建：厦门、福清、福州、龙溪[A1]；建瓯[Z7]；建阳、宁德、三明、龙岩、莆田、晋江[Z11]；永春[L97]

香港：香港[A1]

广泛栖息

欧洲，北美，小亚细亚，中亚，东南亚。

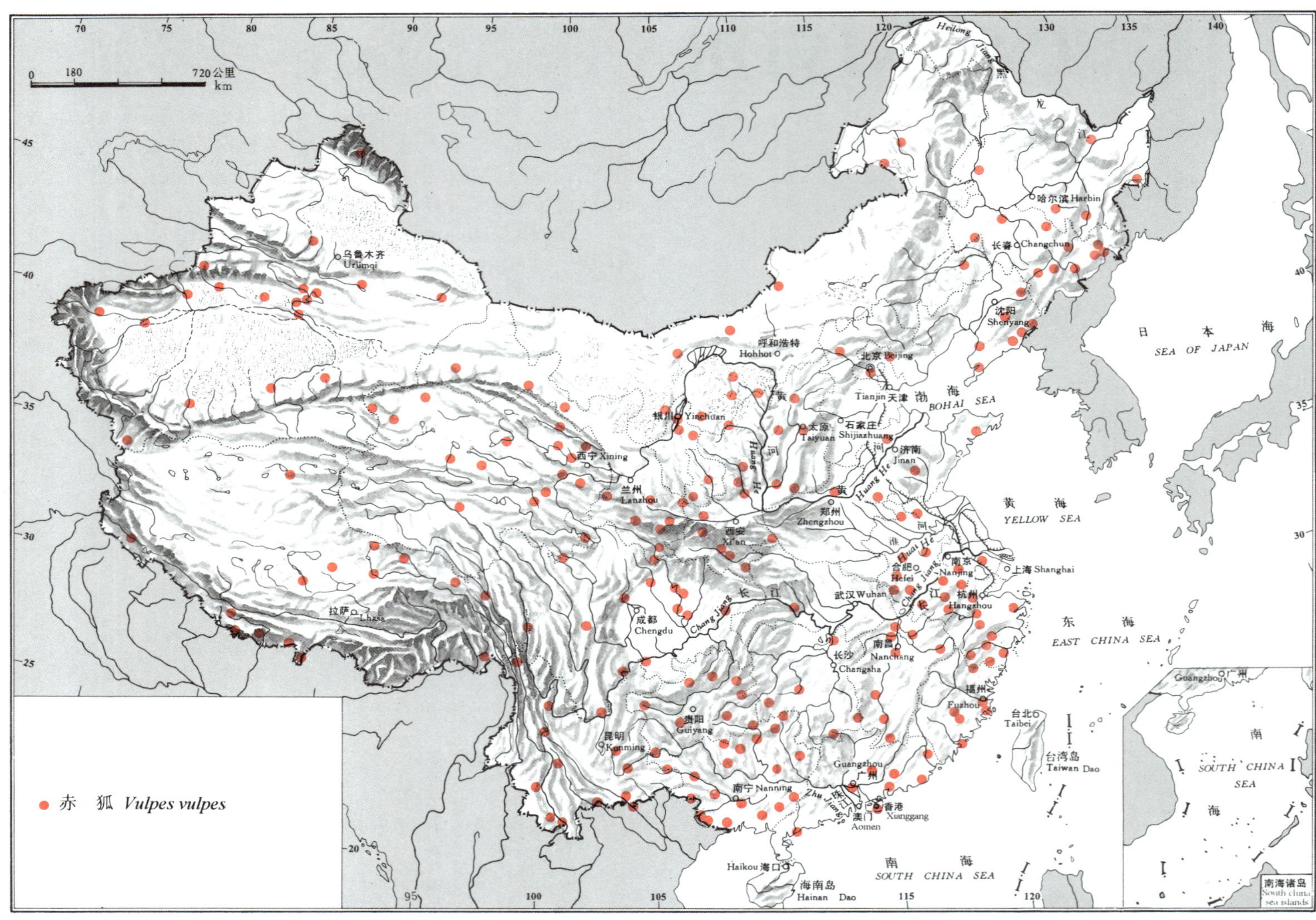

图 57 赤狐 *Vulpes vulpes* 的分布

Vulpes Oken, 1816 Foxes

Vulpes vulpes Linnaeus, 1758 **Red fox**

V. v. montana Pearson, 1836 [Yunnan, Xizang]

V. v. karagan Erxleben, 1777 [Central Asia]

V. v. hoole Swinhoe, 1870 [Central and south China]

V. v. tschiliensis Matschie, 1907 [North China]

V. v. daurica Ognev, 1931 [Northeast China]

Heilongjiang: Luobei[S33]; Shangzhi, Mudanjiang, Hulin, Qiqihar[M13]

Jilin: Tongliao, Kaitong, Dunhua, Jingyu, Antu, Yanji, Tumen, Huinan[S33]; Wangqing, Tumenling, Fuyu[Y24]

Liaoning: Qingyuan, Huanren, Benxi, Fengcheng, Kuandian, Gaizhou[X5]; Pulandian[S33]; Dalian[D6]

Nei Mongol: Ewenki Aut[M13]; Erenhot[B11]; Alxa Left B., Xin Barag Left B.[M13]; southern flank of Yinshan, Ih Ju L.[Z56,59]; Urad Rear B.[K10]

Xinjiang: Hami, Turpan, Yanqi, Hejing, Hoxud, Korla, Yuli, Luntai, Baicheng, Aksu, Bachu, Artux, Yutian, Qiemo, Ruoqiang, Manas[X11]; Tuomuer Feng area[L44]; Altai[W52,Z20]; Taxkorgan[S5]

Hebei: Zhangjiakou, Xinglong[L86]

Beijing: Beijing[B10,Z31]

Shandong: Jiaodong, northwest, central and southwest parts[L74]

Henan: Xinxiang[Z97]

Shanxi: Shenchi (provided by Lu Zexun, 1959), Zhongtiaoshan, Lüliangshan[W8]; Taiyuan[A1]

Shaanxi: Shangnan[Z85]; Taibai, Fengxiang[A1]; Fengxian[W98]

Ningxia: Yanchi, Yongning, Yingchuan[W60]

Gansu: Wenxian[M1], Minxian, Xihe[A1]; Dunhuang, Jiuquan, Zhangye, Linxia[Z43], Pingliang, Qingyang, Tianshui, Wudu, Dingxi[Z81]

Qinghai: Gonghe, Xinghai, Guide, Haiyan, Gangcha, Menyuan, Qilian, Mangya, Alar, Nomhon, Lenghu[Z43]; Delingha, Qumarlêb, Huashixia, Baima, Nangqên, Jigzhi[Z16,24,69]; source area of Changjiang[C3]

Xizang: Lhasa[E1]; Zanda, Qamdo, Tingri, Quzhong, Selong, Nyalam, Gamba, Pali, Zayü[X30]; Lhorong, Riwoqê, Zedang, Yadang, Nagqu[F5,Z3]

Anhui: Ningguo, Shexian, Wuwei, Xiaoxian, Chuxian, Wuhu, Suxian, Huainan, Shouxian, Huoqiu, Jinzhai, Lu'an, Chaoxian, Huoshan, Taihu, Tongcheng, Foziling, Yuexi, Qianshan, Guangde, Guichi, Huangling, Fuxian, Luochuan[H35,W36,39]

Jiangsu: Jiangyin, southwestern hill area, northern hill area[H33]

Zhejiang: Anji, Ningbo, Jinhua, Yongkang, Quzhou, Wenzhou, Lishui, Longquan, Qingyuan[Z113]; Taishun, Tonglu[A1]

Hubei: Yichang[A1]

Henan: Yueyang[A1]; Shaoyang, Xinning, Suining, Yizhang, Guidong[L65]

Jiangxi: Anyuan, Ganxian, Taihe[L65]; Nanchang, Yongxiu, Jiujiang, Boyang[F13]

Sichuan: Huidong, Leibo[S46]; Cangxi, Nanchong, Yuechi, Yilong[T3]; Yibin, Wanxian, Kangding, Batang[A1]; Anxian[G12]; occurs in different areas[H24]

Guizhou: Suiyang, Weining, Xingyi, Anshun, Yinjiang, Yuping, Leishan, Libo, Chongjiang, Renhuai[L2]; Fanjingshan[G17]

Yunnan: Luxi, Luchun, Pingbian, Mile[L4]; Shuangjiang[L71]; Dêqên[S46]; Lijiang[A1]; Yiliang[Y43]; Jingdong[Z61]; Jinghong, Menghai[W67]

Guangxi: Jingxi, Longzhou, Ningming, Shangsi, Yongning[W47]; Xilin, Raise, Pingguo, Lingshan, Yulin, Darongshan, Ziyuan, Rong'an, Rongshui[S12,W83]

Guangdong: Dianbai[C22]; Zijin, Puning, Dapu[T5]; Guangzhou[A1]; Huidong[I10]; Yongfeng[L63]

Fujian: Xiamen, Fuqing, Fuzhou, Longxi[A1]; Jan'ou[Z7]; Jianyang, Ningde, Sanmeng, Longyan, Putian, Jinjiang[Z11]

Hongkong: Hongkong[A1]

Wild

Europe, North America, Asia Minor, Central Asia, Southeast Asia.

沙狐 ***Vulpes corsac*** Linnaeus, 1768

V. c. corsac Linnaeus, 1768［内蒙古］

V. c. turkmenica Ognev, 1935［新疆］

内蒙古：新巴尔虎左旗、新巴尔虎右旗、赤峰*；沙拉木伦[A1]；阿巴嘎旗、阿拉善左旗[W60]；乌审旗、杭锦旗、鄂托克旗[Z56]；满洲里、陈巴尔虎旗；鄂温克旗[M13]；二连浩特（张荣祖 1955 年提供）；潮格旗[X10]；通辽[L86]

青海：广泛分布、长江源头[Z81]

宁夏：盐池、永宁[W60]；银川[Q13]

甘肃：张掖[Z43]；康乐、和政、玉门、肃南、阿克塞、碌曲[Z81]

新疆：吉木乃*；阿尔泰山[W58,Z20]

荒漠草原

西伯利亚，外贝加尔，蒙古，阿富汗北部。

藏狐 ***Vulpes ferrilata*** Hodgson, 1842

四川：甘孜、宝兴、炉霍、白玉、石渠、若尔盖、汶川、壤塘[H23]

甘肃：南山[R1]

青海：祁连山[R1]；黄河源头[R7]；广泛分布[Z43]

西藏：八宿、昌都、班戈、唐古拉山口、黑阿公路[F5]；日喀则、旁多、申扎、丁青[X30]；类乌齐、洛隆、雁石坪（唐古拉山）、江达、那曲、昂仁、噶尔[P6]

高原

尼泊尔。

Vulpes corsac Linnaeus, 1768 **Corsac fox**

V. c. corsac Linnaeus, 1768 [Nei Mongol]

V. c. turkmenica Ognev, 1935 [Xinjiang]

Nei Mongol: Xin Barag Left B., Xin Barag Right B., Chifeng*; Shara Murun[A1]; AbagB., Alxa Left B.[W60]; Uxin B., Hanggin B., OtogB.[Z56]; Manzhouli, Chen Barag B., Ewenki B.[M13]; Erenhot (provided by Zhang Yongzu 1955) Qog B.[X10]; Tongliao[L86]

Qinghai: Occurs in different areas, Source area of Changjiang[Z81]

Ningxia: Yanchi, Yongning[W60]; Yinchuan[Q13]

Gansu: Zhangye[Z43]; Kangle, Hezheng, Yumen, Sunan, Aksay, Luqu[Z81]

Xinjiang: Jeminay*; Altai[W58,Z20]

Desert and steppe

Siberia, Transbaikalia, Mongolia, northern Afghanistan.

Vulpes ferrilata Hodgson, 1842 **Tibetan fox**

Sichuan: Gerzê, Baoxing, Luhuo, Baiyü, Sêrxü, Zoigê, Wenchuan, Rangtang[H23]

Gansu: Nanshan[R1]

Qinghai: Qilianshan[R1]; source area of Huanghe[R7]; occurs in different areas[Z43]

Xizang: Baxoi, Qamdo, Baingoin, pass of Tanggshanla, along Heihe-Ngari highway[F5]; Xigazê, Pangduo, Xainza, Dêngqên[X30]; Riwoqê, Lhorong and Yanshiping (Tanggulashan), Jomda, Nagqu; Ngamring Gar[P6]

Plateau

Nepal.

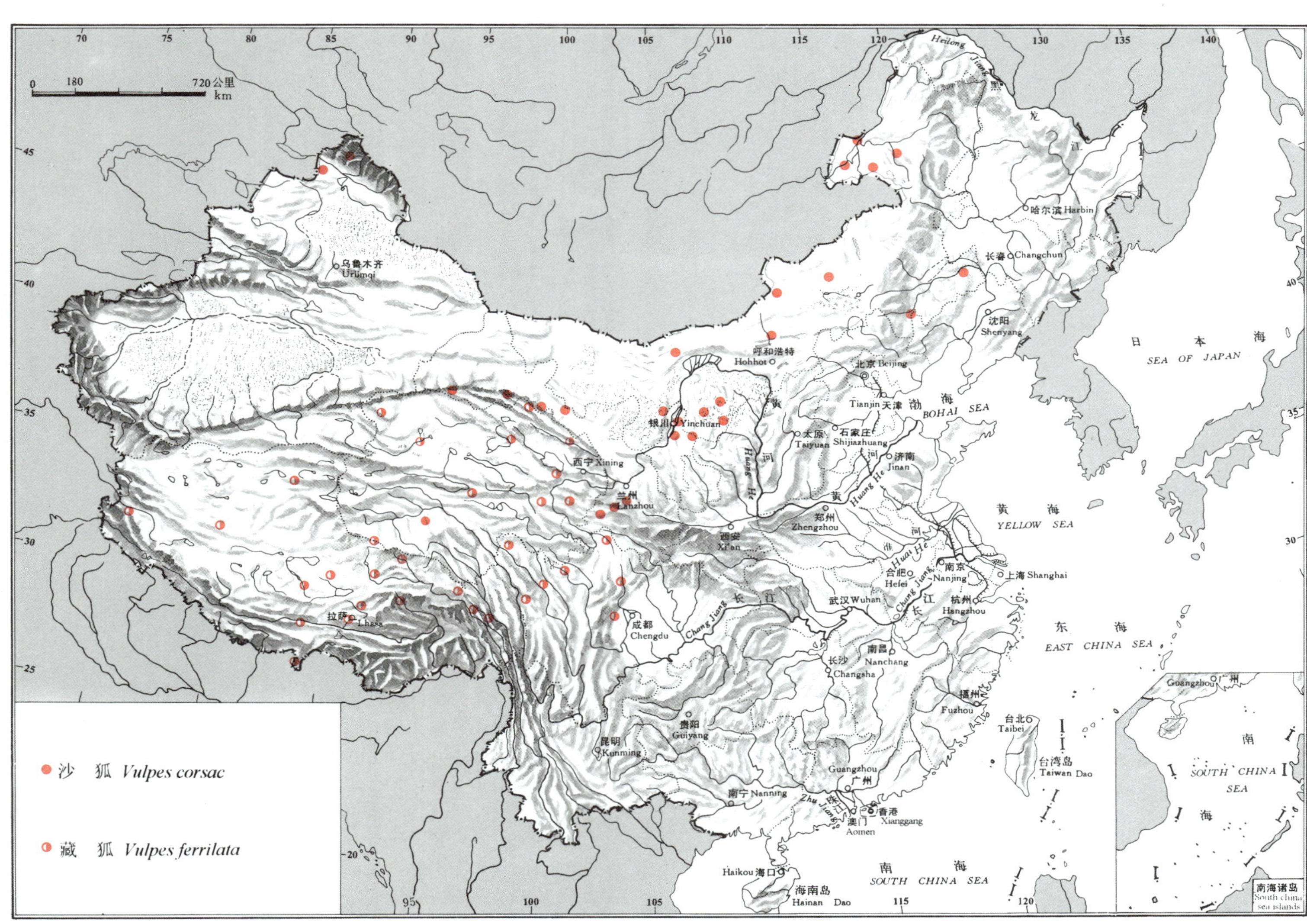

图 58 沙狐 *Vulpes corsac* 藏狐 *Vulpes ferrilata* 的分布

貉属 *Nyctereutes* Temminck, 1839

貉 ***Nyctereutes procyonoides*** Gray, 1834

N. p. procyonoides Gray, 1834［长江流域，东南沿海，华北］

N. p. orestes Thomas, 1923［云南，四川］

N. p. ussuriensis Matschie, 1907［东北］

黑龙江：尚志、穆棱、下城子、海林、牡丹江、兴凯湖附近、伊春、宝清、密山、虎林、林口[M13,S33]

吉林：敦化、延吉、辉南、靖宇、辑安[S33]；抚松、安图[Y24]
辽宁：普兰店、摩天岭[S33]；大连[D6]；清原、新宾、桓仁、本溪、凤庆、宽甸、盖州[X7]
内蒙古：正蓝旗*
河北：兴隆[A1]
北京：北京[B10,Z31]
河南：伏牛山、桐柏山、大别山[Z97]
山西：临县[A1]
陕西：宁陕、石泉、紫阳[W98]；柞水、洛南[Z85]；延安、绥德、榆林、子长[W115]
安徽：宿县、滁县、金寨、和县、巢县、六安、无为、霍山、佛子岭、岳西、潜山、太湖、芜湖、青阳、贵池、广德、宁国、歙县[H35,W36,39]
江苏：广泛分布[H33]；靖江[A1]
浙江：杭州、金华、湖州、宁波、泰顺、龙泉、宁海、常山、安吉、开化[Z113]；桐庐[A1]
江西：波阳、临川、峡江[S48]；安远、赣县、泰和[L65]；永修[F13]
湖南：桂东、宜章、新宁、绥宁[L65]；岳阳[A1]
四川：西充、苍溪[T3]；万县、宜宾[A1]；重庆、绵阳、江津、涪陵[H23]；安县[G12]
甘肃：天水[Z81]
贵州：威宁、盘县、兴义、镇宁、毕节、习水、绥阳、道真、松桃、雷山、罗甸[L2]；梵净山[G17]；荔波[X8]
云南：泸西[Z40]；屏边[L4]；建水、石屏、蒙自、弥勒、开远、绿春、金平、河口[M6]；丽江[A1]
广东：连州、阳山[T5]；连平、广州[E1]；惠东[J10]；乳源、乐昌、始兴[L63]
广西：宁明、靖西、上思[W47]；邕宁、西林、百色、天峨、融水、融安、资源、金秀、贺县、苍梧、灵山、钦州、玉林[S12,W83]
福建：福清[A1]；建瓯[Z7]；福州、厦门、建阳、宁德、三明、莆田、龙岩、龙溪、晋江[Z11]；永春[L97]

森林、灌丛

越南北部，阿穆尔，乌苏里，朝鲜，日本。

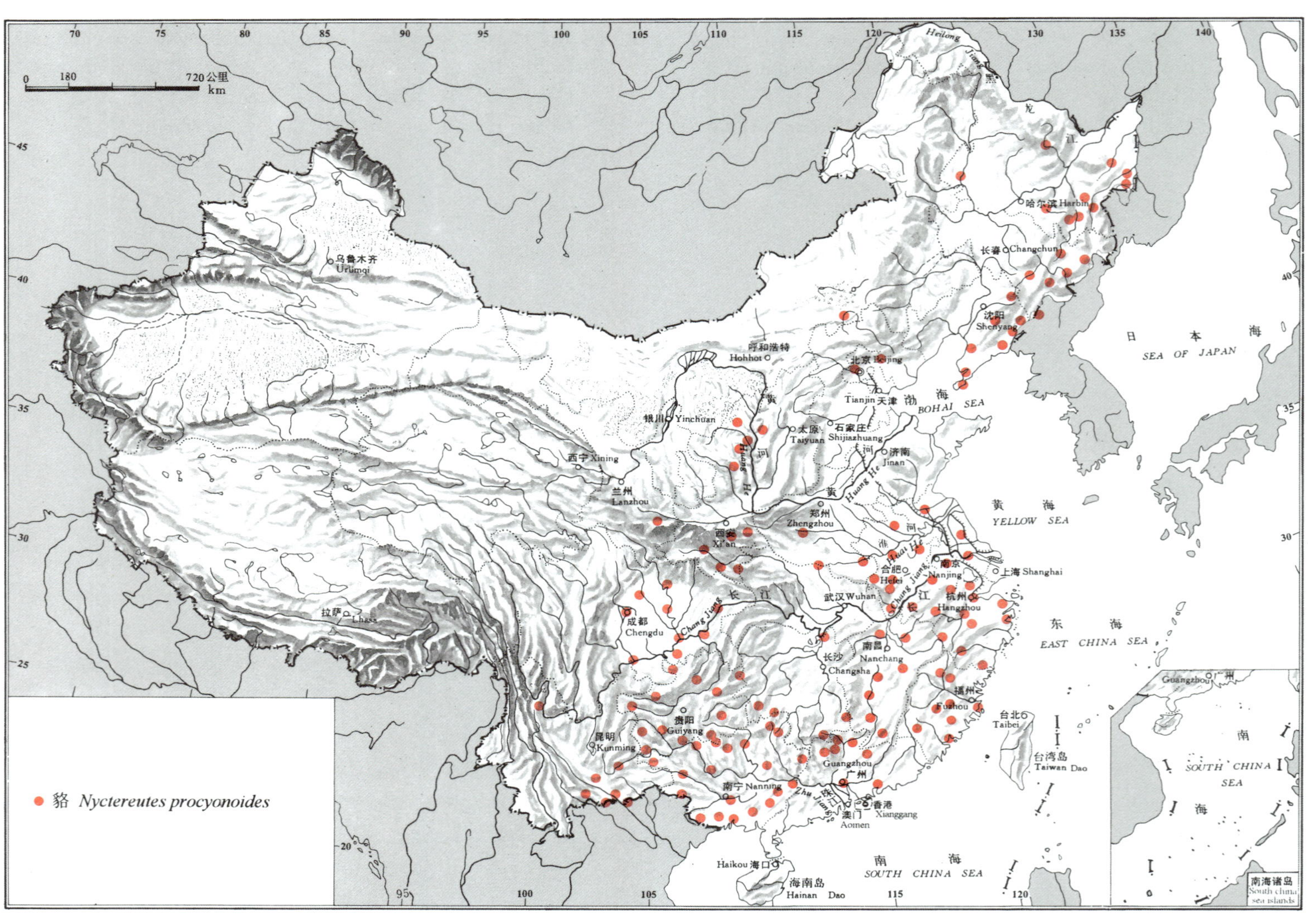

图 59 貉 *Nyctereutes procyonoides* 的分布

Nyctereutes Temminck, 1839 Raccoon-Dogs

Nyctereutes procyonoides Gray, 1834 **Raccoon-dog**

N. p. procyonoides Gray, 1834[Basin of Changjiang, southeast coast and north China]
N. p. orestes Thomas, 1923 [Yunnan, Sichuan]
N. p. ussuriensis Matschie, 1907[Northeast China]
Heilongjiang: Shangzhi, Muling, Xiachengzi, Hailin, Mudanjiang, near Xingkai Lake, Yichun, Baoqing, Mishan, Hulin, Linkou[M13,S33]
Jilin: Dunhuan, Yanji, Huinan, Jingyu, Ji'an[S33]; Fushong, Antu[Y24]
Liaoning: Pulandian, Motianling[S33]; Dalian[D6]; Qingyuan, Xinbin, Huanren, Benxi, Fengcheng, Kuandian, Gaizhou[X7]
Nei Mongol: Zhenglan B. *
Hebei: Xinglong[A1]
Beijing: Beijing[B10,Z31]
Henan: Funiushan, Tongbaishan, Dabieshan[Z97]
Shanxi: Linxian[A1]
Shaanxi: Ningshan, Shiquan, Ziyang[W98]; Zhashui, Luonan[Z85]; Yan'an, Shuide, Yulin, Zichang[W115]
Anhui: Suxian, Chuxian, Jinzhai, Hexian, Chaoxian, Liuan, Wuwei, Huoshan, Foziling, Yuexi, Qianshan, Taihu, Wuhu, Qingyang, Guichi, Guangde, Ningguo, Shexian[H35,W36,39]
Jiangsu: Occurs in different areas[H33]; Jingjiang[A1]
Zhejiang: Hangzhou, Jinhua, Huzhou, Ningbo, Taishun, Longquan, Ninghai, Changshan, Anji, Kaihua[Z113]; Tonglu[A1]
Jiangxi: Boyang, Linchuan, Xiajiang[S48]; Anyuan, Ganxian, Taihe[L65]; Yongxiu[F13]
Hunan: Guidong, Yizhang, Xinning, Suining[L65]; Yueyang[A1]
Sichuan: Xichong, Cangxi[T3]; Wanxian, Yibin[A1]; Chongqing, Mianyang, Jiangjin, Fuling[H23]; Anxian[G12]
Gansu: Tianshui[Z81]

Guizhou: Weining, Panxian, Xingyi, Zhenning, Bijie, Xishui, Suiyang, Daozhen, Songtao, Leishan, Luodian[L2]; Fanjingshan[G17]; Libo[X8]

Yunnan: Luxi[Z40]; Pingbian[L4]; Jianshui, Shiping, Mengzi, Mile, Kaiyuan, Lüchun, Jinping, Hekou[M6]; Lijiang[A1]

Guangdong: Lianzhou, Yangshan[T5]; Lianping, Guangzhou[E1]; Huidong[J10]; Ruyuan, Lechang, Shixing[L63]

Guangxi: Ningming, Jingxi, Shangsi[W47]; Yongning, Xilin, Bose, Tian'e, Rongshui, Rong'an, Ziyuan, Jinxiu, Hexian, Cangwu, Lingshan, Qinzhou, Yulin[S12, W83]

Fujian: Fuqing[A1]; Jian'ou[Z7]; Fuzhou, Xiamen, Jianyang, Ningde, Sanming, Putian, Longyan, Longxi, Jinjiang[Z11]

Forest and scrub

Tonkin in Indochina, Amur, Ussuri, Korea, Japan.

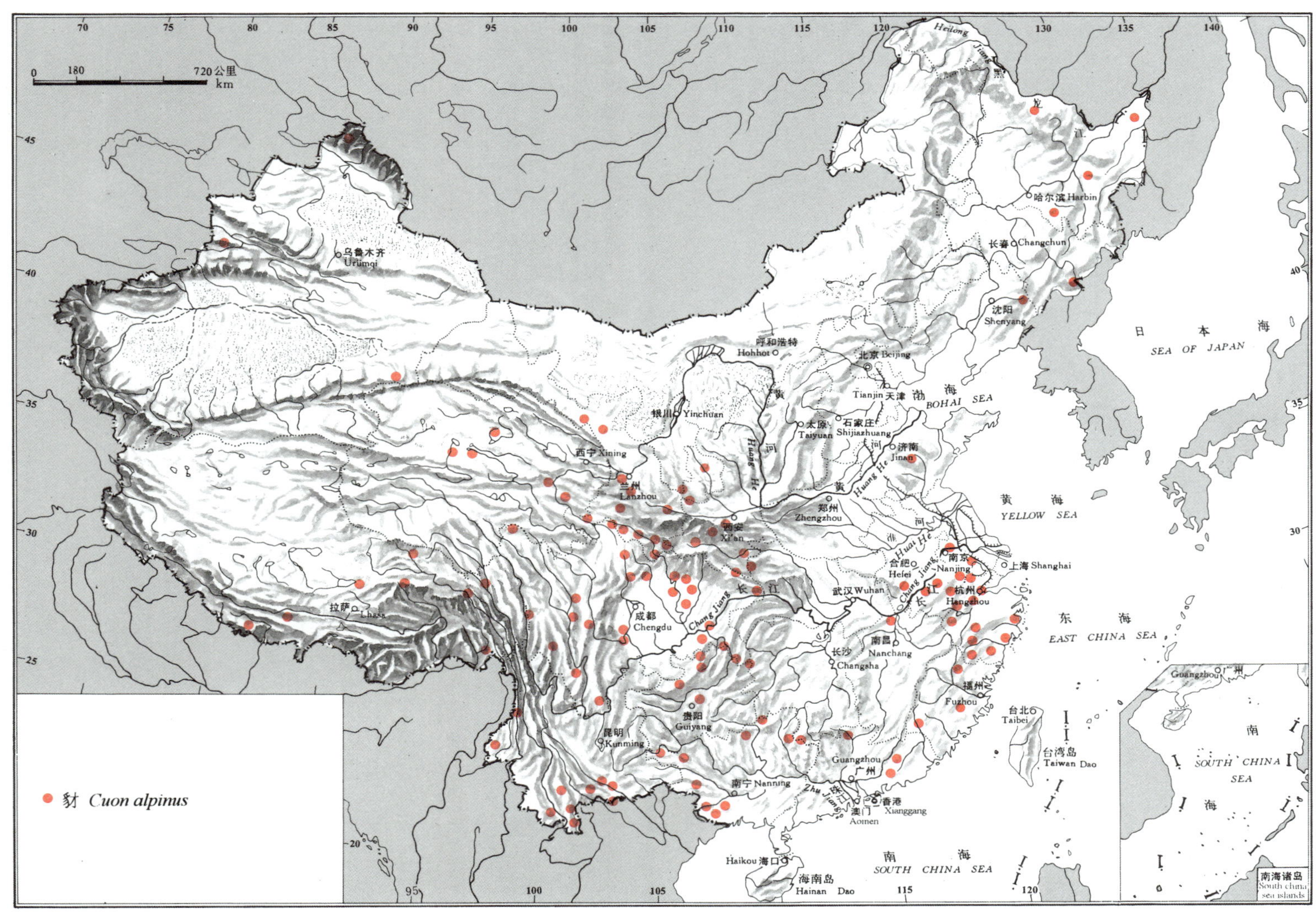

图 60 豺 *Cuon alpinus* 的分布

豺属 *Cuon* Hodgson, 1838

豺 ***Cuon alpinus*** Pallas, 1811

C. a. alpinus Pallas, 1811 [东北地区]

C. a. lepturus Heude, 1892 [长江中下游、东南沿海]

C. a. fumosus Pocock, 1936 [四川西部]

C. a. laniger Pocock, 1936[青藏高原]

黑龙江:小兴安岭[S33];东部山地[M13]

吉林:长白山[S33]

辽宁:清源[X7]

新疆:阿尔金山[X11];天山、阿尔泰山[R1]

陕西:秦岭、汉中、安康[M28];陇县[S41];佛坪、平利、镇坪[W98]

甘肃:文县[M1, Z43];临夏、天水、康乐、和政、永昌、武威、卓尼、玛曲、康县、武都、舟曲、迭部[Z69]

青海:同德、兴海、格尔木、德令哈、诺木洪[Z16, 24, 43, 69]

安徽:岳西、潜山、青阳、贵池、广德、歙县[H35]

江苏:南京[H36];苏南山区[H33];太湖附近[A1]

浙江:安吉、杭州、桐庐、开化、黄岩、淳安、文成、遂昌、龙泉、庆元[Z113]

山东:山东[L74]

江西:鄱阳湖附近[A1]

四川:松潘、望峨山、巴塘[A1];南充、阆中、仪陇、岳池、营山[T3];石渠、峨边[S46];城口、巫山、涪陵、南川、汶川、会东、木里、雅江、道孚、稻城、若尔盖、泸定[H23];安县[G12]

云南:思茅[Y43];泸水[S46];大盈江、元阳、红河、金平、绿春[L4];勐腊、勐养[W67];象明[Y10]

贵州:松桃、印江、绥阳、贵阳、毕节、正安、沿河、梵净山[L2]

广西:上思、宁明[W47];融水、恭城、富川、三江、田林、隆林、靖西、龙州、大新[S12, W83]

广东:紫金、九连山[T5];乳源[A1];惠东[J10]

福建:永平[A1]; 建瓯[Z7];永春[L97]

西藏:当雄、萨加[X30];昌都、洛隆[F5];那曲[Z3]

广泛栖息

中亚,阿尔泰,东西伯利亚,蒙古,乌苏里,印度半岛,克什米尔,尼泊尔,缅甸,典那沙冷,越南,老挝,马来半岛,苏门答腊,爪哇。

Cuon Hodgson, 1838 Red dogs

Cuon alpinus Pallas, 1811 **Dhole (Red dog)**

C. a. alpinus Pallas, 1811 [Northeast China]

C. a. lepturus Heude, 1892 [Middle-lower reaches of Changjiang, southeastern coast]

C. a. fumosus Pocock, 1936 [West Sichuan]

C. a. laniger Pocock, 1936 [Tibetan plateau]

Heilongjiang: Xiao Hinggan Ling[S33]; eastern Mountaims[M13]
Jilin: Changbaishan[S33]
Liaoning: Qingyuan[X7]
Xinjiang: Altun[X11]; Tianshan, Altai[R1]
Shaanxi: Qinling, Hanzhong area, Ankang[M28]; Longxian[S41]; Fuping, Pingli, Zhenping[W98]
Gansu: Wenxian[M1,Z43]; Linxia, Tianshui, Kangle, Hezheng, Yongchang, Wuwei, Jonê, Maqu, Kangxian, Wudu, Zhugqu, Têwo[Z69]
Qinghai: Tongde, Xinghai, Golmud, Delingha, Nomhon[Z16,24,43,69]
Anhui: Yuexi, Qianshan, Qingyang, Guichi, Guangde, Shexian[H35]
Jiangsu: Nanjing[H36]; southern hill area[H33]; area near Taihu[A1]
Zhejiang: Anji, Hangzhou, Tonglu, Kaihua, Huangyan, Chun'an, Wencheng, Suichang, Longquan, Qingyuan[Z113]
Shandong: Shandong[L74]
Jiangxi: Area near Poyanghu[A1]

熊科 Ursidae

黑熊属 *Selenarctos* Heude, 1901

黑熊 ***Selenarctos thibetanus*** G. Cuvier, 1823

S. t. thibetansa G. Curier, 1823 [阿萨姆，中南半岛]
S. t. formosanus Swinhoe, 1864[台湾，海南，东南沿海]
S. t. laniger Pocock, 1932 [喜马拉雅]
S. t. ussuricus Heude, 1901 [东北，河北]
S. t. mupinensis Heude, 1901 [陕西、甘肃、四川、湖北、西藏、云南]

黑龙江：镜泊湖、伊春、宝清、抚远、尚志[S33]；铁力、海林[M14]
吉林：通辽、敦化、靖宇、抚松[S33]；辉南、汪清[M14]

Sichuan: Songpan, Wang'eshan, Batang[A1]; Nanchong, Langzhong, Yilong, Yuechi, Yingshan[T3]; Sêrxü, Ebian[S46]; Chengkou, Wushan, Fuling, Nanchuan, Wenchuan, Huidong, Muli, Yajiang, Daofu, Daocheng, Zoigê, Luding[H23]; Anxian[G12]
Yunnan: Simao[Y43]; Lushui[Y46]; Dayingjiang, Yuanyang, Honghe, Jinping, Lüchun[L4]; Mengla, Mengyang[W67]; Xiangming[Y10]
Guizhou: Songtao, Yingjiang, Suiyang, Guiyang, Bijie, Zheng'an, Yanhe, Fanjingshan[L2]
Guangxi: Shangsi, Ningming[W47]; Rongshui, Gongcheng, Fuchuan, Sanjiang, Tianlin, Longlin, Jingxi, Longzhou, Daxin[S12,W83]
Guangdong: Zijin, Jiulianshan[T5]; Ruyuan[A1]; Huidong[J10]
Fujian: Yongping[A1]; Jian'ou[Z7]; Yongchun[L97]
Xizang: Damxung, Sa'gya[X30]; Qamdo, Lhorong[F5]; Nagqu[Z3]

Wild

Central Asia, Altai, East Siberia, Mongolia, Ussuri, Indian peninsula, Kashmir, Nepal, Myanmar, Tenasserim, Indochina, Malay peninsula, Sumatra, Java.

辽宁：新宾、本溪、桓仁、凤城[Y36]；宽甸[X5]
河北：兴隆[A1]
陕西：太白山[E1]；陇县[S41]；周至、佛坪[M14]；宁陕[W98]；柞水、镇安[Z85]
甘肃：武山、康乐、临夏、文县[M14]；武都[Z81]；迭部[L94]
青海：班玛、玉树、囊谦[Z69]
安徽：宁国、休宁[B8]；祁门[W39]
浙江：富阳、淳安、浦江、开化[Z113]
湖南：桂东、宜章、新宁、绥宁[L65]
湖北：湖北[E1]
四川：宝兴、康定、巴塘[A1]；雅江、炉霍、白玉、美姑[S46]；峨边、平武、泸定、汶川、德格、甘孜、红源、壤塘、南平[H23]；安县[G12]
贵州：松桃、印江、安龙、长顺、贵定、毕节、江口、独山、雷山、三都、惠水、望谟[L2]；梵净山[G17,M14]；荔波[X8]
云南：永德[L71]；屏边、景洪、思茅、勐海、河口、金平、勐混[Y43]；德钦[S46]；

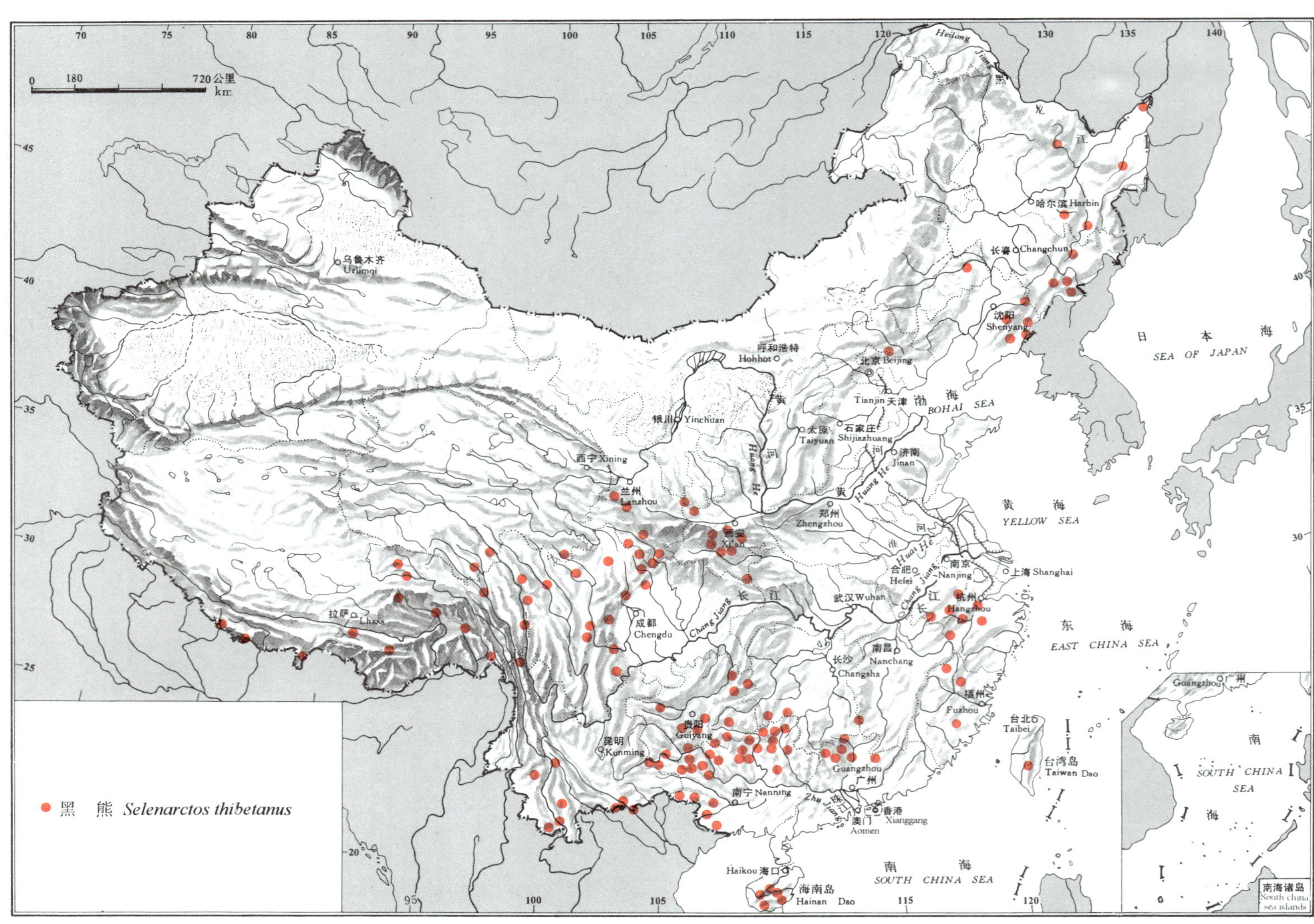

图 61 黑熊 *Selenarctos thibetanus* 的分布

勐腊、勐醒[M14]；景东[Z61]；绿春、元阳[L4]

西藏：亚东、三安曲林、吉隆、樟木、易贡、波密、察隅[X30]；聂拉木[M16]；仲巴、彭波、林周、那曲、墨脱、定日（卡玛曲）、昌都[F5,Y29]

广西：资源、龙胜、兴安、恭城、永福、临桂、金秀（大瑶山）、融水、融安、三江、西林、田林、隆林、凌云、乐业、靖西、那坡、天峨、南丹、环江、罗城、巴马、凤山、龙州、宁明、大新、九万大山、元宝山[S12,W83]

广东：曲江[T5]；乳源、乐昌、连州、英德[X22]

Ursidae Bears

Selenarctos Heude, 1901 **Asiatic black bears**

Selenarctos thibetanus G. Cuvier, 1823 **Asiatic black bear**

S. t. thibetanus G. Cuvier, 1823 [Assam, Myanmar, Thailand, Indochina]

S. t. formosanus Swinhoe, 1864 [Taiwan, Hainan, southeastern coast]

S. t. laniger Pocock, 1932 [Kashmir, Himalayas]

S. t. ussuricus Heude, 1901 [Northeast China, Hebei]

S. t. mupinensis Heude 1901 [Shaanxi, Gansu, Sichuan, Hubei, Xizang, Yunnan]

Heilongjiang: Jingpo Hu, Yichun, Baoqing, Fuyuan, Shangzhi[S33]; Tieli, Hailin[M14]

Jilin: Tongliao, Dunhua, Jingyu, Fusong[S33]; Huinan, Wangqing[M14]

Liaoning: Xinbing, Benxi, Huanren, Fengcheng[Y36]; Kuandian[X5]

Hebei: Xinglong[A1]

Shaanxi: Taibaishan[E1]; Longxian[S41]; Zhouzhi, Foping[M14]; Ningshan[W98]; Zhashui, Zhenan[Z85]

Gansu: Wushan, Kangle, Linxia, Wenxian[M14]; Wudu[Z81]; Têwo[L94]

Qinghai: Banma, Yusu, Nangqên[Z69]

Anhui: Ninghuo, Xiuning[B8]; Qimen[W39]

Zhejiang: Fuyang, Chun'an, Pujiang, Kaihua[Z113]

Hunan: Guidong, Yizhang, Xinning, Suining[L65]

熊属 *Ursus* Linnaeus, 1758

棕熊 ***Ursus arctos*** Linnaeus, 1758

U. a. arctos Linnaeus, 1758[阿尔泰山]

U. a. isabellinus Horsfield, 1826 [天山，帕米尔]

U. a. beringianus Middendorff, 1853[东北东南部]

U. a. lasiotus Gray, 1867 [黑龙江]

黑龙江：伊春、黑河[S33]；尚志、呼玛[M14]

吉林：漫江[S32]；松江[M14]；汪清、图们江[G18]；老爷岭[G9]

内蒙古：海拉尔、根河、牙克石[M14]

新疆：托木尔地区[L44]；焉耆、和静、拜城、阿克苏、库尔勒、且末、若羌[W50,X11]；阿尔泰山（马逸清 1995 年提供）

林灌荒野

欧洲，非洲北部，小亚细亚，伊朗，中亚，蒙古，朝鲜，日本，北美。

马熊 ***Ursus pruinosus*** Blyth, 1854

Ursus Linnaeus, 1758 **Brown bears**

Ursus arctos Linnaeus, 1758 **Brown bear (Grizzly bear)**

U. a. arctos Linnaeus, 1758[Altai]

U. a. isabellinus Horsfield, 1826[Tianshan, Pamir]

U. a. beringianus Middendorff, 1853 [Southeast of northeast China]

U. a. lasiotus Gray, 1867[Heilongjiang]

Heilongjiang: Yichun, Heihe[S33]; Shangzhi, Huma[M14]

Jilin: Majiang[s32]; Songjiang[M14]; Wangqing, Tumenjiang[G18]; Laoyueling[G9]

Nei Mongol: Hailar, Genhe, Yakeshi[M14]

海南：东方、南丰[A1]、白沙[M14]；昌江、保亭、万宁（五指山、坝王岭、尖峰岭、鹦哥岭、吊罗山）[X21]

福建：武夷山[A1]；建瓯[Z7]；永春[L97]

台湾：阿里山[C15]

山地森林

阿富汗，巴基斯坦，克什米尔，尼泊尔，阿萨姆，中南半岛，日本，朝鲜，乌苏里，阿穆尔。

Hubei: Hubei[E1]

Sichuan: Baoxing, Kangding, Batang[A1]; Yajiang, Luhuo, Baiyü, Meigu[S46]; Ebian, Pingwu, Luding, Wenchuan, Dêgê, Garzê, Hongyuan, Rangtang, Nanping[H23]; Anxian[G12]

Guizhou: Songtao, Yinjiang, Anlong, Changshun, Guiding, Bijie, Jiangkou, Dushan, Leishan, Sandu, Huishui, Wangmo[L2]; Fanjingshan[G17,M14]; Libo[X8]

Yunnan: Yongde[L71]; Pingbian, Jinghong, Simao, Menghai, Hekou, Jinping, Menghun[Y43]; Dêqên[S46]; Mengla, Mengxing[M14]; Jingdong[Z61]; Lüchun, Yuanyang[L4]

Xizang: Yadong, Sangnaqoiling, Gyirong, Zhangmu, Yigong, Bomi, Zayü[X30]; Nyalam[M16]; Zhongba, Pengbo, Lhunzhub, Nagqu, Mêdog, Kama valley in Tingri, Qamdo[F5,Y29]

Guangxi: Ziyuan, Longsheng, Xin'an, Gongcheng, Yongfu, Lingui, Jinxiu (Da Yaoshan), Rongshui, Rong'an, Shanjiang, Xilin, Tianlin, Longlin, Linyun, Leyue, Jingxi, Napo, Tian'e, Nandan, Huanjiang, Luocheng, Bama, Fengshan, Longzhou, Ningming, Daxin, Jiuwandaishan, Yuanbaoshan[S12,W83]

Guangdong: Qujiang[T5]; Ruyuan, Lechang, Lianzhou, Yingde[X22]

Hainan: Dongfang, Nanfeng[A1]; Baisha[M14]; Changjiang, Baoting, Wanning (Wuzhishan, Bawangling, Jianfengling, Yinggeling, Diaoluoshan)[X21]

Fujian: Wuyishan[A1]; Jian'ou[Z7]; Yongchun[L97]

Taiwan: Alishan[C15]

Mountain forest

Afghanistan, Pakistan, Kashmir, Nepal, Assam, Myanmar, Thailand, Indochina, Japan, Korea, Ussuri, Amur.

甘肃：文县[M1]；酒泉南部（祁连山）、康乐、白龙江[Z43]；岷山[A1]；天祝、民乐、肃南、阿克塞[Z81]

青海：可可西里、冷湖、茫崖西部、格尔木南部、诺木洪、德令哈、乌图养仁、祁连、曲麻莱、同德、兴海、班玛[M14,Z16,24,43]；长江源头[C3]

四川：康定、美姑[S46]；巴塘[A1]；安县[G2]；平武、雅江、炉霍、白玉[H23]

西藏：申扎、班戈、珠穆朗玛峰地区、仲巴、曲水、奇林湖西南、加查、三安曲岭[X30]；拉萨[A1]；昌都[M14]；那曲、双湖、彭波、林周[F5]；安多[Y38]；江达[Y29]

高原林地、荒野

马来熊属 *Helarctos* Horsfield, 1825

马来熊 ***Helarctos malayanus*** Raffles, 1822

云南：金平、绿春[L4]；本省南部边境[A1,E1]

森林

中南半岛，马来半岛，苏门答腊，加里曼丹。

Xinjiang: Tuomuer Feng, area[L44]; Yanqi, Hejing, Baicheng, Aksu, Korla, Qiemo, Ruoqiang[W50,X11]; Altai (provided by Ma Yiqing 1995)

Forest, wild and jungle

Europe, North Africa, Asia Minor, Iran, Central Asia, Mongolia, Korea, Japan and North America.

Ursus pruinosus Blyth, 1854 **Tibetan bear**

Gansu: Wenxian[W1]; southern Jiuquan (Qilianshan), Kangle, Bailongjiang[Z18]; Minshan[A1]; Tianzhu, Minle, Sunan, Aksay[Z81]

Qinghai: Hoh Xil Shan, Linghu, western Mangya, southern Golmud, Nomhon, Delingha, Wutuyangren, Qilian, Qumarlêb, Tongde, Xinghai, Baima[M14,Z16,24,43]; source area of

Changjiang[C3]
Sichuan: Kangding, Meigu[S46]; Batang[A1]; Anxian[G12]; Pingwu, Yajiang, Luhuo, Baiyü[H23]
Xizang: Xainza, Baingoin, Qomolangma area, Zhongba, Quxu, southwestern Qilinhu, Gyaca, Sangngaqoiling; Lhasa[A1]; Qamdo[M14]; Nagqu, Shuanghu, Painbo, Lhunzhub[F5]; Amdo[Y38]; Jomda[Y29]

Plateau woodland and wild

Helarctos Horsfield, 1825

Malayan bears, sun bears

Helarctos malayanus Raffles, 1822 **Sun bear**

Yunnan: Jinping, Lüchun[L4]; southern border of the province[A1,E1]

Forest

Myanmar, Thailand, Indochina, Malay peninsula, Borneo.

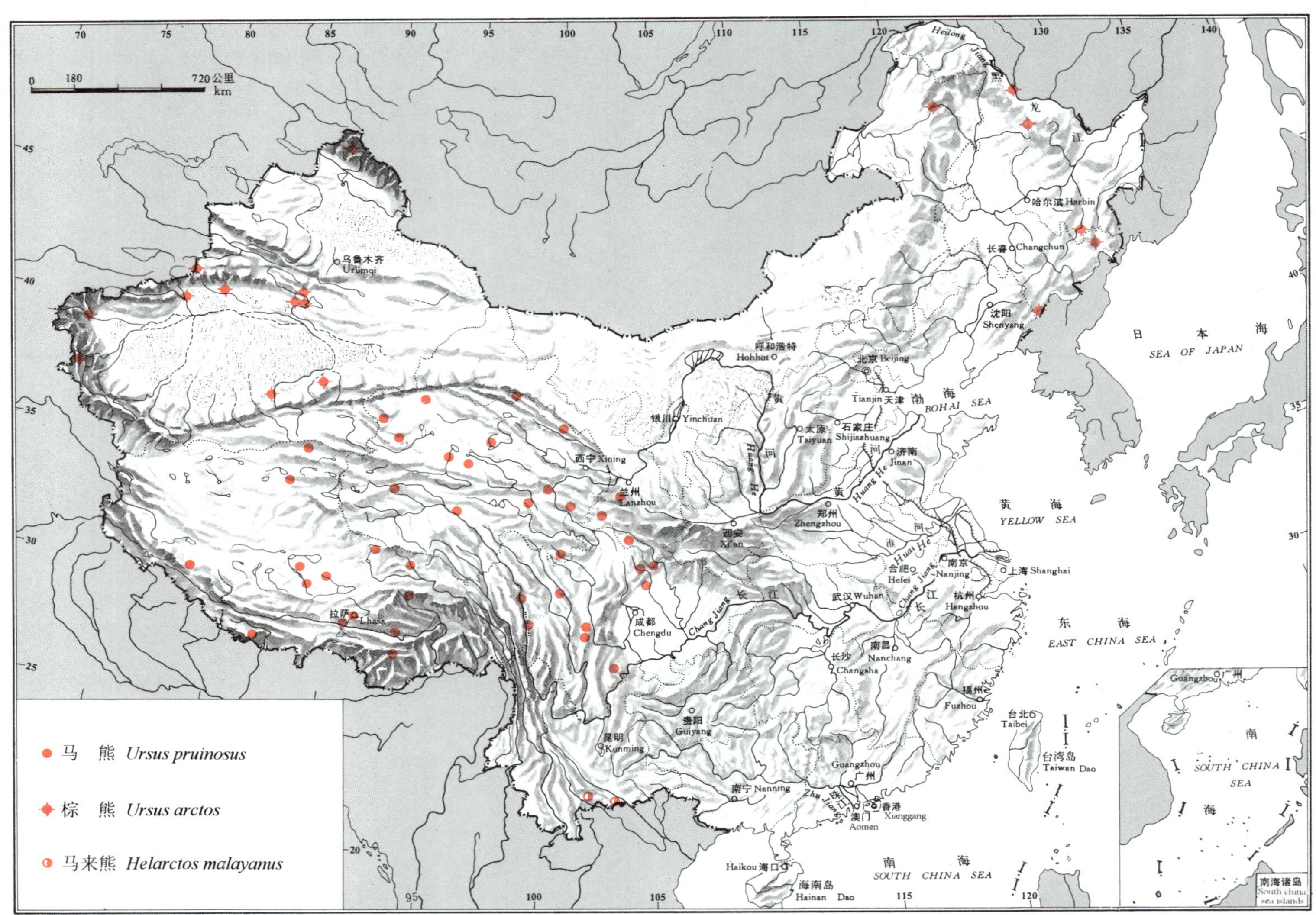

图 62 棕熊 *Ursus arctos* 马熊 *Ursus pruinosus* 马来熊 *Helarctos malayanus* 的分布

熊猫科 Ailuropodidae

小熊猫属 *Ailurus* F. Cuvier, 1825

小熊猫 ***Ailurus fulgens*** F. Cuvier, 1825
A. f. fulgens F. Cuvier, 1825［喜马拉雅］
A. f. styani Thomas, 1902［横断山］

陕西：石泉[W98]
青海：玉树、囊谦[Z69]
甘肃：天水[Z81]
四川：木里、宝兴、天全、石棉、峨边、康定、灌县、重庆、会东、美姑、盐源[S46]；昭觉、岷江[E1]；望峨山、峨眉山[A1]；九龙、稻城、青川、北川、安县、洪雅、甘洛、马边、荥经、芦山、冕宁、邛崃、彭州、什邡、崇州、若尔盖、黑水、小金、茂汶、泸定、汶川[H23]
云南：思茅、勐腊[Y43]；德钦[S46]；丽江、大理[A1]；景东[Z61]
西藏：昌都、定日（卡玛曲）、察隅、波密、墨脱、亚东、吉隆、樟木、朋曲河谷[F5,X30]；芒康、林芝、米林、错那[Y29]

山地森林（亚高山针阔叶混交林以下）

缅甸北部，锡金，尼泊尔。

Ailuropodidae Pandas

Ailurus F. Cuvier, 1825 Lesser pandas

Ailurus fulgens F. Cuvier, 1825 **Lesser panda (Red panda)**
A. f. fulgens F. Cuvier, 1825［Himalayas］
A. f. styani Thomas, 1902［Hengduanshan］

Shaanxi: Shiquan[W98]
Qinghai: Yushu, Nangqên[Z69]
Gansu: Tianshui[Z81]
Sichuan: Muli, Baoxing, Tianquan, Shimian, Ebian, Kangding, Guanxian, Chongqing, Huidong, Meigu, Yanyuan[S46]; Zhaojue, Minjiang[E1]; Wang'eshan, Emeishan[A1]; Jiulong, Daocheng, Qingchuan, Beichuan, Anxian, Hongya, Ganluo, Mabian, Yingjing, Lushan, Mianning, Qionglai, Pengzhou, Shifang, Chongzhou, Zoigê, Heishui, Xiaojin, Maowen, Luding, Wenchuan[H23]
Yunnan: Simao, Mengla[Y43]; Dêqên[S46]; Lijiang, Dali[A1]; Jingdong[Z61]
Xizang: Qamdo, Tingri (Kama valley), Zayü, Bomi, Mêdog,

Yadong, Gyirong, Zhangmu, Pengu valley[F5,X30]; Markam, Nyingchi, Mainling, Cona[Y29]

Mountain forest (below subalpine coniferous-broadleaf mixed forest)

Northern Myanmar, Sikkim, Nepal.

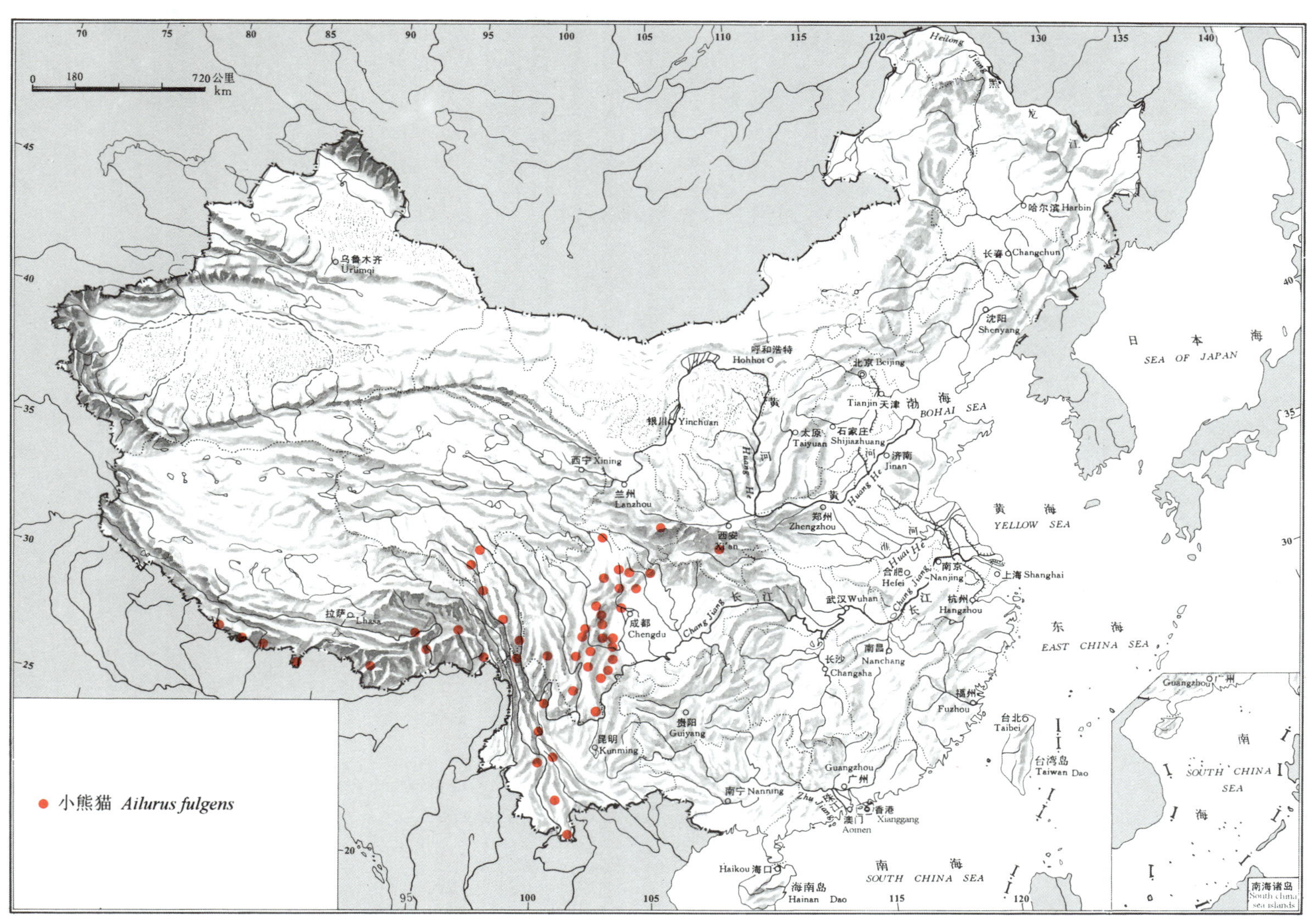

图 63 小熊猫 *Ailurus fulgens* 的分布

大熊猫属 *Ailuropoda* Milne-Edwards, 1870

大熊猫 ***Ailuropoda melanoleuca*** David, 1869

四川：平武*；岷江上游、宝兴、康定、汶川、天全、泸定、叶里(28°5′N, 102°22′E)、美姑、峨边、雷波[S46]；越西、理县、大邑、灌县、松潘、南坪、青川、绵竹、北川、峨眉山、洪雅、甘洛、马边、荥经、石棉、芦山、冕宁、邛崃、彭州、什邡、崇州、若尔盖、黑水、小金、茂汶[H22,23,24]；安县[G12]

陕西：佛坪、洋县[W98]；宁陕[Z76]；太白、石泉、周至[W125]

甘肃：文县、迭部、舟曲[M1,N2,W59]

亚高山针叶林—竹林

Ailuropoda **Milne-Edwards, 1870 Giant pandas**

Ailuropoda melanoleuca **David, 1869 Giant panda**

Sichuan: Pingwu*; upper reaches of Minjiang, Baoxing, Kangding, Wenchuan, Tianquan, Luding, Yeli (28°5′N, 102°22′E), Meigu, Ebian, Leibo[S46]; Yuexi, Lixian, Dayi, Guanxian, Songpan, Nanping, Qingchuan, Mianzhu, Beichuan, Emeishan, Hongya, Ganluo, Mabian, Yingjing, Shimian, Lushan, Mianning, Qionglai, Pengzhou[H22,23]; Shifan, Chongzhou, Zoigê, Heishui, Xiaojin, Maowen[H22,23,24]; Anxian[G12]

Shaanxi: Foping, Yangxian[W98]; Ningshan[Z76]; Taibai, Shiquan, Zhouzhi[W125]

Gansu: Wenxian, Dewo, Zhugqu[M1,N2,W59]

Subalpine coniferous-bamboo forest

鼬科 Mustelidae

貂属 *Martes* Pinel, 1792

石貂 ***Martes foina*** Erxleben, 1777

M. f. intermedia Severtzov, 1873 [青海，新疆，华北]

M. f. kozlovi Ognev, 1931 [西藏，四川西北，云南]

山西：岚县、雁北、忻州、安泽、临猗[G9,W8]

河北：唐县[G9]

内蒙古：乌审旗[Z56]

四川：松潘[A1]；甘孜、汶川、白玉、德格、邓柯、巴塘、理县[H23]；安县[G12]

宁夏：盐池、永宁、银川[W60]

陕西：定边[C27]；吴旗、志丹[S10]；横山、神木[G9]

甘肃：舟曲、迭部[N2]；临夏[Q13]；庆阳、皋兰、武都[Z81]

青海：共和、同德、兴海[Z24]；祁连、门源、海晏、刚察、冷湖北部、玉树[Z16]；格尔木南部、德令哈、都兰[Z43,69]

云南：迪庆[G9]

新疆：托木尔峰地区[L44]；焉耆、和静、和硕、库尔勒、拜城、阿克苏、若羌、且末[X11,W50]；莎车[E1]；阿尔泰山[R4]

西藏：昌都、察隅、拉萨[F5]；日喀则、萨迦、帕里、隆子、加查、囊杰[X30]；那曲[Z3]；丁青、巴青、类乌齐、江达[Y29]

山地

西欧，克里米亚，高加索，小亚细亚，伊朗，阿富汗，中亚，阿尔泰，蒙古。

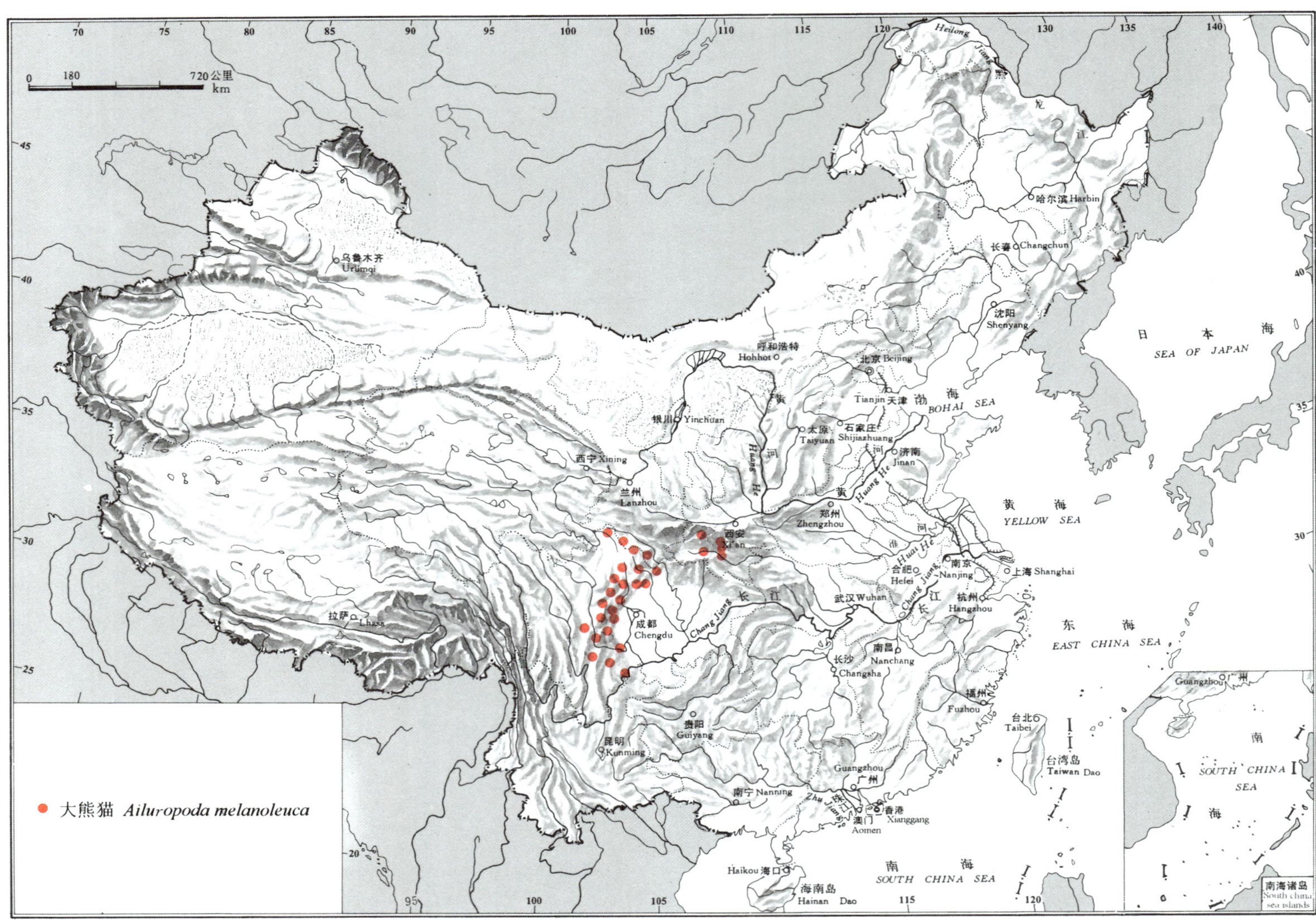

图 64 大熊猫 *Ailuropoda melanoleuca* 的分布

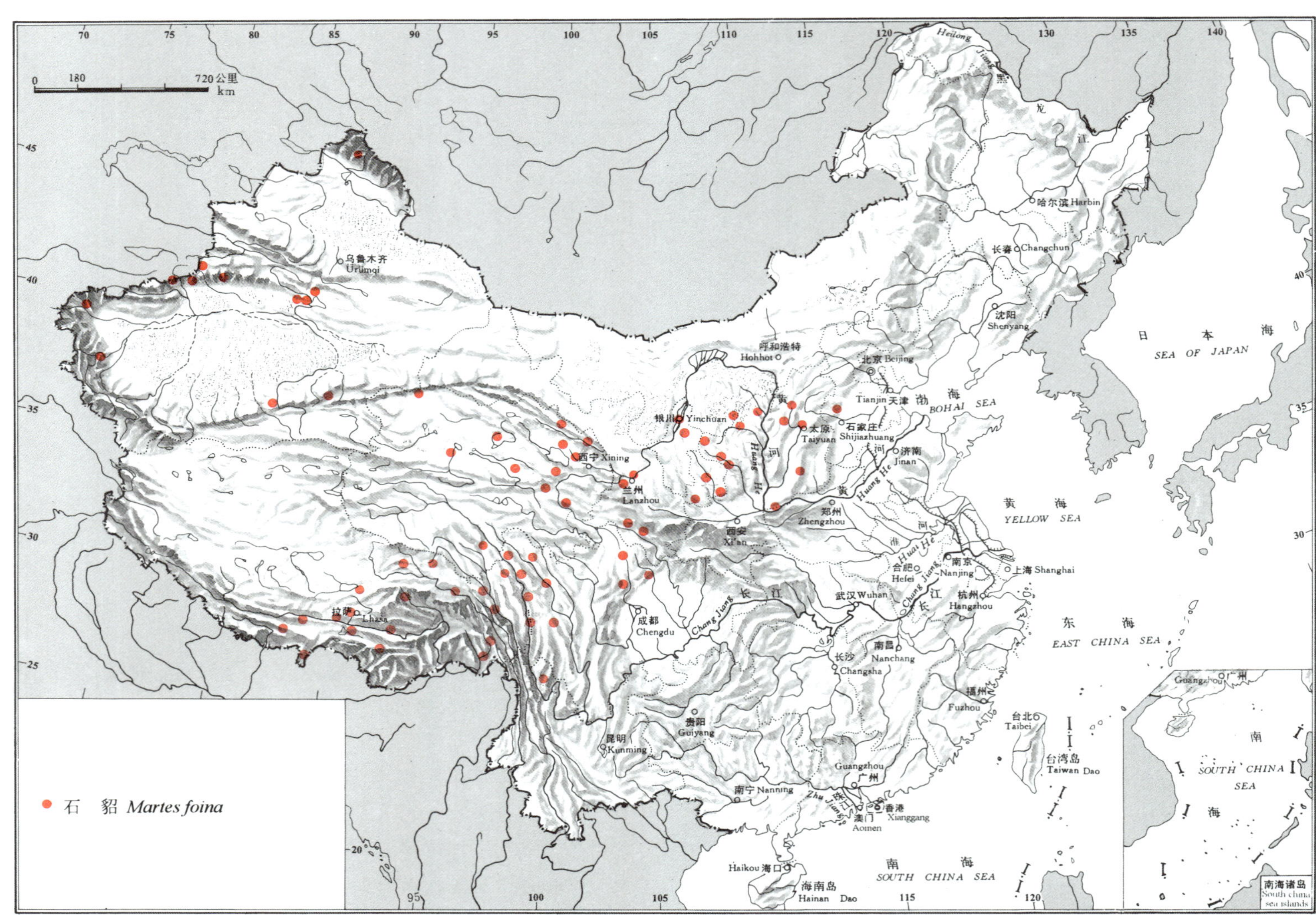

图 65 石貂 *Martes foina* 的分布

Mustelidae Weasels ete.

Martes Pinel,1792 **Martens**

Martes foina Erxleben,1777 **Beech marten(Stone marten)**

M. f. intermedia Severtzov,1873 [Qinghai,Xinjiang,north China]

M. f. kozlovi Ognev, 1931 [Xizang, northwestern Sichuan, Yunnan]

Shanxi:Lanxian,Yanbei,Xinzhou,Anze,Linyi[G9,W8]

Hebei:Tangxian[G9]

Nei Mongol:Uxin B.[Z56]

Sichuan: Songpan[A1]; Garzê, Wenchuan, Baiyü, Dêgê, Dainkog, Batang,Lixian[H23];Anxian[G12]

Ningxia:Yanchi,Yongning,Yinchuan[W60]

Shaanxi:Dingbian[C27];Wuqi,Zhidan[S10];Hengshan,Shenmu[G9]

Gansu:Zhugqu,Têwo[N2];Linxia[Q13];Qingyang,Gaolan,Wudu[Z81]

Qinghai: Gonghe, Tongde, Xinghai[Z24]; Qilian, Menyuan, Haiyan, Gangca, northern Linghu, Yushu[Z16]; southern Golmud, Delingha,Dulan[Z43,69]

Yunnan:Diqing[G9]

Xinjiang: Tuomuer Feng area[L44]; Yanqi, Hejing, Hoxud, Korla, Baicheng,Aksu,Ruoqiang,Qiemo[X11,W50];Shache[E1];Altai[R4]

Xizang: Qamdo, Zayü, Lhasa[F5]; Xigazê, Sa'gya, Pagri, Lhünzê, Gyaca, Nangjie[X30]; Nagqu[Z3]; Dêngqên, Bagqên, Riwoqê, Jomda[Y29]

Mountain

Western Europe,Crimea,Caucasus,Asia Minor,Iran,Afghanistan,Central Asia,Altai,Mongolia.

紫貂 ***Martes zibellina*** Linnaeus, 1758

M. z. altaica Yurgenson,1947[阿尔泰]

M. z. princeps Birula,1922 [大兴安岭]

M. z. linkouensis Ma *et* Wu, 1981 [小兴安岭]

M. z. hamgyenensis kishida ,1927 [长白山]

黑龙江:穆棱[S33];尚志、海林、呼玛、五常、林口[M17];伊春、铁力、汤原、依兰、延寿、饶河与虎林地区[M13]

吉林:敦化、安图、抚松、长白[S33]

辽宁:桓仁、本溪[X7]

内蒙古:敖鲁古雅、根河[M13]

新疆:阿尔泰山[W52,Z20];青河、哈巴河(张荣祖 1974 年提供)

森林

欧洲,乌拉尔,阿尔泰,蒙古北部,西伯利亚,堪察加,库页岛,朝鲜,日本。

青鼬 ***Martes flavigula*** Boddaert,1785

M. f. flavigula Boddaert,1785 [华南,华中,华北,西南]

M. f. aterrima Pallas,1811 [东北]

M. f. hainana Xu *et* Wu ,1981 [海南]

M. f. chrysospila Swinhoe,1866 [台湾]

黑龙江:伊春、尚志*;五营、带岭、海林、宁安[M13]

吉林:敦化[S33];长白山[G9]

辽宁:清原、桓仁、宽甸[X5]

河北:兴隆*

河南:内乡[Z97]

山西:中条山[W8]

陕西:太白山[A1];陇县[S41];洋县、平利[W98];商州[Z85];黄陵、富县、吴县、志丹、延安、宜川、黄龙、汉中[G9]

甘肃:文县[M1];环县、漳县、天水、张家川、康乐、临夏、卓尼、玛曲、成县、康县、武都、舟曲、迭部[Z81]

安徽:皖南地区[S24];广德、泾县、贵池、宁国、歙县[H35];休宁、绩溪、祁门、太平、石台[W39]

浙江:临安、宁波、仙居、云和[Z113]

福建:武夷山、福清、南平[A1];建瓯[Z7];福州[G9];三明、龙岩、莆田、晋江、龙溪[Z11];永春[L97]

台湾:乌来、埔里[C15]

湖北:湖北[A1]

湖南:攸县[E1];邵阳、桂东、宜章、新宁、绥宁[L65]

广西:靖西、宁明、上思、邕宁[W47];百色、隆安、龙州[Y43];都安、河池、融水、融安、三江、兴安、贺县、金秀、玉林、灵山、钦州[S12,W83]

广东:九连山、大埔、汕头、韶关[T5];丰顺[A1];惠东[J10]

海南:万宁(兴隆)[H19,L65]

江西:安远、赣县、泰和、永修、德安[F13]

四川:汶川、石棉、城口、南川、秀山[H23];苍溪、雅安、泸定、南充、岳池、仪陇[T3];雷波[S46];万县、松潘[A1];安县[G12]

贵州:石阡、余庆、正安、绥阳、瓮安、开阳、贵阳、雷山、罗甸、惠水、独山、望谟、安龙、册亨、兴义[L2];梵净山[G17]

云南:建水、个旧、绿春、河口[L4];金平、石屏、景洪、思茅、勐阿、勐混、勐养、勐腊、勐海[W67,Y10,43];德钦[S46];丽江、龙川[A1];南滚河[W16];景东[Z61]

西藏:错那、墨脱、昌都、樟木、朋曲河谷、察隅、亚东、帕里[F5,X30]

森林

乌苏里,阿穆尔,朝鲜,阿萨姆,克什米尔,印度半岛西北,中南半岛,马来半岛,苏门答腊,爪哇,加里曼丹。

狼獾属 *Gulo* Storr, 1780

狼獾 ***Gulo gulo*** Linnaeus,1758

黑龙江:呼玛[S33];宁安、依兰(在清末年间有)[M13,L86]

内蒙古:海拉尔河上游、阿龙山、敖鲁古雅、阿里河、根河、大兴安岭[M13]

新疆:阿尔泰山[W52,Z20]

针叶林(泰加林)

欧亚北部,北美。

Martes zibellina Linnaeus,1758 **Sable**

M. z. altaica Yurgenson,1947 [Altai]

M. z. princeps Birula,1922 [Da Hinggan Ling]

M. z. linkouensis Ma et Wu,1981 [Xiao Hinggan Ling]

M. z. hamgyenensis Kishida,1927 [Changbaishan]

Heilongjiang: Muling[S23]; Shangzhi, Hailin, Huma, Wuchang, Linkou[M17]; Yichun, Tieli, Tangyuan, Yilan, Yanshou, Raohe and Hulin areas[M13]

Jilin:Dunhua,Antu,Fusong,Changbai[S33]

Liaoning:Huanren,Benxi[X7]

Nei Mongol:Aoluguya,Genhe[M13]

Xinjiang: Altai[W52,Z20]; Qinghe, Habahe (provided by Zhang Yongzu,1955)

Forest

Europe,Urals,Altai,northern Mongolia,Siberia,Kamchatka,Sakhalin,Korea,Japan.

Martes flavigula Boddaert,1785 **Yellow-throated marten**

M. f. flavigula Boddaert,1785 [South,central,north,southwest China]

M. f. aterrima Pallas,1811 [Northeast China]

M. f. hainana Xu *et* Wu,1981 [Hainan]

M. f. chrysospila Swinhoe,1866[Taiwan]

Heilongjiang: Yichun, Shangzhi*; Wuying, Dailing, Hailin, Ning'an[M13]

Jilin:Dunhua[S33];Changbaishan[G9]

Liaoning:Qingyuan,Huanren,Kuandian[X5]

Hebei:Xinglong*

Henan:Neixiang[Z97]

Shanxi:Zhongtiaoshan[W8]

Shaanxi: Taibaishan[A1]; Longxian[S41]; Yangxian, Pingli[W98]; Shangzhou[Z85]; Huangling, Fuxian, Wuxian, Zhidan, Yan'an, Yichuan, Huanglong, Hanzhong[G9]
Gansu: Wenxian[M1]; Huanxian, Zhangxian, Tianshui, Zhangjiachuan, Kangle, Linxian, Jonê, Maqu, Chengxian, Kangxian, Wudu, Zhugqu, Têwo[Z81]
Anhui: Wannan area[S24]; Guangde, Jingxian, Guichi, Ningguo, Shexian[H35]; Xiuning, Jixi, Qimen, Taiping, Shitai[W39]
Zhejiang: Lin'an, Ningbo, Xianju, Yunhe[Z113]
Fujian: Wuyishan, Fuqing, Nanping[A1]; Jian'ou[Z7]; Fuzhou[G9]; Sanming, Longyan, Putian, Jinjiang, Longxi[Z11]; Yongchun[L97]
Taiwan: Wulai, Puli[C15]
Hubei: Hubei[A1]
Hunan: Youxian[E1]; Shaoyang, Guidong, Yizhang, Xinning, Suining[L65]
Guangxi: Jingxi, Ningming, Shangsi, Yongning[W47]; Bose, Long'an, Longzhou[Y43]; Du'an, Hechi, Rongshui, Rong'an, Sanjiang, Xing'an, Hexian, Jinxiu, Yulin, Lingshan, Qinzhou[S12,W83]
Guangdong: Jiulianshan, Dapu, Shantou, Shaoguan[T5]; Fengshun[A1]; Huidong[T10]
Hainan: Wanning (Xinglong)[H19,L65]
Jiangxi: Anyuan, Ganxian, Taihe, Yongxiu, De'an[F13]
Sichuan: Wenchuan, Shimian, Chengkou, Nanchuan, Xiushan[H23]; Cangxi, Ya'an, Luding, Nanchong, Yuechi, Yilong[T3]; Leibo[S46]; Wanxian, Songpan[A41]; Anxian[G12]
Guizhou: Shiqian, Yuqing, Zheng'an, Suiyang, Weng'an, Kaiyang, Guiyang, Leishan, Luodian, Huishui, Dushan, Wangmo, Anlong, Ceheng, Xingyi[L2]; Fanjingshan[G17]
Yunnan: Jianshui, Gejiu, Lüchun, Hekou[L4]; Jinping, Shiping, Jinghong, Simao, Meng'a, Menghun, Mengyang, Mengla, Menghai[W67,Y10,43]; Dêqên[S46]; Lijiang, Longchuan[A1]; Nangunhe[W16]; Jingdong[Z61]
Xizang: Cona, Mêdog, Qamdo, Zhangmu, Pengqu valley, Zayü, Yadong, Pagri[F5,X30]

Forest

Ussuri, Amur, Korea, Assam, Kashmir, northwestern Indian peninsula, Myanmar, Thailand, Indochina, Malay peninsula, Sumatra, Java, Borneo.

Gulo Storr, 1780 **Wolverines**

Gulo gulo Linnaeus, 1758 **Wolverine (Glutton)**

Heilongjiang: Huma[S33]; Ning'an and Yilan (Qing Dynasty)[L86,M13]
Nei Mongol: Upper reaches of Hailar River, mountain areas, Aoluguya, Ali River, Genhe, Da Hinggan Ling[M13]
Xinjiang: Altai[W52,Z20]

Coniferous (taiga)

Northern Eurasia, North America.

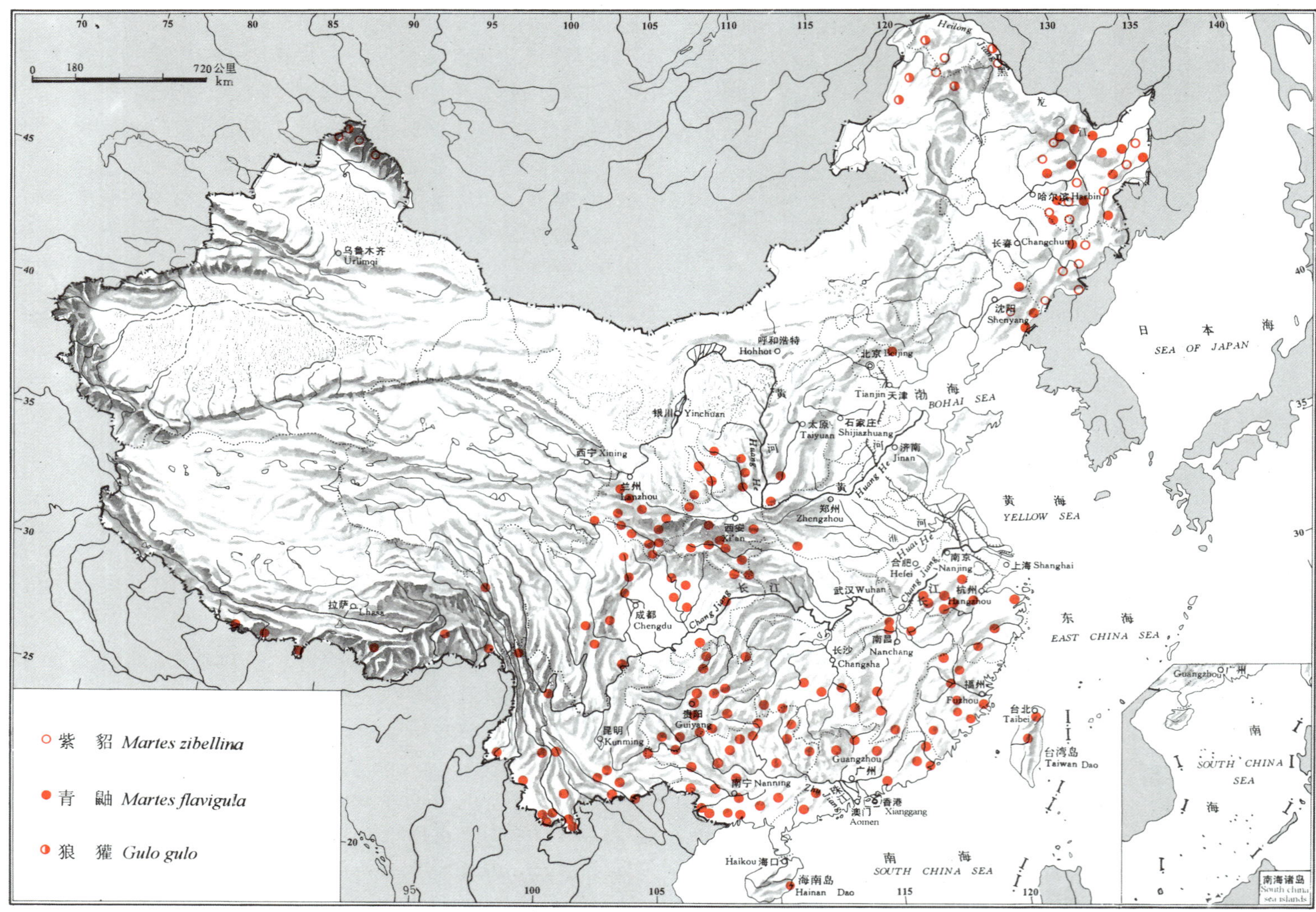

图 66 紫貂 *Martes zibellina* 青鼬 *Martes flavigula* 狼獾 *Gulo gulo* 的分布

鼬属 *Mustela* Linnaeus, 1758

香鼬 ***Mustela altaica*** Pallas, 1811

M. a. altaica Pallas, 1811 [新疆, 甘肃]
M. a. temon Hodgson, 1857 [西藏, 青海]
M. a. tsaidamensis Hilzheimer, 1910 [柴达木]
M. a. raddei Ognev, 1928 [东北]

黑龙江:呼玛、安达、双鸭山、宝清、密山、林口、尚志[M13,S33];泰来*
吉林:敦化、辉南[A1,E1];靖宇[G9]
辽宁:清原、新宾、普兰店[S33];桓仁[X7]
内蒙古:新巴尔虎左旗、牙克石[M13]
山西:太原[A1]
宁夏:泾原、西吉[W60]
青海:共和、贵德、同德、贵南[Z24];海晏、刚察、祁连、门源、德令哈、诺

木洪、天峻、都兰[Q13,Z16]；班玛、扎陵湖东、玛沁、称多、玉树(结石)、果洛、治多[Z69,79]

新疆：托木尔峰地区[L44]；阿克苏[S32]；阿图什、和硕、且末[Z32]

四川：岳池、万源、万县、城口、南川、峨眉山、宝兴、若尔盖、松潘、汶川[H23]

甘肃：环县、兰州、肃南、天祝、玛曲[Z43]；临潭[A1]

西藏：洛隆、江达、左贡、芒康、察隅、波密、亚东、吉隆、当雄、拉萨、浪卡子、普兰、昌都、定日、绒布寺、朋曲河谷、聂拉木、定结、那曲[F5,Q14,X30]

草原，森林草原，森林

乌苏里，贝加尔区，阿尔泰，中亚，蒙古，克什米尔，锡金。

Mustela Linnaeus, 1758 **Weasels**

Mustela altaica Pallas, 1811 **Mountain weasel**

M. a. altaica Pallas, 1811 [Xinjiang, Gansu]

M. a. temon Hodgson, 1857 [Xizang, Qinghai]

M. a. tsaidamensis Hilzheimer, 1910 [Qaidam]

M. a. raddei Ognev, 1928 [Northeast China]

Heilongjiang: Huma, Anda, Shuangyashan, Baoqing, Mishan, Linkou, Shangzhi[M13,S33]; Tailai*

Jilin: Dunhua, Huinan[A1,E1]; Jingyu[G9]

Liaoning: Qingyuan, Xinbin, Pulandian[S33]; Huanren[X7]

Nei Mongol: Xin Barag Left B., Yakeshi[M13]

Shanxi: Taiyuan[A1]

Ningxia: Jingyuan, Xiji[W60]

Qinghai: Gonghe, Guide, Tongde, Guinan[Z24]; Haiyan, Gangca, Qilian, Menyuan, Delingha, Nomhon, Tianjun, Dulan[G13,Z16]; Baima, eastern Gyaring Hu, Maqên, Chindu, Yushu (Jieshi), Golog, Zhidoi[Z69,79]

Xinjiang: Tuomuer Feng area[L44]; Aksu[S32]; Artux, Hoxud, Qiemo[Z32]

Sichuan: Yuechi, Wanyuan, Wanxian, Chengkou, Nanchuan, Emeishan, Baoxing, Zoigê, Songpan, Wenchuan[H23]

Gansu: Huanxian, Lanzhou, Sunan, Tianzhu, Maqu[Z43]; Lintan[A1]

Xizang: Lhorong, Jomda, Zogang, Markam, Zayü, Bomi, Yadong, Gyirong, Damxung, Lhasa, Nagarzê, Burang, Qamdo, Tingri, Rongpu Si, Pengqu valley, Nyalam, Dinggye, Nagqu[F5,Q14,X30]

Steppe, forest-steppe and forest

Ussuri, Baikal area, Altai, Central Asia, Mongolia, Kashmir, Sikkim.

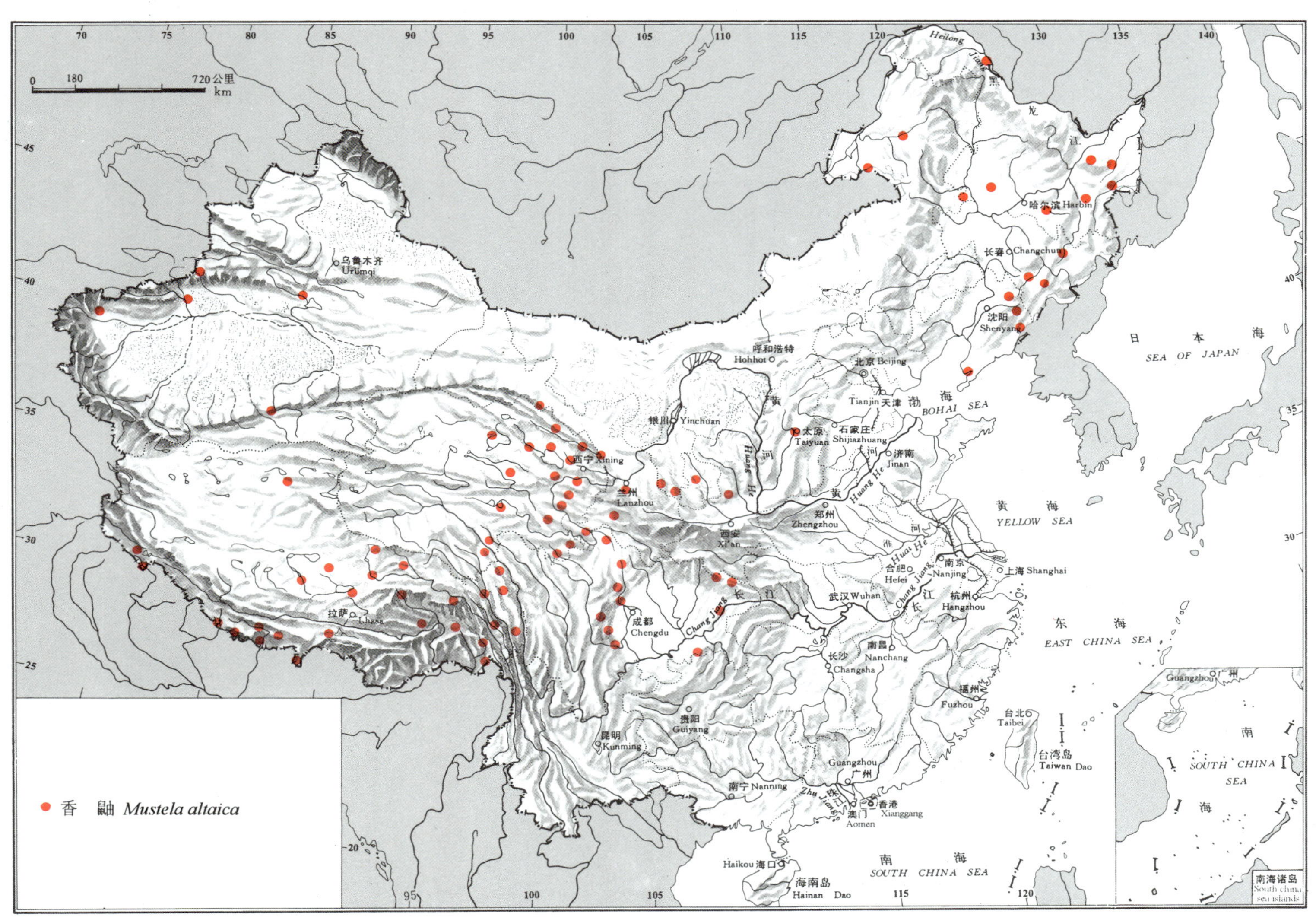

图 67 香鼬 *Mustela altaica* 的分布

白鼬 ***Mustela erminea*** Linnaeus, 1758

M. e. ferghanae Thomas, 1895 [中亚]

M. e. transbaikalica Ognev, 1928 [东北]

M. e. mongolica Ognev, 1928 [阿尔泰]

黑龙江：哈尔滨*；呼玛、塔河、牡丹江、密山、伊春[M13]

内蒙古：根河、敖鲁古雅、牙克石、扎兰屯、海拉尔、巴林、博克图、乌兰浩特、加格达奇、鄂伦春旗[G9,M13,X27]

河北：张家口(李恩庆 1958 年提供)

山西：忻州[W8]；大同[W122]

陕西：榆林、绥德、延安、子长、三边[Z88,89]

甘肃：环县[Z81]

新疆：托木尔峰地区[L44]；天山、准噶尔天山、喀拉昆仑山[R5]；喀什、叶城、民丰[G9]；阿尔泰山[Z20]

广泛栖息

欧亚北部，中亚细亚东南，蒙古，日本，阿富汗，克什米尔，北美。

伶鼬 ***Mustela nivalis*** Linnaeus, 1766

M. n. stoliczkana Blanford, 1877 [新疆]

M. n. pygmaea J. Allen, 1903 [东北地区，内蒙古东部]

M. n. russelliana Thomas, 1911 [横断山北部]

黑龙江：嫩江、德都、纳河、伊春、尚志、富锦、密山、满沟、哈尔滨[M13,S33]

吉林：抚松、临江、和龙[S33]
辽宁：丹东[S33]；清原[X7]
河北：康保[G9]
内蒙古：根河、牙克石[S33]；新巴尔虎左旗、新巴尔虎右旗、和硕庙、多伦*；海拉尔、呼伦湖、伊图里河、甘河、正蓝旗、太朴寺旗[G9]

Mustela erminea Linnaeus，1758 **Stoat（Ermine）**
M. e. ferghanae Thomas，1895 [Central Asia]
M. e. transbaikalica Ognev，1928 [Northeast China]
M. e. mongolica Ognev，1928 [Altai]
Heilongjiang：Harbin*；Huma，Tahe，Mudanjiang，Mishan，Yichun[M13]
Nei Mongol：Genhe，Aoluguya，Zalantun，Hailar，Bairin，Bugt，Ulan Hot，Jagdaqi，Oroqen B.，Yakeshi[G9,M13,X27].
Hebei：Zhangjiakou (provided by Li Enqing，1958)
Shanxi：Xinzhou[W8]；Datong[W122]
Shaanxi：Yulin，Suide，Yan'an，Zichang，Sanbian[Z88,89]
Gansu：Huanxian[Z81]
Xinjiang：Tuomuer Feng area[L44]；Tianshan，Junggar Tianshan，Karakoram[R5]；Kashi，Yuecheng，Minfeng[G9]；Altai[Z20]

Wild

Northern Eurasia，southeastern Central Asia，Mongolia，Japan，Afghanistan，Kashmir，North America.

Mustela nivalis Linnaeus，1766 **Weasel（Least weasel）**

新疆：阿勒泰*；东天山、罗布泊[R1]；莎车[E1]
四川：康定[A1]；炉霍、道孚、新龙、白玉、德格、邓柯、甘孜[H23]；马尔康[S46]

草原，森林

欧洲，西伯利亚，中亚细亚，非洲北部，蒙古北部，朝鲜，日本，北美。

M. n. stoliczkana Blanford，1877 [Xinjiang]
M. n. pygmaea J. Allen，1903 [Northeast China，eastern Nei Mongol]
M. n. russelliana Thomas，1911 [Northern Hengduanshan]
Heilongjiang：Nenjiang，Dedu，Nahe，Yichun，Shangzhi，Fujin，Mishan，Mangou，Harbin[M13,S33]
Jilin：Fusong，Linjiang，Helong[S33]
Liaoning：Dandong[S33]；Qingyuan[X7]
Hebei：Kangbao[G9]
Nei Mongol：Genhe，Yakeshi[S33]；Xin Barag Left B.，Xin Barag Right B.，Hoxud，Miao，Duolun*；Hailar，Hulun Hu，Yituli River，Ganhe，Zhenglan B.，Taibus B.[G9]
Xinjiang：Altay*；eastern Tianshan，Lop Nur[R1]；Shache[E1]
Sichuan：Kangding[A1]；Luhuo，Dawu，Xinlong，Baiyü，Dêgê，Dainkog，Garzê[H23]；Barkam[S46]

Steppe and forest

Europe，Siberia，Central Asia，northern Africa，northern Mongolia，Korea，Japan，North America.

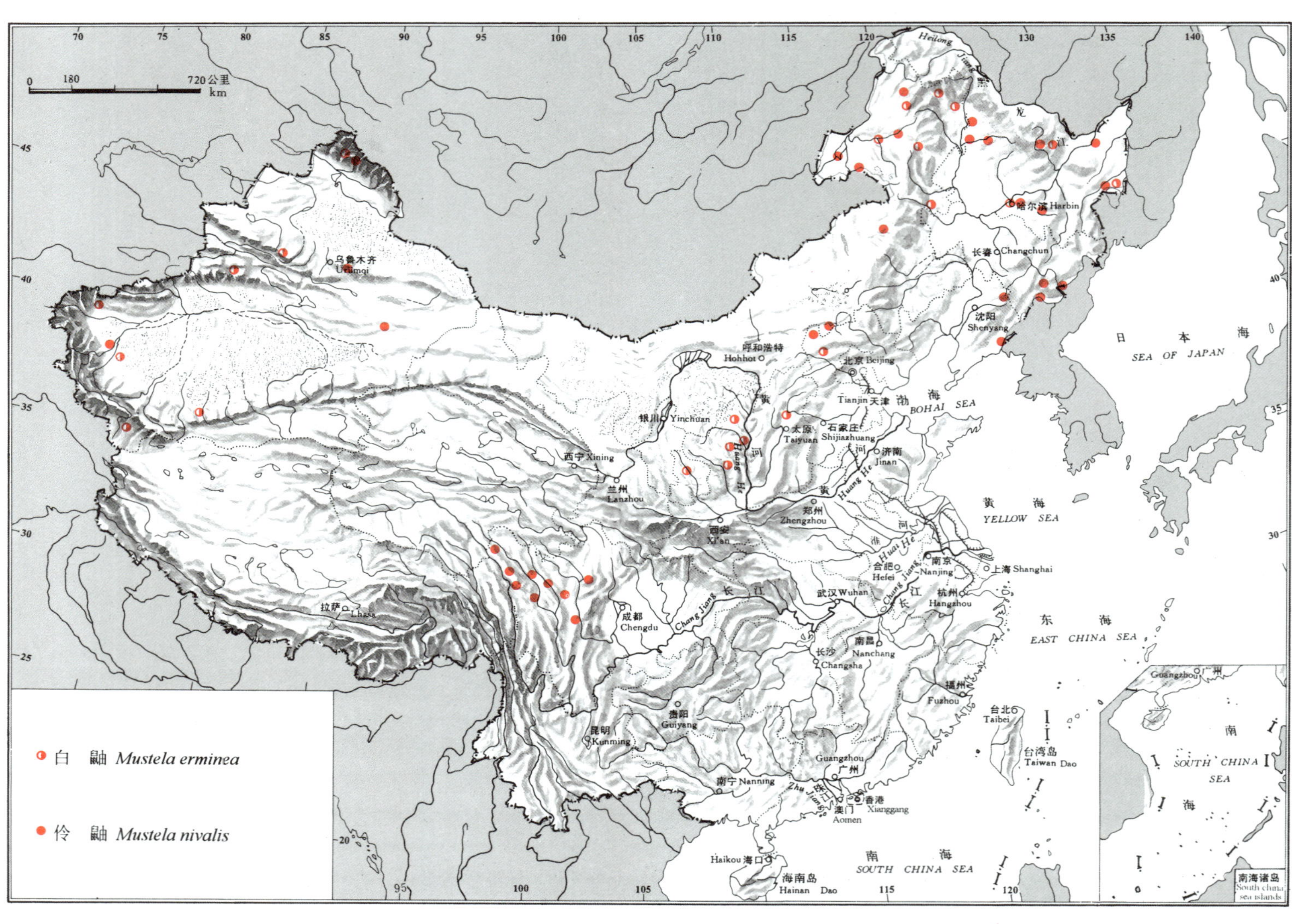

图 68 白鼬 *Mustela erminea* 伶鼬 *Mustela nivalis* 的分布

黄腹鼬 ***Mustela kathiah*** Hodgson，1835
安徽：祁门、休宁、皖南山区、宣城、广德、贵池、宁国、歙县[H35]；淮南[G9]
浙江：临安、乐清[Z113]；宁海[G9]
福建：福清、南平[A1]；南靖、闽侯[G9]；建瓯[Z7]；厦门、建阳、宁德、三明、莆田、龙岩、龙溪、晋江[Z11]；永春[L97]
江西：安远、赣县[L65]
湖南：新宁、绥宁、邵阳[L65]
湖北：青峰岭[A1]；恩施、襄阳[G9]
广西：靖西、龙州、宁明、上思、邕宁[W47]；百色、隆安、都安、河池、融水、融安、三江、兴安、贺县、金秀、玉林、灵山、钦州[S12,W83]

广东：瑶山[A1]；大埔、连阳[T5]
海南：白沙[S8]；五指山、保亭[X21]
陕西：陇县[S41]；平利[W98]
四川：雷波、峨边、美姑、松潘、巴塘、康定、达川、万源、万县、城口、巫山、涪陵、宜宾、叙永、峨眉山、青神[H23]
贵州：石阡、玉屏、江口、余庆、开阳、贵定、雷山、三都、独山、惠水、望谟、册亨、安龙、兴义[L2]；梵净山[G17]
云南：丽江、蒙自[A1]；泸西、绿春、金平、红河、元江[L4]；耿马、双江[L71]；德钦[S46]；石屏、建水、勐腊、勐仑、勐养、景洪、勐海[W67,Y10]；景东[Z61]

山地

什米尔，恒河上游地区，尼泊尔，阿萨姆，缅甸，越南，老挝。

小艾鼬 ***Mustela amurensis*** Ogner，1930

黑龙江：黑河、呼玛、嫩江、讷河、德都、富裕、北安、克山、孙吴、逊克[M13]
内蒙古：海拉尔北部[M13]

山地森林

阿穆尔。

Mustela kathiah Hodgson,1835 **Yellow-bellied weasel**

Anhui: Qimen, Xiuning, Wannan hills, Xuancheng, Guangde, Guichi, Ningguo, Shexian[H35]; Huainan[G9]
Zhejiang: Lin'an, Leqing[Z113]; Ninghai[G9]
Fujian: Fuqing, Nanping[A1]; Nanjing, Minhou[G9]; Jian'ou[Z7]; Xiamen, Jianyang, Ningde, Sanming, Putian, Longyan, Longxi, Jinjiang[Z11]; Yongchun[L97]
Jiangxi: Anyuan, Ganxian[L65]
Hunan: Xinning, Suining, Shaoyang[L65]
Hubei: Qingfeng Ling[A1]; Enshi, Xiangyang[G9]
Guangxi: Jingxi, Longzhou, Ningming, Shangsi, Yongning[W47]; Bose, Long'an, Du'an, Hechi, Rongshui, Rong'an, Sanjiang, Xing'an, Hexian, Jinxiu, Yulin, Lingshan, Qinzhou[S12,W83]
Guangdong: Yaoshan[A1]; Dapu, Lianyang[T5]
Hainan: Baisha[S8]; Wuzhishan, Baoting[X21]
Shaanxi: Longxian[S41]; Pingli[W98]
Sichuan: Leibo, Ebian, Meigu, Songpan, Batang, Kangding, Dachuan, Wanyuan, Wanxian, Chengkou, Wushan, Fuling, Yibin, Xuyong, Emeishan, Qingshen[H23]
Guizhou: Shiqian, Yuping, Jiangkou, Yuqing, Kaiyang, Guiding, Leishan, Sandu, Dushan, Huishui, Wangmo, Ceheng, Anlong, Xingyi[L2]; Fanjingshan[G17]
Yunnan: Lijiang, Mengzi[A1]; Luxi, Lüchun, Jinping, Honghe, Yuanjiang[L4]; Gengma, Shuangjiang[L71]; Dêqên[S46]; Shiping, Jianshui, Mengla, Menglun, Mengyang, Jinghong, Menghai[W67,Y10]; Jingdong[Z61]

Mountain

Kashmir, upper reaches of Ganga River, Nepal, Assam, Myanmar, Indochina.

Mustela amurensis Ogner, 1930 **Lesser weasel**

Heilongjiang: Heihe, Huma, Nenjiang, Nahe, Dedu, Fuyu, Bei'an, Keshan, Sunwu, Xunke[M13]
Nei Mongol: Northern Hailar[M13]

Mountain forest

Amur.

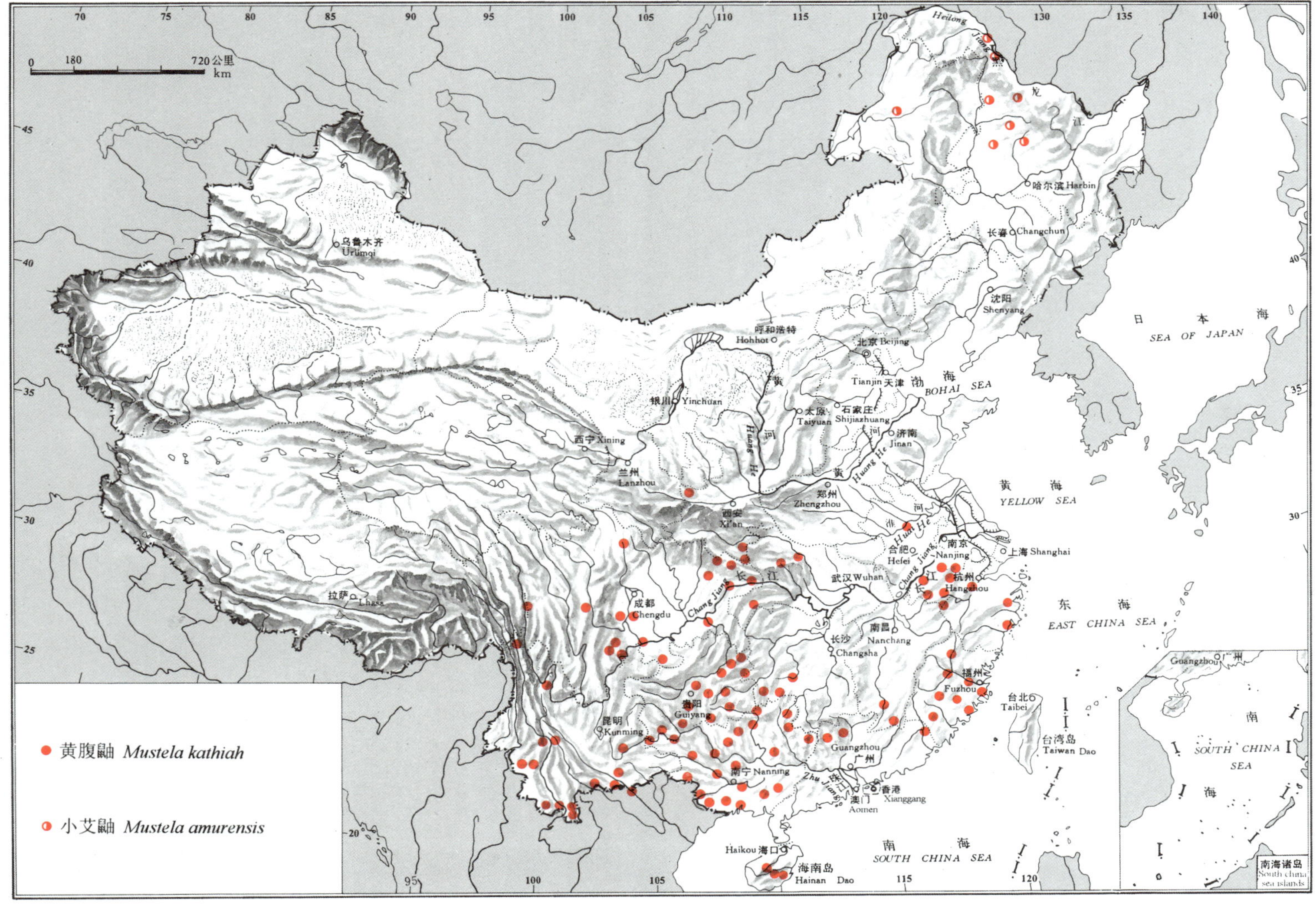

图 69 黄腹鼬 *Mustela kathiah* 小艾鼬 *Mustela amurensis* 的分布

黄鼬 ***Mustela sibirica*** Pallas，1773

M. s. sibirica Pallas，1773 [大兴安岭]
M. s. canigula Hodgson，1824 [西藏]
M. s. fontanieri Milne-Edwards，1871 [华北]
M. s. davidiana Milne-Edwards，1871 [华南，长江中下游]
M. s. moupinensis Milne-Edwards，1874 [四川，青海，云贵高原]

M. s. manchurica Brass，1911［小兴安岭，长白山］

M. s. taivana Thomas，1913［台湾］

黑龙江：尚志、齐齐哈尔、伊春、南岔、密山、虎林、集贤、林口、牡丹江市、哈尔滨[S33]；呼玛*；泰来、虎林[G9]

吉林：敦化、汪清、安图、靖宇、抚松、长白、珲春、吉林、长春[A1,E1,S33]；集安[G9]

辽宁：彰武、本溪[A1,E1]；大连[D6]；清原、新宾、桓仁、凤城、宽甸、盖州[X5]；丹东[G9]

内蒙古：达拉特旗[Z56]；阴山南部、牙克石、根河、科尔沁右翼前旗[S33]；呼和浩特[A1]

北京：北京[B10]

河北：张家口、张北[G9]

天津：天津*

山东：淄博[C24]；烟台[A1,E1]

河南：渑池、洛宁、偃师[Z97]；虞城[G9]

山西：中条山、吕梁山[W8]；太原[A1,E1]；运城、雁北[C24]；洪洞、平遥[G9]

陕西：黄陵、富县、洛川[B13]；商州、凤翔、西安、太白山[A1,E1]；宁陕、安康、平利、南郑[Z85]

宁夏：泾源[W60]

甘肃：文县[M1]；临夏[Q13]；迭部[L94]；舟曲、武都、康县、康乐、和政、成县、天水[Z81]

青海：共和、贵德[Z24]；果洛[Z69]

新疆：阿尔泰山[Z20]

安徽：宿县[C24]；太平[A1]

江苏：南京[H36]；江南丘陵、中部平原[H33]；淮阴、无锡[C24]；苏州、吴县、宝应[G9]

上海：市郊、崇明[S16]

浙江：杭州、嘉兴、定海、宁波、衢州、开化[Z113]；绍兴[C24]；舟山、梅山、大榭、金堂、长涂、岱山、大鱼山、大巨和嵊泗各岛[S15,Z113,114]

江西：湖口[A1]；安远、赣县、泰和[L65]；南昌、永修、德安、都昌、波阳[F13,S48]

湖北：长阳、宜昌、清江[A1]；襄阳、沔阳、鹤峰、郧西、利川[G9]

湖南：岳阳[A1]；邵阳、桂东、宜章、新宁、绥宁[L65]

四川：平武、苍溪、南充、岳池、仪陇[T3]；马尔康、巴塘、雷波、会东、峨边、木里[S46]；松潘、万县、汶川、宜宾、康定[A1,E1]；江津、达川、内江、宝兴、峨眉山、泸定[H23]；安县[G12]

贵州：贵阳*；江口、松桃、印江、绥阳、开阳、安定、龙里、惠水、安龙、册亨、玉屏、石阡、赤水、威宁、贵定、清镇[L2]；梵净山[G17]；荔波[X8]

云南：思茅[Y43]；大理、丽江[A1]；泸西、金平、河口[L4]；沧源（南滚河）[W16]；建水、屏边、蒙自、石屏[L4]；景洪、勐腊[W67,Y10]；昆明[G9]

西藏：拉萨[E1]；樟木、察隅、江达、芒康[X30]；昌都[F5]；那曲[Z3]

广西：龙州、宁明、上思[W47]；桂平、西林、靖西、百色、隆安、都安、河池、融水、融安、三江、兴安、贺县、金秀、玉林、灵山、钦州、柳州、梧州[S12,W83]

广东：连平、汕头、韶关[T5]；广州[A1]；惠东[J10]

福建：福清、福州[A1]；建瓯[Z7]；厦门、建阳、宁德、三明、莆田、龙岩、龙溪、晋江[Z11]；永春[L97]

台湾：阿里山、太平山[C15]

广泛栖息

西伯利亚，乌苏里，日本，朝鲜，喜马拉雅，克什米尔。

纹鼬 ***Mustela strigidorsa*** Gray，1853

云南：西双版纳[L4,P1]；文山、泸西、开远、蒙自、绿春、金平[L4]；河口、建水、弥勒、元阳、个旧、勐腊、勐仑、勐养[W67,Y10]

贵州：从江[L2]

广西：乐业、凌云、田林、隆林、西林、那坡、靖西[W83]

林灌丛

尼泊尔，锡金，阿萨姆，缅甸，典那沙冷，越南，老挝。

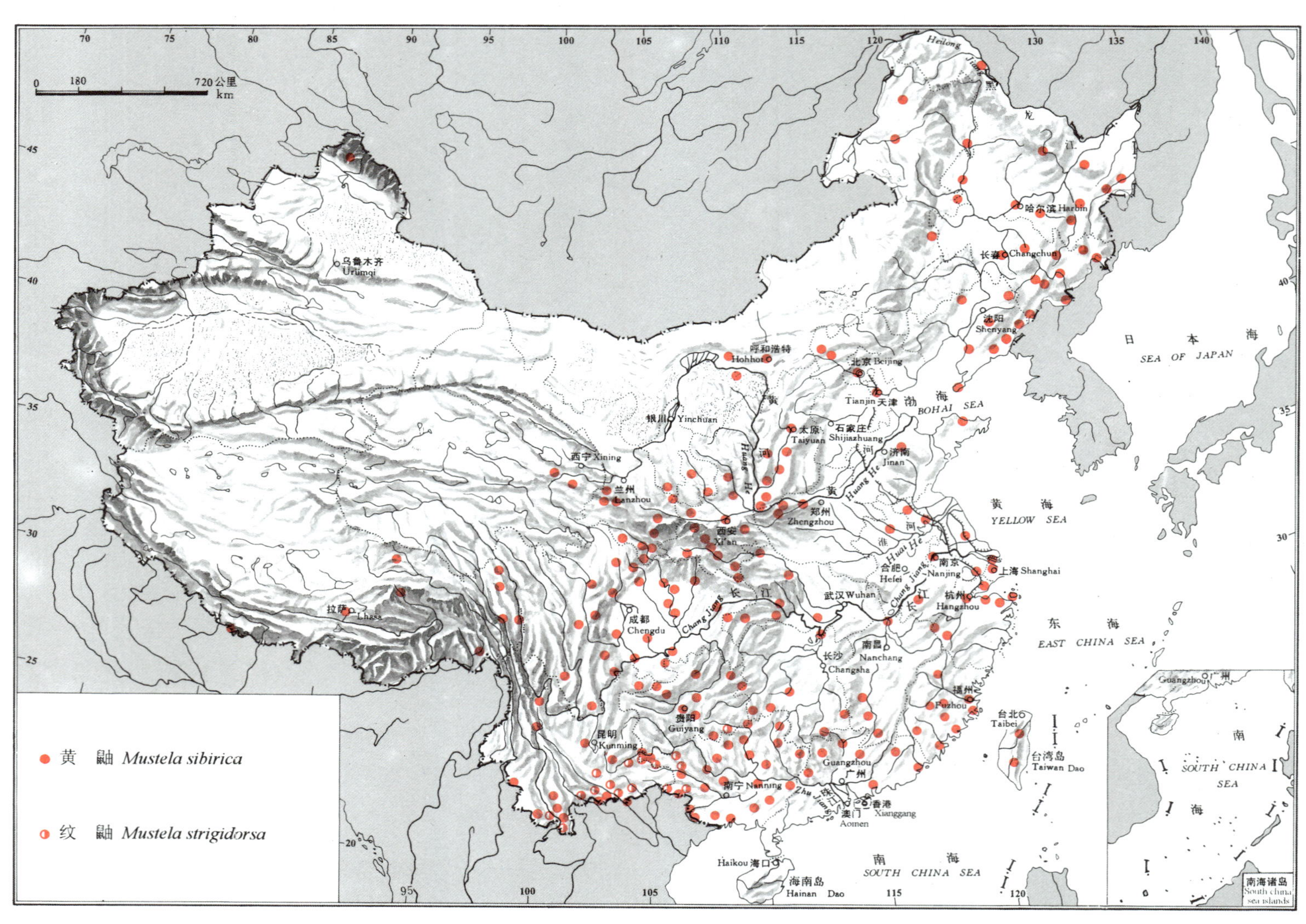

图 70 黄鼬 *Mustela sibirica* 纹鼬 *Mustela strigidorsa* 的分布

Mustela sibirica Pallas,1773 **Siberian weasel(Kolinsky)**

M. s. sibirica Pallas,1773 [Da Hinggan Ling]

M. s. canigula Hodgson,1824 [Xizang]

M. s. fontanieri Milne-Edwards,1871 [North China]

M. s. davidiana Milne-Edwards,1871 [South China,lower and middle reaches of Changjiang]

M. s. moupinensis Milne-Edwards, 1874 [Sichuan, Qinghai, Yunnan-Guizhou Plateau]

M. s. manchurica Brass,1911[Xiao Hinggan Ling,Changbaishan]

M. s. taivana Thomas,1913 [Taiwan]

Heilongjiang:Shangzhi,Qiqihar,Yichun,Nancha,Mishan,Hulin,Jixian,Linkou,Mudanjiang,Harbin[S33];Huma*;Tailai,Hulin[G9]

Jilin: Dunhua, Wangqing, Antu, Jingyu, Fusong, Changbai, Huichun,Jilin,Changchun[A1,E1,S33];Ji'an[G9]

Liaoning: Zhangwu, Benxi[A1,E1]; Dalian[D6]; Qingyuan, Xinbin, Huanren,Fengcheng,Kuandian,Gaizhou[X5];Dandong[G9]

Nei Mongol: Dalad B.[Z56]; southern Yinshan, Yakeshi, Genhe, Horqin Right Wing Front B.[S33];Hohhot[A1]

Beijing:Beijing[B10]

Hebei:Zhangjiakou,Zhangbei[G9]

Tianjin:Tianjin*

Shandong:Zibo[C24];Yantai[A1,E1]

Henan:Mianchi,Luoning,Yanshi[Z97];Yucheng[G9]

Shanxi: Zhongtiaoshan, Lüliangshan[W8]; Taiyuan[A1,E1]; Yuncheng, Yanbei[C24];Hongtong,Pingyao[G9]

Shaanxi:Huangling,Fuxian,Luochuan[B13];Shangzhou,Fengxiang,Xi'an,Taibaishan[A1,E1];Ningshan,Ankang,Pingli,Nanzheng[Z85]

Ningxia:Jingyuan[W60]

Gansu:Wenxian[M1];Linxia[Q13];Têwo[L94];Zhugqu,Wudu,Kangxian,Kangle,Hezheng,Chengxian,Tianshui[Z81]

Qinghai:Gonghe,Guide[Z24];Golog[Z69]

Xinjiang:Altai[Z20]

Anhui:Suxian[C24];Taiping[A1]

Jiangsu:Nanjing[H36];southern hills and central plain[H33];Huaiyin,Wuxi[C24];Suzhou,Wuxian,Baoying[G9]

Shanghai:in suburbs,Chongming[S16]

Zhejiang:Hangzhou,Jiaxing,Dinghai,Ningbo,Quzhou,Kaihua[Z113]; Shaoxing[C24]; Zhoushan, Meishan, Daxie, Jintang, Changtu, Daishan,Dayushan,Daju and Shengsi islands[S15,Z113,114]

Jiangxi:Hukou[A1];Anyuan,Ganxian,Taihe[L65];Nanchang,Yongxiu,De'an,Duchang,Boyang[F13,S48]

Hubei: Changyang, Yichang, Qingjiang[A1]; Xiangyang, Mianyang, Hefeng,Yunxi,Lichuan[G9]

Hunan: Yueyang[A1]; Shaoyang, Guidong, Yizhang, Xinning, Suining[L65]

Sichuan:Pingwu,Cangxi,Nanchong,Yuechi,Yilong[T3];Barkam,Batang,Leibo,Huidong,Ebian,Muli[S46];Songpan,Wanxian,Wenchuan,Yibin,Kangding[A1,E1];Jiangjin,Dachuan,Neijiang,Baoxing,Emeishan,Luding[H23];Anxian[G12]

Guizhou: Guiyang*; Jiangkou, Songtao, Yinjiang, Suiyang, Kaiyang,Anding,Longli,Huishui,Anlong,Ceheng,Yuping,Shiqian, Chishui, Weining, Guiding, Qingzhen[L2]; Fanjingshan[G17];Libo[X8]

Yunnan:Simao[Y43];Dali,Lijiang,Luxi,Jinping,Hekou[L4];Cangyuan (Nangun Hu)[W16]; Jianshui, Pingbian, Mengzi, Shiping[L4]; Jinghong,Mengla[W67,Y10];Kunming[G9]

Xizang: Lhasa[E1]; Zhangmu, Zayü, Jomda, Markam[X30]; Qamdo[F5]; Nagqu[Z3]

Guangxi:Longzhou,Ningming,Shangsi[W47];Guiping,Xilin,Jingxi,Bose,Long'an,Du'an,Hechi,Rongshui,Rong'an,Sanjiang,Xing'an,Hexian,Jinxiu,Yulin,Lingshan,Qinzhou,Liuzhou,Wuzhou[S12,W83]

Guangdong: Lianping, Shantou, Shaoguan[T5]; Guangzhou[A1]; Huidong[J10]

Fujian:Fuqing,Fuzhou[A1];Jian'ou[Z7];Xiamen,Jianyang,Ningde,Sanming,Putian,Longyan,Longxi,Jinjiang[Z11];Yongchun[L97]

Taiwan:Alishan,Taipingshan[C15]

Wild

Siberia,Ussuri,Japan,Korea,Himalayas,Kashmir.

Mustela strigidorsa Gray,1853 **Back-striped weasel**

Yunnan: Xishuangbanna[L4,P1]; Wenshan, Luxi, Kaiyuan, Mengzi, Lüchun, Jinping[L4]; Hekou, Jianshui, Mile, Yuanyang, Gejiu, Mengla,Menglun,Mengyang[W67,Y10]

Guizhou:Congjiang[L2]

Guangxi:Leye,Lingyun,Tianlin,Longlin,Xilin,Napo,Jingxi[W83]

Woodland,scrub and jungle

Nepal,Sikkim,Assam,Myanmar,Tenasserim,Indochina.

艾鼬 ***Mustela eversmanni*** Lesson,1827

M. e. larvatus Hodgson,1849 [西藏]

M. e. michnoi Kastschenko,1910 [新疆,内蒙古]

M. e. tiarata Hollister,1913 [华北,四川,青海]

M. e. dauricus Stroganov,1958 [东北]

M. e. admirata Pocock,1936 [河北]

黑龙江:泰来、肇源、泰康、讷河、甘南、富裕、龙江[S33];哈尔滨、嫩江、齐齐哈尔、伊春、安达、林甸[G9,M13]

吉林:白城[S33]; 开通[M13]

辽宁:清原[X5];义县、锦州、赤峰、昌图、彰武[G9,X7]

河北:邯郸[G9]

内蒙古:新巴尔虎右旗、新巴尔虎左旗、博克图、牙克石、海拉尔、鄂温克旗、正镶白旗、二连浩特、沃村图鲁、正蓝旗*;阴山南部、伊克昭盟[Z56];苏尼特右旗、赤峰[M13,S33]

新疆:托木尔峰地区[L44];焉耆、和静、和硕、库尔勒、克孜勒疏、和田、民丰、且末[X11]; 布尔津、托里、和布克赛尔[G9]

山西:保德、五台山、太原[A1];忻州、朔州、运州[G9,W8]

山东:鲁中、鲁西北及鲁西南[L74]

北京:北京[Z31]

陕西:延安、榆林、绥德[W115];子长、吴旗、志丹、山阳[Z85];宝鸡、渭南、西安[B13]

宁夏:盐池[W60]

甘肃:兰州[A1];静宁[G9]

青海:祁连、海晏、刚察、门源[Q13];扎凌湖、共和、贵德、贵南、同德、兴海、龙羊峡、天峻、治多、西宁[Z16,24,43,69];长江源头[C3]

江苏:徐州[H33]

四川:甘孜[S46];松潘[A1];叙永、万县、阿坝、红原、石渠[G9,H23]

西藏:巴青、丁青、昌都、拉萨、泽当[F5,X30];那曲[Z3]

草原,森林草原

欧洲东部,西伯利亚,乌苏里,克里米亚,高加索北部,哈萨克斯坦,蒙古,克什米尔,巴勒斯坦,摩洛哥。

虎鼬属 *Vormela* Blasius,1884

虎鼬 ***Vormela peregusna*** Güldenstaedt,1770

V. p. negans Miller,1910

内蒙古:二连浩特*;西苏、正镶白旗、鄂尔多斯[A1];鄂托克旗、乌审旗、杭锦旗、伊金霍洛旗[Z56,59];乌拉特后旗[X10]

新疆:乌苏*;阿尔泰山[Z20]

宁夏:西吉、海原、灵武、盐池、陶乐[W60]

甘肃:敦煌[Q13];平凉、环县、会宁、榆中[Z81]

陕西:榆林、定边、靖边、府谷、神木[S10,Z90]

山西:雁门关[G9]

荒漠,半荒漠

罗马尼亚,保加利亚,克什米尔,北高加索,哈萨克斯坦至西阿尔泰,外高加索,小亚细亚,巴勒斯坦,叙利亚,伊拉克,阿富汗,巴基斯坦。

Mustela eversmanni Lesson, 1827 **Steppe polecat**

M. e. larvatus Hodgson, 1849 [Xizang]

M. e. michnoi Kastschenko, 1910 [Xinjiang, Nei Mongol]

M. e. tiarata Hollister, 1913 [North China, Sichuan, Qinghai]

M. e. dauricus Stroganov, 1958 [Northeast China]

M. e. admirata Pocock, 1936 [Hebei]

Heilongjiang: Tailai, Zhaoyuan, Taikang, Nahe, Gannan, Fuyu, Longjiang[S33]; Harbin, Nenjiang, Qiqihar, Yichun, Anda, Lindian[G9,M13]

Jilin: Baicheng[S33]; Kaitong[M13]

Liaoning: Qingyuan[X5]; Yixian, Jinzhou, Chifeng, Changtu, Zhangwu[G9,X7]

Hebei: Handan[G9]

Nei Mongol: Xin Barag Right B. *; Xin Barag Left B., Bugt, Yakeshi, Hailar, Ewenki B., Zhengxiangbai B., Erenhot, Wocuntulu, Zhenglan B. *; southern Yinshan, Ih Ju L.[Z56]; Sonid Right B., Chifeng[M13,S33]

Xinjiang: Tuomuer Feng area[L44]; Yanqi, Hejing, Hoxud, Korla, Kizilsu, Hotan, Minfeng, Qiemo[X11]; Burqin, Toli, Hoboksar[G9]

Shanxi: Baode, Wutaishan, Taiyuan[A1]; Xinzhou, Shuozhou, Yuncheng[G9,W8]

Shandong: Central, northwestern and southwestern Shandong[L74]

Beijing: Beijing[Z31]

Shaanxi: Yan'an, Yulin, Suide[W115]; Zichang, Wuqi, Zhidan, Shanyang[Z85]; Baoji, Weinan, Xi'an[B13]

Ningxia: Yanchi[W60]

Gansu: Lanzhou[A1]; Jingning[G9]

Qinghai: Qilian, Haiyan, Gangca, Menyuan[Q13]; Gyaring Hu, Gonghe, Guide, Guinan, Tongde, Xinghai, Longyangxia, Tianjun, Zhidoi, Xining[Z16,24,43,69]; source area of Changjiang[C3]

Jiangsu: Xuzhou[H33]

Sichuan: Garzê[S46]; Songpan[A1]; Xuyong, Wanxian, Aba, Hongyuan, Sêrxü[G9,H23]

Xizang: Baqên, Dêngqên, Qamdo, Lhasa, Zetang[F5,X30]; Nagqu[Z3]

Steppe and forest-steppe

Eastern Europe, Siberia, Ussuri, Crimea, northern Caucasus, Kazakhstan, Mongolia, Kashmir, Palestine, Morocco.

Vormela Blasius, 1884 Tiger weasel

Vormela peregusna Güldenstaedt, 1770

Tiger weasel (Marbled polecat)

V. p. negans Miller, 1910

Nei Mongol: Erenhot *; Xisu, Zhengxiangbai B., Ordos[A1]; Otog B., Uxijn B., Hanggin B., Ejin Horo B.[Z56,59]; Urad Rear B.[X10]

Xinjiang: Usu *; Altai[Z20]

Ningxia: Xiji, Haiyuan, Lingwu, Yanchi, Taole[W6]

Gansu: Dunhuang[Q13]; Pingliang, Huanxian, Huining, Yuzhong[Z81]

Shaanxi: Yulin, Dingbian, Jingbian, Fugu, Shenmu[S10,Z90]

Shanxi: Yanmenguan[G9]

Desert, Semidesert

Rumania, Bulgaria, Kashmir, northern Caucasus, Kazakhstan, western Altai, Transcaucasia, Asia Minor, Palestine, Syria, Iraq, Afghanistan, Pakistan.

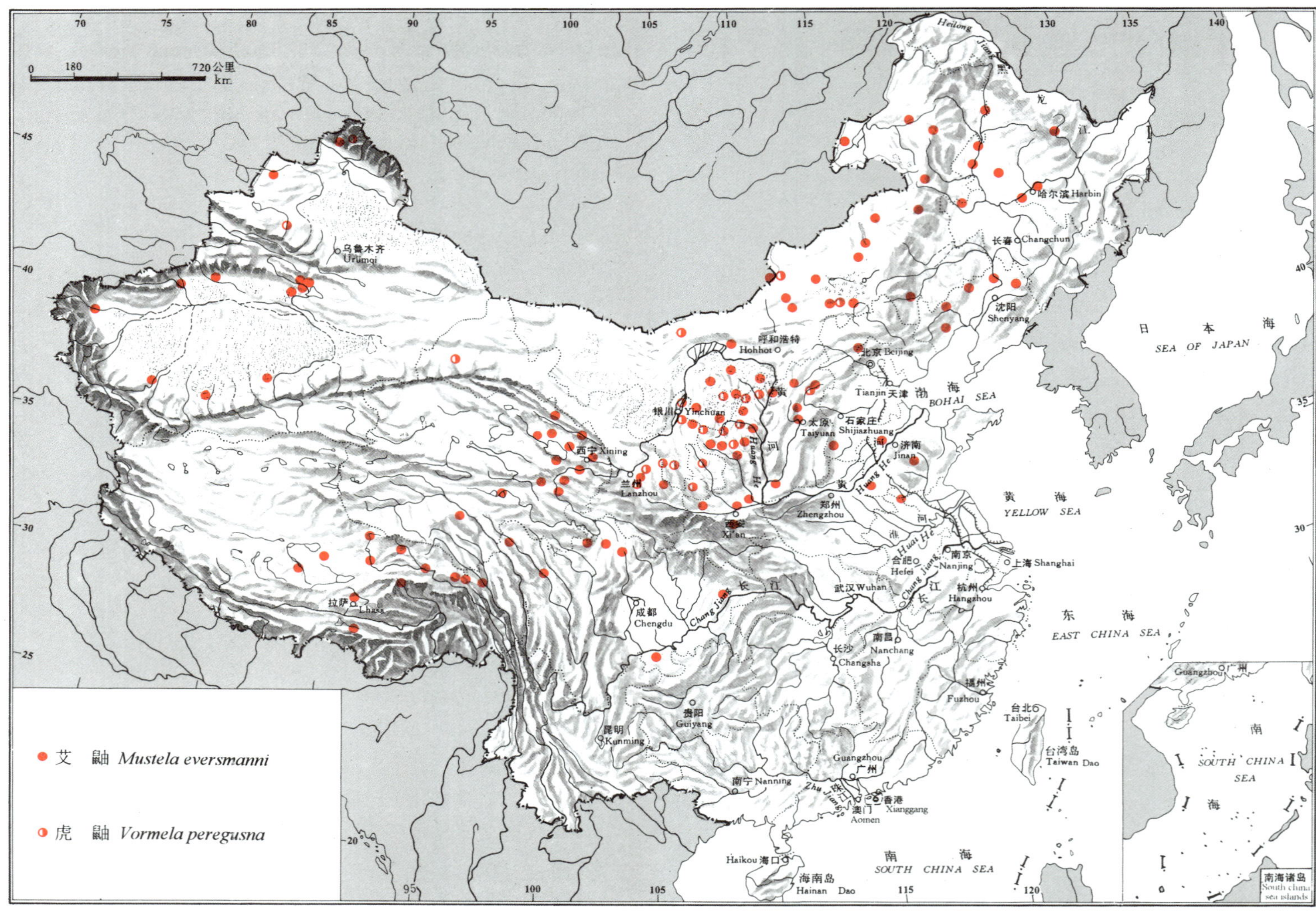

图 71 艾鼬 *Mustela eversmanni* 虎鼬 *Vormela peregusna* 的分布

鼬獾属 *Melogale* I. Geoffroy, 1831

鼬獾 ***Melogale moschata*** Gray, 1831

M. m. moschata Gray, 1831 [云南，南海沿海]

M. m. hainanensis Zheng *et* Xu, 1983 [海南]

M. m. subaurantiaca Swinhoe, 1862 [台湾]

M. m. taxilla Thomas, 1925 [广西，云南]

M. m. ferreogrisea Hilzheimer, 1905 [长江中下游，福建]

陕西：秦岭、汉中、安康[M28]；平利、镇坪[W98]

江苏：南京[H36]；江阴、镇江、宜兴、苏州、常熟[H33]

上海：上海[H33]

浙江：宁波、桐庐[A1]；临安、德清、安吉、舟山、金华、衢州、开化、常山[Z113]；宁海[Q15]；梅山岛[G9]

安徽：岳西、太湖、广德、贵池、宁国、歙县[H35]；宿松、潜山、桐城、望江、怀宁、枞阳、全椒[W39]

江西：安远、赣县、泰和[L65]；波阳[Q15]；永修、德安、都昌、九江、湖口、余干[F13,S48]；临川[G9]

湖南：岳阳[A1]；桂东、宜章、新宁、绥宁、邵阳[L65]；郴县[G9]

湖北：汉口[G9]

四川：苍溪、南充、岳池、仪陇[T3]；雷波[S46]；万县、宜宾、康定[A1,E1]；安县[G12]；乐山[G9,H23]

广西：大瑶山[A1]；那坡、靖西、龙州、宁明、上思、邕宁[W47]；西林、天峨、百色、融水、龙胜、贺县、桂平、苍梧、玉林、灵山、博白[S12,W83]

广东：广州[A1]；汕头、韶关[T5]；大埔、紫金、怀集、龙门、惠东[J10]

海南：儋州、南丰[A1,E1]；万宁、昌江、吊罗山、霸王岭[X21,Z87]

贵州：威宁、毕节、习水、绥阳、道真、贵阳、梵净山、从江、荔波、惠水、遵义、雷山[L2]；兴义、册亨[Y43]

云南：屏边[Y43]；丽江[A1]；泸西、开远、绿春、河口[L4]；勐腊、临沧（南滚河）[L71,W16]；景东[Z61]；金平、个旧、屏边、建水、石屏、蒙自[L4]；勐仑[W67]；马关、昭通[G9]

福建：厦门、福清、南平、武夷山[A1]；建瓯[Z7]；三明、莆田、龙岩、龙溪、晋江[Z11]；永春[L97]

台湾：埔里、台中及台南地区[C15]

广泛栖息

阿萨姆，缅甸，越南，老挝。

缅甸鼬獾 ***Melogale personata*** Geoffroy，1831

广东：高要[Z84]

林灌丛

尼泊尔，阿萨姆，缅甸，泰国，越南。

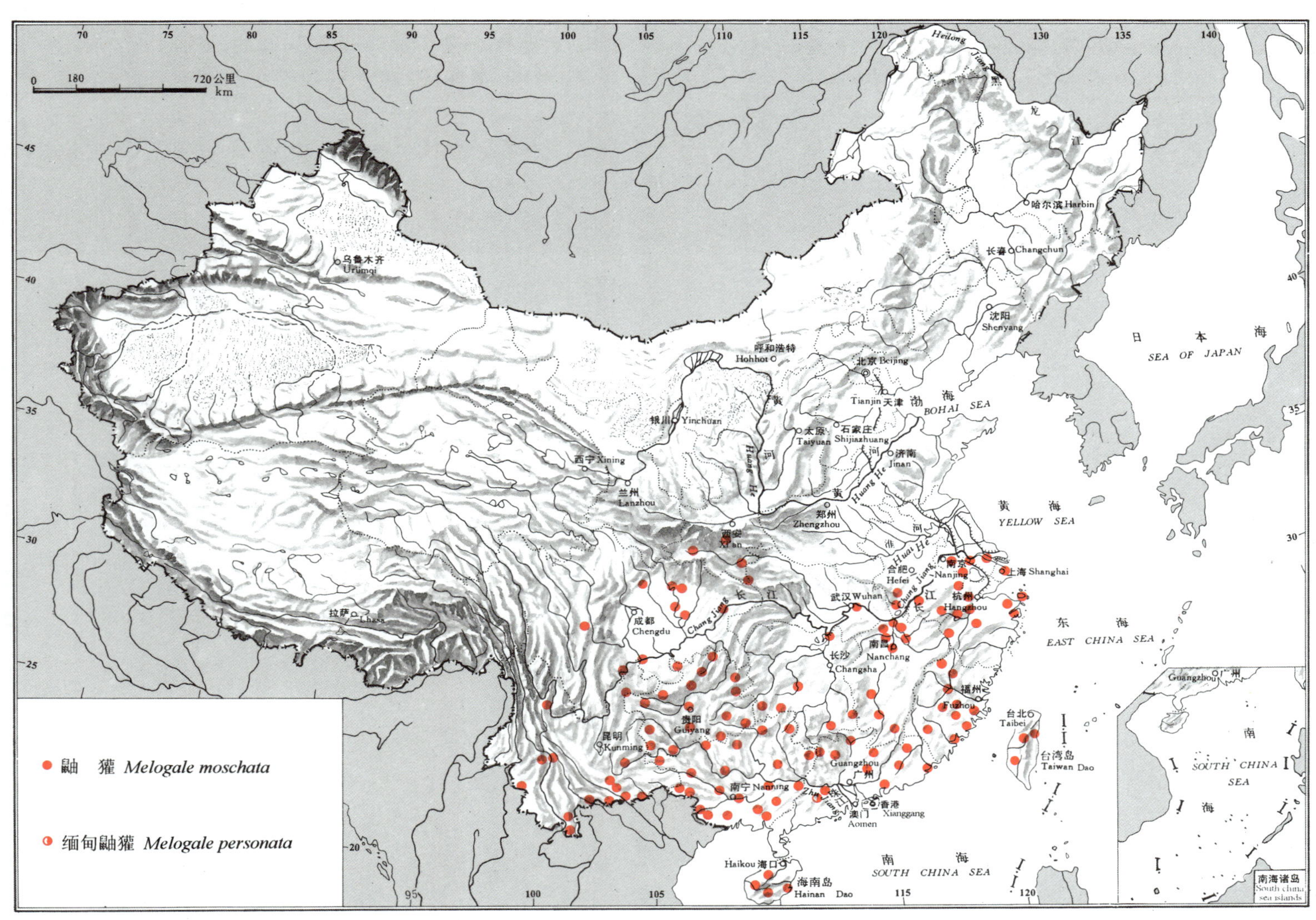

图 72　鼬獾 *Melogale moschata*　缅甸鼬獾 *Melogale personata* 的分布

Melogale I. Geoffroy，1831 Ferret badgers

Melogale moschata Gray，1831 **Chinese ferret badger**

M. m. moschata Gray，1831 [Coast of South China Sea]

M. m. hainanensis Zheng et Xu，1983 [Hainan]

M. m. subaurantiaca Swinhoe，1862 [Taiwan]

M. m. taxilla Thomas，1925 [Guangxi，Yunnan，]

M. m. ferreogrisea Hilzheimer，1905 [Lower and middle reaches of Changjiang，Fujian]

Shaanxi：Qinling，Hanzhong，Ankang[M28]；Pingli，Zhenping[W98]

Jiangsu：Nanjing[H36]；Jiangyin，Zhenjiang，Yixing，Suzhou，Changshu[H33]

Shanghai：Shanghai[H33]

Zhejiang：Ningbo，Tonglu[A1]；Ling'an，Deqing，Anji，Zhoushan，Jinhua，Quzhou，Kaihua，Changshan[Z113]；Ninghai[Q15]；Meishan Island[G9]

Anhui：Yuexi，Taihu，Guangde，Guichi，Ningguo，Shexian[H35]；Susong，Qianshan，Tongcheng，Wangjiang，Huaining，Zongyang，Quanshu[W39]

Jingxi：Anyuan，Ganxian，Taihe[L65]；Boyang[Q15]；Yongxiu，De'an，Duchang，Jiujiang，Hukou，Yugan[F13,S48]；Linchuan[G9]

Hunan：Yueyang[A1]；Guidong，Yizhang，Xinning，Suining，Shaoyang[L65]；Chenxian[G9]

Hubei：Hankou[G9]

Sichuan：Cangxi，Nanchong，Yuechi，Yilong[T3]；Leibo[S46]；Wanxian，Yibin，Kangding[A1,E1]；Anxian[G12]；Leshan[G9,H23]

Guangxi：Da Yaoshan[A1]；Napo，Jingxi，Longzhou，Ningming，Shangsi，Yongning[W47]；Xiling，Tian'e，Bose，Rongshui，

Longsheng, Hexiang, Guiping, Cangwu, Yulin, Lingshan, Bobai[S12,W83]

Guangdong: Guangzhou[A1]; Shantou, Shaoguan[T5]; Dapu, Zijin, Huaiji, Longmen, Huidong[J10]

Hainan: Danzhou, Nanfeng[A1,E1]; Wanning, Changjiang, Diaoluoshan, Bawangling[X21,Z87]

Guizhou: Weining, Bijie, Xishui, Suiyang, Daozhen, Guiyang, Fanjingshan, Congjiang, Libo, Huishui, Zunyi, Leishan[L2]; Xingyi, Ceheng[Y43]

Yunnan: Pingbian[Y43]; Lijiang[A1]; Luxi, Kaiyuan, Lüchun, Hekou[L4]; Mengla, Lincang (Nangun He)[L71,W16]; Jingdong[Z61]; Jinping, Gejiu, Pingbian, Jianshui, Shiping, Mengzi[L4]; Menglun[W67]; Maguan, Zhaotong[G9]

Fujian: Xiamen, Fuqing, Nanping, Wuyishan[A1]; Jian'ou[Z7]; Sanming, Putian, Longyan, Longxi, Jinjiang[Z11]; Yongchun[L97]

Taiwan: Puli, Taizhong, Tainan area[C15]

Wild

Assam, Myanmar, Indochina

Melogale personata Geoffroy, 1831 **Burmese ferret badger**

Guangdong: Gaoyao[Z84]

Woodland and scrub

Nepal, Assam, Myanmar, Thailand, Vietnam.

狗獾属 *Meles* Brisson, 1762

狗獾 ***Meles meles*** Linnaeus, 1758

M. m. leucurus Hodgson, 1847 [青藏高原]

M. m. amurensis Schrenck, 1859 [东北]

M. m. leptorhynchus Milne-Edwards, 1867 [黄河流域, 长江以南]

M. m. raddei Kastschenko, 1901 [内蒙古]

M. m. tianschanensis Hoyningen-Huene, 1910 [新疆北部]

M. m. blanfordi Matschie, 1907 [新疆南部]

黑龙江:伊春、密山、林口[S33];尚志、呼玛、逊克、北安、德都、宁安、依兰、哈尔滨[M13]

吉林:敦化、安图、辉春[Y24];靖宇、抚松[S33]

辽宁:彰武、丹东[S33];大连[D6];清原、新宾、桓仁、本溪、凤城、宽甸、盖州[X7]

河北:兴隆[A1]

北京:北京*,[A1,B10,Z31]

天津:天津[A1]

山东:济南、青岛*;胶东、鲁中、鲁西北、鲁西南[L74]

内蒙古:牙克石、根河、布特哈旗、鄂伦春旗、加格达奇[M13];河套平原、达拉特旗、伊金霍洛旗、准格尔旗、杭锦旗[Z56]

河南:伏牛山[Z97];开封[Z118]

山西:平定[A1];太原、阳曲[W9];中条山、吕梁山[B12]

陕西:陇县[S41];洛南[W98];镇安[Z85];黄陵、富县、洛川[B13];榆林[A1];甘泉、延长、延安、宜川[G9]

宁夏:西吉、海原、固原、灵武、银川[W60]

甘肃:临潭[A1];临夏[Q13];环县、康县、碌曲、夏河[Z81]

青海:海晏、祁连、刚察、门源、霍布逊湖附近[Z16];茫崖西部、德令哈[Q13];扎陵湖[Z33,43,69]

新疆:托木尔峰地区[L44];喀什[E1];布尔津、尼勒克、阿尔泰山、塔城、伊宁、叶城[G9]

江西:安远、赣县、泰和、永修、德安、九江、波阳、临川[F13,L65]

湖南:岳阳[A1];邵阳、桂东、宜章、新宁、绥宁[L65]

湖北:湖北[G9]

安徽:霍山、金寨、亳县、砀山、来安、休宁、贵池、石台、广德、泾县、萧县、宿县、阜阳、淮南、滁县、六安、佛子岭、和县、无为、桐

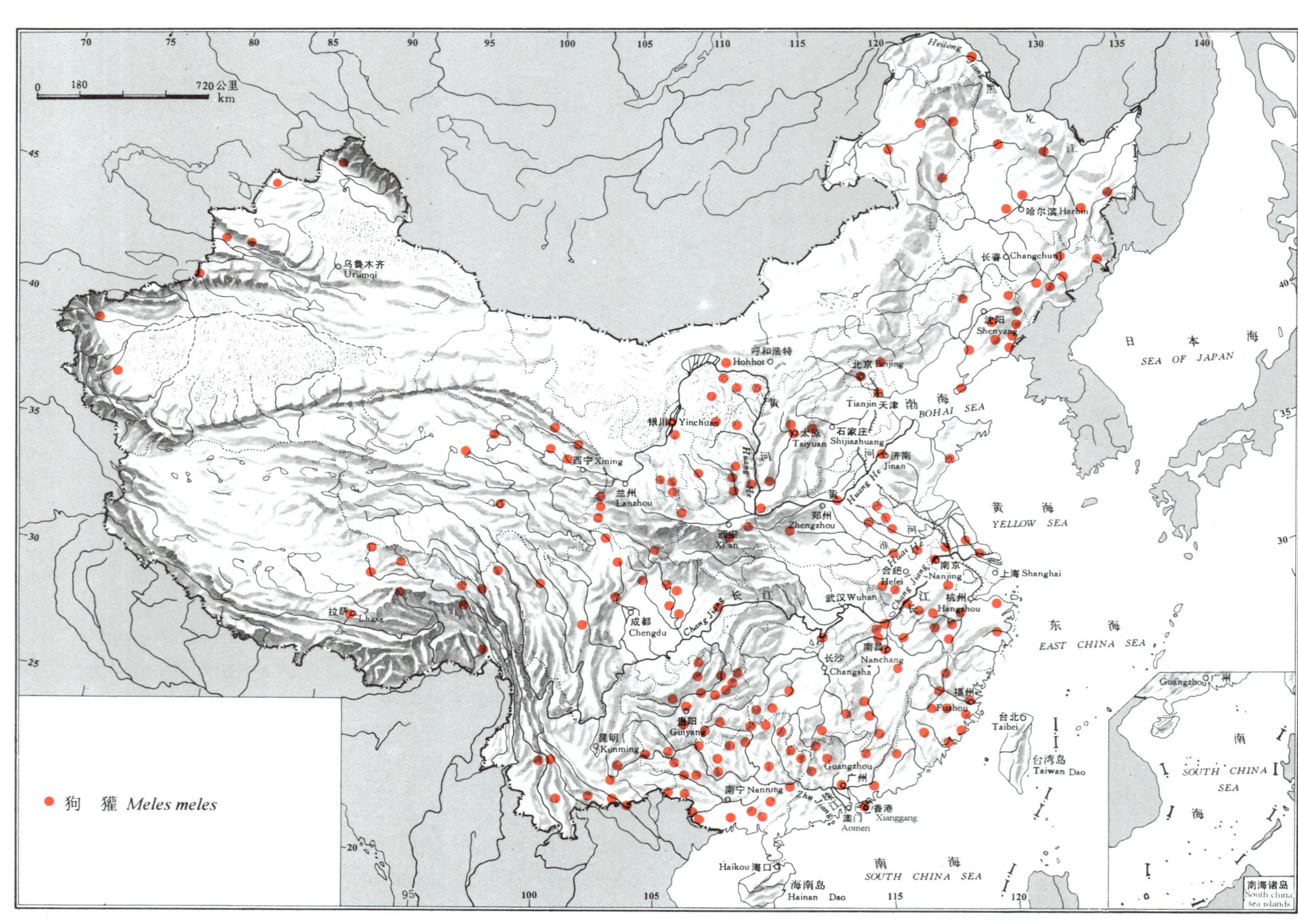

图 73 狗獾 *Meles meles* 的分布

城、岳西、潜山、太湖、宁国、歙县[H35,W39]
江苏：南京[H36]；盐城、南通、扬州、江苏南部[H33]
浙江：桐庐[A1]；雷阳、宁海、宁波、衢州、开化、建德[G9,Z113]
四川：若尔盖、甘孜[S46]；苍溪、南充、岳池、仪陇[T3]；汶川、安县、万县、松潘[G9,H23]
云南：思茅[Z40]；泸西、开远、金平、河口、绿春、景东、弥勒[L4]
西藏：丁青、洛隆、江达、昌都、察隅[X30]；拉萨[E1]；那曲、巴青、比如、嘉黎、边坝[F5,Y29]
贵州：松桃、江口、印江、石阡、余庆、瓮安、正安、绥阳、贵阳、清镇、三都、独山、惠水、册亨、兴义、威宁[L2]；梵净山[G17]
广西：龙州、宁明[W47]；田林、百色、巴马、那坡、靖西、玉林、灵山、博白、钦州、都安、天峨、融水、融安、龙胜、全州、富川、贺县、金秀、灵川[S12,W83]
广东：连平、连州、阳山[T5]；广州[A1]；惠东[J10]
福建：厦门、福州、南平[A1]；建瓯[Z7]；建阳、宁德、三明、莆田、龙岩、龙溪、晋江[Z11]；永春[L97]
香港：香港[A1]

广泛栖息

欧洲，西伯利亚，蒙古，乌苏里，日本，朝鲜，小亚细亚，伊朗，巴勒斯坦，缅甸北部。

Meles Brisson, 1762 **Badgers**

Meles meles Linnaeus, 1758 **Eurasian badger**

M. m. leucurus Hodgson, 1847 [Qinghai-Xizang plateau]
M. m. amurensis Schrenck, 1859 [Northeast China]
M. m. leptorhynchus Milne-Edwards, 1867 [Huanghe basin and south of Changjiang]
M. m. raddei Kastschenko, 1901 [Nei Mongol]
M. m. tianschanensis Hoyningen-Huene, 1910 [Northern Xinjiang]
M. m. blanfordi Matschie, 1907 [Southern Xinjiang]

Heilongjiang: Yichun, Mishan, Linkou[S33]; Shangzhi, Huma, Xunke, Bei'an, Dedu, Ning'an, Yilan, Harbin[M13]
Jilin: Dunhua, Antu, Huichun[Y24]; Jingyu, Fusong[S33]
Liaoning: Zhangwu, Dandong[S33]; Dalian[D6]; Qingyuan, Xinbin, Huanren, Benxi, Fengcheng, Kuandian, Gaizhou[X7]
Hebei: Xinglong[A1]
Beijing: Beijing[*,A1,B10,Z31]
Tianjin: Tianjin[A1]
Shandong: Jinan, Qingdao[*]; Jiaodong, central, northwestern and southwestern Shandong[L74]
Nei Mongol: Yakeshi, Genhe, Butha B., Oroqen B., Jagdaqi[M13]; Hetaopingyuan, Dalad B., Ejin Horo B., Jungar B., Hanggin B.[Z56]
Henan: Funiushan[Z97]; Kaifeng[Z118]
Shanxi: Pingding[A1]; Taiyuan, Yangqu[W9]; Zhongtiaoshan, Lüliangshan[B12]
Shaanxi: Longxian[S41]; Luonan[W98]; Zhen'an[Z85]; Huangling, Fuxian, Luochuan, Yulin[A1]; Ganquan, Yanchang, Yang'an, Yichuan[G9]
Ningxia: Xiji, Haiyuan, Guyuan, Lingwu, Yinchuan[W60]
Gansu: Lintan[A1]; Linxia[Q13]; Huanxian, Kangxian, Luqu, Xiabe[X81]
Qinghai: Haiyan, Qilian, Gangca, Menyuan, near Huobujun Hu[Z16]; western Mangya, Delingha, Gyaring Hu[Z33,43,69]
Xinjiang: Tuomuer Feng area[L44]; Kashi[E1]; Burqin, Nilka, Altai, Tacheng, Yining, Yecheng[G9]
Jiangxi: Anyuan, Ganxian, Taihe, Yongxiu, De'an, Jiujiang, Boyang, Linchuan[F13,L65]
Hunan: Yueyang[A1]; Shoyang, Guidong, Yizhang, Xinning, Suining[L65]
Hubei: Hubei[G9]
Anhui: Huoshan, Jinzhai, Baoxian, Tangshan, Lai'an, Xiuning, Guichi, Shitai, Guangde, Jingxian, Xiaoxan, Suxian, Fuyang, Huainan, Chuxian, Liu'an, Foziling, Hexian, Wuwei, Tongcheng, Yuexi, Qianshan, Taihu, Ningguo, Shexian[H35,W39]
Jiangsu: Nanjing[H36]; Yancheng, Nantong, Yangzhou, southern Jiangsu[H33]
Zhejiang: Tonglu[A1]; Leiyang, Ninghai, Ningbo, Quzhou, Kaihua, Jiande[G9,Z113]
Sichuan: Zoigê, Garzê[S46]; Cangxi, Nanchong, Yuechi, Yilong[T3]; Wenchuan, Anxian, Wanxian, Songpan[G9,H23]
Yunnan: Simao[Z40]; Luxi, Kaiyuan, Jinping, Hekou, Lüchun, Jingdong, Mile[L4]
Xizang: Dêngqên, Lhorong, Jomda, Qamdo, Zayü[X30]; Lhasa[E1]; Nagqu, Baqên, Biru, Lhari, Banbar[F5,Y29]
Guizhou: Songtao, Jiangkou, Yinjiang, Shiqian, Yuqing, Weng'an, Zheng'an, Suiyang, Guiyang, Qingzhen, Sandu, Dushan, Huishui, Ceheng, Xingyi, Weining[L2]; Fanjingshan[G17]
Guangxi: Longzhou, Ningming[W47]; Tianlin, Bose, Bama, Napo, Jingxi, Yulin, Lingshan, Bobai, Qinzhou, Du'an, Tian'e, Rongshui, Rong'an, Longsheng, Quanzhou, Fuchuan, Hexian, Jinxiu, Lingchuan[S12,W83]
Guangdong: Lianping, Lianzhou, Yangshan[T5]; Guangzhou[A1]; Huidong[J10]
Fujian: Xiamen, Fuzhou, Nanping[A1]; Jian'ou[Z7]; Jianyang, Ningde, Sanming, Putian, Longyan, Longxi, Jinjiang[Z11]
Hongkong: Hongkong[A1]

Wild

Europe, Siberia, Mongolia, Ussuri, Japan, Korea, Asia Minor, Iran, Palestine, northern Myanmar.

猪獾属 *Arctonyx* F. Cuvier, 1825

猪獾 ***Arctonyx collaris*** F. Cuvier, 1825

A. c. collaris F. Cuvier, 1825 [云南西部，西藏]
A. c. albogularis Blyth, 1853 [长江流域，东南沿海]
A. c. leucolaemus Milne-Edwards, 1867 [华北]
A. c. dictator Thomas, 1910 [中南半岛]

辽宁：建平[*]；凌源、喀喇沁、建昌、绥中[X7]
河北：兴隆、承德[A1,E1]
北京：北京[B10,Z31]
河南：陕县、内乡、卢氏[Z97]
山西：中条山、吕梁山[W8]
山东：胶东、鲁中、鲁西北、鲁西南[L74]
陕西：陇县[S41]；太白、凤县、佛坪、宁强、宁陕、柞水[W98]；秦岭[A1,E1]；宝鸡[H29]
宁夏：泾源、灵武、盐池、石嘴山[W60]
甘肃：文县[M1]；临夏[Q13]；岷山[A1,E1]；舟曲[A1,E1]；兰州、天水、康乐、成县、康县[Z81]
安徽：霍山、金寨、霍丘、泾县、宁国、歙县、休宁、祁门、太平、石台、青阳、桐城、繁昌、广德、南陵、贵池[H35]；淮德[A1]；安庆[W39]
湖北：宜昌[A1]
湖南：桂东、宜章、新宁、绥宁[L65]
江西：安远、赣县、泰和[L65]；南昌、永修、德安、九江、湖口、都昌[F13]
四川：达川、涪陵、重庆、宜宾、巴塘、理塘、稻城、若尔盖、黑水、贡嘎、雷波[S46]；苍溪、南充、岳池[T3]；仪陇、汶川、峨眉山[A1]；泸定[H23]；安县[G12]
贵州：威宁、盘县、兴义、册亨、荔波、从江、雷山、梵净山、道真、绥阳、惠水、遵义、黔西[L2]
云南：泸西、开远、绿春、金平、屏边、河口[L4]；勐腊、勐养[W67]；临沧、曲靖[Y43]；德钦[S46]；腾冲、丽江[A1]；景东[Z61]；盈江[G9]
西藏：丁青、巴青、比如、边坝、索县、墨竹工卡、昌都、工布江达[F5,X30,Y29]
浙江：德清、武义、常山、浦江、杭州、余杭、临安、桐庐、绍兴、浦江[G9,Z113]

福建：福清、南平、武夷山[A1,Z7]；建瓯、厦门、宁德、三明、莆田、龙岩、龙溪、晋江[Z11]；永春[L97]

江苏：扬州、宜兴[H33]；南京[P7]

广西：龙州、宁明、田林、百色、巴马、那坡、靖西、都安、天峨、融水、融安、龙胜、全州、富川、贺县、金秀、玉林、灵山、博白、灵川、钦州[S12,W83]

广东：粤北与粤东山区[L63]

森林田野

锡金，阿萨姆，中南半岛，苏门答腊。

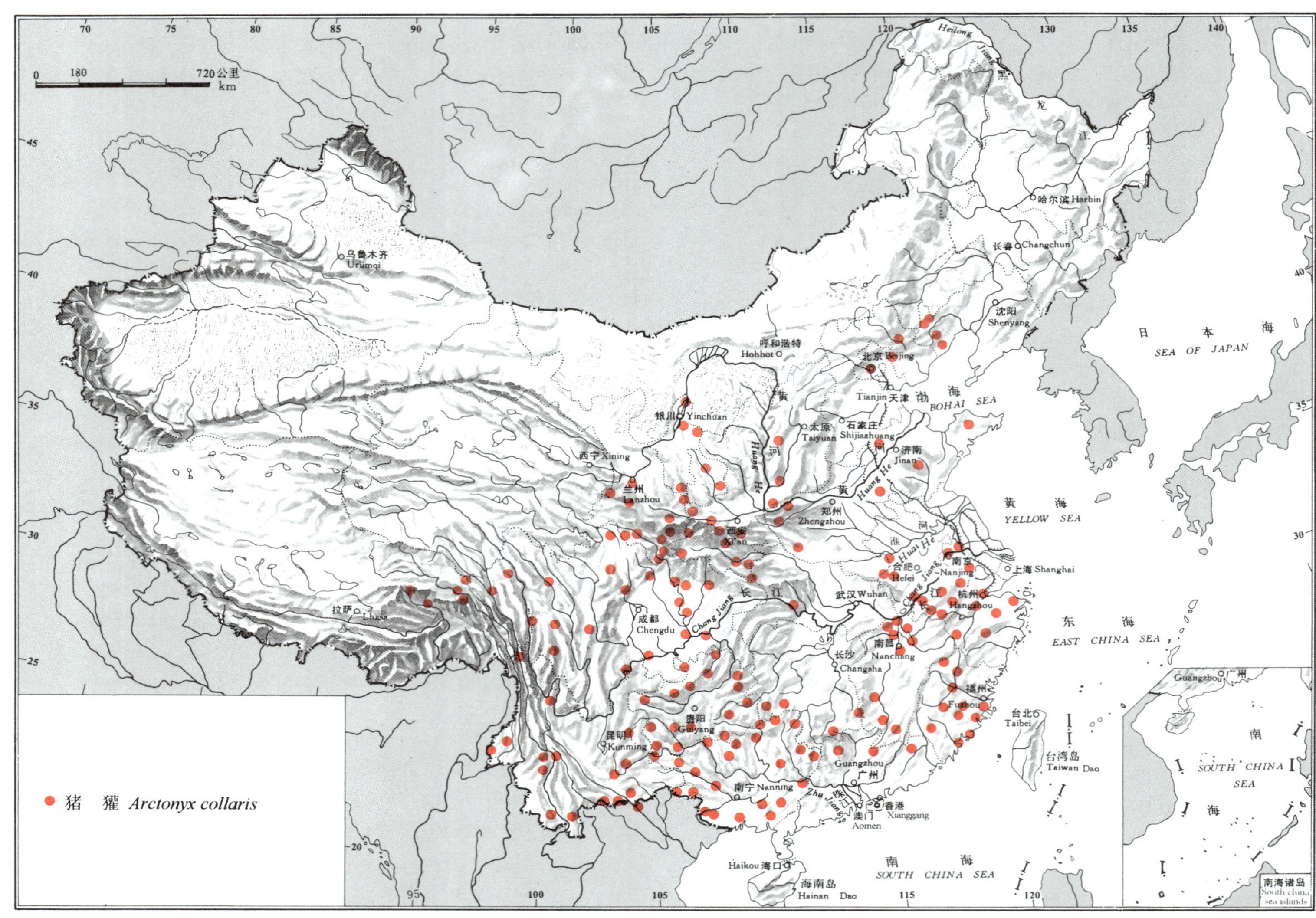

图 74 猪獾 *Arctonyx collaris* 的分布

Arctonyx F. Cuvier, 1825
Hog-badgers, sand badgers

Arctonyx collaris F. Cuvier, 1825 **Hog-badger (Sand badger)**

A. c. collaris F. Cuvier, 1825 [Western Yunnan, Xizang]

A. c. albogularis Blyth, 1853 [Basin of Changjiang, southeaster coast]

A. c. leucolaemus Milne-Edwards, 1867 [North China]

A. c. dictator Thomas, 1910 [Myanmar, Thailand, Indochina]

Liaoning: Jianping*; Lingyuan, Harqin, Jianchang, Suizhong[X7]

Hebei: Xinglong, Chengde[A1,E1]

Beijing: Beijing[B10,Z31]

Henan: Shanxian, Neixiang, Lushi[Z97]

Shanxi: Zhongtiaoshan, Lüliangshan[W8]

Shandong: Jiaodong, central northwestern and southwestern Shandong[L74]

Shaanxi: Longxian[S41]; Taibai, Fengxian, Foping, Ningqiang, Ningshan, Zhashui[W98]; Qingling[A1,E1]; Baoji[H29]

Ningxia: Jingyuan, Lingwu, Yanchi, Shizuishan[W60]

Gansu: Wenxian[M1]; Linxia[Q13]; Minshan[A1,E1]; Zhugqu[A1,E1]; Lanzhou, Tianshui, Kangle, Chengxian, Kangxian[Z81]

Anhui: Huoshan, Jinzhai, Huoqiu, Jingxian, Ningguo, Shexian, Xiuning, Qimen, Taiping, Shitai, Qingyang, Tongcheng, Fanchang, Guangde, Nanling, Guichi[H35]; Huaide[A1]; Anqing[W39]

Hubei: Yichang[A1]

Hunan: Guidong, Yizhang, Xinning, Suining[L65]

Jiangxi: Anyuan, Ganxian, Taihe[L65]; Nanchang, Yongxiu, De'an, Jiujiang, Hukou, Duchang[F13]

Sichuan: Dachuan, Fulin, Chongqing, Yibin, Batang, Litang, Daocheng, Zoigê, Heishui, Gongge, Leibo[S46]; Cangxi, Nanchong, Yuechi[T3]; Yilong, Wenchuan, Emeishan[A1]; Luding[H23]; Anxian[G12]

Guizhou: Weining, Panxian, Xingyi, Ceheng, Libo, Congjiang, Leishan, Fanjingshan, Daozhen, Suiyang, Huishui, Zunyi, Qianxi[L2]

Yunnan: Luxi, Kaiyuan, Lüchun, Jinping, Pingbian, Hekou[L4]; Mengla, Mengyang[W67]; Lincang, Qujing[Y43]; Dêqên[S46]; Tengchong, Lijiang[A1]; Jingdong[Z61]; Yingjiang[G9]

Xizang: Dêngqên, Baqên, Biru, Banbar, Sog, Maizhokunggar, Qamdo, Gongbo'gyamda[F5,X30,Y29]

Zhejiang: Deqing, Wuyi, Changshan, Pujiang, Hangzhou, Yuhang, Lin'an, Tonglu, Shaoxing, Pujiang[G9,Z113]

Fujian: Fuqing, Nanping, Wuyishan[A1,Z7]; Jian'ou, Xiamen, Ningde, Sanming, Putian, Longyan, Longxi, Jinjiang[Z11]; Yongchun[L97]

Jiangsu: Yangzhou, Yixing[H33]; Nanjing[P7]

Guangxi: Longzhou, Ningming, Tianlin, Bose, Bama, Napo, Jingxi, Du'an, Tian'e, Rongshui, Rong'an, Longsheng, Quanzhou, Fuchuan, Hexian, Jinxiu, Yulin, Lingshan, Bobai, Lingchuan, Qinzhou[S12,W83]

Guangdong: Hills of northern and eastern Guangdong[L63]

Forest, wild

Sikkim, Assam, Myanmar, Thailand, Indochina, Sumatra.

水獭属 *Lutra* Brisson，1762

水獭 ***Lutra lutra*** Linnaeus，1758

L. l. lutra Linnaeus，1758［东北、新疆］

L. l. nair F.Cuvier，1823［云南西北］

L. l. kutah Schinz，1837［青藏高原］

L. l. chinensis Gray ，1837［华北、华中及东南沿海，台湾］

L. l. hainana Xu *et* Liu，1983［海南］

黑龙江：伊春[S33]；宝清、密山、林口、海林[M13]

吉林：敦化、汪清、安图、靖宇、抚松[S33]；辉南[G9]

辽宁：清原、新宾、桓仁、凤城、宽甸、盖州[X5、7]

内蒙古：根河[M13]

河南：嵩县、卢氏、内乡、沁阳、商城[Z97]

山西：阳城[W8]

陕西：西安、太白山[A1]；留坝、汉中、安康、黄陵、富县、洛川、长安、洋县、城固[W98]

甘肃：文县[M1]；临潭[A1]；白龙江、临夏[Q13]；环县、康县、夏河、和政、碌曲[Z81]；迭部[L94]

青海：班玛[Z69]

新疆：新疆[E1,G9]；阿尔泰山[Z20]

安徽：滁县、六安、繁县、巢县、金寨、佛子岭、无为、岳西、潜山、太湖、广德、宣城、宁国、泾县、青阳、贵池、东至、祁门、歙县[H35,W39]

江苏：中部及南部[H33]

上海：上海[A1]

浙江：宁波[A1]；临安、淳安、鄞县、金华、衢州、临海、遂昌、岱山、舟山、梅山、大榭、金塘、六横、朱家尖、长涂、普陀山、长白山、大巨和嵊泗各岛[S15,Z113,114]

湖北：宜昌[A1]

湖南：邵阳、桂东、宜章、新宁、绥宁[L65]

江西：安远、赣县、泰和[L65]；南昌、波阳[F13]

四川：峨边、雷波[S46]；苍溪、南充、仪陇、岳池[T3]；甘孜、马尔康[H23]；安县[G12]；巴塘[G9]

贵州：江口、石阡、绥阳、正安、开阳、黔西、大方、毕节、纳雍、金沙、织金、威宁、雷山、三都、独山、望谟、册亨、兴义、梵净山、安龙[G9,L2]

云南：绿春、泸西[L4]；蒙自、景洪、勐海、金平、屏边[Y43]；景东[Z61]；盈江、高黎贡山[G9]；勐腊[W67]

西藏：日喀则、曲水、羊卓雍错、丁青[X30]；巴青、索县、比如、拉萨、堆龙德庆、那曲、当雄、嘉黎、昌都、察隅、易贡、奇林错[F5,Y29]

广西：睦边、靖西、龙州、宁明、上思[W47]；西林、百色、天峨、都安、隆安、邕宁、玉林、钦州、灵山、博白、河池、融水、融安、龙胜、资源、兴安、恭城[S12,W83]

广东：广州[A1]；惠东[J10]；龙门、怀集、高要[G9]

海南：儋州、南丰[A1]；海口[S8]；五指山、水满[X21]

福建：南平、龙溪、福州、厦门[A1]；建瓯[Z7]；建阳、宁德、三明、莆田、龙岩、晋江[Z11]

台湾：高雄、台北、台中、从海岸至海拔 1500m 均有[C15]

河湖

欧亚，北非，斯里兰卡，苏门答腊，爪哇。

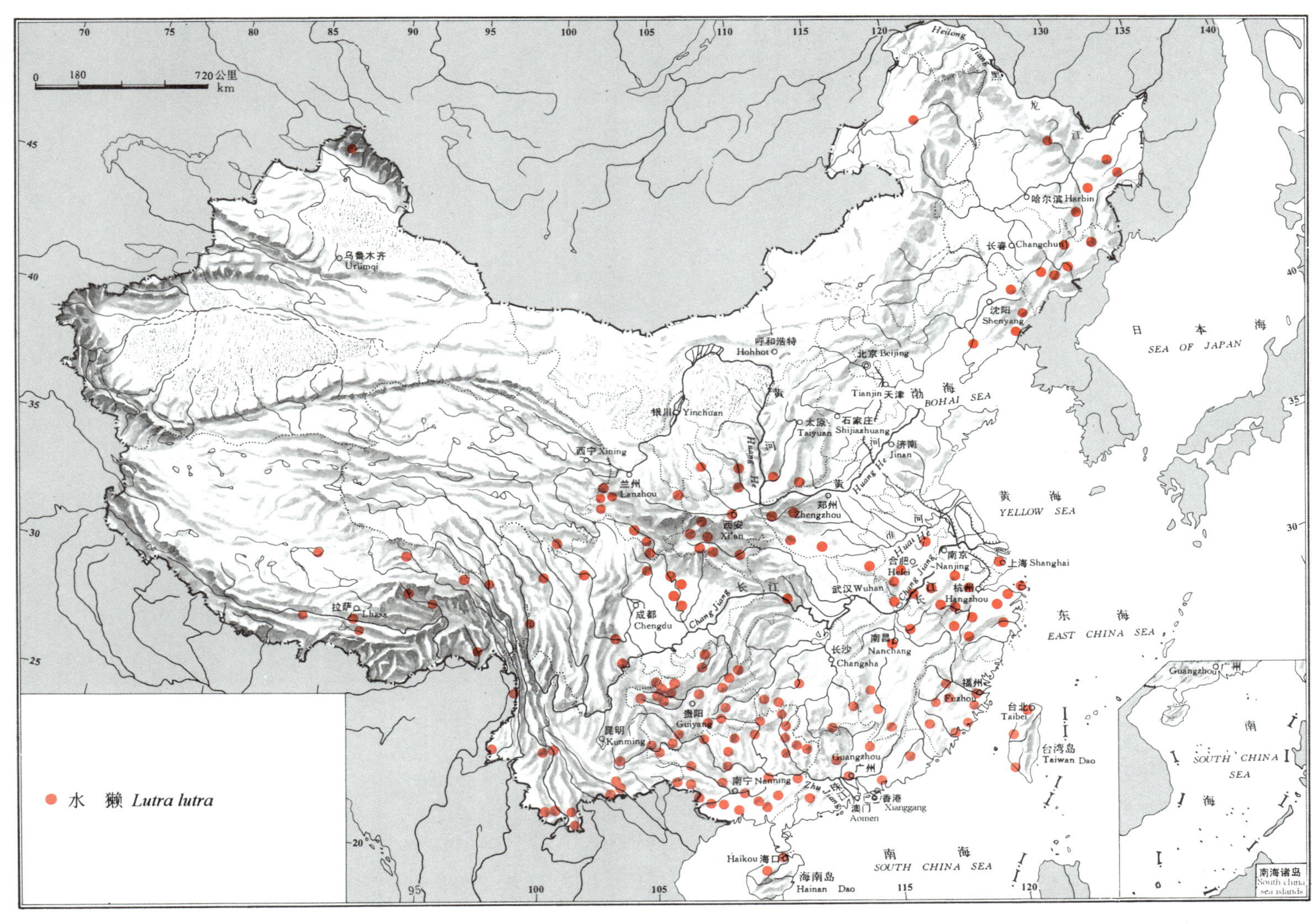

图 75 水獭 *Lutra lutra* 的分布

Lutra Brisson，1762 River otters

Lutra lutra Linnaeus，1758 **Common otter**

L. l. lutra Linnaeus，1758［Northeast China，Xinjiang］

L. l. nair F. Cuvier，1823［Northwestern Yunnan］

L. l. kutah Schinz，1844［Qinghai-Xizang］

L. l. chinensis Gray，1837［North and central China and

southeastern coast, Taiwan]

L. l. hainana Xu *et* Liu, 1983 [Hainan]

Heilongjiang: Yichun[S33]; Baoqing, Mishan, Linkou, Hailin[M13]

Jilin: Dunhua, Wangqing, Antu, Jingyu, Fusong[S33]; Huinan[G9]

Liaoning: Qingyuan, Xinbin, Huanren, Fengcheng, Kuandian, Gaizhou[X5,7]

Nei Mongol: Genhe[M13]

Henan: Songxian, Lushi, Neixiang, Qinyang, Shangcheng[Z97]

Shanxi: Yangcheng[W8]

Shaanxi: Xi'an, Taibaishan[A1]; Liuba, Hanzhong, Ankang, Huangling, Fuxian, Luochuan, Chang'an, Yangxian, Chenggu[W98]

Gansu: Wenxian[M1]; Lintan[A1]; Bailongjiang, Linxia[Q13]; Huanxian, Kangxian, Xiahe, Hezheng, Luqu[Z81]; Têwo[L94]

Qinghai: Baima[Z69]

Xinjiang: Xinjiang[E1,G9]; Altai[Z20]

Anhui: Chuxian, Liu'an, Fanxian, Chaoxian, Jinzhai, Foziling, Wuwei, Yuexi, Qianshan, Taihu, Guangde, Xuancheng, Ningguo, Jingxian, Qingyang, Guichi, Dongzhi, Qimen, Shexian[H35,W39]

Jiangsu: Central and southern areas[H33]

Shanghai: Shanghai[A1]

Zhejiang: Ningbo[A1]; Lin'an, Chun'an, Yinxian, Jinhua, Quzhou, Linhai, Suichang, Daishan, Zhoushan, Meishan, Daxie, Jintang, Liuheng, Zhujiajian, Changtu, Putuoshan, Changbaishan, Daju and Shengsi islands[S15,Z113,114]

Hubei: Yichang[A1]

Hunan: Shaoyang, Guidong, Yizhang, Xinning, Suining[L65]

Jiangxi: Anyuan, Ganxian, Taihe[L65]; Nanchang, Boyang[F13]

Sichuan: Ebian, Leibo[S46]; Cangxi, Nanchong, Yilong, Yuechi[T3]; Garzê, Barkam[H23]; Anxian[G12]; Batang[G9]

Guizhou: Jiangkou, Shiqian, Suiyang, Zheng'an, Kaiyang, Qianxi, Dafang, Bijie, Nayong, Jinsha, Zhijin, Weining, Leishan, Sandu, Dushan, Wangmo, Ceheng, Xingyi, Fanjingshan, Anlong[G9,L2]

Yunnan: Lüchun, Luxi[L4]; Mengzi, Jinghong, Menghai, Jinping, Pingbian[Y43]; Jingdong[Z61]; Yingjiang, Gaoligongshan[G9]; Mengla[W67]

Xizang: Xigazê, Qüxü, Yamzho Yumco, Dêngqên[X30]; Baqên, Sog, Biru, Lhasa, Doilungdeqên, Nagqu, Damxung, Lhari, Qamdo, Zayü, Yigong, Qilinco[F4,Y29]

Guangxi: Mubian, Jingxi, Longzhou, Ningming, Shangsi[W47]; Xilin, Bose, Tian'e, Du'an, Long'an, Yongning, Yulin, Qinzhou, Lingshan, Bobai, Hechi, Rongshui, Rong'an, Longsheng, Ziyuan, Xing'an, Gongcheng[S12,W83]

Guangdong: Guangzhou[A1]; Huidong[J10]; Longmen, Huaiji, Gaoyao[G9]

Hainan: Danzhou, Nanfeng[A1]; Haikou[S8]; Wuzhishan, Shuiman[X21]

Fujian: Nanping, Longxi, Fuzhou, Xiamen[A1]; Jian'ou[Z7]; Jianyang, Ningde, Sanming, Putian, Longyan, Jingjiang[Z11]

Taiwan: Gaoxiong, Taibei, Taizhong, from coast up to 1500 m a. s. l.[C15]

River and lake

Eurasia, northern. Africa, Sri Lanka, Sumetra, Java.

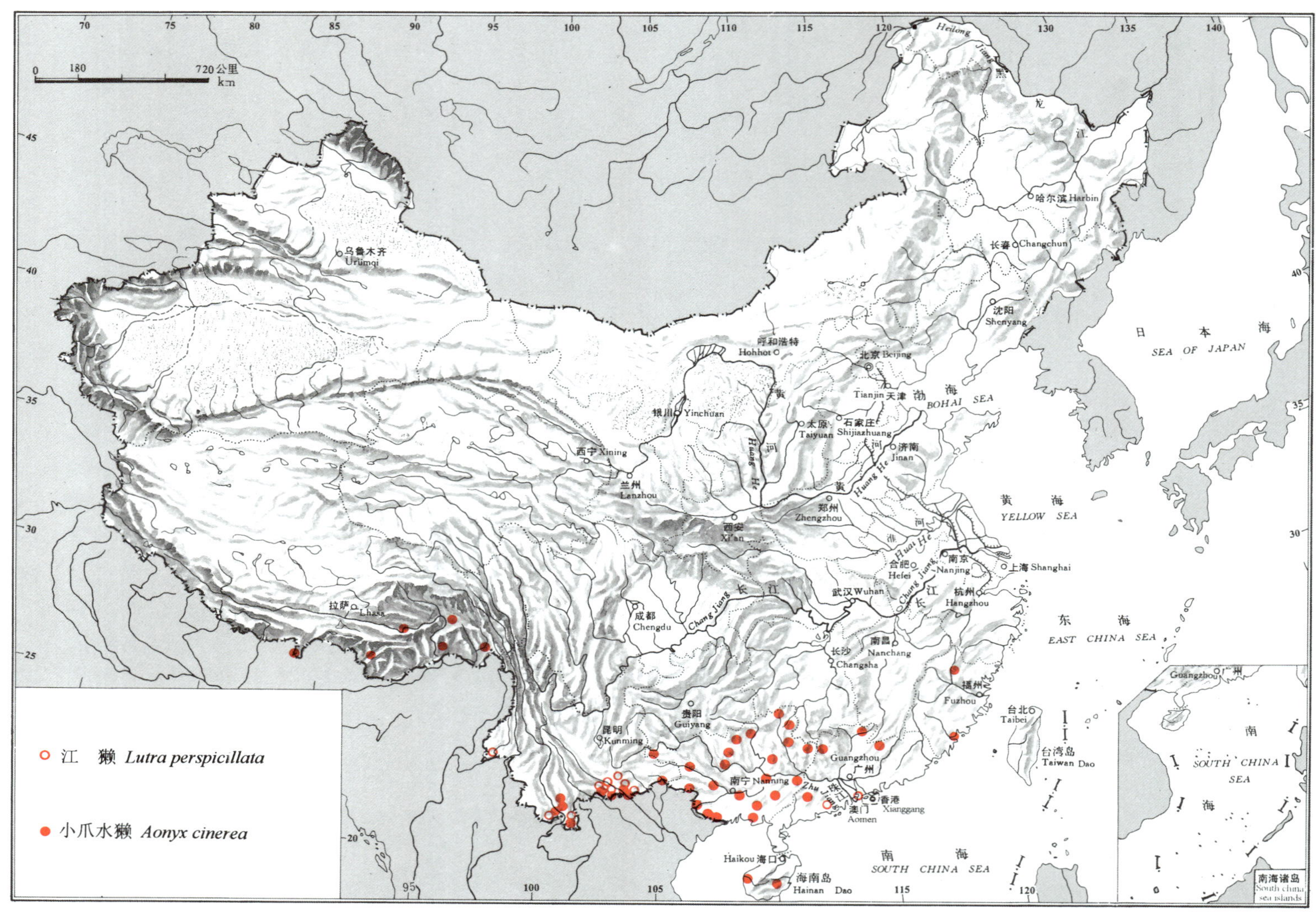

图 76 江獭 *Lutra perspicillata* 小爪水獭 *Aonyx cinerea* 的分布

江獭 ***Lutra perspicillata*** Geoffroy, 1826

L. p. perspicillata Geoffroy, 1826 [泰国以外东南亚]

云南：云南西部[A1]；绿春、河口、金平、元阳、屏边、开远[L4]；景洪、勐腊[W67]

广东：台山、珠江口[L62]

热带河湖

苏门答腊，马来半岛，越南，老挝，缅甸，阿萨姆，尼泊尔，印度半岛。

小爪水獭属 *Aonyx* Lesson, 1827

小爪水獭 ***Aonyx cinerea*** Illiger, 1815

A. c. concolor Rafinesque, 1832 [华南，喜马拉雅]

云南：屏边、绿春、金平、河口[L4]；勐腊、勐旺、勐养、景洪[Y43]；易武、普文[W67,Y10]

西藏：亚东、珠穆朗玛峰地区、察隅[F5,X30]

广西：靖西、龙州、宁明、凭祥、上思、睦边[W47]；隆安、都安、融水、融安、河池、龙胜、西林、资源、恭城、贺县、苍梧、玉林、金秀、灵山、钦州[S12,W47,83]

广东：较高山地均分布[L63]
海南：昌江[Z108]；吊罗山、霸王岭[X21]
福建：厦门[G9]；建瓯[Z7]
台湾：台湾[E1]

热带河湖
阿萨姆，锡金，尼泊尔，东旁遮普，尼尔基里山及库尔格（印度半岛），缅甸北部，越南，老挝，马来半岛，苏门答腊，爪哇，加里曼丹，巴拉旺。

Lutra perspicillata Geoffroy, 1826 **Smooth-coated otter**
L. p. perspicillata Geoffroy, 1826 [Southeast Asia excluding Thailand]
Yunnan: Western part of the province[A1]; Lüchun, Hekou, Jinping, Yuanyang, Pingbian, Kaiyuan[L4]; Jinghong, Mengla[W67]
Guangdong: Taishan, Zhujiangkou[L62]
Tropical river and lake
Sumatra, Malay peninsula, Indochina, Myanmar, Assam, Nepal, Indian peninsula.

Aonyx Lesson, 1827 Clawless otters

Aonyx cinerea Illiger, 1815 **Oriental small-clawed otter**
A. c. concolor Rafinesque, 1832 [South China, Himaleyas]
Yunnan: Pingbian, Lüchun, Jinping, Hekou[L4]; Mengla, Mengwang, Mengyang, Jinghong[Y43]; Yiwu, Puwen[W67,Y10]
Xizang: Yadong, Qomolangma area, Zayü[F5,X30]
Guangxi: Jingxi, Longzhou, Ningming, Pingxiang, Shangsi, Mubian[W47]; Long'an, Du'an, Rongshui, Rong'an, Hechi, Longsheng, Xilin, Ziyuan, Gongcheng, Hexian, Cangwu, Yulin, Jinxiu, Lingshan, Qinzhou[S12,W47,83]
Guangdong: Occurs in higher hills[L63]
Hainan: Changjiang[Z108]; Diaoluoshan, Bawangling[X21]
Fujian: Xiamen[G9]; Jian' ou[Z7]
Taiwan: Taiwan[E1]
Tropical river and lake
Assam, Sikkim, Nepal, East Punjab, Nilgili Hills and Coorg in peninsular India, northern Myanmar, Indochina, Malay peninsula; Sumatra, Java, Borneo, Palawan.

灵猫科 Viverridae

灵猫属 *Viverra* Linnaeus, 1758

大灵猫 ***Viverra zibetha*** Linnaeus, 1758
V. z. ashtoni Swinhoe, 1864 [长江流域以南及东南沿海]
V. z. surdaster Thomas, 1927 [越南，老挝]
V. z. picta Wroughton, 1915 [西藏，缅甸]
V. z. hainana Wang *et* Xu, 1983 [海南]
陕西：安康、南郑[A1,E1]；汉中、紫阳、平利、白河[W98]
甘肃：文县[M1]；康县，武都[Z81]
安徽：广德、青阳、贵池、宁国、歙县[H35]；安庆、芜湖、宣城、太平[W39]；泾县[G9]
江苏：苏南丘陵[H33]；靖江[A1]
上海：上海[A1]
浙江：舟山[A1]；缙云、仙居、丽水、云和、遂昌、龙泉、庆元[Z113]；义乌、开化、临安、温州[G9]
湖北：宜昌、房县[A1]
湖南：邵阳、宜章、新宁、绥宁[L65]；岳池[A1]
江西：安远、赣县、泰和、永修[L65]
四川：雷波[S46]；重庆、峨眉山、雅安、汉原、石棉、宝兴、灌县、汶川、涪陵、达县[H23]；苍溪、南充、岳池、仪陇[T3]；万县[A1]；安县、成都、叙永[G9]
贵州：松桃、江口、印江、石阡、正安、绥阳、桐梓、遵义、紫阳、贵定、毕节、织金、黔西、威宁、三都、惠水、兴义、安龙、贵阳[L2]；梵净山[G17]；榕江、雷山[G9]

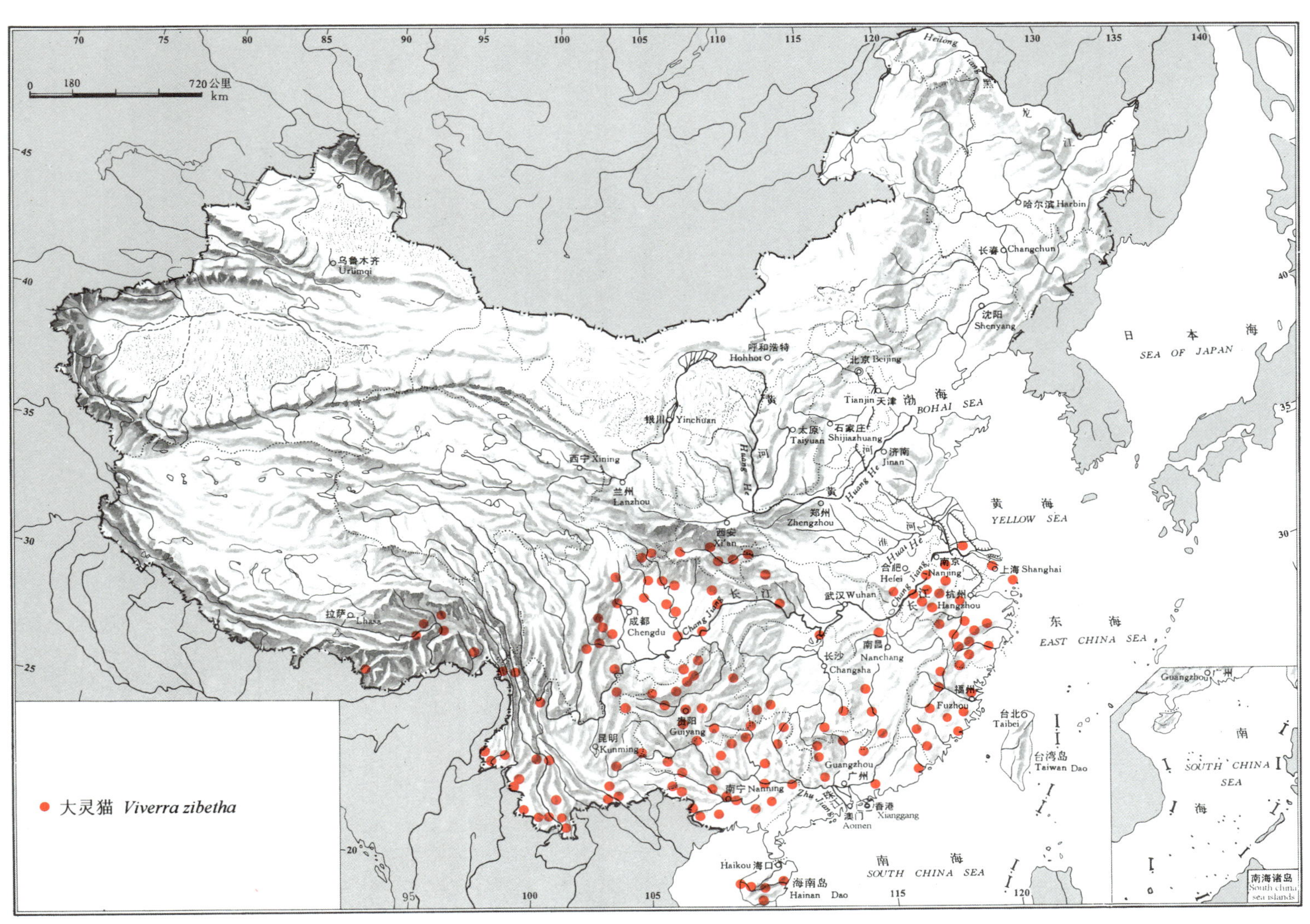

图 77 大灵猫 *Viverra zibetha* 的分布

云南：龙川江、丽江[A1]；泸西、文山、河口、绿春[L4]；耿马[L71]；金平、屏边、蒙自、景洪、思茅、勐海、勐养、勐腊[W67,Y10,43]；盈江、易武、临沧（南滚河）[W16]；景东[Z61]；昭通、德钦、独龙江、孟连、澜沧、永德、潞西、贡山[G9]

西藏：察隅、墨脱[F5]；波密、林芝、米林、错那[Y29]

广西：睦边、靖西、龙州、宁明、上思、田林、百色、天峨、河池、都安、隆安、灵山、苍梧、兴安、恭城、桂平、玉林、邕宁、大瑶山[G9,S12,W83]

广东：汕头、韶关[T5]；惠东[J10]；清远、连平、三水、连山、阳山[L63]

海南：东方、白沙[S8]；吊罗山、五指山、万宁、保亭[X21]

福建：南平[A1]；福州、南靖[G9]；建瓯[Z7]；建阳、宁德、三明、莆田、龙岩、龙溪、晋江[Z11]；永春[L97]

林灌

阿萨姆，尼泊尔，中南半岛，马来半岛。

Viverridae Civets, mongooses etc.

Viverra Linnaeus, 1758 **Civets**

Viverra zibetha Linnaeus, 1758 **Large Indian civet**

V. z. ashtoni Swinhoe, 1864 [Basin of Changjiang and southeastern coast]

V. z. surdaster Thomas, 1927 [Indochina]

V. z. picta Wroughton, 1915 [Xizang]

V. z. hainana Wang et Xu, 1983 [Hainan]

Shaanxi: Ankang, Nanzheng[A1,E1]; Hanzhong, Ziyang, Pingli, Baihe[W98]

Gansu: Wenxian[M1]; Kangxian, Wudu[Z81]

Anhui: Guangde, Qingyang, Guichi, Ningguo, Shexian[H35]; Anqing, Wuhu, Xuancheng, Taiping[W39]; Jingxian[G9]

Jiangsu: Hills in the south[H33]; Jingjiang[A1]

Shanghai: Shanghai[A1]

Zhejiang: Zhoushan[A1]; Jingyun, Xianju, Lishui, Yunhe, Suichang, Longquan, Qingyuan[Z113]; Yiwu, Kaihua, Lin'an, Wenzhou[G9]

Hubei: Yichang, Fangxian[A1]

Hunan: Shaoyang, Yizhang, Xinning, Suining[L65]; Yuechi[A1]

Jiangxi: Anyuan, Ganxian, Taihe, Yongxiu[L65]

Sichuan: Leibo[S46]; Chongqing, Emeishan, Ya'an, Hanyuan, Shimian, Baoxing, Guanxian, Wenchuan, Fuling, Daxian[H23]; Cangxi, Nanchong, Yuechi, Yilong[T3]; Wanxian[A1]; Anxian, Chengdu, Xuyong[G9]

Guizhou: Songtao, Jiangkou, Yinjiang, Shiqian, Zheng' an, Suiyang, Tongzi, Zunyi, Ziyang, Guiding, Bijie, Zhijin, Qianxi, Weining, Sadu, Huishui, Xingyi, Anlong, Guiyang[L2]; Fanjingshan[G17]; Rongjiang, Leishan[G9]

Yunnan: Longchuanjiang, Lijiang[A1]; Luxi, Wenshan, Hekou, Lüchun[L4]; Gengma[L71]; Jinping, Pingbian, Mengzi, Jinghong, Simao, Menghai, Mengyang, Mengla[W67,Y10,43]; Yingjiang, Yiwu, Lincang (Nangunhe)[W16]; Jingdong[Z61]; Zhaotong, Dêqên, Dulongjiang, Menglian, Lancang, Yongde, Luxi, Gongshan[G9]

Xizang: Zayü, Mêdog[F5]; Bomi, Nyingchi, Mainling, Cona[Y29]

Guangxi: Mubian, Jingxi, Longzhou, Ningming, Shangsi, Tianlin, Bose, Tian'e, Hechi, Du'an, Long' an, Lingshan, Cangwu, Xing'an, Gongcheng, Guiping, Yulin, Yongning, Da Yaoshan[G9,S12,W83]

Guangdong: Shantou, Shaoguan[T5]; Huidong[J10]; Qingyuan, Lianping, Sanshui, Lianshan, Yangshan[L63]

Hainan: Dongfang, Baisha[S8]; Diaoluoshan, Wuzhishan, Wanning, Baoting[X21]

Fujian: Nanping[A1]; Fuzhou, Nanjing[G9]; Jian'ou[Z7]; Jianyang, Ningde, Sanming, Putian, Longyan, Longxi, Jinjiang[Z11]

Woodland and Scrub

Assam, Nepal, Myanmar, Thailand, Indochina, Malay peninsula.

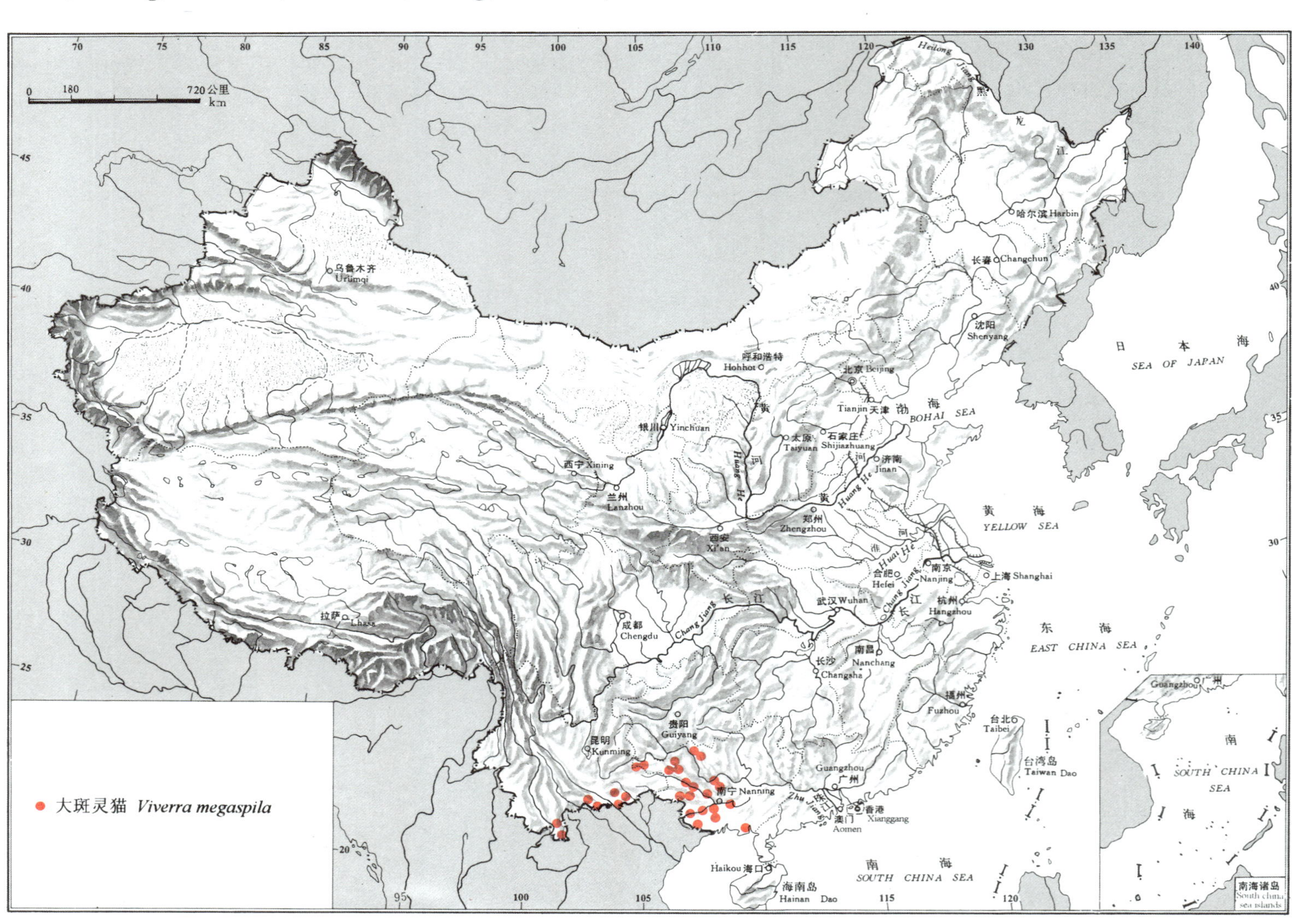

图78 大斑灵猫 *Viverra megaspila* 的分布

大斑灵猫 ***Viverra megaspila*** Blyth, 1862

V. m. megaspila Blyth, 1862 [中南半岛]

云南：景洪[P2]；个旧、绿春、河口、金平、屏边[L4]；勐腊[W67]

广西：南丹、天峨、乐业、凌云、田林、隆林、西林、田东、田阳、靖西、德保、龙州、宁明、崇左、扶绥、隆安、武鸣、上林、马山、邕宁、防城、上思、合浦[S12,W83]

森林

中南半岛，马来半岛，印度。

Viverra megaspila Blyth, 1862 **Large spotted civet**

V. m. megaspila Blyth, 1862 [Myanmar, Thailand, Indochina]

Yunnan: Jinghong[P2]; Gejiu, Lüchun, Hekou, Jinping, Pingbian[L4]; Mengla[W67]

Guangxi: Nandan, Tian'e, Leye, Lingyun, Tianlin, Longlin, Xilin, Tiandong, Tianyang, Jingxi, Debao, Longzhou, Ningming, Chongzuo, Fusui, Long'an, Wuming, Shanglin, Mashan, Yongning, Fangcheng, Shangsi, Hepu[S12,W83]

Forest

Myanmar, Thailand, Indochina, Malay peninsula, India.

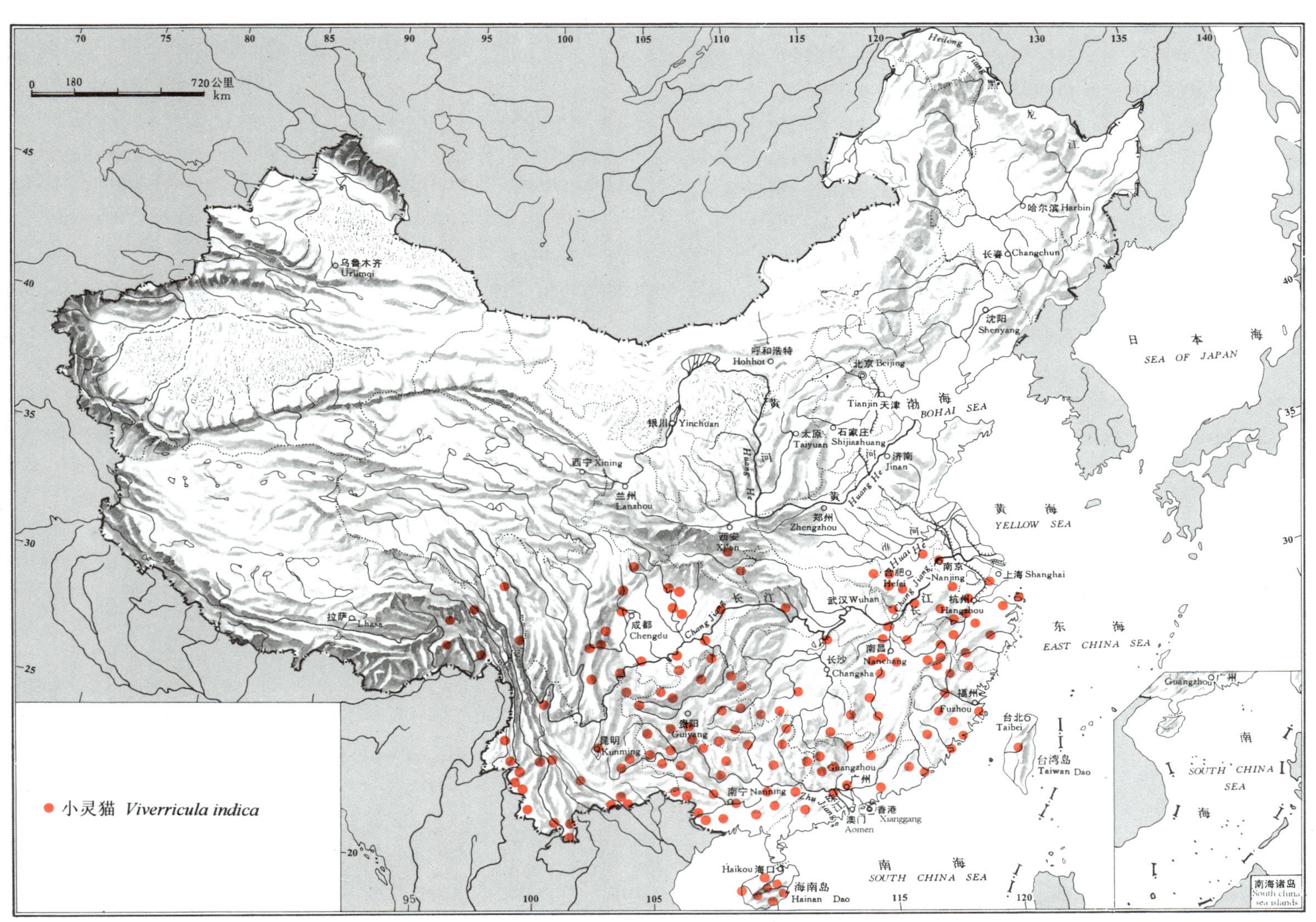

图79 小灵猫 *Viverricula indica* 的分布

小灵猫属 *Viverricula* Hodgson, 1838

小灵猫 ***Viverricula indica*** Desmarest, 1817

V. i. taivana Schwarz, 1911 [台湾]

V. i. malaccensis Gmelin, 1788 [海南]

V. i. baptistae Pocock, 1933 [喜马拉雅]

V. i. pallida Gray, 1831 [长江流域以南地区]

V. i. thai Kloss, 1919 [中南半岛]

安徽：金寨、六安、舒城、滁县[H35]；霍山[G9]；佛子岭、无为、桐城、岳西、潜山、太湖、繁昌、广德、贵池、宁国、歙县[H35]

江苏：苏南地区[H33]；南京[A1]

浙江：桐庐、嘉义、宁波、杭州、淳安、衢州、金华、庆元、龙泉、仙居[Z113]；舟山、梅山、大榭、金塘、六横和朱家尖各岛[Z114]

陕西：平利[W98]；镇安[Z85]

江西：玉山[G29]；安远、赣县、泰和[L65]；铅山、南昌、永修、波阳、临川、峡江、高安[S48]；贵溪[W124]；九江、抚州、宜春、上饶[D1]

湖北：宜昌[A1]

湖南：桂东、宜章、新宁、绥宁、邵阳[L65]；岳阳[A1]

四川：平武、汉源、石棉、灌县、汶川、雅安、涪陵、江津[H23]；苍溪、南充、岳池、仪陇[T3]；万县、宜宾[A1]；雷波、西昌[S46]；叙永、成都[G9]

贵州：习水、毕节、威宁、镇宁、盘县、兴义、册亨、罗甸、荔波、从江、锦屏、台江、梵净山、铜仁、道真、绥阳、黔西[L2]

云南：泸西、弥勒、绿春、开远[L4]；勐腊、易武、勐养[W67]；石屏、文山、金平、屏边、建水、蒙自、河口、景洪、勐阿[Y43]；丽江、昆明、元江、南定河、景东、昭通、孟连、永德、潞西、腾冲[G9,L71]；沧源（南滚河）[W16]

西藏：察隅[F5]；墨脱、波密、左贡、芒康、江达[Y29]

广西：睦边、靖西、龙州、宁明、上思、邕宁[W47]；大瑶山、西林、田林、天峨、河池、融安、兴安、恭城、贺县、苍梧、玉林、灵山[S12,W83]

广东：汕头、广州北部、惠东[J10]；清远、紫金、连平、三水、乐昌、怀集、雷州半岛[G9,L65]

海南：东方、儋州、万宁、乐东、琼山、陵水、保亭、琼中、昌江、白沙、吊罗山、五指山、尖峰岭、坝王岭[X21]

福建：福清、南平、武夷山[A1]；建瓯[Z7]；厦门、宁德、三明、龙岩、龙溪、晋江[Z11]；永春[L97]

台湾：埔里[C15]

林灌丛

斯里兰卡，印度半岛，不丹，阿萨姆，中南半岛，马来半岛，苏门答腊，爪哇，巴厘。

Viverricula Hodgson，1838 **Rasse**

Viverricula indica Desmarest，1817 **Small Indian civet（Rasse）**

V. i. taivana Schwarz，1911［Taiwan］

V. i. malaccensis Gmelin，1788［Hainan］

V. i. baptistae Pocock，1933［Himalayas］

V. i. pallida Gray，1831［South of Changjiang］

V. i. thai Kloss，1919［Myanmar，Thailand，Indochina］

Anhui：Jinzhai，Liu'an，Shucheng，Chuxian[H35]；Huoshan[G9]；Foziling，Wuwei，Tongcheng，Yuexi，Qianshan，Taihu，Fanchang，Guangde，Guichi，Ningguo，Shexian[H35]

Jiangsu：Southern part of the province[H33]；Nanjing[A1]

Zhejiang：Tonglu，Jiayi，Ningbo，Hangzhou，Chun'an，Quzhou，Jinhua，Qingyuan，Longquan，Xianju[Z113]；Zhoushan，Meishan，Daxie，Jintang，islands of Liuheng and Zhujiajian[Z114]

Shaanxi：Pingli[W98]；Zhen'an[Z85]

Jiangxi：Yushan[G29]；Anyuan，Ganxian，Taihe[L65]；Yanshan，Nanchang，Yongxiu，Boyang，Linchuan，Xiajiang，Gao'an[S48]；Guixi[W124]；Jiujiang，Fuzhou，Yichun，Shangrao[D1]

Hubei：Yichang[A1]

Hunan：Guidong，Yizhang，Xinning，Suining，Shaoyang[L65]；Yueyang[A1]

Sichuan：Pingwu，Hanyuan，Shimian，Guanxian，Wenchuan，Ya'an，Fuling，Jiangjin[H23]；Cangxi，Nanchong，Yuechi，Yilong[T3]；Wanxian，Yibin[A1]；Leibo，Xichang[S46]；Xuyong，Chengdu[G9]

Guizhou：Xishui，Bijie，Weining，Panxian，Xingyi，Ceheng，Luodian，Libo，Congjiang，Jinping，Taijiang，Fanjingshan，Tongren，Daozhen，Suiyang，Qianxi[L2]

Yunnan：Luxi，Mile，Lüchun，Kaiyuan[L4]；Mengla，Yiwu，Mengyang[W67]；Shiping，Wenshan，Jinping，Pingbian，Jianshui，Mengzi，Hekou，Jinghong，Meng'a[Y43]；Lijiang，Kunming，Yuanjiang，Nandinghe，Jingdong，Zhaotong，Menglian，Yongde，Luxi，Tengchong[G9,L71]；Cangyuan（Nangunhe）[W16]

Xizang：Zayü[F5]；Mêdog，Bomi，Zogang，Markam，Jomda[Y29]

Guangxi：Mubian，Jingxi，Longzhou，Ningming，Shangsi，Yonging[W47]；Da Yaoshan，Xilin，Tianlin，Tian'e，Hechi，Rong'an，Xing'an，Gongcheng，Hexian，Cangwu，Yulin，Lingshan[S12,W83]

Guangdong：Shantou，northern Guangzhou，Huidong[J10]；Qingyuan，Zijin，Lianping，Sanshui，Lechang，Huaiji，Leizhou Peninsula[G9,L65]

Hainan：Dongfang，Danzhou，Wanning，Ledong，Qiongshan，Lingshui，Baoting，Qiongzhong，Changjiang，Baisha，Diaoluoshan，Wuzhishan，Jianfengling，Bawangling[X21]

Fujian：Fuqing，Nanping，Wuyishan[A1]；Jian'ou[Z7]；Xiamen，Ningde，Sanming，Longyan，Longxi，Jingjiang[Z11]；Yongchun[L97]

Taiwan：Puli[C15]

Forest and scrub

Sri Lanka，Indian peninsula，Bhutan，Assam，Myanmar，Thailand，Indochina，Malay peninsula；Sumatra，Java，Bali.

斑林狸属 *Prionodon* Horsfield，1822

斑林狸 ***Prionodon pardicolor*** Hodgson，1842

四川：成都、万源、乐山、峨眉山、沐川、洪雅、雷波、金阳、荥经[H23]；雅安[L8]

西藏：吉隆、聂拉木、亚东、洛扎、察隅、门隅、珞渝[Y29]

贵州：贵阳*；三都、独山、惠水、望谟、册亨、兴义、荔波、榕江[L2]

云南：个旧、开远、石屏、金平、马关、元阳、绿春、红河、屏边、河口、弥勒、泸西、勐腊、盈江、福贡、贡山、孟连、澜沧[G9,L4,W67,Y10]

湖南：宜章、新宁、绥宁、邵阳[L65]

广西：宁明、靖西[W47]；资源、龙胜、兴安、恭城、永福、融水、融安、大瑶山、富川、贺县、田林、隆林、西林、龙州、天峨、南丹[S12,W83]

广东：广宁[Z108]；连山[L63]

江西：全南、安远、崇义、寻乌[S23]

林灌丛

尼泊尔，阿萨姆，缅甸北部，老挝，越南。

椰子猫属 *Paradoxurus* Cuvier，1821

椰子猫 ***Paradoxurus hermaphroditus*** Pallas，1777

P. h. exitus Schwarz，1911［广东］

P. h. hainanus Wang *et* Xu ，1981［海南］

P. h. laotum Gyldenstolpe，1917［广西，云南］

P. h. pallasii Gray，1832［缅甸］

四川：金阳、凉山[H23]

贵州：兴义[L2]

云南：泸西、弥勒、石屏、蒙自、绿春、文山、麻栗坡、普洱、金平、元阳[L4]；河口、屏边[Y43]；耿马、永德、临沧[L71]；沧源（南滚河）[W16]；勐腊、勐养、勐罕、勐阿、勐海[W67,Y10,Z40]

广西：龙州、宁明[W47]；那坡、靖西、凭祥、大新、上思[S12,W83]

广东：广州[A1,E1]

海南：吊罗山、坝王岭[W68]；万宁、白沙、东方[X21]；儋州、南丰[A1]

森林

中南半岛，马来半岛，阿萨姆，印度半岛，克什米尔，斯里兰卡，苏门答腊及附近岛屿，爪哇，加里曼丹，苏拉威西，菲律宾，帝汶，施南，怯义岛。

Prionodon Horsfield，1822 **Linsangs**

Prionodon pardicolor Hodgson，1842 **Spotted linsang**

Sichuan：Chengdu，Wanyuan，Leshan，Emei，Muchuan，Hongya，Leibo，Jinyang，Yingjing[H23]；Ya'an[L8]

Xizang：Gyirong，Nyalam，Yadong，Lhozhag，Zayü，Menyuan，Luoyü[Y29]

Guizhou：Guiyang*；Sandu，Dushan，Huishui，Wangmo，Ceheng，Xingyi，Libo，Rongjiang[L2]

Yunnan：Gejiu，Kaiyuan，Shiping，Jinping，Maguan，Yuanyang，Lüchun，Honghe，Pingbian，Hekou，Mile，Luxi，Mengla，Yingjiang，Fugong，Gongshan，Menglian，Lancang[G9,L4,W67,Y10]

Hunan：Yizhang，Xinning，Suining，Shaoyang[L65]

Guangxi：Ningming，Jingxi[W47]；Ziyuan，Longsheng，Xing'an，Gongcheng，Yongfu，Rongshui，Rong'an，DaYaoshan，Fuchuan，Hexian，Tianlin，Longlin，Xilin，Longzhou，Tian'e，Nandan[S12,W83]

Guangdong：Guangning[Z108]；Lianshan[L63]

Jiangxi：Quannan，Anyuan，Chongyi，Xunwu[S23]

Forest and scrub

Nepal，Assam，northern Myanmar，Indochina.

Paradoxurus Cuvier，1821 **Palm civets**

Paradoxurus hermaphroditus Pallas，1777 **Common palm civet**

P. h. exitus Schwarz，1911［Guangdong］

P. h. hainanus Wang *et* Xu，1981［Hainan］

P. h. laotum Gyldenstolpe, 1917 [Guangxi, Yunnan]

P. h. pallasii Gray, 1832 [Myanmar]

Sichuan: Jinyang, Liangshan[H23]

Guizhou: Xingyi[L2]

Yunnan: Luxi, Mile, Shiping, Mengzi, Lüchun, Wengshan, Malipo, Pu'er, Jinping, Yuanyang[L4]; Hekou, Pingbian[Y43]; Gengma, Yongde, Lincang[L71]; Cangyuan (Nangunhe)[W16]; Mengla, Mengyang, Menghan, Meng'a, Menghai[W67,Y10,Z40]

Guangxi: Longzhou, Ningming[W47]; Napo, Jingxi, Pingxiang, Daxin, Shangsi[S12,W83]

Guangdong: Guangzhou[A1,E1]

Hainan: Diaoluoshan, Bawangling[W68]; Wanning, Baisha, Dongfang[X21]; Danzhou, Nanfeng[A1]

Forest

Myanmar, Thailand, Indochina, Malay peninsula; Assam, Indian peninsula, Kashmir, Sri Lanka, Sumatra and near islands; Java, Borneo, Sulawesi, Philippines, Timor, Ceram, Kei Islands.

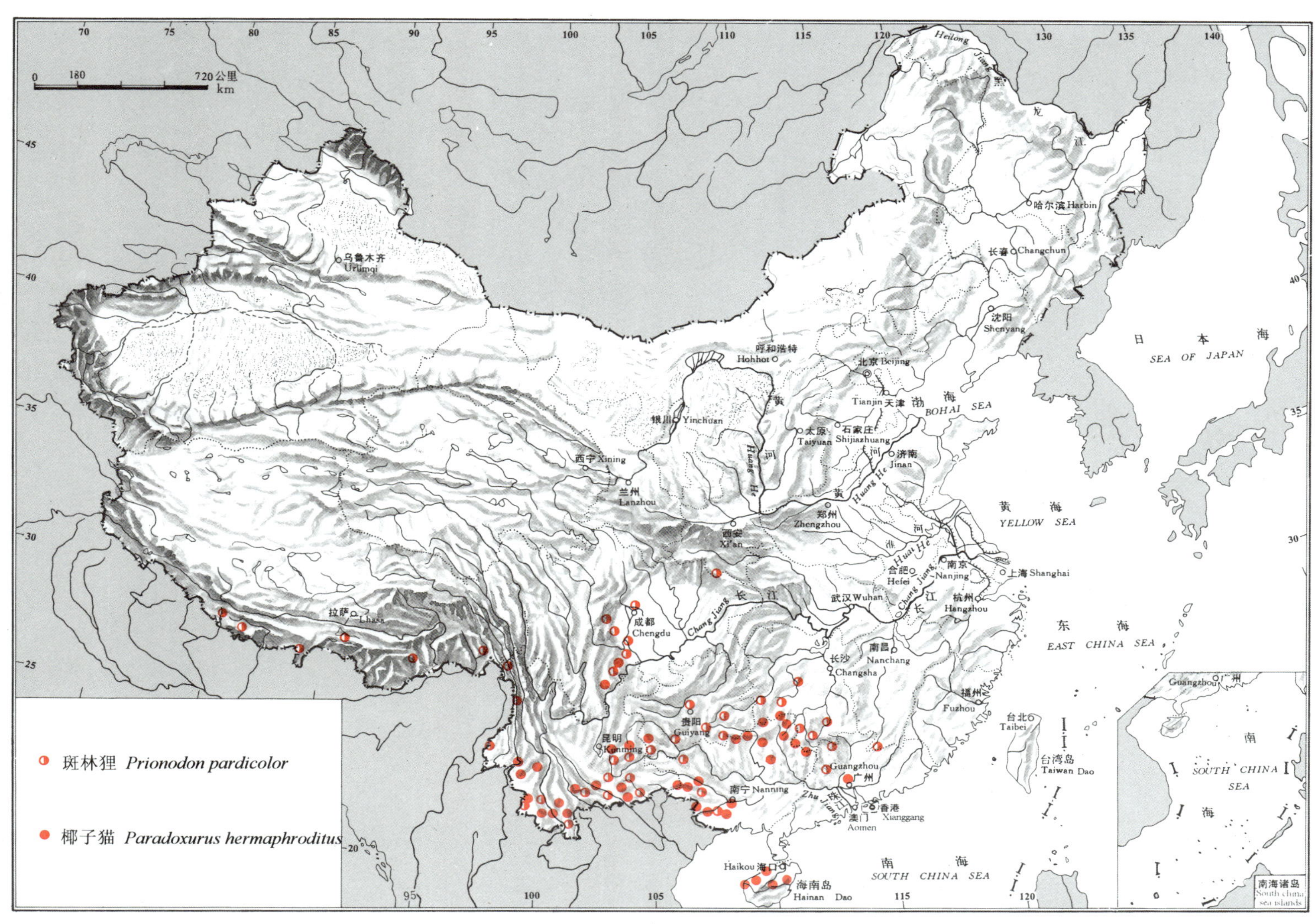

图80 斑林狸 *Prionodon pardicolor* 椰子猫 *Paradoxurus hermaphroditus* 的分布

果子狸属 *Paguma* Gray, 1831

果子狸 ***Paguma larvata*** Hamilton-Smith, 1827

P. l. larvata Hamilton-Smith, 1827 [长江中下游和黄河下游]

P. l. reevesi Matschie, 1907 [秦巴山地]

P. l. taivana Swinhoe, 1862 [台湾]

P. l. hainana Thomas, 1909 [海南]

P. l. lanigera Hodgson, 1836 [喜马拉雅]

P. l. intrudens Wroughton, 1910 [四川,云南,贵州]

P. l. chichingensis Wang, 1981 [云南西部]

P. l. neglecta Pocock, 1934 [喜马拉雅南部]

P. l. nigriceps Pocock, 1939 [缅甸西部]

北京：妙峰山、昌平、密云、平谷、通县、周口店、延庆、十三陵[A1,B10,G9,W11,Z31]

山东：胶东、鲁中南[L74]

河南：灵宝、内乡[Z97]；洛宁[W11]；卢氏、西陕、伏牛山[W13]

山西：大同、灵丘[W11]；忻州、榆次、昔阳、和顺、介休、高平、永济、平陆、临汾、桓曲、阳城[W13]；中条山[G9]

陕西：宁陕、安康[A1,E1]；平利、岚泉[W13]；陇县[S41]；长安、佛坪、商州[W98]；山阳、商南[Z85]；宁强、略阳、武功、白水、含阳[Z15]

甘肃：文县[M1]；天水[Z81]

上海：上海[A1]

江苏：镇江、宜兴[H33]

浙江：余杭、安吉、开化、仙居、龙泉、杭州、临安[Z113]；桐庐[A1]

福建：福州、福清、南平、武夷山[A1]；建瓯[Z7]；厦门、宁德、三明、莆田、龙岩、龙溪、晋江[Z11]；永春[L97]

安徽：宁国、歙县、旌德、祁门、安庆、贵池、铜陵、广德、休宁、黟县、桐城、岳西、潜山、太湖[H35,W39]

湖北：宜昌[A1]；神农架[G9]

湖南：桂东、宜章、新宁、绥宁[L65]；湘潭[A1]

江西：安远、赣县、泰和[L65]；波阳[F13]

四川：泸定、汶川、涪陵、达川、德昌[H23]；雷波[S46]；南充、岳池、苍溪、仪陇、万县[T3]；盐源[A1,E1]；安县[G12]；巫山、万源、广安、南江、成都、雅安、宜宾、叙永[G9]

贵州：威宁、盘县、兴安、安龙、册亨、荔波、双江、黔西、毕节、道真、绥阳、梵净山、玉屏、锦屏、雷山、余庆[L2]；贵阳*

云南：临沧[L71]；腾冲；丽江、元江[A1]；盈江*；金平、屏边、河口、文山、蒙自、绿春、石屏、建水、景洪、勐海、勐养、泸西、弥勒、开远、贡山、泸水[L4,P3,Y43]；沧源（南滚河）[W16]；景东[Z61]；昭通、昆明、大理、宾川、孟连、永德、潞西[G9]

西藏：墨脱[E1]；察隅[F5,X30]；昌都、定结、吉隆、聂拉木[Y29]

广西：睦边、靖西、龙州、宁明、上思、邕宁[W47]；大瑶山[Y43]；西林、

田林、百色、河池、天峨、融水、融安、兴安、恭城、贺县、苍梧、玉林、灵山、上林、隆安[S12,W83]

广东：惠东[J10]；汕头、韶关[T5]；大埔、紫金、忠信、高要、连山、阳山、雷州半岛[G9]

海南：东方、海口、儋州[S8]；陵水、琼中、白沙、坝王岭、吊罗山[X21]

台湾：平原至海拔1000m山地均有、兰屿、绿岛[C15]

林灌丛

阿萨姆，喜马拉雅南坡，克什米尔，安达曼群岛，中南半岛，马来半岛，苏门答腊，加里曼丹。

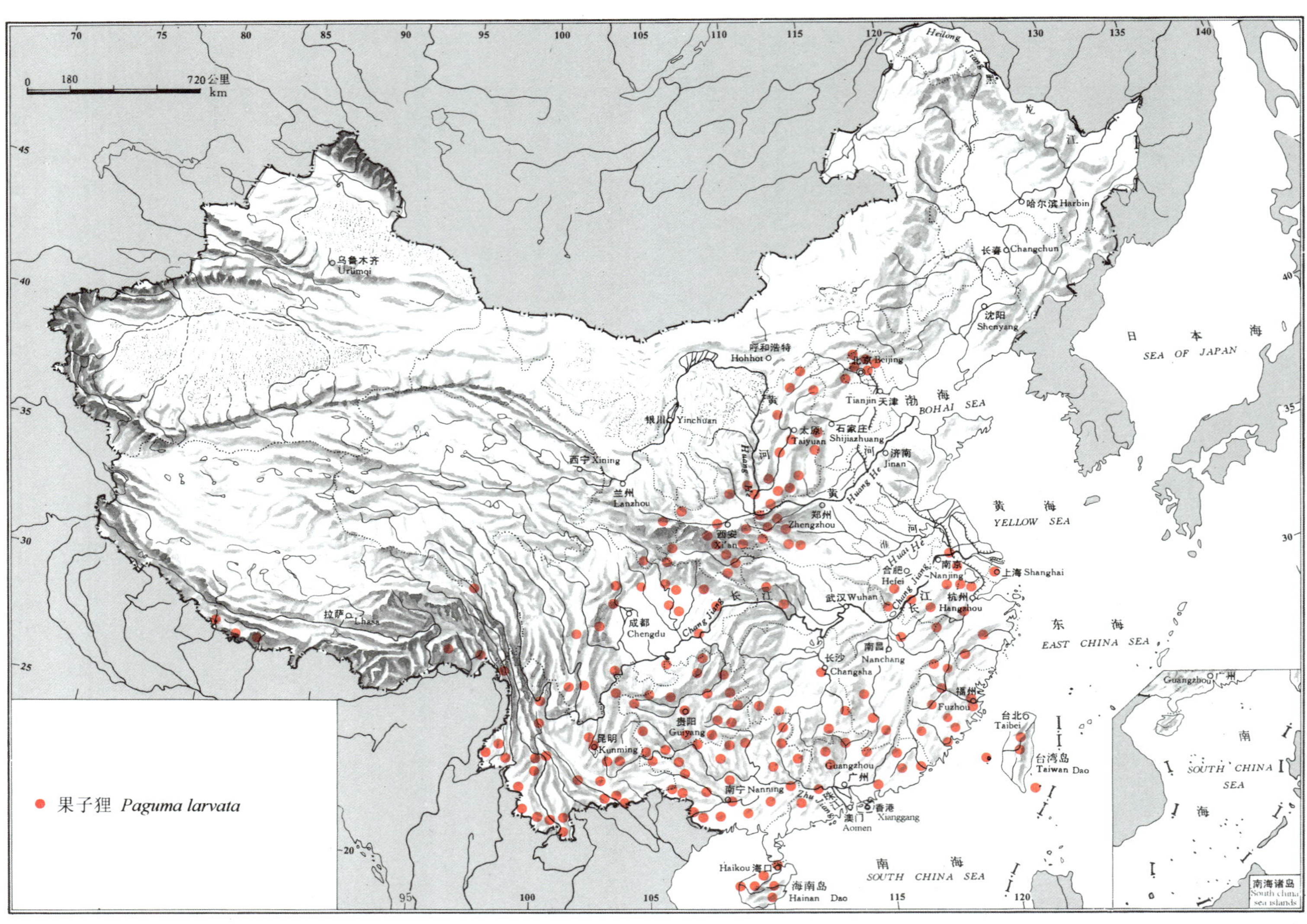

图81 果子狸 *Paguma larvata* 的分布

Paguma Gray, 1831 Masked palm civets

Paguma larvata Hamilton-Smith, 1827

Masked palm civet (Gem-faced civet)

P. l. larvata Hamilton-Smith, 1827 [Lower reaches of Changjiang]

P. l. reevesi Matschie, 1907 [Qinling-Ba Shan]

P. l. taivana Swinhoe, 1862 [Taiwan]

P. l. hainana Thomas, 1909 [Hainan]

P. l. lanigera Hodgson, 1836 [Himalayas]

P. l. intrudens Wroughton, 1910 [Sichuan, Yunnan, Guizhou]

P. l. chichingensis Wang, 1981 [Western Yunnan]

P. l. neglecta Pocock, 1934 [Southern Himalayas]

P. l. nigriceps Pocock, 1939 [Western Myanmar]

Beijing: Miaofengshan, Changping, Miyun, Pinggu, Tongxian, Zhoukoudian, Yanqing, Shisanling[A1,B10,G9,W11,Z31]

Shandong: Areas of Jiadong and Luzhongnan[L74]

Henan: Lingbao, Neixiang[Z97]; Luoning[W11]; Lushi, Xishan, Funiushan[W13]

Shanxi: Datong, Lingqiu[W11]; Xizhou, Xiyang, Heshun, Jiexiu, Gaoping, Yongji, Pinglu, Linfen, Huanqu, Yangcheng[W13]; Zhongtiaoshan[G9]

Shaanxi: Ningshan, Ankang[A1,E1]; Pingli, Lanquan[W13]; Longxian[S41]; Chang'an, Foping, Shangzhou[W98]; Shanyang, Shangnan[Z85]; Ningqiang, Lueyang, Wugong, Baishui, Hanyang[Z15]

Gansu: Wenxian[M1]; Tianshui[Z81]

Shanghai: Shanghai[A1]

Jiangsu: Zhenjiang, Yixing[H33]

Zhejiang: Yuhang, Anji, Kaihua, Xianju, Longquan, Hangzhou, Lin'an[Z113]; Tonglu[A1]

Fujian: Fuzhou, Fuqing, Nanping, Wuyishan[A1]; Jian'ou[Z7]; Xiamen, Ningde, Sanming, Putian, Longyan, Longxi, Jinjiang[Z11]; Yongchun[L97]

Anhui: Ningguo, Shexian, Jingde, Qimen, Anqing, Guichi, Tongling, Guangde, Xiuning, Qianxian, Tongcheng, Yuexi, Qianshan, Taihu[H35,W39]

Hubei: Yichang[A1]; Shennongjia[G9]

Hunan: Guidong, Yizhang, Xinning, Suining[L65]; Xiangtan[A1]

Jiangxi: Anyuan, Ganxian, Taihe[L85], Boyang[F13]

Sichuan: Luding, Wenchuan, Fuling, Dachuan, Dechang[H23]; Leibo[S46]; Nanchong, Yuechi, Cangxi, Yilong, Wanxian[T3]; Yanyuan[A1,E1]; Anxian[G12]; Wushan, Wanyuan, Guang'an, Nanjiang, Chengdu, Ya'an, Yibin, Xuyong[G9]

Guizhou: Weining, Panxian, Xing'an, Anlong, Ceheng, Libo, Shuangjiang, Qianxi, Bijie, Daozhen, Suiyang, Fanjingshan, Yuping, Jinping, Leishan, Yuqing[L2]; Guiyang*

Yunnan: Lincang[L71]; Tengchong, Lijiang, Yuanjiang[A1]; Yingjiang*; Jinping, Pingbian, Hekou, Wenshan, Mengzi, Lüchun, Shiping, Jianshui, Jinghong, Menghai, Mengyang, Luxi, Mile, Kaiyuan, Gongshan, Lushui[L4,P3,Y43]; Cangyuan (Nangunhe)[W16]; Jingdong[Z61]; Zhaotong, Kunming, Dali, Binchuan, Menglian, Yongde, Luxi[G9]

Xizang: Mêdog[E1]; Zayu[F5,X30]; Qamdo, Dingye, Gyirong, Nyalam[Y29]

Guangxi: Mubian, Jingxi, Longzhou, Ningming, Shangsi, Yongning[W47]; Da Yaoshan[Y43]; Xilin, Tianlin, Bose, Hechi, Tian'e, Rongshui, Rongan, Xing' an, Gongcheng, Hexian, Cangwu, Yulin, Lingshan, Shanglin, Long'an[S12,W83]

Guangdong: Huidong[J10]; Shantou, Shaoguan[T5]; Dapu, Zijin, Zhongxin, Gaoyao, Lianshan, Yangshan, Leizhou Peninsula[G9]

Hainan: Dongfang, Haikou, Danzhou[S8]; Lingshui, Qiongzhong, Baisha, Bawangling, Diaoluoshan[X21]

Taiwan: From plain up to mountains (1000m a. s. l.), Lanyu, Ludao[C15]

Forest and scrub

Assam, southern flank of Himalayas, Kashmir, Andaman Islands; Myanmar, Thailand, Indochina, Malay peninsula, Sumatra, Borneo.

熊狸属 *Arctictis* Temminck, 1824

熊狸 ***Arctictis binturong*** Raffles, 1821

A. b. menglaensis Wang *et* Li, 1987［西双版纳］

A. b. albifrons F. Cuvier, 1822［中南半岛］

云南：勐养、景洪、勐腊[Y43]；勐仑、尚勇[W67]；绿春、金平、河口[L4]；盈江[G9]

广西：大瑶山[G9]

森林

中南半岛，马来半岛，苏门答腊，爪哇，加里曼丹，巴拉旺。

小齿椰子猫属 *Arctogalidia* Merriam, 1897

小齿椰子猫 ***Arctogalidia trivirgata*** Gray, 1832

A. t. milssi Wroughton, 1921［阿萨姆］

A. t. leucotis Horsfield, 1851［缅甸，泰国］

A. t. major Miller, 1906［越南，老挝］

云南：小勐养[P2]；勐腊[W67]

森林

阿萨姆，中南半岛

缟灵猫属 *Chrotogale* Thomas, 1912

缟灵猫 ***Chrotogale owstoni*** Thomas, 1912

云南：金平、绿春、个旧、元阳、红河[L4]；河口、屏边、麻栗坡、马关、普洱[G9]

广西：龙州、宁明[S12, W83]

森林

老挝，越南北部。

獴属 *Herpestes* Illiger, 1811

红颊獴 ***Herpestes javanicus*** Geoffroy, 1818

H. j. rubrifrons J. Allen, 1909［华南东部］

H. j. peninsulae Schwarz, 1910［中南半岛］

贵州：兴义[L2]

云南：勐海、橄榄坝、勐仑、勐腊[K3, W67]

广西：宁明、上思、邕宁、靖西、天峨、河池、融水、融安、龙胜、资源、兴安、恭城、贺县、金秀、百色、桂平、灵山、玉林、苍梧[S12, W83]

广东：徐闻、廉江、雷州半岛、商州、信宜、海康、遂溪、湛江[H27]；韶关[T5]；广州[A1]

海南：儋州、五指山、白沙[S8]；南丰[A1]；乐东、万宁、琼山、琼海[X21]

林灌丛

阿拉伯北部（?），伊朗，伊拉克，阿富汗，克什米尔，印度北部，尼泊尔，阿萨姆，缅甸，泰国，马来半岛。

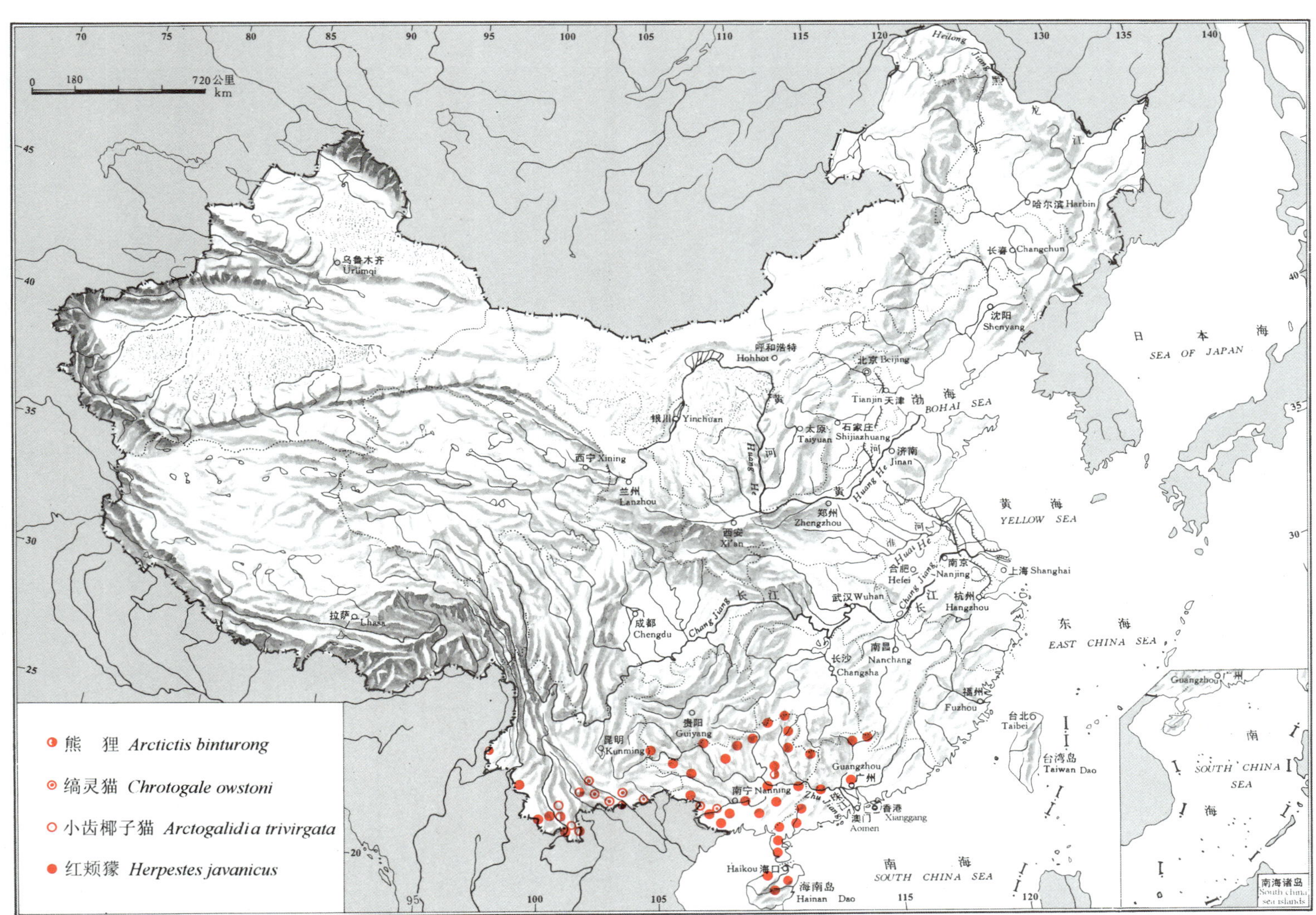

图82 熊狸 *Arctictis binturong* 小齿椰子猫 *Arctogalidia trivirgata* 缟灵猫 *Chrotogale owstoni* 红颊獴 *Herpestes javanicus* 的分布

Arctictis Temminck, 1824 Binturongs

Arctictis binturong Raffles, 1821 **Binturong**

A. b. menglaensis Wang *et* Li, 1987 [Xishuangbanna]

A. b. albifrons F. Cuvier, 1822 [Myanmar, Thailand, Indochina]

Yunnan: Mengyang, Jinghong, Mengla[Y43]; Menglun, Shangyong[W67]; Lüchun, Jinping, Hekou[L4]; Yingjiang[G9]

Guangxi: DaYaoshan[G9]

Forest

Myanmar, Thailand, Indochina, Malay peninsula, Sumatra, Java, Borneo, Palawan

Arctogalidia Merriam, 1897 Small-toothed palm civets

Arctogalidia trivirgata Gray, 1832 **Three-striped palm civet**

A. t. milssi Wroughton, 1921 [Assam]

A. t. leucotis Horsfield, 1851 [Myanmar, Thailand]

A. t. major Miller, 1906 [Vietnam, Laos]

Yunnan: Xiaomengyang[P2]; Mengla[W67]

Forest

Assam, Myanmar, Thailand, Indochina.

Chrotogale Thomas, 1912 Banded civets

Chrotogale owstoni Thomas, 1912 **Owston's palm civet**

Yunnan: Jinping, Lüchun, Gejiu, Yuanyang, Honghe[L4]; Hekou, Pingbian, Malipo, Maguan, Pu'er[G9]

Guangxi: Longzhou, Ningming[S12,W83]

Forest

Laos and Tonkin in Indochina.

Herpestes Illiger, 1811 Common mongooses

Herpestes javanicus Geoffroy, 1818 **Small Indian mongoose**

H. j. rubrifrons J. Allen, 1909 [Southeastern China]

H. j. peninsulae Schwarz, 1910 [Myanmar, Thailand, Indochina]

Guizhou: Xingyi[L2]

Yunnan: Menghai, Ganlanba, Menglun, Mengla[K3,W67]

Guangxi: Ningming, Shangsi, Yongning, Jingxi, Tian'e, Hechi, Ronshui, Rong'an, Longsheng, Ziyuan, Xing'an, Gongcheng, Hexian, Jinxiu, Bose, Guiping, Lingshan, Yulin, Cangwu[S12,W83]

Guangdong: Xuwen, Lianjiang, Leizhou Peninsula, Shangzhou, Xinyi, Haikang, Suixi, Zhanjiang[H27]; Shaoguan[T5]; Guangzhou[A1]

Hainan: Danzhou, Wuzhishan, Baisha[S8]; Nanfeng[A1]; Ledong, Wanning, Qiongshan, Qionghai[X21]

Woodland and scrub

Northern Arabia (?), Iran, Iraq, Afghanistan, Kashmir, northern India, Nepal, Assam, Myanmar, Thailand, Malay peninsula.

食蟹獴　***Herpestes urva*** Hodgson, 1836

安徽：潜山、宁国、广德、泾县、贵池、歙县[H35]；当涂、芜湖、繁昌、南陵、宣城、郎溪[W39]

江苏：苏南丘陵、靖江[H33]

浙江：余杭、临安、淳安、安吉、绍兴、乌义、常山[Z113]；宁波[A1]

江西：安远、赣县、泰和[L65]；吉水[S48]；南昌、波阳[F13]

湖南：桂东、宜章、新宁、绥宁、邵阳[L65]

四川：南充、重庆、内江、江津、涪陵、秀山、叙永、雅安、石柱[H23]

贵州：贵阳、玉屏、江口、石阡、余庆、瓮安、正安、绥阳、遵义、开阳、三都、独山、望谟、册亨、安龙、兴义[L2]；梵净山[G17]

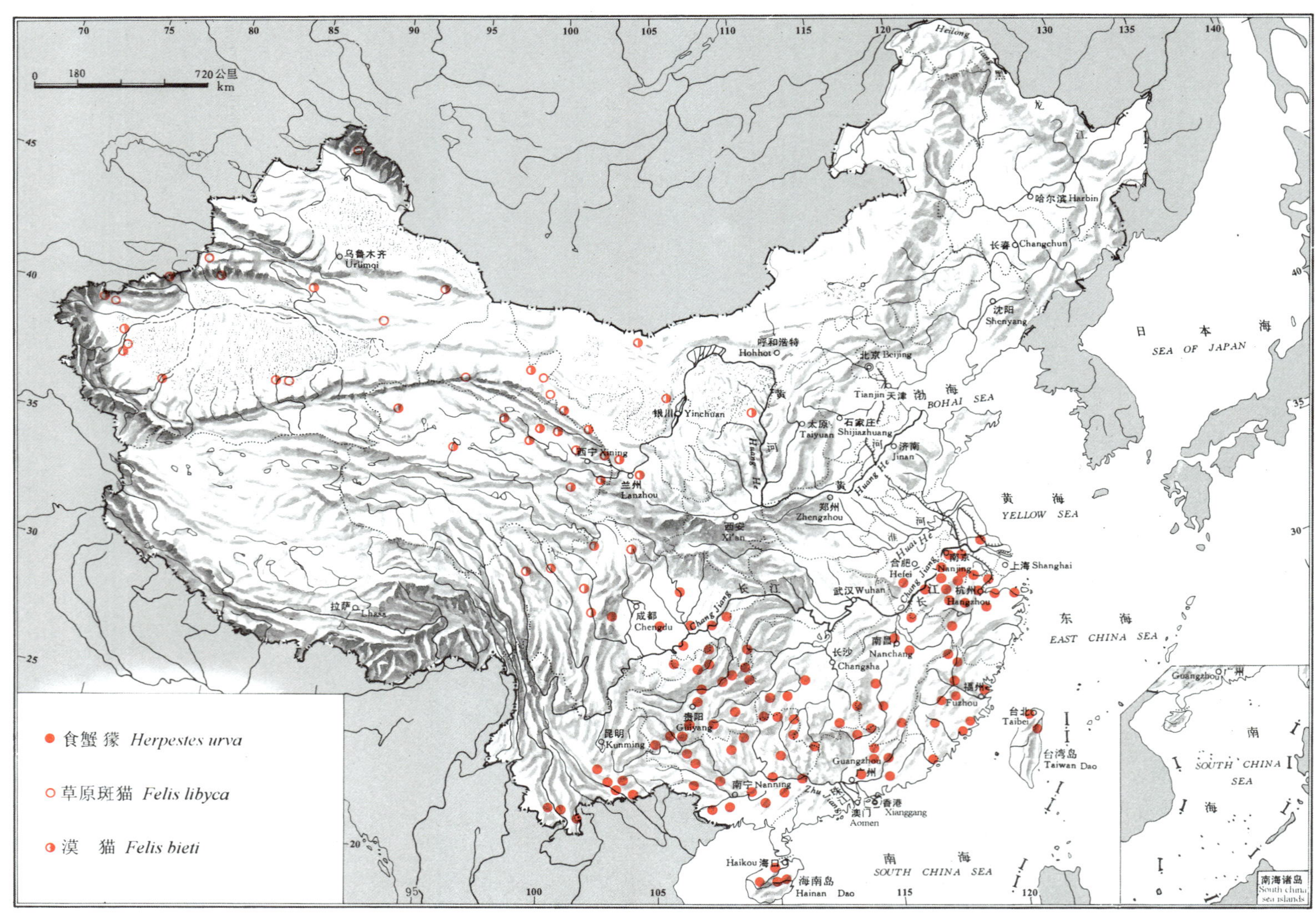

图83　食蟹獴 *Herpestes urva*　草原斑猫 *Felis libyca*　漠猫 *Felis bieti* 的分布

云南：绿春、河口、金平、蒙自、个旧、元阳、红河[L4]；勐海、景洪[Y43]；勐腊、勐仑、橄榄坝[W67]
广西：大瑶山[Y43]；靖西、宁明、上思[S12,W47,83]
广东：汕头、龙门、韶关[T5]；黄埔[A1]；惠东[J10]
海南：五指山、儋州、吊罗山、东方[X21]
福建：厦门、福清、南平、武夷山[A1]；福州*；建瓯[Z7]；宁德、三明、莆田、龙岩、龙溪、晋江[Z11]
台湾：北部海拔1000m以下均有[C15]
林灌丛
尼泊尔，阿萨姆，中南半岛。

猫科 Felidae

猫属 *Felis* Linnaeus，1758

草原斑猫 ***Felis libyca*** Forster，1780
F. l. caudata Gray，1874［中亚与西亚］
F. l. kozlovi Satunin，1905［东天山］
F. l. ornata Gray，1830［甘肃，新疆］
宁夏：宁夏[R1]
新疆：托木尔峰地区[L44]；且末、莎车、喀什、罗布泊[W50]；准噶尔—阿尔泰地区[Z20]
甘肃：肃南地区、肃北地区、酒泉[Z81]
荒漠，草原
非洲，阿拉伯，叙利亚，伊朗，阿富汗，印度半岛西南部，外高加索东南部，哈萨克斯坦，蒙古南戈壁与阿尔泰戈壁。

漠猫 ***Felis bieti*** Milne-Edwards，1892
F. b. bieti Milne-Edwards，1892［新疆，青海，甘肃，四川］
F. b. chutuchta Birula，1917［内蒙古］
F. b. vellerosa Pocock，1943［陕西］
内蒙古：内蒙古[E1]；阿拉善左旗（约在103°E，41°N）[W60]
新疆：阿图什、乌恰、拜城、焉耆、麦盖提、叶城、于阗、且末、哈密[X11]
陕西：榆林[E1]
甘肃：大通河[E1]；兰州、酒泉[Z81]
青海：西宁、互助、湟中、乐都、民和、尖扎、同仁、共和、天峻[L88]；门源、祁连、海晏、刚察、大通、同德、都兰、茫崖[G9]；德令哈、格尔木[G9,Q13,Z69]
四川：甘孜、道孚、德格、壤塘[H23]；松潘、康定[E1]
荒野
蒙古。

Herpestes urva Hodgson，1836 **Crab-eating mongoose**
Anhui：Qianshan，Ningguo，Guangde，Jingxian，Guichi，Shexian[H35]；Dangtu，Wuhu，Fanchang，Nanling，Xuancheng，Langxi[W39]
Jiangsu：Hills in the south，Jingjiang[H33]
Zhejiang：Yuhang，Lin' an，Chun' an，Anji，Shaoxing，Wuyi，Changshan[Z113]；Ningbo[A1]
Jiangxi：Anyuan，Ganxian，Taihe[L65]；Jishui[S48]；Nanchang，Boyang[F13]
Hunan：Guidong，Yizhang，Xinning，Suining，Zhaoyang[L65]
Sichuan：Nanchong，Chongqing，Neijiang，Jiangjin，Fulin，Xiushan，Xuyong，Ya'an，Shizhu[H23]
Guizhou：Guiyang，Yuping，Jiangkou，Shiqian，Yuqing，Weng'an，Zheng ' an，Suiyang，Zunyi，Kaiyang，Sandu，Dushan，Wangmo，Ceheng，Anlong，Xingyi[L2]；Fanjingshan[G17]
Yunnan：Luchun，Hekou，Jinping，Mengzi，Gejiu，Yuanyang，Honghe[L4]；Menghai，Jinghong[Y43]；Mengla，Menglun，Ganlanba[W67]
Guangxi：Da Yaoshan[Y43]；Jingxi，Ningming，Shangsi[S12,W47,83]，Shaoguan[T5]；Huangpu[A1]；Huidong[J10]
Guangdong：Shantou，Longmen
Hainan：Wuzhishan，Danzhou，Diaoluoshan，Dongfang[X21]
Fujian：Xiamen，Fuqing，Nanping，Wuyishan[A1]；Fuzhou*；Jian'ou[Z7]；Ningde，Sanming，Putian，Longyan，Longxi，Jinjiang[Z11]
Taiwan：Areas below 1000 m a. s. l. in the northern part[C15]
Woodland and scrub
Nepal，Assam，Myanmar，Thailand and Indochina.

Felidae

Felis Linnaeus，1785 Cats

Felis libyca Forster，1780 **African wild cat**
F. l. caudata Gray，1874［Central and west Asia］
F. l. kozlovi Satunin，1905［East Tianshan］
F. l. ornata Gray，1830［Gansu，Xinjiang］
Ningxia：Ningxia[R1]
Xinjiang：Tuomuer Feng area[L44]；Qiemo，Shache，Kashi，Lop Nur[W50]；Junggar-Altai area[Z20]
Gansu：Sunan area，Subei area，Jiuquan[Z81]
Desert and steppe
Africa，Arabia，Syria，Iran，Afghanistan，southwestern Indian peninsula，southeastern Transcaucasia，Kazakhstan，southern Mongolian Gobi and Altai Gobi.

Felis bieti Milne-Edwards，1892 **Chinese desert cat**
F. b. bieti Milne-Edwards，1892［Xinjiang，Qinghai，Gansu，Sichuan］
F. b. chutuchta Birula，1917［Nei Mongol］
F. b. vellerosa Pocock，1943［Shaanxi］
Nei Mongol：Nei Mongol[E1]；northwestern Alxa Left B. (about 103°E-41°N)[W60]
Xinjiang：Artux，Wuqia，Baicheng，Yanqi，Markit，Yecheng，Yutian，Qiemo，Hami[X11]
Shaanxi：Yulin[E1]
Gansu：Datonghe[E1]；Lanzhou，Jiuquan[Z81]
Qinghai：Xining，Huzhu，Huangzhong，Ledu，Minhe，Jainca，Tongren，Gonghe，Tianjun[L88]；Menyuan，Qilian，Haiyan，Gangca，Datong，Tongde，Dulan，Mangya[G9]；Delingha，Golmud[G9,Q13,Z69]
Sichuan：Garzê，Dawu，Dêgê，Rangtang[H23]；Songpan，Kangding[E1]
Wild
Mongolia.

丛林猫 ***Felis chaus*** Güldenstaedt，1776
F. c. chaus Güldenstaedt，1776［新疆］
F. c. affinis Gray，1830［云南，四川，西藏］
内蒙古：乌审旗[Z56]
新疆：哈密、焉耆*；莎车[E1]；罗布泊[R3]
四川：木里、稻城、乡城、得荣、西昌、雅安[H23]；阿坝*
云南：个旧、蒙自、河口[L4]；临沧[L71]；南丁河[G9]；勐海、勐旺、盈江[Y43]；勐遮、勐阿[W67]
福建：建瓯[Z7]
西藏：聂拉木（樟木）[F5]
森林，荒野
东外高加索，里海西岸，中亚，小亚细亚，伊朗，伊拉克，叙利亚，巴勒斯坦，阿富汗，克什米尔，印度，斯里兰卡，尼泊尔，中南半岛，埃及。

兔狲 ***Felis manul*** Pallas，1776

F. m. manul Pallas，1776［西伯利亚，蒙古］

F. m. nigripecta Hodgson，1842［西藏］

内蒙古：乌审旗、杭锦旗、鄂托克旗[Z20]；呼伦贝尔[M13]；二连浩特（张荣祖1957年提供）

河北：北部[A1]

北京：北京[G9]

新疆：哈密、焉耆、和静、和硕、库尔勒、民丰[X11]；准噶尔[E1]；托木尔峰地区[L44]

宁夏：陛德、固原[W60]

甘肃：临夏[Q13]；和政、张掖、肃南地区、合作[Z81]

青海：共和、贵德、同德、兴海、贵南[Z24]；海晏、祁连、门源、刚察、茫崖、格尔木、德令哈[Q13]；西宁、达日、甘德、吉迈、玛沁[Z69]

四川：松潘[A1]；平武、道孚、德格、甘孜、石渠、理塘、若尔盖、红原、汶川[H23]

西藏：拉萨[E1]；丁青、比如[F5]；申戈、双湖[Y38]；羊卓雍错[X30]；那曲、聂拉木、巴青、索县、当雄、仁布[Z3]

草原及山地草原

蒙古，外高加索，中亚，外贝加尔，阿富汗，伊朗，巴基斯坦，克什米尔。

云猫 ***Felis marmorata*** Martin，1837

F. m. marmorata Martin，1837［印度半岛以外。云南景东］

F. m. charltoni Gray，1846［印度半岛。云南丽江］

云南：丽江、景东[G9,S45,Z61]

热带、亚热带森林

尼泊尔，锡金，阿萨姆，缅甸北部，越南，马来半岛，苏门答腊，加里曼丹。

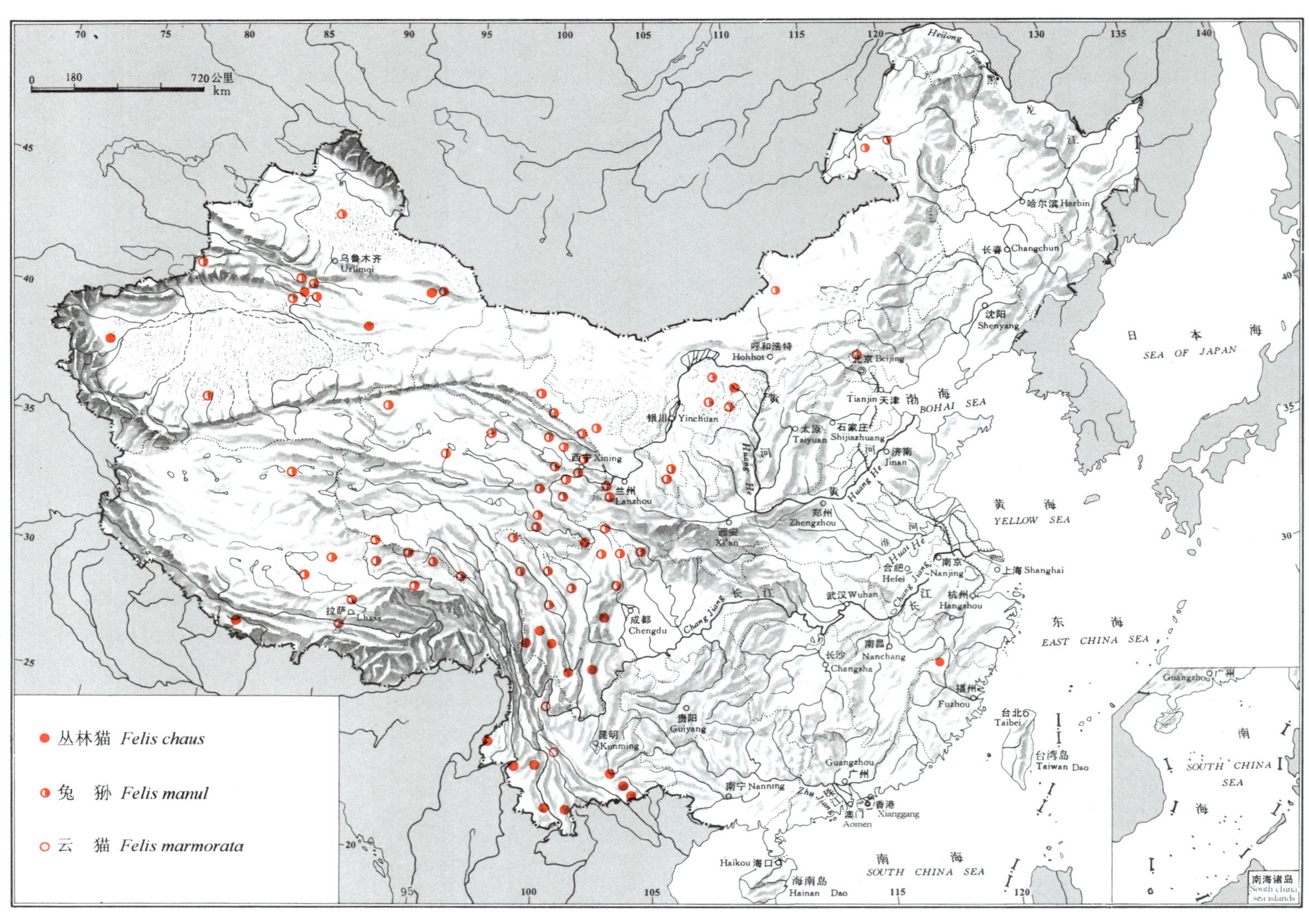

图84 丛林猫 *Felis chaus* 兔逊 *Felis manul* 云猫 *Felis marmorata* 的分布

Felis chaus Güldenstaedt，1776 **Jungle cat**

F. c. chaus Güldenstaedt，1776［Xinjiang］

F. c. affinis Gray，1830［Yunnan，Sichuan，Xizang］

Nei Mongol：Uxin B.[Z56]

Xinjiang：Hami，Yanqi*；Shache[E1]；Lop Nur[R3]

Sichuan：Muli，Daocheng，Xiangcheng，Derong，Xichang，Ya'an[H23]；Aba

Yunnan：Gejiu，Mengzi，Hekou[L4]；Lincang[L71]；Nandinghe[G9]；Menghai，Mengwang，Yingjiang[Y43]；Mengzhe，Meng'a[W67]

Fujian：Jian'ou[Z7]

Xizang：Nyalam（Zhangmu）[F5]

Forest and wild

Eastern Transcaucasia，west coast of Caspian Sea，Central Asia，Asia Minor，Iran，Iraq，Syria，Palestine，Afghanistan，Kashmir，India，Sri Lanka，Nepal，Myanmar，Thailand，Indochina，Egypt.

Felis manul Pallas，1776 **Pallas's cat**

F. m. manul Pallas，1776［Siberia，Mongolia］

F. m. nigripecta Hodgson，1842［Xizang］

Nei Mongol：Uxin B.，Hanggin B.，Otog B.[Z20]；Hulun Buir[M13]；Erenhot（provided by Zhang Yongzu，1957）

Hebei：Northern area[A1]

Beijing：Beijing[G9]

Xinjiang：Hame，Yanqi，Hejing，Hoxud，Korla，Minfeng[X11]；Jungar[E1]；Tuomuer Feng area[L44]

Ningxia：Bide，Guyuan[W60]

Gansu：Linxia[Q13]；Hezheng，Zhangye，Sunan area，Hezho[Z81]

Qinghai：Gonghe，Geide，Tongde，Xinghai，Guinan[Z24]；Haiyan，Qilian，Menyuan，Gangca，Mangya，Golmud，Delingha[Q13]；Xining，Darlag，Gade，Jimai，Maqên[Z69]

Sichuan：Songpan[A1]；Pingwu，Dawu，Dêgê，Garzê，Sêrxü，Litang，Zoigê，Hongyuan，Wenchuan[H23]

Xizang：Lhasa[E1]；Dêngqên，Biru[F5]，Shenge，Shuanghu[Y38]；Yangzho，Yumco[X30]；Nagqu，Nyalam，Baqên，Sog，Damxung，Rinbung[Z3]

Steppe and mountain steppe

Mongolia, Transcaucasia, Central Asia, Transbaikali, Afghanistan, Iran, Pakistan, Kashmir.

Felis marmorata Martin, 1837 **Marbled cat**

F. m. marmorata Martin, 1837 [Area excluding Indian peninsula; Jingdong, Yunnan]

F. m. charltoni Gray, 1846 [Indian peninsula and Lijiang, Yunnan]

Yunnan: Lijiang, Jingdong[G9,S45,Z61]

Tropical and subtropical forest

Nepal, Sikkim, Assam, northern Myanmar, Vietnam, Malay peninsula, Sumatra, Borneo.

猞猁 ***Felis lynx*** Linnaeus, 1758

F. l. isabellina Blyth, 1847 [中亚至东亚]

黑龙江：伊春、宝清、密山[S33]；呼玛[M13]

吉林：敦化、汪清、安图、靖宇[S33]；长白山[G9]

辽宁：桓仁[X7]

内蒙古：大兴安岭、牙克石、额尔古纳右旗[M13]；杭锦旗[Z56]；二连浩特[B11]；阿拉善左旗[W60]

河北：兴隆[A1]

山西：山西[A1]

陕西：汉中[W98]

甘肃：兰州、漳县、康县、和政、临夏、永昌、武威、肃南地区、肃北地区、阿克赛、天祝，卓尼、玛曲、碌曲、夏河、舟曲、迭部[Z81]

青海：共和、同德、兴海[Z24]；祁连、海晏、刚察、门源、阿克坦齐钦山、格尔木南部、茫崖西部、德令哈、玛沁[Q13,Z69]；长江源头[C3]

新疆：托木尔峰地区[L44]；哈密、焉耆、和静、和硕、库尔勒、尉犁、轮台、且末[X11]；若羌[W50]；阿尔泰山[W52]

四川：青川、平武、宝兴、雅江、道孚、白玉、德格、甘孜、小金、汶川[H23]；巴塘[S46]；松潘[A1]；木里[P1]

西藏：昌都[E1]；丁青、普兰、双湖、日喀则、亚东、隆子、泽当、加查、奇林湖、定日（色龙、帕里）、江孜、那曲[F5]；申戈[Y38]；安多、比如、巴青、聂荣[Z3]

森林，荒野

欧洲，俄罗斯，西伯利亚，库页岛，中亚，蒙古，克什米尔。

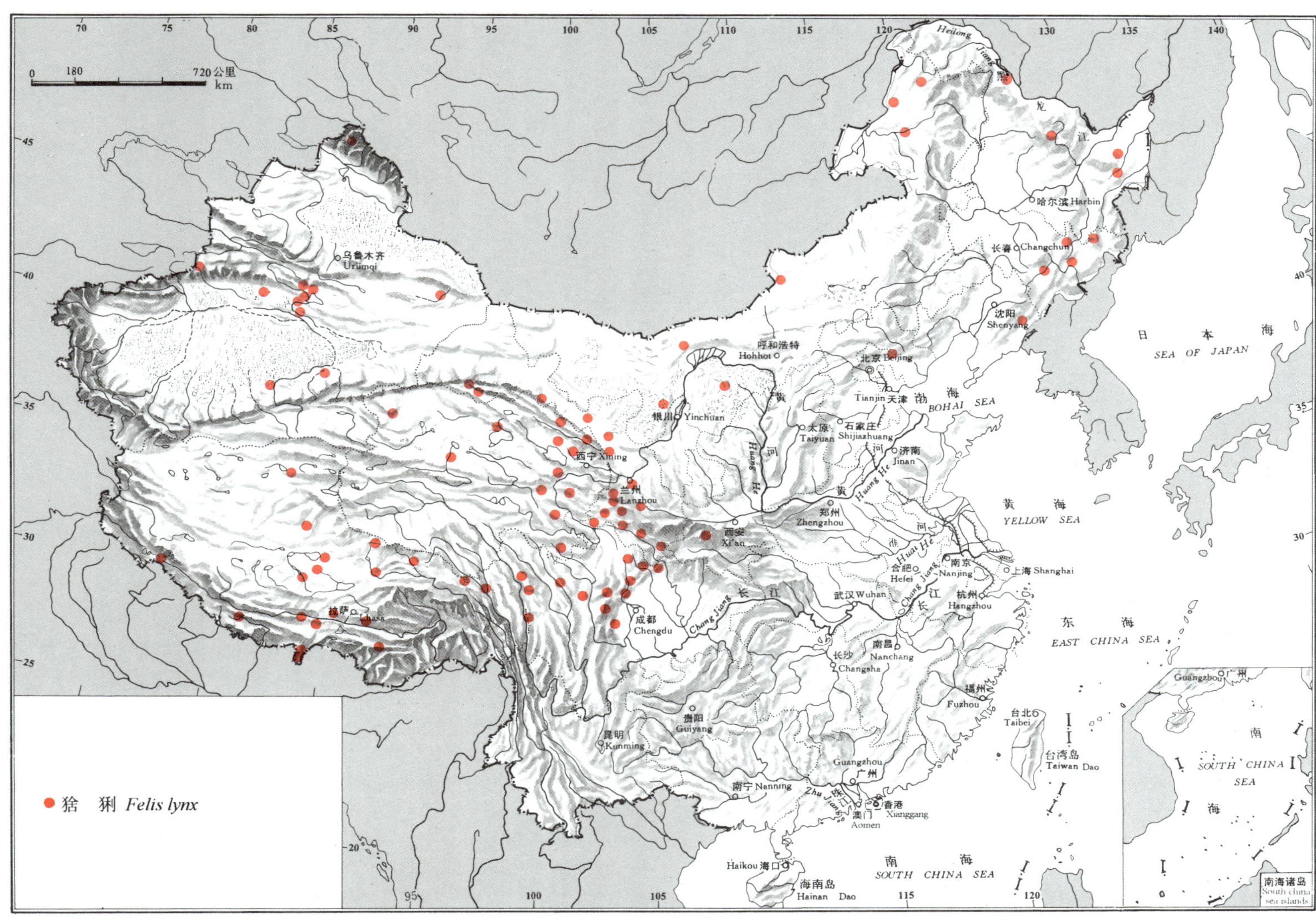

图85 猞猁 *Felis lynx* 的分布

Felis lynx Linnaeus, 1758 **Lynx**

F. l. isabellina Blyth, 1847 [From Central Asia to East Asia]

Heilongjiang: Yichun, Baoqing, Mishan[S33]; Huma[M13]

Jilin: Dunhua, Wangqing, Antu, Jingyu[S33]; Changbaishan[G9]

Liaoning: Huanren[X7]

Nei Mongol: Da Hinggan, Yakeshi, Ergun[M13]; Hanggin B.[Z56]; Erenhot[B11]; Alxa Left B.[W60]

Hebei: Xinglong[A1]

Shanxi: Shanxi[A1]

Shaanxi: Hanzhong[W98]

Gansu: Lanzhou, Zhangxian, Kangxian, Hezheng, Linxia, Yongchang, Wuwei, Sunan area, Subei area, Aksay, Tianzhu, Jonê, Maqu, Luqu, Xiahe, Zhugqu, Têwo[Z81]

Qinghai: Gonghe, Tongde, Xinghai[Z24]; Qilian, Haiyan, Gangca, Menyuan, Aketanqiqinshan, southern Golmud, western Mangya, Delingha, Maqên[Q13,Z69]; source area of Changjiang[C3]

Xinjiang: Tuomuer Feng area[L44]; Hami, Yanqi, Hejing, Hoxud, Korla, Yuli, Luntai, Qiemo[X11]; Ruoqiang[W50]; Altai[W52]

Sichuan: Qingchuan, Pingwu, Baoxing, Yajiang, Dawu, Baiyü, Dêgê, Garzê, Xiaojin, Wenchuan[H23]; Batang[S46]; Songpan[P1]

Xizang: Qamdo[E1]; Dêngqên, Burang, Shuanghu, Xigazê, Yadong, Lhünzê, Zetang, Gyaca, Qilinhu, Tingri (Selong, Pagri), Gyangzê, Nagqu[F5]; Sheng[Y38]; Amdo, Biru, Baqên, Nyainrong[Z3]

Forest, wild

Europe, Russia, Siberia, Sakhalin, Central Asia, Mongolia, Kashmir.

金猫 ***Felis temmincki*** Vigors *et* Horsfield，1827

F. t. temmincki Vigors *et* Horsfield，1827［云南西部］

F. t. tristis Milne－Edwards，1872［云南北部，四川］

F. t. dominicanorum Sclater，1898［华南］

陕西：陇县、留坝、佛坪、宁陕[W98]；柞水、镇安、秦岭、汉中、安康[M28]

甘肃：文县[M1]；舟曲、迭部、卓尼、临潭[N2]；宁县、天水、徽县、武都[Z81]

四川：青川、北川、万源、南江、巫山、屏山、峨眉山、雅安、石棉、宝兴[H23]；平武、雷波[P1]；巴塘[S46]；康定[A1]；泸定、汶川、松潘[G9]

贵州：册亨、兴义[L2]

云南：泸西[P1]；绿春[L4]；永德[L71]；金平、河口、屏边[Y43]；大理、昆明、丽江[A1]；景东[Z61]；勐海、勐腊、勐远、勐仑、勐养、景洪[W67,Y10]；维西、德钦[G9]

西藏：波密、察隅、亚东、定日（甘马曲）、昌都、拉萨[F5]；左贡、林芝、米林、朗县[Y29]

江西：安远、赣县、泰和[L65]；临川、黎川、贵溪、上饶、永修[F13]

湖南：桂东、宜章、新宁、绥宁[L65]；西南边境地区[A1]

湖北：房县[G9]

安徽：宁国、休宁、祁门、赤岭、石台、六安[G9,W39]

浙江：金华、遂昌、松阳、龙泉、庆元[Z113]；温州[G9]

广西：宁明[W47]；资源、兴安、恭城、全州、永福、天峨、南丹、田林、隆林、西林、那坡、靖西、龙州、凭祥、崇左、上思、防城[S12,W83]

广东：连平、大埔、紫金、粤北山区[L63]

福建：武夷山、福清[A1]；南平[G9]

林地

尼泊尔，阿萨姆，中南半岛，马来半岛，苏门答腊。

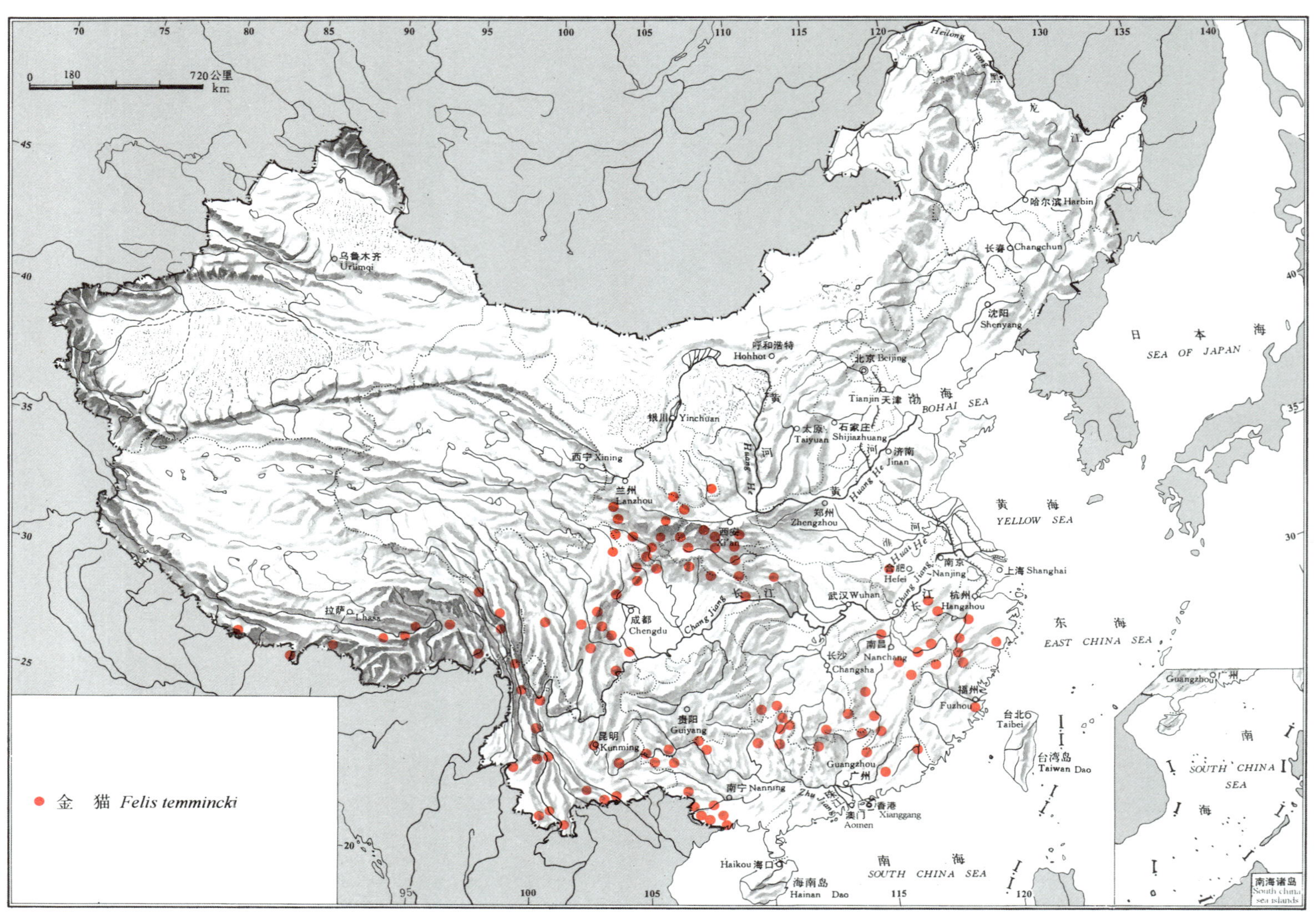

图86 金猫 *Felis temmincki* 的分布

Felis temmincki Vigors *et* Horsfield，1827 **Asiatic golden cat**

F. t. temmincki Vigors *et* Horsfield，1827［Southeastern Yunnan］

F. t. tristis Milne-Edwasds，1872［Northern Yunnan］

F. t. dominicanorum Sclater，1898［Southern China］

Shaanxi：Longxian，Liuba，Foping，Ningshan[W98]；Zhashui，Zhen'an，Qingling，Hanzhong，Ankang[M28]

Gansu：Wenxian[M1]；Zhugqu，Têwo，Jonê，Lintan[N2]；Ningxian，Tianshui，Huixian，Wudu[Z81]

Sichuan：Qingchuan，Beichuan，Wanyuan，Nanjiang，Wushan，Pingshan，Emeishan，Ya'an，Shimian，Baoxing[H23]；Pingwu，Leibo[P1]；Batang[S46]；Kangding[A1]；Luding，Wenchuan，Songpan[G9]

Guizhou：Ceheng，Xingyi[L2]

Yunnan：Luxi[P1]；Lüchun[L4]；Yongde[L71]；Jinping，Hekou，Pingbian[Y43]；Dali，Kunming，Lijiang[A1]；Jingdong[Z61]；Menghai，Mengla，Mengyuan，Menglun，Mengyang，Jinghong[W67,Y10]；Weixi，Dêqên[G9]

Xizang：Bomi，Zayü，Yadong，Tingri（Ganmaqu），Qamdo，Lhasa[F5]；Zogang，Nyingchi，Mainling，Nangxian[Y29]

Jiangxi：Anyuan，Ganxian，Taihe[L65]；Linchuan，Lichuan，Guixi，Shangrao，Yongxiu[F13]

Hunan：Guidong，Yizhang，Xinning，Suining[L65]；southwestern border of the province[A1]

Hubei：Fangxian[G9]

Anhui：Ningguo，Xiuning，Qimen，Chiling，Shitai，Liu'an[G9,W39]

Zhejiang：Jinhua，Suichang，Songyang，Longquan，Qingyuan[Z113]；Wenzhou[G9]

Guangxi：Ningming[W47]；Ziyuan，Xing'an，Gongcheng，Quanzhou，Yongfu，Tian'e，Nandan，Tianlin，Longlin，Xilin，Napo，Jingxi，Longzhou，Pingxiang，Chongzuo，Shangsi，Fangcheng[S12,W83]

Guangdong：Lianping，Dapu，Zijin，hills in the north

Fujian：Wuyishan，Fuqign[A1]，Nanping[G9]

Woodland

Nepal，Assam，Myanmar，Thailand，Indochina，Malay peninsular，Sumatra.

豹猫 ***Felis bengalensis*** Kerr，1792

F. b. bengalensis Kerr，1792［贵州，云南元江西岸］

F. b. chinensis Gray，1837［黄河中上游至长江流域以南，云南元江东岸］

F. b. euptilura Elliot，1871［东北，河北］

F. b. hainana Xu *et* Liu，1980 ［海南］

黑龙江：碾子石、嫩江河谷、德都、虎林、齐齐哈尔、玉泉、小岭、帽岔、镜泊湖附近、小兴安岭、三江平原[L89,M13,S33]

吉林：敦化、汪清、长白、图们、抚松、安图、珲春[Y24,B11]；延吉、通辽[G9,S33]

辽宁：大连、清原、新宾、桓仁、本溪、凤城、宽甸、盖州[X7]

内蒙古：布特哈旗、哈拉苏、巴林[S33]

河北：兴隆、山海关[A1]；唐山、邢台、石家庄、张家口、保定、承德[G9]

北京：密云、怀柔、门头沟[B10,Z31]

河南：辉县[Z97]；信阳、洛阳、安阳[G9]

山西：吕梁山、中条山、霍州、太原、忻州[G9,W8]

陕西：延安、凤翔、凤县[A1]；石泉[W98]；柞水、镇安[Z88]；黄陵、洛川、富县[B13]；汉中[G9]

宁夏：隆德[W60]

甘肃：文县[M1]；临夏[Q13]；舟曲[A1]；迭部[L94]；兰州、康乐、和政、陇西[Z69]

青海：贵德、同德、兴海[Z24]；祁连、门源[Q13]

江西：安远、赣县、泰和[L65]；临川[S48]；永修、南昌、九江、波阳[F13]

湖北：长阳[A1]

湖南：邵阳、桂东、宜章、新宁、绥宁[L65]；岳阳[A1]；长沙[G9]

上海：上海[A1]

江苏：靖江[A1]；淮阴、徐州、苏州；清江[G9]

浙江：宁波[A1]；嘉兴、金华、衢州、建德、海宁、宁海、常山、舟山、梅山、大榭和六横各岛[S15,Z113,114]

山东：鲁中、鲁西北、鲁西南、胶东[L74]；烟台、兖州、聊城[G9]

安徽：六安、安庆、芜湖、滁县、砀山、萧县、亳县、宿县、阜阳、凤台、淮南、金寨、和县、巢县、佛子岭、霍山、无为、桐城、岳西、潜山、太湖、贵池、广德、宁国、歙县[W39,H35]

四川：重庆、涪陵、木里、康定、马尔康、雷波、会东、泸定、汶川[H23]；宜宾、万县、宝兴[A1]；苍溪、南充、岳池、仪陇[T3]；安县[G12]

贵州：兴义、册亨[Y43]；威宁、习水、黔西、绥阳、道真、大方、梵净山、从江、荔波、雷山、惠水、盘县、松桃、贵阳[L2]

云南：泸西、绿春[L4]；德钦[S46]；金平、屏边、河口、蒙自、石屏、建水、弥勒、勐海、景洪[W67,Y43]；临沧[L71]；维西、丽江[A1]；景东[Z61]；南滚河[W16]

西藏：那曲、丁青、巴青、索县、比如、边坝、洛隆、类乌齐、昌都、江达、察隅、定日（帕里、玛曲）、聂拉木、墨脱[F5]；波密、芒康、亚东[Y29]

广西：靖西、宁明、上思、邕宁、睦边、龙州[W47]；贺县、全州、恭城、西林、天峨、田林、百色、隆安、河池、融水、融安、三江、龙胜、资源、玉林、灵山、桂林、宜山、柳州、南宁[S12,W83]

广东：汕头、韶关[T5]；广州[A1]；惠东[J10]

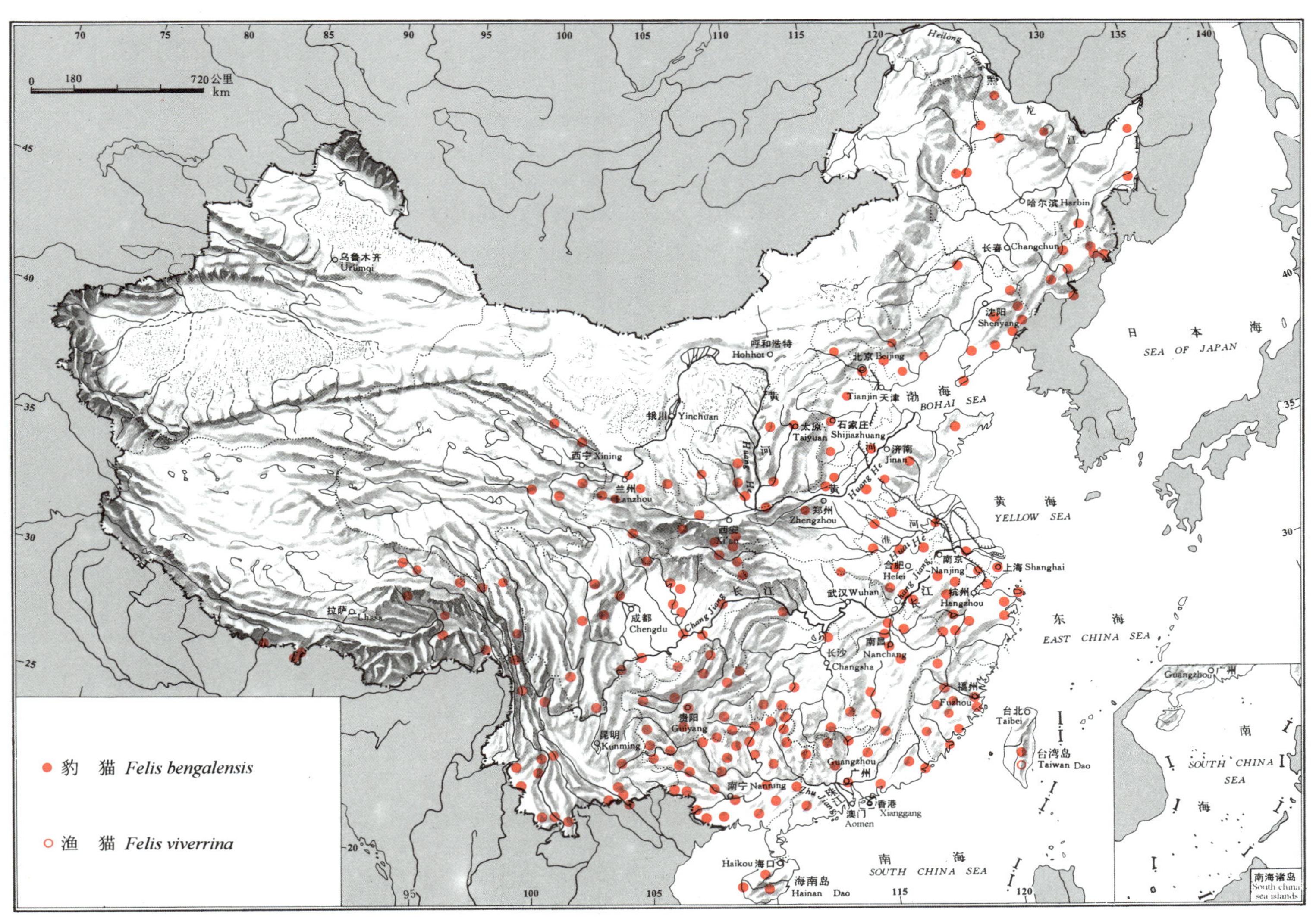

图87 豹猫 *Felis bengalensis* 渔猫 *Felis viverina* 的分布

海南：东方[S8]；儋州、五指山、坝王岭、尖峰岭、南丰[X21]

福建：福州、福清、武夷山、南平[A1]；厦门、宁德、三明、莆田、龙岩、龙溪、晋江[Z11]；永春[L97]

台湾：全岛海拔1500m以下地区[C15]

森林，荒野

阿穆尔，乌苏里，朝鲜，巴基斯坦，克什米尔，印度，尼泊尔，阿萨姆，中南半岛，马来半岛，苏门答腊，爪哇，巴厘，加里曼丹，菲律宾。

渔猫 ***Felis viverrina*** Bennett，1833

台湾：在台湾获皮2—3张[C15]，可能有误[E1]

印度半岛，中南半岛，斯里兰卡，苏门答腊，爪哇。

Felis bengalensis Kerr，1792 **Leopard cat**

F. b. bengalensis Kerr，1792 [Guizhou，Yunnan，west of Yuanjiang]

F. b. chinensis Gray，1837[From upper and middle reaches to south of the Changjiang basin，east of Yuanjiang，Yunnan]

F. b. euptilura Elliot，1871 [Northeast China，Hebei]

F. b. hainana Xu *et* Liu，1980 [Hainan]

Heilongjiang：Nianzishi，Nenjiang valley，Dedu，Hulin，Qiqihar，Yuquan，Xiaoling，Maocha，area near Jingbo Hu，Xia Hingganling，Three-rivers plain[L89,M13,S33]

Jilin：Dunhua，Wangqing，Changbai，Tumen，Fusong，Antu，Huichun[B11,Y24]；Yanji，Tongliao[G9,S33]

Liaoning：Dalian，Qingyuan，Xinbin，Huanren，Benxi，Fengcheng，Kuandian，Gaizhou[X7]

Nei Mongol：Butha B.，Halasu，Bairin[S33]

Hebei：Xinglong，Shanhaiguan[A1]；Tangshan，Xingtai，Shijiazhuang，Zhangjiakou，Baoding，Chengde[G9]

Beijing：Miyun，Huairou，Mentougou[B10,Z31]

Henan：Huixian[Z97]；Xingyang，Luoyang，Anyang[G9]

Shanxi：Luliangshan，Zhongtiaoshan，Huozhou，Taiyuan，Xinzhou[G9,W8]

Shaanxi：Yan'an，Fengxiang，Fengxian[A1]；Shiquan[W98]；Zhashui，Zhen'an[Z88]；Huangling，Luochuan，Fuxian[B13]；Hanzhong[G9]

Ningxia：Bide[W60]

Gansu：Wenxian[M1]；Linxia[Q13]；Zhugqu[A1]；Têwo[L94]；Lanzhou，Kangle，Hezheng，Longxi[Z69]

Qinghai：Guide，Tongde，Xinghai[Z24]；Qilian，Menyuan[Q13]

Jiangxi：Anyuan，Ganxian，Taihe[L65]；Linchuan[S48]；Yongxiu，Nanchang，Jiujiang，Boyang[F13]

Hubei：Changyang[A1]

Hunan：Shaoyang，Guidong，Yizhang，Xinning，Suining[L65]；Yueyang[A1]；Changsha[G9]

Shanghai：Shanghai[A1]

Jiangsu：Jingjiang[A1]；Huaiyin，Xuzhou，Suzhou，Qingjiang[G9]

Zhejiang：Ningbo[A1]；Jiaxing，Jinhua，Quzhou，Jiande，Haining，Ninghai，Changshan，Zhoushan，Meishan，Daxie and Liuheng islands[S15,Z113,114]

Shandong：Central，northwest and southwest of province，Jiaodong[L74]；Yantai，Yanzhou，Liaocheng[G9]

Anhui：Liuan，Anqing，Wuhu，Chuxian，Tangshan，Xiaoxian，Boxian，Suxian，Fuyang，Fengtai，Huainan，Jinzhai，Hexian，Chaoxian，Foziling，Huoshan，Wuwei，Tongcheng，Yuexi，Qianshan，Taihu，Guichi，Guangde，Ningguo，Shexian[W39,H35]

Sichuan：Chongqing，Fuling，Muli，Kangding，Barkam，Leibo，Huidong，Luding，Wenchuan[H23]；Yibin，Wanxian，Baoxing[A1]；Cangxi，Nanchong，Yuechi，Yilong[T3]；Anxian[G12]

Guizhou：Xingyi，Ceheng[Y43]；Weining，Xishui，Qianxi，Xiuyang，Daozhen，Dafang，Fanjingshan，Congjiang，Libo，Leishan，Huishui，Panxian，Songtao，Guiyang[L12]

Yunnan：Luxi，Lüchun[L4]；Dêqên[S46]；Jinping，Pingbian，Hekou，Mengzi，Chiping，Jianshui，Mile，Menghai，Jinghong[W67,Y43]；Lincang[L71]；Weixi，Lijiang[A1]；Jingdong[Z61]；Nangunhe[W16]

Xizang：Nagqu，Dêngqên，Baqên，Sog，Biru，Banbar，Lhorong，Riwoqê，Qamdo，Jomda，Zayü，Tingri (Pali，Maqu)，Nyalam，Mêdog[F5]；Bomi，Markam，Yadong[Y29]

Guangxi：Jingxi，Ningming，Shangsi，Yongning，Mubian，Longzhou[W47]；Hexian，Quanzhou，Gongcheng，Xilin，Tian'e，Tianlin，Bose，Longan，Hechi，Rongshui，Rong'an，Sanjiang，Longsheng，Ziyuan，Yulin，Lingshan，Guilin，Yishan，Liu-zhou，Nanning[S12,W83]

Guangdong：Shandou，Shaoguan[T5]；Guangzhou[A1]；Huidong[J10]

Hainan：Dongfang[S8]；Danzhou，Wuzhishan，Bawangling，Jianfengling，Nanfeng[X21]

Fujian：Fuzhou，Fuqing，Wuyishan，Nanping[A1]；Xiamen，Ningde，Sanming，Putian，Longyan，Longxi，Jinjiang[Z11]

Taiwan：Areas below 1500 m a. s. l.[C15]

Forest and wild

Amur，Ussuri，Korea，Pakistan，Kashmir，India，Nepal，Assam，Myanmar，Thailand，Indochina，Malay peninsula，Sumatra，Java，Bali，Borneo，Philippines。

Felis viverrina Bennett，1833 **Fishing cat**

Taiwan：Two or three skins have been collected in Taiwan[C15]；probably erroneous[E1]

Indian peminsula，Myanmar，Thailand，Indochina，Sri Lanka，Sumatra，Java.

云豹属 *Neofelis* Gray，1867

云豹 ***Neofelis nebulosa*** Griffith，1821

N. n. nebulosa Griffth，1821 [华南，西南]

N. n. brachyurus Swinhoe，1862 [台湾]

陕西：汉中[W98]；秦岭、安康[M28]

甘肃：文县[M1]

江西：安远、赣县、泰和[L65]；大余、永修、德安、九江[F13]；高安、崇仁、莲花、于都[G9]

湖南：桂东、宜章、新宁、绥宁[L65]

安徽：广德、宁国、歙县[H35]；东至、贵池、祁门、石台、青阳、黟县、太平、旌旗、休宁、绩溪、宣城[W39]

浙江：富阳、桐庐、淳安、德清、安吉、仙居、云和、遂昌、松阳、龙泉[Z113]

四川：重庆、南江、城口、巫山、叙永、沐川、石棉、宝兴、灌县、汶川[H23]；雷波[S46]

贵州：松桃、江口、沿河、印江、玉屏、石阡、瓮安、绥阳、遵义、开阳、贵定、三都、独山、安龙、册亨、兴义、大方[L2]；梵净山[G17]

云南：屏边、元阳、金平、绿春、河口[L4]；勐腊、勐养、普文、勐海[W67]；永德[L71]；景东[Z61]

西藏：察隅[F5]；墨脱、芒康[Y29]

广西：睦边、靖西、龙州[W47]；融水、融安、全州、恭城、永福、天峨、南丹、乐业、田林、隆林、那坡、宁明、凭祥、上思、贺县、富川、昭平[S12,W83]

广东：大埔、连州、阳山、紫金[T5]；连平[A1]；惠东[J10]

海南：尖峰岭、吊罗山、五指山；鹦哥岭、黎母岭[X21]；陵水、海口*

福建：南平[A1]；周宁[B7]；三明、莆田、福州、厦门、建阳、宁德、晋江[Z11]；永春[L97]

台湾：全岛[C15]

森林

尼泊尔，锡金，中南半岛，马来半岛，苏门答腊，加里曼丹，爪哇。

Neofelis Gray, 1867 **Clouded leopards**

Neofelis nebulosa Griffith , 1821 **Clouded leopard**

N. n. nebulosa Griffith, 1821 [South China and southwest China]

N. n. brachyurus Swinhoe, 1862 [Taiwan]

Shaanxi: Hanzhong[W98]; Qinglin, Ankang[M28]

Gansu: Wenxian[M1]

Jiangxi: Anyuan, Ganxian, Taihe[L65]; Dayu, Yongxiu, De'an, Jiujing[F13]; Gao'an, Chongren, Lianhua, Yudu[G9]

Hunan: Guidong, Yizhang, Xinning, Suining[L65]

Anhui: Guangde, Ningguo, Shexian[H35]; Dongzhi, Guichi, Qimen, Shitai, Qingyang, Yixian, Taiping, Jingqi, Xiuning, Jixi, Xuancheng[W39]

Zhejiang: Fuyang, Tonglu, Chunan, Deqing, Anji, Xianju, Yunhe, Suichang, Songyang, Longquan[Z113]

Sichuan: Chongqing, Nanjiang, Chengkou, Wushan, Xuyong, Muchuan, Shimian, Baoxing, Guanxian, Wenchuan[H23]; Leibo[S46]

Guizhou: Songtao, Jiangkou, Yanhe, Yinjiang, Yuping, Shiqian, Weng'an, Suiyang, Zunyi, Kaiyang, Guiding, Sandu, Dushan, Anlong, Ceheng, Xingyi, Dafang[L2]; Fanjingshan[G17]

Yunnan: Pingbian, Yuanyang, Jinping, Luchun, Hekou[L4]; Mengla, Mengyang, Puwen, Menghai[W67]; Yongde[L71]; Jingdong[Z61]

Xizang: Zayü[F5]; Mêkog, Markam[Y29]

Guangxi: Mubian, Jingxi, Longzhou[W47]; Rongshui. Rongan, Quanzhou, Gongcheng, Yongfu, Tian'e, Nandan, Leye, Tianlin, Longlin, Napo, Ningming, Pingxiang, Shangsi, Hexian, Fuchuan, Zhaoping[S12,W83]

Guangdong: Dapu, Lianzhou, Yangshan, Zijin[T5]; Lianping[A1]; Huidong[J10]

Hainan: Jianfengling, Diaoluoshan, Wuzhishan, Yinggeling, Limuling[X21]; Lingshui, Haikou*

Fujian: Nanping[A1]; Zhouning[B7]; Sanming, Putian, Fuzhou, Xiamen, Jianyang, Ningde, Jinjiang[Z11]; Yongchun[L97]

Taiwan: Occurs in different areas[C15]

Forest

Nepal, Sikkim, Myanmar, Thailand, Indochina, Malay peninsula, Sumatra, Borneo, Java.

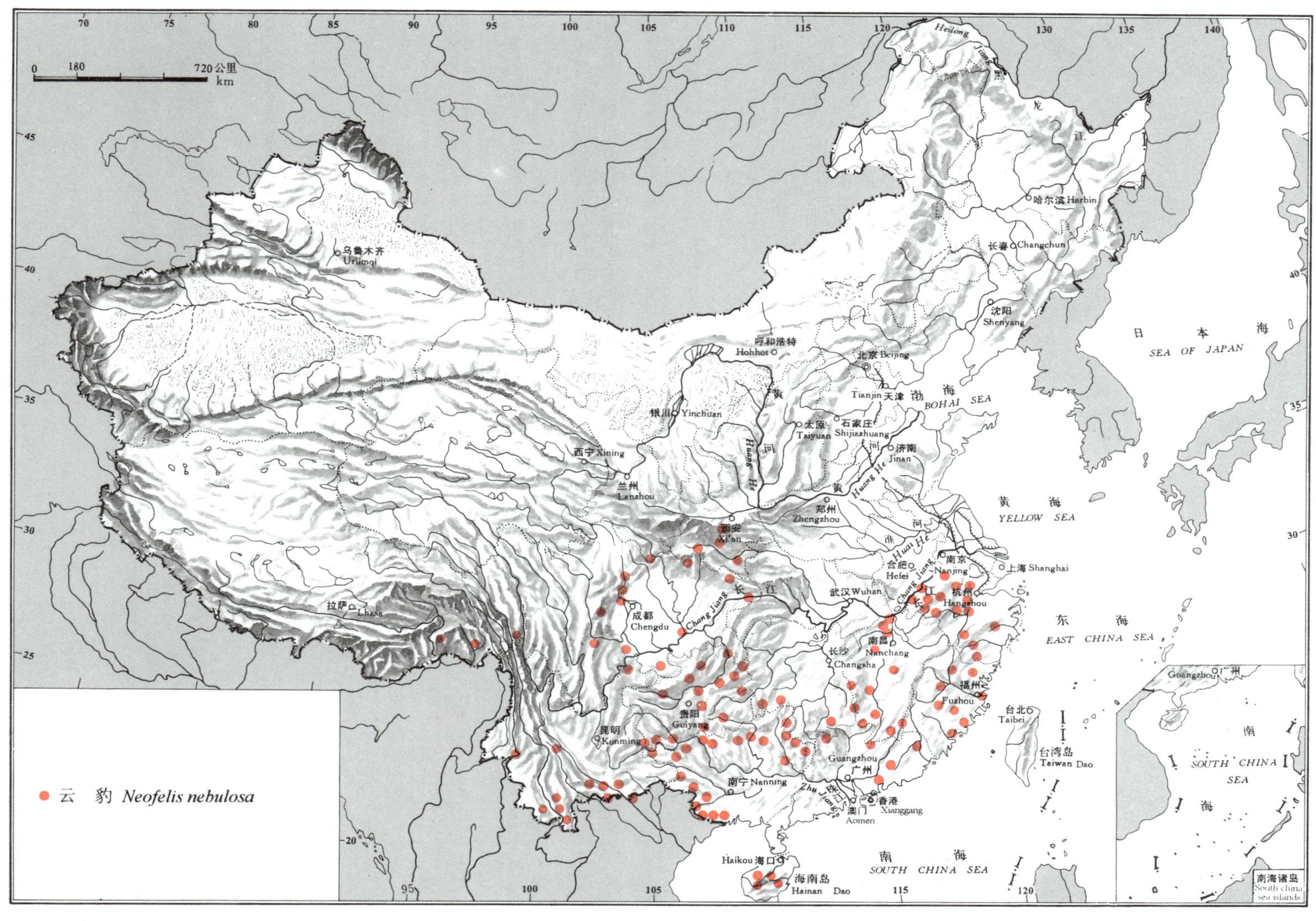

图88 云豹 *Neofelis nebulosa* 的分布

豹属 *Panthera* Oken, 1816

豹 ***Panthera pardus*** Linnaeus, 1875

P. p. fusca Meyer, 1794 [长江流域及华南]

P. p. orientalis Schlegel, 1857 [东北]

P. p. fontanierii Milne-Edwards, 1867 [华北]

黑龙江：宝兴、尚志、海林、牡丹江、穆棱[M13,S33]；东宁[G9]

吉林：汪清、辉春、敦化[Y24]；安图[M13,S33]；和龙、延吉、长白、集安、抚松、通化、靖宇、柳河、辉南、蛟河、舒兰、桦甸[G9]

内蒙古：布特哈旗[S33]；科尔沁右翼前旗[G9]

北京：昌平、延庆、门头沟、密云[G9,Z31]

河北：怀来、围场[G9]

河南：淅川、桐柏、新县[Z97]

山西：吕梁山、中条山[W8]；太原[A1]；晋中、雁北、临汾、运城[G9]

陕西：陇县[S41]；紫阳、白河、镇坪、商州[A1,W98]；黄陵、富县、吴旗、志丹、延安、宜川、石泉[G9]

宁夏：隆德、泾源、固原、中卫[W60]

甘肃：临潭[A1]；迭部[L94]；武都、榆中、天水、徽县、康乐、和政、康县、文县[Z81]

青海：玉树、果洛[Z69]

江西：安远、赣县、泰和[F13]；峡江、高要、宜黄[S13]；永修、星子、景德镇、新建、永丰、会昌、南城、新余、贵溪、安义[G9]

湖北：宜昌、长阳[A1]

湖南：桂东、宜章、新宁、绥宁[L65]

四川：峨眉山、万县、康定[A1]；城口、巫山、南川、古蔺、沐川、金阳、石棉、天全、盐边、炉霍、白玉、德格、邓柯、理塘、稻城、巴塘[H23]；苍溪、南川、岳池、仪陇、会东[S46]；茂县、泸定、雅安、宜宾、万源、巴南、内江、乐至、綦江、绵阳[G9]；安县[G12]

贵州：江口、玉屏、石阡、绥阳、开阳、金沙、织金、大方、威宁、雷山、三都、独山、册亨、兴义、安顺[L2]；安龙、梵净山[G17]；荔波[X8]

云南：泸水、丽江、泸西、屏边[L4]；绿春、腾冲、金平、河口、复兴镇、景洪、勐海[Y43]；勐养、勐腊[W67]

西藏：昌都、江达、芒康[Y29]；察隅、洛隆、拉萨、亚东[F5]

安徽：金寨、霍山、太湖、贵池、桐城、岳西、潜山、广德、宁国、泾县、歙县[H35]；休宁、永宁、旌德、青阳、宜城[G9,W39]

江苏：镇江[H33]

浙江：富阳、德清、仙居、云和、遂昌[Z113]；金华[G9]

广西：睦边、靖西、宁明、上思[W47]；龙胜、恭城、天峨、南丹、环江、罗城、河池、凌云、那坡、龙州、桂平天坪山、贺县[S12,W83]

广东：连阳、大埔、揭阳[T5]；罗浮[A1]；惠东[J10]

福建：平和、福清、南平、武夷山[A1]；福州、宁德、莆田[Z11]；永春[L97]

山地森林

高加索，中亚西南部，阿穆尔，朝鲜，小亚细亚，伊朗，阿拉伯，印度，斯里兰卡，尼泊尔，巴基斯坦，中南半岛，马来半岛，爪哇，康琴群岛，摩洛哥，阿尔及利亚，埃及，热带非洲。

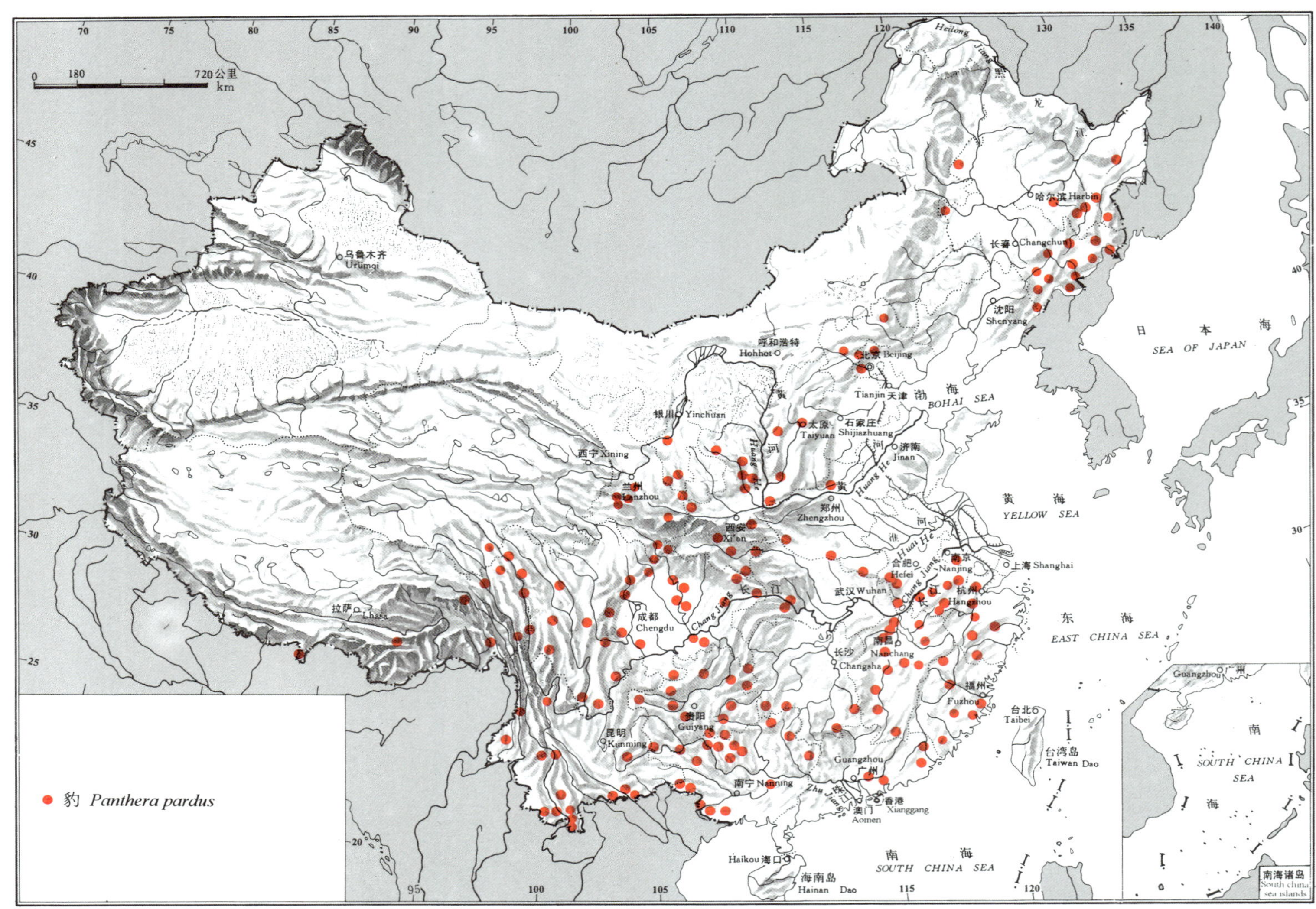

图89 豹 *Panthera pardus* 的分布

Panthera Oken，1816 Big cats

Panthera pardus Linnaeus，1875 **Leopard (Panther)**

P. p. fusca Meyer，1794 [Basin of Changjiang，south China]

P. p. orientalis Schlegel，1875 [Northeast China]

P. p. fontanierii Milne-Edwards，1867 [North China]

Heilongjiang：Baoxing，Shangzhi，Hailin，Mudanjiang，Muling[M13,S33]；Dongning[G9]

Jilin：Wangping，Huichun，Dunhua[Y24]；Antu[M13,S33]；Helong，Yanji，Changbai，Ji'an，Fusong，Tonghua，Jingyu，Liuhe，Huinan，Jiaohe，Shulan，Huadian[G9]

Nei Mongol：Butha B.[S33]；Horqin Right Wing Front B.[G9]

Beijing：Changping，Yanqing，Mentougou，Miyun[G9,Z31]

Hebei：Huailai，Weichang[G9]

Henan：Zhechuan，Tongbai，Xinxian[Z97]

Shanxi：Luliangshan，Zhongtiaoshan[W8]；Taiyuan[A1]；Jinzhong，Yanbei，Linfen，Yuncheng[G9]

Shaanxi：Longxian[S41]；Ziyang，Baihe，Zhenping，Shangzhou[A1,W98]；Huangling，Fuxian，Wuqi，Zhidan，Yan'an，Yichuan，Shilquan[G9]

Ningxia：Bide，Jingyuan，Guyuan，Zhongwei[W60]

Gansu：Lintan[A1]；Tewo[L94]；Wudu，Yuzhong，Tianshui，Huixian，Kangle，Hezheng，Kangxian，Wenxian[Z81]

Qinghai：Yushu，Golog[Z69]

Jiangxi：Anyuan，Ganxian，Taihe[F13]；Xiajiang，Gaoyao，Yihuang[S13]；Yongxiu，Xingzi，Jingdezhen，Xinjian，Yongfeng，Huichang，Nancheng，Xinyu，Guixi，Anyi[G9]

Hubei：Yichang，Changyang[A1]

Hunan：Guidong，Yizhang，Xinning，Suining[L65]

Sichuan：Emeishan，Wanxian，Kangding[A1]；Chengkou，Wushan，Nanchuan，Gulin，Muchuan，Jinyang，Shimian，Tianquan，Yanbian，Luhuo，Baiyü，Dêgê，Dengke，Litang，Daocheng，Batang[H23]；Cangxi，Nanchuan，Yuechi，Yilong，Huidong[S46]；

Maoxian, Luding, Ya'an, Yibin, Wanyuan, Banan, Neijiang, Lezhi, Qijiang, Mianyang[G9]; Anxian[G12]

Guizhou: Jiangkou, Yuping, Shiqian, Suiyang, Kaiyang, Jinsha, Zhijin, Dafang, Weining, Leishan, Sandu, Dushan, Ceheng, Xingyi, Anshun[L2]; Anlong, Fanjingshan[G17]; Libo[X8]

Yunnan: Lushui, Lijiang, Luxi, Pingbian[L4]; Luchun, Tengchong, Jinping, Hekou, Fuxingzheng, Jinghong, Menghai[Y43]; Mengyang, Mengla[W67]

Xizang: Qamdo, Jomda, Markam[Y29]; Zayü, Lhorong, Lhasa, Yadong[F5]

Anhui: Jinzhai, Huoshan, Taihu, Guichi, Tongcheng, Yuexi, Qianshan, Guangde, Ningguo, Jingxian, Shexian[H35]; Xiuning, Yongning, Jingde, Qingyang, Yicheng[G9,W39]

Jiangsu: Zhenjiang[H33]

Zhejiang: Fuyang, Deqing, Xianju, Yunhe, Suizhang[113]; Jinhua[G9]

Guangxi: Mubian, Jingxi, Ningming, Shangsi[W47]; Longsheng, Gongcheng, Tian'e, Nandan, Huanjiang, Luocheng, Hechi, Lingyun, Napo, Longzhou, Tianpingshan in Guiping, Hexian[S12,W83]

Guangdong: Lianyang, Dapu, Jieyang[T5]: Luofu[A1]; Huidong[J10]

Fujian: Pinghe, Fuqing, Nanping, Wuyishan[A1]; Fuzhou, Ningde, Putian[Z11]; Yongchun[L97]

Mountain forest

Caucasus, southwestern Central Asia, Amur, Asia, Asia Minor, Iran, Arabia, India, Sri Lanka, Nepal, Pakistan, Myanmar, Thailand, Indochina, Malay peninsula, Java, Kangean Islands, Morocco, Algeria, Egypt, tropical Africa.

虎 ***Panthera tigris*** Linnaeus, 1758

P. t. tigris Linnaeus, 1758 [西藏]

P. t. altaica Temminck, 1844 [东北]

P. t. coreensis Brass, 1904 [华北]

P. t. lecoqi Schwarz, 1916 [新疆]

P. t. amoyensis Hilzheimer, 1905 [长江中下游和华南]

P. t. corbetti Mazak, 1968 [云南]

黑龙江：伊春、带岭[S33]；双鸭山、密山、张广才岭、虎林、铁力、依兰、汤源、宁安、桦川、林口、东宁、桦南、宝清、尚志、穆棱[M13,S33,T6]；完达山[F18,W101]

吉林：敦化、辑安、安图、辉春[Y24]；抚松、汪清、和龙、延吉、长白[C7]；漫江[T6]

内蒙古：呼和浩特[A1]

河北：兴隆、围场、北部山地[A1]

山西：管涔山、恒山、云中山、五台山、中条山[G9]；虞乡、解州、蒲州[T1]

陕西：佛坪[L7]；平利、镇坪、宁陕[T6]

河南：镇坪、淅川、西峡[T1]

青海：班玛[Z69]

新疆：库尔勒罗布泊[R7]；博斯腾湖及塔里木河沿岸[G9]

江西：安远、赣县、泰和[L65]；黎川、永修、波阳[F13]；九江、瑞昌、武宁、南城、上饶、龙南、信丰[G9]；峡江、庐山[T1]

湖北：长阳、巴东[A1]；汉口、宜都、南漳、长坪[G9,T1]

湖南：桂东、宜章、新宁、绥宁[L65]；长沙、宁乡、洞口、新晃[G9]；张家界[T1]

安徽：东至[H35]；安庆[A1]；黄山[T1]

江苏：宜兴[H33]；南京[A1]

浙江：宁波、开化、杭州、莫干山[A1]；丽水、衢州[Z113]；江山、庆元[T1]

四川：乐山、绵阳、绵竹、达川、涪陵、名川、宜宾、彭水、武隆、南川、古蔺、凉山、雅安、青川、城口、天全、甘孜、汶川[H23]；平武[G9]；万县[A1]

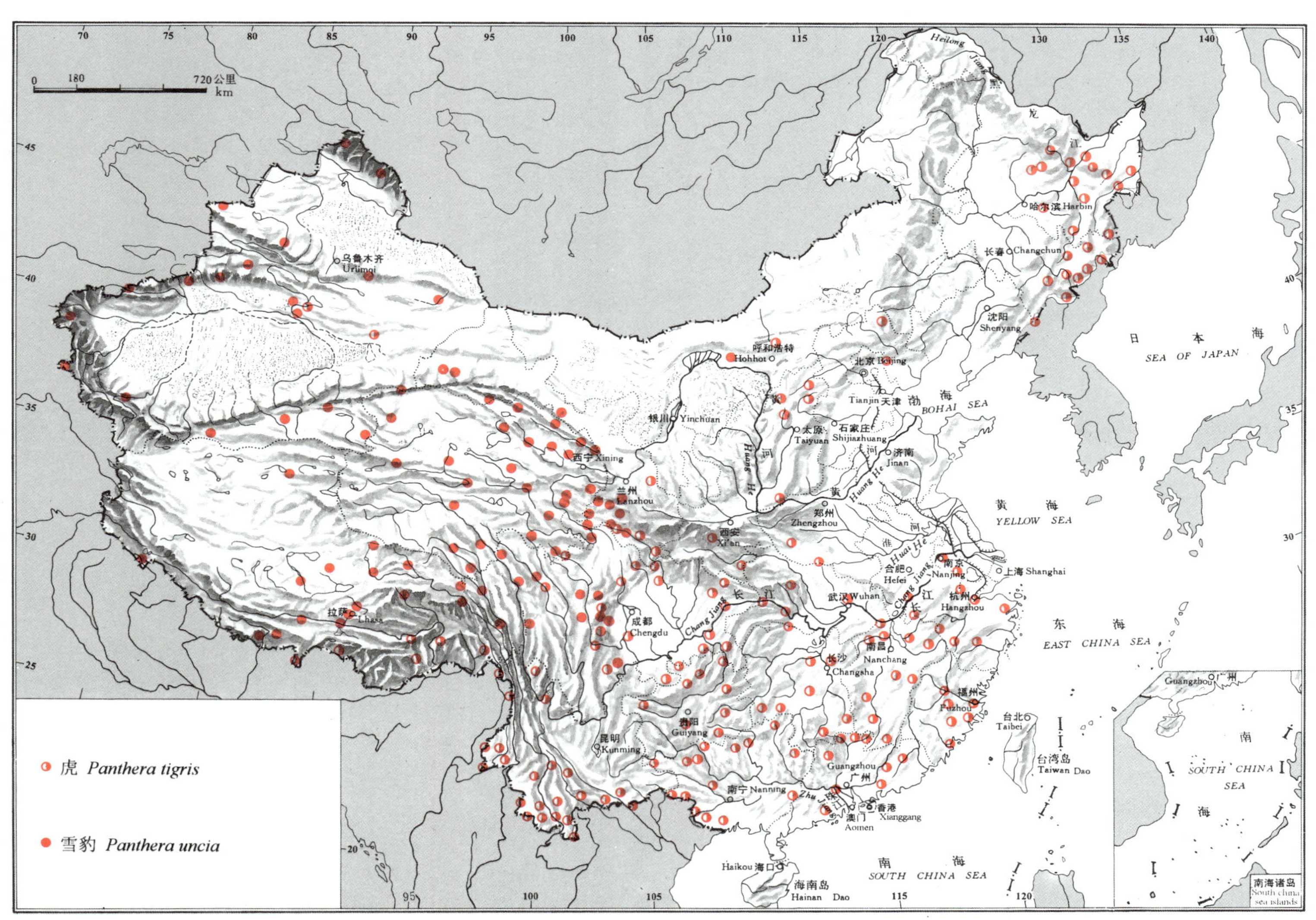

图90 虎 *Panthera tigris* 雪豹 *Panthera uncia* 的分布

甘肃：会宁（1954年捕得，为*altaica*）、徽县、武都、文县、舟曲、迭部、卓尼[Z81]

贵州：沿河、石阡、绥阳、桐梓、习水、威宁、雷山、三都、惠水[L2]；梵净山[G17]；荔波[X8]

云南：屏边、元阳、金平、绿春、河口[L4]；勐阿、勐腊、勐海、尚勇、易武、整董、思茅[Y43]；澜沧、无量山、哀劳山、西盟、勐连、贡山、福贡、龙陵、腾冲、临沧、瑞丽、盈江、中甸、丽江[G9,H4,W67,Y10]

西藏：林芝、墨脱、洛扎、错那、米林、察隅、门隅、珞瑜[F5,Y10]

广西：睦边、靖西、龙州、宁明、上思[W47]；融水、融安、九万大山、天峨（布柳河林区）、资源（越城岭）、十万大山、大新、大明山、富川、贺县、西林（百劳林区）、乐业[S12,W83]

广东：三水、乐昌、紫金、兴宁[T5]；惠东[J10]；乳源、连山、阳山、信宜、阳春[G9]

福建：厦门、南平、福州、鼓岭、福清、尤溪、仙游[A1,G9]；安溪、建阳、建瓯、古田、光泽、宁德、屏南、顺昌、大田、永春[T1]；省内可能消失[Z11]

森林与荒野

乌苏里，阿穆尔，伊朗，印度，阿萨姆，中南半岛，马来半岛，苏门答腊，爪哇，巴厘。

雪豹 ***Panthera uncia*** Schrever，1776

内蒙古：阴山南坡[Z59]；乌拉山*

山西：各地偶有发现[W9]

新疆：塔什库尔干[S5]；托木尔峰地区[L44]；哈密、拜城、阿克什、若羌、且末、库尔勒、尉犁[X11]；天山[E1]

青海：同德、兴海[Z24]；杂多、曲麻莱、治多、玉树、都兰、祁连[L38]；门源、海晏、刚察、格尔木、德令哈、茫崖[Q13]；长江源头[C3]；花石峡、玛沁、班玛、阿尔金山、贵德、互助、天峻、贵南、囊谦、称多、玛多、达日[Z69]；昆仑、川、青、藏三省交界地区[S4]

甘肃：舟曲、迭部、卓尼、碌曲、玛曲、夏河、临潭[N2]；康乐、和政、永昌、武威、张掖、肃南地区、肃北地区、阿克塞、天祝[Z81]

四川：宝兴、德格、甘孜、巴塘、小金、金川、康定、汶川、雅安、凉山[H23]

西藏：昌都、左贡、吉隆、丁青、巴青、定日、洛隆、曲水、旁多、日喀则、帕曲、萨迦[X30]；拉萨[E1,F5]；那曲、当雄、尼木、申扎、普兰[Y29]；双湖[Y38,Z3]

山地，高原

中亚山区，克什米尔，喜马拉雅，帕米尔，阿尔泰，天山，兴都库什。

Panthera tigris Linnaeus，1758 **Tiger**

P. t. tigris Linnaeus，1758 [Xizang]

P. t. altaica Temminck，1844 [Northeast China]

P. t. coreensis Brass，1904 [North China]

P. t. leoqi Schwarz，1916 [Xinjiang]

P. t. amoyensis Hilzheimer，1905 [Middle and lower reaches of Changjiang and south China]

P. t. corbetti Mazak，1968 [Yunnan]

Heilongjiang：Yichun，Dailing[S33]；Shuangyashan，Mishan，Zhangguangcailing，Hulin，Tieli，Yilan，Tangyuan，Ningan，Huachuan，Linkou，Dongning，Huanan，Baoqing，Shangzhi，Muling[M13,S33,T6]；Wandashan[F18,W101]

Jilin：Dunhua，Ji'an，Antu，Huichun[Y24]；Fusong，Wangqing，Helong，Yanji，Changbai[C7]；Manjiang[T6]

Nei Mongol：Hohhot[A1]

Hebei：Xinglong，Weichang，northern mountains[A1]

Shanxi：Guanlingshan，Hengshan，Yunzhongshan，Wutaishan，Zhongtiaoshan[G9]；Yuxian，Xiezhou，Puzhou[T1]

Shaanxi：Foping[L7]；Pingli，Zhenping，Ningshan[T6]

Henan：Zhenping，Zhechuan，Xixia[T1]

Qinghai：Baima[Z69]

Xinjiang：Korla，Lop Nur[R7]；area of Bosten Hu and Tarim He[G9]

Jiangxi：Anyuan，Ganxian，Taihe[L65]；Lichuan，Yongxiu，Boyang[F13]；Jiujiang，Ruichang，Wuning，Nancheng，Shangrao，Longnan，Xinfeng[G9]；Xiajiang，Lushan[T1]

Hubei：Changyang，Badong[A1]；Hankou，Yidu，Nanzhang，Changping[G9,T1]

Hunan：Guidong，Yizhang，Xinning，Suining[L65]；Changsha，Ningxiang，Dongkou，Xinhuang[G9]；Zhangjiajie[T1]

Anhui：Dongzhi[H35]；Anqing[A1]；Huangshan[T1]

Jiangsu：Yixing[H33]；Nanjing[A1]

Zhejiang：Ningbo，Kaihua，Hangzhou，Moganshan[A1]；Lishui，Quzhou[Z113]；Jiangshan，Qingyuan[T1]

Sichuan：Leshan，Mianyang Mianzhu，Dachuan，Fuling，Mingchuan，Yibin，Pengshui，Wulong，Nanchuan，Gulin，Liangshan，Ya'an，Qingchuan，Chengkou，Tianquan，Garzê，Wenchuan[H23]；Pingwu[G9]；Wanxian[A1]

Gansu：Huining (caught in 1954，*altaica*)，Huixian，Wudu，Wenxian，Zhugqu，Têwo，Jonê[Z81]

Guizhou：Yanhe，Shiqian，Suiyang，Tongzi，Xishui，Weining，Leishan，Sandu，Huishui[L2]；Fanjingshan[G17]；Libo[X8]

Yunnan：Pingbian，Yuanyang，Jinping，Lüchun，Hekou[L4]；Meng'a，Mengla，Menghai，Shangyong，Yiwu，Zhengdong，Simao[Y43]；Lancang，Wuliangshan，Ailaoshan，Ximeng，Menglian，Gongshan，Fugong，Longling，Tengchong，Lincang，Ruili，Yingjiang，Zhongdian，Lijiang[G9,H4,W67,Y10]

Xizang：Nyingchi，Mêdog，Lhozhag，Cona，Mainling，Zayü，Menyü，Luoyü[F5,Y10]

Guangxi：Mubian，Jingxi，Longzhou，Ningming，Shangsi[W47]；Rongshui，Rong'an，Jiuwandashan，Tian'e (forests of Bulin He area)，Ziyuan (Yuechengling)，Shiwandashan，Daxin，Daimingshan，Fuchuan，Hexian，Xilin (Bailao forest area)，Leye[S12,W83]

Guangdong：Sanshui，Lechang，Zijin，Xingning[T5]；Huidong[J10]；Ruyuan，Lianshan，Yangshan，Xinyi，Yangchun[G9]

Fujian：Xiamen，Nanping，Fuzhou，Guling，Fuqing，Youxi，Xianyou[A1,G9]；Anxi，Jianyang，Jian'ou，Gutian，Guangze，Ningde，Pingnan，Shunchang，Datian，Yongchun[T1]；probably extinct in the province[Z11]

Forest and wild

Ussuri，Amur；Iran，India，Assam，Myanmar，Thailand，Indochina，Malay peninsula，Sumatra，Java，Bali.

Panthera uncia Schrever，1776 **Snow leopard (Ounce)**

Nei Mongol：Southern flank of Yinshan[Z59]；Wulashan

Shanxi：Occurs occasionally in different areas[W9]

Xinjiang：Taxkorgan[S5]；Tuomuer Feng area[L44]；Hami，Baicheng，Akshi，Ruoqiang，Qiemo，Korla，Yuli[X11]；Tianshan[E1]

Qinghai：Tongde，Xinghai[Z24]；Zadoi，Qumarêb，Zhidoi，Yushu，Dulan，Qilian[L38]；Menyuan，Haiyan，Gangca，Golmud，Delingha，Mangnai[Q13]；source area of Changjiang[C3]；Huashixia，Maqên，Baima，Altun，Guide，Huzhu，Tianjun，Guinan，Nangqên，Chindu，Madoi，Darlag[Z69]；Kunlun，border ofSichuan，Qinghai and Xizang[S4]

Gansu：Zhugqu，Têwo，Jonê，Luqu，Maqu，Xiahe，Lintan[N2]；Kangle，Hezheng，Yongchang，Wuwei，Zhangye，Sunan area，Subei area，Aksay，Tianzhu[Z81]

Sichuan：Baoxing，Dêgê，Garzê，Batang，Xiaojin，Jinchuan，Kangding，Wenchuan，Ya'an，Liangshan[H23]

Xizang：Qamdo，Zogang，Gyirong，Dêngqên，Baqên，Tingri，Lhorong，Qüxü，Pondo，Xigazê，Paqu，Sa'gya[X30]；Lhasa[E1,F5]；Nagqu，Damxung，Nyemo，Xainza，Burang[Y29]；Shuanghu[Y38,Z3]

Mountain and plateau

Central Asia，Kashmir，Himalayas，Pamir，Altai，Tianshan，Hindu Kush.

鳍足目　PINNIPEDIA

海狗科　Otariidae

海狗属　*Callorhinus* Gray，1859

北海狗　*Callorhinus ursinus* Linnaeus，1758

黄海：山东即墨[W79]。江苏如东（王丕烈1995年提供）

南海：广东阳江，台湾高雄（王丕烈1995年提供）

寒带海域

白令海，鄂霍次克海。

北海狮属　*Eumetopias* Gray，1859

北海狮　*Eumetopias jubata* Schreber，1776

黄海：江苏启东（吕泗）[H31]

渤海：辽宁大洼（王丕烈1995年提供）

寒温带海域

北太平洋。

海豹科　Phocidae

海豹属　*Phoca* Linnaeus，1758

西太平洋斑海豹　*Phoca largha* Pallas，1811

日本海：吉林图们江口[W22]

黄海、渤海：辽宁辽东湾（营口）、大连、长山群岛、庄河、东沟；河北 秦皇岛、北戴河、天津；山东莱州湾、庙岛群岛、蓬莱、烟台、青岛；江苏赣榆、淀海、佘山[W22,Z104]

东海：上海崇明、浙江镇海（南江口）；福建平潭[W22,Z104]

南海：广东阳江（王丕烈 1995年提供）

温带海域

北太平洋。

环海豹　*Phoca hispida* Schreber，1775

P. h. ochotensis Pallas，1811［鄂霍次克海］

东海：江苏赣榆[Z104]

寒带海域

北太平洋，北大西洋。

髯海豹属　*Erignathus* Gill，1866

髯海豹　*Erignathus barbatus* Erxleben，1777

东海：浙江平阳、宁波[Z116]

寒带海域

北冰洋，北大西洋，北太平洋。

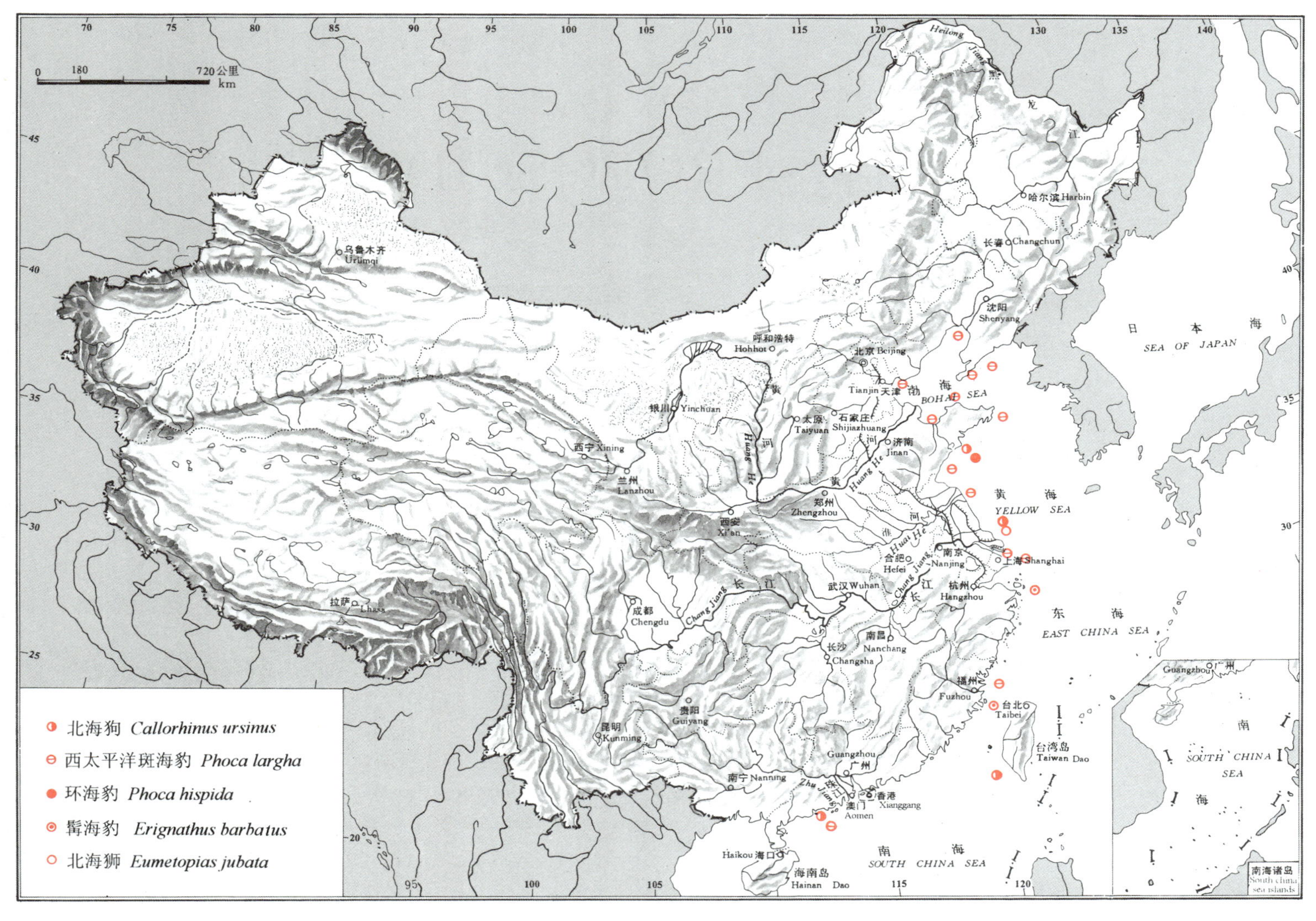

图91　北海狗 *Callorhinus ursinus*　北海狮 *Eumetopias jubata*　西太平洋斑海豹 *Phoca largha*　环海豹 *Phoca hispida*　髯海豹 *Erignathus barbatus* 的分布

PINNIPEDIA Pinnipeds, seals, sealions etc.

Otariidae Eared seals, sealinos

Callorhinus Gray, 1859 **Northern fur seals**

Callorhinus ursinus Linnaeus, 1758 **Northern fur seal**

Yellow Sea: Jimo in Shandong[WZ79]; Rudong in Jiangsu (provided by Wang Peilie, 1955)

South China Sea: Yangjiang in Guangdong; Gaoxiong in Taiwan (provided by Wang Peilie, 1995).

Cold seas

Bering, Okhotsk seas.

Eumetopias Gray, 1859 **Northern sealions**

Eumetopias jubata Schreber, 1776 **Northern sealion**

Yellow Sea: Qidong (Lusi) in Jiangsu[H31]

Bo Hai: Daiwa in Liaoning (provided by Wang Peilie, 1995)

Cold-temperate seas

Northern Pacific.

Phocidae Earless seals

Phoca Linnaeus, 1758 **Common seals**

Phoca largha Pallas, 1811 **Larga seal**

Sea of Japan: Outlet of Tumen Jiang in Jilin [W22]

Yellow Sea and Bo Hai: Liaodong Wan (Yingkou), Dalian, Changshan Islands, Zhuanghe, Donggou in Liaoning; Qinhuangdao, Beidaihe and Tianjin in Hebei; Laizhou Wan, Miaodao Islands, Penglai, Yantai and Qingdao, Shandong; Ganyu, Dianhai and Sheshan in Jiangsu[w22,104]

East China Sea: Chongming in Shanghai; Zhenhai (Nanjiangkou) in Zhejiang; Pingtan in Fujian[W22,Z104]

South China Sea: Yangjiang in Guangdong (provided by Wang Peilie, 1995)

Temperate seas

Notfhern Pacific.

Phoca hispida Schreber, 1775 **Ringed seal**

P. h. ochotensis Pallas, 1811 [Okhotsk Sea]

East China Sea: Ganyu in Jiangsu[Z104]

Cold-temperate seas

Northern Pacific, northern Atlantic.

Erignathus Gill, 1866 **Bearded seals**

Erignathus barbatus Erxleben, 1777 **Bearded seal**

East China Sea: Pingyang and Ningbo in Zhejiang[Z116]

Cold-temperate seas

Arctic Ocean, northern Atlantic, northern Pacific.

长鼻目 PROBOSCIDEA

象科 **Elephantidae**

象属 *Elephas* Linnaeus, 1758

亚洲象 ***Elephas maximus*** Linnaeus, 1758

E. m. indicus G. Cuvier, 1797 [分布区内大陆部分]

云南：西双版纳、景洪、勐养、勐腊、易武、尚勇、西盟[Y10,43,K3,G8,L77]；沧源（南滚河）、盈江[L50]

稀疏草原状阔叶林—竹林

斯里兰卡，印度，阿萨姆，中南半岛，马来半岛，苏门答腊。

PROBOSCIDEA Elephants

Elephantidae Elephants

Elephas Linnaeus, 1758 **Indian elephant**

Elephas maximus Linnaeus, 1758 **Indian elephant**

E. m. indicus G. Cuvier, 1797 [Mainland of area]

Yunnan: Xishuangbanna, jinghong, Mengyang, Mengla, Yiwu, Shangyong, Ximeng[Y10,43,K3,G8,L77]; Cangyuan (Nangunhe) Yingjiang[L50]

Broadleaf -bamboo forest (savanna like)

Sri Lanka, India, Assam, Myanmar. Thailand, Indochina, Malay peninsula, Sumatra.

海牛目　SIRENIA

儒艮科　Dugongidae

儒艮属　*Dugong* Lacepède，1799

儒艮　***Dugong dugon*** Müller，1776
台湾：南部（大树房）[W31]
广西：北海（高德镇）、龙潭、合浦（沙田乡、英罗港）、防城港[W7、31]
海南：澄迈（车水港）、东方（港门湾）[W31]
广东：阳江（闸波港）、电白（博贺港）[W31]
热带海域
从印度洋及西太平洋至澳大利亚北部沿岸，红海。

SIRENIA sea cows

Dugongidae Dugong

Dugong Lacepède，1799　**Dugong**

Dugong dugon Müller，1776　**Dugong**
Taiwan：In the south (Daishufang)[W31]
Guangxi：Beihai (Gaodezhen)，Longdan，Hepu (Shatianxiang、Yingluogang)，Fangchenggang[S7,W31]
Hainan：Chengmai(Cheshuigang)，Dongfang(Gangmenwan)[W31]
Guangdong：Yangjiang(Zhabogang)，Dianbai (Bohegang)[W31]
Tropical seas
Indian Ocean and western Pacific to northern Australian coast，Red Sea.

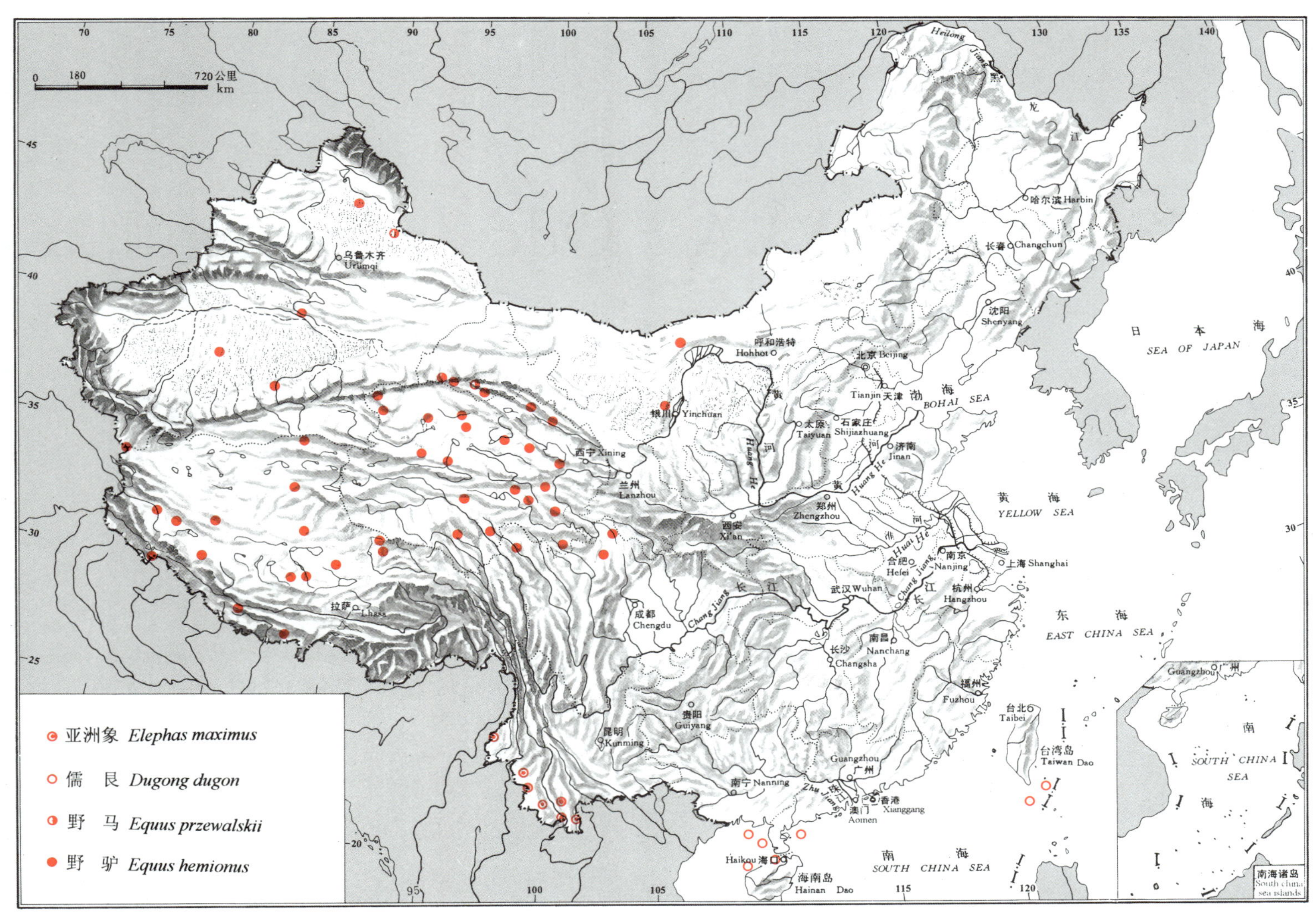

图92　亚洲象 *Elephas maximus*　儒艮 *Dugong dugon*　野马 *Equus przewalskii*　野驴 *Equus hemionus* 的分布

奇蹄目 PERISSODACTYLA

马科 Equidae

马属 *Equus* Linnaeus，1758

野马 ***Equus przewalskii*** Poliakov，1881

新疆：标本获自新疆准噶尔、宰山（音译 Zaisan）附近，约位天山东北部与蒙古戈壁的最西端间[G6,R1]

甘肃：肃北（1957于野马泉和明水间猎捕一只）[Z81]

荒漠，半荒漠

蒙古（西戈壁）。

野驴 ***Equus hemionus*** Pallas，1775

E. h. hemionus Pallas，1775 [内蒙古，新疆]

E. h. kiang Moorcroft，1841 [青藏高原]

新疆：且末、尉犁[W50]；准噶尔盆地（沙漠中心）（1961年10月人民日报报道）

内蒙古：乌拉特后旗[X10]；阿拉善左旗[W60]

青海：祁连、天峻、乌兰、都兰、兴海、治多、杂多、玉树、称多、德令哈、小柴旦、格尔木、茫崖、扎陵湖、花石峡、玛沁、曲麻莱、玛多、久治、达日、大柴旦[Z16,24,43,69,79]；长江源头[C3]

甘肃：阿克塞、肃南地区、肃北地区[Z81]

四川：红原、若尔盖、石渠[H23]

西藏：喀拉木伦山口、普兰、羌塘高原、黑阿公路沿线、定结、罗多克、仲巴、希夏邦马峰北坡、可可西里至双湖[X30,F5]；安多、班戈、申扎[Y38,Z3]

荒漠，草原

中亚，外贝加尔地区，蒙古，伊朗，伊拉克，叙利亚，拉达克，巴基斯坦，尼泊尔，信德，卡奇，阿富汗。

PERISSODACTYLA Odd-toed ungulates

Equidae Horses etc.

Equus Linnaeus，1758 Horses

Equus przewalskii Poliakov，1881 **Wild horse**

Xinjiang：Specimen brought from Junggar near Zaisan，an area between the northeastern Tianshan range and the westernmost part of Mongolia[G6,R1]

Gansu：Subei [In 1957 one wild horse was captured in Narean between Yemaquan (Wild Horse Spring) and Mingshui][Z81]

Desert，semidesert

Mongolia (western Gobi)

Equus hemionus Pallas，1775 **Asiatic wild ass (Onager)**

E. h. hemionus Pallas，1775 [Nei Mongol，Xinjiang]

E. h. kiang Moorcroft，1841 [Qinghai-Xizang plateau]

Xinjiang：Qiemo，Yuli[W50]；Junggar Basin (central part of the desert) reported by *people's News*，Oct. 8，1961

Nei Mongol：Urad Rear B.[X10]，Alxa Left B.[W60]

Qinghai：Qilian，Tianjun，Ulan，Dulan，Xinghai，Zhidoi，Zadoi，Yushu，Chindu，Delingha，Xiaochaidan，Golmud，Mangya，Gyaring Hu，Huashixia，Maqên，Qumarlêb，Madoi，Jigzhi，Darlag，Dachaidan[Z16,24,43,69,79]；source area of Changjiang[C3]

Gansu：Aksay，Sunan，Subei[Z81]

Sichuan：Hongyuan，Zoigê，Sêrxü[H23]

Xizang：Kalamulun Pass，Burang，Changtan plateau，along Heihe-Ngari highway，Dinggyê，Luoduoke，Zhongba，northern flank of Xixabangma peak，from Hoh Xil Shan to Shuanghu[X30,F5]；Amdo，Baingoin，Xainza[Y38,Z3]

Desert，steppe

Central Asia，Transbaikal，Mongolia，Iran，Iraq，Syria，Ladak，Pakistan，Nepal，Sind，Kutch，Afghanistan.

偶蹄目 ARTIODACTYLA

猪科 Suidae

猪属 *Sus* Linnaeus，1758

野猪 ***Sus scrofa*** Linnaeus，1758

S. s. taivanus Swinhoe，1863［台湾］

S. s. moupinensis Milne-Edwards，1871［山西，四川，陕西］

S. s. nigripes Blanford，1875［新疆］

S. s. ussuricus Heude，1888［内蒙古，东北］

S. s. chirodontus Heude，1888［长江中下游以南］

S. s. cristatus Wagner，1839［西藏］

黑龙江：呼玛、伊春、抚远、宝清[S33]；哈尔滨、尚志、齐齐哈尔[Z118]

吉林：安图、敦化、汪清、抚远、长白[S32、33]；图们江口附近[G18]

辽宁：沈阳[E1]；凤城、桓仁、宽甸[X5、7]

内蒙古：布特哈旗、牙克石、扎赉特旗[M13]

北京：北京[B10、Z31]

河南：洛宁[Z97]

山西：汾河[A1]；吕梁山、中条山[W8]

陕西：延河[A1]；黄陵、富县、吴旗、志丹、延安、宜川[B13]；太白、凤县、佛坪、紫阳[W98]；柞水、镇安、商南[Z88]

甘肃：文县[M1]；兴隆山、榆中[Q13]；平凉、环县、康乐、和政、临夏、武都、舟曲[Z81]

宁夏：隆德、泾源、固原[W60]

新疆：托木尔峰地区[L44]；焉耆、和静、和硕、库尔勒、尉犁、轮台、拜城、阿克苏、巴楚、塔什库尔干、麦盖提、叶城、民丰、和田、且末、米兰[X11]；伊吾（中国科学院戈壁考察队1960年提供）；昭苏（金善科1974年提供）

江苏：南京[H36]；宜兴[H33]

上海：上海[A1]

浙江：庆元、龙泉、开化[S32]；定海册子岛[Z113]

福建：福清、南平[A1]；永春[L97]

安徽：青阳、休宁、祁门、歙县、岳西、金寨[X15]；佛子岭、桐城、潜山、太湖、繁昌、广德、宁国[H35]；石台、黟县、太平、贵池、泾县、绩溪、旌德、宜城、霍山、舒城、六安、宿松[W39]

江西：鄱阳湖附近[E1]；安远、赣县、泰和[L65]；都昌、永修[F13]

湖南：耒阳、桂东、宜章、新宁、绥宁[L65]；城步、资兴[F14]

四川：峨边、阆中、南充、岳池、仪陇[T3]；会东[S46]；城口、巫山、涪陵、秀山、古蔺、叙永、宝兴、西昌、康定、炉霍、雷波、木里、石渠、稻城、巴塘、红原、若尔盖、汶川、泸定[H23、24]

贵州：兴义、册亨*；荔波、威宁、安顺、毕节、绥阳、印江、雷山、从江、惠水、黄平[L2]；梵净山[G12]

云南：河口、金平、屏边、思茅[Z40]；景洪、勐海、勐阿、勐腊、泸西、开远、绿春[L4]；景东[Z61]

青海：班玛（麻尔柯河）[Z69]

西藏：墨脱、吉隆、聂拉木、错那、隆子、洛扎、波密、林芝、米林、工布江达、曲水[F5、Y29]

广西：那坡、靖西、龙州、宁明、上思、邕宁[W47]；凌乐[Z122]；河池、资源、金秀、贺县、玉林、钦州[S12]

广东：汕头、韶关[T5]；罗浮、广州[A1]；惠东[J10]；高要、连平[Z108]

海南：儋州、南丰[A1]；尖峰岭、坝王岭、吊罗山、五指山、猕猴岭、昌江、琼中、东方、保亭口[S8、X21]

台湾：台湾[E1]

森林，灌丛，荒野

欧洲大陆，高加索，中亚，西伯利亚南缘，蒙古，朝鲜，日本，北非，小亚细亚，伊朗，阿富汗，巴勒斯坦，印度半岛，克什米尔，尼泊尔，斯里兰卡，中南半岛，马来半岛，苏门答腊，爪哇及其附近岛屿。

骆驼科 Camelidae

骆驼属 *Camelus* Linnaeus，1758

双峰驼 ***Camelus bactrianus*** Linnaeus，1758

C. b. ferus Przewalski，1883

新疆：库塔、阿尔金北部[R7]；罗布泊东部[G16、26]

甘肃：阿克赛阿尔金山山麓[C33]

青海：柴达木西隅阿拉尔—阿尔金山麓[Z69]；甘肃和青海交界外昆仑至阿尔金盆地[Z98]

荒漠，半荒漠

蒙古阿塔山。

鼷鹿科 Tragulidae

鼷鹿属 *Tragulus* Brisson，1762

鼷鹿 ***Tragulus javanicus*** Osbeck，1765

T. j. williamsoni Kloss，1916

云南：勐腊*；尚勇、勐远[W67、Y10]

热带雨林

典那沙冷，越南，老挝，泰国，马来半岛，苏门答腊，爪哇，加里曼丹及其附近岛屿。

ARTIODACTYLA Even-toed ungulates

Suidae Pigs

Sus Linnaeus，1758 Eurasian pigs

Sus scrofa Linnaeus，1758 **Wild boar**

S. s. taivanus Swinhoe，1863［Taiwan］

S. s. moupinensis Milne-Edwards，1871［Shanxi，Sichuan，Shaanxi］

S. s. nigripes Blanford，1875［Xinjiang］

S. s. ussuricus Heude，1888［Nei Mongol，northeast China］

S. s. chirodontus Heude，1888［South of the middle-lower reaches of Changjiang］

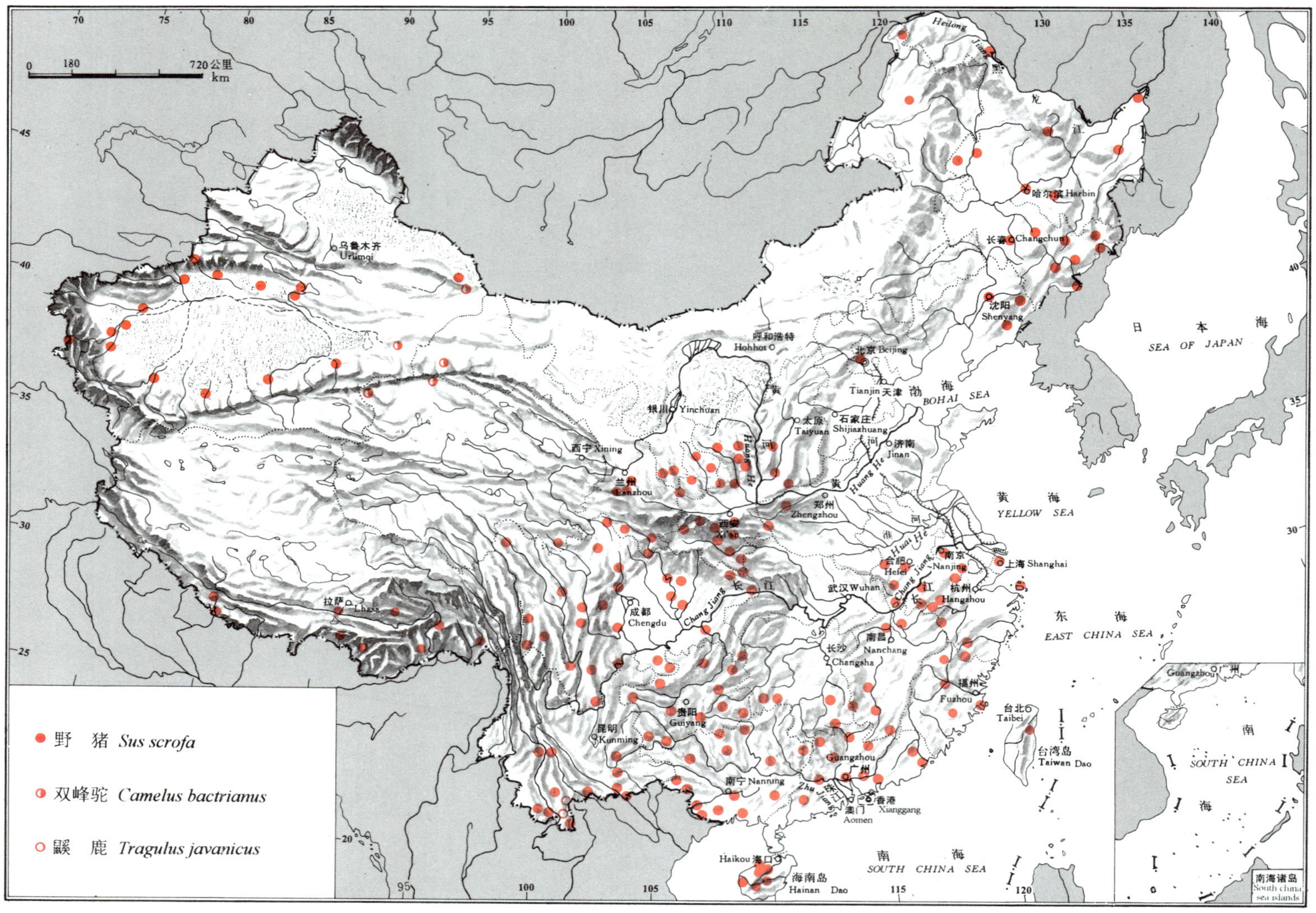

图 93 野猪 *Sus scrofa* 双峰驼 *Camelus bactrianus* 鼷鹿 *Tragulus javanicus* 的分布

S. s. cristatus Wagner, 1839 [Xizang]

Heilongjiang: Huma, Yichun, Fuyuan, Baoqing[S33]; Harbin, Shangzhi, Qiqihar[Z118]

Jilin: Antu, Dunhua, Wangqing, Fuyuan, Changbai[S32,33]; area near Tumenjiangkou[G18]

Liaoning: Shenyang[E1], Fengcheng, Huanren, Kuandian[X5,7]

Nei Mongol: Butha B., Yakeshi, Jalaid B.[M13]

Beijing: Beijing[B10,Z31]

Henan: Luoning[Z97]

Shanxi: Fenhe[A1]; Lüliangshan, Zhongtiaoshan[W8]

Shaanxi: Yanhe[A1]; Huangling, Fuxian, Wuqi, Zidan, Yan'an, Yichuan[B13]; Taibai, Fengxian, Foping, Ziyang[W98], Zhashui, Zhen'an, Shangnan[Z88]

Gansu: Wenxian[M1], Xinglongshan, Yuzhong[Q13], Pingliang, Huanxian, Kangle, Hezheng, Linxia, Wudu, Zhugqu[Z81]

Ningxia: Bide, Jingyuan, Guyuan[W60]

Xinjiang: Toumuer Feng area[L44]; Yanqi, Hejing, Hoxud, Korla, Yuli, Luntai, Baicheng, Aksu, Bachu, Taxkorgan, Markit, Yecheng, Minfeng, Hotan, Qiemo, Milan[X11]; Yiwu (provided by Survey Team of Gobi, Academia Sinica, 1960); Zhaosu (provided by Jin Shanke, 1974)

Jiangsu: Nanjing[H36]; Yixing[H33]

Shanghai: Shanghai[A1]

Zhejiang: Qingyuan, Longquan, Kaihua[S32]; Cezi island, Dinghai[Z113]

Fujian: Fuqing, Nanping[A1]; Yongchun[L97]

Anhui: Qingyang, Xiuning, Qimen, Shexian, Yuexi, Jinzhai[X15]; Foziling, Tongcheng, Qianshan, Taihu, Fanchang, Guangde, Ningguo[H35]; Shitai, Yixian, Taiping, Guichi, Jingxian, Jixi, Jingde, Yicheng, Huoshan, Shucheng, Liu'an, Susong[W39]

Jiangxi: area near Poyanghu, Anyuan, Ganxian, Taihe[L65]; Duchang, Yongxiu[F13]

Hunan: Laiyang, Guidong, Yizhang, Xinning, Suining[L65]; Chengbu, Zixing[F14]

Sichuan: Ebian, Langzhong, Nanchong, Yuechi, Yilong[T3]; Huidong[S46], Chengkou, Wushan, Feling, Xiushan, Gulin, Xuyong, Baoxing, Xichang, Kangding, Luhuo; Leibo, Muli, Sêrxü, Daocheng, Batang, Hongyuan, Zoigê, Wenchuan, Luding[H23,24]

Guizhou: Xingyi, Ceheng*; Libo, Weining, Anshun, Bijie, Suiyang, Yinjiang, Leishan, Congjiang, Huishui, Huangping[L2]; Fanjingshan[G12]

Yunnan: Hekou, Jinping, Pingbian, Simao[Z40]; Jinghong, Menghai, Meng'a, Mengla, Luxi, Kaiyuan, Luchun[L4]; Jingdong[Z61]

Qinghai: Baima (Maerhe)[Z69]

Xizang: Mêdog, Gyirong, Nyalam, Cona, Lhünzê, Lhozhag, Bomi, Nyingchi, Mainling, Gongbo'gyamda, Qüxü[F5,Y29]

Guangxi: Napo, Jingxi, Longzhou, Ningming, Shangsi, Yongning[W47]; Lingyun[Z122]; Hechi, Ziyuan, Jinxiu, Hexian, Yulin, Qinzhou[S12]

Guangdong: Shantou, Shaoguan[T5], Lucfu, Guangzhou[A1]; Huidong[J10]; Gaoyao, Lianping[Z108]

Hainan: Danzhou, Nanfeng[A1]; Jianfengling, Bawangling, Diaoluoshan, Wuzhishan, Mihouling, Changjiang, Qiongzhong, Dongfang, Baotingkou[S8,X21]

Taiwan: Taiwan[E1]

Forest, scrub, wild

European continent, Caucasus, Central Asia, southernmost Siberia, Mongolia, Korea, Japan, North Africa, Asia Minor, Iran, Afghanistan, Palestine, Indian peninsula, Kashmir, Nepal, Sri Lanka, Myanmar, Thailand, Indochina, Malay peninsula; Sumatra, Java and its near islands.

Camelidae Camels

Camelus Linnaeus, 1758 Camels

Camelus bactrianus Linnaeus, 1758 **Bactrian camel**

C. b. ferus Przewalski, 1883

Xinjiang: Kumtag, northern Altun[R6]; east of Lop Nur[G16,26]

Gansu: Pediment of Altun, Aksay[C33]

Qinghai: Pediment of Aral-Altun, Northwestern corner of Taidam[Z69]; Kunlun-Altun basin in border area of Xinjiang, Gansu and Qinghai[Z98]

Desert, semidesert

Atas mountain (Mongolia).

鹿科 Cervidae

麝属 *Moschus* Linnaeus, 1758

原麝 ***Moschus moschiferus*** Linnaeus, 1758

M. m. sibiricus Pallas, 1779

黑龙江：伊春、尚志、宁安、海林[S33,M13]

吉林：敦化、汪清、抚松、靖宇、辉南[S33]

辽宁：桓化[X7]

北京：北京[A1]

内蒙古：呼伦贝尔盟（大兴安岭）[M13,Z47]

山西：吕梁山、垣曲、绛县、忻州、运城[W8]；交城、方山[H1]

新疆：阿尔泰山[C34,Z20]

山地针叶林，针阔混交林

阿尔泰，萨彦岭，西伯利亚，蒙古。

Tragulidae Chevrotains, mouse-deer

Tragulus Brisson, 1762 Oriental chevrotains

Tragulus javanicus Osbeck, 1765 **Lesser Malay chevrotain**

T. j. williamsoni Kloss, 1916

Yunnan: Mengla*; Shangyong, Mengyuan[W67,Y10]

Tropical rain forest

Tenasserim, Indochina, Thailand, Malay peninsula; Sumatra, Java, Borneo and nearby islands.

林麝 ***Moschus berezovskii*** Flerov, 1929

M. b. anhuiensis Wang, Hu *et* Yan, 1982［安徽］

M. b. caobangis Dao, 1969［云南］

河南：内乡[Z97]

陕西：洋县[K1]；陇县[S41]；周至、凤县、留坝、佛坪、宁强、宁陕、白河、镇坪、柞水、镇安[W98]；商南[Z85]

四川：盐源[K1,P1]；马尔康、壤塘、理塘、德格、会东、雷波[S46]；平武[E1]；峨眉山[A1]；白玉、泸定、北川、青川、苍溪、达川、石渠、涪陵、叙永、古蔺、沐川、雅安、甘孜、阿坝、安县、灌县[H23、24]

贵州：贵阳[K1]；黔西、威宁、盘县、兴义、册亨、罗甸、雷山、天柱、梵净山、绥阳、余庆、务山[L2]；荔波[X8]

云南：文山、会泽、大理、墨江、峨山、姚安[K1]；泸西、建水、开远[L4]；弥勒、绿春、元阳、金平、河口、景东[Z61]

湖南：邵阳、新宁、绥宁、宜章[L65]；桂东、城步、资兴[F14]

甘肃：文县[M1]；舟曲、迭部、卓尼、碌曲、玛曲、夏河、临潭[N2]；平凉、

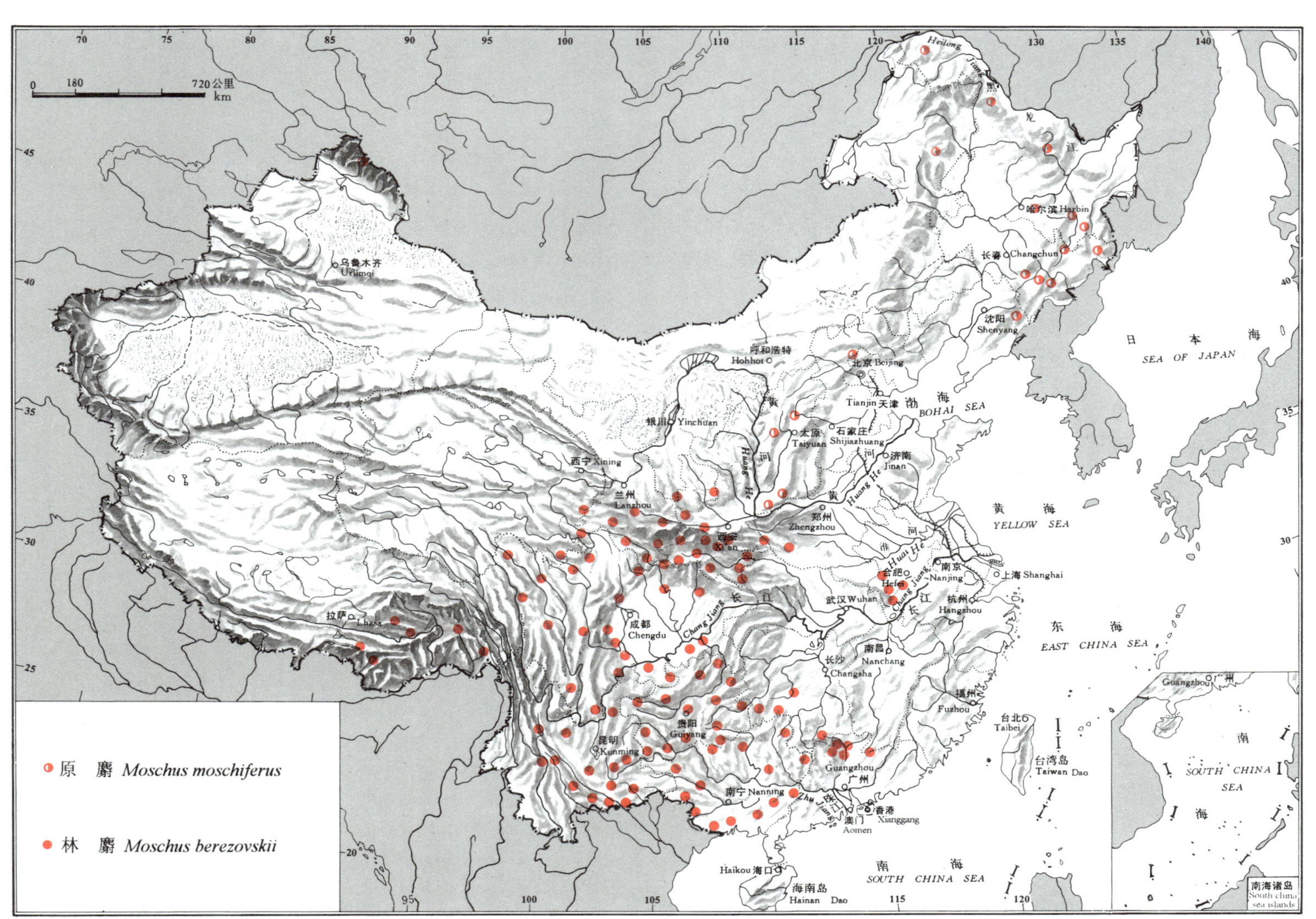

图 94 原麝 *Moschus moschiferus* 林麝 *Moschus berezovskii* 的分布

漳县、天水、徽县[Z81]；关山[C19]
青海：班玛[Z69]
西藏：察隅、波密[X30,F5]；错那、错美、林芝、米林、工布江达[Y29]
安徽：佛子岭[H35]；舒城、霍山、六安、金寨、岳西[C36,W38,39]
湖北：宜昌[A1]
广西：靖西[W47]；龙州、那坡、田东、田林、德保、宜山、隆林、河池、南丹[X32]；大瑶山[L69]；全州、贺县、苍梧、玉林、灵山、钦州、上思[S12]
广东：乐昌、阳山、连州、乳源、曲江、怀集[X22]
热带、亚热带森林
越南北部。

Cervidae Deer

Moschus Linnaeus, 1758 Musk deer

Moschus moschiferus Linnaeus, 1758 **Siberian musk deer**

M. m. sibiricus Pallas, 1779

Heilongjiang: Yichun, Shangzhi, Ning'an, Hailin[S33,M13]
Jilin: Dunhua, Wangqing, Fusong, Jingyu, Huinan[S33]
Liaoning: Huanhua[X7]
Beijing: Beijing[A1]
Nei Mongol: Hulun Buir L. (Da Hinggan Ling)[M13,Z47]
Shanxi: Lüliangshan, Yuanqu, Jiangxian, Xinzhou, Yuncheng[W8]; Jiaocheng, Fangshan[H1]
Xinjiang: Altai[C34,Z20]
Mountain coniferous, coniferous-broadleaf mixed
Altai, Mt. Sayan, Siberia, Mongolia.

Moschus berezovskii Flerov, 1929 **Forest musk deer**

M. b. anhuiensis Wang, Hu *et* Yan, 1982 [Anhui]

M. b. caobangis Dao, 1969 [Yunnan]

Henan: Neixiang[Z97]
Shaanxi: Yangxian[K1], Longxian[S41], Zhouzhi, Fengxian, Liuba, Foping, Ningqiang, Ningshan, Baihe, Zhenping, Zhashui, Zhen'an[W98], Shangnan[Z85]
Sichuan: Yanyuan[K1,P1]; Barkam, Rangtang, Litang, Dêgê, Huidong, Leibo[S46]; Pingwu[E1]; Emeishan[A1]; Baiyü, Luding, Beichuan, Qingchuan, Cangxi, Dachuan, Sêrxü, Fuling, Xuyong, Gulin, Muchuan, Ya'an, Garzê, Aba, Anxian, Guanxian[H23,24]
Guizhou: Guiyang[K1]; Yixi, Weining, Panxian, Xingyi, Ceheng, Luodian, Leishan, Tianzhu, Fanjingshan, Suiyang, Yuqing, Wushan[L2]; Libo[X8]
Yunnan: Wenshan, Huize, Dali, Mojiang, Eshan, Yao'an[K1]; Luxi, Jianshui, Kaiyuan[L4]; Mile, Luchun, Yuanyang, Jinping, Hekou, Jingdong[Z61]
Hunan: Shaoyang, Xinning, Suining, Yizhang[L65]; Guidong, Chemabu, Zixing[F14]
Gansu: Wenxian[M1]; Zhugqu, Têwo, Jonê, Luqu, Maqu, Xiahe, Lintan[N2], Pingliang, Zhangxian, Tianshui, Huixian.[Z81]; Guanshan[C19]
Qinghai: Baima[Z69]
Xizang: Zayü, Bomi[X30,F5]; Cona, Cuomei, Nyingchi, Mainling, Gongbo, Gyamda[Y29]
Anhui: Foziling[H35], Shucheng, Huoshan, Liu'an, Jinzhai, Yuexi[C36,W38,39]
Hubei: Yichang[A1]
Guangxi: Jingxi[W47], Longzhou, Napo, Tiandong, Tianlin, Debao, Yishan, Longlin, Hechi, Nandan[X32]; Da Yaoshan[L69]; Quanzhou, Hexian, Cangwu, Yulin, Lingshan, Qinzhou, Shangsi[S12]
Guangdong: Lechang, Yangshan, Lianzhou, Ruyuan, Qujiang, Huaiji[X22]
Tropical and subtropical forest
Northern Vietnam.

马麝 ***Moschus sifanicus*** Büchner, 1891
宁夏：贺兰山[W60]
陕西：眉县（秦岭）[Y46]
甘肃：临夏[Q13]；临潭[A1]；舟曲、迭部、卓尼、碌曲、玛曲、夏河[N2]；张掖、武威、民乐、肃南、阿克塞、天祝、康乐、兰州[Z81]
青海：天峻、共和、门源[K1]；祁连、班玛、玛沁*；湟源、茫崖、格尔木、都兰、德令哈[Q13]；贵德、兴海、同德、贵南[Z24]；尖扎[Z77]；西宁、平安、乐都、曲麻莱、囊谦[Z69]
四川：北川、平武、宝兴、会东、木里、康定[K1]；马尔康、小金、汶川、德格、若尔盖、理县[H23,24]；安县[G12]
云南：德钦[K1]；贡山、丽江、维西、中甸、腾冲[Z1]
西藏：亚东、拉萨 、鹿马岭、三安曲岭、旁多、曲水、萨迦、羊卓雍错、林芝、类乌齐、芒康[X30]；昂仁、彭波、巴青、察雅、江达、日喀则、山南、那曲、昌都、拉萨[F5]
高山高原与森林灌丛

喜马拉雅麝 ***Moschus chrysogaster*** Hodgson, 1839
西藏：亚东、樟木[W81]；吉隆[F5]
亚高山森林，高山草甸
尼泊尔，锡金。

褐（黑）麝 ***Moschus fuscus*** Li, 1981
云南：贡山[L89]；六库（高黎贡山保护区）[L50]
西藏：察隅、墨脱、米林、林芝、波密[F5]
山地针阔混交林，针叶林

Moschus sifanicus Büchner, 1891 **Alpine musk deer**

Ningxia: Helanshan[W60]
Shaanxi: Meixian (Qingling)[Y46]
Gansu: Linxia[Q13]; Lintan[A1]; Zhugqu, Têwo, Jonê, Luqu, Maqu; Xiahe[N2]; Zhangye, Wuwei, Minle, Sunan, Aksay, Tianzhu, Kangle, Lanzhou[Z81]
Qinghai: Tianjun, Gonghe, Menyuan[K1]; Qilian, Baima, Maqên*, Huangyuan, Mangya, Golmud, Dulan, Delingha[Q13]; Guide, Xinghai, Tongde, Guinan[Z24]; Jainca[Z77]; Xining, Ping'an, Ledu, Qumarlêb, Nangqên[Z69]
Sichuan: Beichuan, Pingwu, Baoxing, Huidong, Muli, Kangding[K1]; Barkma, Xiaojin, Wenchuan, Dêqê, Zoigê, Lixian[H23,24]; Anxian[G12]
Yunnan: Dêqên[K1]; Gongshan, Lijiang, Weixi, Zhongdian, Tengchong[Z1]
Xizang: Yadong, Lhasa[F5] Numari, Sangngagoiling, Poindo, Quxu, Sa'gya, Yamzho Yumco, Nyingchi, Riwoqê, Markam[X30], Ngamring, Painbo, Baqên, Chagyab, Jomda, Xigazê, Shannan, Nagqu, Qamdo
Alpine and plateau forest -scrub

Moschus chrysogaster Hodgson, 1839 **Himalayan musk deer**

Xizang: Yadong, Zhangmu[W81]; Gyirong[F5]
Subalpine forest, alpine meadow
Nepal, Sikkim.

Moschus fuscus Li, 1981 **Black musk deer**

Yunnan: Gongshan[L89]; Liuku (Gaoligongshan Nature Reserve)[L50]
Xizang: Zayü, Mêdog, Mainling, Nyingchi, Bomi[F5]
Mountain coniferous-broadleaf mixed forest and coniferous

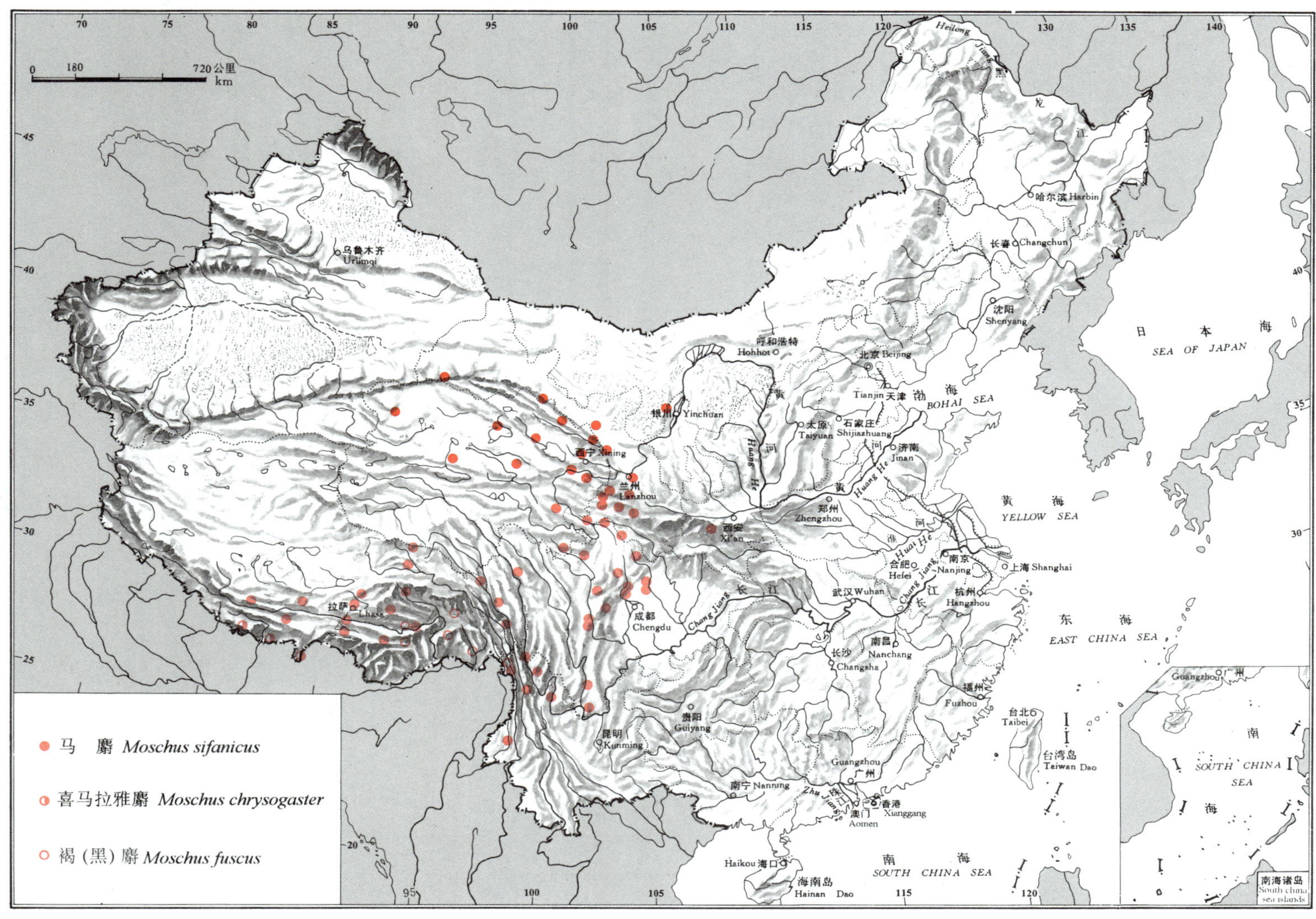

图 95 马麝 *Moschus sifanicus* 喜马拉雅麝 *Moschus chrysogaster* 褐(黑)麝 *Moschus fuscus* 的分布

河麂属 *Hydropotes* Swinhoe，1870

河麂 ***Hydropotes inermis*** Swinhoe，1870

H. i. inermis Swinhoe，1870

安徽：滁县、广德、贵池、歙县、泗县、芜湖、嘉山、和县、金寨、六安、霍山、舒城、无为、桐城、潜山、太湖、宁国、绩溪[H35,W39]

江苏：南京[H36]；靖江、苏州、无锡、奉贤[A1]

上海：上海[A1]

浙江：桐庐、宁波[A1]；余杭、舟山、册子、岙山、桃花、大鱼山、长日山、长涂、朱家尖、六横和金塘各岛[Z113,114]

湖北：宜昌、广济[A1]

湖南：新宁、绥宁[L65]；岳阳[A1]；宜章、城步[F14]

江西：全省沿河[S20]；永修、九江[F13]；吉山[X4]

广西：恭城、资源、龙胜、融水、融安、三江、大瑶山、天峨、南丹、环江、河池、大明山、来宾、贺县、富川、全州、永福、平乐、鹿寨、马山、武鸣、上林、宾阳[S12,W83]

广东：乐昌、连州、阳山[Z109,X22]

福建：福建[Z11]

沿江芦苇沼泽地带及附近丘陵、林地

朝鲜。

Hydropotes Swinhoe，1870 **Water deer**

Hydropotes inermis Swinhoe，1870 **Chinese water deer**

H. i. inermis Swinhoe，1870

Anhui：Chuxian，Guangde，Guichi，Shexian，Sixian，Wuhu，Jiashan，Hexian，Jinzhai，Liu'an，Huoshan，Shucheng，Wuwei，Tongcheng，Qianshan，Taihu，Ningguo，Jixi[H35,W39]

Jiangsu：Nanjing[H36]；Jingjiang，Suzhou，Wuxi，Fengxian[A1]

Shanghai：Shanghai[A1]

Zhejiang：Tonglu，Ningbo[A1]；Yuhang，Zhoushan，Cezi，Aoshan，Taohua，Dayushan，Changrishan，Changtu，Zhujiajian，Liuheng and Jintang Islands[Z113,114]

Hubei：Yichang，Guangji[A1]

Hunan：Xinning，Suining[L65]；Yueyang[A1]；Yizang，Chengbu[F14]

Jiangxi：Occurs in different areas along rivers[S20]；Yongxiu，Jiujiang[F13]，Jishan[X4]

Guangxi：Gongcheng，Ziyuan，Longsheng，Rongshui，Rong'an，Sanjiang，Da Yaoshan，Tian'e，Nandan，Huanjiang，Hechi，Damingshan，Laibin，Hexian，Fuchuan，Quangzhou，Yongfu，Pingle，Luzhai，Mashan，Wuming，Shanglin，Binyang[S12,W83]

Guangdong：Lechang，Lianzhou，Yangshan[Z109,X22]

Fujian：Fujian[Z11]

Reed marshes，hill and woodland along river

Korea.

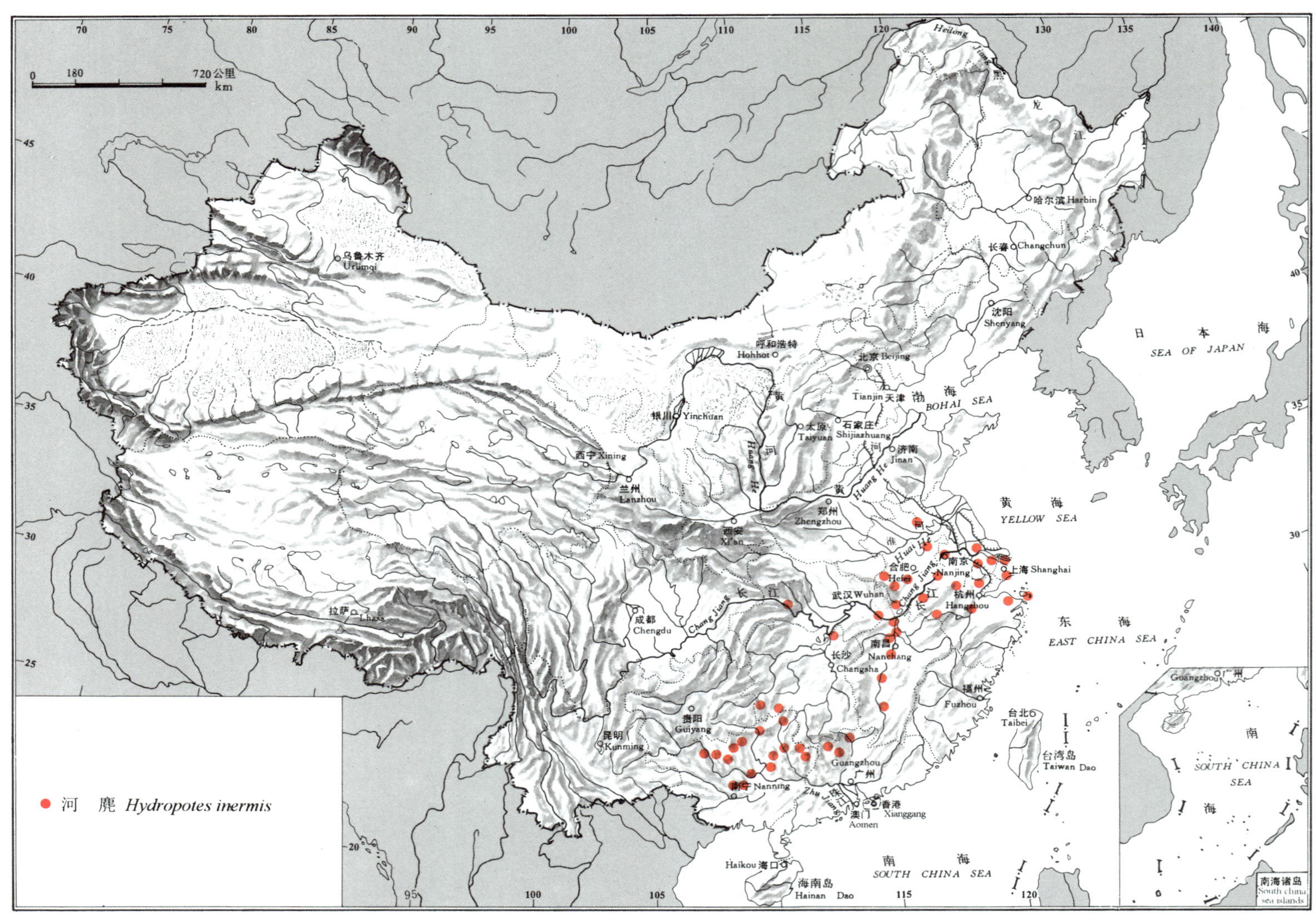

图 96　河麂 *Hydropotes inermis* 的分布

麂属　*Muntiacus* Rafinesque，1815

赤麂　***Muntiacus muntjak*** Zimmermann，1780

M. m. vaginalis Boddaert，1785［喜马拉雅，云南，贵州，南部沿海］

M. m. nigripes G. Allen，1930［海南］

M. m. menglalis Ma，Wang *et* Groves 1988［云南最南部］

M. m. yunnanensis Ma，Wang *et* Groves 1988［云南中北部］

四川：会东、雷波、盐源[S46]；渡口、金阳、普格、布拖、宁南、盐边、米易[H23,24]

贵州：桐梓*；长顺、毕节、威宁、惠水、贵定、三都、荔波、独山、册亨、兴义[L2]

云南：哀劳山[Z61]；泸西、弥勒、绿春、红河[L4]；盈江、腾冲*；景东、景谷、河口、金平、屏边、思茅、勐海、景洪、勐腊、西盟[Y43]；耿马、双江、永德[L71]；泸水、丽江[S46]；蒙自、南定江[A1]；建水、石屏[M11]

西藏：墨脱、樟木、吉隆、聂拉木[X30,F5]

江西：安远、泰和[L65]

广西：百色、巴马、忻城、钦州、灵山、玉林、梧州、贺县、恭城、资源、大瑶山[L69]；那坡、靖西、龙胜、宁明、上思、邕宁[W47]；南宁[A1,S12,W83]

广东：九连山和潮汕一带[T5]；惠东、大埔、连平、英德、徐闻[Z109]

湖南：宜章、新宁、城步、桂东、资兴、绥宁[F14]

海南：儋州、南丰[A1]；西沙[S8]；五指山、尖峰岭、吊罗山、坝王岭、万宁、陵水、文昌、琼中、保亭、昌江、东方、白沙[X21]

山地林丛

中南半岛，马来半岛，阿萨姆，尼泊尔，印度半岛，斯里兰卡，苏门答腊，爪哇，加里曼丹及附近小岛。

Muntiacus Rafinesque，1815　Muntjac

Muntiacus muntjak Zimmermann，1780

Indian muntjac (Barking deer)

M. m. vaginalis Boddaert，1785［Himalayas，Yunnan，Guizhou，southern coast］

M. m. nigripes G. Allen，1930［Hainan］

M. m. menglalis Ma，Wang *et* Groves，1988［Southernmost Yunnan］

M. m. yunnanensis Ma，Wang *et* Groves，1988［North-cemtral Yunnan］

Sichuan：Huidong，Leibo，Yanyuan[S46]；Dukou，Jinyang，Puge，Butuo，Ningnan，Yanbian，Miyi，[H23,24]

Guizhou：Tongzi*；Changshun，Bijie，Weining，Huishui，Guiding，Sandu，Libo，Dushan，Ceheng，Xingyi[L2]

Yunnan：Ailaoshan[Z61]；Lüxi，Mile，Luchun，Honghe[L4]；Yingjiang，Tengchong*，Jingdong，Jinggu，Hekou，Jinping，Pingbian，Simao，Menghai，Jinghong，Mengla，Ximeng[Y43]；Gengma，Shuangjiang，Yongde[L71]；Lushui，Lijiang[S46]；Mengzi，Nandingjiang[A1]；Jianshui，Shiping[M11]

Xizang：Mêdog，Zhangmu，Gyirong，Nyalam[X30,F5]

Jiangxi：Anyuan，Taihe[L65]

Guangxi：Bose，Bama，Xincheng，Qinzhou，Lingshan，Yulin，Wuzhou，Hexian，Gongcheng，Ziyuan，Da Yaoshan[L69]；Napo，Jingxi，Longzhou，Ningming，Shangsi，Yongning[W47]，Nanning[A1,S12,W83]

Guangdong：Area of Jiulianshan and Chaoshan[T5]；Huidong，Dapu，Lianping，Yingde，Xuwen[Z109]

Hunan：Yizhang，Xinning，Chengbu，Guidong，Zixing，Suining[F14]

Hainan：Danzhou，Nanfeng[A1]；Xisha[S8]；Wuzhishan，Jianfengling，Diaoluoshan，Bawangling，Wanning，Lingshui，Wenchang，Qiongzhong，Baoting，Changjiang，Dongfang，Baisha[X21]

Mountain forest and woodland

Myanmar，Thailand，Indochina and Malay Peninsula，Assam，Nepal，Indian peninsula，Sri Lanka，Sumatra，Java，Borneo and near islands .

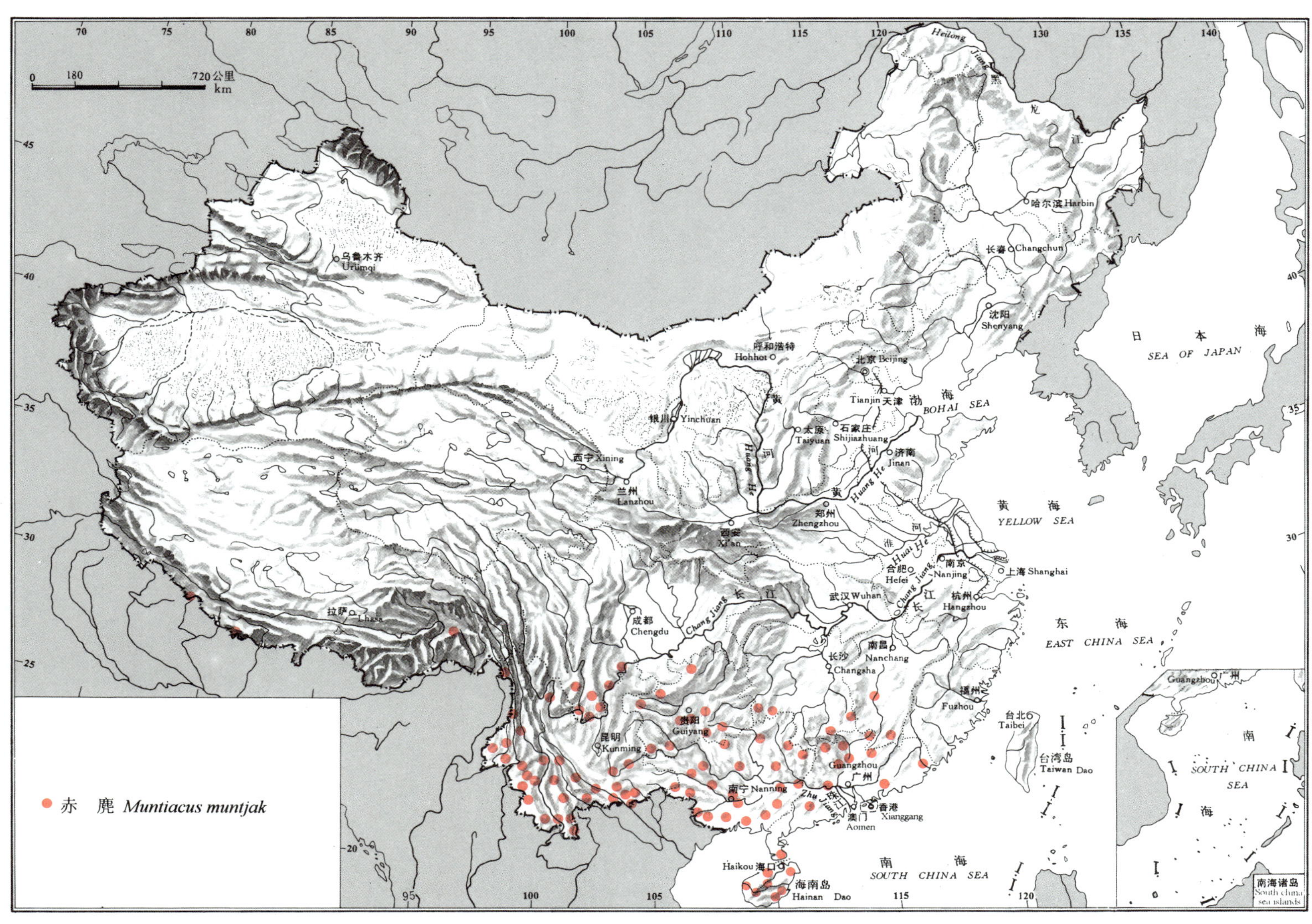

图 97 赤麂 *Muntiacus muntjak* 的分布

小麂 ***Muntiacus reevesi*** Ogilby，1839

M. r. reevesi Ogilby，1839 [长江流域以南]

M. r. micrurus Sclater，1875 [台湾]

陕西：秦岭、汉中、安康[M28]；太白、洋县、佛坪、宁陕、石泉、镇巴、镇坪、镇安[W96,98,Z88]

甘肃：文县[M1]；武都[Z81]

四川：重庆、达川、灌县、汶川、邛崃、峨边、雷波、马边、涪陵[H23,24]；万县、宜宾、峨眉山[A1]；南充、苍溪、仪陇、岳池[T3]；宝兴[S46]；安县[G12]

贵州：桐梓、威宁、水城、兴义、开阳、沿河、铜仁、资平、从江、荔波、雷山[L2]；梵净山[G17]

云南：屏边[Y43]；开远、泸西、弥勒、河口、个旧、建水、石屏、蒙自[L4]

江苏：靖江、宜兴、溧阳[H33]

浙江：常山、海宁[S14,25]；桐庐、宁波[A1]；临安，富阳、淳安，建德、金华、开化、丽水、舟山、册子、岙山、朱家尖和普陀山各岛[Z113,114]

安徽：广德、青阳、贵池、宁国、歙县、绩溪[H35,S24]；金霍、霍山、旌德、休宁、祁门、石台[W39]；黄山[E1]

江西：安远、赣县、泰和[L65]；乐平、波阳、修水[F13]；峡江[S14]；玉山[G28]

湖南：桂东、宜章、新宁、绥宁[L65]；岳阳[A1]；城步、资兴[F14]

湖北：宜昌、长阳[A1]

广西：大瑶山[A1]；靖西、龙州、宁明、上思、邕宁[W47]；资源、贺县、龙胜、融水、天峨、西林、百色、平果、玉林、关山、忻城[W83]

广东：广州[E1]；和平、南雄、乐昌、英德、连州[Z109]

福建：邵武[S14]；福州、南平、龙溪、武夷山[A1]；厦门、宁德、三明、莆田、龙岩、晋江[Z11]；永春[L97]

台湾：台中、台南、绿岛[C15]

山地林灌丛

Muntiacus reevesi Ogilby，1839

Chinese muntjac (Reeve's muntjac)

M. r. reevesi Ogilby，1839 [South of Changjiang basin]

M. r. micrurus Sclater，1875 [Taiwan]

Shaanxi：Qinling，Hanzhong，Ankang[M28]；Taibai，Yangxian，Foping，Ningshan，Shiquan，Zhenba，Zhenping，Zhen'an[W96,98,Z88]

Gansu：Wenxian[M1]；Wudu[Z81]

Sichuan：Chongqing，Dachuan，Guanxian，Wenchuan，Qionglai，Ebian，Leibo，Mabian，Fuling[H23,24]；Wanxian，Yibin，Emeishan[A1]；Nanchong，Cangxi，Yilong，Yuechi[T3]；Baoxing[S46]；Anxian[G12]

Guizhou：Tongzi，Weining，Shuicheng，Xingyi，Kaiyang，Yanhe，Tongren，Ziping，Congjiang，Libo，Leishan[L2]；Fanjingshan[G17]

Yunnan：Pingbian[Y43]；Kaiyuan，Luxi，Mile，Hekou，Gejiu，Jianshui，Shiping，Mengzi[L4]

Jiangsu：Jingjiang，Yixing，Liyang[H33]

Zhejiang：Changshan，Haining[S14,25]；Tonglu，Ningbo[A1]；Lin'an，Fuyang，Chun'an，Jiande，Jinhua，Kaihua，Lishui，Zhoushan，Cezi，Aoshan，Zhujiajian and Putuoshan islands[Z113,114]

Anhui：Guangde，Qingyang，Guichi，Ningguo，Shexian，Jixi[H35,S24]；Jinhuo，Huoshan，Jingde，Xiuning，Qimen，Shitai[W39]；Huangshan[E1]

Jiangxi：Anyuan，Ganxian，Taihe[L65]；Leping，Boyang，Xiushui[F13]；Xiajiang[S14]；Yushan[G28]

Hunan：Guidong，Yizhang，Xinning，Suining[L65]，Yueyang[A1]；Chengbu，Zixing[F14]

Hubei：Yichang，Changyang[A1]

Guangxi: Da Yaoshan[A1]; Jingxi, Longzhou, Ningming, Shangsi, Yongning[W47]; Ziyuan, Hexian, Longsheng, Rongshui, Tian'e, Xilin, Bose, Pingguo, Yulin, Guanshan, Xincheng[W83]
Guangdong: Guangzhou[E1]; Heping, Nanxiong, Lechang, Yingde, Lianzhou[Z109]
Fujian: Shaowu[S14]; Fuzhou, Nanping, Longxi, Wuyishan[A1]; Xiamen, Ningde, Sanming, Putian, Longyan, Jinjiang[Z11]; Yongchun[L97]
Taiwan: Taizhong, Tainan, Ludao[C15]
Mountain forest-scrub

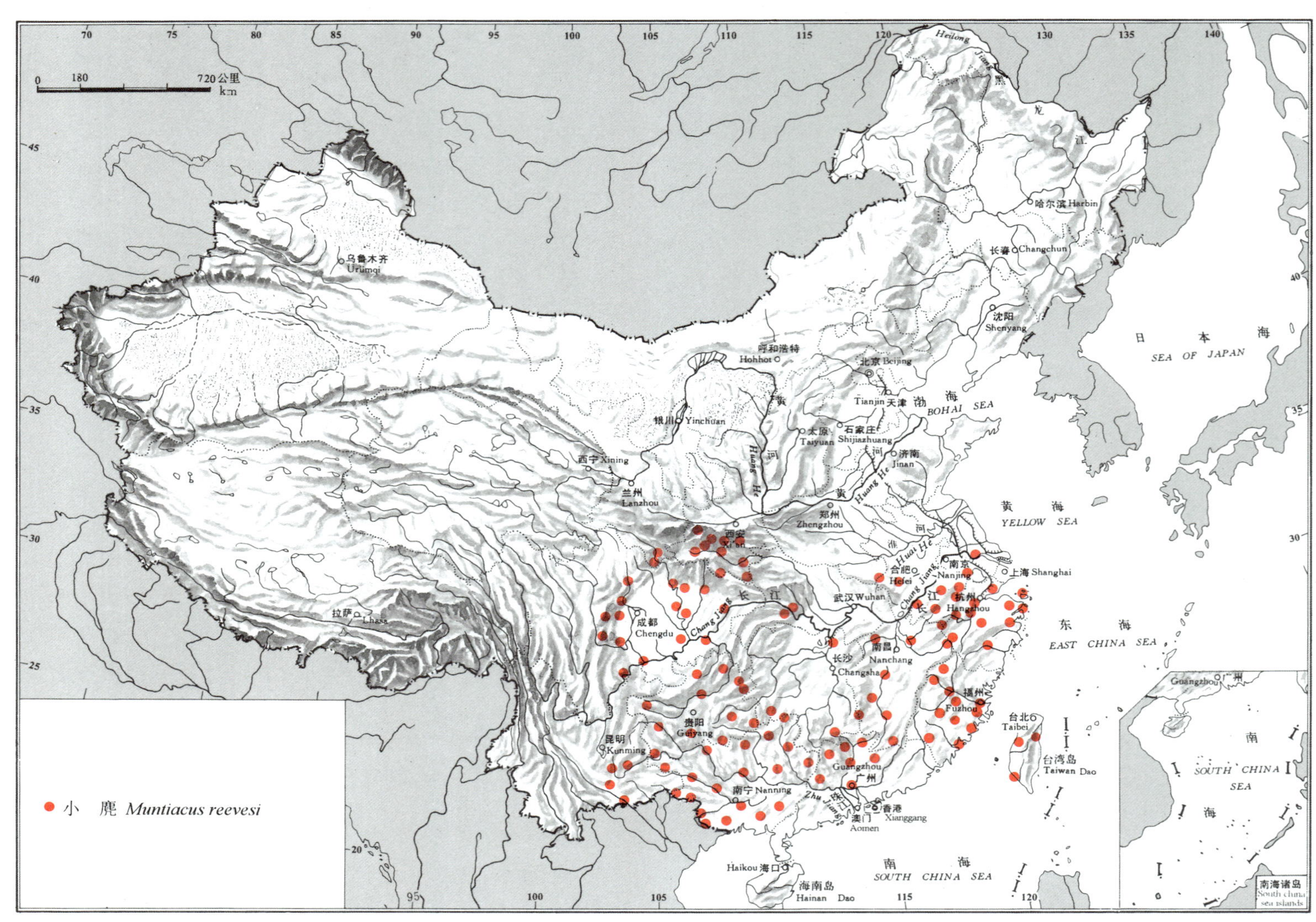

图 98 小鹿 *Muntiacus reevesi* 的分布

黑麂 ***Muntiacus crinifrons*** Sclater, 1885
安徽：石台、祁门、郎溪、广德、贵池、青阳、宣城、宁国、歙县、黟县、休宁、德胜、绩溪、太平、东至、泾县[W39]
浙江：宁波、桐庐[A1]；临安、淳安、建德、金华、开化、丽水、庆元、龙泉、安吉、余杭、富阳、诸暨、东阳、常山、衢县、江山、武义、缙云、松阳、遂昌、云和[S25,Z113]
江西：玉山、婺源、景德镇[S20]
福建：浦城[S18]；武夷山[Z83]
山地林灌丛

菲氏麂 ***Muntiacus feae*** Thomas *et* Doria, 1889
西藏：林芝、波密[Z17,S22]
云南：贡山、六库、福贡[M12,S22]
山地
典那沙冷，泰国。

Muntiacus crinifrons Sclater, 1885 **Black muntjac**
Anhui: Shitai, Qimen, Langxi, Guangde, Guichi, Qingyang, Xuancheng, Ningguo, Shexian, Yixian, Xiuning, Desheng, Jixi, Taiping, Dongzhi, Jingxian[W39]
Zhejiang: Ningbo, Tonglu[A1]; Lin'an, Chun'an, Jiande, Jinhua, Kaihua, Lishui, Qingyuan, Longquan, Anji, Yuhang, Fuyang, Zhuji, Dongyang, Changshan, Quxian, Jiangshan, Wuyi, Jinyun, Songyang, Suichang, Yunhe[S25,Z113]
Jiangxi: Yushan, Wuyuan, Jingdezhen[S20]
Fujian: Pucheng[S18]; Wuyishan[Z83]
Mountain forest-scrub

Muntiacus feae Thomas *et* Doria, 1889 **Fea's muntjac**
Xizang: Nyingchi, Bomi[Z17,S22]
Yunnan: Gongshan, Liuku, Fugong[M12,S22]
Mountain
Tenasserim, Thailand.

毛冠鹿属 *Elaphodus* Milne-Edwards, 1871

毛冠鹿 ***Elaphodus cephalophus*** Milne-Edwards, 1871
E. c. cephalophus Milne-Edwards, 1871 [四川，云南]
E. c. michianus Swinhoe, 1874 [东南沿海]
E. c. ichangensis Lydekker, 1904 [长江中游]
陕西：秦岭、汉中、安康[M28,S41]；陇县、太白、留坝、佛坪、石泉、镇坪、柞水[Z85,C12]
甘肃：文县[M1,Z22]；舟曲、迭部、卓尼、碌曲、夏河、康县、武都、徽县、两当、天水、清水[Z81]；张家川[C19]
四川：宝兴、康定、万县、雷波、巴塘[A1]；江油、青川、北川、平武、宜宾、叙永、峨眉山、马边、泸定、小金、南坪、汶川[H23,24]；安县[G12]
贵州：威宁、赫章、江口、正安、绥阳[L2]；梵净山[G17]；荔波[X8]
云南：丽江[A1]、泸西、弥勒、开远、河口、绿春、金平、屏边[L4]；昭通、大

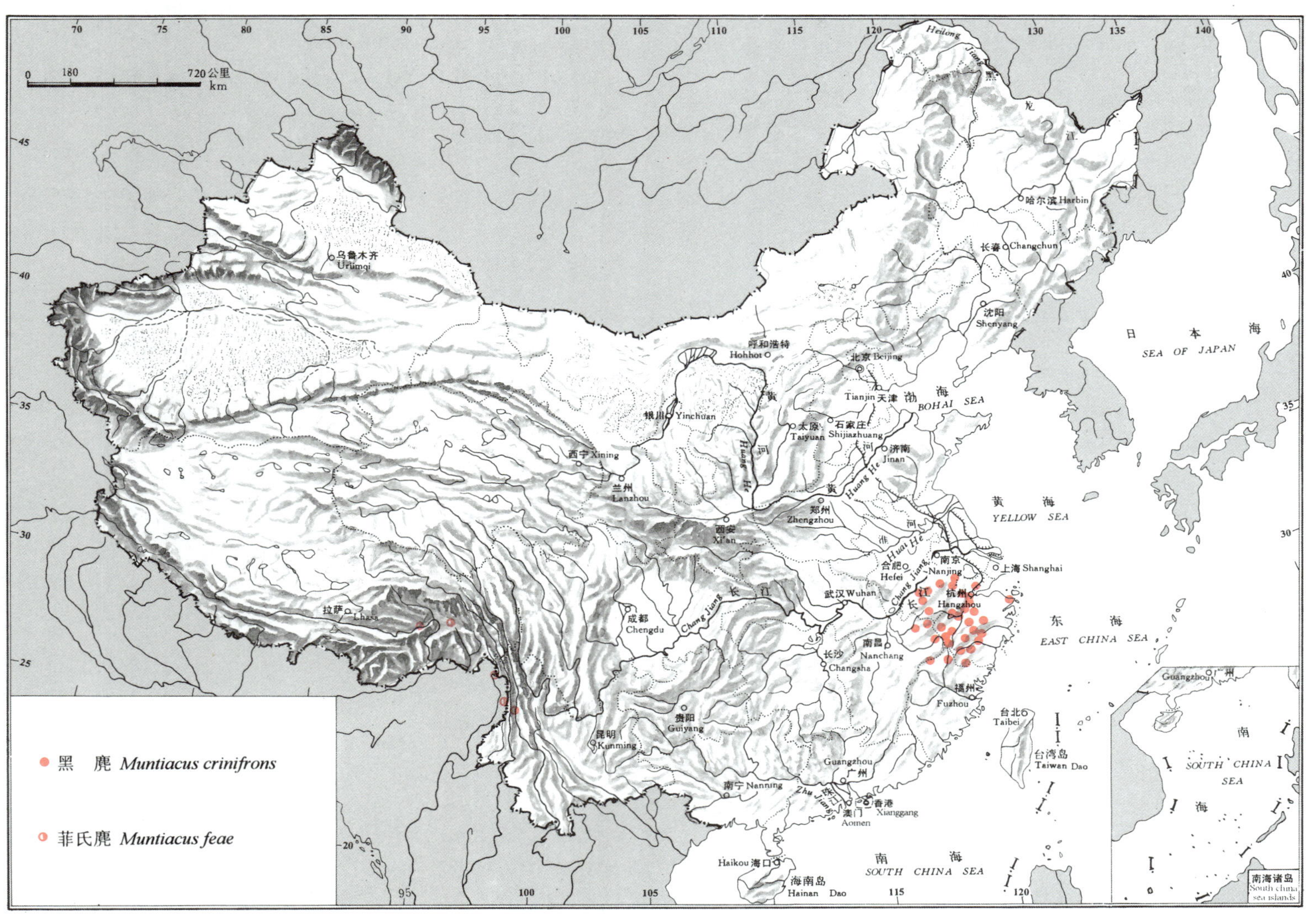

图 99 黑麂 *Muntiacus crinifrons* 菲氏麂 *Muntiacus feae* 的分布

理、临沧[S19]；永德[L71]；德钦[S46]；景东[Z61]
西藏：察隅[F5]；墨脱、林芝[Y29]
青海：玉树、果洛[Z69]；班玛[Z16]
安徽：祁门、黟县、休宁、宁国[B8]；歙县、太平、石台、东至[S19,W39]
浙江：宁波[A1]；余杭、富阳、建德、上虞、诸暨、武义、衢州、龙游、临安、桐庐、淳安、金华、开化、仙居、龙泉、遂昌[S25,Z113]；丽水、缙云、云和、衢县[S19]
湖北：宜昌、兴山[A1]；永春[L97]；全省[L90]
湖南：桂东、宜章、新宁、绥宁[L65]；城步[F14]；邵阳、黔阳、零陵[S19]
江西：安远、赣县、泰和[L65]；全省山区[S19]
广东：乐昌、阳山、怀集[Z109]
广西：全州、资源、兴安、龙胜、恭城、永福、临桂、灵川、平乐、荔浦、阳朔、融水、融安、三江、柳城、柳江、武宣、象州、天峨、南丹、环江、河池、大瑶山、罗城、桂平[S12,19,W83]
福建：武夷山、南平、福清[A1]；永春[LA7]；全省[S19]

山地森林

缅甸北部。

豚鹿属 *Axis* Smith，1827

豚鹿 ***Axis porcinus*** Zimmermann，1708

云南：耿马、南丁河沿岸[L71,Y6]

热带沿河林缘，芦苇沼泽。

斯里兰卡，巴基斯坦，恒河上流地区，尼泊尔，孟加拉，阿萨姆，中南半岛。

Elaphodus Milne-Edwards，1871 Tufted deer

Elaphodus cephalophus Milne-Edwards，1871 **Tufted deer**

E. c. cephalophus Milne-Edwards，1871 [Sichuan，Yunnan]

E. c. michianus Swinhoe，1874[Southeast coast]

E. c. ichangensis Lydekker，1904[Middle reaches of Changjiang]

Shaanxi：Qinling，Hanzhong，Ankang[M28,S41]；Longxian，Taibai，Liuba，Foping，Shiquan，Zhenping，Zhashui[Z85,C12]
Gansu：Wenxian[M1,Z22]；Zhugqu，Têwo，Jonê，Luqu，Xiahe，Kang xian，Wudu，Huixian，Liangdang，Tianshui，Qingshui[Z81]；Zhangjiachuan[C19]
Sichuan：Baoxing，Kangding，Wanxian，Leibo，Batang[A1]；Jiangyou，Qingchuan，Beichuan，Pingwu，Yibin，Xuyong，Emeishan，Mabian，Luding，Xiaojin，Nanping，Wenchuan[H23,24]；Anxian[G12]
Guizhou：Weining，Hezhang，Jiangkou，Zheng'an，Suiyang[L2]；Fanjingshan[G17]；Libo[X8]
Yunnan：Lijiang[A1]；Luxi，Mile，Kaiyuan，Hekou，Luchun，Jinping，Pingbian[L4]；Zhaotong，Dali，Lincang[S19]；Yongde[L71]；Dêqên[S46]；Jingdong[Z61]
Xizang：Zayü[F5]；Mêdog，Nyingchi[Y29]
Qinghai：Yushu，Golgo[Z69]；Baima[Z16]
Anhui：Qimen，Yixian，Xiuning，Ningguo[B8]；Shexian，Taiping，Shitai，Dongzhi[S19,W39]
Zhejiang：Ningbo[A1]；Yuhang，Fuyang，Jiande，Shangyu，Zhuji，Wuyi，Quzhou，Longyou，Lin'an，Tonglu，Chun'an，Jinhua，Kaihua，Xianju，Longquan，Suichang[S25,Z113]；Lishui，Jinyun，Yunhe，Quxian[S19]
Hubei：Yichang，Xingshan[A1]；occurs in different areas[L90]
Hunan：Guidong，Yizhang，Xinning，Suining[L65]；Chengbu[F14]；Shaoyang，Qiangyang，Lingling[S19]
Jiangxi：Anyuan，Ganxian，Taihe[L65]；mountains over whole

province[S19]

Guangdong: Lechang, Yangshan, Huaiji[Z109]

Guangxi: Quangzhou, Ziyuan, Xing'an, Longsheng, Gongcheng, Yongfu, Lingui, Lingchuan, Pingle, Lipu, Yangshuo, Rongshui, Rong'an, Sanjiang, Liucheng, Liujiang, Wuxuan, Xiangzhou, Tian'e, Nandan, Huanjiang, Hechi, Yaoshan, Luocheng, Guiping[S12,19,W83]

Fujian: wuyishan, Nanping, Fuqing[A1]; Yongchun[97]; occurs in different areas[S19]

Mountain forest

Northern Myanmar.

Axis Smith, 1827 **Hog-deer**

Axis porcinus Zimmermann, 1780 **Hog deer**

Yunnan: Gengma, Nandinghe area[L71,Y6]

Edge of tropical forest and reed marsh along river

Sri Lanka, Pakistan, upper reaches of Ganga River, Nepal, Bengal, Assam, Myanmar, Thailand, Indochina.

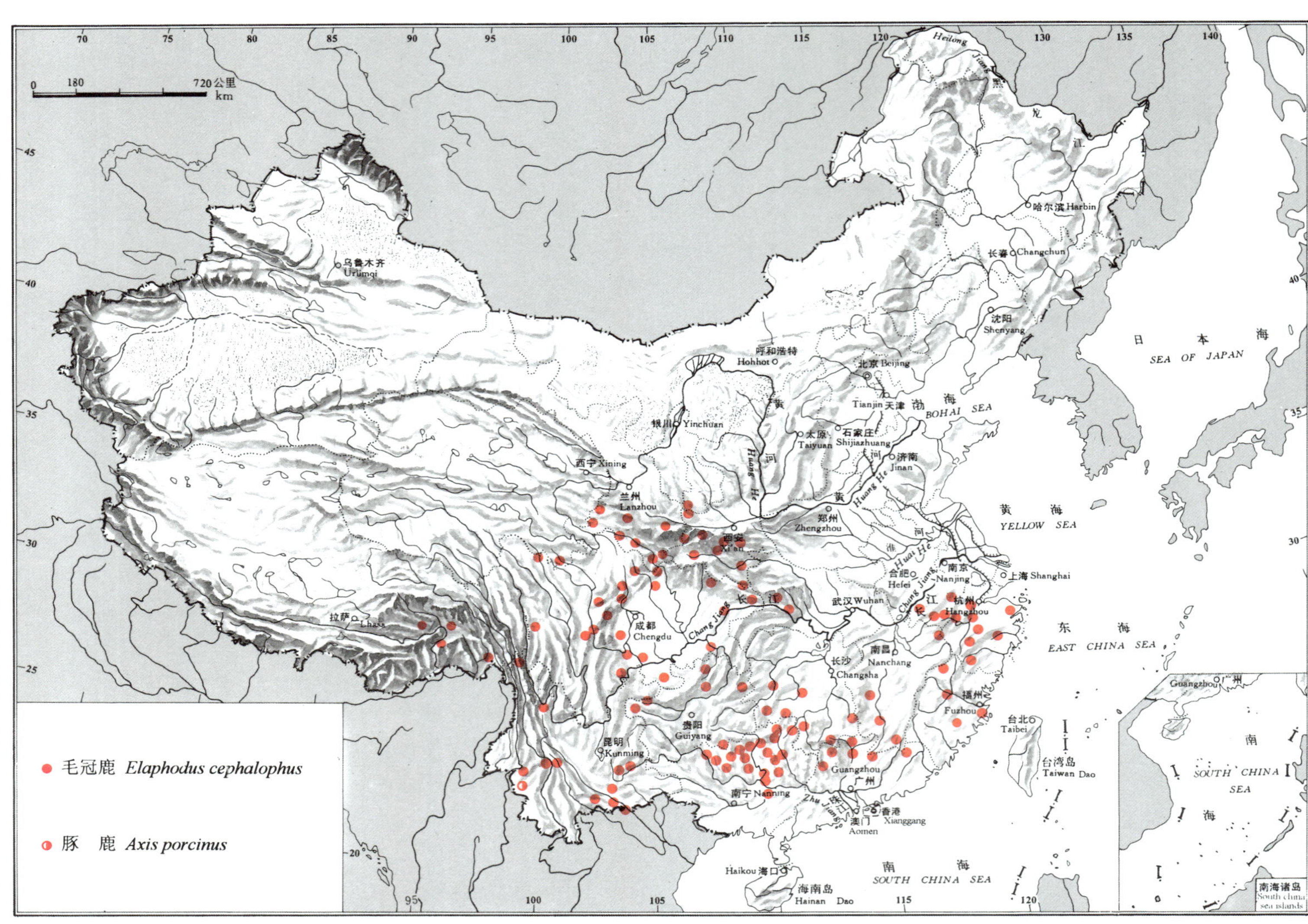

图 100 毛冠鹿 *Elaphodus cephalophus* 豚鹿 *Axis porcinus* 的分布

鹿属 *Cervus* Linnaeus, 1758

水鹿 ***Cervus unicolor*** Kerr, 1792

C. u. swinhoei Sclater, 1862[台湾]

C. u. dejeani Pousargues, 1896[西南地区,广东,海南]

青海:班玛[Z69]

西藏:江达、贡觉、芒康(竹笆笼)[Y29]

四川:雅江、盐边、米易、炉霍、白玉、德格、邓柯、甘孜、稻城、得荣、马尔康、阿坝、黑水、小金、汶川、壤塘、泸定[H23,24];重庆、宜宾、康定、巴塘、理塘、理县、西昌[A1];峨边、木里、雷波[S46]

贵州:江口(本世纪 70 年代尚有少量,现已绝灭)[L2]

云南:绿春[L4];永德[L71];金平、河口、屏边、景洪、勐海、勐腊[Y43];保山、丽江[A1];德钦[P1];普文、临沧、沧源、耿马、潞西、陇川、盈江、瑞丽[L50,H4];景东[Z61]

江西:安远、太和[L65]

湖南:桂东、宜章、新宁、绥宁[L65];城步、资兴[F14]

广西:靖西、龙州、宁明、上思[W47];资源、兴安、恭城、全州、灌阳、永福、阳朔、融水、融安、鹿寨、三江、环江、罗城、富川、十万大山、那坡[S12,W83]

广东:连州、连平、乐昌、大埔[T5];乳源、南丰、惠东[J10]

海南:尖峰岭[S8];吊罗山、坝王岭、万宁、凌水[X21]

台湾:山地[K7]

山地森林及林缘

斯里兰卡,印度半岛,恒河上游地区,尼泊尔,阿萨姆,中南半岛,马来半岛,苏门答腊,爪哇,加里曼丹,苏拉威西,菲律宾及附近岛屿。

泽鹿 ***Cervus eldi*** M'Clelland, 1842

C. e. hainanus Thomas, 1918

海南:儋州[A1];五指山、乐东、白沙、琼中、屯昌、东方、三亚、万宁、昌江、南丰;兴隆、乐东[L60,X21,Z109]

森林及林沿

曼尼蒲尔、中南半岛。

Cervus Linnaeus,1758 **Deer**

Cervus unicolor Kerr,1792 **Sambar**

C. u. swinhoei Sclater,1862[Taiwan]

C. u. dejeani Pousargues, 1896[Southwestern China, Guangdong,Hainan]

Qinghai:Baima[Z69]

Xizang:Jomda,Gonjo,Markam(Zhubalong)[Y29]

Sichuan:Yajiang,Yanbian,Miyi,Luhuo,Baiyü, Dêgê, Dainkog, Garzê,Daocheng, Derong, Barkam, Aba, Heishui, Xiaojin, Wenchuan, Rangtang, Luding[H23,24]; Chongqing, Yibin, Kangding,Batang,Litang, Lixian,Xichang[A1]; Muli,Ebian, Leibo[S46]

Guizhou:Jiangkou(extirpated in the province,rare in the 1970s)[L2]

Yunnan: Lüchun[L4]; Yongde[L71]; Jinping, Hekou, Pingbian, Jinghong, Menghai, Mengla[Y43]; Baoshan, Lijiang[A1]; Dêqên[P1]; Puwen, Lincang, Cangyuan, Gengma, Luxi, Longchuan,Yingjiang,Riuli[L50,H4]; Jingdong[Z61]

Jiangxi:Anyuan,Taihe[L65]

Hunan:Guidong,Yizhang,Xinning,Suining[L65];Chengbu,Zixing[F14]

Guangxi: Jingxi, Longzhou, Ningming, Shangsi[W47], Ziyuan, Xing'an,Gongcheng, Quanzhou, Guanyang, Yongfu, Yangshuo, Rongshui, Rong'an, Luzhai, Sanjiang, Huanjiang, Luocheng,Fuchuan,Shiwandashan,Napo[S12,W83]

Guangdong: Lianzhou, Lianping, Lechang, Dapu[T5]; Ruyuan, Nanfeng, Huidong[J10]

Hainan: Jianfengling[S8]; Diaoluoshan, Bawangling, Wanning, Lingshui[X21]

Taiwan:Mountains[K7]

Mountain forest and forest edge

Sri Lanka, Indian peninsula, upper reaches of Ganga River, Nepal,Assam,Myanmar, Thailand, Indochina, Malay peninsula,Sumatra, Java, Borneo, Sulawesi,Philippines. and near islands.

Cervus eldi M'Clelland,1842 **Thamin**

C. e. hainanus Thomas,1918

Hainan: Danzhou[A1]; Wuzhishan, Ledong, Basha, Qiongzhong, Tunchang, Dongfang, Sanya, Wanning, Changjiang, Nanfeng,Xinglong,Ledong[L60,X21,Z109]

Forest and forest edge

Manipur,Myanmar, Thailand, Indochina.

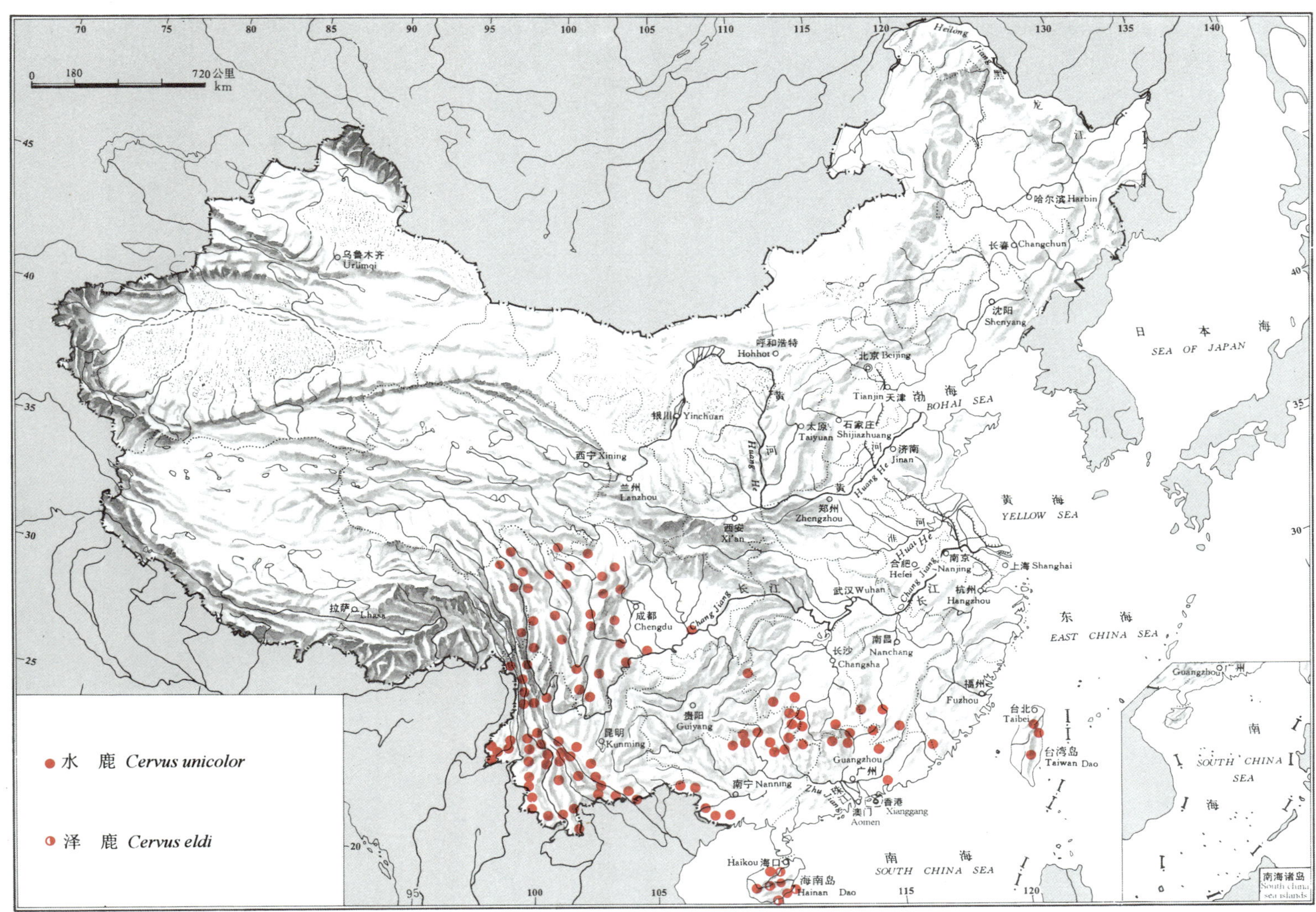

图 101 水鹿 *Cervus unicolor* 泽鹿 *Cervus eldi* 的分布

梅花鹿 ***Cervus nippon*** Temminck,1838

C. n. taiouanus Blyth,1860[台湾]

C. n. hortulorum Swinhoe,1864[东北]

C. n. mandarinus Milne-Edwards,1871[河北,山东]

C. n. kopschi Swinhoe, 1873 [长江下游]

C. n. grassianus Heude,1884[山西]

C. n. sichuanicus Guo, Chen *et* Wang,1978[四川]

黑龙江:乌苏里江、牡丹江、穆棱河、小绥芬河及兴凯湖沿岸[L86];1976 年调查还见于东宁、宁安、海林、林口、尚志、延寿等地,现仅见于张广才岭、老爷岭、完达山[M13]

吉林:安图[S33];长白山[L84]

河北:兴隆[A1]

山东:山东[E1]

山西:太原、宁武、岢岚[A1];忻州[W8]

四川:红原、若尔盖[G25,H23,24]

甘肃:迭部[N2];岷县[Z69]

江西：彭泽[Y2,21]；永修、九江[S20,32]；景德镇[A1]
江苏：太湖[Y2]；靖江、南京[A1]
上海：上海[A1]
浙江：杭州河、富春河、舟山[A1]；临安、桐庐[Z113]
安徽：潜山、贵池、宁国、歙县[H35]；南陵、泾县、旌德、绩溪、祁门、黟县、太平、青阳[W39]
湖南：宜章、新宁、绥宁[L65]
广西：龙州[Y43]；大新、崇左、扶绥、隆安[W83]
广东：连平、九连山、和平、南雄、仁化、英德、阳山、连州、怀集[Z109]
台湾：野生种极少[C15]

森林

乌苏里，日本，朝鲜。

白唇鹿 *Cervus albirostris* Przewalski，1883

甘肃：玛曲[N2]；酒泉北部山地[Q13]；阿克塞、肃南[Z81]；肃北盐池湾保护区[Z120]
青海：祁连、柴达木盆地[Q13]；班玛、贵德、同德、兴海[Z24]；玉树、称多、杂多、昂久、治多、曲麻莱、甘德、达日、玛多、乌兰、天峻、门源、刚察、河南、尖扎[Z16,69,W99]；长江源头[C3]
云南：德钦[W99]
四川：巴塘、理塘[A1]；德格[S46]；宝兴、木里、康定、丹巴、九龙、雅江、乾宁、炉霍、道孚、新龙、白玉、邓柯、甘孜、色达、石渠、稻城、乡城、得荣、义敦、阿坝、小金、金川、汶川[H23,24]
西藏：拉萨[A1]；墨竹工卡、旁多[X30]；芒北康、察雅、左贡、昌都、类乌齐、丁青、林周、加查、比如、嘉黎、桑日[F5,Z3,Y29]；江达、觉贡[W99]

山地森林草原和灌丛

Cervus nippon Temminck，1838 **Sika deer**

C. n. taiouanus Blyth，1860[Taiwan]
C. n. hortulorum Swinhoe，1864[Northeast China]
C. n. mandarinus Milne-Edwards，1871[Hebei，Shandong]
C. n. kopschi Swinhoe，1873 [Lower reaches of Changjiang]
C. n. grassianus Heude，1884[Shanxi]
C. n. sichuanicus Guo，Chen *et* Wang，1978[Sichuan]

Heilongjiang：Area of Ussuri River[L86]；before 1976 population of the species occurred in the areas of Mudanjiang，Mulinghe，Xiao Suifenhe and Xingkai，Huin，Dongning，Ning'an，Hailin，Linkou，Shangzhi and Yanshou；now remains only in mountains of Zhangguangcailing，Laoyeling and Wandashan[M13]
Jilin：Antu[S33]，Changbaishan[L84]
Hebei：Xinglong[A1]
Shandong：Shandong[E1]
Shanxi：Taiyuan，Ningwu，Kelan[A1]，Xinzhou[W8]
Sichuan：Hongyuan，Zoigê[G25,H23,24]
Gansu：Têwo[N2]；Minxian[Z69]
Jiangxi：Pingze[Y2,21]；Yongxiu，Jiujiang，[S20,32]；Jingdezhen[A1]
Jiangsu：Taihu[Y2]，Jingjiang，Nanjing[A1]
Shanghai：Shanghai[A1]
Zhejiang：Hangzhouhe，Fuchunhe，Zhoushan[A1]；Lin'an，Tonglu[Z113]
Anhui：Qianshan，Guichi，Ningguo，Shexian[H35]；Nanling，Jingxian，Jingde，Jixi，Qimen，Yixian，Taiping，Qingyang[W39]
Hunan：Yizhang，Xinning，Suining[L65]
Guangxi：Longzhou[Y43]；Daxin，Chongzuo，Fusui，Long'an[W83]
Guangdong：Lianping，Jiulianshan，Heping，Nanxiong，Renhua，Yingde，Yangshan，Lianzhou，Huaiji[Z109]
Taiwan：Very rare in wild[C15]

Forest

Ussuri，Japan，Korea.

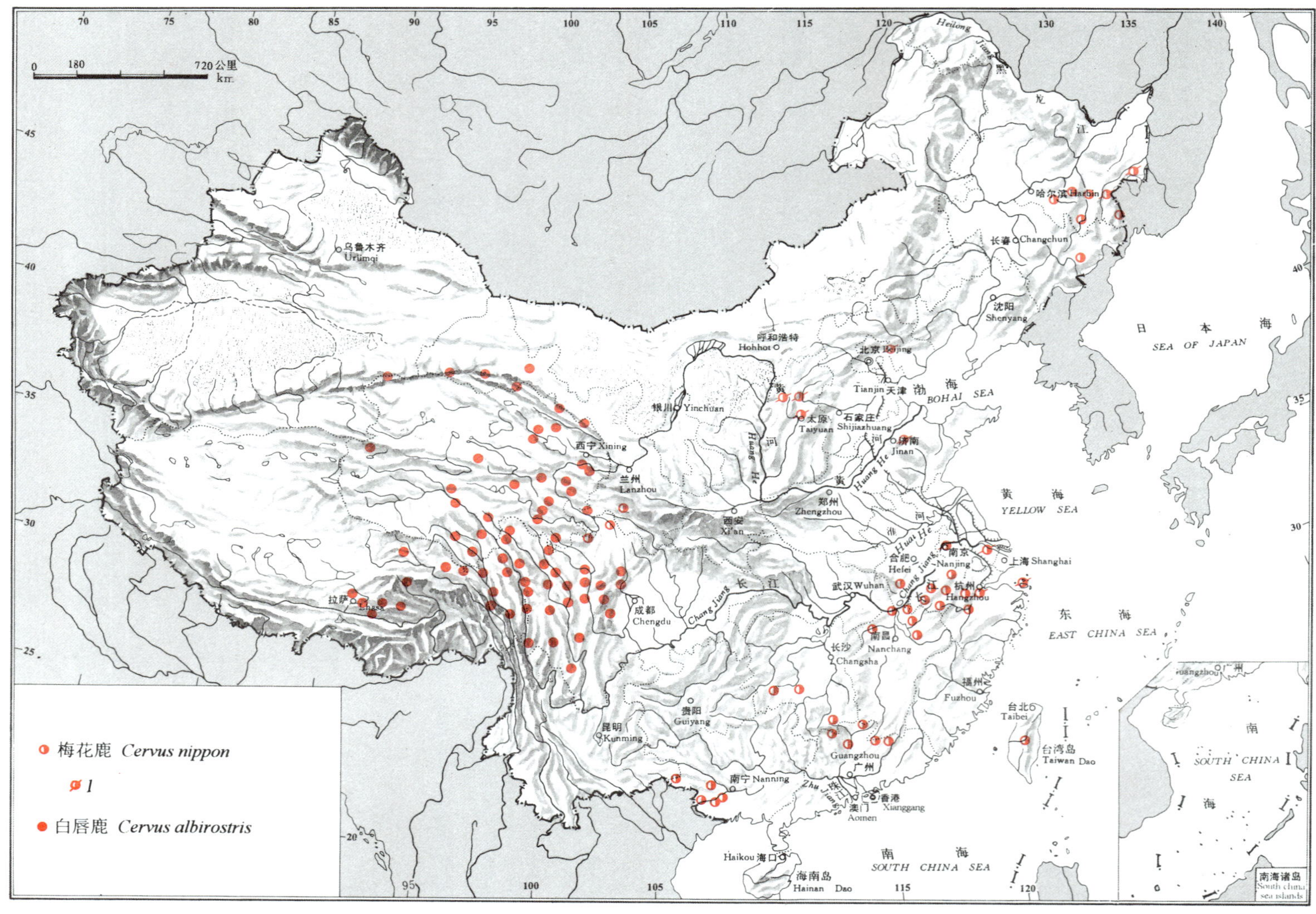

图 102 梅花鹿 *Cervus nippon* 白唇鹿 *Cervus albirostris* 的分布 （1：可能已绝灭 *probably extirpated*）

Cervus albirostris Przewalski，1883 **White-lipped deer**

Gansu：Maqu[N2]；northern mountains in Jiuquan[Q13]；Aksay，Sunan[Z81]；Yanchiwan Nature Reserve in Subei[Z120]

Qinghai：Qilian，Qaidam[Q13]；Baima*；Guide，Tongde，Xinghai[Z24]；Yushu，Chindu，Zadoi，Angjiu，Zhidoi，Qumarlêb，Gadê，Darlag，Madoi，Ulan，Tianjun，Menyuan，Gangca，Henan，Jainca[Z16, 69, W99]；source area of Changjiang[C3]

Yunnan：Deqen[W99]

Sichuan：Batang，Litang[A1]；Dêgê[S46]；Baoxing，Muli，Kangding，Danba，Jiulong，Yajiang，Qianning，Luhuo，Dawu，Xinlong，Baiyü，Dainkog，Garzê，Sertar，Sêrxü，Daocheng，Xiangcheng，Derong，Yidun，Aba，Xiaojin，Jinchuan，Wenchuan[H23,24]

Xizang：Lhasa[A1]；Maizhokunggar，Pangduo[X30]；Markam，Chagyab，Zogang，Qamdo，Riwoqê，Dêngqên，Lhunzhub，Gyaca，Biru，Lhari，Sangri[F5,Z3,Y29]；Jomda，Gonjo[W99]

Mountain forest-meadow and scrub

马鹿 ***Cervus elaphus*** Linnaeus，1758

C. e. wallichi Cuvier，1823［西藏］

C. e. macneilli Lydekker，1909［四川］

C. e. xanthopygus Milne-Edwards，1867［东北，河北］

C. e. songaricus Severtzov，1873［新疆北部］

C. e. yarkandensis Blandford，1892［新疆南部］

C. e. kansuensis Pocock，1912［甘肃，内蒙古］

C. e. alashanicus Bobrinskii *et* Flerov，1935［宁夏］

黑龙江：呼玛、伊春、宝清、虎林[S33]；哈尔滨、张广才岭、老爷岭、牡丹江、穆棱河、完达山[M13]

吉林：汪清、安图[Y24]；敦化、辉南[S33]

内蒙古：呼和浩特[A1]；布特哈旗、根河、阿拉善左旗[M13, W60]

宁夏：贺兰山[E1]

北京：北京[E1]

山西：北部（岚漪河）[A1]；忻州[W8]

甘肃：临潭[A1]；酒泉、张掖、肃南、迭部、卓尼、碌曲、玛曲[N2]；两当、徽县、武都、文县[Z81]

青海：班玛*；祁连、茫崖、格尔木南部和德令哈[Q13]；贵德、同德、兴海[Z16,81]

新疆：伊宁、天山、巴楚[E1]；库尔勒、塔里木河和且末一带[X11]；阿勒泰[Z20]；阿克苏、阿图什、托木尔峰地区[L44]；罗布泊[G5]；东昆仑一阿尔金；伊吾、巴里坤、阜康、温泉、裕民[G27]

云南：德钦[S46]

西藏：类乌齐、察雅[X30,F5]；亚东河谷[E1]；比如、嘉黎[Z3]；错加、米林、墨脱、察隅、江达、丁青、八宿[Y29]

四川：德格[S46]；宝兴、木里、康定、丹巴、泸定、九龙、雅江、乾宁、炉霍、道孚、新龙、白玉、邓柯、甘孜、色达、石渠、理塘、稻城、乡城、得荣、巴塘、义墩、阿坝、小金、红原、金川、汶川、壤塘、岷山（*kansuensis*）[H23,24]

山地森林，森林草原

南欧，中欧，西伯利亚，蒙古，朝鲜半岛北部，喜马拉雅山；北非；北美。

麋鹿属 *Elaphurus* Milne-Edwards，1866

麋鹿 ***Elaphurus davidianus*** Milne-Edwards，1866

原产黄河、长江下游芦苇沼泽地带。野生种已灭绝。在100多年前约有120头留存于北京南海子皇家猎苑里，1900年因八国联军入京的洗劫和掠夺而在中国本土绝灭。1986年，英国在伦敦乌邦寺放养繁殖的数百头中选了39头回赠中国，返归其故乡南海子（南苑）和江苏大丰自然保护区。

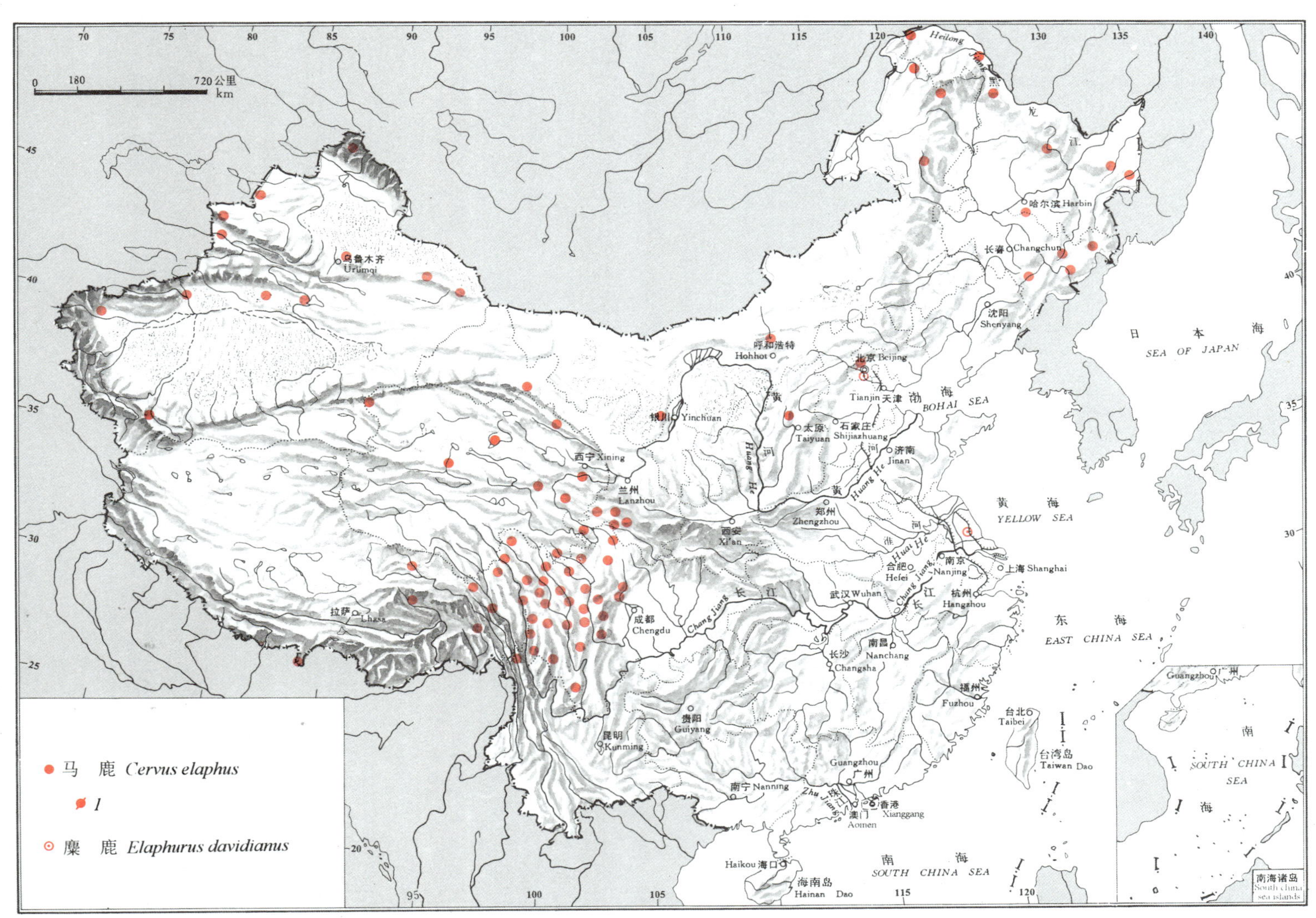

图103 马鹿 *Cervus elaphus* 麋鹿 *Elaphurus davidianus* 的分布（1：可能已绝灭 *probably extirpated*）

Cervus elaphus Linnaeus, 1758 **Red deer**
C. e. wallichi Cuvier, 1823 [Xizang]
C. e. macneilli Lydekker, 1909 [Sichuan]
C. e. xanthopygus Milne-Edwards, 1867[Northeast China, Hebei]
C. e. songaricus Severtzov, 1873 [Northern Xinjiang]
C. e. yarkandensis Blandford, 1892 [Southern Xinjiang]
C. e. kansuensis Pocock, 1912[Gansu, Nei Mongol]
C. e. alashanicus Bobrinskii *et* Flerov, 1935 [Ningxia]

Heilongjiang: Huma, Yichun, Baoqing, Hulin[S33]; Harbin, Zhangguangcailing, Laoyelin, Mudanjiang, Mulinghe, Wandashan[S13]
Jilin: Wangqing, Antu[Y24]; Dunhua, Huinan[S33]
Nei Mongol: Hohhot[A1]; Butha B., Genhe, Alxa Left B.[M13], [W60]
Ningxia: Helanshan[E1]
Beijing: Beijing[E1]
Shanxi: Northern (Lingcheng River)[A1]; Xinzhou[W8]
Gansu: Lintan[A1]; Jiuquan, Zhangye, Sunan, Tewo, Jone, Luqu, Maqu[N2]; Liangdang, Huixian, Wudu, Wenxian[Z81]
Qinghai: Baima*; Qilian, Mangya, southern Golmud and Delinghan[Q13]; Guide, Tongde, Xinghai[Z16,81]
Xinjiang: Yining(Tianshan), Bachu[E1]; Korla, Tarim He, Qiemo[X11]; Altay[Z20]; Aksu, Artux, Tuomuer feng area[L44]; Lop Nur[G5]; east Kunlun-Altun shan; Yiwu, Barkol, Fukang, Wenquan, Yumin,[G27]
Yunnan: Dêqên[S46]
Xizang: Riwoqê, Chagyab[X30,F5]; Yadong valley[E1]; Biru, Lhari[Z3]; Cuojia, Mainling, Mêdog, Zayü, Jomda, Dêngqên, Baxoi[Y29]
Sichuan: Dêgê[S46]; Baoxing, Muli, Kangding, Danba, Luding, Jiulong, Yajiang, Qianning, Luhuo, Dawu, Xinlong, Baiyü, Dainkog, Garzê, Sêrtar, Serxu, Litang, Daocheng, Xiangcheng, Derong, Batang, Yidun, Aba, Xiaojin, Hongyuan, Jinchuan, Wenchuan, Rangtang, Minshan (*kansuensis*)[H23,24]

Mountain forest, forest-meadow

Southern and central Europe, Siberia, Mongolia, northern Korea, Himalayas, northern Africa, North America.

Elaphurus Milne-Edwards, 1866 David's deer

Elaphurus davidianus Milne-Edwards, 1866
Mi-lu(David's deer)

The wild population of the deer left no trace in their area of swamp habitat on the lower reaches of the Yellow River and Yangtze River a long time ago. About 100 years ago some 120 individuals remained in Nanhaizi Imperial Game Garden, but they disappeared in 1900 because of the invasion and plunder of the Eight-Power Allied Forces. In 1986 39 deer, selected from some 100 bred in Woburn Abbey, northwest of London, England, were reintroduced to their homeland at Nanhaizi(Nanyuan), Beijing, and Dafen Nature Reserve, Jiangsu.

狍属 *Capreolus* Gray, 1821

狍 ***Capreolus capreolus*** Linnaeus, 1758
C. c. pygargus Pallas, 1771 [新疆]
C. c. bedfordi Thomas, 1908[东北，华北及青海东部和四川西部]

黑龙江：齐齐哈尔、哈尔滨、黑河、伊春、宝清、虎林、抚远、尚志[S33,M13]

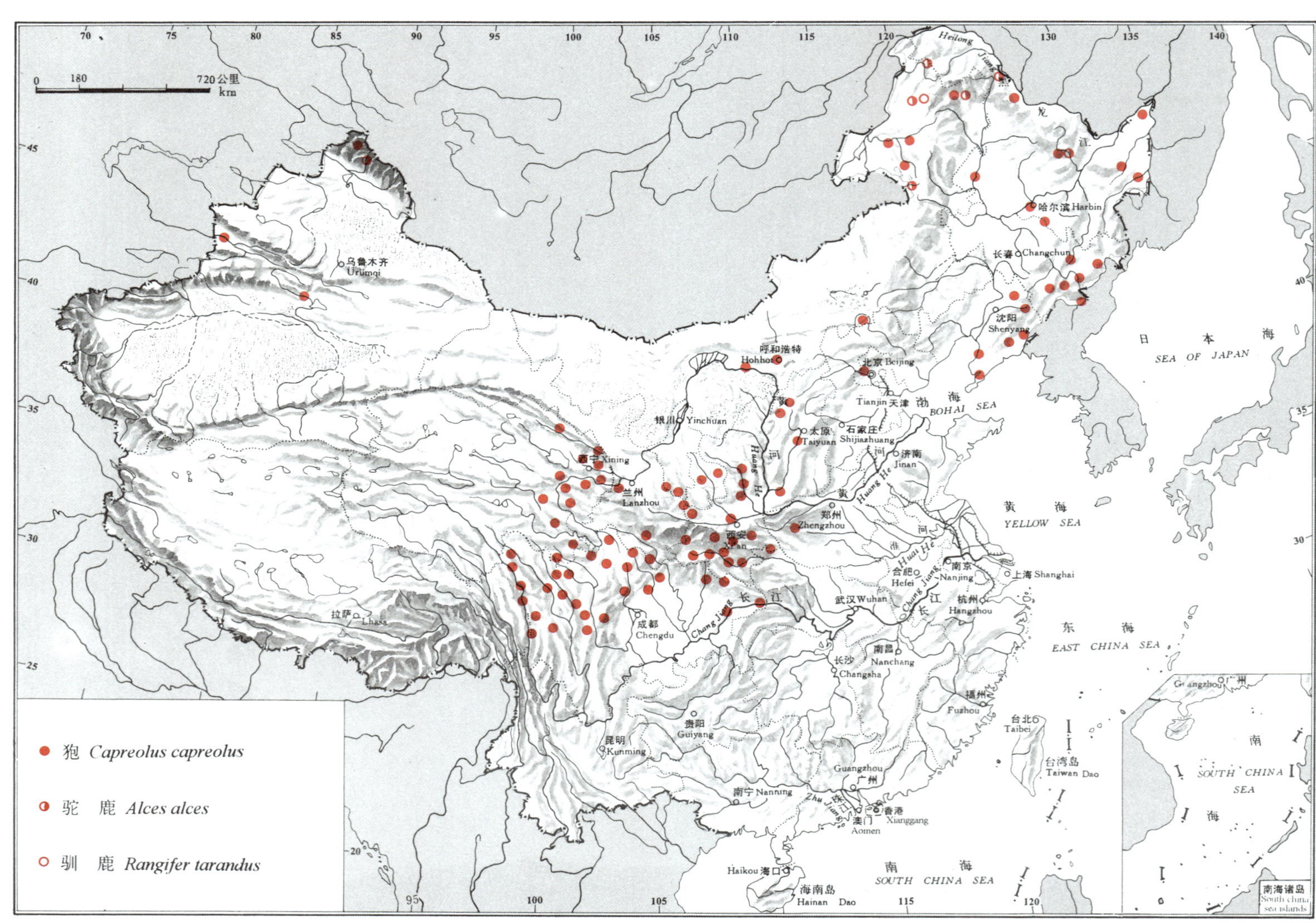

图 104 狍 *Capreolus capreolus* 驼鹿 *Alces alces* 驯鹿 *Rangifer tarandus* 的分布

吉林：敦化、安图、延吉、抚松、靖宇、长白[S33]
辽宁：清原、新宾、凤城、宽甸、盖州、普兰店[S33,X5,7]
内蒙古：鄂伦春自治旗、牙克石[S33]；陈巴尔虎旗、红花尔吉[Z118]；呼和浩特、包头[A1]；多伦[A1,M13]
北京：昌平[*]；西北部山区[B10,Z31]
山西：中条山、吕梁山、忻州、雁北[W8]；岢岚、太原[A1]
河南：嵩县[Z97]
陕西：黄陵、富县、洛川[B13]；太白山、延安[A1]；咸阳、安康、汉中、周至、凤县、洋县、佛坪、柞水、山阳[W96,98]；商南、洛南[Z85]；陇县[S41]
宁夏：陛德、泾源[W60]
甘肃：文县[M1]；岷县[A1]；临夏[Q13]；平凉、漳县、会宁[Z81]
青海：共和、贵德、同德、兴海、贵南[Z24]；祁连[Q13]；班玛、久治、河南、泽库、玛沁、门源、湟源、湟中、大通、互助、乐都[Z33,69]
新疆：伊宁（天山）[E1]；阿尔泰山[Z20]；托木尔峰地区[L44]
四川：松潘、康定[A1]；万县、巫山、城口、青川、平武、万源、宝兴、丹巴、乾宁、炉霍、道孚、白玉、德格、邓柯、甘孜、色达、石渠、理塘、义敦、阿坝、若尔盖、南坪、红原、汶川、壤塘[H23,24]

森林，森林草原

欧洲，乌拉尔，西伯利亚，蒙古，朝鲜，中亚，伊朗，小亚细亚，伊拉克北部。

驼鹿属 *Alces* Gray，1821

驼鹿 ***Alces alces*** Linnaeus，1758

A. a. cameloides Milne-Edwards，1867

黑龙江：呼玛、伊春[S33]；逊克[M13]；汤原[X25]
内蒙古：根河[S33]；鄂伦春自治旗[M13,Z118]；阿尔山（兴安盟）[X25]
新疆：阿勒泰（哈纳斯）[Z121]

针叶林为主的森林

欧亚北部，北美。

驯鹿属 *Rangifer* Smith，1827

驯鹿 ***Rangifer tarandus*** Linnaeus，1758

R. t. phylarchus Hollister，1912

内蒙古：根河（鄂温克民族驯养）[S32,M13]

冻原带和针叶林带

欧亚大陆及北美洲北部。

Capreolus Gray，1821 **Roe deer**

Capreolus capreolus Linnaeus，1758 **Roe deer**

C. c. pygargus Pallas，1771 [Xinjiang]

C. c. bedfordi Thomas，1908 [Northeast China，eastern Qinghai and western Sichuan]

Heilongjiang：Qiqihar，Harbin，Heihe，Yichun，Baoqing，Hulin，Fuyuan，Shangzhi[S33,M13]
Jilin：Dunhua，Antu，Yanji，Fusong，Jingyu，Changbai[S33]
Liaoning：Qingyuan，Xinbin，Fengcheng，Kuandian，Gaizhou，Pulandian[S33，X5,7]
Nei Mongol：Oroqen Aut. B.，Yakeshi[S33].，Chen Barag B.，Honggolji[Z118]；Hohhot，Baotou[A1]；Duolun[A1,M13]
Beijing：Changping[*]；northwestern mountains[B10,Z31]
Shanxi：Zhongtiaoshan，Lüliangshan，Xinzhou，Yanbei[W8]；Kelan，Taiyuan[A1]
Henan：Songxian[Z97]
Shaanxi：Huangling，Fuxian，Luochuan[B13]；Taibaishan，Yan'an[A1]；Xianyang；Ankang，Hanzhong，Zhouzhi，Fengxian，Yangxian，Foping，Zhashui，Shanyang[W96,98]；Shangnan，Luonan[Z85]；Longxian[S41]
Ningxia：Bide，Jingyuan[W60]
Gansu：Wenxian[M1]；Minxian[A1]；Linxia[Q13]；Pingliang，Zhangxian，Huining[Z81]
Qinghai：Gonghe，Guide，Tongde，Xinghai，Guinan[Z24]，Qilian[Q13]，Baima，Jigzhi，Henan，Zekog，Maqên，Menyuan，Huangyuan，Huangzhong，Datong，Huzhu，Ledu[Z33,69]
Xinjiang：Yining（Tianshan）[E1]；Altay[Z20]；Tuomuer Feng area[L44]
Sichuan：Songpan，Kangding[A1]；Wanxian，Wushan，Chengkou，Qingchuan，Pingwu，Wanyuan，Baoxing，Danba，Qianning，Luhuo，Dawu，Baiyü，Dêgê，Dainkog，Garzê，Sertar，Sêrxü，Litang，Yidun，Aba，Zoigê，Nanping，Hongyuan，Wenchuan，Rangtang[H23,24]

Forest，forest-steppe

Europe，Urals，Siberia，Mongolia，Korea，Central Asia，Iran，Asia Minor，northern Iraq.

Alces Gray，1821 **Moose**

Alces alces Linnaeus，1758 **Moose**

A. a. cameloides Milne-Edwards，1867

Heilongjiang：Huma，Yichun[S33]；Xunke[M13]；Tangyuan[25]
Nei Mongol：Genhe B.[S33]；Oroqen Aut. B.[M13,Z118]；Arxan（Hinggan L.）[X25]
Xinjiang：Altay（Hanas）[Z121]

Forest，coniferous mainly

Northern Eurasian continent and North America.

Rangifer Smith，1827 **Reindeer**

Rangifer tarandus Linnaeus，1758 **Reindeer（Caribou）**

R. t. phylarchus Hollister，1912

Nei Mongol：Genhe（farming animal of Ewenki minority）[S32,M13]

Tundra and coniferous

Eurasian continent and Northern north America.

洞角科 Bovidae

牛属 *Bos* Linnaeus，1758

野牛 ***Bos gaurus*** H. Smith，1827

B. g. readei Lydekker，1903 [中南半岛]

云南：思茅、小勐养、景洪、倚邦、易武、勐武、勐腊、勐棒、勐阿[S49,W67]；江城、澜沧[Y9]

热带森林

马来半岛，越南，老挝，缅甸，阿萨姆，尼泊尔，印度。

牦牛 ***Bos grunniens*** Linnaeus，1766

B. g. mutus Przewalski，1883

甘肃：肃北盐池湾[Z120]；祁连山、阿克塞[Z81]
青海：兴海[Z24]；黄河源头[A1,E1]；祁连山、天峻、阳康、乌兰[Q13,Z16,69]；长江源头[C3]
新疆：且末、若羌、昆仑一阿尔金盆地（新、甘、青交界处）[Z98]
四川：石渠[H23,24]
西藏：阿里地区、黑河、唐古拉山口、可可西里至双湖、昌都北部、安多、班戈[F5,Y38,Z3,Z73]

高原（草原、草甸、荒漠）

拉达克。

Bovidae Cattle，antelope，sheep，goats

Bos Linnaeus，1758 **Oxen**

Bos gaurus H. Smith，1827 **Gaur（Indian bison）**

B. g. readei Lydekker，1903 [Myanmar、Thailand and Indochina]

Yunnan：Simao，Xiaomengyang，Jinghong，Yibang，Yiwu，Mengwu，Mengla，Mengbang，Meng'a[S49,W67]；Jiangcheng，Lancang[Y9]

Tropical forest

Malay peninsula，Indochina，Myanmar，Assam，Nepal，India.

Bos grunniens Linnaeus，1766 **Yak**

B. g. mutus Przewalski，1883

Gansu：Yanchiwan in Subei[Z120]；Qilianshan Aksay[Z81]

Qinghai：Xinghai[Z24]；source area of Huanghe[A1,E1]；Qilianshan，Tuanjun，Yangkang，Ulan[Q13,Z16,69]；source area of Changjiang[C3]

Xinjiang：Qiemo，Ruoqiang，Kunlun-Altun basin（border of Xinjiang,Gansu and Qinghai）[Z98]

Sichuan：Sêrxü[H23.24]

Xizang：Ali area，Heihe，Tanggulashan pass，from Hoh Xil Shan to Shuanghu，northern Qamdo，Amdo，Baingoin[F5,Y38,Z3.73]

Plateau（steppe，meadow，desert）

Ladakh.

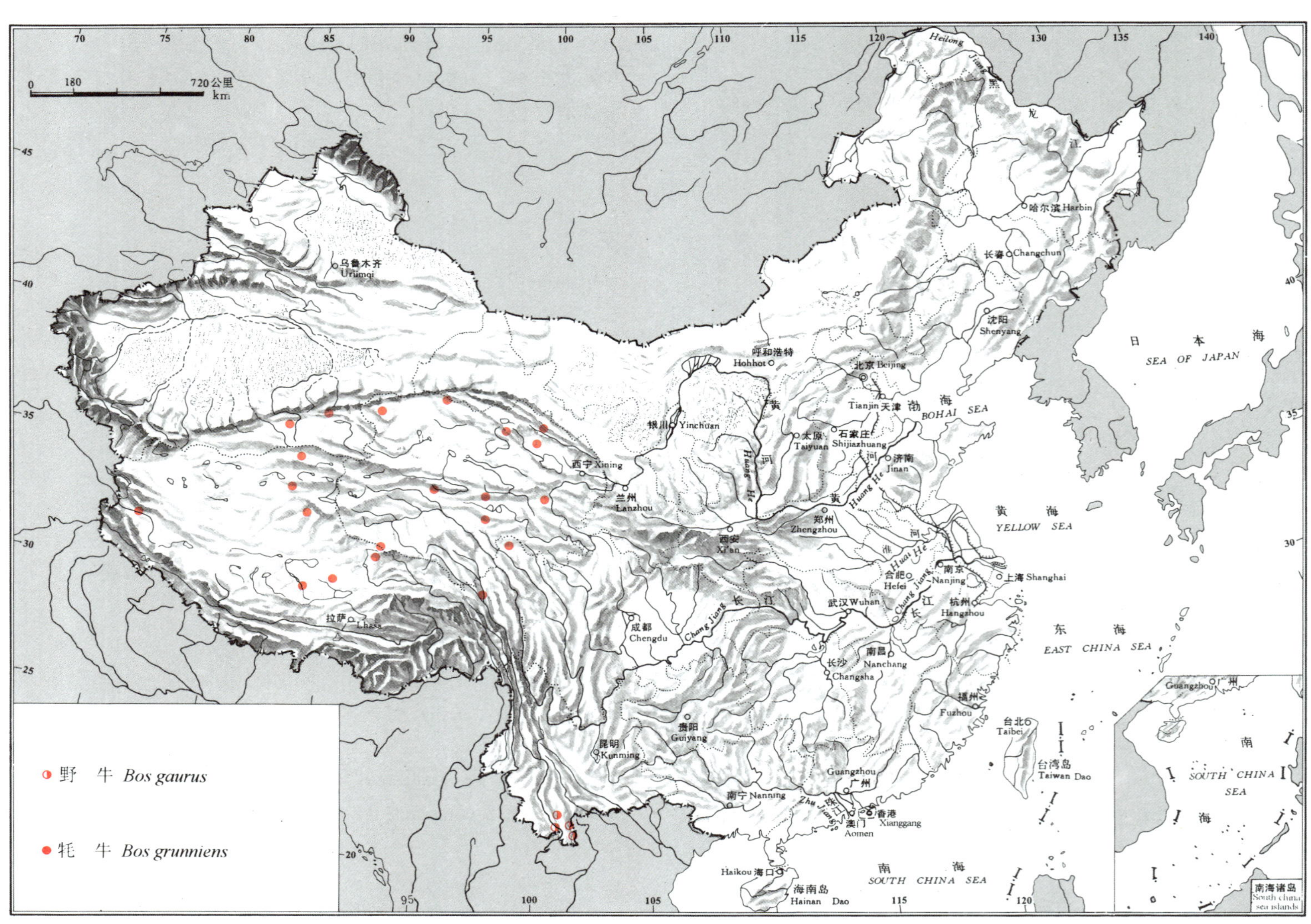

图 105 野牛 *Bos gaurus* 牦牛 *Bos grunniens* 的分布

爪哇野牛 ***Bos banteng*** Wagner，1844

B. b. birmanicus Lydekker，1898 [中南半岛]

云南：勐腊[W67]

热带森林

中南半岛，马来半岛，爪哇，加里曼丹。

原羚属 *Procapra* Hodgson，1846

藏原羚 ***Procapra picticaudata*** Hodgson，1846

甘肃：肃北盐池湾[Z120]；肃南、阿克塞、昆仑—阿尔金盆地（新、甘、青交界处）[Z81]

青海：门源、祁连、托莱、天峻、海晏、格尔木南部山地[Z16,43]；班玛、曲麻莱、玉树、果洛、黄南、共和[Z24,69]；黄河源头[R7]；长江源头[C3]

四川：松潘、康定、巴塘、理塘[A1]；若尔盖[S46]；青川、平武、万源、南江、通江、城口、巫山、邛崃、大邑、彭州、什邡、崇州、灌县、丹巴、炉霍、道孚、德格、甘孜、色达、石渠、阿坝、红原、壤塘[H23,24]

西藏：丁青、芒康、岗巴、帕里、黑河—阿里公路沿线、希夏邦马峰北坡、珠穆朗玛峰北坡、仲巴、班戈、申扎至可可西里[X30]；普兰北部至班公湖、嘉黎、巴青、安多、日喀则[Y38,F5,Z3]

高山草原，草甸，荒漠

拉达克，恒河上游山地，锡金。

普氏原羚 ***Procapra przewalskii*** Büchner，1891

内蒙古：包头西北、鄂尔多斯[A1]

新疆：东南部[E1]

宁夏：银川西南[A1]

甘肃：河西（指东部；肃南、肃北马鬃山

青海：海晏、天峻[Z43]

山地（草原、荒漠、半荒漠）

Bos banteng Wagner, 1844 **Banteng**

B. b. birmanicus Lydekker, 1898 [Myanmar, Thailand, Indochina]

Yunnan: Mengla[W67]

Tropical forest

Myanmar, Thailand, Indochina, Malay peninsula, Java, Borneo.

Procapra Hodgson, 1846 Chinese gazelles

Procapra picticaudata Hodgson, 1846 **Tibetan gazelle (Goa)**

Gansu: Yanchiwan in Suibei[Z120]; Suinan, Aksay, Kunlun-Altun basin (border of Xinjiang, Gansu and Qinghai)[Z81]

Qinghai: Menyuan, Qilian, Tuolai, Tianjun, Haiyan, southern mountains of Golmud[Z16,43]; Baima, Qumarlêb, Yushu, Golog, Huangnan, Gonghe[Z24,69]; source area of Huanghe[R7]; source area of Changjiang[C3]

Sichuan: Songpan, Kangding, Batang, Lifang[A1]; Zoigê[S46]; Qingchuan, Pingwu, Wanyuan, Nanjiang, Tongjiang, Chengkou, Wushan, Qionglai, Dayi, Penzhou, Shifang, Chongzhou, Guanxian, Danba, Luhuo, Dawu, Dêgê, Garzê, Sertar, Sêrxü, Aba, Hongyuan, Rangtang[H23,24]

Xizang: Dêngqên, Markam, Gamba, Pagri, area along Heihe-Ngari highway, northern flank of Xixiabangma, northern flank of Qomolangma, Zhongba, Baingoin, from Xainza to Hoh Xil Shan[X30]; from northern Burang to Banggong Lake, Lhari, Baqên, Amdo, Xigazê[Y38,F5,Z3]

Plateau (steppe, meadow, and desert)

Ladakh, upper reaches of Ganga River, Sikkim.

Procapra przewalskii Büchner, 1891 **Przewalski's gazelle**

Nei Mongol: Northwestern Baotou, Ordos[A1]

Xinjiang: Southeastern area[E1]

Ningxia: Southwestern Yinchuan[A1]

Gansu: Eastern Hexi Corridor[A1]; Sunan, Mazongshan in Subei[Z81]

Qinghai: Haiyan, Tianjun[Z43]

Mountain (steppe, desert and semidesert)

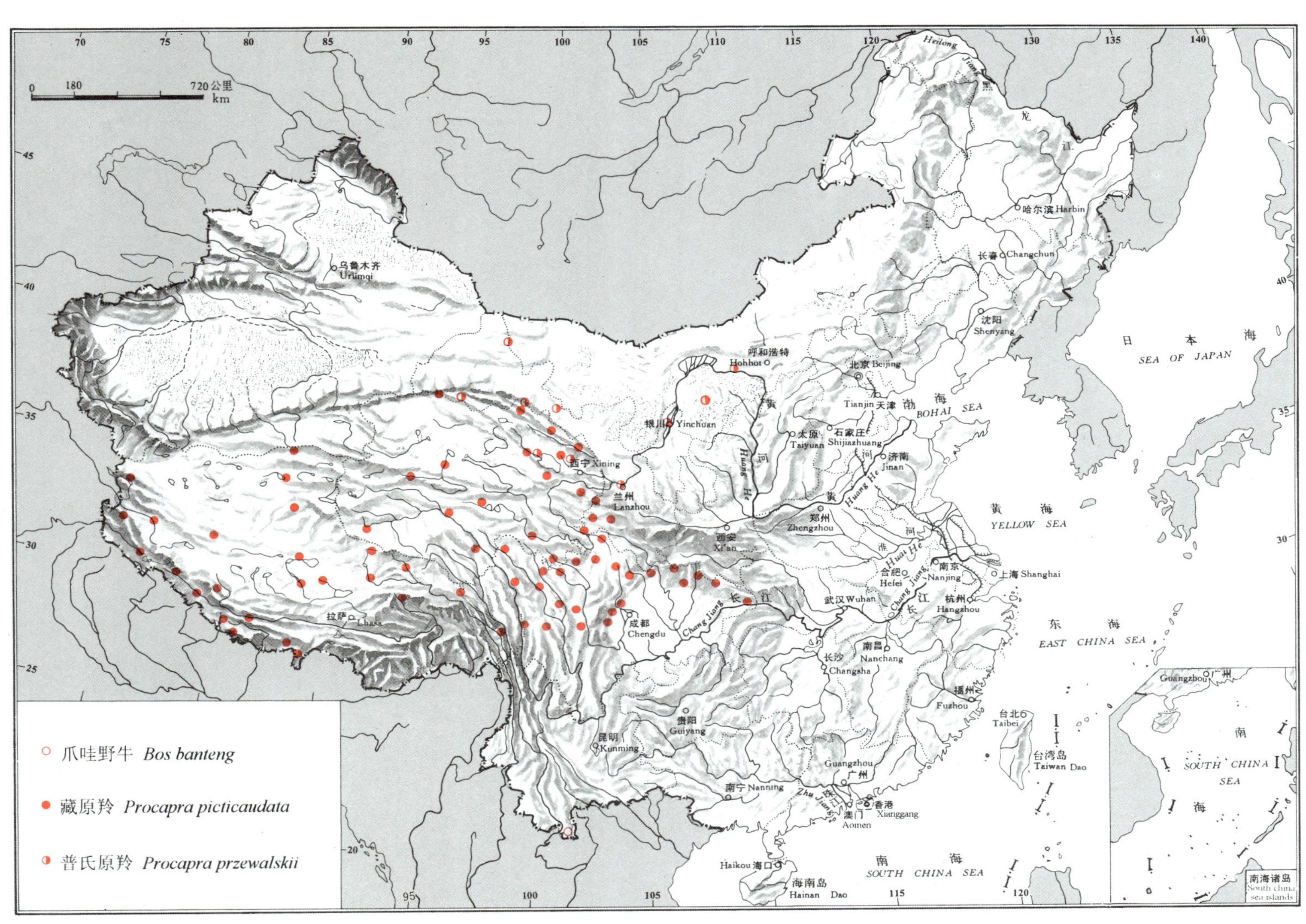

图 106 爪哇野牛 *Bos banteng* 藏原羚 *Procapra picticaudata* 普氏原羚 *Procapra przewalskii* 的分布

黄羊 ***Procapra gutturosa*** Pallas, 1777

P. g. gutturosa Pallas, 1777

吉林：白城子[S33]；洮南[L86]

内蒙古：乌审旗[Z56]；呼伦湖西[Z118]；布特哈旗[L86]；通辽、二连浩特、苏尼特右旗*；西乌珠穆沁旗（张荣祖 1955 年提供）、苏尼特左旗*；阿巴嘎旗、四子王旗、达尔罕茂明安联合旗[Z50]；阿拉善左旗[W60]

河北：张家口北部[G24]

山西：吕梁山、太行山、雁北[W8]

陕西：子长、延安、榆林、绥德[W115,Z90]

宁夏：贺兰山[W60]

甘肃：环县、山丹、肃北[Z81]

草原，半荒漠

阿尔泰，楚伊斯克，外贝加尔湖区，蒙古。

羚羊属 *Gazella* Blainville, 1816

鹅喉羚 ***Gazella subgutturosa*** Güldenstaedt, 1780

G. s. yarkandensis Blanford, 1875 [新疆南部]

G. s. hillieriana Heude, 1894 [内蒙古]

G. s. sairensis Lydekker, 1900 [准噶尔]

G. s. reginae Adlerberg, 1931 [柴达木]

内蒙古：杭锦旗、鄂托克旗[Z56]；乌拉特后旗[X10]；阿拉善左旗[A1]

新疆：吐鲁番、焉耆、拜城、阿克苏、麦盖提、莎车、哈密、且末[X11,Z32]；

吉木乃、布尔津、昆仑—阿尔金山[Z98,G16]
甘肃：敦煌、酒泉、张掖、民勤[Q13]；肃北、卓尼、临夏[Z81]
青海：德令哈、诺木洪、大柴旦、冷湖、格孜湖[Q13,Z16,69]

荒漠，半荒漠
外高加索，中亚，蒙古，伊朗，伊拉克，叙利亚，阿富汗，巴基斯坦。

Procapra gutturosa Pallas，1777 **Mongolian gazelle（Zeren）**
P. g. gutturosa Pallas，1777
Jilin：Baichengzi[S33]；Taonan[L86]
Nei Mongol：UxinB.[Z56]；western area of Hulunhu[Z118]；Butha B.[L86]；Tongliao，Erenhot，Sonid Left B.*；Xi Ujimqin B.（provided by Zhang Yongzu，1955），Sonid Left B.，Abag B.，Siziwang B.，Darhan，Muminggan Joint B.[Z50]；Alxa Left B.[W60]
Hebei：Northern Zhangjiakou[G24]
Shanxi：Luliangshan，Taihangshan，Yanbei[W8]
Shaanxi：Zichang，Yan'an，Yulin，Suide[W115,Z90]
Ningxia．Helanshan[W60]
Gansu：Huanxian，Shandan，Subei[Z81]
Steppe，semidesert
Altay，Chuiskaya，Transbaika，Mongolia.

Gazella Blainville，1816 **Gazelles**

Gazella subgutturosa Güldenstaedt，1780 **Goitred gazelle**
G. s. yarkandensis Blanford，1875 [Southern Xinjiang]
G. s. hillieriana Heude，1894 [Nei Mongol]
G. s. sairensis Lydekker，1900 [Junggar]
G. s. reginae Adlerberg，1931 [Qaidam]
Nei Mongol：Hanggin B.，Otog B.[Z56]；Urad Rear B.[X10]；Alxa Left B.[A1]
Xinjiang：Turpan，Yaqi，Baicheng，Aksu，Markit，Shache，Hami，Qiemo[X11,Z32]；Jeminay，Burqin，Kunlun-Altun[Z98,G16]
Gansu：Dunhuang，Jiuquan，Zhangye，Minqin[Q13]；Subei，Jonê，Linxia[Z81]
Qinghai：Delingha，Nomhon，Dachaidan，Lenghu，Gas Hu[Q13,Z16,69]
Desert，semidesert
Transcaucasia，Central Asia，Mongolia，Iran，Iraq，Syria，Afghanistan，Pakistan.

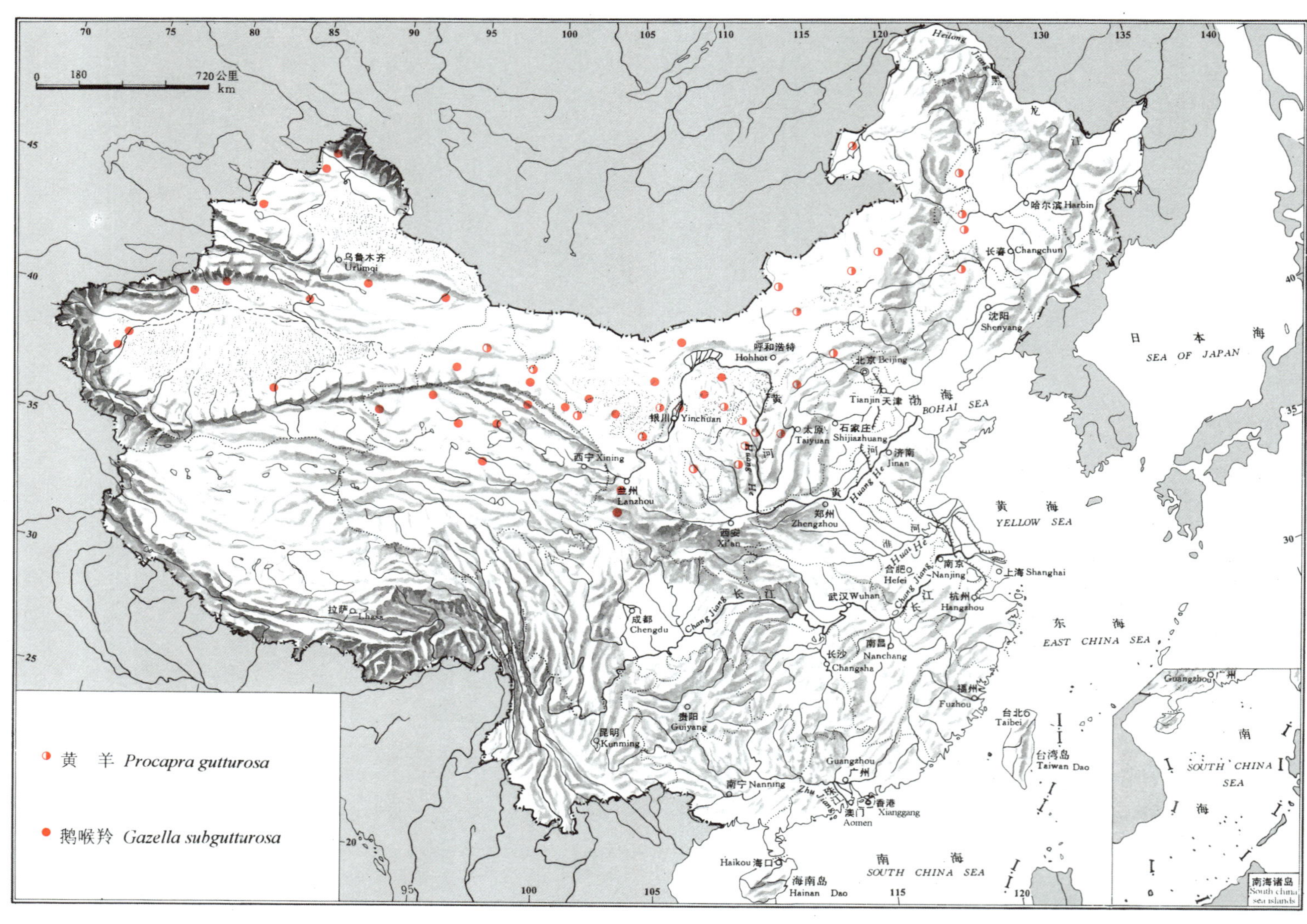

图 107 黄羊 *Procapra gutturosa* 鹅喉羚 *Gazella subgutturosa* 的分布

藏羚属 *Pantholops* Hodgson，1834

藏羚 ***Pantholops hodgsoni*** Abel，1826
青海：格尔木南部[Q13]；曲麻莱*；黄河源头[R7]；长江源头[C3]；共和、贵南[Z24]；昆仑—阿尔金山盆地（新、甘、青交界处）、玉树、海西州昆仑山[Z69]
新疆：且末（阿尔金山）[Z32,98,G16]
四川：德格、甘孜、石渠[H23]
西藏：班公湖[F5]；罗多克、多玛尔、黑河—阿里公湖沿线申扎、班戈至可可西里、仲巴北部昆仑山、雅鲁藏布江上游[X30]；安多、双湖[F5,Y38,Z3]
高原（草原、荒漠、草甸）
拉达克北部。

高鼻羚羊属 *Saiga* Gray，1843

赛加羚 ***Saiga tatarica*** Linnaeus，1766
新疆：博乐、裕民西部、准噶尔东部和东南[R4]（60年代以来未发现）
荒漠，半荒漠

乌拉尔，西伯利亚，蒙古。

羚牛属 *Budorcas* Hodgson，1850

羚牛 ***Budorcas taxicolor*** Hodgson，1850

B. t. tibetana Milne-Edwards，1874［四川］

B. t. bedfordi Thomas，1911［陕西］

B. t. whitei Lydekker，1907［不丹］

陕西：周至、宁陕、太白、佛坪[W98]；洋县、石泉、留坝、眉梁、户县、镇安、柞水[Z85]；兰田、高县[W116]；太白山[A1,Y47]

甘肃：文县[M1]；舟曲、迭部[N2,L94]；武都、徽县、康县[C18,W92,Z81]

四川：平武*；康定[S46]；松潘、宝兴、峨眉山[A1]；青川、绵竹、北川、洪雅、美姑、雷波、越西、马边、峨边、荥经、石棉、天全、芦山、冕宁、木里、盐源、大邑、什邡、灌县、丹巴、泸定、九龙、理塘、黑水、小金、南坪、金川、汶川、茂汶[H23,24,W82]；安县[G12]

云南：腾冲[W92]；贡山[L50]；泸水[P1]

西藏：林芝、米林、波密、八宿、墨脱、隆子、错那、察隅地区[E1,W91,F5]

山地森林，竹林，亚高山草甸灌丛

不丹，缅甸北部。

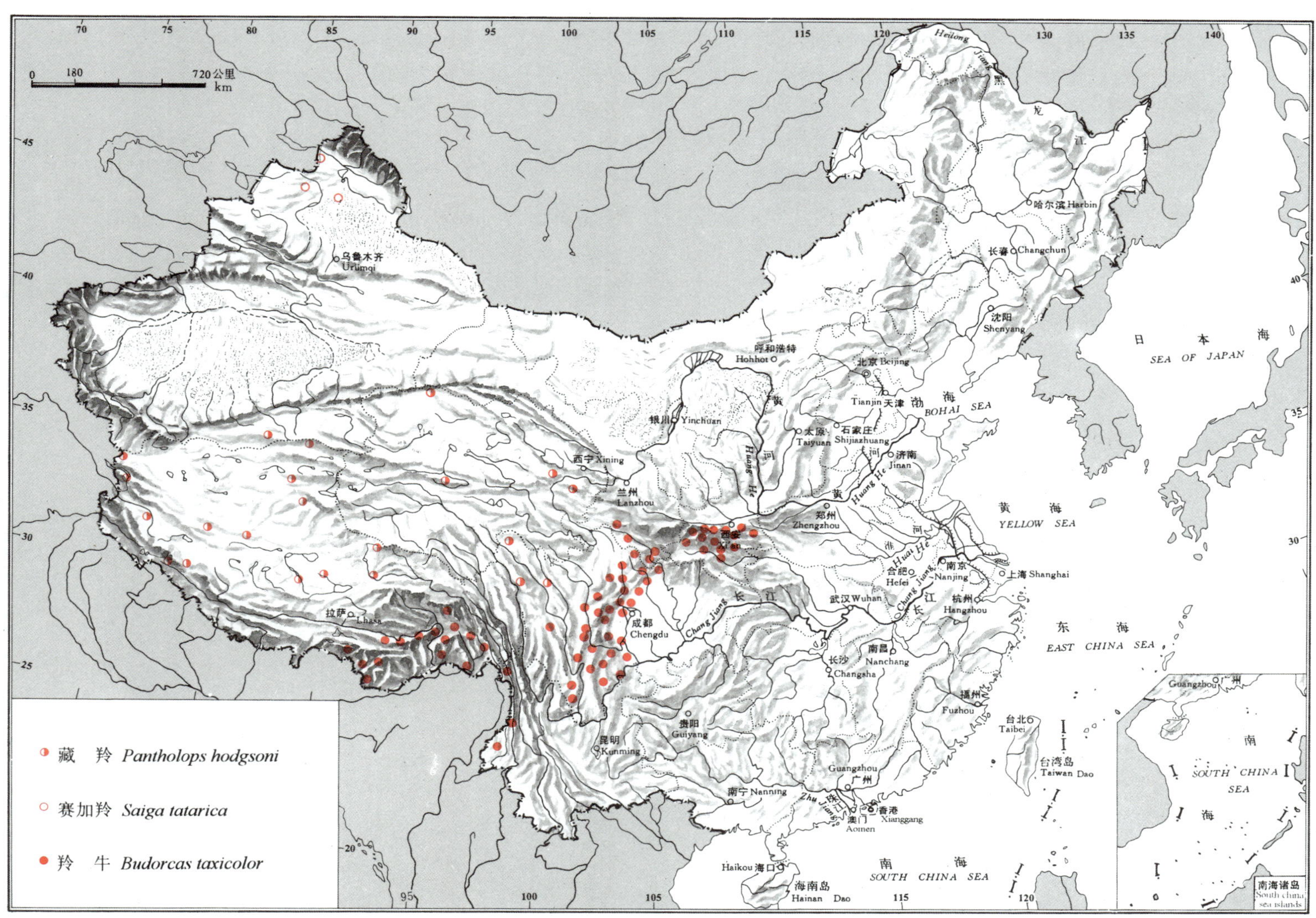

图 108 藏羚 *Pantholops hodgsoni* 赛加羚 *Saiga tatarica* 羚牛 *Buborcas taxicolor* 的分布

Pantholops Hodgson，1834 Tibetan antelopes

Pantholops hodgsoni Abel，1826 **Tibetan antelope (Chiru)**

Qinghai：Southern Golmud[Q13]；Qumarlêb*；source area of Huanghe[R7] source area of changjiang[C3]；Gonghe，Guinan[Z24]；Kunlun-Altun basin (border of Xinjiang，Gansu and Qinghai)，Yushu，Kunlun in Haixi[Z69]

Xinjiang：Qiemo (Altun Shan)[Z32,98,G16]

Sichuan：Dêgê，Garzê，Sêrxü[H23]

Xizang：Bangong Hu[F5]；Luoduoke，Dumor，area along Heihe-Ngarl highway，area from Xainza and Baingoin to Hoh Xil Shan，Kunlun in northern Zhongba，upper reaches of Yarlung Zangbo[X30]；Amdo，Shuanghu[F5,Y38,Z3]

Plateau (steppe，desert and meadow)

Northern Ladakh.

Saiga Gray，1843 Saigas

Saiga tatarica Linnaeus，1766 **Saiga**

Xinjiang：Bole，western Yumin，eastern and southeastern Junggar[R4] (not found since 1960s in China)

Desert，semidesert

Urals，Siberia，Mongolia.

Budorcas Hodgson，1850 Takins

Budorcas taxicolor Hodgson，1850 **Takin**

B. t. tibetana Milne-Edwards，1874［Sichuan］

B. t. bedfordi Thomas，1911［Shaanxi］

B. t. whitei Lydekker，1907［Bhutan］

Shaanxi：Zhouzhi，Ningshan，Taibai，Foping[W98]；Yangxian，Shiquan，Liuba，Meiliang，Huxian，Zhen'an，Zhashui[Z85]；Lantian，Gaoxian[W116]；Taibaishan[A1,Y47]

Gansu：Wenxian[M1]；Zhugqu，Têwo，[N2,L94]；Wudu，Huixian，Kangxian[C18,W92,Z81]

Sichuan：Pingwu*；Kangding[S46]；Songpan，Baoxing，Emeishan[A1]；Qingchuan，Mianzhu，Beichuan，Hongya，Meigu，Leibo，Yuexi，Mabian，Ebian，Yingjing，Shimian，Tianquan，Lushan，Mianning，Muli，Yanyuan，Dayi，Shifang，Guanxian，Danba，Luding，Jiulong，Litang，Heishui，Xiaojin，Nanping，Jinchuan，Wenchuan，Maowen[H23.24,W82]；Anxian[G12]

Yunnan：Tengchong[W92]；Gongshan[L50]；Lushui[P1]

Xizang：Nyingchi，Mainling，Bomi，Baxoi，Mêdog，Lhünzeê，Cona，Zayü area[E1,W91,F5]

Mountain forest，bamboo forest，subalpine meadow-scrub

Bhutan，northern Myanmar.

鬣羚属 *Capricornis* Ogilby，1837

鬣羚 ***Capricornis sumatraensis*** Bechstein，1799

C. s. milneedwardsi David，1869［甘肃，四川西部，云南］

C. s. argyochaetes Heude，1888［长江流域中下游以南地区］

C. s. jamrachi Pocock，1908［墨脱］

C. s. thar Hodgson，1831［尼泊尔］

C. s. montinus G. Allen，1930［云南］

陕西：陇县[S41]；留坝、宁强、石泉、镇坪、柞水、镇安[W96]；太白山[Y47]

甘肃：临夏[Q13]；舟曲、文县[M1]；迭部、卓尼、碌曲、夏河、临潭[N2]

青海：班玛*；囊谦[Z69]

四川：平武、宝兴、康定[A1]；巴塘[S46]；青川、北川、万源、城口、石棉、古蔺、峨眉山、大邑、九龙、雅江、炉霍、德格、阿坝、若尔盖、泸定、汶川[H23,24]；安县[G12]

贵州：松桃、江口、印江、玉屏、石阡、余庆、瓮安、开阳、贵定、清镇、惠水、三都、独山、安龙[L2]；梵净山[G17]；荔波[X8]

云南：丽江[A1]；屏边、景洪、勐腊[Y43]；泸水、德钦[P1]；永德[L71]；沧源（南滚河）、个旧、蒙自、弥勒、泸西、绿春、金平、河口[L4]；景东[Z61]

西藏：比如、昌都、波密、易贡、定结、洛扎、错那、隆子、察隅、墨脱、江达[F5]；樟木、索县、嘉雅[Z3,Y29]

江西：安远、赣县、泰和[L65]；全省山区[S20]；都昌、波阳[F13]

湖南：桂东、宜章、新宁、绥宁[L65]；城步[F14]

湖北：宜昌[A1]

安徽：青阳、宁国[H35]；歙县、休宁、宣城、石台、郎溪[C9,W39]

浙江：桐庐、余杭、德清、宁波、宁海、缙云、金华、龙游[Z113]

广西：那坡、靖西、龙州、宁明、上思[W47]；融水、融安、龙胜、资源、兴安、富川、贺县、上林、灵山[S12,W83]

广东：连平、连州、阳山[T5]；南雄[A1]；惠东[J10]；大埔、乐昌[Z109]

福建：福清*；南平、武夷山[A1]；宁德、三明、莆田、龙岩、龙溪、晋江[Z11]；永春[L97]

山地森林，灌丛

中南半岛，马来半岛，阿萨姆，尼泊尔，旁遮普，克什米尔，苏门答腊。

台湾鬣羚 ***Capricornis crispus*** Temminck，1845

C. c. swinhoei Gray，1862

台湾：于山地海拔 1000—3500m 分布[C15]

日本（本州、四国、九州）。

斑羚属 *Naemorhedus* H. Smith，1827

红斑羚 ***Naemorhedus cranbrooki*** Hayman，1961

云南：贡山（担当力卡山）[L50]

西藏：波密（易贡）、察隅（下察隅）、米林（邦中沟）、墨脱[F5]；林芝（软沟）[Z18]

山地，热带、亚热带森林

缅甸最北部。

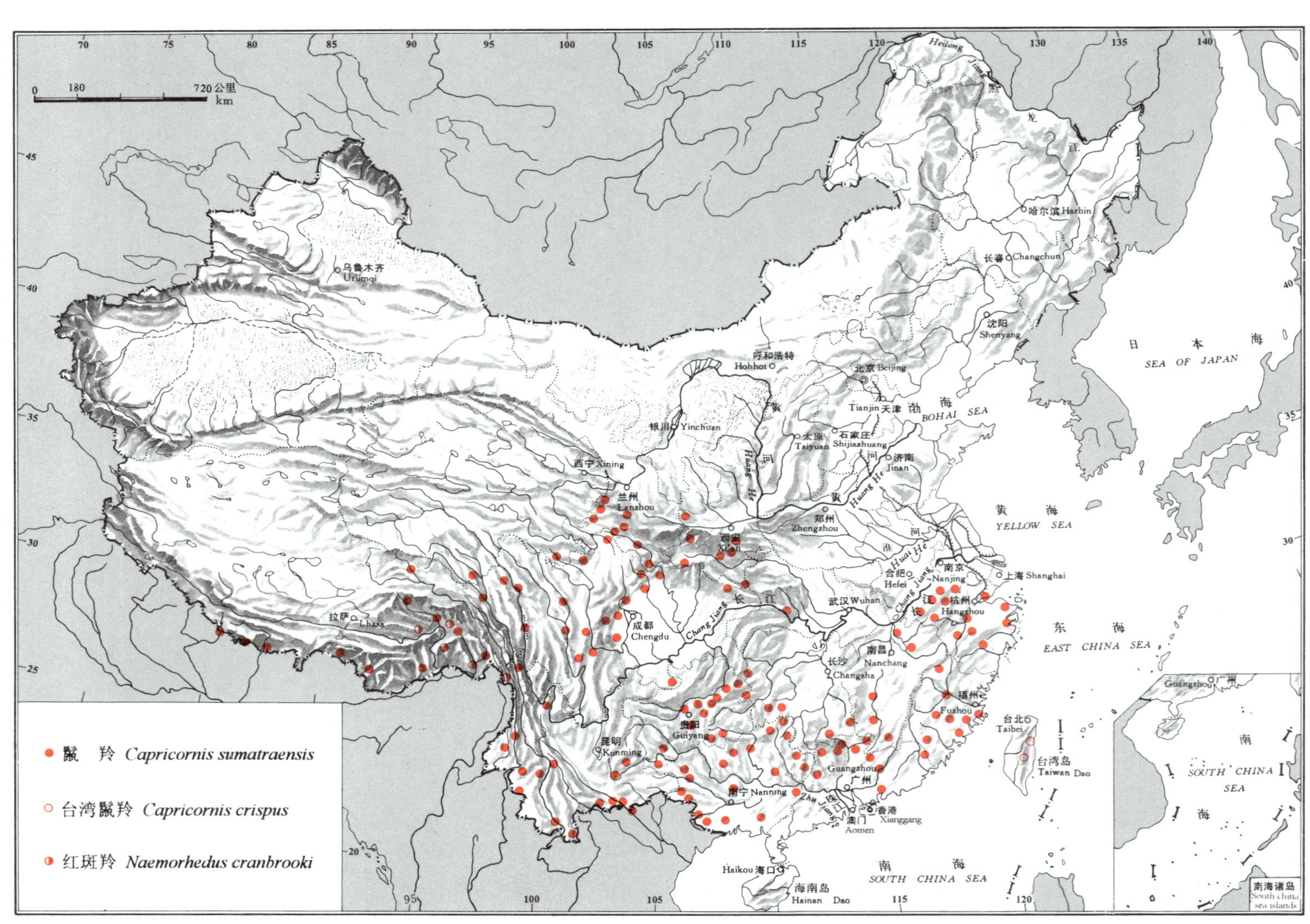

图 109 鬣羚 *Capricornis sumatraensis* 台湾鬣羚 *Capricornis crispus* 红斑羚 *Naemorhedus cranbrooki* 的分布

Capricornis Ogilby, 1837 **Serows**

Capricornis sumatraensis Bechstein, 1799 **Mainland serow**

C. s. milneedwardsi David, 1869 [Gansu, western Sichuan, Yunnan]

C. s. argyrochaetes Heude, 1888 [South of middle-lower reaches of Changjiang]

C. s. jamrachi Pocock, 1908 [Mêdog]

C. s. thar Hodgson, 1831 [Nepal]

C. s. montinus G. Allen, 1930 [Yunnan]

Shaanxi: Longxian[S41]; Liuba, Ningqiang, Shiquan, Zhenping, Zhashui, Zhen'an[W96]; Taibaishan[Y47]

Gansu: Linxia[Q13]; Zhugqu, Wenxian[M1]; Têwo, Jonê, Luqu, Xiahe, Lintan[N2]

Qinghai: Baima*; Nangqên[Z69]

Sichuan: Pingwu, Baoxing, Kangding[A1]; Batang[S46]; Qingchuan, Beichuan, Wanyuan, Chengkou, Shimian, Gulin, Emeishan, Dayi, Jiulong, Yajiang, Luhuo, Dege, Aba, Zoige, Luding, Wenchuan[H23,24]; Anxian[G12]

Guizhou: Songtao, Jiangkou, Yinjiang, Yuping, Shiqian, Yuqing, Weng'an, Kaiyang, Guiding, Qingzhen, Huishui, Sandu, Dushan, Anlong[L2]; Fanjingshan[G17]; Libo[X8]

Yunnan: Lijiang[A1]; Pingbian, Jinghong, Mengla[Y43]; Lushui, Dêqên[P1]; Yongde[L71]; Cangyuan (Nangunhe), Gejiu, Mengzi, Mile, Lüxi, Luchun, Jinping, Hekou[L4]; Jingdong[Z61]

Xizang: Biru, Qamdo, Bomi, Yigong, Dinggyê, Lhozhag, Cona, Lhünzê, Zayü, Mêdog, Jomda[F5]; Zhangmu, Lhari[Z3,Y29]

Jiangxi: Anyuan, Ganxian, Taihe[L65]; mountain areas[S20]; Duchang, Banyang[F13]

Hunan: Guidong, Yizhang, Xinning, Suining[L65]; Chengbu[F14]

Hubei: Yichang[A1]

Anhui: Qingyang, Ningguo[H35]; Shexian, Xiuning, Xuancheng, Shitai, Langxi[C9,W39]

Zhejiang: Tonglu, Yuhang, Deqing, Ningbo, Ninghai, Jinyun, Jinhua, Longyou[Z113]

Guangxi: Napo, Jingxi, Longzhou, Ningming, Shangsi[W47], Rongshui, Rong'an, Longsheng, Ziyuan, Xing'an, Fuchuan, Hexian, Shanglin, Lingshan[S12,W83]

Guangdong: Lianping, Lianzhou, Yangshan[T5]; Nanxiong[A1]; Huidong[J10]; Dapu, Lechang[Z109]

Fujian: Fuqing*; Nanping, Wuyishan[A1]; Ningde, Sanming, Putian, Longyan, Longxi, Jinjiang[Z11]; Yongchun[L97]

Mountain forest, scrub

Myanmar, Thailand, Indochina and Malay peninsula, Assam, Nepal, Punjab, Kashmir, Sumatra.

Capricornis crispus Temminck, 1845 **Japanese serow**

C. c. swinhoei Gray, 1862

Taiwan: Distributed between 1000 and 3500 m a. s. l. in mountains[C15]

Japan (Honshu, Shikoku, Kyushu).

Naemorhedus H. Smith, 1827 **Gorals**

Naemorhedus cranbrooki Hayman, 1961 **Red goral**

Yunnan: Gongshan (Dandanglika shan)[L50]

Xizang: Bomi (Yigong), Zayü (lower Zayü), Mainling (Bangzhonggou), Mêdog[F5]; Nyingchi (Ruangou)[Z18]

Mountain tropical and subtropical forest

Northernmost Myanmar.

斑羚 ***Naemorhedus goral*** Hardwicke, 1825

N. g. caudatus Milne-Edwards, 1867 [华北，东北，内蒙古]

N. g. griseus Milne- Edwards, 1871 [西南]

N. g. arnouxianus Heude, 1888 [长江流域以南]

N. g. hodgsoni Pocock, 1908 [尼泊尔，锡金]

黑龙江：伊春[S32]；宁安、穆棱、海林、通河[M13]

吉林：汪清、延吉、敦化[Y24]；长白山[S33]

内蒙古：乌拉山*；呼和浩特、包头[A1]；杭锦旗[Z56]

宁夏：贺兰山[W60]

北京：西部山区[B10,Z31]

山西：雁北、忻州、吕梁山、太行山[W8]

河南：嵩县[Z97]

陕西：西安（南部山地）[A1]；周至、长安、陇县[S41]；凤县、留坝、佛坪、宁强、宁陕、镇安[W98]；柞水、洛南[Z85]；太白山[Y47]

甘肃：文县[M1]；舟曲、迭部、卓尼、临潭[N2]；成县、康县、武都、两当、天水、张家川、清水、武山、康乐[Z81]

湖南：桂东、新宁[L65]；城步、资兴[F14]

湖北：巴东、长阳[A1]

四川：会东、雷波、木里、宝兴、巴塘、康定、万县、城口、宜宾、青川、南江、古蔺、峨边、灌县、盐源、白玉、德格、邓柯、甘孜、阿坝、若尔盖、黑水、泸定、汶川、安县[H23,24]

贵州：石阡、余庆、开阳、瓮安、惠水、金沙、织金、纳雍、毕节、三都、独山、望谟、册亨、兴义、威宁、大方[L2]

云南：景洪、屏边[Y43]；建水、石屏、永德[L71]；德钦、云龙[P1]；丽江、腾冲[A1]；泸西、弥勒、绿春、金平[L4]；贡山、六库[L50]；景东[Z61]

青海：贵南[Z69]

西藏：察隅、江达、昌都、林芝、易贡、波密（*griseus*）、亚东、错那、隆子、樟木、吉隆（*hodgsoni*）[F5]

浙江：桐庐[A1]；永嘉[Z113]

安徽：青阳、宁国、歙县、皖南山区[S24,W39]

广西：大瑶山[A1]；隆林、天峨、南丹[W83]

广东：英德[A1]

福建：南平、武夷山[A1]

岩山

乌苏里，朝鲜，阿萨姆，尼泊尔，旁遮普，克什米尔。

塔尔羊属 *Hemitragus* Hodgson, 1841

喜马拉雅塔尔羊 ***Hemitragus jemlahicus*** H. Smith, 1826

H. j. jemlahicus H. Smith, 1826 [喜马拉雅山脉南翼]

西藏：樟木[W81]；聂拉木波曲河谷、吉隆[F5]

山地

克什米尔，旁遮普，恒河上游地区，尼泊尔，锡金。

山羊属 *Capra* Linnaeus, 1758

北山羊 ***Capra ibex*** Linnaeus, 1758

C. i. sibirica Pallas, 1766 [西伯利亚]

C. i. alaiana Noack, 1902 [阿尔泰]

内蒙古：乌拉特后旗[X10]；阿拉善右旗[A1]

新疆：吐鲁番[X11]；裕民与博乐之间*；塔城、天山、托木尔峰地区[L44]；北塔山、马鬃山、塔什库尔干山地[S3]；阿尔泰山[Z20]

甘肃：肃北马鬃山和明水地区[Z69]

石质山地

印度北部，兴都库什，天山，萨彦岭，蒙古，阿尔泰，戈壁阿尔泰。

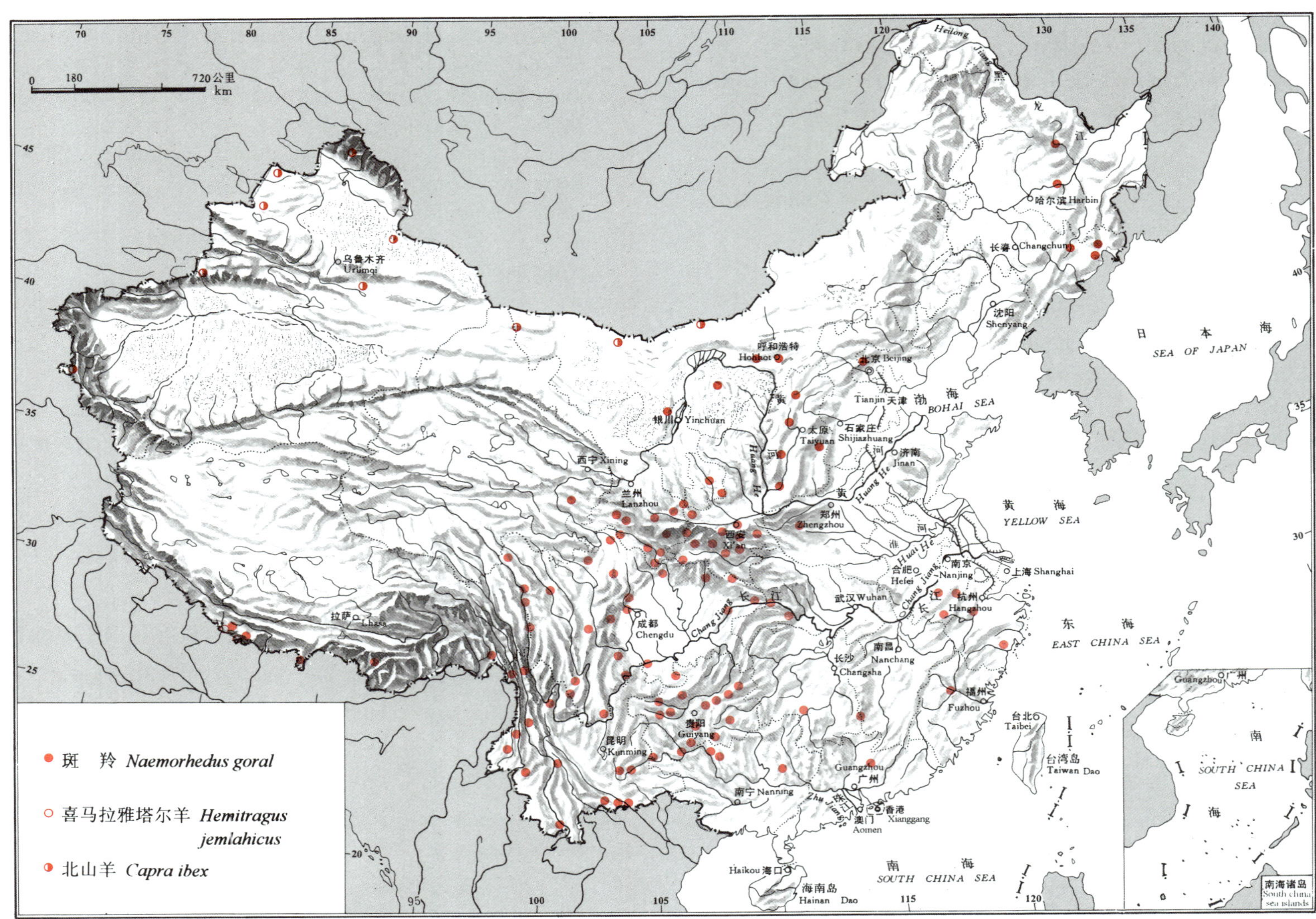

图 110 斑羚 *Naemorhedus goral* 喜马拉雅塔尔羊 *Hemitragus jemlahicus* 北山羊 *Capra ibex* 的分布

Naemorhedus goral Hardwicke，1825 **Common goral**

N. g. caudatus Milne-Edwards，1867 [North and northeast China，Nei Mongol]

N. g. griseus Milne-Edwards，1871 [Southwest China]

N. g. arnouxianus Heude，1888 [South of the Changjiang basin]

N. g. hodgsoni Pocock，1908 [Nepal，Sikkim]

Heilongjiang：Yichun[S32]；Ning'an，Muling，Hailin，Tonghe[M13]

Jilin：Wangqing，Yanji，Dunhua[Y24]；Changbaishan[S33]

Nei Mongol：Wula Shan*；Hohhot，Baotou[A1]；Hanggin B.[Z56]

Ningxia：Helanshan[W60]

Beijing：Western mountains[B10,Z31]

Shanxi：Yanbei，Xinzhou，Luliangshan，Taihangshan[W8]

Henan：Songxian[Z97]

Shaanxi：Xi'an (southern mountains)[A1]；Zhouzhi，Chang'an，Longxian[S41]；Fengxian，Liuba，Foping，Nignqiang，Ningshan，Zhen'an[W98]；Zhashui，Luonan[Z85]；Taibaishan[Y47]

Gansu：Wenxian[M1]；Zhugqu，Têwo，Jonê，Lintan[N2]；Chengxian，Kangxian，Wudu，Liangdang，Tianshui，Zhangjiachuan，Qingshui，Wushan，Kangle[Z81]

Hunan：Guidong，Xinning[L65]；Chengbu，Zixing[F14]

Hubei：Badong，Changyang[A1]

Sichuan：Huidong，Leibo，Muli，Baoxing，Batạng，Kangding，Wanxian，Chengkou，Yibin，Qingchuan，Nanjiang，Gulin，Ebian，Guanxian，Yanyuan，Baiyü，Dêgê，Dainkog，Garzê，Aba，Zoegê，Heishui，Luding，Wenchuan，Anxian[H23,24]

Guizhou：Shiqian，Yuqing，Kaiyang，Weng'an，Huishui，Jinsha，Zhijin，Nayong，Bijie，Sandu，Dushan，Wangmo，Ceheng，Xingyi，Weining，Dafang[L2]

Yunnan：Jinghong，Pingbian[Y43]；Jianshui，Shiping，Yongde[L71]；Dêqên，Yunlong[P1]；Lijiang，Tengchong[A1]；Luxi，Mile，Lüchun，Jinping[L4]，Gongshan，Liuku[L50]；Jingdong[Z61]

Qinghai：Guinan[Z69]

Xizang：Zayü，Jomda，Qamdo，Nyingchi，Yigong，Bomi (*griseus*)，Yadong，Cona，Lhünzê，Zhangmu，Gyirong (*hodgsoni*)[F5]

Zhejiang：Tonglu[A1]；Yongjia[Z113]

Anhui：Qingyang，Ningguo，Shexian，Wannan mountain areas[S24,W39]

Guangxi：Da Yaoshan[A1]；Longlin，Tian'e，Nandan[W83]

Guangdong：Yingde[A1]

Fujian：Nanping，Wuyishan[A1]

Rocky mountain

Ussuri，Korea；Assam，Nepal，Punjab，Kashmir.

Hemitragus Hodgson，1841 **Tahrs**

Hemitragus jemlahicus H. Smith，1826 **Himalayan tahr**

H. j. jemlahicus H. Smith，1826 [Southern flank of Himalayas]

Xizang：Zhangmu[W81]；Pogu valley in Nyalam，Gyirong[F5]

Mountain

Kashmir，Punjab，upper reaches of Ganga River，Nepal，Sikkim.

Capra Linnaeus，1758 **Goats**

Capra ibex Linnaeus，1758 **Ibex**

C. i. sibirica Pallas，1766 [Siberia]

C. i. alaiana Noack，1902 [Altay]

Nei Mongol：Urad Rear B.[X10]；northwestern Alxa[A1]

Xinjiang：Turpan[X11]；area between Yumin and Bole*；Tacheng，Tianshan，Tuomuer Feng area[L44]；Beitashan，Mazongshan，Taxkorgan mountain[S3]，Altai[Z20]

Gansu：Mazongshan and Mingshui area in Subei[Z69]

Rocky mountain

Northern India，Hindu Kush，Tianshan，Sayan，Mongolia，Altai and Gobi Altai.

岩羊属 *Pseudois* Hodgson，1846

岩羊 ***Pseudois nayaur*** Hodgson，1833

P. n. nayaur Hodgson，1833［西藏南部］

P. n. szechuanensis Rothschild，1922［四川，甘肃，青海］

内蒙古：包头[A1]

陕西：西南隅[A1]；太白山[Y47]

宁夏：贺兰山[W60]

甘肃：酒泉（南部山地）、当金山口[Q13]；岷山、兰州[A1]；迭部[L94]；康乐、和政、临夏、永昌、武威、肃南、肃北、文县、武都[Z81]

青海：共和、贵德、兴海[Z24]；祁连、门源、皇城、天峻、德令哈、茫崖西部、噶尔木南部[Q13,Z16]；花石峡、玛沁、互助、循化[Z69]；黄河源头[R7]；长江源头[C3]

新疆：且末、若羌（昆仑－阿尔金山）[Z98,G16]；塔尔库尔干[S5]

四川：理塘、德格[S46]；康定、巴塘[A1]；宝兴、峨边、木里、丹巴、泸定、九龙、雅江、白玉、邓柯、甘孜、石渠、阿坝、若尔盖、小金、汶川、壤塘[H23,24]

云南：哈巴雪山、白马雪山[L50]；德钦[Y43]

西藏：亚东、拉萨、希夏邦马峰、珠穆朗玛峰、聂拉木、曲宗、萨迦、定结、帕里、麻江、旁多、囊杰、隆子、普兰、奇林湖西南、江达、察雅、芒康、波密、察隅、改则[X30]；丁青、双湖、索县、安多、申扎[F5,Y38,Z3]

高山草原

锡金，尼泊尔，克什米尔。

矮岩羊 ***Pseudois schaeferi*** Groves 1978

四川：白玉、巴塘[A1,W109,C1]

西藏：江达、贡觉、芒康[Y29]

青海：囊谦[Z69]

云南：德钦[Y29]

山地针叶林，灌丛，草甸

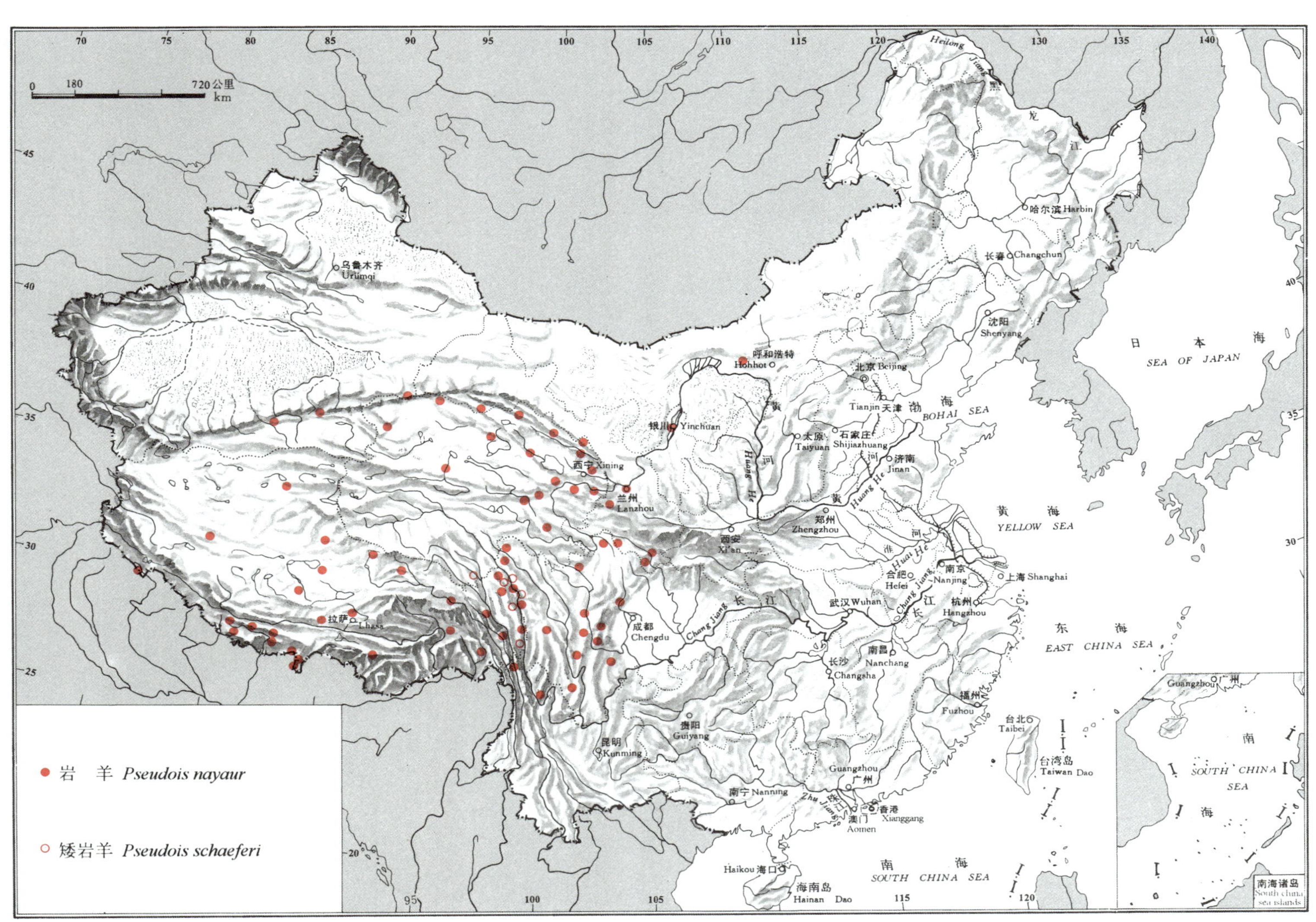

图111 岩羊 *Pseudois nayaur* 矮岩羊 *Pseudois schaeferi* 的分布

Pseudois Hodgson，1846 Blue sheep

Pseudois nayaur Hodgson，1833 **Blue sheep (Bharal)**

P. n. nayaur Hodgson，1833［Southern Xizang］

P. n. szechuanensis Rothschild，1922［Sichuan，Gansu，Qinghai］

Nei Mongol：Baotou[A1]

Shaanxi：Southwestern corner[A1]；Taibaishan[Y47]

Ningxia：Helanshan[W60]

Gansu：Jiuquan southern mountain，Dangjinshan pass[Q13]；Minshan，Têwo[L94]；Lanzhou[A1]；Kangle，Hezheng，Linxia，Yongchang，Wuwei，Sunan，Suibei，Wenxian，Wudu[Z81]

Qinghai：Gonghe，Guide，Xinghai[Z24]；Qilian，Menyuan，Huangcheng，Tianjun，Delingha，western Mangya，southern Golmud[Q13,Z16]；Huashixia，Maqên，Huzhu，Xunhua[Z69]；source area of Huanghe[R7]；source area of Changjiang[C3]

Xinjiang：Qiemo，Ruoqiang（Kunlun-Altun shan）[Z98,G16]；Taxkorgan[S5]

Sichuan：Litang，Dêgê[S46]；Kangding，Batang[A1]；Baoxing，Ebian，Muli，Daba，Luding，Jiulong，Yajiang，Baiyü，Dainkog，Garzê，Sêrxü，Aba，Zoigê，Xiaojin Wenchuan，Rangtang[H23,24]

Yunnan：Habaxueshan，Bamaxueshan[L50]；Dêqên[Y43]

Xizang：Yadong，Lhasa，Xixabangma，Qomolangma，Nyalam，Quzong，Sa'gya，Dinggyê，Pagri，Majiang，Pangduo，Nangjie，Lhünzê，Burang，southwestern area of Qilinhu，Jomda，Chagyab，Markam，Bomi，Zayü，Gêrzê[X30]；Dêngqên，Shuanghu（Sog，Amdo，Xainza）[F5,Y38,Z23]

Alpine steppe

Sikkim, Nepal, Kashmir.

Pseudois schaeferi Groves, 1978 **Lesser blue sheep**

Sichuan: Baiyü, Batang[A1,W109,C1]

Xizang: Jomda, Gonjo, Markam[Y29]

Qinghai: Nangqên[Z69]

Yunnan: Dêqên[Y29]

Mountain coniferous, scrub, meadow

盘羊属 *Ovis* Linnaeus, 1758

盘羊 ***Ovis ammon*** Linnaeus, 1758

O. a. ammon Linnaeus, 1758 [阿尔泰]

O. a. polii Blyth, 1841 [帕米尔高原, 西天山]

O. a. karelini Severtzov, 1873 [天山]

O. a. hodgsoni Blyth, 1841 [西藏]

O. a. darwini Przewalski, 1883 [内蒙古, 华北]

O. a. dalailamae Przewalski, 1888 [阿尔金山]

O. a. sairensis Lydekker, 1898 [准噶尔, 萨吾尔山]

O. a. littledalei Lydekker, 1902 [伊犁河]

O. a. adametzi Kowarzik, 1913 [罗布泊地区]

内蒙古: 乌拉特后旗[X10]; 鄂托克旗[Z56]; 大青山、呼和浩特西部[A1]; 阿拉善左旗[W60]

宁夏: 贺兰山[W60]

甘肃: 酒泉、武威、肃北(马鬃山)、张掖、临夏[Q13]; 南山北坡[A1]; 玛曲、碌曲、夏河[N2]

青海: 祁连、茫崖、格尔木南部、当金山口、都兰[Q13,Z16]; 花石峡、玛沁*; 兴海[Z24]; 长江源头[C3]

新疆: 若羌、且末南部[Z98]; 塔什库尔干[S5]; 喀什、吉木乃[X11]; 伊犁河、罗布泊[G16]; 伊宁东南萨尔山(Sair)[E1]

四川: 雅江、道孚、白玉、德格、甘孜、里塘、巴塘、义敦[H23,24]

西藏: 亚东至拉萨沿线、奇林湖西南、仲巴[F5]; 安多、申扎、双湖[Y38]; 那曲、日土、改则、措勤、萨噶、昂仁、岗巴、萨迦[Z3,Y29]

山地草原

帕米尔, 阿尔泰, 蒙古, 拉达克, 锡金北部。

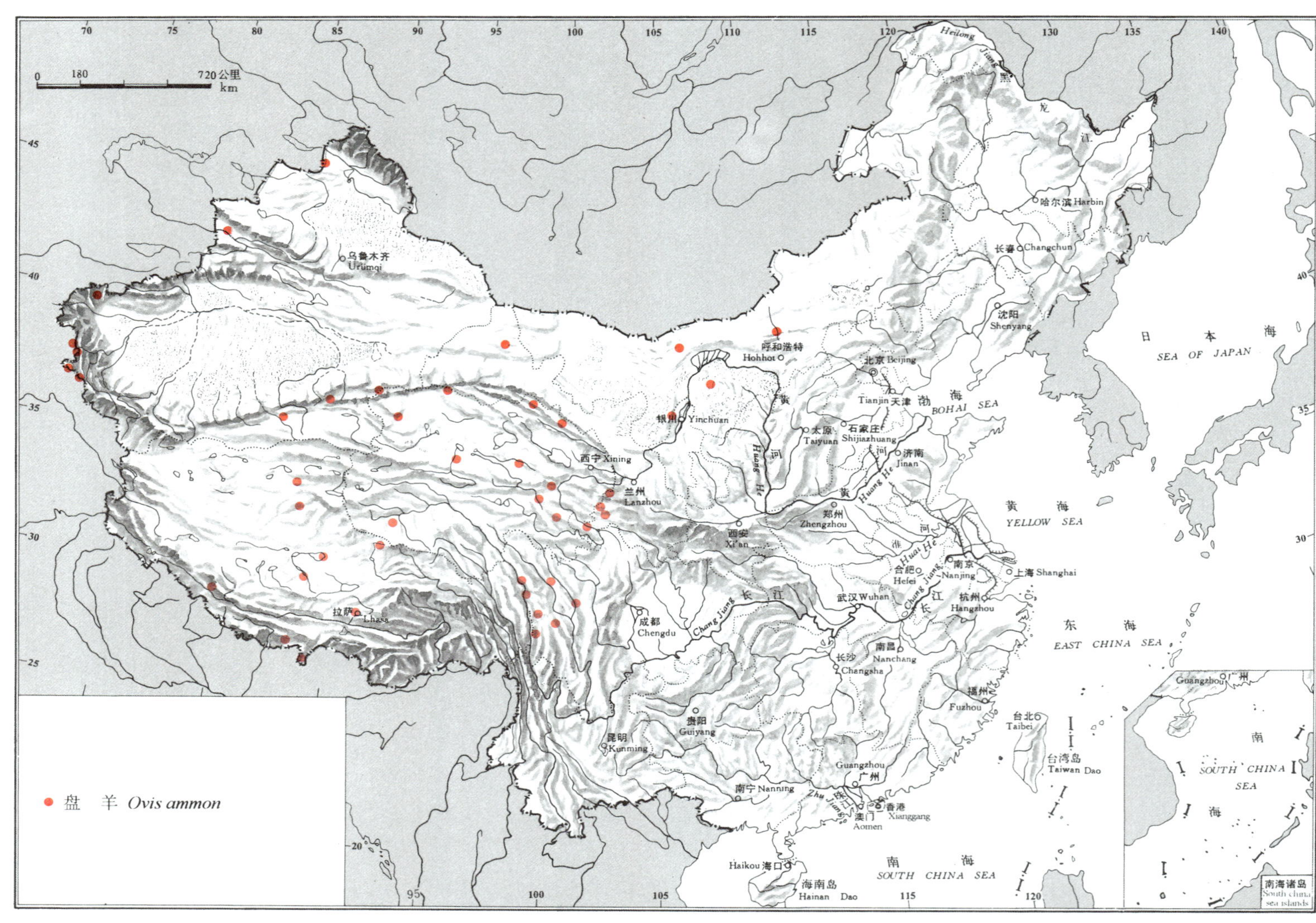

图112 盘羊 *Ovis ammon* 的分布

Ovis Linnaeus, 1758 Sheep

Ovis ammon Linnaeus, 1758 **Argalì**

O. a. ammon Linnaeus, 1758 [Altai]

O. a. polii Blyth, 1841 [Pamir, west Tianshan]

O. a. karelini Severtzov, 1873 [Tianshan]

O. a. hodgsoni Blyth, 1841 [Xizang]

O. a. darwini Przewalski, 1883 [Nei Mongol, north China]

O. a. dalailamae Przewalski, 1888 [Altunshan]

O. a. sairensis Lydekker, 1898 [Junggar, Sawuershan]

O. a. littledalei Lydekker, 1902 [Ili He]

O. a. adametzi Kowarzik, 1913 [Lop Nur area]

Nei Mongol: Urad Rear B.[X10]; Otog B.[Z56]; Daqingshan, western Hohhot[A1]; Alxa Left B.[W60]

Ningxia: Helanshan[W60]

Gansu: Jiuquan, Wuwei, Subei (Mazongshan), Zhangye, Linxia[Q13]; northern flank of Nanshan[A1]; Maqu, Luqu, Xiahe[N2]

Qinghai: Qilian, Mangya, Golmud, Dangjinshan pass, Dulan[Q13,Z16]; Huashixia, Maqên*; Xinghai[Z24]; source area of Changjiang[C3]

Xinjiang: Ruoqiang, southern Qiemo[Z98]; Taxkorgan[S5]; Kashi, Jeminay[X11]; Ili He, Lop Nur, Sairshan in southeastern

Yiling[E1]

Sichuan：Yajiang，Dawu，Baiyü，Dêgê，Garzê，Litang，Batang，Yidun[H23.24]

Xizang：Areas along Yadong-Lhasa highway，southwest of Qilinhu，Zhongba[F5]；Amdo，Xainza，Shuanghu[Y38]；Nagqu，Rutog，Gerzê，Coqên，Saga，Ngamring，Gamba，Sa'gya[Z3,Y29]

Mountain steppe

Pamir，Altai，Mongolia，Ladakh，northern Sikkim.

兔形目 LAGOMORPHA

兔科 Leporidae

兔属 *Lepus* Linnaeus 1758

草兔 ***Lepus capensis*** Linnaeus 1758

L. c. tolai Pallas，1778［内蒙古东部，甘肃］

L. c. huangshuiensis Luo，1982［青海湟水河谷］

L. c. pamirensis Günther，1875［帕米尔］

L. c. stoliczkanus Blanford，1875［新疆西部］

L. c. swinhoei Thomas，1894［东北，黄河和长江下游］

L. c. centrasiaticus Satunin，1907［甘肃，新疆东部，内蒙古西部］

L. c. lehmanni Severtzov，1873［中亚］

L. c. aurigineus Hollister，1912［长江中游］

L. c. cinnamomeus H. Smith，1940［四川，云南］

黑龙江：安达、尚志[S33]；哈尔滨*；松嫩平原[M13]；萨尔图、齐齐哈尔[L81]

吉林：白城子、公主岭[S33]；大安[Z24]

辽宁：普兰店、阜新、义县[S33]；彰武*；大连[D6]；绥中、兴城、凌海、北镇、建昌、建平、新民、康平、昌图、盖州[X7]

内蒙古：呼和浩特[A1]；通辽[S33]；新巴尔虎右旗、海拉尔、牙克石、苏尼右旗、乌审旗*；杜尔伯特、满洲里[Z118]；西乌珠穆沁旗、东乌珠穆沁旗、集宁、二连浩特、乌拉特中后联合旗、乌拉特前旗、东胜、杭锦旗、鄂托克旗、乌审旗*；武川、包头、四子王旗、达尔罕茂明安联合旗、河套、乌拉特后旗、土默特旗、和林、丰镇、阿巴嘎旗、正镶白旗、正蓝旗、阿拉善左旗、商都[Z51,56]

北京：北京[A1]；通县、昌平*；金山[B9]；门头沟[Z21]

河北：昌黎、北戴河*；康保（河北省鼠防所1958年提供）；张家口[A1]；围场、平山、尚义、张北、沽源、遵化、赞皇[Z21]

山西：神池[L68]；岢岚、宁武[A1]；中条山[T2]；永济、垣曲、翼城、沁水、中阳[L81,83]；绛县[W15]；岚县、方山、兴县、临县[C21]

河南：许昌、泌阳、桐柏、邓县[Z97]；息县、禹县、鲁山、新乡、安阳、开封[G20]

山东：城武*；烟台、威海[A1]；泰安[Z118]

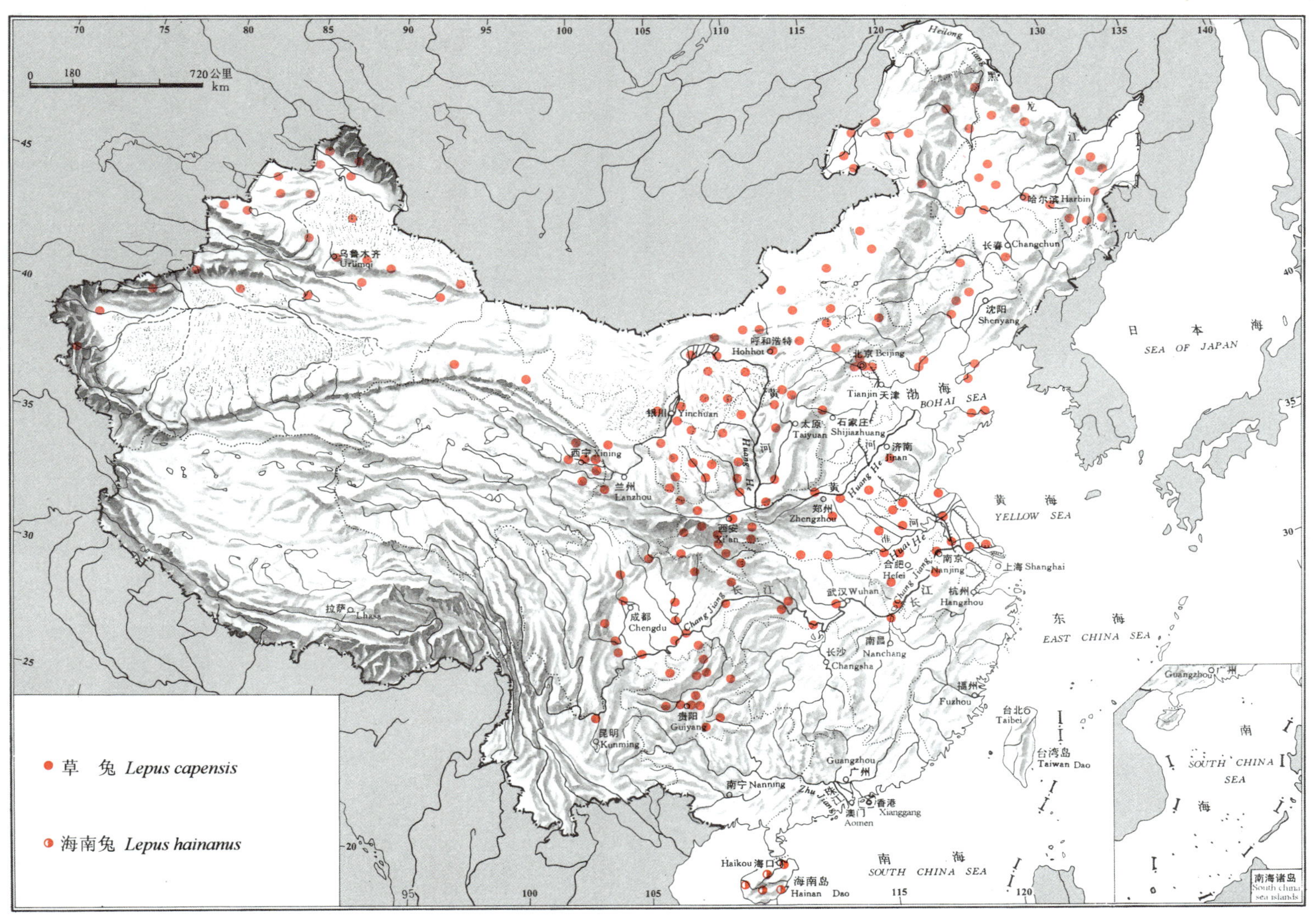

图113 草兔 *Lepus capensis* 海南兔 *Lepus hainanus* 的分布

陕西：太白、岚翔[A1]；宁强、山阳、洛南[W98]；西安[W56]；靖边、榆林、延安、洛川、黄陵、富县[B13]；汉阴、安康、平利、石泉[W96]；宜川[J6]；佛坪、西乡、眉县[W53]

宁夏：陛德、泾源、西吉、海原、固原、同心、中卫、青铜峡、吴忠、盐池、永宁、银川、贺兰、平罗、石嘴山[W60]；灵武、陶乐（甘肃省防疫站1958年提供）；中宁、彭阳[Q3]

甘肃：敦煌、临夏[Z43]；酒泉[E1]；天祝[C40]；文县[M1]；陇东地区[C16,Y34]；安西、兰州[Z81]；灵武[D10]

青海：西宁、民和、古鄯、乐都、大通、互助、循化、化隆、湟源、贵德[Z24]；贵南[Z69]

四川：合川[H33]；万县[A1]；宜宾[E1]；南充、城口、南川、灌县、峨眉山、南江、重庆、江津、峨边、汶川、雅安、古蔺[H23,24]

贵州：贵阳、遵义、江口、正安、桐梓、开阳、龙里、清镇、织金、三都、独山、绥阳[L2]；梵净山[G17]；荔波[X8]

新疆：托木尔峰地区[L44]；温泉、乌尔禾、青河、布尔津、哈巴河、吉木乃、福海、额敏、托里、博乐、玛纳斯、伊吾、木垒、奇台、乌鲁木齐、塔尔巴哈台、阿尔泰山、吐鲁番、塔什库尔干、焉耆、天山、帕米尔[W41]；阿合奇[X11,Z32,W50]；喀什[E1]；库车、准噶尔、伊犁、博尔塔拉、和布克赛尔、巴里坤、哈密、北塔山、尼勒克、特克斯、昭苏[M24]

江苏：浦口、扬州、靖江、南通、淮阴、徐州、新海连[H33]

安徽：砀山、萧县、亳县、宿县、阜阳、淮南、寿县、霍丘、滁县、和县、巢县、六安、金寨、霍山、佛子岭、桐城、无为、岳西、潜山、太湖[H35]；芜湖[A1]；颖上、凤台、嘉山、太和、临泉、肥东、肥西[L47,W39]

江西：九江[A1]

福建：福州、厦门、建阳、宁德、三明、莆田[Z11]

湖北：长阳、宜昌[A1]；石首[H28]；汉口[L81]

云南：武定[A1]

森林草原，草原，荒漠，半荒漠，绿洲

非洲，西班牙，葡萄牙，西奈，伊朗，巴勒斯坦，阿富汗，克什米尔，印度半岛西北，蒙古，外贝加尔湖，中亚，哈萨克斯坦。

海南兔 ***Lepus hainanus*** Swinhoe，1870

海南：南丰、海口[A1]；东方、陵水、乐东、儋州（那大）、昌江、白沙[X21]

低地草灌丛

LAGOMORPHA Lagomorphs

Leporidae Rabbits, hares

Lepus Linnaeus 1758 Hares

Lepus capensis Linnaeus 1758 **Brown hare (Cape hare)**

L. c. tolai Pallas, 1778 [Eastern Nei Mongol, Gansu]

L. c. huangshuiensis Luo, 1982 [Valley of Huangshui, Qinghai]

L. c. pamirensis Günther, 1875 [Pamir]

L. c. stoliczkanus Blanford, 1875 [Western Xinjiang]

L. c. swinhoei Thomas, 1894 [Northeast China, lower reaches of Huanghe and Changjiang]

L. c. centrasiaticus Satunin, 1907 [Gansu, eastern Xinjiang, western Nei Mongol]

L. c. lehmanni Severtzov, 1873 [Central Asia]

L. c. aurigineus Hollister, 1912 [Middle reaches of Changjiang]

L. c. cinnamomeus H. Smith, 1940 [Sichuan, Yunnan]

Heilongjiang: Anda, Shangzhi[S33]; Harbin*, Songnen Plain[M13]; Saertu, Qiqihar[L81]

Jilin: Baichengzi, Gongzhuling[S33]; Da'an[Z24]

Liaoning: Pulandian, Fuxin, Yixian[S33]; Zhangwu*; Dalian[D6]; Suizhong, Xingcheng, Linghai, Beizhen, Jianchang, Jianping, Xinmin, Kangping, Changtu, Gaizhou[X7]

Nei Mongol: Hohhot[A1]; Tongliao[S33]; Xin Barag Right B., Hailar, Yakeshi, Sonid Right B., Uxin B.*; Dorbod, Manzhouli[Z118]; Xi Ujimqin B., Dong Ujimqin B. *; Jining, Erenhot, Urad Middle and Rear B., Urad Front B., Dongsheng, Hanggin B., Otog B.*; Wuchuan B., Baotou, Siziwang B., Darhan Muminggan Joint B., Tetao, Tumd, Helin, Fengzhen, Abag B., Zhengxiangbai B., Zhenglan B., Alxa Left B., Shangdu[Z51,56]

Beijing: Beijing[A1]; Tongxian, Changping*; Jinshan[B9]; Mentougou[Z21]

Hebei: Changli, Beidaihe*; Kangbao (provided by Hebei Institute of Plague Protection, 1958), Zhangjiakou[A1]; Weichang, Pingshan, Shangyi, Zhangbei, Guyuan, Zunhua, Zanhuang[Z21]

Shanxi: Shenchi[L68]; Kelan, Ningwu[A1]; Zhongtiaoshan[T2]; Yongji, Yuanqu, Yicheng, Qinshui, Zhongyang[L81,83]; Jiangxian[W15]; Lanxian, Fangshan, Xingxian, Linxian[C21]

Henan: Xuchang, Biyang, Tongbai, Dengxian[Z97]; Xixian, Yuxian, Lushan, Xinxiang, Anyang, Kaifeng[G20]

Shandong: Chengwu*; Yantai, Weihai[A1]; Tai'an[Z118]

Shaanxi: Taibai, Lanxiang[A1]; Ningqiang, Shanyang, Luonan[W98]; Xi'an[W56]; Jingbian, Yulin, Yan'an, Luochuan, Huangling, Fuxian[B13]; Hanyin, Ankang, Pingli, Shiquan[W96]; Yichuan[J6]; Foping, Xixiang, Meixian[W53]

Ningxia: Bide, Jingyuan, Xiji, Haiyuan, Guyuan, Tongxin, Zhongwei, Qingtongxia, Wuzhong, Yanchi, Yongning, Yingchuan, Helan, Pingluo, Shizuishan[W60]; Lingwu, Taole (provided by Gansu Station of Epidemic Disease Protection, 1958), Zhongning, Pengyang[Q3]

Gansu: Dunhuang, Linxia[Z43]; Jiuquan[E1]; Tianzhu[C40]; Wenxian[M1]; Longdong area[C16,Y34]; Anxi, Lanzhou[Z81]; Lingwu[D10]

Qinghai: Xining, Minhe, Gushan, Ledu, Datong, Huzhu, Xunhua, Hualong, Huangyuan, Guide[Z24]; Guinan[Z69]

Sichuan: Hechuan[H33]; Wanxian[A1]; Yibin[E1]; Nanchong, Chengkou, Nanchuan, Guanxian, Emeishan, Nanjiang, Chongqing, Jiangjin, Ebian, Wenchuan, Ya'an, Gulin[H23,24]

Guizhou: Guiyang, Zunyi, Jiangkou, Zheng'an, Tongzi, Kaiyang, Longli, Qingzhen, Zhijin, Sandu, Dushan, Shuiyan[L2]; Fanjingshan[G17]; Libo[X8]

Xinjiang: Tuomuer Feng area[L44]; Wenquan, Urho, Qinghe, Burqin, Habahe, Jeminay, Fuhai, Emin, Toli, Bole, Manas, Yiwu, Mori, Qitai, Ürümqi, Tarbagatai, Altai, Turpan, Taxkorgan, Yanqi, Tianshan, Pamir[W41]; Akqi,[X11,Z32,W50]; Kashi[E1]; Kuqa, Junggar, Ili, Bortala, Hoboksar, Barkol, Hami, Baytikshan, Nilka, Tekes, Zhaosu[M24]

Jiangsu: Pukou, Yangzhou, Jingjiang, Nantong, Huaiyin, Xuzhou, Xinhailian[H33]

Anhui: Tangshan, Xiaoxian, Baoxian, Suxian, Fuyang, Huainan, Shouxian, Huoqiu, Chuxian, Hexian, Chaoxian, Liuan, Jinzhai, Huoshan, Foziling, Tongcheng, Wuwei, Yuexi, Qianshan, Taihu[H35]; Wuhu[A1]; Yingshan, Fengtai, Jiashan, Taihe, Linquan, Feidong, Feixi[L47,W39]

Jiangxi: Jiujiang[A1]

Fujian: Fuzhou, Xiamen, Jianyang, Ningde, Sanming, Putianarea[Z11]

Hubei: Changyang, Yichang, Shishou[H28]; Hankou[L81]
Yunnan: Wuding[A1]

Forest-steppe, steppe, desert, semidesert, oasis

Africa, Spain, Portugal, Sinai, Iran, Palestine, Afghanistan, Kashmir, northwestern Indian peninsula, Mongolia, Transbaikal, Central Asia, Kazakhstan.

雪兔 *Lepus timidus* Linnaeus, 1758

L. t. transbaicalicus Ognev, 1929

黑龙江：呼玛、虎林、密山[M13]；三江平原[S33]

内蒙古：牙克石[S33]；根河、鄂温克旗、海拉尔[M13]；扎罗木得、勉渡河、布特哈旗[L86]

新疆：阿勒泰[W50]；塔尔巴哈台山麓[W41]；富蕴、塔城[M19,24]

森林，森林草原（沿河灌丛），苔原

欧洲大陆，西伯利亚，蒙古，北海道，北美。

灰尾兔 *Lepus oiostolus* Hodgson, 1840

L. o. oiostolus Hodgson, 1840 [西藏]

L. o. sechuenensis de Winton, 1899 [西藏东南，横断山区]

L. o. przewalskii Satunin, 1907 [柴达木]

L. o. kozlovi Satunin, 1907 [青海南部]

L. o. qinghaiensis Cai *et* Feng, 1982 [青海东部]

L. o. grahami Howell, 1928 [康定]

L. o. qusongensis Cai *et* Feng, 1982 [雅鲁藏布江下游]

Lepus hainanus Swinhoe, 1870 **Hainan hare**

Hainan: Nanfeng, Haikou[A1]; Dongfang, Lingshui, Ledong, Danzhou (Nada), Changjiang, Baisha[X21]

Lowland grass-scrub

甘肃：肃南（罐台）、酒泉南部山地[Q13]；文县[M1]；天祝、玛曲、碌曲、夏河、合作、临潭、卓尼、武都[Z81]

青海：柴达木至唐古拉山、巴嘎嘎尔河附近、通天河上游、布尔汗布达山[R4]；海晏、八宝、默勒、门源、茫崖、阿拉木、当今山口、大柴旦、格尔木、德令哈、都兰、天峻、西宁[Q13]；共和、贵南、湟源、河南、泽库、玛多、玉树、班玛[*,C3,K2,Z69]

新疆：且末及诺羌（阿尔金山）[W50,Z32]；阿拉山口[*]；阿克赛钦[W41]

四川：邓柯、丹巴、九龙、雅江、小金、南坪[P1]；红原、金川、茂汶、理县[H23,24]；木里、巴塘、康定、松潘[A1]；贡嘎山[K2]；马尔康、若尔盖、德格[H23,24]

云南：沧源（南滚河）[W16]；大理[Y15]；德钦[K2,P1]

西藏：定日[K2]；聂拉木[*]；日土、普兰、黑河—阿里、朗县、曲松、木孜塔格、芒康、江达、八宿、双湖、那曲[X30]；拉萨、昌都[C3,E1,F5]

高山草原与草甸

克什米尔，尼泊尔，锡金。

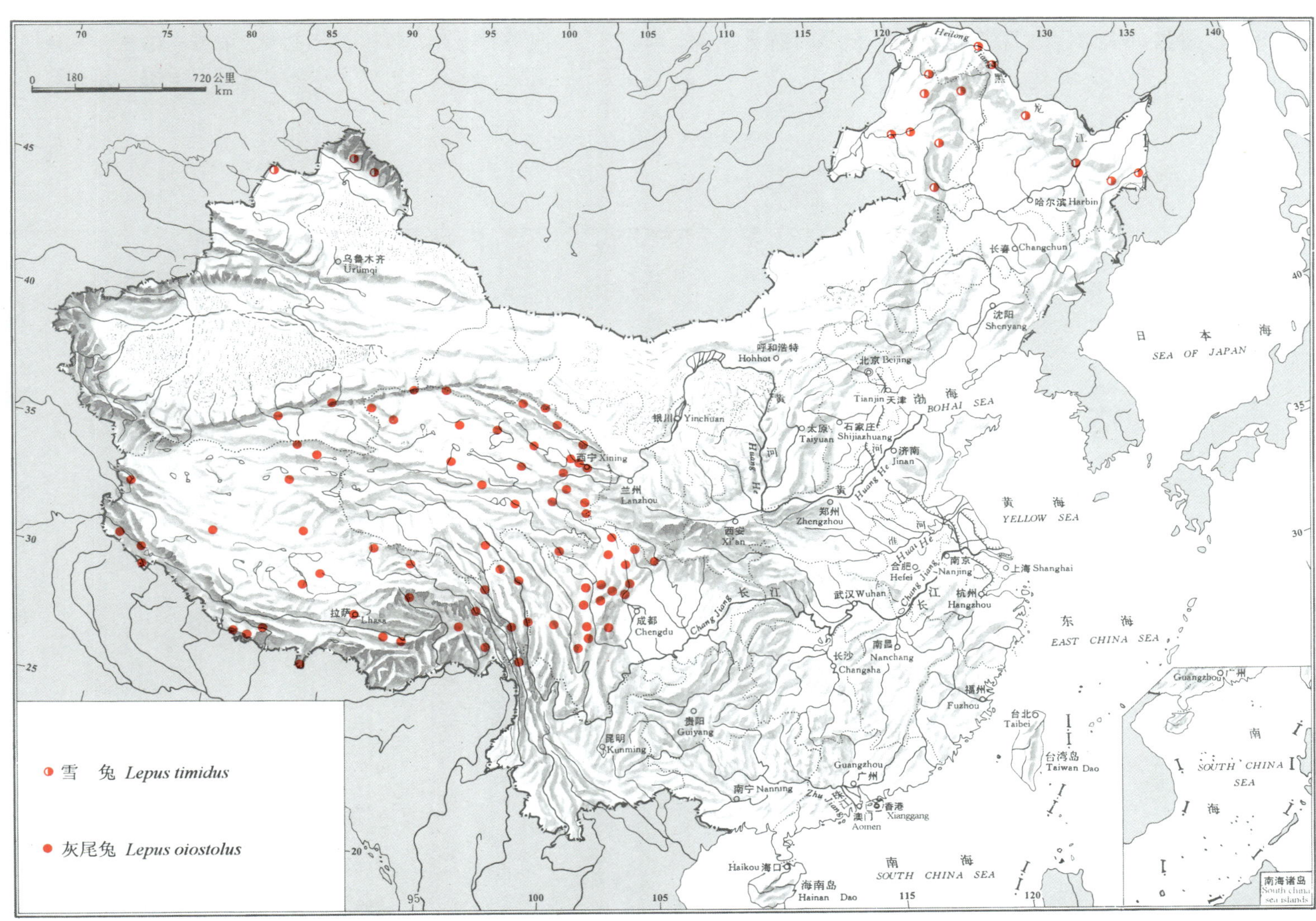

图114 雪兔 *Lepus timidus* 灰尾兔 *Lepus oiostolus* 的分布

Lepus timidus Linnaeus, 1758 **Arctic hare**

L. t. transbaicalicus Ognev, 1929

Heilongjiang: Huma, Hulin, Mishan[M13]; Sanjiang Plain[S33]

Nei Mongol: Yakeshi[S33]; Genhe, Ewenki. B., Hailar[M13]; Jaramtai, Miandu He, Butha B.[L86]

Xinjiang: Altay[W50]; pediment of Tarbagatayshan[W41]; Fuyun, Tacheng[M19,24]

Forest, forest-steppe (scrub along riverside), tundra

Eurasian continent, Siberia, Mongolia; Hokkaido, North America.

Lepus oiostolus Hodgson, 1840 **Woolly hare**

L. o. oiostolus Hodgson, 1840 [Xizang]

L. o. sechuenensis de Winton, 1899 [Southeasterm Xizang, Hengduanshan]
L. o. przewalskii Satunin, 1907 [Qaidam]
L. o. kozlovi Satunin, 1907 [Southern Qinghai]
L. o. qinghaiensis Cai *et* Feng, 1982 [Eastern Qinghai]
L. o. grahami Howell, 1928 [Kangding]
L. o. qusongensis Cai *et* Feng 1982 [Lower reaches of Yaluzangpujiang]

Gansu: Sunan (Guantai), southern mountain Jiuquan[Q13]; Wenxian[M1]; Tianzhu, Maqu, Luqu, Xiahe, Hezho, Lintan, Jonê, Wudu[Z81]

Qinghai: Qaidam-Tanggulashan, area of Bagegeer River, upper reaches of Tongtianhe, Burhanshan[R4]; Haiyan, Babao, Muri, Menyan, Mangya, Almu, pass of Dangjinshan, Dachaiedan, Golmud, Delingha, Dulan, Tianjun, Xining[Q13]; Gonghe, Guinan, Huangyuan, Henan, Zekog, Madoi, Yushu, Baima[C3,K2,Z69]

Xinjiang: Qiemo and Ruoqiang (Altunshan)[W50,Z32]; pass of Alashan*; Aksayqin[W41]

Sichuan: Dainkog, Danba, Jiulong, Yajiang, Xiaojin, Nanping[P1]; Hongyuan, Jinchuan, Maowen, Lixian[H23,24]; Muli, Batang, Kangding, Songpan[A1]; Gonggashan[K2]; Barkma, Zoigê, Dêgê[H23,24]

Yunnan: Cangyuan (Nangunhe)[W16]; Dali[Y15]; Dêqên[K2,P1]

Xizang: Tingri[K2]; Nyalam*; Rutog, Burang, Heihe-Ngari, Nangxian, Qusum, Muztag, Markam, Jomda, Baxoi, Shuanghu, Nagqu[X30]; Lhasa, Qamdo[C3,E1,F5]

Alpine steppe and meadow

Kashmir, Nepal, Sikkim.

华南兔 *Lepus sinensis* Gray, 1832

L. s. sinensis Gray, 1832 [长江下游及东南沿海]
L. s. formosus Thomas, 1908 [台湾]
L. s. flaviventris G. Allen, 1927 [福建崇安]

吉林：安图（长白山）[L81]
贵州：雷山、榕江、从江、册亨、荔波、锦屏、黎平[L2]
安徽：当涂、芜湖、广德、宣城、宁国、泾县、贵池、东至、黄山、歙县[H35]；荻港[A1]；繁昌、青阳、石台、休宁[L47,W39]
江苏：南京[A1]；镇江、江阴、宜兴[H33]
上海：上海[A1]
浙江：桐庐[A1]；余杭、临安、嘉兴、宁波、金华、衢州、开化、常山、庆元[Z113]；杭州[L81]
江西：玉山[G28]；南昌、永修、九江、波阳[F13]；安远、赣县、泰和[L65]
湖南：武岗[A1]
广东：乐昌、连平、连阳[T5]；广州[A1]；惠东[X22]
广西：大瑶山[Y43]；三江、贺县、苍梧、玉林、灵山、上思、宁明、龙州、靖西、百色、上林、河池、南宁、隆林、田林、凌云[S12,W83]
福建：武夷山、南平、福清[A1]；永春[L97]
台湾：全岛皆有分布[E1]

山野与森林

朝鲜。

东北兔 *Lepus mandschuricus* Radde, 1861

黑龙江：伊春、穆棱、尚志[S33]；阿城、德都、宁安、虎林[M13]
吉林：汪清、珲春、抚松、敦化[Y24]；靖宇、漫江、安图、长白[S33]；四平、长春、梨树、公主岭、农安、榆树、扶余[Z63]
辽宁：清原、新宾、桓仁、本溪、凤城、宽甸、盖州[X7]

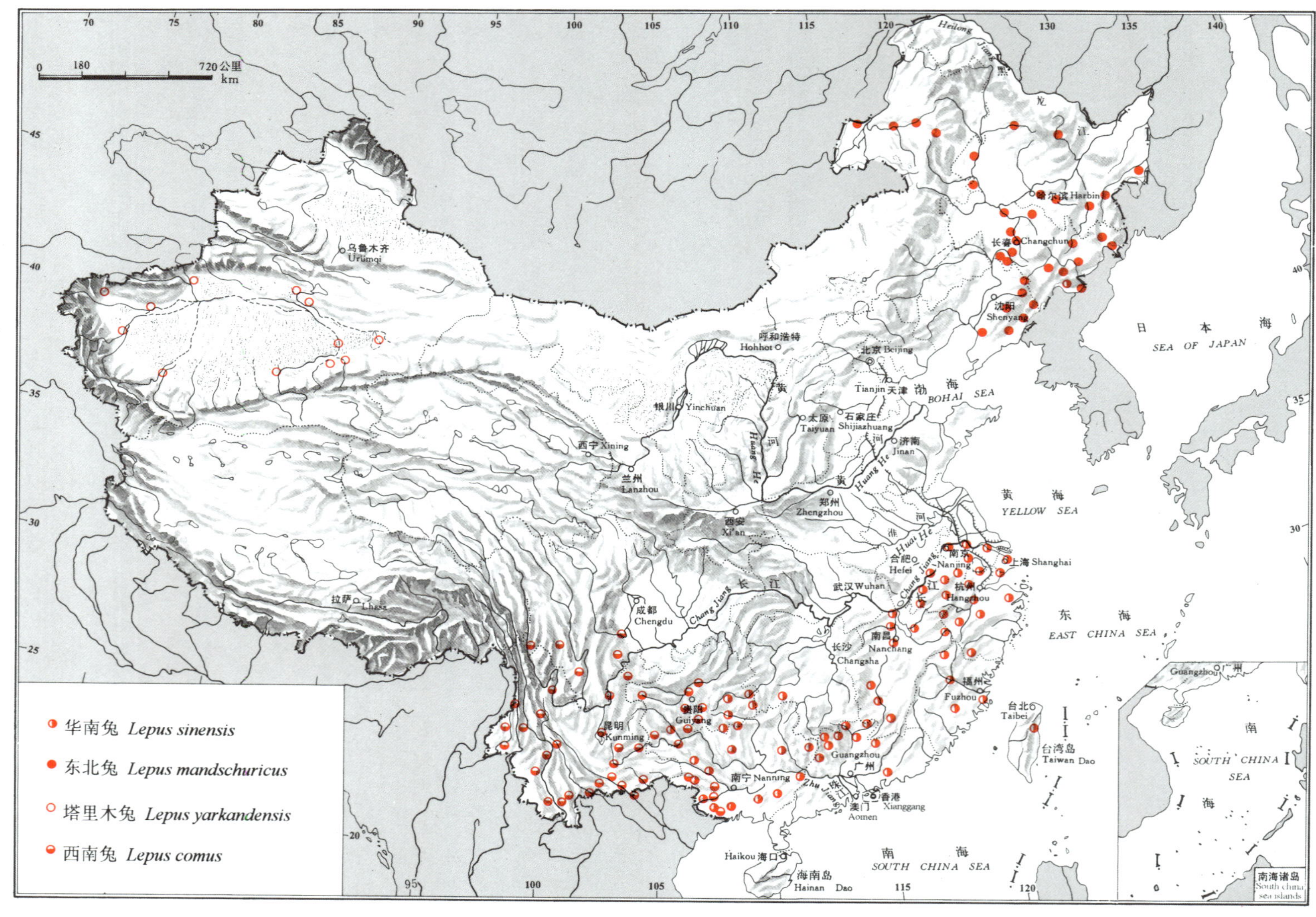

图115 华南兔 *Lepus sinensis* 东北兔 *Lepus mandschuricus* 塔里木兔 *Lepus yarkandensis* 西南兔 *Lepus comus* 的分布

内蒙古：牙克石*；满洲里[M13]

山野与森林

阿穆尔，乌苏里，朝鲜。

塔里木兔 ***Lepus yarkandensis*** Günther，1875

新疆：阿克苏、若羌、米兰、阿拉干、尉犁、库尔勒、巴楚、且末[W41,50, X11,Z32]；莎车[E1]；和田、喀什、罗布泊[R4]

荒漠，半荒漠及绿洲

西南兔 ***Lepus comus*** G. Allen，1927

L. c. comus G. Allen，1927［云南西部］

L. c. pygmaeus Wang *et* Luo，1985［云南中北部］

L. c. peni Wang *et* Luo，1985［云南东南部，贵州西部］

四川：木里[K2]；会东、稻城、乡城、得荣[H23]

贵州：毕节、贵阳、罗甸、兴义、威宁、赫章、贵定、惠水、龙里、望谟、册亨[L2]

云南：腾冲、丽江[A1]；潞西、泸水、景东、保山、临沧、双江、昭通、昆明、扬武、江城、文山、绿春[K2,W69]；石屏、建水、蒙自、元阳[L4]；勐养、勐海、普文[W67]；勐腊[Y29]

广西：那坡、龙州、宁明、大新[W83]

田野

Lepus sinensis Gray，1832 **Chinese hare**

L. s. sinensis Gray，1832［Lower reaches of Changjiang and southeastern coast］

L. s. formosus Thomas，1908［Taiwan］

L. s. flaviventris G. Allen，1927［Chong'an，Fujian］

Jilin：Antu（Changbaishan）[L81]

Guizhou：Leishan，Rongjiang，Congjiang，Ceheng，Libo，Jingping，Liping[L2]

Anhui：Dangtu，Wuhu，Guangde，Xuancheng，Ningguo，Jingxian，Guichi，Dongzhi，Huangshan，Shexian[H35]；Digang[A1]；Fanchang，Qingyang，Shitai，Xiuning[L47,W39]

Jiangsu：Nanjing[A1]；Zhengjiang，Jiangyi，Yixing[H33]

Shanghai：Shanghai[A1]

Zhejiang：Tonglu[A1]；Yuhang，Linan，Jiaxing，Ningbo，Jinhua，Quzhou，Kaihua，Changshan，Qingyuan[Z113]；Hangzhou[L81]

Jiangxi：Yushan[G28]；Nanchang，Yongxiu，Jiujiang，Boyang[F13]；Anyuan，Ganxian，Taihe[L65]

Hunan：Wugang[A1]

Guangdong：Lechang，Lianping，Lianyang[T5]；Guangzhou[A1]；Huidong[X22]

Guangxi：Da Yaoshan[Y43]；Sanjiang，Hexian，Cangwu，Yulin，Lingshan，Shangsi，Ningming，Longzhou，Jingxi，Bose，Shanglin，Hechi，Nanning，Longlin，Tianlin，Lingyun[S12,W83]

Fujian：Wuyishan，Nanping，Fuqing[A1]；Yongchun[L97]

Taiwan：Occurs in different areas[E1]

Wild，forest

Korea

Lepus mandschuricus Radde，1861 **Manchurian hare**

Heilongjiang：Yichun，Mulin，Shangzhi[S33]；Acheng，Dedu，Ning'an，Hulin[M13]

Jilin：Wangqing，Huichun，Fusong，Dunhua[Y24]；Jingyu，Manjiang，Antu，Changbai[S33]；Siping，Changchun，Lishu，Gongzhuling，Nong'an，Yushu，Fuyu[Z63]

Liaoning：Qingyuan，Xinbin，Huanren，Benxi，Fengcheng，Kuandian，Gaizhou[X7]

Nei Mongol：Yakeshi*；Manzhouli[M13]

Wild，forest

Amur，Ussuri，Korea.

Lepus yarkandensis Günther，1875 **Yarkand hare**

Xinjiang：Aksu，Ruoqiang，Milan，Alagan，Yuli，Korla，Bachu，Qiemo[W41,50,X11,Z32]；Shache[E1]；Hotan，Kashi，Lop Nur[R4]

Desert，semidesert and oasis

Lepus comus G. Allen，1927 **Southwest China hare**

L. c. comus G. Allen，1927［Western Yunnan］

L. c. pygmaeus Wang *et* Luo，1985［Central and northern Yunnan］

L. c. peni Wang *et* Luo，1985［Southeastern Yunnan，western Guizhou］

Sichuan：Muli[K2]；Huidong，Daocheng，Xiangcheng，Derong[H23]

Guizhou：Bijie，Guiyang，Luodian，Xinyi，Weining，Hezhang，Guiding，Huishui，Longli，Wangmo，Ceheng[L2]

Yunnan：Tengchong，Lijiang[A1]；Luxi，Lushui，Jingdong，Baoshan，Linchang，Shuangjiang，Shaotong，Kunming，Yangwu，Jiangcheng，Wenshan，Lüchun[K2,W69]；Shiping，Jianshui，Mengzi，Yuanyang[L4]；Mengyang，Menghai，Puwen[W67]；Mengla[Y29]

Guangxi：Napo，Longzhou，Ningming，Daxin[W83]

Wild

东北黑兔 ***Lepus melainus*** Li *et* Luo，1979

黑龙江：伊春（带岭、五营）、德都（治河）、逊克[L81,M13]

针阔混交林

鼠兔科 Ochotonidae

鼠兔属 *Ochotona* Link，1795

藏鼠兔 ***Ochotona thibetana*** Milne-Edwardw，1871

O. t. thibetana Milne-Edwards，1871［横断山脉］

O. t. morosa Thomas，1912［秦岭］

O. t. sacraria Thomas，1923［四川西部］

O. t. nangqenica Zheng *et* Liu，1980［青海］

陕西：太白山*；凤县、宁陕、镇坪、商州[A1]；柞水、镇安、陇县[S41]；凤翔[A1]；石泉、商南、留坝[W52,55,96,98,Z86]

河南：卢氏[G20]；灵宝[L96]

青海：称多、玉树、囊谦、曲麻莱[Z70,*]；循化、班玛、久治[Z69]

四川：马尔康、若尔盖、美姑、木里[P1]；巫山、平武、理塘、峨眉山[A1]；宝兴、康定、黑水、天全、泸定、德昌、峨边、红原、汶川、理县、王朗[H23,24]

云南：中甸、德钦、丽江[A1,P1]；大理（点苍山）[Y15]；福贡、维西[W70]

西藏：江达、察隅[F5]

湖北：房县[A1]；神农架[F6]

亚高山森林，灌丛

努布拉鼠兔 ***Ochotona nubrica*** Thomas，1922

O. n. nubrica Thomas，1922［阿里地区］

O. n. lhasaensis Feng *et* Kao，1974［拉萨地区］

西藏：班公湖、日土、噶尔、扎达、普兰、拉萨、林芝、朗县、当雄、江达[F5,6,10,Y31]

高山草原

克什米尔，拉达克，尼泊尔。

黄河鼠兔 ***Ochotona huangensis*** Matschie，1907

甘肃：临洮[Y32]；兰州[Z81]

陕西：柞水、太白[A1]；陇县、商州、宁陕[C12,W96,Y32]

四川：巫山、平武、卧龙、黑水[Y32]

青海：循化（孟达）[S38,Y32]

高山灌丛，草甸

Lepus melainus Li *et* Luo，1979 **Northeast China black hare**
Heilongjiang：Yichun （Dailing，Wuying），Dedu （Zhihe），Xunke[L81,M13]
Coniferous-broadleaf mixed forest

Ochotonidae

Ochotona Link，1795 Pikas

Ochotona thibetana Milne-Edwards，1871 **Tibetan pika（Moupin hare）**
O. t. thibetana Milne-Edwards，1871 [Hengduanshan]
O. t. morosa Thomas，1912 [Qinling]
O. t. sacraria Thomas，1923 [Western Sichuan]
O. t. nangqenica Zheng *et* Liu，1980 [Qinghai]
Shaanxi：Taibaishan[*]；Fengxian，Ningshan，Zhenping，Shangzhou[A1]；Zhashui，Zhen'an，Longxian[S41]；Fengxiang[A1]；Shiquan，Shangnan，Liuba[W52,55,96,98,Z86]
Henan：Lushi[G20]；Lingbao[L96]
Qinghai：Chindu，Yushu，Nangqên，Qumarlêb[Z70,*]；Xunhua，Baima，Jigzhi[Z69]
Sichuan：Barkam，Zoigê，Meigu，Muli[P1]；Wushan，Pingwu，Litang，Emeishan[A1]；Baoxing，Kangding，Heishui，Tianquan，Luding，Dechang，Ebian，Hongyuan，Wenchuan，Lixian，Wanglang[H23,24]
Yunnan：Zhongdian，Dêqên，Lijiang[A1,P1]；Dali (Diancangshan)[Y15]；Fugong；Weixi[W70]
Xizang：Jomda，Zayü[F5]
Hubei：Fangxian[A1]；Shennongjia[F6]
Subalpine forest，scrub

Ochotona nubrica Thomas，1922 **Nubra pika**
O. n. nubrica Thomas，1922 [Ngari area]
O. n. lhasaensis，Feng *et* Kao，1974 [Lhasa area]
Xizang：Panggon Hu，Rutog，Gar，Zanda，Burang，Lhasa，Nyingchi，Langxian，Damxung，Jomda[F5,6,10,Y31]
Alpine steppe
Kashmir，Ladakh，Nepal.

Ochotona huangensis Matschie，1907 **Huanghe pika**
Gansu：Lintao[Y32]；Lanchou[Z81]
Shaanxi：Zhashui，Taibai[A1]；Longxian，Shangzhou，Ningshan[C12,W96,Y32]
Sichuan：Wushan，Pingwu，Wolong，Heishui[Y32]
Qinghai：Xunhua (Mengda)[S38,Y32]
Alpine scrub-meadow

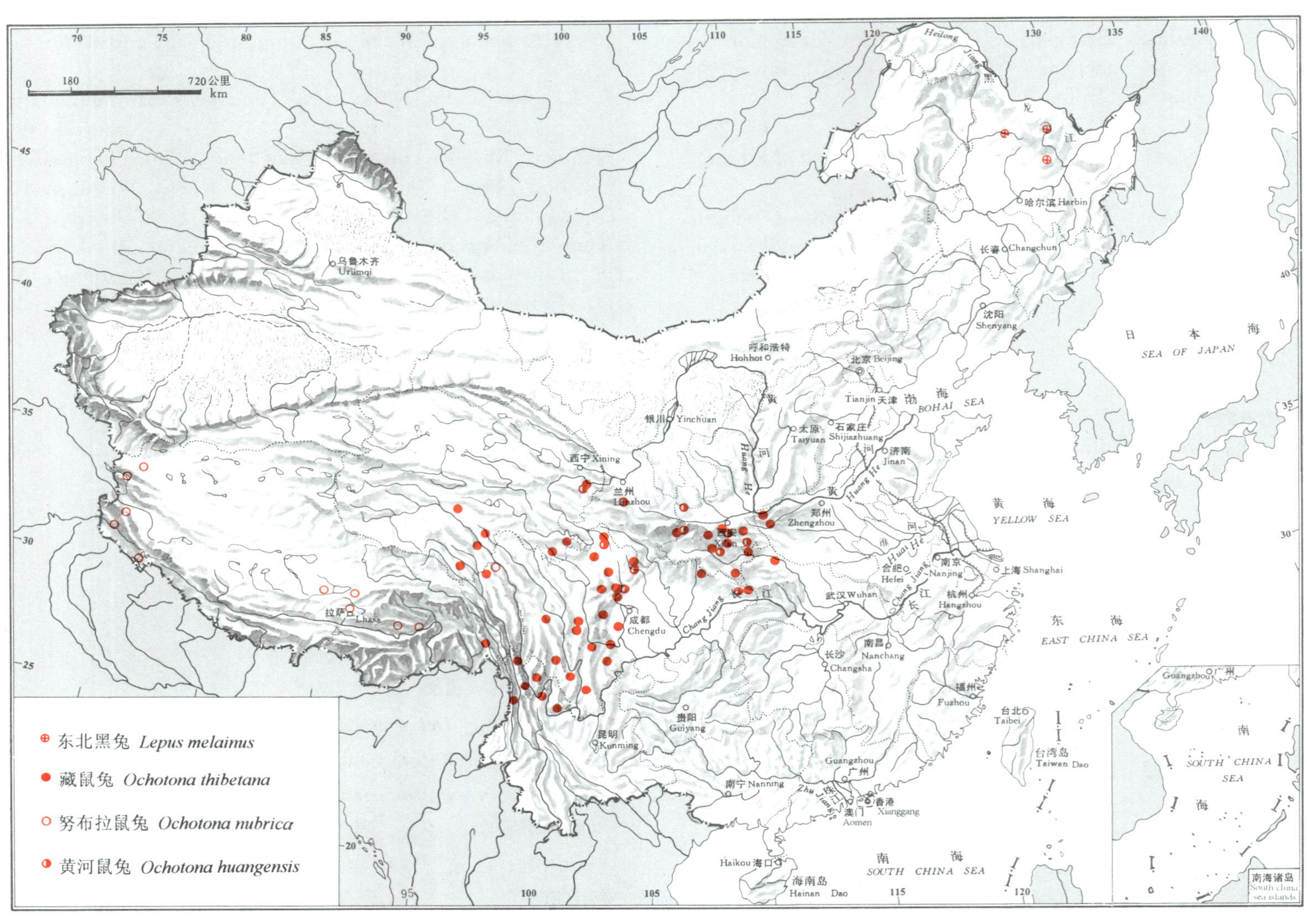

图116 东北黑兔 *Lepus melainus* 藏鼠兔 *Ochotona thibetana* 努布拉鼠兔 *Ochotona nubrica* 黄河鼠兔 *Ochotona huangensis* 的分布

间颅鼠兔 ***Ochotona cansus*** Lyon，1907
O. c. cansus Lyon，1907 [青海，甘肃]
O. c. sorella Thomas，1908 [山西]
O. c. sikimaria Thomas，1922 [西藏]
O. c. stevensi Osgood，1932 [四川]
山西：宁武、太原[A1]
甘肃：张掖[Z43]；临潭[A1]；文县、舟曲[Z81]
青海：甘德[F10]；河南、玛沁、湟源、大通、门源、湟中、天峻、祁连、共和、贵德、兴海、贵南[Z24]；循化、久治、班玛、玉树、囊谦、互助、同仁、同德[F10,Z43,69]
四川：若尔盖[F10]；马尔康、黑水、康定、理塘、天全、乾宁、理县[H23,24]；道孚[W70]
西藏：亚东[F5]
山地草原，草甸，灌丛，耕地
锡金。

Ochotona cansus Lyon, 1907 **Kansu pika**

O. c. cansus Lyon, 1907 [Qinghai, Gansu]

O. c. sorella Thomas, 1908 [Shanxi]

O. c. sikimaria Thomas, 1922 [Xizang]

O. c. stevensi Osgood, 1932 [Sichuan]

Shanxi: Ningwu, Taiyuan[A1]

Gansu: Zhangye[Z43]; Lintan[A1]; Wenxian, Zhugqu[Z81]

Qinghai: Gande[F10]; Henan, Maqên, Huangyuan, Datong, Menyuan, Huangzhong, Tianjun, Qilian, Gonghe, Guide, Xinghai, Guinan[Z24]; Xunhua, Jigzhi, Baima, Yushu, Nangqên, Huzhu, Tongren, Tongde[F10,Z43,69]

Sichuan: Zoigê[F10]; Barkam, Heishui, Kangding, Litang, Tianquan, Qianning, Lixian[H23,24]; Dawu[W70]

Xizang: Yadong[F5]

Steppe, meadow, scrub and farmland in mountains

Sikkim.

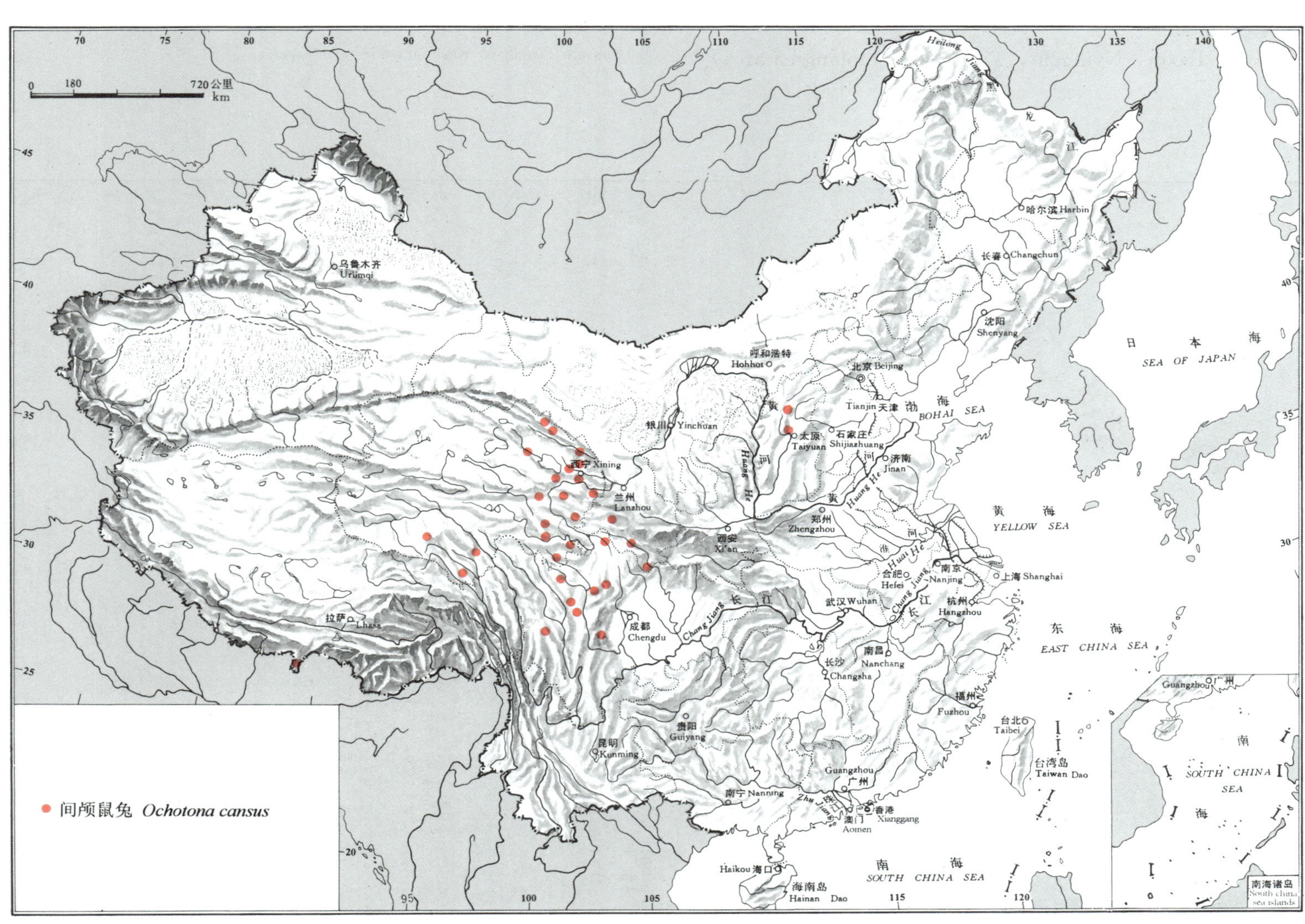

图117 间颅鼠兔 *Ochotona cansus* 的分布

狭颅鼠兔 ***Ochotona thomasi*** Argyropulo, 1948

甘肃：酒泉、罐台、肃南[Z43]；夏河[Z81]

青海：天峻、祁连、门源、乌兰、都兰、大通[Q13]；共和[Z24]；阿兰泉、泽库、久治[F10,Z69]

四川：色达、乾宁[H23,24]；德格[W70]

高山灌丛，草甸

喜马拉雅鼠兔 ***Ochotona himalayana*** Feng, 1973

西藏：聂拉木、察隅、吉隆、樟木、定日[F6,9]

山地森林，高山灌丛—草甸

灰鼠兔 ***Ochotona roylei*** Ogilby, 1839

O. r. roylei Ogilby, 1839 [西藏]

O. r. chinensis Thomas, 1911 [西南地区]

四川：康定[A1,H24]

云南：德钦[A1,W74]

西藏：察隅、八宿、林芝、定日（珠穆朗玛峰地区）[F5]

高山针叶林

尼泊尔，旁遮普，喀什米尔。

大耳鼠兔 ***Ochotona macrotis*** Günther, 1875

O. m. macrotis Günther, 1875 [新疆，青海]

O. m. wollastoni Thomas *et* Hinton, 1922 [西藏]

新疆：昆仑山口[E1]；乌什[R6]；昭苏[M24]；托木尔峰[L44]

青海：祁连山、当金山口[Q13]；格尔木、都兰、乌兰、治多[Z69]

西藏：普兰、日土、珠穆朗玛峰地区（卡玛曲及卡达曲河谷）、拉萨[F5]；双湖、文布[Z3]

甘肃：酒泉（镜铁山）[Z43]；永登、夏河、碌曲、玛曲、临潭、卓尼[Z81]

四川：德格[W70]

云南：德钦[W70]

多岩山地

西天山，克什米尔，尼泊尔北部。

Ochotona thomasi Argyropulo, 1948 **Thomas's pika**

Gansu: Jiuquan, Guantai, Sunan[Z43]; Xiahe[Z81]

Qinghai: Tianjun, Qilian, Menyuan, Ulan, Dulan, Datong[Q13]; Gonghe[Z24]; Alanquan, Zekog, Jigzhi[F10,Z69]

Sichuan: Sertar, Qianning[H23,24]; Dêgê[W70]

Alpine scrub-meadow

Ochotona himalayana Feng, 1973 **Himalayan pika**

Xizang: Nyalam, Zayü, Gyirong, Zhangmu, Tingri[F6,9]

Mountain forest, alpine scrub-meadow

Ochotona roylei Ogilby, 1839 **Royle's pika**

O. r. roylei Ogilby, 1839 [Xizang]

O. r. chinensis Thomas, 1911 [Southwest China]

Sichuan: Kangding[A1,H24]

Yunnan: Dêqên[A1,W74]

Xizang: Zayü, Baxoi, Nyingchi, Tingri (Qomolangma area)[F5]

Alpine coniferous

Nepal, Punjab, Kashmir.

Ochotona macrotis Günther, 1875 **Large-eared pika**

O. m. macrotis Günther, 1875 [Xinjiang, Qinghai]

O. m. wollastoni Thomas *et* Hinton, 1922 [Xizang]

Xinjiang: Pass of Kunlunshan[E1]; Wushi[R6]; Zhaosu[M24]; Tuomuer Feng area[L44]

Qinghai: Qilianshan, pass of Dangjinshan[Q13]; Golmud, Dulan, Ulan, Zhidoi[Z69]

Xizang: Burang, Rutog, Qomolangma area (valleys of Kama Qu and Kada Qu), Lhasa[F5]; Shuanghu, Wenbu[Z3]

Gansu: Jiuquan (Jingtieshan)[Z43]; Yongdeng, Xiahe, Luqu, Maqu, Lintan, Jonê[Z81]

Sichuan: Dêgê[W70]

Yunnan: Dêqên[W70]

Rocky mountain

Russian Tianshan, Kashmir, northern Nepal.

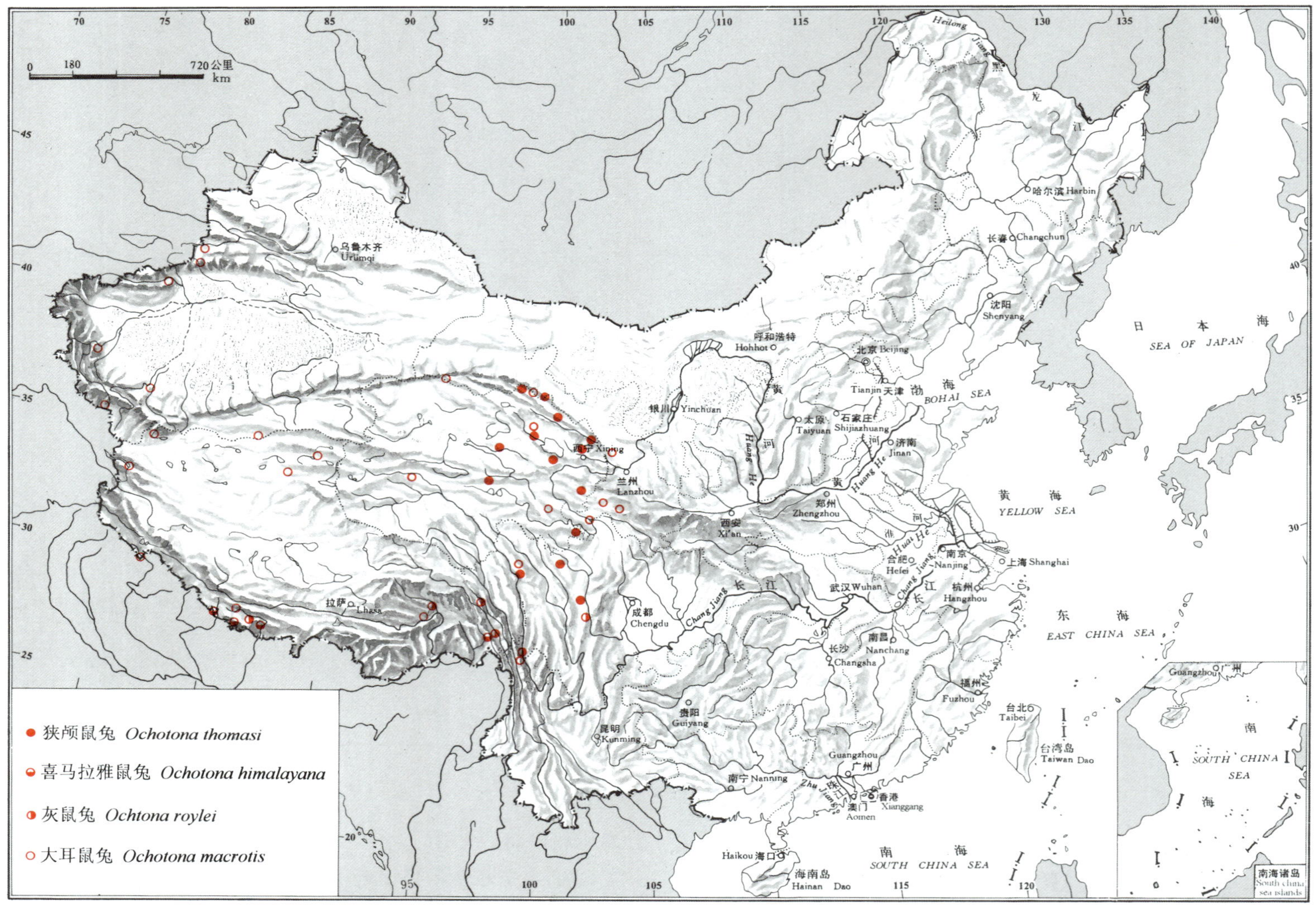

图118 狭颅鼠兔 *Ochotona thomasi* 喜马拉雅鼠兔 *Ochotona himalayana* 灰鼠兔 *Ochotona roylei* 大耳鼠兔 *Ochotona macrotis* 的分布

红鼠兔 ***Ochotona rutila*** Severtzov, 1873

新疆：阿克陶[M24]

四川：巴塘[H24]

山地

帕米尔，西天山。

达乌尔鼠兔 ***Ochotona daurica*** Pallas, 1776

O. d. daurica Pallas, 1776 [内蒙古]

O. d. bedfordi Thomas, 1908 [山西，陕西]

O. d. annectens Miller, 1911 [甘肃，青海]

内蒙古：新巴尔虎右旗、新巴尔虎左旗、海拉尔、鄂温克旗*；阿鲁科尔沁旗、巴林左旗、克什腾旗、东乌珠穆沁旗、西乌珠穆沁旗、阿巴哈纳尔旗、阿巴嘎旗、苏尼特右旗、正镶白旗、太朴寺旗、四子王旗、集宁、呼和浩特、凉城、包头、乌拉特中后联合旗、正蓝旗、商都、达尔罕茂明安联合旗、乌拉特后旗[X10]、狼山北部[Z51]

河南：灵宝[L96]

河北：张家口、康保*；张北[Z21]

山西：岢岚、宁武、太原、五台山[A1]；神池*；天镇、山阴、左云、右云、朔州、应县、阳高[L58]；岚县、方山[C21]

陕西：延安[A1]；子长、吴旗、定边、延川、延长、清涧、靖边、榆林、神木、吴堡、佳县[W54]

宁夏：西吉、海原、固原[W60]；六盘山、彭阳、同心、盐池、中卫[Q3]

甘肃：陇东地区[Y34]；静宁、玛曲、碌曲、夏河[C14]；兰州（兴隆山）[C20,Z81]

青海：贵南、共和、贵德、同德、兴海[Z24,69]

森林草原，草原，高山草原

阿尔泰，蒙古，外贝加尔湖区。

灰颈鼠兔 ***Ochotona forresti*** Thomas，1923

云南：德钦[W74]；贡山[G14]；丽江[F5]；泸水[W70]

西藏：墨脱、米林[F5]

山地森林

阿萨姆，缅甸东北部。

伊犁鼠兔 ***Ochotona iliensis*** Li *et* Ma，1986

新疆：尼勒克县吉里马拉勒山（44°10′N，82°21′E）、呼图壁、乌鲁木齐、精河、乌苏、和静、乌拉斯台沟、沙湾、玛纳斯、昌吉[L18,54]

山地（石质环境）

Ochotona rutila Severtzov，1873 **Red pika**

Xinjiang：Akto[M24]

Sichuan：Batang[H24]

Mountain

Pamir，Tianshan.

Ochotona daurica Pallas，1776 **Daurian pika**

O. d. daurica Pallas，1776 [Nei Mongol]

O. d. bedfordi Thomas，1908 [Shanxi，Shaanxi]

O. d. annectens Miller，1911 [Gansu，Qinghai]

Nei Mongol：Xin Barag Right B.，Xin Barag Left B.，Hailar，Ewenki B.*；Ar Horqin B.，Bairin Left B.，Hexigten B.，Dong Ujimqin B.，Xi Ujimqin B.，Abagnar B.，Abag B.，Sonid Right B.，Zhengxiangbai B.，Taibus B.，Siziwang B.，Jining，Hohhot，Liangcheng，Baotou，Urad Middle and Rear Joint B.，Zhenglan B.，Shangdu，Darhan Muminggan Joint B.，Urad Rear B.[X10]；northern Langshan[Z51]

Henan：Lingbao[L96]

Hebei：Zhangjiakou，Kangbao*；Zhangbei[Z21]

Shanxi：Northwestern Kelan，Ningwu，Taiyuan，Wutaishan[A1]；Shenchi*；Tianzhen，Shanyin，Zuoyun，Youyun，Shuozhou，Yingxian，Yanggao[L58]；Lanxian，Fangshan[C21]

Shaanxi：Yan'an[A1]；Zichang，Wuqi，Dingbian，Yanchuan，Yanchang，Qingjian，Jingbian，Yulin，Shenmu，Wubao，Jiaxian[W54]

Ningxia：Xiji，Haiyuan，Guyuan[W60]；Liupanshan，Pengyang，Tongxin，Yanchi，Zhongwei[Q3]

Gansu：Longdong area[Y34]；Jingning，Maqu，Luqu，Xiahe[C14]；Lanzhou（Xinglongshan）[C20,Z81]

Qinghai：Guinan，Gonghe，Guide，Tongde，Xinghai[Z24,69]

Forest-steppe，steppe，alpine steppe

Altai，Mongolia，Transbaikal.

Ochotona forresti Thomas，1923 **Grey-necked pika**

Yunnan：Dêqên[W74]；Gongshan[G14]；Lijiang[F5]；Lushui[W70]

Xizang：Mêdog，Mainling[F5]

Mountain forest

Assam，northeastern Myanmar.

Ochotona iliensis Li *et* Ma，1986 **Ili pika**

Xinjiang：Jilimalleishan in Nilka（N 44°10′-E 82°21′），Hutubi，Ürümqi，Jinghe，Usu，Hejing，Ulastai Gou，Shawan，Manas，Changji[L18,54]

Mountain（rocky habitat）

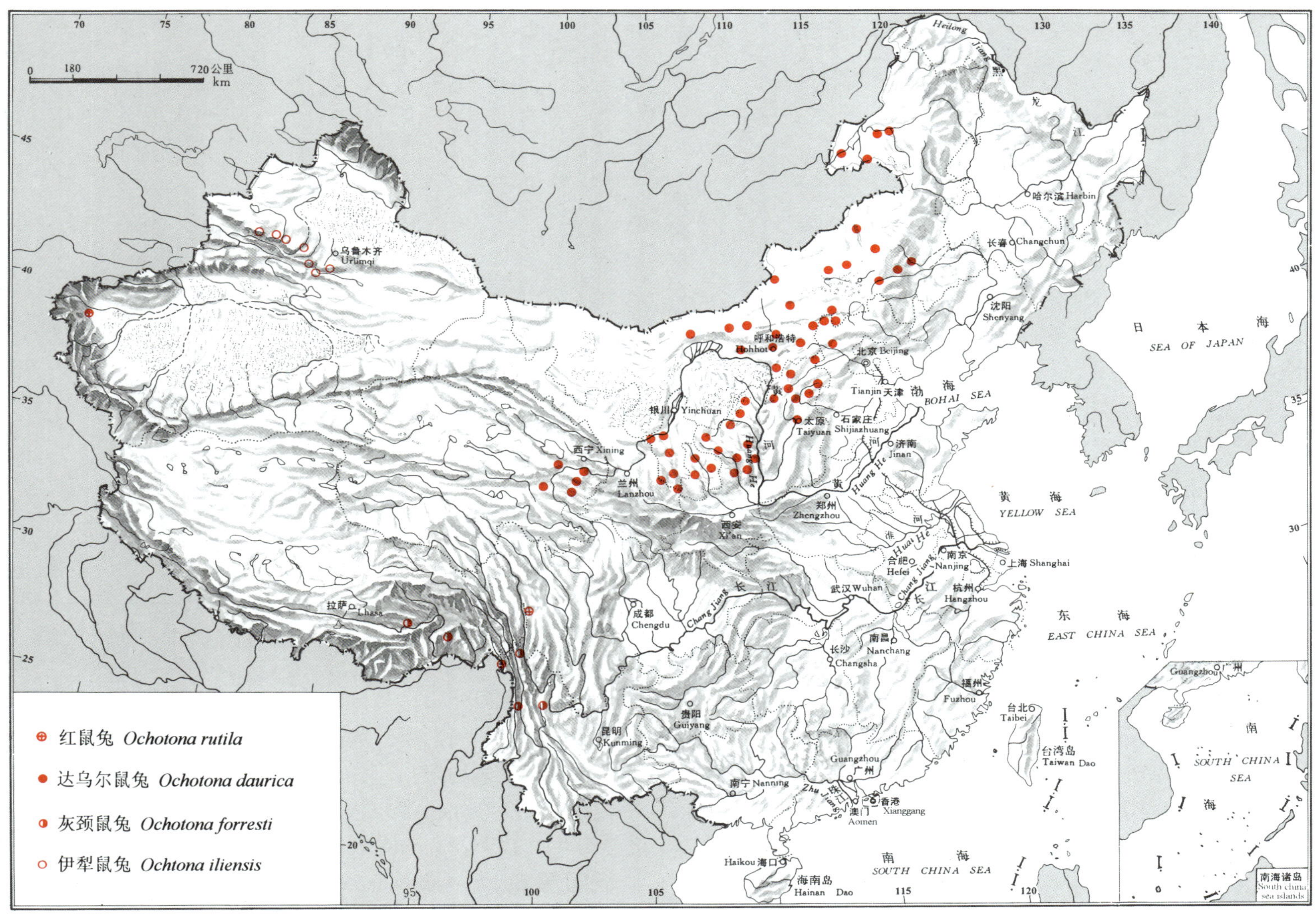

图119 红鼠兔 *Ochotona rutila* 达乌尔鼠兔 *Ochotona daurica* 灰颈鼠兔 *Ochotona forresti* 伊犁鼠兔 *Ochotona iliensis* 的分布

黑唇鼠兔 ***Ochotona curzoniae*** Hodgson，1858

甘肃：酒泉南部山地[Q13]；陇南、甘南、祁连山[Z81]

青海：天峻、祁连、默勒[Z43]；共和、贵南、河南[Z24]；果洛、班玛、玛多、格尔木[Z69]

四川：德格（玉隆）、邓柯、甘孜[H23,24]；石渠[W70]

西藏：江孜、定日、当雄、昂仁、双湖、浪卡子、帕里、仲巴、冈底斯山、那曲、江达、芒康、八宿、隆子、安多、达孜、措勤、普兰、申扎、班戈[F5,Z3]

高山草原，荒漠，草甸

锡金。

柯氏鼠兔 ***Ochotona koslowi*** Büchner，1894

新疆：阿依萨拉格托河谷[R3]；阿其克库勒湖北面山口、若羌阿尔金山保护区[Z72]

山地

高黎贡山鼠兔 ***Ochotona gaoligongensis*** Wang，Gong *et* Duan，1988

云南：贡山[W70]

亚高山针叶林

Ochotona curzoniae Hodgson，1858 **Black-lipped pika**

Gansu：Southern mountains in Jiuquan[Q13]；Longnan，Gannan，Qilianshan[Z81]

Qinghai：Tianjun，Qilian，Muri[Z43]；Gonghe，Guinan，Henan[Z24]；Golog，Baima，Madoi，Golmud[Z69]

Sichuan：Dêgê（Yulong），Dainkog，Garzê[H23,24]；Sêrxü[W70]

Xizang：Gyangzê，Tingri，Damxung，Ngamring，Shuanghu，Nagarzê，Pagri，Shenba，Gangdiseshan，Nagqu，Jomda，Markam，Baxoi，Lhünzê，Amdo，Dagzê，Coqên，Burang，Xainza，Baingoin[F5,Z3]

Alpine steppe，desert and meadow

Sikkim

Ochotona koslowi Büchner，1894 **Kozlov's pika**

Xinjiang：Valley of Ayisalagto[R3]；mountain pass north of Aggikkol Hu，Altun Nature Reserve，Ruoqiang[Z72]

Mountain

Ochotona gaoligongensis Wang，Gong *et* Duan，1988

Gaoligongshan pika

Yunnan：Gongshan[W70]

Subalpine coniferous

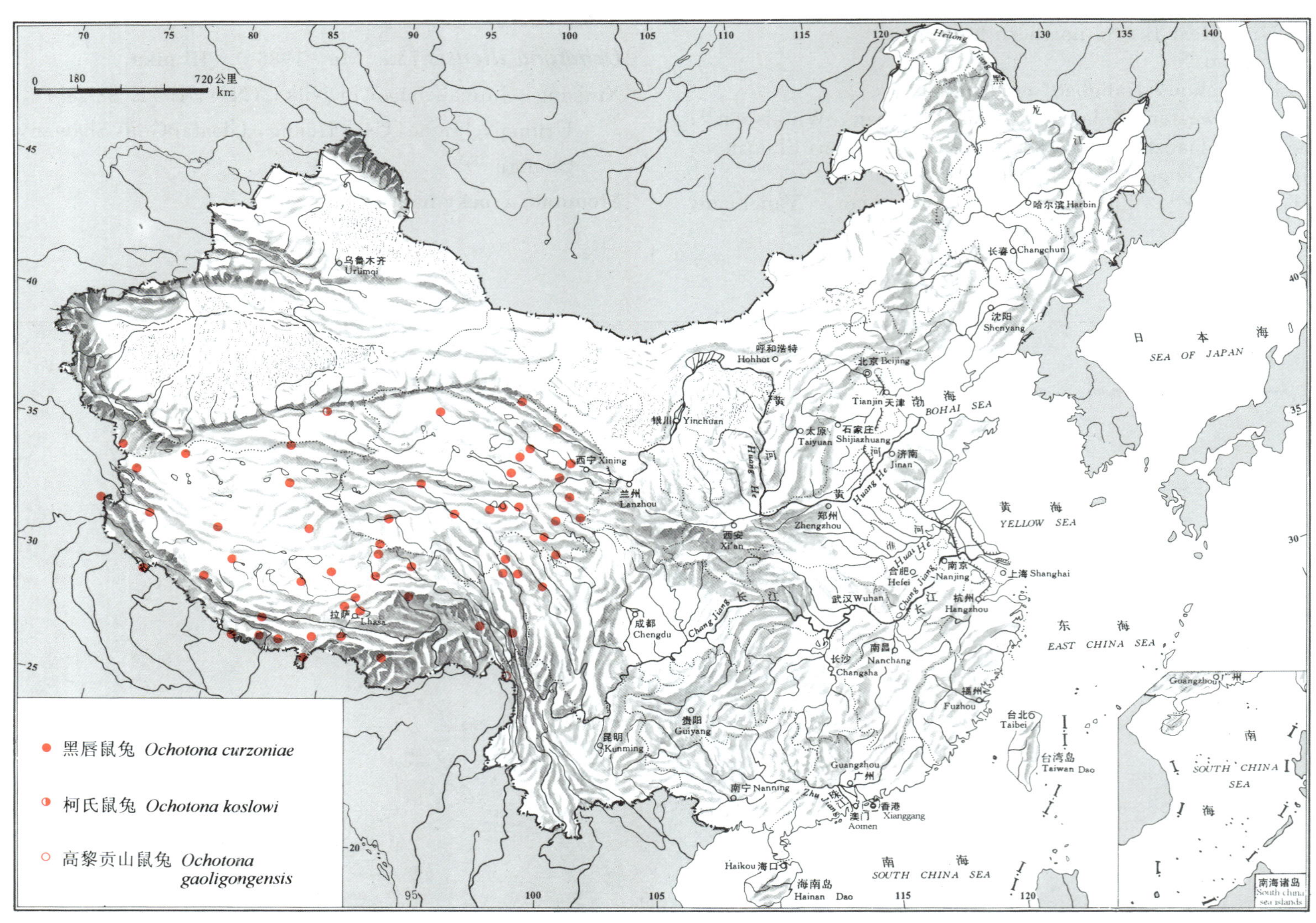

图120 黑唇鼠兔 *Ochotona curzoniae* 柯氏鼠兔 *Ochotona koslowi* 高黎贡山鼠兔 *Ochotona gaoligongensis* 的分布

高山鼠兔 ***Ochotona alpina*** Pallas，1773

O. a. hyperborea Pallas，1811［内蒙古，东北］

O. a. cinereoflava Schrenk，1858［东北东北部］

O. a. coreana Allen *et* Andrews，1913［东北南部］

O. a. argentata Howell，1928［宁夏，甘肃］

O. a. nitida Hollister，1912［阿尔泰］

黑龙江：黑河、德都、伊春、呼玛、漠河[M13,S33]

吉林：抚松[S33]；安图[S50]

内蒙古：根河、鄂伦春自治旗、牙克石[M13]；东乌珠穆沁旗、阿巴嘎旗、苏尼特左旗、苏尼特右旗[Z51]；科尔沁右前旗[J1,M13]

宁夏：银川[A1]

甘肃：天祝[Z81]

新疆：青河、阿勒泰、富蕴[W41]、布尔津、哈巴河[M24,25]

高山草甸（岩堆）

乌拉尔，俄罗斯，阿尔泰，萨彦岭，贝加尔湖区，西伯利亚，蒙古，堪察加，库页岛，北海道。

褐斑鼠兔 ***Ochotona pallasi*** Gray，1867

O. p. pricei Thomas，1911［阿尔泰］

O. p. sunidica Ma，Lin *et* Li，1980［内蒙古］

O. p. hamica Thomas，1912［新疆东部］

内蒙古：苏尼特左旗[Z51]；四子王旗[M22]

新疆：哈巴河、布尔津、北塔山、奇台、哈密北部山地[A1,M24,25]

草原

哈萨克斯坦，阿尔泰山，蒙古。

陕西鼠兔 ***Ochotona shaanxiensis*** Xu *et* Wang，1992

陕西：宜川[W55]

草原，灌丛

康坞鼠兔 ***Ochotona kamensis*** Argyropulo，1948

四川：昌都地区[C37]

Ochotona alpina Pallas，1773　**Northern pika**

O. a. hyperborea Pallas，1811 [Nei Mongol，northeast China]

O. a. cinereoflava Schrenk，1858 [Northeastern China]

O. a. coreana Allen *et* Andrews，1913 [Southern northeast China]

O. a. argentata Howell，1928 [Ningxia、Gansu]

O. a. nitida Hollister，1912 [Altai]

Heilongjiang：Heihe，Dedu，Yichun，Huma，Mohe[M13,S33]

Jilin：Fusong[S33]；Antu[S50]

Nei Mongol：Genhe (Yitulihe，Genhe，Keyihe)，Oroqen Aut. B.，Yakeshi.[M13]；Dong Ujimqin B. Abag B.，Sonid Left B.，Sonid Right B.[B51]；Horqin Right Wing Front B.[J1,M13]

Ningxia：Yinchuan[A1]

Gansu：Tianzhu[Z81]

Xinjiang：Qinghe，Altay，Fuyun[W41]；Burqin，Habahe[M24,25]

Alpine meadows (rocky habitat)

Urals，Russian Altai，Sayan，Baikal area，Siberia，Mongolia，Kamchatka，Sakhalin，Hokkaido.

Ochotona pallasi Gray，1867　**Pallas's pika**

O. p. pricei Thomas，1911 [Altay]

O. p. sunidica Ma，Lin *et* Li，1980 [Nei Mongol]

O. p. hamica Thomas，1912 [Eastern Xinjiang]

Nei Mongol：Sonid Left B.[Z51]；Siziwang B.[M22]

Xinjiang：Habahe，Burqin，Baytikshan，Qitai，mountains of northern Hami[A1,M24,25]

Steppe

Kazakhstan，Altai，Mongolia.

Ochotona shaanxiensis Xu *et* Wang，1992　**Shaanxi pika**

Shaanxi：Yichuan[W55]

Steppe，scrub

Ochotona kamensis Argyropulo，1948　**Kam pika**

Sichuan：Changdu area (Kam)[C37]

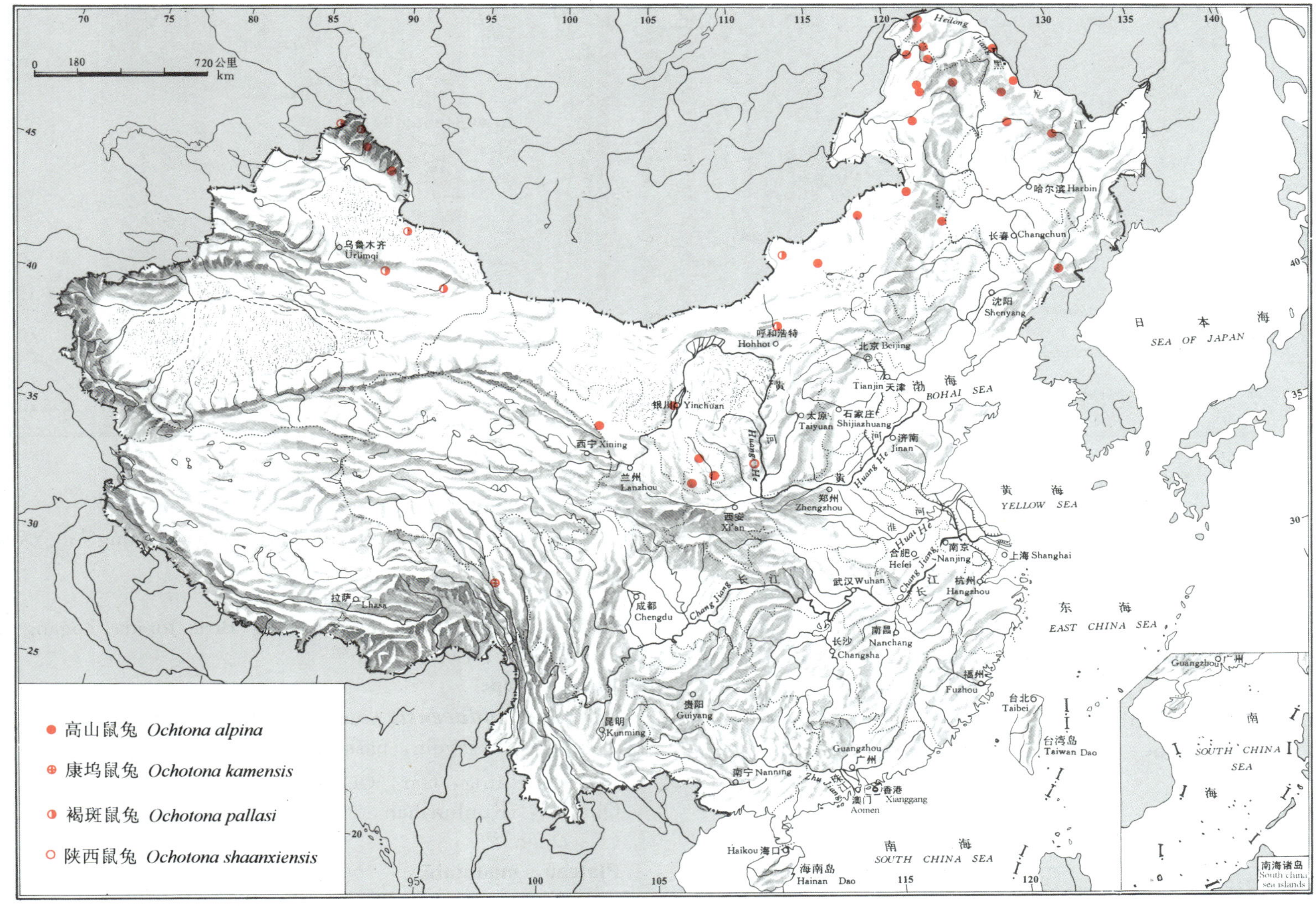

图121　高山鼠兔 *Ochotona alpina*　褐斑鼠兔 *Ochotona pallasi*　陕西鼠兔 *Ochotona shaanxiensis*　康坞鼠兔 *Ochotona kamensis* 的分布

红耳鼠兔 ***Ochotona erythrotis*** Büchner，1890

甘肃：肃南、酒泉、民乐、罐台[Z43]；天祝、阿克塞、夏河、临潭、永靖[Z81]

青海：通天河一支流山地[R3]；西宁、天峻、民和、门源、泽库、贵南、乐都、黄南、尖扎、祁连、德令哈（希里沟）、察汗乌苏、海晏[Q13]；布尔汗布达山、鄂陵湖、玉树、河南、共和、贵德、同德、兴海、都兰（巴隆）[Z24,69]

高山草原

天山，帕米尔。

川西鼠兔 ***Ochotona gloveri*** Thomas，1922

O. g. gloveri Thomas，1922 [四川西部]

O. g. brookei G. Allen，1937 [青海南部]

O. g. calloceps Pen *et* Feng，1962 [云南]

青海：玉树、囊谦*；杂多、曲麻莱、治多、称多[Z69]

四川：康定、马尔康、巴塘、理塘[A1]；雅江[S46]；黑水[H23,24]

云南：德钦*,[P1]

西藏：丁青、巴青[Z3]、类乌齐、洛隆、比如、江达、左贡、八宿、贡觉[F5]；索县、

高山草原

拉达克鼠兔 ***Ochotona ladacensis*** Günther，1875

新疆：阿克赛钦、空喀山口[W41]

西藏：日土、噶尔、改则[F5]

青海：昆仑山、阿尔金山、唐古拉山、格尔木、治多[Z69]

高原，山地

克什米尔。

木里鼠兔 ***Ochotona muliensis*** Pen *et* Feng，1962

四川：木里[P1]

高山草原

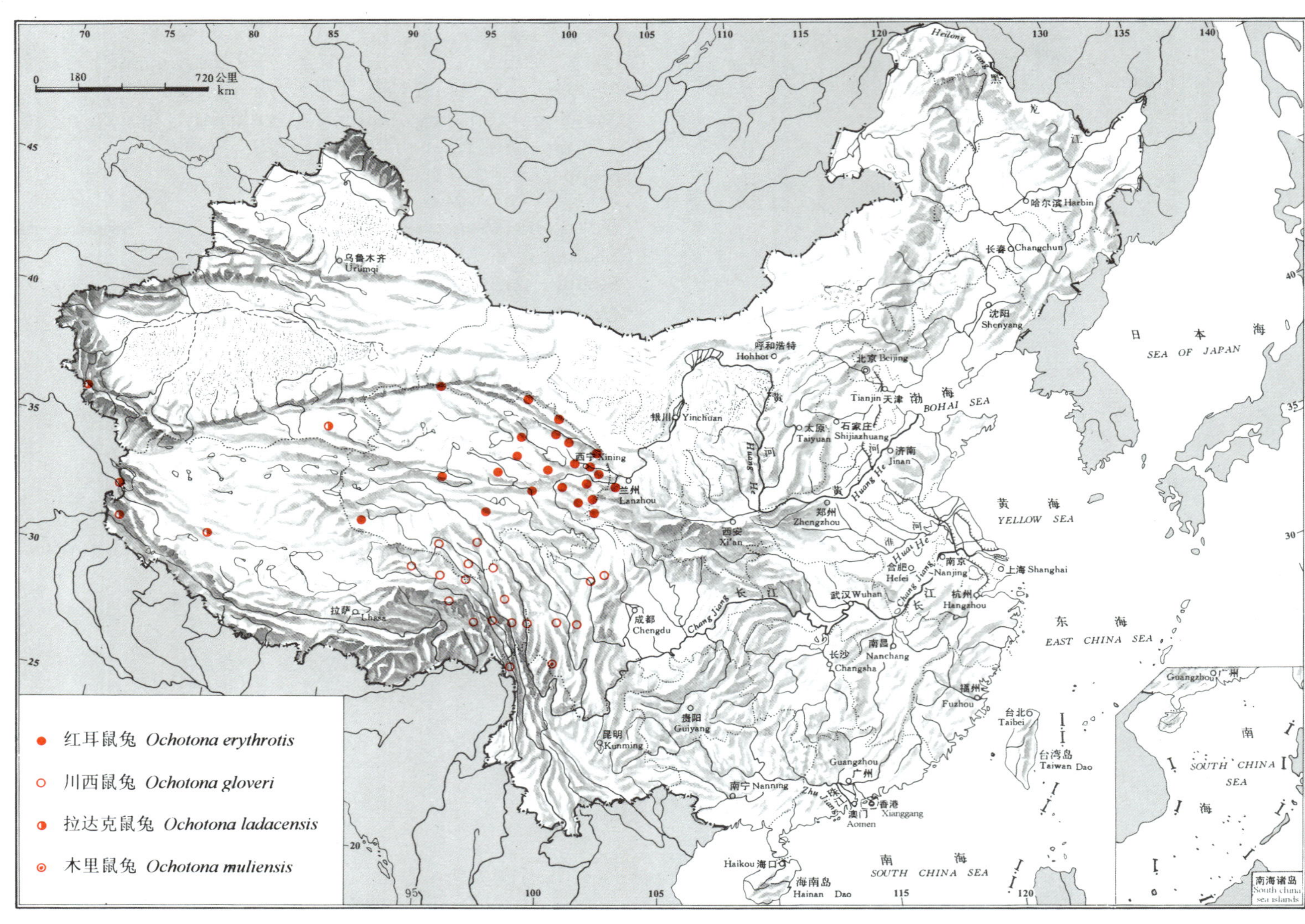

图122 红耳鼠兔 *Cchotona erythrotis* 川西鼠兔 *Ochotona gloveri* 拉达克鼠兔 *Ochotona ladacensis* 木里鼠兔 *Ochotona muliensis* 的分布

Ochotona erythrotis Büchner，1890 **Red-eared pika**

Gansu：Sunan，Jiuquan，Minle，Guantai[Z43]；Tianzhu，Aksay，Xiahe，Lintan，Yongjing[Z81]

Qinghai：A mountain in the area of a tributary of Tongtian He[R3]；Xining，Tianjun，Minhe，Menyuan，Zêkog，Guinan，Ledu，Huangnan，Jainca，Qilian，Delingha (Xiligou)，Qagan Usu，Haiyan[Q13]；Burhanbudashan，southern Nyoringhu，Yushu，Henan，Gonghe，Guide，Tongde，Xinghai，Dulan (Balong)[Z24,69]

Alpine steppe

Tianshan，Pamir.

Ochotona gloveri Thomas，1922 **Western Szechuan pika**

O. g. gloveri Thomas，1922 [Western Sichuan]

O. g. brookei G. Allen，1937 [Southern Qinghai]

O. g. calloceps Pen *et* Feng，1962 [Yunnan]

Qinghai：Yushu，Nangqên*；Zadoi，Qumarlêb，Zhidoi，Chindu[Z69]

Sichuan：Kangding，Barkam，Batang，Litang[A1]；Yajiang[S46]；Heishui[H23,24]

Yunnan：Dêqên*,[P1]

Xizang：Dêngqên，Riwoqê，Lhorong，Biru，Jomda，Zogang，Baxoi，Gonjo[F5]；Sog，Baqên[Z3]

Alpine steppe

Ochotona ladacensis Günther，1875 **Ladak pika**

Xinjiang：Aksayqin，pass of Konkashan[W41]

Xizang：Rutog，Gar，Gêrzê[F5]

Qinghai：Kunlunshan，Altunshan，Tanggulashan，Golmud，Zhidoi[Z69]

Plateau，mountain

Kashmir.

Ochotona muliensis Pen *et* Feng，1962 **Muli pika**

Sichuan：Muli[P1]

Alpine steppe

啮齿目　RODENTIA

鼯鼠科　Petauristidae

毛耳飞鼠属　*Belomys* Thomas，1908

毛耳飞鼠　*Belomys pearsoni* Gray，1842

B. p. kaleensis Swinhoe，1862［台湾］

B. p. pearsoni Gray，1842［中国大陆］

河南：内乡、西峡[Z97]；嵩县[G20]

云南：腾冲[A1]；个旧、屏边、元阳、红河、金平、绿春、河口[L4]；勐腊、勐远[W67,Y10]；贡山、泸水、文山、昭通[Y50]

贵州：金沙、凯里、榕江、梵净山[L2]

广西：龙州[W47]；南宁[L45]；那坡、靖西、宁明、大新、上思、凭祥、十万大山[S12,W83]

广东：瑶山[A1]

海南：尖峰岭[S8]；东方[T5]；霸王岭[X21]

台湾：台中、台北[C15]；太鲁阁[L41]

热带、亚热带森林

锡金，阿萨姆，缅甸，越南，老挝。

复齿鼯鼠属　*Trogopterus* Heude，1898

复齿鼯鼠　*Trogopterus xanthipes* Milne- Edwards，1867

T. x. xanthipes Milne-Edwards，1867［陕西，河北］

T. x. mordax Thomas，1914［湖北，四川东部］

T. x. himalaicus Thomas，1914［西藏南部］

T. x. edithae Thomas，1923［云南，四川东部］

北京：怀柔（张荣祖1964年提供）、门头沟、百花山[B10]

河北：平山、涉县、涞水[K4]；赞皇[Z21]

辽宁：绥中[L17]

山西：稷山、介休、平定、灵石、降县[W12,14,15]；五台山[Z38]

河南：西部地区[Y27]；栾川、灵宝、卢氏、林州[L96]

陕西：商州[A1]；陇县[S41]；留坝、汉中、柞水、山阳、洛南、石泉、汉阴、平利、镇坪、宁陕[W96,98,Z85]、户县、周至、佛坪、镇巴、安康[W53]

四川：岷江上游、巴塘、望峨山[A1]；马尔康[S46]；青川、平武、苍溪、万源、南江、万县、城口、巫山、涪陵、秀山、南川、屏山、古蔺、峨眉山、峨边、灌县、金川、汶川[H23,24]

青海：祁连、同仁、门源、大通、互助、贵德、化隆、泽库、久治、班玛、玉树、囊谦[Z69]

贵州：贵阳[L2]

云南：丽江[A1]；泸水[P1]；德钦、中甸、维西、剑川、大理、昭通、弈良、大关、绥江[Y50]

西藏：亚东地区[E1]

湖北：宜昌[A1]

广西：那坡、靖西[W83]

甘肃：天水、康县、文县、舟曲、迭部[L22]；夏河、武山、天祝、徽县[Z81]

亚热带、暖温带森林

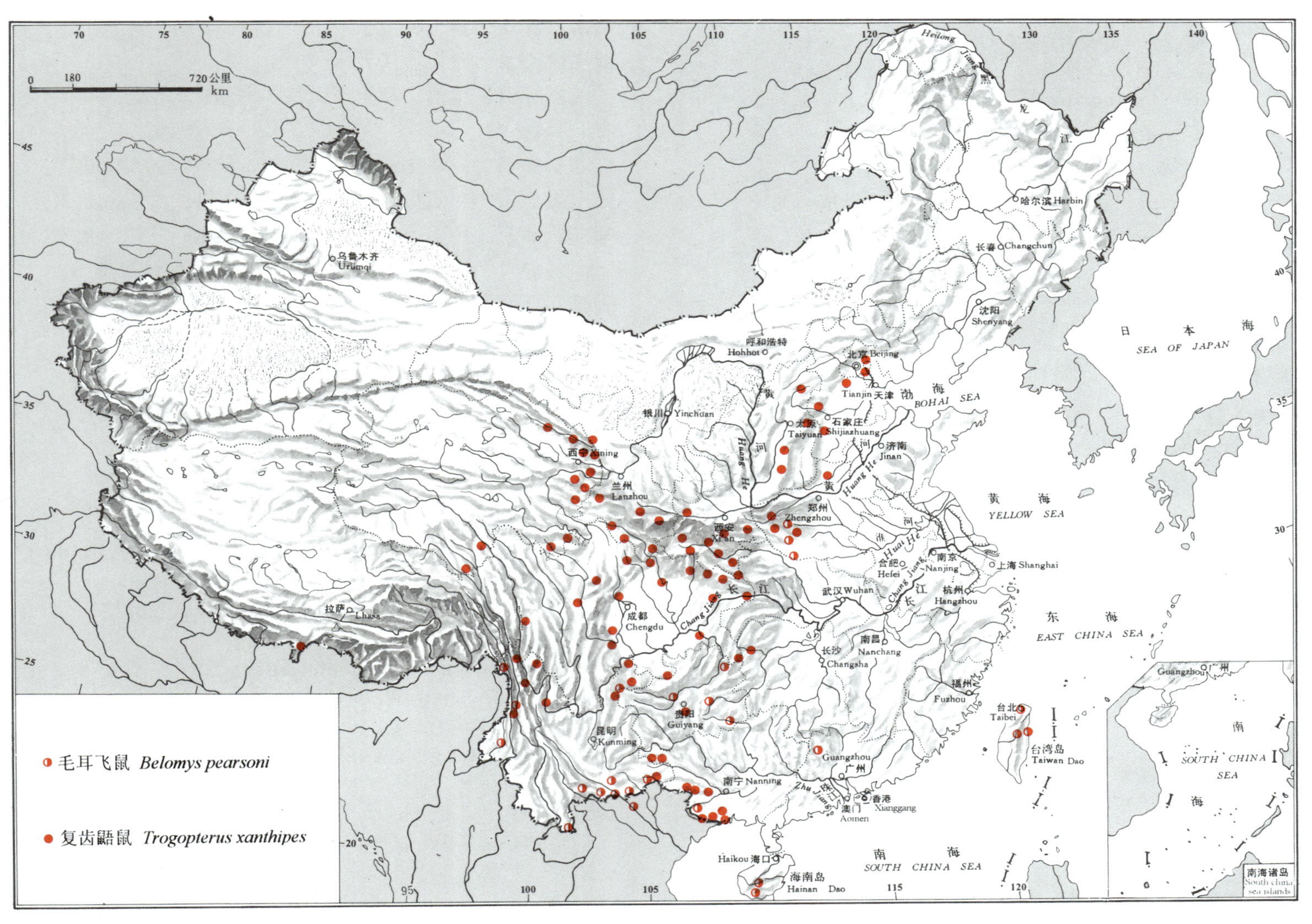

图123　毛耳飞鼠 *Belomys pearsoni*　复齿鼯鼠 *Trogopterus xanthipes* 的分布

RODENTIA Rodents

Petauristidae Flying squirrels

Belomys Thomas, 1908 Hairy-footed flying squirrels

Belomys pearsoni **Gray**, 1842 **Hairy-footed flying squirrel**

B. p. kaleensis Swinhoe, 1862 [Taiwan]

B. p. pearsoni Gray, 1842 [Chinese mainland]

Henan: Neixiang, Xixia[Z97]; Songxian[G20]

Yunnan: Tengchong[A1]; Gejiu, Pingbian, Yuanyang, Honghe, Jinping, Lüchun, Hekou[L4]; Mengla, Mengyuan[W67,Y10]; Gongshan, Lushui, Wenshan, Zhaotong[Y50]

Guizhou: Jinsha, Kaili, Rongjiang, Fanjingshan[L2]

Guangxi: Longzhou[W47]; Nanning[L45]; Napo, Jingxi, Ningming, Daxin, Shangsi, Pingxiang, Shiwandashan[S12,W83]

Guangdong: Yaoshan[A1]

Hainan: Jianfengling[S8]; Dongfang[T5]; Bawangling[X21]

Taiwan: Taizhong, Taibei[C15]; Tailuge[L41]

Tropical and subtropical forest

Sikkim, Assam, Myanmar, Indochina.

Trogopterus Heude, 1898 Complex-toothed flying squirrels

Trogopterus xanthipes Milne-Edwards, 1867 **Complex-toothed flying squirrel**

T. x. xanthipes Milne-Edwards, 1867 [Shaanxi, Hebei]

T. x. mordax Thomas, 1914 [Hubei, eastern Sichuan]

T. x. himalaicus Thomas, 1914 [Southern Xizang]

T. x. edithae Thomas, 1923 [Yunnan, eastern Sichuan]

Beijing: Huairou (provided by Zhang Yongzu, 1964), Mentougou, Baihuashan[B10]

Hebei: Pingshan, Shexian, Laishui[K4]; Zanhuang[Z21]

Liaoning: Suizhong[L17]

Shanxi: Jishan, Jiexiu, Pingding, Lingshi, Jiangxian[W12,14,15]; Wutaishan[Z38]

Henan: Western area[Y27]; Luanchuan, Lingbao, Lushi, Linzhou[L96]

Shaanxi: Shangzhou[A1]; Longxian[S41]; Liuba, Hanzhong, Zhashui, Shanyang, Luonan, Shiquan, Hanyin, Pingli, Zhenping, Ningshan[W96,98,Z85]; Huxian, Zhouzhi, Foping, Zhenba, Ankang[W53]

Sichuan: Upper reaches of Minjiang, Batang, Wang'eshan[A1]; Barkam[S46]; Qingchuan, Pingwu, Cangxi, Wanyuan, Nanjiang, Wanxian, Chengkou, Wushan, Fuling, Xiushan, Nanchuan, Pingshan, Gulin, Emeishan, Ebian, Guanxian, Jinchuan, Wenchuan[H23,24]

Qinghai: Qilian, Tongren, Menyuan, Datong, Huzhu, Guide, Hualong, Zêkog, Jigzhi, Baima, Yushu, Nangqên[Z69]

Guizhou: Guiyang[L2]

Yunnan: Lijiang[A1]; Lushui[P1]; Dêgên, Zhongdian, Weixi, Jianchuan, Dali, Zhaotong, Yiliang, Daguan, Suijiang[Y50]

Xizang: Yadong area[E1]

Hubei: Yichang[A1]

Guangxi: Napo, Jingxi[W83]

Gansu: Tianshui, Kangxian, Wenxian, Zhugqu, Têwo[L22]; Xiahe, Wushan, Tianzhu, Huixian[Z81]

Subtropical and warm-temperate forests

鼯鼠属 *Petaurista* Link, 1795

棕鼯鼠 ***Petaurista petaurista*** Pallas, 1766

P. p. grandis Swinhoe, 1862 [台湾]

P. p. miloni Bourret, 1942 [广西]

P. p. rufipes G. Allen, 1925 [福建，广东]

P. p. rubicundus Howell, 1927 [四川，甘肃]

P. p. nigra Peng *et* Wang, 1981 [云南西部]

陕西：秦岭、汉中、安康[M28]

四川：美姑、宜宾[A1]；宝兴[H23,24]

甘肃：临潭、卓尼、夏河、舟曲[Z81]

贵州：江口、榕江、雷山、台江、三都、贵阳、兴义、册亨、威宁、绥阳、罗甸[L2]

西藏：察隅、墨脱[E1,F5]；波密、林芝、门隅、珞瑜[Y29]；

湖南：宜章、新宁、绥宁[L65]

浙江：丽水、龙泉、庆元[Z113]

云南：贡山、维西、福贡、六库[P3]；盈江、昭通、大关、绥江、永善[Y50]

广西：安宁[L45]；兴安、金秀、上林、武鸣[S12]；大瑶山[L69]

广东：徭山[T5]；乐昌、乳源、连州、怀集、曲江、始兴[L63]

福建：邵武、武夷山、建瓯、政和、屏南、三明、永安、建阳、宁德[Z13,14]；顺昌、太宁、建宁、永太[H11]；永春[L97]

台湾：乌来、太白山、埔里、阿里山、内反鹿、瑞穗、花莲、番浓溪、水里坑、台东的黑龙[K7]

热带、亚热带森林

加里曼丹，爪哇，苏门答腊，马来半岛，中南半岛，阿萨姆，尼泊尔，旁遮普，克什米尔，印度半岛，斯里兰卡。

Petaurista Link, 1795 Flying squirrels

Petaurista petaurista Pallas, 1766 **Red giant flying squirrel**

P. p. grandis Swinhoe, 1862 [Taiwan]

P. p. miloni Bourret, 1942 [Guangxi]

P. p. rufipes G. Allen, 1925 [Fujian, Guangdong]

P. p. rubicundus Howell, 1927 [Sichuan, Gansu]

P. p. nigra Peng *et* Wang, 1981 [Western Yunnan]

Shaanxi: Qinling, Hanzhong, Ankang[M28]

Sichuan: Meigu, Yibin[A1]; Baoxing[H23,24]

Gansu: Lintan, Jonê, Xiahe, Zhugqu[Z81]

Guizhou: Jiangkou, Rongjiang, Leishan, Taijiang, Sandu, Guiyang, Xingyi, Ceheng, Weining, Suiyang, Luodian[L2]

Xizang: Zayü, Mêdog[E1,F5], Bomi, Nyingchi, Menyü, Luoyü[Y29]

Hunan: Yizhang, Xinning, Suining[L65]

Zhejiang: Lishui, Longquan, Qingyuan[Z113]

Yunnan: Gongshan, Weixi, Fugong, Liuku[P3]; Yingjiang, Zhaotong, Daguan, Suijiang, Yongshan[Y50]

Guangxi: Anning[L45]; Xing'an, Jinxiu, Shanglin, Wuming[S12]; Da Yaoshan[L69]

Guangdong: Yaoshan[T5]; Lechang, Ruyuan, Lianzhou, Huaiji, Qujiang, Shixing[L63]

Fujian: Shaowu, Wuyishan, Jian'ou, Zhenghe, Pingnan, Sanming, Yong'an, Jianyang, Ningde[Z13,14]; , Shunchang, Taining, Jianning, Yongtai[H11]; Yongchun[L97]

Taiwan: Wulai, Taibaishan, Puli, Alishan, Neifanlu, Ruisui, Hualian, Funmangxi, Shuilikeng, Heilong in Taidong[K7]

Tropical and subtropical forest

Borneo, Java, Sumatra, Malay peninsula, Myanmar, Thailand, Indochina, Assam, Nepal, Punjab, Kashmir, Indian peninsula, Sri Lanka.

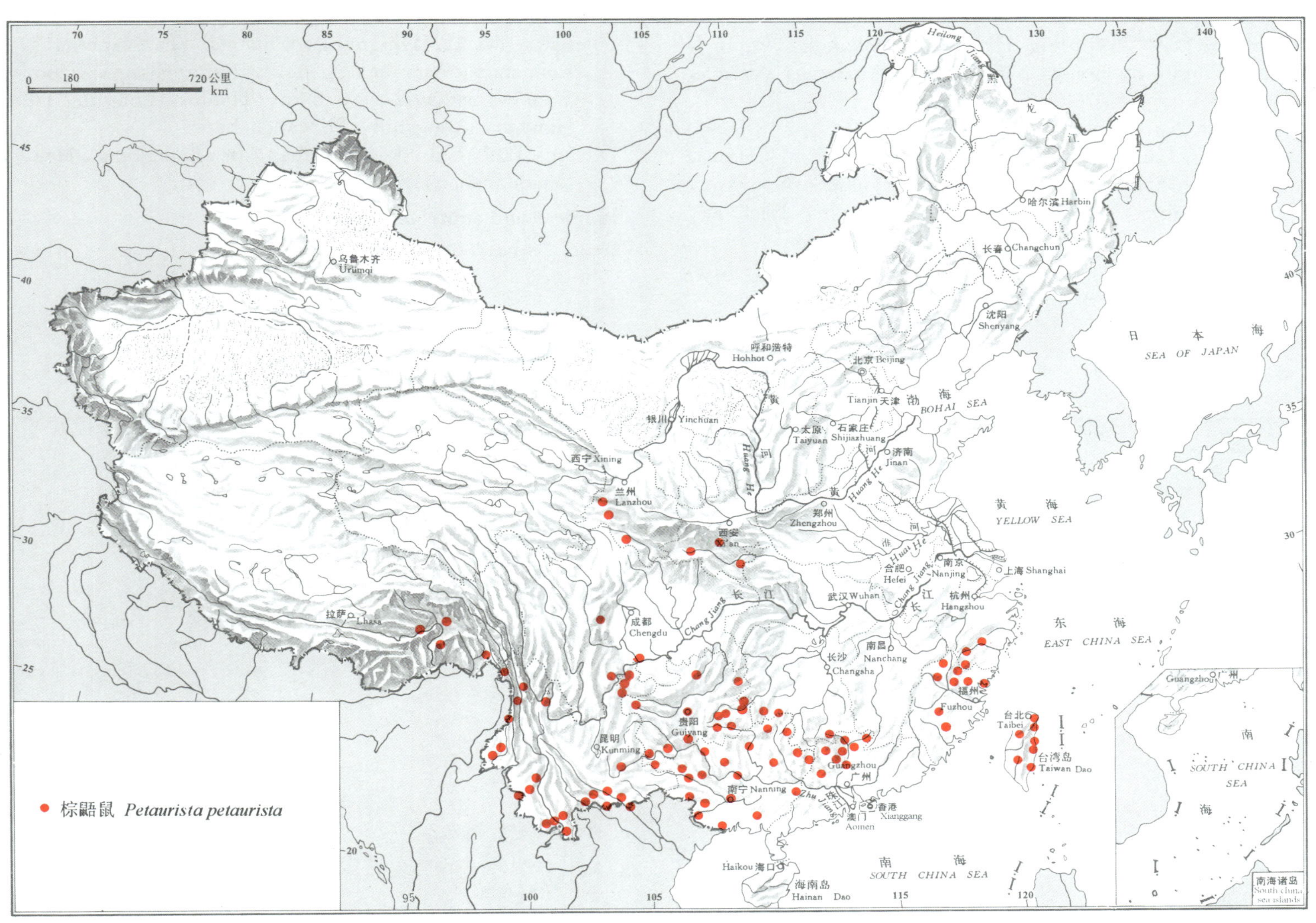

图124 棕鼯鼠 *Petaurista petaurista* 的分布

云南鼯鼠 ***Petaurista yunanensis*** Anderson, 1875

云南：维西[A1]；丽江、贡山、泸水[P1]；临沧、双江、沧源[L71]；碧江、六库[P3]；腾冲、梁河 、盈江、潞西 、保山、大理[Y50]

广西：南宁[L45]；西林、靖西、百色、龙州、宁明、大新、隆林[S12,W83]

西藏：察隅地区[E1]

热带森林

缅甸北部。

海南鼯鼠 ***Petaurista hainana*** G. Allen, 1925

海南：东方[S10]；儋州、南丰[A1]；牙柄[T4]；乐东[T5]；坝王岭、尖峰岭、五指山、吊罗山、黎母岭、白沙、屯昌、汀迈、三亚[X21]

热带森林

红白鼯鼠 ***Petaurista alborufus*** Milne- Edwards, 1870

P. a. alborufus Milne-Edwards, 1870 [陕西，四川西部]

P. a. lena Thomas, 1907 [台湾]

P. a. castaneus Thomas, 1923 [湖北，四川东部，贵州]

P. a. ochraspis Thomas, 1923 [云南，广西]

陕西：镇安[S6,W98,Z85]；秦岭、汉中、安康[M28]、佛坪、石泉、平利、镇坪、宁陕[W96]、安郑、镇巴、西乡[W55]

甘肃：文县[M1]、天水[L22,Z81]

四川：宝兴、阆中、重庆、万县[A1]；会东、青川、平武、达川、万源、南江、城口、涪陵、秀山、纳溪、天全、德昌、灌县[H23,24]

贵州：绥阳、兴义、施秉、罗甸、贵阳[L2]；荔波（茂兰）[X8]

云南：丽江、泸水[S46]；勐腊[W67]；勐海[K3]；剑川、大理、宾川、祥云 、保山、潞西、腾冲 、绿春、文山、屏边、泸西（中枢）、宣威[Y50]

湖北：宜昌[A1]

湖南：新宁、绥宁、邵阳[L65]；城步、桂东、资兴[F14]

广西：靖西、宁明、上思[W47]；南宁[L45]、那坡、龙州、武鸣、上林、大明山、小明山、天峨、巴马、乐业、西林、田林、隆林、环江、南丹、融水、十万大山[S12,W83]

台湾：埔里、水里坑、达邦社、旧哈崩、哈库大山、关刀山、松岭、合欢山[K7]

热带、亚热带森林

阿萨姆，缅甸，典那沙冷，泰国。

Petaurista yunanensis Anderson, 1875 **Yunnan flying squirrel**

Yunnan: Weixi[A1]; Lijiang, Gongshan, Lushui[P1]; Lincang, Shuangjiang, Cangyuan[L71]; Fugong, Liuku[P3]; Tengchong, Lianhe, Yingjiang, Luxi, Baoshan, Dali[Y50]

Guangxi: Nanning[L45]; Xilin, Jingxi, Bose, Longzhou, Ningming, Daxin, Longlin[S12,W83]

Xizang: Zayü area[E1]

Tropical forest

Northern Myanmar.

Petaurista hainana G. Allen, 1925 **Hainan flying squirrel**

Hainan: Dongfang[S10]; Danzhou, Nanfeng[A1]; Yabing[T4]; Ledong[T5], Bawangling, Jianfengling, Wuzhishan, Diaoluoshan, Limuling, Baisha, Tunchang, Cheng'mai, Sanya[X21]

Tropical forest

Petaurista alborufus Milne- Edwards, 1870

Red-and-white flying squirrel

P. a. alborufus Milne-Edwards, 1870 [Shaanxi, western Sichuan]

P. a. lena Thomas, 1907 [Taiwan]

P. a. castaneus Thomas, 1923 [Hubei, eastern Sichuan, Guizhou]

P. a. ochraspis Thomas, 1923 [Yunnan, Guangxi]

Shaanxi: Zhen'an[S6,W98,Z85]; Qinling, Hanzhong, Ankang[M28]; Foping, Shiquan, Pingli, Zhenping, Ningshan[W96]; Anzheng, Zhenba, Xixiang[W55]

Gansu: Wenxian[M1]; Tianshui[L22,Z81]

Sichuan: Baoxing, Langzhong, Chongqing, Wanxian[A1]; Huidong, Qingchuan, Pingwu, Dachuan, Wanyuan, Nanjiang, Chengkou, Fuling, Xiushan, Naxi, Tianquan, Dechang, Guanxian[H23,24]

Guizhou: Suiyang, Xingyi, Shibing, Luodian, Guiyang[L2]; Libo (Maolan)[X8]

Yunnan: Lijiang, Lushui[S46]; Mengla[W67]; Menghai[K3]; Jianchuan, Dali, Binchuan, Xiangyun, Baoshan, Luxi, Tengchong, Lüchun, Wenshan, Pingbian, Luxi (Zhongshu), Xuanwei[Y50]

Hubei: Yichang[A1]

Hunan: Xinning, Suining, Shaoyang[L65]; Chengbu, Guidong, Zixing[F14]

Guangxi: Jingxi, Ningming, Shangsi[W47];, Nanning[L45]; Napo, Longzhou, Wuming, Shanglin, Damingshan, Xiaomingshan, Tian'e, Bama, Leye, Xilin, Tianlin, Longlin, Huanjiang, Nandan, Rongshui, Shiwandashan[S12,W83]

Taiwan: Puli, Shuilikeng, Dabangshe, Jiuhabeng, Hakudashan, Quandaoshan, Songling, Hehuanshan[K7]

Tropical and subtropical forest

Assam, Myanmar, Tenasserim, Thailand.

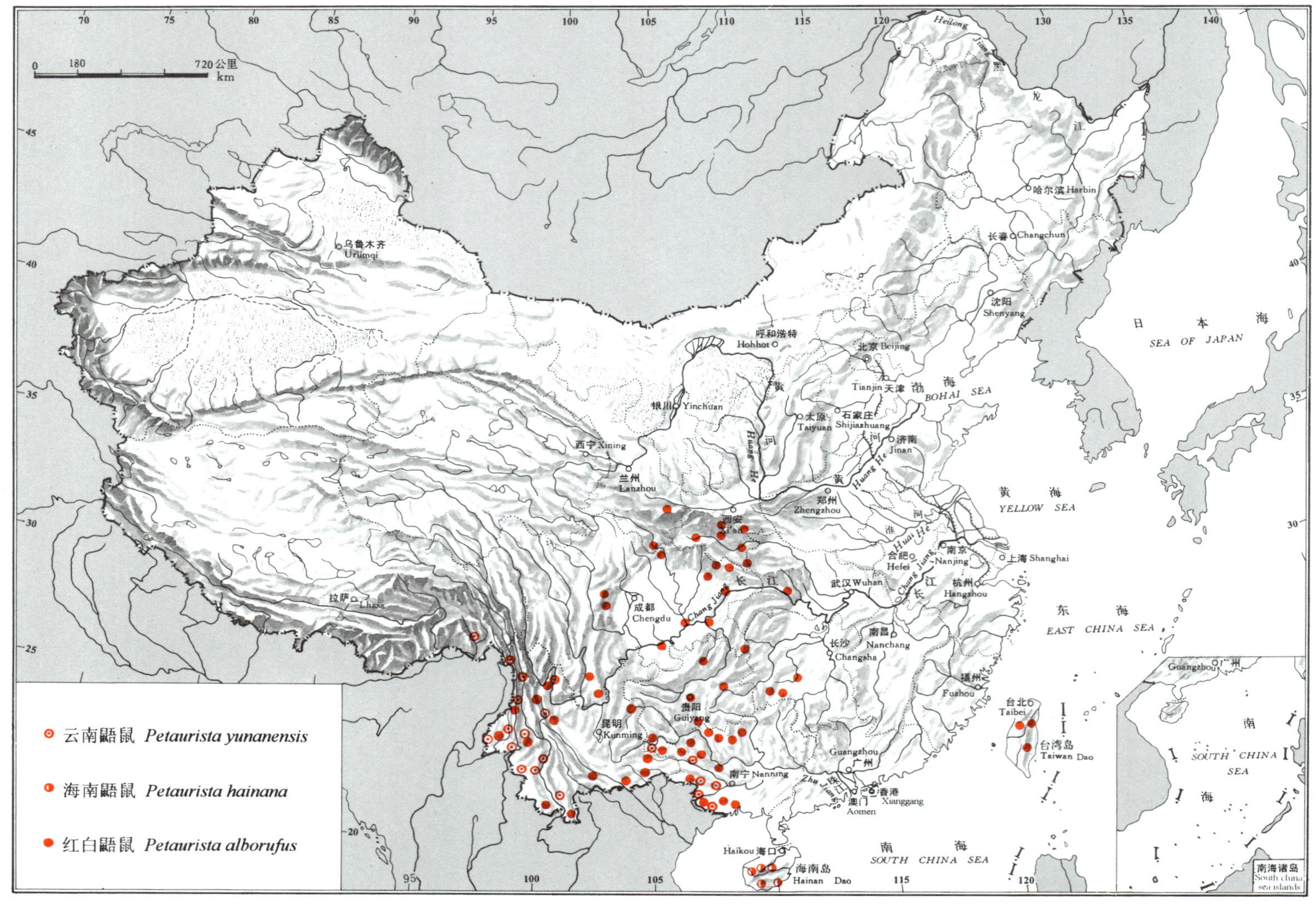

图125 云南鼯鼠 *Petaurista yunanensis* 海南鼯鼠 *Petaurista hainana* 红白鼯鼠 *Petaurista alborufus* 的分布

台湾鼯鼠 ***Petaurista pectoralis*** Swinhoe, 1870

台湾：高雄[C15]

热带森林

灰鼯鼠 ***Petaurista xanthotis*** Milne-Edwards, 1872

甘肃：文县[M1]、临潭、舟曲[A1]、裕固、皇城[Z43]、天水、张掖、肃北、肃南[Z81]

青海：祁连、门源[Z43]、同仁、班玛、贵德、贵南、同德、兴海[Z24]、大通、互助、化隆、循化、泽库、久治、玉树、囊谦[Z69]

四川：马尔康、宝兴、康定、若尔盖、黑水、理县[H23,24]

云南：丽江[A1]；德钦、中甸[Y50]

西藏：亚东、丁青、察隅（古琴）[F5]；波密、墨脱[Y29]

山地针叶林

栗褐鼯鼠 ***Petaurista magnificus*** Hodgson, 1836

西藏：樟木、吉隆、亚东、定结、珠穆朗玛峰东坡[X30,F5,Y29]

山地森林

尼泊尔，锡金。

灰背大鼯鼠 ***Petaurista philippensis*** Elliot, 1839

P. p. lylei Bonhote, 1900

云南：勐腊、勐远、勐仑、勐养、景洪、勐海、德宏、临沧、景东、新平[W67]、屏边（大围山）、弥勒（东山）、绿春、元阳、金平、石屏[L4]；盈江、瑞丽、潞西、龙陵、双江、耿马、云县、景谷、思茅、蒙自、富宁、麻栗坡、西畴[Y50]

贵州：兴义、册亨、威宁、绥阳、罗甸[L2]

森林

印度半岛，缅甸，泰国，越南北部。

Petaurista pectoralis Swinhoe, 1870 **Taiwan flying squirrel**
Taiwan: Gaoxiong[C15]
Tropical forest

Petaurista xanthotis Milne-Edwards, 1872
Grey flying squirrel
Gansu: Wenxian[M1]; Lintan, Zhugqu[A1]; Yugur, Huangcheng[Z43]; Tianshui, Zhangye, Subei, Sunan[Z81]
Qinghai: Qilian, Menyuan[Z43]; Tongren, Baima, Guide, Guinan, Tongde, Xinghai[Z24]; Datong, Huzhu, Hualong, Xunhua, Zêkog, Jigzhi, Yushu, Nangqên[Z69]
Sichuan: Barkam, Baoxing, Kangding, Zoigê, Heishui, Lixian[H23,24]
Yunnan: Lijiang[A1]; Dêqên, Zhongdian[Y50]
Xizang: Yadong, Dêngqên, Zayü (Gugin)[F5], Bomi, Mêdog[Y29]
Mountain coniferous

Petaurista magnificus Hodgson, 1836
Hodgson's flying squirrel
Xizang: Zhangmu, Gyirong, Yadong, Dinggyê, eastern flank of Qomolangma[X30,F5,Y29]
Mountain forest
Nepal, Sikkim.

Petaurista philippensis Elliot, 1839 **Grey-backed giant sguirrel**
P. p. lylei Bonhote, 1900
Yunnan: Mengla, Mengyuan, Menglun, Mengyang, Jinghong, Menghai, Dehong, Lincang, Jingdong, Xinping[W67]; Pingbian (Daweishan), Mile (Dongshan), Lüchun, Yuanyang, Jinping, Shiping[L4]; Yingjiang, Ruili, Luxi, Longling, Shuangjiang, Gengma, Yunxian, Jinggu, Simao, Mengzi, Funing, Malipo, Xichou[Y50]
Guizhou: Xingyi, Ceheng, Weining, Suining, Luodian[L2]
Forest
Indian penisula, Myanmar, Thailand, Tonkin in Indochina.

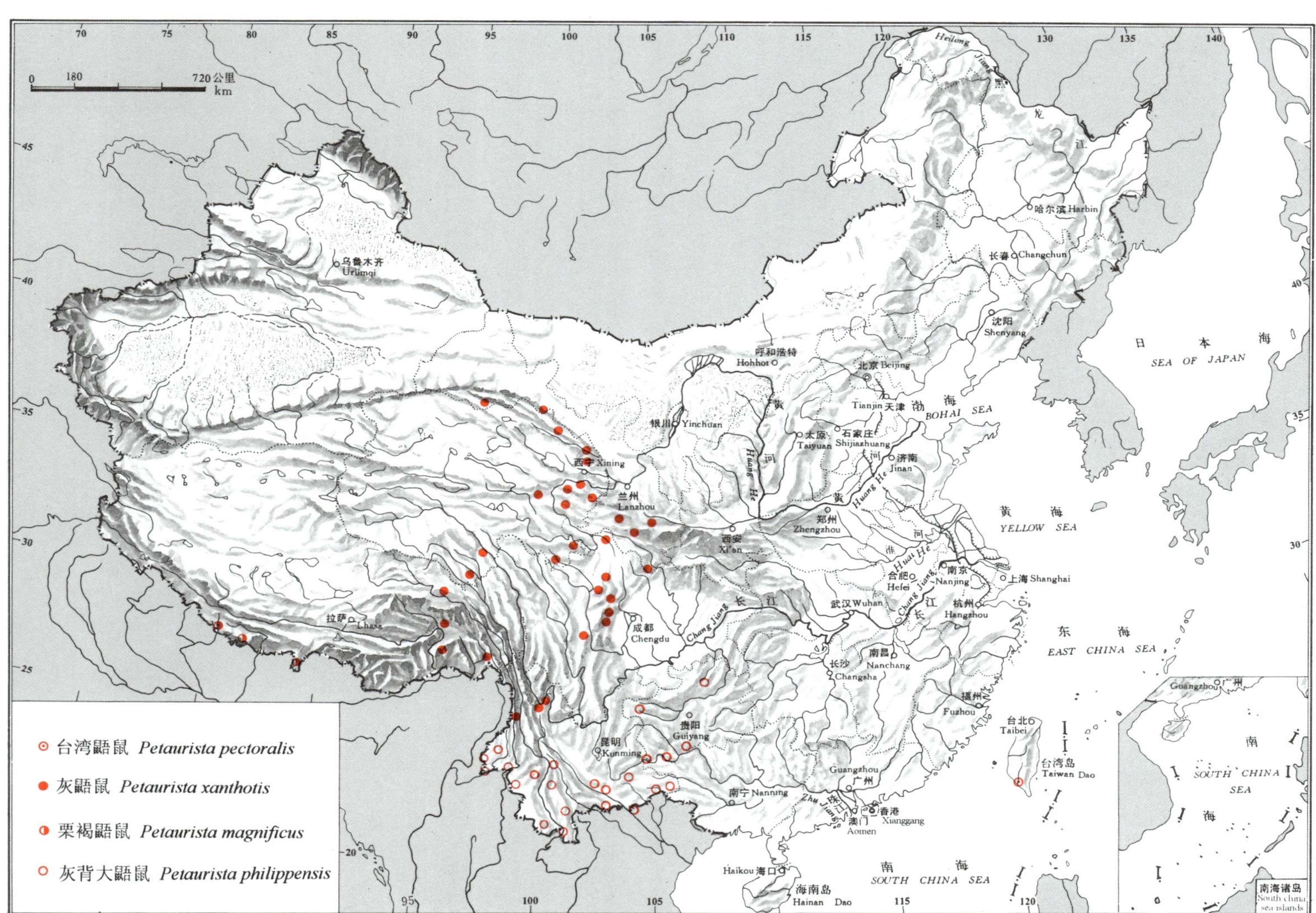

图126 台湾鼯鼠 *Petaurista pectoralis* 灰鼯鼠 *Petaurista xanthotis* 栗褐鼯鼠 *Petaurista magnificus* 灰背大鼯鼠 *Petaurista philippensis* 的分布

白斑鼯鼠 ***Petaurista marica*** Thomas, 1912
云南：元阳、红河、金平、绿春[L4]、勐海[W67]；盈江、梁河、潞西、双江、耿马、景洪、屏边、个旧、蒙自、河口、麻栗坡、富宁[Y50]
广西：靖西[W83]
热带森林
缅甸，老挝，越南北部。

小鼯鼠 ***Petaurista elegans*** Müller, 1839
P. e. clarkei Thomas, 1922［缅甸北部］
P. e. gorkhali Lindsay, 1929［西藏南部］
四川：木里、盐源[P1]、巴塘[A1]、澜沧江谷地（28°N）[E1]
云南：丽江[P1]、双江、临沧[L71]、弥勒、泸西、元阳、金平、绿春、个旧[L4]；景东[W18]；勐海[K3]、贡山、沪水、腾冲、云县、耿马、大理、中甸、德钦[Y50]
贵州：荔波[X8]
西藏：波密[F5]
陕西：石泉[W98]、汉中[W55]、佛坪[G13]
湖南：邵阳、新宁、绥宁[L65]；宜章[F14]
广西：南宁[L45]、天峨、南丹、百色、龙州、大新[S12,W83]
森林
缅甸，尼泊尔，锡金。

沟牙鼯鼠属 *Aeretes* G. Allen, 1938

沟牙鼯鼠 ***Aeretes melanopterus*** Milne-Edwards, 1867
A. m. melanopterus Milne-Edwards, 1867［河北］
A. m. szechuanensis Tu *et* Wang, 1966［四川］
河北：兴隆[A1]
四川：丹巴、黑水[W77]；理县、平武[H23,24]
甘肃：文县[M1]；武都、迭部[Z81]
山地森林

Petaurista marica Thomas, 1912

Spotted giant flying squirrel

Yunnan: Yuanyang, Honghe, Jinping, Lüchun[L4]; Menghai[W67]; Yingjiang, Lianghe, Luxi, Shuangjiang, Gengma, Jinghong, Pingbian, Gejiu, Mengxi, Hekou, Malipo, Funing[Y50]

Guangxi: Jingxi[W83]

Tropical forest

Myanmar, Laos, Tonkin in Indochina.

Petaurista elegans Müller, 1839 **Lesser giant flying squirrel**

P. e. clarkei Thomas, 1922 [Northern Myanmar]

P. e. gorkhali Lindsay, 1929 [Southern Xizang]

Sichuan: Muli, Yanyuan[P1]; Batang[A1]; valley of Lancangjiang (28° N)[E1]

Yunnan: Lijiang[P1]; Shuangjiang, Lincang[L71]; Mile, Luxi, Yuanyang, Jingping, Luchun, Gejiu[L4]; Jingdong[W18]; Menghai[K3]; Gongshan, Lushui, Tengchong, Yunxian, Gengma, Dali, Zhongdian, Dêqên[Y50]

Guizhou: Libo[X8]

Xizang: Bomi[F5]

Shaanxi: Shiquan[W98]; Hanzhong[W55]; Foping[G13]

Hunan: Shaoyang, Xinning, Suining[L65]; Yizhang[F14]

Guangxi: Nanning[L45]; Tian'e, Nandan, Bose, Longzhou, Daxin[S12,W83]

Forest

Myanmar, Nepal, Sikkim

Aeretes G. Allen, 1938

Groove-toothed flying squirrels

Aeretes melanopterus Milne-Edwards, 1867

North China flying squirrel

A. m. melanopterus Milne-Edwards, 1867 [Hebei]

A. m. szechuanensis Tu *et* Wang, 1966 [Sichuan]

Hebei: Xinglong[A1]

Sichuan: Danba, Heishui[W77]; Lixian, Pingwu[H23,24]

Gansu: Wenxian[M1]; Wudu, Têwo[Z81]

Mountain forest

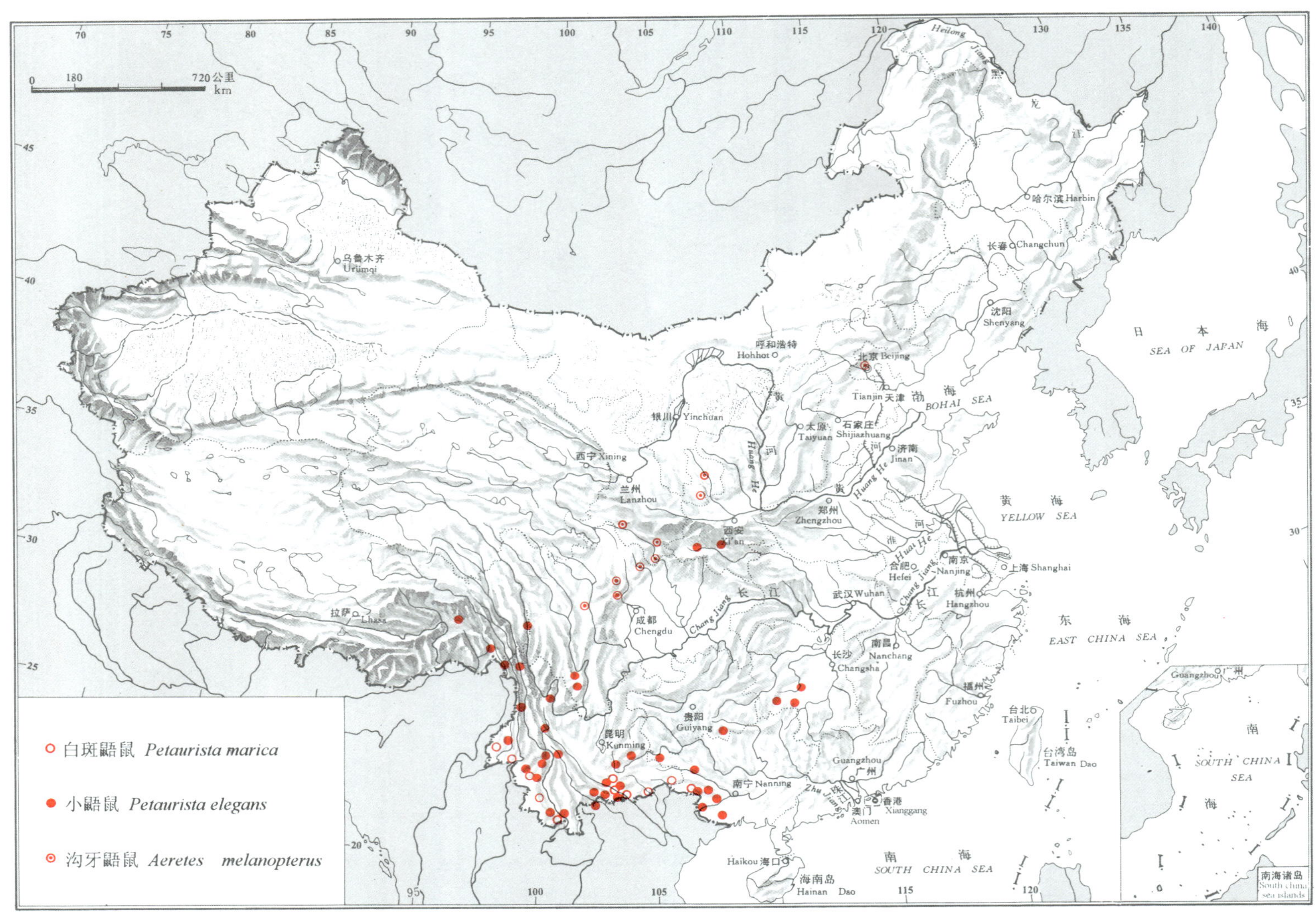

图127 白斑鼯鼠 *Petaurista marica* 小鼯鼠 *Petaurista elegans* 沟牙鼯鼠 *Aeretes melanopterus* 的分布

飞鼠属 *Pteromys* Cuvier, 1800

飞鼠 ***Pteromys volans*** Linnaeus, 1758

P. v. buechneri Satunin, 1903 [山西，河南，甘肃]

P. v. turovi Ognev, 1929 [阿尔泰]

P. v. arsenjevi Ognev, 1935 [东北]

P. v. wulungshanensis Mori, 1939 [河北]

黑龙江：伊春、嘉阴、虎林、汪清[S33,M13]；汤原[A2]；东宁、柴河、桦南、饶河（省卫生防疫站1959年提供）、勃利[G11]

吉林：敦化、抚松、汪清[S33]；安图[S50]

辽宁：清原、新宾、桓仁、本溪[X5,L17]

内蒙古：根河、牙克石[Z118]；博克图[L86]；伊列克特、布特哈旗、科尔沁右前旗[S33,M13]

河北：兴隆[A1]

河南：嵩山[G20]；登封[F19,Z97]；灵宝、栾川[L96]

山西：五台山[A1,Z38]

甘肃：永登[R3]、文县[M1]、天水、武都、舟曲、迭部[L22]、临夏[Z81]

青海：互助[Z69]

新疆：阿尔泰[W41,M24]

四川：丹巴、黑水[H23,24]

湖南：宜章、新宁、绥宁[L65]

森林

欧洲北部，西伯利亚，蒙古，朝鲜，北海道。

箭尾飞鼠属 *Hylopetes* Thomas，1908

黑白飞鼠 ***Hylopetes alboniger*** Hodgson，1836

H. a. orinus G. Allen，1940［云南］

H. a. chianfengensis Wang *et* Lu，1966［海南］

四川：阆中、宝兴[H23]、盐源[P1]

云南：宾川*；、勐海[K3]、勐养、勐腊[W67]、泸水[P1]、丽江、武定、腾冲[A1]；个旧、建水、元阳、金平、绿春、河口[L4]；陇川[W17]；景东、蒙自、贡山、盈江、双江、临沧、泸西、剑川、祥云[Y50]

贵州：贵州[L2]

浙江：丽水、庆元[Z113]

西藏：察隅地区[E1]

海南：尖峰岭[S8]、五指山、白沙[X21]

山地森林

尼泊尔，阿萨姆，缅甸北部，泰国，越南，老挝。

羊绒鼯鼠属 *Eupetaurus* Thomas 1888

羊绒鼯鼠 ***Eupetaurus cinereus*** Thomas，1888

云南：贡山[Y50]

亚热带常绿阔叶林

克什米尔。

低泡飞鼠属 *Petinomys* Thomas，1908

低泡飞鼠 ***Petinomys electilis*** G. Allen，1925

海南：坝王岭、白沙、南丰[A1]、五指山、尖峰岭、吊罗山、黎母岭[X21]

福建：建阳、宁德地区[Z14]、建瓯、政和[H11]

广西：那坡、靖西[W83]

热带、亚热带森林

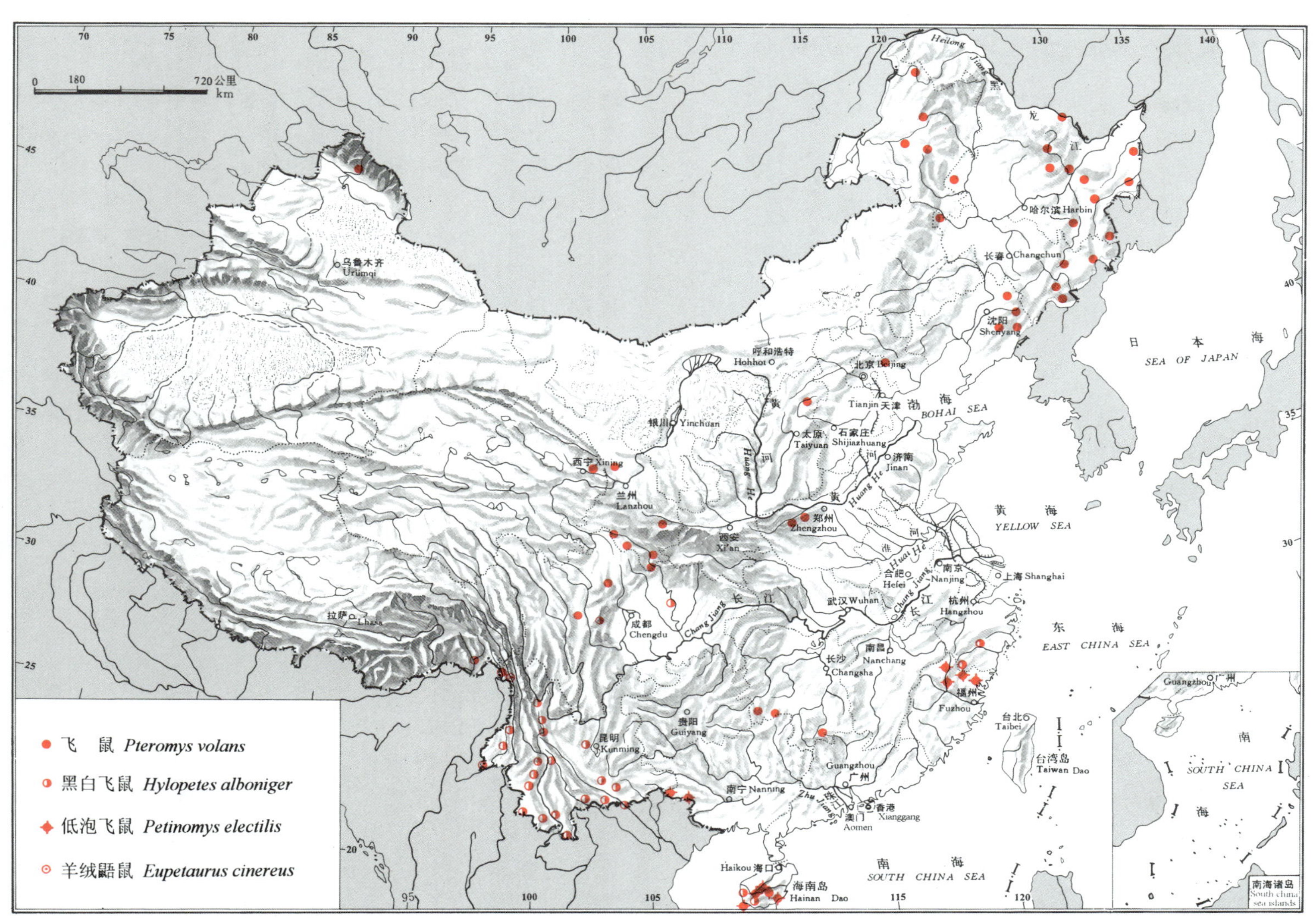

图128 飞鼠 *Pteromys volans* 黑白飞鼠 *Hylopetes alboniger* 羊绒鼯鼠 *Eupetaurus cinereus* 低泡飞鼠 *Petinomys electilis* 的分布

Pteromys Cuvier，1800 **Flying squirrels**

Pteromys volans Linnaeus，1758 **Siberian flying squirrel**

P. v. buechneri Satunin，1903［Shanxi，Henan，Gansu］

P. v. turovi Ognev，1929［Altai］

P. v. arsenjevi Ognev，1935［Northeast China］

P. v. wulungshanensis Mori，1939［Hebei］

Heilongjiang：Yichun，Jiayin，Hulin，Wangqing[S33,M13]；Tangyuan[A2]；Dongning，Chaihe，Huanan，Raohe (provided by Station of Epidemic Disease Protection，Heilongjiang，1959)，Boli[G11]

Jilin：Dunhua，Fusong，Wangqing[S33]；Antu[S50]

Liaoning：Qingyuan，Xinbin，Huanren，Benxi[X5,L17]

Nei Mongol：Genhe，Yakeshi[Z118]；Bugt[L86]；Yiliekete，Butha B.，Horqin Right Wing Front B.[S33,M13]

Hebei：Xinglong[A1]

Henan：Songshan[G20]；Dengfeng[F19,Z97]；Lingbao，Luanchuan[L96]

Shanxi：Wutaishan[A1,Z38]

Gansu：Yongdeng[R3]；Wenxian[M1]；Tianshui，Wudu，Zhugqu，Têwo[L22]；Linxia[Z81]

Qinghai：Huzhu[Z69]

Xinjiang：Altai[W41,M24]

Sichuan：Danba，Heishui[H23,24]

Hunan：Yizhang，Xinning，Suining[L65]

Forest

Northern Europe，Siberia，Mongolia，Korea，Hokkaido.

Hylopetes Thomas，1908 **Pygmy flying squirrels**

Hylopetes alboniger Hodgson，1836
Particolored flying squirrel

H. a. orinus G. Allen，1940 [Yunnan]

H. a. chianfengensis Wang *et* Lu，1966 [Hainan]

Sichuan：Langzhong，Baoxing[H23]；Yanyuan[P1]
Yunnan：Binchuan*；Menghai[K3]；Mengyang，Mengla[W67]；Lushui[P1]；Lijiang，Wuding，Tengchong[A1]；Gejiu，Jianshui，Yuanyang，Jinping，Lüchun，Hekou[L4]；Longchuan[W17]；Jingdong，Mengzi，Gongshan，Yingjiang，Shuangjiang，Lincang，Luxi，Jianchuan，Xiangyun[Y50]
Guizhou：Guizhou[L2]
Zhejiang：Lishui，Qingyuan[Z113]
Xizang：Zayü area[E1]
Hainan：Jianfengling[S8]；Wuzhishan，Baisha[X21]
Mountain forest
Nepal，Assam，northern Myanmar，Thailand，Indochina

Eupetaurus Thomas，1888
Woolly flying squirrels

Eupetaurus cinereus Thomas，1888 **Woolly flying squirrel**
Yunnan：Gongshan[Y50]
Subtropical evergreen broadleaf forest
Kashmir.

Petinomys Thomas，1908
Lesser flying squirrels

Petinomys electilis G. Allen，1925 **Hainan lesser flying squirrel**
Hainan：Bawangling，Baisha，Nanfeng[A1]；Wuzhishan，Jianfengling，Diaoluoshan，Limuling[X21]
Fujian：Jianyang and Ningde area[Z14]；Jian'ou，Zhenghe[H11]
Guangxi：Napo，Jingxi[W83]
Tropical and subtropical forests

松鼠科 Sciuridae

松鼠属 *Sciurus* Linnaeus，1758

松鼠 ***Sciurus vulgaris*** Linnaeus，1758

S. v. mantchuricus Thomas，1909 [东北]

S. v. chiliensis Sowerby，1921 [河北，河南]

S. v. altaicus Serebrennikov，1928 [阿尔泰]

S. v. exalbidus Pallas，1770 [西伯利亚]

黑龙江：呼玛、黑河、嫩江、伊春、尚志[S33]、海林、绥芬河、穆棱河、蚂蚁河及其上游地区[L86]、汤源、东宁、穆棱、绥阳、柴河、桦南（省卫生防疫站1959年提供）
吉林：漫江[Z39]；敦化、靖宇、抚松[S33]；安图[S50]
辽宁：辽阳、草河口[L86]、绥中、建昌、建平、北票[L20]、新宾、清原、桓仁、本溪、庄河、宽甸、鞍山、凤城、铁岭[L17]
内蒙古：根河、鄂伦春旗、牙克石[S33]
河北：兴隆[A1]
河南：嵩山[F19]、嵩县、西峡[Z97]、商城[G20]
新疆：托木尔峰[L44]、天山（温宿、拜城）（引入种群）、青河、富蕴、阿勒泰、布尔津、哈巴河[W41,M24]
森林
欧洲，俄罗斯，蒙古，朝鲜，日本。

丽松鼠属 *Callosciurus* Gray，1867

赤腹松鼠 ***Callosciurus erythraeus*** Pallas，1779

C. e. castaneoventris Gray，1842 [海南]

C. e. ningpoensis Bonhote，1901 [浙江，福建]

C. e. styani Thomas，1894 [长江下游]

C. e. wuliangshanensis Li *et* Wang，1981 [云南无量山]

C. e. gongshanensis Pen *et* Wang，1981 [云南高黎贡山]

C. e. intermedius Anderson，1879 [云南西北]

C. e. gordoni Anderson，1871 [云南西南]

C. e. zimmeensis Robinson *et* Wroughton，1916 [西双版纳西部]

C. e. hendeei Osgood，1932 [西双版纳东部]

C. e. michianus Robinson *et* Wroughton，1911 [云南东北]

C. e. gloveri Thomas，1921 [四川、云南、西藏交界地区]

C. e. bonhotei Robinson *et* Wroughton，1911 [四川中部]

C. e. qinlingensis Xu *et* Chen，1989 [秦岭]

C. e. dabashanensis Xu *et* Chen，1989 [大巴山]

C. e. wulingshanensis Xu *et* Chen，1989 [武陵山]

C. e. sladeni Anderson，1871 [西藏东南]

C. e. centralis Bonhte，1901 [台中]

C. e. roberti Bonhte，1901 [台北]

C. e. nigridorsalis Kurods，1935 [台东南]

河南：嵩山[F19]；西峡[G20]；栾川、偃师、确山[L96]
陕西：山阳[W98]；商南[X24]；宁强、南郑、镇巴、西乡、安康[W53]
湖北：郧西、罗田、咸丰、利川[X24]
四川：木城街、雅安、越西、昭觉、峨眉山[H33]；万县、西昌、雅江[A1]；木里、会东*；巴塘、雷波、米易[S46]；灌县、涪陵、宜宾、屏山、叙永、犍为[H23,24]；万源、奉节、黔江、平昌[X24]
贵州：贵阳、龙安、赤水、雷山[L2]；茂兰[X8]
云南：中甸*；永德、耿马、沧源、临沧、凤庆、丽江[L71]；金平、河口、屏边、双江、思茅、景洪、勐海、勐养、勐腊、景东[L15]；弥渡、腾冲、潞西、勐旺、盈江、保山、镇康、邓川、富民、大理、麻栗坡、武定、民明、泸水、德钦[S46]；元江、泸西；个旧、绿春[L4]；贡山[G14]；陇川[W17]；福贡[P3]；沧源（南滚河）[W16]；宾川[Y16]；弥勒、尚勇、易武[W67]；昆明[K5]
广西：靖西、龙川、宁明、邕宁[W47]；龙胜*；大瑶山[L69]；那坡、田林、上林、天峨、河池、融水、融安、南宁、兴安、富川、贺县、玉林、灵山[S12,W83]；腾县[X24]；十万大山[Y23]
广东：连平[T5]；乳源、阳山[L63]
海南：东方、儋州、白沙、琼山、琼中、文昌、三亚、南丰、昌江、万宁、五指山、尖峰岭、吊罗山、坝王岭[S8,T5,X21]
安徽：金寨、桐城、佛子岭、岳西、潜山、太湖、广德、宁国、泾县、青阳、贵池、东至、黄山、歙县[H35]；祁门、绩溪、休宁、黟县[L47,W39]
江苏：龙潭[A1]；宜兴[H33]；南京、句容、溧阳[Z100]
上海：上海[A1]
浙江：宁波、桐庐、杭州[A1]；普陀、庆元、丽水、金华、义乌、衢州、乐清[Z113]；临安、淳安、建德、安吉、普陀山[S15]
湖南：宜章、新宁、绥宁[L65]；城步，桂东，资兴[F14]
江西：兴国、九江[A1]；都昌[F13]
福建：晋江、莆田、建阳、宁德[Z14]；福州、武夷山、福清、南平[A1]；浦城、建瓯、福鼎、古田、仙游、惠安、长乐、宁德、连江、罗源、霞浦、顺昌[H11]
西藏：芒康、墨脱[F5]
台湾：拉库里、埔里、阿里山、水里坑、乌来、拜巴拉、花莲、里垅、台北、台中、高雄[C15,K7]
热带、亚热带森林
阿萨姆，中南半岛，马来半岛。

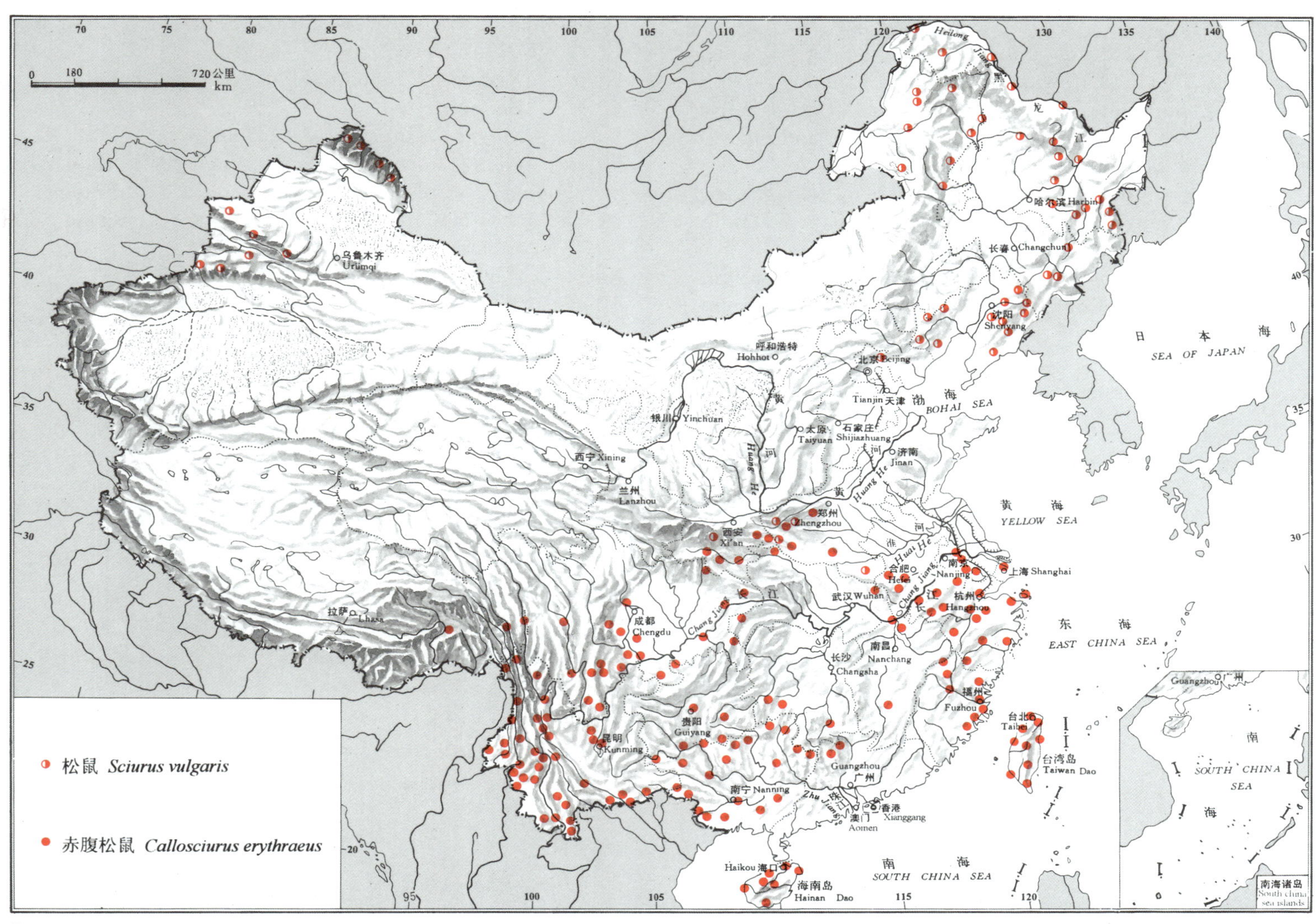

图129 松鼠 *Sciurus vulgaris* 赤腹松鼠 *Callosciurus erythraeus* 的分布

Sciuridae Squirrels

Sciurus Linnaeus, 1758
Palaearctic and American tree squirrels

Sciurus vulgaris Linnaeus, 1758 **Eurasian red squirrel**

S. v. mantchuricus Thomas, 1909 [Northeast China]
S. v. chiliensis Sowerby, 1921 [Hebei, Henan]
S. v. altaicus Serebrennikov, 1928 [Altay]
S. v. exalbidus Pallas, 1779 [Siberia]

Heilongjiang: Huma, Heihe, Nenjiang, Yichun, Shangzhi[S33]; Hailin, Suifenghe, Mulinghe and its upper reaches area[L86]; Tangyuan, Dongning, Muling, Suiyang, Chaihe, Huanan (provided by Station of Epidemic Disease Protection, Heilongjiang, 1959)
Jilin: Manjiang[Z39]; Dunhua, Jingyu, Fusong[S33]; Antu[S50]
Liaoning: Liaoyang, Caohekou[L86]; Suizhong, Jianchang, Jiangping, Beipiao[L20]; Xinbin, Qingyuan, Huanren, Benxi, Zhuanghe, Kuandian, Anshan, Fengcheng, Tieling[L17]
Nei Mongol: Ergun, Genhe, Oroqen B., Yakeshi[S33]
Hebei: Xinglong[A1]
Henan: Songshan[F19]; Songxian, Xixia[Z97]; Shangcheng[G20]
Xinjiang: Tuomuer Feng area[L44]; Tianshan (Wensu, Baicheng; population introduced), Qinghe, Fuyun, Altay, Burqin, Habahe[W41,M24]

Forest

Europe, Russia, Mongolia, Korea, Japan.

Callosciurus Gray, 1867
Oriental tree squirrels

Callosciurus erythraeus Pallas, 1779 **Palla's squirrel**

C. e. castaneoventris Gray, 1842 [Hainan]
C. e. ningpoensis Bonhote, 1901 [Zhejiang, Fujian]
C. e. styani Thomas, 1894 [Lower reaches of Changjiang]
C. e. wuliangshanensis Li *et* Wang, 1981 [Wuliangshan, Yunnan]
C. e. gongshanensis Pen *et* Wang, 1981 [Gaoligongshan, Yunnan]
C. e. intermedius Anderson, 1879 [Northwestern Yunnan]
C. e. gordoni Anderson, 1871 [Southwestern Yunnan]
C. e. zimmeensis Robinson *et* Wroughton, 1916 [Western Xishuangbanna]
C. e. hendeei Osgood, 1932 [Eastern Xishuangbanna, Yunnan]
C. e. michianus Robinson *et* Wroughton, 1911 [Northeastern Yunnan]
C. e. gloveri Thomas, 1921 [Border of Sichuan, Yunnan and Xizang]
C. e. bonhotei Robinson *et* Wroughton, 1911 [Central Sichuan]
C. e. qinlingensis Xu *et* Chen, 1989 [Qinling]
C. e. dabashanensis Xu *et* Chen, 1989 [Dabashan]
C. e. wulingshanensis Xu *et* Chen, 1989 [Wulingshan]
C. e. sladeni Anderson, 1871 [Southeastern Xizang]
C. e. centralis Bonhote, 1901 [Central Taiwan]
C. e. roberti Bonhote, 1901 [Northern Taiwan]
C. e. nigridorsalis Kuroda, 1935 [Southeastern Taiwan]

Henan: Songshan[F19]; Xixia[G20]; Luanchuan, Yanshi, Queshan[L96]
Shaanxi: Shanyang[W98]; Shangnan[X24]; Ningqiang, Nanzheng, Zhenba, Xixiang, Ankang[W53]
Hubei: Yunxi, Luotian, Xianfeng, Lichuan[X24]
Sichuan: Muchengjie, Ya'an, Yuexi, Zhaojue, Emeishan[H33]; Wangxian, Xichang, Yajiang[A1]; Muli, Huidong*; Batang, Leibo, Miyi[S46]; Guanxian, Fuling, Yibin, Pingshan, Xuyong, Qianwei[H23,24]; Wangyuan, Fengjie, Qianjiang, Pingchang[X24]
Guizhou: Guiyang, Long'an, Chishui, Leishan[L2]; Moan[X8]
Yunnan: Zhongdian*; Yongde, Gengma, Cangyuan, Lincang, Fengqing, Lijiang[L71]; Jinping, Hekou, Pingbian, Shuangjiang, Simao, Jinghong, Menghai, Mengyang, Mengla, Jingdong[L15]; Midu, Tengchong, Luxi, Mengwang, Yingjiang, Baoshan*; Zhenkang, Dengchuan, Fumin, Dali, Malipo, Wuding, Minming, Lushui, Dêqên[S46]; Yuanjiang, Luxi, Gejiu,

Lüchun[L4]; Gongshan[G14]; Longchuan[W17]; Fugong[P3]; Cangyuan (Nangunhe)[W16]; Binchuan[Y16]; Mile, Shangyong, Yiwu[W67]; Kunming[K5]
Guangxi: Jingxi, Longchuan, Ningming, Yongning[W47]; Longsheng*; Da Yaoshan[Y69]; Napo, Tianlin, Shanglin, Tian'e, Hechi, Rongshui, Rong'an, Nanning, Xingan, Fuchuan, Hexian, Yulin, Lingshan[S12,W83]; Tengxian[X24]; Shiwandashan[Y23]
Guangdong: Lianping[T5]; Ruyuan, Yangshan[L63]
Hainan: Dongfang, Danzhou, Baisha, Qiongshan, Qiongzhong, Wenchang, Sanya, Nanfeng, Changjiang, Wanning, Wuzhishan, Jianfengling, Diaoluoshan, Bawangling[S8,T5,X21]
Anhui: Jinzhai, Tongcheng, Foziling, Yuexi, Qianshan, Taihu, Guangde, Ningguo, Jingxian, Qingyang, Guichi, Dongzhi, Huangshan, Shexian[H35]; Qimen, Jixi, Xiuning, Yixian[L47,W39]
Jiangsu: Longtan[A1]; Yixing[H33]; Nanjing, Jurong, Liyang[Z100]
Shanghai: Shanghai[A1]
Zhejiang: Ningbo, Tonglu, Hangzhou[A1], Putuo, Qingyuan, Lishui, Jinhua, Yiwu, Quzhou, Leqing[Z113]; Lin'an, Chun'an, Jiande, Anji, Putuoshan[S15]
Hunan: Yizhang, Xinning, Suining[L65]; Chengbu, Guidong, Zixing[F14]
Jiangxi: Xingguo, Jiujiang[A1]; Duchang[F13]
Fujian: Jinjiang, Putian, Jianyang, Ningde[Z14]; Fuzhou, Wuyishan, Fuqing, Nanping[A1]; Pucheng, Jian'ou, Fuding, Gutian, Xianyou, Hui'an, Changle, Ningde, Lianjiang, Luoyuan, Xiapu, Shunchang[H11]
Xizang: Markam, Mêdog[F5]
Taiwan: Lakuli, Puli, Alishan, Shuilikeng, Wulai, Baibala, Hualian, Lilong, Taibei, Taizhong, Gaoxiong[C15,K7]

Tropical and subtropical forest

Assam, Myanmar, Thailand, Indochina, Malay peninsula.

黄足松鼠 ***Callosciurus phayrei*** Blyth, 1855

云南：盈江[Y50]

热带森林

缅甸。

蓝腹松鼠 ***Callosciurus pygerythrus*** Geoffroy, 1831

C. p. imitator Thomas, 1925［中南半岛东部］

C. p. stevensi Thomas, 1908［缅甸］

云南：个旧、绿春、建水、蒙自[L4]；勐养、勐旺、勐腊、普文、景洪[K3]；河口、金平、思茅[Y43]；屏边、元阳[Y50]

西藏：墨脱[F5]

热带森林

尼泊尔，阿萨姆，缅甸，越南，老挝。

金背松鼠 ***Callosciurus caniceps*** Gray, 1842

C. c. thaiwanensis Bonhote, 1901［台湾］

台湾：南部[E1]；高雄、恒春[K7]

森林

锡金，缅甸、泰国，马来群岛。

五纹松鼠 ***Callosciurus quinquestriatus*** Anderson, 1871

C. q. quinquestriatus Anderson, 1871［缅甸］

C. q. sylvester Thomas, 1926［云南西部］

云南：盈江、瑞丽（怒江分水岭）[A1]；梁河、陇川、贡山[Y50]

森林

缅甸东部。

白背松鼠 ***Callosciurus finlaysoni*** Horsfield, 1823

C. f. cinnamomeus Temminck, 1853［越南，柬埔寨］

云南：弥勒[L4,Y50]

热带森林

中南半岛。

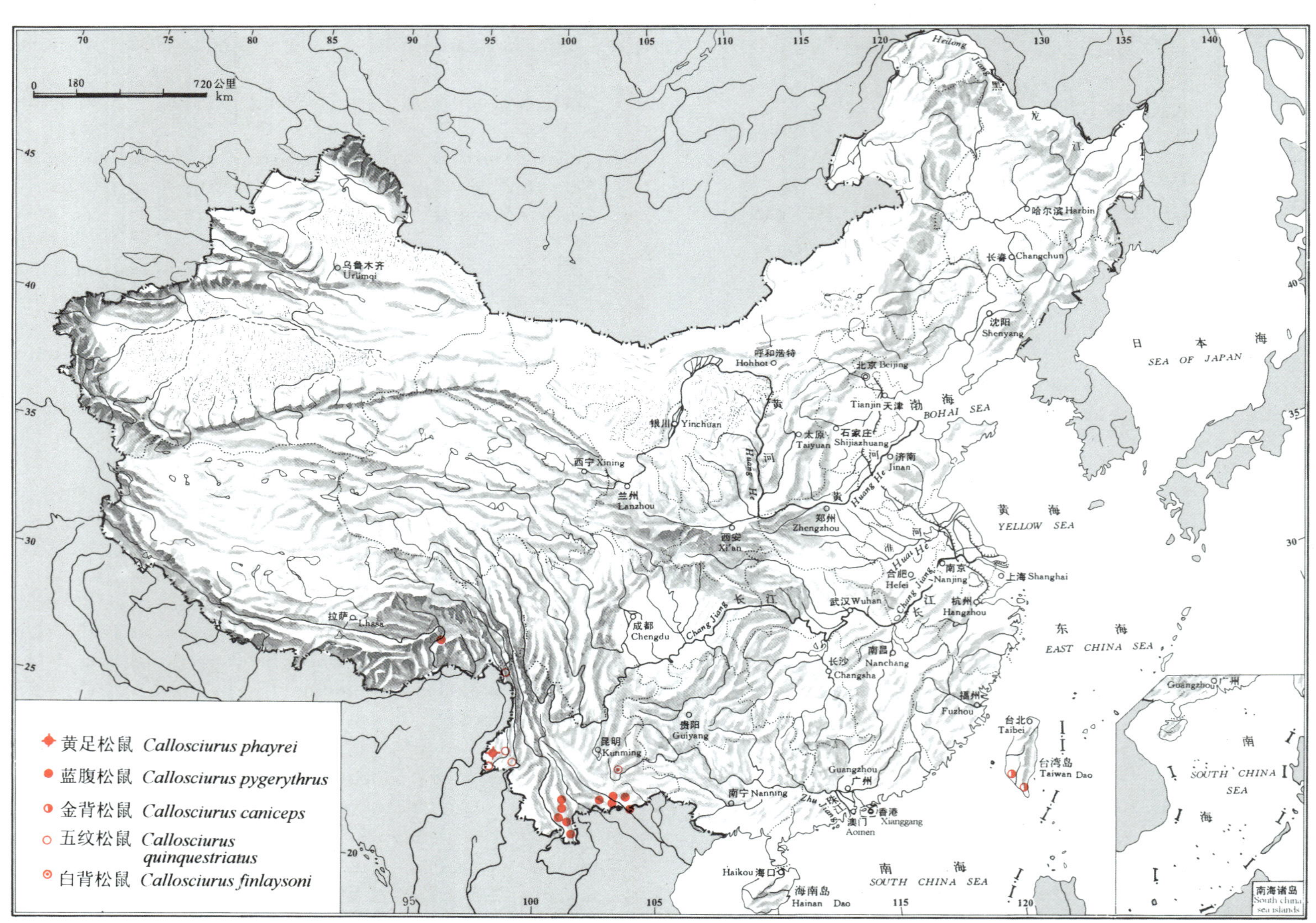

图130 黄足松鼠 *Callosciurus phayrei* 蓝腹松鼠 *Callosciurus pygerythrus* 金背松鼠 *Callosciurus caniceps* 五纹松鼠 *Callosciurus quinquestriatus* 白背松鼠 *Callosciurus finlaysoni* 的分布

Callosciurus phayrei Blyth, 1855 **Yellow-pad tree squirrel**

Yunnan: Yingjiang[Y50]

Tropical forest

Myanmar

Callosciurus pygerythrus Geoffroy, 1831 **Irrawaddy squirrel**

C. p. imitator Thomas, 1925 [Eastern Myanmar, Thailand]

C. p. stevensi Thomas, 1908 [Myanmar]

Yunnan: Gejiu, Lüchun, Jianshui, Mengzi[L4]; Mengyang, Mengwang, Mengla, Puwen, Jinghong[K3]; Hekou, Jinping, Simao[Y43]; Pingbian, Yuanyang[Y50]

Xizang: Mêdog[F5]

Tropical forest

Nepal, Assam, Myanmar, Indochina.

Callosciurus caniceps Gray, 1842 **Golden-backed squirrel**

C. c. thaiwanensis Bonhote, 1901 [Taiwan]

Taiwan: Southern Taiwan[E1]; Gaoxiong, Hengchun[K7]

Forest

Sikkim, Myanmar, Thailand, Malay archipelago.

Callosciurus quinquestriatus Anderson, 1871

Anderson's squirrel

C. q. quinquestriatus Anderson, 1871 [Myanmar]

C. q. sylvester Thomas, 1926 [Western Yunnan]

Yunnan: Yingjiang, Ruili (division of Nujiang)[A1]; Lianghe, Longchuan, Gongshan[Y50]

Forest

Eastern Myanmar.

Callosciurus finlaysoni Horsfield, 1823 **Finlayson's squirrel**

C. f. cinnamomeus Temminck, 1853 [Vietnam, Cambodio]

Yunnan: Mile[L4, Y50]

Tropical forest

Myanmar, Thailand, Indochina.

花松鼠属 *Tamiops* J. Allen, 1906

明纹花松鼠 ***Tamiops macclellandi*** Horsfield, 1839

T. m. macclellandi Horstield, 1839 [喜马拉雅山]

T. m. barbei Blyth, 1847 [云南西南]

T. m. inconstans Thomas, 1920 [云南东南]

河南：嵩县[F19]；卢氏[G20]

陕西：宁陕、太白[W98]

云南：个旧、弥勒、绿春、金平[L4]；永德、耿马、双江、沧源、临沧[L71]；南定河、蒙自[A1]；河口、屏边、勐海、橄榄坝、勐阿[Y43]；景洪、尚勇[W67]；盈江、潞西*；南滚河[W16]；陇川[W17]；澜沧、瑞丽[Y50]

西藏：墨脱[F5]；察隅地区[E1]

广西：大瑶山、那坡、靖西、龙州、宁明、上思[W83]

热带、亚热带森林

马来半岛，中南半岛，阿萨姆，尼泊尔。

隐纹花松鼠 ***Tamiops swinhoei*** Milne- Edwards. 1874

T. s. swinhoei Milne-Edwards, 1874 [四川，甘肃，云南西北]

T. s. maritimus Bonhote, 1900 [东南沿海，贵州]

T. s. formosanus Bonhote, 1900 [台湾]

T. s. hainanus J. Allen, 1906 [海南，云南南部]

T. s. vestitus Miller, 1915 [甘肃，河北，河南，山西]

T. s. clarkei Thomas, 1920 [云南西部]

T. s. forresti Thomas, 1920 [云南北部，四川，西藏]

T. s. chingpingensis Lu *et* Qyan, 1965 [云南西部]

北京：北京[A1]

河南：嵩山[F19]；嵩县、鲁山[Z97, G20]；栾川、偃师、林州[L96]

山西：中条山[T2]；沁水；恒水*；运城[W8]；绛县[W15]

陕西：陇县[S41]；太白、宁陕[W98]；石泉[W96]；佛坪、周至、眉县、留坝、镇巴、西乡、安康[W53]；柞水[W55]

甘肃：陇东地区[C16]；文县[M1]、武都、舟曲[A1]；迭部[L22]；天水、平凉、康县、成县、徽县、两当、清水、华亭、庄浪、榆中[Z81]

宁夏：隆德（六盘山）[Q3]

四川：美姑、木里、德格[S46]；峨眉山、雅江、康定、宝兴、古鹿[A1]；西昌、丹巴、汶川、城口、马尔康*；若尔盖、黑水、甘孜、平武[H23, 24]

贵州：从江、榕江、黎平、锦平、剑河、雷山、绥阳、江口、三都、贵定[L2]；梵净山[G17]；茂兰[X8]

云南：泸西、弥勒、开远、元阳、绿春[L4]；双江、凤庆[L71]；中甸、普文、元江、景洪、勐海、河口、屏边、金平、勐旺、勐阿、勐腊、勐养[Y43]；丽江、澜沧江与长江分水岭（27°20′N）[A1]；景东[W18]；大理、宾川[Y15, 16]；贡山[G14]；宁浪、武定、丘北、文山[Y50]

西藏：察隅、芒康[F5]

安徽：歙县[H35]；黄山[L46]；休宁、宁国、宣城、泾县[L47]

浙江：杭州、宁波、开化、泰顺、遂昌、龙泉、庆元[Z113]

湖北：长阳[A1]

湖南：桂东、宜章、新宁、绥宁[L65]；城步[F14]

江西：安远、赣县、泰和[L65]；永修、波阳[F13]

广西：龙胜、上思*；西林、隆林、田林、乐业、天峨、靖西、那坡、龙州、凭祥、南宁[S12, W83]

广东：罗浮（鼎武）[A1]；大埔、梅县、紫金、连平、陆丰、连阳、曲江、乐昌[T5]；乳源、阳山、怀集、始兴、平远、蕉岭[L63]

海南：三亚、澄迈、保亭、乐东、五指山[X21]

福建：邵武、建阳[S27]；福州、晋江、龙溪、莆田、龙岩、三明、宁德、永安[Z14]；福清、南平、武夷山、蒲城、长汀[A1]；顺昌*、光泽、屏南、古田、尤溪、将乐[H11]；永春[L97]

台湾：太平山、西卡粤、哈库、埔里、阿里山、里垅[K7]；太鲁阁（花莲）[L41]

热带、亚热带、暖温带森林、灌丛

中南半岛。

Tamiops J. Allen, 1906 **Striped tree squirrels**

Tamiops macclellandi Horsfield, 1839

Himalayan striped squirrel

T. m. macclellandi Horsfield, 1839 [Himalayas]

T. m. barbei Blyth, 1847 [Southwestern Yunnan]

T. m. inconstans Thomas, 1920 [Southeastern Yunnan]

Henan: Songxian[F19]; Lushi[G20]

Shaanxi: Ningshan, Taibai[W98]

Yunnan: Gejiu, Mile, Luchun, Jinping[L4]; Yongde, Gengma, Shuangjiang, Cangyuan, Lincang[L71]; Nandinghe, Mengzi[A1]; Hekou, Pingbian, Menghai, Ganlanba, Meng'a[Y43]; Jinghong, Shangyong[W67]; Yingjiang, Luxi*; Nangunhe[W16]; Longchuan[W17]; Lancang, Ruili[Y50]

Xizang: Medog[F5]; Zayü area[E1]

Guangxi: Da Yaoshan, Napo, Jingxi, Longzhou, Ningming, Shangsi[W83]

Tropical and subtropical forest

Malay peninsula, Myanmar, Thailand, Indochina, Assam, Nepal.

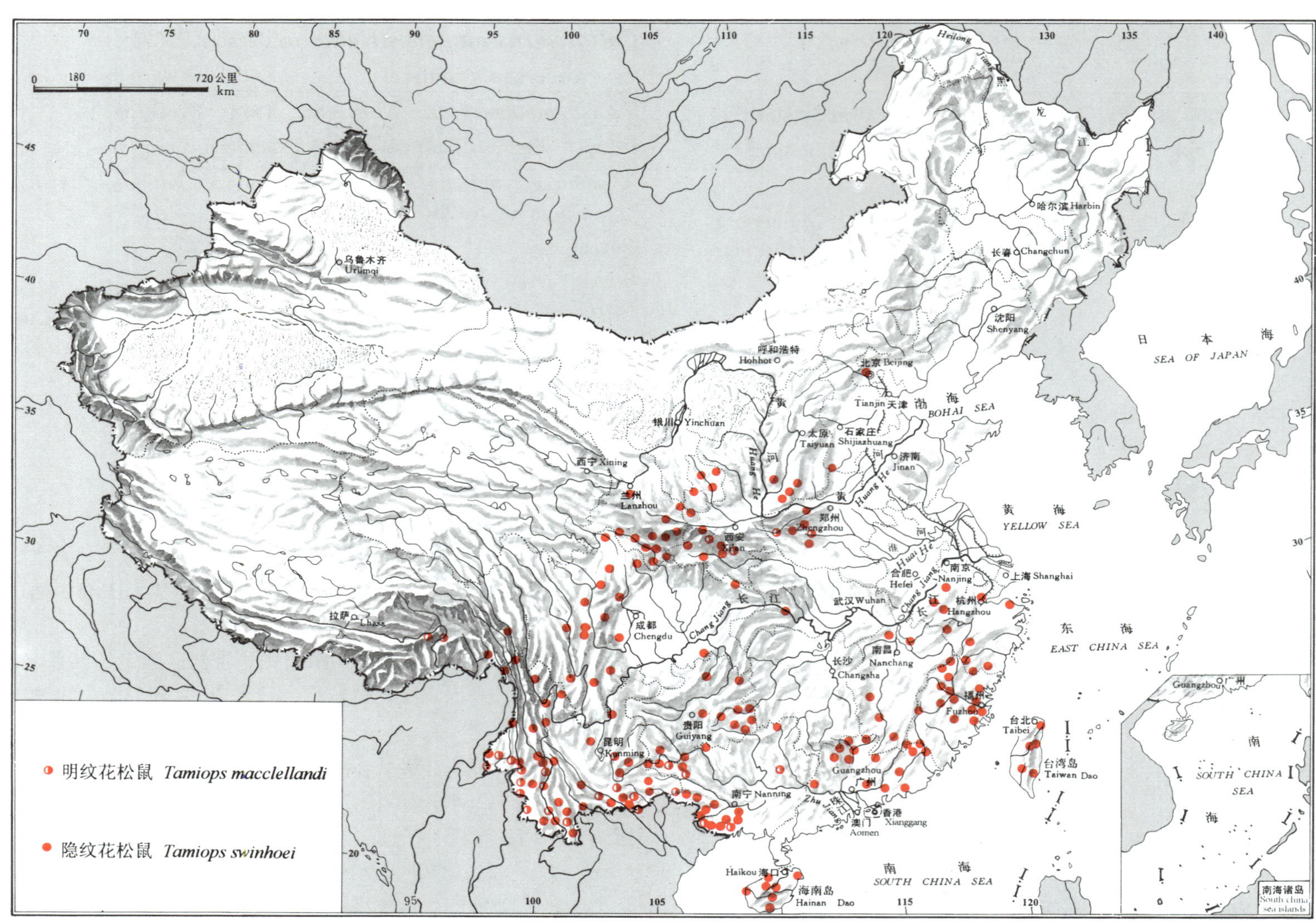

图131 明纹花松鼠 *Tamiops macclellandi* 隐纹花松鼠 *Tamiops swinhoei* 的分布

Tamiops swinhoei Milne-Edwards, 1874

Swinhoe's striped squirrel

T. s. swinhoei Milne - Edwards , 1874 [Sichuan , Gansu , northwestern Yunnan]

T. s. maritimus Bonhote , 1900 [Southeastern coast and Guizhou]

T. s. formosanus Bonhote, 1900 [Taiwan]

T. s. hainanus J. Allen, 1906 [Hainan and southern Yunnan]

T. s. vestitus Miller, 1915 [Gansu, Hebei, Henan, Shanxi]

T. s. clarkei Thomas, 1920 [Western Yunnan]

T. s. forresti Thomas, 1920 [Northern Yunnan , Sichuan , Xizang]

T. s. chingpingensis Lu *et* Qyan, 1965 [Western Yunnan]

Beijing: Beijing[A1]

Henan: Songshan[F19]; Songxian, Lushan[Z97,G20]; Luanchuan, Yanshi, Linzhou[L96]

Shanxi: Zhongtiaoshan[T2]; Qinshui, Hengshui*; Yuncheng[W8]; Jiangxian[W15]

Shaanxi: Longxian[S41]; Taibai, Ningshan[W98]; Shiquan[W96]; Foping, Zhouzhi, Meixian, Liuba, Zhenba, Xixiang, Ankang[W53]; Zhashui[W55]

Gansu: Longdong area[C16]; Wenxian[M1]; Wudu, Zhugqu[A1]; Têwo[L22]; Tianshui, Pingliang, Kangxian, Chengxian, Huixian, Liangdang, Qingshui, Huating, Zhuanglang, Yuzhong[Z81]

Ningxia: Longde (Liupanshan)[Q3]

Sichuan: Meigu, Muli, Dêgê[S46]; Emeishan, Yajiang, Kangding, Baoxing, Gulu[A1]; Xichang, Danba, Wenchuan, Chengkou, Barkam*; Zoigê, Heishui, Garzê, Pingwu[H23,24]

Guizhou: Congjiang, Rongjiang, Liping, Jinping, Jianhe, Leishan, Suiyang, Jiangkou, Sandu, Guiding[L2]; Fanjingshan[G17]; Maolan[X8]

Yunnan: Luxi, Mile, Kaiyuan, Yuanyang, Lüchun[L4]; Shuangjiang, Fengqing[L71]; Zhongdian, Puwen, Yuanjiang, Jinghong, Menghai, Hekou, Pingbian, Jinping, Mengwang, Meng'a, Mengla, Mengyang[Y43]; Lijiang, division of Lancangjiang and Changjiang (27°20′N)[A1]; Jingdong[W18]; Dali, Binchuan[Y15,16]; Gongshan[G14]; Ninglang, Wuding, Qiubei, Wenshan[Y50]

Xizang: Zayü, Markam[F5]

Anhui: Shexian[H35]; Huangshan[L46]; Xiuning, Ningguo, Xuancheng, Jingxian[L47]

Zhejiang: Hangzhou, Ningbo, Kaihua, Taishun, Suichang, Longquan, Qingyuan[Z113]

Hubei: Changyang[A1]

Hunan: Guidong, Yizhang, Xinning, Suining[L65]; Chengbu[F14]

Jiangxi: Anyuan, Ganxian, Taihe[L65]; Yongxiu, Boyang[F13]

Guangxi: Longsheng, Shangsi*; Xilin, Longlin, Tianlin, Leye, Tian'e, Jingxi, Napo, Longzhou, Pingxiang, Nanning[S12,W83]

Guangdong: Luofu (Dingwu)[A1]; Dapu, Meixian, Zijin, Lianping, Lufeng, Lianyang, Qujiang, Lechang[T5]; Ruyuan, Yangshan, Huaiji, Shixing, Pingyuan, Jiaoling[L63]

Hainan: Sanya, Chengmai, Baoting, Ledong, Wuzhishan[X21]

Fujian: Shaowu, Jianyang[S27]; Fuzhou, Jinjiang, Longxi, Putian, Longyan, Sanming, Ningde, Yong'an[Z14]; Fuqing, Nanping, Wuyishan, Pucheng, Changting[A1]; Shunchang*; Guangze, Pingnan, Gutian, Youxi, Jiangle[H11]; Yongchun[L97]

Taiwan: Taipingshan, Xikayue, Haku, Puli, Alishan, Lilong[K7]; Tailuge (Hualian)[L41]

Tropical, subtropical and warm-temperate forest and scrub

Myanmar, Thailand, Indochina

长吻松鼠属 *Dremomys* Heude，1898

橙腹长吻松鼠 ***Dremomys lokriah*** Hodgson，1836

D. l. lokriah Hodgson，1836［喜马拉雅山南坡］

D. l. garonum Thomas，1922［西藏东南］

D. l. motuoensis Cai *et* Zhang，1980［墨脱］

西藏：聂拉木南部、察隅、波密、易贡、米林、错那、墨脱[F5]

云南：贡山[G14]，泸水[Y50]

热带森林

尼泊尔，阿萨姆，缅甸西北部。

泊氏长吻松鼠 ***Dremomys pernyi*** Milne-Edwards，1867

D. p. pernyi Milne-Edwards，1867［四川，甘肃，云南西北，西藏东部］

D. p. owstoni Thomas，1908［台湾］

D. p. flavior G. Allen，1912［云南，广西］

D. p. senex G. Allen，1912［湖北］

D. p. modestus Thomas，1916［贵州］

D. p. calidior Thomas，1916［福建，安徽］

D. p. howelli Thomas，1922［云南西南部，西藏］

陕西：秦岭、汉中、安康、太白、镇巴、宁陕、平利、山阳、商州[W98]；石泉[W96]

甘肃：文县[M1,L22,Z81]

四川：马尔康、会东、盐源、木里[S46]；峨眉山、巴南、宝兴、康定、巴塘、雅江[A1]；灌县、宜宾、南江、城口、巫山、苍溪、万源、万县、奉节、秀山、叙永、雅安、米易、丹巴、黑水、汶川[H23,24]

贵州：贵阳、绥阳[A1]；罗甸、江口、兴义、安龙、黔西、锦平、榕江、平塘、龙里、惠水[L2]；梵净山[G17]

云南：永德、双江、凤庆[L71]；潞西、中甸、蒙自*；德钦[S46,Y50]；澜沧江与怒江分水岭（28°N）、怒江与恩梅开江的分水岭、丽江、维西、武定[A1]；金平、西盟、剑川、大理、腾冲*、屏边、建水、石屏、泸西、弥勒、绿春、河口[L4]；贡山[G14]；宾川[Y15]；镇康、楚雄、昆明、新平[Y50]

西藏：察隅、芒康[F5]

安徽：黄山[L46]；青阳、泾县、歙县、潜山[H35]；张溪[A1]；旌德[W39]；绩溪、休宁、祁门、东至、宁国、岳西[L47]

浙江：临安、淳安、建德、金华、开化、泰顺、龙泉[Z113]；天目山[B6]

湖北：宜昌[H36]

湖南：宜章、桂东、资兴[F14]

江西：全省各地[S23]

广西：靖西、邕宁[W47]；十万大山[Y23]；南宁[L45]；德保、平南、宁明*；资源、全州、龙胜、兴安、灌阳、平乐、阳朔、临桂、灵川、恭城、永福、融水、融安、天峨、南丹、凌云、乐业、田林、隆林、西林、罗城、环江、鹿寨、蒙山[W83,S12]

福建：建阳、天宝、福州、武夷山[A1]；光泽、邵武[H11]

台湾：太平山、阿里山、埔里[C15]；太鲁阁[L41]

热带、亚热带森林

阿萨姆，曼尼蒲尔，缅甸。

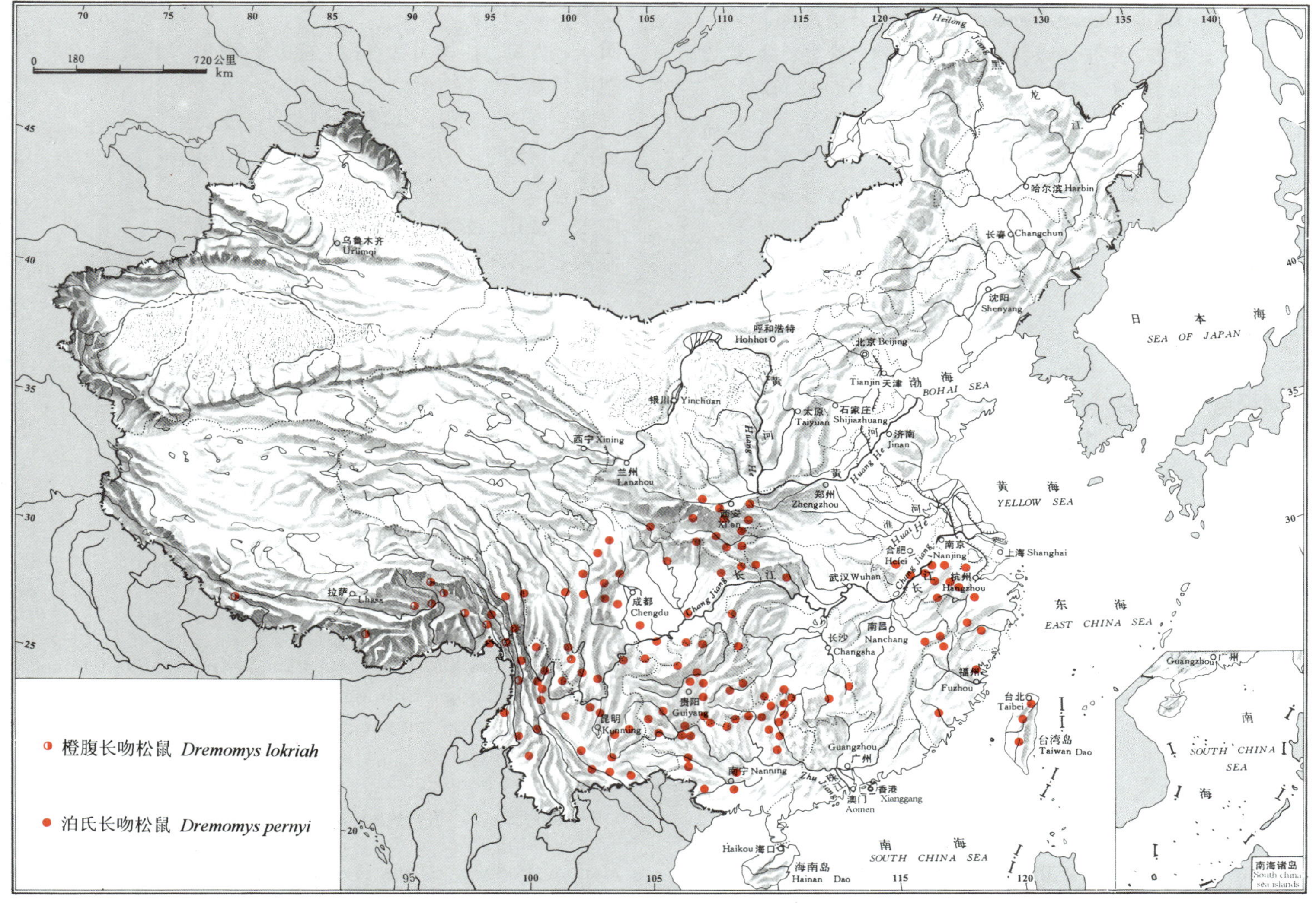

图132 橙腹长吻松鼠 *Dremomys lokriah* 泊氏长吻松鼠 *Dremomys pernyi* 的分布

Dremomys Heude，1898
Long-muzzle squirrels

Dremomys lokriah Hodgson，1836
Orange- bellied Himalayan squirrel

D. l. lokriah Hodgson，1836［Southern flank of Himalayas］

D. l. garonum Thomas, 1922 [Southeastern Xizang]
D. l. motuoensis Cai *et* Zhang [Mêdog]
Xizang: Southern Nyalam, Zayü, Bomi, Yigong, Mainling, Cona, Mêgog[F5]
Yunnan: Gongshan[G14]; Lushui[Y50]

Tropical forest

Nepal, Assam, northwestern Myanmar.

Dremomys pernyi Milne-Edwards, 1867

Perny's long- nosed squirrel

D. p. pernyi Milne - Edwards, 1867 [Sichuan, Gansu, northwestern Yunnan]
D. p. owstoni Thomas, 1908 [Taiwan]
D. p. flavior G. Allen, 1912 [Yunnan, Guangxi]
D. p. senex G. Allen, 1912 [Hubei]
D. p. modestus Thomas, 1916 [Guizhou]
D. p. calidior Thomas, 1916 [Fujian, Anhui]
D. p. howelli Thomas, 1922 [Southwestern Yunnan, Xizang]
Shaanxi: Qinling, Hanzhong, Ankang, Taibai, Zhenba, Ningshan, Pingli, Shanyang, Shangzhou[W98]; Shiquan[W96]
Gansu: Wenxian[M1,L22,Z81]
Sichuan: Barkam, Huidong, Yanyuan, Muli[S46]; Emeishan, Banan, Baoxing, Kangding, Batang, Yajiang[A1]; Guanxian, Yibin, Nanjiang, Chengkou, Wushan, Cangxi, Wanyuan, Wanxian, Fengjie, Xiushan, Xuyong, Ya'an, Miyi, Danba, Heishui, Wenchuan[H23,24]
Guizhou: Guiyang, Suiyang[A1]; Luodian, Jiangkou, Xingyi, Anlong, Qianxi, Jinping, Rongjiang, Pingtang, Longli, Huishui[L2]; Fanjingshan[G17]
Yunnan: Yongde, Shuangjiang, Fengqing[L71]; Luxi, Zhongdian, Mengzi*, Dêqên[S46,Y50]; division of Nujiang and Lancangjiang (28°N), division of Nmai Jiang and Nujiang, Lijiang, Weixi, Wuding[A1]; Jinping, Ximeng, Jianchuan, Dali, Tengchong*; Pingbian, Jianshui, Shiping, Luxi, Mile, Luchun, Hekou[L4]; Gongshan[G14]; Binchuan[Y15]; Zhenkang, Chuxiong, Kunming, Xinping[Y50]
Xizang: Zayü, Markam[F5]
Anhui: Huangshan[L46]; Qingyang, Jingxian, Shexian, Qianshan[H35]; Zhangxi[A1]; Jingde[W39]; Jixi, Xiuning, Qimen, Dongzhi, Ningguo, Yuexi[L47]
Zhejiang: Lin'an, Chun'an, Jiande, Jinhua, Kaihua, Taishun, Longquan[Z113]; Tianmushan[B6]
Hubei: Yichang[H36]
Hunan: Yizhang, Guidong, Zixing[F14]
Jiangxi: Occurs in different areas[S23]
Guangxi: Jingxi, Yongning[W47]; Shiwandashan[Y23]; Nanning[L45]; Debao, Pingnan, Ningming*; Ziyuan, Quanzhou, Longsheng, Xing'an, Guanyang, Pingle, Yangshuo, Lingui, Lingchuan, Gongcheng, Yongfu, Rongshui, Rong'an, Tian'e, Nandan, Lingyun, Leye, Tianlin, Longlin, Xilin, Luocheng, Huanjiang, Luzhai, Mengshan[W83,S12]
Fujian: Jianyang, Tianbao*; Fuzhou, Wuyishan[A1]; Guangze, Shaowu[H11]
Taiwan: Taipingshan, Alishan, Puli[L15]; Tailuge[L41]

Tropical and subtropical forest

Assam, Manipur, Myanmar.

红颊长吻松鼠 ***Dremomys rufigenis*** Blanford, 1878

D. r. rufigenis Blanford, 1878 [中南半岛]
D. r. ornatus Thomas, 1914 [云南南部]
云南：蒙自[A1,E1]；屏边、金平、绿春、泸西、弥勒、景洪、勐养、勐海[Y43]；建水、元阳[L4]；永德、耿马、沧源、凤庆、临沧、双江[L71]；盈江、潞西、普文、景东（哀劳山）[W18]；云龙、昭通、永善、镇雄、文山、富宁[Y50]
广西：靖西、龙州、上思[W47]；南宁[L45]；防城[S12]；贺县、天峨、乐业、西林、隆林、田林、宁明、大兴、邕宁、崇左[L4,W83]
安徽：黄山[L47]
湖南：宜章[F15]

热带、亚热带森林

马来半岛，中南半岛，阿萨姆。

红腿长吻松鼠 ***Dremomys pyrrhomerus*** Thomas, 1895

D. p. pyrrhomerus Thomas, 1895 [湖北，贵州，四川]
D. p. melli Matschie, 1922 [广东]
D. p. riudonensis J. Allen, 1906 [海南]
湖北：长阳[A1]；宜昌[A1,E1]
安徽：黄山[W39]
四川：万县[A1]；秀山、巴南、叙永、南川[H23,24]
湖南：宜章、绥宁[L65]
贵州：遵义、绥阳、榕江、罗甸[L2]；茂兰[X8]
云南：屏边[L4]
广西：崇左[L4]
广东：瑶山、南雄[A1]；乳源、阳山、始兴[L63]
海南：乐东[A1]；东方、白沙、琼中[S8]；文昌[T5]；尖峰岭、吊罗山、坝王岭[X21]

热带、亚热带森林

橙喉长吻松鼠 ***Dremomys gularis*** Osgood, 1932

云南：建水[L4]；景东（无量山）[P3]；绿春[Y50]

热带、亚热带森林

越南北部。

Dremomys rufigenis Blanford, 1878 **Red-cheeked squirrel**

D. r. rufigenis Blanford, 1878 [Myanmar and Indochina]
D. r. ornatus Thomas, 1914 [Southern Yunnan]
Yunnan: Mengzi[A1,E1]; Pingbian, Jinping, Luchun, Luxi, Mile, Jinghong, Mengyang, Menghai[Y43], Jianshui, Yuanyang[L4]; Yongde, Gengma, Cangyuan, Fengqing, Lincang, Shuangjiang[L71]; Yingjiang, Luxi, Puwen*; Jingdong (Ailaoshan)[W18]; Yunlong, Zhaotong, Yongshan, Zhenxiong, Wenshan, Funing[Y50]
Guangxi: Jingxi, Longzhou, Shangsi[W47]; Nanning[L45]; Fangcheng[S12]; Hexian, Tian'e, Leye, Xilin, Longlin, Tianlin, Ningming, Daxing, Yongning, Chongzuo[L4,W83]
Anhui: Huangshan[L47]
Hunan: Yizhang[F15]

Tropical and subtropical forest

Malay peninsular, Myanmar, Thailand, Indochina, Assam.

Dremomys pyrrhomerus Thomas, 1895 **Red-legged squirrel**

D. p. pyrrhomerus Thomas, 1895 [Hubei, Guizhou, Sichuan]
D. p. melli Matschie, 1922 [Guangdong]
D. p. riudonensis J. Allen, 1906 [Hainan]
Hubei: Changyang[A1]; Yichang[A1,E1]
Anhui: Huangshan[W39]
Sichuan: Wanxian[A1]; Xiushan, Banan, Xuyong, Nanchuan[H23,24]
Hunan: Yizhang, Suining[L65]
Guizhou: Zunyi, Suiyang, Rongjiang, Luodian[L2]; Maolan[X8]
Yunnan: Pingbian[L4]
Guangxi: Chongzuo[L4]
Guangdong: Yaoshan, Nanxiong[A1]; Ruyuan, Yangshan, Shixing[L63]
Hainan: Ledong[A1]; Dongfang, Baisha, Qiongzhong[S8]; Wengchang[T5]; Jianfengling, Diaoluoshan, Bawangling[X21]

Tropical and subtropical forest

Dremomys gularis Osgood, 1932 **Orange-throated squirrel**

Yunnan: Jianshui[L4]; Jingdong (Wuliangshan)[P3]; Lüchuan[Y50]

Tropical and subtropical forest

Tonkin in Indochina.

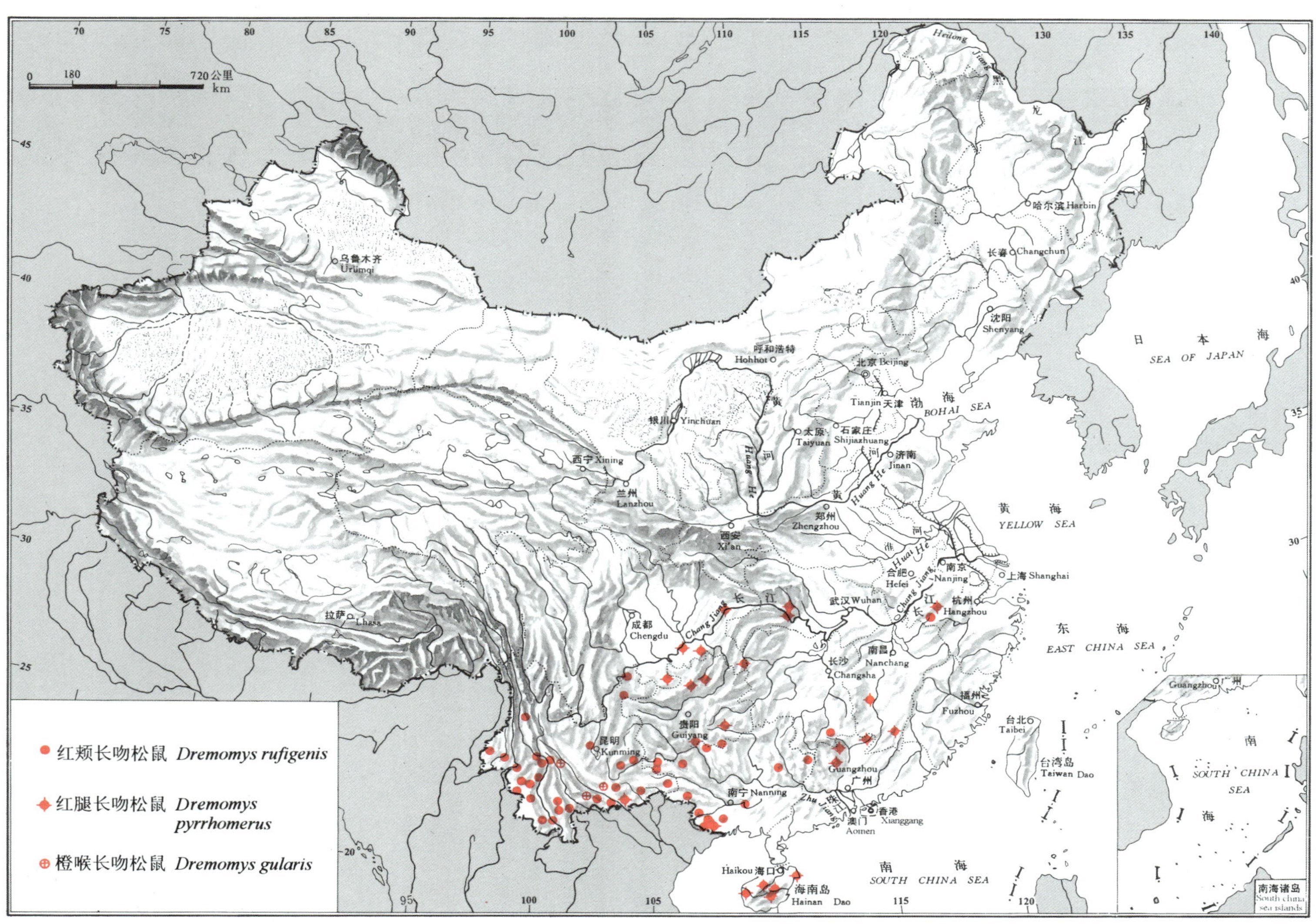

图133 红颊长吻松鼠 *Dremomys rufigenis* 红腿长吻松鼠 *Dremomys pyrrhomerus* 橙喉长吻松鼠 *Dremomys gularis* 的分布

巨松鼠属 *Ratufa* Gray，1867

巨松鼠 ***Ratufa bicolor*** Sparrmann，1778

R. b. gigantea M'Clelland，1839［广西，云南］

R. b. stigmosa Thomas，1923［云南南部］

R. b. hainana J. Allen，1906［海南］

云南：永德、耿马[L71]；盈江、潞西、普文、勐康*；景洪（橄榄坝）、勐养、勐旺、勐腊[Y43]；腾冲[A1]；屏边、弥勒、绿春、金平、河口[L4]；南滚河[W16]；贡山、梁河[Y50]

广西：龙州、宁明[W47]；南宁[L45]；凭祥、那坡、靖西、大新、邕宁[W83,S12]

海南：大里、牙柄[T4]；尖峰岭、坝王岭、乐东、万宁、昌沙、保亭、琼中、东方、白沙、三亚、陵水、儋州、南丰、陵水、澄迈、屯昌[S8,X21]

热带森林

那土那群岛，爪哇，巴里，苏门答腊，马来半岛，中南半岛，阿萨姆，尼泊尔。

条纹松鼠属 *Menetes* Thomas，1906

条纹松鼠 ***Menetes berdmorei*** Blyth，1849

M. b. mouhotei Gray，1861［中南半岛］

云南：勐腊、勐海、景洪（橄榄坝、勐板、勐养）[Y43]；永德、耿马、沧源[L71,W16]；澜沧[Y50]

热带林灌丛

中南半岛，马来半岛。

Ratufa Gray，1867 Oriental giant squirrels

Ratufa bicolor Sparrmann，1778 **Black giant squirrel**

R. b. gigantea M'Clelland，1839［Guangxi，Yunnan］

R. b. stigmosa Thomas，1923［Southern Yunnan］

R. b. hainana J. Allen，1906［Hainan］

Yunnan：Yongde，Gengma[L71]；Yingjiang，Luxi，Puwen，Mengkang*；Jinghong (Ganlanba)，Mengyang，Mengwang，Mengla[Y43]；Tengchong[A1]；Pingbian，Mile，Lüchun，Jinping，Hekou[L4]；Nangunhe[W16]；Gongshan，Lianhe[Y50]

Guangxi：Nanning[L45]；Longzhou，Ningming[W47]；Pingxiang，Napo，Jingxi，Daxin，Yongning[W83,S12]

Hainan：Dali；Yabing[T4]；Jianfengling，Bawangling，Ledong，Wanning，Changsha，Baoting，Qiongzhong，Dongfang，Baisha，Sanya，Lingshui，Danzhou，Nanfeng，Lingshui，Chengmai，Tunchang[S8,X21]

Tropical forest

Natuna Islands，Java，Bali，Sumatra，Myanmar，Thailand，Indochina，Malay peninsula，Assam，Nepal.

Menetes Thomas，1906 Striped squirrels

Menetes berdmorei Blyth，1849

Berdmore's squirrel（Indochinese ground squirrel）

M. b. mouhotei Gray，1861［Myanmar，Thailand，Indochina］

Yunnan：Mengla，Menghai，Jinghong（Ganlanba，Mengban，Mengyang）[Y43]；Yongde，Gengma，Cangyuan[L71,W16]；Lancang[Y50]

Tropical forest and scrub

Myanmar，Thailand，Indochina，Malay peninsula.

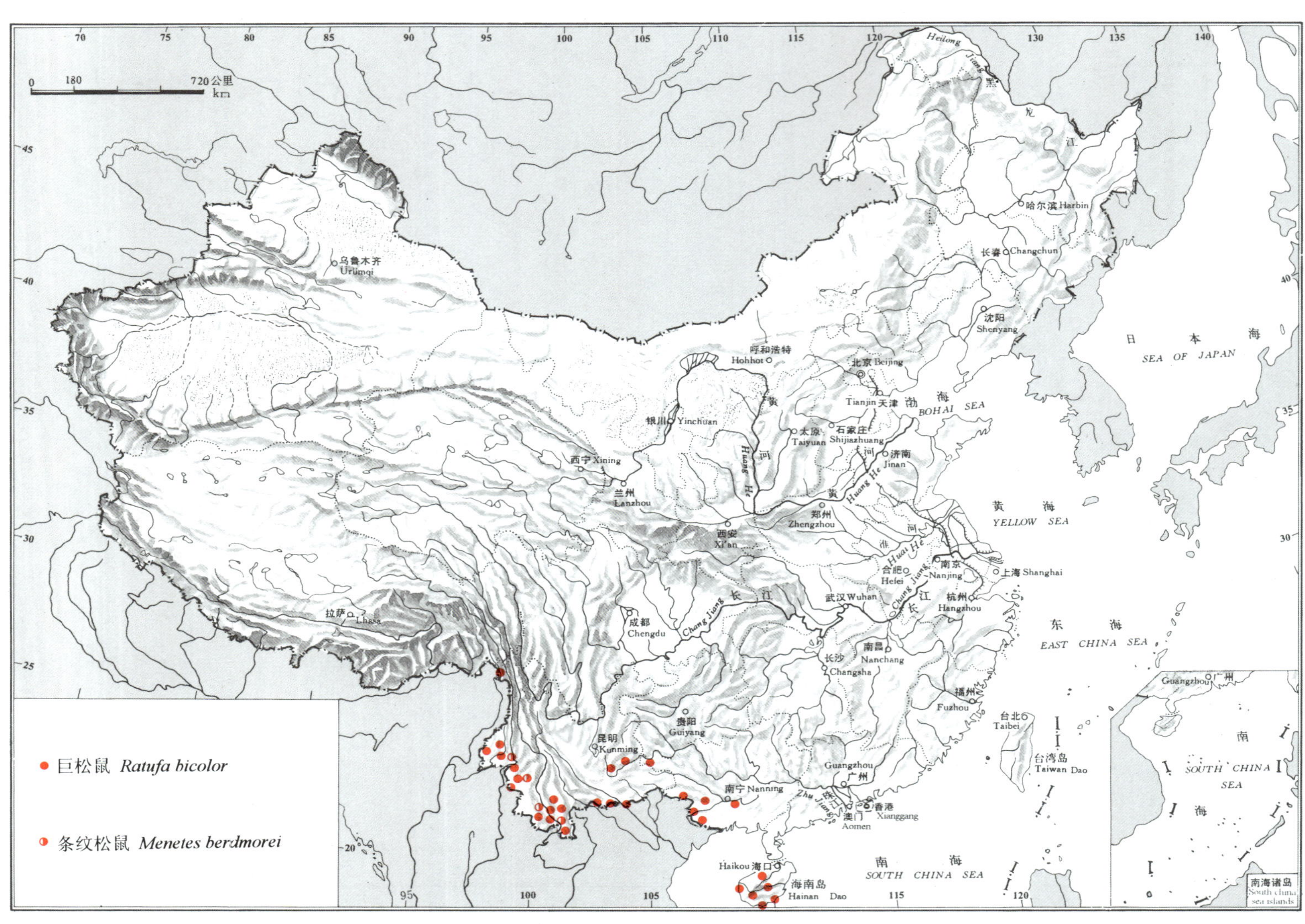

图134 巨松鼠 *Ratufa bicolor* 条纹松鼠 *Menetes berdmorei* 的分布

岩松鼠属 *Sciurotamias* Miller，1901

岩松鼠 ***Sciurotamias davidianus*** Milne- Edwards，1867

S. d. davidianus Milne-Edwards，1867 [河北，山西，陕西，甘肃及四川北部]

S. d. consobrinus Milne-Edwards，1868 [四川西部]

S. d. saltitans Heude，1898[四川南部，湖北，贵州，河南]

辽宁：绥中、建昌、北票[L20]；凌源[L17]

河北：秦皇岛、兴隆[A1]；宣化、怀安[L32]；昌黎、山海关、遵化、涞源、平山、赞皇、涉县[Z21]

天津：蓟县[L32]

北京：房山、丰宁、昌平*；金山[B9,Z21]；门头沟[B10,Z21]

河南：林州、辉县、卢氏、嵩县、泌阳、偃师、南召、鲁山[Z97]；嵩山[F19]；新县、西峡、洛宁、济源、修武[G20]；栾川、确山[L96]

山西：翼城、中阳、垣曲、沁水*；吕梁山、中条山[T2,W8]；汾阳、五台山[A1]；绛县[W15]；忻定[L32]；岚县、方山、石楼、汾阳[C21]

陕西：黄龙[G23]；延安、黄陵、富县、吴旗、志丹、宜川[B13]；凤翔、太白山、洛南、商州[A1]；陇县[S41]；宁强、镇巴、镇坪、宁陕、柞水[W98]；临潼[W20]；汉阴、平利[W96]、华阴、华县、长安、户县、眉县、凤县、留坝、佛坪、汉中、安郑、安康、岚皋[W53]

宁夏：隆德（六盘山）[Q3]

甘肃：文县[M1]；天水、康县、武都、舟曲、迭部、岷县[L22]；张家川[C19]；平凉、环县、两当、徽县[Z81]

四川：康定、宝兴、汶川、松潘、峨眉山、平武[A1]；万源*；苍溪、仪陇、达川、南江、万县、城口、南川、若尔盖、黑水[H23,24]

贵州：威宁*、兴义、册亨[L2]

安徽：黄山、金寨、佛子岭、潜山、太湖[H35]；霍山、岳西、宿松、舒城、泾县[L47,W39]

湖北：东部山地、兴山[A1]

岩山林灌丛、耕地

侧纹岩松鼠 ***Sciurotamias forresti*** Thomas，1922

云南：永德[L71]；丽江、剑川、蒙自[Y43]；澜沧江与长江的分水岭（27°20′N）[A1]；泸西、弥勒、绿春、金平、河口[L4]；沧源（南滚河）[W16]；宾川[Y15]；大理、腾冲、盈江、西畴、麻栗坡、丘北、昆明、元谋 、广南、保山[Y50]

岩山林灌丛

Sciurotamias Miller，1901 **Rock squirrels**

Sciurotamias davidianus Milne-Edwards，1867

Père David's rock squirrel（Ground squirrel）

S. d. davidianus Milne - Edwards ，1867 [Hebei ，Shanxi ，Shaanxi，Gansu and northern Sichuan]

S. d. consobrinus Milne-Edwards，1868 [Western Sichuan]

S. d. saltitans Heude ，1898 [Southern Sichuan ，Hubei ，Guizhou，Henan]

Liaoning：Suizhong，Jianchang，Beipiao[L20]；Lingyuan[L17]

Hebei：Qinhuangdao，Xinglong[A1]；Xuanhua，Huai'an[L32]；Changli，Shanhaiguan，Zunhua，Laiyuan，Pingshan，Canhuang，Shexian[Z21]

Tianjin：Jixian[L32]

Beijing：Fangshan，Fengning，Changping*；Jinshan[B9,Z21]；Mentougou[B10,Z21]

Henan：Linzhou，Huixian，Lushi，Songxian，Biyang，Yanshi，Nanzhao，Lushan[Z97]；Songshan[F19]；Xinxian，Xixia，Luoning，Jiyuan，Xiuwu[G20]；Luanchuan，Queshan[L96]

Shanxi: Yicheng, Zhongyang, Yuanqu, Qinshui*; Luliangshan, Zhongtiaoshan[T2,W8]; Fenyang, Wutaishan[A1]; Jiangxian[W15]; Xinding[L32]; Lanxian, Fangshan, Shilou, Fenyang[C21];

Shaanxi: Huanglong[G23]; Yan'an, Huangling, Fuxian, Wuqi, Zhidan, Yichuan[B13]; Fengxiang, Taibaishan, Luonan, Shangzhou[A1]; Longxian[S41]; Ningqiang, Zheba, Zheping, Ningshan, Zhashui[W98]; Lintong[W20]; Hanyin, Pingli[W96]; Huayin, Huaxian, Chang'an, Huxian, Meixian, Fengxian, Liuba, Foping, Hanzhong, Anzheng, Ankang, Langao[W53]

Ningxia: Longde (Liupanshan)[Q3]

Gansu: Wenxian[M1]; Tianshui, Kangxian, Wudu, Zhugqu, Têwo, Minxian[L22]; Zhangjiachuan[C19]; Pingliang, Huanxian, Liangdang, Huixian[Z81]

Sichuan: Kangding, Baoxing, Wenchuan, Songpan, Emeishan, Pingwu[A1]; Wanyuan*; Cangxi, Yilong, Dachuan, Nanjiang, Wanxian, Chengkou, Nanchuan, Zoigê, Heishui[H23,24]

Guizhou: Weining*; Xingyi, Ceheng[L2]

Anhui: Huangshan, Jinzai, Foziling, Qianshan, Taihu[H35]; Huoshan, Yuexi, Susong, Shucheng, Jingxian[L47,W39]

Hubei: Eastern mountains, Xingshan[A1]

Forest, scrub and farmland in rocky mountains

Sciurotamias forresti Thomas, 1922 **Forrest's rock squirrel**

Yunnan: Yongde[L71]; Lijiang, Jianchuan, Mengzi[Y43]; division of Lancangjiang and Changjiang (27°20′N)[A1]; Luxi, Mile, Luchun, Jinping, Hekou[L4]; Cangyuan (Nangunhe)[W16]; Binchuan[Y15]; Dali, Tengchong, Yingjiang, Xichou, Malipo, Qiubei, Kunming, Yuanmou, Guangnan, Baoshan[Y50]

Forest and scrub in rocky mountains

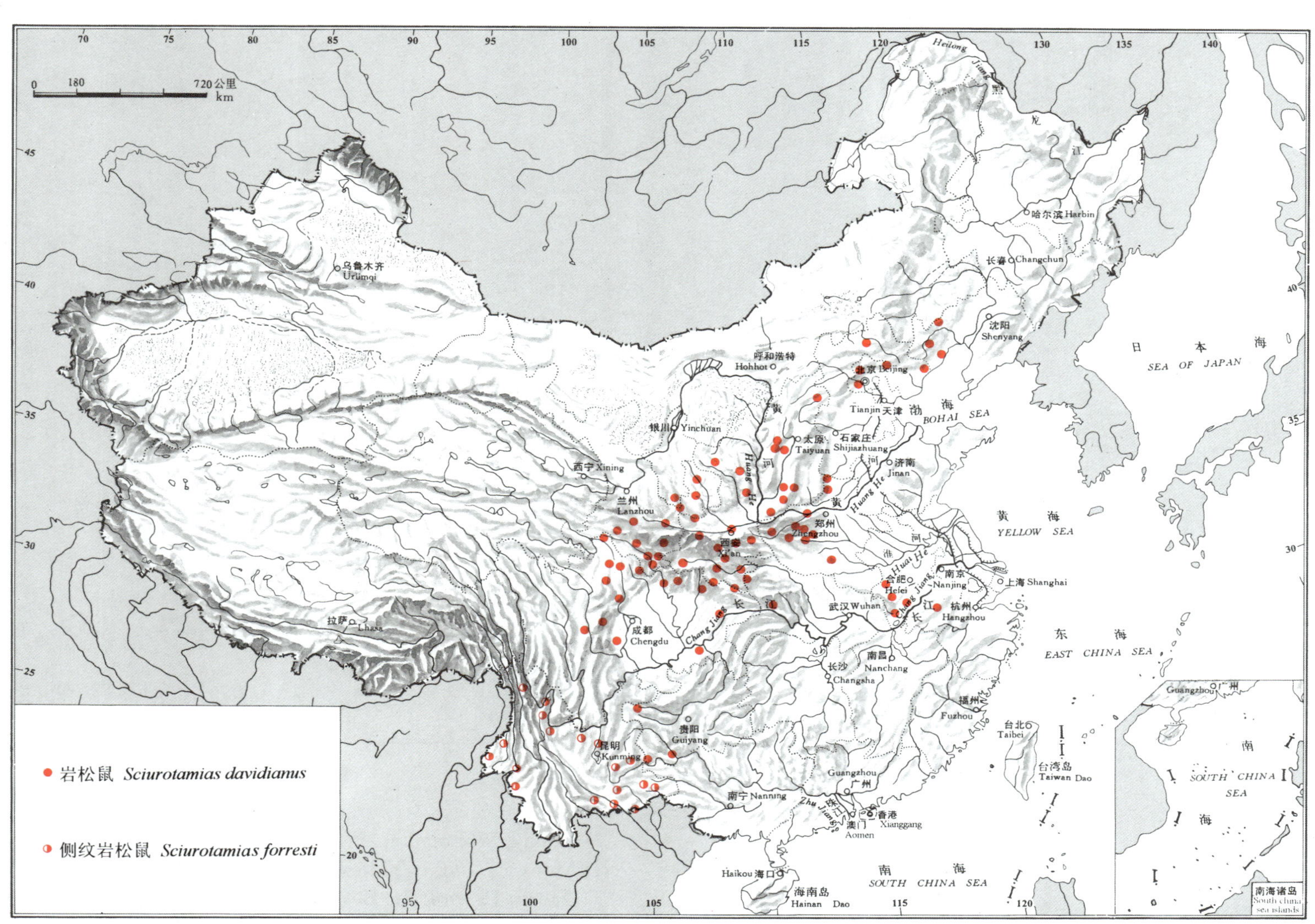

图135 岩松鼠 *Sciurotamias davidianus* 侧纹岩松鼠 *Sciurotamias forresti* 的分布

花鼠属 *Eutamias* Trouessart, 1880

花鼠 ***Eutamias sibiricus*** Laxmann, 1769 [黑龙江，内蒙古]

E. s. sibiricus Laxmann, 1769 [新疆北部]

E. s. lineatus Siebold, 1824 [东北三江平原地区]

E. s. senescens Miller, 1898 [山西，陕西，河北，河南]

E. s. orientalis Bonhote, 1899 [东北长白山]

E. s. ordinalis Thomas, 1908 [陕西及山西部分地区]

E. s. albogularis J. Allen, 1909 [陕西南部，甘肃，四川，青海]

黑龙江：呼玛、漠河、伊春、抚远[S33]；五常、密山*；尚志、哈尔滨[L86]；东宁、嫩江、柴河、桦南（省防疫站1964年提供）；勃利[G11]

吉林：安图、抚松、临江、公主岭、汪清[S33]；榆树[J1]；敦化[Y4]

辽宁：阜新、盖州、普兰店[S33]；熊岳、草河口[L86]；大连[D6]、清原、新宾、桓仁、本溪、宽甸、凤城、丹东、阜新、北票、建平、绥中、锦西、瓦房店[L17]

内蒙古：根河、牙克石、鄂伦春旗[S33]；新巴尔虎右旗*；莫力达瓦斡尔旗、陈巴尔虎旗、扎赉特旗、科尔沁右前旗、科尔沁右后旗、科尔沁右翼中旗、准格尔旗[Z56]；喀喇沁旗、翁牛特旗、巴林右旗、敖汉旗[B1]；东乌珠穆沁旗、乌拉山*；呼和浩特、包头[A1]；阿巴嘎旗、正蓝旗、集宁、察哈尔右后旗、乌拉特中后联合旗、狼山北部、土默特旗、和林、丰镇、西乌珠穆沁旗、武川[Z51]、大青山（九峰山）[Z46]

河北：张家口[R3]；兴隆、围场[H7]；阳原、宣化、怀安[L32]；涞源、赞皇、石家庄、涉县、平山[Z21]

北京：房山、延庆*；门头沟、南口[H7]；金山[B10]；兴隆[Z21]

天津：蓟县[Z21]

河南：林州、济源、灵宝、嵩县、禹县、登封[Z97]；嵩山[F19,G20]；确山、临汝、栾川[L96]

山西：天镇、阴山、左云、右玉、朔州、应县、阳高[L58]；中条山[T2]；五台山[Z38]；神池、垣曲*、沁水、岢岚、太原、宁武[A1]、降县[W15]；

大同[L32]；岚县、方山、兴县、临县、离石、柳林、中阳、交口、石楼、交城、文水、汾阳、孝义[C21]

陕西：洛南、黄龙、榆林、神木、横山、定边[C26]；太白山[A1]；临潼、宜川、佛坪、石泉、彬县、绥德、华山、柞水、延安、礼泉[W55]

宁夏：西吉、海源、中卫[Z81]、泾源、隆德、固原、彭阳、同心[Q3]

甘肃：天水、兴隆山、临夏[Q3]；临潭[A1]；武都[L22]；张家川[C16]；庆阳、平凉、定西、兰州、夏河、民勤[Z81]

青海：河南、同仁、班玛*；黄南[Z43]；泽库[Z69]

新疆：布尔津、阿勒泰、富蕴、青河[W41]；福海[M24,25]

四川：马尔康*；平武、松潘[A1]；若尔盖、黑水[H23,24]

森林、灌丛

俄罗斯，西伯利亚，库页岛，蒙古北部，朝鲜，北海道。

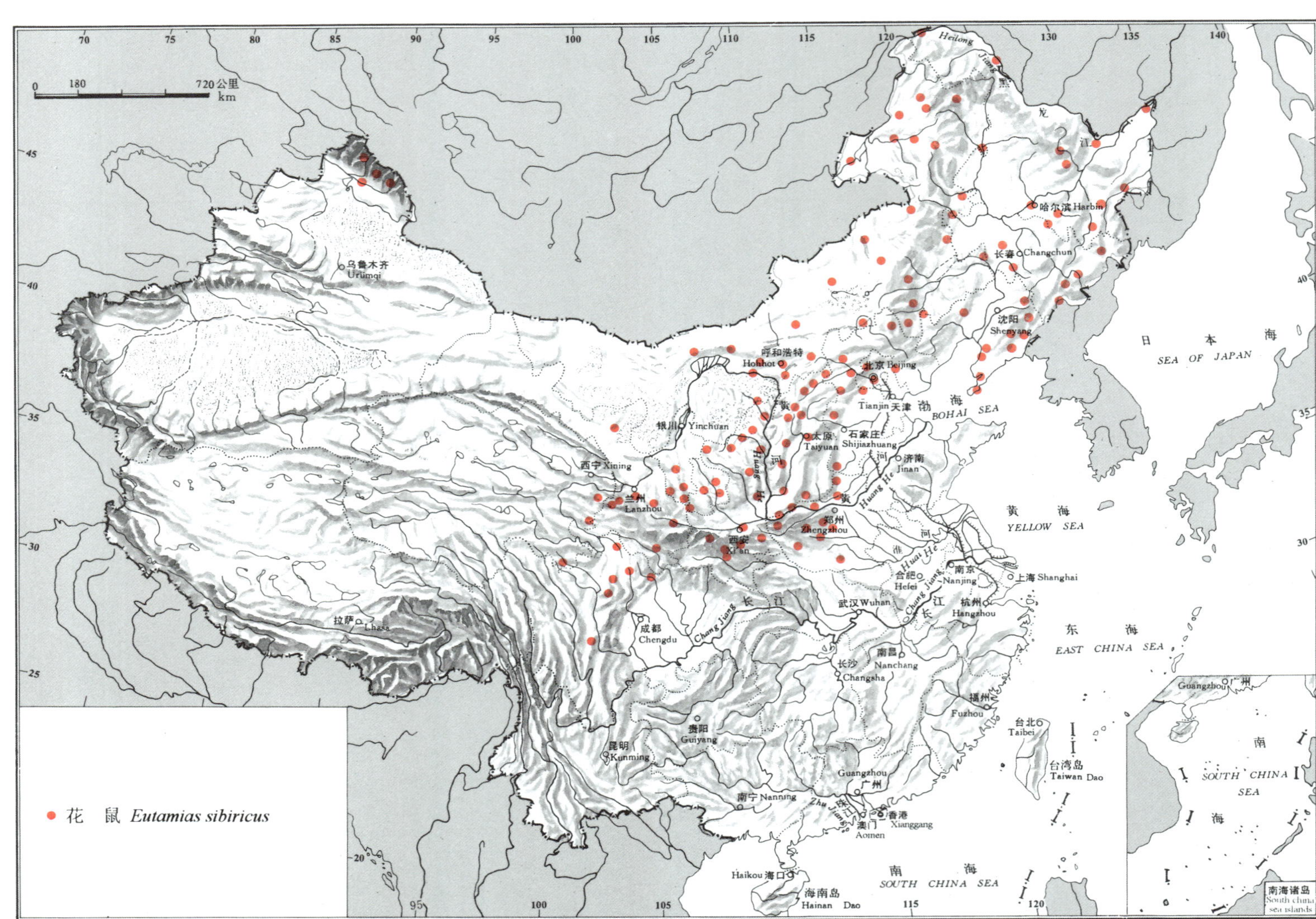

图136 花鼠 *Eutamias sibiricus* 的分布

Eutamias Trouessart, 1880 **Chipmunks**

Eutamias sibiricus Laxmann, 1769 **Siberian chipmunk** [Heilongjiang, Nei Mongol]

E. s. sibiricus Laxmann, 1769 [Northern Xinjiang]

E. s. lineatus Siebold, 1824 [Plain of the three rivers, northeast China]

E. s. senescens Miller, 1898 [Shanxi, Shaanxi, Hebei, Henan]

E. s. orientalis Bonhote, 1899 [Changbaishan, northeast China]

E. s. ordinalis Thomas, 1908 [Shaanxi and part of Shanxi]

E. s. albogularis J. Allen, 1909 [Southern Shaanxi, Gansu, Sichuan, Qinghai]

Heilongjiang: Huma, Mohe, Yichun, Fuyuan[S33]; Wuchang, Mishan*; Shangzhi, Harbin[L86]; Dongning, Ningjiang, Chaihe, Huanan (provided by Station of Epidemic Disease Protection, Heilongjiang, 1964); Boli[G11]

Jilin: Antu, Fusong, Linjiang, Gongzhuling, Wangqing[S33]; Yushu[J1]; Dunhua[Y4]

Liaoning: Fuxin, Gaizhou, Pulandian[S33]; Xiongyue, Caohekou[L86]; Dalian[D6]; Qingyuan, Xingbin, Huanren, Benxi, Kuandian, Fengcheng, Dandong, Fuxin, Beipiao, Jianping, Suizhong, Jinxi, Wafangdian[L17]

Nei Mongol: Genhe, Yakeshi, Oroqen B.[S33]; Xin Barag Right B.*; Morin Dawa Daur B., Chen Barag B., Jalaid B., Horqin Right Wing Front B., Horqin Right Wing Rear B., Horqin Right Wing Middle B., Jungur B.[Z56], Harqin B., Ongniud B., Bairin Right B., Aohan B.[B1]; Dong Ujimqin B., Wulashan*; Hohhot, Baotou[A1]; Abag B., Zhenglan B., Jining, Qahar Right Wing Rear B., Urad Middle and Rear Joint B., northern Langshan, Tumd B., Horinger, Fengzhen, Xi Ujimqin B., Wuchuan[Z51]; Daqingshan (Jiufengshan)[Z46]

Hebei: Zhangjiakou[R3]; Xinglong, Weichang[H7]; Yangyuan, Xuanhua, Huai'an[L32]; Laiyuan, Zanhuang, Shijiazhuang, Shexian, Pingshan[Z21]

Beijing: Fangshan, Yanqing*; Mentougou, Nankou[H7]; Jinshan[B10]; Xinglong[Z21]

Tianjin: Jixian[Z21]

Henan: Linzhou, Jiyuan, Lingbao, Songxian, Yuxian, Dengfeng[Z97]; Shongshan[F19,G20]; Queshan, Linru, Luanchan[L96]

Shanxi: Tianzhen, Yishan, Zuoyun, Youyu, Shuozhou, Yingxian, Yanggao[L58]; Zhongtiaoshan[T2]; Wutaishan[Z38]; Shenchi, Yuanqu*; Qinshui, Kelan, Taiyuan, Ningwu[A1]; Jiangxian[W15]; Datong[L32]; Lanxian, Fangshan, Xingxian, Linxian, Lishi, Liulin, Zhongyang, Jiaokou, Shilou, Jiaocheng, Wenshui, Fenyang, Xiaoyi[C21]

Shaanxi: Luonan, Huanglong, Yulin, Shenmu, Hengshan, Ding-

bian[C26]；Taibaishan[A1]；Lintong，Yichuan，Foping，Shiquan，Binxian，Suide，Huashan，Zhashui，Yan'an，Liquan[W55]
Ningxia：Xiji，Haiyuan，Zhongwei[Z81]；Jingyuan，Longde，Guyuan，Pengyang，Tongxin[Q3]
Gansu：Tianshui，Xinglongshan，Linxia[Q3]；Lintan[A1]；Wudu[L22]；Zhangjiachuan[C16]；Qingyang，Pingliang，Dingxi，Lanzhou，Xiahe，Minqin[Z81]
Qinghai：Henan，Tongren，Baima*；Huangnan[Z43]；Zêkog[Z69]
Xinjiang：Burqin，Altay，Fuyun，Qinghe[W41]；Fuhai[M24,25]
Sichuan：Barkam*；Pingwu，Songpan[A1]；Zoigê，Heishui[H23,24]

Forest，scrub

Russia，Siberia，Sakhalin，northern Mongolia，Korea，Hokkaido.

黄鼠属 *Citellus* Oken，1816

达乌尔黄鼠 ***Citellus dauricus*** Brandt，1844

C. d. dauricus Brandt，1844［内蒙古］
C. d. mongolicus Milne-Edwards，1867［山西，河北，山东，黑龙江］
C. d. alaschanicus Büchner，1888［陕西，宁夏，青海］
C. d. obscurus Büchner，1888［甘肃］
C. d. ramosus Thomas，1909［东北］

黑龙江：安达、阿城[S33]；五常、龙江、齐齐哈尔、哈尔滨、肇东、泰来、杜尔伯特、甘南、北安（省防疫站1959、1963年提供）；林甸、兰西、双城[M13]
吉林：榆树、公主岭、白城子、开通[S33]；四平、扶余、农安、犁树、洮南、安广[M3]
辽宁：建平、绥中、凌海、大连[D6]、彰武（章古台）*；阜新、沈阳[L86]；北票、昌图、新民、瓦房店、康平[L17,19]
内蒙古：海拉尔、新巴尔虎左旗、新巴尔虎右旗[M13]；陈巴尔虎旗、满洲里*；正蓝旗、商都、武川、东胜、乌审旗、四子王旗、乌拉特中后旗、河套、乌拉特后旗、土默特旗、和林、丰镇[Z51]；伊金霍洛旗（伊克昭盟草原站1977年提供）；锡林浩特、东乌珠穆沁旗、西乌珠穆沁旗、达尔罕茂明安联合旗、鄂托克旗、二连浩特、苏尼特右旗、阿巴嘎旗、正镶白旗、太仆寺旗*；集宁、呼和浩特、包头、托克托、达拉特旗、磴口、杭锦旗[Z51,56,59]；赤峰[F3]；阿拉善左旗[Q3,W60]
河北：沽源、黄骅[Z21]、固安、张家口[B3]；宣化[A1]；康保、围场[H7]；怀来、蔚县[L32]
北京：丰台、朝阳、通县*；大兴[B10]；门头沟[Z21]
天津：天津*
河南：灵宝[L96]
山东：济南[A1]、黄河口[L51]
山西：山阴、左云、右玉、朔州、应县、阳高[L58]；临汾、忻州、运城[W8]；天镇[L59]；神池[L80]；中条山（北坡）[T2]；太原、绛县[W15]；大同[L32]；兴县、临县、石楼[C21]；汾阳、曲沃[W55]
陕西：榆林、神木、横山、靖边、定边[C26]；西安[W56]；临潼[W20]；洛南[Z85]；宜川[J6]；合阳、延长[W55]
宁夏：西吉、海源、固原、中心、中卫、中宁、青铜峡、吴忠、灵武、盐池、永宁、银川、贺兰山（隆德）、同心、平罗、石嘴山[W60,Q3]
甘肃：平凉、庆阳、榆中、皋兰、永登、兰州、张家川、清水、武山、甘谷、通渭、渭源、永靖、临洮、天祝、古浪、山丹、景泰、永昌、肃南、民乐[Z81]
青海：湟水河谷、西宁[Z33]；民和、乐都、湟源、大通、互助、湟中、化隆、循化[Z69]

草原、半荒漠

外贝加尔湖地区，蒙古。

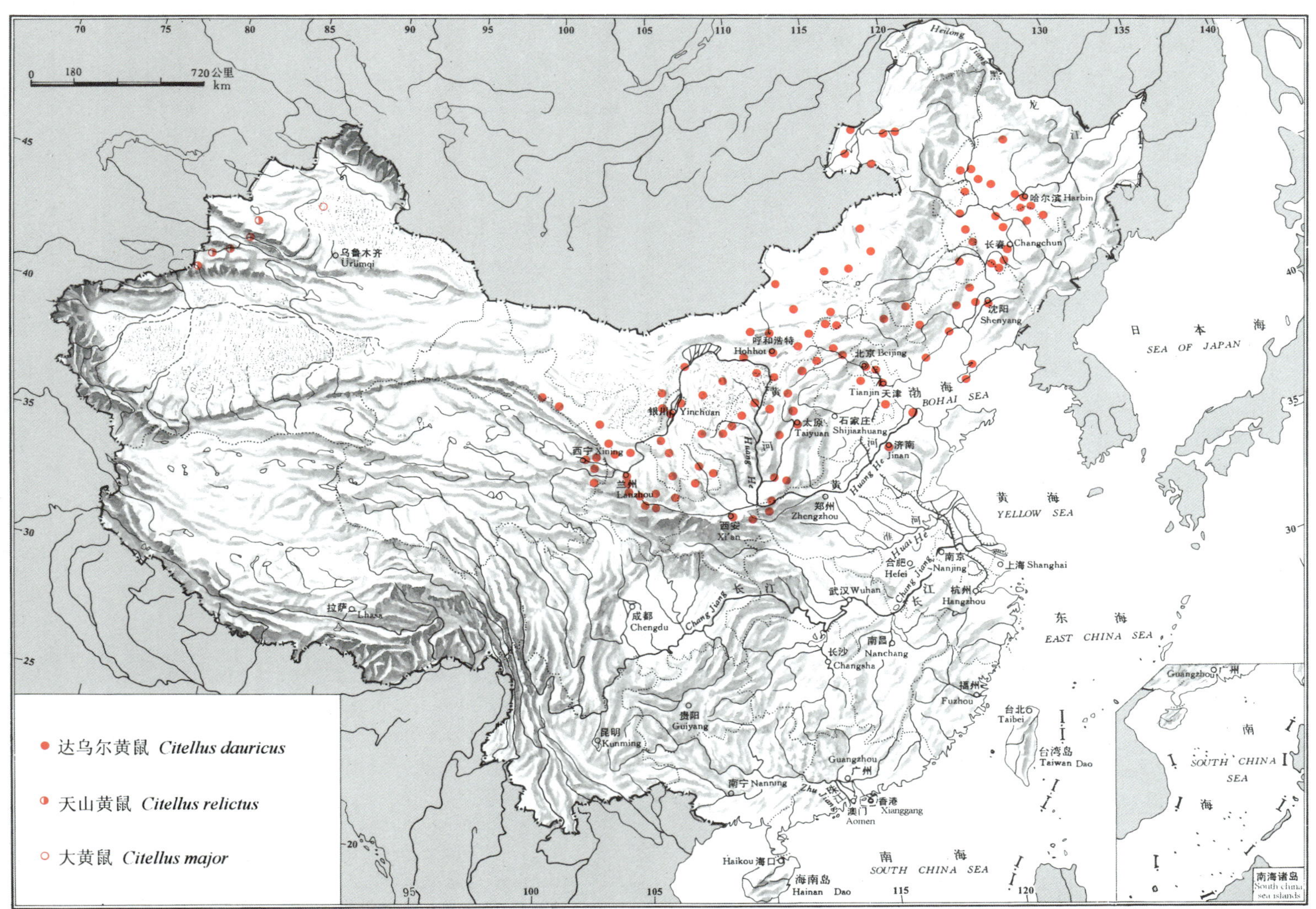

图137 达乌尔黄鼠 *Citellus dauricus* 天山黄鼠 *Citellus relictus* 大黄鼠 *Citellus major* 的分布

天山黄鼠 ***Citellus relictus*** Kashkarov, 1923

C. r. ralli Heptner, 1948 [俄罗斯南部]

C. r. nilkaensis Hou *et* Wang, 1989 [伊犁河谷]

新疆：昭苏、特克斯、新源、巩留[M24,25,W41]；托木尔峰[L44]；尼勒克[H15]

草原，荒漠草原

西天山。

大黄鼠 ***Citellus major*** Pallas, 1779

新疆：乌苏[M24,25]

山地草原

哈萨克斯坦。

Citellus Oken, 1816 Ground squirrels

Citellus dauricus Brandt, 1844 **Daurian ground squirrel**

C. d. dauricus Brandt, 1844 [Nei Mongol]

C. d. mongolicus Milne - Edwards, 1867 [Shanxi, Hebei, Shandong, Heilongjiang]

C. d. alaschanicus Büchner, 1888 [Shaanxi, Ningxia, Qinghai]

C. d. obscurus Büchner, 1888 [Gansu]

C. d. ramosus Thomas, 1909 [Northeast China]

Heilongjiang: Anda, Acheng[S33]; Wuchang, Longjiang, Qiqihar, Harbin, Zhaodong, Tailai, Dorbod, Gannan, Bei'an (provided by Station of Epidemic Disease Protection, Heilongjiang, 1954 and 1963), Lindian, Lanxi, Shuangcheng[M13]

Jilin: Yushu, Gongzhuling, Baichengzi, Kaitong[S33]; Siping, Fuyu, Nong'an, Lishu, Taonan, Anguang[M3]

Liaoning: Jianping, Suizhong, Linghai, Dalian[D6]; Xinjin, Zhangwu (Zhanggutai)*; Fuxin, Shenyang[L86]; Beipiao, Changtu, Xinmin, Wafangdian, Kangping[L17,19]

Nei Mongol: Hailar, Xin Barag Left B., Xin Barag Right B.[M13]; Chen Barag B., Manzhouli*; Zhenglan B., Shangdu, Wuchuan, Dongsheng, Uxin B., Siziwang B., Urad Middle and Rear B., Hetao, Urad Rear B., Tumd B., Horinger, Fengzhen[Z51], Ejin Horo B. (provided by Station of Steppe, Ih Ju L., 1977), Xilinhot, Dong Ujimqin B., Xi Ujimqin B., Darhan Muminggan Joint B., Otog B., Erenhot, Sonid Right B., Abag B., Zhengxiangbai B., Taibus B*.; Jining, Hohhot, Baotou, Togtoh, Dalad, Dengkou, Hanggin B.[Z51,56,59]; Chifeng[F3]; Alxa Left B.[Q3,W60]

Hebei: Guyuan, Huanghua[Z21]; Gu'an, Zhangjiakou[B3]; Xuanhua[A1]; Kangbao, Weichang[H7]; Huailai, Weixian[L32]

Beijing: Fengtai, Chaoyang, Tongxian*; Daxing[B10]; Mentougou[Z21]

Tianjing: Tianjing*

Henan: Lingbao[L96]

Shandong: Jinan[A1]; Huanghekou[L51]

Shanxi: Shanyin, Zuoyun, Youyu, Shuoxian, Yingxian, Yanggao[L58]; Linfen, Xinxian, Yuncheng[W8]; Tianzhen[L59]; Shenchi[L80]; Zhongtiaoshan (northern flank)[T2]; Taiyuan, Jiangxian[W15]; Datong[L32]; Xingxian, Linxian, Shilou[C21]; Fenyang, Quwo[W55]

Shaanxi: Yulin, Shenmu, Hengshan, Jingbian, Dingbian[C26]; Xi'an[W56]; Lintong[W20]; Luonan[Z85]; Yichuan[J6]; Heyang, Yanchang[W55]

Ningxia: Xiji, Haiyuan, Guyuan, Zhongxin, Zhongwei, Zhongning, Qingtongxia, Wuzhong, Lingwu, Yanchi, Yongning, Yinchuan, Helanshan (Longde), Tongxin, Pingluo, Shizuishan[W60,Q3]

Gansu: Pingliang, Qingyang, Yuzhong, Gaolan, Yongdeng, Lanzhou, Zhangjiachuan, Qingshui, Wushan, Gangu, Tongwei, Weiyuan, Yongjing, Lintao, Tianzhu, Gulang, Shandan, Jingtai, Yongchang, Sunan, Minle[Z81]

Qinghai: Huangshui valley, Xining[Z33]; Minhe, Ledu, Huangyuan, Datong, Huzhu, Huangzhong, Hualong, Xunhua[Z69]

Steppe, semidesert

Transbaikal area, Mongolia.

Citellus relictus Kashkarov, 1923 **Tianshan souslik**

C. r. ralli Heptner, 1948 [Southern Russia]

C. r. nilkaensis Hou *et* Wang, 1948 [Ili valley]

Xinjiang: Shaosu, Tekes, Xinyuan, Gongliu[M24,25,W41]; Tuomuer Feng area[L44]; Nilka[H15]

Steppe, desert-steppe

Western Tianshan.

Citellus major Pallas, 1779 **Russet souslik**

Xinjiang: Usu[M24,25]

Mountain steppe

Kazakhstan.

赤颊黄鼠 ***Citellus erythrogenys*** Brandt, 1841

C. e. brevicauda Barandt, 1843 [准噶尔东]

C. e. carruthersi Thomas, 1912 [准噶尔西]

C. e. pallidicauda Satunin, 1903 [内蒙古]

内蒙古：四子王旗、达尔罕茂明安联合旗、二连浩特*、苏尼特左旗、乌拉特中旗及后旗[Z54]

新疆：赛里木湖北部、塔尔巴哈台、福海[R3]；和布克赛尔、布尔津、青河、富蕴、阿勒泰、哈巴河、吉木乃、额敏、塔城、裕民、托里、博乐、温泉、北塔山[W40,M24,25]

荒漠、半荒漠

巴尔喀什湖地区，阿尔泰，哈萨克斯坦，南西伯利亚，蒙古。

Citellus erythrogenys Brandt, 1841 **Red-cheeked souslik**

C. e. brevicauda Brandt, 1843 [Eastern Junggar]

C. e. carruthersi Thomas, 1912 [Western Junggar]

C. e. pallidicauda Satunin, 1903 [Nei Mongol]

Nei Mongol: Siziwang B., Darhan Muminggan Joint B., Erenhot*; Sonid Left B., Urad Middle and Rear B.[Z54]

Xinjiang: Northern Sayramhu, Tarbagartay, Fuhai[R3]; Hoboksar, Burqin, Qinghe, Fuyun, Altay, Habahe, Seminay, Emin, Tacheng, Yumin, Toli, Bole, Wenquan, Baytikshan[W40,M24,25]

Desert, semidesert

Balkhash area, Altai, southern Siberia, Mongolia.

长尾黄鼠 ***Citellus undulatus*** Pallas, 1779

C. u. eversmanni Brandt, 1841 [新疆阿尔泰山]

C. u. stramineus Obolensky, 1927 [新疆，天山]

C. u. menzbieri Ognev, 1937 [东北]

黑龙江：漠河、呼玛、黑河、逊克[L13]、河口、鸥浦、嘉荫[M13]

新疆：青河、布尔津、哈巴河、阿勒泰、富蕴、精河、博乐、巴音郭楞、赛里木湖、焉耆、和静、和硕、乌鲁木齐、天山西部、阿拉套山[M24,W41]

山地森林草原

天山，阿尔泰，东西伯利亚，堪察加，阿穆尔，蒙古。

Citellus undulatus Pallas, 1779 **Long-tailed souslik**

C. u. eversmanni Brandt, 1841 [Altai, Xinjiang]

C. u. stramineus Obolensky, 1927 [Tianshan, Xinjiang]

C. u. menzbieri Ognev, 1937 [Northeast China]

Heilongjiang: Mohe, Huma, Heihe, Xunke[L13]; Hekou, O'pu, Jiameng[M13]

Xinjiang: Qinghe, Burqin, Habahe, Altay, Fuyun, Jinghe, Bole, Bayan Gol, Sayramhu, Yanqi, Hejing, Hoxud, Ürümqi, western Tianshan, Alatawshan[M24,W41]

Mountain forest-steppe

Tianshan, Altai, eastern Siberia, Kamchatka, Amur, Mongolia.

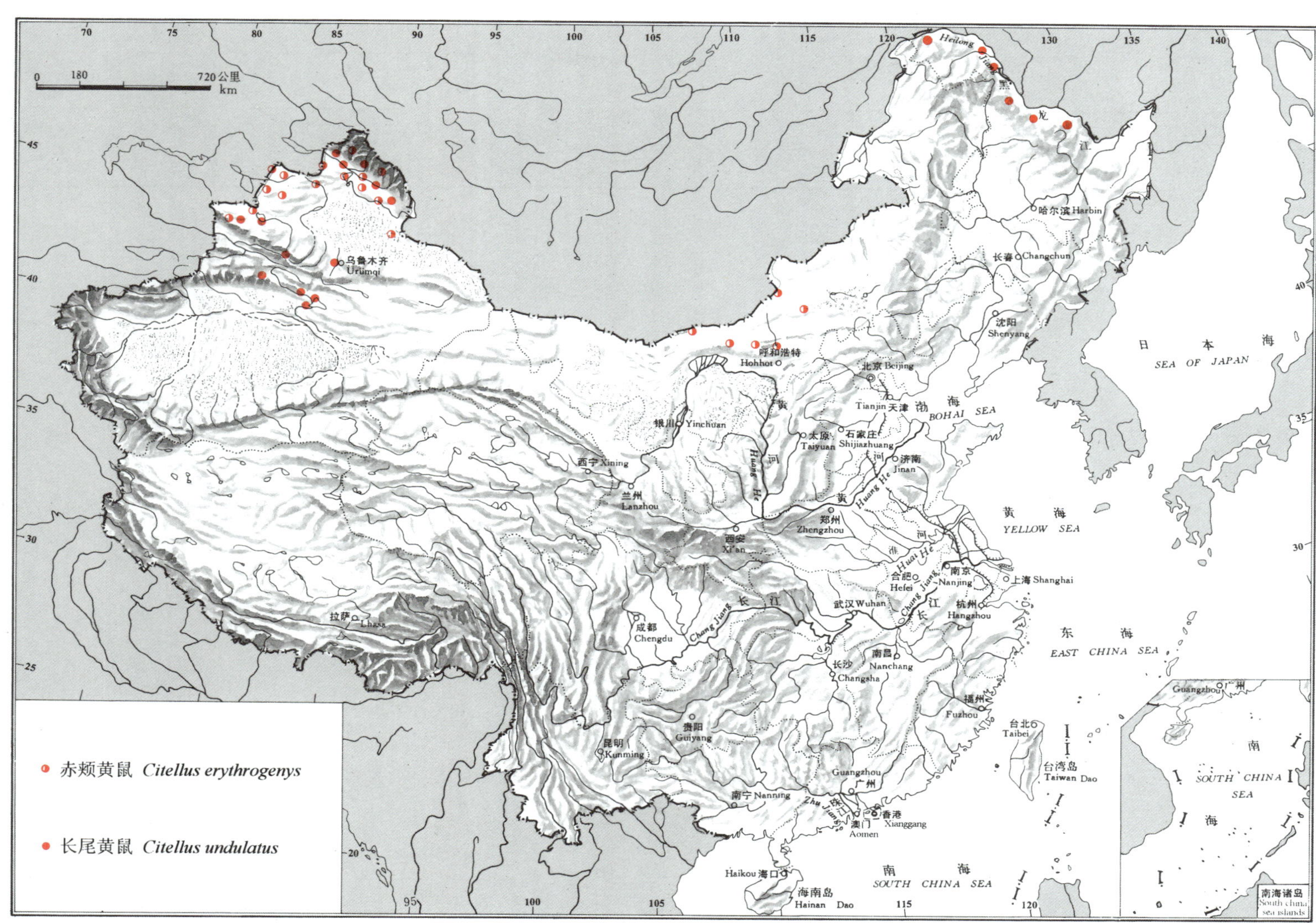

图138 赤颊黄鼠 *Citellus erythrogenys* 长尾黄鼠 *Citelus undulatus* 的分布

旱獭属 *Marmota* Blumenbach，1779

灰旱獭 ***Marmota baibacina*** Brandt，1843

M. b. centralis Thomas，1909

新疆：青河、吉木乃、伊宁、特克斯、昭苏、精河、乌苏、玛纳斯、呼图壁、乌鲁木齐以西准噶尔天山；南部天山、准噶尔（阿拉套山）、塔尔巴哈台山、阿尔泰山、焉耆、裕民、塔城、和静、和硕[W41,50,M24,25]；喀什[A1]；婆罗科努山（阿克苏）[R6]；托木尔峰[L44]

高山草原与草甸

阿尔泰，天山，贝加尔湖地区，蒙古。

草原旱獭 ***Marmota bobak*** Muller，1776

M. b. sibirica Radde，1862

内蒙古：呼伦贝尔盟[R6]；科尔沁右翼前旗、扎鲁特旗、鄂温克旗、牙克石、新巴尔虎左旗、新巴尔虎右旗、额尔古纳、海拉尔、满洲里、陈巴尔虎旗[M13]；阿巴嘎旗、东乌珠穆沁旗、西乌珠穆沁旗、苏尼特左旗[Z51]；巴林左旗、阿鲁科尔沁旗、扎鲁特旗[B1]

草原

阿尔泰，外贝加尔湖地区，蒙古东部。

Marmota Blumenbach，1779 **Marmots**

Marmota baibacina Brandt，1843 **Grey marmot**

M. b. centralis Thomas，1909

Xinjiang：Qinghe，Jeminay，Yining，Tekes，Zhaosu，Jinghe，Usu，Manas，Hutubi；Junggar Tianshan，west of Ürümqi，southern Tianshan，Jungga (Alatawshan)，Tarbagartay，Altai，Yanqi，Yumin，Tacheng，Hejing，Hoxud[W41,50,M24,25]；Kashi[A1]；Borochoroshan (Aksu)[R6]；Tuomuer Feng area[L44]

Alpine steppe and meadow

Altai，Tianshan，southern Baikal area，Mongolia.

Marmota bobak Muller，1776 **Steppe marmot**

M. b. sibirica Radde，1862

Nei Mongol：Hulun Buir[R6]；Horqin Right Wing Front B.，Jarud B.，Ewenki B.，Yakeshi，Xin Barag Left and Right B.，Ergun，Hailar，Manzhouli，Chen Barag B.[M13]；Abag B.，Dong Ujimqin B.，Xi Ujimqin B.，Sonid Left B.[Z51]；Bairin Left B.，Ar Horqin B.，Jarud B.[B1]

Steppe

Altai，Transbaikal area，eastern Mongolia.

喜马拉雅旱獭 ***Marmota himalayana*** Hodgson，1841

M. h. himalayana Hodgson，1841 [青藏高原南部]

M. h. robusta Millne-Edwards，1871 [横断山脉地区]

甘肃：天祝[C40]、酒泉、肃南、张掖、民乐、皇城、夏河[Q13,Z43]；临潭[A1]；舟曲、迭部、岷县[L22]；玛曲、碌曲[C14,Z81]

青海：刚察、海晏、祁连、门源[Z43]；共和、兴海、玉树、果洛、天峻、黄南、河南、尖扎、同仁、扎多、甘德、柴达木周围山地[Q13]；班玛、乌兰、泽库、长江源头[C3,Z69]

新疆：且末、若羌南部阿尔金山[X11,Z32]；叶城、皮山、民丰[A3]；喀喇昆仑山口、空喀山口、叶尔羌河上游[W41]

四川：宝兴、松潘、理塘[A1]；平武、天全、木里、甘孜、阿坝、若尔盖、康定[H23,24]

云南：德钦[A1]；中甸[Y50]

西藏：日喀则、芒康、黑河、普兰、帕里、黑河－阿里公路东段沿线、珠峰北坡*；唐古拉山、可可西里山、囊扎、八宿、昌都、那曲[F5,X30,Y29]

高山草原及草甸

锡金，尼泊尔，拉达克，喜马拉雅。

长尾旱獭 ***Marmota caudata*** Jacquemont，1844

M. c. aurea Blanford，1875

新疆：莎车[E1]；帕米尔[R6]；乌恰、阿克陶、塔什库尔干、叶城[W41,50]

高山草原及草甸

阿富汗，印度半岛西北部，克什米尔，中亚。

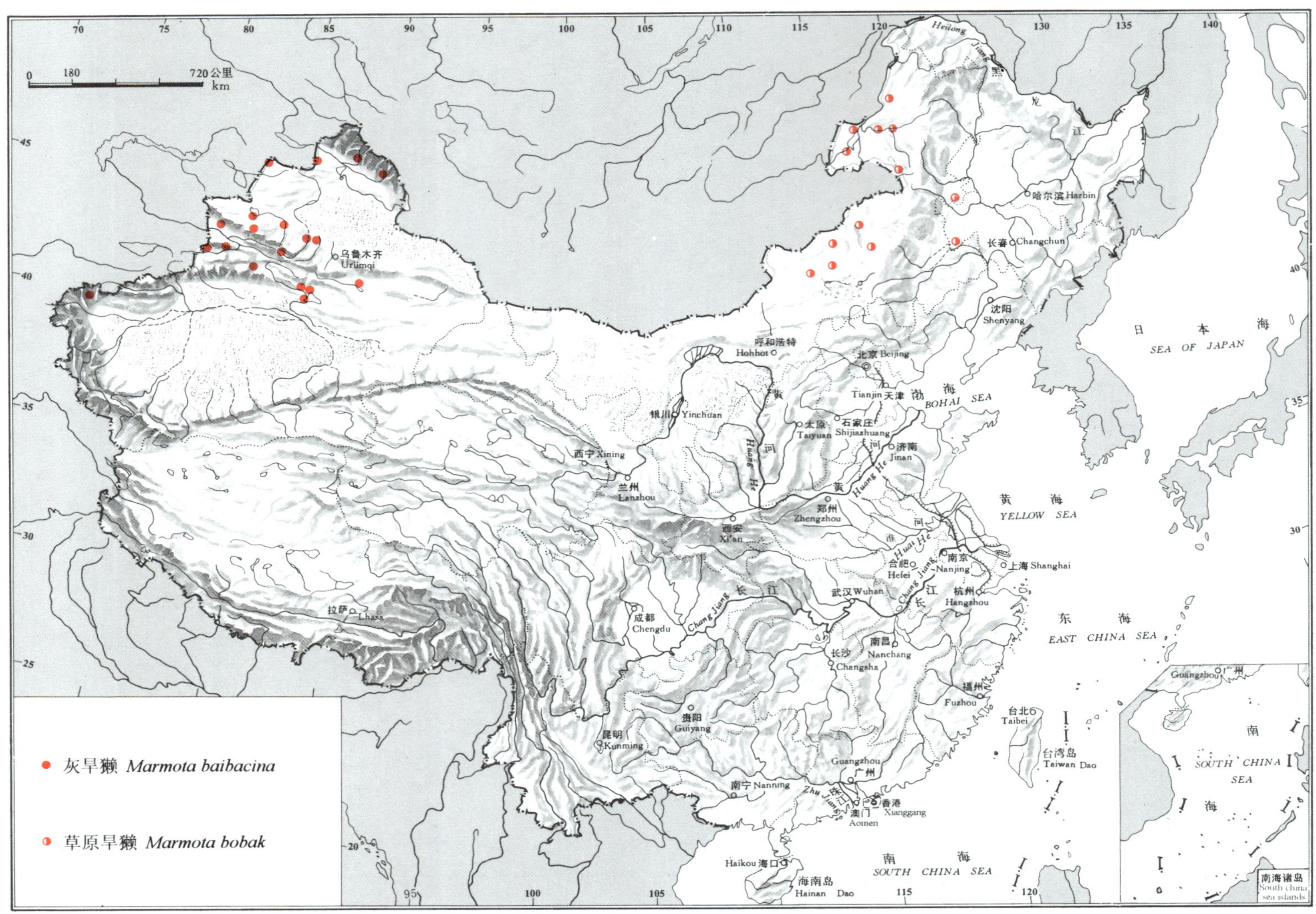

图139 灰旱獭 *Marmota baibacina* 草原旱獭 *Marmota bobak* 的分布

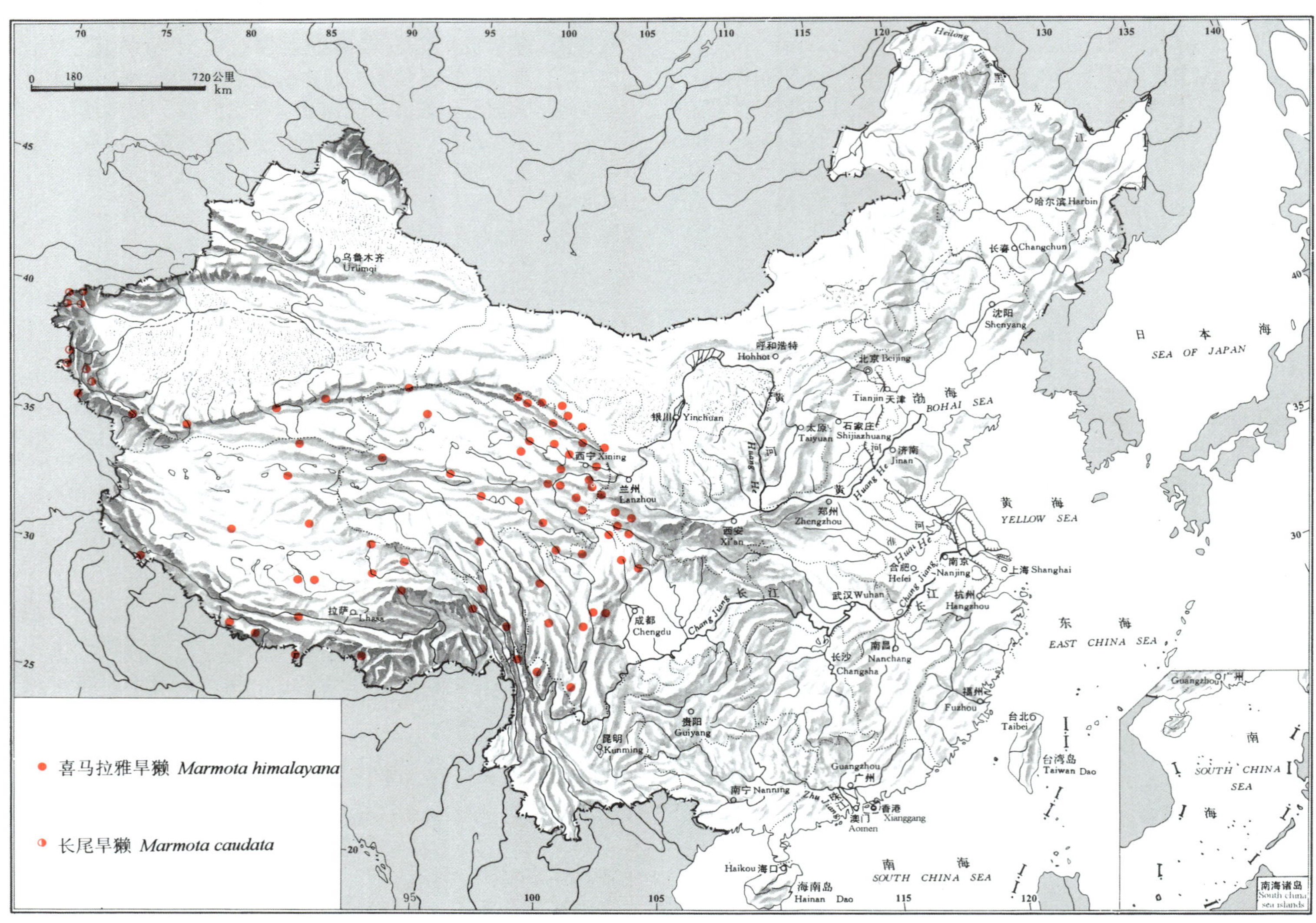

图140 喜马拉雅旱獭 *Marmota himalayana* 长尾旱獭 *Marmota caudata* 的分布

Marmota himalayana Hodgson, 1841 **Himalayan marmot**

M. h. himalayana Hodgson, 1841 [Southern Qinghai-Xizang Plateau]

M. h. robusta Milne-Edwards, 1871 [Hengduan Mountain area]

Gansu: Tianzhu[C40]; Jiuquan, Sunan, Zhangye, Minle, Huangcheng, Xiahe[Q3,Z43]; Lintan[A1]; Zhugqu, Têwo, Minxian[L22]; Maqu, Luqu[C14,Z81]

Qinghai: Gangca, Haiyan, Qilian, Menyuan[Z43]; Gonghe, Xinghai, Yushu, Golog, Tianjun, Huangnan, Henan, Jainca, Tongren, Caduo, Gade, mountains surrounding Qaidambabin[Q13]; Baima, Ulan, Zâkog, source area of Changjiang[C3,Z69]

Xinjiang: Altunshan (south of Qiemo and Ruoqiang)[X11,Z32]; Yecheng, Pishan, Minfeng, Karakoram pass[A3]; Kongka pass, upperreaches of Yarkant He[W41]

Sichuan: Baoxing, Songpan, Litang[A1]; Pingwu, Jianquan, Muli, Garzê, Aba, Zoigê, Kangding[H23,24]

Yunnan: Dêqên[A1]; Zhongdian[Y50]

Xizang: Xigazê, Markam, Heihe, Burang Poli, eastern section of Heihe- Ngari highway, northern flank of Qomolangma*; Tanggulashan, Hoh Xil Shan, Nangza, Baxoi, Qamdo, Nagqu[F5,X30,Y29]

Alpine steppe and meadow

Sikkim, Nepal, Ladakh, Pakistan, Himalayas.

Marmota caudata Jacquemont, 1844 **Long-tailed marmot**

M. c. aurea Blanford, 1875

Xinjiang: Shache[E1]; Pamir[R6]; Wuqia, Akto, Taxkorgan, Yecheng[W41,50]

Alpine steppe and meadow

Afghanistan, northwestern Indian peninsula, Kashmir, Central Asia.

河狸科 Castoridae

河狸属 *Castor* Linnaeus, 1758

河狸 ***Castor fiber*** Linnaeus, 1758

C. f. pohlei Serebrennikov, 1929

新疆：阿勒泰地区的乌伦古河中、上游[R6]；现只残存于布尔根河(青河县)[L73,W41,C31,M24]

河湖

蒙古北部，欧洲，西伯利亚。

豪猪科 Hystricidae

扫尾豪猪属 *Atherurus* Cuvier, 1829

扫尾豪猪 ***Atherurus macrourus*** Linnaeus, 1758

A. m. macrourus Linnaeus, 1758 [四川，云南，湖北]

A. m. hainanus J. Allen, 1906 [海南]

A. m. stevensi Thomas, 1925 [越南]

湖北：宜昌*

四川：雷波[S46]；万县[A1]；南川、重庆、巴南[H23,24]

贵州：遵义、安龙[L2]

云南：绿春、弥勒、泸西、河口、开远、金平、勐海[Y43]；元阳、红河[L4]；盈江*；沧源（南滚河）[W16]

海南：白沙[S8]；儋州[A1]；万宁、坝王岭、吊罗山[X21]

广西：桂林、恭城、柳州、大瑶山、那坡、靖西、龙州、宁明、大新、上思、邕宁、防城[W83,S12]

山地

苏门答腊，马来半岛及附近岛屿，越南，典那沙冷，阿萨姆。

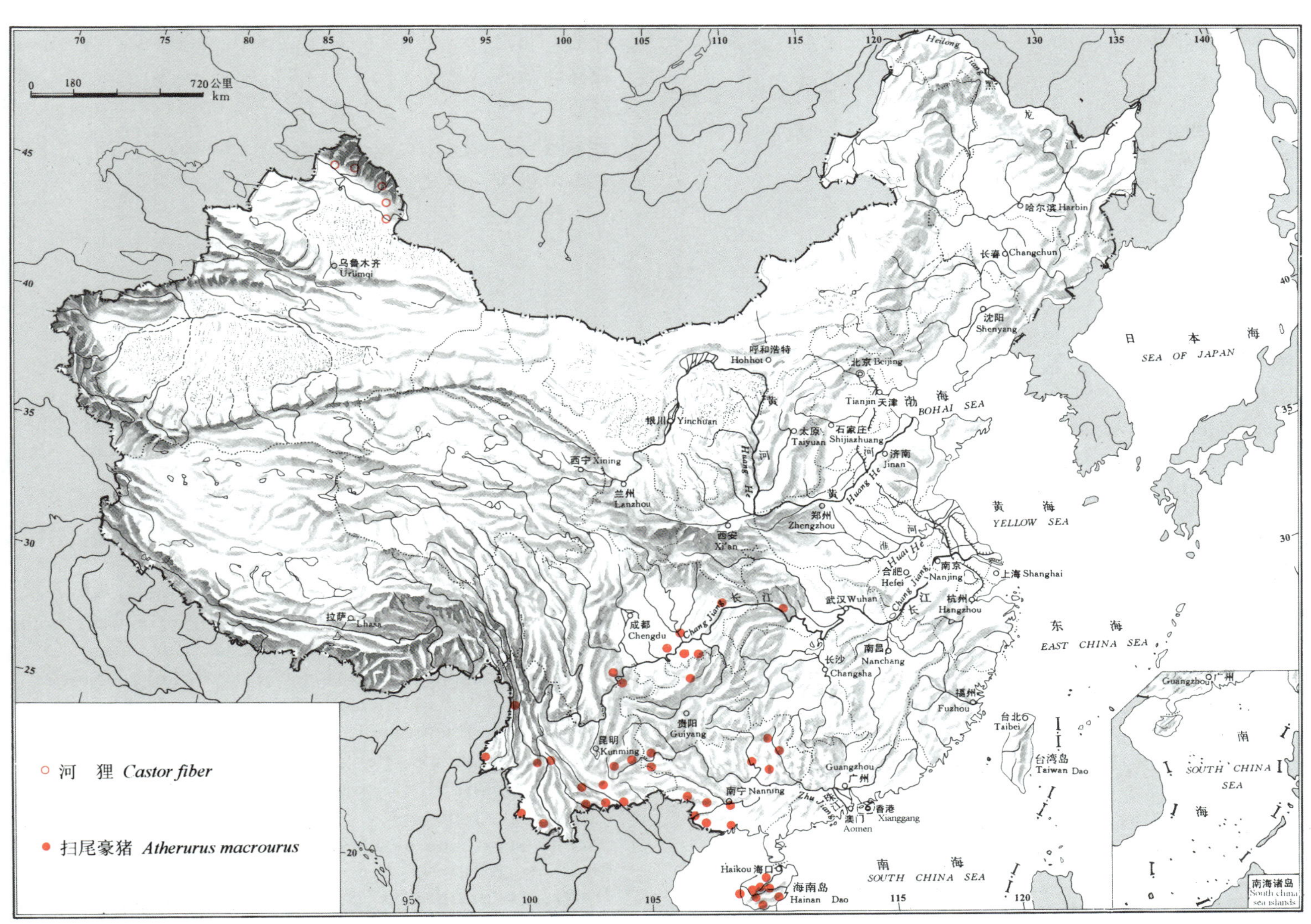

图141 河狸 *Castor fiber* 扫尾豪猪 *Atherurus macrourus* 的分布

Castoridae Beavers

Castor Linnaeus, 1758 **Beavers**

Castor fiber Linnaeus, 1758 **Eurasian beaver**

C. f. pohlei Serebrennikov, 1929

Xinjiang: Upper and middle reaches of Ulangur He[R6]; now as relics occurring in the area of Bueganhe (Qinghe)[L73,W41,C31,M24]

River and lake

Northern Mongolia, Europe, Siberia.

Hystricidae Old-world porcupines

Atherurus Cuvier, 1829 Brush-tailed porcupines

Atherurus macrourus Linnaeus, 1758 **Asiatic brush-tailed porcupine**

A. m. macrourus Linnaeus, 1758 [Sichuan, Yunnan, Hubei]

A. m. hainanus J. Allen, 1906 [Hainan]

A. m. stevensi Thomas, 1925 [Vietnam]

Hubei: Yichuan*

Sichuan: Leibo[S46]; Wanxian[A1]; Nanchuan, Chongqing, Banan[H23,24]

Guizhou: Zunyi, Anlong[L2]

Yunnan: Luchun, Mile, Luxi, Hekou, Kaiyuan, Jinping, Menghai[Y43]; Yuanyang, Honghe[L4]; Yingjiang*; Cangyuan (Nangunhe)[W16]

Hainan: Baisha[S8]; Danzhou[A1]; Wanning, Bawangling, Diaoluoshan[X21]

Guangxi: Guilin, Gongcheng, Luizhou, DaYaoshan, Napo, Jingxi, Longzhou, Ningming, Daxin, Shangsi, Yongning, Fangcheng[W83,S12]

Mountain

Sumatra, Malay peninsula and near islands, Vietnam, Tenasserim, Assam.

豪猪属 *Hystrix* Linnaeus, 1758

豪猪 ***Hystrix hodgsoni*** Gray, 1847

H. h. hodgsoni Gray, 1847 [喜马拉雅山]

H. h. subcristata Swinhoe, 1870 [长江流域以南及陕西南部]

H. h. papae G. Allen, 1927 [海南]

H. h. klossi Thomas, 1916 [泰国，典那沙冷]

陕西：西安[A1]；陇县[S41]；紫阳、镇巴、丹凤[W98]；长安、户县、周至、留坝、佛坪[W53]

河南：西部地区[Y27]；灵宝、卢氏、栾川、林州[L96]

甘肃：文县[M1]；张家川[C19]；天水、康县[L22]

四川：会东[S46]；万县，宜宾[A1]；青川、广元、北川、平武、南江、城口、秀山、宝兴、汶川[H23,24]

贵州：贵阳[L2]；梵净山[G17]；茂兰[X8]

云南：临沧、马台、耿马[L71]；金平、景东、勐混、勐腊、勐养[Y43]；丽江[A1]；泸西、弥勒、开远、绿春、元阳、河口[L4]；瑞丽、大理、巍山、武定、昆明、沧源[Y50]

西藏：樟木[W81,F5]

江苏：宜兴、南京[H33]；苏州、镇江[Z100]

上海：上海[A1]

安徽：黄山[L46]；六安、宁国[W39]；广德、歙县[H35]

浙江：杭州、临安、桐庐、湖州、上虞[Z113]；庆元[C38]

江西：安远、赣县、泰和[L65]

湖南：桂东、宜章、新宁、绥宁[L65]；城步，资兴[F14]

福建：尚干、福清、福州；晋江、龙溪、莆田、三明、宁德[Z14]；建阳[S27]；邵武、龙海、武夷山、浦城、龙福、德化、永春、长泰[H11]

广西：恭城、罗城[A1]；那坡、靖西、兴安、贺县、玉林、灵山、田林、上林、天峨、龙胜[W83,S12]

广东：汕头、罗浮[A1]；惠东[J10]

海南：儋州[A1]；坝王岭、东方、保亭、南丰、鹦哥岭[X21]

香港：九龙[X33]

森林，灌丛，草地

尼泊尔，阿萨姆，中南半岛。

云南豪猪 ***Hystrix yunnanensis*** Anderson, 1878

云南：腾冲，泸水[Y50]

Hystrix Linnaeus, 1758 **Crested porcupines**

Hystrix hodgsoni Gray, 1847 **Chinese porcupine (Crestless Himalayan porcupine)**

H. h. hodgsoni Gray, 1847 [Himalayas]

H. h. subcristata Swinhoe, 1870 [South of Changjiang basin and southern Shaanxi]

H. h. papae G. Allen, 1927 [Hainan]

H. h. klossi Thomas, 1916 [Thailand, Tenasserim]

Shaanxi: Xi'an[A1]; Longxian[S41]; Ziyang, Zhenba, Dafeng[W98]; Chang'an, Huxian, Zhouzhi, Liuba, Foping[W53]

Henan: Western area[Y27]; Lingbao, Lushi, Luanchuan, Linzhou[L96]

Gansu: Wenxian[M1]; Zhajiachuan[C19]; Tianshui, Kangxian[L22]

Sichuan: Huidong[S46]; Wanxian, Yibin[A1]; Qingchuan, Guangyuan, Beichuna, Pingwu, Nanjiang, Chengkou, Xiushan, Baoxing, Wenchuan[H23,24]

Guizhou: Guiyang[L2]; Fanjingshan[G17]; Maolan[X8]

Yunnan: Lincang, Matai, Gengma[L71]; Jinping, Jingdong, Menghun, Mengla, Mengyang[Y43]; Lijiang[A1]; Luxi, Mile, Kaiyuan, Luchun, Yuanyang, Hekou[L4]; Ruili, Dali, Weishan, Wuding, Kunming, Canyuan[Y50]

Xizang: Zhangmu[W81,F5]

Jiangsu: Yingxing, Nanjing[H33]; Suzhou, Zhenjiang[Z100]

Shanghai: Shanghai[A1]

Anhui: Huangshan[L46]; Liu'an, Ningguo[W39]; Guangde, Shexian[H35]

Zhejiang: Hangzhou, Linan, Tonglu, Huzhou, Shangyu[Z113]; Qingyuan[C38]

Jiangxi: Anyuan, Ganxian, Taihe[L65]

Hunan: Guidong, Yizhang, Xinning, Suining[L65]; Chengbu, Zixing[F14]

Fujian: Shanggan, Fuqing, Fuzhou*; Jingjiang, Longxi, Putian, Sanming, Ningde[Z14]; Jianyang[S27]; Shaowu, Longhai, Wuyishan, Pucheng, Longfu, Dehua, Yongchun, Changtai[H11]

Guangxi: Gongcheng, Luocheng[A1]; Napo, Jingxi, Xing'an, Hexian, Yulin, Linshan, Tianlin, Shanglin, Tian'e, Longsheng[W83,S12]

Guangdong: Shantou, Luofu[A1]; Huidong[J10]

Hainan: Danzhou[A1]; Bawangling, Dongfang, Baoting, Nanfeng, Yinggelin; [X21];

Hongkong: Jiulong[X33]

Forest, scrub and meadow

Nepal, Assam, Myanmar, Tenasserim, Thailand, Indochina.

Hystrix yunnanensis Anderson, 1878 **Yunnan porcupine**

Yunnan: Tengchong, Lushui[Y50]

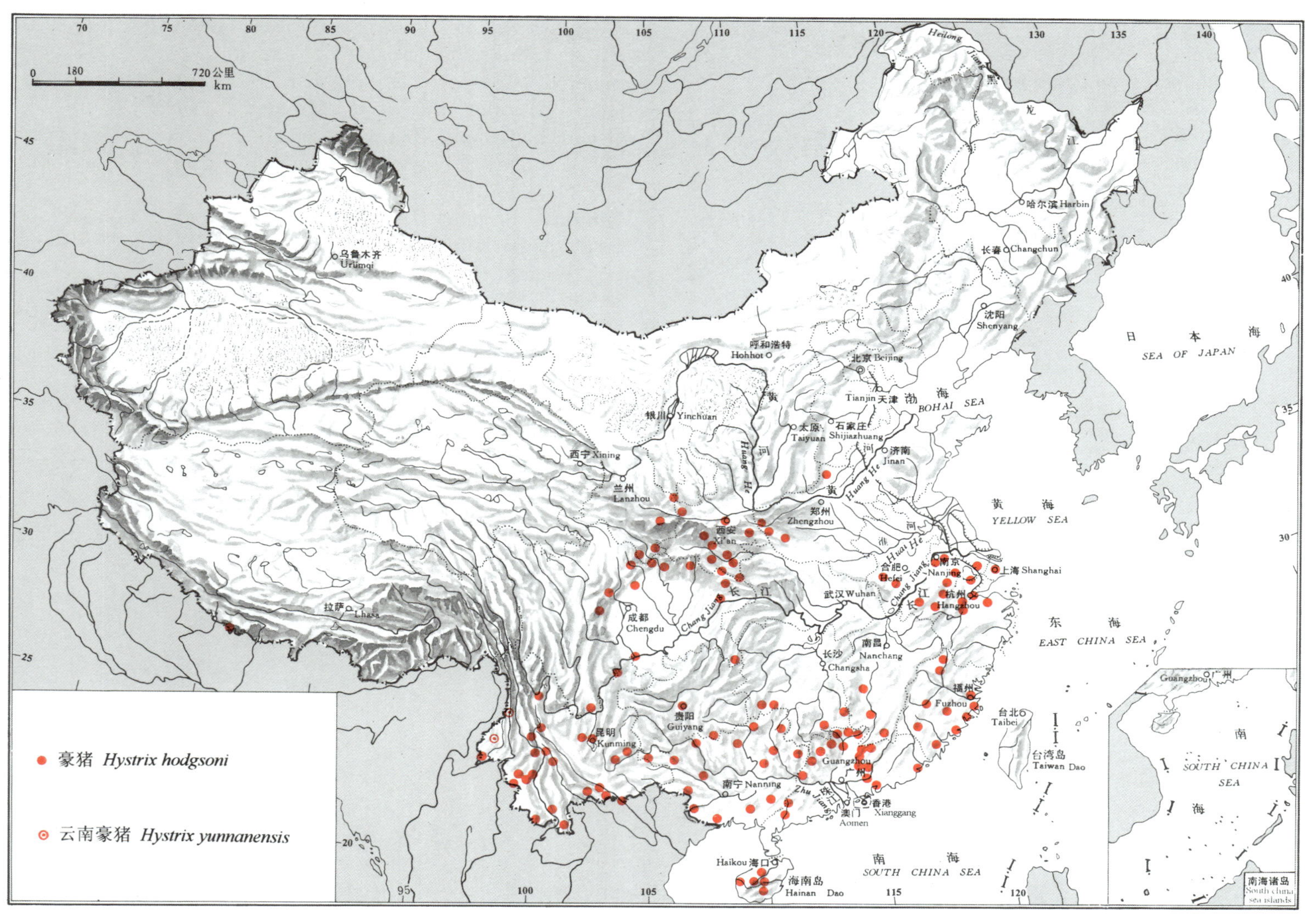

图142 豪猪 *Hystrix hodgsoni* 云南豪猪 *Hystrix yunnanensis* 的分布

林跳鼠科 Zapodidae

蹶鼠属 *Sicista* Gray，1827*

蹶鼠 ***Sicista concolor*** Büchner，1892

S. c. concolor Büchner，1892［四川，甘肃，青海］

S. c. caudata Thomas，1907［乌苏里］

S. c. tianschanica Salensky，1903［新疆］

黑龙江：尚志、虎林[M13]

吉林：临江[S33]

新疆：伊宁附近[R6]；天山（伊犁、巴音布鲁克、精河、乌鲁木齐）[W41]；塔城、额敏、尼勒克、新源、和静、昭苏、沙湾、玛纳斯、木垒[M24,25]

甘肃：临潭[A1]；岷县[L22]；碌曲、玛曲、酒泉、玉门、肃南、天祝、祁连山（山丹—民乐）[Z81]

青海：西宁[E1]；贵德，班玛[Z69]

四川：松潘[A1]；汶川[H23,24]；平武[Z26]

陕西：太白山[W51,55]

云南：中甸、德钦[Y50]

山地森林，灌丛与草地

天山、阿尔泰，克什米尔。

草原蹶鼠 ***Sicista subtilis*** Pallas，1773

S. s. subtilis Pallas，1773

新疆：塔城、额敏[W41,M24]

草原

东欧，中亚，哈萨克斯坦，阿尔泰，西伯利亚。

* 根据 Ognev (1948)，林蹶鼠 *Sicista betulina* Pallas，1779 可能分布于我国兴凯湖北部[R6]。

林跳鼠属 *Eozapus* Preble，1899

林跳鼠 ***Eozapus setchuanus*** Pousargues，1896

E. s. setchuanus Pousargues，1896［四川］

E. s. vicinus Thomas，1912［甘肃］

陕西：陇县[S41]；宁陕[W98]、周至[W53]

甘肃：临潭[A1]；舟曲、岷县[L22]；卓尼[Z81]

青海：祁连、泽库[Z43]；玉树、班玛、阿尼玛卿山、共和、门源、同德、久治、杂多、循化[Z69]；囊谦[C41]

宁夏：隆德（六盘山）、泾源、固源[Q3]

四川：马尔康[S46]；康定[A1]；黑水、理县[H23,24]；平武[Z26]；汶川[W107]

云南：中甸[P1]、德钦[W74]

山地森林与草地

Zapodidae Jumping mice

Sicista Gray，1827* Chinese birch mice

Sicista concolor Büchner，1892 **Chinese birch mouse**

S. c. concolor Büchner，1892［Sichuan，Gansu，Qinghai］

S. c. caudata Thomas，1907［Ussuri］

S. c. tianshanica Salensky，1903［Xinjiang］

Heilongjiang：Shangzhi，Hulin[M13]

Jilin：Linjiang[S33]

Xinjiang：Area near Yining[R6]；Tianshan (Ili，Bayanbulak，Jinghe，Ürümqi)[W41]；Tacheng，Emin，Nilka，Xinyuan，Hejing，Zhaosu，Shawan，Manas，Mori[H24,25]

Gansu：Lintan[A1]；Minxian[L22]；Luqu，Maqu，Jiuquan，Yumen，Sunan，Tianzhu，Qiliangshan (Shandan and Minle)[Z81]

Qinghai：Xining[E1]；Guide，Baima[Z69]
Sichuan：Songpan[A1]；Wenchuan[H23,24]；Pingwu[Z26]
Shaanxi：Taibaishan[W51,55]
Yunnan：Zhongdian，Dêqên[Y50]

Mountain forest，scrub and meadow

Russian Tianshan，Altay，Kashmir.

Sicista subtilis Pallas，1773 **Southern birch mouse**

S. s. subtilis Pallas，1773
Xinjiang：Tacheng，Emin[W41,M24]

Steppe

Eastern Europe，Central Asia，Kazakhstan，Altai，Siberia.

* *Sicista betulina* probably occurs in China north of Khanka Lake，Heilongjiang (Ognev 1948)[R6]

Eozapus Preble，1899 Jumping mice

Eozapus setchuanus Pousargues，1896

Szechuan jumping mouse

E. s. setchuanus Pousargues，1896 [Sichuan]
E. s. vicinus Thomas，1912 [Gansu]
Shaanxi：Longxian[S41]；Ningshan[W98]；Zhouzhi[W53]
Gansu：Lintan[A1]；Zhugqu，Minxian[L22]；Jonê[Z81]
Qinghai：Qilian，Zêkog[Z43]；Yushu，Baima，A'nyemaqenshan，Gonghe，Menyuan，Tongde，Jigzhi，Zadoi，Xunhua[Z69]；Nanggên[C41]
Ningxia：Longde (Liupanshan)，Jingyuan，Guyuan[Q3]
Sichuan：Barkam[S46]；Kangding[A1]；Heishui，Lixian[H23,24]；Pingwu[Z26]；Wenchuan[W107]
Yunnan：Zhongdian[P1]；Dêqên[W74]

Mountain forest scrub and meadow

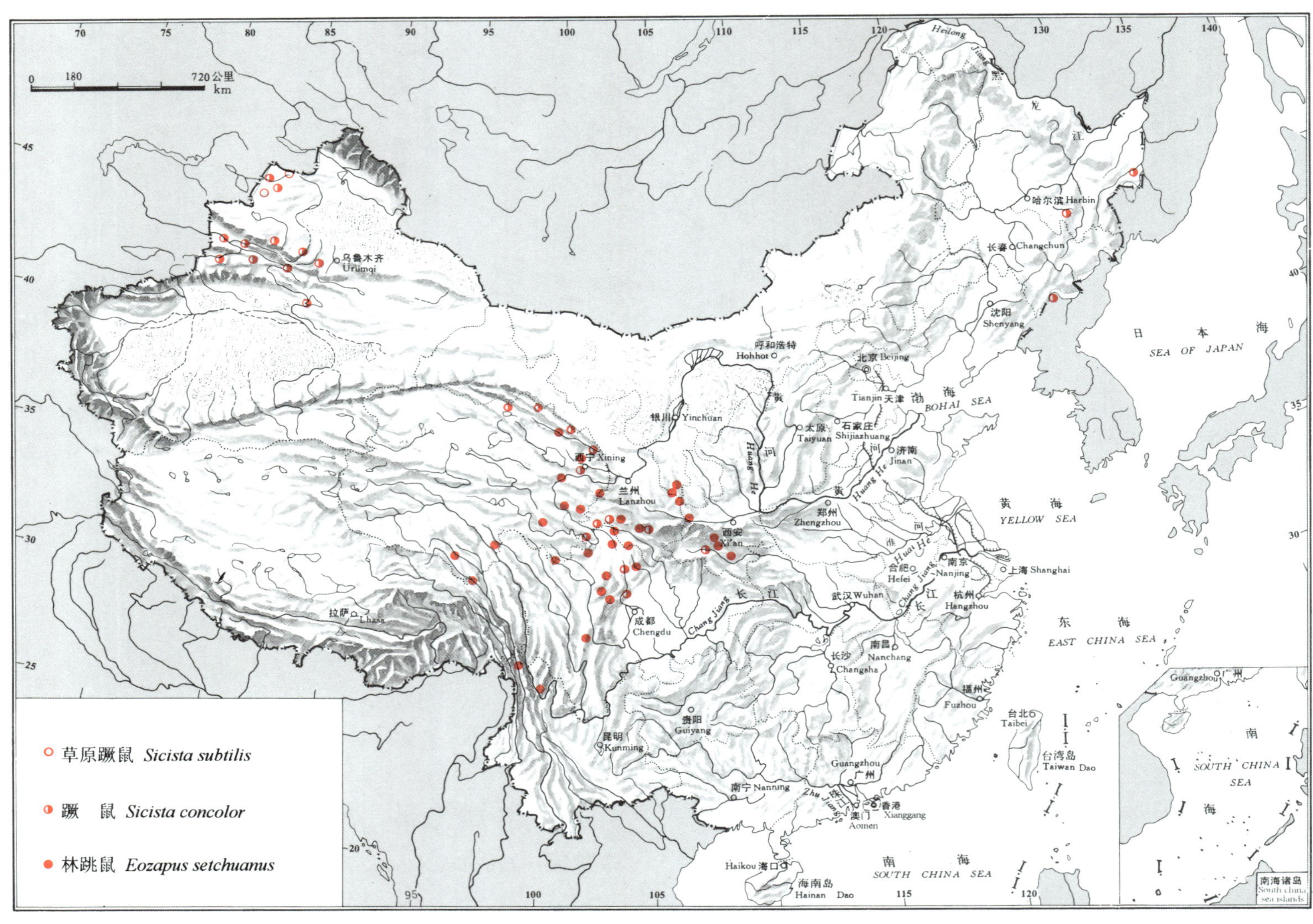

图143 蹶鼠 *Sicista concolor* 草原蹶鼠 *Sicista subtilis* 林跳鼠 *Eozapus setchuanus* 的分布

跳鼠科 Dipodidae

五趾心颅跳鼠属 *Cardiocranius* Satunin，1903

五趾心颅跳鼠 ***Cardiocranius paradoxus*** Satunin，1903

内蒙古：苏尼特右旗；四子王旗[X1]；苏尼特左旗*；鄂温克旗、二连浩特、达尔罕茂明安联合旗、乌拉特中后联合旗、杭锦旗、潮格旗[Z51,53]；鄂托克旗[Z52,55]；狼山北部[X10]；阿拉善左旗[Q3]
甘肃：张掖[Z43,81]；敦煌[A1]
宁夏：盐池、永宁、石嘴山[W60]；灵武、陶乐、银川[Q3]
新疆：富蕴、额敏[M24]；北塔山[W41]

荒漠，半荒漠

蒙古。

三趾心颅跳鼠属 *Salpingotus* Vinogradov，1922

三趾心颅跳鼠 ***Salpingotus kozlovi*** Vinogradov，1922

内蒙古：狼山北部[X10]；鄂托克旗[Z52]；磴口[D10]；乌拉特后旗[Z51]；额济纳旗[W2]；阿拉善左旗[W60]
甘肃：敦煌（南湖）[W3,Z81]
陕西：榆林、定边[W55]
宁夏：陶乐[W60]；石嘴山[Q3]
新疆：尉犁、若羌*；哈密[W40]；阿克苏、巴楚、叶城、和田、洛浦、且末[W41]

砂质荒漠

蒙古阿尔泰戈壁。

肥尾心颅跳鼠 ***Salpingotus crassicauda*** Vinogradov，1924

新疆：阿勒泰[R1]；精河、奇台[W41]；富蕴[M24]
甘肃：肃北马鬃山[W3,Z81]
内蒙古：额济纳旗[W2]

砾质荒漠

蒙古阿尔泰南坡。

Dipodidae Jerboas

Cardiocranius Satunin, 1903
Five-toed pygmy jerboas

Cardiocranius paradoxus Satunin, 1903 **Five-toed pygmy jerboa**

Nei Mongol: Sonid Right B., Siziwang B.[X1]; Sonid Left B*; Ewenki B., Erenhot, Darhan Muminggan Joint B., Urad Middle and Rear Joint B., Hanggin, Qog B.[Z51,53]; Otog B.[Z52,55]; northern Langshan[X10]; Alxal Left B.[Q3]

Gansu: Zhangye[Z43,81]; Dunhuang[A1]

Ningxia: Yanchi, Yongning, Shizuishan[W60]; Linwu, Taole, Yinchuan[Q3]

Xinjiang: Fuyun, Emin[M24]; Baytikshan[W41]

Desert, semidesert

Mongolia.

Salpingotus Vinogradov, 1922
Three-toed pygmy jerboas

Salpingotus kozlovi Vinogradov, 1922

Three-toed pygmy jerboa (Kozlov's pygmy jerboa)

Nei Mongol: Northern Langshan[X10]; Otog B.[Z52]; Dengkou[D10]; Ejin B.[W2]; Urad Rear B.[Z51]; Alxa Left B.[W60]

Gansu: Dunhuang (Nanhu)[W3,Z81]

Shaanxi: Yulin, Dingbian[W55]

Ningxia: Taole, Shizuishan[Q3]

Xinjiang: Yuli, Ruoqiang*; Hami[W40]; Aksu, Bachu, Yecheng, Hotan, Lop, Qiemo[W41]

Sandy desert

Altai Gobi in Mongolia.

Salpingotus crassicauda Vinogradov, 1924

Thick-tailed pygmy jerboa

Xinjiang: Altai[R1]; Jinghe, Qitai[W41]; Fuyun[M24]

Gansu: Mazongshan, Subei[W3,Z81]

Nei Mongol: Ejin B.[W2]

Gravel desert

Southern flank of Mongolian Altai.

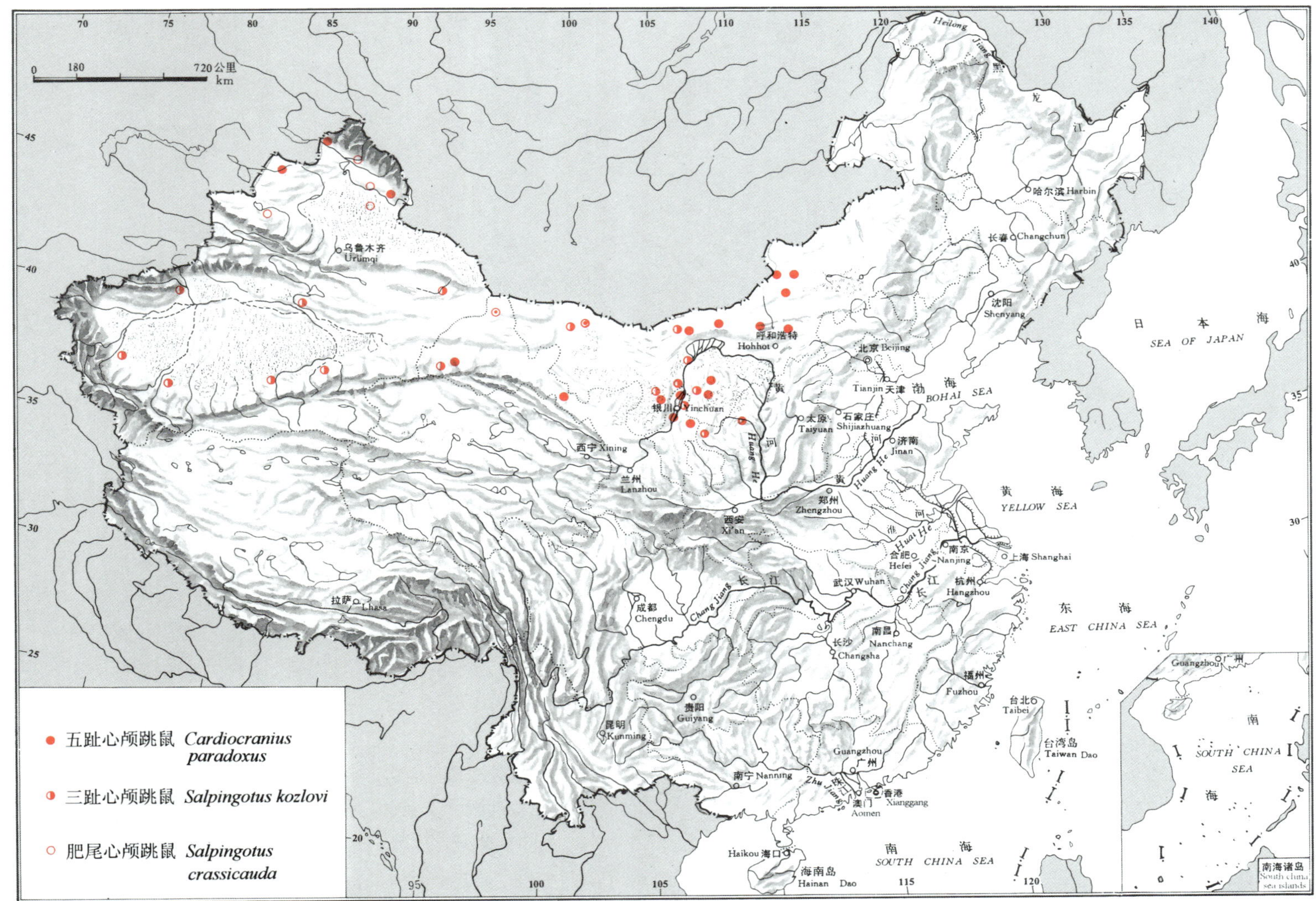

图144 五趾心颅跳鼠 *Cardiocranius paradoxus* 三趾心颅跳鼠 *Salpingotus kozlovi* 肥尾心颅跳鼠 *Salpingotus crassicauda* 的分布

长耳跳鼠属 *Euchoreutes* Sclater, 1891

长耳跳鼠 *Euchoreutes naso* Sclater, 1891

E. n. naso Sclater, 1891 [塔里木]

E. n. yiwuensis Ma *et* Li, 1979 [新疆东北]

E. n. alaschanicus Howell, 1928 [内蒙古东部, 河西走廊, 准噶尔, 柴达木]

内蒙古: 磴口[D10]; 狼山北部[X10]; 杭锦旗、乌拉特后旗[Z51]; 阿拉善左旗[A1,W60]

新疆: 莎车[E1]; 哈密[R1]; 库尔勒、阿克苏、巴楚、若羌、且末、米兰、尉犁、奇台 (将军庙)[W40]; 伊吾[M21,25]

甘肃: 民勤[D10]; 金塔、安西、敦煌、肃北 (北山)[Z81]

青海: 柴达木、冷湖[Q13]; 诺木洪[L52]; 贵南、乌兰、格尔木[Z69]

砾质和盐碱化荒漠

蒙古。

Euchoreutes Sclater, 1891 **Long-eared jerboas**

Euchoreutes naso Sclater, 1891 **Long-eared jerboa**

E. n. naso Sclater, 1891[Tarim]

E. n. yiwuensis Ma *et* Li, 1979[Northeast Xinjiang]

E. n. alaschanicus Howell, 1928 [Western Nei Mongol, Hexi Corridor, Junggar, Qaidam]

Nei Mongol: Dengkou[D10]; northern Langshan[X10]; Hanggin B.[Z51]; Urad Rear B.[Z51]; Alxa Left B.[A1,W60]

Xinjiang: Shache[E1]; Hami[R1]; Korla, Aksu, Bachu, Ruoqiang, Qiemo, Milan, Yuli, Qitai(Jingunmao)[40]; Yiwu[M21,25]

Gansu: Minqin[D10]; Jinta, Anxi, Dunhuang, Subei(Beishan)[Z81]

Qinghai: Qaidam, Lenghu[Q13]; Nomhon[L52]; Guinan, Ulan, Golmud[Z69]

Gravel and salinized desert

Mongolia.

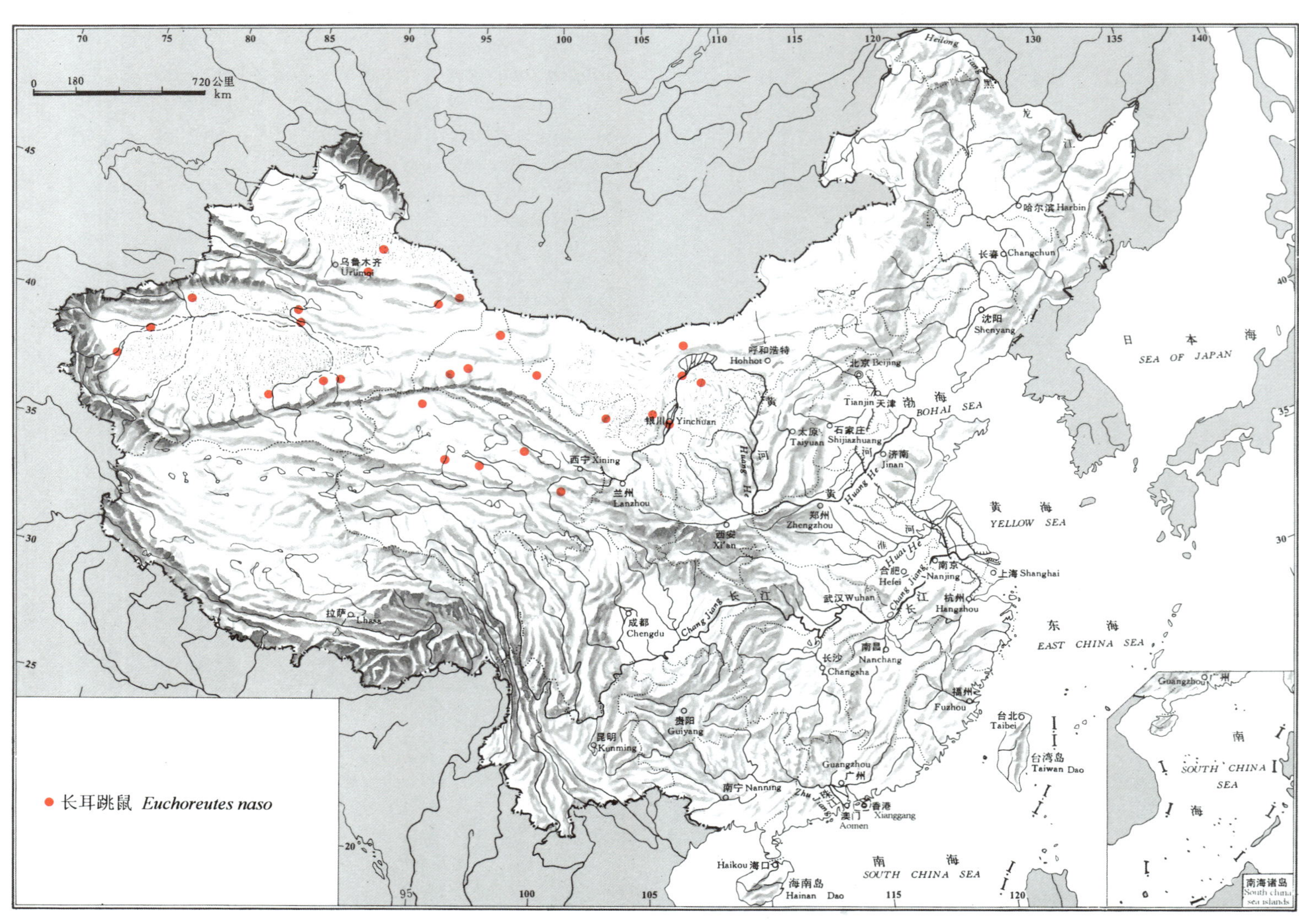

图 145 长耳跳鼠 *Euchoreutes naso* 的分布

五趾跳鼠属 *Allactaga* Cuvier, 1836

五趾跳鼠 ***Allactaga sibirica*** Forster, 1778

A. s. sibirica Forster, 1778[东北西部, 内蒙古东部]

A. s. saltator Eversmann, 1848[塔里木]

A. s. annulata Milne-Edwards, 1867[河北, 山西, 甘肃, 内蒙古西部, 青海]

A. s. suschkini Satunin, 1900 [准噶尔]

黑龙江：泰来、龙江、杜尔伯特、齐齐哈尔[M13]

吉林：四平、榆树、农安[J1]；白城子、长岭、占子、开通、镇赉、安广[Z63]

辽宁：北票、建平、彰武、康平[L19]

内蒙古：赤峰[A1]；狼山[X10]；鄂托克旗[Z56]；新巴尔左旗、新巴尔虎右旗、陈巴尔虎旗、海拉尔、乌梁素海、三里城、达尔罕茂明安联合旗、杭锦后旗、苏尼特右旗、察哈尔右翼后旗、二连浩特、正镶白旗、好力巴[*]；包头、滂江、河套、乌拉特后旗、呼和浩特、土默特旗、和林、丰镇、正蓝旗、武川、达拉特旗、东胜、四子王旗、乌拉特中后旗[Z51]；乌审旗、杭锦旗、鄂托克旗[Z56]；九峰山(阴山)[Z46]；阿拉善左旗[W60]；商都[H7]

河北：康保[H7]；张北[*]；承德[A1]；蔚县、阳原[L32]；围场[Z21]

山西：天镇、山阴、左云、右玉、朔州、平鲁、应县[L58]；阳高、神池[*]；宁武[A1]；大同[L32]

陕西：毛乌素沙漠、定边、神木、榆林、横山、靖边[C26]；吴旗[W55,115]

甘肃：陇东地区[C16]；武威、张掖、敦煌、酒泉、民乐、民勤[Z43]；灵武、天祝[C40]；岷县、环县、靖远[Z81]

宁夏：中卫、吴忠、盐池、永宁、石嘴山、平罗、陶乐[W60]；隆德、固源、海原、西吉、彭阳、同心、中宁、青铜峡、灵武、银川、贺兰、平罗[Q3]

青海：共和、贵德、同德、兴海、贵南[Z25]；海晏[Z43]；扎陵湖岸[*]；巴嘎那林[R3]；天峻、玛多[Z69]

新疆：乌什附近[R6]；乌鲁木齐[H16]；青河、富蕴、阿勒泰、布尔津、吉木乃、和布克赛尔、额敏、托里、克拉玛依、博乐、乌苏、沙湾、伊吾、木垒、巴里坤、奇台、北塔山[*,M24,25]；阿克苏、哈密[W41]

草原，半荒漠

哈萨克斯坦，土耳其斯坦，里海东部，阿尔泰，外贝加尔，蒙古。

Allactaga Cuvier, 1836 **Five-toed jerboas**

Allactaga sibirica Forster, 1778 **Mongolian five-toed jerboa**

A. s. sibirica Forster, 1778[Western northeast China, eastern Nei Mongol]

A. s. saltator Eversmann, 1848[Tarim]

A. s. annulata Milne-Edwards, 1867[Hebei, Shanxi, Gansu, western Nei Mongol, Qinghai]

A. s. suschkini Satunin, 1900 [Junggar]

Heilongjiang: Tailai, Longjiang, Dorbod, Qiqihar[M13]

Jilin: Siping, Yushu, Nong'an[J1]; Baichengzi, Changlin, Zhanzi, Kaitong, Zhenlai, Anguang[Z63]

Liaoning: Beipiao, Jianping, Zhangwu, Kangping[L19]

Nei Mongol: Chifeng[A1]; Langshan[X10]; Otog B.[Z56]; Xin Barag Left B., Xin Barag Right B., Hailar, Ulansuhai, Sanlicheng, Darhan Muminggan Joint B., Hanggin Rear B., Sonid Right B., Qahar Right Wing Rear B., Erenhot, Zhengxiangbai B., Holiba*; Baotou, Pingjiang, Hetao, Urad Rear B., Hohhot, Tumd B., Horinger, Fengzhen, Zhenglan B., Wuchuan, Dalad B., Dongsheng, Siziwang B., Urad Middle and Rear B.[Z51]; Uxin, Hanggin, Otog B., Juifengshan(Yinshan)[Z46]; Alxa Left B.[W60]; Shangdu[H7]

Hebei: Kangbao[H7]; Zhangbei*; Chengde[A1]; Weixian, Yangyuan[L32]; Weichang[Z21]

Shanxi: Tianzhen, Shanyin, Zuoyun, Youyu, Shuoxian, Pinglu, Yingzhou[L58]; Yanggao, Shenchi*; Ningwu[A1]; Datong[L32]

Shaanxi: Mu Su desert, Dingbian, Shenmu, Yulin, Hengshan, Jingbian[C26]; Wuqi[W55,115]

Gansu: Longdong area[C16]; Wuwei, Zhangye, Dunhuang, Jiuquan, Minle, Minqin[Z43]; Linwu, Tianzhu[C40]; Minxian, Huanxian, Jingyuan[Z81]

Ningxia: Zhongwei, Wuzhong, Yanchi, Yongning, Shizuishan, Pingluo, Taole[W60]; Longde, Guyuan, Haiyuan, Xiji, Pingyang, Tongxin, Zhongning, Qingtongxia, Lingwu, Yinchuan, Helan, Pingluo[Q3]

Qinghai: Gonghe, Guide, Tongde, Xinghai, Guinan[Z25]; Haiyan[Z43]; shore of Gyaring Hu*; area near Baganoling[R3]; Tianjun, Madoi[Z69]

Xinjiang: Area near Wushi[R6]; Ürümqi[H16]; Qinghe, Fuyun, Altay, Burqin, Jeminay, Hoboksar, Emin, Toli, Karamay, Bole, Usu, Shawan, Yiwu, Mori, Barkol, Qitai, Baytikshan*[M24,25]; Aksu, Hami[W41]

Desert, semidesert

Kazakhstan, Turkestan, area east of Caspian Sea, Altai, Transbaikal, Mongolia.

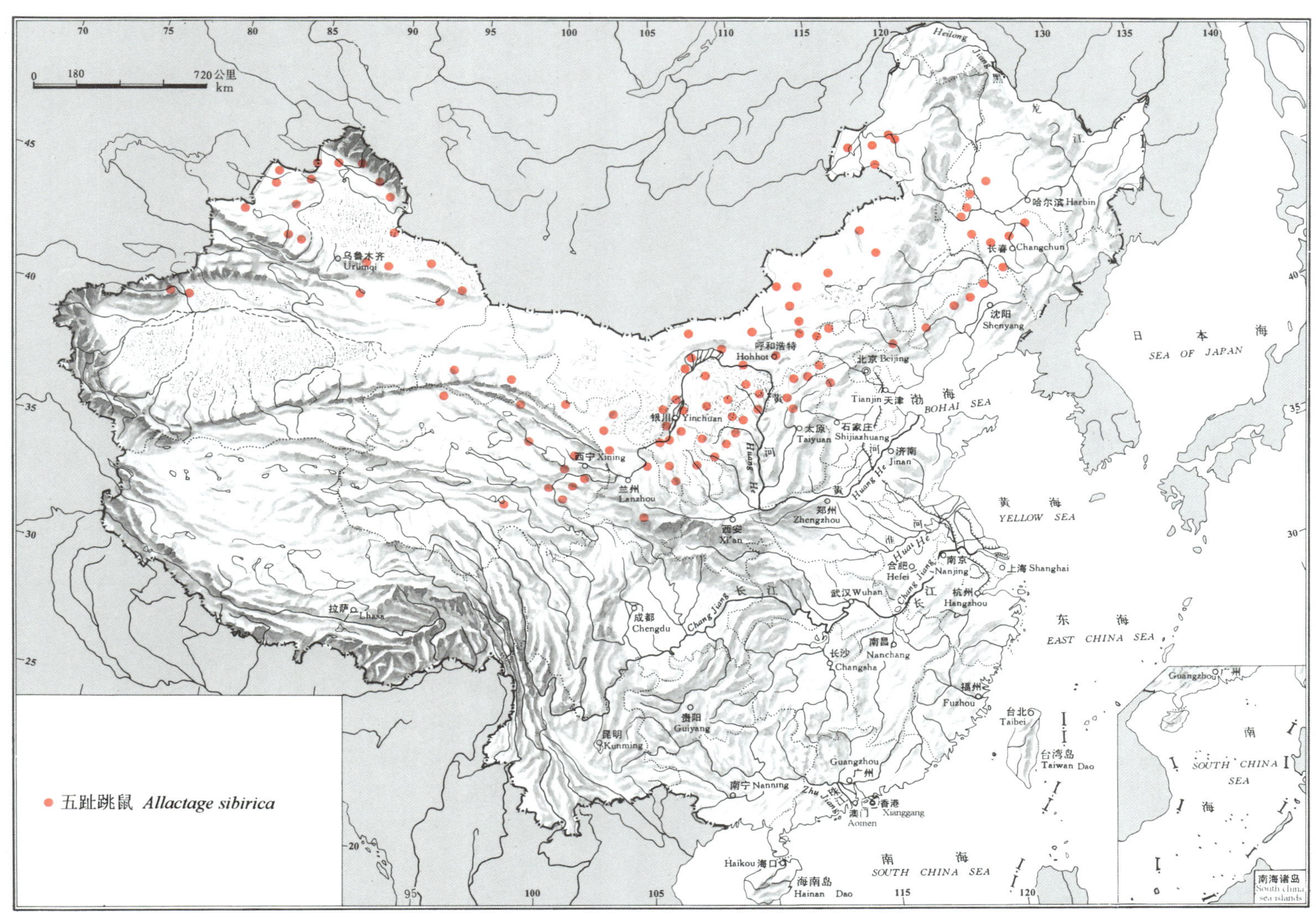

图 146 五趾跳鼠 *Allactaga sibirica* 的分布

小五趾跳鼠 ***Allactaga elater*** Lichtenstein, 1825

A. e. dzungariae Thomas, 1912

新疆:北塔山[R6]; 准噶尔[E1]; 青河、富蕴、福海、布尔津、博乐、木垒*; 克拉玛依、乌鲁木齐[M24,25]; 将军戈壁(王宗祎 1974 年提供); 伊宁、塔城、温泉、沙湾、额敏、巴里坤[W41]

荒漠,半荒漠

高加索,中亚,阿富汗,巴基斯坦。

巨泡五趾跳鼠 ***Allactaga bullata*** G. Allen, 1925

A. b. bullata G. Allen, 1925[内蒙古]

A. b. balikunica Hsia *et* Fang, 1964 [新疆]

内蒙古:包头,二连浩特[A1]; 苏尼特左旗、鄂尔多斯北部、达尔罕茂明安联合旗、苏尼特右旗*; 四子王旗、乌拉特后旗、鄂托克旗、乌拉特中后旗[Z51]; 狼山北部[X10]; 阿拉善左旗[W60]

新疆:巴里坤[X31]; 伊吾[M24,25]; 哈密(星星峡)[W41]

甘肃:敦煌、安西、玉门、马鬃山(北山)、酒泉[Z81]

荒漠,半荒漠

蒙古。

Allactaga elater Lichtenstein, 1825 **Small five-toed jerboa**

A. e. dzungariae Thomas, 1912

Xinjiang: Baytikshan[R6]; Junggar[E1]; Qinghe, Fuyun, Fuhai, Burqin Bole, Mori*; Karamay, Ürümqi[M24,25]; Jiangjun Gobi (provided by Wang Zhongyi, 1974), Yining, Tacheng, Wenquan, Shawan, Emin, Barkol[W41]

Desert, semidesert

Caucasus, Central Asia, Afghanistan, Pakistan.

Allactaga bullata G. Allen, 1925 **Gobian five-toed jerboa**

A. b. bullata G. Allen, 1925 [Nei Mongol]

A. b. balikunica Hsia *et* Fang, 1964 [Xinjiang]

Nei Mongol: Baotou, Erenhot[A1]; Sonid Left B., northern Ordos, Darhan Muminggan Joint B., Sonid Right B.*, Siziwang B., Qog B., Otog B., Urad Middle and Rear B.[Z51]; northern Langshan[X10]; Alxa Left B.[W60]

Xinjiang: Barkol[X31]; Yiwu[M24,25]; Hami (Xingxingxia)[W41]

Gansu: Dunhuang, Anxi, Yumen, Mazhongshan (Beishan), Jiuquan[Z81]

Desert, semidesert

Mongolia.

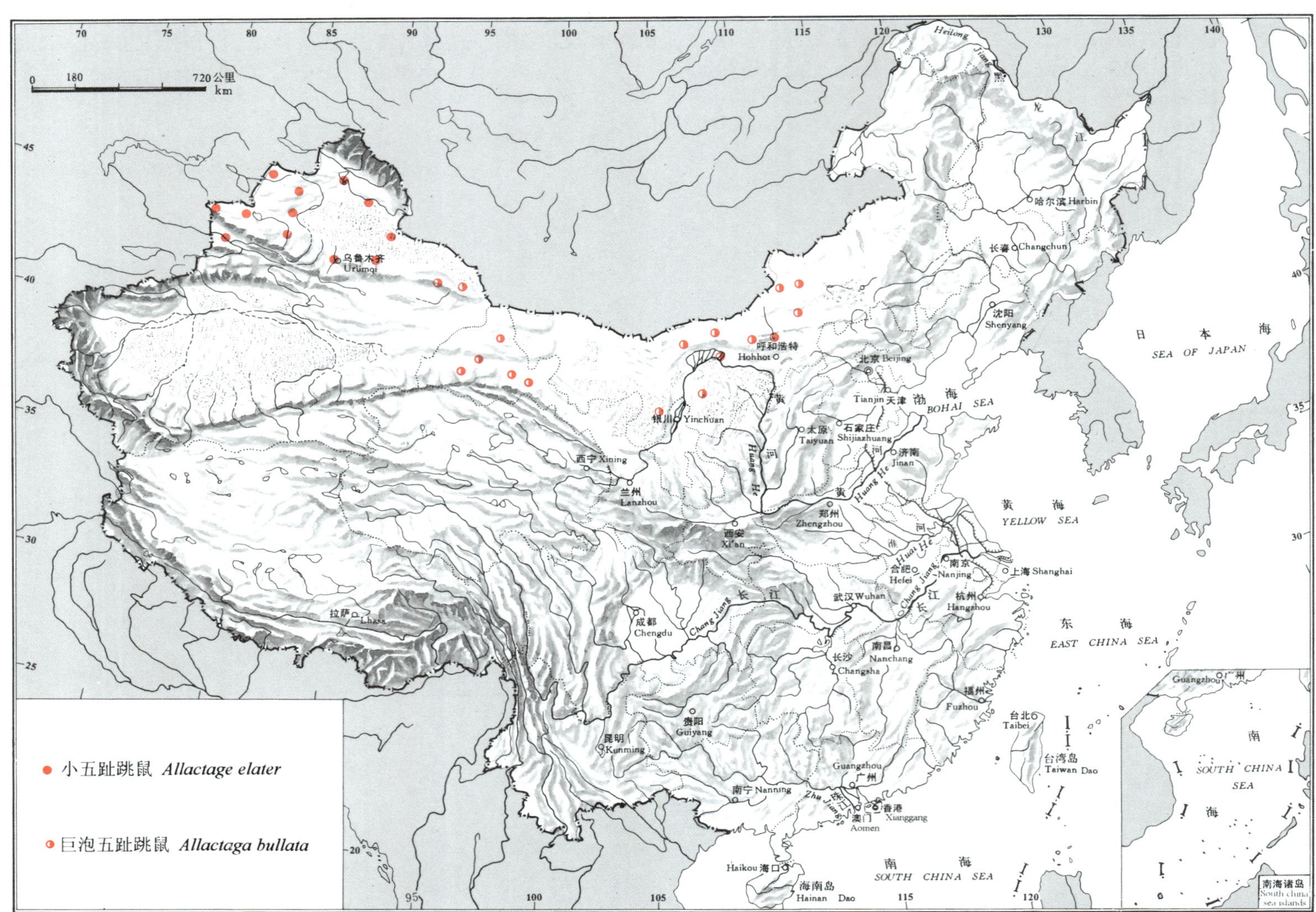

图 147 小五趾跳鼠 *Allactaga elater* 巨泡五趾跳鼠 *Allactaga bullata* 的分布

地兔属 *Alactagulus* Nehring, 1897

地兔 ***Alactagulus pumilio*** Kerr, 1792

A. p. potanini Vinogradov, 1926 [内蒙古西部]

A. p. aralensis Ognev, 1948 [准噶尔]

内蒙古：伊克昭盟[R6]；乌兰木伦河[E1]；索伦格尔和哈拉敖包附近[R1]

宁夏：贺兰山附近[R6]

新疆：伊宁[R6]；布尔津、巴里坤、富蕴*,[M24]；乌鲁木齐、克拉玛依[W40]、阿拉套山口、博乐、乌尔禾、奇台、木垒[W41]

粘土荒漠，半荒漠

中亚，蒙古。

Alactagulus Nehring, 1897 **Little earth hares**

Alactagulus pumilio Kerr, 1792 **Little earth hare**

A. p. potanini Vinogradov, 1926 [Western Nei Mongol]

A. p. aralensis Ognev, 1948 [Junggar]

Nei Mongol: Ih Ju L.[R6]; Ulon Muren He[E1]; area near Sualungel and Halaodao[R1]

Ningxia: Area near Helanshan[R6]

Xinjiang: Yining[R6]; Burqin, Barkol, Fuyun*,[M24]; Ürümqi, Karamay[W40]; Alatawshan pass, Bole, Urho, Qitai, Mori[W41]

Clay desert, semidesert

Central Asia, Mongolia.

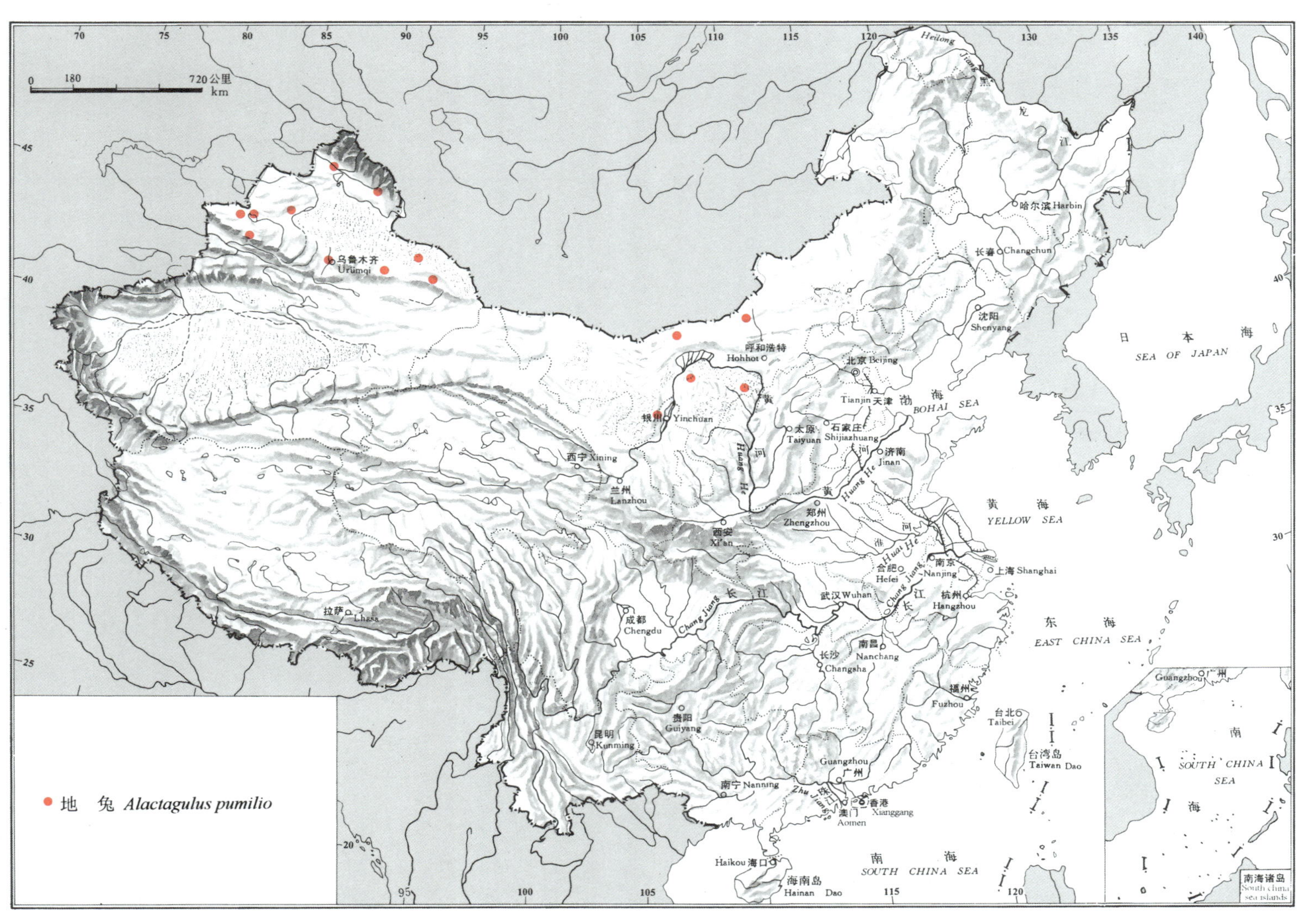

图 148 地兔 *Alactagulus pumilio* 的分布

三趾跳鼠属 *Dipus* Zimmermann, 1780

三趾跳鼠 ***Dipus sagitta*** Pallas, 1773

D. s. deasyi Barrett-Hamilton, 1900[新疆南部]

D. s. sowerbyi Thomas, 1908 [由东北西部至柴达木]

D. s. zaissanensis Selewin, 1934[新疆北部]

D. s. akasuensis Wang, 1964[新疆阿拉苏]

D. s. fuscocanus Wang 1964 [新疆库尔勒]

黑龙江：齐齐哈尔(50 年代以来从未采到过)[M13]

吉林：占于、开通、长岭、洮南、农安、前郭尔罗斯旗[Z63]

辽宁：建平[L19]；彰武(章古台)*

内蒙古：满洲里、新巴尔虎左旗[M13]；达拉特旗、杭锦旗、乌审旗、伊金霍洛旗、准噶尔旗、东胜[Z56]；通辽、二连浩特、正蓝旗*；磴口[D10]；纳林河东部[R6]；狼山北部[X10]；乌拉特中后旗、包头、赤峰、察哈尔左后旗、阿巴嘎旗、正镶白旗、商都、武川、苏尼特右旗、四子王旗、达尔罕茂明安联合旗、河套、鄂温克旗、乌拉特后旗[Z49,51,53]

陕西：榆林[Z49]；定边[C26]；横山、靖边、神木[W55]

宁夏：中卫、吴忠、永宁、平罗、陶乐、石嘴山[W60]；中宁、青铜峡、灵武、盐池、银川、贺兰山[Q3]

甘肃：敦煌、酒泉、民乐、张掖[Z43]；北山北部[R6]；民勤、灵武[D10]；陇东地区[C16]

青海：诺木洪[L52]；大柴旦、格尔木、昆仑山、德令哈[Q13]；柴达木[R3]；乌兰、都兰[Z69]

新疆：布尔津、青河、奇台、木垒、福海、哈巴河、乌尔禾、克拉玛依、玛纳斯、伊吾*；伊宁、富蕴至将军庙一线(张荣祖 1974 年提供)；若羌、且末、尉犁、阿克苏、库尔勒、米兰、和静、阿拉干、哈密[Z32,W50]；莎车、喀什、温宿[W40,41,M24,25]

砂质荒漠

黑海北部，中亚，蒙古。

Dipus Zimmermann, 1780 **Three-toed jerboas**

Dipus sagitta Pallas, 1773 **Northern three-toed jerboa**

D. s. deasyi Barrett-Hamilton, 1900[Southern Xinjiang]

D. s. sowerbyi Thomas, 1908 [Western northeast China, Qaidam]

D. s. zaissanensis Selewin, 1934 [Northern, Xinjiang]

D. s. akasuensis Wang, 1964 [Akasu Xinjiang]

D. s. fuscocanus Wang, 1964 [Korla, Xinjiang]

Heilongjiang: Qiqihar (no specimen obtained since 1950s)[M13]

Jilin: Zhanyu, Kaitong, Changlin, Taonan, Nong'an, Qian gorlos B.[Z63]

Liaoning: Jianping[L19]; Zhangwu (Zhanggutai)*

Nei Mongol: Manzhouli, Xin Barag Left B.[M13]; Dalad B., Hanggin B., Uxin B., Ejin Horo B., Jungar B., Dongsheng[Z56]; Tongliao, Erenhot, Zhenglan B.*; Dengkou[D10]; eastern Narin He[R6]; northern Langshan[X10]; Urad Middle and Rear B., Baotou, Chifeng, Qahar Left Wing Rear B., Abag B., Zhengxiangbai B., Shangdu, Wuchuan, Sonid Right B., Siziwang B., Darhan Muminggan Joint B., Hetao, Ewenki B., Urad Rear B.[Z49,51,53]

Shaanxi: Yulin[Z49]; Dingbian[C26]; Hengshan, Jingbian, Shenmu[W55]

Ningxia: Zhongwei, Wuzhong, Yongning, Pingluo, Taole, Shizuishan[W60]; Zhongning, Qingtongxia, Lingwu, Yanchi, Yinchuan, Helanshan[Q3]

Gansu: Dunhuang, Jiaguan, Minle, Zhangye[Z43]; northern Beishan[R6]; Minqin, Lingwu[D10]; area of Longdong[C16]

Qinghai: Nomhon[L52]; Da Qaidam, Golmud, Kunlunshan, Delingha[Q13]; Qaidam[R3]; Ulan, Dulan[Z69]

Xinjiang: Burqin, Qinghe, Qitai, Mori, Fuhai, Habahe, Wulhe, Karamay, Manas, Yiwu*; Yining, Fuyun-Jiangjunmiao (provided by Zhang Yongzu, 1974), Ruoqiang, Qiemo, Yuli, Aksu, Korla, Milan, Hejing, Alagan, Hami[Z32,W50]; Shache, Kashi, Wensu[W40,41,M24,25]

Sand desert

North of Black Sea, Central Asia, Mongolia.

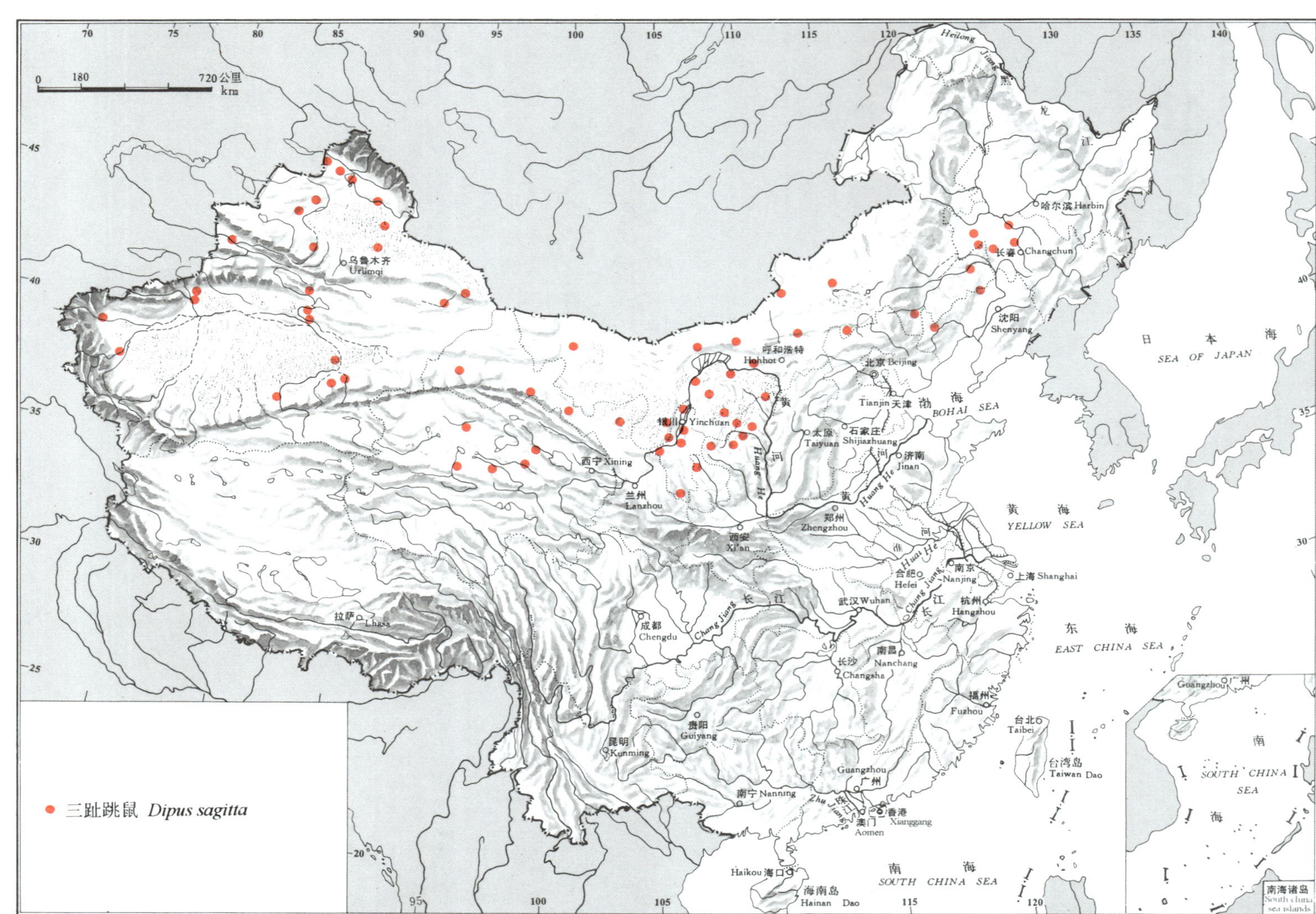

图 149 三趾跳鼠 *Dipus sagitta* 的分布

羽尾跳鼠属 *Stylodipus* G. Allen, 1925

羽尾跳鼠 ***Stylodipus telum*** Lichtenstein, 1823

S. t. andrewsi G. Allen, 1925 [内蒙古至河西走廊]

S. t. amankaragai Selewin, 1934 [新疆]

新疆：富蕴*；额敏附近[R6]；准噶尔东北、将军庙（王宗祎 1974 年提供）；和布克赛尔、托里[M25]

甘肃：永昌[W3,Z81]

内蒙古：包头、苏尼特右旗、二连浩特、百灵庙、查干特格*；杭锦旗、鄂托克旗、四子王旗、达尔罕茂明安联合旗、乌拉特中后旗、乌拉特后旗[Z51]；阿拉善左旗[W60]

宁夏：中卫、灵武、盐池、陶乐[W60]；石嘴山、银川[Q3]

荒漠，半荒漠

克里米亚，北高加索，土耳其斯坦，蒙古。

Stylodipus G. Allen, 1925
Thick-tailed three- toed jerboas

Stylodipus telum Lichtenstein, 1823

Thick-tailed three-toed jerboa

S. t. andrewsi G. Allen, 1925 [Nei Mongol, Hexi Corridor]

S. t. amankaragai Selewin, 1934 [Xinjiang]

Xinjiang: Fuyun*; area near Emin[R6]; northeastern Junggar, Jiangjunmiao (provided by Wang Zhongyi, 1974), Hoboksar, Toli[M25]

Gansu: Yongchang[W3,Z81]

Nei Mongol: Baotou, Sonid Right B., Erenhot, Bailingmiao, Zhagantra*; Hanggin B., Otog B., Sixiwang B., Darhan Muminggan Joint B., Urad Middle and Rear B., Urad Rear B.[Z51]; Alxa Left B.[W60]

Ningxia: Zhongwei, Lingwu, Yanchi, Taole[W60]; Shizuishan, Yinchuan[Q3]

Desert, semidesert

Crimea, northern Caucasus, Turkestan, Mongolia.

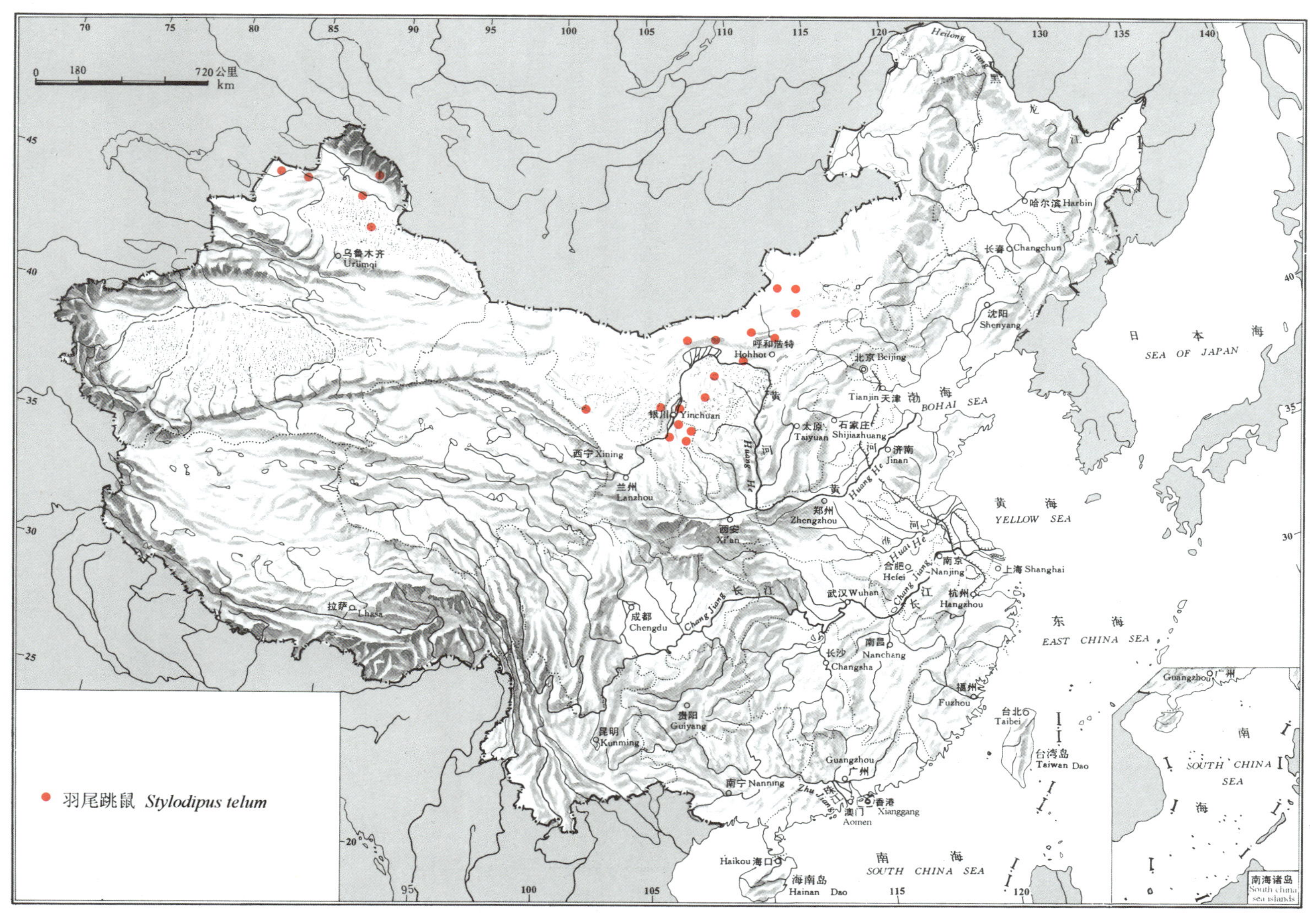

图 150 羽尾跳鼠 *Stylodipus telum* 的分布

睡鼠科 Muscardinidae

林睡鼠属 *Dryomys* Thomas，1906

睡鼠 ***Dryomys nitedula*** Pallas，1779

D. n. angelus Thomas，1906［天山］

D. n. milleri Thomas，1912［准噶尔］

新疆：准噶尔[E1]；阜康、呼图壁、玛纳斯、精河、伊犁、新源、霍城、塔尔巴哈台、阿勒泰[W41]；乌鲁木齐附近[R6]；天山[R1]；昌吉、博格多、塔城、尼勒克[*,M24]

山地森林

欧洲，高加索，中亚细亚，哈萨克斯坦，蒙古阿尔泰西部南坡，小亚细亚，伊朗，阿富汗，印度半岛西北。

毛尾睡鼠属 *Chaetocauda* Wang，1985

四川毛尾睡鼠 ***Chaetocauda sichuanensis*** Wang，1985

四川：平武（王朗）[W76]

山地森林

猪尾鼠科 Platacanthomyidae

猪尾鼠属 *Typhlomys* Milne-Edwards，1877

猪尾鼠 ***Typhlomys cinereus*** Milne-Edwards，1877

T. c. cinereus Milne-Edwards，1877［福建］

T. c. chapensis Osgood，1932［越南］

T. c. jindongensis Wu *et* Dang，1984［云南景东］

陕西：佛坪[G13]、柞水[W117]

甘肃：本省南部灼甫（王应祥 1992 年提供）

四川：南川（金佛山）、武隆[H21,W105]；巫山（王应祥 1992 年提供）

贵州：绥阳（张荣祖、王宗祎 1964 年采集）[*,L36]；雷山（王应祥 1992 年提供）；梵净山[G17]

云南：金平（云南大学生物系 1962 年提供）；景东（哀劳山）[W18]；新平（王应祥 1992 年提供）

安徽：黄山[L49]

浙江：西天目山[B6,Z113]

湖北：利川（星斗山）、神农架、武陵山西北[S29]

湖南：与广西接壤的南岭（云大生物系 1962 年提供）；江永（全国强 1995 年提供）

广西：大明山[W47]；邕宁、上林、南宁[W83,S12]；兴安(全国强 1995 年提供)

福建：武夷山[A1,H12]；建阳[Z14]；

热带、亚热带山地森林。

越南北部。

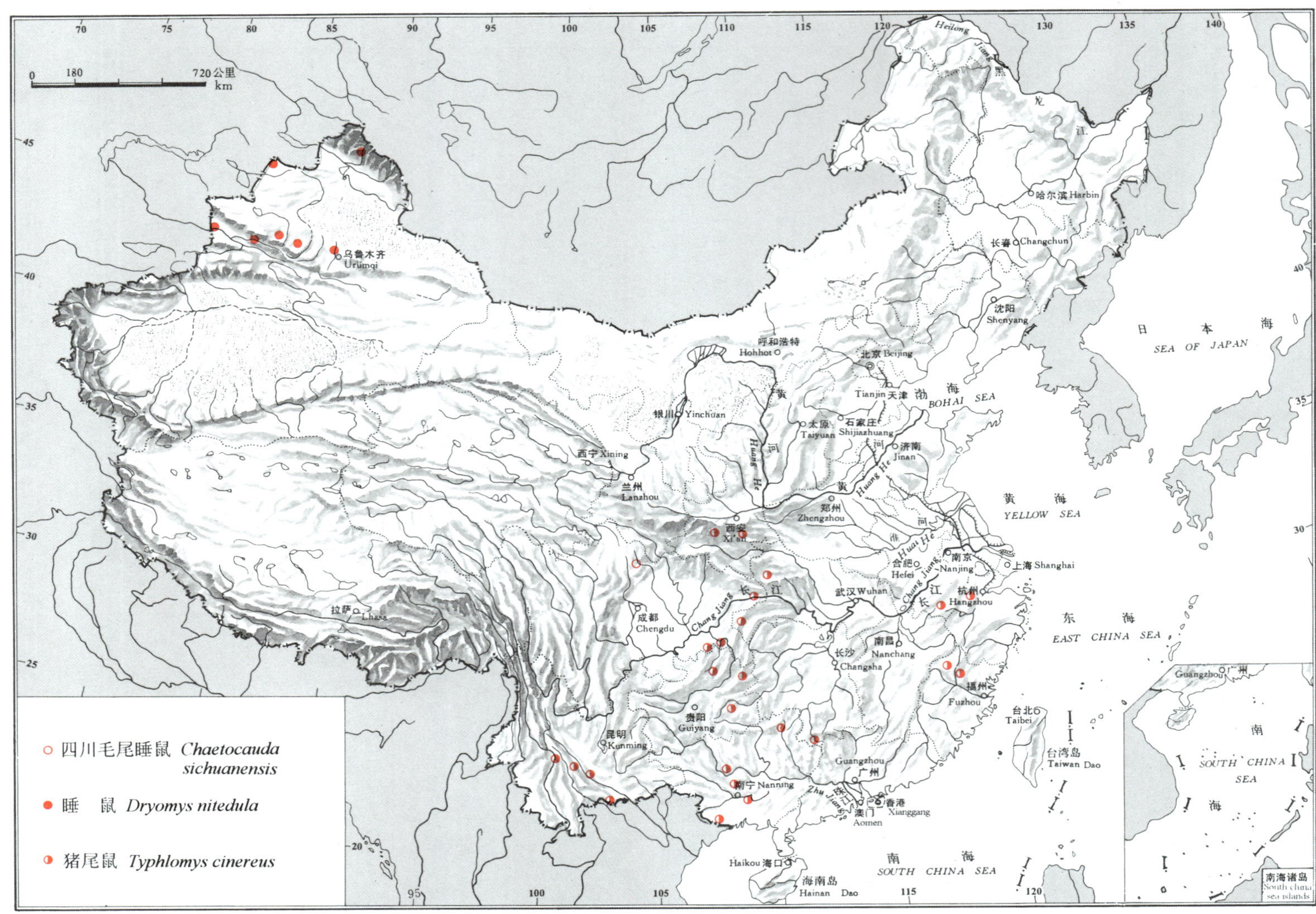

图 151 睡鼠 *Dryomys nitedula* 四川毛尾睡鼠 *Chaetocauda sichuanensis* 猪尾鼠 *Typhlomys cinereus* 的分布

Muscardinidae Dormice

Dryomys Thomas, 1906 **Forest dormice**

Dryomys nitedula Pallas, 1779 **Forest dormouse**

D. n. angelus Thomas, 1906 [Tianshan]

D. n. milleri Thomas, 1912 [Junggar]

Xinjiang: Junggar[E1]; Fukang, Hutubi, Manas, Jinghe, Ili, Xinyuan, Huocheng, Tarbagartag, Altay[W41]; area near Ürümqi[R6]; Tianshan[R1]; Changji, Bogeduo, Tacheng, Nilka[*,M24]

Mountain forest

Europe, Caucasus, Central Asia, Kazakhstan, southern flank of western Mongolian Altai; Asia Minor, Iran, Afghanistan, northwestern Indian peninsula.

Chaetocauda Wang, 1985

Woolly-tailed dormouse

Chaetocauda sichuanensis Wang, 1985

Sichuan woolly- tailed dormouse

Sichuan: Pingwu (Wanglang)[W76]

Mountain forest

Platacanthomyidae Spiny dormice

Typhlomys Milne-Edwards, 1877

Chinese pygmy dormice

Typhlomys cinereus Milne-Edwards, 1877

Chinese pygmy dormouse

T. c. cinereus Milne-Edwards, 1877 [Fujian]

T. c. chapensis Osgood, 1932 [Vietnam]

T. c. jindongensis Wu *et* Dang, 1984 [Jingdong, Yunnan]

Shaanxi: Foping[G13]; Zhashui[W117]

Gansu: Zhuopu (southern Gansu; provided by Wang Yingxiang, 1992)

Sichuan: Nanchuan (Jinfoshan), Wulong[H21,W105]; Wushan (provided by Wang Ying xiang, 1992)

Guizhou: Suiyang specimens collected by Zhang Yongzu and Wang Zhongyi, 1964[*,L36]; Leishan (provided by Wang Yingxiang, 1992); Fangingshan[G17]

Yunnan: Jinping (provided by Biological Department, Yunnan University, 1962); Jingdong (Ailaoshan)[W18]; Xinping (Provided by Wang Yingxiang 1992)

Anhui: Huangshan[L49]

Zhejiang: Westerns Taimushan[B6,Z113]

Hubei: Lichuan (Xingdoushan), Shennongjia, northwestern Wuling Shan[S29]

Hunan: Nanling range, border area with Guangxi, Jiangyong (Provided by Quan Guoqiang, 1995)

Guangxi: Damingshan[W47]; Yongning, Shanglin, Nanning[W83,S12]; Xing'an (provided by Quan Guoqiang, 1995)

Fujian: Wuyishan[A1,H12]; Jianyang[Z14];

Tropical and subtropical mountain forest

Tonkin in Indochina.

竹鼠科 Rhizomyidae

竹鼠属 *Rhizomys* Gray，1831

花白竹鼠 ***Rhizomys pruinosus*** Blyth，1851

R. p. pruinosus Blyth，1851［分布区西部］

R. p. latouchei Thomas，1915［分布区东部］

贵州：贵阳、榕江、贵定、平塘、三都[L2]；荔波（茂兰）[X8]

云南：沧源[L71]；盈江[*]；蒙自、腾冲[A1]；金平[S37]；勐海、勐腊[Y43]、泸西、弥勒、开远、绿春、河口、建水、石屏[L4]；南滚河[W16]、景东[W18]；贡山、剑川、昆明、富宁、文山、麻栗坡、澜沧、耿马、双江[Y50]

四川：渡口[H23,24]

江西：安远、赣县、泰和[L65]

湖南：桂东、宜章、新宁、绥宁[L65]；城步、资兴[F14]

广西：大瑶山[A1]；那坡、靖西、龙津、宁明、上思[W47]；河池、融水、融安、南宁、兴安[W83,S12]

广东：汕头[A1]；连州、阳山[T5]、乳源、曲江[X18]

福建：漳平、南平、永安、龙岩[H11]；平和[*]；邵武[S27]；建阳、龙溪、三明[Z14]

竹林，高草地

阿萨姆，中南半岛，马来半岛。

大竹鼠 ***Rhizomys sumatrensis*** Raffes，1822

R. s. cinereus M'Clelland，1842

云南：勐海、景洪、勐养、金平、橄榄坝[S37]；勐腊、勐仑[Y43,W67]；耿马、沧源、思茅[Y50]

竹林

苏门答腊，马来半岛，泰国，越南，老挝，缅甸，典那沙冷。

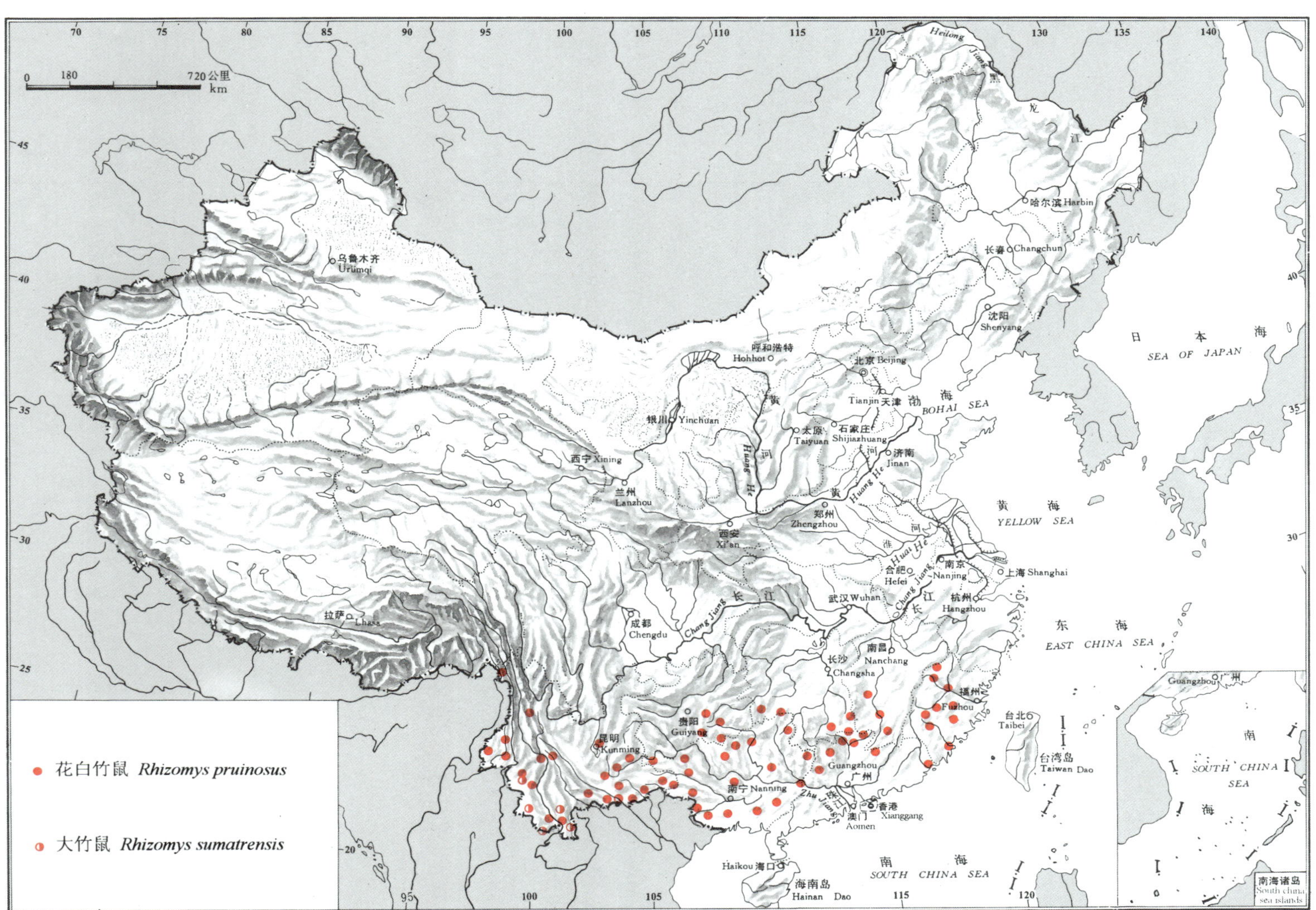

图 152 花白竹鼠 *Rhizomy pruinosus* 大竹鼠 *Rhizomys sumatrensis* 的分布

Rhizomyidae

Rhizomys Gray，1831 Bamboo rats

Rhizomys pruinosus Blyth，1851 **Hoary bamboo rat**

R. p. pruinosus Blyth，1851［Western part of the area］

R. p. latouchei Thomas，1915［Eastern part of the area］

Guizhou：Guiyang，Rongjiang，Guiding，Pingtang，Sandu[L2]；Libo (Maolan)[X8]

Yunnan：Cangyuan[L71]；Yingjiang[*]；Mengzi，Tengchong[A1]；Jinping[S37]，Menghai，Mengla[Y43]；Luxi，Mile，Kaiyuan，Luchun，Hekou，Jianshui，Shiping[L4]；Nangunhe[W16]；Jingdong[W18]；Gongshan，Jianchuan，Kunming，Funing；Wenshan，Malipo，Lancang，Gengma，Shuangjiang[Y50]

Sichuan：Dukou[H23,24]

Jiangxi：Anyuan，Ganxian，Taihe[L65]

Hunan：Guidong，Yizhang，Xinning，Suining[L65]；Chengbu，Zixing[F14]

Guangxi：Da Yaoshan[A1]；Napo，Jingxi，Longjing，Ningming，Shangsi[W47]；Hechi，Rongshui，Rong'an，Nanning，Xin'an[W83,S12]

Guangdong：Shantou[A1]；Lianzhou，Yangshan[T5]；Ruyuan，Qujiang[X18]

Fujian：Zhangping，Nanping，Yong'an，Longyan[H11]；Pinghe[*]；Shaowu[S27]；Jianyang，Longxi，Sanming[Z14]

Bamboo forest and high-grass land

Assam，Myanmar，Thailand，Indochina，Malay peninsula.

Rhizomys sumatrensis Raffes，1822 **Large bamboo rat**

R. s. cinereus M'Clelland，1842

Yunnan：Menghai，Jinghong，Mengyang，Jinping，Ganlanba[S37]；Mengla，Menglun[Y43,W67]；Gengma，Cangyuan，Simao[Y50]

Bamboo forest

Sumatra，Malay peninsula，Thailand，Indochina，Myanmar，Tenasserim.

中华竹鼠 ***Rhizomys sinensis*** Gray，1831

R. s. sinensis Gray，1831［广东，广西，贵州，云南南部］

R. s. vestitus Milne-Eswards，1872［四川，甘肃，湖北，陕西］

R. s. davidi Thomas，1911［福建］

R. s. wardi Thomas，1921［云南西北部］

陕西：秦岭[E1]；太白山[*]；留坝、佛坪、宁陕[W98]；镇安、平利、镇坪[Z85]；南郑[W53]

甘肃：文县[M1]；天水、康县、舟曲[L22]；平凉、武都[Z81]

四川：宜宾、马边[H36]；汶川、万县、峨眉山[A1,O1]；美姑[S46]；江油、绵竹、平武、达川、南江、通江、城口、涪陵、乐山、沐川、洪雅、汉源、石棉、天全、宝兴、崇州[H23,24]

贵州：江口、罗甸[L2]；梵净山[G17]

云南：屏边、弥勒、河口[Z40,L4]；腾冲、丽江、大理[A1]、新平、元阳、红河、绥江[H3]；云龙、泸水、祥云、景东、兰坪、昭通[Y50]

安徽：霍山[B8,W39]

浙江：青田[Z113]

江西：安远、赣县、泰和[L65]；波阳[F13]

湖南：桂东、宜章、新宁、绥宁[L65]；城步[F14]

湖北：湖北[E1]

广西：罗城、恭城[A1]；大瑶山、龙胜[*]；灵山、玉林、上林、苍梧、贺县、河池、那坡、田林、百色、龙州、宁明、上思、南宁[W83,S12]

广东：连州、阳山、曲江、连平、和平、潮汕[T5]；乐昌、乳源[L63]

福建：武夷山、福清、南平、龙溪[A1]；邵武、建阳[S27]；福州、三昭、宁德[Z14]；平和、顺昌、将乐、闽清[H11]；永春[L97]

竹林，苇子，干草地

缅甸北部。

小竹鼠属 *Cannomys* Thomas，1915

小竹鼠 ***Cannomys badius*** Hodgson，1842

C. b. badius Hodgson，1842［尼泊尔至缅甸北部］

云南：盈江、瑞丽[H6]；孟连[Y50]

热带常绿阔叶林，稀树灌丛

尼泊尔，阿萨姆，缅甸，泰国，老挝，越南北部。

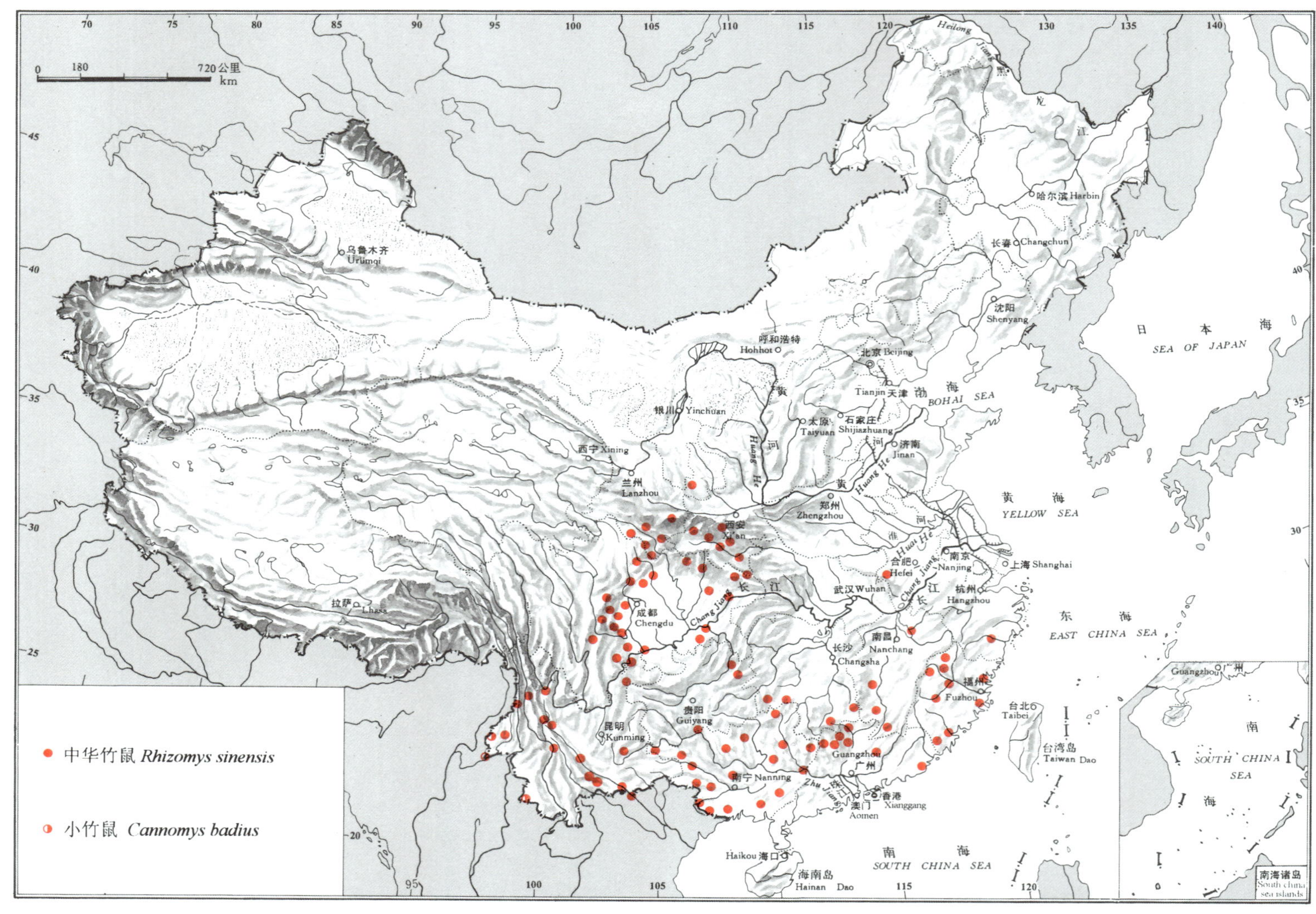

图 153 中华竹鼠 *Rhizomys sinensis* 小竹鼠 *Cannomys badius* 的分布

Rhizomys sinensis Gray，1831 **Chinese bamboo rat**

R. s. sinensis Gray，1831［Guangdong，Guangxi，Guizhou，Southern Yunnan］

R. s. vestitus Milne-Edwards，1872［Sichuan，Gansu，Hubei，shaanxi］

R. s. davidi Thomas，1911［Fujian］

R. s. wardi Thomas，1921［Northwestern Yunnan］

Shaanxi：Qinling[E1]；Taibaishan[*]；Luba，Foping，Ningshan[W98]；Zhen'an，Pingli，Zhenping[Z85]；Nanzheng[W53]

Gansu：Wenxian[M1]；Têwo[L94]；Tianshui，Kangxian，Zhugqu[L22]；Pingliang，Wudu[Z81]

Sichuan：Yibin，Mabian[H36]；Wenchuan，Wanxian，Emeishan[A1,O1]；Meigu[S46]；Jiangyou，Mianzhu，Pingwu，Chilan，Nanjiang，Tongjiang，Chengkou，Fulin，Leshan，Muchuan，Hongya，Hanyuan，Shimian，Tianquan，Baoxing，Chongzhou[H23,24]

Guizhou：Jiangkou，Luodian[L2]；Fanjingshan[G17]

Yunnan：Pingbian，Mile，Hekou[Z40,L4]；Tengchong，Lijiang，Dali[A1]；Xinping，Yuanyang，Honghe，Suijiang[H3]；Yunlong，Lushui，Xiangyun，Jingdong，Lanping，Zhaotong[Y50]

Anhui：Huoshan[B8,W39]

Zhejiang：Qingtian[Z113]

Jiangxi：Anyuan，Ganxian，Taihe[L65]；Boyang[F13]

Hunan: Guidong, Yizhang, Xinning, Suining[L65]; Chengbu[F14];
Hubei: Hubei[E1]
Guangxi: Luocheng, Gongcheng[A1]; Da Yaoshan, Longsheng*, Lingshan, Yulin, Shanglin, Cangwu, Hexian, Hechi, Napo, Tianlin, Bose, Longzhou, Ningming, Shangsi, Nanning[W83,S12]
Guangdong: Lianzhou, Yangshan, Qujiang, Lianping, Heping, Chaoshan[T5]; Lechang, Ruyuan[L63]
Fujian: Wuyishan, Fuqing, Nanping, Longxi[A1]; Shaowu, Jianyang[S27]; Fuzhou, Sanzhao, Ningde[Z14]; Pinghe, Chunchang, Jiangle, Minqing[H11]; Yongchun[L97]

Bamboo forest and reed-grass land
Northern Myanmar.

Cannomys Thomas, 1915 — Lesser bamboo rats

Cannomys badius Hodgson, 1842
Lesser bamboo rat (Bay bamboo rat)
C. b. badius Hodgson, 1842 [Nepal, northern Myanmar]
Yunnan: Yingjiang, Ruili[H6]; Menglian[Y50]
Tropical evergreen broadleaf forest, savanna like land
Nepal, Assam, Myanmar, Tonkin in Indochina.

鼠 科 Muridae

鼠亚科 Murinae

攀鼠属 *Vernaya* Anthony, 1941

云南攀鼠 ***Vernaya fulva*** G. Allen, 1927
陕西：陇县[S41]；凤县、宁陕[W55]
四川：平武[W118]
云南：福贡[W86]；景东（哀牢山）[W18]；兰坪（营盘街）[A1]；剑川、泸水、大理[Y50]

热带、亚热带森林
缅甸北部。

猴鼠属 *Hapalomys* Blyth, 1859

拟猴鼠 ***Hapalomys delacouri*** Thomas, 1927
H. d. delacouri Thomas, 1927 [越南]
H. d. marmosa G. Allen, 1927 [海南]
海南：儋州（那大）[A1,S8]
广西：大瑶山[A1]；邕宁、上思、宁明、龙州、那坡、靖西[W83,S12]
热带森林
越南，老挝。

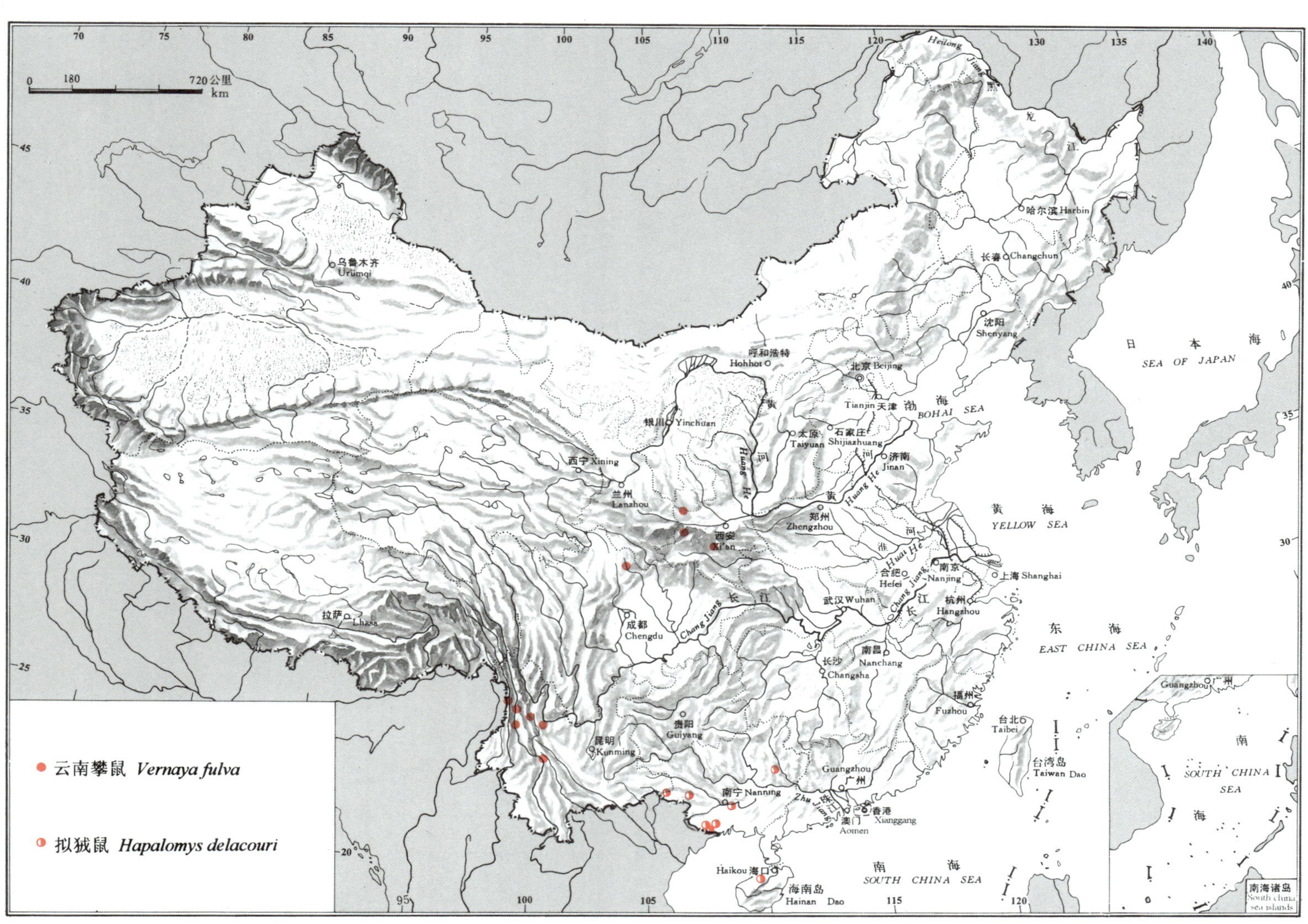

图 154 云南攀鼠 *Vernaya fulva* 拟猴鼠 *Hapalomys delacouri* 的分布

Muridae Mice, rats, voles, gerbils, hamsters, etc.

Murinae Old-world mice and rats

Vernaya Anthony, 1941 Climbing mice

Vernaya fulva Allen, 1927 **Vernay's climbing mouse**
Shaanxi: Longxian[S41]; Fengxian, Ningshan[W55]
Sichuan: Pingwu[W118]
Yunnan: Fugong[W86]; Jingdong (Ailaoshan)[W18]; Lanping (Yingpanjie)[A1]; Jianchuan, Lushui, Dali[Y50]

Tropical and subtropical forest

Northern Myanmar.

Hapalomys Blyth，1859 **Marmoset mice**

Hapalomys delacouri Thomas，1927 **Marmoset mouse**

H. d. delacouri Thomas，1927 [Vietnam]

H. d. marmosa G. Allen，1927 [Hainan]

Hainan：Danzhou (Nada)[A1,S8]

Guangxi：Da Yaoshan[A1]；Yongning，Shangsi，Ningming，Longzhou，Napo，Jingxi[W83,S12]

Tropical forest

Indochina.

笔尾树鼠属 *Chiropodomys* Peters，1868

笔尾树鼠 ***Chiropodomys gliroides*** Blyth，1855

云南：陇川[W17]；西南边界附近[A1]；沧源（南滚河）[W16]

广西：大瑶山[S12]；恭城、罗城、那坡、靖西、上思[W83]

海南：五指山[X21]

热带、亚热带森林

阿萨姆，中南半岛，马来半岛，苏门答腊，爪哇，加里曼丹及附近岛屿。

景东树鼠 ***Chiropodomys jingdongnensis*** Wu *et* Deng，1984

云南：景东哀牢山[W87]

亚热带常绿阔叶林

长尾攀鼠属 *Vandeleuria* Gray，1842

长尾攀鼠 ***Vandeleuria oleracea*** Bennett，1832

V. o. dumeticola Hodgson 1845 [缅甸]

云南：陇川[W17]；勐养、勐海、思茅[Y43]；保山、大盈江、西南边境[A1]；沧源（南滚河）[W16]；勐海[W67,Y10]；盈江、梁河、瑞丽、孟连、巍山[Y50]

四川：平武[Z26]

热带和亚热带森林

斯里兰卡，印度半岛，恒河上游地区，尼泊尔，阿萨姆，中南半岛。

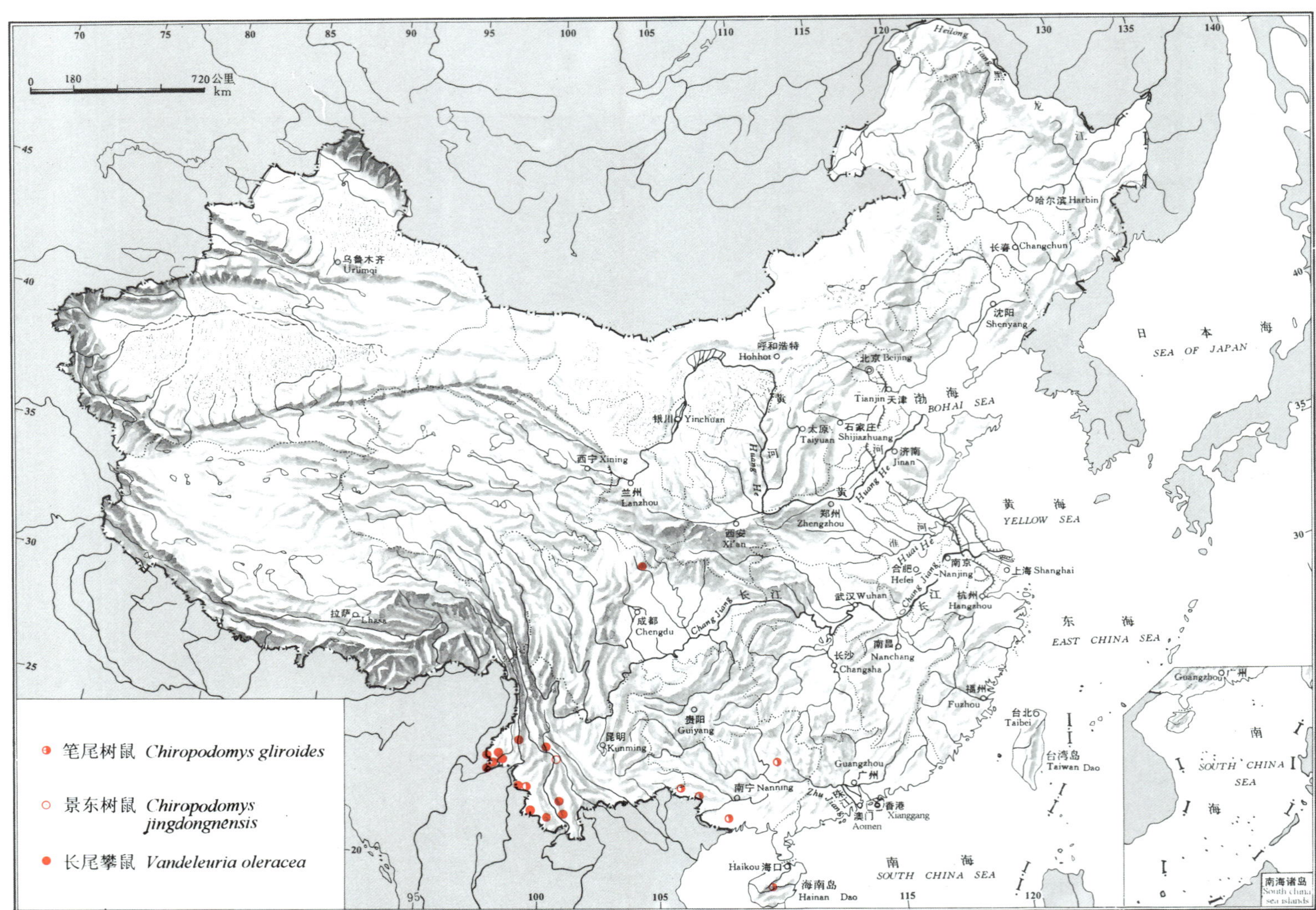

图 155 笔尾树鼠 *Chiropodomys gliroides* 景东树鼠 *Chiropodomys jingdongnensis* 长尾攀鼠 *Vandeleuria oleracea* 的分布

Chiropodomys Peters，1868 Pencil-tailed tree mice

Chiropodomys gliroides Blyth，1855 **Pencil-tailed tree mouse**

Yunnan：Longchuan[W17]；area near southwestern border of the province[A1]；Cangyuan（Nangunhe）[W16]

Guangxi：DaYaoshan，Gongcheng，Luocheng，Napo，Jingxi，Shangsi[W83]

Hainan：Wuzhishan[X21]

Tropical and subtropical forest

Assam，Myanmar，Thailand，Indo-china，Malay peninsula，Java，Borneo and adjacent islands.

Chiropodomys jingdongnensis Wu *et* Deng，1984 **Jingdong pencil-tailed free mouse**

Yunnan：Jingdong（Ailaoshan）[W87]

Subtropical evergreen broadleaf forest

Vandeleuria Gray，1842 **Long-tailed tree mice**

Vandeleuria oleracea Bennett，1832 **Palm mouse**

V. o. dumeticola Hodgson，1845 [Myanmar]

Yunnan: Longchuan[W17]; Mengyang, Menghai, Simao[Y43]; Baoshan, Dayingjiang, southwestern border of the province[A1]; Cangyuan (Nangunhe)[W16]; Menghai[W67,Y10]; Yingjiang, Lianghe, Ruili, Menglian, Weishan[Y50]

Sichuan: Pingwu[Z26]

Tropical and subtropical forest

Sri Lanka, Indian peninsula, upper reaches of Ganga River, Nepal, Assam, Myanmar, Thailand, Indochina.

巢鼠属 *Micromys* Dehne, 1841

巢鼠 ***Micromys minutus*** Pallas, 1771

M. m. pygmaeus Milne-Edwards, 1874 [长江中下游，东南沿海及云南]

M. m. ussuricus Barrett-Hamilton, 1899 [东北]

M. m. pianmaensis Peng *et* Wang, 1981 [云南西部]

M. m. takasagoensis Tokuda, 1941 [台湾]

黑龙江：黑河、呼玛、德都、富锦、抚远、兴凯湖、北安、伊春[S33]；甘南、汤原、泰来、哈尔滨、齐齐哈尔、柴河、嫩江、虎林、饶河、梧桐河、杜尔伯特、桦南、双鸭山、萝北[M13]

吉林：敦化、安图、抚松[S33]、长春*

辽宁：普兰店[S33]、图昌、彰武、清原、新宾[L17]

内蒙古：牙克石[S33]、通辽、呼和浩特、乌兰浩特、科尔沁中旗[B1]、东乌珠穆沁旗、土默特旗、正镶白旗[Z51]；阴山南部[Z59]

河北：康保、沽源、围场[Z21]

陕西：商州、城固、镇巴、石泉、平利、白河、镇坪、柞水、山阳、汉阴、安康[W96,98]；商南、洛南[Z85]

甘肃：康县[L22,Z81]

四川：平武、万县、绵阳、门平（天全与小金间）[A1]；成都、金堂、双流、万源、南江、峨眉山[S46]、宝兴、温江、彭州、崇州、若尔盖、雅安、重庆[H23,24]、汶川[W107]

贵州：贵定[L39]、贵阳、遵义、绥阳、桐梓、江口、普兰、都匀、龙里[L2]；梵净山[G17]

云南：陇川[W17]；泸水[P3]；中甸、维西[A1]；沧源（南滚河）[W16]；宾川[Y15]；勐海[W67,Y10]；景东[W18]；昆明[H2]

西藏：波密、朗县、错那、米林[F5]

新疆：伊宁[Z125,M24]

江苏：南京[A1]；镇江[H34]；徐州[Z110]；扬州、靖江、常州[Z100]

安徽：繁昌、贵池[H35]、黄山、东至、祁门、颍上、蒙城、肥西、潜山[L47]；霍山[W39]

浙江：杭州[Z117]；临安、淳安、金华、义乌、庆元[Z113]；天目山[B6]

湖北：长阳[A1]

广东：连阳山[T5]；粤北[Q4]

广西：十万大山[Y23]；那坡、天峨、融安、龙胜、资源、兴安、百色、恭城、金秀、苍梧、玉林、灵山、龙州、凭祥、靖西、隆林、乐业[W83,S12]

福建：武夷山[A1]、建阳、宁德[Z14]；光泽、邵武、建瓯、古田、政和、福安[H11]

台湾：各地平原[C15]；太鲁阁[L41]

森林及森林草原，耕地

欧洲，西伯利亚，蒙古，日本，朝鲜，阿萨姆北部，缅甸北部和越南北部。

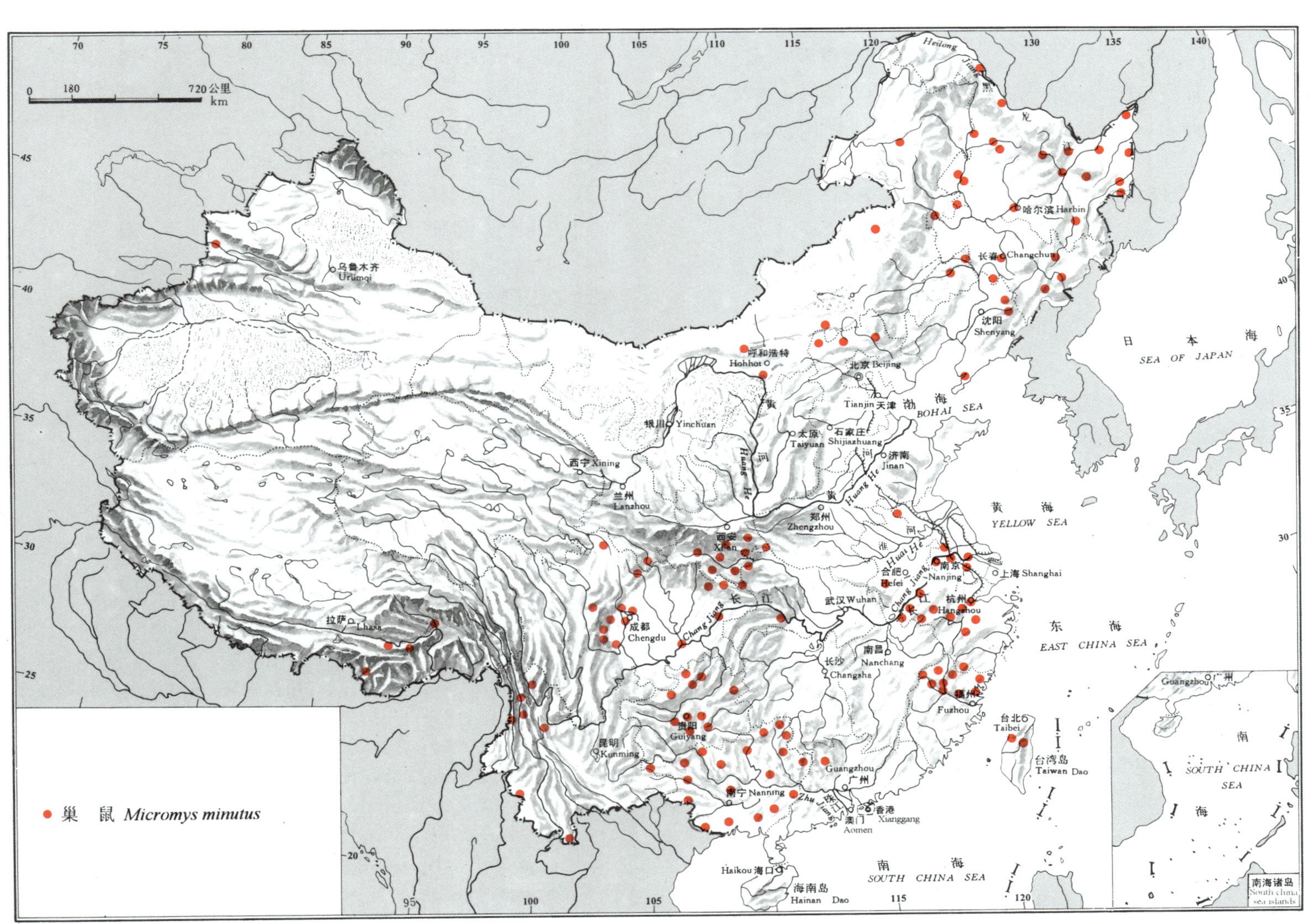

图 156 巢鼠 *Micromys minutus* 的分布

Micromys Dehne, 1841 Harvest mice

Micromys minutus Pallas, 1771 **Harvest mouse**

M. m. pygmaeus Milne-Edwards, 1874 [Middle-lower reaches of Changjiang, Southeastern coast and Yunnan]

M. m. ussuricus Barrett-Hamilton, 1899 [Northeast China]

M. m. pianmaensis Peng *et* Wang, 1981 [Western Yunnan]

M. m. takasagoensis Tokuda, 1941 [Taiwan]

Heilongjiang: Heihe, Huma, Dedu, Fujin, Fuyuan, Xingkaihu, Bei'an, Yichun[S33]; Gannan, Tangyuan, Tailai, Harbin, Qiqihar, Chaihe, Nenjiang, Hulin, Raohe, Wutonghe, Dorbod, Huanan, Shuangyashan, Luobei[M13]

Jilin: Dunhua, Antu, Fusong[S33]; Changchun*

Liaoning: Pulandian[S33], Tuchang, Zhangwu, Qingyuan, Xinbin[L17]

Nei Mongol: Yakeshi[S33]; Tongliao, Hohhot, Ulan Hot*; Horqin Middle B.[B1]; Dong Ujimqin B., Tumd B., Zhengxiangbai B.[Z51]; southern Yinshan[Z59]

Hebei: Kangbao, Guyuan, Weichang[Z21]

Shaanxi: Shangzhou, Chenggu, Zhenba, Shiquan, Pingli, Baihe, Zhenping, Zhashui, Shanyang, Hanyin, Ankang[W96,98]; Shangnan, Luonan[Z85]

Gansu: Kangxian[L22,Z81]

Sichuan: Pingwu, Wanxian, Mianyang, Menping (between Tianquan and Xiaojin)[A1]; Chengdu, Jintang, Shuangliu, Wanyuan, Nanjiang, Emeishan[S46]; Baoxing, Wenjiang, Pengzhou, Chongzhou, Zoige, Ya'an, Chongqing[H23,24]; Wenchuan[W107]

Guizhou: Guiding[L39]; Guiyang, Zunyi, Suiyang, Tongzi, Jiangkou, Pulan, Dujun, Longli[L2]; Fanjingshan[G17]

Yunnan: Longchuan[W17]; Lushui[P3]; Zhongdian, Weixi[A1]; Cangyuan (Nangunhe)[W16]; Binchuan[Y15]; Menghai[W67,Y10]; Jingdong[W16]; Kunming[H2]

Xizang: Bomi, Nangxian, Cona, Mainling[F5]

Xinjiang: Yining[Z125,M24]

Jiangsu: Nanjing[A1]; Zhenjiang[H34]; Xuzhou[Z110]; Yangzhou, Jingjiang, Changzhou[Z100]

Anhui: Fanchang, Guichi[H35]; Huangshan, Dongzhi, Qimen, Yingshang, Mengcheng, Feixi, Qianshan[L47]; Huoshan[W39]

Zhejiang: Hangzhou[Z117]; Lin'an, Chun'an, Jinhua, Yiwu, Qingyuan[Z113]; Tianmushan[B6]

Hubei: Changyang[A1]

Guangdong: Lianyangshan[T5]; northern Guangdong[Q4]

Guangxi: Shiwandashan[Y23]; Napo, Tian'e, Rong'an, Longsheng, Ziyuan, Xing'an, Bose, Gongcheng, Jinxiu, Cangwu, Yulin, Lingshan, Longzhou, Pingxiang, Jingxi, Longlin, Leye[W83,S12]

Fujian: Wuyishan[A1]; Jianyang, Ningde[Z14]; Guangze, Shaowu, Jian'ou, Gutian, Zhenghe, Fu'an[H11]

Taiwan: plains area[C15]; Tailuge[L14]

Forest and forest-steppe, farm

Europe, Siberia, Mongolia, Japan, Korea, northern Assam, northern Myanmar, Tonkin in Indochina.

姬鼠属 *Apodemus* Kaup, 1829

大林姬鼠 ***Apodemus peninsulae*** Thomas, 1906

A. p. praetor Miller, 1914 [东北，内蒙古东部]

A. p. sowerbyi Jones, 1959 [华北及西北东部，山东至宁夏]

A. *p. qinghaiensis* Feng, Zheng *et* Wu, 1983 [青海东部，四川西部及西藏东部]

黑龙江：尚志、林口、密山、富锦、松岭、五常*；呼玛、黑河、伊春、抚远[S33]；泰来、汤原[A2]；嫩江、虎饶、桦南、东宁、柴河（省卫生防疫站1959年提供）

吉林：公主岭、安图、抚松、临江[S33]；长春、通榆、白城子，敦化[Y4,Z63]

辽宁：大连[W119]；锦西[L19]、清原、新宾、桓仁、本溪、凤城、宽甸[L17]

内蒙古：呼和浩特[A1]；阴山南坡[Z59]、新巴尔虎左旗、陈巴尔虎旗、鄂温克旗、根河、莫力达瓦旗、鄂伦春旗、牙克石、东乌珠穆沁旗、西乌珠穆沁旗、锡林浩特*；土默特旗[Z51]；大青山（九峰山）[Z46]；科尔沁右翼前旗[J1]

河北：兴隆[A1]；徐水、新安、围场、涞源、赞皇[Z21]

天津：蓟县[G21]

北京：金山[B9]

山东：费县[L74]；崂山、泰安、曲阜[Z118]

河南：嵩县[Z97]；卢氏、西峡[G2]；西部地区[Y27]；灵宝、栾川、偃师[L96]

山西：垣曲*；岢岚、太原[A1]；中条山[T2]；五台山[Z38]；忻州[L32]

陕西：凤翔、洛南、太白山、延安、黄龙*,[G23]；太白、临潼、凤县、留坝、佛坪、宁陕、平利、镇巴、柞水、镇安、石泉、汉阴、镇坪[W96,98]；陇县[S41]；宜川[J6]；长安、户县、周至、眉县、汉中、南郑[W53]

甘肃：文县[M1]；卓尼、临潭、岷县、兰州[A1]；张家川[C19]；子午岭、平凉、关山、天水、康县、武都、舟曲、迭部[L22,Z81]

宁夏：海原、固原、银川[W60]；六盘山、贺兰、平罗[Q3]

青海：乐都、民和、大通、泽库、久治、班玛、民德、玉树[Z69]

四川：巴塘、理塘、安县[H23,24]

西藏：林芝、米林[F5]

广西：乐业、西林[L30]；环江、隆林、凭祥[S12]；南宁[L45]

云南：昆明[H2]；中甸、德钦[Y50]

林地，田野

日本，朝鲜，阿穆尔，西伯利亚，蒙古。

大耳姬鼠 ***Apodemus latronum*** Thomas, 1911

四川：康定、马尔康*；巴塘、黑水、布拖、丹巴[H23]；安县[G12]；木里、盐源[S46]；汶川[W107]

青海：玉树、囊谦、共和、同德[Z69]

西藏：波密、察隅、芒康、嘉黎、洛隆、察雅、江达[F5]

云南：德钦、昭通[A1]；中甸[P1]；丽江[S46]；大理[Y15,16]；宾川、剑川、兰坪[Y17]；福贡[W86]；维西、鹤庆、腾冲、贡山[Y50]

山地森林，灌丛

Apodemus Kaup, 1829 Wood mice

Apodemus peninsulae Thomas, 1906 **Large field mouse**

A. p. praetor Miller, 1914 [Northeast China, eastern Nei Mongol]

A. p. sowerbyi Jones, 1959 [North China and eastern northwest China, from Shandong to Ningxia]

A. p. qinghaiensis Feng, Zheng *et* Wu, 1983 [Eastern Qinghai, western Sichuan and eastern Xizang]

Heilongjiang: Shangzhi, Linkou, Mishan, Fujin, Songlin, Wuchang*; Huma, Heihe, Yichun, Fuyuan[S33]; Tailai, Tangyuan[A2]; Nenjiang, Hurao, Huanan, Dongning, Chaihe (provided by Station of Epidemic Disease Protection, Heilongjiang, 1959)

Jilin: Gongzhuling, Antu, Fusong, Linjiang[S33]; Changchun, Tongyu, Baichengzi, Dunhua[Y4,Z63]

Liaoning: Dalian[W119]; Jinxi[L19]; Qingyuan, Xinbin, Huanren, Benxi, Fengcheng, Kuandian[L17]

Nei Mongol: Hohhot[A1]; southern flank of Yinshan[Z59]; Xin Barag Left B., Chen Barag B., Genhe, Ergun B., Morin Dawa Daur B., Oroqen B., Yakeshi, Dong Ujimqin B., Xi Ujimqin B., Xilinhot*; Tumd[Z51]; Daqingshan (Jiufengshan)[Z46]; Horqin Right Wing Front B.[J1]

Hebei: Xinglong[A1]; Xushui, Xin'an, Weichang, Laiyuan, Zanhuang[Z21]
Tianjin: Jixian[G21]
Beijing: Jinshan[B9]
Shandong: Feixian[L74]; Laoshan, Tai'an, Qufu[Z118]
Henan: Songxian[Z97]; Lushi, Xixia[G20]; western area[Y27]; Lingbao, Luanchuan, Yanshi[L96]
Shanxi: Yuanqu*; Kelan, Taiyuan[A1]; Zhongtiaoshan[T2]; Wutaishan[Z38]; Xinzhou[L32]
Shaanxi: Fengxiang, Luonan, Taibaishan, Yan'an, Huanglong*,[G23]; Taibai, Lintong, Fengxian, Liuba, Foping, Ningshan, Pingli, Zhenba, Zhashui, Zhen'an, Shiquan, Hanyin, Zhenping[W96,98]; Longxian[S41]; Yichuan[J6]; Chang'an, Huxian, Zhouzhi, Meixian, Hanzhong, Nanzheng[W53]
Gansu: Wenxian[M1]; Jonê, Lintan, Menxian, Lanzhou[A1]; Zhangjiangchuan[C19]; Ziwuling, Pingliang, Guanshan, Tianshui, Kangxian, Wudu, Zhugqu, Têwo[L22,Z81]
Ningxia: Haiyuan, Guyuan, Yinchuan[W60]; Liupanshan, Helan, Pingluo[Q3]
Qinghai: Ledu, Minhe, Datong, Zêkog, Jigzhi, Baima, Minde, Yushu[Z69]
Sichuan: Batang, Litang, Anxian[H23,24]
Xizang: Nyingchi, Mainling[F5]
Guangxi: Leye, Xilin[L30]; Huanjiang, Longlin, Pingxiang[S12], Nanning[L45]
Yunnan: Kunming[H2]; Zhongdian, Dêqên[L50]

Forest, wild

Japan, Korea, Amur, Siberia, Mongolia.

Apodemus latronum Thomas, 1911 **Large-eared field mouse**

Sichuan: Kangding, Barkam*; Batang, Heishui, Butuo, Danba[H23]; Anxian[G12]; Muli, Yanyuan[S46]; Wenchuan[W107]
Qinghai: Yushu, Nangqên, Gonghe, Tongde[Z69]
Xizang: Bomi, Zay, Markam, Lhari, Lhorong, Chagyab, Jomda[F5]
Yunnan: Dêqên, Shaotong[A1]; Zhongdian[P1]; Lijiang[S46]; Dali[Y15,16]; Binchuan, Lanping[Y17]; Fugong[W86]; Wexi, Heqing, Tongchong, Gongshan[Y50]

Mountain forest and scrub

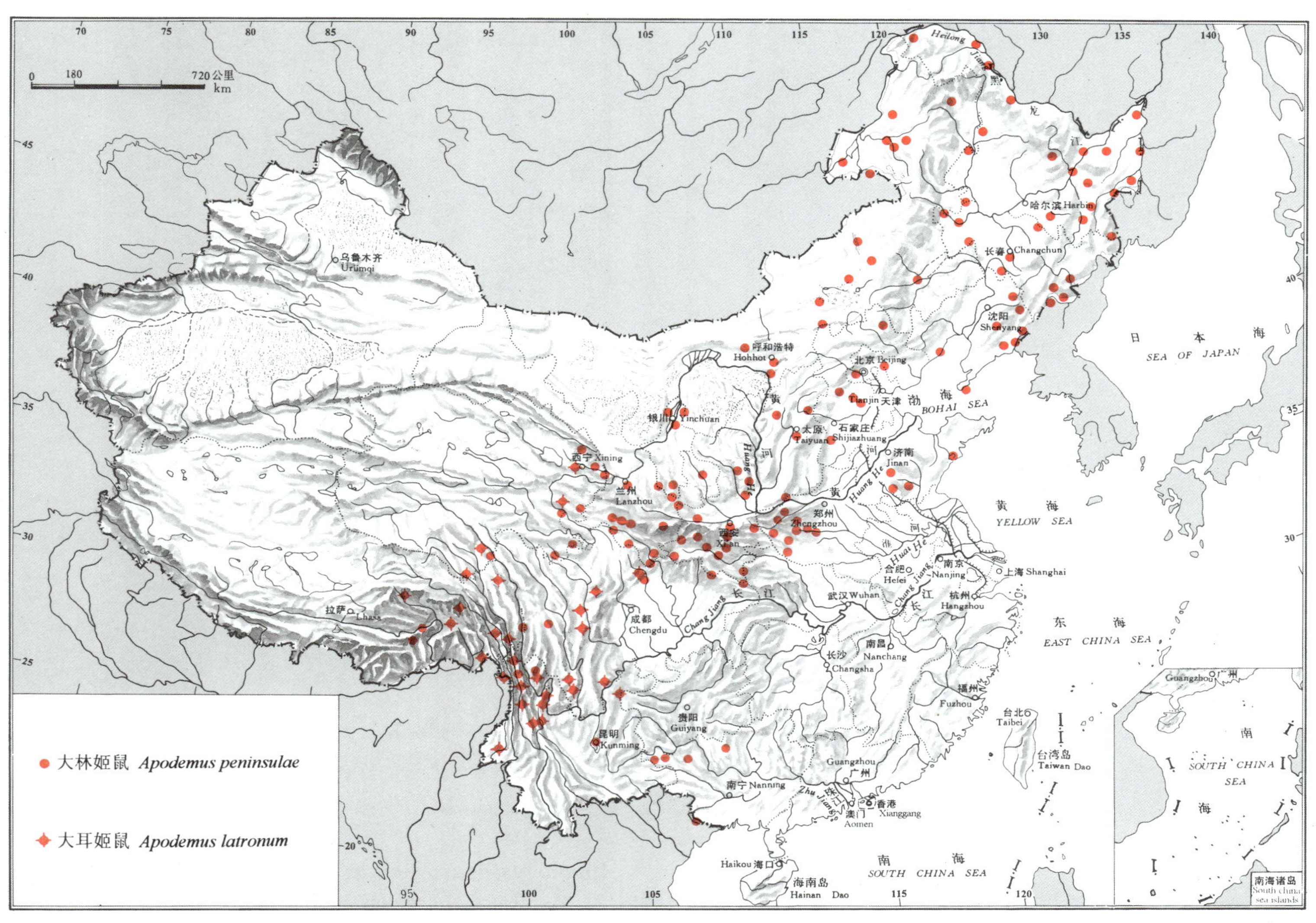

图 157 大林姬鼠 *Apodemus peninsulae* 大耳姬鼠 *Apodemus latronum* 的分布

小林姬鼠 ***Apodemus sylvaticus*** Linnaeus, 1758

A. s. tscherga Kastschenko, 1899 [新疆北部]

A. s. nankiangensis Wang, 1964 [新疆南部]

A. s. bushengensis Zheng, 1979 [西藏西南]

新疆：青河、阿勒泰、布尔津、哈巴河、塔城、乌苏、尼勒克、新源、昭苏、伊吾、木垒、罗布泊、哈密*；阿克苏、库尔勒、拜城、喀什、和静、轮台、尉犁、焉耆、吐鲁番、疏勒、巴楚、乌什、库车、乌鲁木齐、天山—帕米尔，玛纳斯[Z32,W41,50,M24,25]；托木尔峰地区[L44]
西藏：普兰[F5]
甘肃：平凉、庆阳、文县、康县、徽县、成县、两当、武山、天水、漳县、正宁[Z81]

林灌，田野

欧洲，北非，中亚，克什米尔。

中华姬鼠 ***Apodemus draco*** Barrett-Hamiton, 1900

A. d. draco Barrett-Hamilton, 1900 [长江与黄河中下游]

A. d. orestes Thomas, 1911 [云南，贵州，四川及西藏东部]

A. d. semotus Thomas, 1908 [台湾]

河北：兴隆[A1]
河南：西部地区[Y27]；灵宝、栾川[L96]
宁夏：六盘山（泾源）[Q3]
陕西：商州、洛南、太白山[A1]；佛坪、宁陕、平利[W98]；周至、长安、

户县、眉县、留坝、南郑[W53]；太白[C32]

甘肃：平凉、静宁、华亭[Z81]；天水、康县、文县、武都、舟曲、迭部、岷县[L22]

四川：美姑、若尔盖、巴塘、平武、灌县、黑水、峨眉山、重庆、万源、城口、双流、南川、宜宾、天全、木里、德昌、巫山[H23,24]；安县[G12]；汶川[W107]

云南：龙川江[A1]；永德、双江、凤庆[L71]、德钦、丽江、中甸[P1]；巧家（大桥）、维西（小甸）、福贡（营盘街）、宾川[Y15]；景东[W18]；贡山、泸水（高黎贡山）[G14]；沧源（南滚河）[W16]；勐腊、景洪、勐海[W67]；剑川、兰坪[Y17]；昆明[K5]；曲靖、罗平、楚雄、陇川、大理、巍山、保山、文山[Y50]

青海：囊谦[C41]

西藏：察隅、墨脱[F5]

贵州：威宁[L5]；毕节，水城，梵净山[L2]

安徽：黄山、祁门、休宁、绩溪、东至、青阳、宁国、宣城、泾县、霍山、金寨、岳西[L47,W39]

浙江：临安、杭州、淳安、金华、开化、泰顺、龙泉[Z113]；天目山[B6]

江西：九江[A1]

湖北：长阳、房县[A1]

湖南：宜章（湖南医学院 1958 年提供）

广西：西林、隆林、环江[L30]；兴安、那坡[S12]

福建：武夷山[E1]；屏南、建阳、宁德[Z14]

台湾：阿里山、玉山、花莲[C15]

森林，田野

朝鲜。

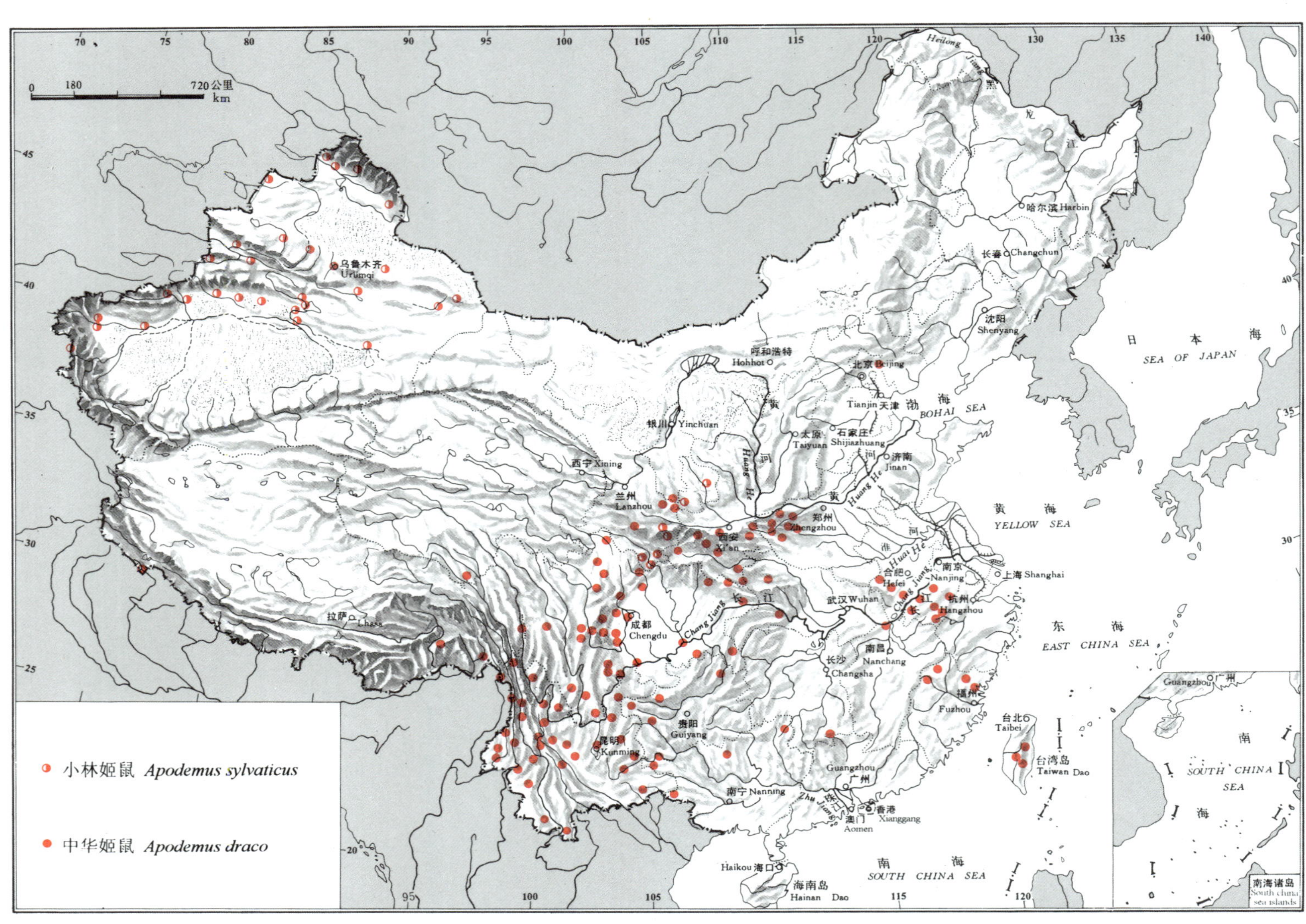

图 158 小林姬鼠 *Apodemus sylvaticus* 中华姬鼠 *Apodemus draco* 的分布

Apodemus sylvaticus Linnaeus, 1758

Wood mouse (Common field mouse)

A. s. tscherga Kastschenko, 1899 [Northern Xinjiang]

A. s. nankiangensis Wang, 1964 [Southern Xinjiang]

A. s. bushengensis Zheng, 1979 [Southwestern Xizang]

Xinjiang: Qinghe, Altay, Burqin, Habahe, Tacheng, Usu, Nilka, Xinyuan, Zhaosu, Yiwu, Mori, Lob, Nur, Hami*; Aksu, Korla, Baicheng, Kashi, Hejing, Luntai, Yuli, Yanqi, Turpan, Shule, Bachu, Wushi, Kuqa, ürümqi, Tianshan-Pamir, Manas,[Z32,W41,50,M24,25]; Tuomuer Fengarea[L44]

Xizang: Burang[F5]

Gansu: Pingliang, Qingyang, Wenxian, Kangxian, Huixian, Chengxian, Liangdang, Wushan, Tianshui, Zhangxian, Zhengning[Z81]

Forest, scrub and wild

Europe, northern Africa, Central Asia, Kashmir.

Apodemus draco Barrett-Hamilton, 1900

Chinese field mouse

A. d. draco Barrett - Hamilton, 1900 [Middle - lower reaches of Huanghe and Changjiang]

A. d. orestes Thomas, 1911 [Yunnan, Guizhou, Sichuan and eastern Xizang]

A. d. semotus Thomas, 1908 [Taiwan]

Hebei: Xinglong[A1]

Henan: Western area[Y27]; Lingbao, Luanchuan[L96]

Ninxia: Liupanshan (Jingyuan)[Q3]

Shaanxi: Shangzhou, Luonan, Taibaishan[A1]; Fuping, Ningshan, Pingli[W98]; Zhouzhi, Chang'an, Huxian, Meixian, Liuba, Nanzheng[W53]; Taibai[C32]

Gansu: Pingliang, Jingning, Huating[Z81]; Tianshui, Kangxian, Wenxian, Wudu, Zhugqu, Têwo, Minxian[L22]

Sichuan: Meigu, Zoigê, Batang, Pingwu, Guanxian, Heishui, Emeishan, Chongqing, Wanyuan, Chengkou, Shuangliu, Nanchuan, Yibin, Tianquan, Muli, Dechang, Wushan[H23,24]; Anxian[G12].

Wenchuan[W107]

Yunnan：Longchuanjiang[A1]；Yongde，Shuangjiang，Fengqing[L71]；Dêqên，Lijiang，Zhongdian[P1]；Qiaojia (Daqiao)，Weixi (Xiaodian)，Fugong (Yingpanjie)，Binchuan[Y15]；Jingdong[W18]；Gongshan，Lushui（Gaoligongshan）[G14]；Cangyuan（Nangun He）[W16]；Mengla，Jinghong，Menghai[W67]；Jianchuan，Lanping[Y17]；Kunming[K5]；Qujing，Luoping，Chuxiong，Longchuan，Dali，Weishan，Baoshan，Wenshan[Y50]

Qinghai：Nangqen[C41]

Xizang：Zayü，Mêdog[F5]

Guizhou：Weining[L5]；Bijie，Shuicheng，Fanjingshan[L2]

Anhui：Huangshan，Qimen，Xiuning，Jixi，Dongzhi，Qingyang，Ningguo，Xuancheng，Jingxian，Huoshan，Jinzhai，Yuexi[L47,W39]

Zhejiang：Lin'an，Hangzhou，Chun'an，Jinhua，Kaihua，Taishun，Longquan[Z113]；Tianmushan[B6]

Jiangxi：Jiujiang[A1]

Hubei：Changyang，Fangxian[A1]

Hunan：Yizhang (provided by Hunan Medical College，1958)

Guangxi：Xilin，Longlin，Huanjiang[L30]；Xin'an，Napo[S12]

Fujian：Wuyishan[E1]；Pingnan，Jianyang，Ningde[Z14]

Taiwan：Alishan，Yushan，Hualian[C15]

Forest，wild

Korea.

黑线姬鼠 *Apodemus agrarius* Pallas，1771

A. a. agrarius Pallas，1771［欧洲］

A. a. ningpoensis Swinhoe，1870［长江流域以南］

A. a. mantchuricus Thomas，1898［河北，东北，内蒙古东部］

A. a. pallidior Thomas，1908［长江、黄河流域］

A. a. insulaemus Tokuda，1941［台湾］

黑龙江：富裕、宁安、尚志、五常*；呼玛、黑河、萝北、德都、安达、富锦、同江、密山、抚远、虎林、饶河、集贤、依兰、伊春、汤原、泰来、北安、甘安[S33,M13]；阿城、兴凯湖沿岸、东宁、梧桐河、双城、哈尔滨、桦南、柴河、嫩江、杜尔伯特（省卫生防疫站1959年提供）

吉林：通辽、公主岭、敦化、安图、抚松、临江[S33]；白城[J1]

辽宁：盖州[S33]；大连[L78]；清原、新宾、桓仁、本溪、凤城、宽甸、昌图、彰武、锦西、康平、丹东、营口[L17]

内蒙古：科尔沁右翼前旗、陈巴尔虎旗、根河、牙克石、阿鲁科尔沁旗[B1]、正镶白旗、正蓝旗[Z51]

河北：新安[L70]；承德[A1]；保定[H7]；丰宁[G21]；秦皇岛、昌黎、山海关、遵化、涞源、平山、赞皇、涉县、石家庄、束鹿、衡水、吴桥、黄骅[Z21]

北京：北京[A1]；怀柔、密云、房山、延庆*；金山[B9]；圆明园、丰台[B10]；门头沟[Z21]

天津：天津[A1,G22]；蓟县[G21]

山东：青岛*；济南（据李荣光1959年资料）；费县[L75]；烟台[A1]；泰安、曲阜[Z8,11]；黄河口[L51]

河南：新县、长葛[Z97]；息县、登封、西峡、林州、辉县、武陟、济源、卢氏、荥阳[G20]；兰考、孟津、新乡[W63]

山西：中阳*；岢岚、汾阳[A1]；绛县[W15]；岚县、方山、离石、中阳、交口、石楼、交城、文水、孝义[C21]

陕西：黄龙[G23]；延安、太白山、商州、凤翔、洛南、西安[A1]；临潼、凤县、留坝、宁陕、镇坪[W98]；宜川[J6]；汉阴、安康、平利、石泉[W96]；户县、周至、眉县、佛坪、华阴、华县、镇巴、西乡[W53,55]

宁夏：海原、固原、银川[W60]、泾源、隆德[Q3]

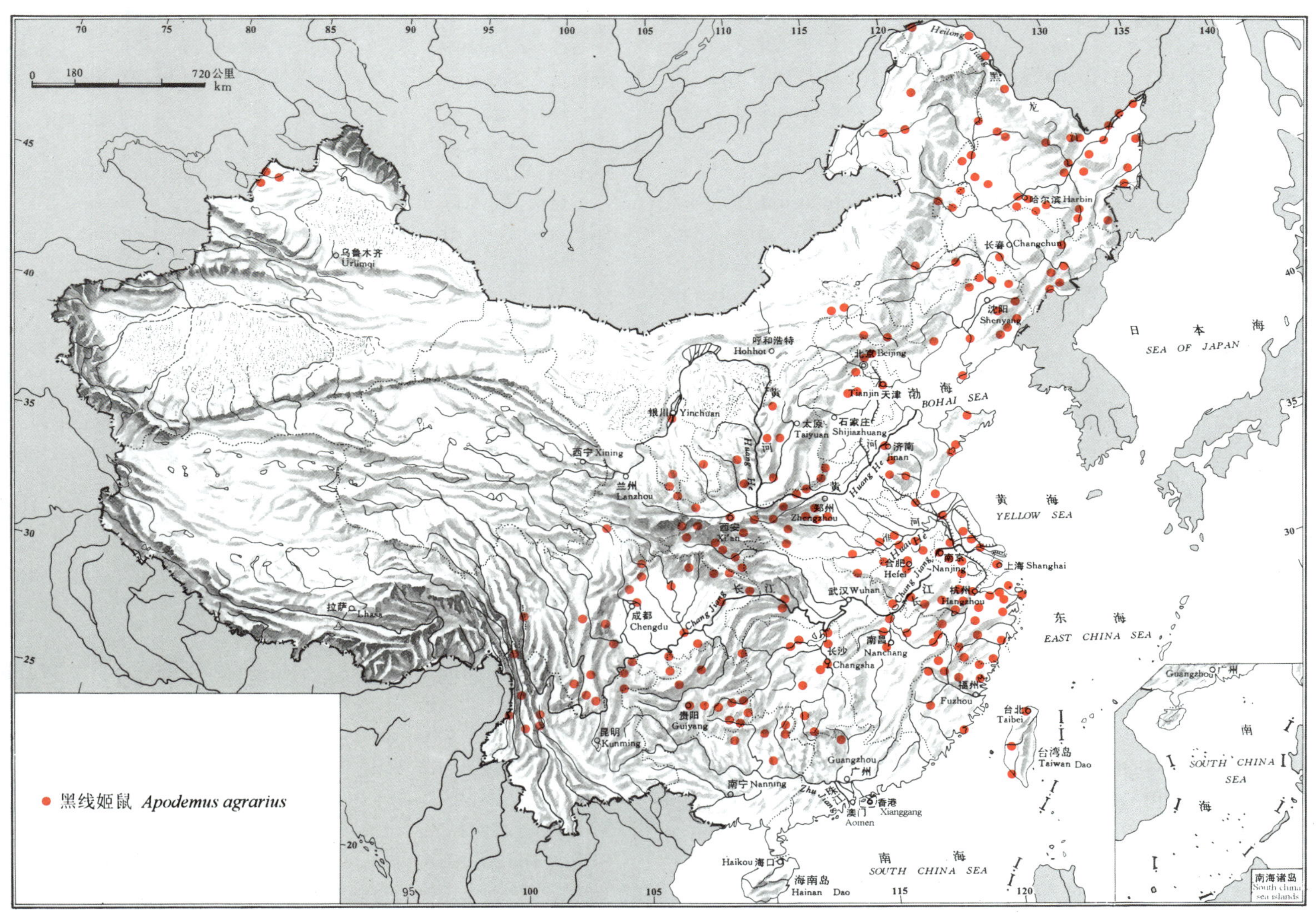

图159 黑线姬鼠 *Apodemus agrarius* 的分布

甘肃：玛曲、临洮[A1]；陇东地区[C16]；天水、康县、文县、武都、舟曲、迭部、岷县[L22]；庆阳、平凉、临潭、卓尼[Z81]；张家川[C19]

上海：上海[S28,Z124]

江苏：南通、大丰、扬州、南京[A1]；新沂、连云港、清江、如皋、东台、句容、常州、宜兴、滨海、盐城、泰兴、大丰、兴化、镇江[H34]；苏州、无锡[Z100]

安徽：风台、颖上、淮南、利辛、霍丘、来安、滁县、肥东、宿松、东至、贵池、青阳、泾县、宣城、宁国、绩溪、太平、祁门、休宁、繁昌、合肥、肥西[W35]；白丰[W39]

浙江：杭州[Z117]；上虞、余姚、诸暨、乐清[Z62]；宁波、天目山、庆元、丽水[Z93]；湖州、淳安、金华、天台、龙泉、开化、舟山岛、册子岛、岙山岛[Z113]

江西：上饶[T7]；玉山[G28]；南昌、永修、九江、波阳[F13]

湖北：长阳[X2]；宜昌[A1]

湖南：长沙、岳阳[A1]；汨罗、桃源、常德、湘潭、那东、宁远、零陵[C8]；汉寿、益阳[G19]

四川：康定、巴塘、会东、米易、峨边、盐源[S46]；万县[A1]；西昌、重庆[G1]；雅安[L91]；万源、南江、城口、巫山、秀山、南川、成都、平武、灌县、若尔盖[H23,24]；广汉、什邡[J5]；中江[N1]；安县[G12]

贵州：从江、榕江、黎平、锦屏、剑河、雷山、贵阳[J8]；贵定[L39]；金沙[L95]；习水、绥阳、赤水*；桐梓、梵净山[L2]；毕节、大方、织金、黔西[L5]

云南：维西（小甸）、泸水（营盘街）、大理[J8]；邓川、永平、德钦[S46]；中甸、丽江[P1]；绥江、永善、水富[Y50]

广西：金秀（大瑶山）[W83]；资源、全州、灌阳、兴安、灵川、桂林、临桂[S12]

广东：瑶山[A1]；粤北地区[Q4]

福建：建阳、三明、宁德[Z14]；邵武*；武夷山[A1]；晋江[F15]；福安、古田、寿宁、福鼎、政和、浦城、光泽、周宁、屏南、宁德、柘荣、顺昌、建宁[H11]

台湾：台北、嘉义、高雄[C15]

新疆：塔城、额敏、裕民[M24,25]

田野，林缘，家舍

欧洲，高加索，阿尔泰，西伯利亚，贝加尔湖地区，朝鲜。

Apodemus agrarius **Pallas, 1771 Striped field mouse**

A. a. agrarius Pallas, 1771 [Europe]

A. a. ningpoensis Swinhoe, 1870 [South of Changjiang basin]

A. a. mantchuricus Thomas, 1898 [Hebei, northeast China, eastern Nei Mongol]

A. a. pallidior Thomas, 1908 [Basins of Changjiang and Huanghe]

A. a. insulaemus Tokuda, 1941 [Taiwan]

Heilongjiang: Fuyu, Ning'an, Shangzhi, Wuchang*; Huma, Heihe, Luobei, Dedu, Anda, Fujin, Tongjiang, Mishan, Fuyuan, Hulin, Raohe, Jixian, Yilan, Yichun, Tangyuan, Tailai, Bei'an, Gan'an[S33,M13]; Acheng, shore of Xingkaihu, Dongning, Wutonghe, Shuangcheng, Harbin, Huanan, Chaihe, Ninjiang, Dorbod (provided by Station of Epidemic Disease Protection, 1959)

Jilin: Tongliao, Gongzhuling, Dunhua, Antu, Fusong, Linjiang[S33]; Baicheng[J1]

Liaoning: Kaizhou[S33], Dalian[L78]; Qingyuan, Xinbin, Huanren, Benxi, Fengcheng, Kuandian, Changtu, Zhangwu, Jinxi, Kangping, Dandong, Yingkou [L17]

Nei Mongol: Horqin Right Wing Front B., Chen Barag B., Genhe, Yakeshi, Ar Horqin B.[B1]; Zhengxiangbai B., Zhenglan B.[Z51]

Hebei: Xin'an[L70]; Chengde[A1]; Baoding[H7]; Fengning[G21], Qinhuangdao, Changli, Shanhaiguan, Zunhua, Laiyuan, Pingshan, Zanhuang, Shexian, Shijiazhuang, Sulu, Jieshui, Wuqiao, Huanghua[Z21]

Beijing: Beijing[A1]; Huairou, Miyun, Fangshan, Yanqing*; Jinshan[B9]; Yuanmingyuan, Fengtai[B10]; Mentougou[Z21]

Tianjin: Tianjin[A1,G22]; Jixian[G21]

Shandong: Qingdao*; Jinan (according to information from Li Rongguan, 1959), Feixian[L75]; Yantai[A1]; Tai'an[A1]; Qufu[Z8,11]; Huanghekou[L51]

Henan: Xinxian, Changge[Z67]; Xixian, Dengfeng, Xixia, Linzhou, Huixian, Wuzhi, Jiyuan, Lushi, Xingyang[G20]; Lankao, Mengjin, Xinxiang[W63]

Shanxi: Zhongyang*; Kelan, Fenyang[A1]; Jiangxian[W15]; Lanxian, Fangshan, Lishi, Zhongyang, Jiaokou, Shilou, Jiaocheng, Wenshui, Xiaoyi[C21]

Shaanxi: Huanglong[G23]; Yan'an, Taibaishan, Shangzhou, Fengxiang, Luonan, Xi'an[A1]; Lintong, Fengxian, Liuba, Ningshan, Zhenping[W98]; Yichuan[J6]; Hanyin, Ankang, Pingli, Shiquan[W96]; Huxian, Zhouzhi, Meixian, Foping, Huayin, Huaxian, Zhenba, Xixiang[W53,55]

Ningxia: Haiyuan, Guyuan, Yinchuan[W60]; Jingyuan, Longde[Q3]

Gansu: Maqu, Lintao[A1]; Longdong area[C16]; Tianshui, Kangxian, Wenxian, Wudu, Zhouqu, Têwo, Minxian[L22]; Qingyang, Pingliang, Lintan, Jonê[Z81]; Zhangjiachuan[C19]

Shanghai: Shanghai[S28,Z124]

Jiangsu: Nantong, Dafeng, Yangzhou, Nanjing[A1]; Xinyi, Lianyungang, Qingjiang, Rugao, Dongtai, Jurong, Changzhou, Yixing, Binhai, Yancheng, Taixing, Dafeng, Xinghua, Zhenjiang[H34]; Suzhou, Wuxi[Z100]

Anhui: Fengtai, Yingshang, Huainan, Lixin, Huoqiu, Lai'an, Chuxian, Feidong, Susong, Dongzhi, Guichi, Qingyang, Jingxian, Xuancheng, Ningguo, Jixi, Taiping, Qimen, Xiuning, Fanchang, Hefei, Feixi[W35]; Baifeng[W39]

Zhejiang: Hangzhou[Z117]; Shangyu, Yuyao, Zhuji, Leqing[Z62]; Ningbo, Tianmushan, Qingyuan, Lishui[Z93]; Huzhou, Chun'an, Jinhua, Tiantai, Longquan, Kaihua, Zhoushandao, Cezidao, Aoshandao[Z113]

Jiangxi: Shangrao[T7]; Yushan[G28]; Nanchang, Yongxiu, Jiujiang, Boyang[F13]

Hubei: Changyang[X2]; Yichang[A1]

Hunan: Changsha, Yueyang[A1], Leiluo, Taoyuan, Changde, Xiangtan, Nadong, Ningyuan, Lingling[C8]; Hanshou, Yiyang[G19]

Sichuan: Kangding, Batang, Huidong, Miyi, Ebian, Yanyuan[S46]; Wanxian[A1]; Xichang, Chongqing[G1]; Ya'an[L91]; Nanbu, Wanyuan, Nanjiang, Chengkou, Wushan, Xiushan, Nanchuan, Chengdu, Pingwu, Guanxian, Zoigê[H23,24]; Guanghan, Shifang[J5]; Zhongjiang[N1]; Anxian[G12]

Guizhou: Congjiang, Rongjiang, Liping, Jinping, Jianhe, Leishan, Guiyang[J8]; Guiding[L39]; Jinsha[L95]; Xishui, Suiyang, Chishui*; Tongzi, Fanjingshan[L2]; Bijie, Dafang, Zhijin, Qianxi[L5]

Yunnan: Weixi (Xiaodian), Lushui (Yingpanjie), Dali[J8]; Dengchuan, Yongping, Dêqên[S46]; Zhongdian, Lijiang[P1]; Suijiang, Yongshan, Shuifu[Y50]

Guangxi: Jinxiu (Da Yaoshan)[W83]; Ziyuan, Quanzhou, Guanyang, Xing'an, Lingchuan, Guilin, Lingui[S12]

Guangdong: Yaoshan[A1]; Yuebei area[Q4]

Fujian: Jianyang, Sanming, Ningde[Z14]; Shaowu*; Wuyishan[A1]; Jinjiang[F15]; Fu'an, Gutian, Shouning, Fuding, Zhenghe, Pucheng, Guangze, Zhouning, Pingnan, Gutian, Ningde, Zherong, Shunchang, Jianning[H11]

Taiwan: Taibei, Jiayi, Gaoxiong[C15]

Xinjiang: Tacheng, Emin, Yumin[M24,25]

Wild, forest edge, house

Europe, Caucasus, Altai, Siberia, Baikal area, Korea.

齐氏姬鼠 ***Apodemus chevrieri*** Milne-Edwards，1868

陕西：秦岭、留坝、镇巴、佛坪、宁强、宁陕、平利、柞水[W98]；商南、洛南[Z85]；周至[W55]

甘肃：文县[E1]；天水[Z81]

四川：二郎山、绵阳、峨眉山、汶川、宝兴、南江、城口、巫山、南川、布拖、雅安、西昌、会东、木里、若尔盖、黑水、甘孜、平武、米易[H23,24]；安县[G12]

湖北：兴山[A1]

贵州：绥阳[*]；贵阳、江口、清镇、贵定、毕节、威宁、赫章、纳雍、大方[L5]；从江，水城[L2]

云南：中甸、丽江、昭通、昆明[A1]；贡山、泸水（高黎贡山）[G14]、德钦、福贡[W86]；宾川[Y15]；弥勒[L4]；剑川、兰坪[Y17]；腾冲、梁河、临沧、思茅；蒙自、文山[Y50]

亚热带林丛

大齿鼠属 *Dacnomys* Thomas，1916

大齿鼠 ***Dacnomys millardi*** Thomas，1916

D. m. ingens Osgood，1932［老挝，越南］

云南：金平[L4]；贡山、泸水、云龙[Y50]

热带森林

大吉岭，阿萨姆，老挝，越南。

家鼠属 *Rattus* Fischer，1803

黑家属 ***Rattus rattus*** Linnaeus，1758

R. r. rattus Linnaeus，1758［福建，辽宁，广东等港口地区］

R. r. alexandrinus Geoffroy，1803［沿海地区］

R. r. rufescens Gray，1837［印度半岛］

R. r. sladeni Anderson，1879［华南，云南，贵州］

R. r. mindanensis Mearns，1905［台湾］

R. r. tistae Hinton，1918［西藏东部］

R. r. hainanicus G. Allen，1926［海南］

R. r. koratensis Kloss，1919，［泰国东部］

辽宁：大连[W119]；沈阳[Y44]

北京：北京[*]

贵州：从江、榕江、黎平、锦屏、剑河、雷山[S40]；兴义、平塘、罗甸

云南：永德[L71]；泸水、保山、盈江、思茅、金平[L4]；元江、勐海、勐龙、景洪[Y43]；中甸、昆明、大理[A1]；福贡[W86]；陇川[W17]；景东[W18]；弥勒、沧源（南滚河）[W16]；宾川[Y15]；云龙、梁河[Y13]；瑞丽、孟连[Y50]

西藏：聂拉木、珠穆朗玛峰东侧、仁庆、卡玛河谷、绒辖、错那、墨脱[F5,X30]；察隅地区[E1]

上海：上海[*,Z124]

浙江：杭州、永嘉、兰溪[Y44]

江苏：常州、武进[Z100]

江西：九江、南昌、抚州、安远[Y44]；赣县、泰和[L65]

湖南：桂东、宜章、新宁、绥宁[L65]

广东：雷北[Y22]；佛山[Z94]；广州[Y44]；湛江、韶关、清远、镜平、三水、曲江、连平、梅县[T5]；阳春[L53]；中山、顺德、番禺[Q8]；电白[C22]

香港：香港[Y44]；九龙[X33]

海南：东方、儋州、白沙、琼中[S8]；海口[T5]；南丰[A1]；尖峰岭、五指山、乐车、水满、营根、江边[X21]

广西：十万大山[Y23]；龙津、合浦、靖西、钦县[T5]；那坡、凭祥、大新、宾阳、武鸣、南宁、忻城、邕宁、天峻、环江[W83,S12,L30]

福建：永定、福州[*]；建阳[S27]；晋江、莆田、龙岩、三明、宁德[Z14]；厦门、闽江流域、南平、龙溪、福清、鼓岭[A1]；建瓯、福鼎、周宇、永定、仙游、南安、同安、龙海、惠安[H11]

台湾：台湾及附近岛屿[E1]；太鲁阁[L41]

家舍，田野

斯里兰卡，印度，喜马拉雅山，中南半岛，马来半岛，苏门答腊，爪哇，加里曼丹，西里伯斯，菲律宾等地。因随人类传播几乎分布世界各地。

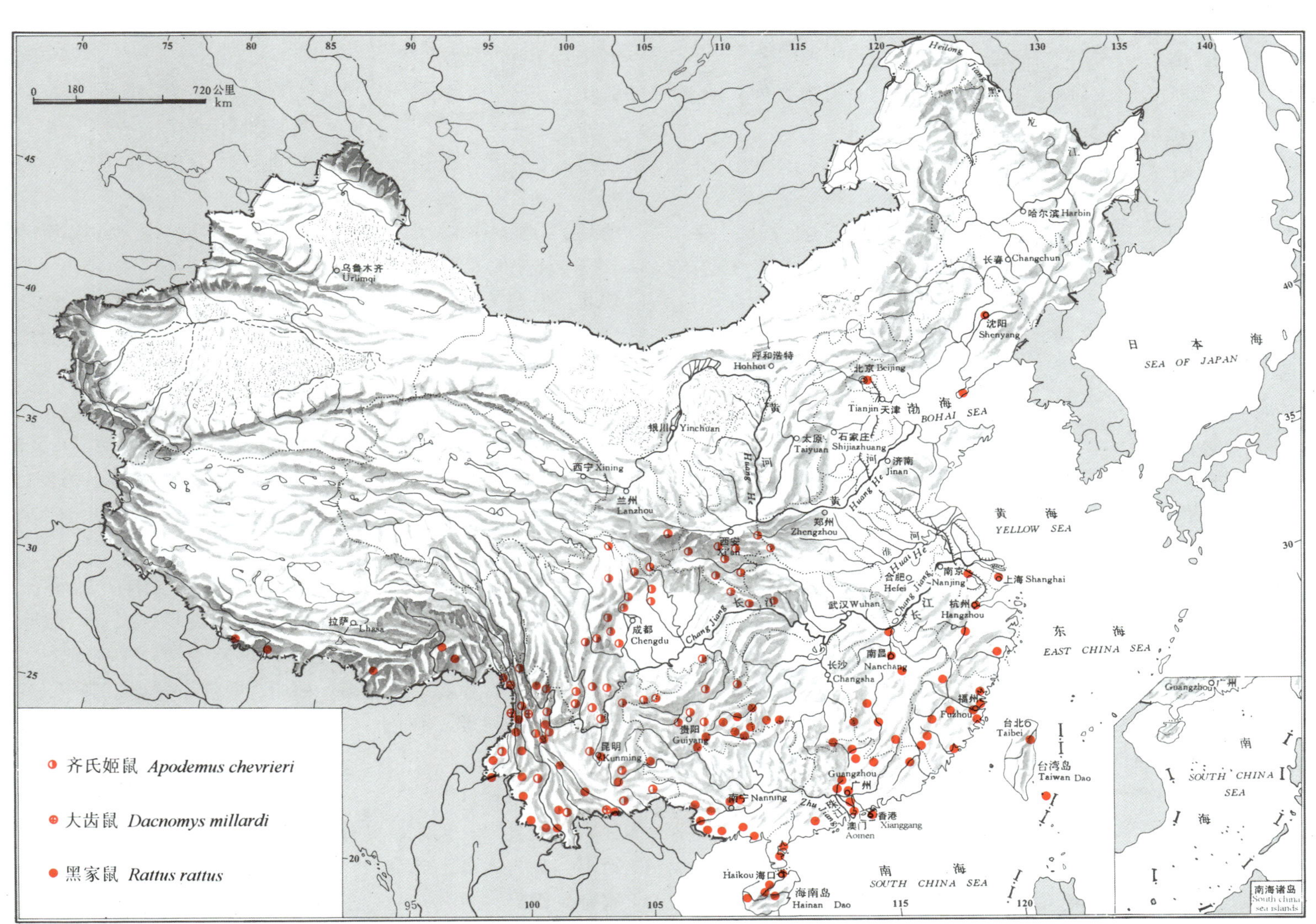

图160 齐氏姬鼠 *Apodemus chevrieri* 大齿鼠 *Dacnomys millardi* 黑家属 *Rattus rattus* 的分布

Apodemus chevrieri Milne-Edwards, 1868

Chevrier's field mouse

Shaanxi: Qinling, Liuba, Zhenba, Foping, Ningqiang, Ningshan, Pingli, Zhashui[W98]; Shangnan, Luonan[Z85]; Zhouzhi[W55]

Gansu: Wenxian[E1], Tianshui[Z81]

Sichuan: Erlangshan, Mianyang, Emeishan, Wenchuan, Baoxing, Nanjiang, Chengkou, Wushan, Nanchuan, Butuo, Ya'an, Xichang, Huidong, Muli, Zoigê, Heishui, Garzê, Pingwu, Miyi[H23,24]; Anxian[G12]

Hubei: Xinshan[A1]

Guizhou: Suiyang*; Guiyang, Jiangkou, Qingzhen, Guiding, Bijie, Weining, Hezhang, Nayong, Dafang[L5]; Congjiang, Shuicheng[L2]

Yunnan: Zhongdian, Lijiang, Zhaotong, Kunming[A1]; Gongshan, Lushui (Gaoligongshan)[G14]; Dêqên, Fugong[W86]; Binchuan[Y15]; Mile[L4]; Jianchuan, Lanping[Y17]; Tengchong, Lianghe, Lincang, Simao, Mengzi, Wenshan[Y50]

Subtropical forest and scrub

Dacnomys Thomas, 1916 Large-toothed rats

Dacnomys millardi Thomas, 1916 **Large-toothed rat**

D. m. ingens Osgood, 1932 [Laos, Vietnam]

Yunnan: Jinping[L4]; Gongshan, Lushui, Yunlong[Y50]

Tropical forest

Darjeeling, Assam, Indochina.

Rattus Fischer, 1803 Old-world rats

Rattus rattus Linnaeus, 1758 **House rat (Black rat)**

R. r. rattus Linnaeus, 1758 [Harbors in Fujian, Liaoning, Guangdong etc.]

R. r. alexandrinus Geoffroy, 1803 [Coastal areas]

R. r. rufescens Gray, 1837 [Indian peninsula]

R. r. sladeni Anderson, 1879 [South China, Yunnan, Guizhou]

R. r. mindanensis Mearns, 1905 [Taiwan]

R. r. tistae Hinton, 1918 [Eastern Xizang]

R. r. hainanicus G. Allen, 1926 [Hainan]

R. r. koratensis Kloss, 1919 [Eastern Thailand]

Liaoning: Dalian[W119]; Shenyang[Y44]

Beijing: Beijing*

Guizhou: Congjiang, Rongjiang, Liping, Jinping, Jianhe, Leishan[S40]; Xingyi, Pingtang, Luodian[L2]; Fanjingshan[G17]

Yunnan: Yongde[L71]; Lushui, Baoshan, Yingjiang, Simao, Jinpin[L4]; Yuanjiang, Menghai, Menglong, Jinghong[Y43]; Zhongdian, Kunming, Dali[A1]; Fugong[W86]; Longchuan[W17]; Jingdong[W18]; Mile, Cangyuan (Nangunhe)[W16]; Binchuan[Y15]; Yunlong, Lianghe[Y13]; Ruili, Menglian[Y50]

Xizang: Nyalam, east flank of Qomolangma, Rinqen, Kama valley, Rongxar, Cona, Mêdog[F5,X30]; Zayü area[E1]

Shanghai: Shanghai*,[Z214]

Zhejiang: Hangzhou, Yongjia, Lanxi[Y44]

Jiangsu: Changzhou, Wujin[Z100]

Jiangxi: Jiujiang, Nanchang, Fuzhou, Anyuan[Y44]; Ganxian, Taihe[L65]

Hunan: Guidong, Yizhang, Xinning, Suining[L65]

Guangdong: Leibei[Y22]; Foshan[Z94]; Guangzhou[Y44]; Zhanjiang, Shaoguan, Qingyuan, Jingping, Sanshui, Qujiang, Lianping, Meixian[T5]; Yangchun[L53]; Zhongshan, Shunde, Panyu[Q8]; Dianbai[C22]

Hongkong: Hongkong[Y44]; Jiulong[X33]

Hainan: Dongfang, Danzhou, Baisha, Qiongzhong[S8]; Haikou[T5]; Nanfeng[A1]; Jianfengling, Wuzhishan, Leche, Shuiman, Yinggen, Jiangbian[X21]

Guangxi: Shiwandashan[Y23]; Longjing, Hepu, Jingxi, Qinxian[T5]; Napo, Pingxiang, Daxin, Binyang, Wuming, Nanning, Xincheng, Yongning, Tianjun, Guanjiang[W83,S12,L30]

Fujian: Yongding, Fuzhou, Jianyang[S27]; Jinjiang, Putian, Longyan, Sanming, Ningde[Z14]; Xiamen and basin of Minjiang, Nanping, Longxi, Fuqing, Guling, Jian'ou, Fuding, Zhouyu, Yongding, Xianyou, Nan'an, Tong'an, Longhai, Hui'an[H11]

Taiwan: Taiwan and near islands[E1]; Tailuge[L41]

House, wild

Sri Lanka, India, Himalayas, Myanmar, Thailand, Indochina, Malay peninsula, Sumatra, Java, Borneo, Celebes, Philippines. Introduced nearly throughout the world owing to its commensalism with man.

黄胸鼠 ***Rattus flavipectus*** Milne-Edwards, 1871

R. f. flavipectus Milne-Edwards, 1871 [云南以外各地]

R. f. yunnanensis Anderson, 1879 [云南]

河南：嵩县、新县、息县[Z97]；信阳、西峡、卢氏、登封、郑州、开封、济源[G20]

陕西：西安[W56]；潼关、凤县、洋县、城固、佛坪、宁陕、石泉、平利、镇巴、镇坪、商州、柞水、商南[Z85]；临潼、汉阴、安康[W96,98]；蒲城、黄陵[W55]

四川：峨眉山、万县[A1]；马尔康、康定*；雅安[L91]；宝兴、平武、南充、达川、奉节、万源、秀山、南川、重庆、苍溪、南江、成都、甘孜、汶川[H23,24]

贵州：贵阳[J8]；从江、榕江、黎平、锦屏、剑河、雷山、贵定[L39]；金沙、桐梓、绥阳[L2]；梵净山[G17]；茂兰[X8]；毕节、威宁、赫章、纳雍、大方、织金、黔西[L5]

云南：中甸、丽江、昆明、元江[A1]；腾冲、潞西、盈江、弥渡、保山、勐笼*；思茅、勐海、景洪、勐仑、勐旺、勐腊[Y43]；永德、耿马、沧源、双江、临沧[L71]；洱源、永平、昌宁、龙陵、麻栗坡(省鼠防所1958年提供)；陇川[W17]；景东[W18]；南滚河[W16]；绿春、元阳、个旧、金平[L4]；贡山、泸水[G14]；福贡[W86]；剑川、兰坪[Y17]；瑞丽[Y20]

西藏：察隅、波密、樟木、墨脱、亚东、八宿、昌都[X30,F5]

安徽：合肥[W33]；黄山[L46]；凤台、颖上、蒙城、霍丘、淮南、来安、滁县、镇巴、肥东、宿松、东至、祁门、太平、休宁、宁国、宣城、泾县、青阳[H35,L47,W39]

江苏：南京[A1,Z107]；徐州、泗洪、清江、滨海、兴化、盐城、扬州、海安、宜兴、常州、句容、大丰、南通、无锡[Z100]

上海：上海[A1,Z124]

浙江：庆元[C38]；杭州[C10]；临安、嘉兴、定海、金华、义乌、衢州、洞头、乐清[Z113]；舟山[Z114]；天目山[B6]

江西：上饶[T7]；玉山[G28]；南昌、九江、波阳[F13]；安远、赣县、泰和[L65]

湖南：汨罗、桃源、常德、邵东、宁远、零陵、长沙、汉寿、益阳[G19]；桂东、新宁、绥宁[L65]；宜章[F14]

湖北：宜昌*

广东：雷北[Y22]；南海、三水、顺德、新会[Z94]；紫金、大埔、连州、阳山[T5]；中山、电白[C22]；湛江[M30]

香港：九龙[X33]

海南：东方、儋州、白沙、琼山、万宁、三亚、和乐[S8]；文昌[T5]；南丰[A1]；乐东、琼中、保亭、五指山、尖峰岭、吊罗山、坝王岭[X21]；永兴岛、金银岛、珊瑚岛、琛航岛、广金岛、东岛[L67]

广西：那坡、靖西、龙州、上思、邕宁[W47]；凭祥、民强*；十万大山[Y23]；天峨、田林、百色、河池、龙胜、兴安、富川、贺县、玉林、灵山、上林、金秀、南宁[W83,S12,L30]；合浦[Q18]

福建：南平、福清、武夷山、福州、晋江、龙溪、寿宁、莆田、龙岩、三明、建阳、宁德[Z14]；光泽、周宇、南平、仙游、华安[H11]

宁夏：宁中地区[Q3]

甘肃：康县[L22]；天水、兰州、武威[Z81]

新疆：乌鲁木齐、哈密[W41]

家舍，田野

越南。

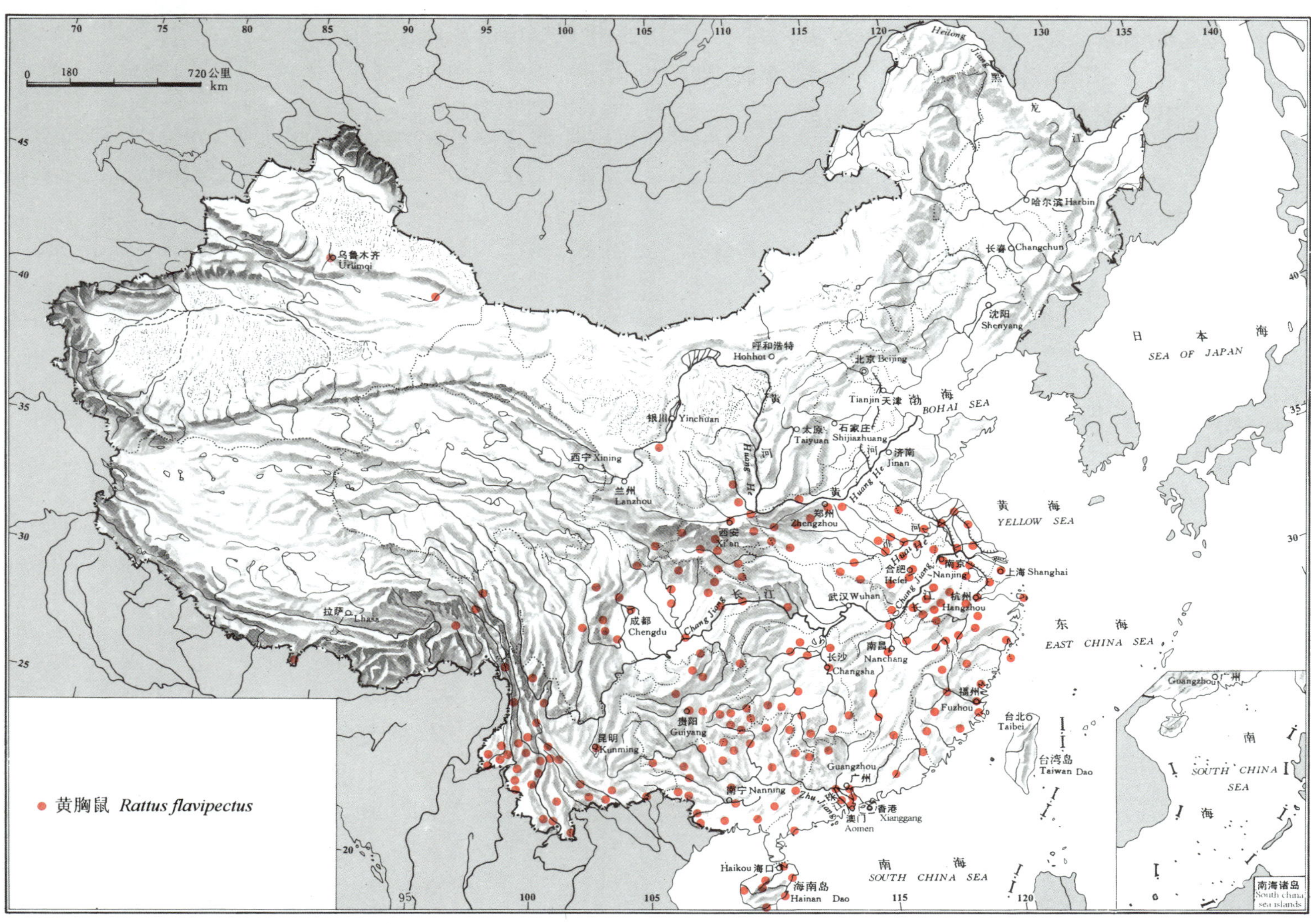

图 161 黄胸鼠 *Rattus flavipectus* 的分布

Rattus flavipectus Milne-Edwards, 1871 **Yellow-bellied rat**

R. f. flavipectus Milne-Edwards, 1871 [Most of the area, excluding Yunnan]

R. f. yunnanensis Anderson, 1879 [Yunnan]

Henan: Songxian, Xinxian, Xixian[Z97]; Xinyang, Xixia, Lushi, Dengfeng, Zhengzhou, Kaifeng, Jiyuan[G20]

Shaanxi: Xi'an[W56]; Tongguan, Fengxian, Yangxian, Chenggu, Foping, Ningshan, Shiquan, Pingli, Zhenba, Zhenping, Shangzhou, Zhashui, Shangnan[Z85]; Lintong, Hanyin, Ankang[W96,98]; Pucheng, Huangling[W55]

Sichuan: Emeishan, Wanxian[A1]; Baoxing, Barkam, Kangding*; Ya'an[L91]; Pingwu, Nanchong, Dachuan, Fengjie, Wanyuan, Xiushan, Nanchuan, Chongqing, Cangxi, Nanjiang, Chengdu, Garzê, Wenchuan[H23,24]

Guizhou: Guiyang[J8]; Congjiang, Rongjiang, Liping, Jinping, Jianhe, Leishan, Guiding[L39]; Jinsha, Tongzi, Suiyang[L2]; Fanjingshan[G17]; Maolan[X8]; Bijie, Weining, Hezhang, Nayong, Dafang, Zhijin, Qianxi[L5]

Yunnan: Zhongdian, Lijiang, Kunming, Yuanjiang[A1]; Tengchong, Luxi, Yingjiang, Midu, Baoshan, Menglong*; Simao, Menghai, Jinghong, Menglun, Mengwang, Mengla[Y43]; Yongde, Gengma, Cangyuan, Shuangjiang, Lincang[L71]; Eryuan, Yongping, Changning, Longling, Malipo (provided by Yunnan Institute of Plague Protection, 1958), Longchuan[W17]; Jingdong[W18]; Nangunhe[W16]; Luchun, Yuanyang, Gejiu, Jinping[L4]; Gongshan, Lushui[G14]; Fugong[W86]; Jianchuan, Lanping[Y17]; Ruili[Y20]

Xizang: Zayü, Bomi, Zhangmu, Mêdog, Yadong, Baxoi, Qamdo[X30,F5]

Anhui: Hefei[W33]; Huangshan[L46]; Fengtai, Yingshang, Mengcheng, Huoqiu, Huainan, Lai'an, Chuxian, Zhenba, Feidong, Susong, Dongzhi, Qimen, Taiping, Xiuning, Ningguo, Xuancheng, Jingxian, Qingyang[H35,L47,W39]

Jiangsu: Nanjing[A1,Z107]; Xuzhou, Sihong, Qingjiang, Binhai, Xinghua, Yancheng, Yangzhou, Hai'an, Yixing, Changzhou, Jurong, Dafeng, Nantong, Wuxi[Z100]

Shanghai: Shanghai[A1,Z124]

Zhejiang: Qingyuan[C38]; Hangzhou[C10]; Lin'an, Jiaxing, Dinghai, Jinhua, Yiwu, Quzhou, Dongtou, Leqing[Z113]; Zhoushan[Z114]; Tianmushan[B6]

Jiangxi: Shangrao[T7]; Yushan[G28]; Nanchang, Jiujiang, Boyang[F13]; Anyuan, Ganxian, Taihe[L65]

Hunan: Leiluo, Taoyuan, Changde, Shaodong, Ningyuan, Lingling, Changsha, Hanshou, Yiyang[G19]; Guidong, Xinning, Suining[L65]; Yizhang[F14]

Hubei: Yichang*

Guangdong: Leibei[Y22]; Nanhai, Sanshui, Shunde, Xinhui[Z94]; Zijin, Dapu, Lianzhou, Yangshan[T5]; Zhongshan, Dianbai[C22]; Zhanjiang[M30]

Hongkong: Jiulong[X33]

Hainan: Dongfang, Danzhou, Baisha, Qiongshan, Wanning, Sanya, Hele[S8]; Wenchang[T5]; Nanfeng[A1]; Ledong, Qiongzhong, Baoting, Wuzhishan, Jianfengling, Diaoluoshan, Bawangling[X21]; Yongxingdao, Jinyindao, Chenhangdao, Shanhudao, Guangjindao, Dongdao[L67]

Guangxi: Napo, Jingxi, Longzhou, Shangsi, Yongning[W47]; Pingxiang, Minqiang*; Shiwandaishan[Y23]; Tian'e, Tianlin, Bose, Hechi, Longsheng, Xing'an, Fuchuan, Hexian, Yulin, Lingshan, Shanglin, Jinxiu, Nanning[W83,S12,L30]; Hepu[Q18]

Fujian: Nanping, Fuqing, Wuyishan, Fuzhou, Jinjiang, Longxi, Shouning, Putian, Longyan, Sanming, Jianyang, Ningde[Z14]; Guangze, Zhouyu, Nanping, Xianyou, Hua'an[H11]

Ningxia: Ningzhong area[Q3]

Gansu: Kangxian[L22]; Tianshui, Lanzhou, Wuwei[Z81]

Xinjiang: Ürümqi, Hami[W41]

House, wild

Vietnam.

大足鼠 ***Rattus nitidus*** Hodgson，1845

R. n. nitidus Hodgson，1845

四川：万县、康定、木里、江油、雅安[A1]；重庆[L92]；成都、温江、渡口、奉节、内江、宜宾、犍为、宁南[H23,24]；汶川[W107]

贵州：金沙[L95]；从江、榕江、黎平、锦屏、剑平、雷山[S40]；贵阳[J8]；绥阳、江口、普兰、黄平、贵定、平塘、罗甸、梵净山[L2]；毕节、威宁、赫章、纳雍、大方、织金、黔西[L5]

云南：昆明、丽江、维西、镇康、保山（营盘街）[A1]；贡山（高黎贡山）[G14]；福贡[W86]；陇川[W17]；沧源（南滚河）[W16]；大理（点苍山）[Y16]；宾川（鸡足山）[Y15]；绿春、金平、屏边、弥勒[L4]；剑川、兰坪[Y17]

西藏：察隅、波密、易贡、林芝、米林、墨脱、芒康、吉隆、樟木[F5,W81,X30]

安徽：佛子岭、岳西、太湖、歙县[H35]；黄山、金寨、宿松、休宁、祁门、宁国、宣城[W37]；东至、青阳[L47,W39]

江苏：南京[A1]、镇江[Z100]

上海：上海[Z124]

浙江：临安、定海、金华、衢州、开化、遂昌、龙泉[Z113]；舟山岛、下国山岛[Z114]；天目山[B6]

湖南：岳阳[A1]；桂东、宜章、新宁、绥宁[L65]；桃源、汉寿、益阳、常德[G19]

江西：安远、赣县、泰和[L65]；九江[F13]

广西：十万大山[Y23]；龙津、靖西[W47]；大瑶山[A1]；龙州、武鸣[W83]；兴安、合浦、防城、那坡、隆林[S12]

广东：阳江、信宜、增城、河源、大埔、连平、和平、曲江、连州、阳山[T5]；湛江、瑶山[A1]

海南：东方、琼中、五指山[S8]；儋州、白沙、澄迈、乐东[T5]；文昌、尖峰岭、坝王岭[X21]

福建：南平、福州、武夷山[A1]；建阳、宁德[Z14]；龙岩、德化、邵武、浦城、建瓯、屏南[H11]

甘肃：康县[L22]；玛曲[Z69]

陕西：宁陕、石泉、宁强[W55]

家舍，田野

恒河上游地区，尼泊尔，阿萨姆，缅甸北部，泰国，越南北部。

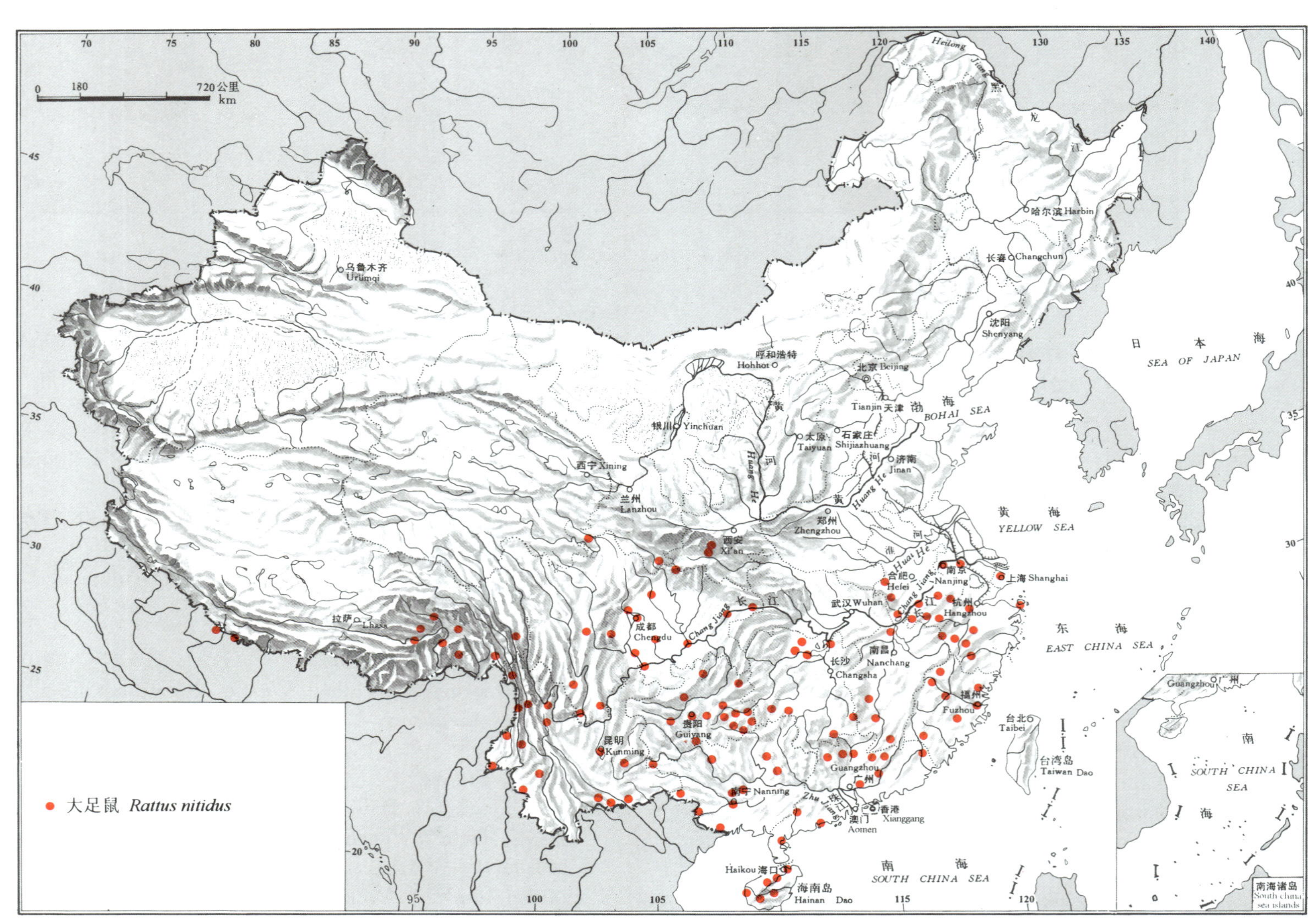

图 162 大足鼠 *Rattus nitidus* 的分布

Rattus nitidus Hodgson，1845 **Himalayan rat**

R. n. nitidus Hodgson，1845

Sichuan：Wanxian，Kangding，Muli，Jiangyou，Ya'an[A1]；Chongqing[L92]；Chengdu，Wenjiang，Dukou，Fengjie，Neijiang，Yibin，Jianwei，Ningnan[H23,24]；Wenchuan[W107]

Guizhou：Jinsha[L95]；Congjiang，Rongjiang，Liping，Jinping，Jianping，Leishan[S40]；Guiyang[J8]；Suiyang，Jiangkou，Pulan，Huangping，Guiding，Pingtang，Luodian，Fanjingshan[L2]；Bijie，Weining，Hezhang，Nayong，Dafang，Zhijin，Qianxi[L5]

Yunnan：Kunming，Lijiang，Weixi，Zhenkang，Baoshan (Yingpanjie)[A1]；Gongshan (Gaoligongshan)[G14]；Fugong[W86]；Longchuan[W17]；Cangyuan (Nangunhe)[W16]；Dali (Diancangshan)[Y16]；Binchuan (Jizushan)[Y15]；Luchun，Jinping，Pingbian，Mile[L4]；Jianchuan，Lanping[Y17]

Xizang：Zayü，Bomi，Yigong，Nyingchi，Mainling，Mêdog，Markam，Gyirong，Zhangmu[W81,F5,X30]

Anhui：Foziling，Yuexi，Taihu，Shexian[H35]；Huangshan，Jinzhai，Susong，Xiuning，Qimen，Ningguo，Xuancheng[W37]；Dongzhi，Qingyang[L47,W39]

Jiansu：Nanjing[A1]；Zhenjiang[Z100]

Shanghai：Shanghai[Z124]

Zhejiang：Lin'an，Dinghai，Jinhua，Quzhou，Kaihua，Suichang，Longquan[Z113]；Zhoushandao，Xiaguoshandao[Z114]；Tianmushan[B6]
Hunan：Yueyang[A1]；Guidong，Yizhang，Xinning，Suining[L65]；Taoyuan，Hanshou，Yiyang，Changde[G19]
Jiangxi：Anyuan，Ganxian，Taihe[L65]；Jiujiang[F13]
Guangxi：Shiwandashan[Y23]；Longjin，Jingxi[W47]；Da Yaoshan[A1]；Longjin，Wuming[W83]；Xing'an，Hepu，Fancheng，Napo，Longlin[S12]
Guangdong：Yangjiang，Xinyi，Zengcheng，Heyuan，Dapu，Lianping，Heping，Qujiang，Lianzhou，Yangshan[T5]；Zhanjiang，Yaoshan[A1]
Hainan：Dongfang，Qiongzhong，Wuzhishan[S8]；Danzhou[S8]；Baisha，Chengmai，Ledong[T5]；Wenchang，Jianfengling，Bawangling[X21]
Fujian：Nanping，Fuzhou，Wuyishan[A1]；Jianyang，Ningde[Z14]；Longyan，Dehua，Shaowu，Pucheng，Jian'ou，Pingnan[H11]
Gansu：Kangxian[L22]；Maqu[Z69]
Shaanxi：Ningshan，Shiquan，Ningqiang[W55]

House，wild

Upper reaches of Ganga River，Nepal，Assam，northern Myanmar，Thailand，Tonkin in Indochina.

拟家鼠 ***Rattus rattoides*** Hodgson，1845

R. r. losea Swinhoe，1870［台湾东南沿海］
R. r. turkestanicus Satunin，1903［土耳其斯坦至克什米尔］
R. r. celsus G. Allen，1926［云南，四川，贵州］
R. r. exiguus Howell，1927［东南沿海，海南］

四川：西昌（金矿）[A1]；重庆[L92]；宝兴、巴塘[S46]；渡口、会理、米易[H23、24]；南充（*turkestanicus*，胡锦矗 1992 视为独立种）[H21]
贵州：从江、榕江、黎平、锦屏、剑河、雷山[S40]；桐梓、江口、册亨、罗甸[L2]；梵净山[G17]
云南：小勐养、河口、普洱、中甸*；德钦[W74]；泸水[S46]；思茅、勐海、景洪、景东、金平、勐阿、勐笼[Y43]；邓川、麻栗坡[Y41]；昆明[H4]；维西、丽江、文山、绿春[Y50]
西藏：聂拉木、定日、绒辖河谷、卡玛曲、樟木、吉隆、亚东[F5]
安徽：黄山[H35]
浙江：定海、普陀、金华、天台、温州、乐清[Z62]；洞天、丽水、遂昌、庆元、杭州[Z113、117]
江西：上饶[T7]；安远、赣县、泰和[L65]；南昌、波阳[F13]
湖南：长沙、桂东、宜章、新宁、绥宁[L65]、汨罗、桃源、常德、邵东、湘潭、宁远、零陵[C8]
广西：那坡、靖西、龙州、上思、邕宁[W47、83]；合浦[Q18]
广东：雷北[Y22]；中山[W64]；佛山[Z94]；梅县、茂信、新会、宝安、遂溪、连州、阳山、高要*；三水、从化、紫金、连平、乐昌、雷州半岛[T5]；海康[Z123]
香港：九龙[X33]
海南：南丰、东方、儋州、白沙、琼中、琼山、和乐[S8]；万宁、三亚、海口[T5]；阳春[L54]；五指山、尖峰岭、吊罗山、昌江[X21]
福建：福州、南平、武夷山、福清、厦门[A1]；晋江、龙溪、莆田、龙岩、三明、建阳、宁德[Z14]、光泽、邵武、周宁、古田、武平、漳州、华南、平和、仙游、永定、同安[H11]
台湾：淡水[E1]
甘肃：康县、文县、武都[L22、Z81]
陕西：延安、黄陵[W55]

田野

阿富汗，中亚，克什米尔，旁遮普，尼泊尔。

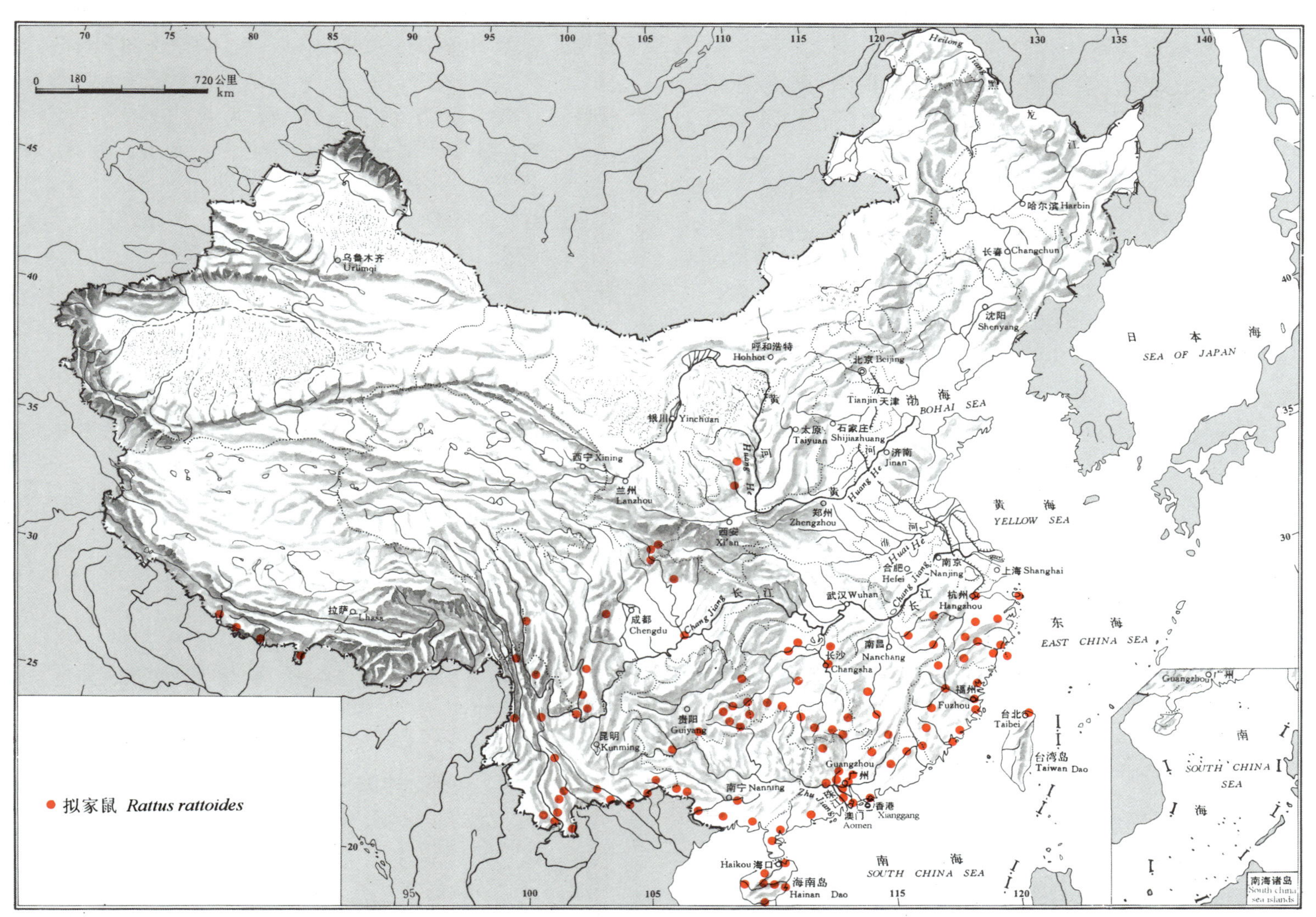

图 163 拟家鼠 *Rattus rattoides* 的分布

Rattus rattoides Hodgson, 1845 **Turkestan rat**
R. r. losea Swinhoe, 1870 [Southeastern coast of Taiwan]
R. r. turkestanicus Satunin, 1903 [Turkestan-Kashmir]
R. r. celsus G. Allen, 1926 [Yunnan, Sichuan, Guizhou]
R. r. exiguus Howell, 1927 [Southeastern coast, Hainan]

Sichuan: Xichang (Jinkuang)[A1]; Chongqing[L92]; Baoxing, Batang[S46]; Dukou, Huili, Miyi[H23,24]; Nanchong (*turkestanicus*, treated as an independent species by Hu Jinchu, 1992)[H21]

Guizhou: Congjiang, Rongjiang, Liping, Jinping, Jianhe, Leishan[S40]; Tongzi, Jiangkou, Ceheng, Luodian[L2]; Fanjingshan[G17]

Yunnan: Xiaomengyang, Hekou, Pu'er, Zhongdian*; Dêqên[W74]; Lushui[S46]; Simao, Menghai, Jinghong, Jingdong, Jinping, Meng'a, Menglong[Y43]; Dengchuan, Malipo[Y41]; Kunming[H4]; Weixi, Lijiang, Wenshan, Lüchun[Y50]

Xizang: Nyalam, Tingri, Rongxar valley, Kamaqu, Zhangmu, Gyirong, Yadong[F5]

Anhui: Huangshan[H35]

Zhejiang: Dinghai, Putuo, Jinhua, Tiantai, Wenzhou, Leqing[Z62]; Dongtian, Lishui, Suichang, Qingyuan, Hangzhou[Z113,117]

Jiangxi: Shangrao[T7]; Anyuan, Ganxian, Taihe[L65]; Nanchang, Boyang[F13]

Hunan: Changsha, Guidong, Yizhang, Xinning, Suining[L65]; Leiluo, Taoyuan, Changde, Shaodong, Xiangtan, Ningyuan, Lingling[C8]

Guangxi: Napo, Jingxi, Longzhou, Shangsi, Yongning[W47,83]; Hepu[Q18]

Guangdong: Leibei[Y22]; Zhongshan[W64]; Foshan[Z94]; Meizhou, Maoxin, Xinhui, Bao'an, Suixi, Lianxian, Yanshan, Gaoyao*; Sanshui, Conghua, Zijin, Lianping, Lechang, Leizhou Peninsula[T5]; Haikang[Z123]

Hongkong: Jiulong[X33]

Hainan: Nanfeng, Dongfang, Danzhou, Baisha, Qiongzhong, Qiongshan, Hele[S8]; Wanning, Sanya, Haikou[T5]; Yangchun[L54]; Wuzhishan, Jianfengling, Diaoluoshan, Changjiang[X21]

Fujian: Fuzhou, Nanping, Wuyishan, Fuqing, Xiamen[A1]; Jinjiang, Longxi, Putian, Longyan, Sanming, Jianyang, Ningde[Z14]; Guangze, Shaowu, Zhouning, Gutian, Wuping, Zhangzhou, Huanan, Pinghe, Xianyou, Yongding, Tong'an[H11]

Taiwan: Tamsui[E1]

Gansu: Kangxian, Wenxian, Wudu[L22,Z81]

Shaanxi: Yan'an, Huangling[W55]

Wild

Afghanistan, Central Asia, Kashmir, Punjab, Nepal.

褐家鼠 ***Rattus norvegicus*** Berkenhout, 1769
R. n. norvegicus Berkenhout, 1769 [东南沿海]
R. n. caraco Pallas, 1779 [东北]
R. n. humiliatus Milne-Edwards 1868 [华北]
R. n. socer Miller, 1914 [华中，华南，西南]
R. n. sulfureoventris Kuroda, 1952 [台湾]

黑龙江：抚远、富锦、同心、安达、集贤、富裕、密山*；呼玛、黑河、伊春、宝清、阿城、尚志[S33]、甘南、汤原[A2]；泰来、哈尔滨、杜尔伯特、桦南、北安、双城、龙江、柴河、东宁、嫩江、虎林、饶河、梧桐河（省卫生防疫站1963年提供）

吉林：抚松、临江、敦化、长春、榆树、四平、公主岭、梨树、扶余[Z63]

辽宁：盖州、新民、彰武、普兰店[S33]；大连[W119]；清原、新宾、桓仁、本溪、凤城、宽甸、绥中、锦西、建昌、北票、黑山、沈阳、铁岭、建平、昌图[L19]

内蒙古：呼和浩特[A1]；磴口[D10]；牙克石、根河[Z118,M13]；科尔沁右翼前旗[S33]；新巴尔虎左旗、新巴尔虎右旗、鄂温克旗、陈巴尔虎旗、松岭（大兴安岭）、通辽、太仆寺旗、锡林浩特、杭锦旗、乌拉特前旗、祖银地、商都*；包头、土默特旗、和林、丰镇、东胜、乌审旗、达尔罕茂明安联合旗、鄂托克旗、乌拉特后旗[Z51,56]；大青山（九峰山）[Z46]；阿拉善左旗[W60]

北京：北京[E1]；金山[B9]；房山*

天津：天津[A1,G22]、蓟县[G21]

河北：新安[L70]；兴隆[A1]；涿州、邯郸、保定、康保、围场、张家口、秦皇岛*；昌黎、遵化、平山、赞皇、涉县、束鹿、衡水[Z21]

山西：五台山[Z38]；中条山[T2]；太原、大同[A1]；天镇、山阴、左云、右玉、朔州、应县、阳高[L58]；绛县[W15]；岚县、方山、兴县、临县、离石、柳林、中阳、交口、石楼、交城、文水、汾阳、考义[C21]

山东：济南（据李荣光1959年资料）；费县[L75]

河南：全省各地[G20,Z97]

陕西：榆林[D10]；西安[W56]；延安、黄龙[G23]；定边、神木、横水、靖边[C26]；凤翔[A1]；陇县[L41]；临潼、留坝、洋县、宁陕[W98]；商州、山阳、商南、洛南[Z85]；宜川[J6]；汉阴、平利、石泉、安康[W96]

宁夏：银川[Q13]；陶乐、陛德、泾源、西吉、海原、固原、中心、中卫、中宁、青铜峡、吴忠、灵武、盐池、永宁、贺兰、平罗、石嘴山[W60]

甘肃：兰州、洮州[A1]；陇东地区[C16]；文县[M1]；天水、康县、武都、舟曲、迭部、岷县[L22]

青海：共和、贵德[Z24]；西宁[Q13]；同仁、尖扎、循化、互助、乐都、民和、化隆、泽库、河南[Z69]

新疆：哈密、乌鲁木齐、吐鲁番[W41]

四川：万县、汶川、茂汶、宜宾、康定[A1]；会东[S46]；雅安[L91]；重庆[L92]；若尔盖、苍溪、成都、南江、平武、南充、万源、渡口、巫山、奉节、内江、秀山、峨眉山、马尔康[H23,24]

贵州：贵阳[J8]；贵定[L39]；绥阳、习水*；金沙[L95]；威宁、兴义、盘县、安顺、册亨、罗甸、都匀、松桃、天柱、从江[L2]；梵净山[G17]；毕节、赫章、纳雍、大方、织金、黔西[L5]

云南：德钦[S46]；丽江、大理、昭通、元江[A1]；邓川、永平、昌宁、龙陵、麻栗坡[Y41]；宾川[Y15]；昆明[H2]；剑川、兰坪[Y17]

广西：龙津*；十万大山[Y23]；那坡、天峨、田林、百色、河池、龙胜、兴安、富川、贺县、玉林、灵山、上林、金秀、南宁[W83,S12]

广东：连平、曲江、连州、阳山[T5]；雷北[Y22]；瑶山[A1]；三水、揭阳、清远、珠江三角洲[X14]；湛江[M30]；电白[C22]

海南：东方、保亭、琼中、澄迈、海口[X21]；南沙群岛、永兴岛、金银岛、琛航岛[L67]

香港：香港[Y44]；九龙[X33]

上海：上海[*,Z124]

江苏：南京、徐州、清江、滨海、连云港、扬州、海安、宜兴、句容、盐城、无锡、常州[Z100]

浙江：乐清[Z62]；宁波、杭州、永嘉、兰溪[Y44]；庆元、丽水[Z93]；定海、开化、泰顺[Z113]

安徽：合肥[W33]；肥西[W35]；当涂、繁昌、宿松、和县[H35]；凤台、颖上、霍丘、祁门、霍山、金寨、枞阳[L47,W39]

江西：九江、南昌、崇仁[Y44]；上饶[T7]；波阳[F13]

湖南：长沙、桃源、汉寿、益阳、常德[G19]；宜章、新宁、城步、桂东、资兴、绥宁[F14]

湖北：汉口[Y44]；宜昌[A1]

福建：福州、南平、建阳、武夷山、厦门、晋江、龙溪、莆田、寿宁、龙岩、三明、宁德[Z14]；永安、福清、光泽、晋江、平和[H11]

台湾：台北、兰屿[C15]

家舍，田野

因人类传播全球广泛分布。原始分布区可能在亚洲古北区。

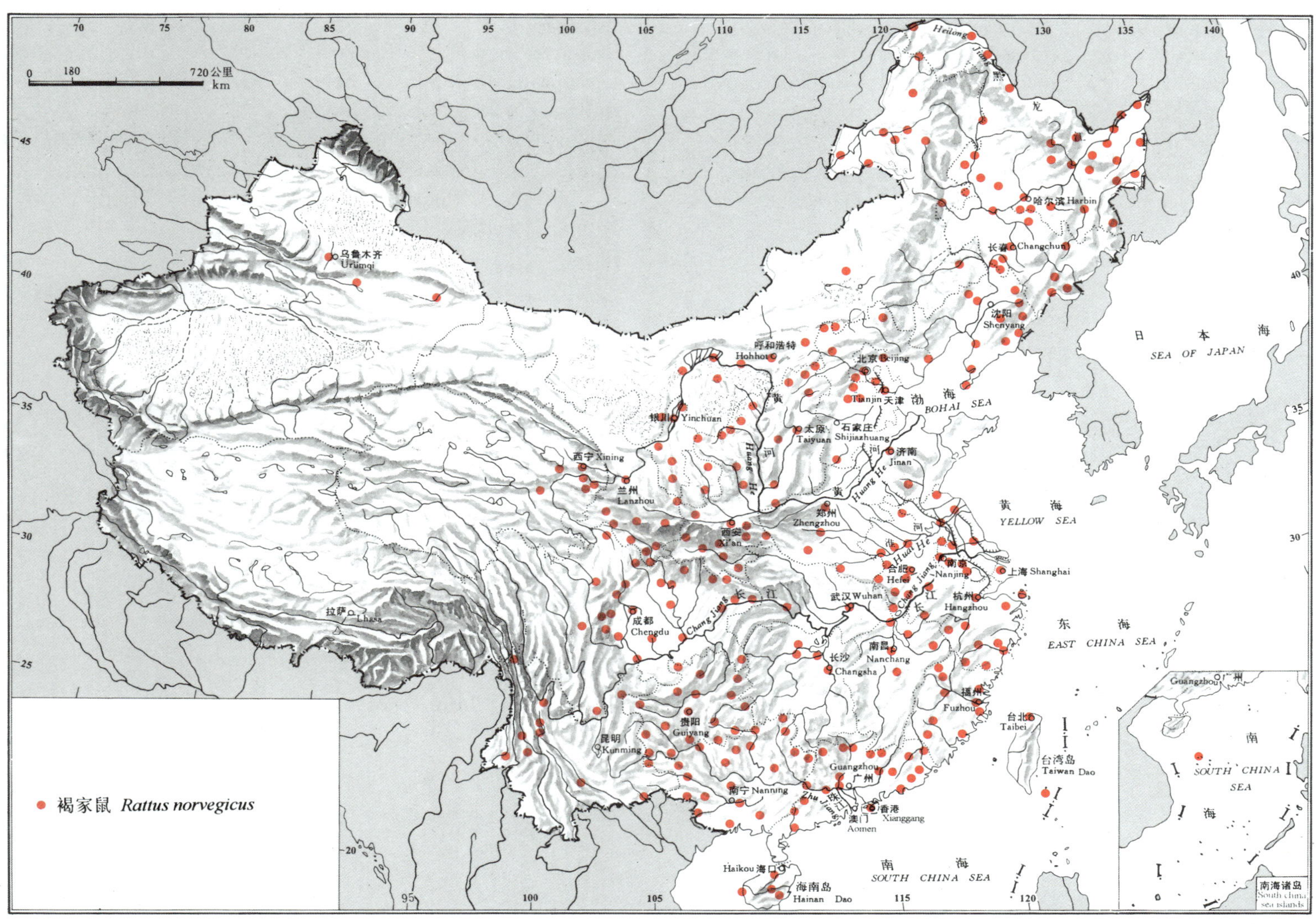

图 164 褐家鼠 *Rattus norvegicus* 的分布

Rattus norvegicus Berkenhout, 1769

Common rat (Brown rat)

R. n. norvegicus Berkenhout, 1769 [Southeastern coast]

R. n. caraco Pallas, 1779 [Northeast China]

R. n. humiliatus Milne-Edwards, 1868 [North China]

R. n. socer Miller, 1914 [Central, south and southwest China]

R. n. sulfureoventris Kuroda, 1952 [Taiwan]

Heilongjiang: Fuyuan, Fujin, Tongxin, Anda, Jixian, Fuyu, Mishan*; Huma, Yichun, Baoqing, Acheng, Shangzhi[S33]; Gannan, Tangyuan[A2]; Tailai, Harbin, Dorbod, Huanan, Bei'an, Shuangcheng, Longjiang, Chaihe, Dongning, Nenjiang, Hulin, Raohe, Wutonghe (provided by Station of Epidemic Disease Protection, Heilongjiang, 1963)

Jilin: Fusong, Linjiang, Dunhua, Changchun, Yushu, Siping, Gongzhuling, Lishu, Fuyu[Z63]

Liaoning: Gaizhou, Xinmin, Zhangwu, Pulandian[S33]; Dalian[W119]; Qingyuan, Xinbin, Huanren, Benxi, Fengcheng, Kuandian, Suizhong, Jinxi, Jianchang, Beipiao, Heishan, Shenyang, Tieling, Jianping, Changtu[L19]

Nei Mongol: Hohhot[A1]; Dengkou[D10]; Yakeshi, Genhe[Z118,M13]; Horqin Right B.[S33]; Xin Barag Left B., Xin Barag Right B., Ewenki, Chen Barag B., Songling (Daixinganling), Tongliao, Taibus B., Xilinhot, Hanggin B., Urad Front B., Zuyinde, Shangdu*; Baotou, Tumd B., Horinger, Fengzhen, Dongsheng, Uxin B., Darhan Muminggan Joint B., Otog B., Urad Rear B.[Z51,56]; Daqingshan (Jiufeng Shan)[Z46]; Alxa Left B.[W60]

Beijing[E1]; Jinshan[B9]; Fangshan*

Tianjin: Tianjin[A1,G22]; Jixian[G21]

Hebei: Xin'an[L70]; Xinglong[A1]; Zuozhou, Handan, Baoding, Kangbao, Weichang, Zhangjiakou, Qinhuangdao*,[G21]; Changli, Zunhua, Pingshan, Zanhuang, Shexian, Sulu, Hengshui[Z21]

Shanxi: Wutaishan[Z38]; Zhongtiaoshan[T2]; Taiyuan, Datong[A1]; Tianzhen, Shanyin, Zuoyun, Youyu, Shuozhou, Yingxian, Yanggao[L58]; Jiangxian[W15]; Lanxian, Fangshan, Xingxian, Linxian, Lishi, Liulin, Zhongyang, Jiaokou, Shilou, Jiaocheng, Wenshui, Fenyang, Kaoyi[C21]

Shandong: Jinan (According information of Li Rongguan, 1959), Feixian[L75]

Henan: Occurs in different areas[G20,Z97]

Shaanxi: Yulin[D10]; Xi'an[W56]; Yan'an, Huanglong[G23]; Dingbian, Shenmu, Hengshui, Jingbian[C26]; Fengxiang[A1]; Longxian[L41]; Lintong, Liuba, Yangxian, Ningshan[W98]; Shangzhou, Shanyang, Shangnan, Luonan[Z85]; Yichuan[J6]; Hanyin, Pingli, Shiquan, Ankang[W96]

Ningxia: Yinchuan[Q13]; Taole, Bide, Jingyuan, Xiji, Haiyuan, Guyuan, Zhongxin, Zhongwei, Zhongning, Qingtongxia, Wuzhong, Lingwu, Yanchi, Yongning, Helan, Pingluo, Shizuishan[W60]

Gansu: Lanzhou, Taozhou[A1]; Longdong area[C16]; Wenxian[M1]; Tianshui, Kangxian, Wudu, Zhugqu, Têwo, Minxian[L22]

Qinghai: Gonghe, Guide[Z24]; Xining[Q13]; Tongren, Jianzha, Xunhua*; Huzhu, Ledu, Minhe, Hualong, Zêku, Henan[Z69]

Xinjiang: Hami, ürümqi, Turpan[W41]

Sichuan: Wanxian, Wenchuan, Maowen, Yibin, Kangding[A1]; Huidong[S46]; Ya'an[L91]; Chongqing[L92]; Zoigê, Cangxi, Chengdu, Nanjiang, Pingwu, Nanchong, Wanyuan, Dukou, Wushan, Fengjie, Neijiang, Xiushan, Emeishan, Barkam[H23,24]

Guizhou: Guiyang[J8]; Guiding[L39]; Suiyang, Xishui*; Jinsha[L95]; Weining, Xingyi, Panxian, Anshun, Ceheng, Luodian, Duyun, Songtao, Tianzhu, Congjiang[L2]; Fanjingshan[G17]; Bijie, Hezhang, Nayong, Dafang, Zhijin, Qianxi[L5]

Yunnan: Deqen[S46]; Lijiang, Dali, Shaotong, Yuanjiang[A1]; Dengchuan, Yongping, Changning, Longling, Malipo[Y41]; Binchuan[Y15]; Kunming[H2]; Jianchuan, Lanping[Y17]

Guangxi: Longjin*; Shiwandashan[Y23]; Napo, Tian'e, Tianlin, Bose, Hechi, Longsheng, Xing'an, Fuchuan, Hexian, Yulin, Lingshan, Shanglin, Jinxiu, Nanning[W83,S12]

Guangdong：Lianping，Qujiang，Lianzhou，Yangshan[T5]；Leibei[Y22]；Yaoshan[A1]；Sanshui，Jieyang，Qingyuan，Zhujiang delta[X14]；Zhanjiang[M30]；Dianbai[C22]

Hainan：Dongfang，Baoting，Qiongzhong，Chengmai，Haikou[X21]；Nansha Islands，Yongxingdao，Jinyindao，Chenhangdao[L67]；

Hongkong：Hongkong[Y44]；Jiulong[X33]

Shanghai：Shanghai[Z124]

Jiangsu：Nanjing，Xuzhou，Qingjiang，Binhai，Lianyungang，Yangzhou，Hai'an，Yixing，Jurong，Yancheng，Wuxi，Changzhou[Z100]

Zhejiang：Leqing[Z62]；Ningbo，Hangzhou，Yongjia，Lanxi[Y44]；Qingyuan，Lishui[Z93]；Dinghai，Kaihua，Taishun[Z113]

Anhui：Hefei[W33]；Feixi[W35]；Dangchu，Fanchang，Susong，Hexian[H35]；Fengtai，Yingshang，Huoqiu，Qimen，Huoshan，Jinzhai，Zongyang[L47，W39]

Jiangxi：Jiujiang，Nanchang，Chongren[Y44]；Shangrao[T7]；Boyang[F13]

Hunan：Changsha，Taoyuan，Hanshou，Yiyang，Changde[G19]；Yizang，Xinning，Chengbu，Guidong，Zixing，Suining[F14]

Hubei：Hankou[Y44]；Yichang[A1]

Fujian：Fuzhou，Nanping，Jianyang，Wuyishan，Xiamen，Jinjiang，Longxi，Putian，Shouning，Longyan，Sanming，Ningde[Z14]；Yong'an，Fuqing，Guangze，Jinjiang，Pinghe[H11]

Taiwan：Taibei，Lanyu[C15]

House，wild

Cosmopolitan because of transportation by humans；original range may have occurred in Asiatic Palearctic region.

青毛鼠　***Rattus bowersi*** Anderson，1879

R. b. bowersi Anderson，1879［云南，广西，贵州］

R. b. latouchei Thomas，1897［东南沿海］

四川：屏山[H24]；米易[P1]

贵州：黎平、从江、榕江、雷山、剑河[S40]、江口[L2]、梵净山[G17]；茂兰[X8]

云南：泸水、保山[A1]；沧源（南滚河）[W16]；梁河、墨江、陇川、大理、宾川、祥云、弥渡、云县、耿马、江城、元阳、河口、思茅、开远、玉溪、昆明[Y50]

安徽：歙县[H35]；黄山、宁国、宣城、太平、东至、绩溪[L47，W39]

浙江：临安、义乌、龙泉、庆元[C38，Z113]；天目山[B6]

西藏：墨脱[F5]；珞瑜、门隅[Y29]

江西：安远、赣县、泰和[L65]

湖南：桂东、宜章、新宁、绥宁[L65]

广西：十万大山[Y23]；龙州、宁明、凭祥、大新、邕宁、武鸣、上林、合浦、上思、南宁[W83，S12]

广东：茂名、信宜、罗定、封川、大浦、和平[T5]；阳春[L53]

福建：福清、南平、武夷山*；建阳、宁德[Z14]；邵武、建瓯[Z10]；光泽、政和、三明、屏南、周宁、古田、永安、龙海、平和、永泰、尤溪[H11]

森林，田野

阿萨姆，中南半岛，马来半岛。

大泡灰鼠　***Rattus berdmorei*** Blyth，1851

云南：勐腊[W67]；盈江、梁河[Y19]；江城[Y50]

灌丛

缅甸，泰国，典那沙冷。

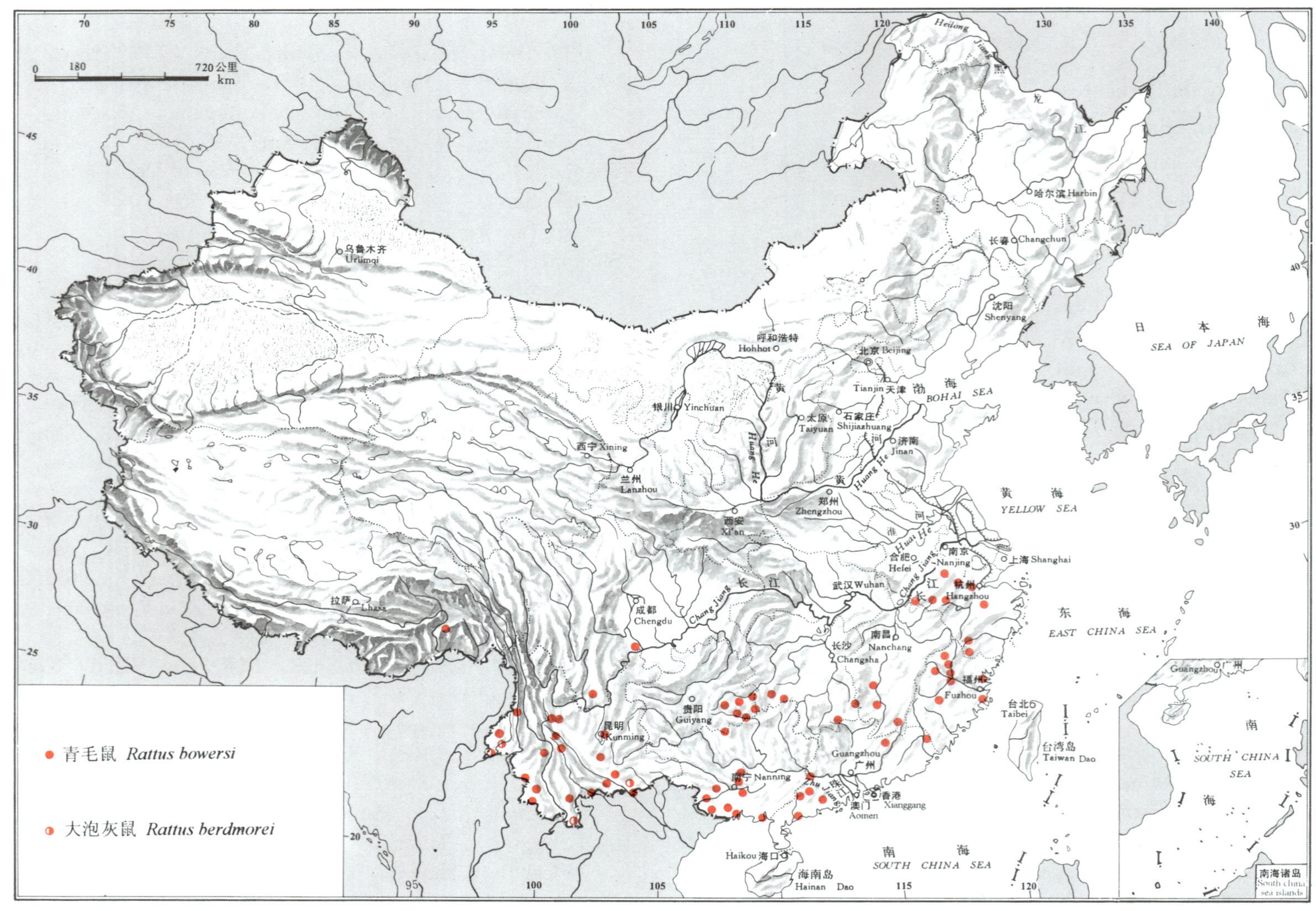

图 165　青毛鼠 *Rattus bowersi*　大泡灰鼠 *Rattus berdmorei* 的分布

Rattus bowersi Anderson, 1879 **Bower's rat**
R. b. bowersi Anderson, 1879 [Yunnan, Guangxi, Guizhou]
R. b. latouchei Thomas, 1897 [Southeastern coast]
Sichuan: Pingshan[H24]; Miyi[P1]
Guizhou: Liping, Congjiang, Rongjiang, Leishan, Jianhe[S40]; Jiangkou[L2]; Fanjingshan[G17]; Maolan[X8]
Yunnan: Lushui, Baoshan[A1]; Cangyuan (Nangunhe)[W16]; Lianghe, Mojiang, Longchuan, Dali, Binchuan, Xiangyun, Midu, Yunxian, Gengma, Jiangcheng, Yuanyang, Hekou, Simao, Kaiyuan, Yuxi, Kunming[Y50]
Anhui: Shexian[H35]; Huangshan, Ningguo, Xuancheng, Taiping, Dongzhi, Jixi[L47,W39]
Zhejiang: Lin'an, Yiwu, Longquan, Qingyuan[C38,Z113]; Tianmushan[B6]
Xizang: Mêdog[F5]; Luoyü, Menyü[Y29]
Jiangxi: Anyuan, Ganxian, Taihe[L65]
Hunan: Guidong, Yizhang, Xinning, Suining[L65]
Guangxi: Shiwandashan[Y23]; Longzhou, Ningming, Pingxiang, Daxin, Yongning, Wuming, Shanglin, Hepu, Shangsi, Nanning[W83,S12]
Guangdong: Maoming, Xinyi, Luoding, Fengchuan, Dapu, Heping[T5]; Yangchun[L53]
Fujian: Fuqing, Nanping, Wuyishan, Jianyang, Ningde[Z14]; Shaowu, Jian'ou[Z10]; Guangze, Sanming, Zhenghe, Pingnan, Zhouning, Gutian, Yong'an, Longhai, Pinghe, Yongtai, Youxi[H11]
Forest, wild
Assam, Myanmar, Thailand, Indochina, Malay peninsula.

Rattus berdmorei Blyth, 1851 **Small white-toothed rat**
Yunnan: Mengla[W67]; Yingjiang, Lianghe[Y19]; Jiangcheng[5]0
Scrub
Myanmar, Thailand, Tenasserim.

社鼠 ***Rattus niviventer*** Hodgson, 1836
R. n. confucianus Milne-Edwards, 1871 [长江流域以南]
R. n. sacer Thomas, 1908 [黄河流域]
R. n. naoniuensis Zhang *et* Zhao, 1984 [吉林]
R. n. culturatus Thomas, 1917 [台湾]
R. n. chihliensis Thomas, 1917 [河北北部]
R. n. yushuensis Wang *et* Zheng, 1981 [青海东南]
R. n. lotipes G. Allen, 1926 [海南]
内蒙古：土默特旗、呼和浩特、和林、丰镇、阴山南坡、河套—土默川平原[Z59]
河北：丰宁[H7]；兴隆、秦皇岛[A1]、涞源、平山、涉县[Z21]
北京：房山、密云、怀柔、延庆[*,Z31]
天津：蓟县[G21]
吉林：洮安[Z44]
辽宁：建昌、北镇、锦西[L17,19]
山西：恒曲、太原[A1]；绛县[W15]；五台山[Z38]；中条山[T2]
河南：卢氏、嵩县[Z97]；登封、济源、林州、辉县、西峡、荥阳[G20]
山东：泰山、崂山[*]；烟台[A1]
陕西：临潼、凤县、城固、宁陕、镇坪、柞水、山阳、商州、丹凤、洛南[W98]；太白[C12]；西安、大荔、韩城、富县、定边、神木、府谷[W55]
甘肃：陇东地区[C16]；张家川[C19]；武都、舟曲、迭部、天水、康县、文县[L22]；临潭、岷县[A1]
青海：玉树（结石）[W49]；久治、班玛[Z69]
宁夏：泾源、隆德、固原、中卫、银川、贺兰、平罗[Q3]
四川：雅安、宝兴[H36]；康定[E1]；重庆[L92]；成都[J5]；平武、南充、南部、万源、南江、城口、奉节、南川、宜宾、犍为、峨眉山、峨边、天全、西昌、会理、米易、灌县、丹巴、巴塘、黑水、汶川、会东、木里、雷波、德格、玉隆、马尔康、甘孜[H23,24]
贵州：绥阳、习水、遵义[*]；金沙、桐梓、铜仁、松桃、江口、印江、沿河、兴义、贞丰、册亨、织金、天柱、三穗、台江、雷山、平塘、都匀、罗甸、贵定、龙里[L2]；梵净山[G17]；茂兰[X8]；毕节、威宁、赫章、纳雍、大方、黔西[L5]
云南：贡山、泸水（高黎贡山）[G14]；陇川[W17]；景东（哀牢山）[W18]；景洪、德钦[S46]；思茅、勐海[Y43]；永德、双江[L71]；丽江、盈江、腾冲[*]；昆明、大理[A1]；沧源（南滚河）[W16]；宾川[Y15]；绿春、屏边、金平、弥勒[L4]；剑川、兰坪[Y17]；维西[Y50]
西藏：林芝、波密、察隅、类乌齐、江达[X30]；芒康、樟木[F5]
江苏：靖江、南京、句容、苏州、无锡[Z100]
浙江：上虞、余姚、诸暨、杭州[Z117]；庆元、丽水[Z93]；定海、淳安、金华、开化、泰顺、遂昌[Z113]；天目山[B6]
安徽：滁县、佛子岭、宁国、东至、黄山、歙县[H35]；宿松、青阳[W37]；岳西、霍山、金寨、潜山、舒城、太湖、祁门、休宁、绩溪、黟县、宣城、泾县[L47,W39]
江西：上饶[T7]；南昌、永修、九江、都昌、波阳[F13]
湖南：岳阳[A1]；汨罗、桃源、常德、湘潭、邵东、长沙、宁远、零陵[C8]；益阳、汉寿[G19]；宜章、新宁、城步、桂东、资兴、绥宁[F14]
广西：钦县、合浦、靖西、龙州、宁明[W47]；恭城、罗城[E1]；十万大山[Y23]；田林、百色、天峨、桂林、柳州、金秀、龙胜、平南、宾阳、南宁[W83,S12]
广东：雷北[Y22]；信宜、罗定、封川、高要、三水、从化、增城、河源、陆丰、紫金、大埔、梅县、和平、连平、曲江、连州、阳山、乐昌、台山、茂名、湛江、阳江[T5]；瑶山[E1]；阳春[L54]
海南：东方、儋州[S8]；琼中、三亚、保亭、澄迈、文昌、乐东、临高[T5]；南丰[A1]；昌江、坝王岭[X21]
福建：福清、武夷山[A1]；福州[E1]；南平、邵武、建瓯、建阳、武平、南靖、三明、光泽、浦城、政和、古田、莆田、晋江、永安、龙岩、南安、同安、华安、平和[H11]
台湾：阿里山、玉山[C15]
林灌、田野
旁遮普，尼泊尔，阿萨姆，中南半岛，马来半岛，苏门答腊，爪哇，巴厘。

Rattus niviventer Hodgson, 1836 **White-bellied rat**
R. n. confucianus Milne-Edwards, 1871 [Area south of Changjiang basin]
R. n. sacer Thomas, 1908 [Huanghe basin]
R. n. naoniuensis Zhang *et* Zhao, 1984 [Jilin]
R. n. culturatus Thomas, 1917 [Taiwan]
R. n. chihliensis Thomas, 1917 [Northern Hebei]
R. n. yushuensis Wang et Zheng, 1981 [Southeastern Qinghai]
R. n. lotipes G. Allen, 1926 [Hainan]
Nei Mongol: Tumd B., Hohhot, Horinger, Fengzhen, southern flank of Yinshan, Hetao-Tumchuan plain[Z59]
Hebei: Fengning[H7]; Xinglong, Qinghuangdao[A1]; Laiyuan, Pingshan, Shexian[Z21]
Beijing: Fangshan, Miyun, Huairou, Yanqing[*,Z31]
Tianjin: Jixian[G21]
Jilin: Yao'an[Z44]
Liaoning: Jianchang, Beizhen, Jinxi[L17,19]
Shanxi: Yuanqu, Taiyuan[A1]; Jiangxian[W15]; Wutaishan[Z38]; Zhongtiaoshan[T2]
Henan: Lushi, Songxian[Z97]; Dengfeng, Jiyuan, Linzhou, Huixian, Xixia, Xingyang[G20]
Shandong: Taishan, Laoshan *; Yantai[A1]

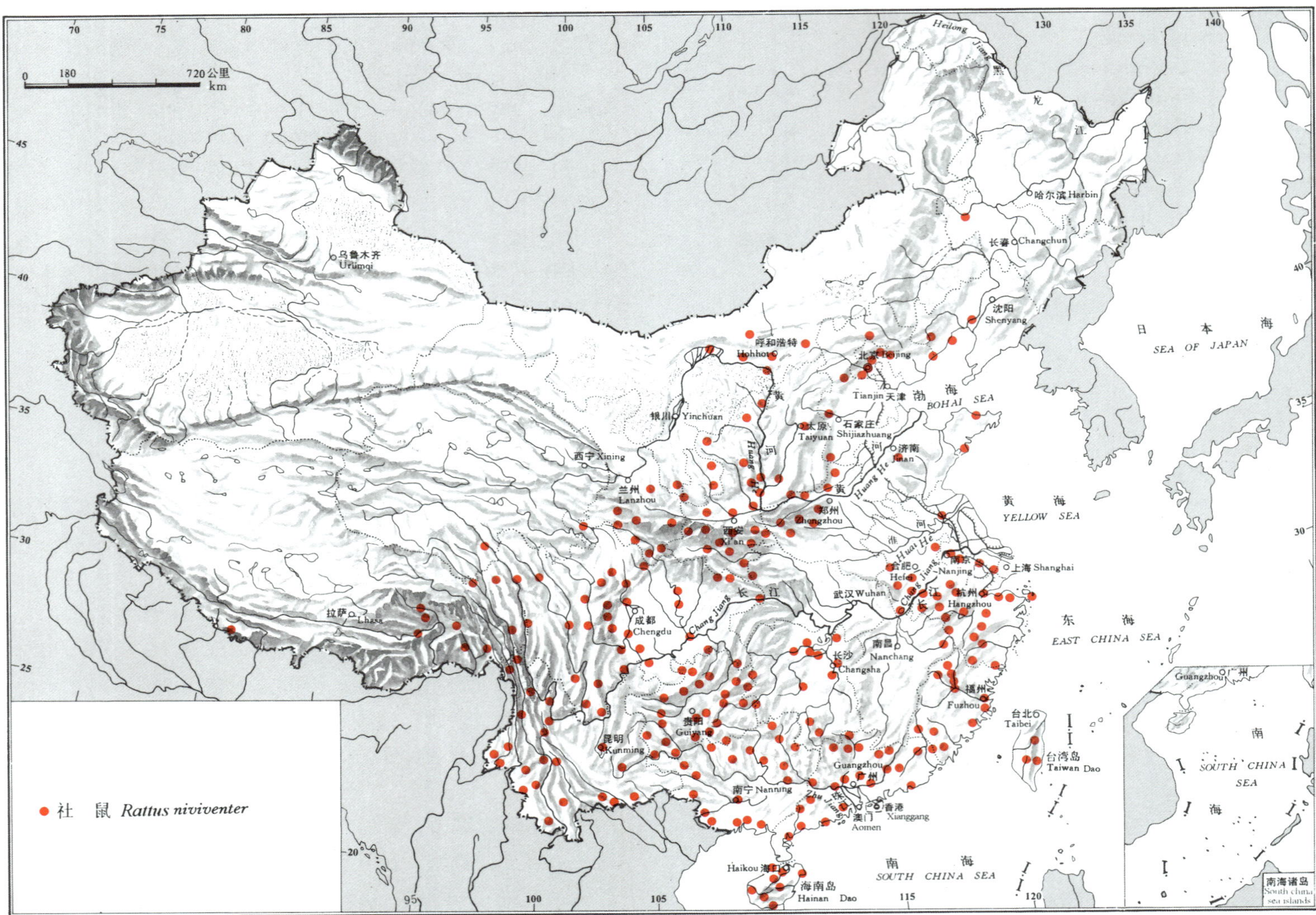

图 166 社鼠 *Rattus niviventer* 的分布

Shaanxi: Lintong, Fengxian, Chenggu, Ningshan, Zhenping, Zhashui, Shanyang, Shangzhou, Danfeng, Luonan[W98]; Taibai[C12]; Xi'an, Dali, Hancheng, Fuxian, Dingbian, Shenmu, Fugu[W55]

Gansu: Longdong area[C16]; Zhangjiachuan[C19]; Wudu, Zhugqu, Têwo, Tianshui, Kangxian, Wenxian[L22]; Lintan, Minxian[A1]

Qinghai: Yushu (Jiegu)[W49]; Jigzhi, Baima[Z69]

Ningxia: Jingyuan, Longde, Guyuan, Zhongwei, Yinchuan, Helan, Pingluo[Q3]

Sichuan: Ya'an, Baoxing[H36]; Kangding[E1]; Chongqing[L92]; Chengdu[J5]; Pingwu, Nanchong, Nanbu, Wanyuan, Nanjiang, Chengkou, Fengjie, Nanchuan, Yibin, Jianwei, Emeishan, Ebian, Tianquan, Xichang, Huili, Miyi, Guanxian, Danba, Batang, Heishui, Wenchuan, Huidong, Muli, Leibo, Dêgê, Yulong, Barkam, Garzê[H23,24]

Guizhou: Suiyang, Xishui, Zunyi*; Jinsha, Tongzi, Tongren, Songtao, Jiangkou, Yinjiang, Yanhe, Xingyi, Zhenfeng, Ceheng, Zhijin, Tianzhu, Sanhui, Taijiang, Leishan, Pingtang, Dujun, Luodian, Guiding, Longli[L2]; Fanjingshan[G17]; Maolan[X8]; Bijie, Weining, Hezhang, Nayong, Dafang, Zhijin, Qianxi[L5]

Yunnan: Gongshan, Lushui (Gaoligongshan)[G14]; Longchuan[W17]; Jingdong (Ailaoshan)[W18]; Jinghong, Dêqên[S46]; Simao, Menghai[Y43]; Yongde, Shuangjiang[L71]; Lijiang, Yingjiang, Tengchong*; Kunming, Dali[A1]; Cangyuan (Nangunhe)[W16]; Binchuan[Y15]; Luchun, Pingbian, Jinping, Mile[L4]; Jianchuan, Lanping[Y17]; Weixi[Y50]

Xizang: Nyingchi, Bomi, Zayü, Riwoqê, Jomda[X30]; Markam, Zhangmu[F5]

Jiangsu: Jingjiang, Nanjing, Jurong, Suzhou, Wuxi[Z100]

Zhejiang: Shangyu, Yuyao, Zhuji, Hangzhou[Z117]; Qingyuan, Lishui[Z93]; Dinghai, Chun'an, Jinhua, Kaihua, Taishun, Suichang[Z113]; Tianmushan[B6]

Anhui: Chuxian, Foziling, Ningguo, Dongzhi, Huangshan, Shexian[H35]; Susong, Qingyang[W37]; Yuexi, Huoshan, Jinshai, Qianshan, Shucheng, Taihu, Qimen, Xiuning, Jixi, Yixian, Xuancheng, Jingxian[L47, W39]

Jiangxi: Shangrao[T7]; Nanchang, Yongxiu, Jiujiang, Duchang, Boyang[F13]

Hunan: Yueyang[A1]; Jiuluo, Taoyuan, Changde, Xiangtan, Shaodong, Changsha, Ningyuan, Lingling[C8]; Yiyang, Hanshou[G19]; Yizang, Xinning, Chengbu, Guidong, Zixing, Suining[F14]

Guangxi: Qinxian, Hepu, Jingxi, Longzhou, Ningming[W47]; Gongcheng, Luocheng[E1]; Shiwandashan[Y23]; Tianlin, Bose, Tian'e, Guilin, Liuzhou, Jinxiu, Longsheng, Pingnan, Binyang, Nanning [W83, S12]

Guangdong: Leibei[Y22]; Xinyi, Luoding, Fengchuan, Gaoyao, Sanshui, Conghua, Zengcheng, Heyuan, Lufeng, Zijin, Dapu, Meixian, Heping, Lianping, Qujiang, Lianzhou, Yangshan, Lechang, Taishan, Maoming, Zhanjiang, Yangjiang[T5]; Yaoshan[E1]; Yanchun[L54]

Hainan: Dongfang, Danzhou[S8]; Qiongzhong, Sanya, Baoting, Chengmai, Wenchang, Ledong, Lingao[T5]; Nanfeng[A1]; Changjiang, Bawangling[X21]

Fujian: Fuqing, Wuyishan[A1]; Fuzhou[E1]; Nanping, Shaowu, Jian'ou, Jianyang, Wuping, Nanjing, Sanming, Guangze, Pucheng, Zhenghe, Gutian, Putian, Jinjiang, Yong'an, Longyan, Nan'an, Tong'an, Hua'an, Pinghe[H11]

Taiwan: Alishan, Yushan[C15]

Forest, scrub, wild

Punjab, Nepal, Assam, Myanmar, Thailand, Indochina, Malay peninsula, Sumatra, Java, Bali.

针毛鼠 ***Rattus fulvescens*** Gray，1847

R. f. fulvescens Gray，1847［云南，西藏］

R. f. brahma Thomas，1914［云南最西部］

R. f. huang Bonhote，1905［海南，长江中下游以南各地］

河南：新县[Z97,G20]

陕西：秦岭、汉中、安康[M28]；略阳、宁陕、白河、镇坪、柞水、商南、平利[W96,98]；眉县、凤县、镇巴、西乡[W53,55]

甘肃：陇东地区[C16]；文县、玛曲[A1]；康县[L22]；武都、平凉、庆阳、天水[Z81]

四川：雅安、宝兴[H36]；巫山、南江、宜宾、万源、雷波、天全、峨眉山[H23,24]；汶川[W107]

贵州：从江、榕江、黎平、锦屏、剑河、雷山[S40]；金沙[L95]；绥阳、江口、贞丰、册亨、龙里[L2]；梵净山[G17]；茂兰[X8]；赫章、纳雍、大方、织金[L5]

云南：潞西、腾冲*；勐养[Y43]；景洪[Y10]；勐腊、西南边境[A1]；贡山、泸水（高黎贡山）[G14]；沧源（南滚河）[W16]；绿春、弥勒、金平、屏边、个旧[L4]；勐腊[W67]

西藏：察隅[X30]；波密、樟木、墨脱[F5]

安徽：歙县[H35]；祁门、黄山、绩溪、休宁、宁国、宣城、泾县[W39]；青阳、潜山、东至[L47]

浙江：临安、淳安、定海、金华、开化、泰顺、丽水、龙泉、庆元[Z93,113]；天目山[B6]

江西：上饶[T7]；南昌、九江、波阳[F13]；安远、赣县、太和[L65]

湖南：宜章*；桂东、新宁、绥宁[L65]；城步、资兴[F14]

广西：龙胜*；靖西[W46]；大瑶山[A1]；那坡、田林、百色、天峨、融水、资源、兴安、贺县、玉林、上思、宁明、龙州、上林、南宁[W83,S12]

广东：茂名、信宜、罗定、封川、高要、河源、陆丰、普宁、梅县、大埔、紫金、和平、连平、曲江、连州、阳山[T5]；阳春[L53]

海南：东方、白沙、琼中、儋州[S8]；保亭、澄迈[T5]；尖峰岭、五指山、吊罗山、乐东[X21]；南沙群岛石岛外各岛[L67]

香港：九龙[X33]

福建：南平、武夷山、建瓯、邵武*；福州、厦门、晋江、龙溪、莆田、龙岩、三明、建阳、宁德[Z14]；武平、漳浦、古田、光泽、政和、寿宁、永定、同安、平和[H11]

丛林

恒河上游地区，尼泊尔，阿萨姆，缅甸，越南，老挝，马来半岛，苏门答腊，爪哇。

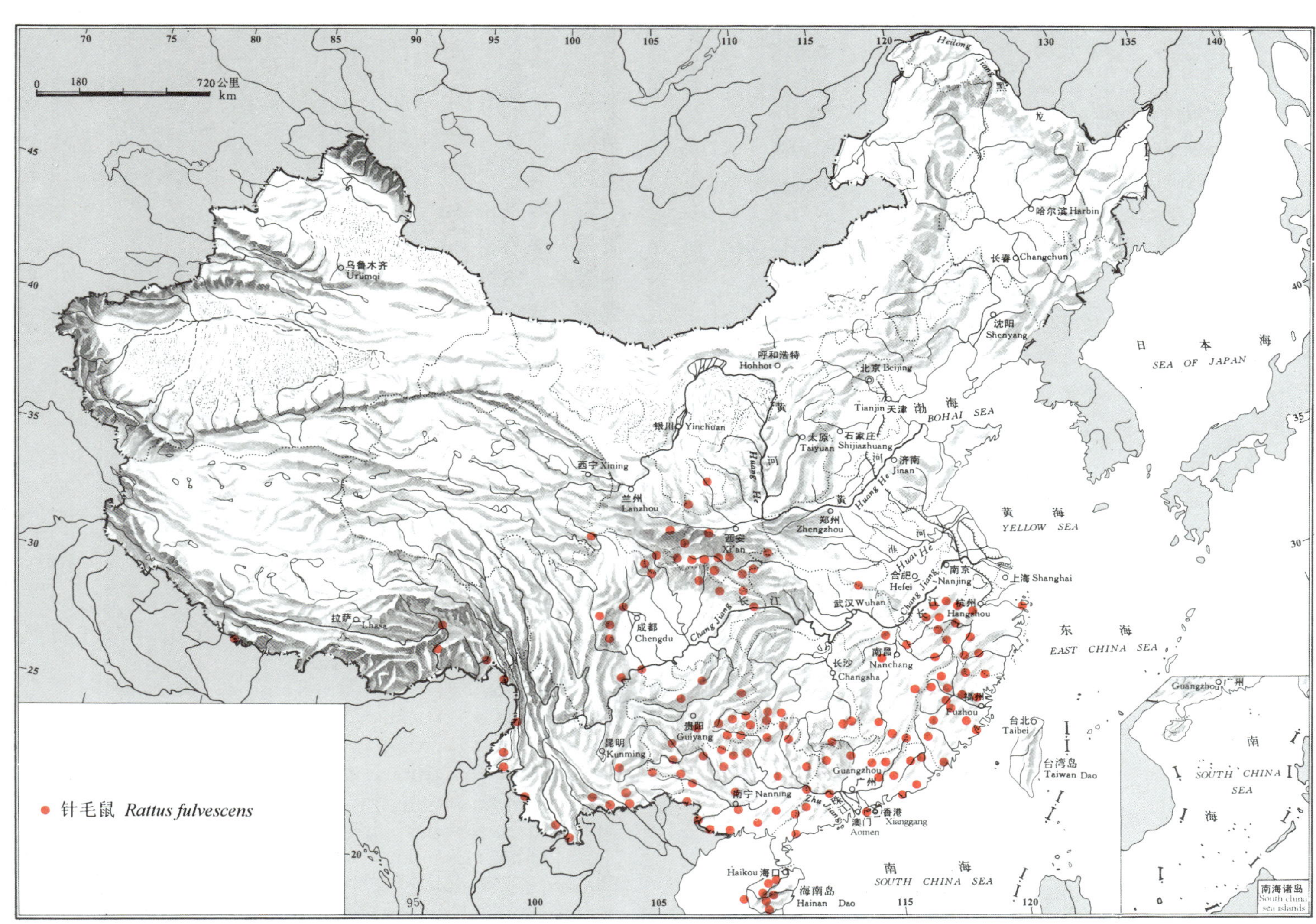

图 167　针毛鼠 *Rattus fulvescens* 的分布

Rattus fulvescens Gray，1847　**Chestnut rat**

R. f. fulvescens Gray，1847［Yunnan，Xizang］

R. f. brahma Thomas，1914［Weserntmost Yunnan］

R. f. huang Bonhote，1905［Hainan，area south of middle-lower reaches of Changjiang］

Henan：Xinxian[Z97,G20]

Shaanxi：Qinling，Hanzhong，Ankang[M28]；Luyang，Ningshan，Baihe，Zhenping，Zhashui，Shangnan，Pingli[W96,98]；Meixian，Fengxian，Zhenba，Xixiang[W53,55]

Gansu：Longdong area[C16]；Wenxian，Maqu[A1]；Kangxian[L22]；Wudu，Pingliang，Qingyang，Tianshui[Z81]

Sichuan：Ya'an，Baoxing[H36]；Wushan，Nanjiang，Yibin，Wanyuan，Leibo，Tianquan，Emeishan[H23,24]；Wenchuan[W107]

Guizhou：Congjiang，Rongjiang，Liping，Jinping，Jianhe，Leishan[S40]；Jinsha[L95]；Suiyang，Jiangkou，Zhenfeng，Ceheng，Longli[L2]；Fanjingshan[G17]；Maolan[X8]；Hezhang，Nayong，Dafang，Zhijin[L5]

Yunnan：Luxi，Tengchong*；Mengyang[Y43]；Jinghong[Y10]；Mengla，southeastern border[A1]；Gongshan，Lushui (Gaoligongshan)[G14]；

Cangyuan (Nangunhe)[W16]; Lüchun, Mile, Jinping, Pingbian, Gejiu[L4]; Mengla[W67]
Xizang: Zayü[X30]; Bomi, Zhangmu, Mêdog[F5]
Anhui: Shexian[H35]; Qimen, Huangshan, Jixi, Xiuning, Ningguo, Xuancheng, Jingxian[W39]; Qingyang, Qianshan, Dongzhi[L47]
Zhejiang: Lin'an, Chun'an, Dinghai, Jinhua, Kaihua, Taishun, Lishui, Longquan, Qingyuan[Z93,113]; Tianmushan[B6]
Jiangxi: Shangrao[T7]; Nanchang, Jiujiang, Boyang[F13]; Anyuan, Ganxian, Taihe[L65]
Hunan: Yizhang*; Guidong, Xinning, Suining[L65]; Chengbu, Zixing[F14]
Guangxi: Longsheng*; Jingxi[W46]; Da Yaoshan[A1]; Napo, Tianlin, Bose, Tian'e, Rongshui, Ziyuan, Xing'an, Hexian, Yulin, Shangsi, Ningming, Longzhou, Shanglin, Nanning[W83,S12]
Guangdong: Maoming, Xinyi, Luoding, Fengchuan, Gaoyao, Heyuan, Lufeng, Puning, Meixian, Dapu, Zijin, Heping, Lianping, Qujiang, Lianzhou, Yangshan[T5]; Yangchun[L53]
Hainan: Dongfang, Baisha, Qiongzhong, Danzhou, Baoting, Chengmai[T5]; Jianfengling, Wuzhishan, Diaoluoshan, Ledong[X21]; islands south of Shidao, Nansha Archipelago[L67]
Hongkong: Jiulong[X33]
Fujian: Nanping, Wuyishan, Jian'ou, Shaowu*; Fuzhou, Xiamen, Jinjiang, Longxi, Putian, Longyan, Sanming, Jianyang, Ningde[Z14]; Wuping, Zhangpu, Gutian, Guangze, Zhenghe, Shouning, Yongding, Tong'an, Pinghe[H11]

Woodland

Upper reaches of Ganga River, Nepal, Assam, Myanmar, Indochina, Malay peninsula, Sumatra, Java.

王鼠　***Rattus rajah*** Thomas，1894

云南：景洪[W88]；勐海、勐遮[Y43]；勐腊[W67]

次生阔叶林

加里曼丹，巴拉旺，爪哇，苏门答腊，马来半岛及附近小岛，中南半岛。

短尾锋毛鼠　***Rattus musschenbroeki*** Jentink，1879

贵州：锦屏[P8]

林缘

西里伯斯，加里曼丹，苏门答腊，马来半岛及附近某些小岛，泰国东部。

白腹巨鼠　***Rattus edwardsi*** Thomas，1882

R. e. edwardsi Thomas，1882［东南沿海，湖南］
R. e. hainanensis Xu *et* Yu，1985［海南］
R. e. gigas Satunin，1903［西南地区］

四川：雅安[L91]；重庆[L92]；万县、平武[A1]；峨眉山、南川、达川、万源、奉节、灌县[H23,24]
贵州：从江、榕江、黎平、锦屏、剑河、雷山[S40]；金沙[L95]；绥阳、习水[L2]；梵净山[G17]、茂兰[X8]
云南：泸水[S46]；景洪[W88]；沧源（南滚河）[W16]；景东[W18]；个旧[Y43]；昆明[H2]；盈江、云南、建水、绥江、江城[Y50]
西藏：察隅地区[E1]
浙江：庆元[C38]；丽水[Z93]；临安、淳安、建德、金华、开化、乐清、泰顺、龙泉[Z113]；天目山[B6]
安徽：胡乐、歙县[H35]；黄山、宁国、绩溪[W39]；祁门、休宁、石台[L47]
湖南：东安*；桂东、宜章、新宁、绥宁[L65]；城步、资兴[F14]
江西：安远、赣县、泰和[L65]；都昌[F13]
广西：大瑶山[L69,S30]；十万大山[Y23]；龙胜、恭城、兴安、资源、永福、临桂、富川、贺县、龙州、宁明、大新、凭祥、上思、邕宁、上林、武鸣、南宁[S12,W83]；田林[L30]
广东：广州[A1]；罗定、封川、高要、紫金、和平、连平、曲江、连州、阳山[T5]
陕西：镇坪[W96,98]；略阳[L85]；汉中、南郑、西乡、汉阴、紫阳、安康、平利[W55]
海南：吊罗山、坝王岭、琼中[X20,21]
福建：福清、南平、武夷山、福州、建阳、晋江、莆田、龙溪、三明、宁德[Z14]；永定、永安、南清、邵武、建瓯、平和、顺昌、闽候、德化、安溪、永太[H11]
甘肃：康县、文县[L22]；迭部[Z81]

林灌丛，田野

锡金，阿萨姆，缅甸北部，越南，马来半岛，锡泊拉岛（苏门答腊西部）。

小泡灰鼠　***Rattus manipulus*** Thomas，1916

云南：陇川[W17]；盈江、梁河[Y19]；瑞丽、潞西[Y50]

灌丛

缅甸，阿萨姆。

Rattus rajah Thomas, 1894　**Brown spiny rat (Rajah rat)**

Yunnan: Jinghong[W88]; Menghai, Mengzhe[Y43]; Mengla[W67]

Borneo, Palawan, Java, Sumatra, Malay peninsula and adjacent small islands, Tenasserim, Thailand, Indochina.

Rattus musschenbroeki Jentink, 1879　**Musschenbroek's rat**

Guizhou: Jinping[P8]

Forest edge

Celebes, Borneo, Sumatra, Malay peninsula and a few small adjacent islands, eastern Thailand.

Rattus edwardsi Thomas, 1882　**Edwards' rat**

R. e. edwardsi Thomas, 1882 [Southeastern coast, Hunan]
R. e. hainanensis Xu *et* Yu, 1985 [Hainan]
R. e. gigas Satunin, 1903 [Southwest China, Guizhou]

Sichuan: Ya'an[L91]; Chongqing[L92]; Wanxian, Pingwu[A1]; Emeishan, Nanchuan, Dachuan, Wanyuan, Fengjie, Guanxian[H23,24]
Guizhou: Congjiang, Rongjiang, Liping, Jinping, Jianhe, Leishan[S40], Jinsha[L95]; Suiyang, Xishui[L2]; Fanjingshan[G17]; Maolan[X8]
Yunnan: Lushui[S46]; Jinghong[W88]; Cangyuan (Nangunhe)[W16]; Jingdong[W18]; Gejiu[Y43]; Kunming[H2]; Yinjiang, Jianshui, Suijiang, Jiangcheng[Y50]
Xizang: Zayü area[E1]
Zhejiang: Qingyuan[C38]; Lishui[Z93]; Lin'an, Chun'an, Jiande, Jinhua, Kaihua, Leqing, Taishun, Longquan[Z113]; Tianmushan[B6]
Anhui: Hele, Shexian[H35]; Huangshan, Ningguo, Jixi[W39]; Qimen, Xiuning, Shitai[L47]
Hunan: Dong'an, Guidong, Yizhang, Xinning, Suining[L65]; Chengbu, Zixing[F14]
Jiangxi: Anyuan, Ganxian, Taihe[L65]; Duchang[F13]
Guangxi: Da Yaoshan[L69,S30]; Shiwandashan[Y23]; Longsheng, Gongcheng, Xing'an, Ziyuan, Yongfu, Lingui, Fuchuan, Hexian, Longzhou, Ningming, Daxin, Pingxiang, Shangsi, Yongning, Shanglin, Wuming, Nanning[S12,W83]; Tianlin[L30]
Guangdong: Guangzhou[A1]; Luoding, Fengchuan, Gaoyao, Zijin, Heping, Lianping, Qujiang, Lianzhou, Yangshan[T5]
Shaanxi: Zhenping[W96,98]; Lueyang[L85]; Hanzhong, Nanzheng, Xixiang, Hanyin, Ziyang, Ankang, Pingli[W55]
Hainan: Diaoluoshan, Bawangling, Qiongzhong[X20,21]
Fujian: Fuqing, Nanping, Wuyishan, Fuzhou, Jianyang, Jinjiang, Putian, Longxi, Sanming, Ningde[Z14]; Yongding, Yong'an, Nanjing, Shaowu, Jian'ou, Pinghe, Shunchang, Minhou, Dehua, Anxi, Yongtai[H11]
Gansu: Kangxian, Wenxian[L22]; Têwo[Z81]

Woodland, wild

Sikkim, Assam, northern Myanmar, Vietnam, Malay peninsula, Sipora Island (western Sumatra).

Rattus manipulus Thomas, 1916　**Manipur rat**

Yunnan: Longchuan[W17]; Yingjiang, Lianghe[Y19]; Ruili, Luxi[Y50]

Scrub

Myanmar, Assam.

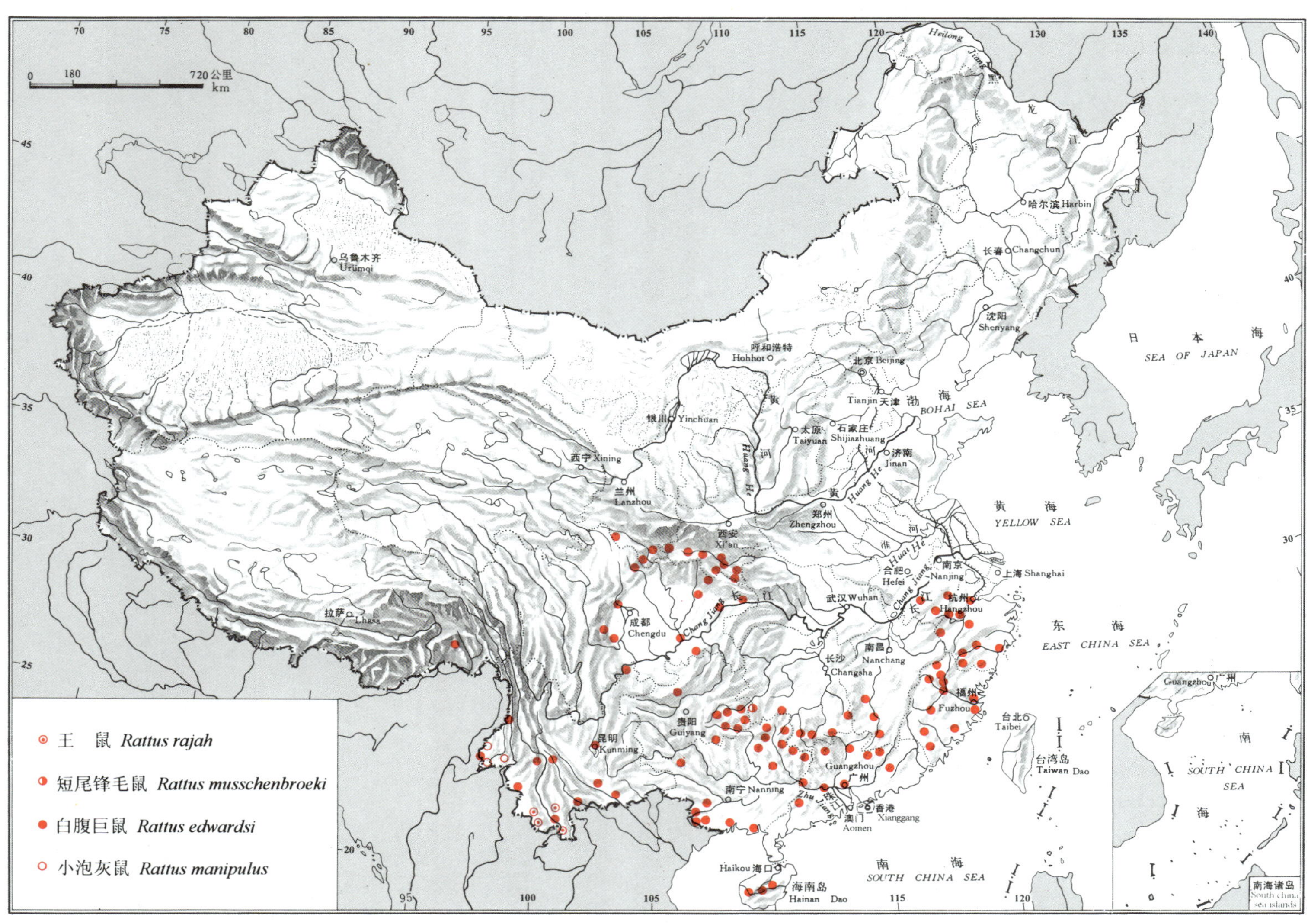

图 168 王鼠 *Rattus rajah* 短尾锋毛鼠 *Rattus musschenbroeki* 白腹巨鼠 *Rattus edwardesi* 小泡灰鼠 *Rattus manipulus* 的分布

缅鼠 ***Rattus exulans*** Peale 1848

R. e. concolor Blyth，1859

广东：永兴岛（西沙群岛）[L67]

灌木丛

中南半岛，马来半岛，苏门答腊，加里曼丹，西里伯斯，菲律宾，新几内亚及东太平洋岛屿。

黑尾鼠 ***Rattus cremoriventer*** Miller，1900

R. c. indosinicus Osgood，1932

四川：米易[P1]

贵州：兴义、从江、榕江、罗甸[L2]

云南：贡山[Y50]

热带、亚热带林灌及耕地

苏门答腊，爪哇，中南半岛。

白腹鼠 ***Rattus coxingi*** Swinhoe，1864

R. c. coxingi Swinhoe，1864［台湾］

R. c. andersoni Thomas，1911*［中国大陆部分］

陕西：略阳[L85]；太白山[A1]；宁陕、柞水[W98]；陇县[S41]；汉阴、平利[W96]

甘肃：文县[M1]；康县[Z81]

四川：重庆[L92]；峨眉山、望峨山[A1]；马尔康、若尔盖、巫山、巴南、南江、南充、达川、万县、南川、雷波、木里、巴塘、黑水、理县、平武[H23,24]；汶川[W107]

贵州：绥阳[L2]；大方、织金[L5]

云南：双江[L71]；丽江*；永平、昌宁、龙陵、麻栗坡[Y41]；德钦[S46]；中甸、营盘街[A1]；贡山、泸水（高黎贡山）[G14]；福贡[W86]；景东（哀牢山）[W18]；沧源（南滚河）[W16]；大理[Y16]；宾川[Y15]；绿春、元阳、个旧、金平[L4]；剑川、兰坪[Y17]；腾冲、巍山、永仁、大姚、昆明[Y50]

西藏：察隅、波密[X30]；江达、察雅[F5]

江西：安远、赣县、泰和[L65]；上饶[T7]

浙江：庆元[C38]；舟山[Z114]

广西：大瑶山[S47]；龙州、凭祥[W83]；合浦[S12]

福建：晋江、龙溪、三明、建阳[Z14]；屏南、南平、龙岩、漳浦、永安、永定、同安、漳州、龙海、华安、南清、安溪、沼安、福安[H11]

台湾：台北、台中、高雄、花莲、台东[C15]

热带、亚热带森林及田野

越南，缅甸北部。

灰腹鼠 ***Rattus eha*** Wroughton，1916

R. e. ninus Thomas，1922［云南］

云南：贡山、泸水（高黎贡山）[G14]；碧江[W86]；澜沧江与怒江之间的分水岭（28°N）[A1]；昆明[H2]；景东[Y50]

西藏：卡玛河谷、聂拉木、樟木、吉隆、亚东、墨脱、定日[F5]

广西：百色、隆林[L30]；大瑶山、靖西、龙州、大青山[W83]

贵州：西南地区[L2]

热带、亚热带森林

尼泊尔，锡金，缅甸北部。

壮鼠属 *Hadromys* Thomas，1911

休氏壮鼠 ***Hadromys humei*** Thomas，1866

H. h. yunnanensis Yang et Wang，1987［云南西南部］

云南：陇川[W17]；瑞丽[Y18]

热带季雨林及灌丛

阿萨姆。

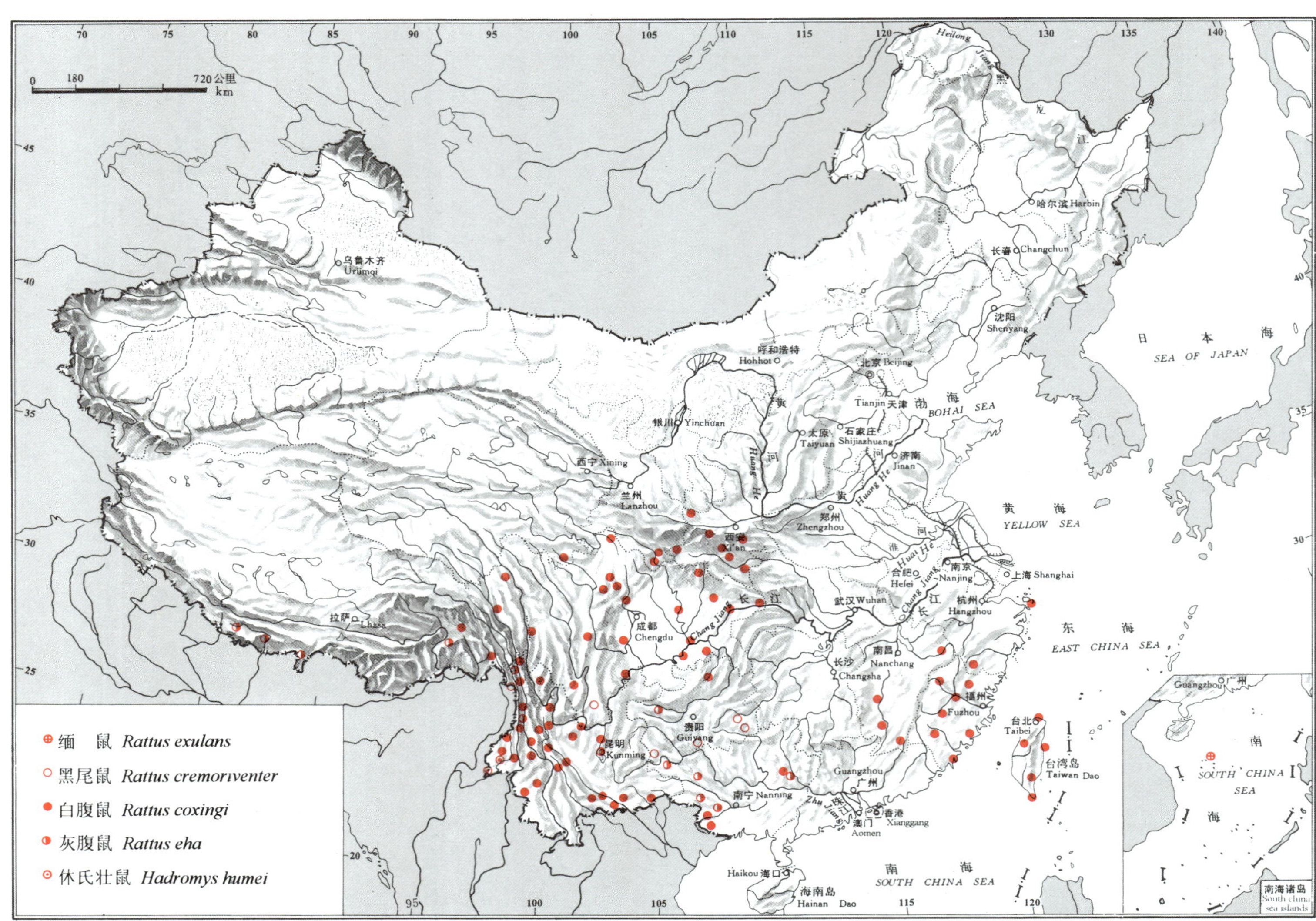

图 169　缅鼠 *Rattus exulans*　黑尾鼠 *Rattus cremoriventer*　白腹鼠 *Rattus coxingi*　灰腹鼠 *Rattus eha*　休氏壮鼠 *Hadromys humei* 的分布

Rattus exulans Peale，1848　**Little rat**

R. e. concolor Blyth，1859

Guangdong：Yongxing Dao (Xisha Archipelago)[L67]

Scrub

Myanmar，Thailand，Indochina，Malay peninsula，Sumatra，Borneo，Celebese，Philippines，New Guinea and islands of eastern Pacific.

Rattus cremoriventer Miller，1900　**Dark-tailed tree rat**

R. c. indosinicus Osgood，1932

Sichuan：Miyi[P1]

Guizhou：Xingyi，Congjiang，Rongjiang，Luodian[L2]

Yunnan：Gongshan[Y50]

Tropical and subtropical forest，scrub，farmland

Sumatra，Java，Myanmar，Thailand，Indochina.

Rattus coxingi Swinhoe，1864　**Swinhoe's rat**

R. c. coxingi Swinhoe，1864 [Taiwan]

R. c. andersoni Thomas，1911 [Continental China]

Shaanxi：Lueyang[L85]；Taibaishan[A1]；Ningshan，Zhashui[W98]；Longxian[S41]；Hanyin，Pingli[W96]

Gansu：Wenxian[M1]；Kangxian[Z81]

Sichuan：Chongqing[L92]；Emeishan，Wang'eshan[A1]；Barkam，Zoigê，Wushan，Banan，Nanjiang，Nanchong，Dazhou，Wanxian，Nanchuan，Leibo，Muli，Batang，Heishui，Lixian，Pingwu[H23,24]；Wenchuan[W107]

Guizhou：Suiyang[L2]；Dafang，Zhijin[L5]

Yunnan：Shuangjiang[L71]；Lijiang*；Yongping，Changning，Longling，Malipo[Y41]；Deqen[S46]；Zhongdian，Yingpanjie[A1]；Gongshan，Lushui (Gaoligongshan)[G14]；Fugong[W86]；Jingdong (Ailaoshan)[W18]；Cangyuan (Nangunhe)[W16]；Dali[Y16]；Binchuan[Y15]；Lüchun，Yuanyang，Gejiu，Jinping[L4]；Jianchuan，Lanping[Y17]；Tengchong，Weishan，Yongren，Dayao，Kunming[Y50]

Xizang：Zayü，Bomi[X30]；Jomda，Chagyab[F5]

Jiangxi：Anyuan，Ganxian，Taihe[L65]；Shangrao[T7]

Zhejiang：Qingyuan[C38]；Zhoushan[Z114]

Guangxi：Da Yaoshan[S47]；Longzhou，Pingxiang[W83]；Hepu[S12]

Fujian：Jinjiang，Longxi，Sanming，Jianyang[Z14]；Pingnan，Nanping，Longyan，Zhangpu，Yong'an，Yongding，Tong'an，Zhangzhou，Longhai，Hua'an，Nanqing，Anxi，Zhao'an，Fu'an[H11]

Taiwan：Taibei，Taizhong，Gaoxiong，Hualian，Taidong[C15]

Tropical and subtropical forest，wild

Vietnam，northern Myanmar.

Rattus eha Wroughton，1916

Smoke-bellied rat (Little Himalayan rat)

R. e. ninus Thomas，1922 [Yunnan]

Yunnan：Gongshan，Lushui (Gaoligongshan)[G14]；Bijiang[W86]；division of Lancangjiang and Nujiang (28°N)[A1]；Kunming[H2]；Jingdong[Y50]

Xizang：Kama valley，Nyalam，Zhangmu，Gyirong，Yadong，Mêdog，Tingri[F5]

Guangxi：Bose，Longlin[L30]；Da Yaoshan，Jingxi，Longzhou，Daqingshan[W83]

Guizhou：South western asea[L2]

Tropical and subtropical forest

Nepal，Sikkim，northern Myanmar.

Hadromys Thomas，1911　Bush rats

Hadromys humei Thomas，1866　**Manipur bush rat**

H. h. yunnanensis Yang *et* Wang，1987[Southwestern Yunnan]

Yunnan：Longchuan[W17]；Ruili[Y18]

Tropical monsoon forest and scrub

Assam.

小家鼠属 *Mus* Linnaeus，1758

小家鼠 ***Mus musculus*** Linnaeus，1758

M. m. castaneus Waterhouse，1843［东南亚大部分地区，东非与南非］

M. m. homourus Hodgson，1845［从喜马拉雅南坡至中南半岛。台湾］

M. m. urbanus Hodgson，1845［南亚，克什米尔］

M. m. wagneri Eversmann，1848［中亚］

M. m. tantillus G. Allen，1927［四川］

M. m. gansuensis Satunin，1903［甘肃］

M. m. pachycercus Blanford，1875［南疆］

M. m. decolor Argyropulo，1932［北疆］

M. m. manchu Thomas，1909［西伯利亚，日本］

黑龙江：黑河、伊春、富锦、呼玛、漠河、嫩江、安达、抚远、阿城、虎林、集贤[S33]；双鸭山、依兰*；泰来、杜尔伯特、东宁、甘南、双城、柴河、龙江、北安、哈尔滨[M13]（省防疫站 1959 年提供）

吉林：敦化、抚松、临江、公主岭[S33]

辽宁：阜新、彰武[S33]；盖州、本溪、普兰店*；大连[W119]；金县[D6]；清原、凤城、绥中、锦西、义县、建昌、长海、新宾、桓仁、宽甸、庄河、新民、沈阳、康平、昌图[L17,19]

内蒙古：牙克石、新巴尔虎右旗、陈巴尔虎旗、海拉尔、鄂温克旗、通辽*,[S33]；二连浩特、太朴寺旗、苏尼特右旗、锡林浩特、西乌珠穆沁旗*；磴口[D10]；东胜旗、狼山北部、乌拉特中后联合旗、包头、呼和浩特、集宁、阿巴嘎旗、土默特旗、和林格尔、丰镇、东乌珠穆沁旗、正镶白旗、正蓝旗、商都、武川、达拉特旗、乌审旗、四子王旗、达尔罕茂明安联合旗、河套、杭锦旗、鄂托克旗、乌拉特后旗[Z51,56]；大青山（九峰山）[Z46]；阿拉善左旗[W60]

河北：张家口、安新、任丘、兴隆*；张北、秦皇岛、遵化、平山、赞皇、衡水[Z21]

北京：密云、海淀*；门头沟[Z21]

天津：天津[G22]；蓟县[G21]

山东：泰安、济南、曲阜*；黄河口[L51]

河南：信阳、息县、固始、新县[Z97]；开封、济源、汝南、郑州、安阳、新乡、商丘[G20]；兰考、孟津[W63]

山西：太原、汾阳[A1]；神池、吕梁山[C21]；中条山[T2]；天镇、山阴、左云、右云、朔州、应县、阳高[L58]；绛县[W15]；五台山[Z38]

陕西：榆林、神木、横山[C26]；靖边、西安[W56]；凤县、太白山[A1]；临潼、太白、城固、商州[W98]；宜川[J6]；石泉、汉阴、平利[W96]

甘肃：天祝、张掖、兰州[Q13]；酒泉、敦煌（省防疫站 1958 年提供）；文县[M1]；临潼、玛曲、陇东地区[C16]；张家川[C19]；天水、康县、武都、舟曲、迭部、卓尼[L22,Z81]；临潭、玛曲[A1]

宁夏：隆德、泾源、西吉、海源、中心、中卫、中宁、青铜峡、石嘴山、贺兰山东麓、六盘山[W60]；陶乐（省防疫站 1958 年提供）；银川[Q3]

青海：门源、海晏、阿拉尔、冷湖、大柴旦、格尔木、循化、尖扎、同仁[Q13]；德令哈、泽库、乌兰、通海、乐都、祁连、贵南、民和、大通、共和、西宁*；诺木洪[L52]；长江源头[C3]

四川：雅安[L91]；米易、盐源、峨眉山、会东[S46]；万县[A1]；重庆、城口、南充、马尔康、成都、万源、阆中、内江、马边、温江、彭州、崇州、渡口、巫山、奉节、秀山、南川[H23,24]

贵州：贵阳[C39]；贵定[L39]；绥阳、金沙[L95]；习水、威宁、盘县、兴义、从东、黔西、施秉、玉屏、天柱、雷山、罗甸、惠水、望谟、册亨[L2]；梵净山[G17]；茂兰[X8]

云南：永德[L71]；泸水、潞西、盈江、丽水、腾冲*；保山、元江[A1]；思茅、景洪、下关、勐腊、勐海、勐旺、勐笼[Y43]；龙陵、麻栗坡、邓川、昌宁、蒙自[Y41]；福贡[W86]；沧源（南滚河）[W16]；景东[W18]；宾川[Y15]；个旧、弥勒[L4]；昆明[H2]；剑川、兰坪[Y17,42]

西藏：拉萨、定日、易宗、扎木、察隅[X30]；当雄、羊八井、波密、吉隆、托丹、卡玛曲（定日）、樟木、那曲[F5]

上海：上海[S28,Z124]

江苏：徐州、新沂、连云港、泗洪、清江、滨海、扬州、海定、兴化、盐城、南京、宜兴、常州[Z100]

浙江：金华、衢州、常山、庆元[C38]；宁波、杭州[Z113,117]；天目山[B6]

安徽：合肥[W33]；肥西[W35]；黄山[L46]；颖上、凤台、霍邱、六安、淮南、金寨[W39]

新疆：托木尔峰地区[L44]；哈密、吐鲁番、焉耆、和静、和硕、库尔勒、尉犁、轮台、拜城、阿克苏、巴楚、喀什[X11]；麦盖提、阿克陶、民丰、于田、阿图什、且末、疏勒、库东、若羌、和田[Z32,W50]；阿勒泰、塔城、布尔城、布尔津和布克赛尔、莎车、罗布泊[R3]；富蕴、额敏、乌苏、奎屯、尼勒克、奇台、木垒、伊吾[M24,25]

江西：上饶[T7]、安远、赣县、泰和[L65]；南昌、永修、九江[F13]

湖北：宜昌*

湖南：长沙、汨罗、桃源、常德、邵东、湘潭、宁远、陵零[C8]；桂东、宜章、新宁、绥宁[L65]；汉寿、益阳[G19]

广西：靖西、龙州、宁明、上思、邕宁[W47]；那坡、田林、百色、天峨、河池、融水、融安、柳州、桂林、龙胜、兴安、恭城、富川、金秀、梧州、玉林、合浦、钦州、南宁[W83,S12]

广东：电白[C22]；雷北[Y22]；阳春[L53]；宝安、三水[T5]；新会、南海、茂名、信宜、万宁、中山、揭阳*；清远、珠江三角洲（沙田地区）[X14]；广州[A1]；湛江[M30]

海南：三亚、琼中、南丰、儋州、东方、白沙*；吊罗山、尖峰岭、水满[X21]

福建：厦门、晋江、龙溪、莆田、龙岩、三明、宁德[Z14]；南平、福州、建阳[S27]；光泽、武夷山、周宁、古田、龙海、南清、平和、云霄[H11]

台湾：台北、新竹、台中、花莲、澎湖[C15]

家舍，田野

由于人类的传带，广泛分布于全世界，野生类型发生于中亚，欧亚大陆，伊朗，朝鲜，日本，巴利阿利群岛，西北非。

Mus Linnaeus，1758 House mice

Mus musculus Linnaeus，1758 **House mouse**

M. m. castaneus Waterhouse，1843［Most of Southeast Asia，eastern and southern Africa］

M. m. homourus Hodgson，1845［Southern flank of Himalayas，Myanmar，Thailand，Indochina，Taiwan］

M. m. urbanus Hodgson，1845［South Asia，Kashmir］

M. m. wagneri Eversmann，1848［Central Asia］

M. m. tantillus G. Allen，1927［Sichuan］

M. m. gansuensis Satunin，1903［Gansu］

M. m. pachycercus Blanford，1875［Southern Xinjiang］

M. m. decolor Argyropulo，1932［Northern Xinjiang］

M. m. manchu Thomas，1909［Siberia，Japan］

Heilongjiang：Heihe，Yichun，Fujin，Huma，Mohe，Nenjiang，Anda，Fuyuan，Acheng，Hulin，Jixian[S33]；Shuangyashan，Yilan*；Tailai，Dorbod，Dongning，Gannan，Shuangcheng，Chaihe，Longjiang，Bei'an，Harbin[M13]（provided by Station of Epidemic Disease Protection，Heilongjiang，1959）

Jilin：Dunhua，Fusong，Linjiang，Gongzhuling[S33]

Liaoning：Fuxin，Zhangwu[S33]；Gaizhou，Beixi，Pulandian*；Lushun[W119]；Jinxian[D6]；Qingyuan，Fengcheng，Suizhong，Jinxi，Yixian，Jianchang，Gaixian，Changhai，Qingyuan，Xinbin，Huanren，Fengcheng，Kuandian，Zhuanghe，Xinmin，Shenyang，Kangping，Changtu[L17,19]

Nei Mongol：Yakeshi，Xin Barag Right B.，Chen Barag B.，Hailar，

Ewenki B., Tongliao*,[S33]; Erenhot, Taibus B., Sonid Right B., Xilinhot, Xi Ujimqin B.*; Dengkou[D10]; Dongsheng B., Northern Langshan, Urad Middle and Rear B., Baotou, Hohhot, Jining, Abag B., Tumd B., Horinger, Fengzhen, Dong Ujimqin B., Zhengxiangbai B., Zhenglan B., Shangdu, Wuchuan, Dalad B., Uxin B., Siziwang B., Darhan Muminggan Joint B., Hetao, Hanggin B., Otog B., Urad Rear B.[Z51,56]; Daqingshan (Jiufengshan)[Z46]; Alxa B.[W60]

Hebei: Zhangjiakou, Anxin, Renqiu, Xinglong*; Zhangbei, Qinhuangdao, Zunhua, Pingshan, Zanhuang, Hengshui[Z21]

Beijing: Miyun, Haidian*; Mentougou[Z21]

Tianjin: Tianjin[G22]; Jixian[G21]

Shandong: Tai'an, Jinan, Qufu*; outlet area of Huanghe[L51]

Henan: Xinyang, Xixian, Gushi, Xinxian[Z97]; Kaifeng, Jiyuan, Runan, Zhengzhou, Anyang, Xinxiang, Shangqiu[G20]; Lankao, Mengjin[W63]

Shanxi: Taiyuan, Fenyang[A1]; Shenchi, Lüliangshan[C21]; Zhongtiaoshan[T2]; Tianzhen, Shanyin, Zuoyun, Youyun, Shuozhou, Yingxian, Yaogao[L58]; Jiangxian[W15]; Wutaishan[Z38]

Shaanxi: Yulin, Shenmu, Hengshan[C26]; Jingbian, Xi'an[W56]; Fengxian, Taibaishan[A1]; Lintong, Taibai, Chenggu, Shangzhou[W98]; Yichuan[J6]; Shiquan, Hanyin, Pingli[W96]

Gansu: Tianzhu, Zhangye, Lanzhou[Q13]; Jiuquan, Dunhuang (provided by Station of Epidemic Disease Protection, Gansu, 1958); Wenxian[M1]; Lintong, Maqu, Longdong area[C16]; Zhangjiachuan[C19]; Tianshui, Kangxian, Wudu, Zhugqu, Têwo, Jonê[L22,Z81]; Lintan, Maqu[A1]

Ningxia: Bide, Jingyuan, Xiji, Haiyuan, Zhongxin, Zhongwei, Zhongning, Qingtongxia, Shizuishan, eastern flank of Helangshan, Liupanshan[W60]; Taole (provided by Station of Epidemic Disease Protection, Gansu, 1958); Yinchuan[Q3]

Qinghai: Menyuan, Haiyan, Alar, Lenghu, Da Qaidam, Golmud, Xunhua, Jainca, Tongren[Q13]; Delingha, Zêkog, Ulan, Tonghai, Ledu, Qilian, Guinan, Minhe, Datong, Gonghe, Xining*; Nomhon[L52]; source area of Changjiang[C3]

Sichuan: Ya'an[L91]; Miyishan, Yanyuan, Emei, Huidong[S46]; Wanxian[A1]; Chongqing, Chengkou, Nanchong, Barkam, Chengdu, Wanyuan, Langzhong, Neijiang, Mabian, Wenjiang, Pengzhou, Chongzhou, Dukou, Wushan, Fengjie, Xiushan, Nanchuan[H23,24]

Guizhou: Guiyang[C39]; Guiding[L39]; Suiyang*; Jinsha[L95]; Xishui, Weining, Panxian, Xingyi, Congdong, Qianxi, Shibing, Yuping, Tianzhu, Leishan, Luodian, Huishui, Wangmo, Ceheng[L2]; Fanjingshan[G17]; Maolan[X8]

Yunnan: Yongde[L71]; Lushui, Luxi, Yingjiang, Lishui, Tengchong*; Baoshan, Yuanjiang[A1]; Simao, Jianghong, Xiaguan, Mengla, Menghai, Mengwang, Menglong[Y43]; Longling, Malipo, Dengchuan, Changning, Mengzi[Y41]; Fugong[W86]; Cangyuan (Nangunhe)[W16]; Jingdong[W18]; Binchuan[Y15]; Gejiu, Mile[L4]; Kunming[H2]; Jianchuan, Lanping[Y17,42]

Xizang: Lhasa, Tingri, Yizong, Zamu, Zayü[X30]; Damxung, Yangbajain, Bomi, Gyirong, Tuodan, Kamaoqu (Tingri), Zhangmu, Nagqu[F5]

Shanghai: Shanghai[S28,Z124]

Jiangsu: Xuzhou, Xinxin, Lianyungang, Sihong, Qingjiang, Binhai, Yangzhou, Haiding, Xinghua, Yancheng, Nanjing, Yixing, Changzhou[Z100]

Zhejiang: Jinhua, Quzhou, Changshan, Qingyuan[C38]; Ningbo, Hangzhou[Z113,117]; Tianmushan[B6]

Anhui: Hefei[W33]; Feixi[W35]; Huangshan[L46]; Yingshang, Fengtai, Huoqiu, Liu'an, Huainan, Jinzhai[W39]

Xinjiang: Tuomuer Feng area[L44]; Hami, Turpan, Yanqi, Hejing, Hoxud, Korla, Yuli, Luntai, Baicheng, Aksu, Bachu, Kashi[X11]; Markit, Akto, Minfeng, Yutian, Artux, Qiemo, Shule, Kuqa, Ruoqiang, Hotan[Z32,W50]; Altay, Tacheng, Burqin*; Hoboksar, Shache, Lop Nur[R3]; Fuyun, Emin, Usu, Kuitun, Nilka, Qitai, Mori, Yiwu[M24,25]

Jiangxi: Shangrao[T7]; Anyuan, Ganxian, Taihe[L65]; Nanchang, Yongxiu, Jiujiang[F13]

Hubei: Yichang*

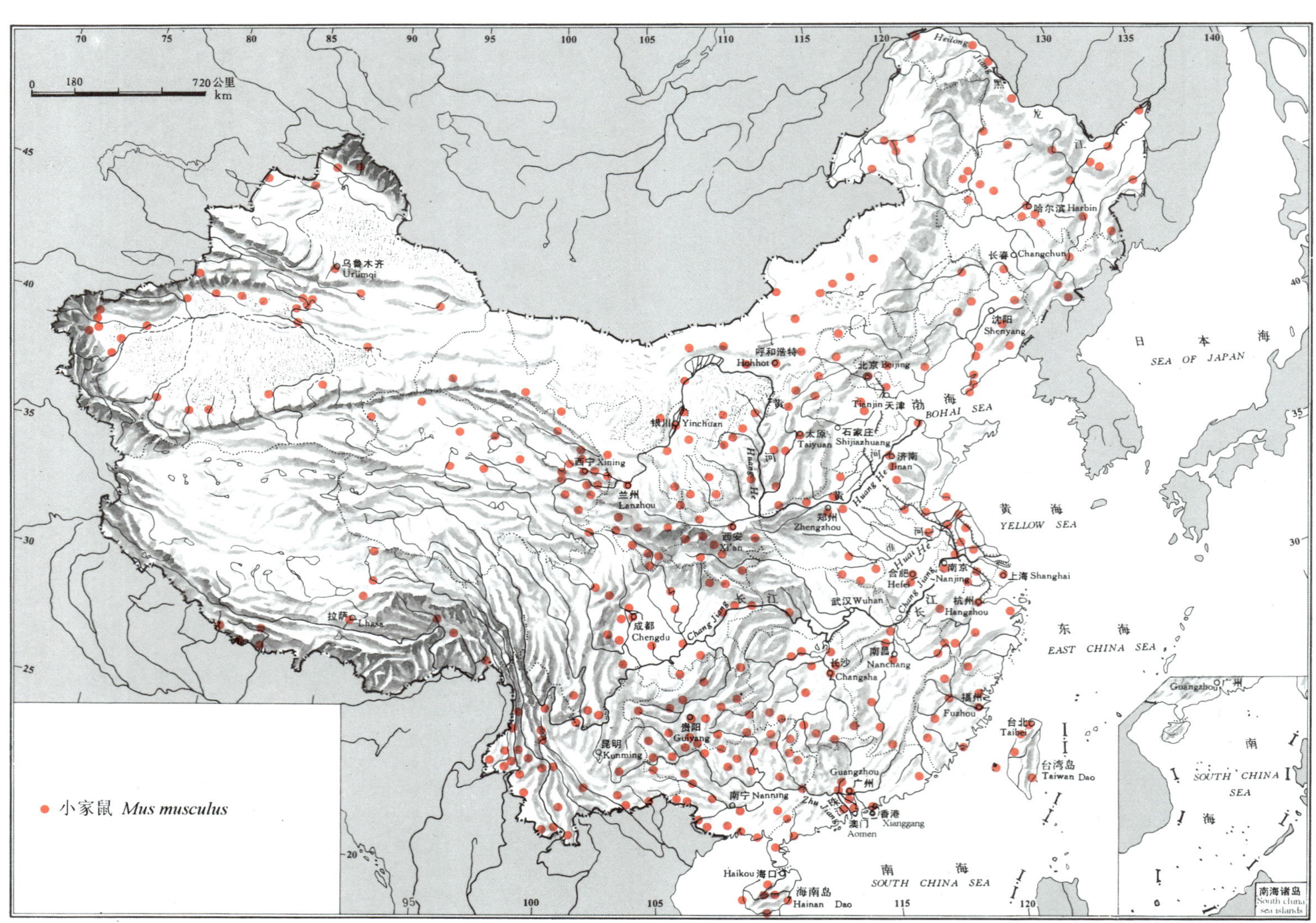

图 170　小家鼠 *Mus musculus* 的分布

Hunan: Changsha, Leiluo, Taoyuan, Changde, Shaodong, Xiangtan, Ningyuan, Lingling[C8]; Guidong, Yizhang, Xinning, Suining[L65]; Hanshou, Yiyang[G19]

Guangxi: Jingxi, Longzhou, Ningming, Shangsi, Yongning[W47]; Napo, Tianlin, Bose, Tian'e, Hechi, Rongshui, Rong'an, Liuzhou, Guilin, Longsheng, Xing'an, Gongcheng, Fuchuan, Jinxiu, Wuzhou, Yulin, Hepu, Qinzhou, Nanning[W83,S12]

Guangdong: Dianbai[C22]; Leibei[Y22]; Yangchun[L13]; Bao'an, Sanshui[T5]; Xinhui, Nanhai, Maoming, Xinyi, Wanning, Zhongshan, Jieyang*; Qingyuan, Zhujiang delta (Shatian area)[X14]; Guangzhou[A1]; Zhanjiang[M30]

Hainan: Sanya, Qiongzhong, Nanfeng, Danzhou, Dongfang, Baisha*; Diaoluoshan, Jianfengling, Shuiman[X21]

Fujian: Xiamen, Jinjiang, Longxi, Putian, Longyan, Sanming, Ningde[Z14]; Nanping, Fuzhou, Jianyang[S27]; Guangze, Wuyishan, Zhouning, Gutian, Jinjiang, Longhai, Nanqing, Pinghe, Yunxiao[H11]

Taiwan: Taibei, Xinzhu, Taizhong, Hualian, Penghu[C15]

House, wild

Worldwide through introduction by man; wild forms occur in Central Asia, Balearic Isles, Eurasian continent, Iran, Korea, Japan, northwestern Africa.

丛林鼠 ***Mus famulus*** Bonhote, 1898

M. f. cooki Ryley, 1914

云南：弥勒（东山）[L4]；泸水、陇川、梁河、勐海、大理、沧源、景洪[Y50]

热带林灌、耕地

印度，曼尼蒲尔，阿萨姆，泰国，缅甸。

卡氏小鼠 ***Mus caroli*** Bonhote, 1902

M. c. caroli Bonhote, 1902

福建：光泽、浦城、南平、云霄、建阳、屏南、古田、三明、永安、龙岩、永定、平潭、莆田、仙游、晋江、南安、漳州、龙海、漳浦[Z8]；政和、平和、华安、同安[H11]

台湾：大河口[E1]

贵州：贵阳、清镇、榕江、贵定[L2]

广西：凌云、田林、那坡、德保、靖西、天峨、大化[L30]

云南：金平[L4]；昆明[K5]；梁河、盈江、陇川、端丽、潞西、畹町、景东、景谷、新平、通海、玉溪、河口[Y50]

田野

越南，泰国，马来半岛，琉球，印度尼西亚。

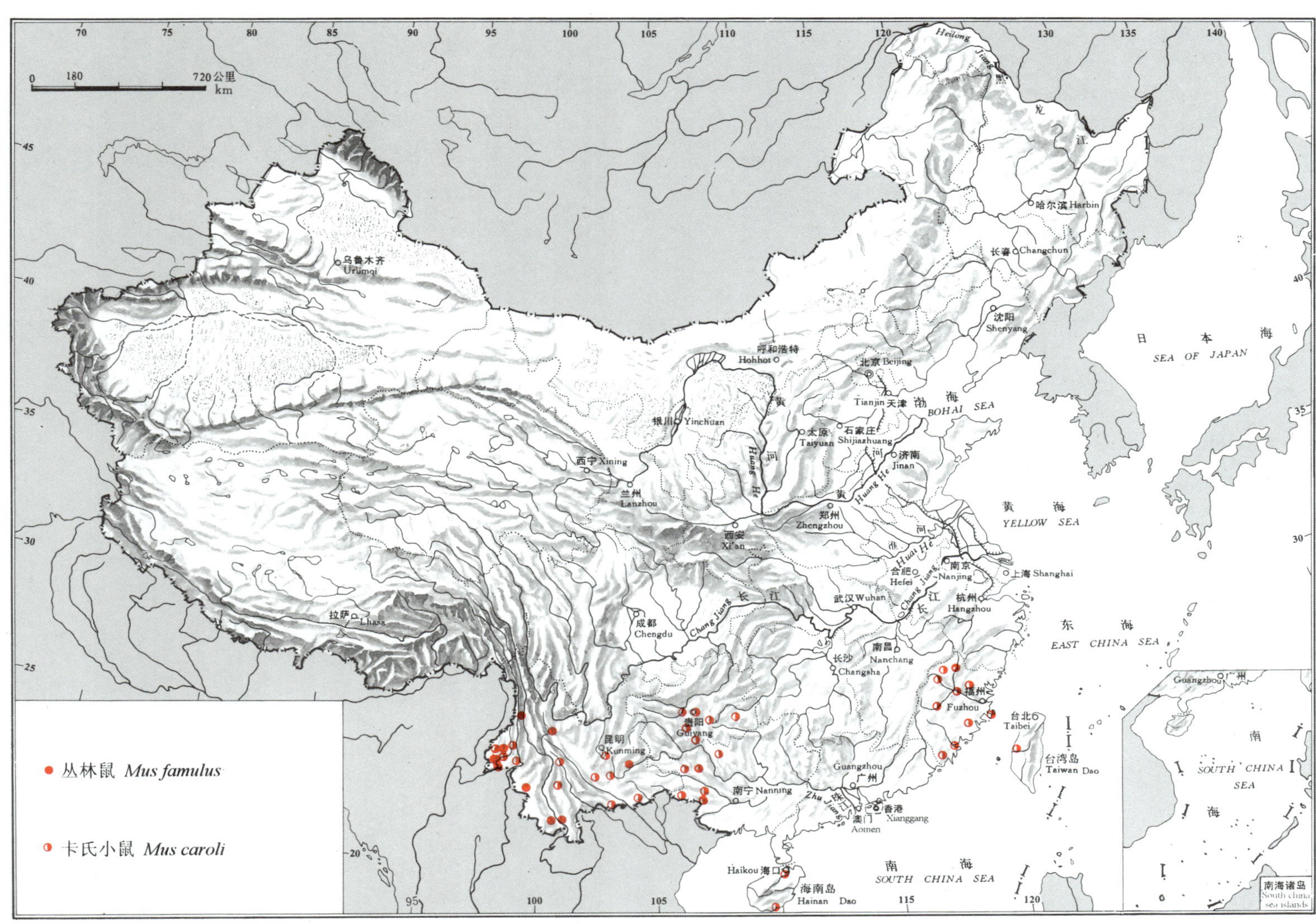

图171 丛林鼠 *Mus famulus* 卡氏小鼠 *Mus caroli* 的分布

Mus famulus Bonhote, 1898 **Jungle mouse**

M. f. cooki Ryley, 1914

Yunnan: Mile (Dongshan)[L4]; Lushui, Longchuan, Lianghe, Menghai, Dali, Cangyuan, Jinghong[Y50]

Tropical forest, scrub, farmland

India, Manipur, Assam, Thailand, Myanmar.

Mus caroli Bonhote, 1902 **Ryukyu mouse**

M. c. caroli Bonhote, 1902

Fujian: Guangze, Pucheng, Nanping, Yunxiao, Jianyang, Pingnan, Gutian, Sanming, Yong'an, Longyan, Yongding, Pingtan, Putian, Xianyou, Jinjiang, Nan'an, Zhangzhou, Longhai, Zhangpu[Z8]; Zhenghe, Pinghe, Hua'an, Tong'an[H11]

Taiwan: Daihekou[E1]

Guizhou: Guiyang, Qingzhen, Rongjiang, Guiding[L2]

Guangxi: Lingyun, Tianlin, Napo, Debao, Jingxi, Tian'e, Dahua[L30]

Yunnan: Jinping[L4]; Kunming[K5]; Lianghe, Yinjiang, Longchuan, Ruili, Luxi, Wanding, Jingdong, Jinggu, Xinping, Tonghai, Yuxi, Hekou[Y50]

Wild

Vietnam, Thailand, Malay peninsula, Ryukya and Indonesia.

仔鹿鼠 ***Mus cervicolor*** Hodgson 1845

云南：泸水、瑞丽、梁河、盈江、大理、孟连[Y50]

热带森林，灌丛，农田

斯里兰卡，印度半岛，中南半岛。

锡金小家鼠 ***Mus pahari*** Thomas，1916

M. P. gairdneri Kloss 1920［中南半岛］

四川：米易（湾丘）[W77]；宁南、渡口、会理、西昌[H23,24]

贵州：丛江、榕江、黎平、锦屏、剑河、雷山[S40]；习水、绥阳、桐梓、江口、兴义、麻江、都匀、贵定、罗甸、三都[L2]；梵净山[G17]

云南：西盟[P1]；永德[L71]；福贡[W86]；陇川、勐腊[W67]；弥勒（东山）[L4]；沧源（南滚河）[W16]；宾川[Y15]；景东[W110]；元谋[W123]；龙川江、昆明、河口、永平、巧家[A1]；贡山、泸水、腾冲、梁河、盈江、瑞丽、云县、凤庆、永德、镇康、耿马、澜沧、勐海、元阳、开远、泸西、广南、丘北、富宁、玉溪、漾濞、镇雄、永善[Y50]

西藏：墨脱[F5]

广西：靖西[W47]；龙州、宁明、凭祥、大新、上林、邕宁、武鸣、南宁、百色、西林、隆林、乐业、凌云[W83,S12,L30]

森林，灌丛，草地，耕地

中南半岛，锡金，阿萨姆。

板齿鼠属 *Bandicota* Gray，1873

板齿鼠 ***Bandicota indica*** Bechstein，1800

B. i. nemorivaga Hodgson，1836

四川：米易、雷波[S46]；西昌、会理、德昌[H23,24]

贵州：丛江、榕江、黎平、锦屏、剑河、雷山[S40]；兴义、荔波、罗甸[L2]

云南：陇川[W17]；临沧、双江[L71]；腾冲[A1]；泸水、保山、梁河、盈江，瑞丽、畹町、永平、耿马、沧源、河口、元江、新平、镇雄、景东、景谷[Y50]

广西：宁明、上思、海康、邕宁、合浦、灵山、钦县、十万大山、那坡、靖西、龙州、凭祥、大新、武鸣、上林、钦州、南宁、隆安、宾阳、田林、田东、巴马、德保[W83,S12,L30]

广东：雷北[Y22]；顺德[M29]；佛山（南海）、三水[Z94]、湛江、阳江、茂名、信宜、罗定、封川、高要、从化、台山、中山、增城、源河[T5]；清远、珠江三角洲（沙田地区）[X14]；阳春[L53]

福建：建阳[S27]；龙溪、莆田、龙岩、宁德[Z14]；建瓯、周宁、永定、龙海、漳浦、平和、惠安、福清[H11]

台湾：太河口、台北、台中、嘉义、台南、高雄[C15]

香港：九龙[X33]

竹林，草地，沼泽，甘蔗田

斯里兰卡，印度半岛，尼泊尔，阿萨姆，中南半岛，爪哇，苏门答腊。

地鼠属 *Nesokia* Gray，1842

印度地鼠 ***Nesokia indica*** Gray *et* Hardwicke，1832

N. i. scullyi Wood-Mason，1876［塔里木西部］

N. i. brachyura Büchner，1889［塔里木东部］

新疆：罗布泊、喀什、莎车[E1]；库尔勒[Z32]；尉犁、和田*；米罗、若羌、且末、民丰、于田、策勒、洛浦、皮山、叶城、巴楚、吐鲁番、托克逊[W41]

荒漠绿洲

中亚，巴基斯坦，旁遮普，那贾斯坦，印度恒河上游地区，信德，阿富汗，伊朗，伊拉克，巴勒斯坦，叙利亚，阿拉伯北部，埃及。

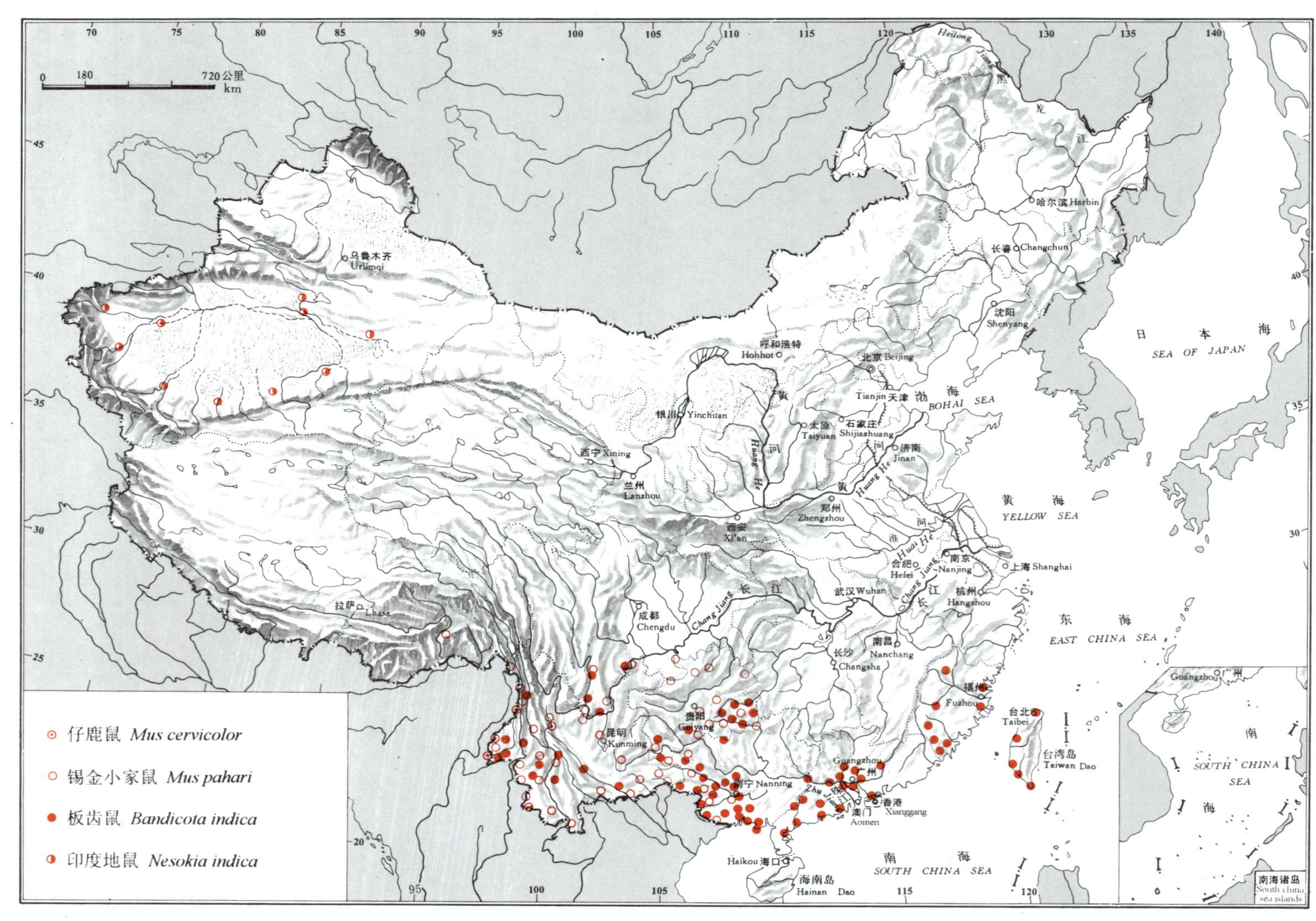

图 172 仔鹿鼠 *Mus cervicolor* 锡金小家鼠 *Mus pahari* 板齿鼠 *Bandicota indica* 印度地鼠 *Nesokia indica* 的分布

Mus cervicolor Hodgson 1845 **Fawn-colored mouse**

Yunnan: Lushui, Ruili, Lianghe, Yingjiang, Dali, Menglian[Y50]

Tropical forest, scrub, farmland

Sri Lanka, Indian peninsula, Thailand, Myanmar, Indochina.

Mus pahari Thomas, 1916 **Sikkim mouse**

M. p. gairdneri Kloss, 1920 [Thailand, Indo-China]

Sichuan: Miyi (Wanqiu)[W77]; Ningnan, Dukou, Huili, Xichang[H23,24]

Guizhou: Congjiang, Rongjiang, Liping, Jinping, Jianhe, Leishan[S40]; Xishui, Suiyang, Tongzi, Jiangkou, Xingyi, Majiang, Duyun, Guiding, Luodian, Sandu[L2]; Fanjingshan[G17]

Yunnan: Ximeng[P1]; Yongde[L71]; Fugong[W86]; Longchuan, Mengla[W67]; Mile (Dongshan)[L4]; Cangyuan (Nangunhe)[W16]; Binchuan[Y15]; Jingdong[W110]; Yuanmou[W123]; Longchuanjiang, Kunming, Hekou, Yongping, Qiaojia[A1]; Gongshan, Fugong, Lushui, Tengchong, Lianghe, Yingjiang, Ruili, Yunxian, Fengqing, Yongde, Zhenkang, Gengma, Lancang, Menghai, Yuanyang, Kaiyuan, Luxi, Guangnan, Qiubei, Funing, Yuxi, Yangbi, Zhenxiong, Yongshan[Y50]

Xizang: Mêdog[F5]

Guangxi: Jingxi[W47]; Longzhou, Ningming, Pingxiang, Daxin, Shanglin, Yongning, Wuming, Nanning, Bose, Xilin, Longlin, Leye, Lingyun[W83,S12,L30]

Forest, scrub, meadow, farmland

Myanmar, Thailand, Indochina, Sikkim, Assam.

Bandicota Gray, 1873 **Bandicootrats**

Bandicota indica Bechstein, 1800 **Large bandicoot rat**

B. i. nemorivaga Hodgson, 1836

Sichuan: Miyi, Leipo[S46]; Xichang, Huili, Dechang[H23,24]

Guizhou: Congjiang, Rongjiang, Liping, Jinping, Jianhe, Leishan[S40]; Xingyi, Libo, Luodian[L2]

Yunnan: Longchuan[W17]; Lincang, Shuangjiang[L71]; Tengchong[A1]; Lushui, Baoshan, Lianghe, Yingjiang, Ruili, Wanding, Yongping, Gengma, Cangyuan, Hekou, Yuanjiang, Xinping, Zhenxiong, Jingdong, Jinggu[Y50]

Guangxi: Ningming, Shangsi, Haikang, Yongning, Hepu, Lingshan, Qinxian, Shiwandashan, Napo, Jingxi, Longzhou, Pingxiang, Daxin, Wuming, Shanglin, Qinzhou, Nanning, Long'an, Binyang, Tianlin, Tiandong, Bama, Debao[W83,S12,L30]

Guangdong: Leibei[Y23]; Shunde[M29]; Foshan (Nanhai), Sanshui[Z94]; Zhanjiang, Yangjiang, Maoming, Xinyi, Luoding, Fengchuan, Gaoyao, Conghua, Taishan, Zhongshan, Zengcheng, Yuanhe[T5]; Qingyuan, Zhujiang delta (Shatian area)[X14]; Yangchun[L53]

Fujian: Jianyang[S27]; Longxi, Putian, Longyan, Ningde[Z14]; Jian'ou, Zhouning, Yongding, Longhai, Zhangpu, Pinghe, Hui'an, Fuqing[H11]

Taiwan: Taihekou, Taibei, Taizhong, Jiayi, Tainan, Gaoxiong[C15]

Hongkong: Jiulong[X33]

Bamboo forest, grassland, marsh, sugar-cane field

Sri Lanka, Indian peninsula, Nepal, Assam, Myanmar, Thailand, Indochina, Java, Sumatra.

Nesokia Gray, 1842
Short-tailed bandicoot rats

Nesokia indica Gray *et* Hardwicke, 1832

Short-tailed bandicoot rat

N. i. scullyi Wood-Mason, 1876 [Western Tarim]

N. i. brachyura Büchner, 1889 [Eastern Tarim]

Xinjiang: Lop Nur, Kashi, Shache[E1]; Korla[Z32]; Yuli, Hotan*; Miluo, Ruoqiang, Qiemo, Minfeng, Yutian, Qira, Lop, Pishan, Yecheng, Bachu, Turpan, Toksun[W41]

Oasis of desert

Central Asia, Palestine, Punjab, Rajputana, upper reaches of Ganga River, Sind, Afghanistan, Iran, Iraq, Palestine, Syria, northern Arabia, Egypt.

仓鼠亚科 Cricetinae

仓鼠属 *Cricetulus* Milne-Edwards, 1867

灰仓鼠 ***Cricetulus migratorius*** Pallas, 1773

C. m. fulvus Blanford, 1875 [新疆塔里木西部]

C. m. caesius Kashkarov, 1923 [准噶尔,新疆东部,甘肃,青海]

内蒙古:乌拉特后旗[Z59]、苏尼特右旗、四子王旗*;额济纳旗[D10];阿拉善左旗[W60];二连浩特[B1]

新疆:阿克苏、轮台、拜城、焉耆、库尔勒、哈密、吐鲁番、和硕、巴楚、喀什[Z32];和静、麦盖提[W50];和田、疏勒、叶城、青河、阿勒泰、布尔津、和布克赛尔、塔城、额敏、裕民、托里、乌尔禾、霍城、尼勒克、乌苏、奎屯、玛纳斯、呼图壁、伊吾、巴里坤、木垒、奇台、北塔山*;托木尔峰地区[L44];乌恰[M24];乌鲁木齐[T3];伊宁、塔尔巴哈台[W40,41]

宁夏:灵武[D10];盐池、银川、石嘴山[W60];六盘山、贺兰山、固原、西吉、同心、中卫、陶乐、永宁、平罗[Q3]

甘肃:酒泉、张掖[Z43];民乐[S39];安西[L93];马鬃山[W2]

青海:柴达木(柴达木河)[R3];祁连、玉树、贵南*;格尔木[Z69]

荒漠,半荒漠,农田

小亚细亚,乌克兰,哈萨克斯坦,阿尔泰,西伯利亚南部,阿富汗,伊朗,叙利亚,巴勒斯坦,克什米尔。

Cricetinae Hamsters etc.

Cricetulus Milne-Edwards, 1867
Dwarf hamsters

Cricetulus migratorius Pallas, 1773 **Grey hamster**

C. m. fulvus Blanford, 1875 [Western Tarim]

C. m. caesius Kashkarov, 1923 [Junggar, eastern Xinjiang, Gansu, Qinghai]

Nei Mongol: Urad Rear B.[Z59]; Sonid Right B., Siziwang B.*; Ejin B.[D10]; Alxa Left B.[W60]; Erenhot[B1]

Xinjiang: Aksu, Luntai, Baicheng, Yanqi, Korla, Hami, Turpan, Hoxud, Bachu, Kashi[Z32]; Hejing, Markit[W50]; Hotan, Shule, Yecheng, Qinghe, Altay, Burqin, Hoboksar, Tacheng, Emin, Yumin, Toli, Urho, Huocheng, Nilka, Usu, Kuytun, Manas, Hutubi, Yiwu, Barkol, Mori, Qitai, Baytikshan*; Tuomuer Feng area[L44]; Wuqia[M24]; ürümqi[T3]; Yining, Tarbagartay[W40,41]

Ningxia: Lingwu[D10]; Yanchi, Yinchuan, Shizuishan[W60]; Liupanshan, Helanshan, Guyuan, Xiji, Tongxin, Zhongwei, Taole, Yongning, Pingluo[Q3]

Gansu: Jiuquan, Zhangye[Z43]; Minle[S39]; Anxi[L93]; Mazongshan[W2]

Qinghai: Qaidam (Qaidam He)[R3]; Qilian, Yushu, Guinan*; Golmud[Z69]

Desert, semidesert, farmland

Asia Minor, Ukraine, Kazakhstan, Altai, southern Siberia, Mongolian Altai, Afghanistan, Iran, Syria, Palestine, Kashmir.

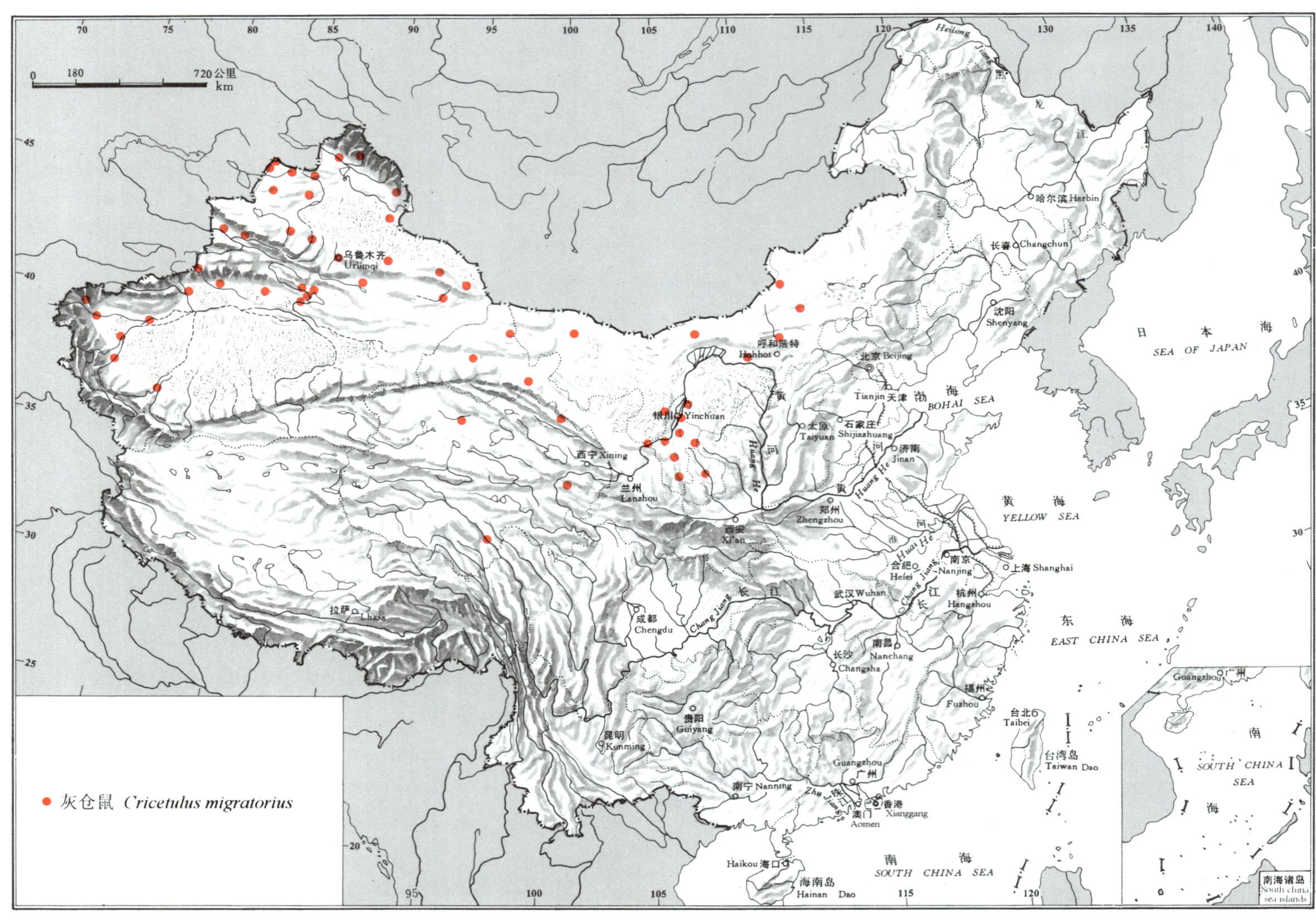

图 173 灰仓鼠 *Cricetulus migratorius* 的分布

黑线仓鼠 *Cricetulus barabensis* Pallas，1773

C. b. griseus Milne-Edwards，1867 [华北及华东]

C. b. manchuricus Mori，1930 [黑龙江三江平原]

C. b. xinganensis Wang，1980 [大兴安岭]

C. b. obscurus Milne-Edwards，1867 [内蒙古、陕西、甘肃]

C. b. fumatus Thomas，1909 [东北]

黑龙江：呼兰、德都、尚志、通河、呼玛、黑河、富锦、同江、萝北、安达、集贤、阿城、兴凯湖沿岸[M13,S33]；富裕、哈尔滨、密山*；杜尔伯特、泰来（省防疫站1963年提供）

吉林：公主岭、榆树[S33]；长春、四平、白城、梨树、扶余[Z63]

辽宁：新民、盖州、阜新、本溪、大连、彰武[S33]；金县[D7]；普兰店、清原、建平、凌海、锦西、绥中、义县、北票、凤城、宽甸、庄河、瓦房店、长海、黑山、沈阳、铁岭、昌图、康平[L17,19]

内蒙古：呼和浩特、萨拉齐[A1]；二连浩特、祖银地、商都、苏尼特右旗、阿巴嘎旗、乌拉特前旗、察哈尔右翼后旗、杭锦后旗、三盛公、鄂温克旗、莫力达瓦旗、锡林浩特、通辽*；准噶尔旗、乌审旗、杭锦旗、东胜、乌拉特中后旗、土默特旗、和林、丰镇、正镶白旗、正蓝旗、武川、包头、达拉特旗、四子王旗、河套、乌拉特后旗[Z51,53,56]；新巴尔虎左旗、新巴尔虎右旗[M13]；海拉尔、牙克石、满洲里、鄂伦春旗[M13,S33,Z118]；大青山（九峰山）[Z46]

河北：承德、山海关、康保、安新[L70]；秦皇岛、涿州、邯郸、望都[H7]；阳原、蔚县、怀来[L32]；围场、吴桥、张北、遵化、涞源、赞皇、涉县、石家庄、正定、束鹿、衡水、黄骅、兴隆[Z21]

北京：金山[B9]；门头沟[Z21]

天津：天津[G22]；蓟县[G21]

山东：费县[L75]；济南、维县、烟台[A1]

河南：开封、息县[Z97]；郑州、新乡、嵩县、兰考、孟津、新县[W63]、登封、武陟、于城[G20]

山西：神池*；大同、阳原[L32]；岚县、方山、兴县、临县、交城、文水、汾阳、孝义[C21]

陕西：榆树、神木、横山、定边、靖边[C26]；西安[W56]；临潼[W20]；陇县[S41]；安塞、礼泉、周至、户县、华县[W55]

甘肃：陇东地区[C16]；张家川[C19]；张掖、武威、民勤[Z43]；民乐[S39]；兰州[Z81]

宁夏：陶乐、六盘山、贺兰山、固原、西吉、同心、盐池、中宁、灵武、银川、永宁、平罗[Q3]

安徽：肥西[W35]；砀山、萧县、亳县、宿县、阜阳、颍上、淮南、滁县、合肥、六安、霍丘[H35]；宿松、和县[W37]；铜陵[L47]

江苏：泰兴、扬州[H33]；镇江[H34]；武进、常州、淮阴、连云港[Z99]；徐州、睢宁、泗洪、清江、滨海、盐城、靖江、如皋、海安、车台、镇江[Z100]

森林，草原，半荒漠，耕地

俄罗斯鄂毕河上游地区与贝加尔湖区南部，蒙古。

Cricetulus barabensis Pallas，1773 **Striped hamster**

C. b. griseus Milne-Edwards，1867 [Northern and eastern China]

C. b. manchuricus Mori，1930 [Three river areas，Heilongjiang]

C. b. xinganensis Wang，1980 [Da Hinggan Ling]

C. b. obscurus Milne-Edwards，1867 [Nei Mongol，Shaanxi，Gansu]

C. b. fumatus Thomas，1909 [Northeast China]

Heilongjiang：Hulan，Dedu，Shangzhi，Tonghe，Huma，Heihe，Fujin，Tongjiang，Luobei，Anda，Jixian，Acheng，shore of

Xingkaihu[M13,S33]; Fuyu, Harbin, Mishan*; Dorbod, Tailai (provided by Station of Epidemic Disease Protection, Heilongjiang, 1963)

Jilin: Gongzhuling, Yushu[S33]; Changchun, Siping, Baicheng, Lishu, Fuyu[Z63]

Liaoning: Xinmin, Gaizhou, Fuxin, Benxi, Dalian, Zhangwu[S33]; Jinxian[D7]; Pulandian, Qingyuan, Huanren, Jianping, Linghai, Jinxi, Suizhong, Yixian, Jianping, Beipiao, Fengcheng, Kuandian, Zhuanghe, Wafangdian, Changhai, Heishan, Shenyang, Tieling, Changtu, Kangping[L17,19]

Nei Mongol: Hohhot, Salaji[A1]; Erenhot B., Zuyinde, Shangdu, Sonid Right B., Abag B., Urad Front B., Qahar Right Wing Rear B., Hanggin Rear B., Sanshenggong, Ewenki B., Morin, Dawa B., Xilinhot, Tongliao*; Jungar B., Uxin B., Hanggin B., Dongsheng, Urad Middle and Rear B., Tumd B., Horinger, Fengzhen, Zhengxiangbai B., Zhenglan B., Wuchuan, Baodou, Dalad B., Siziwang B., Hetao, Urad Rear B.[Z51,53,56]; Xin Barag Left B., Xin Barag Right B.[M13]; Hailar, Yakeshi, Manzhouli, Oroqen B.[M13,S33,Z118]; Daqingshan (Jiufengshan)[Z46]

Hebei: Chengde, Shanhaiguan, Kangbao, Anxin[L70]; Qinhuangdao, Zuozhou, Handan, Wangdu[H7]; Yangyuan, Weixian, Huailai[L32]; Weichang, Wuqiao, Zhangbei, Zunhua, Laiyuan, Zanhuang, Shexian, Shijiazhuang, Zhengding, Sulu, Hengshui, Huanghua, Xinglong[Z21]

Beijing: Jinshan[B9]; Mentougou[Z21]

Tianjin: Tianjin[G22]; Jixian[G21]

Shandong: Feixian[L75]; Jinan, Weixian, Yantai[A1]

Henan: Kaifeng, Xixian[Z97]; Zhengzhou, Xinxiang, Songxian, Lankao, Mengjin, Xinxian[W63]; Dengfeng, Wushe, Yucheng[G20]

Shanxi: Shenchi*; Datong, Yangyuan[L32]; Lanxian, Fangshan, Xingxian, Linxian, Jiaocheng, Wenshui, Fenyang, Xiaoyi[C21]

Shaanxi: Yushu, Shenmu, Hengshan, Dingbian, Jingbian[C26]; Xi'an[W56]; Lintong[W20]; Longxian[S41]; Anzhai, Liquan, Zhouzhi, Huxian, Huaxian[W55]

Gansu: Longdong area[C16]; Zhangjiachuan[C19]; Zhangye, Wuwei, Minqin[Z43]; Minle[S39]; Lanzhou[Z81]

Ningxia: Taole, Liupanshan, Helanshan, Guyuan, Xiji, Tongxin, Yanchi, Zhongning, Lingwu, Yinchuan, Yongning, Pingluo[Q3]

Anhui: Feixi[W35]; Dangshan, Xiaoxian, Boxian, Suxian, Fuyang, Yingshang, Huainan, Chuxian, Hefei, Liu'an, Huoqiu[H35]; Susong, Hexian[W37]; Tongling[L47]

Jiangsu: Taixing, Yangzhou[H33]; Zhenjiang[H34]; Wujin, Changzhou, Huaiyin, Lianyungang[Z99]; Xuzhou, Suining, Sihong, Qingjiang, Binhai, Yancheng, Jingjiang, Rugao, Hai'an, Chetai, Zhenjiang[Z100]

Forest, steppe, semidesert, farmland

Upper reaches of Ob River and southern Baikal area, Mongolia.

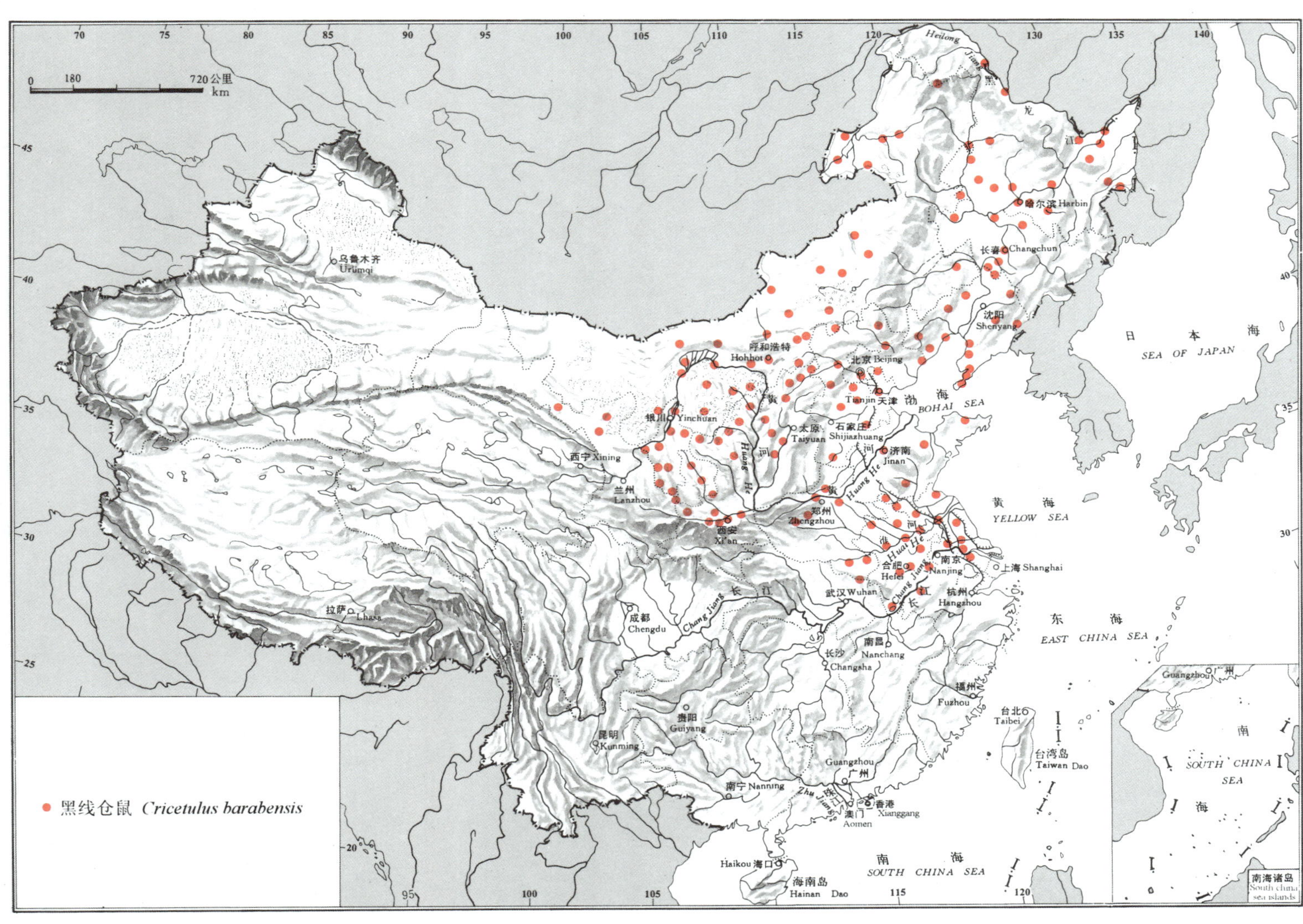

图 174 黑线仓鼠 *Cricetulus barabensis* 的分布

长尾仓鼠 *Cricetulus longicaudatus* Milne-Edwards, 1867

C. l. longicaudatus Milne-Edwards, 1867 [黄河流域]

C. l. chicemalaiensis Wang *et* Cheng, 1973 [青海西南部]

内蒙古：呼和浩特[A1]；土默特旗、丰镇、商都、正蓝旗、河套[Z51,53,56]；阴山南部[Z59]；科尔沁前旗[J1]；大青山（九峰山）[Z46]

河北：围场[A1]；阳原[L32]

北京：北京[Z31]

天津：蓟县[Z21]

河南：息县[Z97]；林州、嵩县、荥阳[G20]；灵宝、栾川、卢氏[L96]

山西：阳高、太原、宁武、岢岚、汾阳、保德[A1]；五台山[Z38]；天镇、左云、右云、朔州、应县[L58]；大同、忻州[L32]；岚县、方山、兴县、临县、离石、柳林、中阳、交口、石楼[C21]

陕西：西安[W56]；延安[A1]；安塞、延长、黄龙、丹凤、商南、洛南、宜川[S41,Z85]；洛川、榆林、清涧、绥德、周至、彬县、礼泉、华县、潼关、合阳[W55]

甘肃：陇东地区[C16]；临潭[A1]；肃南、酒泉、张掖、罐台[Z43]；天祝[C40]；天水、岷县[L22]；玛曲、碌曲、夏河[C14,Z81]

青海：海晏、门源、祁连、察汗乌苏、格尔木、乌兰、西宁[Z43]；湟源、贵南、天峻、大通、乐都、民和、玉树、德令哈、同仁、尖扎、泽库、都兰、镜铁山地区[Q13]；称多、杂多、治多、曲麻莱、囊谦、共和、贵德、同德、兴海、河南、玛沁、民乐、昂久[W48,Z23,24]

四川：若尔盖（唐克）[H23,24,W48]

西藏：安多（唐古拉山）[F5]

新疆：托里、乌鲁木齐、玛纳斯、塔尔巴哈台[W41]；青河、富蕴、阿勒泰[M24]

宁夏：泾源、隆德、固原、海源、西吉、同心[Q3]

草原，半荒漠，耕田

外贝加尔地区南部，西萨彦岭，蒙古。

藏仓鼠 *Cricetulus kamensis* Satunin，1903

C. k. kamensis Satunin，1903［青海南部］

C. k. kozlovi Satunin，1903［甘肃西部］

C. k. alticola Thomas，1917［西藏北部］

C. k. lama Bonhote，1905［西藏西部］

甘肃：酒泉至阿克塞祁连山地、酒泉（镜铁山）[Z81]

青海：镜铁山[Z43]；玉树、称多、杂多、治多、曲麻莱[W48]；囊谦[Z69]

西藏：拉萨、珠穆朗玛峰地区、聂拉木、羊八井、墨竹工卡、纳木错、察隅、芒康[X30]；当雄、朗县、定日、日土、扎达[F5]

新疆：阿克赛钦（空喀山口）[Z73]

高山草原和草甸

拉达克。

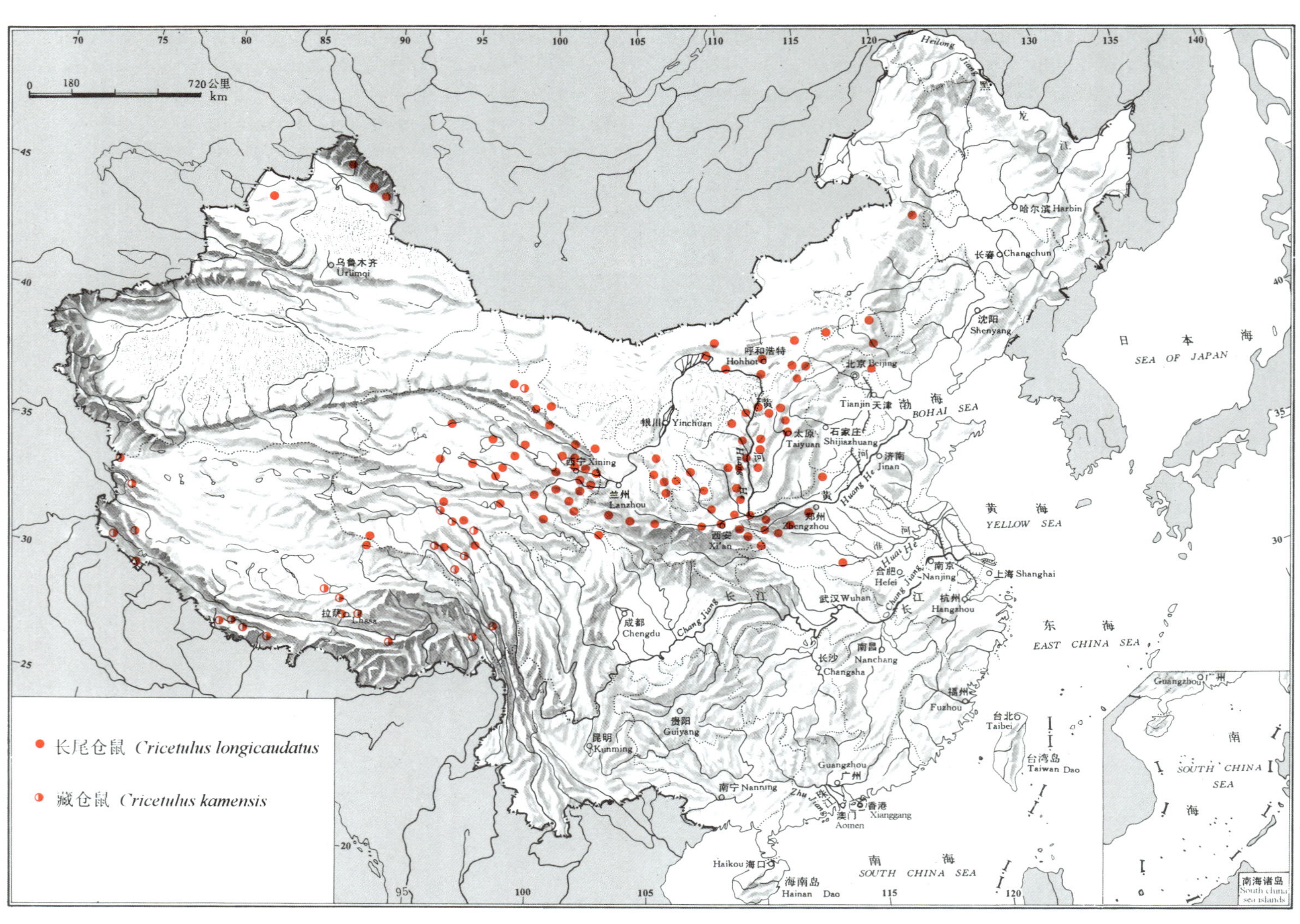

图 175 长尾仓鼠 *Cricetulus longicaudatus* 藏仓鼠 *Cricetulus kamensis* 的分布

Cricetulus longicaudatus Milne- Edwards，1867

Lesser long-tailed hamster

C. l. longicaudatus Milne-Edwards，1867［Basin of Huanghe］

C. l. chiumalaiensis Wang *et* Cheng，1973［Southwestern Qinghai］

Nei Mongol：Hohhot[A1]；Tumd B.，Fengzhen，Shangdu，Zhenglan B.，Hetao[Z51,53,56]；southern Yinshan[Z59]；Horqin Right Wing Front B.[J1]；Daqingshan (Jiufengshan)[Z46]

Hebei：Weichang[A1]；Yangyuan[L32]

Beijing：Beijing[Z13]

Tianjin：Jixian[L32]

Henan：Xizhou[Z97]；Linxian，Songxian，Xingyang[G20]；Lingbao，Luanchuan，Lushi[L96]

Shanxi：Yanggao，Taiyuan，Ningwu，Kelan，Fenyang，Baode[A1]；Wutaishan[Z38]；Tianzhen，Zuoyun，Youyun，Shuozhou，Yingxin[L58]；Datong，Xinxian[L32]；Lanxian，Fangshan，Xingxian，Linzhou，Lishi，Liulin，Zhongyang，Jiaokou，Shilou[C21]

Shaanxi：Xi'an[W56]；Yan'an[A1]；Ansai，Yanchang，Huanglong，Danfeng，Shangnan，Luonan，Yichuan[S41,Z85]；Luochun，Yulin，Qingjian，Suide，Zhouzhi，Binxian，Liquan，Huaxian，Tongguan，Heyang[W55]

Gansu：Longdong area[C16]；Lintan[A1]；Sunan，Jiuquan，Zhangye，Guantai[Z43]；Tianzhu[C40]；Tianshui，Minxian[L22]；Maqu，Luqu，Xiahe[C14,Z81]

Qinghai：Haiyan，Menyuan，Qilian，Qagan Us，Golmud，Ulan[Z43]；Xining，Huangyuan，Guinan，Tianjun，Datong，Ledu，Minhe，Yushu，Delingha，Tongren，Jainca，Zêkog，Dulan，Jingtieshan area[Q13]；Chindu，Zadoi，Zhidoi，Qumarlêb，Nangqên，Gonghe，Guide，Tongde，Xinghai，Henan，Maqên，Minle，

Angjiu[W48,Z23,24]

Sichuan: Zoigê (Tangke)[H23,24,W48]

Xizang: Amdo (Tanggula)[F5]

Xinjiang: Toli, Ürümqi, Manas, Tarbagartay[W41]; Qinghe, Fuyun, Altay[M24]

Ningxia: Jingyuan, Longde, Guyuan, Haiyuan, Xiji, Tongxin[Q3]

Steppe, semidesert, farmland

Southern Transbaikal area, western Sayan, Mongolia.

Cricetulus kamensis Satunin, 1903 **Tibetan hamster**

C. k. kamensis Satunin, 1903 [Southern Qinghai]

C. k. kozlovi Satunin, 1903 [Western Gansu]

C. k. alticola Thomas, 1917 [Northern Xizang]

C. k. lama Bonhote, 1905 [Western Xizang]

Gansu: Areas of Qilianshan from Jinguan to Aksay, Jiuquan (Jingtieshan)[Z81]

Qinghai: Jingtieshan[Z43]; Yushu, Chindu, Zadoi, Zhidoi, Qumarlêb[W48]; Nangqên[Z69]

Xizang: Lhasa, area of Qomolangma, Nyalam, Yangbajain, Maizhokunggar, Namoco, Zayü, Markam[X30]; Damxung, Nangxian, Tingri, Rutog, Zanda[F5]

Xinjiang: Aksayqin (pass of Kongkashan)[Z73]

Alpine steppe and meadow

Ladakh.

短尾仓鼠 ***Cricetulus eversmanni*** Brandt, 1859

C. e. curtatus G. Allen, 1925 [内蒙古]

C. e. beljewi Argyropulo, 1933 [中亚]

内蒙古：二连浩特、滂江[A1]；查干特格、温都尔庙、四子王旗、东乌珠穆沁旗、西乌珠穆沁旗、巴彦淖尔盟*；杭锦旗、镶黄旗、阿巴嘎旗、察哈尔右后旗、乌拉特中后旗、狼山北部、达尔罕茂明安联合旗、鄂托克旗、乌拉特后旗[Z51,53,56]；阿拉善左旗[W60]

新疆：和布克赛尔、巴里坤、哈巴河[W41]；伊吾、木垒、阿勒泰、福海[M24]

宁夏：盐源、银川、石嘴山[W60]；陶乐[Q3]

甘肃：景泰、民勤[Z81]

荒漠，半荒漠

外贝加尔湖地区，乌拉尔南部，哈萨克斯坦北部，蒙古。

大仓鼠 ***Cricetulus triton*** de Winton, 1899

C. t. triton de Winton, 1899 [河北南部，山东，河南，江苏]

C. t. incanus Thomas, 1908 [山西及陕西北部]

C. t. fuscipes G. Allen, 1925 [内蒙古，河北北部及东北]

C. t. collinus G. Allen, 1925 [陕西，山西，河北]

黑龙江：依兰、尚志、阿城、牡丹江[S33]；双城、龙江、柴河（省防疫站1963年提供）；富锦、绥化、方正、松江、宁安、五常*；哈尔滨（哈尔滨鼠防站1957年提供）；泰来、北安、汤原[A2,M13]

吉林：松花江、汪清[S33]；扶余*；白城子、公主岭、榆林、农安、前郭旗、长岭、洮安、突泉、安广、汪清、四平、梨树、乾安、镇赉[J1]；敦化[Y4]

辽宁：大连[D6]；清原、桓仁、本溪、凌海、锦西、盖州、瓦房店、普兰店、新民、沈阳、铁岭、昌图、丹东、抚顺[L17,19]

内蒙古：通辽、巴林左旗[B1]；科尔沁右翼前旗，科尔沁右翼中旗[J1]；集宁、凉城、土默特旗、商都、阴山南坡、河套至土默特平原[Z51,56,59]；九峰山[Z46]

河北：新安、保定、唐山、围场[H7]；涞源、兴隆、安新、徐水、涉县*；平山、黄骅、吴桥[G21]；怀来[L32]

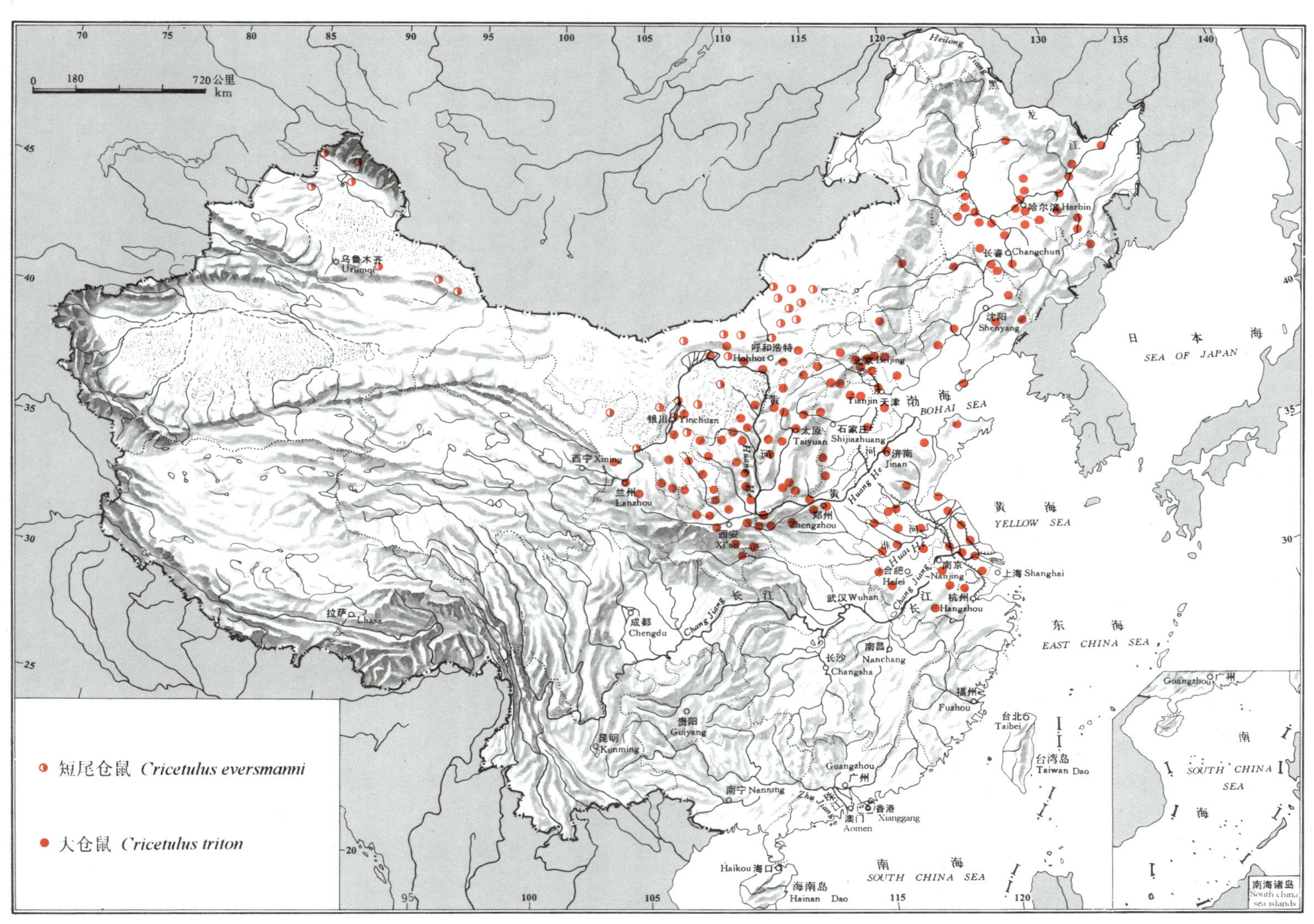

图176 短尾仓鼠 *Cricetulus eversmanni* 大仓鼠 *Cricetulus triton* 的分布

北京：昌平、延庆、密云、怀柔、金山[B9]；通县、顺义[B10]
天津：天津[A1,G22]；蓟县[G21]
山东：潍县、栖霞[A1]；费县[L75]；济南（陈钧 1958 年提供）；黄河口[L51]
河南：卢氏、嵩县、灵宝[Z97]；荆紫关[A1]；郑州、荥阳、林州、武陟、西峡、登封、兰考、孟津、新乡[W63]
山西：绛县[W15]；中条山[T2]；阳城、翼城、沁水、太原*；岢岚[A1]；天镇、山阴、左云、右玉、朔州、应县、阳高[L58]；忻州、大同[L32]；岚县、方山、兴县、临县、离石、柳林、中阳、交口、石楼、交城、文水、汾阳、孝义[C21]
陕西：凤翔、商州、太白山、临潼、商南、延安[A1]；西安[W56]；榆林、神木、横山、定边、靖边[C26]；黄龙地区[G23]；城固、留坝、佛坪、柞水、山阳、丹凤、石泉、汉阴、陇山、洛南[W98]；宜川[J6]
宁夏：西吉、海原[W60]；六盘山、固原、灵武、同心、银川[Q3]
甘肃：临潭[A1]；天水、康县[L22]；张家川[C19]；兰州、正宁、永登、定西、平凉、庆阳[Z81]
江苏：徐州、连云港、苏州*；泰兴、扬州[H33]；泗洪、盐城、东台、江浦、滨海、靖江、海安、东台[Z100]
安徽：皖南地区[S24]；砀山、萧县、亳县、宿松、阜阳、颖上、淮南、滁县、歙县、黄山、和县、蒙城、凤台、宁国、宣城、霍丘、金寨[H35,L47,W39]
浙江：天目山[Z112]
田野
乌苏里，朝鲜。

Cricetulus eversmanni Brandt, 1859 **Eversmann's hamster**
C. e. curtatus G. Allen, 1925 [Nei Mongol]
C. e. beljawi Argyropulo, 1933 [Central Asia]
Nei Mongol: Erenhot, Pangjiang[A1]; Qagan Teg, Wandulmiao, Siziwang B., Dong Ujimqin B., Xi Ujimqin B., Bayannur L.*; Hanggin B., Xianghuang B., Abag B., Qahar Right Wing Rear B., Urad Middle and Rear B., northern Langshan, Darhan Muminggan Joint B., Otog B., Urad Rear B.[Z51,53,56]; Alxa Left B.[W60]
Xinjiang: Hoboksar, Barkol, Habahe[W41]; Yiwu, Mori, Altay, Fuhai[M24]
Ningxia: Yanyuan, Yinchuan, Shizuishan[W60]; Taole[Q3]
Gansu: Jingtai, Minqin[Z81]
Desert, semidesert
Transbaikal area, southern Urals, northern Kazakhstan, Mongolia.

Cricetulus triton de Winton, 1899 **Greater long-tailed hamster**
C. t. triton De Winton, 1899 [Southern Hebei, Shandong, Henan, Jiangsu]
C. t. incanus Thomas, 1908 [Shanxi and northern Shaanxi]
C. t. fuscipes G. Allen, 1925 [Nei Mongol, northern Hebei and northeast China]
C. t. collinus G. Allen, 1925 [Shaanxi, Shanxi, Hebei]
Heilongjiang: Yilan, Shangzhi, Acheng, Mudanjiang[S33]; Shuangcheng, Longjiang, Chaihe (provided by Station of Epidemic Disease Protection, Heilongjiang, 1963); Fujin, Suihua, Fangzheng, Songjiang, Ning'an, Wuchang*; Harbin (provided by Harbin Station of Plague Protection, 1957), Tailai, Bei'an, Tangyuan[A2,M13]
Jilin: Songhuajiang, Wangqing[S33]; Fuyu*; Baichengzi, Gongzhuling, Yulin, Nong'an, Qian Gorlos B., Changling, Tao'an, Tuquan, Anguang, Wangqing, Siping, Lishu, Qian'an, Zhenlai[J1]; Dunhua[Y4]
Liaoning: Dalian[D6]; Qingyuan, Huanren, Benxi, Linghai, Pulandian, Gaizhou, Wafangdian, Xinjin, Xinmin, Shenyang, Tieling, Changtu, Dandong, Fushun[L17,19]
Nei Mongol: Tongliao, Bairin Left B.[B1]; Horqin Right Wing Front B. and Horqin Right Wing Middle B.[J1]; Jining, Liangcheng, Tumd B., Shangdu, southern flank of Yinshan, plain of Hetao-Tumd[Z51,56,59]; Jiufenshan[Z46]
Hebei: Xin'an, Baoding, Tangshan, Weichang[H7]; Laiyuan, Xinglong, Anxin, Xushui, Shexian*; Pingshan, Huanghua, Wuqiao[G21]; Huailai[L32]
Beijing: Changping, Yanqing, Miyun, Huairou, Jinshan[B9]; Tongxian, Shunyi[B10]
Tianjin: Tianjin[A1,G22]; Jixian[G21]
Shandong: Weixian, Qixia[A1]; Feixian[L75]; Jinan (provided by Cheng Jun, 1958), Huanghekou[L51]
Henan: Lushi, Songxian, Lingbao[Z97]; Jingziguan[A1]; Zhengzhou, Xingyang, Linxian, Wushe, Xixia, Dengfeng, Lankao, Mengjin, Xinxiang[W63]
Shanxi: Jiangxian[W15]; Zhongtiaoshan[T2]; Yangcheng, Yicheng, Qinshui, Taiyuan*; Kelan[A1]; Tianzhen, Shanyin, Zuoyun, Youyu, Shuozhou, Yingzhou, Yanggao[L58]; Xinxian, Datong[L32]; Lanxian, Fangshan, Xingxian, Linxian, Lishi, Liulin, Zhongyang, Jiaokou, Shilou, Jiaocheng, Wenshui, Fenyang, Xiaoyi[C21]
Shaanxi: Fengxiang, Shangzhou, Taibaishan, Lintong, Shangnan, Yan'an[A1]; Xi'an[W56]; Yulin, Shenmu, Hengshan, Dingbian, Jingbian[C26]; Huanglong area[G23]; Chenggu, Liuba, Foping, Zhashui, Shanyang, Danfeng, Shiquan, Hanyin, Longshan, Luonan[W98]; Yichuan[J6]
Ningxia: Xiji, Haiyuan[W60]; Liupanshan, Guyuan, Lingwu, Tongxin, Yinchuan[Q3]
Gansu: Lintan[A1]; Tianshui, Kangxian[L22]; Zhangjiachuan[C19]; Lanzhou, Zhengning, Yongdeng, Dingxi, Pingliang, Qingyang[Z81]
Jiangsu: Xuzhou, Lianyungang, Suzhou*; Taixing, Yangzhu[H33]; Sihong, Yancheng, Dongtai, Jiangpu, Binhai, Jingjiang, Hai'an, Dongtai[Z100]
Anhui: Wannan area[S24]; Dangshan, Xiaoxian, Boxian, Susong, Fuyang, Yingshang, Huainan, Chuxian, Shexian, Huangshan, Hexian, Mengcheng, Fengtai, Ningguo, Xuancheng, Huoqiu, Jinzhai[H35,L47,W39]
Zhejiang: Tianmushan[Z112]
Wild and farmland
Ussuri, Korea.

甘肃仓鼠 ***Cricetulus canus*** G. Allen, 1928
C. c. ningshaanensis Song 1985 [陕南]
陕西：柞水、山阳、商南、宁陕、留坝[S42]；潼关、宝鸡、洛南[W55]
甘肃：卓尼[A1]；甘南地区（临夏、夏河、武都）[Z81]
河南：商城、罗山（路纪琪等 1969，兽类学报）
山地阔叶林，针阔混交林

毛足鼠属 *Phodopus* Miller, 1910

黑线毛足鼠 ***Phodopus sungorus*** Pallas, 1773
P. s. campbelli Thomas, 1905
内蒙古：新巴尔虎左旗、新巴尔虎右旗[M13]；满洲里、呼伦贝尔地区[Z118]；东乌珠穆沁旗、西乌珠穆沁旗、四子王旗、朱日和*；查干敖包[A1]；阿鲁科尔沁旗、苏尼特右旗、阿巴嘎旗、科尔沁右旗、集宁[B1]；正镶白旗、乌拉特中旗及后旗、正蓝旗、达尔罕茂明安联合旗[Z51,53]；商都[H7]
新疆：准噶尔、喀什、额尔齐斯河一带[R2]
河北：康保[Z21]
草原，半荒漠，森林草原，开垦地附近
哈萨克斯坦，外贝加尔东南地区，蒙古。

Cricetulus canus G. Allen, 1928 **Kansu hamster**

C. c. ningshaanensis Song 1985 [Southern Shaanxi]

Shaanxi: Zhashui, Shanyang, Shangnan, Ningshan, Liuba[S42]; Tongguan, Baoji, Luonan[W55]

Gansu: Jonê[A1]; Gannan area (Linxia, Xiahe, Wudu)[Z81]

Henan: Shangcheng, Luoshan (Lu Jiqi *et at.* 1996, *Acta Theriologica Sinica*)

Mountain broadleaf forest and coniferous-broadleaf mixed forest

Phodopus Miller, 1910 **Hairy-footed hamster**

Phodopus sungorus Pallas, 1773 **Striped hairy-footed hamster**

P. s. campbelli Thomas, 1905

Nei Mongol: Xin Barag Left B., Xin Barag Right B.[M13]; Manzhouli, Hulun Buir area[Z118]; Dong Ujimqin B., Xi Ujimqin B., Siziwang B., Zhurihe*; Qagan Obo[A1]; Ar Horqin B., Sonid Right B., Abag B., Horqin Right B., Jining[B1]; Zhengx iangbai B., Urad Middle and Rear B., Zhenglan B., Darhan Muminggan Joint B.[Z51,53]; Shangdu[H7]

Xinjiang: Junggar, Kashi, area of Ertix He[R2]

Hebei: Kangbao[Z21]

Steppe, semidesert, forest-steppe, farmland edge

Kazakhstan, southeastern Transbaikal area Mongolia.

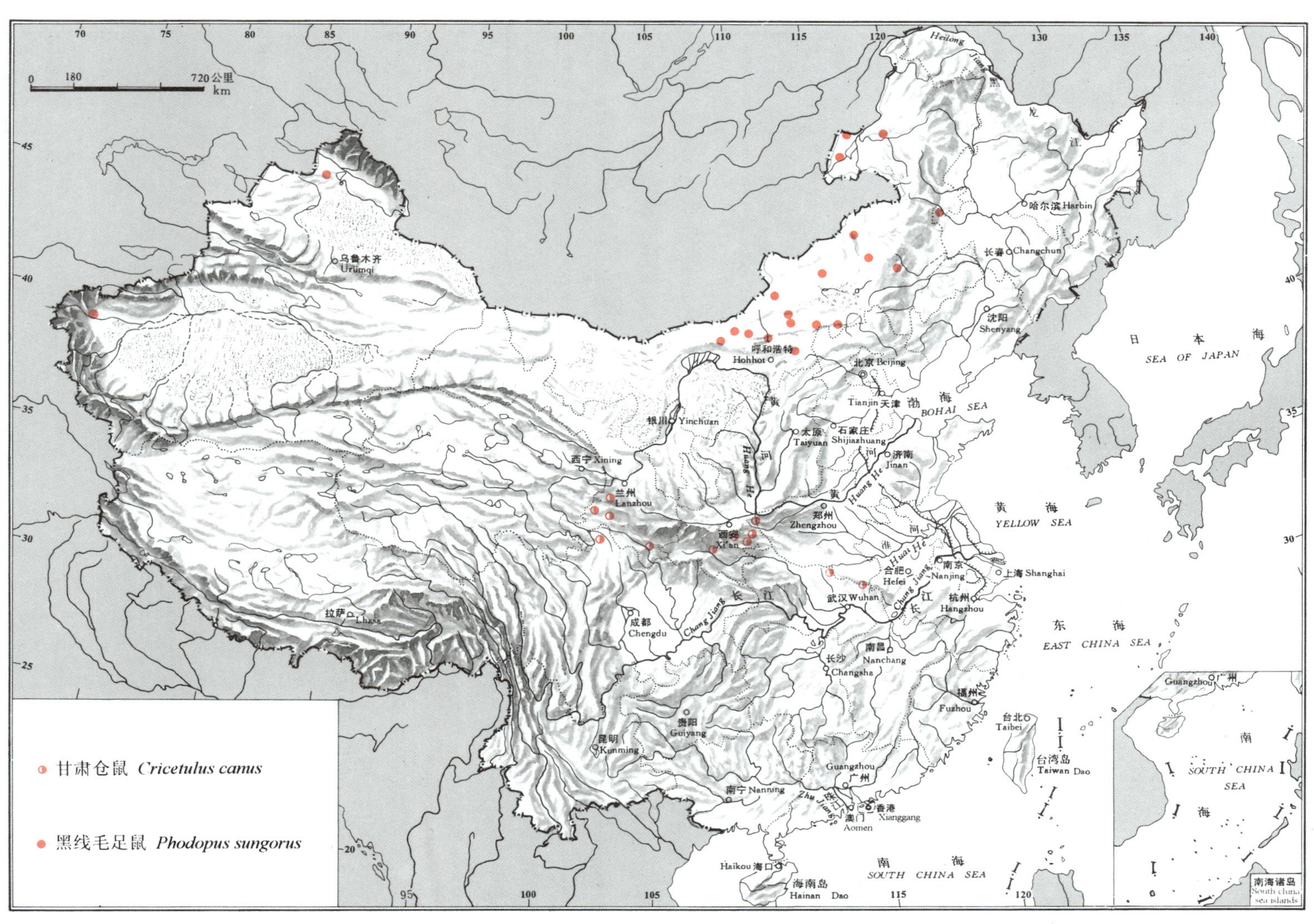

图 177 甘肃仓鼠 *Cricetulus canus* 黑线毛足鼠 *Phodopus sungorus* 的分布

小毛足鼠 ***Phodopus roborovskii*** Satunin, 1903

吉林：通榆、瞻榆、长岭、白城子[J1]

辽宁：彰武*；建平[L17]

内蒙古：磴口、额济纳旗[D10]；二连浩特、正蓝旗、鄂托克旗*；准噶尔旗、乌审旗、伊金霍洛旗、正镶白旗、包头、达拉特旗、东胜、苏尼特右旗、达尔罕茂明安联合旗、河套地区、杭锦旗、乌拉特中旗及后旗、四子王旗、镶黄旗、阿巴嘎旗、锡林浩特[Z51,53,56]；阿拉善左旗[W60]

山西：神池*；天镇、山阴、左云、右玉、朔州、应县、阳高[L58]；宁武[E1]

陕西：榆林、定边、神木、横山、靖边[C26]；府谷[W55]

宁夏：灵武[D10]；西吉、海原、固原、吴忠、银川、陶乐、石嘴山[W60]；同心、中卫、中宁、盐池、贺兰、平罗[Q3]

甘肃：民乐[S39]；党河上游（西祁连山）[E1]；陇东地区[C16]；张掖[Z81]

青海：海晏、苏干湖岸、香日德[Q13]；共和、贵南、龙羊峡[Z24]；诺木洪[L52]；都兰、刚察、兴海、乌兰、格尔木[Z69]

新疆：哈巴河、布尔津、于田[W41]；福海[M24]

荒漠，半荒漠，开垦地附近

蒙古。

原仓鼠属 *Cricetus* Leske, 1779

原仓鼠 ***Cricetus cricetus*** Linnaeus, 1758

C. c. fuscidorsis Argyropulo, 1932

新疆：阿勒泰、塔尔巴哈台、伊犁河[R4]；额敏、塔城[M24]

森林草原，草原

自中欧至叶尼塞河，阿尔泰。

Phodopus roborovskii Satunin, 1903 **Desert hamster**

Jilin: Tongyu, Zhanyu, Changling, Baichengzi[J1]

Liaoning: Zhangwu*; Jianping[L17]

Nei Mongol: Dengkou, Ejin B.[D10]; Erenhot, Zhenglan B., Otog B.*; Jungar B., Uxin B., Ejin Horo B., Zhengxiangbai B., Baotou, Dalad B., Dongsheng, Sonid Right B., Darhan Muminggan Joint B., Hetao area, Hanggin B., Urad Middle B. and Rear B., Siziwang B., Xianghuang B., A bag B., Xilinhot[Z51,53,56]; Alxa Left B.[W60]

Shanxi: Shenchi*; Tianzhen, Shanyin, Zuoyun, Youyu, Shuozhou, Yingxian, Yanggao[L58]; Ningwu[E1]
Shaanxi: Yulin, Dingbian, Shenmu, Hengshan, Jingbian[C26], Fugu[W55]
Ningxia: Lingwu[D10]; Xiji, Haiyuan, Guyuan, Wuzhong, Yinchuan, Taole, Shizuishan[W60]; Tongxin, Zhongwei, Zhongning, Yanchi, Helan, Pingluo[Q3]
Gansu: Minle[S39]; upper reaches of Danghe (western Qilianshan)[E1]; Longdong area[C16]; Zhangye[Z81]
Qinghai: Haiyan, shore of Suganhu, Xiangride[Q13]; Gonghe, Guinan, Longyangxia[Z24]; Nomhon[L52]; Dulan, Gangca, Xinghai, Ulan, Golmud[Z69]
Xinjiang: Habahe, Burqin, Yutian[W41]; Fuhai[M24]
Desert, semidesert, habitat near farmland
Mongolia.

Cricetus Leske, 1779 **Hamster**

Cricetus cricetus Linnaeus, 1758 **Common hamster**
C. c. fuscidorsis Argyropulo, 1932
Xinjiang: Altay, Tarbagartay, Ili He[R4]; Emin, Tacheng[M24]
Forest-steppe, steppe
From Central Europe to Yenisey River and Altai.

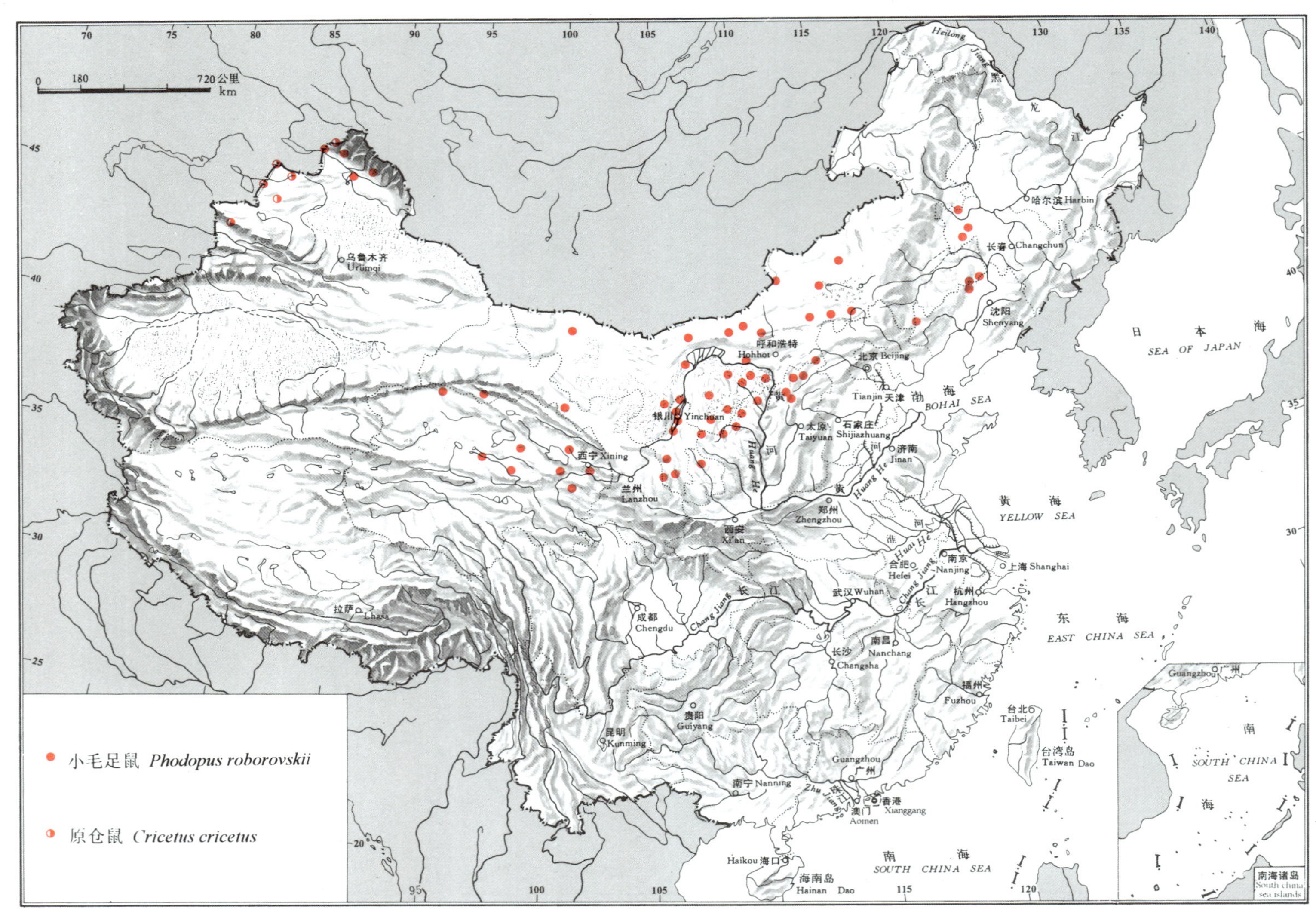

图 178 小毛足鼠 *Phodopus roborovskii* 原仓鼠 *Cricetus cricetus* 的分布

沙鼠亚科 Gerbillinae

沙鼠属 *Meriones* Illiger, 1811

柽柳沙鼠 ***Meriones tamariscinus*** Pallas, 1773
M. t. jaxartensis Ognev *et* Heptner, 1928 [新疆]
M. t. satschouensis Satunin, 1903 [甘肃]
甘肃：敦煌、酒泉[A1,Z43]；安西、玉门[Z69]
新疆：准格尔[E1]；哈密、博乐[J3]；伊犁、青河、福海、布尔津、哈巴河、额敏、乌尔禾、木垒、尼勒克、巩留[M24]；精河、奎屯、乌苏、奇台、玛纳斯、巴里坤、伊吾[W41]
荒漠，半荒漠，绿洲
中亚。

长爪沙鼠 ***Meriones unguiculatus*** Milne-Edwards, 1807
M. u. unguiculatus Milne-Edwards, 1867
内蒙古：苏尼特左旗、苏尼特右旗[I1]；赤峰[E1]；开鲁、奈曼、库伦[B1]；新巴尔虎右旗、海拉尔、翁牛特旗、太朴寺旗、阿巴嘎旗、西乌珠穆沁旗、锡林浩特、土默特旗、四子王旗、二连浩特、磴口、集宁、平地泉、察哈尔右后旗、达尔罕茂明安联合旗*；呼和浩特[A1]；和林、丰镇、东乌珠穆沁旗、正蓝旗、武川、包头、东胜、乌拉特中旗及后旗、河套地区[Z51,53,56]；鄂托克旗、乌审旗、达拉特旗、镶黄旗、白云鄂博、察哈尔右翼前旗、凉城、兴和[B1]；狼山北部[X10]；阿拉善左旗[W60]；商都[Z21]
辽宁：彰武、建平[L17,19]
山西：岚县[A1]；天镇、山阴、左云、右玉、朔州、应县、阳高[L58]；大同[L32]
河北：阳原[L32]；围场[Z21]
陕西：洛河、定边[C26]；榆林、神木、靖边[W55]
宁夏：陶乐[Q13]；同心、灵武[D10]；中心、盐池、永宁、银川、贺兰、平罗、石嘴山[W60]；中卫、中宁、吴忠、青铜峡[Q3]
甘肃：天祝[C40]；张掖、武威、民乐[Z43]；环县、皋兰、兰州、陇西[Z69]
半荒漠，草原和耕地
外贝加尔湖地区，蒙古。

Gerbillinae Gerbils

Meriones Illiger, 1811 **Jirds gerbils**

Meriones tamariscinus Pallas, 1773 **Tamarisk gerbil**

M. t. jaxartensis Ognev *et* Heptner, 1928 [Xinjiang]

M. t. satschouensis Satunin, 1903 [Gansu]

Gansu: Dunhuang, Jiuquan[A1,Z43]; Anxi, Yumen[Z69]

Xinjiang: Junggar[E1]; Hami, Bole[J3]; Yili, Qinghe, Fuhai, Burqin, Habahe, Urho, Mori, Nilka, Gongliu[M24]; Emin, Jinghe, Kuytun, Usu, Qitai, Manas, Barkol, Yiwu[W41]

Desert, semidesert, oasis

Central Asia.

Meriones unguiculatus Milne-Edwards, 1807

Mongolian gerbil (Clawed jird)

M. u. unguiculatus Milne-Edwards, 1867

Nei Mongol: Sonid Left B., Sonid Right B.[J1]; Chifeng[E1]; Kailu, Naiman, Hure[B1]; Xin Barag Right B., Hailar, Ongniud B., Taibus B., Abag B., Xi Ujimqin B., Xilinhot, Tumd B., Siziwang B., Erenhot, Dengkou, Jining, Pingdequan, Qahar Right Wing Rear B., Darhan Mumingggan Joint B.*; Xilinhot, Hohhot[A1]; Horinger, Fengzhen, Dong Ujimqin B., Zhenglan B., Wuchuan, Baotou, Dongsheng, Urad Middle B., and Rear Urad Raer B., Hetao area, B.[Z51,53,56]; Otog B., Uxin B., Dalad B., Xianghuang B., Bayan Obo, Qahar Right Wing Front B., Liangcheng, Xinghe[B1]; northern Langshan[X10]; Alxa Left B.[W60]; Shangdu[Z21]

Liaoning: Zhangwu, Jianping[L17,19]

Shanxi: Lanxian[A1]; Tianzhen, Shanyin, Zuoyun, Youyu, Shuozhou, Yingxian, Yanggao[L58]; Datong[L32]

Hebei: Yangyuan[L32]; Weichang[Z21]

Shaanxi: Luohe, Dingbian[C26]; Yulin, Shenmu, Jingbian[W55]

Ningxia: Taole[Q13]; Tongxin, Lingwu[D10]; Zhongxin, Yanchi, Yongning, Yinchuan, Helan, Pingluo, Shizuishan[W60]; Zhongwei, Zhongning, Wuzhong, Qingtongxia[Q3]

Gansu: Tianzhu[C40]; Zhangye, Wuwei, Minle[Z43]; Huanxian, Gaolan, Lanzhou, Longxi[Z69]

Semidesert, steppe, farmland

Transbaikal area, Mongolia.

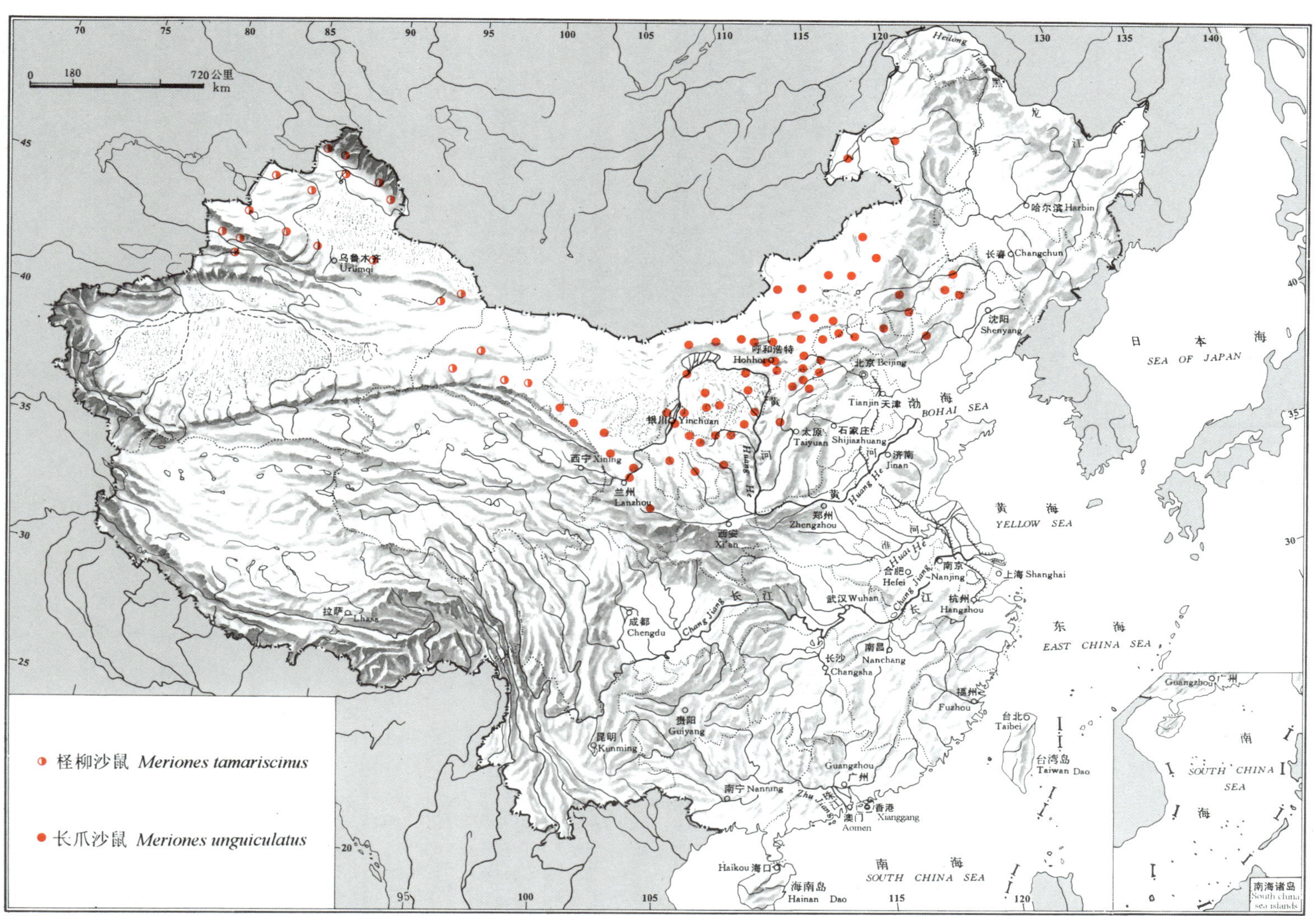

图 179 怪柳沙鼠 *Meriones tamariscinus* 长爪沙鼠 *Meriones unguiculatus* 的分布

子午沙鼠 ***Meriones meridianus*** Pallas, 1773

M. m. psammophilus Milne-Edwards, 1871 [山西，陕西，内蒙古，青海，甘肃]

M. m. cryptorhinus Blanford, 1875 [塔里木西部和中部]

M. m. lepturus Büchner, 1889 [塔里木西北]

M. m. penicilliger Heptner, 1933 [吐克曼]

M. m. buechneri Thomas, 1909 [阿尔泰]

M. m. muleiensis Wang, 1981 [古尔班通特沙漠]

M. m. jei Wang, 1964 [吐鲁番盆地]

内蒙古：白云鄂博、丰镇、查干特格、二连浩特、包头、百灵庙、古龙乃、磴口（三盛公）、呼和浩特、乌梁素海*；鄂托克旗、达拉特旗、温都尔庙[B1]；狼山北部[X10]；阿拉善左旗[W60]；乌拉特中旗及后旗、阿巴嘎旗、正镶白旗、正蓝旗、东胜、四子王旗、达尔罕茂明安联合旗、河套地区、伊金霍洛旗、乌审旗、杭锦旗[Z51,53,56]；大青山（九峰山）[Z46]；额济纳旗[D10]

河北：宣化[E1]；蔚县、怀来、怀安[L32]

河南：灵宝[L96]

山西：绛县[W15]；神池、应县、阳高、离石*；太原、保德、岚县、苛岚、宁武[A1]；天镇、左云、右玉、朔州、大同[L58]；忻州、阳原[L32]；岚县、方山、兴县、临县、柳林、中阳、交城、水文、汾阳、孝义[C21]

陕西：黄龙地区[G23]；定边、靖边、延安、榆树[A1]；宜川、延长、子长、府谷、神木、绥德、米脂、横山、佳县、吴旗、子州、韩城、合阳、大荔、潼关、华阴[W55]

新疆：莎车[E1]；吐鲁番[W44]；哈密[W40]；焉耆、和硕、库尔勒、尉犁、轮台、拜城、阿克苏、巴楚、喀什、罗布泊、于田[W41,50,Z32]；麦盖提、富蕴、布尔津、福海、和布克赛尔、哈巴河[J3]；博乐、乌尔禾、克拉玛依、霍城、伊吾、木垒、奇台、北塔山、将军戈壁、乌鲁木齐、诺羌、且末*；玛纳斯[M24,W6]

甘肃：张掖、酒泉、武威、敦煌、兰州、民乐[Z43]；环县、镇原、会宁[Z81]；陇东地区[C16]

宁夏：陶乐[Q13]；灵武、中心、盐池、永宁、银川、贺兰、平罗、石嘴山[W60]；固原、西吉、同心、海原、中宁、吴忠、青铜峡[Q3]

青海：共和、贵德、贵南、龙羊峡[Z24]；西宁、诺木洪、德令哈[Q13]；乌兰、兴海、都兰、格尔木[Z69]

荒漠，半荒漠

蒙古，阿富汗，伊朗，中亚。

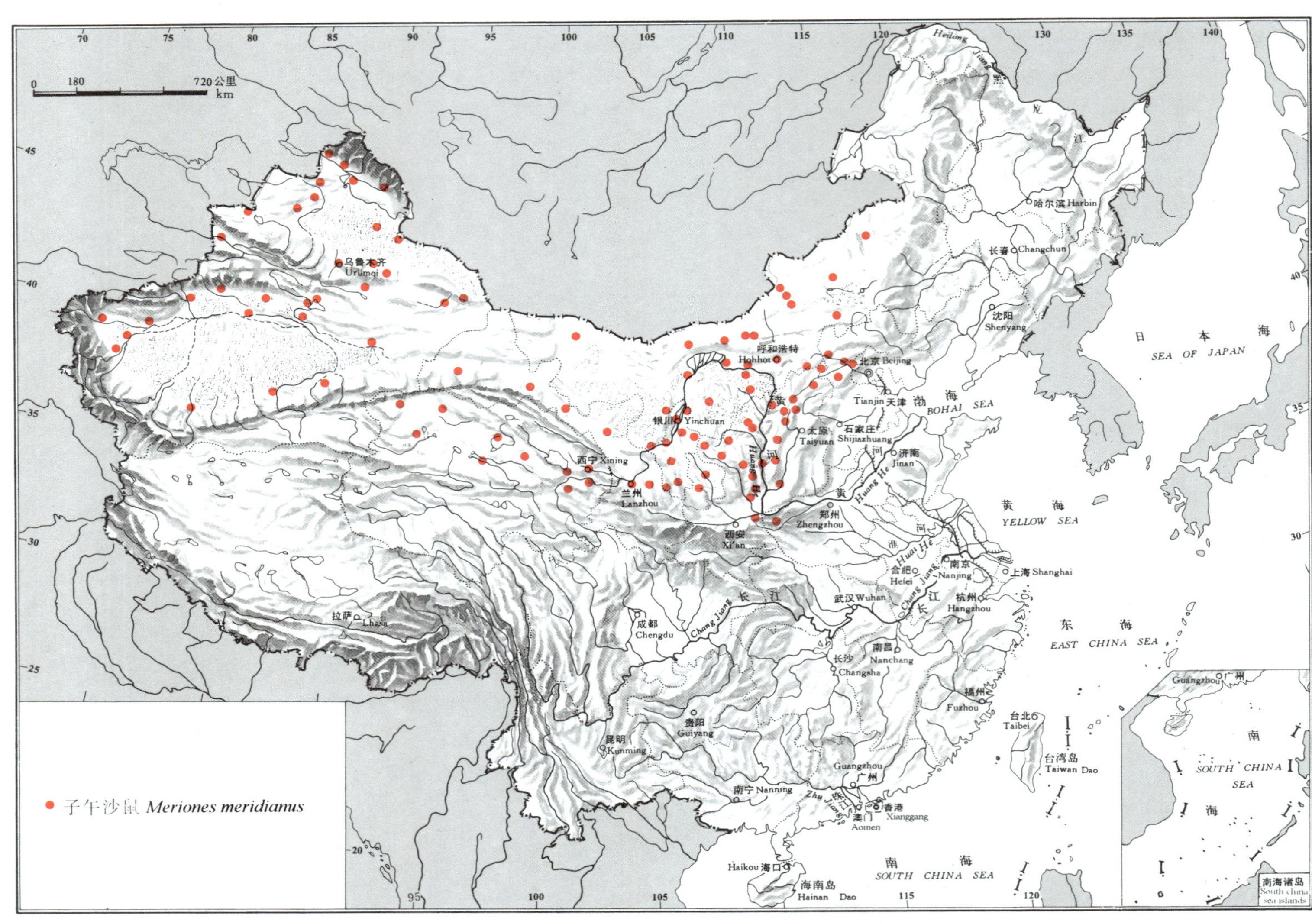

图 180 子午沙鼠 *Meriones meridianus* 的分布

Meriones meridianus Pallas, 1773 **Mid-day gerbil**

M. m. psammophilus Milne-Edwards, 1871 [Shanxi, Shaanxi, Nei Mongol, Qinghai, Gansu]

M. m. cryptorhinus Blanford, 1875 [Western and central Tarim]

M. m. lepturus Büchner, 1889 [Northwestern Tarim]

M. m. penicilliger Heptner, 1933 [Turkmen]

M. m. buechneri Thomas, 1909 [Altai]

M. m. muleiensis Wang, 1981 [Gurbantünggüt desert]

M. m. jei Wang, 1964 [Turpan]

Nei Mongol: Bayan Obo, Fengzhen, Qagan Teg, Erenhot, Baotou, Bailingmiao, Gulongnai, Dengkou (Sanshenggong), Hohhot, Ulansuhai*; Otog B., Dalad B., Wendulmiao[B1]; northern Langshan[X10]; Alxa Left B.[W60]; Urad Middle B. and Rear B., Abag B., Zhengxiangbai B., Zhenglan B., Dongsheng, Siziwang B., Darhan Muminggan Joint B., Hetao area, Ejin Horo B., Uxin B., Hanggin B.[Z51,53,56]; Daqingshan (Jiufengshan)[Z46]; Ejin B.[D10]

Hebei: Xuanhua[E1]; Weixian, Huailai, Huai'an[L32]

Henan: Lingbao[L96]

Shanxi: Jiangxian[W15]; Shenchi, Yingxian, Yanggao Taiyuan, Baode, Lanxian, Kelan, Ningwu[A1]; Tianzhen, Zuoyun, Youyu, Shuozhou, Datong[L58]; Xinzhou, Yangyuan[L32]; Lanxian, Fangshan, Xingxian, Linxian, Liulin, Zhongyang, Jiaocheng, Shuiwen, Fenyang, Xiaoyi[C21]

Shaanxi: Huanglong area[G23]; Dingbian, Jingbian, Yan'an, Yushu[A1]; Yichuan, Yanchang, Zichang, Fugu, Shenmu, Suide, Mizhi, Hengshan, Jiaxian, Wuqi, Zizhou, Hancheng, Heyang, Dali, Tongguan, Huayin[W55]

Xinjiang: Shache[E1]; Turpan[W44]; Hami[W40]; Yanqi, Hoxud, Korla, Yuli, Luntai, Baicheng, Aksu, Bachu, Kashi, Lop Nur, Yutian[W41,50,Z32]; Markit, Fuyun, Burqin, Fuhai, Hoboksar, Habahe[J3]; Bole, Urho, Karamay, Huocheng, Yiwu, Mori, Qitai, Baytikshan, Jiangjun Gobi, Ürümqi, Ruoqiang, Qiemo*; Manas[M24,W6]

Gansu: Zhangye, Jiuquan, Wuwei, Dunhuang, Lanzhou, Minle[Z43]; Huanxian, Zhenyuan, Huining[Z81]; Longdong area[C16]

Ningxia: Taole[Q13]; Lingwu, Zhongxin, Yanchi, Yongning, Yinchuan, Helan, Pingluo, Shizuishan[W60]; Guyuan, Xiji, Tongxin, Haiyuan, Zhongning, Wuzhong, Qingtongxia[Q3]

Qinghai: Gonghe, Guide, Guinan, Longyangxia[Z24]; Xining, Nomhon, Delingha[Q13]; Ulan, Xinghai, Dulan, Golmud[Z69]

Desert, semidesert

Mongolia, Afghanistan, Iran, Central Asia.

吐鲁番沙鼠 ***Meriones chengi*** Wang，1964
新疆：吐鲁番[W44]；乌鲁木齐（达板城—柴窝堡）[H16]
砂质荒漠及砾石荒漠

红尾沙鼠 ***Meriones erythrourus*** Gray，1842
M. e. turfanensis Satunin，1903［塔里木］
M. e. aquilo Thomas，1912［准噶尔］
新疆：吐鲁番[W50]；玛纳斯、霍城[E1]；博乐[J3]；托里、克拉玛依*；奇台、伊犁、哈密[W40,41]；乌鲁木齐[H16]；木垒、奎屯、阜康、乌尔禾、乌苏[M24]
荒漠，半荒漠，耕地
外高加索，中亚，伊朗，阿富汗，巴基斯坦。

短耳沙鼠属 *Brachiones* Thomas，1925

短耳沙鼠 ***Brachiones przewalskii*** Büchner，1899
B. p. przewalskii Büchner，1889［南疆东部］
B. p. arenicolor Miller，1900［南疆西部］
B. p. callichrous Heptner，1934［甘肃西北］
甘肃：敦煌（南湖）[W3,Z81]
新疆：和田、巴楚、阿瓦提、尉犁、麦盖提、且末、若羌[W41]；罗布泊[E1]；莎车、洛甫、民丰[W50]
内蒙古：居延海[R3]；额济纳旗[W2]
荒漠

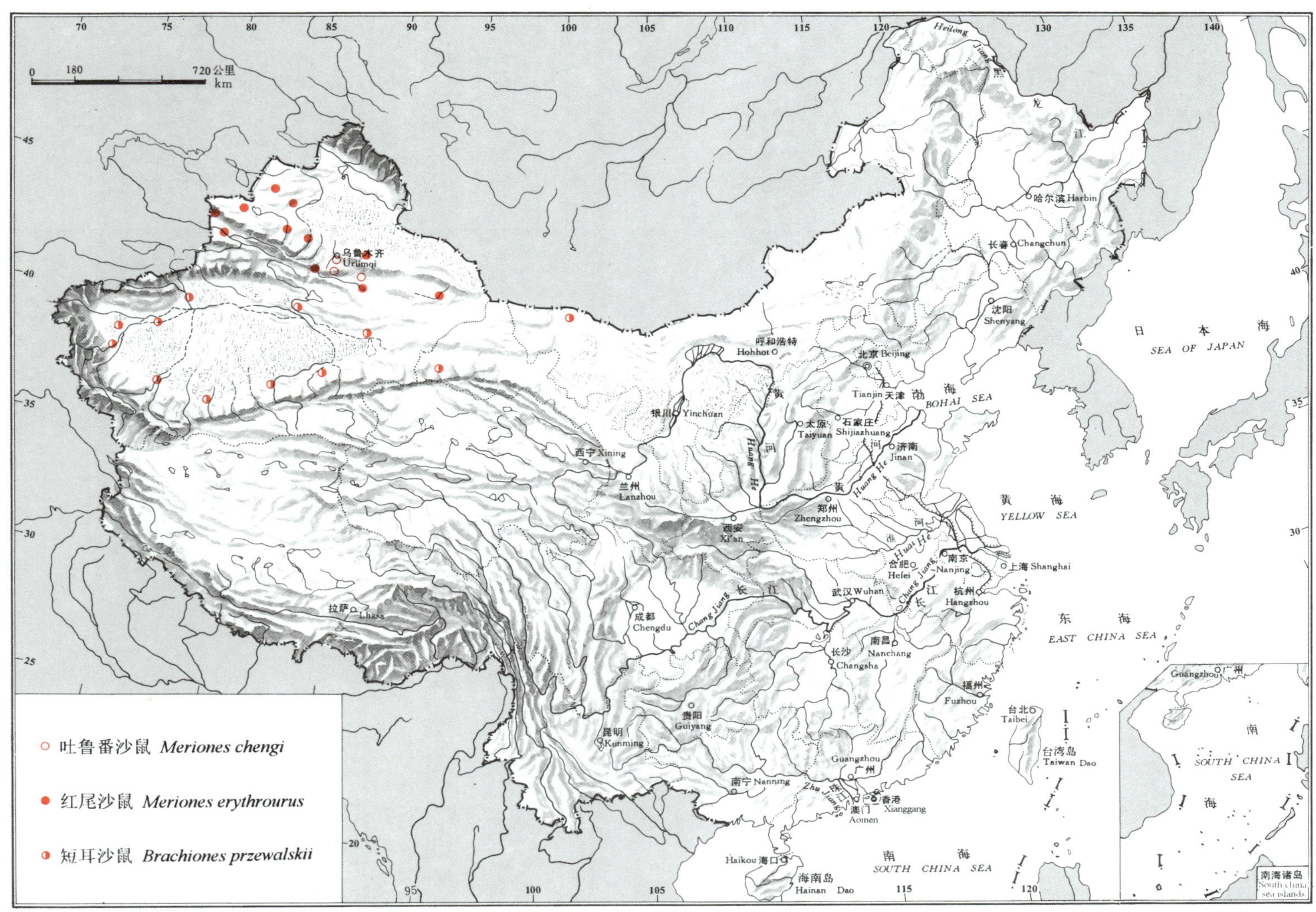

图 181 吐鲁番沙鼠 *Meriones chengi* 红尾沙鼠 *Meriones erythrourus* 短耳沙鼠 *Brachiones przewalskii* 的分布

Meriones chengi Wang，1964 **Cheng's gerbil**
Xinjiang：Turpan[W44]；Ürümqi (Dabancheng-Chaiwobao)[H16]
Sandy desert，gravel desert

Meriones erythrourus Gray，1842 **Red-tailed gerbil**
M. e. turfanensis Satunin，1903［Tarim］
M. e. aquilo Thomas，1912［Junggar］
Xinjiang：Turpan[W50]；Manas，Huocheng[E1]；Bole[J3]；Toli，Karamay*；Qitai，Ili，Hami[W40,41]；Ürümqi[H16]；Mori，Kuytun，Fukang，Urho，Usu[M24]
Desert，semidesert，farmland
Transcaucasia，Central Asia，Iran，Afghanistan，Pakistan.

Brachiones Thomas，1925
Przewalski's gerbils

Brachiones przewalskii Büchner，1899
Short-eared gerbil（Przewalski's gerbil）
B. p. przewalskii Büchner，1889［Southeastern Xinjiang］
B. p. arenicolor Miller，1900［Sothwestern Xinjiang］
B. p. callichrous Heptner，1934［Northwestern Gansu］
Gansu：Dunhuang (Nanhu)[W3,Z81]
Xinjiang：Hotan，Bachu，Awat，Yuli，Markit，Qiemo，Ruoqiang[W41]；Lop Nur[E1]；Shache，Lop，Minfeng[W50]
Nei Mongol：Juyanhai[R3]；Ejin B.[W2]
Desert

大沙鼠属 *Rhombomys* Wagner，1841

大沙鼠 ***Rhombomys opimus*** Lichtenstein，1823

R. o. opimus Lichtenstein，1823［北疆最西部］

R. o. giganteus Büchner，1889［准噶尔］

R. o. nigrescens Satunin，1903［内蒙古］

R. o. pevzovi Heptner，1939［甘肃，新疆南部］

内蒙古：查干特格、四子王旗*；磴口、乌拉特中旗及后旗、居延海[D10]；苏尼特右旗、达尔罕茂名安联合旗[Z51,53]；二连浩特[A1]；阿拉善左旗[W60]

新疆：富蕴、裕民、克拉玛依、玛纳斯、霍城、伊吾、木垒、奇台[M24]；哈密[W40]；伊犁[W41]；哈巴河、将军戈壁（王宗祎 1974 年提供）

甘肃：民勤、永昌、山丹、张掖、金塔、酒泉、玉门、安西、肃北（马鬃山）[Z81]；敦煌[Q13]；兰州[A1]

荒漠，半荒漠

里海，哈萨克斯坦，蒙古戈壁，伊朗，阿富汗北部。

Rhombomys Wagner，1841 Great gerbils

Rhombomys opimus Lichtenstein，1823 **Great gerbil**

R. o. opimus Lichtenstein，1823［Westernmost northern Xinjiang］

R. o. giganteus Büchner，1889［Junggar］

R. o. nigrescens Satunin，1903［Nei Mongol］

R. o. pevzovi Heptner，1939［Gansu，southern Xinjiang］

Nei Mongol：Qagan Teg，Siziwang B. *；Dengkou，Urad Middle B. and Rear B.，Juyanhai[B10]；Sonid Right B.，Darhan Muminggan Joint B.[Z51,53]；Erenhot[A1]；Alxa Left B.[W60]

Xinjiang：Fuyun，Yumin，Karamay，Manas，Huocheng，Yiwu，Mori，Qitai[M24]；Hami[W40]；Ili[W41]；Habahe，Jiangjun Gobi (provided by Wang Zhongyi，1974)

Gansu：Minqin，Yongchang，Shandan，Zhangye，Jinta，Jiuquan，Yumen，Anxi，Subei (Mazongshan)[Z81]；Dunhuang[Q13]；Lanzhou[A1]

Desert，semidesert

Caspian Sea，Kazakhstan，Mongolian Gobi，Iran，northern Afghanistan.

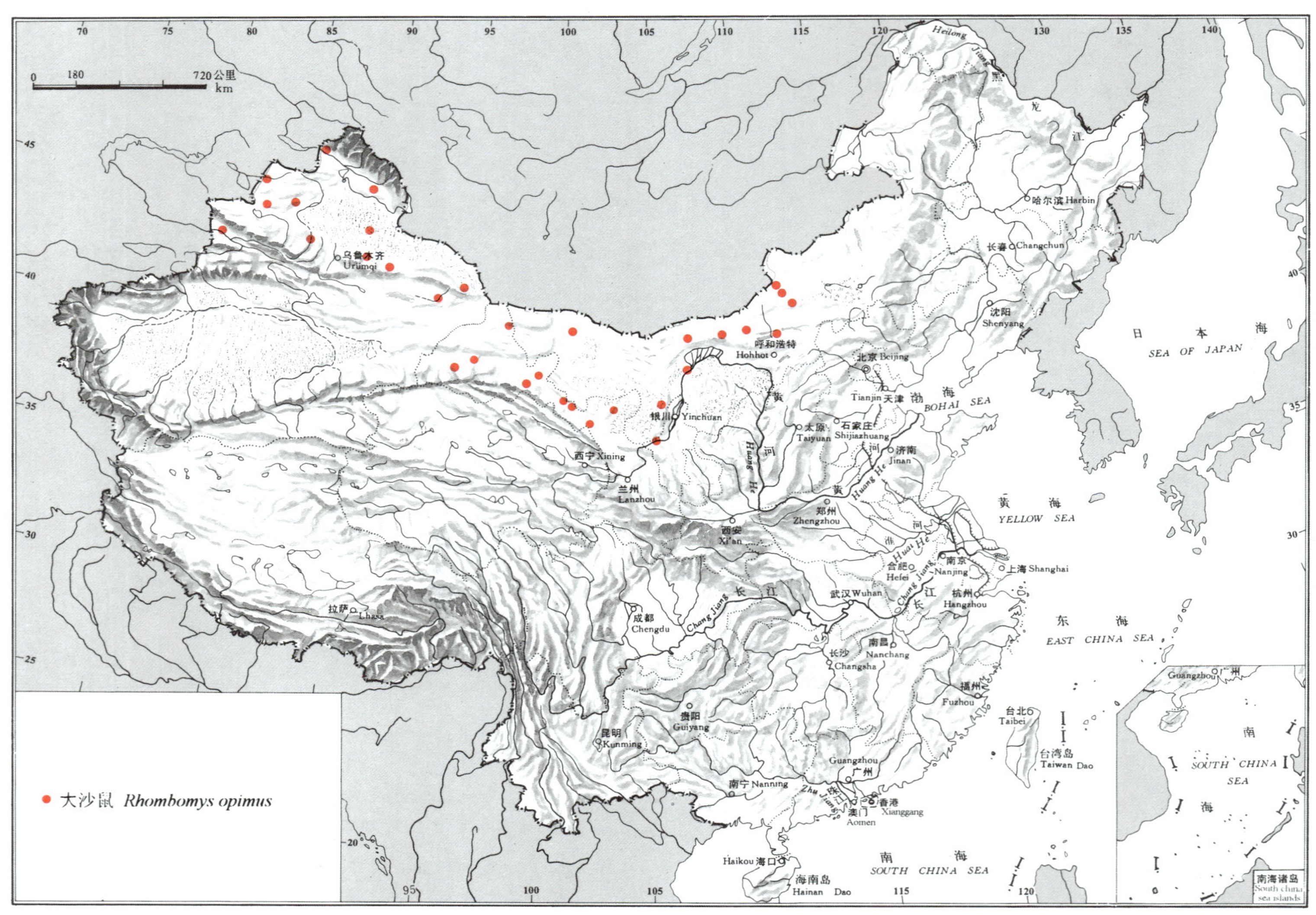

图 182 大沙鼠 *Rhombomys opimus* 的分布

鼢鼠亚科 Myospalacinae

鼢鼠属 *Myospalax* Laxmann，1769

中华鼢鼠 ***Myospalax fontanieri*** Milne-Edwards，1869

M. f. fontanieri Milne-Edwards，1869［河北，内蒙古，黄土高原北部］

M. f. cansus Lyon，1907［黄土高原南部］

M. f. baileyi Thomas，1911［四川西北部，甘肃，青海］

M. f. rufescens J. Allen，1909［秦岭］

内蒙古：呼和浩特、包头[A1]；土默特旗、丰镇、达拉特旗、东胜、乌审旗、集宁[Z51,53]；伊金霍洛旗、准格尔旗[Z56]

河北：保定[R6]；崇礼、沙城、怀来、蔚县、阳原、涿鹿、滦平、宣化、隆宽[F1]；怀安[L32]

吉林：通辽[B11]

北京：北京西北约 160 公里[A1]；延庆（金善科 1963 年提供）

山东：济南*

山西：天镇、山阴、左云、右玉、朔州、应县、平鲁、阳高[L58]；神池、离石*；宁武、太原、岢岚[A1]；阳曲、保德[F1]；吕梁山[W9]；

降县[W15]；怀仁、繁峙、代县、原平、忻定、大同[L32]；五台山[Z38]；忻州、五台[L3]

河南：信阳、鸡公山、西峡[G20,Z97]

陕西：太白、凤翔、榆林[A1]；定边、靖边、安边、吴旗、延安、洛川、黄陵、富县、宜川、安康、麟游、彬县、长武、志丹、安塞、临潼、留坝、柞水、丹凤、宁陕、石泉、汉阴、太白山，陇县[B13,W20,55,96,98,Z85]

宁夏：西吉、海源、盐池[W60]；固原、六盘山、泾源、隆德、彭阳、同心[Q3]

甘肃：皇城、兰州[A1,R6]；天祝[C40]；夏河、临潭、玛曲、碌曲[F1]；文县[M1]；天水、康县、岷县[L22]；陇东地区[C16]；民乐、肃南、裕固、临夏、酒泉（南部山地）[Q13]；正宁、华亭[Z69]

青海：青海湖畔、门源、祁连、海晏；兴海、湟源、大通、天峻、化隆、贵南；贵德、同德、泽库、河南、共和、玛多、久治、扎陵湖、大喇嘛河、玛沁、都兰、德令哈、格尔木（南部山地）、当金山口、班玛、大武、吉迈、循化、平安、湟中、乐都、民和、互助[F1,Q13,Z24,69]

四川：康定[A1]；阿坝、若尔盖、红原、平武、甘孜[S46]；马尔康、乾宁[H23,24]

黄土高原，森林草原，草原，灌丛，耕地（亚种 *M. f. rufescens* 还栖山地林地）

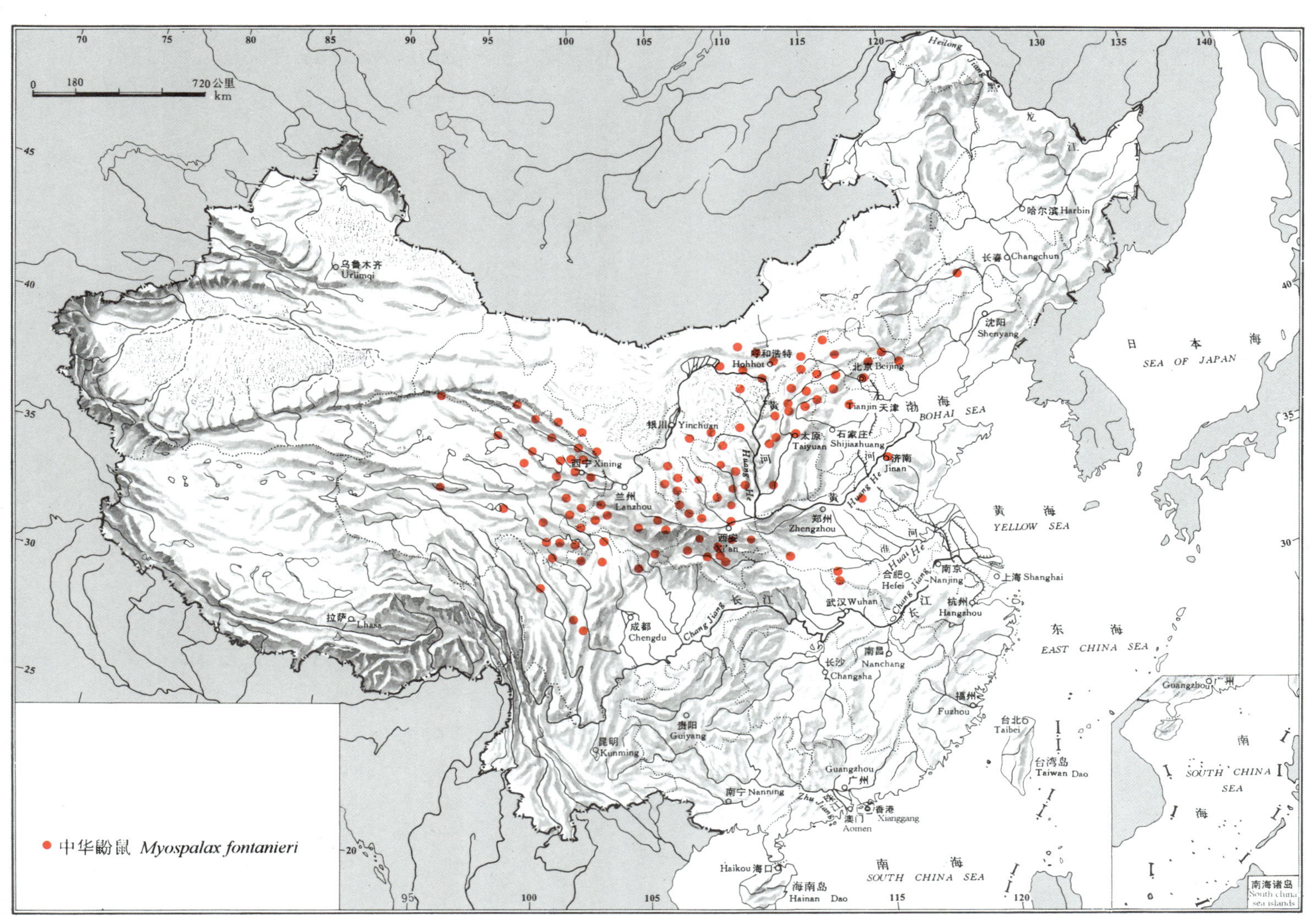

图 183 中华鼢鼠 *Myospalax fontanieri* 的分布

Myospalacinae Zokors

Myospalax Laxmann, 1769 Zokor

Myospalax fontanieri Milne-Edwards, 1869
Common Chinese zokor

M. f. fontanieri Milne-Edwards, 1869 [Hebei, Nei Mongol, northern Loess Plateau]

M. f. cansus Lyon, 1907 [Southern Loess Plateau]

M. f. baileyi Thomas, 1911 [Northwestern Sichuan, Gansu, Qinghai]

M. f. rufescens J. Allen, 1909 [Qingling]

Nei Mongol: Hohhot, Baotou[A1]; Tumd B., Fengzhen, Dalad B., Dongsheng, Uxin B., Jinin[Z51,53]; Ejin Horo B., Jungar B.[Z56]

Hebei: Baoding[R6]; Chongli, Shacheng, Huailai, Weixian, Yangyuan, Zhuolu, Luanping, Xuanhua, Longkuan[F1]; Huai'an[L32]

Jilin: Tongliao[B11]

Beijing: Area about 160 km northwest of Beijing[A1]; Yanqing (provided by Jin Shanke, 1963);

Shandong: Jinan*

Shanxi: Tianzhen, Shanyin, Zuoyun, Youyu, Shuozhou, Yingxian, Pinglu, Yanggao[L58]; Shenchi, Lishi*; Ningwu, Taiyuan, Kelan[A1]; Yangqu, Baode[F1]; Luliangshan[W9]; Jiangxian[W15]; Huairen, Fanshi, Daixian, Yuanping, Xinding, Datong[L32]; Wutaishan[Z38]; Xinzhou, Wutai[L3]

Henan: Xinyang, Jigongshan, Xixia[G20,Z97]

Shaanxi: Taibai, Fengxiang, Yulin[A1]; Dingbian, Jingbian, Anbian, Wuqi, Yan'an, Luochuan, Huangling, Yichuan, Fuxian, Ankang, Linyou, Binxian, Changwu, Zhidan, Ansai, Lintong, Liuba, Zhashui, Danfeng, Ningshan, Shiquan, Hanyin, Taibaishan, Longxian[B13,W20,55,96,98,Z85]

Ningxia: Xiji, Haiyuan, Yangchi[W60]; Guyuan, Liupanshan, Jingyuan, Longde, Pengyang, Tongxin[Q3]

Gansu: Huangcheng, Lanzhou[A1,R6]; Tianzhu[C40]; Xiahe, Lintan, Maqu, Luqu[F1]; Wenxian[M1]; Tianshui, Kangxian, Minxian[L22]; Longdong area[C16]; Minle, Sunan, Yugu, Linxia, Jiuquan

(southern mountains)[Q13]; Zhengning, Huating[Z69]
Qinghai: Shore of Qinghaihu, Menyuan, Qilian, Haiyan, Xinghai, Huangyuan, Datong, Tianjun, Hualong, Guinanr Guide, Tongde, Zêkog, Henan, Gonghe, Madoi, Jigzhi, Gyalinghu, Dalamahe, Maqên, Dulan, Delingha, Golmud (southern mountain), pass of Dangjingshan, Baima, Dawu, Jimai, Xunhua, Ping'an, Huangzhong, Ledu, Minhe, Huzhu[F1,Q13,Z24,69]
Sichuan: Kangding[A1]; Aba, Zoigê, Hongyuan, Pingwu, Garzê[S46]; Barkam, Qianning[H23,24]

Loess plateau, forest-steppe, scrub, farmland (subspecies *M. f. rufescens* also inhabits mountain forest)

东北鼢鼠 ***Myospalax psilurus*** Milne-Edwards, 1874
黑龙江：呼玛[S33]；张广才岭、兴凯湖附近[R6]；嫩江、泰来、哈尔滨、大兴安岭西北部、伊春、林口、密山、东宁[M13]
吉林：白城、四平、农安、公主岭、扶余[Z63]；长春[J1]
辽宁：新民、黑山[L19]；桓仁、本溪[L17]
内蒙古：开鲁[J1]；凉城、察哈尔右后旗[B1]；科尔沁右翼前旗、鄂伦春旗[S33]；扎罗木特、呼伦贝尔西南的赤尔诺河[L86]；海拉尔[R6]；赤峰[A1]
河北：张北[Z21]；固安*
北京：北京[B10,Z31]
天津：天津[A1]
山东：泰安[A1]；黄河口[L51]
河南：开封[Z97]；新乡、郑州、卢氏、登封[G20]；兰考、中牟、西华、长垣、郾城、永城[L96]
陕西：洛川、甘泉、延安、安塞、绥德、米脂、榆林[Y49]；黄龙[G23]
宁夏：盐池[W60]
甘肃：迭部[L94]；正宁（子午岭）[Z81]
安徽：砀山[W39]；富县[H35]；亳县[L47]
耕地，草地
外贝加尔湖区，乌苏里，蒙古东部。

甘肃鼢鼠 ***Myospalax smithi*** Thomas, 1911
甘肃：临潭、兰州、岷山、临洮、卓尼[A1,F1,L3]
陕西：宁陕、陇县、留坝[F1,L3]
宁夏：固原[F1,L3,Q3]
黄土高原草原，耕地

小鼢鼠 ***Myospalax rothschildi*** Thomas, 1911
M. r. hubeinensis Li *et* Chen, 1989［湖北］
河南：灵宝、栾川[L96]
陕西：镇巴、平利、镇坪、岚皋、南郑、紫阳[F1,L3]
甘肃：临潭、阿赞（岷山）[A1,F1]
四川：万源、城口、巫山[H24]；巫溪、奉节、南江、开县[J9]
湖北：大巴山（洪溪口、寿龙堂）、神农架[A1,F1]
森林，灌丛，草地，农田

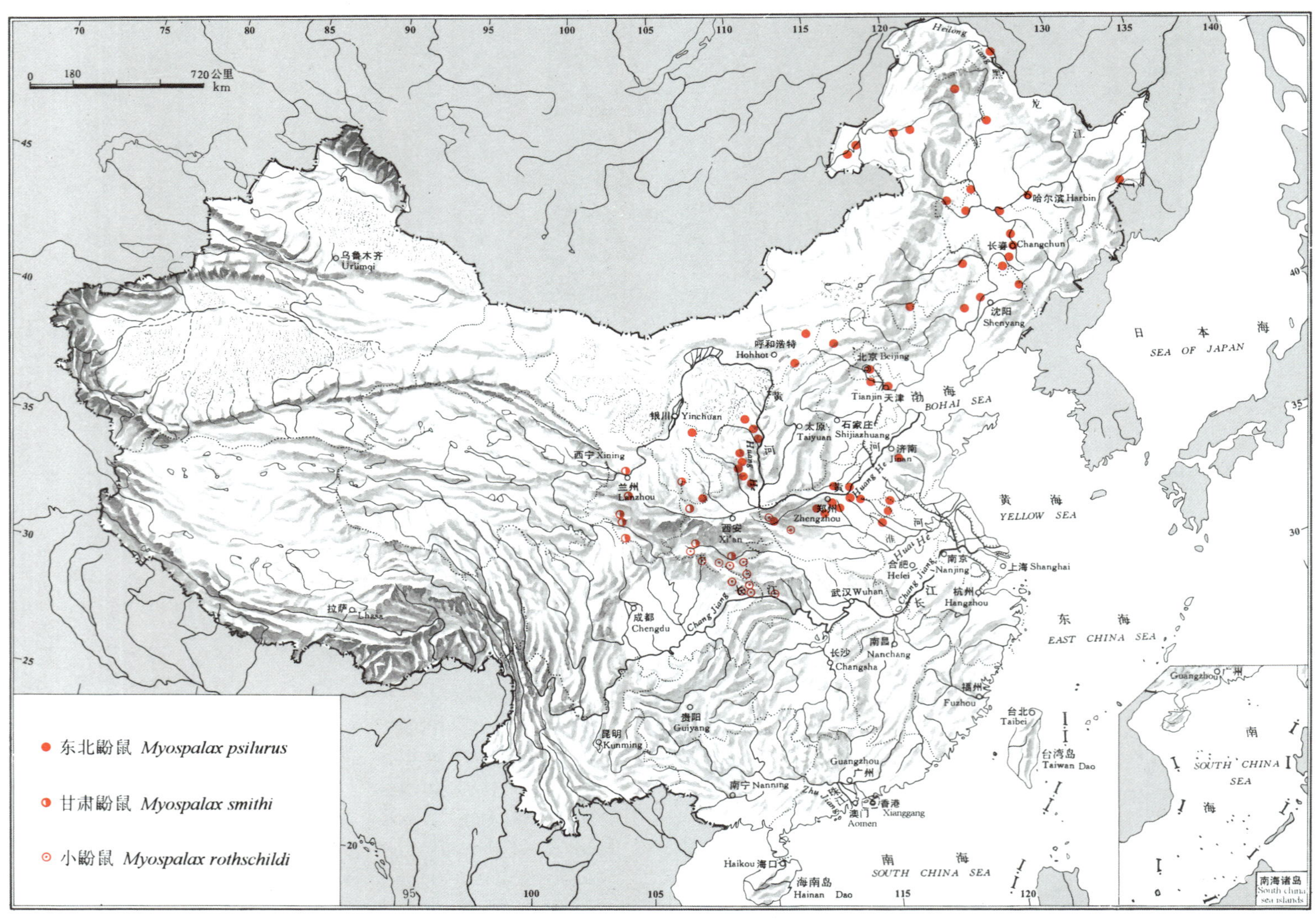

图 184 东北鼢鼠 *Myospalax psilurus* 甘肃鼢鼠 *Myospalax smithi* 小鼢鼠 *Myospalax rothschildi* 的分布

Myospalax psilurus Milne-Edwards, 1874 **Manchurian zokor**
Heilongjiang: Huma[S33]; Zhangguangcailing, area near Xingkaihu[R6]; Nenjiang, Tailai, Harbin, northwestern Da Hinggan Ling, Yichun, Linkou, Mishan, Dongning[M13]
Jilin: Baicheng, Siping, Nong'an, Gongzhuling, Fuyu[Z63]; Changchun[J1]
Liaoning: Xinmin, Heishan[19]; Huanren, Benxi[L17]
Nei Mongol: Kailu[J1]; Liangcheng, Qahar Right Wing Rear B.[B1]; Horqin Right Wing Front B., Oroqen B.[S33]; Jaramtai, Chirnohe in the southeast of Hulun Buir[L86]; Hailar[R6];

Chifeng[A1]
Hebei: Zhangbei[Z21]; Gu'an*
Beijing: Beijing[B10,Z31]
Tianjin: Tianjin[A1]
Shandong: Tai'an[A1]; Huanghekou[L51]
Henan: Kaifeng[Z97]; Xinxiang, Zhengzhou, Lushi, Dengfeng[G20]; Lanko, Zhongmou, Xixua, Changyuan, Yancheng, Yongchong[L96]
Shaanxi: Luochuan, Ganquan, Yan'an, Ansai, Suide, Mizhi, Yulin[Y49]; Huanglong[G23]
Ningxia: Yanchi[W60]
Gansu: Têwo[L94]; Zhengning (Ziwuling)[Z81]
Anhui: Tangshan[W39]; Fuxian[H35]; Boxian[L47]
Farmland, grassland
Transbaikal, Ussuri, eastern Mongolia.

Myospalax smithi Thomas, 1911 **Smith's zokor**
Gansu: Lintan, Lanzhou, Minshan, Lintao, Jonê[A1,F1,L3]
Shaanxi: Ningshan, Longxian, Liuba[F1,L3]
Ningxia: Guyuan[F1,L3,Q3]
Loess plateau steppe and farmland

Myospalax rothschildi Thomas, 1911 **Rothschild's zokor**
M. r. hubeinensis Li *et* Chen, 1989 [Hubei]
Henan: Lingbao, Luanchuan[L96]
Shaanxi: Zhenba, Pingli, Zhenping, Langao, Nanzheng, Ziyang[F1,L3]
Gansu: Lontan, Azan (Minshan)[A1,F1]
Sichuan: Wanyuan, Chengkou, Wushan[H24]; Wuxi, Fengjie, Nanjiang, Kaixian[J9]
Hubei: Dabashan (Hongchikou, Showlungtan), Shennongjia[A1,F1]
Forest, scrub, grass, farmland

草原鼢鼠 ***Myospalax aspalax*** Pallas, 1776
黑龙江：泰来、甘南[A2]；阿城、鸡西[M13]
吉林：长春、前郭尔罗斯、白城、农安、榆林[J1,Z63]
辽宁：建平、彰武、阜新、昌图、康平、北票[L17,19]
内蒙古：呼伦湖东、通辽[R6]；双辽[B11]；哲里木盟、太朴寺旗、东乌珠穆沁旗、西乌珠穆沁旗、锡林浩特*；商都[H7]；达拉特旗、察哈尔右翼后旗、凉城、阿巴嘎旗、正镶白旗[B1]；鄂托克旗、伊金霍洛旗（伊盟草原站1977年提供）；乌审旗、苏尼特右旗、杭锦旗、正蓝旗[Z51,53,56]
河北：张家口、康保[H7]、沽源、围场[Z21]
山西：神池*；大同[A1,W8]
草原，耕地

田鼠亚科 Microtinae

林旅鼠属 *Myopus* Miller, 1910

林旅鼠 ***Myopus schisticolor*** Lilljeborg, 1844
M. s. saianicus Hinton, 1914
黑龙江：呼玛、伊春[S33]；黑河、饶河[R6]；大兴安岭（塔源）[M13]
内蒙古：牙克石[S33]
亚寒带针叶林
欧亚大陆北部，库页岛，阿尔泰，外贝加尔湖地区，阿穆尔，蒙古北部。

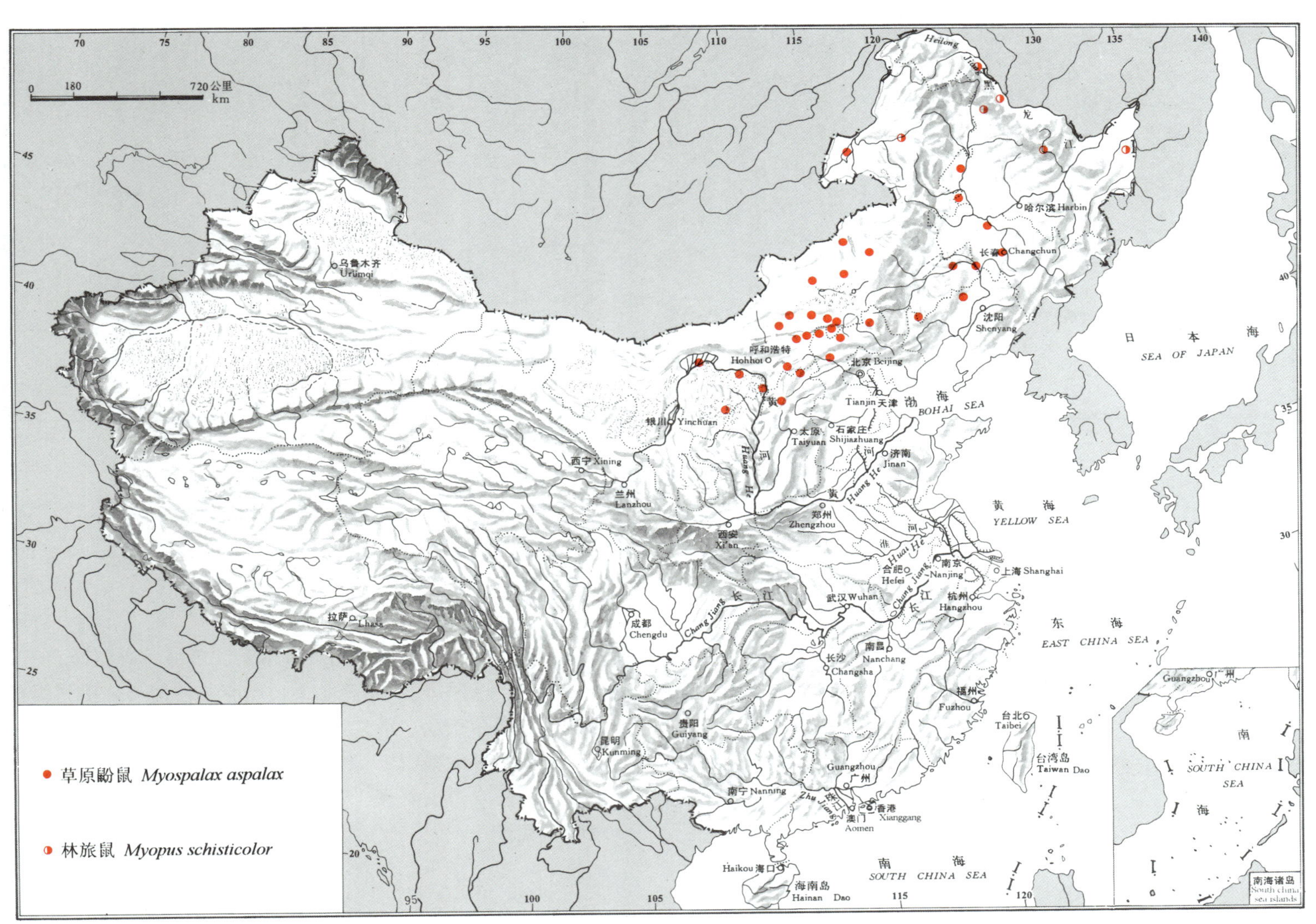

图185 草原鼢鼠 *Myospalax aspalax* 林旅鼠 *Myopus schisticolor* 的分布

Myospalax aspalax Pallas, 1776 **Steppe zokor**

Heilongjiang: Tailai, Gannan[A2]; Acheng, Jixi[M13]

Jilin: Changchun, Qian Gorlos, Baicheng, Nong'an, Yulin[J1,Z63]

Liaoning: Jianping, Zhangwu, Fuxin, Changtu, Kangping, Beipiao[L17,19]

Nei Mongol: Area east of Hulunhu, Tongliao[R6]; Shuangliao[B11]; Jirem L., Taibus B., Dong Ujimqin B., Xi Ujimqin B., Xilinhot*; Shangdu[H7]; Dalad B., Qahar Right Wing Rear B., Liangcheng, Abag B., Zhengxiangbai B., Uxin B., Otog B., Ejin Horo B. (provided by Ih Ju L Steppe Station, 1977); Sonid Right B., Hanggin B., Zhenglan B.[Z51,53,56]

Hebei: Zhangjiakou, Kangbao[H70], Guyuan, Weichang[Z21]

Shanxi: Shenchi, Datong[A1,W8]

Steppe, farmland

Microtinae Voles, lemmings

Myopus Miller, 1910 **Wood lemming**

Myopus schisticolor Lilljeborg, 1844 **Wood lemming**

M. s. saianicus Hinton, 1914

Heilongjiang: Huma, Yichun[S33]; Heihe, Raohe[R6]; Da Higgan Ling (Tayuan)[M13]

Nei Mongol: Yakeshi[S33]

Cold-temperate coniferous

Northern Eurasian continent, Sakhalin, Altai, Transbaikal, Amur, northern Mongolia.

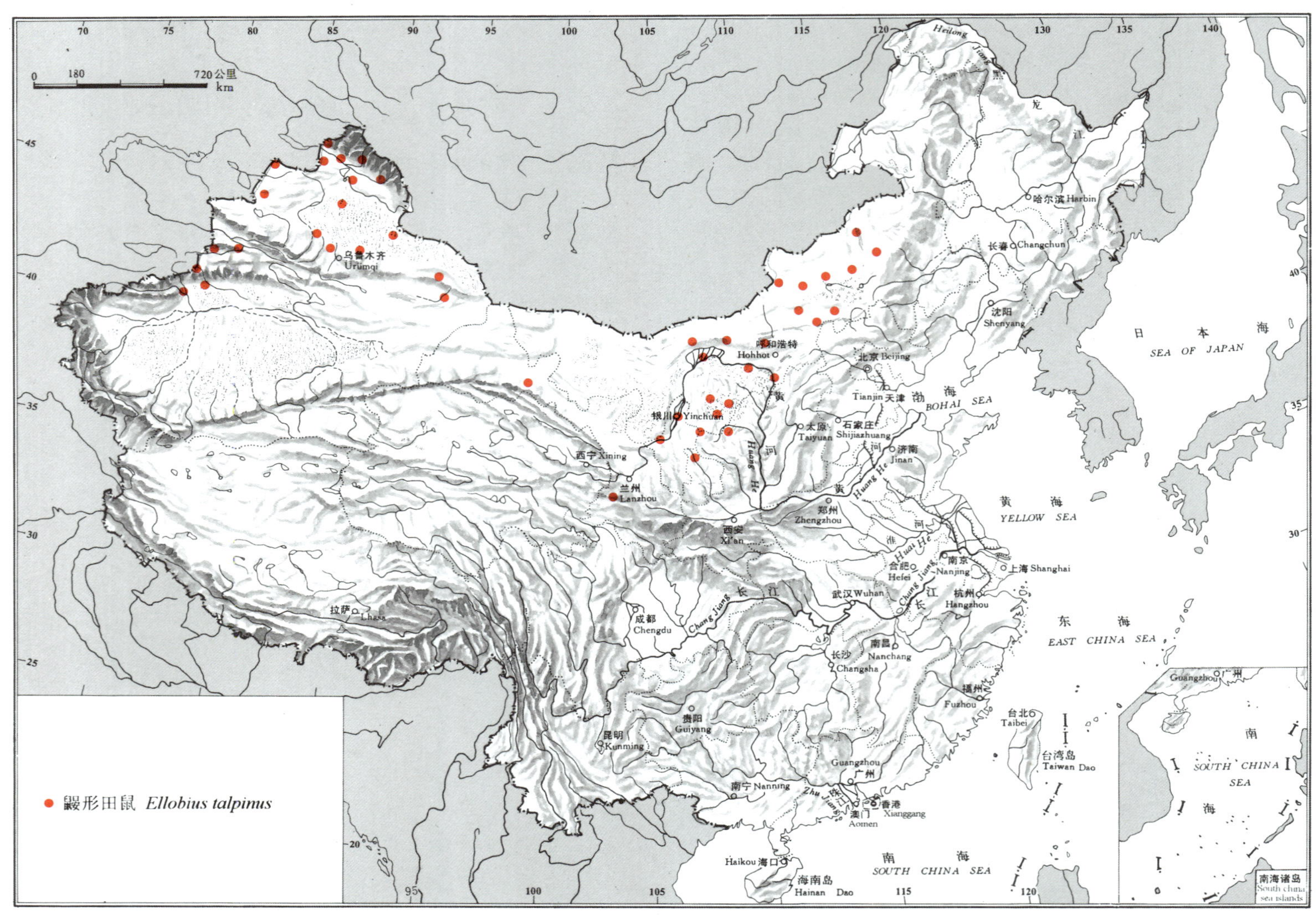

图 186 鼹形田鼠 *Ellobius talpinus* 的分布

鼹形田鼠属 *Ellobius* Fischer, 1814

鼹形田鼠 ***Ellobius talpinus*** Pallas, 1770

E. t. albicatus Thomas, 1912 [新疆南部]

E. t. coenosus Thomas, 1912 [天山]

E. t. rusulus Thomas, 1912 [准噶尔]

E. t. orientalis G. Allen, 1924 [内蒙古]

内蒙古：二连浩特[R1]；苏尼特右旗、锡林浩特*；鄂托克旗、达拉特旗、正镶白旗[B1]；乌审旗、准格尔旗、乌拉特中旗及后旗、达尔罕茂名安联合旗、正蓝旗、阿巴嘎旗、东乌珠穆沁旗、商都、西乌珠穆沁旗[Z51,53,56]；狼山北部[X10]；伊金霍洛旗、杭锦旗（伊克昭盟草原站 1977 年提供）

陕西：定边[W55]

甘肃：酒泉[Q13]；陇东地区[C16]；夏河[Z81]

宁夏：银川[W115]；盐池[Q31]；中卫[W60]

新疆：富蕴、福海、哈巴河、吉木乃、塔城、特克斯、昭苏、北塔山、巴里坤*；哈密、天山、麻扎尔河谷、腾格里山南麓[E1]；准噶尔天山、塔尔巴哈台、昌吉[W40,41]；沙湾、和布赛克、博乐、玛纳斯[Z125]；青河、裕民、伊吾、奇台、阜康、温泉、精河、乌苏、托里[M24]；托木尔峰地区[L44]

草原，荒漠

俄罗斯，中亚细亚，哈萨克斯坦，蒙古。

Ellobius Fischer, 1814 Mole-voles

Ellobius talpinus Pallas, 1770 **Northern mole-vole**

E. t. albicatus Thomas, 1912 [Southern Xinjiang]

E. t. coenosus Thomas, 1912 [Tianshan]

E. t. rusulus Thomas, 1912 [Junggar]

E. t. orientalis G. Allen, 1924 [Nei Mongol]

Nei Mongol: Erenhot[R1]; Sonid Right B., Xilinhot, Otog B., Dalad B., Zhengxiangbai B.[B1]; Uxin B., Jungar B., Urad Middle and Rear B., Darhan Muminggan B., Zhenglan B., Abag B., Dong Ujimqin B., Shangdu, Xi Ujimqin B.[Z51,53,56]; northern Langshan[X10]; Ejin Horo B., Hanggin B. (provided by Ih Ju L. Steppe Station, 1977)

Shaanxi: Dingbian[W55]

Gansu: Jiuquan[Q13]; Longdong area[C16]; Xiahe[Z81]

Ningxia: Yinchuan[W115]; Yanchi[Q3]; Hongwei[W60]

Xinjiang: Fuyun, Fuhai, Habahe, Jeminay, Tacheng, Tekes, Shaosu, Beitashan, Barkor*; Hami, Tianshan, Mazhaer valley, southern flank of Tenggershan[E1]; Junggar Tianshan, Tarbagartay, Changji[W40,41]; Shawan, Hoboksar, Bole, Manas[Z125]; Qinghe, Yumin, Yiwu, Qitai, Fukang, Wenquan, Jinghe, Usu, Tori[M24]; Tuomer Feng area[L44]

Steppe, desert

Russia, Central Asia, Kazakhstan, Mongolia.

䶄属 *Clethrionomys* Tilesius, 1850

红背䶄 ***Clethrionomys rutilus*** Pallas, 1779

C. r. amurensis Schrenk, 1859 [东北]

C. r. rutilus Pallas, 1779 [西伯利亚]

C. r. centralis Miller, 1906 [天山]

黑龙江：漠河、黑河、伊春、富锦、同江、密山、抚远[S33]；北安[A2]；嫩江、虎林、饶河、梧桐河、柴河、东宁、哈尔滨[M13]（省防疫站1964年提供）

吉林：长春、汪清、抚松[S33]；白山、吉林、安图、靖宇[J1]；敦化[Y4]

内蒙古：根河、科尔沁右翼前旗[S33]；阴山南坡[Z59]；大青山（九峰山）[Z46]

新疆：阿勒泰[W41]；哈巴河、福海[M24]；阔克苏（巩留）[E1]；阿克苏[W50]

宁夏：固原[W60]

针叶林及针阔混交林

欧洲大陆北部，阿尔泰，西伯利亚，蒙古，库页岛，北海道，朝鲜。

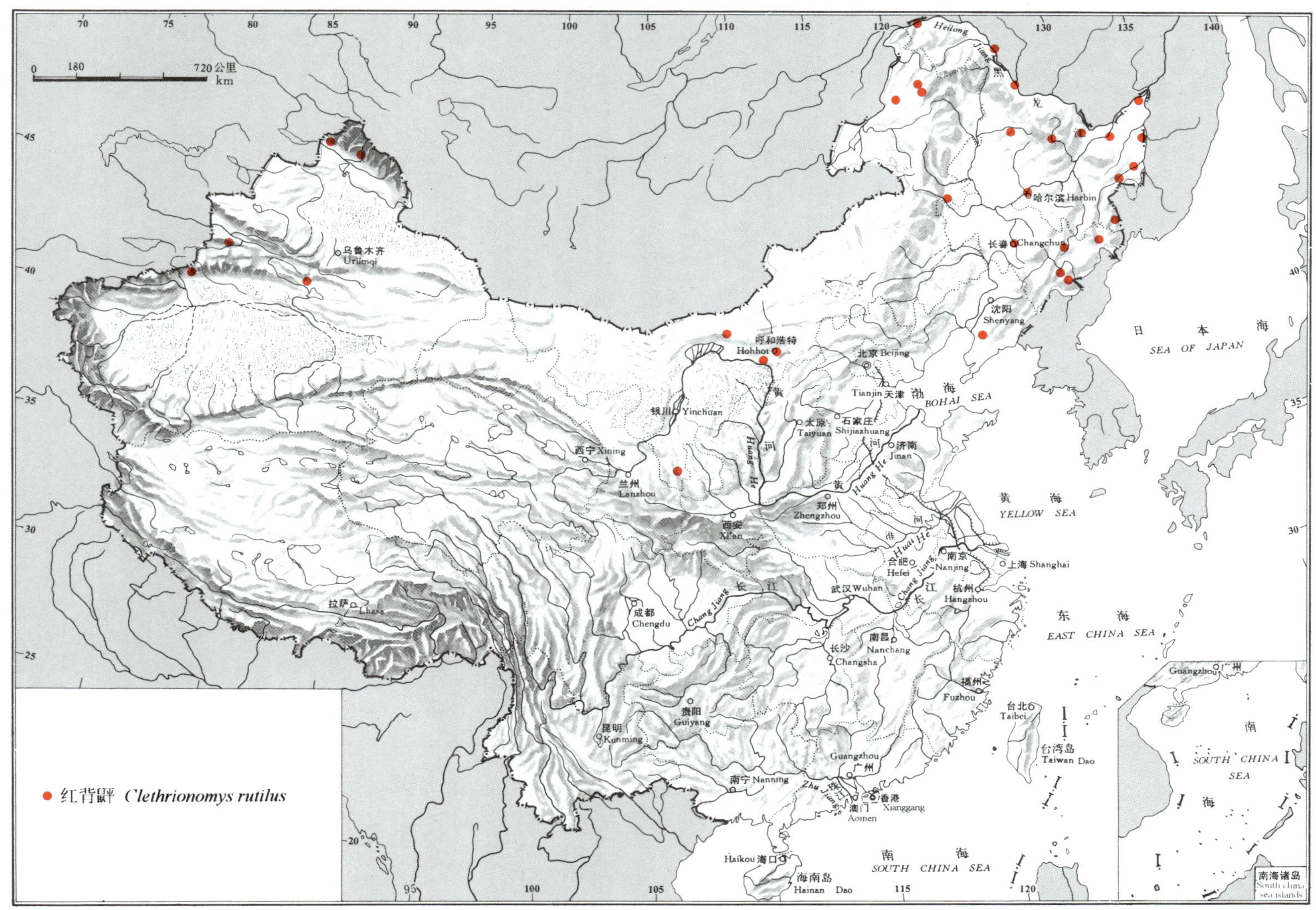

图187 红背䶄 *Clethrionomys rutilus* 的分布

Clethrionomys Tilesius, 1850 Red-backed voles

Clethrionomys rutilus Pallas, 1779 **Northern red-backed vole**

C. r. amurensis Schrenk, 1859 [Northeast China]

C. r. rutilus Pallas, 1779 [Siberia]

C. r. centralis Miller, 1906 [Tianshan]

Heilongjiang: Mohe, Heihe, Yichun, Fujin, Tongjiang, Mishan, Fuyuan[S33]; Bei'an[A2]; Nenjiang, Hulin, Raohe, Wutonghe, Chaihe, Dongning, Harbin[M13] (provided by Station of Epidemic Disease Protection; Heilongjiang, 1964)

Jilin: Changchun, Wangqing, Fusong[S33]; Baishan, Jilin, Antu, Jingyu[J1]; Dunhua[Y4]

Nei Mongol: Genhe, Horqin Right Wing Front B.[S33]; southeGhrn flank of Yinshan[Z59]; Daqingshan (Jiufengshan)[Z46]

Xinjiang: Altay[W41]; Habahe, Fuhai[M24]; Kuokesu (Gongliu)[E1]; Aksu[W50]

Ningxia: Guyuan[W60]

Coniferous and coniferous-broadleaf mixed forest

Northern Eurasian continent, Altai, Siberia, Mongolia, Sakhalin, Hokkaido, Korea.

天山䶄 ***Clethrionomys frater*** Thomas，1908

新疆：巩固斯河谷[W43]；伊犁[W41]；新源、阜康、昭苏、尼勒克、博拉多、阿克苏[M24]；托木尔峰地区[L44]

山地针叶林带

天山，吉尔吉斯。

棕背䶄 ***Clethrionomys rufocanus*** Sundevall，1846

C. r. irkutensis Ogrev，1924［东北］

黑龙江：呼玛、黑河、伊春[S33]；五常、密山*；兴凯湖北部[R6]；汤原[A2]；嫩江、虎林、饶河、柴河、桦南、哈尔滨、东宁[M13]（省防疫站 1964 年提供）

吉林：安图、抚松、临江[S33]；延吉、白山、靖宇、吉安[J1]；敦化[Y4]

辽宁：大连、清原、新宾、桓仁、本溪、凤城、宽甸、盖州、普兰店[L17,19]

内蒙古：根河、鄂伦春旗、科尔沁右翼前旗[S33]

新疆：阿勒泰[W43]；富蕴、青河[W41]；阿尔泰山[M24]

针叶林，针阔叶混交林

阿尔泰，蒙古，日本，朝鲜。

绒鼠属 *Eothenomys* Miller，1869

山西绒鼠 ***Eothenomys shanseius*** Thomas，1908*

北京：兴隆[A1]

山西：岢岚、太原[A1]；五台山[Z38]

陕西：商州[E1]；黄龙[G23]

内蒙古：呼和浩特[A1]；东乌珠穆沁旗、锡林浩特、凉城、阿巴嘎旗[Z51,53]；大青山（九峰山）[Z46]；阴山山地赤塞附近[R6]；赤峰[E1]

甘肃：夏河[Z81]

河南：嵩县[G20]

山地阔叶林，灌丛，草地及耕地

* 据王酉之（1986）作为独立种[W78]。

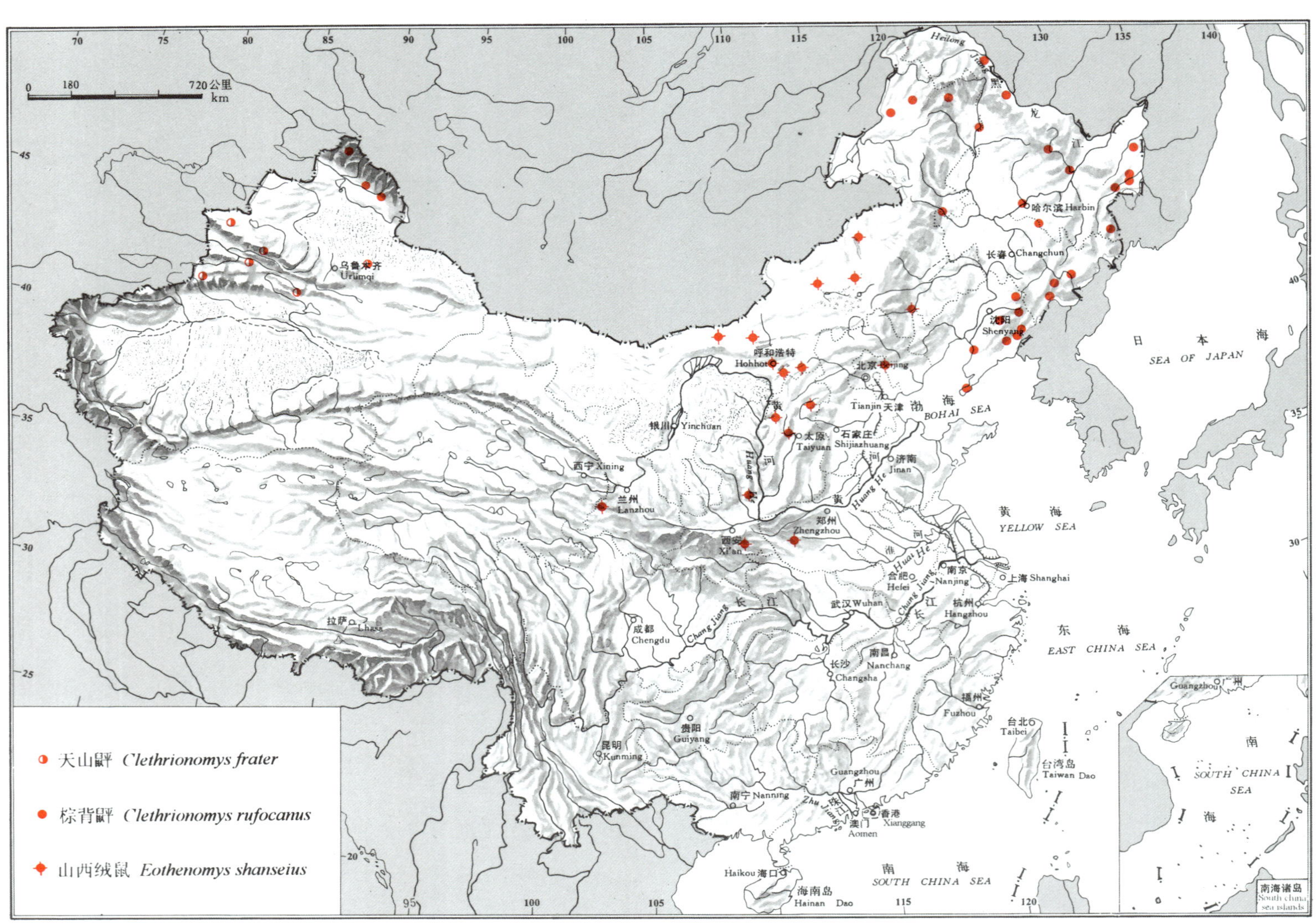

图 188 天山䶄 *Clethrionomys frater* 棕背䶄 *Clethrionomys rufocanus* 山西绒鼠 *Eothenomys shanseius* 的分布

Clethrionomys frater Thomas，1908 **Tianshan red-backed vole**

Xinjiang：Gonggus valley[W43]；Ili[W41]；Xinyuan，Fukang，Shaoshu，Nilka，Boladuo，Aksu[M24]；Tuomuer Feng area[L44]

Mountain coniferous

Tianshan，Kirgiz.

Clethrionomys rufocanus Sundevall，1846

Grey red-backed vole

C. r. irkutensis Ogrev，1924［Northeast China］

Heilongjiang：Huma，Heihe，Yichun[S33]；Wuchang，Mishan*；north of Xingkaihu[R6]；Tangyuan[A2]；Nenjiang，Hulin，Raohe，Chaihe，Huanan，Harbin，Dongning[M13]（provided by Station of Epidemic Disease Protection，Heilongjiang，1964）

Jilin：Antu，Fusong，Linjiang[S33]；Yanji，Baishan，Jingyu，Ji'an[J1]；Dunhua[Y4]

Liaoning：Dalian，Qingyuan，Xinbin，Huanren，Benxi，Fengcheng，Kuandian，Gaizhou，Pulandian[L17,19]

Nei Mongol：Genhe B.，Oroqen B.，Horqin Right Wing Front B.[S33]

Xinjiang：Altay[W43]；Fuyun，Qinghe[W41]；Altai[M24]

Coniferous，coniferous-broadleaf mixed forest

Altai，Mongolia，Japan，Korea.

Eothenomys Miller，1869

Oriental voles

Eothenomys shanseius Thomas，1908 **Shansi vole***

Beijing：Xinglong[A1]

Shanxi：Kelan，Taiyuan[A1]；Wutaishan[Z38]

Shaanxi：Shangzhou[E1]；Huanglong[G23]

Nei Mongol: Hohhot[A1]; Dong Ujimqin B., Xilinhot, Liangcheng, Abag B.[Z51,53]; Daqingshan (Jiufengshan)[Z46]; area near Chisai (Yinshan)[R6]; Chifeng[E1]

Gansu: Xiahe[Z81]

Henan: Songxian[G20]

Mountain broadleaf forest, scrub, meadow, farmland

* According to Wang Youzhi (1986), a valid species[W78]

黑腹绒鼠 ***Eothenomys melanogaster*** Milne-Edwards, 1871

E. m. melanogaster Milne-Edwards, 1871 [四川，甘肃]

E. m. cachinus Thomas, 1921 [云南]

E. m. colurnus Thomas, 1911 [福建，浙江，广东]

E. m. aurora G. Allen, 1912 [湖北]

E. m. libonotus Hinton, 1923 [阿萨姆]

E. m. kanoi Tokuda, 1937 [台湾]

四川：宝兴、雅安、龙溪河[H36]；会东、美姑、木里[P1]；米易、泸定*；峨眉山、汶川、大桥、姑鲁[A1]；成都、双流、城口、天全、温江、汉源、彭州、灌县、崇州、若尔盖[H23,24]；安县[G12]

贵州：绥阳、贵阳、贵定、龙里[L2]

云南：双江、永德、凤庆[L71]；云龙[P1]；腾冲、潞西、盈江*；勐旺、保山、大理、中甸、沙粮墟（24°42′ N，103°28′ E）、怒江与独龙江（恩梅开江）分水岭（28°N）[A1]；昭通[E1]；景东[W18]；贡山、泸水（高黎贡山）[G14]；福贡[W86]；昆明[H2]；陇川、瑞丽[Y50]

西藏：察隅地区[E1]

陕西：平利[W98]；佛坪[W53]；石泉、镇坪[W96]

宁夏：六盘山[Q3]

甘肃：文县[M1]；康县[L22]

安徽：东至、黄山[H35]；歙县、绩溪[L47,W39]

浙江：金华[B5]；东阳、衢州、庆元、龙泉[Z113]；桐庐、杭州[A1]；天目山[B6]

福建：建阳、邵武[S27]；福州、武夷山[A1,H11]

江西：波阳[F13]

广东：连州、阳山[T5]

湖北：长阳；宜昌[A1]

台湾：台中、东势、阿里[C15]；太鲁阁[L41]

山地森林

缅甸北部，越南北部

大绒鼠 ***Eothenomys miletus*** Thomas, 1914

E. m. miletus Thomas, 1914

云南：丽江[E1]；云龙[P1]；保山、临沧、思茅、大理[Y16]；宾川[Y15]；通庆、剑川、兰坪[Y17]；勐海[W67]；景东[W18]；昆明[H2]；贡山、泸水、腾冲、梁河、陇川、瑞丽、漾濞、维西、楚雄、泸西、弥勒、会泽、东川、昭通、蒙自、开远、建水、祥云、弥渡、鹤庆、施甸[Y50]

贵州：贵阳、榕江、贵定、清镇、龙里[L2]；威宁、毕节、大方、黔西[L5]

四川：渡江、南川、黔江[H23,24]

山地森林

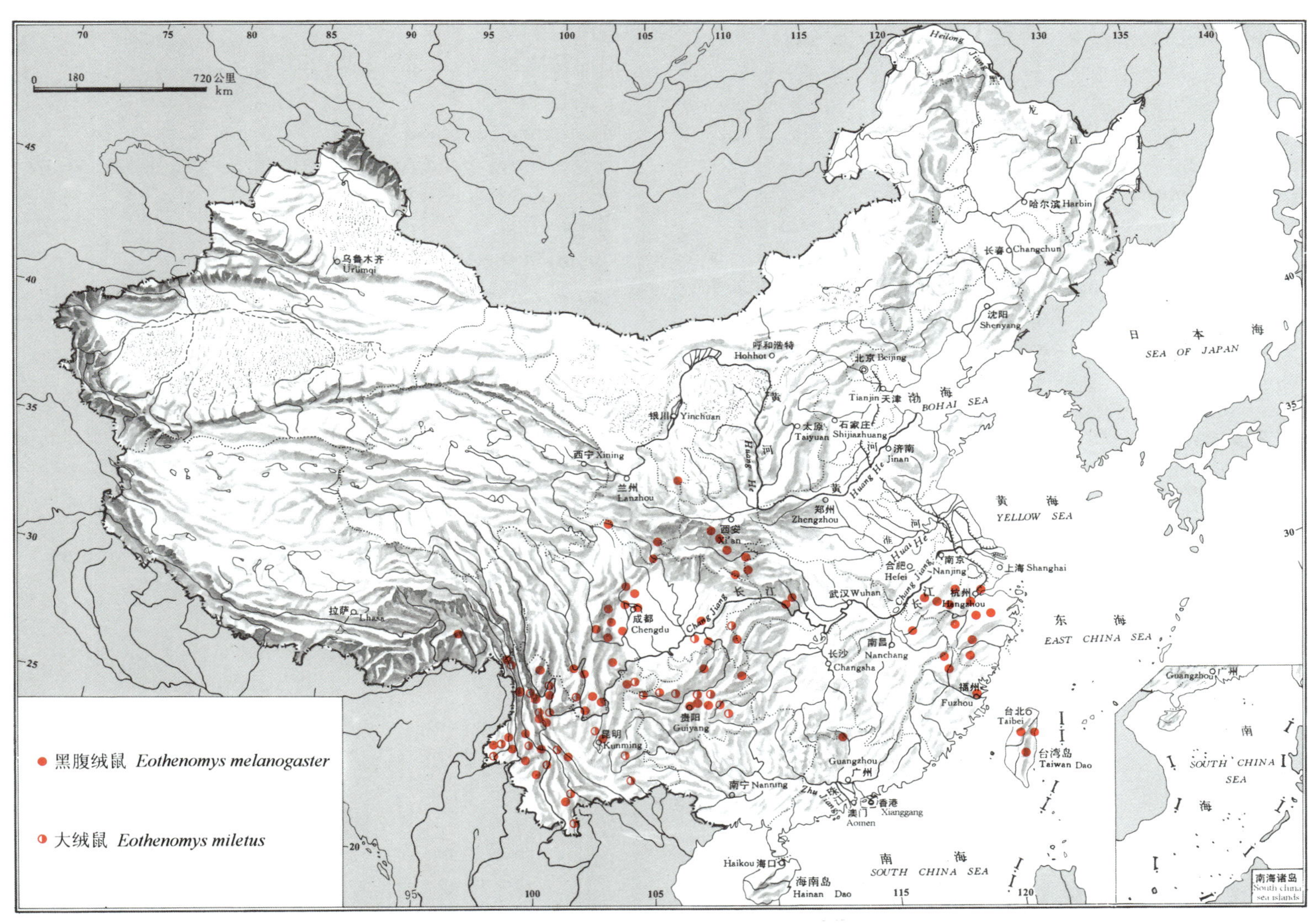

图 189 黑腹绒鼠 *Eothenomys melanogaster* 大绒鼠 *Eothenomys miletus* 的分布

Eothenomys melanogaster Milne-Edwards, 1871

Père David's vole

E. m. melanogaster Milne-Edwards, 1871 [Sichuan, Gansu]

E. m. cachinus Thomas, 1921 [Yunnan]

E. m. colurnus Thomas, 1911 [Fujian, Zhejiang, Guangdong]

E. m. aurora G. Allen, 1912 [Hubei]

E. m. libonotus Hinton, 1923 [Assam]

E. m. kanoi Tokuda, 1937 [Taiwan]

Sichuan: Baoxing, Ya'an, Longxihe[H36]; Huidong, Meigu, Muli[P1]; Miyi, Luding*; Emeishan, Wenchuan, Daqiao, Gulu[A1]; Chengdu, Shuangliu, Chengkou, Tianquan, Wenjiang, Huanyuan, Pengzhou, Guanxian, Chongzhou, Zoigê[H23,24]; Anxian[G12]

Guizhou: Suiyang, Guiyang, Guiding, Longli[L2]

Yunnan: Shuangjiang, Yongde, Fengqing[L71]; Yunlong[P1]; Tengchong, Luxi, Yingjiang*; Mengwang, Baoshan, Dali, Zhongdian, Shaliangxu (24°42′N, 103°28′E), division of Dulongjiang (Nmai River) and Nujiang(28°N)[A1]; Zhaotong[E1]; Jingdong[W18]; Gongshan, Lushui (Gaoligongshan)[G14]; Fugong[W84]; Kunming[H2]; Longchuan, Ruili[Y50]

Xizang: Zayü area[E1]

Shaanxi: Pingli[W98]; Foping[W53]; Shiquan, Zhenping[W96]

Ningxia: Liupanshan[Q3]

Gansu: Wenxian[M1]; Kangxian[L22]

Anhui: Dongzhi, Huangshan[H35]; Shexian, Jixi[L47,W39]

Zhejiang: Jinhua[B5]; Dongyang, Quzhou, Qingyuan, Longquan[Z113]; Tonglu, Hangzhou[A1]; Tianmushan[B6]

滇绒鼠 ***Eotheomys eleusis*** Thomas, 1911

E. e. confinii Hinton, 1923 [贡山]

云南：昭通、高黎贡山分水岭（28°N）[E1]；贡山、泸水[G14]；陇川[W17]；福贡[W86]；沧源（南滚河）[W16]；景东[W18]；双江、永德、凤庆[L71]；鹤庆、昆明、景谷、金平、禄春、元阳、盈江、梁河、瑞丽、腾冲、保山、云龙、剑川[Y50]

贵州：江口、安龙、绥阳、榕江、都匀[L2]

山地丛林越南北部

昭通绒鼠 ***Eothenomys olitor*** Thomas, 1911

云南：永德[L71]；昭通、中甸、保山[A1]；景东（哀劳山）[W88]；云龙、永平[Y50]

山地，耕地

Eothenomys eleusis Thomas, 1911 **Yunnan vole**

E. e. confinii Hinton, 1923 [Gongshan]

Yunnan: Zhaotong, division of Gaoligongshan (28°N)[E1]; Gongshan, Lushui[G14]; Longchuan[W17]; Fugong[W86]; Cangyuan (Nangunhe)[W16]; Jingdong[W18]; Shuangjiang, Yongde, Fengqing[L71]; Heqing, Kunming, Jinggu, Jinping, Luchun, Yuanyang, Yingjiang, Lianghe, Ruili, Tengchong, Baoshan, Yunlong, Jianchuan[Y50]

Guizhou: Jiangkou, Anlong, Suiyang, Rongjiang, Duyun[L2]

Mountain woodland

Tonkin in Indochina

Eothenomys olitor Thomas, 1911 **Yunnan Chaotung vole**

Yunnan: Yongde[L71]; Shaotong, Zhongdian, Baoshan[A1]; Jingdong (Ailaoshan)[W88]; Yunlong, Yongping[Y50]

克钦绒鼠 ***Eothenomys cachinus*** Thomas, 1912

云南：贡山、泸水、梁河、陇川、瑞丽[Y50]

常绿阔叶林，农田

缅甸北部。

西南绒鼠 ***Eothenomys custos*** Thomas, 1912

E. c. custos Thomas, 1912 [云南西部]

E. c. rubelius G. Allen, 1924 [云南北部]

E. c. hintoni Oshood, 1932 [四川]

四川：九龙北部（29°13′N，101°31′E）[A1]；德昌[H23,24]

云南：中甸、德钦[P1]；丽江、营盘街[A1]；大理、剑川、兰坪、宾川[Y17]；景东[W18]

山地针叶林

Fujian: Jianyang, Shaowu[S27]; Fuzhou, Wuyishan[A1,H11]

Jiangxi: Boyang[F13]

Guangdong: Lianxian, Yangshan[T5]

Hubei: Changyang, Yichang[A1]

Taiwan: Taizhong, Dongshi, Ali[C15]; Tailuge[L41]

Mountain forest

Northern Myanmar, Tonkin in Indochina.

Eothenomys miletus Thomas, 1914 **Greater vole**

E. m. miletus Thomas, 1914

Yunnan: Lijiang[E1]; Yunlong[P1]; Baoshan, Lincang, Simao, Dali[Y16]; Binchuan[Y15]; Tongqing, Jianshuan, Lanping[Y17]; Menghai[W67]; Jingdong[W18]; Kunming[H2]; Gongshan, Lushui, Tengchong, Lianghe, Longchuan, Ruili, Yangbi, Weixi, Chuxiong, Luxi, Mile, Huize, Dongchuan, Zhaotong, Mengzi, Kaiyuan, Jianshui, Xiangyun, Midu, Heqing, Shidian[Y50]

Guizhou: Guiyang, Rongjiang, Guiding, Qingzhen, Longli[L2]; Weining, Bijie, Dafang, Qianxi[L5]

Sichuan: Dujiang, Nanchuan, Qianjiang[H23,24]

Mountain forest

玉龙绒鼠 ***Eothenomys proditor*** Hinton, 1923

四川：木里（枯鲁）[A1,H23,24]

云南：丽江[P1]；维西、中甸[Y50]

山地森林

中华绒鼠 ***Eothenomys chinensis*** Thomas, 1891

E. c. chinensis Thomas, 1891 [四川美姑]

E. c. tarquinius Thomas, 1912 [四川康定]

E. c. wardi Thomad, 1912 [云南]

四川：峨眉山、望峨山[A1]；泸定（二郎山）*；康定、德昌、乐山、天全、美姑、木里[H23,24]

云南：德钦[A1]；丽江[Y50]

山地森林和杜鹃属灌丛，高山草甸

Mountain, farmland

Eothenomys proditor Hinton, 1923 **Yulungshan vole**

Sichuan: Muli (Gulu)[A1,H23,24]

Yunnan: Lijiang[P1]; Weixi, Zhongdian[Y50]

Mountain forest

Eothenomys chinensis Thomas, 1891 **Chinese vole**

E. c. chinensis Thomas, 1891 [Meigu, Sichuan]

E. c. tarquinius Thomas, 1912 [Kangding, Sichuan]

E. c. wardi Thomas, 1912 [Yunnan]

Sichuan: Emeishan, Wang'eshan[A1]; Luding (Erlangshan)*; Kangding, Dechang, Leshan, Tianquan, Meigu, Muli[H23,24]

Yunnan: Dêqên[A1]; Lijiang[Y50]

Mountain forest, rhododendron scrub, alpine meadow

苛岚绒鼠 ***Eothenomys inez*** Thomas, 1908

E. i. inez Thomas, 1908 [山西]

E. i. nux Thomas, 1910 [陕西]

陕西：商州、洛南、延安[A1]；凤县、留坝、佛坪、宁强、柞水、镇安[W98]；商南[Z85]；平利、镇坪、宁陕[W96]

河北：河北[Z21]

山西：垣曲[T2]；苛岚[A1]

河南：卢氏[G20]；灵宝、栾川[L96]

安徽：金寨、霍县[L47]

甘肃：天水、武都、舟曲[L22]

宁夏：六盘山[Q3]

山地阔叶林，灌丛，草地及耕地

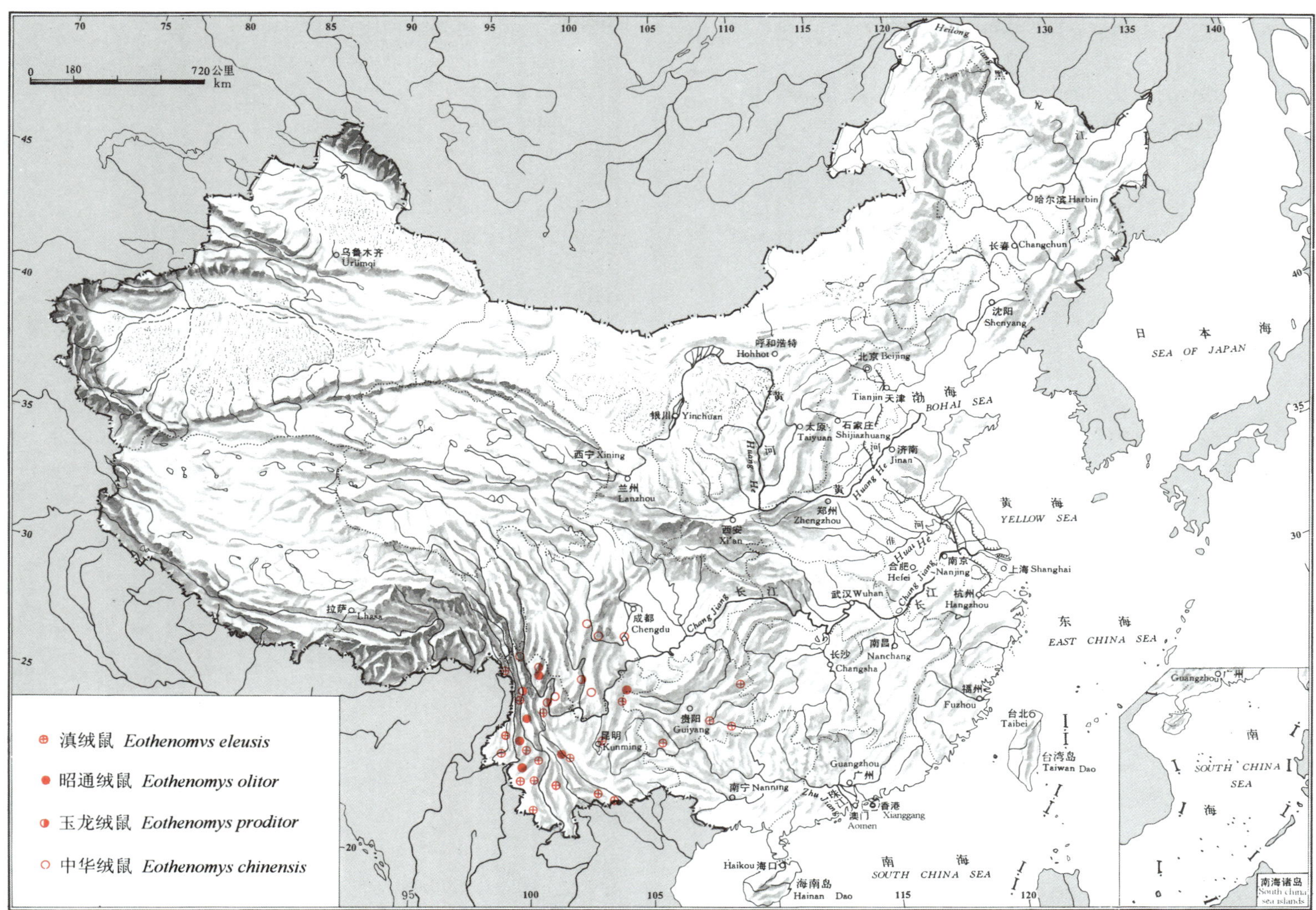

图 190 滇绒鼠 *Eotheomys eleusis* 昭通绒鼠 *Eothenomys olitor* 玉龙绒鼠 *Eothenomys proditor* 中华绒鼠 *Eothenomys chinensis* 的分布

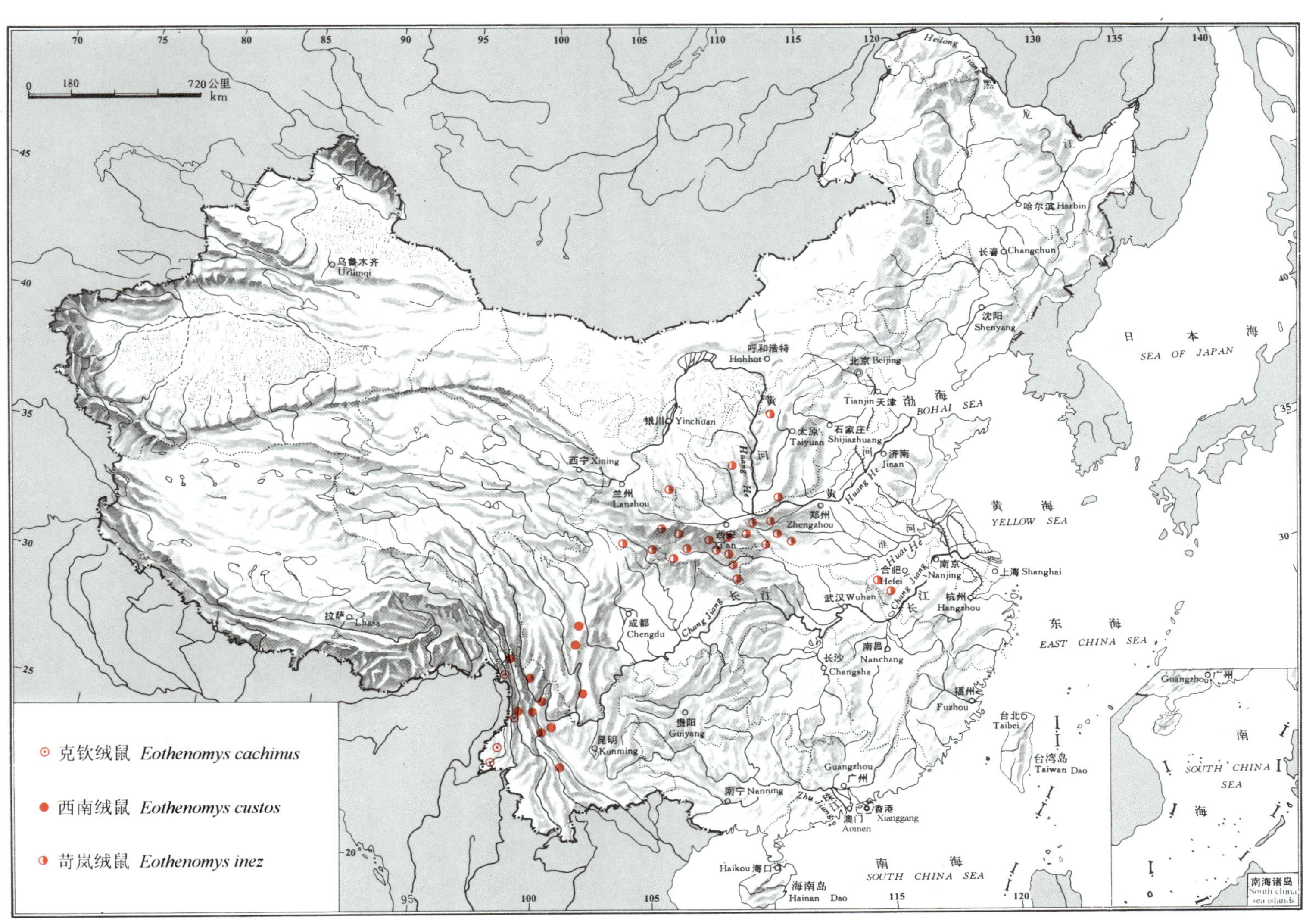

图 191 克钦绒鼠 *Eothenomys cachinus* 西南绒鼠 *Eothenomys custos* 苛岚绒鼠 *Eothenomys inez* 的分布

Eothenomys cachinus Thomas, 1912 **Kachin vole**

Yunnan: Gongshan, Lusui, Linghe, Longchuan, Ruili[Y50]

Evergreen broadleaf forest, farmland

Northern Myanmar.

Eothenomys custos Thomas, 1912 **Southwest China vole**

E. c. custos Thomas, 1912 [Western Yunnan]

E. c. rubelius G. Allen, 1924 [Northern Yunnan]

E. c. hintoni Osgood, 1932 [Sichuan]

Sichuan: Northern Jiulong (29°13′N-101°31′E)[A1]; Dechang[H23,24]

Yunnan: Zhongdian, Dêqên[P1]; Lijiang, Yingpanjie[A1]; Dali, Jianchuan, Lanping, Binchuan[Y17]; Jingdong[W18]

Mountain coniferous forest

Eothenomys inez Thomas, 1908 **Kolan vole**

E. i. inez Thomas, 1908 [Shanxi]

E. i. nux Thomas, 1910 [Shaanxi]

Shaanxi: Shangzhou, Luonan, Yan'an[A1]; Fengxian, Liuba, Foping, Ningqiang, Zhashui, Zhen'an[W98]; Shangnan[Z85]; Pingli, Zhenping, Ningshan[W96]

Hebei: Hebei[Z21]

Shanxi: Yuanqu[T2]; Kelan[A1]

Henan: Lushi[G20]; Lingbao, Luanchuan[L96]

Anhui: Jinzhai, Huoxian[L47]

Gansu: Tianshui, Wudu, Zhugqu[L22]

Ningxia: Liupanshan[Q3]

Mountain broadleaf forest, scrub, meadow, farmland

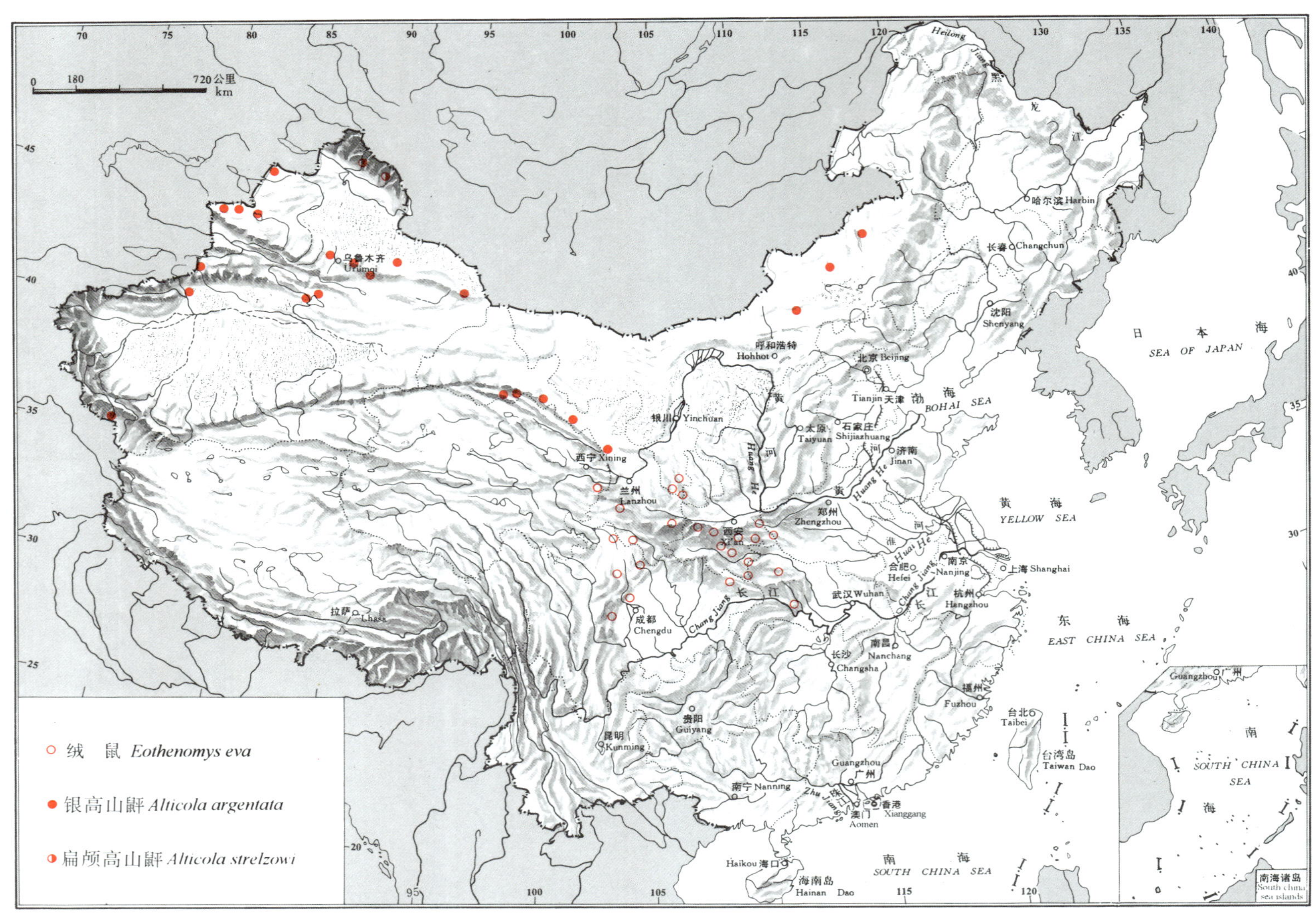

图 192 绒鼠 *Eothenomys eva* 银高山鼧 *Alticola argentata* 扁颅高山鼧 *Alticola strelzowi* 的分布

绒鼠 ***Eothenomys eva*** Thomas, 1911

E. e. eva Thomas, 1911 [湖北, 陕西, 甘肃]

E. e. alcinous Thomas, 1911 [四川]

陕西: 太白山、凤县、太白、宁陕、平利、柞水、商州[W98]; 山阳、商南[Z85]; 佛坪、石泉、镇坪[W96]

宁夏: 六盘山 (泾源、隆德、固原)[Q3]

甘肃: 临潭、卓尼[A1]; 天水、舟曲[L22]; 武都、文县[Z81]

青海: 循化[Z69]

四川: 若尔盖、宝兴[S46]; 汶川[A1]; 城口、黑水、平武[H24]

湖北: 房县、宜昌[A1]

山地森林, 灌丛

高山鼧属 *Alticola* Blanford, 1881

银高山鼧 ***Alticola argentata*** Severtzov, 1879

A. a. phasma Miller, 1912 [新疆南部]

A. a. leucuras Severtzov, 1873 [新疆东部及中部]

内蒙古: 阿巴嘎旗、苏尼特右旗、东乌珠穆沁旗[Z51,53]

新疆: 吐鲁番、博格多、焉耆、和硕、阿克苏、喀喇昆仑东部[W50]; 温泉、博乐; 精河[R6]; 塔城、伊吾、乌恰、特克斯、科克苏[W41]; 昭苏、巩留、尼勒克、玛纳斯、乌鲁木齐、阜康、木垒[M24]; 托木尔峰地区[L44]

甘肃: 天祝、酒泉、玉门、民乐、肃南、甘南地区[Z81]

山地草原 (岩坡) 及山地针叶林

土耳其斯坦, 帕米尔, 天山。

扁颅高山鼧 ***Alticola strelzowi*** Kastschenko, 1900

A. s. strelzowi Kastschemko, 1900 [阿尔泰]

新疆: 阿勒泰、青河、富蕴、萨吾尔山[W41]; 福海[M24]

高山 (岩坡和砾地)

阿尔泰, 塔尔巴哈台山。

Eothenomys eva Thomas, 1911 **Kansu vole**

E. e. eva Thomas, 1911 [Hubei, Shaanxi, Gansu]

E. e. alcinous Thomas, 1911 [Sichuan]

Shaanxi: Taibaishan, Fengxian, Taibai, Ningshan, Pingli, Zhashui, Shangzhou[W98]; Shanyang, Shangnan[Z85]; Foping, Shiquan, Zhenping[W96]

Ningxia: Liupanshan (Jingyuan, Longde, Guyuan)[Q3]

Gansu: Lintan, Jonê[A1]; Tianshui, Zhugqu[L22]; Wudu, Wenxian[Z81]

Qinghai: Xunhua[Z69]

Sichuan: Zoigê, Baoxing[S46]; Wenchuan[A1]; Chengkou, Heishui, Pingwu[H24]

Hubei: Fangxian, Yichang[A1]

Mountain forest, scrub

Alticola Blanford, 1881 **Mountain voles**

库蒙高山䶄 ***Alticola stracheyi*** Thomas 1880

甘肃：疏勒河南[A1]；酒泉（南山）[Z69]

西藏：珠穆朗玛峰北坡（绒布寺）、聂拉木、江孜、隆子、吉隆[F5]

青海：祁连山西段[Z69]

山地针叶林，灌丛，草甸

克什米尔，印度恒河上游，尼泊尔。

高原高山䶄 ***Alticola stoliczkanus*** Blanford, 1875

西藏：日土、班公湖畔、麦卡、温泉、巴毛穷宗（藏北）、普兰[F5]

新疆：阿克赛钦[W41]

青海：格尔木、玛沁、杂多、治多、称多、曲麻莱[Z69]

高山灌丛，草原，草甸

克什米尔，喜马拉雅山。

Alticola argentata Severtzov, 1879 **Silver vole**

A. a. phasma Miller, 1912 [Southern Xinjiang]

A. a. leucur Severtzov, 1873 [Eastern and central Xinjiang]

Nei Mongol: Abag B., Sonid Right B., Dong Ujimqin B.[Z51,53]

Xinjiang: Turpan, Bogeduo, Yanqi, Hoxud, Aksu, eastern Karakorum[W50]; Wenquan, Bole, Jinghe[R6]; Tacheng, Yiwu, Wuqia, Tekes, Kekesu[W41]; Zhaosu; Gongliu, Nilka, Manas, Ürümqi, Fukang, Mori[M24]; Tuomuer Feng area[L44]

Gansu: Tianzhu, Jiuquan, Yumen, Minle, Sunan, Gannan area[Z81]

Mountain steppe (rocky slope), mountain coniferous

Turkestan, Pamir, Tianshan.

Alticola strelzowi Kastschenko, 1900 **Flat-skulled vole**

A. s. strelzovi Kastschenko, 1900 [Altai]

Xinjiang: Altay, Qinghe, Fuyun, Sawuershan[W41]; Fuhai[M24]

Alpine (rocky habitat)

Altai, Tarbagartay.

兔尾鼠属 *Lagurus* Gloger, 1841

草原兔尾鼠 ***Lagurus lagurus*** Palles, 1773

L. l. altorum Thomas, 1912

新疆：准噶尔[R4]；塔尔巴哈台[E1]；阿克苏和新和附近[R6]；昭苏*；和静（喀拉沙尔河）[R3]；托木尔峰地区[L44]；木垒、巴里坤、奇台、特克斯、新源、玛纳斯[M24,W41]

森林草原，草原，半荒漠

俄罗斯欧洲部分的南部，西伯利亚西部，哈萨克斯坦，蒙古。

黄兔尾鼠 ***Lagurus luteus*** Eversmann, 1840

L. l. luteus Eversmann, 1840 [新疆准噶尔]

L. l. przewalskii Büchner, 1889 [新疆塔里木,内蒙古,青海]*

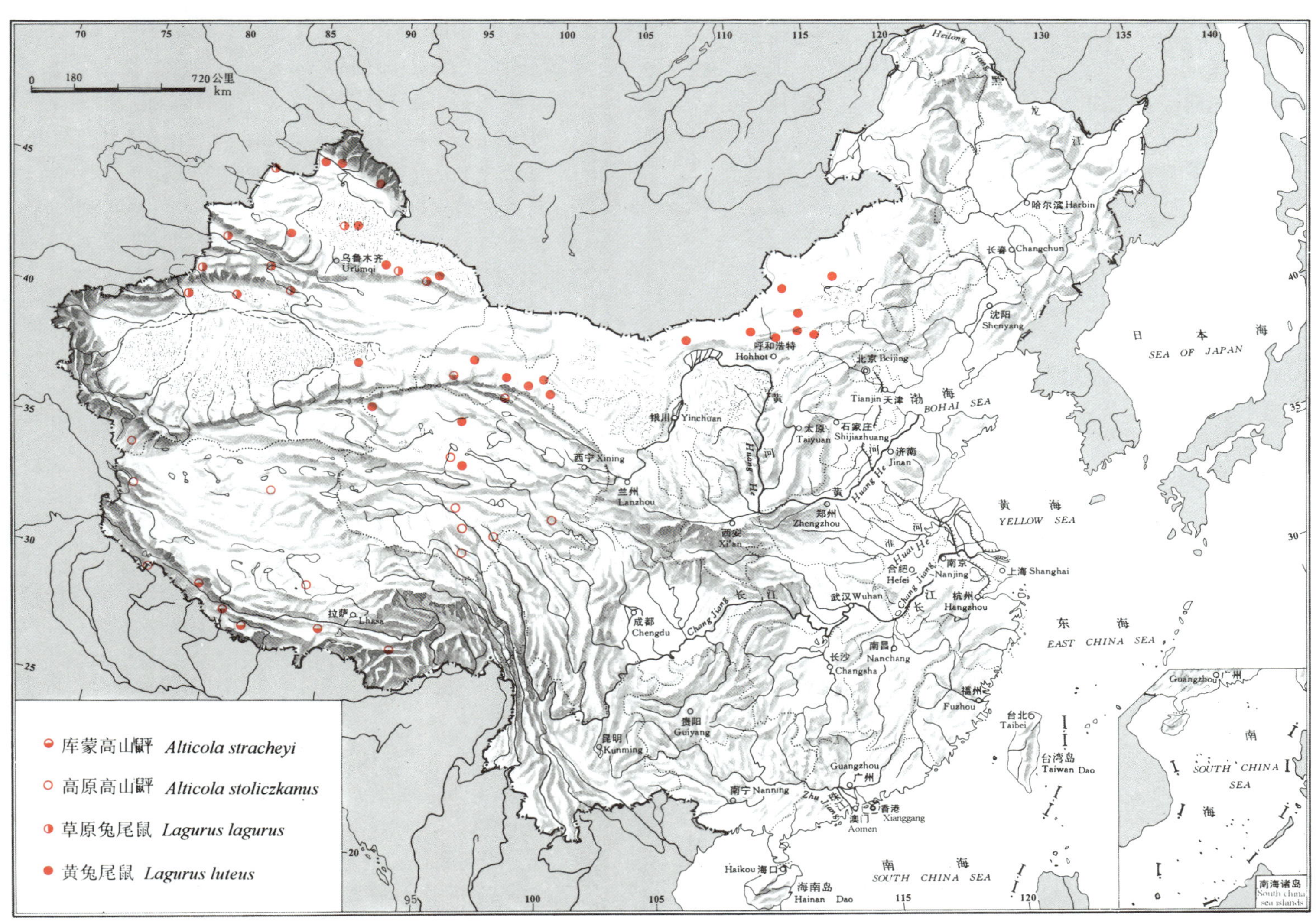

图 193 库蒙高山䶄 *Alticola stracheyi* 高原高山䶄 *Alticola stoliczkanus* 草原兔尾鼠 *Lagurus lagurus* 黄兔尾鼠 *Lagurus luteus* 的分布

内蒙古：二连浩特[A1]；土木尔台、苏尼特右旗、阿巴嘎旗、商都、四子王旗、达尔罕茂名安联合旗、乌拉特中旗及后旗、苏尼特左旗西部、狼山北部[Z57]

甘肃：酒泉附近[R6]；肃北（马鬃山）[W2]；安西、玉门[Z81]

新疆：准噶尔、罗布泊南部[A1]；北塔山西部、额尔齐斯河附近[R6]；和布克赛尔、乌苏、富蕴、吉木乃、木垒、巴里坤[*,M23]；奇台、布尔津、福海、青河、玛纳斯[M24,W41]

青海：伊克柴达木（大柴旦）、格孜湖（阿拉尔）[R3,Z43]；格尔木[Z69]

*据郑昌琳（1989）于青海经济动物志[Z69]，此亚种独立为种并属始兔尾鼠属（*Eolagurus*）。

草原，半荒漠，荒漠

蒙古，哈萨克斯坦。

Alticola stracheyi Thomas，1880 **Kumaon vole**

Gansu：South of Shule He[A1]；Jiuquan（Nanshan）[Z69]

Xizang：Northern flank of Qomolangma（Rongpu Si），Nyalam，Gyangzê，Lhünzê，Gyirong[F5]

Qinghai：Western Qilianshan[Z69]

Mountain coniferous，scrub and meadow

Kashmir，upper reaches of Ganga River（Kumaon），Nepal.

Alticola stoliczkanus Blanford，1875 **Stoliczka's mountain vole**

Xizang：Rutog，Bangong，Maika，Wenquan，Bamaoqiongzong（Northern Xizang），Burang[F5]

Xinjiang：Aksayqin[W41]

Qinghai：Golmud，Maqên，Zadoi，Zhidoi，Chindu，Qumarlêb[Z69]

Alpine scrub，steppe and meadow

Kashmir，Himalayas.

Lagurus Gloger，1841 **Steppe lemmings**

Lagurus lagurus Palles，1773 **Steppe lemming**

L. l. altorum Thomas，1912

Xinjiang：Junggar[R4]；Tarbagartay[E1]；area adjacent to Aksu and Xinhe[R6]；Shaosu[*]；Hejing（Kalasharhe）[R3]；Tuomuer Feng area[L44]；Mori，Barkol，Qitai，Tekes，Xinyuan，Manas[M24,W41]

Forest-steppe，steppe，semidesert

Southern part of European Russia，western Siberia，Kazakhstan，Mongolia.

Lagurus luteus Eversmann，1840 **Yellow steppe lemming**

L. l. luteus Eversmann，1840 [Xinjiang Junggar]

L. l. przewalskii Büchner，1891 [Xinjiang Tarim，Nei Mongol，Qinghai][*]

Nei Mongol：Erenhot[A1]；Mutuertai，Sonid Right B.，Abag B.，Shangdu，Siziwang B.，Darhan Muminggan Joint B.，Urad Middle and Rear B.，Western Sonid Left B.，northern Langshan[Z57]

Gansu：area near Jiuquan[R6]；Subei（Mazongshan）[W2]；Anxi，Yumen[Z81]

Xinjiang：Junggar，south of Lop Nur[A1]；western Baytikshan near Ertix He[R6]；Hoboksar，Usu，Fuyun，Jeminay，Mori，Barkol[*,M23]；Qitai，Burqin，Fuhai，Qinghe，Manas[M24,W41]

Qinghai：Ikqaidam（Da Qaidam），Gezi Hu（Aral）[R3,Z43]；Golmud[Z69]

* According to* Zheng Chang (1989)，this subspecies is an independent species of genus *Eolagurus*.

Steppe，semidesert，desert

Mongolia，Kazakhstan.

水䶄属 *Arvicola* Lacepède，1799

水䶄 ***Arvicola terrestris*** Linnaeus，1758

A. t. scythicus Thomas，1914 [东土耳其斯坦]

A. t. kuznetzovi Ognev，1933 [塔尔巴哈台山地]

新疆：额敏、托里、吉木乃[*]；乌苏[W40]；伊宁、和布克、博尔塔拉河、哈巴河、布尔津[W41]；塔城、托里、博乐、霍城[M24]

河湖，沼泽

欧洲，中亚，哈萨克斯坦，西伯利亚，蒙古北部。

麝鼠属 *Ondatra* Link，1795

麝鼠 ***Ondatra zibethica*** Linnaeus，1776

外来种，最早于1953年在新疆发现，1955年见于黑龙江，1958年在陕西放养，1959年引进青海[S11.Z69.C26.W50]

黑龙江：呼玛、密山、虎林、绥化、嫩江[S11]；黑河（省防疫站1964年提供）

吉林：通榆、大安[J1]

辽宁：盖州、清原、凤城、康平、黑山、新民、彰武、铁岭、昌图[L17,19]

青海：乌兰、都兰、格尔木[Z69]

内蒙古：科尔沁右前旗[J1]；乌审旗[Z51,53]；满洲里、新巴尔虎右旗及左旗、鄂温克旗、海拉尔、陈巴尔虎旗[M13]

陕西：神木、榆林、横山、靖边、定边[C26]；清涧[W55,115]

宁夏：盐池[W60]；中卫、中宁、吴忠、青铜峡、灵武、陶乐、银川、永宁、贺兰、平罗、石嘴山[Q3]

甘肃：河西走廊、高台、临泽[Z81]

新疆：博斯腾湖、库尔勒、尉犁、沙雅、阿克苏、喀什、和田[W50]；伊犁河、额敏河、额尔齐斯河[W40,41]；昭苏、特克斯[Z65]；塔城、阿勒泰、伊宁、天山、博格多山[M24]

贵州：威宁（草海）[C35]

浙江：宁波（梅湖）[C35]

江苏：泗洪、靖江、滨海、涟水、扬州、高邮、盐城[Z100]

湖北：鄂城[C35]

广西：合浦[C35]

河湖岸

北美啮齿类，1927年引入俄罗斯、蒙古、西欧。

松田鼠属 *Pitymys* Mc. Murtrie，1831

白尾松田鼠 ***Pitymys leucurus*** Blyth，1863

P. l. leucurus Blyth，1863 [青海西北部]

P. l. zadoensis Zheng *et* Wang 1980 [青海西南部]

P. l. waltoni Bonhote，1905 [西藏]

青海：噶尔木南部山地、扎陵湖岸、花石峡、格孜湖、阿兰泉北布尔汗布达山[R3]；长江源头[C3]；共和、曲麻莱、玛沁、玛多、治多、陀陀河[Z71]；杂多、乌兰、都兰、格尔木[Z69]

西藏：澎波（加荣）、珠穆朗玛峰北坡、浪卡子、羊八井、拉萨、墨竹工卡[F5]；定日、聂拉木[X30]；双湖、那曲、空喀山口、班公湖、日土、札达、改则、马泉河上游、仲巴[Z71]

新疆：阿克赛钦、昆仑山南麓[Z71]

高山草甸，沼泽

克什米尔，拉达克，尼泊尔。

松田鼠 ***Pitymys irene*** Thomas，1911

P. i. irene Thomas，1911 [四川，云南西北部]

P. i. oniscus Thomas，1911 [甘肃，青海东部]

P. i. forresti Hinton，1923 [云南最西部]

甘肃：肃南[Q13]；临潭[A1]；康县、卓尼[Z81]

青海：海晏[Q13]；黄南地区、花石峡、班玛、泽库、大通、共和、大喇嘛河[*]；同德、兴海、贵南、互助、循化、门源、祁连、河南、都兰[Z69]；囊谦[C41]

四川：康定、巴塘、木里、理塘、雅江[A1]；若尔盖、黑水、理县[H23,24]；平武[Z26]

云南：澜沧江与金沙江的分水岭（27°30′N）、澜沧江与怒江的分水岭（28°28′N）德钦、丽水[A1]；中甸[P1]；泸水、贡山（高黎贡山）[G14]；福贡[W86]；大理[Y16]

西藏：类乌齐[F5]

山地草甸，灌丛和耕地

缅甸北部。

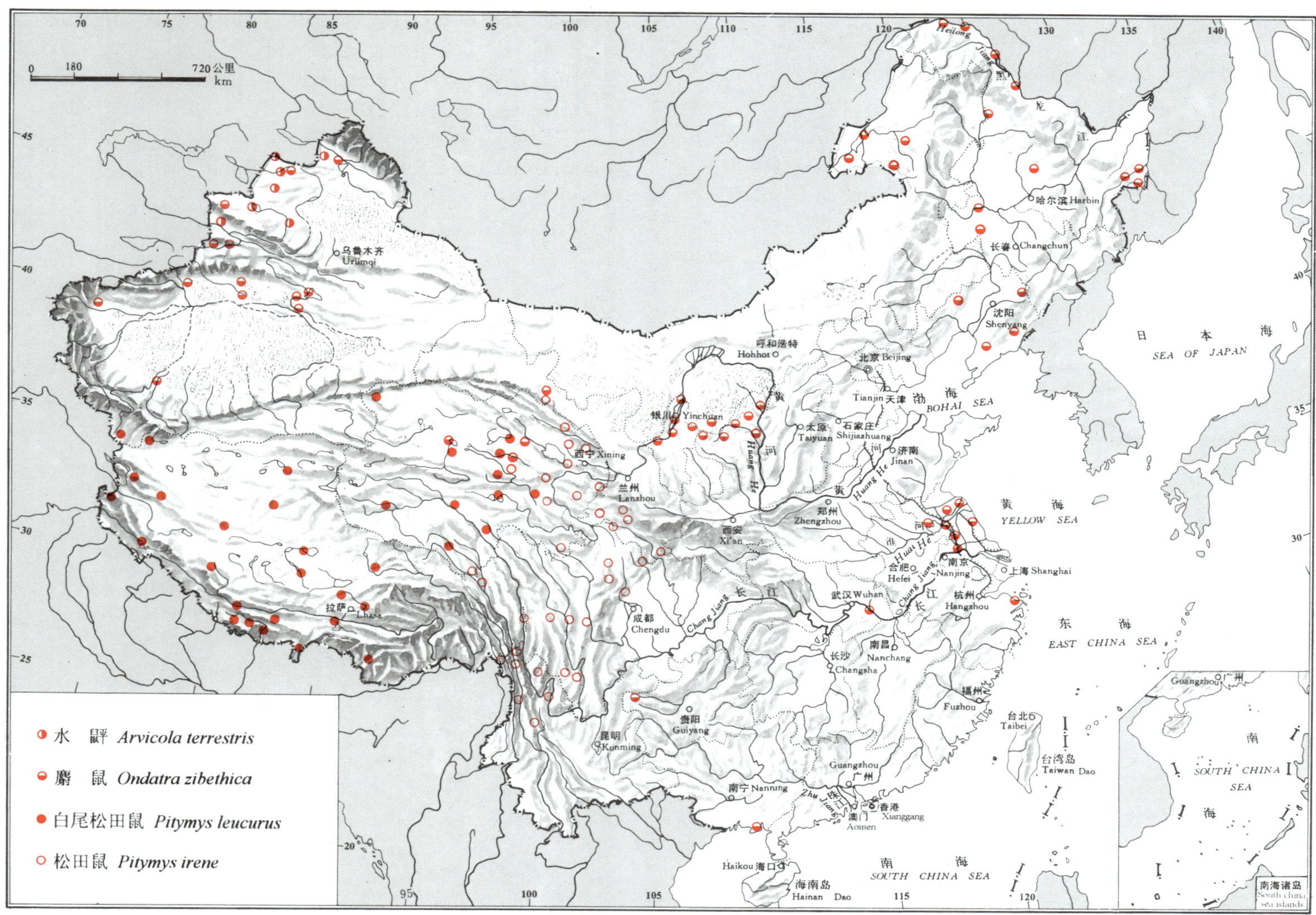

图 194 水䶄 *Arvicola terrestris* 麝鼠 *Ondatra zibethica* 白尾松田鼠 *Pitymys leucurus* 松田鼠 *Pitymys irene* 的分布

Arvicola Lacepède, 1799 Water voles

Arvicola terrestris Linnaeus, 1758 **Water vole**

A. t. scythicus Thomas, 1914 [Eastern Turkestan]

A. t. kuznetzovi Ognev, 1933 [Tarbagartay]

Xinjiang: Emei, Toli, Jeminay*; Usu[W40]; Yining, Hoboksar, Bortalahe, Habahe, Burqin[W41]; Tacheng, Toli, Bole, Huocheng[M24]

Stream, lake and marsh

Europe, Central Asia, Kazakhstan, Siberia, northern Mongolia.

Ondatra Link, 1795 Muskrats

Ondatra zibethica Linnaeus, 1776 **Musk rat**

Immigrant, found first in Xinjiang in 1953, then in Heilongjiang in 1955; introduced into Shanxi in 1958 and into Qinghai in 1959 [S11,Z69,C26,W50]

Heilongjiang: Huma, Mishan, Hulin, Suihua, Nenjiang[S11]; Heihe (provided by Station of Epidemic Disease Protection, Heilongjiang, 1964)

Jilin: Tongyu, Da'an[J1]

Liaoning: Gaizhou, Qingyuan, Fengcheng, Kangping, Heishan, Xingmin, Zhangwu, Tieling, Changtu[L17,19]

Qinghai: Ulan, Dulan, Golmud[Z69]

Nei Mongol: Horqin Right Wing Front B.[J1]; Uxin B.[Z51,53]; Manzhouli, Xin Barag Right B. and Xin Barag Left B., Ewenki B., Hailar, Chen Barag B.[M13]

Shaanxi: Shenmu, Yulin, Hengshan, Jingbian, Dingbian[C26]; Qingjian[W55,115]

Ningxia: Yanchi[W60]; Zhongwei, Zhongming, Wuzhong, Qingtongxia, Lingwu, Taole, Yinchuan, Yongning, Helan, Pingluo, Shizuishan[Q3]

Gansu: Hexi Corridor, Gaotai, Linze[Z81]

Xinjiang: Bosten (Bagrax) Hu, Korla, Yuli, Xayar, Aksu, Kashi, Hotan[W50]; Ili He, Emin He, Ertix He[W40,41]; Zhaosu, Tekes[Z65]; Tacheng, Altay, Ili, Tianshan, Bogeduoshan[M24]

Guizhou: Weining (Caohai)[C35]

Zhejiang: Ningbo (Meihu)[C35]

Jiangsu: Sihong, Jingjiang, Binhai, Lianshui, Yangzhou, Gaoyou, Yancheng[Z100]

Hebei: Echeng[C35]

Guangxi: Hepu[C35]

Bank of lake and stream

A native rodent of North America, introduced into Russia, Mongolia, western Europe in 1927.

Pitymys Mc. Murtrie, 1831 Pine voles

Pitymys leucurus Blyth, 1863 **Blyth's vole**

P. l. leucurus Blyth, 1863 [Northwestern Qinghai]

P. l. zadoensis Zheng *et* Wang, 1980 [Southwestern Qinghai]

P. l. waltoni Bonhote, 1905 [Xizang]

Qinghai: Mountains of southern Golmud, shore of Gyaring Hu, Huashixia, Gezi Hu, Burhan Budai Shan (north of Alanquan)[R3]; source area of Changjiang[C3]; Gonghe, Qumarlêb, Maqên, Madoi, Zhidoi, Tuotuo He[Z71]; Zadoi, Ulan, Dulan, Golmud[Z69]

Xizang: Pengbo (Jiarong), Northern flank of Qomolangma, Nagarzê, Yangbajing, Lhasa, Maizhokunggar[F5]; Tingri, Nyalam[X30]; Shuanghu, Nagqu, Kongkashan pass, Bangong Hu, Rutog, Zanda, Gerzê, upper reaches of Maquanhe, Zhongba[Z71]

Xinjiang: Aksayqin, southern flank of Kunlunshan[Z71]

Alpine meadow, marsh

Kashmir, Ladakh, Nepal.

Pitymys irene Thomas, 1911 **Chinese scrubby vole**

P. i. irene Thomas, 1911 [Sichuan, northwestern Yunnan]

P. i. oniscus Thomas, 1911 [Gansu, eastern Qinghai]

P. i. forresti Hinton, 1923 [Westernmost Yunnan]

Gansu: Sunan[Q13]; Lintan[A1]; Kangxian, Jonê[Z81]

Qinghai: Haiyan[Q13]; Huangnan area, Huashixia, Baima, Zêkog, Datong, Gonghe, Dalama He*; Tongde, Xinghai, Guinan, Huzhu, Xunhua, Menyuan, Qilian, Henan, Dulan[Z69]; Nanqen[C41]

Sichuan: Kangding, Batang, Muli, Litang, Yajiang[A1]; Zoigê, Heishui, Lixian[H23,24]; Pingwu[Z26]

Yunnan: Division of Lancangjiang and Jinshajiang (27°30′N), division of Lancangjiang and Nujiang (28°28′N), Dêqên, Lishui[A1]; Zhongdian[P1]; Lushui, Gongshan (Gaoligongshan)[G14]; Fugong[W86]; Dali[Y16]

Xizang: Riwoqê[F5]

Mountain meadow, scrub and farmland

Northern Myanmar.

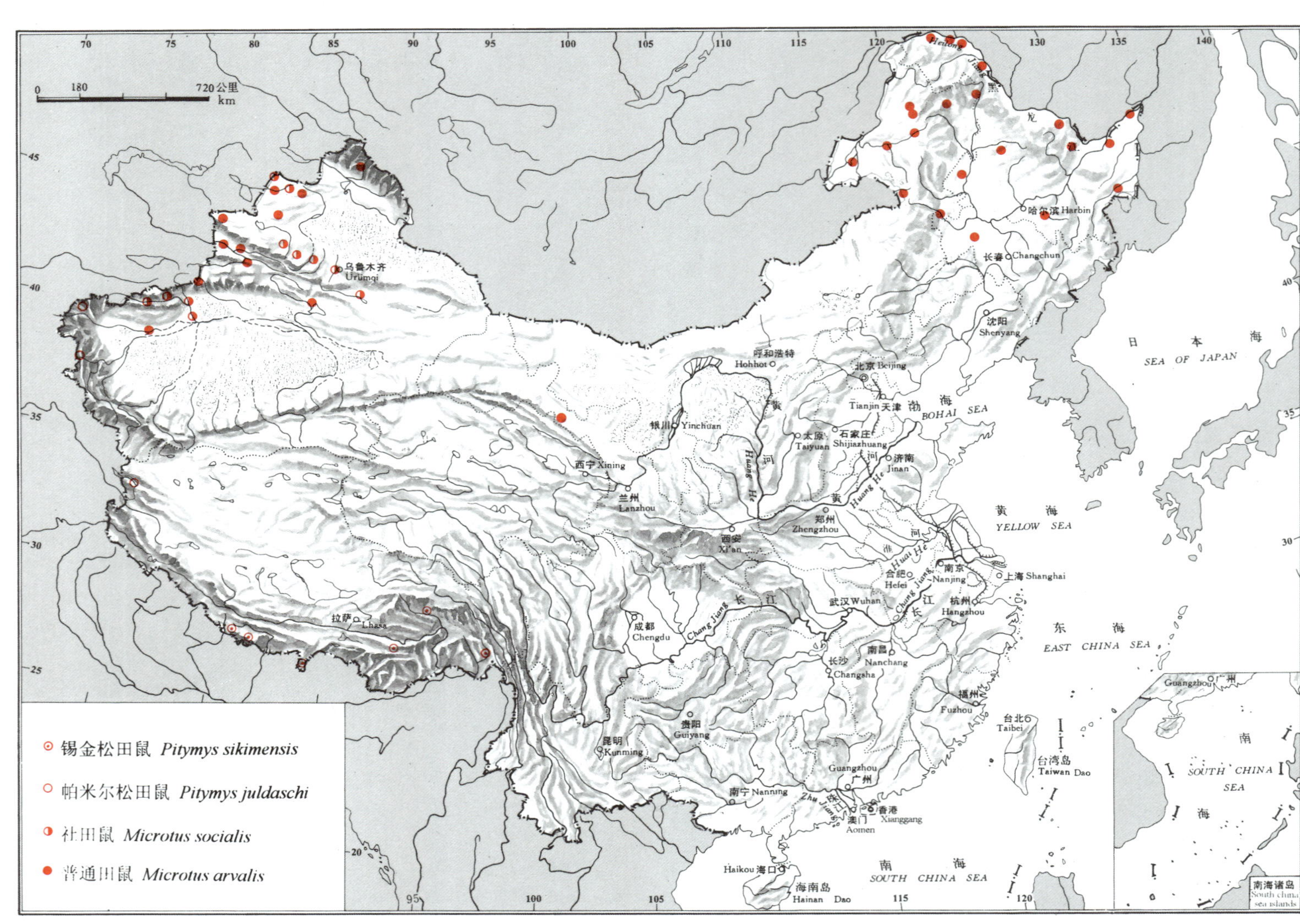

图 195 锡金松田鼠 *Pitymys sikimensis* 帕米尔松田鼠 *Pitymys juldaschi* 社田鼠 *Microtus socialis* 普通田鼠 *Microtus arvalis* 的分布

锡金松田鼠 ***Pitymys sikimensis*** Hodgson, 1849

西藏：波密、察隅、米林、樟木、亚东、卡玛曲[F5]

山地森林，灌丛草甸

不丹，锡金，尼泊尔。

帕米尔松田鼠 ***Pitymys juldaschi*** Severtzov, 1879

西藏：日土[F5]

新疆：乌恰、塔什库尔干[W41]

高山草甸

帕米尔、天山西部。

田鼠属 *Microtus* Schrank, 1798

社田鼠 ***Microtus socialis*** Pallas, 1773

M. s. bogdoensis Wang *et* Ma 1981 [准噶尔]

M. s. gravesi Goodwin, 1934 [塔尔巴哈台]

新疆：吐鲁番[X11]；准噶尔[E1]；阿瓦堤附近、阿克苏、乌什、阿合奇、乌鲁木齐[R6]；塔城[W7]；乌苏、额敏、木垒、阜康、沙湾、玛纳斯[M24,W41]

草原，半荒漠（潮湿地方）

乌克兰，克里米亚，高加索，中亚，小亚细亚，伊朗，叙利亚，巴勒斯坦。

普通田鼠 ***Microtus arvalis*** Pallas, 1779

M. a. obscurus Eversmann, 1841 [新疆]

M. a. mongolicus Radde, 1862 [东北，内蒙古]

黑龙江：抚远、呼玛、密山[S33]；梧桐河、北安、甘南、尚志、杜尔伯特（省防疫站 1964 年提供）；嘉荫[M13]

吉林：乾宁[Z63]

内蒙古：呼伦湖南、海拉尔[R6]；乌尔其汗*；科尔沁右翼前旗[A1]；根河、鄂伦春旗[M13]

新疆：和硕[Z32]；额敏[W41]；尼勒克、新源*；阿勒泰、布尔津、吉木乃、塔城、托里[M24]；托木尔峰地区[L44]

甘肃：山丹[Z81]

森林区草甸、河滩地、草原、半荒漠（湿地）

欧洲，西伯利亚，贝加尔湖沿岸，外贝加尔湖地区，哈萨克斯坦，蒙古。

Pitymys sikimensis Hodgson, 1849 **Sikkim vole**
Xizang: Bomi, Zayü, Mainling, Zhangmu, Yadong, Kamaqu[F5]
Mountain forest, scrub-meadow
Bhutan, Sikkim, Nepal

Pitymys juldaschi Severtzov, 1879 **Pamir vole**
Xizang: Rutog[F5]
Xinjiang: Wuqia, Taxkorgan[W41]
Alpine meadow
Pamir, western Tianshan.

Microtus Schrank, 1798 Meadow voles

Microtus socialis Pallas, 1773 **Social vole**
M. s. bogdoensis Wang *et* Ma, 1981 [Junggar]
M. s. gravesi Goodwin, 1934 [Tarbagartay]
Xinjiang: Turpan[X11]; Junggar[E1]; area near Awat, Aksu, Wushi, Akto, Ürümqi[R6]; Tacheng[W7]; Usu, Emin, Mori, Fukang, Shawan, Manas[M24,W41]
Steppe, semidesert (wet habitat)
Ukraine, Crimea, Caucasus, Central Asia, Asia Minor, Iran, Syria, Palestine.

Microtus arvalis Pallas, 1779 **Common vole**
M. a. obscurus Eversmann, 1841 [Xinjiang]
M. a. mongolicus Radde, 1862 [Northeast China]
Heilongjiang: Fuyuan, Huma, Mishan[S33]; Wutonghe, Bei'an, Gannan, Shangzhi, Dorbod (provided by Station of Epidemic disease Protection, Heilongjiang, 1964) Jiameng[M13]
Jilin: Qianning[Z63]
Nei Mongol: Southern Hulunchi, near Hailar[R6]; Wuergonghan*; Horqin Right Wing Front B.[A1]; Genhe., Oroqen B.[M13]
Xinjiang: Hoxud[Z32]; Emin[W41]; Nilka, Xinyuan*; Altay, Burqin, Jeminay, Tacheng, Toli[M24]; Tuomuer Feng area[L44]
Gansu: Shandan[Z81]
Forest meadow and marsh, steppe and desert (wet habitats)
Europe, Siberia, shore of Baikal, Transbaikal area, Kazakhstan, Mongolia.

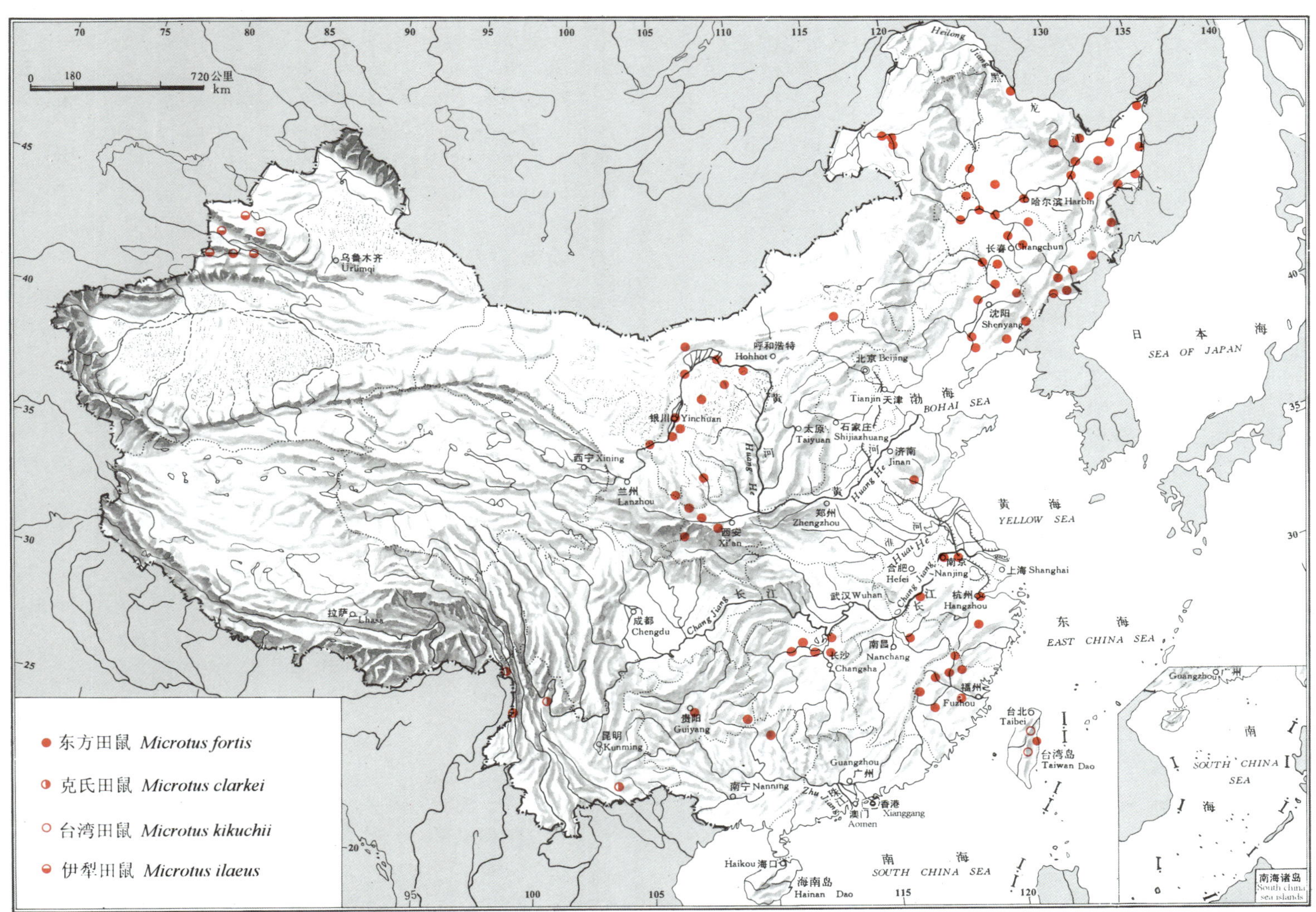

图 196 东方田鼠 *Microtus fortis* 克氏田鼠 *Microtus clarkei* 伊犁田鼠 *Microtus ilaeus* 台湾田鼠 *Microtus kikuchii* 的分布

东方田鼠 ***Microtus fortis*** Büchner, 1889
M. f. fortis Büchner, 1889 [陕西, 甘肃]
M. f. calamorum Thomas, 1902 [长江中下游地区]
M. f. pelliceus Thomas, 1911 [东北东部]
M. f. dolichocephalus Mori, 1930 [东北西部]
M. f. fujianensis Hong, 1981 [福建]
黑龙江: 双鸭山、伊春、安达、富锦、密山、抚远、依兰、黑河、林口[M13,S33]; 汤源、甘南、东宁、虎林、饶河、哈尔滨、柴河、杜尔伯特、梧桐河*; 泰来 (省防疫站 1964 年提供)
吉林: 九台[D8]; 延吉、安图、抚松、临江[S33]; 双辽、扶余、农安、洮安、安广、梨树、榆树[Z63]
辽宁: 新民、昌图[L19]; 营口[X5]; 清原、桓仁、凤城、盖州、开原、铁岭、沈阳、大洼、新宾、宽甸[L17]
内蒙古: 伊克昭盟 (41°31′N, 110°E)[R6]; 磴口[B1]; 乌拉特前旗、正镶白旗、鄂温克旗*; 乌拉特后旗、陈巴尔虎旗、达拉特旗、双辽、杭锦旗、鄂托克旗[Z51,53,56]
山东: 费县[L75]
宁夏: 中卫、中宁、吴忠、青铜峡、灵武、陶乐、银川、永宁、贺兰、平罗、石嘴山[Q3]
陕西: 凤翔[A1]; 陇县[S41]; 周至[W55]
甘肃: 庆阳[W98,Z81]
四川: 德昌*
贵州: 贵阳[L2]
广西: 临桂[L30]
安徽: 贵池[H35]; 皖南地区[S24]; 长江下游丘陵[W36]
江苏: 南京[A1]; 镇江[Z100]

浙江：金华、杭州[A1,Z113]
湖南：岳阳*；汨罗[C8]；桃源、汉寿、益阳、常德[G19]；宜章、新宁、城步、桂东、资兴、绥宁[F14]
福建：邵武、建阳[S27]；建宁、将乐、光泽、武夷山、浦城、松溪、政和、三明、南平、沙荣、顺昌、建瓯[H14,Z14]；闽清[H9,11]
江西：波阳[F13]
河湖岸，草甸，沼泽
阿尔穆，乌苏里，蒙古，朝鲜，日本。

克氏田鼠 ***Microtus clarkei*** Hinton，1923
云南：蒙自、丽江、怒江与恩梅开江之分水岭（28°N）[A1]；贡山、泸水（高黎贡山）[G14]
山地针叶林及高山草原
缅甸北部。

台湾田鼠 ***Microtus kikuchii*** Kuroda，1920
台湾：太平、玉山（海拔 2000—3300m）[C15]；太鲁阁[L41]
山地

伊犁田鼠 ***Microtus ilaeus*** Thomas，1912
新疆：特克斯、木扎特河谷、阿拉套山、伊犁天山、达尤尔都斯高原、昭苏、尼勒克、新源、和静、精河、伊宁、博乐[M24]
森林，森林草原，灌丛，草甸
天山西部。

Microtus fortis Büchner，1889 **Reed vole**
M. f. fortis Büchner，1889 [Shaanxi，Gansu]
M. f. calamorum Thomas，1902 [Middle and lower reaches of Changjiang]
M. f. pelliceus Thomas，1911 [Eastern northeast China]
M. f. dolichocephalus Mori，1930 [Western northeast China]
M. f. fujianensis Hong，1981 [Fujian]
Heilongjiang：Shuangyashan，Yichun，Anda，Fujin，Mishan，Fuyuan，Yilan，Heihe，Linkou[M13,S33]；Tangyuan，Gannan，Dongning，Hulin，Raohe，Harbin，Chaihe，Dorbod，Wutong He*；Tailai（provided by Station of Epidemic Disease Protection，Heilongjiang，1964）
Jilin：Juitai[D8]；Yanji，Antu，Fusong，Linjiang[S33]；Shuangliao，Fuyu，Nong'an，Tao'an，Anguang，Lishu，Yushu[Z63]
Liaoning：Xinming，Changtu[L19]；Yingkou[X5]；Qingyuan，Huanren，Fengcheng，Gaizhou，Kaiyuan，Tieling，Shenyang，Dawa，Xinbin，Kuandian[L17]
Nei Mongol：Ih Ju L.（41°31′N，110°E）[R6]；Dongkou[B1]；Urad Front B.，Zhengxiangbai B.，Ewenki B.，Urad Rear B.，Chen Barag B.，Dalad B.，Shuangliao，Hanggin B.，Otog B.[Z51,53,56]
Shandong：Feixian[L75]
Ningxia：Zhongwei，Zhongning，Wuzhong，Qingtongxia，Lingwu，Taole，Yinchuan，Yongning，Helan，Pingluo，Shizuishan[Q3]
Shaanxi：Fengxiang[A1]；Longxian[S41]；Zhouzhi[W55]
Gansu：Qingyang[W98,Z81]
Sichuan：Dechang*
Guizhou：Guiyang[L2]
Guangxi：Lingui[L30]
Anhui：Guichi[H35]；Wannan area[S24]；hills in the lower reaches of Changjiang[W36]
Jiangsu：Nanjing[A1]；Zhenjiang[Z100]
Zhejiang：Jinhua，Hangzhou[A1,Z113]
Hunan：Yueyang*；Leiluo[C8]；Taoyuan，Hanshou，Yiyang，Changde[G19]；Yizhang，Xinning，Chengbu，Guidong，Zixing，Suining[F14]
Fujian：Shaowu，Jianyang[S27]；Jianning，Jiangle，Guangze，Wuyishan，Pucheng，Songxi，Zhenghe，Sanming，Nanping，Sharong，Shunchang，Jian'ou[H14,Z14]；Minqing[H9,11]
Jiangxi：Boyang[F13]
Meadow and marsh near river and lake
Amur，Ussuri，Mongolia，Korea，Japan.

Microtus clarkei Hinton，1923 **Clarke's vole**
Yunnan：Mengzi，Lijiang，division of Nmai Jiang and Nujiang（28°N）[A1]；Gongshan，Lushui（Gaoligongshan）[G14]
Mountain coniferous and alpine meadow
Northern Myanmar.

Microtus kikuchii Kuroda，1920 **Taiwan vole**
Taiwan：Taiping，Yushan（2000 m—3000 m a. s. l.）[C15]；Tailuge[L41]
Mountain

Microtus ilaeus Thomas，1912 **Tianshan vole**
Xinjiang：Tekes，Muzat valley，Alatawshan，Ili Tianshan，Dayoudus plateau，Zhaosu，Nilka，Xinyuan，Hejing，Jinghe，Yining，Bole[M24]
Forest，forest-steppe，scrub and meadow
Western Tianshan.

黑田鼠 ***Microtus agrestis*** Linnaeus，1761
M. a. arcturus Thomas，1912
新疆：博乐东部[R6]；布尔津[W41]
森林和森林草原的潮湿地区
欧洲，西伯利亚西部。

根田鼠 ***Microtus oeconomus*** Pallas，1776
M. o. montiumcaelestinum Ognev，1944 [中亚]
M. o. limnophilus Büchner，1889 [青海柴达木，新疆，甘肃北部，内蒙古]
M. o. flaviventris Satunin，1903 [陕西，甘肃南部，青海东部]
内蒙古：海拉尔南部[R6]
宁夏：泾源[Q3]
陕西：眉县、凤翔[W55]；凤县[W98]；宁陕[W96]
甘肃：肃南（罐台）[Q13]；临潭[A1]；舟曲[L22]
青海：玉树、天峻、玛多、海晏、祁连、门源[Q13]；扎陵湖、玛沁*；巴嘎那林[E1]；共和、兴海[Z24]；诺木洪[L52]；甘森湖、格孜湖[R3]；西宁、互助、循化、刚察、同仁、河南、同德[Z69]
新疆：和静[Z32]；焉耆[X11]；准噶尔[E1]；塔城、博乐、木垒、阜康、玛纳斯、昌吉、乌苏、阿勒泰[M24]；额敏、奇台、乌鲁木齐、博尔塔尔[W41]
四川：色达、理塘、若尔盖、黑水[H23,24]；平武[Z26]；汶川[W107]
森林，森林草原，高山灌丛，沿湖岸灌丛，农田及村庄
欧洲北部，西伯利亚（冻原南部），蒙古北部，千岛群岛。

四川田鼠 ***Microtus millicens*** Thomas，1911
四川：汶川[A1,H23,W107]
西藏：察隅、林芝[F5]
云南：新平[Y50]
山地森林，灌丛及草甸

Microtus agrestis Linnaeus, 1761 **Field vole**

M. a. arcturus Thomas, 1912

Xinjiang: Eastern Bole[R6]; Burqin[W41]

Wet habitat of forest and forest-steppe

Europe, western Siberia.

Microtus oeconomus Pallas, 1776 **Root vole**

M. o. montiumcaelestinum Ognev, 1944 [Central Asia]

M. o. limnophilus Büchner, 1889 [Qaidam, Xingjiang, northern Gansu, Nei Mongol]

M. o. flaviventris Satunin, 1903 [Shaanxi, southern Gansu, eastern Qinghai]

Nei Mongol: Southern Hailar[R6]

Ningxia: Jingyuan[Q3]

Shaanxi: Meixian, Fengxiang[W55]; Fengxian[W98]; Ningshan[W96]

Gansu: Sunan (Guantai)[Q13]; Lintan[A1]; Zhugqu[L22]

Qinghai: Yushu, Tianjun, Madoi, Haiyan, Qilian, Menyuan[Q13]; Gyaring Hu, Maqên*; Bagenalin[E1]; Gonghe, Xinghai[Z24]; Nomhon[L52]; Ganq Hu, Gezi Hu[R3]; Xining, Huzhu, Xunhua, Gangca, Tongren, Henan, Tongde[Z69]

Xinjiang: Hejing[Z32]; Yanqi[X11]; Junggar[E1]; Tacheng, Bole, Mori, Fukang, Manas, Changji, Usu, Altay[M24]; Emin, Qitai, Ürümqi, Bortaige[W41]

Sichuan: Sertar, Litang, Zoigê, Heishui[H23,24]; Pingwu[Z26]; Wenchuan[W107]

Forest, forest-steppe, alpine scrub, scrub along lake and river, farmland and settlement

Northern Europe, Siberia (southern tundra), northern Mongolia, Kurile Islands.

Microtus millicens Thomas, 1911 **Szechuan vole**

Sichuan: Wenchuan[A1,H23,W107]

Xizang: Zayü, Nyingchi[F5]

Yunnan: Xinping[Y50]

Mountain forest, scrub and meadow

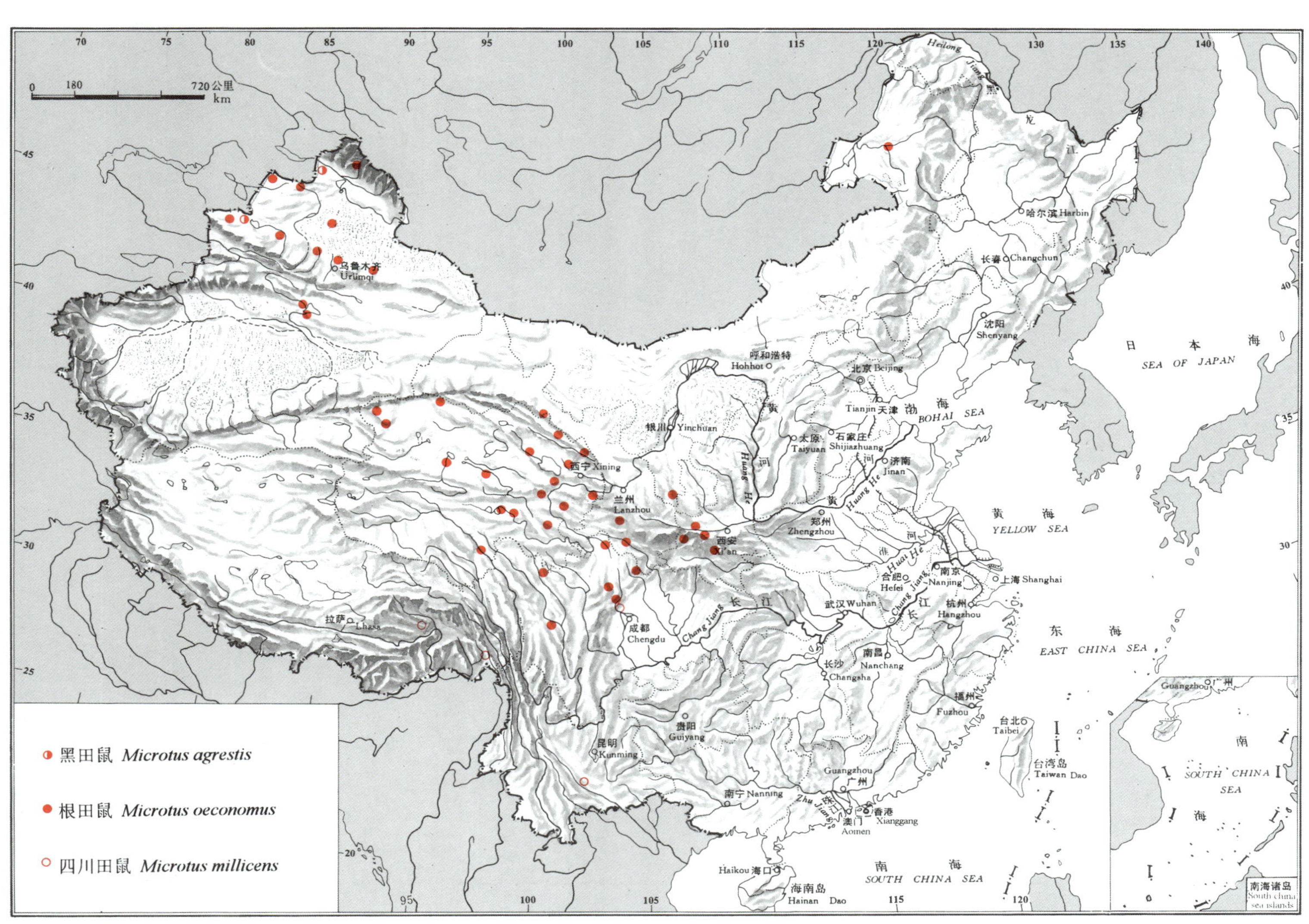

图 197 黑田鼠 *Microtus agrestis* 根田鼠 *Microtus oeconomus* 四川田鼠 *Microtus millicens* 的分布

布氏田鼠 ***Microtus brandti*** Radde, 1861

吉林：镇赉、大安、洮安、白城、突泉[J1]；通辽[B1]

内蒙古：鄂温克旗[R6]；呼伦贝尔[L82]；奈曼旗、满洲里[B1]；东乌珠穆沁旗、西乌珠穆沁旗、新巴尔虎左旗、新巴尔虎右旗、正镶白旗、锡林浩特、正蓝旗*；化德、镶黄旗、阿巴嘎旗、苏尼特右旗[Z51,53]；开通[Z63]；锡林郭盟、陈巴尔虎旗、海拉尔[M13]；科尔沁右前旗及中旗、扎鲁特旗[J1]；商都[Z21]

河北：康保[H7]

草原（禾本科草原为主）

外贝加尔湖地区，蒙古北部。

棕色田鼠 ***Microtus mandarinus*** Milne-Edwards, 1871

M. m. mandarinus Milne-Edwards, 1871 [山西，陕西，内蒙古]

M. m. johannes Thomas, 1910 [山西岢岚]

M. m. faeceus G. Alles, 1924 [河北]

辽宁：建昌、绥中[L19]

内蒙古：赤峰、萨拉齐、呼和浩特[A1]；土默特旗、锡林浩特、商都[Z51]；科尔沁前旗[J1]

北京：北京[A1]

山西：太原、岢岚、宁武[A1]；太谷[Z37]；岚县、方山、中阳、汾阳、孝义[C21]

河南：开封、中牟[G20]

陕西：商州[W98]；大荔、华县、华阴[W55]

安徽：亳县[H35]

江苏：泰兴、如皋、泰州、海安、东台[Z100]

草原

朝鲜。

Microtus brandti Radde, 1861 **Brandt's vole**

Jilin: Zhenlai, Da'an, Tao'an, Baicheng, Tuquan[J1]; Tongliao[B1]

Nei Mongol: Ewenki B.[R6]; Hulun Buir[L82]; Naiman B., Manzhouli[B1]; Dong Ujimqin B., Xi Ujimqin B., Xin Barag Left B., Xin Barag Right B., Zhengxiangbai B., Zhenglan B.*; Huade, Xianghuang B., Abag B., Sonid Right B.[Z51,53]; Kaitong[Z63]; Xilin Gol L., Chen Barag B., Hailar[M13]; Horqin Right Wing Front B. and Horqin Middle B., Jarud[J1]; Shangdu[Z21]

Hebei: Kangbao[H7]

Steppe (grass-vegetation mainly)

Transbaikal area, northern Mongolia.

Microtus mandarinus Milne-Edwards, 1871 **Mandarin vole**

M. m. mandarinus Milne-Edwards, 1871 [Shanxi, Shaanxi, Nei Mongol]

M. m. johannes Thomas, 1910 [Kelan, Shanxi]

M. m. faeceus G. Allen, 1924 [Hebei]

Liaoning: Jianchang, Shuizhong[L19]

Nei Mongol: Chifeng, Salaqi, Hohhot[A1]; Tumd B., Xilinhot, Shangdu[Z51]; Horqin Front B.[J1]

Beijing: Beijing[A1]

Shanxi: Taiyuan, Kelan, Ningwu[A1]; Taigu[Z37]; Lanxian, Fangshan, Zhongyang, Fenyang, Xiaoyi[C21]

Henan: Kaifeng, Zhongmou[G20]

Shaanxi: Shangzhou[W98]; Dali, Huaxian, Huayin[W55]

Anhui: Boxian[H35]

Jiangsu: Taixing, Rugao, Taizhou, Hai'an, Dongtai[Z100]

Steppe

Korea.

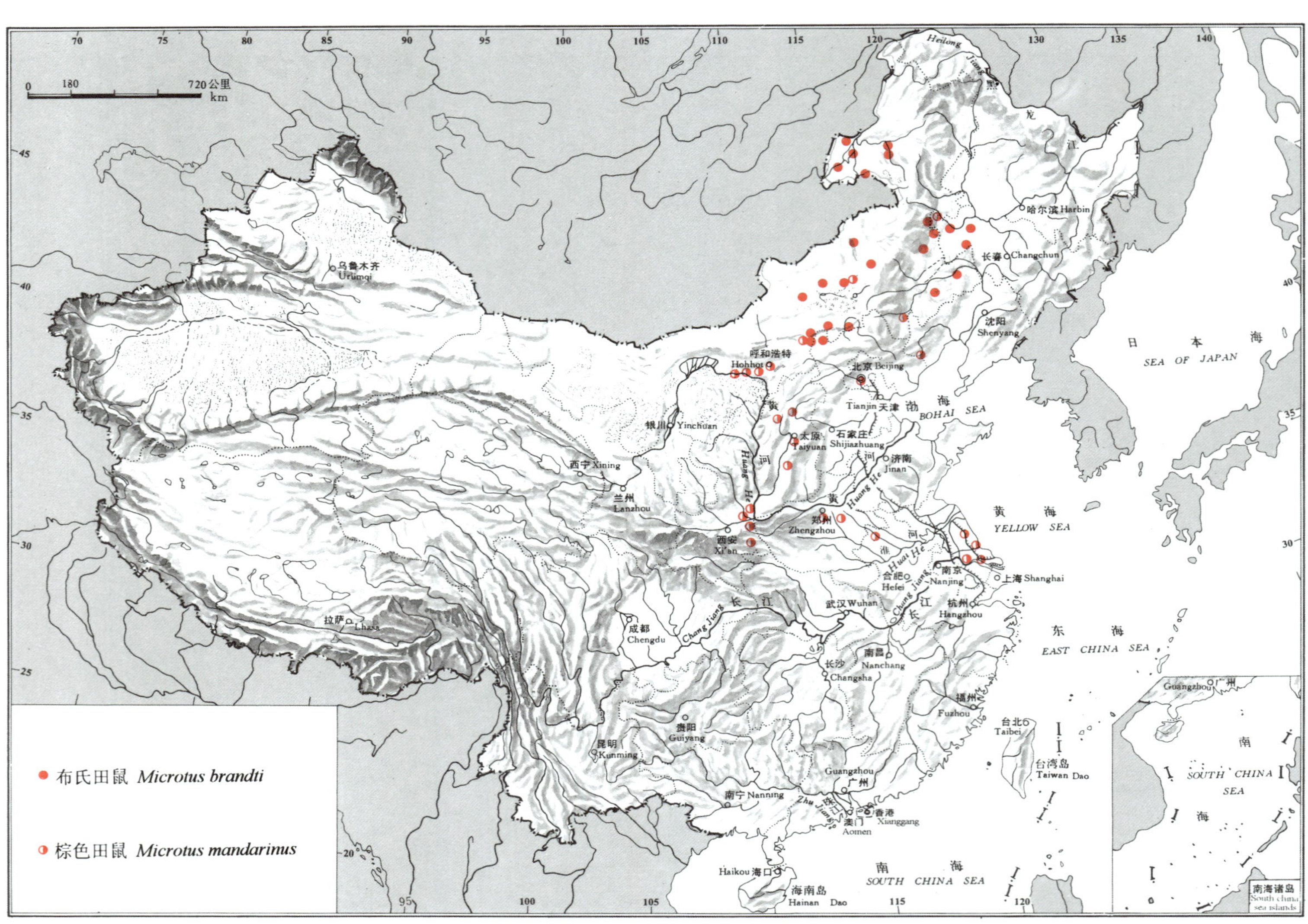

图 198 布氏田鼠 *Microtus brandti* 棕色田鼠 *Microtus mandarinus* 的分布

青海田鼠 ***Microtus fuscus*** Büchner, 1889

青海：长江源头[C3]；曲麻莱、称多、清水河、玛多、扎陵湖、玛沁、兴海[Z69]；兰河地区（34°N，93°E）[E1]

沼泽，草甸，草原

狭颅田鼠 ***Microtus gregalis*** Pallas, 1779

M. g. raddei Poliakov, 1881［蒙古］

M. g. ravidulus Miller, 1899［新疆南部］

M. g. eversmanni Poliakov, 1881［阿尔泰，天山］

M. g. angustus Thomas, 1908［内蒙古］

M. g. sirtalaensis Ma, 1965［海拉尔］

黑龙江：呼玛、黑河[R6]；甘南、哈尔滨[A2]

内蒙古：海拉尔[M26]；新巴尔虎左旗、陈巴尔虎旗*；大赉湖*,[E1]；东乌珠穆沁旗、锡林浩特、正蓝旗、商都、宝昌、化德、正镶白旗、阿巴嘎旗、阿鲁科尔沁旗、鄂温克旗、满洲里[B1,M13,Z51,53]

河北：张家口[E1]；康保[H7]；围场、沽源[Z21]

新疆：准噶尔天山[W40]；塔尔巴哈台、克拉玛依、和硕、和静、昭苏*；轮台、库车、托里、额敏、博乐、温泉、乌苏、乌鲁木齐[M24]；托木尔峰地区[L44]；巴音布鲁克、特克斯、巩留、新源、伊宁、乌恰[W41]；

河南：永城、漯河、杞县[G20]；中牟、兰考、长垣、灵宝[L96]

森林，森林草原，草原，耕地的潮湿地段

欧洲中部，中亚，阿尔泰，西伯利亚西部，蒙古。

Microtus fuscus Büchner, 1889 **Qinghai vole**

Qinghai : source area of Changjiang[C3]; Qumarleb, Chindu, Qingshui He, Madoi, Gyaring Hu, Maqên, Xinghai[Z69]; Lanhe area (34°N, 93°E)[E1]

Marsh, meadow and steppe

Microtus gregalis Pallas, 1779 **Narrow-skulled vole**

M. g. raddei Poliakov, 1881 [Mongolia]

M. g. ravidulus Miller, 1899 [Southern Xinjiang]

M. g. eversmanni Poliakov, 1881 [Altai, Tianshan]

M. g. angustus Thomas, 1908 [Nei Mongol]

M. g. sirtalaensis Ma, 1965 [Hailar]

Heilongjiang: Huma, Heihe[R6]; Gannan, Harbin[A2]

Nei Mongol: Hailar[M26]; Xin Barag Left B., Chen Barag B. *; Dalai Hu *,[E1]; Dong Ujimqin B., Xilinhot, Zhenglan B., Shangdu, Baochang, Huade, Zhengqiangbai B., Abag B., Ar Horqin B., Ewenki B., Manzhouli[B1,M13,Z51,53]

Hebei: Zhangjiakou[E1]; Kangbao[H7]; Weichang, Guyuan[Z21]

Xinjiang: Junggar Tianshan[W40]; Tarbagartag, Karamay, Hoxud, Hejing, Zhaosu *; Luntai, Kuqa, Toli, Emin, Bole, Wenquan, Usu, Ürümqi[M24]; Tuomuer Feng area[L44]; Bayanbulak, Tekes, Gongliu, Xinyuan, Yining, Wuqia[W41]

Henan: Yongcheng, Luohe, Qixian[G20]; Zhongmou, Lankao, Changyuan, Lingbao[L96]

Wet habitat in forest, forest-steppe, steppe and farmland

Eastern Europe, Central Asia, Altai, western Siberia, Mongolia.

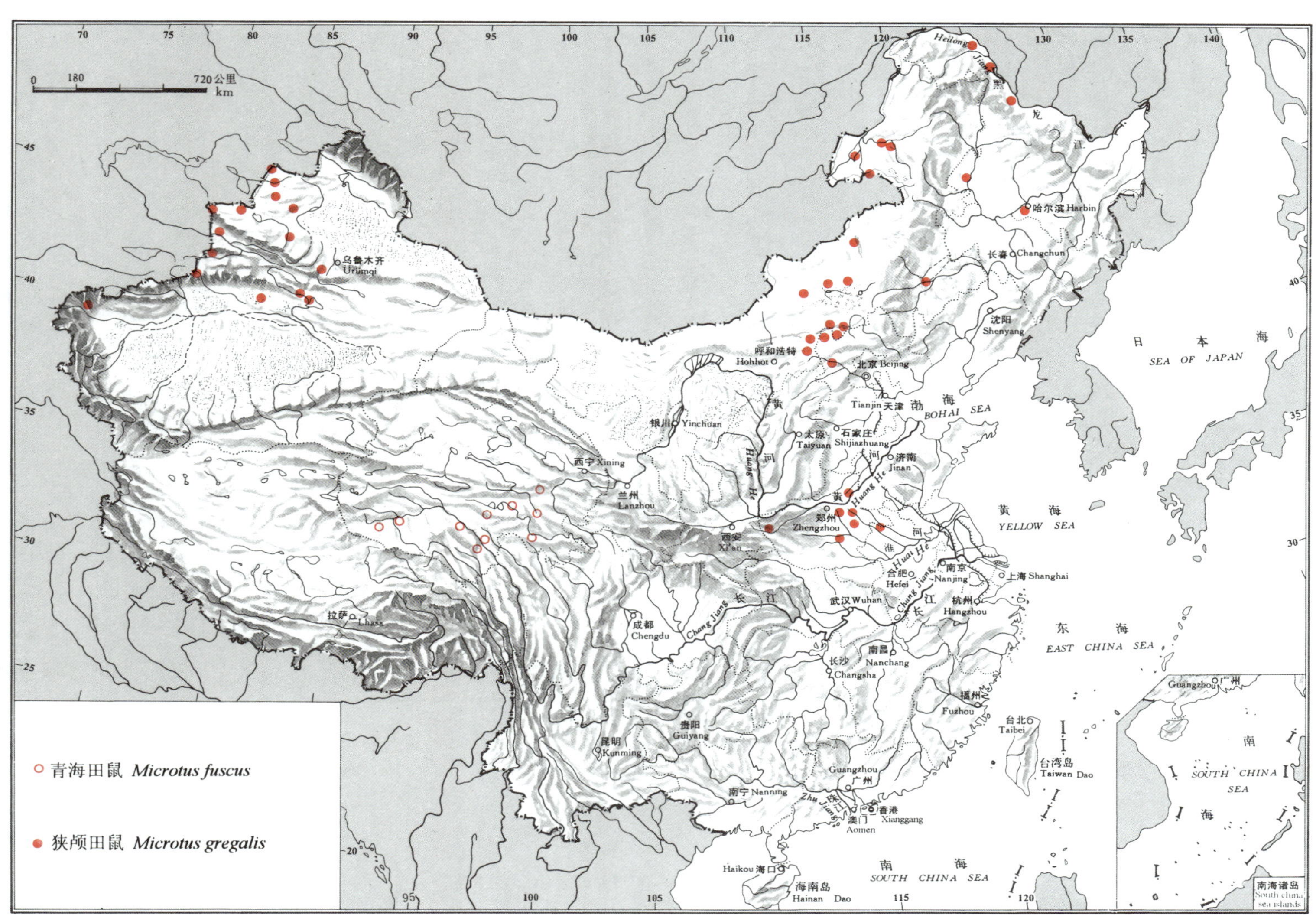

图 199 青海田鼠 *Microtus fuscus* 狭颅田鼠 *Microtus gregalis* 的分布

莫氏田鼠 ***Microtus maximowiczii*** Schrenk, 1859

黑龙江：五常、密山、甘南*；呼玛、抚远、富锦[S33]；虎林、饶河、伊春（省防疫站 1964 年提供）；嫩江、克山、德都、同江、嘉荫[M13]；孙吴、孙克[R6]

吉林：扶余、农安、双辽、白城[Z63]

内蒙古：海拉尔[R6]；根河、鄂伦春旗、牙克石、科尔沁右前旗、鄂托克旗[S33]；东乌珠穆沁旗、锡林浩特、多伦、陈巴尔虎旗、鄂温克旗、新巴尔虎左旗*；阿巴嘎旗、五原、临河、乌拉特前旗、中旗及后旗、鄂托克旗、西乌珠穆沁旗[Z51,53]

河北：康保、沽源、围场、涉县[Z21]

陕西：神木、榆林、横山、靖边、定边

沼泽，草甸，河岸丛林

蒙古东部，外贝加尔地区，阿穆尔。

沟牙田鼠属 *Proedromys* Thomas, 1911

沟牙田鼠 ***Proedromys bedfordi*** **Thomas**, 1911

甘肃：岷县[E1]

四川：黑水[H23,24,W77]

山地森林，灌丛，草地

Microtus maximowiczii Schrenk, 1859 **Maximowiczi's vole**

Heilongjiang: Wuchang, Mishan, Gannan *; Huma, Fuyuan, Fujin[S33]; Hulin, Raohe, Yichun (provided by Station of Epidemic Disease Protection, Heilongjiang, 1964), Nenjiang, Keshan, Dedu, Tongjiang, Jiameng[M13]; Sunwu, Sunke[R6]

Jilin: Fuyu, Nong'an, Shuangliao, Baicheng[Z63]

Nei Mongol: Hailar[R6]; Genhe, Oroqen B., Yakeshi, Horqin Right Wing Front B., Otog B.[S33]; Dong Ujimqin B., Xilinhot, Duolun Chen Barag B., Ewenki B., Xin Barag Left B. *; Abag B., Wuyuan, Linhe, Urad Front B., Middle B. and Rear B., Otog B., Xi Ujimqin B.[Z51,53]

Hebei: Kangbao, Guyuan, Weichang, Shexian[Z21]

Shaanxi: Shenmu, Yulin, Hengshan, Jingbian, Dingbian[C26]
Marsh, meadow and woodland near stream
Eastern Mongolia, Transbaikal area, Amur.

Proedromys Thomas, 1911
Groove-toothed voles

Proedromys bedfordi Thomas, 1911 **Duke of Bedford's vole**
Gansu: Minxian[E1]
Sichuan: Heishui[H23,24,W77]
Mountain forest, scrub and meadow

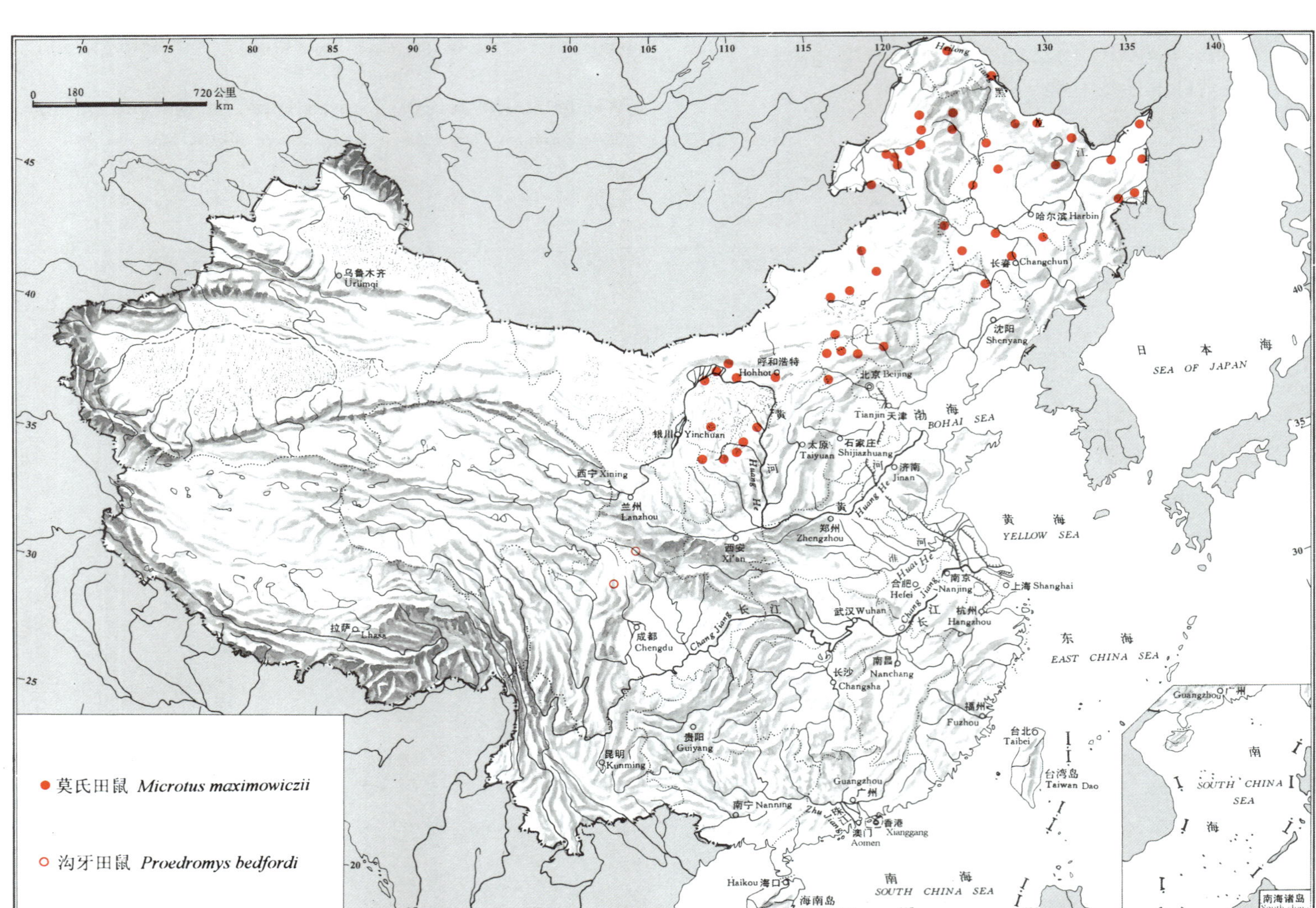

图 200 莫氏田鼠 *Microtus maximowiczii* 沟牙田鼠 *Proedromys bedfordi* 的分布

鲸 目 CETACEA

须鲸亚目 Mysticeti

露脊鲸科 Balaenidae

露脊鲸属 *Eubalaena* Gray, 1864

露脊鲸 ***Eubalaena glacialis*** Borowski, 1781
黄海：海洋岛[W25,28]
台湾海域[W25,28]
温带海域
北太平洋，北大西洋。

灰鲸科 Eschrichtiidae

灰鲸属 *Eschrichtius* Gray, 1864

灰鲸 ***Eschrichtius gibbosus*** Erxleben, 1777
黄海：辽宁金县（二道城子）、长海（大长山岛、王家岛及海洋岛）、山东蓬莱（隍城岛）[W23,25,28]
东海：浙江洞头[W23,25,28]
南海：广东惠阳（大亚湾）、徐闻外罗港、海南铜鼓渔场（北纬 19° 至 20°）[W23,25,28]
台湾近海[C15,W23,25,28]
热带及暖温带海域
北太平洋。

鳁（须）鲸科 Balaenopteridae

鳁（须）鲸属 *Balaenoptera* Lacepède，1804

长须鲸 ***Balaenoptera physalus*** Linnaeus，1785
黄、渤海：南起石岛、威海、烟台、长山群岛、莱州湾，北至海洋岛、辽东湾菊花岛[W24,28]
东海：舟山、渔山岛、长江口[W24,28]
台湾：高雄[C15,W24,28]
海域广栖
世界海洋。

蓝鲸 ***Balaenoptera musculus*** Linnaeus，1758
黄海、南海与台湾海区，包括台湾南部及西南部水域[W25]
海域广栖
世界海洋。

小鳁鲸 ***Balaenoptera acutorostrata*** Lacepède，1804
黄海：海洋岛、獐子岛、大小耗岛、小长山岛、石岛、烟威、大竹山、圆岛、大连、旅顺、青岛、海州湾[W25,26,28]
东海：长江口、嵊泗列岛、舟山群岛[W25,26,28]
南海：大亚湾、北部湾北海市[W25,26,28]
台湾海域：台湾台东、基隆、台中[W25,26,28]
海域广栖
世界各海洋。

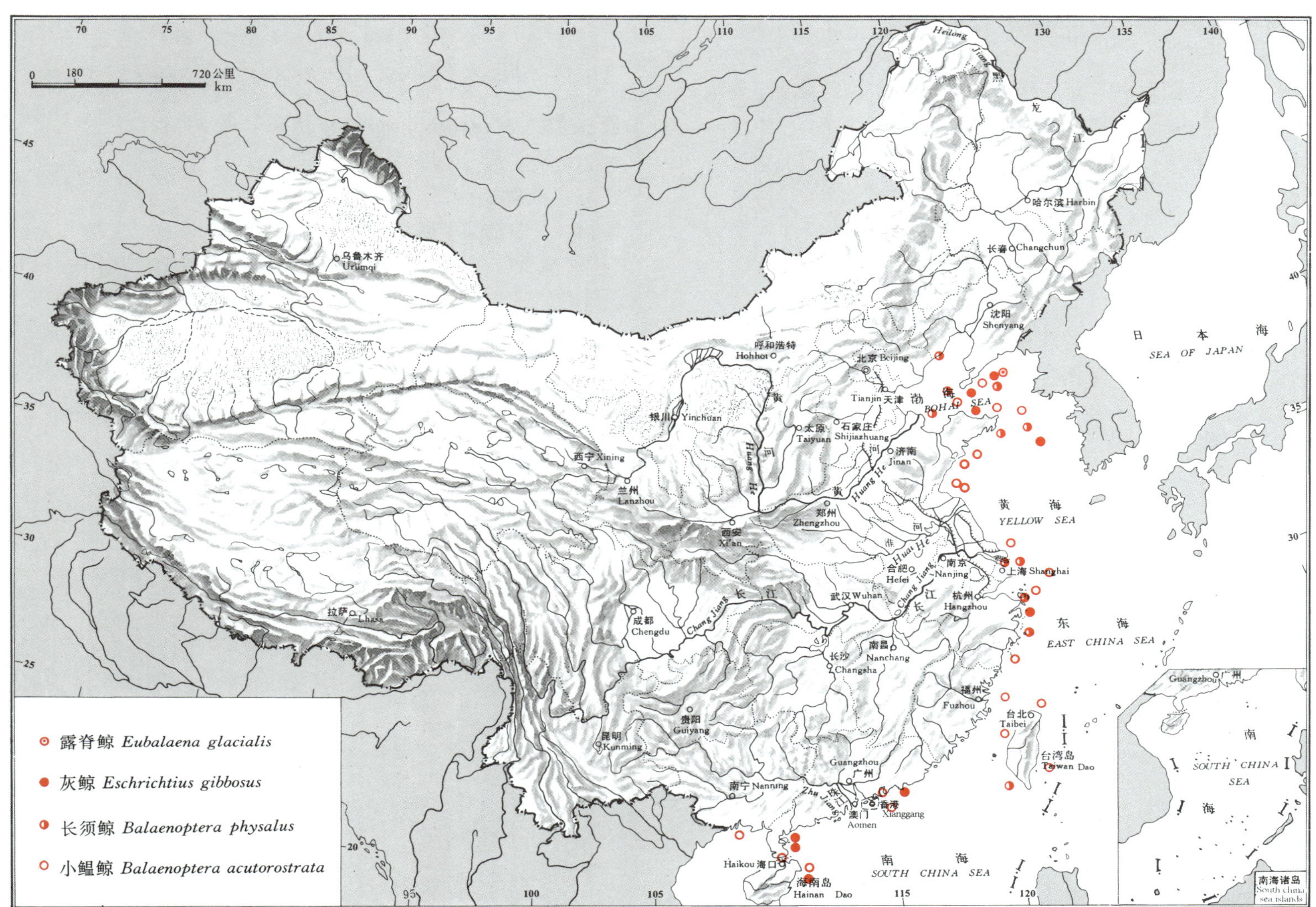

图 201 露脊鲸 *Eubalaena glacialis* 灰鲸 *Eschrichtius gibbosus* 长须鲸 *Balaenoptera physalus* 小鳁鲸 *Balaenoptera acutorostrata* 的分布

CETACEA Whales, dolphins, porpoises

Mysticeti Baleen whales

Balaenidae Right whales

Eubalaena Gray, 1864 **Right whales**

Eubalaena glacialis Borowski, 1781 **Black right whale**
Yellow Sea: Haiyang Dao[W25,28]
Taiwan seas[W25,28]
Temperate seas
Northern Pacific, Northern Atlantic.

Eschrichtiidae Grey whales

Eschrichtius Gray, 1864 **Grey whales**

Eschrichtius gibbosus Erxleben, 1777 **Grey whale**
Yellow Sea: Jinxian (Edaochengzi), Changhai (Changshan Dao, Wangjia Dao and Haiyan Dao in Liaoning, Penglai (Huangcheng Dao) in Shandong[W23,25,28]
East China Sea: Dongtou in Zhejiang [W23,25,28]
South China Sea: Huiyang (Dayawan) and Xuwen (Wailuogang) in Guangdong, Tonggu fishing ground in Hainan (19°-20°N)[W23,25,28]
Offshore seas of Taiwan[C15,W23,25,28]

Tropical, warm-temperate seas
Northern Pacific.

Balaenopteridae Rorquals

Balaenoptera Lacepède, 1804 **Rorquals**

Balaenoptera physalus Linnaeus, 1785 **Fin whale**
Yellow Sea and Bo Hai: From the south near Chidao, Weihai, Yantai, Changshan Islands and Laizhou Wan to the north near Haiyandao and Juhuadao in Liaodong Wan[W24,28]
East China Sea: Zhoushan, Yushan Island, outlet of Changjiang; offshore seas of Taiwan: Gaoxiong[C15,W24,28]
Oceans and seas (eurytopic)
All oceans and seas.
Balaenoptera musculus Linnaeus, 1758 **Blue whale**
Yellow Sea, South China Sea, including seas to the south and southwest of Taiwan[W25]
Oceans and seas (eurytopic)
All oceans and seas.
Balaenoptera acutorostrata Lacepède, 1804 **Minke whale**
Yellow Sea: Haiyandao, Zhangzidao, Daxiaohaodao, Xiaochang shandao, Shidao, Yanwei, Dazhushan, Yuandao, Dalian, Lushun, Qingdao, Haizhou Wan[W25,26,28]
East China Sea: Outlet of Changjiang, Shengsi, Liedao, Zhoushan Islands[W25,26,28]
South China Sea: Dayawan and Beihai in Bebu Gulf[W25,26,28]
Offshore seas of Taiwan: Taidong, Jilong and Taizhong, Taiwan[W25,26,28]
Oceans and seas (eurytopic)
All oceans and seas.

鳀鲸 ***Balaenoptera edeni*** Anderson，1878
黄海及东海[W25、26、32]
南海：广东惠阳（大亚湾），海南崖县（三亚湾），广西廉州、北海、防城、钦州（北部湾）[W25、26、32]
台湾海峡：福建惠安
海域广栖
世界各海洋。
鳁鲸 ***Balaenoptera borealis*** Lesson，1828
黄海与东海[W25]
南海：北部湾、福建厦门、台湾南部与西南部海域[W25]
台湾海域：苏澳、恒春、澎湖[W25]
海洋广栖
世界海洋。

座头鲸属 *Megaptera* Gray，1846

座头鲸 ***Megaptera novaeangliae*** Borowski，1781
黄、渤海：辽宁海洋岛[W25、27、28]
东海：福建福清[W25、27、28]
南海：广东汕头、惠阳（大亚湾），海南七洲洋、文昌、琼海[W25、27、28]。
台湾海域：鹅銮鼻、花莲、澎湖、基隆、高雄、恒春、台北[C1,W25、27、28]
海域广栖
世界海洋。

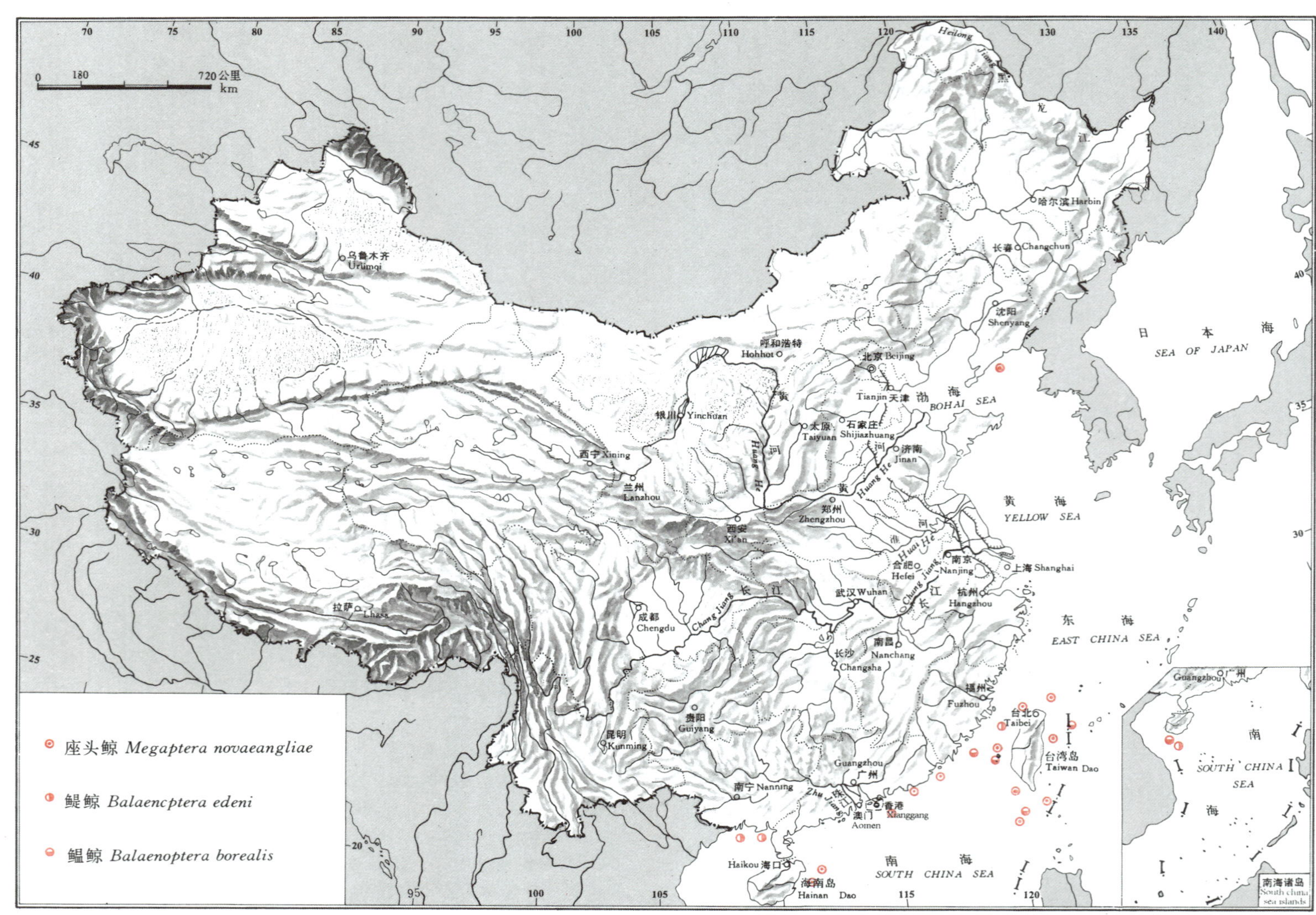

图 202 鳀鲸 *Balaencptera edeni* 鳁鲸 *Balaenoptera borealis* 座头鲸 *Megaptera novaeangliae* 的分布

Balaenoptera edeni Anderson, 1878 **Bryde's whale**
Yellow Sea and East China Sea[W25,26,32]
South China Sea: Huiyang (Dayawan) in Guangdong; Yaxian (Sanyawan) in Hainan; Lianzhou, Beihai, Fangcheng and Qinzhou (Beibuwan) in Guangxi[W25,26,32]
Taiwan Strait: Huian in Fujian[W25,26,32]
Oceans and seas (eurytopic)
All oceans and seas.

Balaenoptera borealis Lesson, 1828 **Sei whale**
Yellow Sea and East China Sea[W25]
South China Sea: Beibuwan in Guanxi, Xiamen in Fujian, seas to the south and southwest of Taiwan[W25]
Taiwan Strait: Suao, Hengchun and Penghu[W25]
Oceans and seas (eurytopic)
All oceans and seas.

Megaptera Gray, 1846 **Humpback whales**

Megaptera novaeangliae Borowski, 1781 **Humpback whale**
Yellow Sea and Bo Hai: Haiyandao in Liaoning[W25,27,28]
East China Sea: Fuqing in Fujiang[W25,27,28]
South China Sea: Shantong and Huiyang (Dayawan), Guangdong; Qizhouyang, Wenchang and Qionghai, Hainan; southern coast of Taiwan[C15,E1,W25,27,28]
Offshore seas of Taiwan: Eluanb, Hualian, Penghu, Jilong, Gaoxiong, Hengchun and Taibei in Taiwan[W25,27,28]
Oceans and seas (eurytopic)
All oceans and seas.

齿鲸亚目 ODONTOCETI

淡水豚科 Platanistidae

白鳍豚属 *Lipotes* Miller, 1918

白鳍豚 ***Lipotes vexillifer*** Miller, 1918
长江：崇明岛、南京、镇江、江阴、太仓、扬中、上海、宜昌、黄陵庙、莲沱、沙市、武汉、鄱阳湖、洞庭湖、洪湖、江枝城、鄂城、临湘、九江、铜陵、芜湖、安庆、松滋河及贵池等江段[Z102,106,126]
钱塘江-富春江：富阳、桐庐[Z102,106,126]
淡水及咸淡水交汇水域

抹香鲸科 Physeteridae

抹香鲸属 *Physeter* Linnaeus, 1758

抹香鲸 ***Physeter macrocephalus* (*catodon*)** Linnaeus, 1758
黄海：辽宁海洋岛、东沟，山东胶州湾、灵山湾[W30]
东海：浙江定海，福建福鼎（秦屿）[W30]
南海：广东海丰遮浪口，陆丰碣石口[W30]
台湾海域：苏澳、花莲、高雄、澎湖列岛、屏东、东港[W30]
热带及温带海域
全球各大洋。

小抹香鲸属 *Kogia* Gray, 1846

小抹香鲸 ***Kogia breviceps*** Blainville, 1838
南海：南海[E1]
台湾海域：基隆、高雄、宜兰大溪港、屏东东港[C15,W25]
热带至温暖带海域
大西洋，印度洋，太平洋。

ODONTOCETI Toothed whales

Platanistidae River dolphins

Lipotes Miller, 1918 **White-flag dolphin (Chinese river dolphin)**

Lipotes vexillifer Miller, 1918 **White-flag dolphin**
Changjiang: Chongming Island, Nanjing, Zhenjiang, Jiangyin, Taicang, Yangzhong, Shanghai, Yichang, Huanglingmiao, Liantuo, Shashi, Wuhan, Poyanghu, Dongtinghu, Honghu, Jiangzicheng, E'cheng, Linxiang, Jiujiang, Tonglin, Wuhu, Anqing, Songzihe, Guichi and outlet of Changjiang[Z102,106,126]
Qiantangjiang-Fuchunjiang: Fuyang, Tonglu[Z102,106,126]
River and confluence of fresh and sea water

Physeteridae Sperm whales

Physeter Linnaeus, 1758 **Sperm whales**

***Physeter macrocephalus* (*catodon*)** Linnaeus, 1758 **Sperm whale**
Yellow Sea: Haiyangdao and Donggou in Liaoning, Jiaozhou Wan and Lingshan Wan in Shandong[W30]
East China Sea: Dinghai in Zhejiang, Fuding (Qinyudao) in Fujian[W30]
South China Sea: Haifeng (Zhelangkou) and Lufeng (Jieshikou) in Guangdong[W30]
Offshore seas of Taiwan: Hualian, Gaoxiong, Penghu, Liedao, Pingdong, Donggang[W30]
Tropical and temperate oceans
All oceans.

Kogia Gray, 1846 **Pygmy sperm whales**

Kogia breviceps Blainville, 1838 **Pygmy sperm whale**
South China Sea[E1,W25]
Offshore seas of Taiwan: Jilong, Gaoxiong, Yilan (Daixigang), Pingdong (Donggang) in Taiwan[C15,W25]
Tropical, warm-temperate seas
Atlantic, Pacific and Indian oceans.

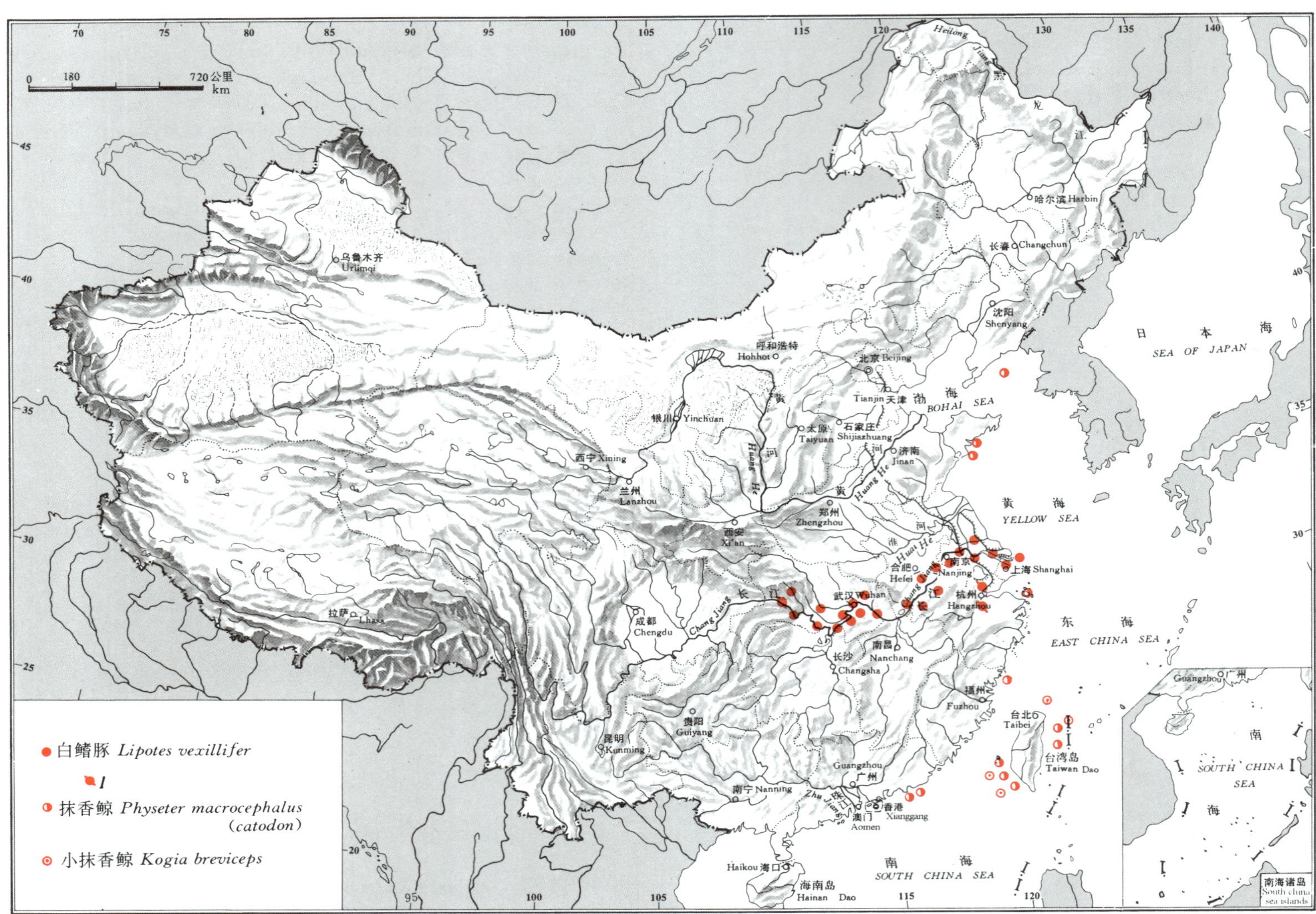

图 203 白鳍豚 *Lipotes vexillifer* 抹香鲸 *Physeter macrocephalus* (*catodon*) 小抹香鲸 *Kogia breviceps* 的分布 (1：可能已绝灭 *probably extirpated*)

拟小抹香鲸 ***Kogia simus*** Owen，1866

台湾海域：苏澳（王丕烈 1995 年提供）

热带小温暖带海域（王丕烈 1995 年提供）

太平洋、印度洋。

剑吻鲸科 Ziphiidae

剑吻鲸属 *Ziphius* G. Cuvier，1823

剑吻鲸 ***Ziphius cavirostris*** G. Cuvier，1823

台湾海域：彰化、鹿港、恒春、苏澳[W27]

热带至温带海域

世界海洋分布。

Kogia simus Owen，1866 **Dwarf sperm whale**

Offshore seas of Taiwan：Suao (provided by Wang Peilie，1995)

Tropical-temperate seas

Pacific and Indian oceans.

Ziphiidae Beaked whales

Ziphius G. Cuvier， 1823 Goose-beaked whales

Ziphius cavirostris G. Cuvier，1823 **Cuvier's beaked whale**

Offshore seas of Taiwan：Zhanghua，Lugang，Hengchun，Suao[W27]

Tropical，warm-temperate seas

All oceans.

喙鲸属 *Mesoplodon* Gervais，1850

瘤齿喙鲸 ***Mesoplodon densirostris*** Blainville，1817

台湾海域：苏澳、东港[W27]

暖温带海域

世界海洋。

日本喙鲸 ***Mesoplodon ginkgodens*** Nishiwaki *et* Kamiys 1958

黄海：辽宁庄河[W25,27]

东海与南海：包括台湾南部及西南部水域[W25,27]

台湾海域：高雄、基隆、苏澳、屏东、台湾北部水域[W25,27]

热带至暖温带海域

太平洋，印度洋。

Mesoplodon Gervais，1850 Beaked whales

Mesoplodon densirostris Blainville，1817 **Blainville's beaked whale**

Offshore seas of Taiwan：Suao，Donggang[W27]

Warm-temperate seas

All oceans.

Mesoplodon ginkgodens Nishiwaki *et* Kamiya, 1958

Ginkgo-toothed beaked whale

Yellow Sea: Zhuanghe, Liaoning[W25,27]

East China sea and South China Sea, including seas to the South and southwest of Taiwan[W25,27]

Offshore seas of Taiwan: Gaoxiong, Jilong, Suao, Pingdong, sea to the north of Taiwan[W25,27]

Tropical, warm-temperate seas

Pacific Ocean, Indian Ocean.

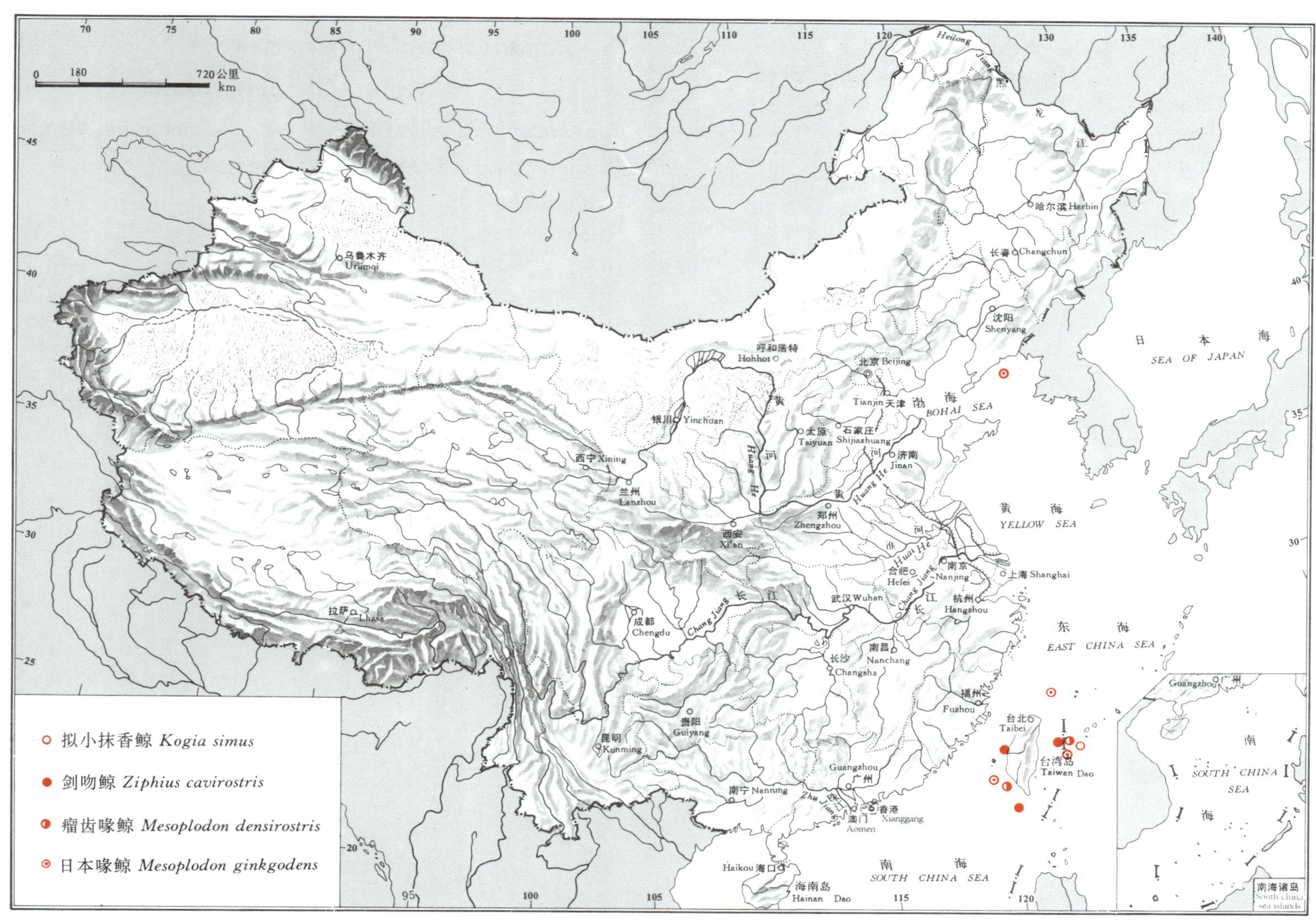

图 204 拟小抹香鲸 *Kogia simus* 剑吻鲸 *Ziphius cavirostris* 瘤齿喙鲸 *Mesoplodon densirostris* 日本喙鲸 *Mesoplodon ginkgodens* 的分布

领航鲸科 Globicephalidae

伪虎鲸属 *Pseudorca* Reinhardt, 1862

伪虎鲸 ***Pseudorca crassidens*** Owen, 1846

渤海：辽宁辽东湾、蚂蚁岛、瓦房店、金县、大连、旅顺，山东莱州湾[W25]

黄海：辽宁海洋岛、獐子岛，山东烟台、威海，江苏海州湾、大沙、吕泗渔场[W25]

东海：浙江舟山、钱塘江；福建平潭[W25]；广西北部湾[W25]

台湾海域：基隆、高雄、台中、澎湖、彭佳屿[W25]

暖温带至热带海域

世界海洋。

虎鲸属 *Orcinus* Fitzinger, 1860

逆戟鲸（虎鲸） ***Orcinus orca*** Linnaeus, 1758

黄渤海：辽宁海洋岛、大连、蛇岛，山东烟台、威海、石岛[W25]

东海：浙江舟山[W25]

南海：包括台湾南部及西南部水域[W25]

极地与温带海域为主

世界海洋。

矮鲸属 *Feresa* Gray, 1871

矮鲸 ***Feresa attenuata*** Gray, 1875

台湾海域：苏澳（王丕烈 1995 年提供）

热带温带海域。

太平洋，大西洋。

瓜头鲸属 *Peponocephala* Nishiwaki *et* Norris, 1966

瓜头鲸 ***Peponocephala electra*** Gray, 1846

台湾海域：苏澳、东港[W27]

热带海域

环球热带各海洋。

Globicephalidae False killers

Pseudorca Reinhardt, 1862 False killers

Pseudorca crassidens Owen, 1846 **False killer whale**

Bo Hai: Liaodong Wan, Mayidao, Fuxian, Jinxian, Dalian and Lusun in Liaoning; Laizhou Wan in Shandong[W25]

Yellow Sea: Haiyandao and Zhangzhidao in Liaoning, Yantai and Weihai in Shandong, Haizhouwan, Dasha and Lusi fishing ground in Jiangsu[W25]

East China Sea and South China Sea: Zhoushan and Qiantangjiang in Zhejiang; Pingtan, Fujian; Beibu Gulf in Guangxi[W25]

Offshore seas of Taiwan: Jilong, Gaoxiong, Taizhong, Pinghu, Pengjiayu[W25]

Warm-temperate and tropical seas

All oceans.

Orcinus Fitzinger, 1860 **Killer whales**

Orcinus orca Linnaeus, 1758 **Killer whale**

Yellow Sea and Bo Hai: Haiyandao, Dalian and Shedao in Liaoning, Yantai, Weihai and Shidao in Shandong[W25]

East China Sea: Zhoushan in Zhejiang[W25]

South China Sea: Seas to the South and Southwest of Taiwan[W25]

Arctic and temperate seas mainly

All oceans.

Feresa Gray, 1871 **Pygmy killer whales**

Feresa attenuata Gray, 1875 **Pygmy killer whale**

Taiwan seas: Suao (Provided by Wang Peilie, 1995)

Tropical-temperate seas

Pacific and Atlantic.

Peponocephala Nishiwaki *et* Norris, 1966 **Melon-headed whales**

Peponocephala electra Gray, 1846 **Melon-headed whale**

Offshore seas of Taiwan: Suao, Donggang[W27]

Tropical seas

Pan-tropical oceans.

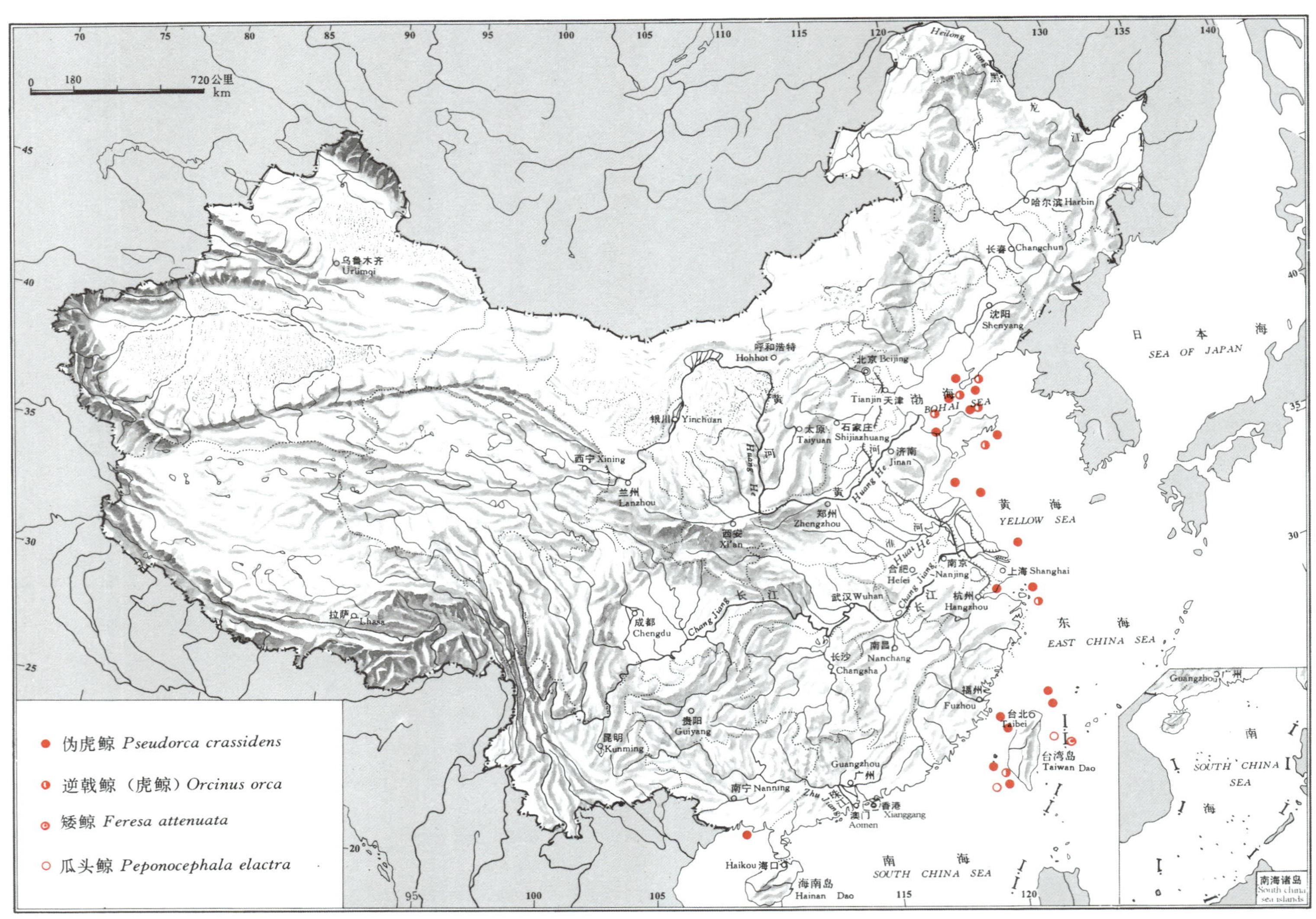

图 205 伪虎鲸 *Pseudorca crassidens* 逆戟鲸（虎鲸）*Orcinus orca* 矮鲸 *Feresa attenuata* 瓜头鲸 *Peponocephala elactra* 的分布

海豚科 Delphinidae

海豚属 *Delphinus* Linnaeus, 1758

真海豚 ***Delphinus delphis*** Linnaeus, 1758

黄、渤海：各渔场、大沙、连青石；獐子岛[W25]

东海：舟山、温台、海礁渔场[W25]

南海：北部湾、北海、海南海域[W25]

台湾海峡：基隆、桃园、澎湖[W25]

热带至温暖带海域

世界各大洋，黑海。

热带真海豚 ***Delphinus tropicalis*** Van Bree, 1971

南海：广西北部湾、合浦、涠洲[W25]

台湾海域：基隆、宜兰[W25]

热带海域

印度洋，太平洋。

糙齿海豚属 *Steno* Gray, 1846

糙齿海豚 ***Steno bredanensis*** Lesson, 1828

黄海与东海：江苏沿海、上海（川沙）[H32, W25]

台湾海域：基隆、苏澳、高雄[H32, W25]；

南海：[H32, W25]

热带至暖温带海域

大西洋，印度洋，东南太平洋。

白海豚属 *Sousa* Gray，1866

中华白海豚 ***Sousa chinensis*** Osbeck，1757

东海：福建闽江口[W25、26]

福建沿海：湄州湾、泉州湾、厦门港东山湾、华安、九龙江[W25、26]

南海：广东广州珠江；广西北部湾合浦、北海[W25、26]

热带暖温海域

南中国海。

Delphinidae Marine dolphins

Delphinus Linnaeus，1758 Common dolphins

Delphinus delphis Linnaeus，1758 **Conmon dolphin**

Yellow Sea and Bo Hai：All fishing grounds，Dasha，Lianqingshi，Zhangzidao[W25]

East China Sea：Zhoushan，Wentai，Haiqiao fishing grounds[W25]

South China Sea：Beibu Gulf，Beihai，seas near Hainan[W25]

Taiwan Strait：Jilong，Taoyuan，Penghu[W25]

Temperate，tropical seas

All oceans，Black Sea.

Delphinus tropicalis Van Bree，1971 **Tropical dolphin**

South China Sea：Beibu Gulf，Hepu and Weizhou in Guangxi[W25]

Offshore seas of Taiwan：Jilong，Yilan[W25]

Tropical seas

Indian Ocean，Pacific Ocean.

Steno Gray，1846 Long-beaked dolphin

Steno bredanensis Lesson，1828 **Rough-toothed dolphin**

East China Sea：Jiangsu coast，Shanghai (Chuansha)[H32,W25]

Offshore seas of Taiwan：Jilong，Suao，Gaoxiong[H32,W25]

South China Sea[H32,W25]

Tropical，warm-temperate seas

Atlantic，Indian Ocean，southeastern Pacific Ocean.

Sousa Gray，1866 Humpbacked dolphins

Sousa chinensis Osbeck，1757

Indo- Pacific hump-backed dolphin (Chinese white dolphin)

East China Sea：Minjiangkou in Fujian[W25,26]

Sea along Fujian：Meizhou Wan，Quanzhou Wan，Dongshan Wan in Xiamengang and Jiulongjiang in HuI'an[W25,26]

South China Sea：Zhujiang (Pearl River) in Guangzhou，Guangdong，Beibu Wan，Hepu and Beihai in Guangxi[W25,26]

Tropical，warm-temperate seas and estuaries

South China Sea.

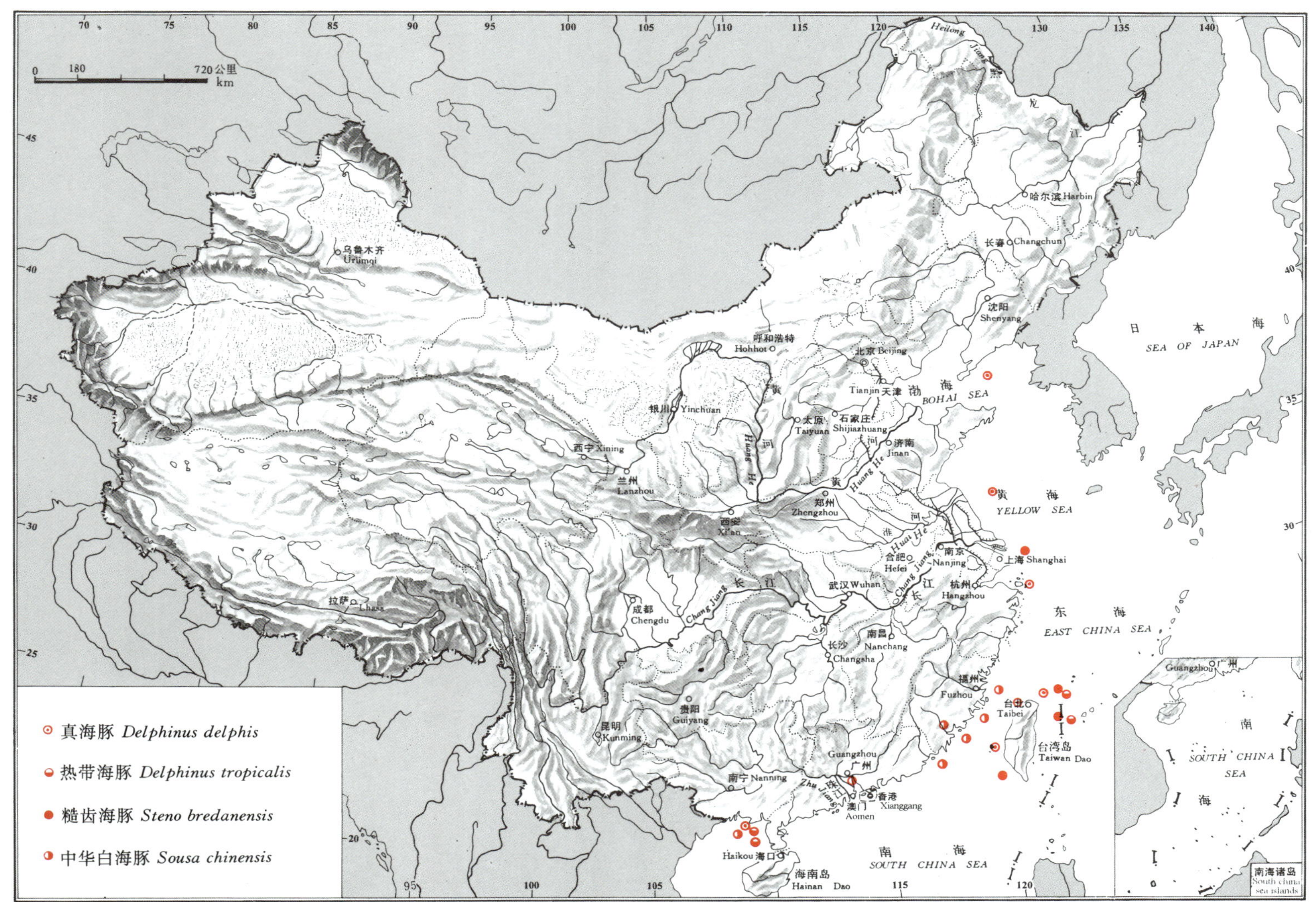

图 206 真海豚 *Delphinus delphis* 热带海豚 *Delphinus tropicalis* 糙齿海豚 *Steno bredanensis* 中华白海豚 *Sousa chinensis* 的分布

沙漏海豚属 *Lagenodelphis* Fraser，1956

沙漏海豚 ***Lagenodelphis hosei*** Fraser 1956

台湾海域：苏澳、高雄、东港[W27、120]

南海：包括台湾南部及西南部水域[W27、120]

热带海域

太平洋，印度洋，西大西洋。

短吻海豚属 *Lagenorhynchus* Gray，1846

太平洋短吻海豚 ***Lagenorhynchus obliquidens*** Gill，1865

黄海：黄海[W25、27]
东海：江苏南部外海[W25、27]
台湾海域：福建东碇岛、兄弟屿[W25、27]
南海：广西北部湾[W25、27]
极地，温带海域
北极海、北大西洋、北太平洋。

灰海豚属 *Grampus* Gray，1828

灰海豚 ***Grampus griseus*** Cuvier，1812
台湾海域：苏澳、基隆、高雄[W25、27、120、Z113]
东海：浙江，洞头[W25、27、120、Z113]
南海：包括台湾南部及西南部水域[W25、27、120、Z113]
温带海域为主
世界海洋。

Lagenodelphis Fraser，1956

Lagenodelphis hosei Fraser，1956 **Fraser's dolphin**
Offshore seas of Taiwan：Suao，Gaoxiong，Donggang[W27,120]
South China Sea：Seas to the south and southwest of Taiwan[W27,120]
Tropical seas
Pacific，Indian Ocean，western Atlantic Ocean.

Lagenorhynchus Gray，1846 Short-beaked dolphins

Lagenorhynchus obliquidens Gill，1865 **Pacific white-sided dolphin**
Yellow Sea：Yellow Sea[W25,27]
East China Sea：Offshore sea southeast of Jiangsu[W25,27]
Taiwan Strait：Dongtindao and Xiongdiyu in Fujian[W25,27]
South China Sea：Beibu Gulf，Guangxi[W25,27]
Arctic-cold seas
Arctic Ocean，Northern Atlantic，Northern Pacific.

Grampus Gray，1828 Risso's dolphins

Grampus griseus Cuvier，1812 **Risso's dolphin**
Offshore seas of Taiwan：Suao，Jilong，Gaoxiong[W25,27]
East China Sea：Dongtou，Zhejiang[W25,27,120,Z113]
South China Seas：Seas to the south and southwest of Taiwan[W25,27,120,Z113]
Temperate seas mainly
All oceans.

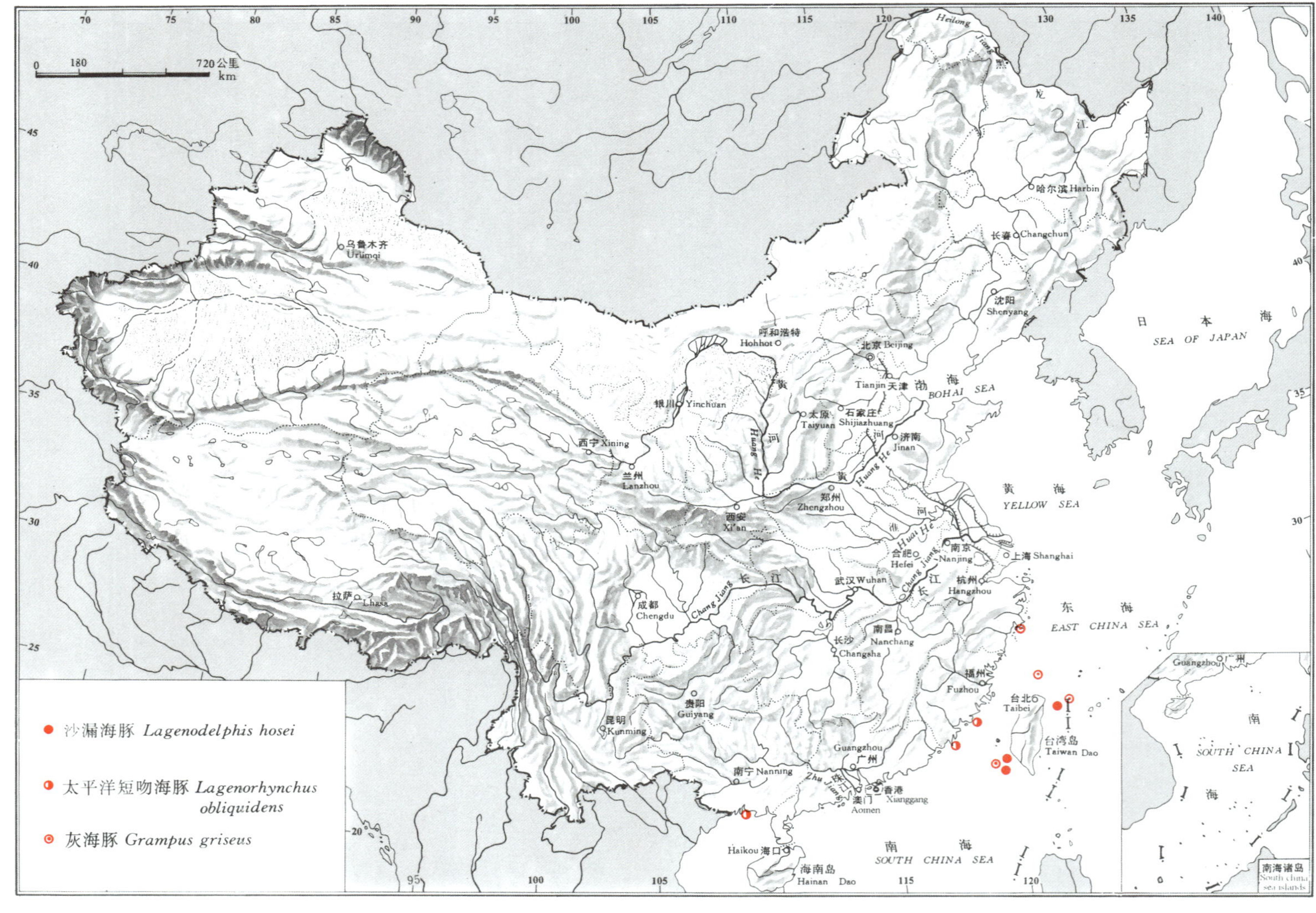

图 207 沙漏海豚 *Lagenodelphis hosei* 太平洋短吻海豚 *Lagenorhynchus obliquidens* 灰海豚 *Grampus griseus* 的分布

原海豚属 *Stenella* Gray，1866

蓝白原海豚 ***Stenella caeruleoalba*** Mayen，1833
台湾海域：苏澳[W27、120]
热带至温带海域
大西洋，太平洋。

花斑原海豚 ***Stenella frontalis*** G. Cuvier，1829
南海：北海湾钦州[W26、27、120]
台湾海域：基隆，苏澳[W26、27、120]
热带、暖温带海域

太平洋，印度洋，大西洋。

长吻原海豚 ***Stenella longirostris*** Grag，1828

台湾海域：苏澳[W26,27,120]

南海：北部湾（防城港）[W26,27,120]

热带海域

太平洋、大西洋和印度洋。

白吻原海豚 ***Stenella attenuata*** Gray，1866

台湾海域：苏澳[W27,120]

热带、暖温带海域

太平洋、印度洋、南大西洋。

Stenella Gray，1866 **Striped dolphim**

Stenella caeruleoalba Mayen，1833

Blue- white dolphin (striped dolphin)

Offshore seas of Taiwan：Suao[W27,120]

Tropical，temperate seas

Atlantic，Pacific.

Stenella frontalis G. Cuvier，1829 **Bridled dolphin**

South China Sea：Qingzhou[W26,27,120]

Offshore seas of Taiwan：Jilong，Suao[W26,27,120]

Tropical，warm-temperate seas

Pacific，Indian Ocean，Atlantic.

Stenella longirostris Gray，1828

Spinner dolphin (Long-beaked dolphin)

Offshore seas of Taiwan：Suao[W25,27,120]

South China Sea：Beibu Gulf (Fangcheng)[W26.27.120]

Tropical seas

Pacific，Atlantic，Indian Ocean.

Stenella attenuata Gray，1866 **Spotted dolphin**

Offshore seas of Taiwan：Suao[W27,120]

Tropical，warm-temperate seas

Pacific，Indian Ocean，Southern Atlantic.

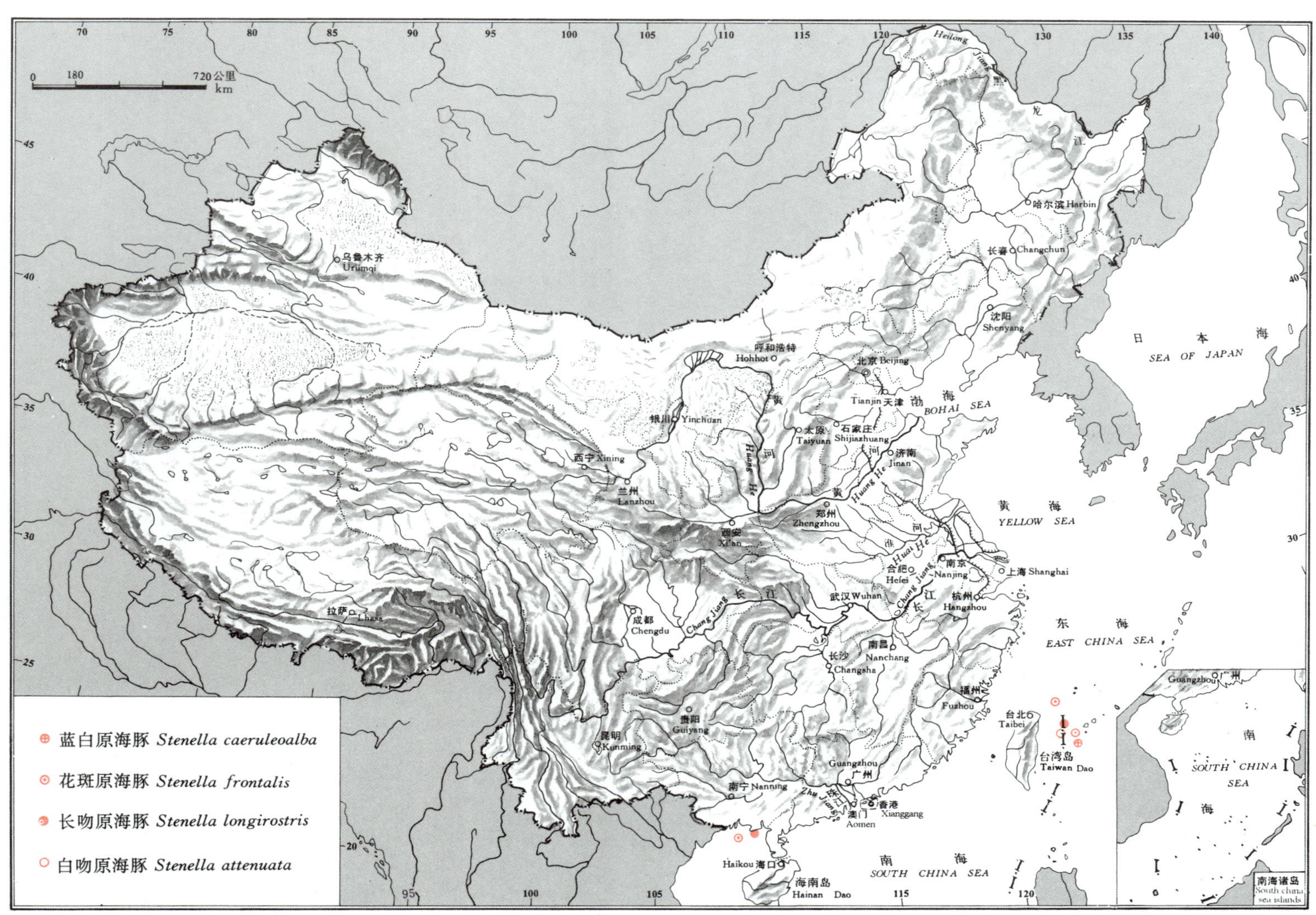

图 208 蓝白原海豚 *Stenella caeruleoalba* 花斑原海豚 *Stenella frontalis* 长吻原海豚 *Stenella longirostris* 白吻原海豚 *Stenella attenuata* 的分布

宽吻海豚属 *Tursiops* Gervais，1855

南宽吻海豚 ***Tursiops aduncus*** Ehrenberg，1833

东海：浙江外海（29°12′N，123°05′E）[Z101,105]

南海：北部湾、南海外海[Z101,105]

台湾海域：澎湖[Z101,105]；福建厦门、东山（王丕烈 1995 年提供）

暖温海域

红海，印度洋，太平洋，大西洋。

宽吻海豚 ***Tursiops truncatus*** Montagu，1821

渤海：山东莱州湾[W25]

黄海：辽宁海洋岛、山东烟威渔场、石岛、江苏海州湾、吕泗渔场[W25]

东海：佘山，浙江舟山、温台渔场[W121,Z103]

台湾海域：基隆、澎湖、东港[W25]

南海：广西北部湾、钦州、合浦[W25,Z101,103]

热带至暖温带海域

大西洋，印度洋，南太平洋，地中海，黑海，红海。

鼠海豚科 Phocoenidae

江豚属 *Neophocaena* Palmer，1899

江豚 ***Neophocaena phocaenoides*** C. Cuvier，1829

N. p. phocaenoides C. Cuvier，1829 [南海]

N. p. asiaeorientalis Pilleri *et* Gihr 1972［长江，东海］

N. p. sunameri Pilleri *et* Gihr 1972［黄渤海］

渤海：旅顺（老铁山）、金州湾；辽东湾（盘山、菊花岛）；渤海湾（天津、南浦、大沽、北塘）；莱州湾（黄河口、小清河口、妃姆角、无棣）、庙岛群岛、钦岛、隍城岛[W25、29、Z102]

黄海：东沟、鸭绿江、丹东、大鹿岛、庄河、金县、大连、旅顺、芝罘岛、荣成湾、崂山湾、海州湾、吕泗渔场[W25、29、Z102]

东海：崇明、舟山群岛、三门湾、温州湾、三都湾、兴化湾、湄州湾、泉州湾、厦门湾、诏安湾[W25、29、Z102]

南海：汕头、碣石湾、大亚湾、硇州、珠江口、北海、钦州、高雄、澎湖列岛[W25、29、Z102]

长江：宜昌、洞庭、洪湖、江阴、上海、崇明[W25、29、Z102]

热带至暖温带水域

西太平洋，印度洋西部。

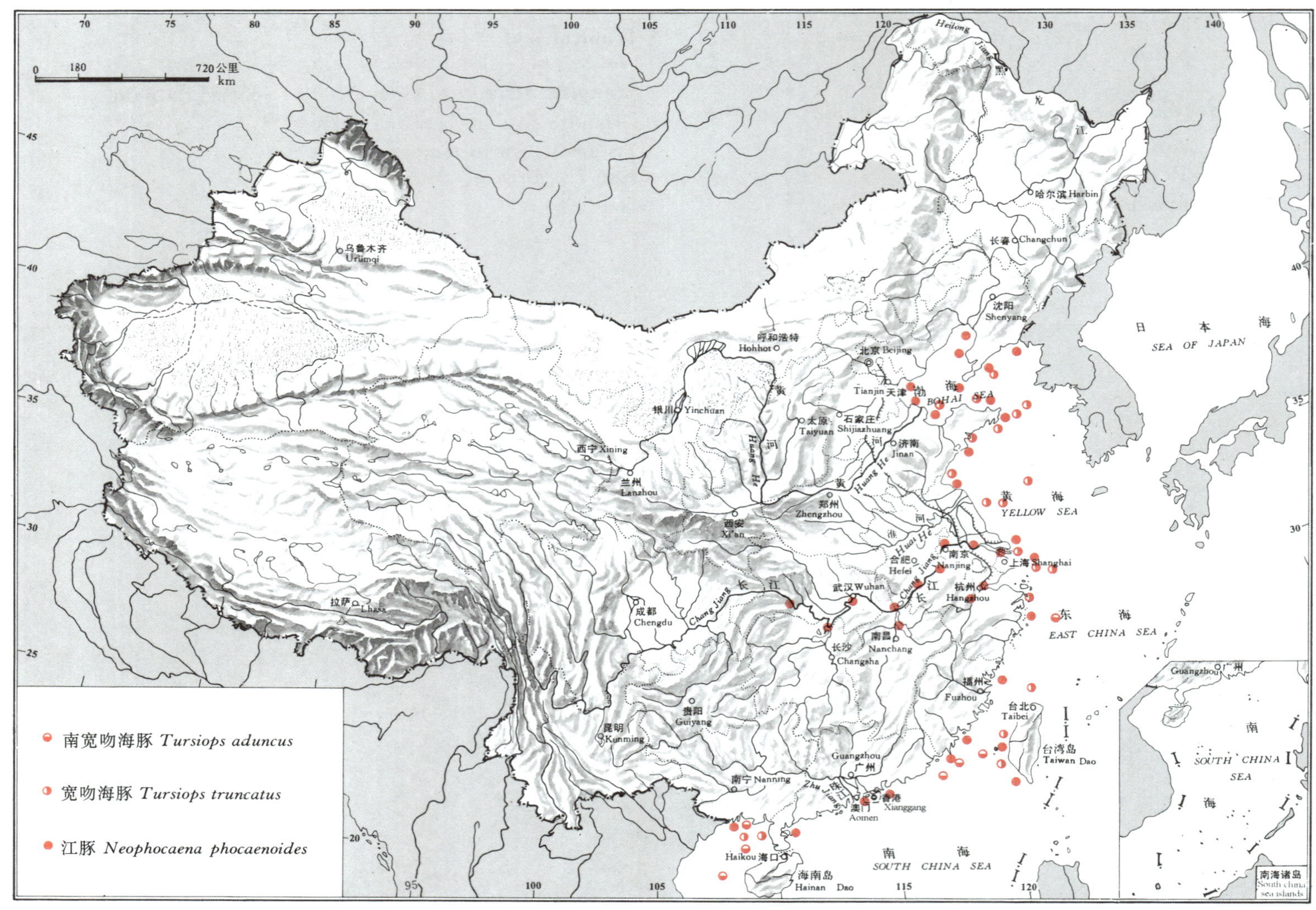

图 209 南宽吻海豚 *Tursiops aduncus* 宽吻海豚 *Tursiops truncatus* 江豚 *Neophocaena phocaenoides* 的分布

Tursiops Gervais, 1855 **Bottle-nosed dolphins**

Tursiops aduncus Ehrenberg, 1833

Red sea bottle-nosed dolphin

East China Sea: Zhejiang (29°12′N, 123°05′E)[Z102,105]

South China Sea: Beibu Gulf south[Z102,105]

Offshore seas of Taiwan: Penghu[Z101,105]; Xiamen and Dongshan in Fujian (provided by Wang Peilie, 1995)

Warm-temperate seas

Red Sea, Indian Ocean, Pacific, Atlantic.

Tursiops truncatus Montagu, 1821 **Bottle-nosed dolphin**

Bo Hai: Laizhou Wan in Shangdong[W25]

Yellow Sea: Haiyandao in Liaoning, Yanwei fishing ground and Shidao in Shandong; Haizhouwan and Lusi fishing ground in Jiangsu[W25]

East China Sea: Sheshan in Jiangsu, Zhoushan and Wentai fishing ground in Zhejiang[W121,Z103]

Offshore seas of Taiwan: Jilong, Penghu, Donggang[W25]

South China Sea: Beibu Gulf, Qinzhou and Hepu in Guangxi[W25,Z101,103]

Tropical, warm-temperate seas

Atlantic, Indian Ocean, S. acific, Mediterranean Sea, Black Sea, Red Sea.

Phocoenidae Porpoises

Neophocaena Palmer, 1899 **Porpoises**

Neophocaena phocaenoides C. Cuvier, 1829 **Finless porpoise**

N. p. phocaenoides C. Cuvier 1829 [South China Sea]

N. p. asiaeorientalis Pilleri *et* Gihr, 1972 [Changjiang, East China Sea]

N. p. sunameri Pilleri *et* Gihr, 1972 [Yellow Sea, Bo Hai]

Bo Hai: Lushun (Laotieshan), Jinzhouwan, Liaodong Wan (Panshan, Juhuadao), Bohaiman (Tianjin, Nanpu, Dagu, Beitang); Laizhou Wan (outlets of Huanghe, and Xiaoqinghe, Jimujiao, Wudi, Miaodao, Qindao, Huangchengdao)[W25,29,Z102]

Yellow Sea: Donggou, Yalujiang, Dandong, Daludao, Zhuanghe, Jinxian, Dalian, Lushun, Zhifodao, Rongcheng Wan, Laoshan Wan, Haichou Wan, Lusi fishing groung[W25,29,Z102]

East China Sea: Chongming, Zhoushandao, Sanmen Wan, Wenzhou Wan, Sandu Wan, Xinghua Wan, Meizhou wan, Quanzhou Wan, Xiamen Wan, Shao'an Wan[W25,29,Z102]

South China Sea: Shandou, Xieshi Wan, Daya Wan, Naozhou, Zhujiangkou, Beihai, Qinzhou, Gaoxiong, Penghudao[W25,29,Z102]

Changjiang: Yichang, Dongting, Honghu, Jiangyin, Shanghai, Chongming[W25,29,Z102]

Tropical, warm-temperate waters

West Pacific, western Indian Ocean.

参 考 文 献

A1. 艾伦，G. M. 1928，1940. 中国与蒙古的哺乳动物. 中亚自然史，11（1）与（2）：1—1350，纽约：美国自然博物馆
2. 安文举. 1958. 黑龙江省鼠蚤区系调查. 鼠疫丛刊，（2）：40—44
3. 阿布里米提，阿不都卡迪尔，马合木提，哈力支. 1989. 昆仑山北麓近30年来几种兽类的动态. 兽类学报，9（2）：155—156
B1. 白斌兴. 1959. 内蒙古自治区啮齿动物及蚤类区系的初步调查报告. 流行病学杂志，（4）：49—57
2. 白寿昌，邹淑荃，林苏，拖丁，土札，忠态. 1987. 白马雪山自然保护区滇金丝猴数量分布及种群结构的初步观察. 动物学研究，8（4）：413—420
3. 白正业，高玉簪，卢锦贵. 1958. 察张地区黄鼠寄生蚤初步调查. 鼠疫丛刊，（3）：18—21
4. 鲍毅新，诸葛阳. 1986. 黑线绒鼠生态学的研究. 兽类学报，6（4）：297—304
5. 鲍毅新，诸葛阳. 1987. 金华北山啮齿类的生态研究. 兽类学报，7（4）：266—274
6. 鲍毅新，诸葛阳. 1984. 天目山自然保护区啮齿类的研究. 兽类学报，4（3）：197—205
7. 北京日报. 1992. 闽东捕获云豹.（6月17日）
8. 毕书增，姚闻卿，陈世龙，刘梦林. 1976. 安徽省兽类新纪录. 动物学杂志，（1）：43.
9. 北京师大生物系. 1960. 北京金山地区秋季小哺乳类生态区系的初步调查. 北京师范大学学报（自然科学），4：96—105
10. 北京大学生物系《北京动物调查》编写组. 1964. 北京动物调查. 北京：北京出版社，433—464
11. 东北师范大学生物系. 1958. 吉林省动物名录. 未刊
12. 山西大学生物系. 1960. 吕梁山兽类名录. 未刊
13. 陕西生物资源考察队. 1972. 延安地区狩猎动物资源调查的初步报告. 动物利用与防治，（6）：26—28
C1. 蔡昌平，胡锦矗，彭基泰. 1990. 川西的矮岩羊. 华东师范大学学报（哺乳动物生态学专辑），（9）：90—95
2. 蔡桂全，张乃治. 1980. 西藏球果蝠及橙腹长吻松鼠的新亚种记述. 动物分类学报，5（4）：443—446
3. 蔡桂全. 1982. 长江源头地区鸟、兽考察报告. 高原生物学丛刊，（1）：135—149
4. 蔡桂全，冯祚建. 1981. 喜马拉雅麝在我国的发现及麝属的分类探讨. 动物分类学报，6（1）：106—111
5. 蔡桂全，冯祚建. 1982. 高原兔（*Lepus oiostolus*）亚种补充研究——包括两个新亚种. 兽类学报，2（2）：167—182
6. 蔡桂全，梁杰荣，张俊. 1973. 阿拉善黄鼠的生活习性与数量季节变动的研究. 灭鼠和鼠类生物学研究报告，（1）：78—83
7. 曹钰普. 1992. 销声匿迹的东北虎. 四川动物，11（3）：30
8. 陈安国，袁主中，张建云，王勇，郭聪，程敬葆，谭树林. 1988. 湖南农业鼠害防治技术研究，1害鼠的种类. 害区和与防治有关的生物学特性. 兽类学报，8（3）：215—223
9. 陈壁辉. 1979. 鬣羚（*Capricornis sumatraensis*）的生态调查. 动物学杂志，（3）：5—7
10. 陈健行. 1960. 杭州市郊恙螨调查的初步报告. 动物学报，12（1）：37—46
11. 陈服官，闵芝兰，甘去非，罗时有，谢文治. 1982. 秦岭金丝猴资源及保护. 野生动物，（2）：7—10
12. 陈服官，闵芝兰，黄洪富，马清和，罗志腾. 1980. 陕西秦岭大巴山地区兽类的区系研究. 西北大学学报，（1）：137—147
13. 陈鉴潮，姚崇勇，张绳祖. 1964. 天祝松山滩喜马拉雅旱獭的生态观察. 甘肃师范大学学报：自然科学，（1）：19—21
14. 陈鉴潮，姚崇勇，张绳祖，廖绍韩. 1982. 甘南草原鼠害调查报告. 动物学杂志，（3）：25—28
15. 陈兼善. 1969. 台湾脊椎动物志. 台北：台湾商务印书馆
16. 陈竟先. 1986. 陇东地区啮齿动物调查报告. 动物学杂志，（5）：16—18
17. 陈钧. 1960. 兰州永登区大通河沿岸兽类及其栖息环境的初步调查. 动物学杂志，4（3）：104—107
18. 陈钧. 1983. 甘肃陇南山地羚牛的生态地理. 生态学杂志，（3）：45—46
19. 陈钧. 1986. 张家川关山地区兽类区系调查（摘要）. 全国兽类学会论文. 未刊
20. 陈钧，胡政平. 1990. 兴隆山，马寒山兽类栖息环境. 甘肃科学学报，2（3）：56—61
21. 陈钧，王乃昂，王天送，王强. 1988. 黄土高原东部地区啮齿动物与环境. 中国科学院黄土高原综合科学考察队，1—78 未刊
22. 陈茂乾，廖崇惠. 1984. 小良热带人工林脊椎动物调查. 热带亚热带森林生态系统研究，（2）：202—213
23. 陈鹏. 1984. 图们江流域陆栖动物调查报告. 东北师范大学. 未刊
24. 陈太庸，龙志，董全全，杨圭璋. 1977. 农作区黄鼬越冬的栖息地. 动物学杂志，（4）：36—38
25. 陈延熹. 1963. 榆林地区荒漠毛 鼠生活习性的观察. 动物学杂志，（2）：65—66
26. 陈延熹. 1965. 陕西定边白泥井地区的鼠类及鼠害. 动物学杂志，（2）：63—65
27. 陈延熹. 1965. 石貂在陕西定边的发现. 动物学杂志，（4）：192
28. 陈延熹. 1965. 陕西毛乌素沙漠地带啮齿动物调查. 动物学杂志，7（5）：201—204
29. 陈延熹，黄文儿，唐子英. 1989. 赣南翼手类初步调查. 兽类学报，9（3）：226—227
30. 陈延熹，黄文儿，唐仕敏. 1987. 赣北翼手类区系调查. 兽类学报，7（1）：13—19
31. 陈永国，周永恒，王伦，冯怀喜. 1984. 新疆河狸现状及生态学之研究. 中国动物学会五十周年论文摘要汇编，（下册）：294
32. 陈服官，解文治，李保国. 1984. 陕西秦岭太白县南坡松乐林带鼠类调查研究. 中国动物学会五十周年论文汇编，（下册）：309
33. 陈钧. 1984. 野骆驼在甘肃的地理分布. 兽类学报，4（3）：186
34. 重熙. 1957. 阿尔泰麝鹿的生态研究. 动物学杂志，1：59
35. 朱靖，严志堂. 1964. 麝鼠的栖息地及其密度. 动物学报，16（3）：354—371
36. 柯林 P. 格罗费斯，冯祚建. 1986. 安徽省麝的分类地位。兽类学报，6（2）：101—106
37. 柯尔伯特 G. B. 1978. 古北区的哺乳类：分类整理。大英博物馆. 伦敦：柯乃尔大学出版社
38. 崔秀亭，俞九飞. 1959. 浙江省庆元县隆宫乡鼠类及其寄生蚤的调查. 流行病学杂志，（4）：27—30
39. 金大雄，梁智明，李贵真. 1958. 贵阳市类调查. 动物学杂志，2（2）：91—95
40. 陈鉴潮，姚崇勇，张绳祖. 1985. 甘肃天祝松山滩鼠类调查报告. 中国动物学会三十周年学术讨论会论文摘要汇编，283. 北京：科学出版社
41. 蔡桂全，刘永生，冯祚建，林永烈，高行宜，赵疆宁. 1992 青海省有关地区哺乳类考察报告—中美青海高原联合动物学考察成果之三. 高原生物学集刊，（11）：63—90
D1. 戴年华，傅道言. 1988. 江西省小灵猫资源的利用和发展. 江西省生态学会生态研究，（1）：49—50
2. 戴年华，傅道言. 1987. 江西省小灵猫资源的保护和利用. 野生动物，（2）：15

3. 邓其祥. 1984. 天全县蜂子河羚牛生态调查. 动物学杂志,(6):30—33
4. 邓址,李胜利,刘全泉,陈长安,李新民,李祥孝. 1986. 河南登封地区鼠类的生态学调查. 中国农学通报(全国农牧区鼠害防治学术讨论会论文摘要)专辑:21
5. 丁平,鲍毅新,石斌山,诸葛阳. 1992. 钱塘江河口滩涂围垦区人口迁居与农田小兽群落的关系. 兽类学报,12(1):65—70
6. 董谦,伍律. 1962. 旅大地区兽类的初步调查(摘要). 动物生态及分类区系专业学术讨论会论文摘要汇编:214
7. 董谦,伍律,邓述芬. 1966. 旅大地区黑线仓鼠生态的初步观察. 动物学杂志,8(3):108—111
8. 杜增瑞,王泽长,朴相振,于春林. 1960 吉林省九台县东方田鼠的初步观察. 动物学杂志,(6):249—253
9. 国家环境保护局自然保护处. 1989. 中国自然保护区一览表. 北京:中国环境科学出版社
10. 沙漠治理考察队考察资料. 中国科学院,未刊
E1. 艾勒曼 J. R;T. C. S. 摩利生一斯苛得. 1950. 古北和印度哺乳动物分布名录 1758—1946。大英博物馆(自然史),伦敦
F1. 樊乃昌,施银柱. 1982. 中国鼢鼠(*Eospalax*)亚属分类研究. 兽类学报,2(2):183—199
2. 范维等. 1985. 绥芬河地区鼠类生态学调查. 动物学杂志,(4):8—12
3. 费荣中,李景原,商志宽,杨清杰. 1975. 达乌尔黄鼠的生态研究. 动物学报,21(1):18—28
4. 费来罗夫 K. K. 1952. 苏联哺乳类,1 卷 2 期 麝与鹿. 莫斯科、列宁格勒:苏联科学院
5. 冯祚建,蔡桂全,郑昌琳. 1986. 西藏哺乳类. 北京:科学出版社
6. 冯祚建,郑昌琳. 1985. 中国鼠兔属(*Ochotona*)的研究——分类与分布. 兽类学报,5(4):269—289
7. 冯祚建,郑昌琳,蔡桂全. 1980. 西藏东南部兽类的区系调查. 动物学报,26(1):91—97
8. 冯祚建,郑昌琳,吴家炎. 1983 青藏高原大林姬鼠一新亚种. 动物分类学报,8(1):108—112
9. 冯祚建. 1973. 珠穆朗玛峰地区哺乳类鼠兔属一新种的记述. 动物学报,19(1):69—75
10. 冯祚建,高耀亭. 1974. 藏鼠兔及其近似种的分类研究——包括一新亚种. 动物学报,20(1):76—87
11. 福顿,J.,全国强,罗一宁. 1987. 中国长臂猿的分布. 兽类学报,7(3):161—167
12. 福顿,J. 全国强,王宗仁,王应祥. 1985. 中国的短尾猴. 美国灵长类杂志,8:11—30
13. 傅道言,丁钝明. 1991. 鄱阳湖地区兽类资源调查. 动物学杂志,26(2):27—31
14. 傅廷璋. 1987. 南岭兽类考察报告(湖南部分). 动物学杂志,(1):36—38
15. 福建鼠防所. 1958. 福建省几种主要野栖鼠类的栖息活动及其捕捉方法. 鼠疫丛刊,(1):28—30
16. 福顿,J. 1989. 中华群猕猴的分类与进化 6:种间比较与综合分析. 菲地那动物学,野地自然历史博物馆
17. 福顿,J. 1983. 中华群猕猴的分类与进化 4:藏酋猴. 菲地那动物学,野地自然历史博物馆
18. 冯科民,张明海,关国山. 1989. 黑龙江省境内东北虎活动踪迹的最新发现. 野生动物,(4):42
19. 傅桐生. 1935. 嵩山及其邻近地区的松鼠。北平生物研究所博物馆动物学集刊,(6):255—262
G1. 甘怀杰,李淑宝. 1948. 重庆鼠类及鼠蚤调查. 中华医学杂志,32 卷 11—12 期,429—431 页
2. 高凤岐. 1978. 金丝猴的生态报告. 中国动物园年刊,(1):1—6
3. 高行宜. 1986. 新疆的珍稀动物——野骆驼. 干旱区研究,(2):5
4. 高行宜,谷景和. 1985. 罗布泊地区鸟兽生态地理分布. 干旱区研究,(1):6—13
5. 高行宜,谷景和. 1985 新疆的马鹿. 野生动物,(2) 24—26
6. 高行宜,谷景和. 1989. 马科在中国的分布与现状. 兽类学报,9(4):269—274
7. 高耀亭. 1985. 中国塔里木兔考察简报. 兽类学报,5(1):77
8. 高耀亭. 1981. 我国野象现况,历史分布和保护问题的探讨. 兽类学报,1(1):19—26
9. 高耀亭等. 1987. 中国动物志(兽纲第八卷食肉目). 北京:科学出版社
10. 高耀亭,文焕然,何业恒. 1981. 历史时期我国长臂猿分布的变迁. 动物学研究,2(1):1—7
11. 高宇光. 1966. 黑龙江铁山地区小型啮齿动物调查初报. 动物学杂志,8(2):51—53
12. 高正发,肖兴德,李成智. 1991. 四川安县兽类调查. 动物科学研究(蛇蛙研究丛书之三):88—90
13. 巩会生. 1993. 佛坪国家级自然保护区兽类补遗. 四川动物,12(4):31
14. 龚正达,解宝琦. 1989. 高黎贡山的小型兽类调查. 动物学杂志,24(1):28—32
15. 格罗费斯,王应祥. 1990. 长臂猿亚属 *Nomascus*. 动物学研究,11(2):154—160
16. 谷景和. 1986. 新疆东昆仑——阿尔金山地区的有蹄类动物. 全国兽类学会学术会议论文,未刊
17. 辜永河,罗蓉. 1990. 梵净山研究:梵净山自然保护区的兽类. 贵阳:贵州人民出版社,428—436
18. 关秉钧等. 1984. 图门江流域兽类调查报告. 东北师范大学. 未刊
19. 郭聪,陈安国,李世斌,王勇,李波,刘辉芳,张美文. 1992. 洞庭丘岗平原区农村鼠害群落演替的观察. 兽类学报,12(4):294—301
20. 葛凤翔,李新民,张尚仁. 1984. 河南省啮类动物调查报告. 动物学杂志,(3):45—46
21. 郭全宝,张志田. 1985. 蓟县境内燕山区鼠类调查. 动物学杂志,(5):6—9
22. 郭全宝. 1981. 天津市区鼠害调查. 兽类学报,1(1):109—110
23. 郭澍民,郭士雄. 1962. 陕北黄龙岇 及延安市区的鼠类调查报告. 动物生态及分类区系专业学术讨论会论文摘要汇编:219—220
24. 顾昌栋,李恩庆. 1962. 河北省动物地理区划. 南开大学生物系,未刊
25. 郭倬甫,陈恩渝,王酉之. 1978. 梅花鹿的一新亚种——四川梅花鹿. 动物学报,24(2):187—192
26. 谷景和,高行宜. 1985. 罗布泊地区的野生双峰驼. 中国科学院新疆生物土壤沙漠研究所,未刊
27. 高行宜. 1993. 新疆马鹿的生存现状与饲养. 野生动物,(2):6—8
28. 郭治之,李群. 1965. 江西玉山地区哺乳动物调查. 中国动物学会三十周年学术讨论会论文摘要汇编:科学出版社,270
H1. 郝映红,武建勇,王俊田. 1990. 山西庞泉沟保护区原麝的一些生态资料. 四川动物,9(2):44—46
2. 何晓瑞. 1978. 昆明地区的鼠类研究. 灭鼠和鼠类生物学研究报告,第三集. 北京:科学出版社:125—127
3. 何晓瑞. 1984. 中华竹鼠洞系结构的初步观察. 兽类学报,4(3):196
4. 何晓瑞. 1986. 云南省华南虎、水鹿的地理分布及数量. 云南大学生物系. 未刊
5. 何晓瑞,杨白仑. 1991. 中国翼手类一新记录——泰国狐蝠. 兽类学报,11(1):71—72
6. 何晓瑞,杨向东,李涛. 1991. 中国小竹鼠生态的初步研究. 动物学研究,12(1):41—47
7. 河北鼠防所. 1957. 啮齿动物与蚤类调查报告. 未刊
8. 贺夫曼 R. S. 1937. 中国红齿鼩鼱(兽类:鼩鼱亚科)的分类与分布. 兽类学报,7(2):100—139

9. 洪朝长. 1987. 闽东山区鼠类群落的空间配置和结构的研究. 兽类学报, 7 (3): 203—210
10. 洪朝长, 袁高林, 孙宝常. 1988. 鹫峰山脉中段农业区的鼠类调查. 动物学杂志, 23 (1): 24—26
11. 洪朝长. 1982. 福建啮齿动物的地理分布和地理区划. 动物学报, 28 (1): 87—98
12. 洪震藩. 1981. 武夷山自然保护区啮齿目和食虫目动物初步调查. 武夷科学, (1): 173—176
13. 洪震藩. 1981. 东方田鼠的一新亚种——福建亚种 (*Microtus fortis fujianensis*). 动物分类学报, 6 (4): 444—445
14. 洪震藩, 陈崇傅. 1963. 福建地区沼泽田鼠生态学初步观察. 动物学杂志, 第 3 期: 108—112.
15. 侯兰新, 王思博. 1989. 天山黄鼠一新亚种——尼勒克亚种. 西北民族学院自然科学学报, 10 (1): 72—74
16. 侯兰新, 赵新春, 蒋卫. 1986. 新疆乌鲁木齐县达板城——柴窝堡啮齿动物调查. 兽类学报, 6 (4): 315—316
17. 侯万儒, 吴毅. 1993. 阆中市翼手类初步调查. 四川动物, 12 (2): 38—39
18. 夏武平, 方喜业. 1964. 巨泡五趾跳鼠 (跳鼠科) 之一新亚种. 巴里坤巨泡五趾跳鼠 *Aallactaga bullata balikunica* . 动物分类学报, 1 (1): 16—18
19. 徐龙辉, 吴家炎. 1981. 海南岛兽类一新亚种——海南青鼬. 兽类学报, 1 (2): 145—148
20. 胡鸿兴, 方雄, P. E. Frank. 1986. 湖北省兴山县及神农架林区猕猴 (*Macaca m. mulatta*) 的初步研究. 全国兽类学会学术讨论会论文, 未刊
21. 胡锦矗. 1992. 四川兽类的补充和修订, 未刊
22. 胡锦矗. 1993. 大熊猫近 40 年的演变. 四川师范学院报, 14 (2): 99—103
23. 胡锦矗 , 王酉之. 1982. 四川资源动物志 第一卷总论: 哺乳纲. 成都: 四川人民出版社, 78—144
24. 胡锦矗, 王酉之等. 1984. 四川资源动物志: 第二卷兽类. 成都: 四川科学技术出版社
25. 胡锦矗, 吴毅. 1993. 四川伏翼属 3 种蝙蝠新记录. 四川师范学院报, 14 (3): 236—237
26. 胡金元, 袁西安. 1986. 延安地区狍种群的初步研究. 动物学杂志, (3): 24—26
27. 胡任光, 潘伯洪, 陈兆丰. 1985. 红颊獴生态的初步调查. 动物学杂志, (4): 12—13
28. 胡忠信. 1984. 长江野兔的生态和狩猎. 野生动物, (4): 31—33
29. 黄尔文. 1984. 獾的生活习性. 野生动物, (2): 28—30
30. 黄康彩. 1988. 辽宁动物志 (肖增祜主编) ——兽类: 食虫目、翼手目、偶蹄目. 沈阳: 宁科学技术出版社: 16—40, 204—214
31. 黄圮. 1984. 江苏省吕泗港捕获的北海狮. 动物学杂志, 2 (2): 40—41
32. 黄文几. 1980. 我国东海糙齿海豚. 动物学报, 26 (3): 280—2896
33. 黄文几. 1959. 长江下游地区若干动物区系发现及其在动物地理学上的意义. 复旦学报: 自然科学, (2): 206—212
34. 黄文几等. 1979. 江苏省镇江金沙滩巢鼠的调查研究. 动物学杂志, (3): 8—11
35. 黄文几, 温业新, 黄正一, 穆大威, 唐子英, 练作宸. 1978. 安徽省哺乳动物调查和地理区划. 复旦学报 (自然科学版), (1): 86—104
36. 何 瑞. 1934. 南京及其附近兽类之研究. 中国科学会生物实验文集, 动物, 10 (4): 245—287
37. 荷夫曼 R. S. 1987. 中国鼩鼱 (兽类: 鼩鼱亚科) 分类与分布. 兽类学报, 7 (2): 100—139
38. 胡鸿兴. 1985. 关于深入开展金丝猴 *Rhinopithecus r. roxellenae* 研究与保护的我见. 未刊稿
I1. 内蒙鼠防所. 1958. 长爪砂土鼠生态调查总结. 鼠疫丛刊. (2): 27—36
J1. 吉林省地方病第一防治所. 1967. 吉林省哺乳纲兔形目和啮齿目的分布. 未刊
2. 姜建青, 马勇. 1993. 中国棕背 亚种分化的研究. 动物分类学报, 18 (1): 114—122
3. 纪树立. 1958. 新疆鼠疫区调查结果介绍. 鼠疫丛刊, (2): 47—52
4. 蒋光藻, 倪健英, 谭向红. 1990. 四川短尾 (*Anourosorex squamipes*) 种群动态研究. 兽类学报, 10 (4): 294—298
5. 蒋光藻, 谭向红. 1989. 成都地区农田鼠类群落结构研究. 西南农业大学学报, 11 (2): 122—130
6. 将国福等. 1991. 宜川县北部啮齿动物的初步调查. 动物学杂志, 26 (2): 25—27
7. 蒋学龙, 王应祥等. 1991. 中国猕猴的分类及分布. 动物学研究, 12 (3): 241—247
8. 金大雄. 1958. 贵阳市鼠类调查. 动物学杂志, 2 (2): 91—95
9. 景河铭. 1985. 南鼢鼠生活习性的初步观察. 动物学杂志, (3): 20—23
10. 联合调查队. 1981. 惠东县古田林区动植物资源调查报告. 广东省昆虫研究所年报, 未刊, 77—82
K1. 高耀亭. 1963. 中国麝的分类. 动物学报, 15 (3): 479—488
2. 高耀亭, 冯祚建. 1964. 中国灰尾兔亚种的研究. 动物分类学报, 1 (1): 19—30
3. 高耀亭, 陆长坤, 张洁, 汪松. 1962, 云南西双版纳兽类调查报告. 动物学报, 14 (2): 180—196
4. 高士贤等. 1977. 饲养复齿鼯鼠的一些资料. 动物学杂志, (4): 20—50
5. 基奇诺尔 D. J. 王应祥, 白莱德利 A., 何吴 R. A, 载尔 J. 中国西南昆明附近小型兽生境的干扰。印度——马来动物学, (4): 161—186
6. 黑田长礼. 1940. 海南岛产哺乳类. 日本生物地理学会会报, (10): 136—161
7. 黑田长礼. 1940. 日本哺乳动物图说. 东京: 三省堂
8. 和田一雄, 熊成培, 王岐山. 1987. 短尾猴和猕猴在中国安徽省南部的分布. 兽类学报, 7 (3): 168—177
L1. 赖月梅. 1987. 白头叶猴的生态习性和饲养繁殖. 野生动物, (4): 23—24
2. 罗蓉等. 1993. 贵州兽类志. 贵阳: 贵州科技出版社 (并参著者等. 1979 年版贵州脊椎动物分布名录)
3. 李保国, 陈服官. 1989. 鼢鼠属凸颅亚属 (*Eospalax*) 的分类研究及一新亚种. 动物学报, 35 (1): 89—95
4. 李崇云, 马世来, 王应祥, 刘国才. 1987. 动物红河地区兽类考察报告云南南部红河地区生物资源科学考察报告. 第一卷, 陆栖脊椎动物. 昆明: 云南民族出版社. 1—32
5. 黎道洪. 1992. 黔西北地区农田鼠类组成与数量. 未刊
6. 李恩庆. 1990. 河北省啮齿动物地理区划. 生物地理和土壤地理研究, 95—101
7. 李贵辉等. 1966. 秦岭首次发现华南虎. 动物学杂志, (8): 48
8. 李桂垣. 1965. 斑林狸在四川的发现. 动物学杂志, (5): 238
9. 李家坤. 1964. 甘肃啮齿动物的分布. 甘肃师范大学学报 (自然科学), (2): 1—19
10. 李景元, 商志宽. 1958. 昭盟发现了土拨鼠. 鼠疫丛刊, (1): 45—47
11. 李贵真. 1957 滇西食虫目及啮齿目动物的蚤数调查. 动物学报, 9 (1): 25—33
12. 李佩旬. 1981. 蝙蝠科二个种在黑龙江省的初步发现. 野生动物, (3): 51—52
13. 李佩旬 , 徐学良. 1981. 黑龙江上游长尾黄鼠 (*Citellus undulatus menzbier*) 的生态资料. 哈尔滨师范大学学报 (自然科学) , (2): 72—75
14. 李树深, 王应祥. 1981. 中国兽类的两个新亚种. 云南动物研究所 (科研工作汇编), 26—32
15. 李树深, 王应祥. 1981. 赤腹松鼠 (*Callosciurus erythraeus* Pallas) 的一个新亚种. 动物学研究, 2 (1): 71—76

16. 李彤. 1985. 吉林省森林鼠害调查报告. 动物学杂志，(6)：26—28
17. 李维贤，1988. 辽宁动物志（肖增祜主编）——兽类：啮齿目. 沈阳：辽宁科学技术出版社，49—115
18. 李维东 等. 1991. 伊犁鼠兔分布区与栖息地的初步研究. 动物学杂志，26 (3)：28—30
19. 李维贤. 1983. 辽宁省啮齿动物的地理区划. 动物学报，29 (4)：383—390
20. 李维贤，刘海堂，潘风纯，李太民，吴国新. 1983. 辽宁西部地区的啮齿动物. 野生动物，(5)：14—16
21. 李秀朋. 1965. 在图门江下游首次发现的海豹. 动物学杂志，(5)：238
22. 李锡璋，王宗麟，彭昌嘉，周庆芬，崔贵庭. 1991. 甘肃省陇南、甘南地区啮齿类区系及分布. 动物学杂志，26 (4)：15—18
23. 李又林. 1960. 峨眉山的"藏酋猴". 动物学杂志，(5)：202—203
24. 李枝林，韩建芳. 1988. 羽尾跳鼠自然繁殖情况的初步观察. 四川动物，7 (2)：32—33
25. 李枝林，秦长育，韩建芳. 1988. 子午沙鼠生态学的初步研究. 兽类学报，8 (1)：43—48
26. 李致祥，马世来. 1980. 白头叶猴的分类订正. 动物分类学报，5 (4)：440—442
27. 李致祥，马世来，洪长华，王应祥，1982. 云南金丝猴 *Rhinopithecus bieti*，的习性和分布。人类进化杂志，(11)：633—638
28. 李致祥，杨岚，王应祥，鲜汝伦，徐启明，陈伟棠. 1980. 云南野牛（*Bos gaurus*）生长发育的初步观察. 动物学研究，1 (3)：425—428
29. 李致祥，林正玉. 1983. 云南灵长类的分类分布. 动物学研究，(2)：111—119
30. 梁俊勋. 1993. 广西农业区小型害兽的调查报告. 广西省植保研究所，未刊
31. 梁俊勋，黄汉宏，李堂. 1993. 桂西山地南缘农区小型兽类及其群落特征的研究. 西南农业学报，6 (2)：75—82
32. 梁俊勋，张俊. 1985. 黄土高原东北缘的鼠类及其区划的研究. 兽类学报，5 (4)：299—309
33. 梁仁济，董永文. 1985. 绒山蝠生态的初步调查. 兽类学报，5 (1)：11—15
34. 梁仁济，董永文. 1984. 皖南地区翼手类初步研究. 兽类学报，4 (4)：321—328
35. 梁仁济，萧凤，王明荣. 1984. 折翼蝠冬眠期几项生理常数的测定及分析. 兽类学报，(3)：167—175
36. 梁智明. 1982. 贵州省的猪尾鼠. 动物学杂志，(3)：33—36
37. 廖崇惠，陈茂乾. 1988. 小良热带人工阔叶混交林中屋顶鼠施氏亚种的食性及其生态学意义 . 兽类学报，8 (1)：33—42
38. 廖炎发. 1985. 青海雪豹地理分布的初步调查. 兽类学报，5 (3)：183—188
39. 廖子书. 1964. 贵州省贵定县鼠类调查报告. 动物学杂志，6 (5)：204—205
40. 林浩然，辛景禧. 1961. 中山县大沙田区秋冬两季小拟袋鼠和黄毛鼠生态的初步观察. 中山大学学报（自然科学），(3)：34—40
41. 林曜松，陈擎霞，卢坚富，梁辉石. 1991. 太鲁阁国家公园动物相与海拔高度、植被之关系研究. 太鲁阁国家公园管理处，18—39
42. 林曜松，卢坚富，李玲玲. 1989. 玉山国家公园楠梓仙溪林道台湾猕猴之族群分布与栖地利用研究. 太鲁阁国家公园管理处.
43. 林曜松，卢坚富. 1990. 太鲁阁国家公园中横公路之山至大禹岁段沿线猕猴资源之调查研究. 太鲁阁国家公园管理处.
44. 林永烈. 1985. 天山托木尔峰地区的兽类区系. 天山托木尔峰地区的生物考察报告. 乌鲁木齐：新疆人民出版社，1—19
45. 凌胤民. 1984. 南宁地区鼠形动物区系组成及其与有关自然疫源性疾病探讨. 中国动物学会五十周年论文摘要汇编，(下册)：400
46. 刘春生等. 1986. 安徽省黄山啮齿类区系研究. 动物学杂志，(6)：18—21
47. 刘春生，李传斌，吴万能，孟冀辉. 1985. 安徽省啮齿动物的区系分布和地理区划. 兽类学报，5 (2)：111—118
48. 刘春生，吴万能，郭世坤，孟冀辉. 1991 中国大陆东部地区黑线姬鼠亚种分化研究. 兽类学报，11 (4)：294—299
49. 刘春生，吴万能，俞正楚，张大荣，孟冀辉. 1984. 猪尾鼠（*Typhlomys cinereus*）在安徽的发现. 兽类学报，4 (4)：272
50. 刘德隅等. 1987. 云南自然保护区. 北京：中国林业出版社
51. 刘建立，张全光. 1986. 黄河口农牧区鼠类调查简报中国农学通报（全国农牧区鼠害防治学术讨论会论文摘要）专辑. 20
52. 刘季科，梁杰荣，沙渠. 1977. 柴达木盆地南缘诺木洪荒漠农耕地内鼠类群落的演替趋势及其生物量的变化. 青海生物研究所丛刊，生态学文集，(1)：103—113
53. 刘铬泉等. 1974. 粤西山区野生鼠类生态的初步观察. 动物学杂志，(2)：18—19
54. 李维东，马勇. 1986. 鼠兔属一新种. 动物学报，32 (4)：375—379
55. 刘铭泉，刘振华. 1983. 粤西发现的黑腹绒鼠及其生态学的初步调查报告. 动物学杂志，(5)：17—19
56. 刘铭泉，刘振华. 1976. 广东省食虫类及常见种的生态调查. 动物学杂志，(3)：29—30
57. 刘乃发. 1982. 白水江自然保护区动物资源概况. 野生动物，(2)：3—6
58. 柳枢. 1977. 山西北部农田鼠类调查. 动物学杂志，(4)：38—41
59. 柳枢. 1966. 黄鼠生态的初步观察. 动物学杂志，8 (3)：112—119
60. 刘振河. 1987. 海南坡鹿. 动物学杂志，(3)：37—38
61. 刘振河，余斯绵，袁喜才. 1984. 海南长臂猿的资源现状. 野生动物，(6)：1—4
62. 刘振河. 1992. 珠江外的江獭. 未刊
63. 刘振河. 1992. 广东兽类分布名录. 未刊
64. 刘振河，袁喜才. 1981. 拯救猴类，建立珠江口区猴类自然保护区的建议. 广东省昆虫研究所年报. 83—86
65. 刘振河，袁喜才. 1981. 南岭动物资源调查初报（赣、湘南部的哺乳类部分）. 广东省昆虫研究所年报. 57—76
66. 刘振河，曾中兴，袁喜才. 1981. 广东省的灵长类资源及其保护利用. 广东省昆虫研究所年报，87—89
67. 刘振华，赵善贤，陈友光，于忠亭. 1983. 西沙群岛的鼠类. 动物学杂志，(6)：40—42
68. 罗泽洵，夏武平，寿振黄. 1959. 内蒙大兴安岭伊图里河小型兽类调查报告. 动物学报，11 (1)：86—100
69. 龙国珍，李汉华. 1988. 广西大瑶山自然资源考察：动物. 上海：学林出版社，479—481
70. 龙志. 1966. 河北新安县城郊有关鼠类的一些资料. 动物学杂志，(4)：175
71. 陆长坤，王宗 ，全国强，金善科，马德惠，杨德华. 1965. 云南西部临沧地区兽类的研究. 动物分类学报，2 (4)：279—295
72. 陆长坤，杨德华. 1965. 云南板齿鼠的一些生态学资料. 动物学杂志，(6)：525—526
73. 卢浩泉. 1987. 河狸. 动物学杂志，22 (6)：39—40
74. 卢浩泉. 1984. 山东省哺乳动物区系初步调查. 兽类学报，4 (2)：155—158（作者于 1992 年作了修订，未刊）
75. 卢浩泉. 1962. 山东费县小形啮齿类野外生态观察. 动物生态及分类区系专业学术讨论会论文摘要汇编，221
76. 卢立仁. 1987. 广西翼手类调查. 兽类学报，7 (1)：79—80
77. 吕培炎 王建浩. 1983. 我国的野象群. 野生动物，(4)：27—29
78. 旅大检疫所. 1957. 大连港鼠小志. 鼠疫丛刊，3 期：36—37
79. 罗一宁. 1987. 我国兽类新记录——缺齿鼠耳蝠. 兽类学报，7 (2)：159

80. 罗泽洵. 1959. 亚寒带落叶松林采伐后兽类数量的变化. 动物学杂志,(5):202—206
81. 罗泽洵. 1988. 中国野兔. 北京:中国林业出版社
82. 罗泽洵,郝守身,梁志安,牛德芳,曹洪昌. 1975. 呼伦贝尔草原有关布氏田鼠防治方面的某些生物学研究. 动物学报,21(1):51—60
83. 罗泽洵. 1981. 我国草兔的分类研究. 兽类学报,1(2):149—158
84. 罗泽洵,李世纯,刘子德,杨士和. 1982. 长白山野生梅花鹿的再发现. 野生动物,(4):9—10
85. 罗志腾. 1964. 陕西发现的白腹巨鼠. 动物学杂志,6(3):109
86. 芦卡什金. 1939. 北满野生哺乳类志. 东京:兴亚院
87. 刘诗峰. 1959. 秦岑金丝猴(*Rhinopithecus roxellanae*)初步调查报告. 西北大学学报,(3):19—26
88. 瘳炎发. 1988. 青海荒漠猫的一些生物学资料. 兽类学报,8(2):128—131
89. 李致祥. 1981. 中国麝一新种的记述. 动物学研究,2(2):157—101
90. 黎德武. 1963. 湖北省毛皮兽的初步调查报告. 华中师范学院科学研究论文集,(1):167—176
91. 李桂垣. 1965. 四川雅安鼠类的初步调查. 中国动物学会三十周年学术讨论论文摘要汇编. 北京:科学出版社. 190
92. 刘连珠等. 1965. 重庆市的鼠类. 中国动物学会三十周年学术讨论论文摘要汇编. 北京:科学出版社,190
93. 刘乃发,范华伟,敬凯,宁瑞栋. 1990. 甘肃安西荒漠鼠类群落多样性研究. 兽类学报,10(3):215—220
94. 李家坤,张绳祖. 1965. 甘肃龙迭县鸟兽的初步调查. 中国动物学会三十周年学术讨论会论文摘要汇编. 北京:科学出版社,262—263
95. 梁智明. 1965. 贵州省金沙县新乡鼠类调查. 中国动物学会三十周年学术讨论会论文摘要汇编. 北京:科学出版社,295
96. 吕国强,陈文章. 1989. 河南省害鼠种类及地理分布. 中国鼠类防制杂志,5(2):93—98
97. 李景熙. 1994. 牛母林自然保护区物种多样性初探. 生物多样性,2(4):240—243
M1. 马国瑶. 1988. 白水江自然保护区兽类调查初报. 动物学杂志,(5):26—28
2. 马国瑶. 1988. 二十年内大熊猫在甘肃省的地理分布变迁. 兽类学报,8(3):234,198
3. 马立名. 1958. 安广县(吉林)黄鼠寄生蚤调查. 鼠疫丛刊,(3):15—17
4. 马梅荪. 1962. 新疆塔里木盆地南缘及昆仑山区兽类初步调查报告(摘要). 动物生态及分类区系专业学术讨论会论文摘要汇编,:213
5. 马世来,王应祥,刘国才,李崇云. 1987. 云南红河地区珍稀濒危兽类的分布与现状. 云南南部红河地区生物资源科学考察报告,第一卷陆栖脊椎动物. 昆明:云南民族出版社,41—55
6. 马世来,王应祥,李崇云,刘国才. 1987. 云南红河地区的兽类区系和动物地理区划. 云南南部红河地区生物资源考察报告第一卷陆栖脊椎动物. 昆明:云南民族出版社,33—40
7. 马世来,王应祥. 1988. 中国现代灵长类的分布、现状和保护. 兽类学报,8(4):250—260
8. 马世来,王应祥. 1986 中国南部及其邻近地区长臂猿的分类和分布——附三个新亚种的记述. 动物学研究,7(4):393—410
9. 马世来,王应祥,F. E. 玻利尔. 1989. 黑叶猴(*Presbytis francois*)的分类与分布. 灵长类,30(2):233—240
10. 马世来,王应祥等. 1988. 中国南部及其邻近地区长臂猿的分类、分布及现状. 灵长类,29(2):277—286
11. 马世来,王应祥,C. P. 格罗维斯. 1988 云南赤麂的亚种分类记述. 兽类学报,8(2):95—104
12. 马世来,王应祥,施立明. 1990. 麂属(*Muntiacus*)一新种. 动物学研究,11(1):47—53
13. 马逸清等. 1986. 黑龙江省兽类志. 哈尔滨:黑龙江科学技术出版社
14. 马逸清. 1981. 我国熊的分布. 兽类学报,1(2):137—144
15. 马逸清. 1962. 延边兽类分布调查报告. 延边生物科学集刊,(1):1—35
16. 马逸清,蔡桂全. 1979. 我国黑熊——亚种的新纪录. 动物分类学报,4(3):300
17. 马逸清,吴家炎. 1981. 我国紫貂种下分布的研究——包括一新亚种. 动物学报,27(2):189—196
18. 马逸清,盛和林. 1983. 我国虎的分布. 黑龙江省资源研究所 华东师范大学,未刊
19. 马勇. 1981. 新疆北部地区啮齿动物地理分布的研究. 动物学报,27(2):180—188
20. 马勇. 1981. 新疆北部地区动物地理区划的几个问题. 动物学报,27(4):395—402
21. 马勇,李思华. 1979. 长耳跳鼠——新亚种. 动物分类学报,4(3):301—303
22. 马勇,林永烈,李思华. 1980. 我国内蒙古褐斑鼠兔一新亚种. 动物分类学报,5(2):212—214
23. 马勇,王逢桂,金善科,李思华,孙崇璐,郝守身. 1982. 新疆黄兔尾鼠的分布及其生态习性的初步观察. 兽类学报,2(1):81—88
24. 马勇,王逢桂,金善科,李思华. 1987. 新疆北部地区啮齿动物的分类和分布. 科学出版社
25. 马勇,王逢桂,金善科,李思华,林永烈,叶宗耀. 1981. 新疆北部地区啮齿动物(Glires)的分类研究. 兽类学报,1(2):178—188
26. 马勇. 1965. 内蒙狭颅田鼠一新亚种. 动物分类学报,2(3):183—186
27. 马勇. 1964. 山西短棘猬的一个新种. 动物分类学报,1(1):31—36
28. 闵芝兰,陈服官,黄洪富. 1966. 陕西省兽类新纪录. 动物学杂志,(2):54—55
29. 莫乘风. 1958. 小拟袋鼠生态的初步观察. 动物学杂志,2(3):174—177
30. 莫冠英. 1992. 湛江市区室内鼠类变动的研究. 动物学杂志,27(1):19—21
N1. 倪建英,蒋光藻,谭向红. 1991. 川西农田小型兽类分布研究. 兽类学报,11(4):300—305
2. 倪新民. 1979. 甘肃省甘南藏族自治州珍贵动物资源调查. 动物学杂志,(2):36—38
O1. 欧阳新举. 1960. 中华竹鼠(Rhizomys sinensis vestitus Milne—Edwards)的初步观察. 动物学杂志,4(5):200—202
P1. 彭鸿绶,高耀亭,陆长坤,冯祚建,陈庆雄,1962. 四川西南和云南西北部兽类的分类研究. 动物学报,14 卷增刊:105—132
2. 彭鸿绶,彭燕章. 1972. 我国鸟兽的首次纪录. 云南动物研究所(科研工作汇编),(2):1—7
3. 彭鸿绶,王应祥. 1981. 高黎贡山的兽类新种和新亚种(1). 兽类学报,1(2):167—176
4. 皮南林. 1973. 查干敖包地区黄鼠危害草原生产力的探讨. 灭鼠和鼠类生物学研究报告,第一集:84—90
5. 玻利尔,F. E. 1986. 台湾猕猴(*Macaca cyolopis*)的初步研究,动物学研究,7(4):411—422
6. 朴仁珠. 1989. 藏狐种群数量调查. 野生动物,(6):52
7. 秉志. 1931. 南京动物区系初报. 中国科学会生物学报. 7 卷:173—201
8. 彭鸿绥等. 1965. 贵州兽类的分类研究. 中国动物学会三十周年学术会讨论论文摘要汇编,北京:科学出版社,275
9. 菲立浦 C. J.,威尔逊 N. 1968. 香港蝙蝠的采集,哺乳动物学报,(49):128—133
Q1. 察哈尔盟鼠防站. 1958. 鸣声鼠类生态调查初报. 鼠疫丛刊,(3):8—12
2. 秦长育. 1985. 阿拉善黄鼠数量分布及有关生态学调查分析. 动物学杂志,(6):11—15
3. 秦长育. 1991. 宁夏啮齿动物区系及动物地理区划. 兽类学报,11(2):143—151

4. 秦耀亮. 1979. 广东省啮齿动物的地理分布与区划及防治. 动物学杂志,(4): 30—34
5. 秦耀亮. 1983. 我国长江中下游以南地区啮齿动物的组成和分布. 动物学杂志,(6): 10—13
6. 秦耀亮,林诗兴,黄进冈. 1965. 板齿鼠(*Bandicota indica* Bechstein)生长发育的初步研究. 未刊
7. 秦耀亮,芦汰春,吴锡谋,张启枝,陈人. 1963. 福建省北部地区的猴类. 广东动物学会年会论文摘要集,未刊
8. 秦耀亮,王耀培,周宇恒. 1965. 珠江三角洲三个代表县的小型兽类. 调查报告,未刊
9. 邱明江等. 1987. 青海省唐古拉山地区有蹄类数量的初步调查. 四川动物,6 (2): 40—41
10. 全国强,靳景玉,黄金声,周玉富. 1987. 我国灵长目一种的新记录. 研究简报,7 (2): 158
11. 全国强,汪松,张荣祖. 1981. 我国灵长类动物的分类与分布. 野生动物,(3): 7—14
12. 全国强,谢家骅. 1981. 关于金丝猴贵州亚种 *Rhinopithecus roxellanae brelichi* Thomas 的资料. 兽类学报,1 (2): 113—116
13. 青海甘肃地区科学综合考察队. 1958—1960. 考察资料. 中国科学院,未刊.
14. 钱燕文,冯祚建,马莱龄. 1974. 珠穆朗玛峰地区鸟类和哺乳类的区系调查. 珠穆朗玛峰地区科学考察报告(1966—1968):生物与高山生理,北京:科学出版社:1—23
15. 钱国桢,盛和林. 1976. 獾冬季的食物. 动物学杂志,(1): 37
16. 钱伟娟. 1965. 江苏翼手类采集报告. 中国动物学会三十周年学术讨论会论文摘要汇编,北京:科学出版社:274
17. 全国强. 1989. 中国灵长类分布目录. 未刊
18. 钱成. 1959. 合浦县几种野鼠生态学概述. 流行病学杂志,(2): 29—31
R1. 巴尼柯夫. 阿・革. 1954. 蒙古人民共和国哺乳动物. 苏联科学院 21—669. 莫斯科
2. 巴尼柯夫. 阿・革. 1960. 中国南山与南戈壁的哺乳动物. 自然杂志:生物学(3): 5—11
3. 毕赫乃尔. 俟・阿. 1888—1894. 蒲尔瓦斯基中亚考察之科学结果,动物学哺乳动物部分. 1—5 集. 彼得堡
4. 波蒲林斯基,赫. 阿,库兹涅佐夫,蒲阿,库什金,阿. 蒲. 1944. 苏联哺乳动物检索,莫斯科
5. 库什金,阿. 蒲. 1950. 蝙蝠. 苏联科学院. 莫斯科
6. 奥格涅夫,斯、依. 1929—50. 苏联及其邻近地区的哺乳类 1—7 卷 莫斯科
7. 蒲尔瓦斯基、赫姆. 1888. 从恰克图到黄河源,西藏北缘和沿塔里木流域及穿过罗布泊的考察. 莫斯科
S1. 中国科学院治沙队. 1960. 内蒙古磴口鼠类名录. 未刊
2. 内蒙赛汉塔拉鼠防所. 1957. 长爪沙土鼠专案调查总结. 鼠疫丛刊,(4): 3—9
3. 夏勒 G. B.,李宏,塔里普,仁宗伦,丘明江. 1988. 新疆的雪豹,奥立克,22 (4): 197—204
4. 夏勒 G. B.,仁宗伦,丘明江. 1988. 中国新疆、甘肃的雪豹. 生物保护,(45): 179—194
5. 夏勒 G. B. 1987. 中国新疆塔什库尔干大型兽类的现状. 生物保护,(42): 53—71
6. 邵孟明,禹瀚. 1965. 秦岭发现的鼯鼠. 动物学杂志,(5): 240
7. 寿振黄. 1958. 广东北部湾所发现的儒艮. 动物学杂志,2 (3): 146—152
8. 寿振黄,汪松,陆长坤,张鎏光. 1966. 海南岛的兽类调查. 动物分类学报,3 (3): 260—276
9. 寿振黄,汪松. 1959. 海南食虫目(Insectivora)之一新属新种:海南新毛猬(*Neohylomys hainanensis* gen. *et* sp. nov.). 动物学报,11 (3): 422—428
10. 陕西动物研究所. 1981. 陕西经济鸟兽资源及评价. 陕西农业区划办公室. 107—113
11. 寿振黄. 1955. 中国毛皮兽的地理分布. 地理学报,21 (4): 405—421
12. 申兰田,卢立仁,曾繁珍. 1988. 广西陆栖脊椎动物分布名录. 桂林:广西师范大学出版社. 桂林. 99—122
13. 盛和林. 1976. 虎、豹和云豹的食物. 动物学杂志,(1): 41
14. 盛和林等. 1976. 小麂的生态和利用. 动物学杂志,(1): 39—40
15. 盛和林. 1981. 舟山、嵊泗诸岛屿的毛皮兽. 动物学杂志,(4): 45—48
16. 盛和林. 1964. 黄鼬种群生态 II. 黄鼬冬季食性的研究. 华东师范大学学报(自然科学版),(2): 117—122
17. 盛和林. 1987. 中国特产动物——黑麂. 动物学杂志,(2): 45—48
18. 盛和林,陆洪基. 1980. 珍稀中国黑麂现状的研究. 自然历史杂志,(14): 803—807
19. 盛和林,陆厚基. 1982. 毛冠鹿的分布,资源和习性. 动物学报,28 (3): 307—311
20. 盛和林,陆厚基. 1982. 江西省的珍贵动物. 野生动物,(4): 6—8
21. 盛和林,陆厚基. 1985. 我国亚热带和热带地区的鹿科动物资源. 华东师范大学学报(自然科学版),(1): 96—103
22. 盛和林,陆厚基. 1990. 关于菲氏麂(*Muntiacus feae*)的讨论. 华东师范大学学报(哺乳动物生态学专辑): 121
23. 盛和林,陆厚基,王培潮. 1984. 江西省哺乳动物资源的开发问题. 华东师范大学学报(自然科学版),(2): 89—94
24. 盛和林,吴光,李冬馥,朱德胜. 1963. 皖南陆生哺乳动物的区系组成及其经济意义. 华东师范大学学报,(1): 93—100
25. 盛和林,吴天荣. 1981. 浙西山区的黑麂、小麂、毛冠鹿和梅花鹿资源. 野生动物,(2): 33—34
26. 盛林. 1960. 灰毛竹鼠的生活习性及其捕捉方法. 华东师范大学学报(自然科学),(1): 61—68
27. 盛林. 1960. 建阳邵武地区啮齿动物的初步调查. 华东师范大学学报:自然科学,(1): 47—56
28. 盛和林,施银柱,马世全,苏锦龙. 1959. 上海市郊黑线姬鼠的越冬地点及其消灭方法. 动物学杂志,3 (5): 189—192
29. 史良才. 1985. 部分省区动物新纪录一览表. 动物学杂志,(2): 31
30. 史良才. 1985. 猪尾鼠在湖北的发现. 动物学杂志,(5): 64
31. 施祖银,蔡桂全,王学高,樊乃昌. 1981. 宁夏南部山区啮齿动物初步调查. 灭鼠和鼠类生物学研究报告,(4): 132—138
32. 寿振黄等. 1962. 中国经济动物志:兽类. 北京:科学出版社
33. 寿振黄等. 1958 东北兽类调查报告. 北京:科学出版社
34. 寿振黄,罗泽洵. 1957. 黑龙江呼玛县麝鼠分布的现状. 动物学杂志,(2): 114—115
35. 寿振黄,高耀亭,陆长坤. 1959. 云南南部的象. 动物学杂志,(5): 206—209
36. 寿振黄,李清涛. 1958. 小兴安岭带岭林区不同采伐迹地上的鼠类区系初步观察. 动物学杂志. 1985,(1): 6—11
37. 寿振黄,张洁. 1958. 大竹鼠的初步调查. 生物学通报,(2): 26—28
38. 寿仲灿,冯祚建. 1984. 我国藏鼠兔一新亚种. 兽类学报,4 (2): 151—154
39. 宋恺,郇庚年. 1986. 甘肃民乐县啮齿动物群落与数量调查. 全国兽类学会讨论会论文,未刊
40. 松会武. 1965. 贵州东南缘的农田鼠害及其防治. 动物学杂志,7 (3): 207—208
41. 宋世英. 1984. 陕西陇山地区兽类的区系调查. 动物学杂志,(5): 42
42. 宋世英. 1985. 大仓鼠一新亚种——宁陕亚种. 兽类学报,5 (2): 137—139

43. 宋世英. 1985. 陕西省的猬类及其分布. 动物学杂志,(1):6—9
44. 宋世英,邵孟明. 1983. 陕西省秦巴地区食虫类区系研究初报. 动物学杂志,(2):11—13
45. 孙崇烁,高耀亭. 1976. 我国猫科新纪录——云猫(*Pardofelis marmorta*). 动物学报,22(3):304
46. 中国科学院南水北调综合考察队:(1959—1961)动物组总结报告. 未刊
47. 石汉声. 1930. 广西瑶山哺乳动物初步报告. 中山大学生物系丛刊,(4):1—10
48. 盛和林,陆培潮. 1975. 江西毛皮兽资源的利用. 动物学杂志,(2):20—23
49. 寿振黄,蔡希陶. 1958. 云南西双版纳发现的野牛. 科学通报,(4):112—113
50. 孙儒泳等. 1962. 柴河林区小啮齿类的生态学—II:垂直分布. 动物学报,14(2):165—174
T1. 谭邦杰. 1986. 虎在中国的分类和分布. 全国兽类学会学术讨论会论文,末刊
2. 唐蟾珠,马勇,王家骏,王子玉,周乃武. 1965. 山西省中条山地区的鸟兽区系. 动物学报,17(1):86—101
3. 汤泽生. 1960. 川北九县毛皮兽及其利用的初步报告. 动物学杂志,4(5):195—199
4. 唐子英,李致勋. 1957. 海南岛脊椎动物调查简报. 动物学杂志,(4):246—249
5. 中国科学院华南热带生物资源考察队. 1960. 广东省韶关汕头专区动物资源调查报告. 未刊
6. 谭帮杰. 1989. 谈东北虎的存亡问题. 生物学通报,(8):1—2
7. 田景福. 1959. 江西省上饶地区鼠蛋相调查报告. 流行病学杂志,(3):36—38
W1. 王德生. 1958. 啮齿动物与蚤类调查报告. 鼠疫丛刊,(4):27—29
2. 王定国. 1988. 额济纳旗和肃北马鬃山北部边境地区啮齿动物调查. 动物学杂志,23(6):21—23
3. 王定国,王香亭. 1984,甘肃啮齿动物新记录. 中国动物学会五十周年论文摘要汇编上册. 北京:科学出版社:35
4. 王东凤. 1993. 黑龙江省兽类新纪录——水鼩鼱. 野生动物,(4):22—23,25
5. 王逢桂. 1980. 我国黑线仓鼠的亚种分类研究及一新亚种的描述. 动物分类学报,5(3):315—319
6. 王逢桂. 1981. 新疆子午沙鼠—新亚种. 动物分类学报,6(1):104—105
7. 王逢桂,马勇. 1982. 新疆社田鼠一新亚种——博格多社田鼠. 动物分类学报,7(1):112—114
8. 王福麟. 1974. 山西省毛皮兽的调查报告. 山西大学,未刊
9. 王福麟. 1992. 山西兽类的若干分布资料. 未刊
10. 王福麟. 1979. 山西省野生动物资源现状. 山西生物科学,未刊
11. 王福麟. 1962. 关于猕猴和果子狸的分布问题. 动物生态及分类区系专业学术讨论会论文摘要汇编 :216
12. 王福麟. 1981. 复齿鼯鼠在山西、河北的分布及其资源保护. 山西大学学报,(4):73—77
13. 王福麟. 1983. 果子狸的分布及其经济意义. 野生动物,(4):32—34
14. 王福麟. 1985. 复齿鼯鼠生态的初步研究. 兽类学报,5(2):103—110
15. 王福麟. 1986. 绛县鸟兽资源考察. 全国兽类学术讨论会论文,未刊
16. 王耕兴,罗大文,何晋候. 1990. 南滚河自然保护区内的小型动物. 动物学杂志,25(4):35—37
17. 王国良,杨光荣,胡晓玲,赵候. 1987. 云南陇川地区啮齿类及食虫类动物调查报告. 动物学杂志,22(6):31—32
18. 王光焕,吴德林,邓向福,甘正平. 1983. 哀劳山西坡小型兽类的初步研究. 云南哀劳山森林生态系统研究. 321—331
19. 王俊森. 1986. 蝙蝠科两个种的识别及竟争排除. 全国兽类学会学术会论文,未刊
20. 王培潘,王德兴. 1986. 陕西省临潼县主要害鼠鼠情测报研究初报. 全国兽类学会学术讨论会论文,未刊
21. 王丕烈. 1992. 江豚的形态特征和亚种划分问题. 水产科学,11(11):4—9
22. 王丕烈. 1985. 黄渤海西太平洋斑海豹的分布、生态和保护. 海洋学报,7(2):203—209
23. 王丕烈. 1984. 灰鲸在中国近海的分布. 兽类学报,4(1):21—26
24. 王丕烈. 1984. 中国近海江豚的分布、生态和资源保护. 辽宁动物学会会刊,5(1):105—110
25. 王丕烈. 1984. 中国近海鲸类的分布. 动物学杂志,(6):52—56
26. 王丕烈. 1990. 广西沿海的鲸类. 广西水产科技,(3):1—6
27. 王丕烈. 1991. 中国海洋哺乳动物区系. 海洋学报,13(3):387—392
28. 王丕烈. 1978. 黄海须鲸类的研究. 动物学报,24(3):269—277
29. 王丕烈. 1992. 中国江豚的分类. 水产科学,11(6):10—14
30. 王丕烈. 1990. 抹香鲸在中国近海的分布. 水产科学,9(3):28—32
31. 王丕烈,孙健运. 1986. 儒艮在中国近海的分布. 兽类学报,6(3):175—181
32. 王丕烈、唐瑞荣. 1981. 中国东南沿海发现的鳁鲸. 动物学杂志,(3):43—44
33. 王岐山. 1962. 合肥市鼠类初步调查. 安徽大学学报,(总3期):19—24
34. 王岐山. 1986. 安徽动物地理区划. 安徽大学学报(自然科学版),(1):45—58
35. 王岐山. 1960. 肥西县鼠类的初步调查. 动物学杂志,(1):5—7
36. 王岐山,陈壁辉,梁仁济. 1966. 安徽兽类地理分布的初步研究. 动物学杂志,8(3):101—106
37. 王岐山,刘春生,张大荣,王以银,俞正楚. 1979. 安徽长江沿岸鼠类及其体外寄生虫初步研究. 安徽大学学报(自然科学版),(1):61—70
38. 王岐山,胡小龙,颜于宏. 1982. 我国原麝—新亚种——安徽亚种. 兽类学报,2(2):133—138
39. 王岐山等. 1990. 安徽兽类志. 合肥:安徽科学技术出版社
40. 王思博. 1958. 新疆维吾尔自治区啮齿动物名录. 鼠疫丛刊,(5):27—29
41. 王思博,杨赣源. 1983. 新疆啮齿动物志. 乌鲁木齐:新疆人民出版社
42. 王思博,杨赣源. 1981. 新疆啮齿类的国内一新纪录. 动物分类学报,简报,6(1):112
43. 汪松,叶宗耀. 1962. 新疆兽类新纪录(摘要). 动物生态及分类区系专业学术讨论会论文摘要汇编:212
44. 汪松. 1964. 新疆兽类新种与新亚种记述. 动物分类学报,1(1):6—15
45. 汪松. 1959. 东北兽类补遗. 动物学报,11(1):344—349
46. 汪松. 1964. 桂西南缘兽类区系概貌. 动物学杂志,(3):197—201
47. 汪松,陆长坤,高耀亭,芦汰春. 1962. 广西西南部兽类的研究. 动物学报,14(4):555—568
48. 汪松,郑昌琳. 1973. 中国仓鼠亚科小志. 动物学报,19(1):61—68
49. 汪松,郑昌琳. 1981. 中国社鼠亚种小志. 动物学集刊,(1):1—8
50. 汪松,张洁. 1965. 新疆南部的鸟兽:哺乳纲. 新疆综合考察丛书,北京:科学出版社,158—212

51. 王廷正. 1990. 陕西省啮齿动物区系与区划. 兽类学报, 10 (2): 128—136
52. 王廷正, 方荣盛, 陈服官, 闵芝兰, 罗时有, 周海忠. 1983. 新疆阿尔泰北塔山地动物资源. 野生动物, (3): 53—55
53. 王廷正, 方荣盛. 1983. 秦岭大巴山地啮齿动物的研究. 动物学杂志, (3): 45—47
54. 王廷正, 刘加坤, 邵孟明. 1992. 达乌尔黄鼠种群繁殖特征的研究. 兽类学报, 12 (2): 147—152
55. 王廷正, 许文贤等. 1992. 陕西啮齿动物志. 西安: 陕西师范大学出版社
56. 王廷正, 周希振, 张士特. 1963. 西安地区啮齿类调查报告. 动物学杂志, 5 (2): 62—65
57. 王廷正, 王德兴, 柳建仪, 高安利. 1984. 陕西关中东部秋季农田鼠类的研究. 动物学杂志, (6): 33—36
58. 王廷正. 1983. 秦岭大巴山地啮齿类的生态分布. 生态学杂志, (2): 11—14
59. 王香亭. 1977. 甘肃的大熊猫. 兰州大学学报, (3): 87—99
60. 王香亭, 秦长育, 贾万章, 宋志明, 贺汝良, 钟宁祥. 1977 宁夏地区脊椎动物调查报告. 兰州大学学报, 自然科学版, (1): 110—128
61. 王香亭, 宋志明, 杨友桃, 郑涛, 陈鉴潮, 窦振威, 张绳祖, 王定乾. 1982. 甘肃哺乳动物区系研究. 兰州大学学报, (2): 131—139
62. 王学高, 施银柱, 梁杰荣. 1978. 青海省东部农业区鼠害调查及防治. 灭鼠和鼠类生物学研究报告, (3): 129—132
63. 王学高, 封明中. 1981. 华北平原一些地区有害啮齿动物种群密度调查. 兽类学报, 1 (2): 165—166
64. 王耀培, 秦耀亮. 1982. 珠江三角洲地区臭鼩与农业的关系. 动物学杂志, (4): 22—24
65. 王应祥. 1982. 我国两种伏翼的新亚种. 动物学研究, 3 (增刊): 343—348
66. 王应祥. 1987. 中国树鼩的分类研究. 动物学研究, 8 (3): 213—228
67. 王应祥, 靳板桥. 1987. 西双版纳的哺乳动物及其区系概貌. 西双版纳自然保护区综合考察报告集, 昆明: 云南科技出版社. 289—310
68. 王应祥, 徐龙辉. 1981. 椰子狸的一新亚种——海南椰子狸. 动物分类学报, 6 (4): 446—448
69. 王应祥, 罗泽洵等. 1985. 云南兔 (*Lepus comus* G. Allen) 的分类订正——附二个新亚种的描述. 动物学研究, 6 (1): 101—109
70. 王应祥, 龚正达, 段兴德. 1988. 高黎贡山鼠兔一新种. 动物学研究, 9 (2): 201—207
71. 王应祥, 李崇云. 1982. 中国鼩猬 (*Neotetracus sinensis* Trouessart) 一新亚种. 动物学研究, 3 (4): 427—430
72. 王应祥, 李崇云, 马世来. 1988. 树鼩生物学: 树鼩分类与生态. 昆明: 云南科技出版社: 21—70
73. 王应祥, 李致祥. 1980. 我国食虫目兽类新记录. 动物学研究, 1 (4): 563—564
74. 王应祥, 李致祥, 马世来. 1985. 云南西北甲午山小型兽类的重要分布, 中日兽类学 (T. Kawamichi 编) 日本哺乳动物学会: 20—27
75. 王酉之. 1982. 我国锡金小鼠印支亚种的研究. 四川动物, (1): 14—16
76. 王酉之. 1985. 睡鼠科一新属新种——四川毛尾睡鼠. 兽类学报, 5 (1): 67—75
77. 王酉芝, 屠云力, 汪松. 1966. 四川省发现的几种小型兽及一新种记述. 动物分类学报, 3 (1): 85—86
78. 王酉之, 杨光荣. 1986. 中国绒鼠属 *Eothenomys* 的初步研究 (摘要). 全国兽类学会学术会议论文, 未刊
79. 王者茂. 1973. 动物利用与防治, (5): 35—36
80. 王自存, 陈家齐. 1989. 六盘山自然保护区啮齿动物及体外寄生蚤调查. 四川动物, 8 (3): 38
81. 王祖祥, 李德浩, 蔡桂全. 1984. 珠峰地区鸟类和哺乳类研究的新资料和喜马拉雅塔尔羊亚种问题的探讨. 高原生物学集刊 (2): 81—100
82. 魏辅文, 胡锦矗. 1993. 四川牛羚的分布. 四川动物, 12 (3): 32—33
83. 韦振逸, 吴名川. 1985. 广西野生动物分布名录. 广西壮族自治区林业厅: 90—108
84. 温业新, 黄文儿, 黄正一, 唐子英, 陈延熹, 龚心雄. 1981. 浙江省翼手类的初步调查. 兽类学报, 1 (1): 34—38
85. 吴德林. 1982. 我国大家鼠 (*Rattus norvegicus* Berkenhout) 的亚种分化. 兽类学报, 2 (1): 107—112
86. 吴德林. 1980. 碧罗雪山鼠形啮齿类的垂直分布. 动物学研究, 1 (2): 221—231
87. 吴德林, 邓向福. 1984. 中国树鼠属一新种. 兽类学报, 4 (3): 207—212
88. 吴德林, 邓向福. 1988. 云南热带和亚热带山地森林鼠形啮齿类的群落结构. 1. 多样性相, 对丰盛度, 频度和物量. 兽类学报, 8 (1): 25—32
89. 吴德林, 邓向福, 王光焕, 甘正平. 1987. 中华姬鼠巢区的研究. 兽类学报, 7 (2): 140—146
90. 吴德林, 王光焕. 1984. 中国猪尾鼠 (*Typhlomys cinereus* Milme—Edwards) 一新亚种. 兽类学报, 4 (3): 213—215
91. 吴家炎. 1981. 西藏羚牛调查. 动物学杂志, (4): 16—19
92. 吴家炎等. 1987. 中国羚牛. 北京: 中国林业出版社
93. 吴家炎. 1986. 中国羚牛分类、分布的研究. 动物学研究, 7 (2): 167—175
94. 吴家炎, 韩亦平, 雍严格, 赵俊武. 1986. 佛坪自然保护区的兽类. 野生动物, (3): 1—4
95. 吴家炎, 胡志奇. 1980. 陕西珍贵动物资源调查和区划. 陕西省农业自然资源调查和农业区划委员会办公室印, 未刊
96. 吴家炎, 李贵辉. 1982. 陕西省安康地区兽类调查报告. 动物学研究, 3 (1): 59—68
97. 吴家炎, 牛勇. 1981. 我国兽类新纪录——不丹羚牛. 动物分类学报, 6 (1): 103
98. 吴家炎, 邵孟明, 郑永烈, 宋世英. 1978. 秦岭兽类区系调查研究 (初稿). 陕西省动物研究所, 未刊
99. 吴家炎, 郑生武, 韩亦平, 蔡桂全, 何玉邦. 1990. 白唇鹿形态及生态地理分布的初步研究. 华东师范大学学报 (哺乳动物生态学专辑): 71—78
100. 吴名川, 韦振逸, 何农林. 1987. 黑叶猴在广西的分布及生态. 野生动物, (4): 12—13
101. 吴宪忠等. 1994. 黑龙江省境内东北虎数量分布现状. 野生动物, (3): 17—20
102. 吴毅等. 1991. 我国特产动物——矮岩羊. 四川动物, 10 (1): 38
103. 吴毅, 胡锦矗, 候万儒. 1992. 四川省兽类一科的新记录: 犬吻蝠科. 四川动物, 11 (1): 7
104. 吴毅, 胡锦矗, 张国修, 李洪成. 1988. 四川省兽类新记录. 四川动物, 7 (3): 39
105. 吴毅, 胡锦矗, 余志伟, 邓其祥. 1993. 四川省兽类五新记录. 四川师范学院学报, 14 (4): 312—314
106. 吴毅, 胡锦矗, 李洪成, 翟明成. 1988. 卧龙小形啮齿类群落结构的研究. 南充师范学院学报, 9 (2): 95—102
107. 吴毅, 胡锦矗, 袁重桂, 魏辅文, 李洪成, 翟明成. 1992. 卧龙自然保护区小形啮齿类生态地理分布. 四川动物, 11 (4): 23—24
108. 吴毅, 魏辅文, 袁重桂, 胡锦矗. 1990. 两种纹背鼩鼱鉴别特征的探讨. 四川动物, 9 (1): 39—40
109. 吴毅, 袁重桂, 胡锦矗, 彭基泰, 陶沛林. 1990. 矮岩羊生物学的研究. 兽类学报, 10 (3): 185—188
110. 吴德林, 王光焕, 邓向福, 甘正平. 1983. 亚热带山地常绿阔叶林铗捕小兽群落结构. 云南哀牢山森林生态系统研究: 314—320
111. 王廷正, 郑哲民, 方荣盛. 1964. 陕西省动物地理区划初步意见. 陕西省动物学会论文选集, 1: 26—41
112. 王宗祎, 汪松. 1962. 青海发现的大狐蝠 *Pleropus giganteus* Brünnich. 动物学报, 14 (4): 494
113. 王玉学, 郑杰. 1986. 青海猕猴的调查. 兽类学报, 6 (3): 237—238
114. 吴名川. 1983. 广西灵长类动物的种类分布及数量估计. 兽类学报, 3 (1): 16
115. 王廷正, 方荣盛, 苏俊仁. 1965. 陕北及宁夏东部的兽类区系和区划的研究. 中国动物学会三十周年学术讨论会论文摘要汇编, 北京: 科学出版社: 266

116. 吴家炎，吕宋玉，郑永烈，邵孟明. 1966. 秦岭太白山区羚牛生态的初步观察. 动物学杂志，(3)：107—108
117. 吴家炎. 1990. 秦岭发现猪尾鼠. 动物学研究，11 (2)：126
118. 王西之，胡锦矗，陈克. 1980. 鼠亚科一新种——显孔攀鼠. *Vermaya foramena* sp. nov.. 动物学报，26 (4)：393—397
119. 伍律，董谦. 1958. 旅大市区及近郊鼠类的初步研究. 动物学杂志，2 (4)：207—211
120. 王丕烈. 1991. 台湾的鲸类又其资源保护. 水产科学，1 (4)：24—28
121. 王宇. 1991. 浙江沿海几种海兽的生物学资料. 动物学杂志，26 (1)：45—47
122. 王福麟，刘作模，吴国庆. 1965. 山西省鸟兽新纪录. 中国动物学会三十周年学术讨论会论文摘要汇编，北京：科学出版社：261
123. 吴德林. 1974. 云南松航播鸟鼠害调查. 动物学杂志，(2)：20
124. 王培潮等. 1976. 小灵猫的食性分析与饲养动物学杂志，(2)：39—40
125. 吴家炎. 1986. 秦岭的大熊猫. 动物学报，32 (1)：92—95
X1. 夏武平. 1964. 五趾心颅跳鼠在内蒙古的发现. 动物学杂志，(4)：151
2. 夏武平，龙志. 1978. 湖北长阳黑线姬鼠种群与巢区的一些生态资料. 灭鼠和鼠类生物学研究报告，(3)：85—94
3. 夏武平. 1984. 中国姬鼠属的研究及与日本种类关系的讨论. 兽类学报，4 (2)：93—98
4. 肖兵，盛和林. 1990. 鄱阳湖獐 (*Hydropotes inermis*) 家域和活动节律的研究. 华东师范大学学报 (哺乳动物生态学专辑)，(9)：27—36
5. 肖增祜等. 1985. 辽宁东部的兽类野生动物，(6)：37—38
6. 肖增祜. 1986. 辽宁陆栖兽类资源. 四川动物，5 (2)：18—21
7. 肖增祜等. 1988. 辽宁动物志 (肖增祜主编) ——兽类：兔形目. 沈阳：辽宁科学技术出版社，43—46
8. 谢家骅. 1987. 茂兰喀斯特森林区兽类调查报告. 茂兰喀斯特森林科学考察集. 贵阳：贵州人民出版社：311—315
9. 谢联辉. 1985. 初访阿尔金山. 野生动物，(3)：1—4
10. 邢莲莲，杨贵生. 1982. 内蒙古狼山北部荒漠地区哺乳动物区系的初步分析. 动物学杂志，(1)：16—18
11. 中国科学院新疆综合考察队. 1960. 兽类调查报告，未刊
12. 熊成培. 1984. 短尾猴的生态研究. 兽类学报，4 (1)：1—9
13. 熊郁良. 1975. 昆明红花洞地区几种蝙蝠的生态观察. 动物学报，21 (4)：336—343
14. 徐秉锟，李英杰，黎家灿，陈心陶. 1964. 广东珠江三角沙田地区五种鼠类的巢穴内节肢动物调查. 动物学报，16 (1)：123—131
15. 许春远. 1958. 安徽山区野猪为害情况及其防治方法. 动物学杂志，2 (2)：120—121
16. 徐汉光，贾树林，李忠学，黄文祥. 1983. 黄海北部小鳁鲸的研究. 动物学报，29 (1)：86—92
17. 徐虹，任青峰，于有志. 1984. 宁夏贺兰山东麓金山草原鼠类调查. 中国动物学会五十周年论文摘要汇编 (下册) 北京：科学出版社. 429
18. 徐龙辉. 1984. 花白竹鼠 (*Rhizomys pruinosus*) 的生物学研究. 兽类学报，4 (2)：99—105
19. 徐龙辉，余斯绵，马世来. 1988. 中国麂属的种类及分布. 野生动物，(1)：15—17
20. 徐龙辉，余斯绵. 1985. 小泡巨鼠 (Edwards rat) 一新亚种——海南小泡巨鼠. 兽类学报，5 (2)：131—135
21. 徐龙辉，刘振河，余斯绵. 1983. 海南岛的鸟兽：哺乳纲. 北京：科学出版社：278—398
22. 徐龙辉，吴屏英，余斯绵，王李标. 1989. 广东山区经济动物：兽类. 广州：广东科技出版社，7—29
23. 胥明肃. 1983. 祁连山地的白臀鹿. 野生动物，(1)：19—21
24. 许维岸，陈服官. 1989. 赤腹松鼠 (*Callosciurus erythraeus*) 的三个新亚种. 兽类学报，9 (4)：289—302
25. 徐学良. 1989. 驼鹿. 动物学杂志，24 (3)：48—51
26. 徐学良. 1983. 黑龙江的貂熊. 动物学杂志，(1)：14—16
27. 徐学良. 1975. 分布在黑龙江省的白鼬. 动物学杂志，(3)：26—27
28. 徐亚君，程炳功，方德安，汪林. 1985. 安徽省徽洲地区翼手类及其越冬生态的初步观察. 兽类学报，5 (2)：87—93
29. 徐亚君，程炳功，方德安，汪林. 1982. 宽耳犬吻蝠在安徽的发现. 兽类学报，2 (2)：200
30. 西藏科学综合考察队. 1966—1968. 考察资料，中国科学院，未刊
31. 夏武平，方喜业. 1964. 巨泡五趾跳鼠 (跳鼠科) 之一新亚科. 动物分类学报，1 (1)：16
32. 向长兴. 1974. 广西壮族自治区麝的生态和治捕方法的调查. 动物学杂志，(1)：9—10
33. 辛景禧，钟焰兴，容庆福，钟子平. 1986. 九龙大雾山西北坡鼠形小兽群落结构研究. 全国兽类学会论文，未刊
Y1. 余自忠. 1957. 对食虫动物——臭鼩的初步观察. 鼠疫预防，(1)：15—19
2. 严丽. 1983. 江西彭泽发现梅花鹿. 野生动物，(3)：40
3. 杨安峰. 1964. 河北省兽类新纪录——水麝. 动物学杂志，(2)：62
4. 杨春文，陈荣海，张春美. 1991. 黄泥河林区鼠类群落划分的研究. 兽类学报，11 (2)：118—125
5. 杨德华. 1983. 高地鼯鼠的资料. 兽类学报，3 (1)：34
6. 杨德华，马德惠. 1965. 云南西南部的豚鹿. 生物学通报，(5)：30—31
7. 杨德华等. 1986. 云南野象等六种珍贵动物数量分布. 全国兽类学会学术议论会论文，未刊
8. 杨德华. 1986. 沧源县猿猴的数量分布研究. 全国兽类学会论文，未刊
9. 杨德华，张家银，李纯. 1988. 云南野牛的数量分布. 动物学杂志，(1)：36—37，54
10. 杨德华等. 1993. 西双版纳动物志. 昆明：云南大学出版社，1—40
11. 杨光荣. 1985. 西南绒鼠的一些生物学资料. 兽类学报，5 (1)：24
12. 杨光荣等. 1985. 大绒鼠的生物学资料. 动物学杂志，(5)：38—44
13. 杨光荣，余自忠，施之博. 1985. 云南斯氏鼠生态学观察. 动物学杂志，(1)：24—27
14. 杨光荣，解宝琦. 1983. 滇西北部喜马拉雅旱獭的生态观察. 动物学杂志，(2)：46—48
15. 杨光荣，解宝琦，龚正达，陶开会. 1982. 点苍山龙泉峰小型兽类垂直分布调查. 四川动物，(4)：24—25
16. 杨光荣，解宝琦，龚正达，胡贵，张力群. 1982. 鸡足山啮齿类及食虫类动物垂直分布初步调查. 动物学研究 (增刊). 367—368
17. 杨光荣，陶开会. 1986. 云南老君山鼠类的垂直分布. 动物学研究，7 (4)：311—316
18. 杨光荣，王应祥等. 1987. 中国壮鼠属一新亚种. 兽类学报，7 (1)：46—50
19. 杨光荣，吴德林. 1979. 我国啮齿类两种新纪录. 动物分类学报，4 (2)：192—193
20. 杨光荣，赵候，熊孟韬，张开云. 1992. 云南省滇西地区黄胸鼠种群年龄研究初报. 兽类学报，12 (1)：75—77
21. 杨晶，丁铁明，胡平喜. 1990. 梅花鹿南方亚种生态研究初报. 野生动物，(3)：17—19
22. 杨务一等. 1966. 广东雷北农作区鼠类的分布. 动物学杂志，(4)：158—160

23. 杨务一. 1964. 十万大山啮齿动物调查报告. 动物学杂志, (4): 152—154
24. 杨学明等. 1966. 吉林省的药用动物. 动物学杂志, (4): 149—154
25. 杨永瑾, 杨文光, 李后文, 吴尚成, 莫小敏. 1986. 广西树鼩资源调查初报. 全国兽类学会论文, 未刊
26. 姚建初, 江延安, 郑永烈. 1982. 陕西省南郑县的猕猴资源. 野生动物, (2): 14—15
27. 袁书钦, 邱强. 1989. 河南省西部地区鼠类考察报告. 动物学杂志, 24 (6): 21—23
28. 伊佩衡. 1964. 北京香山地区鸟兽的夏季观察. 动物学杂志, (1): 4—6
29. 尹秉高, 刘务林. 1993. 西藏珍稀野生动物与保护. 北京: 中国林业出版社
30. 雍严格, 张坚, 张陕宁. 1993. 佛坪大熊猫的分布与数量. 兽类学报, 13 (4): 245—250
31. 于宁, 郑昌琳. 1992. 努布拉鼠兔 (*Ochotona nubrica* Thomas, 1922) 的分类订正. 兽类学报, 12 (2): 132—138
32. 于宁, 郑昌琳. 1992. 黄河鼠兔 *Ochotona huangensis* (Matschie, 1907) 的分类研究. 兽类学报, 12 (3): 175—182
33. 于宁, 郑昌琳, 冯祚建. 1992. 中国鼠兔亚属 (Subgenus *Ochotona*) 种系发生的探讨. 兽类学报, 12 (4): 255—266
34. 俞诗源, 王丕贤, 张婉荣. 1992. 陇东十三县 (市) 的哺乳动物. 四川动物, 11 (4): 29—30
35. 余斯绵, 徐龙辉. 1985. 广东省保护动物的种类及数量分布. 野生动物, (6): 39—42
36. 于永久. 1986. 辽宁省黑熊分布的初步了解. 动物学杂志, 5: 34
37. 于永久. 1988. 辽宁动物志 (肖增祜等) ——兽类: 食肉目. 沈阳: 辽宁科学技术出版社: 163—196
38. 原洪, 邱景禹, 姬明周, 何华民, 赵开生, 李克长, 沈均梁, 田丰, 关明胜. 1986. 西藏羌塘高原野生动物考察报告. 四川动物, 5 (3): 27—30
39. 袁喜才, 卢析威, 陈万成, 李善元. 1990. 海南坡鹿保护对策的研究 (附坡鹿历史变迁图). 野生动物, (1): 11—14
40. 云南省流行病防治研究所. 1978. 云南白芒雪山一些鼠类的垂直分布和资料. 灭鼠和鼠类生物学研究报告, (3): 133—135
41. 云南鼠防所. 1957. 云南鼠疫流行因素的调查报告. 鼠疫丛刊 (增刊号): 12—33
42. 云南鼠防所. 1959. 云南省红河哈尼族彝族自治州鼠疫源调查概要初步分析. 流行病学杂志, (1): 12—18
43. 中国科学院云南热带生物资源考察队. 1956—1958. 动物组总结报告. 未刊
44. 杨新史. 1951. 家鼠及其防治. 福建鼠疫防治所.
45. 杨德华等. 1987. 云南长臂猿分布与数量的初步调查: 灵长类, 28 (4): 547—549
46. 禹瀚. 1958. 秦岭麝鹿 (*Moschus moschiferus sifanicas*) 的研究. 动物学杂志, 2 (3): 171
47. 姚建初, 郑永烈, 王自成. 1984. 秦岭太白山自然保护区. 野生动物, (2): 47—50
48. 杨德华, 木文伟. 1981. 白马雪山考察滇金丝猴. 大自然, (4): 31—32
49. 禹瀚. 1958. 陕北鼢鼠初步调查报告. 西北农学院学报, (4): 57—68
50. 杨光荣, 王应祥. 1989. 云南省啮齿动物名录及与疾病的关系. 中国鼠类防制杂志, 5 (4): 222—229
Z1. 曾育麟. 1956. 云南的麝香及其生产. 云南日报, (5 月 24 日)
2. 赵善贤. 1982. 海滩红树林中黄毛鼠生态学的初步研究. 动物学研究, 3 (1): 103
3. 邵孟明, 姚建初, 陈兴汉. 1991. 西藏那曲地区兽类调查. 动物学杂志, 26 (6): 16—22
4. 詹绍琛. 1980. 武夷山区白腹巨鼠的初步观察. 动物学杂志, (2): 31—32
5. 詹绍琛. 1986. 武夷山区青毛鼠的生物学调查. 武夷科学, 1 (6): 215—218
6. 詹绍琛. 1988. 臭鼩鼱的繁殖、食性及体外寄生虫. 动物学杂志, 23 (6): 24—26
7. 詹绍琛. 1981. 闽北建瓯食肉目动物调查. 武夷科学, (1): 168—172
8. 詹绍琛. 1983. 福建的卡氏小鼠. 武夷科学, 1 (3): 90—96
9. 詹绍琛. 1993. 福建的食虫目动物. 武夷科学, (10): 85—89
10. 詹绍琛. 1981, 福建青毛鼠的一些生物学资料. 兽类学报, 1 (1): 105—106
11. 詹绍琛. 1985. 福建省的毛皮兽资源初步调查. 武夷科学, (5): 189—195
12. 詹绍琛. 1988. 臭鼩鼱的数量变动. 动物学杂志, 23 (5): 20—21
13. 詹绍琛. 1981, 福建棕鼯鼠的一些资料. 动物学杂志, (2): 24—25
14. 詹绍琛, 郑智民. 1978. 福建的啮齿动物. 动物学杂志, (3): 19—21
15. 张保良等. 1991. 花面狸活动及冬休习性的研究. 动物学杂志, 26 (4): 19—22
16. 张洁, 王宗祎. 1963. 青海的兽类区系. 动物学报, 15 (1): 125—138
17. 张词祖, 盛和林, 陆厚基. 1984. 我国西藏的菲氏麂 (*Muntiacus feae*). 兽类学报 4 (2): 88, 106
18. 张词祖, 周建华. 1988. 红斑羚饲养繁殖生态. 野生动物, (4): 36
19. 张大铭. 1985. 新疆伊犁地区近三十年来几种兽类的动态. 兽类学报, 5 (1): 56—66
20. 张大铭, 胡德夫. 1986. 准噶尔盆地北沿与阿尔泰山地的兽类及其在地理区划中的地位和作用——兼论阿尔泰山地的动物地理区划问题. 全国兽类学会论文, 未刊
21. 张福群. 1982. 河北省啮齿类的区系. 河北师范大学学报, (1): 139—143
22. 张孚允. 1974. 毛冠鹿在甘肃省的发现. 兰州大学学报 (自然科学), (6): 152—155
23. 张广登, 马立名. 1984. 喜马拉雅旱獭的洞型观察. 兽类学报, 4 (3): 216
24. 张广登. 1985. 青海省海南地区兽类调查. 动物学杂志, (4): 13—16
25. 张广登. 1983. 青海省海南地区的啮齿动物. 兽类学报, 3 (2): 195—196
26. 张国修, 王雨平, 钟肇敏, 冯云武. 1991. 王朗自然保护区小型兽类的调查. 四川动物, 10 (2): 41
27. 张含藻等. 1992. 金佛山自然保护区首次发现白颊黑叶猴. 四川动物, 11 (4): 30
28. 张赫武, 安文举. 1986. 东北啮齿动物的地理区划. 动物学杂志, (6): 20—25
29. 张赫武, 郑一明. 1965. 春季黄鼠生态的一些观察. 动物学杂志, (2): 62—63
30. 张孚允, 杨若莉. 1980. 中华鼠 (*Myospalax fontanierii* Milne—Edwards) 兰州大学学报, (4): 149—165
31. 张洁. 1984. 北京地区的兽类区系及生态地理特征. 兽类学报, 4 (3): 187—195
32. 张洁. 1959. 新疆天山南麓兽类、鸟类和主要家畜寄生蠕虫的初步调查报告: 兽类部分. 北京: 科学出版社: 1—19
33. 张洁, 王宗祎, 沈孝宙, 林永烈, 叶熹然. 1962. 青海省湟水河谷的鸟兽区系. 动物学报, 14 (1): 63—73
34. 张俊, 刘焕金, 冯敬义. 1981. 山西省汾河流域啮齿动物生态地理分布的研究. 山西生物科学—生物研究 (动物专辑): 12—39
35. 张俊, 刘欢今, 冯敬义, 高云, 邸富宏, 唐春湖, 闻再三, 武光龙, 张巨维. 1981. 芦芽山自然保护区鸟兽调查报告. 山西生物科学—生物研究 (动物专

辑). 40—54
36. 张钧，刘建书，张志成. 1984. 陕西省关中平原地区啮齿动物区系的研究. 中国动物学会五十周年论文摘要汇编（下册）：262
37. 张俊，苏化龙，石永刚. 1984. 棕色田鼠种群年龄组成及其繁殖力的研究. 动物学杂志，(1)：3—8
38. 张树棠. 1987. 五台山啮齿动物初步调查. 兽类学报，7 (4)：309—310
39. 张荣祖，朱靖. 1955. 吉林漫江附近兽类与其栖息环境的初步考察. 地理学报，21 (4)：423—430
40. 张荣祖，杨安峰，张洁. 1958. 云南东南缘兽类动物地理学特征的初步考察. 地理学报. 24 (2)：159—173
41. 张荣祖，全国强，赵体恭 C. H.，少士韦. 1992. 灵长类（猕猴除外）在中国的分布，兽类系报，12 (2)：81—95
42. 张荣祖，全国强，赵体恭 C. H.，少士韦. 1991. 灵长类（猕猴）在中国的分布，兽类系报，11 (3)：171—185
43. 张荣祖，王宗祎. 1964. 青海甘肃兽类调查报告. 北京：科学出版社
44. 张子郁，赵铭山. 1984. 社鼠一新亚种——闽牛社鼠. 动物学报，30 (1)：99—102
45. 赵殿生. 1983. 贺兰山马鹿及其保护利用. 野生动物，(3)：29
46. 赵国钦，张文广. 1991. 内蒙古九峰山地区的鼠类. 四川动物，10 (2)：35—36
47. 赵肯堂. 1960. 内蒙古的有蹄类. 内蒙古大学学报，(1)：53—60
48. 赵肯堂. 1960. 长爪沙鼠（*Meriones unguiculatus* Milne—Edwards）的生态观察动物学杂志，4 (4)：155—157
49. 赵肯堂. 1964. 三趾跳鼠（*Dipus sagitta* Pallas）的生态研究. 动物学杂志，(2)：59—61
50. 赵肯堂. 1974. 黄羊的合理狩猎期和合理狩猎量. 内蒙古大学，未刊
51. 赵肯堂. 1975. 内蒙古的啮齿动物及其区系划分，未刊
52. 赵肯堂. 1977. 五趾心颅跳鼠的生态调查. 内蒙古大学学报（自然科学），8 (1)：61—68
53. 赵肯堂等. 1981. 内蒙古啮齿动物. 呼和浩特：内蒙古人民出版社
54. 赵肯堂. 1981. 赤颊黄鼠的生态研究. 内蒙古大学学报，12 (1)：67—77
55. 赵肯堂. 1982. 五趾跳鼠的生态调查. 动物学杂志，(5)：18—22
56. 赵肯堂. 1982. 鄂尔多斯地区兽类初报. 内蒙古大学学报（自然科学版），13 (1)：77—86
57. 赵肯堂. 1984. 蒙古黄兔尾鼠的生态观察. 兽类学报，4 (3)：217—222
58. 赵肯堂. 1986. 鼹形田鼠生态初报. 苏州铁道师范学院生物系，未刊
59. 赵肯堂. 1989. 内蒙古阴山南部兽类区系. 苏州铁道师范学院，未刊
60. 赵肯堂，武杰. 1986. 高山鼠平生态的初步观察. 动物学杂志，(2)：17—21
61. 赵体恭. 1983. 哀劳山北段大中型兽类（本底）的初步考察. 云南哀劳山森林生态系统研究. 昆明：云南科技出版社，341—350
62. 赵志烈. 1965. 浙江省乐清县翁墙地区黄毛鼠的生态及其危害农作物的初步观察. 动物学杂志，(5)：205—206
63. 赵仲华. 1958. 吉林省鼠疫疫区鼠蚤、蜱区系调查报告. 鼠疫丛刊，(5)：30—35
64. 赵中石. 1982. 新疆旱獭的地理分布. 动物学杂志，(3)：23—25
65. 赵中石. 1959. 新疆发现的麝鼠. 流行病学杂志，(1)：31—32
66. 赵中石，王宪廷. 1982. 天山旱獭某些生态的初步调查动物学杂志，(3)：10—13
67. 赵子允. 1985. 新疆的野骆驼. 野生动物，(3)：8—9
68. 郑昌琳，汪松. 1985. 青藏高原的食虫类区系. 兽类学报，5 (1)：35—40
69. 郑昌琳，蔡桂全，廖炎发. 1989. 青海经济动物志（编辑：李德浩）：哺乳纲. 西宁：青海人民出版社，537—724
70. 郑昌琳，刘季科，皮南林. 1980. 青海玉树地区西藏鼠兔的一新亚种. 动物学报，26 (1)：98—100
71. 郑昌琳，汪松. 1980. 白尾松田鼠分类志要. 动物分类学报，5 (1)：106—112
72. 郑昌琳. 1986. 科氏鼠兔在昆仑山重新发现. 兽类学报，6 (4)：285
73. 郑昌琳. 1979. 西藏阿里兽类区系的研究及其关于青藏高原兽类区系演变的初步探讨. 西藏阿里地区动植物考察报告. 北京：科学出版社，191—227
74. 郑昌琳. 1986 中国兽类之种数. 兽类学报，6 (1)：78—80
75. 郑昌琳，汪松. 1986. 中国食虫目濒危物种初步名录. 全国兽类学会学术讨论会论文，未刊
76. 郑光美，徐平宇. 1964. 秦岭南麓发现的大熊猫. 动物学杂志，(1)：3
77. 郑生武，皮南林. 1979. 马麝的生态研究. 动物学报，25 (2)：176—186
78. 郑生武，李贵辉，宋世英，韩亦平，马兆云. 1988. 猪獾的生态研究. 兽类学报，8 (1)：65—72
79. 郑生武. 1986. 青海玉树果洛地区珍稀鸟兽生态地理特征. 动物世界，3 (1)：64—66
80. 郑涛，张迎梅. 1990. 甘肃省啮齿动物区系及地理区划的研究. 兽类学报，10 (2)：137—144
81. 郑涛等. 1991. 甘肃脊椎动物志（王香亭主编）：哺乳类. 兰州：甘肃科技出版社：931—1232
82. 郑学清. 1984. 福建猴类资源调查及保护意见. 武夷科学. 1 (4)：145—148
83. 郑秀芸，唐兆清. 1981. 黑麂在福建的新发现. 武夷科学，(1)：177—179
84. 郑永烈. 1981. 我国兽类新纪录——缅甸鼬獾. 兽类学报，1 (2)：158
85. 郑永烈. 1982. 陕西省秦岭东段兽类区系调查. 动物学杂志，(2)：15—19
86. 郑永烈. 1983. 太白山藏鼠兔的生态初步研究. 动物学杂志，(2)：42—46
87. 郑永烈，徐龙辉. 1983. 我国鼬獾的亚种分类及一新亚种的描述. 兽类学报，3 (2)：165—171
88. 郑永烈，姚建初，江廷安. 1982. 陕西省保护动物的种类及数量分布. 野生动物，(3)：26—28
89. 郑永烈，姚建初. 1984. 陕西省经济鸟兽的蕴藏量. 野生动物，(6)：5—7
90. 郑永烈，姚建初，王德兴. 1986. 陕西北部黄土高原兽类区系的研究. 全国兽类学会学术会议论文，未刊
91. 郑智民等. 1978. 针毛鼠的生物学观察. 动物学杂志，(1)：13—14
92. 郑中孚. 1989. 福建蝙蝠新纪录. 动物学杂志，(3)：55
93. 浙江省鼠防所. 1958. 浙江省鼠疫流行情况及预防措施概要. 鼠疫丛刊，(1)：26—27
94. 钟惠澜等. 1956. 广东省粤中地区钩端螺旋体病的研究工作报告. 中华医学杂志 11 号，993—1009 页
95. 钟文勤，周庆强，孙崇潞. 1986. 草原区沙丘地鼠类群落结构研究 I. 组成种的空间格局与种间关联. 全国兽类学会学术讨论会论文，未刊
96. 周化愚等. 1988. 云南树鼩生活习性的初步调查. 动物学杂志，(3)：31—32
97. 周家兴，郭田岱. 1961. 河南省哺乳动物目录. 新乡师范学院学报，(2)：45—52
98. 周嘉兴. 李思华，谷景和. 1985. 昆仑—阿尔金山盆地兽类初步考察. 兽类学报. 5 (2)：160
99. 周开亚，李悦民，张柏林. 1959. 江苏省几种脊椎动物的新纪录. 南京师范学院自然科学学报，(3)：1—20

100. 周开亚，钱伟娟，杨光平，胡介堂，贺霞凤，王丽. 1981. 江苏省啮齿类的调查. 动物学杂志，(3)：38—42
101. 周开亚，钱伟娟. 1985. 宽吻海豚属在中国海的分布. 水生哺乳动物，(1)：16—19
102. 周开亚，钱伟娟，李悦民. 1977. 白暨豚的分布调查. 动物学报，23 (1)：72—79
103. 周开亚. 1965. 中国东部近海发现的大海豚. 动物学杂志，(1)：5—6
104. 周开亚. 1986. 中国沿岸漫游的环海豹及其他鳍脚类. 兽类学报，6 (2)：107—113
105. 周开亚. 1990. 中国近海的两种宽吻海豚. 兽类学报，7 (4)：246—254
106. 周开亚. 1989. 白鳍豚及其保护. 动物学杂志，24 (2)：31—35
107. 周仑. 1965. 黄胸鼠和小家鼠生态的初步观察. 动物学杂志，(3)：111—112
108. 周宇垣，蒋幼斋等. 1962. 广东省食肉目兽类报告. 动物生态及分类区系专业学术讨论会论文摘要汇编：217
109. 周宇垣，蒋幼斋，秦耀亮. 1962. 广东省偶蹄类动物及其地理分布. 中山大学学报自然科学，(3)：79—87
110. 朱成尧. 1960. 徐州市鼠类的初步调查. 动物学杂志，(7)：296—298
111. 朱军，谢重阳，贾志荣. 1989. 山西省猕猴调查初报. 野生动物，(2)：36—37
112. 祝龙彪，盛和林. 1983. 浙江西天目山的啮齿动物. 兽类学报，3 (1)：26
113. 诸葛阳等. 1988. 浙江动物志：哺乳类. 杭州：浙江科学技术出版社
114. 诸葛阳，姜仕仁，郑忠伟，方国伟. 1986. 浙江海岛鸟兽地理生态学的初步研究. 动物学报，32 (1)：74—85
115. 诸葛阳. 1985. 浙江发现的猪尾鼠. 动物学杂志，(5)：44
116. 诸葛阳. 1982. 浙江省兽类区系及地理分布. 兽类学报，2 (2)：157—166
117. 诸葛阳. 1962. 杭州市郊区鼠类调查. 杭州大学学报，(1)：103—112
118. 纪麦曼. K. 1964. 中国动物区系——柏林动物博物馆，40：87—140
119. 赵肯堂. 1959. 金丝猴在甘肃的大量发现和初步驯养. 动物学杂志，3 (8)：358
120. 郑生武，余玉群，韩亦平，吴家炎，左青云. 1989. 甘肃盐池湾白唇鹿自然保护区有蹄动物的物群落结构的初步观察. 兽类学报，9 (2)：130—136
121. 周永恒，王伦，谷景和，肉孜巴里，马合木提，梁果栋. 1994. 新疆发现欧州驼鹿—我国兽类—亚种新纪录. 兽类学报，14 (3)：216
122. 赵绍梧. 1959. 野猪的生活习性及其狩猎方法. 动物学杂志，3 (8)：371—373
123. 赵善贤. 1982. 海滩红树村中黄毛鼠生态学的的初步研究. 动物学研究，3 (1)：103
124. 祝龙彪. 1965. 上海市鼠形兽类调查. 中国动物学会三十周年学术讨论会论文摘要汇编. 北京：科学出版社，290
125. 赵中石、王思博. 1965. 新疆啮齿动物名录. 新疆鎏行病学研究所资料汇编：40—42
126. 周开亚. 1958. 在长江下游发现的白鳍豚. 科学通报 (1)：21—22

References

A1. Allen, G. M. 1938, 1940. The Mammals of China and Mongolia. Natural History of Central Asia, 11 (1) and (2): 1—1350, New York: The American Museum of Natural History

2. An Wenju. 1958. Faunal survey on rats and fleas of Heilongjiang. Bulletin of Plague, (2): 40—44

3. Abulimiti, Abudukadier, Mahemuti, Halizhi. 1989. Some dynamic materials of several mammals on the north side of Kunlun Mountains during the past 30 years. Acta Theriologica Sinica, 9 (2): 155—156

B1. Bai Binxing. 1959. Preliminary survey on rodents and flea fauna of Inner Mongolia Autonomous Region. Journal of Epidemiology, (4): 49—57

2. Bai Shouchang, Zou Shuquan, Tuo Ding, Lin Shu, Tu Zha, Zhong Tai. 1987. A preliminary observation on distribution, number and population structure of *Rhinopithecus bieti* in Baima Xueshan Nature Reserve, Yunnan, China. Zoological Research, 8 (4): 413—420

3. Bai Zhengyu, Gao Yuzan, Lu Jingui. 1958. Preliminary survey of the ground squirrel and its parasitic fleas in the area of Qahar-Zhangjiakou. Bulletin of Plague, (3): 18—21

4. Bao Yixin, Zhuge Yang. 1986. An ecological study on *Eothenomys melanogaster*. Acta Theriologica Sinica, 6 (4): 297—304

5. Bao Yixin, Zhuge Yang. 1987. Ecological study of rodents in Jingua Beishan Mountain. Acta Theriologica Sinica, 7 (4): 266—274

6. Bao Yixin, Zhuge Yang. 1984. A preliminary survey on rodents in Tian-Mu Mountain Nature Reserve. Acta Theriologica Sinica, 4 (3): 197-205

7. Beijing Daily News. 1992. A clouded leopard captured in eastern Fujian (June 17)

8. Bi Shuzhen, Yao Wenqing, Chen Zhilong, Liu Menglin. 1976. New record of mammal in Anhui. Chinese Journal of Zoology, (1): 43.

9. Biological Department of Beijing Normal University. 1960. Preliminary survey of ecological fauna of small mammals in autumn in Jinshan, Beijing. Journal of Beijing Normal University (Natural Science), (4): 96-105

10. Biological Department of Beijing University (editonal group of *Survey of Beijing Fauna*). 1964. Survey of Beijing Fauna. Beijing Press: 433-464

11. Biological Department of Northeast Normal University. 1958. List of Animals of Jilin Province. Unpublished

12. Biological Department, Shanxi University. 1960. List of Mammals in Luliang Mountain. Unpublished

13. Biological Resource Survey Team, Shaanxi. 1972. Preliminary report on game sources in the area of Yan'an. Utilization and Protection of Animals, (6): 26-28

C1. Cai Changping, Hu Jinchu, Peng Jitai. 1990. The Dwarf Blue Sheep of Western Sichuan. J. of East China Normal Univ. (Mammalian Ecology Supplement), (9): 90-95

2. Cai Guiquan, Zhang Naizhi. 1980. On new subspecies of Blanford's fruit bat and the Orange-bellied Himalayan squirrel from Xizang (Tibet), China. Acta Zootaxonomica Sinica, 5 (4): 443-446

3. Cai Guiquan. 1982. Notes on Birds and Mammals in the Source Region of the Yangtze River. Acta Biologica Plateau Sinica, (1): 135-149

4. Cai Guiquan, Feng Zuojian. 1981. On the occurrence of Himalayan musk deer (*Moschus chrysogaster*) in China and an approach to the systematics of the genus *Moschus*. Acta Zootaxonomica Sinica, 6 (1): 106-111

5. Cai Guiquan, Feng Zuojian. 1982. A systematic revision of the subspecies of highland hare (*Lepus oiostolus*), including two new subspecies. Acta Theriologica Sinica, 2 (2): 167-182

6. Cai Guiquan, Liang Jierong, Zhang Jun. 1973. A study of habit and seasonal population fluctuation of Alashan Daurian ground squirrel. Biological Research Report of Rats and Rat Kill Off, (1): 78-83

7. Cao Yupei. 1992. Disappearance of the North China Tiger. Sichuan Journal of Zoology, 11 (3): 30

8. Chen Anguo, Yuan Zhuzhong , Zhang Jianyun, Wang Yong, Guo Cong, Cheng Jingbao, Tan Shulin. 1988. Study on the technique of agricultural rodent pest control in Hunan, 1. Investigation of pest species, pest areas and the biological characteristics related to rodent control. Acta Theriologica Sinica, 8 (3): 215-223

9. Chen Bihui. 1979. An ecological survey of mainland serow (*Capricornis sumatraensis*). Chinese Journal of Zoology, (3): 5-7

10. Chen Chiengshing. 1960. Preliminares survey of chigger mites in Hangchow area, Chekiang province . Acta Zoologica Sinica, 12 (1): 37-46

11. Chen Fuguan, Min Zhilan, Gan Qufei, Luo Shiyou, Xie Wenzhi. 1982. The golden monkey in Qinling and its protection. Wildlife, (2): 7-10

12. Chen Fuguan, Min Zhilan, Huang Hongfu, Ma Qinghe, Luo Zhiteng. 1980. A study of mammalian fauna of Qingling-Daba mountains, Shaanxi. Journal of Northwest University, (1): 136-147

13. Chen Jianchao, Yao Chongyong, Zhang Shengzu. 1964. Ecological observation on Himalayan marmot in Songshantan, Tianzhu. Journal of Gansu Normal University (Natural Science), (1): 19-21

14. Chen Jianchao, Yao Chongyong, Zhang Shengzu, Liao Shahan. 1982. Report on the damage caused by rodent pest in the grassland of south Gansu, China. Chinese Journal of Zoology, (3): 25-28

15. Chen Jianshan. 1969. Vertebrate Fauna of Taiwan. Shanwu Press, Taiwan

16. Chen Jingxian. 1986. A survey of the rodents of eastern parts of Gansu Province. Chinese Journal of Zoology, (5): 16-18

17. Chen Jun. 1960. The mammals and their habitats along the Datong River, Yongden, Lanzhou. Chinese Journal of Zoology, (3): 104-107

18. Chen Jun. 1983. Ecogeography of Takin in Longnan Mountains, Gansu. Journal of Ecology, (3): 45-46

19. Chen Jun. 1986. A survey on mammalian fauna of the area of Guanshan, Zhangjachou, Gansu (abstract). Thesis of the Congress of Chinese Zoological Society. Unpublished

20. Chen Jun, Hu Zhenping. 1990. The habitat environment of beasts on Xinglong Mountain and Mahan Mountain, Gansu Province. Journal of Gansu Science, 2 (3): 56-61

21. Chen Jun, Wang Naiang, Wang Tiansong, Wang Qiang. 1988. The rodents and environment in the eastern part of loess plateau. Integrated Expedition Team of Loess Plateau, Academia Sinica. Unpublished

22. Chen Maoqian, Liao Chonghui. 1984. The terrestrial vertebrates in Xiaoliang tropical artificial forest. Trop. Subtrop. For. Ecosys. , (2): 202-213

23. Chen Peng. 1984. A survey report of land verebrates of Tumen River basin. Northeast Normal University. Unpublished

24. Chen Taiyong, Long Zhi, Dong Quanguan, Yang Guizhang. 1977. The winter habitat of Siberian weasel in agricultural areas. Chinese Journal of Zoology, (4): 36-38

25. Chen Yanxi. 1963. An observation on habits of desert hamster in the area of Yulin. Chinese Journal of Zoology, (2): 65-66

26. Chen Yanxi. 1965. Mice and their damage in the area of Bainijing, Dingbian, Shaanxi. Chinese Journal of Zoology, (2): 63-65

27. Chen Yanxi. 1965. Discovery of beech marten in Dingbian, Shaanxi. Chinese Journal of Zoology, (4): 192

28. Chen Yanxi. 1965. A Survey on rodents in Maowusu desert zone of Shaanxi. Chinese Journal of Zoology, 7 (5): 201-204

29. Chen Yanxi, Huang Wenji, Tang Ziying. 1989. Investigation of Chiroptera in southern Jiangxi. Acta Theriologica Sinica, 9 (3): 226-227

30. Chen Yanxi, Huang Wenji, Tang Shimin. 1987. The Chiroptera fauna of northern Jiangxi. Acta Theriologica Sinica, 7 (1): 13-19

31. Chen Yongguo, Zhou Yongheng, Wang Lun. 1984. A study on ecology of beavers in Xinjiang. Abstracts of papers, the 50 the Anniversary of Chinese Zoological Society, (Part II): 294

32. Cheng Fuguan, Jei Wenzhi, Li Baoguo. 1984. A survey on rodents in the oak forest belt of southern slope of Qinglin, Shaanxi. Abstracts of Papers, the 50 the Anniversary of Chinese Zoological Society, (Part Ⅱ): 309

33. Cheng Jun. 1984. The geographical distribution of wild Bactrian camel in Gansu. Acta Theriologica Sinica, 4 (3): 186

34. Chong Xi. 1957. Ecological study on Altai musk deer. Chinese Journal of Zoology, (1): 59

35. Chu Ching, Yien Chihtang. 1964. Habitats and Densities of the Muskrat, *Ondatra zibethica* Linnaeus. Acta Zoologica Sinica, 16 (3): 354-371

36. Groves, Colin P. Feng Zuojian. 1986. The Status of Musk Deer from Anhui Province, China. Acta Theriologica Sinica, 6 (2): 101-106

37. Corbet, G. B. 1978. The Mammals of the Palaearctic Region: a taxonomic review. British Museum. London: Cornell University Press

38. Cui Xiuting, Yu Jiufei. 1959. Rodents and their parasitic fleas of Longgon Village, Qingyuan County, Zhejiang. Journal of Epidemiology, (4): 27-30

39. Chin Tahisung, Leang Chiming, Li Kueichen. 1958. A survey of the frequenting rats and mice in Kweiyang. Chinese Journal of Zoology, 2 (2): 91-95

40. Chen Jianchao, Yao Chongyong, Zhang Shengzu. 1965. Survey report on rodents in Songshantan, Tianshu, Gansu. Abstracts of Papers of the 30th Anniversary Congress of Chinses Zoological Society : 283, Science Press

41. Cai Guiquan, Liu Yongsheng, Feng Zuojian, Lin Yonglie, Gao Xingyi, Zhao Jiangning. 1992. Report of investigation on mammals in the typical habitats in Qinghai Province-Results of Sino-American Zoological Survey in Qinghai Plateau, Part III. Acta Biological Plateau Sinica, (11): 63-90

D1. Dai Nianhua, Fu Daoyan. 1988. Resource and utilization of African civet in Jiangxi Province. Ecological Research of Jiangxi Ecological Society, (1): 49-50

2. Dai Nianhua, Fu Daoyan. 1987. Protection and Utilization of *Viverricula indica* Resources in Jiangxi. Chinese Wildife, (2): 15

3. Deng Qixiang. 1984. A preliminary investigation on the takin from Fengzihe Tianguan County, Sichuan, China. Chinese Journal of Zoology, (6): 30-33

4. Deng Zhi, Li Shengli, Liu Jinguan, Chen Changan, Li Xinmin, Li Xiangxiao. 1986. Ecological survey on rats in the area of Dengfeng, Henan. Abstracts of papers, Bulletin of Chinese Agronomy, National Congress of Rat Damage Protection: 21

5. Ding Ping, Bao Yixin, Shi Binsan, Zhuge Yang. 1992. The relationship between human migration and the small mammal community in the reclaimed area of Qiantang River. Acta Theriologica Sinica, 12 (1): 65-70

6. Dong Qian, Wu Lu. 1962. Preliminary survey of mammals in the area of Luda. Abstracts of Papers, the Congress of Zoological Ecology, Taxonomy and Fauna: 214
7. Dong Qian, Wu Lu, Deng Shuten. 1966. Preliminary observation on the ecology of striped hamster in the area of Luda. Chinese Journal of Zoology, 8 (3): 108-111
8. Du Zengrui, Wang Zechang, Pu Xiangzhen, Yu Chunlin. 1960. A preliminary observation on the reed vole in Juitai County, Jilin. Journal of Chinese Zoology, (6): 249-253
9. Division of Natural Conservation, National Environmental Protection Agency of China. 1989. List of the Nature Reserves in China. China Environmental Science Press, Beijing.
10. Investigation Team of Sandy Desert Management. 1959-1961. Information of Investigation. Academia Sinica. Unpublished
E1. Ellerman, J. R. and T. C. S. Morrison-Scott. 1950. Checklist of Palaearctic and Indian Mammals 1758 to 1946, Brit. Mus. (Nat Hist.). London.
F1. Fan Naichang, Shi Yinzhu. 1982. A Revision of the Zokors of Subgenus *Eospalax*. Acta Theriologica Sinica, 2 (2): 183-199
2. Fan Wei *et al.* 1985. Ecological observation on the rodents in Suifenhe Prefecture, Heilongjiang Province. Chinese Journal of Zoology, (4): 8-12
3. Fei Rongzhong, Li Jinyuan, Shang Zhikuan, Yang Qingjei. 1975. A biological study of Daurian ground squirrel. Acta Zoologica Sinica, 21 (1): 18-28
4. Flerov, K, K. 1952. Mammals of USSR, 1 No. 2: *Musk* and *Deer*. Moscow & Leningrad, Academy of Sciences of USSR
5. Feng Zuojian, Cai Guiquan, Zheng Changlin. 1986. The Mammals of Xizang. Beijing: Science Press
6. Feng Zuojian, Zheng Changlin. 1985. Studies on the Pikas (Genus: *Ochotona*) of China-Taxonomic notes and distribution. Acta Theriologica Sinica, 5 (4): 269-289
7. Feng Zuojian, Zheng Changlin, Cai Guiquan. 1980. On Mammals from Southeastern Xizang (Tibet), Acta Zoologica, 26 (1): 91-97
8. Feng Zuojian, Zheng Changlin, Wu Jiayan. 1983. *Apodemus peninsulae qinghaiensis* Subsp. Nov. Acta Zootaxonomica Sinica, 8 (1): 108-112
9. Feng Zuojian (Tso-chien). 1975. A new species of *Ochotona* (Ochotonidae, Mammalia) from Mount Jolmolungma area. Acta Zoologica Sinica, 19 (1): 69-75
10. Feng Zuojian (Tso-chien), Kao Yuehing. 1974. Taxonomic notes on the Tibetan pika and allied species-including a new subspecies. Acta Zoologica Sinica, 20 (1): 76-87
11. Fooden, J., Quan Guoqiang, Luo Yining. 1987. Gibbon distribution in China. Acta Theriologica Sinica, 7 (3): 161-167
12. Fooden, J., Quan Guoqiang, Wang Zongren, Wang Yingxiang. 1985. The stump-tailed macaques of China. American. Journal of Primates, 8: 11-30
13. Fu Daoyan, Ding Dunming. 1991. A survey on the resources of mammals in Poyanghu area. Chinese Journal of Zoology, 26 (2): 27-31
14. Fu Tingshang. 1987. Notes on the Nanling Mammals. Chinese Journal of Zoology, (1): 36-38
15. Fujian Institute of Plague Protection. 1958. The habits of several dominant rats and methods of capture in Fujian. Bulletin of Plague, (1): 28-30
16. Fooden, J. 1989. Toxonomy and Evolution of the Sinica Group of Macaques: 6. Interspecific comparisons and synthesis. Fieldina Zoology, Field Museum of Natural History
17. Fooden J. 1983. Taxonomy and Evolution of the Sinica Group of Macaques : 4. Species Account of *Macaca* thibetana. Fieldina Zoology, Field Museum of Natural History
18. Feng Keming, Zhang Minghai, Guan Guoshan. 1989. New discovery of Northeastern Tiger's trace in Heilongjiang. Chinese Wildife, (4): 42
19. Fu, T. S. (傅桐生). 1935. The squirrels of Sungshan and its vicinity. Bull. Fan. Mem. Inst. Biol. Peiping Zool, (6): 255-262
G1. Gan Huaijie, Li Shubao. 1946. Survey on rats and fleas of Chongqing. Journal of Chinese Medicine, 32 (11-12), 429-431
2. Gao Fengqi. 1978. Ecological report of snub-nosed monkey. Annual Report of China Zool., (1): 1-6
3. Gao Xingyi. 1986. The rare animal of Xinjiang-wild Bactrian camel. Research of Arid Area, (2): 5.
4. Gao Xingyi, Gu Jinghe. 1985. The distribution of birds and mammals in the area of Lop Nur. Research of Arid Area, (1): 6-13
5. Gao Xingyi, Gu Jinghe. 1985. Red Deer in Xinjiang. Chinese Wildlife, (2) 24-26
6. Gao Xingyi, Gu Jinghe. 1989. The Distribution and Status of Equidae in China. Acta Theriologica Sinica, 9 (4): 269-274
7. Gao Yaoting. 1985. Notes on the Yarkand Hare. Acta Theriologica Sinica, 5 (1): 77
8. Gao Yaoting. 1981. On the present status, historical distribution and conservation of wild elephants in China. Acta Theriologica Sinica, 1 (1): 19-26
9. Gao Yaoting *et al.* 1987. Fauna Sinica: Mammalia, Vol. 8: Carnivora. Beijing: Science Press
10. Gao Yaoting, Wen Huanran, He Yeheng. 1981. The change of historical distribution of Chinese gibbons (*Hylobates*). Zoological Research, 2 (1): 1-7
11. Gao Yuguang. 1966. A preliminary report of small rodents in the area of Tieshan, Heilongjiang. Chinese Journal of Zoology, 8 (2): 51-53
12. Gao Zhengfa, Xiao Xingde, Li Chengzhi. 1991. A survey of mammals of Anxian, Sichuan. Zoological research, A Research series of Snake and Frog, 3: 88-90
13. Gong Huisheng. 1993. A supplement to mammal list of Fuping National Nature Reserve. Sichuan Journal of Zoology, 12 (4): 31
14. Gong Zhengda, Xie Baoqi. 1989. Survey of small mammals in the Gaoligong Mountains. Chinese Journal of Zoology , 24 (1): 28-32
15. Groves, C. P., Wang Yingxiang (王应祥). 1990. The gibbons of the subgenus *Nomascus*. Zoological Research, 11 (2): 154-160
16. Gu Jinghe. 1986. The ungulates of the area of eastern Kunlun and Aljin. Thesis of the Congress, Chinese Mammalogical Society. Unpublished
17. Gu Yonghe, Luo Rong. 1990. Study on Fanjing Mountain: Mammalia. Guiyang: Guizhou People's Press, 428-436
18. Guan Bingjun *et al.* 1984. Survey report of mammals in the area of Tumen River basin. North East Normal University. Unpublished
19. Guo Cong, Chen Anguo, Li Shibin, Wan Yong, Li Bo, Liu Huifen, Zhang Meiwen. 1992. The succession of rodent community in the countryside of Dongting hilly and plain area. Acta Theriologica Sinica, 12 (4): 294-301
20. Ge Fenxiang, Li Xinmin, Zhang Shangren. 1984. Survey report on rodents of Henan Province. Chinese Journal of Zoology, (3): 45-46
21. Guo Quanbao, Zhang Quantian. 1985. Rodent survey in Yan mountainous district of Ji County, China. Chinese Journal of Zoology, (5): 6-9
22. Guo Quanbao. 1981. Rodent pests in the city of Tianjin. Acta Theriologica Sinica, 1 (1): 109-110
23. Guo Shumin, Guo Shixiong. 1962. Survey report of rats in the area of Huanglonyao and Yan'an, northern Shaanxi. Abstracts of papers, Congress of Zoological Ecology, Taxonomy and Fauna: 219-220
24. Gu Changdong, Li Enqing. 1962. Zoogeographical division of Hebei. Biological Department of Nankai University. Unpublished
25. Guo Zhuopu, Chen Enyu, Wang Youzhi. 1978. A new subspecies of sika deer from Sichuan-*Cervus nippon sichuanicus* Subsp. Nov. Acta Zoologica Sinica, 24 (2): 187-192
26. Gu Jinghe, Gao Xingyi. 1985. Wild Bactrian camel in the area of Lop Nur. Xingjiang Institute of Biology, Soil and Desert, Academia Sinica. Unpublished
27. Gao Xingyi. 1993. Present status and raising of red deer of Xinjiang. Chinese Wildlife, (2): 6-8
28. Guo Zhizhi, Li Qun. 1965. A survey of mammals in Yushan area, Jiangxi. Abstracts of Papers of the 30th Anniversary Congress of Chinese Zoological Society: Science Press, 270
H1. Hao Yinghong, Wu Jiangyong, Wang Juntian. 1990. Some ecological information of musk deer in Pongquango Nature Reserve, Shanxi. Sichuan Journal of Zoology, 9 (2): 44-46
2. He Xiaorui. 1978. A study of rats in the area of Kunming. Biological Research Report of Rats and Rat Kill Off, No. 3 Beijing: Science Psess: 125-127
3. He Xiaorui. 1984. A preliminary observation on the structure of the tunnel system of the Chinese bamboo rat (*Rhizomys sinensis*). Acta Theriologica Sinica, 4 (3): 196.
4. He Xiaorui. 1986. The distribution and population of south China tiger and sambar in Yunnan. Biological Department of Yunnan University. Unpublished
5. He Xiaorui, Yang Bailun. 1991. A new record of Chinese bat from Kunming of Yunnan——*Pteropus lylei* K. Andersen. Acta Theriologica Sinica, 11 (1): 71-72
6. He Xiaorui, Yang Xiangdong, Li Tao. 1991. A preliminary study on the ecology of the lesser bamboo rat (*Cannomys badius*) in China. Zoological Research, 12 (1): 41-47
7. Hebei Institute of Plague Prevention. 1957. Survey report of rodents and fleas. Unpublished
8. Hoffmann, R. S. 1987. A Review of the Systematics and Distribution of Chinese Red-toothed Shrews (Mammmalia: Soricinae). Acta Theriologica Sinica, 7 (2): 100-139
9. Hong Chaochang. 1987. On the Space Disposition and Structure of Rodent Communities in East Fujian Mountainous Area. Acta Theriologica Sinica, 7 (3): 203-210
10. Hong Chaochang, Yuan Gaolin, Sun Baochang, 1988. A survey of rats in the a gricultural regions of the middle part of Zufen mountains. Chinese Journal of Zoology, 23 (1): 24-26
11. Hong Chaochang. 1982. On the Geographical Distribution and Faunal Regions of Rodents of Fujian. Acta Zoologica Sinica, 28 (1): 87-98
12. Hong Zhenfan. 1981. A preliminary survey of Rodentia and Insectivora in Wuyishan Nature Reserve, Fujian. Wuyi Science Journal, (1): 173-176
13. Hong Zhenfan. 1981. A new subspecies of reed vole from Fujian-*Microtus fortis fujianensis*. Acta Zootaxonomica Sinica, 6 (4): 444-445
14. Hong Zhengfan, Chen Chonfu. 1963. An ecological observation of reed vole in Fujian. Chinese Journal of Zoology, (3): 108-112.
15. Hou Lanxin, Wang Sibo. 1989. A new subspecies of Tianshan souslik-Nilka subspecies. Journal of Northwestern Minorities College, 10 (1): 72-74
16. Hou Lanxin, Zhao Xinchun, Jiang Wei. 1986. Investigation of Rodents in Dabancheng-Chaiwopu, Urumqi County, Xinjiang Uygur Autonomous Region. Acta Theriologica Sinica, 6 (4): 315-316
17. Hou Wanru, Wu Yi. 1993. Preliminary survey on bats of Liangzhong. Sichuan Journal of Zoology , 12 (2): 38-39
18. Hsia Wuping, Fang Xiyeh. 1964. A new subspecies of *Allactaga bullata balikunica* G. Allen (Dipodidae). Acta Zootaxonomica Sinica, 1 (1): 16-18
19. Hsu Lunghui, Wu Jiayan. 1981. A new Subspecies of *Martes flavigula* from Hainan Island. Acta Theriologica Sinica, 1 (2): 145-148
20. Hu Hongxing, Fan Xiong, P. E. Frank. 1986. Preliminary study on rhesus macaque (*Macaca m. mulatta*) of forest area in Xinxian and Shennongjia, Hubei. Thesis of the Congress of Chinese Mammalogical Society Unpublished
21. Hu Jinchu. 1992. Supplement and revision of Sichuan mammals. Unpublished
22. Hu Jinchu. 1993. Changes in the giant panda in the last 40 years. Journal of Sichuan Teachers College, 14 (2): 99-103
23. Hu Jinchu, Wang Youzhi. 1982. Sichuan Fauna Economica, Vol. 1: Mammalia. Chengdu: Sichuan People's Press 78-144
24. Hu Jinchu, Wang Youzhi *et al.* 1984. Sichuan Fauna Economica, Vol. 2: Mammalia. Chengdu: Sichuan Science and Technology Press
25. Hu Jinchu, Wu Yi. 1993. New records of three species of *Pipistrelle* in Sichuan Province Journal of Sichuan Teachers College (Natural Science), 14 (3): 236-237
26. Hu Jinyuan, Yuan Xian. 1986. Ecological observations on roe deer (*Capreolus capreolus*) in Yan'an region. Chinese Journal of Zoology, (3): 24-26
27. Hu Renguang, Pan Baihong, Chen Zhaofeng. 1985. Preliminary ecological investigation of *Herpestes auropunctatus* Hodgson. Chinese Journal of Zoology, (4): 12-13
28. Hu Zhongxin. 1984. Ecology and hunting of wild hare. Chinese Wildlife, (4): 31-33

29. Huang Erwen. 1984. Living habits of the badger. Chinese Wildlife, (2): 28-30

30. Huang Kangcai. 1988. Fauna Liaoningica (chief editor: Xiao Zhenghu) —Mammalia: Insectivora, Chiroptera, Artiodactyla. Shenyang: Liaoning Science and Technology Press, 16-40, 204-214

31. Huang Pi. 1984. A northern sea lion captured from Lusi Harbor, Jiangsu. Chinese Journal of Zoology, 2 (2): 40-41

32. Huang Wenji. 1980. A Rough-Toothed Dolphin, *Steno bredanensis*, from the East China Sea. Acta Zoologica Sinica, 26 (3): 280-289

33. Huang Wenji. 1959. Some faunal discoveries in the lower Yangtze basin and their zoogeographical significance. Fudan University Journal:The Natural Sciences, (2): 206-212

34. Huang Wenji *et al.* 1979. A study on harvest mouse in Jinsatan. Zhenjiang. Chinese Jouranl of Zoology, (3): 8-11

35. Huang Wenji, Wen Yexin, Huang Zhengyi, Mu Dawei, Tang Ziying. 1978. Survey and geographic division of mammals of Anhui. Fudan Journal (Natural Science), (1): 86-104

36. Ho, Hsi J. (何锡瑞) 1934. Study of the mammals of Nanking and its vicinity. Contrib. Biol. Lab. Science Soc. China, Nanking, Zool. Ser. 10 (4): 245-287

38. Hu Hongxing. 1985. My opinion of further study on *Rhinopithecus r. roxellenae* and protection. Unpublished

I1. Inner Mongolia Institute of Plague Prevention. 1958. A final report on ecological survey of clawed jird. Bulletin of Plague, (2): 27-36

J 1. Jilin First Institute of Endemics. 1967. Distribution List of Rodents and Lagomorphs of Jilin. Unpublished

2. Jang Jianqing, Ma Yong. 1993. On the classification of the subspecies of *Cletherionomys rufocanus* in China. Acta Zootaxonomica Sinica, 18 (1): 114-122

3. Ji Shuli. 1958. The introduction of the survey on the plague area in Xinjiang. Bulletin of Plague, (2): 47-52

4. Jiang Guangzao, Ni Jianying, Tan Xianghong. 1990. Study on the population dynamics of *Anourosorex squamipes* from Sichuan Province. Acta Theriologica Sinica, 10 (4): 294-298

5. Jiang Guangzao, Tan Xianghong. 1989. Study on the population niche of field rats and mice (Rodentia). Journal of Southwest Agricultural University, 11 (2): 122-138

6. Jiang Guofu *et al.* 1991. Preliminary investigation on the rodents in Yichuan County, Shanxi Province. Chinese Journal of Zoology, 26 (2): 25-27

7. Jiang Xuelong, Wang Yinxiang. 1991. Taxonomy and distribution of Chinese rhesus macaque. Zoological Research, 12 (3): 241-247

8. Jin Daxiong. 1958. Survey of rats in Guiyang. Journal of Chinese Zoology (2): 91-95

9. Jing Heming. 1985. Preliminary ecological observation on Rothschild's zokor, *Myospalax rothschildi*. Chinese Journal of Zoology, (3): 20-23

10. Joint Survey Team. 1981. Survey report of bioresources in forest area of Gutian, Huidong. Yearly report of Guangdong Institute of Entomology, Unpublished : 77-82

K1. Kao Yuehting. 1963. Taxonomic notes on the Chinese musk deer. Acta Zoologica Sinica, 15 (3): 479-488

2. Kao Yuehting, Feng Tsochien. 1964. On the subspecies the Chinese grey-tailed hare, *Lepus oiostolus* Hodgson. Acta Zootaxonomica Sinica, 1 (1): 19-30

3. Kao Yuehting, Lu Changkwun, Chang Chieh, Wang Sung. 1962. Mammals of the Hsishuangpanna area in Southern Yunnan. Acta Zoologica Sinica, 14 (2): 180-196

4. Kao Shixian. 1977. Some information on feeding complex-toothed flying squirrels. Chinese Journal of Zoology, (4): 20-50

5. Kitchener, D. J., Wang Yingxiang, A. Bradley, R. A. Howe and J. Dell 1987. Small mammmals and habitat disturbance near Kunming, southwest China. Indo-Malayan Zoology (4): 161-186

6. Kuroda, N. 1940. Mammalia of Hainan Island. Bulletin of Japanese Biogeographical Society, (10): 136-161

7. Kuroda, N. 1940. Picture album of Japanese mammals. Tokyo: Seishod

8. Kazuo Wada, Xiong Chenpei, Wang Qishan. 1987. On the distribution of Tibetan and rhesus monkeys in southern Anhui. China. Acta Theriglogica Sinica, 7 (3): 168-177

L1. Lai Yuemei. 1987. The ecological habits of white-headed leaf monkey and its feeding and breeding in captivity. Chinese Wildlife, (4): 23-24

2. Lao Rong *et al.* 1993. The Mammalian Fauna of Guizhou. Guiyang: Guizhou Science and Technology Publishing House (with reference to the authors' Distribution List of Guizhou Vertebrates, 1979)

3. Li Baoguo, Chen Fuguan. 1989. A taxonomic study and new subspecies of the subgenus *Eospalax*, genus *Myospalax*. Acta Zoologica Sinica, 35 (1): 89-95

4. Li Chongyun, Ma Shilai, Wang Yingxiang, Liu Guocai. 1987. Report of mammalian survey in the area of Honghe, Yunnan. Report of Honghe Region. Vol. 1: Land vertebrates. Kunming: Yunnan Minority Press. 1-32

5. Li Daohong. 1992. Rat composition and population of farmland in the area of northeastern Guizhou. Unpublished

6. Li Enqing. 1990. Zoogeographic division of rodents of Hebei Province. Research of Biogeography and Pedology, 95-101

7. Li Guihui. 1966. The first discovery of south China tiger in Qingling. Chinese Journal of Zoology, (8): 48

8. Li Guiyuan. 1965. The discovery of spotted linsang in Sichuan. Chinese Journal of Zoology, (5): 238

9. Li Jiakun. 1964. Distribution of rodents in Gansu. Journal of Gansu Normal University (Natural Science), (2): 1-19

10. Li Jingyuan, Shang Zhikuan. 1958. Discovery of marmots in Ih Ju League. Bulletin of Plague, (1): 45-47

11. Li Hueichen. 1957. A brief survey on the fleas of insectivores and rodents in western Yunnan. Acta Zoologica Sinica, 9 (1): 25-33

12. Li Peixun. 1981. The first record of two species of bats in Heilongjiang province. Chinese Wildlife, (3): 51-52

13. Li Peixun, Xu Xueliang. 1981. Ecological information of long-tailed souslik (*Citellus undulatus menzbier*) in the upper reaches of Heilongjiang. Journal of Harbin Normal University, (2): 72-75

14. Li Shushen, Wang Yingxiang. 1981. Two subspecies of Chinese mammals. Collection of Scientific Research of Yunnan Institute of Zoology, 26-32

15. Li Shushen, Wang Yingxiang. 1981. A new subspecies of belly-banded squirrel (*Callosciurus erythraeus* Pallas). Zoological Research, 2 (1): 71-76

16. Li Tong. 1985. A survey report on rodent-damage in forests, Jilin Province. Chinese Journal of Zoology, (6): 26-28

17. Li Weixian. 1988. Fauna Liaoningica (chief editor: Xiao Zenghu) —Mammalia: Rodentia. Shenyang: Liaoning Science and Technology Press. 49-115

18. Li Weidong *et al.* 1991. A preliminary study on the distribution and habitat of *Ochotona iliensis*. Chinese Journal of Zoology, 26 (3): 28-30

19. Li Weixian. 1983. On the dividing of zoogeographical regions of rodent fauna in Liaoning Province. Acta Zoologica Sinica, 29 (4): 383-390

20. Li Weixian, Liu Haitang, Pan Fengchun, Li Taimin, Wu Guoxin. 1983. The rodents in western Liaoning. Chinese Wildlife, (5): 14-16

21. Li Xiupeng. 1965. First discovery of seal in the lower reaches of Tumen River. Chinese Journal of Zoology, (5): 238

22. Li Xizhang *et al.* 1991. The fauna and distribution of rodents in Longnan and Gannan regions of Gansu Province. Chinese Journal of Zoology, 26 (4): 15-18

23. Li Youlin. 1960. Tibetan stump-tailed macaque of Emei. Chinese Journal of Zoology, (5): 202-203

24. Li Zhilin, Han Jianfang. 1988. Preliminary observation on breeding of thick-tailed three-toed jerboa. Sichuan Journal of Zoology, 7 (2): 32-33

25. Li Zhilin, Qin Changyu, Han Jianfang. 1988. Preliminary studies on ecology of *Meriones meridianus*. Acta Theriologica Sinica, 8 (1): 43-48

26. Li Zhixiang, Ma Shilai. 1980. A revision of the white-headed langur, *Presbytis francoisi leucocephalus* T'an, 1957. Acta Zootaxonomica Sinica, 5 (4): 440-442

27. Li Zhixiang, Ma Shilai, Hun Chenghui, Wang Yingxiang. 1982. The distribution and habits of the Yunnan golden monkey, *Rhinopithecus bieti* J. Human Evol, (11): 633-638

28. Li Zhixiang, Yang Lan, Wang Yingxiang, Xian Rulun, Xu Qiming, Chen Weitang. 1980. A preliminary observation on the growth and development of Yunnan gaur (*Bos gaurus*). Zoological Research, 1 (3): 425-428

29. Li Zhixiang, Lin Zhengyu. 1983. Classification and Distribution of Living Primates in Yunnan, China. Zoological Research, (2): 111-119

30. Liang Junxun. 1993. Report of survey on small harmful mammals in the agricultural area of Guangxi. Guangxi Institute of Plant Protection. Unpublished

31. Liang Junxun, Huang Hanhong, Li Tang. 1993. The fauna and community character of small wild animals in farmland of southern edge of western hilly area of Guangxi. Southwest China Journal of Agricultural Sciences, 6 (2): 75-82

32. Liang Junxun, Zhang Jun. 1985. On the rodent fauna and regionalization of northeast regions in loess plateau. Acta Theriologica Sinica, 5 (4): 299-309

33. Liang Renji, Dong Yongwen. 1985. On the ecology of *Nyctalus velutinus*. Acta Theriologica Sinica, 5 (1): 11-15

34. Liang Renji, Dong Yongwen. 1984. Bats from south Anhui. Acta Theriologica Sinica, 4 (4): 321-328

35. Liang Renji, Xiao Min, Wang Mingron. 1984. On the morphophysiological indices of long-winged bat in the period of hibernation. Acta Theriologica Sinica, 4 (3): 167-175

36. Liang Zhiming. 1982. The pygmy dormouse from Guizhou Province, China. Chinese Journal of Zoology, (3): 33-36

37. Liao Chonghui, Chen Maoqian. 1988. The food habits of the roof rat (*Rattus rattus slandeni*) and the ecological significance in the tropical cultivated broad-leaf mixed forest at Xiaoliang. Acta Theriologica Sinica, 8 (1): 33-42

38. Liao Yanfa. 1985. The geographical distribution of ounces in Qinghai Province. Acta Theriologica Sinica, 5 (3): 183-188

39. Liao Zishu. 1964. Survey report on rats of Guiding County, Guizhou. Chinese Journal of Zoology, (5): 204-205

40. Lin Haoran, Xin Jingxi. 1961. Preliminary observation of bandicoot rat and Turkestan rat in autumn and winter in the delta agricultural area of Zhongshan. Journal of Zhongshan University (Natural Science), (2): 34-40

41. Lin Qusong, Chen Jingxia, Lu Jianfu, Liang Huishi. 1991. The relationship among fauna, altitude and vegetation in Tailuge National Park. Bureau of Tailuge National Park. 18-39.

42. Lin Qusong, Lu Jianfu, Li Lingling. 1989. A study on population distribution and habitat utilization of Tailuge National Park. Bureau of Tailuge National Park.

43. Lin Qusong, Lu Jianfu. 1990. Research on Taiwan macaque resource along Zhongheng highway in Tailuge National Park. Bureau of Tailuge National Park

44. Lin Yonglei. 1985. The mammals from Mt. Tuomuer area in Tianshan. Collection of Survey Report on Biota in Tuomuer Area, Tianshan. Ürümqi: Xinjiang People's Press: 1-19

45. Ling Yinmin. 1984. Fauna of mice and natural origin disease related in the area of Nanning. Abstracts of Papers, the Congress of the 50th Anniversary of Chinese Zoological Society, (II): 400

46. Liu Chunsheng *et al.* 1986. A study on the rodent fauna on Yellow Mountains of Anhui Province. Chinese Journal of Zoology, (6): 18-21.

47. Liu Chunsheng, Li Chuanbin, Wu Wanneng, Meng Jihui. 1985. The faunal distribution and geographical divisions of rodents in Anhui Province. Acta Theriologica Sinica, 5

(2): 111-118
48. Liu Chunsheng, Wu Wanneng, Guo Shikun, Meng Jihui. 1991. A study of the subspecies classification of *Apodemus agrarius* in eastern continental China. Acta Theriologica Sinica 11 (4): 294-299
49. Liu Chunsheng, Wu Wanneng, Yu Zhengchu, Zhang Darong, Meng Jihui. 1984. The discovery of *Typhlomys cinereus* in Anhui Province. Acta Theriologica Sinica, 4 (4): 272
50. Liu Deyu *et al.* 1987. Nature Reserves of Yunnan. Beijing: China Forestry Publishing House
51. Liu Jianli, Zhang Quanguang. 1986. Preliminary report of survey on rats in agriculture-pasture area in the Huanghe estuary. Abstracts of Papers, Bulletin of Chinese Agronomy, National Congress of Rat-Damage Protection. 20
52. Liu Jike, Liang Jierong, Shu Qu. 1977. Succession tendency of community and biomass fluctuation of rodents in the farmland of Laomohong Desert, southern Taidam Basin. Bulletin of Ecology, a series of Qinghai Biological Institute, (I): 103-113
53. Liu Mingquan. 1974. A preliminary observation on rats in wild mountain areas of western Guandong. Chinese Journal of Zoology, (2): 18-19
54. Liu Weidong, Ma Yong, 1986 A new species of *Ochotona* (Ochotonidae, Lagomorpha). Acta Zoologica, 32 (4): 375-379
55. Liu Mingquan, Liu Zhenhua. 1983. On the occurrence and preliminary ecological observation of David's vole, *Ethenomys melanogaster*, from the western part of Guangxi Province, China. Chinese Journal of Zoology, (5): 17-19
56. Liu Mingquan, Liu Zhenhua. 1976. Insectivores and ecological observation of their common species in Guangdong Province. Chinese Journal of Zoology, (3): 29-30
57. Liu Naifa. 1982. On the wildlife resources in Baishuijiang Nature Reserve. Wildlife, (2): 3-6
58. Liu Shu. 1977. A survey of mice of farmland in northern Shanxi. Chinese Journal of Zoology, (4): 38-41
59. Liu Shu. 1966. A preliminary observation of ground squirrel. Chinese Journal of Zoology, 8 (3): 112-119
60. Liu Zhenhe. 1987. *Cervus eldi hainanus* in Hainan Island. Chinese Journal of Zoology, (3): 37-38
61. Liu Zhenhe, Yu Simian, Yuan Xicai. 1984. Resources of the Hainan black gibbon. Chinese Wildlife, (6): 1-4
62. Liu Zhenhe. 1992. The smooth-coated otter in lower reaches of Pearl River. Unpublished
63. Liu Zhenhe. 1992. Distributional List of Mammals of Guangdong. Unpublished.
64. Liu Zhenhe, Yuan Xicai. 1981. Rescue primates and suggestion of establishing, nature reserve for protecting primates. Yearly report of Guangdong Institute of Entomology. 83-86
65. Liu Zhenhe, Yuan Xicai. 1981. Survey of animal resources of Nanling (mammals of southern Jiangxi and Hunan). Yearly report of Guangdong Institute of Entomology. 57-76
66. Liu Zhenhe, Zhen Zhongxiang, Yuan Xicai. 1981. The protection and utilization of primate resources in Guangdong Province. Yearly report of Guangdong Institute of Entomology. 87-89
67. Liu Zhenhua, Zhao Shanxian, Chang Yaoguang, Yu Zhongting. 1983. On the rodents from Xisha Islands of the People's Republic of China. Chinese Journal of Zoology, (6): 40-42
68. Lo, T. H., W. P. Hsia, T. H. Shaw. 1959. Some observations on the small mammals of Etuli Ho, Inner Mongolia. Acta Zoologica Sinica, 11 (1): 86-100
69. Long Guozhen , Li Hanhua. 1988. Survey of natural resources of Dayao Mountain: Animals. Shanghang: Xuelin Press: 479-481
70. Long Zhi. 1966. Some information concerning the rats in suburban, Xin'an county, Hebei. Journal of Chinese Zoology, (4): 175.
71. Lu Changkun, Wang Tsungyi, Qyan Guoqiang, Gin Shanko, Ma Dewei, Yang Dehwa. 1965. On the mammals from the Lintsang area, west Yunnan. Acta Zootaxonomica Sinica, 2 (4): 279-295
72. Lu Changkun, Yang Dehua. 1965. Some ecological information of bandicoot rat in Yunnan. Chinese Journal of Zoology, (6): 525-526
73. Lu Haoquan. 1987. The Beaver (*Castor fiber*). Chinese Journal of Zoology, (6): 39-40
74. Lu Haoquan. 1984. Preliminary research on the mammalian fauna of Shandong Province. Acta Theriologica Sinica 4 (2): 155-158 (revised by the author in 1992) Unpublished
75. Lu Haoquan. 1962. Field observation on small rodents in Feixian, Shandong. Abstracts of Papers, the Congress of Zoological Ecology, Taxonomy and Fauna: 221
76. Lu Liren. 1987. Primary investigation of Chiroptera in Guangxi. Acta Theriologica Sinica, 7 (1): 79-80
77. Lu Peiyan, Wang Jianhao. 1983. Wild elephants in China. Chinese Wildlife, (4): 27-29
78. Luda Institute of Quarantine. 1957. Rats of Dalian barbor. Bulletin of Plague, (3): 36-37
79. Luo Yining. 1987. A new record of mammal in China—*Myotis annectans* in Yunnan. Acta Theriologica Sinica, 7 (2): 159
80. Luo Zexun. 1959. Population change of mammals after clearing in larch forest of subcold zone. Chinese Journal of Zoology, (5): 202-206
81. Luo Zexun. 1988. The Chinese Hare. Beijing: Chinese Forestry Publishing House
82. Luo Zexun, Hao Shoushen, Liang Zhian, Niu Defang, Cao Hongchang. 1975. On the biological study of Brandt's vole protection in the steppe of Hulun Buir. Acta Zoologica Sinica, 21 (1): 51-60
83. Luo Zexun. 1981. A systematic review of the Chinese Cape hare, *Lepus capensis*. Acta Theriologica Sinica, 1 (2): 149-158
84. Luo Zexun, Li Shichun, Liu Zide, Yang Shihe. 1982. Report on the rediscovery of sika deer in Changbai Mountains. Wildlife, (4): 9-10
85. Luo Zhiteng. 1964. Edward's rat discovered in Shaanxi. Chinese Journal of Zoology, (3): 109
86. Loukashkin, A. S. 1939. Wild Mammals of Northern Manchuria. Tokyo: Koa Press
87. Liu Shifeng. 1959. Preliminary survey on golden monkey (*Rhinopithecus roxellanae*) in Qinling. Journal of Northwest University, (3): 19-26
88. Liao Yanfa. 1988. Some biological information of desert cat in Qinghai. Acta Theriologica Sinica, 8 (2): 128-131
89. Li Zhixiang. 1981. A new species of musk deer in China Zoological Research, 2 (2): 157-101
90. Li Dewu. 1963. A preliminary survey on fur mammals in Hubei. Scientific Journal of Central China Normal College, (1): 167-176
91. Li Guiyuan. 1965. A preliminary survey on rats and mice in Ya'an, Sichuan. Abstracts of Papers of the 30th Anniversary Congress of Chinese Zoological Society. Science press: 190
92. Liu lianzhu *et al.* 1965. Rats and Mice of Chongqing. Abstracts of Papers of the 30th Anniversary Congress of Chinese Zodosical Society. Beijing: Science Press: 190
93. Liu Naifa, Fan Huawei, Jing Kai, Ning Ruidong. 1990. Study of Community of Rodents in Anxi Desert. Acta Theriologica Sinica, 10 (3): 215-220
94. Li Jiakun. 1965. A preliminary survey on birds and mammals of Longdie, Gansu. Abstracts of Papers of the 30th Anniversary Congress of Chinese Society of Zoology. Beijing: Science Press: 262-263
95. Liang Zhiming. 1965. A survey on rodents in Xinxiang, Jinsha, Guizhou. Abstracts of Papers of the 30th Anniversary Congress of Chinese Society of Zoology. Beijing: Science Press: 295
96. Lu Guoqiong, Cheng Wenzhang. 1989. Geographical distribution of harmful rodents in Henan. Chinese Journal of Rodent Protection, 5 (2): 93-98
97. Li Jingxi. 1994. A preliminary study on the species diversity of Niumulin Nature Reserve in Yongchun County, Fujian Province. Chinese Biodiversity, 2 (4): 240-243
M1. Ma Guoyao. 1988. Investigation of the Mammals at Baishuijiang Nature Reserve. Chinese Journal of Zoology, (5): 26-28
2. Ma Guoyao. 1988. Changes in giant panda's distribution in Gansu. Acta Theriologica Sinica, 8 (3): 234, 198
3. Ma Liming. 1958. A survey on parasitic fleas of ground squirrel in Anguang, Jilin. Bulletin of Plague, (3): 15-17
4. Ma Meisun. 1962. Preliminary report of mammals of southern margin area of Tarim and Kunlun mountains. Abstracts of Papers, the Congress of Zoological Ecology, Taxonomy and Fauna: 213
5. Ma Shilai, Wang Yingxiang, Liu Guocai, Li Chongyun. 1987. Distribution and current status of endangered mammals in Honghe Region. Report of Biological Resource Survey of Honghe region. vol 1: Land vertebrates. Kunming: Yunnan Minority Press. 41-55
6. Ma Shilai, Wang Yingxiang, Li Chongyun, Liu Guocai. 1987. Mammalian Fauna and Zoogeographic Division of Honghe Region. Report of Biological Resource Survey of Honghe Region . Vol 1: Land vertebrates. Kunming: Yunnan Minority Press. 30-40
7. Ma Shilai, Wang Yingxiang. 1988. The recent distribution, status and conservation of primates in China. Acta Theriologica Sinica, 8 (4): 250-260
8. Ma Shilai, Wang Yingxiang. 1986. The taxonomy and distribution of gibbons in southern China and its adjacent region-with description of three new subspecies. Zoological Research, 7 (4): 393-410
9. Ma Shilai, Wang Yingxiang, F. E. Poirier. 1989. Taxonomy and distribution of Francois' langur (*Presbytis francoisi*). Primates, 30 (2): 233-240
10. Ma Shilai, Wang Yingxiang *et al.* 1988. Taxonomy, distribution and status of gibbons (*Hylobates*) in southern China and adjacent area. Primates, 29 (2): 277-286
11. Ma Shilai, Wang Yingxiang, Colin P. Groves. 1988. Taxonomic notes on the subspecies of the Indian muntjac (*Muntiacus muntjak*) in Yunnan, China. Acta Theriologica Sinica, 8 (2): 95-104
12. Ma Shilai, Wang Yingxiang, Shi Liming. 1990. A new species of the genus *Muntiacus* from Yunnan, China. Zoological Research, 11 (1): 47-53
13. Ma Yiching (Yiqing) *et al.* 1986. Fauna Heilongjiangica: Mammalia. Harbin: Heilongjiang Science & Technology Press
14. Ma Yiqing. 1981. On the Distribution of Bears in China. Acta Theriologica Sinica, 1 (2): 137-144
15. Ma Yiqing. 1962. A survey report on mammal distribution of Yanbian. Yanbian Biological Collection, (1): 1-35
16. Ma Yiqing, Cai Guiquan. 1979. New record of a subspecies of black bear in China. Acta Zootaxonomica Sinica, 4 (3): 300
17. Ma Yiqing, Wu Jiayan. 1981. Systematic review of Chinese sable, with description of a new subspecies. Acta Zoologica Sinica, 27 (2): 189-196
18. Ma Yiqing, Shang Helin. 1983. Distribution of tiger in China. Heilongjiang Institute of Natural Resources and East China Normal University. Unpublished
19. Ma Yong. 1981. On geographic distribution of rodents in northern Xinjiang. Acta Zoologica Sinica, 27 (2): 180-188

20. Ma Yong. 1981. On the dividing of zoogeographical regions of rodents of northern Xinjiang. Acta Zoologica Sinica, 27 (4): 395-402
21. Ma Yong, Li Sihua. 1979. A new subspecies of the long-eared jerboa from Xinjiang. Acta Zootaxonomica Sinica, 4 (3): 301-303
22. Ma Yong, Lin Yonglie, Li Sihua. 1980. A new subspecies of Pallas's pika from Inner Mongolia, China. Acta Zootaxonomica Sinica, 5 (2): 212-214
23. Ma Yong, Wang Fonggui, Jin Shanke, Li Sihua, Sun Chonglu, Hao Shoushen. 1982. On the distribution and ecology of yellow steppe lemming (*Lagurus luteus*) of Xinjiang. Acta Theriologica Sinica, 2 (1): 81-88
24. Ma Yong, Wang Fenggui, Jin Shanke, Li Sihua. 1987. Glires (Rodents and Lagomorphs) and their zoogeographical distribution. Science Press, Academia Sinica
25. Ma Yong, Wang Fenggui, Jin Shanke, Li Sihua, Lin Yonglie, Yie Zongyao. 1981. On the Glires of Northern Xinjiang. Acta Theriologica Sinica, 1 (2): 178-188
26. Ma Yong, 1965. A new subspecies of the narrow-skulled vole from Inner Mongolia, China. Acta Zootaxonomica Sinica, 2 (3): 183-186
27. Ma Yong, 1964. A new species of hedgehog from Shansi Province, *Hemiechinus sylvaticus*, Sp. Nov. Acta Zootaxonomica Sinica, 1 (1): 31-36
28. Min Zhilan, Chen Fuguan, Hang Hongfu. 1966. New records of mammals in Shaanxi. Chinese Journal of Zoology, (2): 54-55
29. Mo Chingfung. 1958. Preliminary survey of the smaller bandicoot rat (*Bandicota nemorivaga* Hodgson. Chinese Journal of Zoology, 2 (3): 174-177
30. Mo Guanying. 1992. A study on the population dynamics of indoor rats in Zhanjiang District. Chinese Journal of Zoology, 27 (1): 19-21

N1. Ni Jianying, Jiang Guangzao, Tan Xianghong. 1991. A study on the density distribution of small mammals in the farmland of western Sichuan. Acta Theriologica Sinica, 11 (4): 300-305
2. Ni Xinmin. 1979. A survey on rare animals in Gannan Zang Minority Autonomous Prefecture, Gansu Province. Chinese Journal of Zoology, (2): 36-38

O1. Ouyang Xinju. 1960. A preliminary observation on Chinese bamboo rat. Chinese Journal of Zoology, 4 (5): 200-202

P1. Peng Hngshou, Kao Yuehting, Lu Changkun, Feng Tsochien, Chang Chingxiong. 1962. Report on mammals from southwestern Szechwan and northwestern Yunnan. Acta Zoologica Sinica, 14 Supp.: 105-132
2. Peng Hongshou, Peng Yanzhang. 1972. The first records of birds and mammals of China. Collection of Scientific Research of Yunnan Institute of Zoology, (2): 1-7
3. Peng Hongshou, Wang Yingxiang. 1981. New mammals from the Gaoligong Mountains (1). Acta Theriologica Sinica, 1 (2): 167-176
4. Pi Nanlin. 1973. Damage of ground squirrel to grassland in the area of Chahanaobao. Biological Research Report of Rats and Rat Kill Off, (1): 84-90
5. Poirier, F. E. 1986. A Preliminary Study of the Taiwan Macaque (*Macaca cyclopis*). Zoological Research, 7 (4): 411-422
6. Pu Renzhu. 1989. A survey on population number of Tibetan fox. Chinese Wildlife, (6): 52
7. Ping, C. 1931. Preliminary notes on the fauna of Nanking. Science Society of China, Contributions from the Biological Laboratory, Vol, 7: 173-201
8. Peng Hongshou *et al*. 1965. Taxonomic study of mammals in Guizhou. Abstracts of Papers of the 30th Anniversary Congress of Chinese Society of Zooloy, Beijing: Science Press: 275
9. Philips, C. J., N. Wilson 1968. A collection of bats from Hong Kong. J. Mammal, (49): 128-133

Q1. Qahar Institute of Plague Protection. 1958. A preliminary survey on ecology of pika. Bulletin of Plague, (3): 8-12
2. Qin Changyu. 1985. Numerical distribution and ecological analysis on Alashan ground squirre1 (*Citellus alashanicus*) . Chinese Journal of Zoology, (6): 11-15
3. Qin Changyu. 1991. On the zoogeography and regionalization of glires in Ningxia Autonomous Region, China. Acta Theriologica Sinica, 11 (2): 143-151
4. Qin Yaoliang. 1979. Geographical distribution, division and prevention of rodents in Guangdong Province. Chinese Journal of Zoology, (4): 30-34
5. Qin Yaoliang. 1983. The composition and distribution of rodents in the area south of the middle and lower reaches of the Changjiang in China. Chinese Journal of Zoology, (6): 10-13
6. Qin Yaoliang, Lin Shixing, Huang Jingang. 1965. Preliminary study of growth and development of bandicoot-rat. Unpublished
7. Qin Yaoliang, Lu Taichun, Wu Ximou, Zhang Qizhi, Chen Ren. 1963. Monkey resources in the area of northern Fujian. Abstracts of Papers of the Yearly Congress, Guangdong Zoological Society Unpublished
8. Qin Yaoliang, Wang Yaopei, Zhou Yukang. 1965. Survey report of the rodents in the three counties of the Pearl River delta. Unpublished
9. Qiu Mingjiang *et al*. 1987. Preliminary survey on ungulates in the area of Tanggula Mountains, Qinghai. Sichuan Journal of Zoology, 6 (2): 40-41
10. Quan Guoqiang, Jing Jinyu, Huang Jingshen, Zhou Yufu. 1987. A New Record of Primate Species in China. Acta Theriologica Sinica, 7 (2): 158
11. Quan Guoqing, Wang Song, Zhang Rongzu (Yongzu) 1981. The Classification and Distribution of Primates in China. Wildlife, (3): 7-14
12. Quan Guoqiang, Xie Jiahua. 1981. Notes on *Rhinopithecus roxellanae brelichi* Thomas. Acta Theriologica Sinica, 1 (2): 113-116
13. Integrated Scientific Expedition Team of Qinghai-Gansu Area, 1958-1960. Information of Expedition Academia Sinica. Unpublished
14. Qian Yanwen, Feng Zuojian, Ma Lailing. 1974. Survey on birds and mammals in the area of Qomolongma (Everest). Scientific reports of investigation in the area of Qomolangma (Everest) -1966-1968 Biology and Alpine Physiology, Beijing: Science Press: 1-23
15. Qian Quoshen, Sheng Helin. 1976. Winter food of Chinese ferret badgers. Chinese Journal of Zoology, (1): 37
16. Quan Weijuan. 1965. Report on collection of bats in Jiangsu. Abstracts of Papers of 30th Anniversary Congress of Chinese Society of Zoology. Beijing: Science Press. 274
17. Quan Guoqiang. 1989. A distribution list of Chinese primates. Unpublished
18. Quan Cheng. 1959. Notes of wild mice in Hepu, Guangxi. Journal of Epidemiology, (2): 29-31

R1. Бапников, А. Г. 1954 Млекопитающие Монгольской Нородной респубпики М.: АН СССР 21-669.
2. Банников, А. Г. 1960 За Мекопитающих Наньщаня и южной Гоби (Китай). Бюлетень М. О-Ва исп. природы. отд. Биологин, Т. LXV (3): 5—11. Москва
3. Вихнер, Е. А.: 1888-1894. Научные реэультаты путешествий Н. И. Пржевальского по Центральной Аэии. Отд Эоологический, млекопитающие. Вып. 1-5. Петербург. Москва
4. Бобринский, Н. А., Б. А. Кузнецов А. П., Кузякин 1944 Определитель Млекопитающих СССР. Москва
5. Кузякин, А. П. 1950 Летучие Мыши. Советская Наука, Москаа.
6. Огнев, С. И. 1928-50 Звер СССР и Прилегащих Стран, Т. 1-7. Москва.
7. Пржевальский, Н. М. 1888 От Кахты на истоки Желтой реки, исследование Северной окраины Тибета и Путь через лоб-нор по бассейну Тарима, СПБ., Москва.

S1. Sand Dune Management Team, Academia Sinica. 1960. Rodent list of Dengkou, Inner Mongolia. Unpublished
2. Sarhantra Institute of Plague Protection, Inner Mongolia. 1957. A final report of survey on clawed jird. Bulletin of Plague, (4): 3-9
3. Schaller, G. B., Li Hong, Talipu, Ren Junrang, Qiu Mingjiang. 1988. The Snow Leopard in Xinjiang, China. Oryx, 22 (4): 197-204
4. Schaller, G. B., Ren Junrang, Qiu Mingjiang. 1988. Status of the Snow Leopard, *Panthera uncia*, in Qinghai and Gansu Provinces, China. Biological Conservation, (45): 179-194
5. Schaller, G. B. 1987. Status of Large Mammals in the Taxkorgan Reserve, Xinjiang, China. Biological Conservation, (42): 53-71
6. Shao Mengming, Yu Han. 1965. A flying squirrel discovered in Qinling. Chinese Journal of Zoology, (5): 240
7. Shaw, T. H. 1958. On Discovery of the Dugong in the Gulf of Paibou, Kwantung, with Notes on its Osteology. Chinese Journal of Zoology, 2 (3): 146-152
8. Shaw Tsen-Hwang, Wang Sung, Lu Chang-Kwun, Chang Luan-Kuang. 1966. A survey of the mammals of Hainan Island, China. Acta Zootaxonomica Sinica, 3 (3): 260-276
9. Shaw T. H., S. Wang. 1959. A New Insectivore from Hainan. Acta Zoologica Sinica, 11 (3): 422-428
10. Shaanxi Institute of Zoology. 1981. Evaluation on economic bird and mammal resources of Shaanxi. Bureau of Shaanxi. Agricultural Regionalization, 107-113
11. Shaw Tseng-Hwang. 1955. The Distribution of Fur-Bearing Mammals in China. Acta Geographica Sinica, 21 (4): 405-421
12. Shen Lantian, Lu Liren, Zhen Fanzhen. 1988. Distribution list of land Vertebrates of Guangxi: Mammalia. Guilin: Guangxi Normal University Press. 99-122
13. Sheng Helin. 1976. The food of tiger, leopard and clouded leopard. Chinese Journal of Zoology, (1): 41
14. Sheng Helin. 1976. Ecology and Utilization of Chinese Muntjac. Chinese Journal of Zoology, (1): 39-40
15. Sheng Helin. 1981. The fur-bearing mammals of Zhoushan and Shensi islands. Chinese Journal of Zoology, (4): 45-48
16. Sheng Helin. 1964. Population ecology of Siberian weasel II. Food habits in winter. Journal of East China Normal University (Natural Science), (2): 117-122
17. Sheng Helin. 1987. The special Chinese animal——*Muntiacus crinifons* Chinese Journal of Zoology, (2): 45-48
18. Sheng Helin, Lu Houji. 1980. Current studies on the rare Chinese black muntjac. Journal of Natural History, (14): 803-807
19. Sheng Helin, Lu Houji. 1982. Distribution, habits and resource status of the tufted deer (*Elaphodus cephalophus*). Acta Zoologica Sinica, 28 (3): 307-311
20. Sheng Helin, Lu Houji. 1982. The rare animals of Jiangxi Province. Chinese Wildlife, (4): 6-8
21. Sheng Helin , Lu Houji. 1985. Cervidae Resources in Subtropical and Tropical Areas of China. Journal of East China Normal University (Natural Science), (1): 96-103
22. Sheng Helin, Lu Houji. 1990. A Discussion Regarding Fea's Muntjac, *Muntiacus feae*. Journal of East China Normal University (Mammalian Ecology Supplement): 121
23. Sheng Helin, Lu Houji, Wang Peichao. 1984. The exploitation problems of mammal resources in Jiangxi Province. Journal of East China Normal University (Natural Science), (2): 89-94
24. Sheng Helin, Wu Guang, Li Dongfu, Zhu Desheng. 1963. Mammalian fauna of southern Anhui and their economic significance. Journal of East China Normal University (Natural Science), (1): 93-100
25. Sheng Helin, Wu Tianrong. 1981. *Muntiacus crinifrons*, *M. reevesi*, *Elaphodus cephalophus* and *Cervus nippon* resources in the western mountains of Zhejiang Province. Chinese Wildlife, (2): 33-34
26. Sheng Lin (Helin). 1960. Habits of gray-haired bamboo rat and method of capture. Journal of East China Normal University (Natural Science), (1): 61-68
27. Sheng Lin (Helin). 1960. Preliminary survey on rodents in Jianyang-Shaowu area, Fujian. Journal of East China Normal University (Natural Science), (1): 47-56
28. Sheng Helin, Shi Yinzhu, Ma Shiquan, Su Jinlong. 1959. The winter habitat of striped field mouse and method of kill off in Shanghai suburbs. Chinese Journal of Zoology, (5):

189-192
29. Shi Liangcai. 1985. A list of new records of animals in China. Chinese Journal of Zoology, (2): 31
30. Shi Liangcai. 1985. *Typhomys cinereus* discovered in Wuling Mountains, Hubei. Chinese Journal of Zoology, (5): 64
31. Shi Yuyin, Cai Guiquan, Wang Suegao, Fan Naichang. 1981. A preliminary survey of rodents in the mountain area of Ningxia. Research Report of Biology of Mice and Kill Off, (4): 132-138
32. Shou Zhenhuang *et al*. 1962. Economic Fauna of China: Mammalia. Beijing: Science Press.
33. Shou Zhenhuang *et al*. 1958. Survey Report on Mammals of Northeast China. Beijing: Science Press.
34. Shou, Z. H., T. H. Lo. 1957. The current status of distribution of musk rat in Huma, Heilongjiang. Journal of Chinese Zoology, (2): 114-115
35. Shou Zhenhuang, Gao Yaoting, Lu Changkun. 1959. The elephant in southern Yunnan. Chinese Journal of Zoology, (5): 206-209
36. Shou Zhenhuang, Li Qingtao. 1958. A preliminary observation on mouse fauna in clearing sites of forest in Little hingan Mts. Chinese Journal of Zoology, (1): 6-11
37. Shou Zhenhuang, Zhang Jie. 1958. A preliminary survey of giant bamboo rat. Bulletin of Biology, (2): 26-28
38. Shou Zhongcan, Feng Zuojian. 1984. A new subspecies of the Tibetan pika from China. Acta Theriologica Sinica, 4 (2): 151-154
39. Song Kai, Huan Gengnian. 1986. Survey of rodent community and population of Minle County, Gansu. Thesis of the Congress of Chinese Mammalogical Society. Unpublished
40. Song Huiwu. 1965. Mouse damage and prevention in farmland of southeastern border area of Guizhou. Chinese Journal of Zoology, (3): 207-208
41. Song Shiying. 1984. Faunal survey of mammals in Lonshan area, Shaanxi. Chinese Journal of Zoology, (5): 42-46
42. Song Shiying. 1985. A new subspecies of *Cricetulus triton* from Shaanxi, China. Acta Theriologica Sinica, 5 (2): 137-139
43. Song Shiying. 1985. The distribution of hedgehog in Shaanxi. Chinese Journal of Zoology, (1): 6-9
44. Song Shiying, Shao Mengming. 1983. Preliminary study on the Insectivora fauna from Qinling-Bashan area, Shaanxi Province, China. Chinese Journal of Zoology, (2): 11-13
45. Sun Chongshuo, Gao Yaoting. 1976. A new record of Chinese Felidae from Yunnan—*Pardofelis marmorata*. Acta Zoologica Sinica, 22 (3): 304
46. Integrated Expedition Team of Water Transportation from South to North, Academia Sinica. 1960. Report of Zoological Study Group. Unpublished
47. Shih, Chansu, McAmicus. 1930 (石汉声). Preliminary report on the mammals from Yaoshan, Kwangsi, collected by the Yaoshan expedition of Sun Yat-sen University, Canton, China. Bull. Dept. Biol., Sun Yatsen University, Canton, (4): 1-10.
48. Sheng Helin, Wang Peichao. 1975. Utilization of feathered mammals in Jiangxi. Chinese Journal of Zoology, (2): 20-23
49. Shaw, T. H., X. T. Cai. 1958. Wild gaur discovered in Xishuangbanna, Yunnan. Kexue Tongbao (Scientific Report), (4): 112-113.
50. Sun Ruyong *et al*. 1962. Vertical distribution of small rodents in forests of Chaiheling. Acta Zoologica Sinica, 14 (2): 165-174.
T1. Tan Bangjie. 1986. Taxonomy and Distribution of Tiger in China. Thesis of the Congress of Chinese Mammalogical Society. Unpublished
2. Tan Shanzhu, Ma Yong, Wang Jiajun, Wang Ziyu, Zhou Naiwu. 1965. Birds and Mammals of Zhongtiao Mountain in Shansi Province. Acta Zoologica Sinica, 17 (1): 86-101
3. Tang Zecheng. 1960. The fur-bearing mammals and their utilization in the nine counties of northern Sichuan. Chinese Journal of Zoology,4 (5): 195-199
4. Tang Ziying, Li Zhixun. 1957. A brief report on survey of vertebrates in Hainan. Journal of Chinese Zoology, (4): 246-249
5. South China Tropic Bioresources Expedition Team, Academia Sinica. 1960. Survey Report of Animal Resources in Shantou Prefecture, Shaoguan, Guangdong. Unpublished
6. Tan Bangjie. 1989. On survival problem of northeastern tiger. Bulletin of Biology, (8): 1-2
7. Tian Jingfu. 1959. Survey report on rats and fleas of Shangrao area, Jiangxi. Chinese Journal of Epidemiology, (3): 36-38
W1. Wang Desheng. 1958. A survey report of rodents and fleas. Bulletin of Plague, (4): 27-29
2. Wang Dingguo. 1988. Survey of Rodents at Ejina and Mazongshan of Subei County. Chinese Journal of Zoology, 23 (6): 21-23
3. Wang Dingguo, Wang Xiangting. 1984. New records of rodents of Gansu. Abstracts of Papers of the 50th Anniversary Congress of Chinese Zoological Society, (1) Beijing: Science Press, 35
4. Wang Dongfeng. 1993. New record of mammals in Heilongjiang Province—European water shrew. Chinese Wildlife, (4): 22-23, 25
5. Wang Fenggui. 1980. Subspecific classification of the stripe-backed hamster (*Cricetulus barabensis*) in China with description of a new subspecies. Acta Zootaxonomica Sinica, 5 (3): 315-319
6. Wang Fenggui. 1981. On a new subspecies of midday gerbils from Xinjiang. Acta Zootaxonomica Sinica, 6 (1): 104-105
7. Wang Fenggui, Ma Yong. 1982. On a new subspecies of social vole from Xinjiang, *Microtus socialis bogdoensis*, subsp. nov. Acta Zootaxonomica Sinica, 7 (1): 112-114
8. Wang Fulin. 1974. A report on fur-bearing mammals in Shanxi. Shanxi University. Unpublished
9. Wang Fulin. 1992. Some distribution data of mammals in Shanxi. Unpublished
10. Wang Fulin. 1979. Current status of wild animal resources in Shanxi. Journal of Shanxi Biology. Unpublished
11. Wang Fulin. 1962. On distribution problem of rhesus macaque and *Paguma*. Abstracts of Papers, the Congress of Zoological Ecology, Taxonomy and Fauna: 216
12. Wang Fulin. 1981. The distribution and resource protection of the complex-toothed flying squirrel in Shanxi and Hebei. Journal of Shanxi University, (4): 73-77
13. Wang Fulin. 1983. Distribution of the masked civet in China and its economic values. Chinese Wildlife, (4): 32-34
14. Wang Fulin. 1985. Preliminary study on the ecology of *Trogopterus xanthipes*. Acta Theriologica Sinica, 5 (2): 103-110
15. Wang Fulin. 1986. A survey of bird and beast resources in Jiang County. Thesis of the Congress of Chinese Zoological Society. Unpublished
16. Wang Gengxing, Luo Dawen, Ho Jumhou. 1990. The small animals in the natural protection area of Nangun River. Chinese Journal of Zoology, 25 (4): 35-37
17. Wang Guoliang, Yan Guanrong, Hu Xiaolin, Zhao Hou. 1987. An investigation on rodents and insectivores in Longchuan area of Yunnan. Chinese Journal of Zoology, 22 (6): 31-32
18. Wang Guanghuan, Wu Delin, Deng Xianfu, Gan Zhengping. 1983. A primary study of the small mammals on the western slope of Ailao Mts. Research of Forest Ecosystem on Ailao Mountains, Yunnan. 321-331
19. Wang Junsen. 1986. Identification of two bats and their competition. Thesis of the Congress of Chinese Mammalogical Society. Unpublished
20. Wang Peifan, Wang Dexing. 1985. A preliminary report of main rat damage in Tonguan, Shaanxi. Thesis of the Congress of Chinese Mammalogical Society. Unpublished
21. Wang Peilie. 1992. The morphological characters and the problem of subspecies identification of the finless porpoise. Fisheries Science, 11 (11): 4-9
22. Wang Peilie. 1985. Distribution, ecology and resource protection of large seal in Huang-Bo seas. Acta Oceanica Sinica, 7 (2): 203-209
23. Wang Peilie. 1984. Distribution of the gray whale (*Eschrichtius gibbosus*) off the coast of China. Acta Theriologica Sinica, 4 (1): 21-26
24. Wang Peilie. 1984. Distribution, ecology and resource conservation of the finless porpoise in Chinese waters. Transactions of Liaoning Zoological Society, 5 (1): 105-110
25. Wang Peilie. 1984. The distribution of whales in near seas of China. Chinese Journal of Zoology, (6): 52-56
26. Wang Peilie. 1990. Cetaceans on the coast of Guangxi. Guangxi Fisheries Science & Technology, (3): 1-6
27. Wang Peilie. 1991. The Oceanic Mammalian Fauna of China. Acta Oceanologica Sinica, 13 (3): 387-393
28. Wang Peilie. 1978. Studies on the baleen whales in the Yellow Sea. Acta Zoologica Sinica, 24 (3): 269-277
29. Wang Peilie. 1992. On the Taxonomy of the Finless Porpoise in China. Fisheries Science, 11 (6): 10-14
30. Wang Peilie, Li Shuqing. 1990. Distribution of sperm whale in the coastal areas of China. Fisheries Science, 9 (3): 28-32
31. Wang Peilie, Sun Jianyun. 1986. Distribution of the Dugong off the Coast of China. Acta Theriologica Sinica, 6 (3): 175-181
32. Wang Peilie, Tang Ruirong. 1981. The discovery of sei whale in near seas of southeastern China. Chinese Journal of Zoology, (3): 43-44
33. Wang Qishan. 1962. Preliminary survey of mice in Hefei. Journal of Anhui University, (3): 19-24
34. Wang Qishan. 1986. Zoogeographic regions of Anhui. Journal of Anhui University (Natural Science), (1): 45-58
35. Wang Qishan. 1960. A preliminary survey of mice in Feixi County. Chinese Journal of Zoology, (1): 5-7
36. Wang Qishan, Chen Bihui, Liang Renji. 1966. Preliminary study on distribution of mammals of Anhui. Chinese Journal of Zoology, 8 (3): 101-106
37. Wang Qishan, Liu Chunsheng, Zhang Darong, Wang Yiyin, Yu Zhengchu. 1979. Preliminary study of rats and their external parasites along bank area of Changjiang in Anhui. Journal of Anhui University (Natural Science), (1): 61-70
38. Wang Qishan, Hu Xiaolun, Yan Yuhong. 1982. On a new subspecies of Siberian musk deer, (*Moschus moschiferus anhuiensis* subsp. nov. from Anhui, China. Acta Theriologica Sinica, 2 (2): 133-138
39. Wang Qishan *et al*. 1990. The Mammal Fauna of Anhui. Hefei: Anhui Publishing House of Science and Technology
40. Wang Sibo. 1958. List of rodents of Xinjiang Uygur Autonomous Region. Bulletin of Plague, (5): 27-29
41. Wang Sibo, Yang Ganyun. 1983. Rodent Fauna of Xinjiang. Ülümuqi: Xinjiang People's Publishing House
42. Wang Sibo, Yang Ganyuan. 1981. A New Record of Chinese Rodent from Xinjiang. Acta Zootaxonomica Sinica, 6 (1): 112
43. Wang Sung, Ye Zongyao. 1962. New records of mammals in Xinjiang. Abstracts of Papers, the Congress of Zoological Ecology, Taxonomy and Fauna: 212
44. Wang Sung. 1964. New species and subspecies of mammals from Sinkiang, China. Acta Zootaxonomica Sinica, 1 (1): 6-15
45. Wang Sung. 1959. Further report on the mammals of northeastern China. Acta Zoologica Sinica, 11 (1): 344-349
46. Wang Sung. 1964. Faunal feature of southwestern border of Guangxi. Chinese Journal of Zoology, (3): 197-201
47. Wang Sung, Lu Changkwun, Kao Yuehting, Loo Taichun. 1962. On the Mammals from Southwestern Kwangsi, China. Acta Zoologica Sinica, 14 (4): 555-568
48. Wang Sung, Zheng Changlin. 1973. Notes on Chinese Hamsters (Cricetinae). Acta Zoologica Sinica, 19 (1): 61-68
49. Wang Sung, Zheng Changlin. 1981. White-bellied rat—*Rattus niviventer* Hodgson. Sinozoologica, (1): 1-8

50. Wang Sung, Zhang Jie. 1965. Birds and Beasts of Southern Xinjiang: Beasts, Collection. Integrated Survey of Xinjiang, Beijing: Science Press. 158-212
51. Wang Tingzheng. 1990. On the fauna and the zoogeographical regionalization of glires (including Rodents and Lagomorphs) in Shaanxi Province. Acta Theriologica Sinica, 10 (2): 128-136
52. Wang Tingzheng , Fang Rongcheng, Chen Fuguan, Min Zhilan, Luo Shiyou, Zhou Haizhong. 1983. Wild animal resources in Altai-Baitar mountains. Wildlife, (3): 53-55
53. Wang Tingzheng, Fang Yongsheng. 1983. Studies on the rodents from the Qinlin Mountains and the Dabashan region. Chinese Journal of Zoology, (3): 45-47.
54. Wang Tingzheng, Liu Jiakun, Shao Mengming. 1992. Studies on the population reproduction characteristics of daurian ground squirrel (*Spermophilus dauricus*). Acta Theriologica Sinica, 12 (2): 147-152
55. Wang Tingzheng, Xu Wenxian *et al.* 1992. Glires (Rodentia and Lagomorpha) Fauna of Shaanxi Province. Xi'an: Shaanxi Normal University Press
56. Wang Tingzheng, Zhou Xizhen, Zheng Shite. 1963. Survey report of rodents in the area of Xi'an. Chinese Jouranl of Zoology, 5 (2): 62-65
57. Wang Tingzheng, Wang Dexing, Liu Jianyi, Gao Anli. 1984. Study on the field rodents in autumn from the eastern part of the Central Shaanxi Plain. Chinese Journal of Zoology, (6): 33-36
58. Wang Tingzheng. 1983. Ecological distribution of rodents in the Qinlin Mountains and the Dabashan region. Chinese Journal of Ecology, (2): 11-14
59. Wang Xiangting. 1977. The Giant Panda in Gansu. Journal of Lanzhou University, (3): 87-99
60. Wang Xiangting, Qin Changxu, Jia Wanzhang, Song Zhiming, He Ruliang, Zhong Ningxiang. 1977. Survey report of vertebrate of Ningxia area. Journal of Lanzhou University (Natural Science) (1): 110-128
61. Wang Xiangting, Song Zhiming, Yang Youtao, Zheng Tao, Chen Jianchao, Dou Zhenwei, Zhang Chengzu, Wang Dingqian. 1982. A Study of Mammalian Fauna of Gansu. Journal of Lanzhou University, (2): 131-139
62. Wang Xuego, Shi Yinzhu, Liang Jierong. 1978. A survey on mouse damage and prevention in agricultural area of eastern Qinghai. Research Report on Biology of Mice and Rats Kill Off, (3): 129-132
63. Wang Rats, Feng Mingzhong. 1981. Investigations on the population densities of small pest rodents in some regions of north China plain. Acta Theriologica Sinica, 1 (2): 165-166
64. Wang Yaopei, Qin Yaoliang. 1982. On the relation between brown musk shrew, *Suncus murinus*, and agriculture in the Pearl River delta, Guangdong Province, China Chinese Journal of Zoology, (4): 22-24
65. Wang Yingxiang. 1982. New subspecies of *Pipistrellus* (Chiroptera, Mammalian) from Yunnan, China. Zoological Research, 3 (Supplement): 343-348
66. Wang Yingxiang. 1987. Taxonomic Research on Burmese-Chinese Tree Shrew, *Tupaia belangeri* Wagner, from Southern China. Zoological Research, 8 (3): 213-228
67. Wang Yingxiang, Jing Banjiao. 1987. Mammals in Xishuangbanna area and a brief survey of its fauna. Report collection of integrated survey of Xishuangbanna Nature Reserves. Kunming: Yunnan Science and Technology Press. 289-310
68. Wang Yingxiang, Xu Longhui. 1981. A new subspecies of palm civet (Carnivora: Viverridae) from Hainan, China. Acta Zootaxonomica Sinica, 6 (4): 446-448
69. Wang Yingxiang, Luo Zexun. 1985. Taxonomic revise and two new subspecies of Yunnan hare (*Lepus comus* G. Allen). Zoological Research, 6 (1): 101-109
70. Wang Yingxiang, Gong Zhengda, Duan Xingde. 1988. A new species of *Ochotona* (Ochotonidae, Lagomorpha) from Gaoligong, Mts, northwest Yunnan. Zoological Research, 9 (2): 201-207
71. Wang Yingxiang, Li Chongyun. 1982. A new subspecies of shrew-hedgehog, *Neotetracus sinensis* Troussart (Erinaceidae, Mammalia) from Yunnan, China. Zoological Research, 3 (4): 427-430
72. Wang Yingxiang, Li Chongyun, Ma Shilai. 1988. Biology of Chinese Tree Shrews: The classification and ecology of Chinese tree shrews. Kunming: Yunnan Science and Technology Press. 21-70
73. Wang Yingxiang, Li Zhixiang. 1980. New Records of Chinese Mammals of Insectivora. Zoological Research, 1 (4): 563-564
74. Wang Yingxiang, Li Zhixiang, Ma Shilai. 1985. Small mammals and their vertical distribution in Jawu Mountain, northwest Yunnan (Contemporary Mammalogy in China; Japan editor: T. Kawamichi). Mammalogical Society of Japan: 20-27
75. Wang Youzhi. 1982. Study on Gairdner's Shrew-Mouse of China. Sichuan Animals, (1): 14-16
76. Wang Youzhi. 1985. A New Genus and Species of Gliridae- *Chaetocauda sichuanensis* Gen. and Sp. Nov. Acta Theriologica Sinica, 5 (1): 67-75
77. Wang Youzhi, Tu Yunren, Wang Song. 1966. Several species of small mammals discovered in Sichuan and a description of one new subspecies. Acta Zootaxonomica Sinica, 3 (1): 85-86
78. Wang Youzhi, Yang Guangrong. 1986. A preliminary study on Chinese Oriental vole *Eothenomys* (abstract). Thesis of the Congress of Chinese Zoological Society. Unpublished
79. Wang Zhemao. 1973. Discovery of northern fur seal in Qingdao. Utilization and Protection of Animals, (5): 35-36
80. Wang Zicun, Chen Jiagi. 1989. A survey of the rodents and their external parasite fleas of Lupanshan Nature Reserve. Sichuan Jouarnl of Zoology, 8 (3): 38
81. Wang Zuxiang, Li Dehao, Cai Guiquan. 1984. New materials on birds and mammals from Qomdangma area and an approach to the subspecies of *Hemitragus jemlahicus* H. Smith. Acta Biologica Plateau Sinica, (2): 81-100
82. Wei Fuwen, Hu Jinchu. 1993. Distribution of Takin in Sichuan. Sichuan Journal of Zoology, 12 (3): 32-33
83. Wei Zhenyi, Wu Mingchuan. 1985. Distribution List of Land Vertebrates of Guangxi: Mammalia. Forest Bureau of Guangxi Zhuang Autonomous Region. 90-108
84. Wen Yexin, Huang Wenji, Huang Zhengyi, Tang Ziying, Chen Yanxi, Gong Xinxiong. 1981. Bats from Zhejiang Province. Acta Theriologica Sinica, 1 (1): 34-38
85. Wu Delin. 1982. On subspecific differentiation of brown rat (*Rattus norvegicus* Berkenhout) in China. Acta Theriologica Sinica, 2 (1): 107-112
86. Wu Delin. 1980. The vertical distribution of mouse rodents in Bilaoxueshan. Zoological Research, 1 (2): 221-231
87. Wu Delin, Deng Xiangfu. 1984. A new species of tree mice from Yunnan, China. Acta Theriologica Sinica, 4 (3): 207-212
88. Wu Delin, Deng Xiangfu. 1988. The Community Structure of Myomorpha Rodents in the Tropical and Subtropical Mountainous Forests in Yunnan Province 1. Species Diversity, Relative Abundance, Density and Biomass. Acta Theriologica Sinica, 8 (1): 25-32
89. Wu Delin, Deng Xiangfu, Wang Guanghuan, Gan Zhengping. 1987. Home Range of *Apodemus draco* Barrett-Hamilton. Acta Theriologica Sinica, 7 (2): 140-146
90. Wu Delin, Wang Guanghuan. 1984. A new subspecies of *Typhlomys cinereus* Milne-Edwards from Yunnan, China. Acta Theriologica Sinica, 4 (3): 213-215
91. Wu Jiayan. 1981. A survey of Tibetan takin. Chinese Journal of Zoology, (4): 16-19
92. Wu Jiayan *et al.* 1987. The Chinese Takin. Beijing: Chinese Forestry Publishing House
93. Wu Jiayan. 1986. Study on Taxonomy and Distribution of Chinese Takin. Zoological Research, 7 (2): 167-175
94. Wu Jiayan, Han Yiping, Yong Yange, Zhao Junwu. 1986. Mammals of the Conservation Reserve in Fuping. Chinese Wildlife, (3): 1-4
95. Wu Jiayan, Hu Zhigi. 1980. Resource survey of rare animal and faunal division of Shaanxi Province. Committee of Agricultural Resource Survey and Agricultural Regionalization. Unpublished
96. Wu Jiayan, Li Guihui. 1982. A report on the mammals of Ankang region, Shaanxi Province. Zoological Research, 3 (1): 59-68
97. Wu Jiayan, Niu Yong. 1981. New record of mammal from China—Bhutan takin. Acta Zootaxonomica Sinica, 6 (1): 103
98. Wu Jiayan, Shao Mengming, Zheng Yonglie, Song Shiying. 1978. Survey and Research of Mammalian Fauna in Qinling (Preliminary Paper). Shaanxi Institute of Zoology. Unpublished
99. Wu Jiayan, Zheng Shenwu, Han Yiping, Cai Guiquan, He Yubang. 1990. A preliminary study on the morphology and ecogeographical distribution of white lipped deer. Journal of East China Normal University (Mammalian Ecology Supplement). 71-78
100. Wu Mingchun, Wei Zhenyi, He Nonglin. 1987. The Ecology of the Black Leaf Monkey and Its Distribution. Chinese Wildlife, (4): 12-13
101. Wu Xianzhong *et al.* 1994. The Status of the Distribution and Population of the Siberian Tiger in Heilongjiang Province. Chinese Wildlife, (3): 17-20
102. Wu Yi. 1991. An endemic species—lesser blue sheep. Sichuan Journal of Zoology, 10 (1): 38
103. Wu Yi, Hu Jinchu, Hou Wanru. 1992. A new family record of mammals-free-tailed bats in Sichuan. Sichuan Journal of Zoology, 11 (1): 7
104. Wu Yi, Hu Jinchu, Zhang Guoxiu, Li Hongcheng. 1988. New records of mammals in Sichuan. Sichuan Journal of Zoology, 7 (3): 39
105. Wu Yi, Hu Jinchu, Yu Zhiwei, Deng Qixiang. 1993. Five new records of beasts in Sichuan Province. Journal of Sichuan Teachers College (Natural Science), 14 (4): 312-314
106. Wu Yi, Hu Jinchu, Li Hungcheng, Qu Mingcheng. 1988. Research on community structure of small rodents in Wolong Nature Reserve. Journal of Nanchong Normal College, 9 (2): 95-102
107. Wu Yi, Hu Jinchu Yuan Chonggui, Wei Fuwen, Li Hongcheng, Qu Mingcheng. 1992. The research of quantitative structure of small rodents in Wolong Nature Reserve. Sichuan Journal of Zoology, 11 (4): 23-24
108. Wu Yi, Wei Fuwen, Yuan Chonggui, Hu Jinchu. 1990. A discussion of identifying characteristics for the two species of red-toothed shrews. Sichuan Journal of Zoology, 9 (1): 39-40
109. Wu Yi, Yuan Chonggui, Hu Jinchu, Peng Jitai, Tao Peilin. 1990. A biological study of dwarf blue sheep. Acta Theriologica Sinica, 10 (3): 185-188
110. Wu Delin, Wang Guanghuan, Deng Xianfu, Gan Zhenping. 1983. Community structure of trap-captured small mammals in subtropic evergreen broadleaf forest. Research of Forest Ecosystem on Ailai Mountains, Yunnan. 314-320
111. Wang Tingzheng, Zheng Sheming, Fang Rongcheng. 1964. A preliminary study on zoogeographical division of Shaanxi Province. Selected Papers of Shaanxi Zoological Society, 1: 26-41

112. Wang Zhongyi, Wang Song. 1962. Discovery of *Pteropus giganteus* Brünnich. Acta Zoologica, 14 (4): 494
113. Wang Yuxue, Zheng Je. 1986. A survey of *Macaca mulatta* in Qinghai Province. Acta Theriologica Sinica, 6 (3): 237-238
114. Wu Mingchuan. 1983. On the distribution and number estimation of primates in Guangxi Province. Acta Theriologica Sinica, 3 (1): 16
115. Wang Tingsheng, Fang Rongcheng, Su Quanren. 1965. A study on mammalian fauna and regional division of northern Shaanxi and eastern Ningxia. Abstracts of Papers of the 30th Anniversary Congress of Chinese Society of Zoology. Beijing: Science Press. 266
116. Wu Jiayan, Lu Songyu, Zheng Yonglie, Shao Mengming. 1966. Preliminary ecological observation of takin in Qinling mountains. Chinese Journal of Zoology, (3): 107-108
117. Wu Jiayan. 1990. Discovery of *Typhlomys cinereus* in Qinling. Zoolgical Research, 11 (2): 126
118. Wang Youzhi, Hu Jinchu, Chen Ke 1980. A new species of Murinae- *Vermaya foramena* sp. nov. Acta Zoologica 26 (4): 393-397
119. Woeless Wu, C. Tung. 1958. A preliminary study of small rodents captured in Dairin and Port Arthur. Chinese Journal of Zoology, 2 (4): 207-211
120. Wang Peilie. 1991. The cetacean and its resource protection in Taiwan. Journal of Aquatic Resource Science, 1 (4): 24-28
121. Wang Yu. 1991. Biological information of some sea mammals along the coast of Zhejiang. Chinese Journal of Zoology, 26 (1): 45-47
122. Wang Fulin, Liu Zoumu, Wu Guoqin. 1965. New records of birds and mammals in Shanxi. Abstracts of papers of the 30th Anniversary Congress of Chinese Society of Zoology. Beijing: Science Press, 261
123. Wu Delin. 1974. Survey on damage of birds and rats in airplane seeding of pine. Chinese Journal of Zoology, (2): 20
124. Wang Peichao *et al*. 1976. Food analysis and raising of small Indian civet. Chinese Journal of Zoology, (2): 39-40
125. Wu Jiayan. 1986. Giant Panda in the Qinling Mountains. Acta Zoologica Sinica, 32 (1): 92-95.
X1. Xia Wuping. 1964. The discovery of five-toed pygmy jerboa in Inner Mongolia. Chinese Journal of Zoology, (4): 151
2. Xia Wuping, Long Zhi. 1978. Some ecological information of population and home range of striped field mouse in Changyang, Hubei. Research Report on Biology of Mice and Rats Kill Off, (3): 85-94
3. Xia Wuping. 1984. A study on Chinese *Apodemus* with a discussion of its relation to Japanese species. Acta Theriologica Sinica, 4 (2): 93-98
4. Xiao Bing, Sheng Helin. 1990. Home Range and Activity Patterns of Chinese Water Deer (*Hydropotes inermis*) in Poyang Lake Region. Journal of East China Normal University (Mammalian Ecology Supplement), 9: 27-36.
5. Xiao Zenggu *et al*. 1985. Mammals in eastern Liaoning. Chinese Wildlife, (6): 37-38.
6. Xiao Zenggu. 1986. The Mammal Resource of Liaoning. Sichuan Journal of Zoology, 5 (2): 18-21
7. Xiao Zenggu *et al*. 1988. Fauna Liaoningica (chief editor: Xiao Zenggu) -Mammalia: Lagomorpha. Shenyang: Liaoning Science and Technology Press: 43-46
8. Xie Jiahua. 1987. Mammalian survey of the Maolan karst forest. Scientific Survey of the Maolan Karst Forest. Guiyang: Guizhou People's Press. 311-315
9. Xie Lianhui. 1985. First visit to Aljin Mountain. Chinese Wildlife, (3): 1-4
10. Xing Lianlian, Yang Quisheng. 1982. A preliminary investigation of the mammalian fauna of the desert in the north of Langshan Mountain, Inner Mongolia, China. Chinese Journal of Zoology, (1): 16-18
11. Xinjiang Integrated Expedition Team, Academia Sinica. 1960. Report of Mammalian Survey. Unpublished
12. Xiong Chengpei. 1984. Ecological studies of the stump-tailed macaque. Acta Theriologica Sinica, 4 (1): 1-9
13. Xiong Yuliang. 1975. Ecological observation of bats in the area of Honghuadong, Kunming. Chinese Journal of Zoology, 21 (4): 0336-343
14. Xu Pinkung, Li Yingchieh, Li Chiachan, Chen Hsintao. 1964. The arthropod fauna of rodent caves in the Shatien area of Pearl River delta, Kwangtung. Acta Zoologica Sinica, 16 (1): 123-131
15. Xu Chunyuan. 1958. The damage of wild boar and the methods of prevention in the mountains of Anhui. Journal of Chinese Zoology, 2 (2): 120-121
16. Xu Hangguang, Jia Shulin, Li Zhongxue, Huang Wenxiang. 1983. Studies on the minke whale from the northern Yellow Sea. Acta Zoologica Sinica, 29 (1): 86-92
17. Xu Hong, Ren Qingfeng, Yu Youzhi. 1984. Survey on steppe mice in the eastern flank of Helan mountains, Ningxia. Abstracts of Papers, the Congress of the 50th Anniversary of Chinese Zoological Society (II) Beijng: Science Press. 429
18. Xu Longhui. 1984. Studies on the biology of the hoary bamboo rat (*Rhizomys pruinosus* Blyth). Acta Theriologica Sinica, 4 (2): 99-105
19. Xu Longhui, Yu Simian, Ma Shilai. 1988. The species and distribution of *Muntiacus* in China. Chinese Wildlife, (1): 15-17
20. Xu Longhui, Yu Simian. 1985. A new subspecies of Edwards'rat from Hainan Island, China. Acta Theriologica Sinica, 5 (2): 131-135
21. Xu Longhui, Liu Zhenhe, Yu Simian. 1983. Birds and Beasts of Hainan Island: Mammalia. Beijng: Science Press. 278-398
22. Xu Longhui, Wu Pingying, Yu Simian, Wang Libiao. 1989. Economic animals of Guangdong mountainous areas: Mammals. Guangzhou: Guangdong Science and Technology Press. 7-29
23. Xu Mingsu. 1983. On the ecology of Kansu red deer in the area of Qilian Mountains. Chinese Wildlife, (1): 19-21
24. Xu Weian, Chen Fuguan. 1989. Three new subspecies of *Callosciurus erythraeus* Pallas. Acta Theriologica Sinica, 9 (4): 289-302
25. Xu Xueliang. 1989. *Alces alces*. Chinese Journal of Zoology, 24 (3): 48-51
26. Xu Xueliang. 1983. On the Glutton from Heilongjiang Province, China. Chinese Journal of Zoology, (1): 14-16
27. Xu Xueliang. 1975. The Distribution of Stoat in Heilongjiang Province. Chinese Journal of Zoology, (3): 26-27
28. Xu Yajun, Cheng Binggong, Fang Dean, Wang Lin. 1985. A preliminary observation on Chiroptera in Huizhou region, Anhui Province, and their overwintering ecology. Acta Theriologica Sinica, 5 (2): 87-93
29. Xu Yajun, Cheng Binggong, Fang Dean, Wang Lin. 1982. On discovering the *Tadarida teniotis* Rafinesque in Anhui. Acta Theriologica Sinica, 2 (2): 200
30. Integrated Scientific Expedition Team of the Xizang (Tibet) Plateau. 1966-1968. Expedition information. Academia Sinica. Unpublished
31. Xia Wuping, Fang Xiye. 1964. A new subspecies of *Allactaga bullata* (Dipodidae). Acta Zooltaxonomica Sinica, 1 (1): 16
32. Xiang Changxing. 1974. A survey on ecology and capture method of musk deer in Guangxi. Chinese Journal of Zoology, (1): 9-10
33. Xin Jingxi, Zhong Yanxing, Rong Qingfu, Zhong Ziping. 1986. Study on community structure of mouselike mammals on the northeastern slope of Dawushan, Kowloon. Thesis of the Congress of Chinese Mammalogical Society. Unpublished
Y1. Yu Zizhong. 1957. A preliminary observation on an Insectivore-house shrew. Protection of Plague, (1): 15-19
2. Yan Li. 1983. Sika deer discovered in Pengze, Jiangxi. Chinese Wildlife, (3): 40
3. Yang Anfeng. 1964. A new record of mammal-Himalayan water shrew. Chinese Journal of Zoology, (2): 62
4. Yang Chunwen, Chen Ronghai, Zhang Chunmei. 1991. A study of the rodent community division in Huanghe forest region. Acta Theriologica Sinica, 11 (2): 118-125
5. Yang Dehua. 1983. Notes on *Petaurista xanthotis* Milne-Edwards. Acta Theriologica Sinica, 3 (1): 34
6. Yang Dehua, Ma Dehui. 1965. Hog deer in southwestern Yunnan. Bulletin of Biology, (5): 30-31
7. Yang Dehua *et al*. 1986. Population distribution of wild elephant and five other rare animals in Yunnan. Thesis of the Congress, Chinese Mammalogical Society, Unpublished
8. Yang Dehua. 1986. Distribution of primate population in Congyuan County, Yunnan. Center of Yunnan Primate Research. Unpublished
9. Yang Dehua, Zhang Jiayin, Li Chun. 1988. The quantitative distribution of *Bos gaurus* in Yunnan Province. Chinese Journal of Zoology, (1): 36-37, 54
10. Yang Dehua *et al*. 1993. Fauna of Xishuangbanna. Kunming: Yunnan University Press, 1-40
11. Yang Guangrong. 1985. Some biological notes on the southwest China vole, *Eothenomys custos*. Acta Theriologica Sinica, 5 (1): 24
12. Yang Guangrong *et al*. 1985. Biological information of giant oriental vole. Chinese Journal of Zoology, (5): 38-44
13. Yang Guangrong, Yu Zizong, Shi Zhibo. 1985. Ecologic observation on *Rattus rattus sladeni* in Yunnan Province, China. Chinese Journal of Zoology, (1): 24-27
14. Yang Guangrong, Jie Baoqi. 1983. Ecological observation on *Marmota himalayana* from northwest Yunnan, China. Chinese Journal of Zoology, (2): 46-48
15. Yang Guangrong, Jie Baoqi, Gong Zhengda, Tao Kaihui. 1982. Survey on the vertical distribution of small mammals in Longquan Peak, Dianchang Mountain. Sichuan Journal of Zoology, (4): 24-25
16. Yang Guangrong, Jie Baoqi, Gong Zhengde, Hu Gui, Zhang Liqun. 1982. A preliminary survey on vertical distribution of rodents and insectivores in Jizushan. Zoological Research, (Supplement). 367-368
17. Yang Guangrong, Tao Kaihui. 1986. The vertical distribution of rodents of Laojun Mountain , Yunnan. Zoological Research, 7 (4): 311-316
18. Yang Guangrong, Wang Yingxiang. 1987. A new subspecies of *Hadromys humei* (Muridae, Mammalia) from Yunnan, China. Acta Theriologica Sinica, 7 (1): 46-50
19. Yang Guangrong, Wu Delin. 1979. Two new records of Chinese Rodentia. Acta Zootaxonomica Sinica, 4 (2): 192-193
20. Yang Guangrong, Zhao Hou, Xiong Mengtao, Zhang Kaiyun. 1992. Age investigation of *Rattus flavipectus* population in Western Yunnan. Acta Theriologica Sinica, 12 (1): 75-77
21. Yang Jing, Ding Tieming, Hu Pingxi. 1990. Preliminary study on Japanese sika deer-southern China subspecies. Chinese Wildlife, (3): 17-19
22. Yang Wuyi *et al*. 1966. The distribution of mice in agricultural area of Leibei, Guangdong. Chinese Journal of Zoology, (4): 158-160
23. Yang Wuyi. 1964. A survey report on rodents of Shiwendashan. Chinese Journal of Zoolgy, (4): 152-154
24. Yang Xueming *et al*. 1966. The medicinal animals of Jilin. Journal of Chinese Zoology, (4): 149-154
25. Yang Yongjin, Yang Wenguang, Li Houwen, Wu Shangcheng, Mo Xiaomin, Liao Shizheng. 1986. Preliminary survey report of common tree shrew resource in Guangxi. Thesis of Congress of Chinese Mammalogical Society. Unpublished

26. Yao Jianchu, Jiang Yanan, Zheng Yonglie. 1982. Resources of Macaque in Nanzheng, Shaanxi. Wildlife, (2): 14-15
27. Yuan Shuchin, Qiu Qiang. 1989. An investigation on Muridae in the western region of Henan Province. Chinese Journal of Zoology, 24 (6): 21-23
28. Yi Peiheng. 1964. Observation of birds and mammals in summer in Xiang Mountains, Beijing. Chinese Journal of Zoology, (1): 4-6 Wildlife Protection in Tibet. Beijing: Chinese Forestry Publishing House.
29. Vin Binggao, Liu Wulin. 1993. Wildife Protection in Tibet. Beijing: Chinese Publishing House.
30. Yong Yange, Zhang Jian, Zhang Shanning. 1993. The distribution and number of giant panda in Foping Natue Reserve. Acta Theriologica Sinica, 13 (4): 245-250
31. Yu Ning, Zheng Changlin. 1992. A taxonomic revision of nubra pika (*Ochotona nubrica* Thomas, 1922). Acta Theriologica Sinica, 12 (2): 132-138
32. Yu Ning, Zheng Changlin. 1992. A Revision of Huanghe Pika—*Ochotona huangensis* (Matschie, 1907). Acta Theriologica Sinica, 12 (3): 175-182
33. Yu Ning, Zheng Changlin, Feng Zuojian. 1992. The phylogenetic analysis of subgenus *Ochotona* of China. Acta Theriologica Sinica, 12 (4): 255-266
34. Yu Shiyuan, Wang Peixian, Zhang Wanrong. 1992. The mammals of the thirteen counties of Longdong, Gansu. Sichuan Journal of Zoology, 11 (4): 29-30
35. Yu Simian, Xu Longhui. 1985. Species and number distribution of protected animals in Guangdong Province. Chinese Wildlife, (6): 39-42
36. Yu Yongjiu. 1986, Preliminary understanding of distribution of black bear in Liaoning. Chinese Journal of Zoology, (5): 34
37. Yu Yongjiu. 1988. Fauna Liaoningica (chief edirtor: Xiao Zhenghu) ——Mammalia: Carnivora. Shenyang: Liaoning Science and Technology Press. 163-196
38. Yuan Hong, Qiu Jingyu, Ji Mingzhou, He Hugzhou, Zhao Kaisheng, Li Kechang, Sheng Junliang, Tian Feng, Guan Mingsheng. 1986. Survey report of wild animals in Changtan Plateau , Xizang (Tibet). Sichuan Journal of Zoology, 5 (3): 27-30
39. Yuan Xicai, Lu Xiwei, Cheng Wencheng, Li Shanyuan. 1990. On the conservation strategies of Hainan Eld's deer. Chinese Wildlife, (1): 11-14
40. Yunnan Institute of Epidemiology. 1978. Information of vertical distribution of rats in Baimang Snow Mountain, Yunnan. Biological Research Report of Rats and Rat Kill Off, (3): 133-135
41. Yunnan Institute of Plague Prevention. 1957. Survey report on the epidemic factors of plague in Yunnan. Bulletin of Plague (Supplement): 12-33
42. Yunnan Institute of Plague Prevention. 1959. A preliminary analysis of natural source of plague in Honghe Hani-Yi Aut. Pr. , Yunnan. Journal of Epidemiology, (1): 12-18
43. Yunnan Tropical Expedition Team of Bioresources, Academia Sinica. 1956-1958. Report of Zoological Study. Unpublished
44. Yang Xingshi. 1951. House Mice and Prevention. Fujian Institute of Plague Prevention
45. Yang Dehua *et al*. 1987. Preliminary survey on the population and distribution of gibbons in Yunnan Province. Primates, 28 (4): 547-549
46. Yu Han. 1958. A study on musk deer (*Moschus moschiferus sifanicus*). Chinese Journal of Zoology , 2 (3): 171
47. Yao Jianchu, Zheng Yonglie, Wang Zicheng. 1984. Qinling Taibai Nature Reserve. Chinese Journal of Zoology, (2): 47-50
48. Yang Dehua, Mu Wenwei. 1981. A survey on Yunuan snub-nosed monkey in Baimaxueshan. Nature, (4): 31-32
49. Yu Han. 1958. A preliminary study of zokor in northern Shaanxi. Journal of Northeast Agricultural College, (4): 57-68
50. Yang Guangrong, Wang Yingxiang. 1989. Check list of rodents and their relation to disease. Chinese Journal of Rodent Protection, 5 (4): 222-229
Z1. Zeng Yuling. 1956. Musk and its product in Yunnan. Yunnan Daily News (24 May)
2. Zhan Shanxian. 1982. On the Preliminary investigation of Turkestan Rat, *Rattus rattoides exiguus* Howell, in Sea Beach of Red Woods. Zoological Research, 3 (1): 103
3. Zhan Mengming, Yao Jianchu, Cheng Xinhan. 1991. An Investigation of the Mammals in the Naqu Area of Xizang. Chinese Journal of Zoology, 26 (6): 16-22
4. Zhan Shaochen. 1980. A preliminary observation of Edwards'rat in Wuyi mountains. Chinese Journal of Zoology, (2): 31-32
5. Zhan Shaochen. 1986. Biological survey on Bower's rat of Wuyi Mountains. Wuyi Science, Journall (6): 215-218
6. Zhan Shaochen. 1988. A study on the breeding and feeding habits and external parasites of *Suncus murinus*. Chinese Journal of Zoology, 23 (6): 24-26
7. Zhan Shaochen. 1981. A preliminary survey of Carnivora group in Jianou, Fujian. Wuyi Science Journal, (1): 168-172
8. Zhan Shaochen. 1983. A note on a small field rat, *Mus caroli* Bonhote (Mammalia: Muridae) in Fujian, Wuyi Science Journal, (3): 90-96
9. Zhan Shaochen. 1993. Insectivora of Fujian. Wuyi Science Journal, (10): 85-89
10. Zhan Shaochen. 1981. Some biological materials of *Rattus bowersi latouchei* in Fujian Province. Acta Theriologica Sinica, 1 (1): 105-106
11. Zhan Shaochen. 1985. Preliminary survey of fur-bearing mammal resources in Fujian Province. Wuyi Science Journal, (5): 189-195
12. Zhan Shaochen. 1988. The variation of the population density of *Suncus murinus*. Chinese Journal of Zoology, 23 (5): 20-21
13. Zhan Shaochen. 1981. Some information on red giant flying squirrel on Fujian. Chinese Journal of Zoology, (2): 24-25
14. Zhan Shaochen, Zheng Zhiming. 1978. Rodents of Fujian. Chinese Journal of Zoology, (3): 19-21
15. Zhang Baoliang *et al*. 1991. Study on the activities and hibernation of *Paguma larvata*. Chinese Journal of Zoology, 26 (4): 19-22
16. Zhang (Chang) Chieh, Wang Tsungyi. 1963. Faunistic studies of mammals of Chinghai Province. Acta Zoologica Sinica, 15 (1): 125-138
17. Zhang Cizu, Sheng Helin, Lu Houji. 1984. On Fea's muntjak from Xizang (Tibet), China. Acta Theriologica Sinica, 4 (2): 88, 106
18. Zhang Cizu, Zhou Jiahua. 1988. Feeding and breeding ecology of *Nemorhaedus cranbrooki*. Chinese Wildlife, (4): 36
19. Zhang Daming. 1985. The dynamics of a few animals during the last thirty years in Ili prefecture, Xinjiang Uygur Autonomous Region. Acta Theriologica Sinica, 5 (1): 56-66
20. Zhang Daming, Hu Defu. 1986. Mammalia and their zoogeographical significance in the northern margin of Dzungarian Basin and Altai Mountains. Thesis of the Congress of Chinese Zoological Society Unpublished
21. Zhang Fuquan. 1982. Fauna of Rodents in Hebei Province. Journal of Hebei Normal University, (1): 139-143
22. Zhang Fuyun. 1974. Discovery of tufted deer in Gansu. Journal of Lanzhou University (Natural Science), (6): 152-155
23. Zhang Guangdeng, Ma Limin. 1984. Dens of Himalayan marmot. Acta Theriologica Sinica, 4 (3): 216
24. Zhang Guangdeng. 1985. Mammalian survey of Hainan area of Qinghai Province, China. Chinese Journal of Zoology, (4): 13-16
25. Zhang Guangdeng. 1983. The rodents of Hainan District, Qinghai Province. Acta Theriologica Sinica, 3 (2): 195-196
26. Zhang Guoxiu, Wang Zaiping, Zhang Zhaomin, Feng Yunwu. 1991. A survey on small mammals in Wanglang Nature Reserve. Sichuan Journal of Zoology, 10 (2): 41
27. Zhang Hanzao *et al*. 1992. First discovery of Francois'monkey in Jinfushan Nature Reserve. Sichuan Journal of Zoology, 11 (4): 30
28. Zhang Hewu, An Wenju. 1986. The geographical division of rodents in northeast China. Chinese Journal of Zoology, (6): 20-25
29. Zhang Hewu, Zheng Yiming. 1965. Some observations of ground squirrels in spring. Chinese Jouarnl of Zoology, (2): 62-63
30. Zhang Fuyun, Yang Ruoli. 1980. A study of population ecology of mole rats (*Myospalax fontanierii* Milne-Edwards). Journal of Lanzhou University, (4): 149-165
31. Zhang Jie. 1984. Characteristics of Mammal Fauna and Ecogeography in Beijing Area. Acta Theriologica Sinica, 4 (3): 187-195
32. Zhang Jie. 1959. Preliminary survey on the mammals, birds and parasitic worms of domestic animals: Mammals. Beijing: Science Press. 1-19
33. Zhang Jie, Wang Zongyi, Shen Xiaozhou. 1962. Fauna of Aves and Mammalia of Wangshui Valley, Qinghai. Acta Zoologica Sinica, 14 (1): 63-73
34. Zhang Jun, Liu Huanjn, Feng Jingyi. 1981. A study on ecogeographical distribution of rodents in the area of Fenhe basin. Shanxi Science Biological Research (Zoological Bulletin). 12-39
35. Zhang Jun, Liu Huangjin, Feng Jingyi, Gao Yun, Di Fuhong, Tang Chunhu, Wen Zaisan, Wu Guanglong, 1981. A survey report of birds and mammals in Luyashan Nature Reserve. Shanxi Science-Biological Research (Zoological Bulletin). 40-54
36. Zhang Jun, Liu Jianshu, Zhang Zhicheng. 1984. A study of rodent fauna in the area of Guanzhong plain in Shaanxi. Abstracts of Papers of the 50th Anniversary Congress of Chinese Zoological Society (II). 262
37. Zhang Jun, Su Hualong, Shi Yonggang. 1984. On the age composition and reproduction capacity of the Mandarin vole, *Microtus mandarinus*. Chinese Journal of Zoology, (1): 3-8
38. Zhang Shutang. 1987. Preliminary survey on the rodents in Wutai Mountain. Acta Theriologica Sinica, 7 (4): 309-310
39. Zhang Yongzu, Zu Jing. 1955. Preliminary survey on mammals and their habitats in the area of Manjiang, Jilin. Acta Geographica Sinica, 21 (4): 423-430
40. Zhang Yongzu, Yang Anfon, Zhang Jie. 1958. Preliminary survey of mammal zoogeography in southeastern Yunnan. Acta Geographica Sinica, 24 (2): 159-173
41. Zhang Yongzu, Quan Guoqiang, Zhao Tigong, C. H. Southwick. 1992. Distribution of Primates (Except *Macaca*) in China. Acta Theriologica Sinica, 12 (2): 81-95
42. Zhang Rongzu (Yongzu), Quan Guoqiang, Zhao Tigong, C. H. Southwick. 1991. Distribution of Macaques (*Macaca*) in China. Acta Theriologica Sinica, 11 (3): 171-185
43. Zhang Yongzu, Wang Zhongyi. 1964. Report of mammalian survey in the area of Qinghai and Gansu. Beijing: Science Press.
44. Zhang Ziyu, Zhao Mingshan. 1984. A new subspecies of the white-bellied rat from Jilin-*Rattus niviventer naoniuensis*. Acta Zoologica Sinica, 30 (1): 99-102
45. Zhao Diansheng. 1983. Red deer and its conservation in Helan Mountains. Chinese Wildlife, (3): 29-32
46. Zhao Guoqin, Zhang Wenguang. 1991. The rats in the area of Jiufeng Mountain, Inner Mongolia. Sichuan Journal of Zoology, 10 (2): 35-36
47. Zhao (Chao) Kentang. 1960. Ungulates of Inner Mongolia. Acta Scientiarum Naturalium Universitatis Intramongolicae. (1): 53-60
48. Zhao Kentang. 1960. Ecological observation of Mongolian gerbil (*Meriones unguiculatus* Milne-Edwards). Chinese Journal of Zoology, 4 (4): 155-157
49. Zhao Kentang. 1964. Ecological study of northern three-toed jerboa. Chinese Journal of Zoology, (2): 59-61
50. Zhao Kentang. 1974. The rational game season and hunting of Mongolian gazelle. University of Inner Mongolia. Unpublished.
51. Zhao Kentang. 1975. Rodent fauna and their Zoogeographical division of Inner Mongolia. University of Mongolia. Unpublished.
52. Zhao Kentang. 1977. Ecological survey on *Cardiocranius paradoxus*. Acta Scientiarum Naturalium Universitatis Intramongolicae, 8 (1): 61-68

53. Zhao Kentang *et al*. 1981. Rodents of Inner Mongolia. Hohhot: Inner Mongolian Press
54. Zhao Kentang. 1981. Study on ecology of red-cheeked suslik in desert steppe from Inner Mongolia. Acta Scientiarum Naturalium Universitatis Intramongolicae, 12 (1): 67-77
55. Zhao Kentang. 1982. Ecological observation on the Mongolian five-toed jerboa. Chinese Journal of Zoology, (5): 18-22
56. Zhao Kentang. 1982. Preliminary Notes on Mammals of Ordos Plateau, Inner Mongolia. Acta Scientiarum Naturalium Universitatis Intramongolicae, 13 (1): 77-86
57. Zhao Kentang. 1984. Observation on the Ecology of Mongolian Steppe Lemming, *Lagurus przewalskii* Büchner. Acta Theriologica Sinica, 4 (3): 217-222
58. Zhao Kentang. 1986. Preliminary report of northern mole-vole. Suzhou Trailway Normal College, Unpublished
59. Zhao Kentang. 1989. Mammal fauna of southern Yinshan, Inner Mongolia. Suzhou Trailway Normal College Unpublished
60. Zhao Kentang, Wu Jei. 1986. Preliminary ecological observation on high mountain vole (*Alticola roylei* Gray). Chinese Journal of Zoology, (2): 17-21.
61. Zhao Tigong. 1983. A brief account on the "original state" of large and medium-sized mammals in the northern Ailao Mts. Research of forest ecosystem on Ailao Mountains, Yunnan. Kunming: Yunnan Science and Technology Press. 341-350
62. Zhao Zhilie. 1965. A preliminary observation of yellow-haired rat in area of Wengqiang in Yueqing, Zhejiang. Chinese Journal of Zoology, (5): 205-206
63. Zhao Zhonghua. 1958. Report of faunal survey on fleas and mites in the plague area of Jilin. Bulletin of Plague, (5): 30-35
64. Zhao Zhongshi. 1982. On the geographical distribution of marmot in Xinjiang. Chinese Journal of Zoology, (3): 23-25
65. Zhao Zhongshi. 1959. Muskrat discovered in Xinjiang. Journal of Epidemiology, (1): 31-32
66. Zhao Zhongshi, Wang Xianting. 1982. A preliminary ecological survey of the gray marmot. Chinese Journal of Zoology, (3): 10-13
67. Zhao Ziyun. 1985. Wild camels in Xinjiang. Chinese Wildlife, (3): 8-9
68. Zheng Changlin, Wang Sung. 1985. On the Insectivore Fauna of Qinghai-Xizang (Tibet) Plateau, China. Acta Theriologica Sinica, 5 (1): 35-40
69. Zheng Changlin, Cai Guiquan, Liao Yanfa. 1989. Economic Fauna of Qinghai: Mammalia (editor: Li Dehao). Xining: Qinghai People's Press. 537-724
70. Zheng Changlin, Liu Jike, Pi Nanlin. 1980. A new subspecies of the Tibetan pika from the Yushu region, Qinghai Province. Acta Zoologica Sinica, 26 (1): 98-100
71. Zheng Changlin, Wang Song. 1980. On the taxonomic status of *Pitymys leucurus* Blyth. Acta Zootaxonomica Sinica, 5 (1): 106-112
72. Zheng Changlin. 1986. Recovery of Koslow's Pika (*Ochotona koslowi* Büchner) in Kunlun Mountains of Xinjiang Uygur Autonomous Region, China. Acta Theriologica Sinica, 6 (4): 285
73. Zheng Changlin. 1979. A study on mammal fauna of Ngari and preliminary discussion on faunal development in Qinghai-Xizang (Tibet). Plateau. Expedition Report of Animals and Plants in the area of Ngari, Xizang (Tibet) Beijing: Science Press. 191-227
74. Zheng Changlin. 1986. The Numbers of Species of Mammals in China. Acta Theriologica Sinica, 6 (1): 78-80
75. Zheng Changlin, Wang Song. 1986. A preliminary list of endangered species of Insectivores of China. Thesis of the Congress of Chinese Mammalogical Society. Unpublished
76. Zheng Guongmei, Xu Pingyu. 1964. Giant panda discovered in southern flank of Qinling. Chinese Journal of Zoology, (1): 3
77. Zheng Shengwu, Pi Nanlin. 1979. Study on ecology of the musk deer (*Moschus sifanicus*). Acta Zoologica Sinica, 25 (2): 176-186
78. Zheng Shengwu, Li Guihui, Song Shiying, Han Yiping, Ma Zhaoyun. 1988. Study on the ecology of sand badger. Acta Theriologica Sinica, 8 (1): 65-72
79. Zheng Shengwu. 1986. Ecogeographic features of precious animals in Yushu and Golog Tibetan Autonomous Prefectures. La Animala Mondo, 3 (1): 64-66
80. Zheng Tao, Zhang Yingmei. 1990. The fauna and geographical division of glires of Gansu Province. Acta Theriologica Sinica, 10 (2): 137-144
81. Zheng Tao *et al*. 1991. Vertebrate Fauna of Gansu (chief editor: Wang Xiangting): Mammalia, Lanzhou: Gansu Science and Technology Press. 931-1232
82. Zheng Xueqing. 1984. A preliminary survey of the resources of monkeys in Fujian, with suggestions on their conservation. Wuyi Science Journal, 1 (4): 145-148
83. Zheng Xiuyun, Tang Zhaoqing. 1981. The discovery of *Muntiacus crinifrons* in Wuyishan Nature Reserve, a new record of Fujian Province (Cervidae, Artiodactyla). Wuyi Science Journal, (1): 177-179
84. Zheng Yonglie. 1981. New record of ferret badger in China. Acta Theriologica Sinica, 1 (2): 158
85. Zheng Yonglie. 1982. Mammalian fauna of the eastern part of Qinling Mountains, Shaanxi Province, China. Chinese Journal of Zoology, (2): 15-19
86. Zheng Yonglie. 1983. Ecological observation on the Moupin pika (*Ochotona thibetana*) from Taibaishan. Chinese Journal of Zoology, (2): 42-46
87. Zheng Yonglie, Xu Longhui. 1983. Subspecific study on the ferret badger (*Melogale moschata*) in China, with description of a new subspecies. Acta Theriologica Sinica, 3 (2): 165-171
88. Zheng Yonglie, Yao Jianchu, Jiang Yanan. 1982. Abundance and distribution of protected animals in Shaanxi Province. Chinese Wildlife, (3): 26-28
89. Zheng Yonglie, Yao Jianchu. 1984. Reserves of economic birds and mammals in Shaanxi Province. Chinese Wildlife, (6): 5-7
90. Zheng Yonglie, Yao Jianchu, Wang Dexing. 1986. A study of mammal fauna of loess plateau in northern Shaanxi. Thesis of the Congress, Chinese Mammalogical Society. Unpublished
91. Zheng Zhimin *et al*. 1978. Biological observation of chestnut rat. Chinese Journal of Zoology, (1): 13-14
92. Zheng Zhongfu. 1989. A new record of bat in Fujian. Chinese Journal of Zoology, (3): 55
93. Zhejiang Institute of Plague Protection. 1958. An outline of the current status of plague and strategy of Protection. Bulletin of Plague, (1): 26-27
94. Zhong Huilan *et al*. 1956. A study report of leptospirosis in the area of Yuezhong, Guangdong Province, II. Survey of epidemiology. Journal of Chinese Medicine, (11): 993-1009
95. Zhong Wenqin, Zhou Qingqiang, Sun Chonglu. 1986. A study on community structure of rodents in sand dune area of steppe, I. Spacial distribution and relationship between species. Thesis of the Congress of Chinese Mammalogical Society. Unpublished
96. Zhou Huaya *et al*. 1988. A preliminary investigation on the living habit of *Tupaia glis yunnalis*.
97. Zhou Jiaxing, Guo Tiandai. 1961. List of Mammals in Henan Province. Journal of Xingxiang Normal University, (2): 45-52
98. Zhou Jiadi, Li Sihua, Gu Jinghe. 1985. Preliminary observation on the mammals in Kunlun-Altun Basin. Acta Theriologica Sinica, 5 (2): 160
99. Zhou (Chou) Kaiya, Li Yumin, Chang Berlin. 1959. New records of vertebrates from Kiangsu. Journal of Nanjing Normal College, (3): 1-20
100. Zhou Kaiya, Qian Weijuan, Yang Guangning, Hu Jietang, He Xiafeng, Wang Li. 1981. Survey of rodents of Jiangsu. Chinese Journal of Zoology, (3): 28-42
101. Zhou Kaiya and Qian Weijuan. 1985. Distribution of Dolphins of the Genus *Tursiops* in the China Seas. Aquatic Mammals, (1): 16-19
102. Zhou Kaiya, Qian Weijuan, Li Yuemin. 1977. Studies on the distribution of baiji, *Lipotes vexillifer* Miller. Acta Zoologica Sinica, 23 (1): 72-79
103. Zhou Kaiya. 1965. Giant dolphin discovered in near seas of eastern China. Chinese Journal of Zoology, (1): 5-6
104. Zhou Kaiya. 1986. The ringed seal and other pinnipeds wandering off the coast of China. Acta Theriologica Sinica, 6 (2): 107-113
105. Zhou Kaiya. 1990. Notes on two species of dolphins of the genus *Tursiops* in Chinese waters. Acta Theriologica Sinica, 7 (4): 246-254
106. Zhou Kaiya. 1989. *Lipotes vexillifer* and its protection. Chinese Journal of Zoology, 24 (2): 31-35
107. Zhou Lun. A preliminary ecological observation of yellow-bellied rat and house mouse. Chinese Journal of Zoology, (3): 111-112
108. Zhou Yuyuan, Jiang Youzhai. 1962. Report of Carnivores of Guangdong Province. Abstracts of Papers, the Congres of Animal Ecology and Taxonomy Fauna: 217
109. Zhou Yuyuan, Jiang Youzhai, Qin Yaoliang. 1962. The geographical distibution of the ungulates of Guangdong Province. Journal of Zhongshan University (Natural Science), (3): 79-87
110. Zhu Chengyao. 1960. Preliminary survey of rats of Xuzhou. Chinese Journal of Zoology, (7): 296-298
111. Zhu Jun, Xie Zhongyang, Jia Zhirong. 1989. Preliminary report of rhesus macaque in Shanxi Province. Chinese Wildlife, (2): 36-37
112. Zhu Longbiao, Sheng Helin. 1983. The rodents of the west Tianmushan in Zhejiang Province. Acta Theriologica Sinica, 3 (1): 26
113. Zhuge Yang *et al*. 1988. Fauna of Zhejiang : Mammalia. Hangzhou: Zhejiang Science and Technology Publishing House,: 1-167
114. Zhuge Yang, Jiang Shiren, Zheng Zhongwei, Fang Guowei. 1986. Preliminary studies on geographical ecology of birds and mammals on some islands of Zhejiang Province. Acta Zoologica Sinica, 32 (1): 74-85
115. Zhuge Yang. 1985. Chinese pygmy dormouse discovered in Zhejiang. Chinese Journal of Zoology, (5): 44
116. Zhuge Yang. 1982. On the geographical distribution and the mammalian fauna of Zhejiang. Acta Theriologica Sinica, 2 (2): 157-166
117. Zhuge Yang. 1962. Survey of rodents in suburban Hangzhou. Journal of Hangzhou University, (1): 103-112
118. Zimmermann, K. 1964. Zur Süuagetier-Fauna Chinas. Mitt. Zool. Mus. Berlin, 40: 87-140
119. Zhao Kentang. 1959. Discovery of golden monkey and its rearing in Gansu. Chinese Journal of Zoology, 3 (8): 358
120. Zheng Shengwu, Yu Yugun, Han Yiping, Wu Jiayan, Zuo Qingyun. 1989. Studies on ungulate community at Yanchiwan Nature Reserve. Acta Theriologica Sinica, 9 (2): 130-136
121. Zhou Yonghen, Wang Lun, Gu Jinghe, Rouzibali, Mahemuti, Liang Guodong. 1994. New record of *Alces alces* in China. Acta Theriologica Sinica, 14 (3): 216
122. Zhou Shaowu. 1959. Habit and game meat of wild boar. Chinese Journal of Zoology, 3 (8): 371-373
123. Zhao Shanxian. 1982. Turkestan rat, *Rattus rattoides exiguus* Howell, in sea beach of redwoods. Zoological Research, 3 (1): 103
124. Zhu Longbiao. 1965. A survey on mouselike mammals of Shanghai. Abstracts of Papers of the 30th Anniversary Congress of Chinese Society of Zoology. Beijing: Science Press. 290
125. Zhao Zhongshi, Wang Sibo. 1965. Check List of Xinjiang Rodents. Collective papers of Xinjiang Institute of Epidemiology: 40-42
126. Zhou Kaiya. 1958. White-flag dolphin discovered in lower reaches of Changjiang. Kexue Tongbao (Scientific Report), (1): 21-22

拉丁种名索引

Scientific Names Index of Species

A

B

C

D

E

F

G

H

I

J

K

L

中文种名索引

Chinese Common Names Index of Species

3 画

4 画

5 画

6 画

7 画

8 画

9 画

10 画

11 画

12 画

13 画

14 画

15 画

16 画

17 画

18 画

19 画

21 画

23 画

25 画

英文种名索引

English Common Names Index of Species

A

B

C

D

E

F

G

H

I

J

K

L

M

N

O

P

Q

R

S

T

U

V

W

Y

Z

本专集主要著者

张荣祖教授于1950年毕业于中山大学地理系，毕业后一直在中国科学院地理研究所从事研究工作，是新中国动物地理学积极的启蒙者之一。他长期从事野外调查研究，足迹已遍及全国。1979年出版的《中国自然地理·动物地理》一书，即由他编写。近年来，他热心于我国野生动物的保护，是国际自然与自然资源保护联盟的成员，本图集的编著是基于他和他的合作者长期工作的积累。

About the Chief Author

Professor Zhang Yongzu received his degree in geography from Sun Yat-Sen (Zhong Shan) University in 1950 and since that time has been a research scientist in the Institute of Geography, Academia Sinica. As one of the most active pioneers of zoogeography in China, he has carried out field work practically all over China in the past two decades. *Physical Geography of China-Zoogeography* published in 1979, was based mainly on his wide experience in this field. In recent years he has been enthusiastic about wildlife conservation and is a member of IUCN. The collection of mammalian distribution information in China for a long period of time in his career with his colleagues made a sound basis for the compilation of this volume.